GENERAL FLUID MECHANICS

일반

유체역학

저자 약력

전흥신 경희대학교 기계공학과 졸업
일본 도호쿠대학 공학박사(1988년)
한국동력자원연구소 선임연구원
호주 뉴사우스웨일즈대학 방문연구원
미국 펜실베이니아주립대학 방문교수
현재 경희대학교 기계공학과 명예교수

구준모 KAIST 기계공학과 학·석사
미국 노스캐롤리나주립대학 기계항공학 박사(2005)
삼성종합기술원 전문연구원
미국 국립표준연구원(NIST) 방문연구원
현재 경희대학교 기계공학과 교수

일반 유체역학

초판 인쇄 | 2025년 8월 20일
초판 발행 | 2025년 8월 30일

저　　자 | 전흥신, 구준모
발 행 인 | 조규백
발 행 처 | **도서출판 구민사**
(07293) 서울특별시 영등포구 문래북로 116, 604호(문래동 3가 46, 트리플렉스)
전　　화 | (02) 701-7421
팩　　스 | (02) 3273-9642
홈페이지 | www.kuhminsa.co.kr
신고번호 | 제2012-000055호 (1980년 2월 4일)
I S B N | 979-11-6875-578-9 [93580]

값 36,000원

머리말 Preface

유체역학은 인류가 하천의 치수를 비롯하여 고대 그리스의 Archimedes가 수력학과 부력의 원리를 설명하는 등으로 오래되었지만, 17세기 근대과학의 발달과 더불어 Newton, Bernoulli, Euler 등에 의해 이론적이고 수학적인 발전을 이루면서 학문으로서 체계를 갖추기 시작하였다.

유체역학은 정지 상태나 움직이는 유체의 역학적 관계를 취급하는 학문이다. 구체적으로는 공기나 물 또는 그 밖의 유체를 작동유체로 하는 유체기계는 물론 조선항공, 토목건축, 화공 등의 모든 공학분야에 유체와 관련된 이론과 실제 문제를 취급한다. 기계공학에서 유체역학은 공업열역학, 재료역학과 더불어 매우 중요한 위치를 차지하고 있다. 그간 유체역학은 이상유체를 대상으로 이론적 또는 수학적인 측면에서 취급하는 이론유체역학(hydrodynamics)과 점성유체, 즉 물과 같은 실제적인 유체의 거동에 관한 실용적이고 실험적인 관점에서 보는 수력학(hydraulics)의 두 갈래로 발전되어 왔지만, 근년 이들을 묶어 유체역학(fluid dynamics)이라는 하나의 테두리에서 다루는 것이 보편화 되었다.

저자들은 오랫동안 유체에 관련된 분야를 연구하고 강의하였지만, 유체역학에 대한 적절한 책이 없다는 것이 늘 안타깝게 여기고 있었다. 이것은 그간 출간된 유체역학이 양서가 주류를 이루고 있고, 그 책들은 넓은 분야의 유체역학을 한정된 페이지로 기술하려다 보니 자세한 설명이 생략되었으며, 실용적인 측면을 강조하여 이론적인 취급이 부족하기 때문이다. 그래서 이 책은 학생들이 미분방정식과 벡터해석의 지식을 가지고 유체유동의 기초이념과 이론을 충분한 예제를 통하여 쉽게 이해할 수 있도록 하였다.

유체역학은 크게 유체정역학과 유체동역학으로 나누고, 유체를 분류하면 비압축성유체와 압축성유체로 나눌 수 있다. 비압축성유체와 압축성유체는 모두 다시 비점성유체와 점성유체로 나뉜다. 따라서 이 책은 유체역학의 기본개념에 이어서 유체정역학, 제3장 이후는 모두 유체동역학의 분야를 기술하였다. 이어서 움직이는 물체의 세기를 결정하기 위한 유동시스템의 운동량 해석, 비압축성·비점성유체(이상유체)의 유동, 차원해석 및 상사법칙을 다루었다. 계속해서 비압축성·점성유체(실제유체), 점성유체 내부유동, 점성유체 외부유동, 압축성 비점성유체의 유동에 이어서 마지막으로 개수로 유동을 기술하였다.

이 책은 저자들의 노력과는 달리 내용 중 많은 곳에서 미흡한 점이 없지 않으리라고 본다. 독자 여러분의 많은 양해를 바라며 판을 거듭하면서 수정할 생각이다.

끝으로 참고한 저자에게 이메일을 보내 양해를 구했으나 대부분의 분들이 정년퇴임한 후라서 연락이 닿지 않기도 하였지만, 이 자리를 빌어 양해를 구하며 감사를 드린다. 마지막으로 이 책을 출간하여 주신 구민사에게도 감사를 드린다.

2025년 6월

공저자 일동

목차 CONTENTS

CHAPTER 01 유체역학의 기본개념

CHAPTER 02 유체 정역학

CHAPTER 03 유체 동역학

CHAPTER 04 유동시스템의 운동량 해석

목차 CONTENTS

CHAPTER 05 비압축성 · 비점성 유체의 유동

CHAPTER 06 차원해석과 상사법칙

CHAPTER 07 비압축성 · 점성유체의 유동

CHAPTER 08 점성유체의 내부유동

목차 CONTENTS

CHAPTER 10 압축성 · 비점성 유체의 유동

CHAPTER 11 개수로 유동

목차 CONTENTS

단위환산표

물리량	아래 단위 값에	아래 수치를 곱하면	아래 단위값이 나옴
길이	km	1000	m
	m	100	cm
	ft	0.3048	m
	m	3.28083	ft
	in	2.54	cm
	ft	12	in
	mile	1.609	km
	mile	5280	ft
	km	3280.8	ft
	yard(야드)	0.9144	m
	nautical mile (해리)	1852	m
	angstrom(A°)	1×10^{-10}	m
	micron	1×10^{-6}	m
면적	ft^2	0.092903	m^2
	in^2	6.4516	cm^2
	$mile^2$	2.5889	km^2
	acre(에이커)	43560	ft^2
	acre	4046.86	m^2
	hectare(헥타)	10000	m^2
부피	cc	1	cm^3
	l(리터)	0.001	m^3
	m^3	1000	l
	m^3	1×10^6	cm^3
	m^3	35.3147	ft^3
	l	0.03531	ft^3
	pints(파인트)	0.01671	ft^3
	ft^3	0.028317	m^3
	ft^3	7.481	USgal
	USgal (미국갈론)	3.785	l
	Igal(영국갈론)	4.546	l
	in^3	16.387	cm^3
	cm^3	0.061024	in^3
	USgal	0.13368	ft^3
	USgal/min (gpm)	0.002228	ft^3/s
	USgal/min	6.309×10^{-5}	m^3/s
질량	kg	1000	g
	lbm	0.4536	kg
	kg	2.20462	lbm
	slug	32.174	lbm
	kg	0.06852	slug
	ounce(온스, oz)	28.3495	g

물리량	아래 단위 값에	아래 수치를 곱하면	아래 단위값이 나옴
힘 (중량)	kg_f	9.80665	N
	N	0.102	kg_f
	ton	1000	kg_f
	dyne	1×10^{-5}	N
	lb_f	4.4482	N
	lb_f	0.4536	kg_f
	kg_f	2.2046	lb_f
	ton	2204.6	lb_f
	kip	1000	lb_f
압력	Pa	1	N/m^2
	bar	1×10^5	N/m^2
	psi(lb_f/in^2)	6894.76	N/m^2
	lb_f/ft^2	47.88	N/m^2
	kPa	0.14504	lb_f/in^2
	MPa	145.04	lbf/in^2
	atm	101325	N/m^2
	atm	14.696	lb_f/in^2
	atm	760	mmHg
	atm	1.01325	bar
	mmHg(0℃).	133.3224	N/m^2
	torr	1	mmHg
	Pa	1.4504×10^{-4}	lb_f/in^2
	lb_f/ft^2	144	lb_f/in^2
일 (에너지, 열)	cal	4.1868	J
	kcal	1000	cal
	erg(에르그)	1×10^{-7}	J
	J	10^7	erg
	Btu	1.05504	kJ
	Btu	0.252	kcal
	kJ	0.94783	Btu
	eV	1.602×10^{-19}	J
	ft-lb_f	1.35582	J
	kcal	4.1868	kJ
	kwh	3.6×10^3	kJ
	Btu	778.17	ft-lb_f
	ft-lb_f	0.0012851	Btu
	J	0.73756	ft-lb_f
	kJ	0.9478	Btu
	kJ	737.56	ft-lb_f
동력	ps(미터마력)	735.5	W
	kW	1.35962	ps
	hp(영국마력)	745.7	W

물리량	아래 단위 값에	아래 수치를 곱하면	아래 단위값이 나옴
동력(일률)	$ft\text{-}lb_f/s$	1.35582	W
	Btu/hr	0.293	W
	W	3.413	Btu/hr
	hp	550	$ft\text{-}lb_f/s$
	hp	2545	Btu/hr
	kW	737.6	$ft\text{-}lb_f/s$
	kW	1.341	hp
속도	ft/s	0.3048	m/s
	mi/h(mph)	1.6093	km/h
	km/h	0.27778	m/s
	km/h	0.62137	mi/h
	mph	0.44704	m/s
	knot(노트)	0.51444	m/s
가속도	ft/s^2	0.3048	m/s^2
	in/s^2	2.54	cm/s^2
밀도	g/cm^3	1000	kg/m^3
	g/cm^3	62.428	lbm/ft^3
	lbm/ft^3	16.0185	kg/m^3
	lbm/ft^3	0.0160185	g/cm^3
	lbm/ft^3	2.768×10^4	kg/m^3
	$slug/ft^3$	515.379	kg/m^3

물리량	아래 단위 값에	아래 수치를 곱하면	아래 단위값이 나옴
온도	°F	$\frac{5}{9}$(°F - 32)	℃
	℃	$\frac{9}{5}$℃+32	°F
	℃	℃+273.15	°K(캘빈)
	°F	°F+459.69	°R(랭킨)
	°R	$\frac{5}{9}$°R	°K
점성계수	stoke	1	cm^2/s
	poise	1	g/cm · s
	stoke	0.0001	m^2/s
	poise	0.1	kg/m · s
	poise	0.1	$N \cdot s/m^2$
	ft^2/s	0.092903	m^2/s
	lbm/ft · s	1.48816	N · s/m.
가스정수	Btu/lbm °R	4.1868	kJ/kg °K
	kJ/kg °K	0.23885	Btu/lbm °R
	$ft\text{-}lb_f/lbm$ °R	0.0053802	kJ/kg °K
	kJ/kg °K	185.867	$ft\text{-}lb_f/lbm$ °R
	$kg_f\text{-}m/kg$ °K	9.8	kJ/kg °K
질량유동률	lbm/hr	1.2611×10^{-4}	kg/s

※ 단위환산을 거꾸로 하는 경우에는 곱하는 수치의 역수를 곱해 줄 것.

주요수학수치 및 기호

$\pi = 3.1415927$	· 곱하기
e = 2.7182818	∴ 그러므로
$\sqrt{2} = 1.4142136$	∵ 왜냐하면
$\sqrt{3} = 1.7320508$	∝ 비례하다
1 rad = 57.2957795°	≠ 같지 않다.
$\log_{10} e = 0.4342945$	≈ 거의 비슷하다.
$\ln_e 10 = 2.302585$	> 왼쪽이 오른쪽보다 크다.
ln 2 = 0.6931472	≫ 왼쪽이 오른쪽보다 훨씬 크다.
ln 10 = 2	< 왼쪽이 오른쪽보다 작다.

≦	왼쪽이 오른쪽보다 작거나 같다
≧	왼쪽이 오른쪽보다 크거나 같다
Σ	합의 기호
$\bar{x}$	x의 평균값
Δx	x의 변화량
$\Delta x \rightarrow 0$	Δx의 값이 0에 접근
$n!$	$n(n\text{-}1)(n\text{-}2)\cdots\cdots1$

주요물리상수

중력가속도(g)	$9.8067 m/s^2$	열의 일당량(1cal)	4.184J
대기압	1.01325bar	절대온도(0°K)	-273.15℃
가스정수(R)	8314J/kmol°K $848 kg_f \cdot m/kmol$°K	음속(20℃)	343.3m/s
		빛의 속도	$3.0 \times 10^5 km/s$
물의 밀도(4℃)	$1000 kg/m^3$	만유인력상수	$6.67 \times 10^{-11} N \cdot m^2/kg^2$
공기의 밀도(15℃)	$1.23 kg/m^3$	아보가드로수	$6.02 \times 10^{23} mol^{-1}$

유/체/역/학

CHAPTER

01

유체역학의 기본개념

CHAPTER 01 유체역학의 기본개념

유/체/역/학

유체역학은 정지하고 있거나 운동중인 유체의 거동과 고체 또는 다른 유체와의 경계에서 상호작용을 다루는 과학으로 정의된다. 이 때문에 유체역학은 자연의 여러 현상들, 예를 들면 파도, 토네이도, 난류 기류 등을 비롯하여 펌프, 압축기, 터빈, 자동차, 선박, 초음속 항공기 등의 공학적인 설계는 물론 야구, 골프 등의 스포츠, 인간의 호흡과 피의 순환 등의 인체역학까지 광범위한 분야에 걸쳐 관련이 있다.

유체역학의 적극적인 활용을 위해서는 이에 대한 기본개념의 완전한 이해가 필요하다. 이 장에서는 유체역학의 기본개념으로서 유체의 정의를 비롯하여 유체의 유동장, 유체의 종류, 차원과 단위 그리고 유체의 성질에 대하여 검토한다.

1.1 유체와 유동장

1.1.1 유체의 정의

물질은 고체(solid) 또는 유체(fluid) 상태로 존재한다. 이것들은 물질을 이루는 분자 사이의 상호인력의 크기에 따라 구분된다. 고체는 분자 사이의 강력한 상호인력으로 인해 단단히 결합되어 일정한 모양을 이루지만, 유체는 분자 간 상호인력이 작아 외력에 따라 그 모양이 변한다. 이 때문에 고체는 외력[1])이 가해지면 내부응력 또는 미소 변형에 의해 평형을 이루지만, 유체는 흐름에 의해 외력과 평형을 이루게 된다. 또 고체는 탄성[2])이 있어 전단력이 제거되면 원래의 형태로 돌아가지만, 유체는 아무리 작은 전단력이라도 존재하면 원래의 형태를 유지하지 못하고 연속적으로 계속 변형하게 된다. 그러므로 유체는 외력으로 전단력이 가해질 때 '흐름'으로서 이 힘과 평형을 유지하는 연속체라고 정의할 수 있다.

---

1) 외력이란 물체의 외부로부터 가해지는 힘으로서 물체의 단면에 수직으로 작용하는 압축력과 인장력 그리고 단면에 평행하게 작용하는 전단력 등이 있다.

2) 미소 변형에 저항하여 원래의 형태로 돌아가려는 성질.

유체는 액체(liquid)와 기체(gas)로 구분한다. 액체는 외력으로 중력이 작용하면 용기의 모양대로 담기고 윗면이 구속되지 않으면 자유표면[3](free surface)을 형성한다. 그러나 기체는 자유표면이 존재하지 않으며 용기의 모양대로 균일하게 가득 채워지게 된다. 또한 액체는 압력이 가해지면 부피가 변하지 않아 밀도가 거의 일정한 비압축성 유체지만, 기체는 압력이 가해지면 부피가 쉽게 변하여 밀도가 크게 변하는 압축성 유체이다.

유체나 고체는 모두 연속체(continuum)로서 취급한다. 연속체란 물질이 원자로 이루어졌고, 이들 원자는 빈 공간이 존재하지 않도록 균일하게 꽉 채우고 있으며, 불균일한 미시구조를 갖지 않는다는 의미이다. 그러므로 연속체는 아무리 작게 나누더라도 물체 전체로서의 성질(밀도, 압력, 점도 등)과 작게 나눈 물체의 성질은 다르지 않고 동일하다. 단 여기에는 분자의 평균자유행로(molecular mean free path)보다 크게 나눈다는 조건이 있다. 왜냐하면 분자의 평균자유행로보다 작게 나누면 나누어진 작은 물체들의 미시구조는 분자들 사이에 분자의 체적보다 훨씬 큰 빈 공간이 존재하고, 기체분자의 무질서한 운동이 서로 달라 물체가 균일하게 연속적으로 분포되어 있다고 볼 수 없기 때문이다. 그러므로 비연속체에 대한 성질은 무질서한 각 분자의 운동을 통계적으로 취급하여 평가하게 된다.

기계공학에서 다루는 유체나 고체의 운동은 분자 한 개 한 개의 운동보다 연속체로서 물질 전체의 운동으로 다루어 평가한다. 유체를 연속체로서의 취급은 원자나 분자의 운동이 접해 있는 다른 원자나 분자에 영향을 미쳐 연속적인 운동을 유발하는 것을 의미하므로 점착조건(no slip condition)이 성립한다. 이것은 평판에 접촉한 유체의 속도는 평판의 속도와 같다는 조건이다. 또 두 분자 사이에는 운동을 유발시키는 힘이 존재하는데 여기에는 체력과 표면력이 있다.

기계공학에서 배우는 유체역학, 열역학, 동역학, 고체역학 등은 모두 유체나 고체를 연속체로서 취급하는 연속체역학(continuum mechanics)의 기본분야라 할 수 있다.

1.1.2 유체 유동장

유체 유동에 관한 문제는 유동장 내 유체의 성질을 이론 또는 실험에 의해 위치와 시간의 함수로 주어지면 해를 구할 수 있다. 그러므로 유체동역학은 유체입자가 매시 점유하는 공간의 위치와 그 위치에서의 속도 또는 가속도로 기술된다.

(1) 유동장

장(field)은 고려하는 매체 내에서 어떤 값의 관측이 가능한 영역, 즉 어떤 현상이 일어나고 있는 영역이라 정의한다. 따라서 유동장은 유체의 속도, 압력 등을 위치와 시간의 함수로 나타낼 수 있다. 유동장에서 위치와 시간의 함수로 정의되는 물리량, 즉 속도, 온도, 농도, 밀도 등은 퍼텐셜(potential)[4]이라고 한다.

3) 자유표면이란 대기압이 작용하는 면을 의미한다. 자유표면이 있는 개수로 유동은 중력에 의해 지배를 받는다.

4) 퍼텐셜이란 위치에 따라 값이 달라지는 성질을 의미하고, 퍼텐셜에너지란 상대적인 위치에 따라 달라지는 위치에너지를 의미한다.

유체의 운동은 3차원 흐름으로 나타나므로 퍼텐셜은 위치 $r(x,y,z)$와 시간 t의 함수인 유동장으로 표기해야 한다. 예를 들어 속도 $\mathbf{v}$, 온도 T, 농도 c는 다음과 같이 표기한다.

$$\begin{aligned} \mathbf{v} &= \mathbf{v}(r,t) = \mathbf{v}(x,y,z,t) \\ T &= T(r,t) = T(x,y,z,t) \\ c &= c(r,t) = c(x,y,z,t) \end{aligned} \tag{1.1}$$

유체역학에서는 속도가 유체의 성질 중에서 가장 중요한 성질인 동시에 가장 중요한 변수이다. 왜냐하면 유체의 속도가 결정되면 그 값으로부터 다른 성질, 즉 압력과 힘을 추정할 수 있으므로 사실상 유동 문제가 풀린 것과 같기 때문이다. 마찬가지로 열전달에서는 온도가, 물질전달에서는 농도가 가장 중요한 성질이다.

(2) 계, 검사체적

유체의 유동을 해석하는 방법에는 계와 검사체적이 있다. 계(시스템, system)는 매체 내 어떤 고려하는 대상의 물질을 의미하고 계의 경계(system boundary)로서 주위(외부에 있는 물질이나 영역)와 구분한다. 검사체적(control volume)은 유동장 내 임의의 공간의 부피를 의미하고 그 경계면을 검사면(검사표면, control surface)이라 한다. 계나 검사체적에서 물질의 성질은 모두 위치와 시간의 함수로 표현할 수 있는 장(field)이 형성된다.

계는 고체와 같이 항상 같은 원자를 갖는 물질의 집합체로 정의되어 정지상태로 있을 수 있고 혹은 일정한 속도로 움직일 수도 있다. 검사체적도 계와 마찬가지로 정지상태나 혹은 일정한 속도로 움직일 수 있으며, 더욱이 크기가 변형될 수도 있다. 유체는 유동장 내 임의의 공간인 검사체적을 통해 흐르게 된다. 검사체적은 일반적으로 [그림 1-1]과 같이 임의형상이나 상자형상의 부피로 설정한다.

유체역학에서도 3가지 기본 법칙이 모두 성립한다. 즉 질량보존의 법칙, 운동량보존의 법칙, 에너지보존법칙이 성립한다. 이 3가지 법칙은 모두 검사체적에 대하여 그곳으로 유입하는 양, 유출하는 양 및 축적되는 양 등의 평형(balance)을 고려하여 각각 연속방정식, 운동방정식 및 에너지방정식이 유도된다. 이때 상자형상의 검사체적에 대해서는 미분형태의 식이, 임의 형상의 검사체적에서는 적분형태의 식이 유도된다.

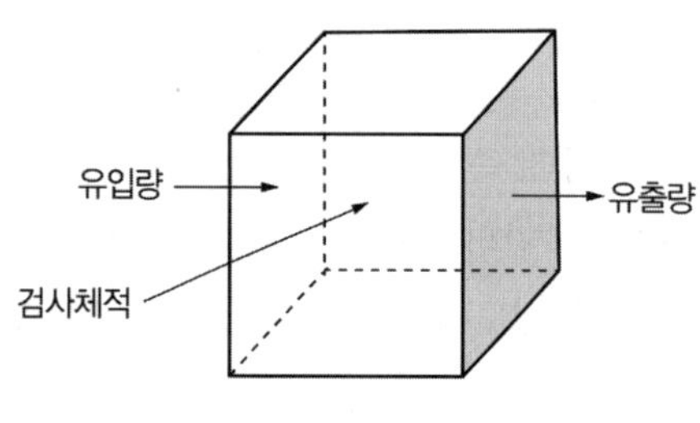

(a) 상자형상의 검사체적

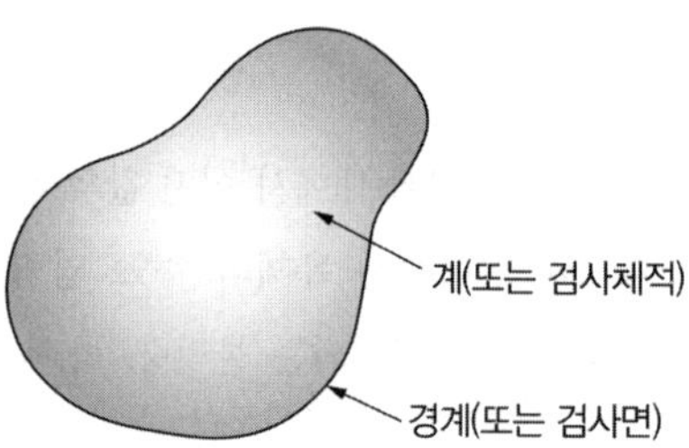

(b) 계(또는 임의 형상의 검사체적)

그림 1-1 계, 검사체적

예제1

열역학적인 계와 검사체적은 어떻게 다른가?

계는 고려하는 어떤 물질을 의미하고 그것이 거시적인 운동을 하는 경우에는 좌표에 대해 상대적인 움직임을 하고 있다고 생각해도 좋다. 그러나 검사체적은 좌표에 대하여 고정된 장소의 임의의 부피를 의미하므로 어떤 특정한 물질을 가리키는 것은 아니다. 이동의 매체가 고체이면 계와 검사체적은 일치하지만, 유체의 경우에는 오히려 일치하지 않은 쪽이 검사체적을 도입하는 취지에 맞을 것이다. 왜냐하면 유체의 경우에는 새로운 계(유체)가 계속해서 검사체적의 경계를 통과하여 흐르기 때문이다. 유체 유동을 계로 해석하는 방법을 라그랑주 방법이라 하고 검사체적으로 해석하는 방법을 오일러방법이라고 한다. 계를 검사체적으로 해석하는 방법을 Reynolds 수송정리라 한다.

(3) 벡터

유체역학에서 사용되는 여러 방정식은 벡터, 벡터연산자로 표기된다. 이들 벡터 및 벡터연산자는 자주 사용하지 않기 때문에 식의 이해에 어려움이 발생한다. 따라서 이들의 의미를 먼저 이해하고 나서 그 방정식을 보아야 식이 나타내는 본질적인 내용에 접근할 수 있다.

① 벡터와 스칼라

유체역학에서 사용되는 물리량에는 속도, 밀도, 질량, 힘, 중량, 에너지 등 여러 가지가 있다. 이 중 크기만 있는 밀도, 질량, 에너지 등은 스칼라(scalar)라 하고 속도, 힘, 중력, 응력 등은 크기와 방향이 있으므로 벡터(vector)라 한다. 표기법은 일반적으로 스칼라 물리량은 밀도 ρ, 질량 m과 같이 이탤릭체로 표기한다. 벡터표기에는 행렬표기법, 깁스표기법, 지수표기법, 기저벡터표기법 등이 있지만, 이 책에서는 볼드정자체로 표기하는 깁스표기법과 응력과 변형률 등에 하첨자를 표기하는 지수표기법을 사용한다. 예를 들면 벡터인 속도나 힘은 각각 **v**, **F**로, 응력이나 전단응력은 각각 $\sigma_{i,j}$, $\tau_{i,j}$로 표기한다.

벡터는 크기와 방향을 가지고 있으므로 벡터의 연산은 x, y, z축 방향의 벡터 성분을 모두 고려해야 한다. 속도 **v**는 [그림 1-2]와 같고 다음과 같이 표기한다.[5)]

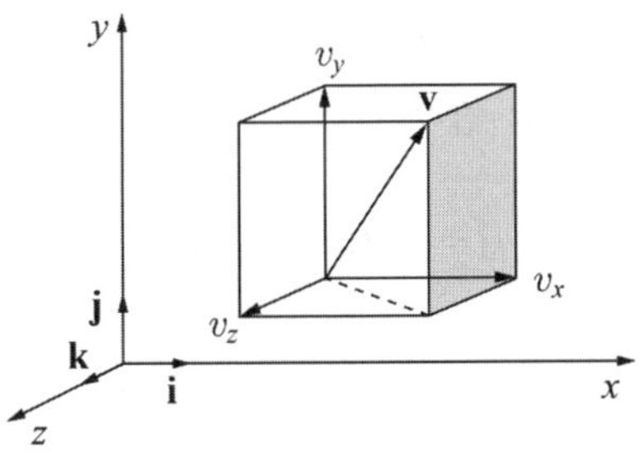

그림 1-2 속도 벡터 v

5) 속도(속도벡터)에 대한 표기는 교재에 따라서는 방향의 존재를 화살표로 나타내어 $\vec{v}$로, 또 각 축 방향의 속도 성분(성분속도)은 u, v, w로 표기하기도 한다. 그러나 이 책에서는 속도를 **v**로, 성분속도를 v_x, v_y, v_z, 단위벡터를 **i**, **j**, **k** 또는 $\mathbf{e}_x$, $\mathbf{e}_y$, $\mathbf{e}_z$,로 표기한다. 이 책에서 V는 부피, Q는 체적유량이다.

$$\mathbf{v} = v_x\mathbf{i} + v_y\mathbf{j} + v_z\mathbf{k} \tag{1.2}$$

여기에서 v_x, v_y, v_z는 속도 **v**의 x, y, z축 방향의 성분의 크기이고, **i**, **j**, **k**는 x, y, z축 방향으로 크기가 1인 단위벡터(기저벡터)를 의미한다.

벡터 **v**의 크기 v는 피타고라스 정리에 의해 다음과 같다.

$$v = \sqrt{v_x^2 + v_y^2 + v_z^2}$$

② 벡터의 내적과 외적

두 벡터 **A**, **B**의 내적(dot product, scalar product)은 스칼라가 되고 다음과 같이 정의한다.

$$\mathbf{A} \cdot \mathbf{B} = |a||b|\cos\theta \tag{1.3a}$$

여기서 θ는 두 벡터가 이루는 각도이다.

동일한 단위벡터 사이의 내적은 단위벡터 사이의 각도가 0°이므로 $\cos 0° = 1$, 다른 단위벡터 사이의 내적은 단위벡터 사이의 각도가 90°이므로 $\cos 90° = 0$이 된다. 따라서 두 벡터 **A**, **B**의 내적은 다음과 같다.

$$\begin{aligned}\mathbf{A} \cdot \mathbf{B} &= (a_x\mathbf{i} + a_y\mathbf{j} + a_z\mathbf{k})(b_x\mathbf{i} + b_y\mathbf{j} + b_z\mathbf{k}) \\ &= a_x b_x + a_y b_y + a_z b_z\end{aligned} \tag{1.3b}$$

따라서 두 벡터의 내적은 스칼라 곱과 마찬가지로 스칼라가 되어 스칼라 곱(scalar product)이라고도 한다.

벡터의 외적(cross product)은 벡터가 되어 크기와 방향이 있게 된다. 두 벡터 **A**, **B**의 외적은 두 벡터를 변으로 하는 평행사변형의 면적에 해당하며 다음과 같이 정의한다.

$$\mathbf{A} \times \mathbf{B} = |a||b|\sin\theta \tag{1.4a}$$

동일한 단위벡터 사이의 외적은 단위벡터 사이의 각도가 0°이므로 $\sin 0° = 0$, 다른 단위벡터 사이의 외적은 단위벡터 사이의 각도가 90°이므로 $\sin 90° = 1$이 되지만 방향을 갖는다.[6] 따라서 먼저 두 벡터 **A**, **B**의 외적의 크기를 고려하면 다음과 같다.

$$\mathbf{A} \times \mathbf{B} = (a_y b_z - a_z b_y)\mathbf{i} + (a_z b_x - a_x b_z)\mathbf{j} + (a_x b_y - a_y b_x)\mathbf{k} \tag{1.4b}$$

---

6) 단위벡터 사이의 외적은 다음과 같다. $\mathbf{i} \times \mathbf{i} = 0$, $\mathbf{j} \times \mathbf{j} = 0$, $\mathbf{k} \times \mathbf{k} = 0$, $\mathbf{i} \times \mathbf{j} = \mathbf{k}$, $\mathbf{j} \times \mathbf{k} = \mathbf{i}$, $\mathbf{k} \times \mathbf{i} = \mathbf{j}$, $\mathbf{j} \times \mathbf{i} = -\mathbf{k}$, $\mathbf{k} \times \mathbf{j} = -\mathbf{i}$, $\mathbf{i} \times \mathbf{k} = -\mathbf{j}$

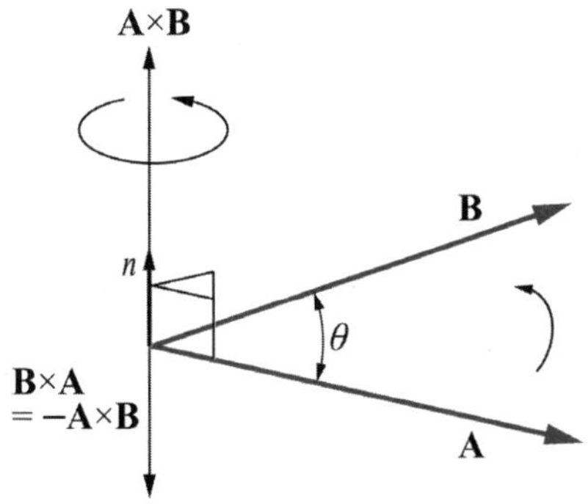

그림 1-3 벡터의 외적

외적의 방향은 [그림 1-3]에 나타낸 바와 같이 두 벡터 **A**×**B**가 만드는 평면에서 오른손으로 **A**에서 **B**방향으로 감을 때 엄지손가락이 가르키는 방향을 따른다.7) 이것을 오른손법칙이라 한다.

③ 벡터 연산자

유체의 성질은 위치 $r(x, y, z)$과 시간 t의 함수로 표현된다. 그러므로 이들 물리량은 시간 및 각 방향에 대하여 도함수를 구할 수 있다.

벡터 미분은 ∇ (del, nabla) 연산자로 표기한다. 델 연산자는 $\partial(\ )/\partial x_i$를 성분으로 하는 벡터이고 다음과 같이 정의한다.

$$\nabla(\ ) \equiv \frac{\partial(\ )}{\partial x}\mathbf{i} + \frac{\partial(\ )}{\partial y}\mathbf{j} + \frac{\partial(\ )}{\partial z}\mathbf{k} \tag{1.5}$$

∇ 연산자는 성분이 각 방향의 기울기를 나타내어 벡터이고 구배연산자라고도 한다. 델 연산자는 스칼라와 벡터에 모두 적용할 수 있고 스칼라장을 벡터장으로 바꾸는 역할을 한다. 따라서 ∇ 연산자를 공간 내 위치를 나타내는 스칼라함수 $\psi(x, y, z)$에 적용하면 ψ의 구배에 대한 벡터가 얻어지고, grad ψ(gradient ψ) 또는 $\nabla\psi$(del ψ)로 표기한다. 예를 들어 스칼라함수 압력 p의 구배는 다음과 같다.

$$\mathrm{grad}\, p = \nabla p \equiv \frac{\partial p}{\partial x}\mathbf{i} + \frac{\partial p}{\partial y}\mathbf{j} + \frac{\partial p}{\partial z}\mathbf{k} \tag{1.6}$$

여기서 grad p 또는 ∇p는 벡터로 기울기를 나타낸다.

스칼라함수 ψ의 미분 값 $\nabla\psi$는 단위벡터 방향으로의 구배를 나타낸다. 따라서 스칼라장 ψ에 대해 임의의 방향으로의 기울기를 알고 싶으면 임의의 방향에 대한 단위벡터와의 내적을 구하면 된다.

∇ 연산자는 벡터이므로 ∇ 연산자를 벡터 **A**의 적용에는 내적과 외적이 있다. ∇과 벡터 **A**의 내적은 div **A**(divergence **A**) 또는 ∇·**A**로 표기하고, 공간 내에서 벡터 **A**의 발산, 즉 각 점에서 벡터장의 세기를 나타내는 척도로서 그 값은 스칼라이다. 예를 들어 속도 **v**에 대한 발산은 다음과 같다.

---

7) **B**×**A**의 방향은 오른손으로 **B**에서 **A**방향으로 감을 때 엄지손가락이 가리키는 방향이다.

$$\text{div } \mathbf{v} = \nabla\cdot\mathbf{v} = \left(\frac{\partial}{\partial x}\mathbf{i} + \frac{\partial}{\partial y}\mathbf{j} + \frac{\partial}{\partial z}\mathbf{k}\right)\cdot(a_x\mathbf{i} + a_y\mathbf{j} + a_z\mathbf{k}) \tag{1.7}$$

$$= \frac{\partial v_x}{\partial x} + \frac{\partial v_y}{\partial y} + \frac{\partial v_z}{\partial z}$$

∇과 벡터 **A**의 외적은 벡터 **A**의 회전을 나타내고 $\nabla\times$**A**, curl **A**, rot **A**(curl **A** 혹은 rotation **A**로 읽음)로 표기한다. 예를 들어 curl **v**, 즉 속도 **v**에 대한 회전은 3차원 공간에서의 벡터로 다음과 같다.

$$\text{culr } \mathbf{v} = \nabla\times\mathbf{v} \tag{1.8}$$

$$= \left(\frac{\partial v_z}{\partial y} - \frac{\partial v_y}{\partial z}\right)\mathbf{i} + \left(\frac{\partial v_x}{\partial z} - \frac{\partial v_z}{\partial x}\right)\mathbf{j} + \left(\frac{\partial v_y}{\partial x} - \frac{\partial v_x}{\partial y}\right)\mathbf{k}$$

Laplace 연산자 ∇^2(Laplacian이라 읽음)은 3차원 공간에서의 2계미분연산자, 즉 $\nabla\cdot\nabla$를 의미하며 다음과 같이 정의한다.

$$\nabla^2(\,) = \nabla\cdot\nabla = \left(\frac{\partial}{\partial x}\mathbf{i} + \frac{\partial}{\partial y}\mathbf{j} + \frac{\partial}{\partial z}\mathbf{k}\right)\cdot\left(\frac{\partial}{\partial x} + \frac{\partial}{\partial y}\mathbf{j} + \frac{\partial}{\partial z}\mathbf{k}\right)$$

$$= \frac{\partial^2(\,)}{\partial x^2} + \frac{\partial^2(\,)}{\partial y^2} + \frac{\partial^2(\,)}{\partial z^2}$$

스칼라함수 $\psi(x, y, z)$에 Laplace 연산을 적용하면 $\nabla^2\psi$는 다음과 같다.

$$\nabla^2\psi = \frac{\partial^2\psi}{\partial x^2} + \frac{\partial^2\psi}{\partial y^2} + \frac{\partial^2\psi}{\partial z^2} \tag{1.9}$$

원통좌표계 $\psi(r, \theta, z)$와 구형좌표계 $\psi(r, \theta, \phi)$에 대한 Laplace 연산은 다음과 같다.

$$\nabla^2\psi = \frac{1}{r}\frac{\partial}{\partial r}\left(r\frac{\partial\psi}{\partial r}\right) + \frac{1}{r^2}\frac{\partial^2\psi}{\partial\theta^2} + \frac{\partial^2\psi}{\partial z^2} \tag{1.10}$$

$$\nabla^2\psi = \frac{1}{r^2}\frac{\partial}{\partial r}\left(r^2\frac{\partial\psi}{\partial r}\right) + \frac{1}{r^2\sin\theta}\frac{\partial}{\partial\theta}\left(\sin\theta\frac{\partial\psi}{\partial\theta}\right) + \frac{1}{r^2\sin^2\theta}\frac{\partial^2\psi}{\partial\phi^2} \tag{1.11}$$

예제2

압력 p에 대한 x축 방향의 기울기(구배)를 구하라.

x축 방향에 대한 기울기는 ∇p에 x축 방향의 단위벡터 **i**와의 내적을 구하면 된다. 즉, ∇p와 **i**의 내적은 다음과 같다.

$$\nabla p\cdot\mathbf{i} \equiv \left(\frac{\partial p}{\partial x}\mathbf{i} + \frac{\partial p}{\partial y}\mathbf{j} + \frac{\partial p}{\partial z}\mathbf{k}\right) = \frac{\partial p}{\partial x}\mathbf{i}\cdot\mathbf{i} + \frac{\partial p}{\partial y}\mathbf{j}\cdot\mathbf{i} + \frac{\partial p}{\partial z}\mathbf{k}\cdot\mathbf{i} = \frac{\partial p}{\partial x}$$

따라서 압력 p에 대한 x축 방향으로의 기울기는 $\partial p/\partial x$이다.

1.1.3 유체의 종류

유체는 정도의 차이가 있지만 본질적으로 압축성과 점성을 모두 갖고 있다. 이에 따라 유체는 크게 압축성에 따른 분류와 점성에 따른 분류로 나눌 수 있다.

(1) 압축성 유체와 비압축성 유체

압축성 유체(compressible fluid)는 유체에 외력이 가해졌을 때 쉽게 압축되어 밀도 등이 변하는 유체로서 기체(공기 등)가 이에 해당한다. 비압축성 유체(incompressible fluid)는 매우 큰 외력이 가해져도 밀도 등의 성질의 변화가 작아 무시할 수 있는 것으로서 액체(물 등)가 이에 해당한다. 모든 유체는 압축성이 있지만 액체는 비압축성유체, 기체는 압축성유체로 고려한다. 그러나 기체도 속도가 Mach수 0.3보다 작으면($\mathbf{M} < 0.3$) 비압축성유체로 취급한다. 따라서 액체와 Mach수 0.3 이하의 기체는 비압축성 유동으로, Mach수 0.3 이상의 기체는 압축성 유동으로 해석한다.

(2) 점성유체와 비점성유체

점성유체(viscous fluid)는 점성이 있는 유체이다. 실제 모든 유체는 점성이 있어 점성유체이다. 비점성유체(inviscid fluid)는 점성을 무시할 수 있는 유체 또는 점성이 전혀 없는 이상유체(ideal fluid)를 의미한다. 완전유체(perfect fluid)는 점성이 없고 밀도가 일정한 유체, 즉 비압축성 · 비점성 유체를 가리킨다. 그러나 특별한 언급이 없으면 이상유체도 밀도가 일정한 완전유체로 고려한다. 실제 모든 유체는 압축성과 점성이 있어 압축성 · 점성 유체이지만, 그 영향이 작게 나타나는 경우에는 비압축성 · 비점성의 이상유체로 가정하여 해석한다.

- 유체
  - 비압축성유체
    - 비점성유체 = 이상유체 (완전유체)
    - 점성유체
  - 압축성유체
    - 비점성유체
    - 점성유체 = 실제 모든 유체

(3) 뉴턴유체와 비뉴턴유체

실제 모든 유체는 점성이 있지만, 그중에서도 뉴턴의 점성법칙을 따르는 뉴턴유체(Newtonian fluid)와 따르지 않는 비뉴턴유체(non-Newtonian fluid)로 구분한다. 기계공학에서 많이 다루는 물, 공기, 냉매, 오일과 같은 대부분의 유체는 뉴턴유체이고 혈액, 치약, 슬러지, 진흙, 플라스틱, 고분자용액 등은 비뉴턴유체이며 화학공학에서 다룬다. 따라서 유체역학은 이들 유체의 종류에 따라 비압축성 · 비점성유체(이상유체)의 유동, 비압축성 · 점성유체의 유동, 압축성 · 비점성유체의 유동 등으로 나누어 검토한다.

(4) 이상유체와 이상기체

이상유체와 이상기체는 서로 달라 명확히 구분해야 한다. 이상유체(ideal fluid)는 비압축성 · 비점성 유체를 의미하며 완전유체라고도 한다. 실제 모든 유체는 점성과 압축성이 있지만, 점성이 없고 밀도가 일정한 이상유체(완전유체)로 고려하면 해석이 간단해진다.

이상기체(ideal gas)는 점성과 압축성의 성질을 모두 갖고 있지만, 이상기체 상태방정식을 따르고 내부에너지가 온도만의 함수인 기체라고 정의된다. 이 때문에 이상기체는 분자의 체적이 없고 분자 간의 인력이 작용하지 않으며, 분자 간의 충돌이 완전 탄성충돌을 행하는 가상의 기체이다. 실제 모든 기체는 압축성과 점성을 띠고 있지만, 저압・고온의 상태에서는 이상기체로 고려할 수 있다.

이상기체는 점성이 있으므로 전단응력이 발생하고 이상기체 상태방정식에 따라 압축되고 밀도가 변하지만, 다음과 같은 이상기체 상태방정식에 따른다.

$$p = \rho RT,\ p\bar{v} = \bar{R}T \tag{1.12}$$

여기서 p는 절대압력, T는 절대온도, ρ는 밀도(비체적 v의 역수), $\bar{v}$는 몰비체적, R는 기체상수[8], $\bar{R}$는 일반기체상수이다.

임의의 질량 m에 대한 이상기체 상태방정식은 다음과 같다.

$$pV = mRT,\ pV = n\bar{R}T \tag{1.13}$$

여기서 V는 체적, n는 몰수이다. 이상기체 상태방정식을 적용할 때 압력과 온도는 절대압력과 절대온도의 값으로 사용해야 한다.

1.1.4 유체역학

유체역학은 정지상태의 유체와 움직이는 유체가 작용하는 힘을 다루는 학문 분야이므로 기계공학을 비롯하여 토목공학, 화학공학 등에서 배우고 있다. 유체공학은 일반적으로 정지상태의 유체를 다루는 유체정역학과 움직이는 유체를 다루는 유체동역학으로 나누어 검토한다. 유체정역학은 댐의 수문이나 잠수함에 작용하는 힘(정수력)을 평가한다든지 혹은 유체에 떠 있거나 잠겨있는 물체의 부력과 안정성을 다루고 있다. 유체동역학은 유체기기와 같이 유체의 에너지변환을 다룬다든지 혹은 급수관, 송유관을 비롯하여 자동차와 비행기 등에서 유체에 기인한 힘의 평가에 주안점을 둔다.

유체역학은 3가지 기본 법칙 중 주로 2가지만을 고려하여 해석한다. 즉 연속방정식과 운동량방정식으로 해석하거나 혹은 연속방정식과 에너지방정식을 고려하여 해석한다. 물론 경우에 따라서는 3가지 기본 법칙 모두를 적용하기도 한다. 유체역학의 응용분야인 유체기계는 절대적으로 연속방정식과 운동량방정식이 적용되는데, 왜냐하면 물체의 움직임의 세기는 운동량의 차이로 평가되기 때문이다. 결국 유체기계의 해석은 운동량방정식의 이해와 적용이 전부라고 해도 과언이 아니다.

유체역학의 역사는 기원전 250년경 그리스의 수학자 Archimedes로부터 시작된다. 그는 왕관의 금 함유량을 결정하기 위하여 부력의 원리를 깨달아 이 문제를 해결하였다. 그 후 2,000여년이 지난 17~18세기에 이르러서야 Isaac Newton(1643~1727)에 의해 근대과학이 확립되면서 과학이 발달하기 시작하여 Daniel Bernoulli(1700~1782), Leonard Euler(1707~1783) 등에 의해 고전 유체역학의 기본원리가 확립되었다.

---

8) 기체상수 R의 단위는 J/kg·K이고, 일반기체상수는 $\bar{R}$로 표시되고 $\bar{R} = 8314$ J/kmol·K이다.

고전 유체역학은 수학자들의 흥미를 끄는 매력적인 주제였지만, 그 이론이 비점성유체(inviscid fluid)에 기초를 둔 것이었으므로 실용적인 문제에 적용할 수 있는 경우는 많지 않았다.

19세기 말경부터 물리학자와 수학자들의 이론적인 접근방법과 기술자들의 실험적인 접근방법이 결합되어 연구결과가 나타나기 시작하였다. 1883년 Osborne Reynolds(1842~1912)의 난류에 관한 논문과 그 뒤에 나온 기본 운동방정식에 관한 논문은 유체역학의 발전에 크게 기여하였다. 20세기 초에 Ludwig Prandtl(1875~1953)이 제안한 경계층의 개념은 항공기 발달에 필요한 정교한 해석에 이르렀을 뿐만 아니라, 점성이 작은 유체의 흐름과 관련된 다수의 역설(paradox)에 대한 의혹을 해소하였다.

기체동역학(압축성 유체역학)은 비교적 늦은 19세기에 출현하여 시작한 학문 분야이다. 1876년 Riemann이 압축(충격)파에 관한 논문을 발표하였고, Ernst Mach(1838~1916)는 초음속 발사체에 대한 충격파를 관측하였다. 기체동역학은 제1차, 제2차 세계대전을 통하여 관심이 크게 증가하였는데 이는 초음속 풍동의 발달을 초래하였고, 계속해서 초음속 항공기의 발전으로 이어졌다. 20세기 중반에 시작된 우주비행은 우주가 공기의 밀도가 너무 적기 때문에 개개 입자의 운동이나 충격이 고려되어야 하는 희박상태의 유체역학이라 불리는 기체동역학의 또 다른 분야가 나타났다. [표 1.1]에 유체역학의 역사를 나타내었다.

유체역학으로 불리는 분야는 다음과 같다.

① **완전유체역학** : 점성 및 압축성을 무시한 이상적인 유체에 대한 역학이다.

② **점성유체역학** : 뉴턴유체에 대한 역학으로서 대부분은 비압축성 · 점성유체에 대한 역학이다.

③ **압축성유체역학** : 압축성이 유동현상에 관여하는 흐름에 대한 역학이다. 일반적으로 고속의 기체의 유동이 대상이므로 기체동역학이라 부르고 있다.

④ **비뉴턴유체역학** : 비뉴턴유체에 대한 유체역학으로서 고분자용액, 슬러지 등을 대상으로 하기 때문에 압축성은 문제가 되지 않는다.

표 1.1 유체역학의 역사

이름	주요 업적
Archimedes(285~212 BC)	부력의 법칙 발견
Isaac Newton(1642~1727)	뉴턴의 점성법칙 수립
Daniel Bernoulli(1700~1782)	최초의 유체역학 교재 Hydrodynamica 발간
Leonard Euler(1707~1783)	오일러방정식과 베르누이방정식 개발
L.M.H. Navier(1785~1836)	점성유동의 기본 미분방정식 수립
Jean Louis Poiseuille(1799~1869)	관 내 유동에 대한 최초의 실험 실시
Ernst Mach(1838~1903)	초음속 공기역학 분야의 선구자
Osborne Reynolds(1842~1912)	난류로의 천이 현상 설명, 레이놀즈수 제안
Ludwig Prandtl(1875~1953)	유동 박리 예측과 경계층 이론 공식화
Theodore von Karman(1881~1963)	공기역학과 난류이론에서 중요한 진전
Paul Blasius(1883~1970)	경계층 이론해석
Johann Nikuradse(1894~1979)	관 마찰계수 측정

⑤ **전자유체역학** : 수은, 용융금속, 플라즈마 등의 전기전도성 유체가 전자장의 영향을 받을 때의 유체역학이다.

⑥ **희박유체역학** : 밀도가 아주 낮은 희박상태, 즉 희박기체에 대한 역학이다. 희박상태의 기체는 분자의 평균자유행정이 커서 연속체의 개념을 적용할 수 없다.

1.2 차원과 단위

유체의 물리적 성질의 평가에는 차원과 단위가 사용된다. 차원(dimensions)은 유체의 성질을 나타내는 물리량을 의미하며, 여기에는 기본차원(기본 물리량)과 유도차원(유도 물리량)이 있다. 단위(units)는 물리량에 부여된 임의의 크기를 의미한다.

단위계는 종래 우리가 사용하는 미터계와 서구에서 사용하는 영국단위계가 있고, 거기에도 각각 절대단위계(물리단위계)와 중력단위계(공학단위계)가 있어 총 4개가 있었다. 현재는 이 4개의 단위계를 통합시킨 SI(국제단위계)를 채택하여 사용하지만, 현장에서는 사용의 편리성 때문에 공학단위계가 널리 사용되고 있으므로 이의 구별과 단위환산에 주의가 필요하다.

1.2.1 SI 단위계

SI 단위계는 미터계 절대단위[MLT]를 기준으로 만들어졌다. 기본차원은 길이, 질량, 시간, 온도, 전류, 빛의 양(광도) 및 물질의 양 등 7개이고, 유도차원은 기본차원을 조합해서 얻어진 속도, 가속도, 밀도, 점도, 힘, 압력, 에너지 등 상당히 많다. 유체역학에서는 기본차원으로 3가지, 즉 질량, 길이, 시간이 주로 사용되고 열역학에서는 여기에 온도가 첨가되어 사용된다. [표 1.2]에 SI 단위계의 기본차원, 유도차원과 단위를 나타냈다.

표 1.2 SI 단위계의 기본차원, 유도차원과 단위

기본차원	SI 단위 명칭	SI 단위	유도차원	SI 단위 명칭	SI 단위
길이	미터(meter)	m	가속도	-	m/s^2
질량	킬로그램(kilogram)	kg	밀도	-	kg/m^3
시간	초(second)	s	점도	-	$kg/(m\cdot s)$
온도	켈빈도(kelvin)	K	힘	뉴턴(Newton) N	$1N \equiv 1kg\cdot m/s^2$
전류	암페어(ampere)	A	압력	파스칼(Pascal) Pa	$1Pa \equiv 1N/m^2$
빛의 양	칸델라(candela)	cd	에너지	줄(Joule) J	$1J \equiv 1N\cdot m$
물질의 양	몰(mole)	mol	동력	와트(Watt) W	$1W \equiv 1J/s$

(1) 힘

SI 단위계에서 힘(force)의 단위는 뉴턴(Newton)을 사용하고 N으로 표기한다. 뉴턴의 법칙($F=ma$)에 따라 1 N(1 뉴턴의 힘)은 1 kg의 질량에 1 m/s^{2}의 가속도가 작용할 때의 힘으로 정의한다. 또 에너지의 단위는 줄(Joule)을 사용하고 1 J은 1 N의 물체를 1 m의 거리를 움직일 때의 일로 정의한다[9]. 동력은 단위 시간당 행한 일로서 단위는 와트(Watt)를 사용하고 1 W는 단위 시간당 1 J의 에너지를 의미한다.

$$1\,\mathrm{N} = 1\,\mathrm{kg} \times 1\,\mathrm{m/s^2} = 1\,\mathrm{kg{\cdot}m/s^2}$$
$$1\,\mathrm{J} = 1\,\mathrm{N} \times 1\,\mathrm{m} = 1\,\mathrm{N{\cdot}m}$$
$$1\,\mathrm{W} = 1\,\mathrm{J}/1\,\mathrm{s} = 1\,\mathrm{J/s}$$

(2) 압력

SI 단위계에서 압력의 단위는 Pa(파스칼, pascal)이다. 그러나 현장에서는 여전히 중력단위계의 압력 단위를 사용하고 있고, 더욱이 압력계측기도 표준기압(atm), 공학기압(at, kgf/cm^2), (psi), (mmHg) 등의 단위로 표기되는 제품이 판매되고 있다.

SI 단위계, 미터계 중력단위계 및 영국식 중력단위계의 압력의 단위는 각각 Pa, at, psi이고 압력의 정의는 단위면적당 작용하는 힘이므로 다음과 같다.[10]

$$1\,\mathrm{Pa} = 1\,\mathrm{N/m^2} = 1\,\mathrm{kg/m{\cdot}s^2} = 1.020 \times 10^{-5}\,\mathrm{kgf/cm^2} = 1.405 \times 10^{-4}\,\mathrm{psi}$$
$$1\,\mathrm{at} = 1\,\mathrm{kgf/cm^2} = 735.6\,\mathrm{mmHg} = 9.81 \times 10^4\,\mathrm{Pa} = 0.968\,\mathrm{atm} = 14.223\,\mathrm{psi}$$
$$1\,\mathrm{psi} = 1\,\mathrm{lbf/in^2} = 6.8947\,\mathrm{kPa} = 0.0703\,\mathrm{kgf/cm^2}$$

1 Pa은 실제 공업적으로 접하는 대부분의 압력에 비하여 그 크기가 너무 작기 때문에 일반적으로 압력의 단위는 킬로 파스칼(1 kPa = 10^3 Pa), 바(1 bar = 10^5 Pa), 메가 파스칼(1 MPa = 10^6 Pa)이 사용된다.

SI 단위계에서는 표준대기압(standard atmospheric pressure)을 1atm[11]으로 표기하고 다음과 같은 관계가 있다.

$$1\,\mathrm{atm} = 760\,\mathrm{mmHg} = 101.325\,\mathrm{kPa} = 1.0332\,\mathrm{kgf/cm^2} = 14.7\,\mathrm{psi}$$

표준대기압(1 표준기압)은 중력가속도 g 가 국제표준값(표준중력가속도) 9.81 m/s^{2}인 해수면에서 밀도가 13.6 g/cm^{3}인 수은의 높이 760 mm의 무게에 상당하는 압력을 말하고, 이 값은 101.3 kPa, 1.0332 kgf/cm^2 또는 14.7 psi와 같다. [표 1.3]에 압력 단위 사이의 관계를 나타내었다.

---

9) 힘이란 물체의 물리적 변화, 즉 모양이나 운동상태의 변화를 일으키는 원인을 의미하는데, 그 값은 *ma*로 평가된다. 에너지는 물체를 물리적으로나 화학적으로나 변화시키는 능력으로 정의되어 이둘은 구별된다. 그러나 1800년대 중반까지는 힘이란 단어는 보통 에너지를 의미하였다.

10) 중력단위계에서는 중력의 단위를 중력 kg이라 표기하여 질량의 단위 kg과 동일하게 표현하여 혼동을 가져왔다. 여기에서는 이의 혼란을 피하기 위하여 중력의 단위를 kgf(kg_f)및 lbf(lb_f)로 표기하여 사용한다.

11) 1표준기압(표준대기압)은 1atm, 1공학기압은 1at로 표기되어 동일한 1기압이라 하더라도 두 기압은 동일하지 않고 1atm = 1.0332 at임에 유념하라. 따라서 1기압이라 할지라도 1표준기압인지 혹은 1공학기압을 의미하는지를 구별해야 한다.

표 1.3 압력단위의 환산표

kPa	kgf/cm² [at]	atm	mmHg[Torr]	lbf/in² [psi]
100	1.01972	0.98692	750.06	14.5038
98.0665	1	0.96784	735.56	14.2234
101.325	1.03323	1	760	14.6960

예제3

강의실의 국지대기압이 752 mmHg이라면 수두로는 몇 mAq이고 SI 단위로는 얼마인가?

표준대기압은 760 mmHg 혹은 101.325 kPa이므로, 먼저 표준대기압을 수두(물의 높이)로 나타내보자. 수은의 비중 13.6을 고려하면 수두로는 다음과 같다.

760 mmHg = 760 × 13.6 = 10,336 mmAq = 10.336 mAq

따라서 국소대기압 752 mmHg에 대응한 수두는 다음과 같다.

$$\frac{752\ \mathrm{mmHg} \times 10.336\ \mathrm{mAq}}{760\ \mathrm{mmHg}} = 10.227\ \mathrm{mAq}$$

국소대기압을 SI 단위로 나타내면 다음과 같다.

$$752\ \mathrm{mmHg} \times \frac{101.325\ \mathrm{kPa}}{760\ \mathrm{mmHg}} = 100.26\ \mathrm{kPa}$$

1.2.2 중력단위계

중력단위계는 우리가 사용하는 미터계 중력단위계와 미국과 유럽에서 사용하는 영국식 중력단위계가 있다. 중력단위계는 모두 중량을 기본차원으로 선택한다.[12)]

(1) 미터계 중력단위계

미터계에서도 절대단위계[MLT]와 중력단위계[FLT]가 있다. 절대단위계는 질량[M], 길이[L], 시간[T]을 기본차원으로 하고, 중력단위계는 중량[F], 길이[L], 시간[T]을 기본차원으로 한다.

미터계 중력단위계에서 1 kgf 의 중량은 1 kg의 질량을 지구의 표준중력가속도 9.81 m/s^{2}으로 잡아당기는 힘으로 정의한다. 압력의 단위는 기압(공학기압, at)를 사용하고, 1 공학기압(1기압)은 1 cm^{2}에 누르는 1 kgf의 힘으로 정의한다. 또 일은 '힘×거리'이므로 1 kgf ·m의 일은 1 kgf의 물체를 1 m 변위시킬 때 필요한 에너지라고 정의된다. 즉, 일과 에너지는 단위가 같다. 동력(또는 출력)은 단위시간당 에너지이므로 단위는 1 kgf·m/s나 ps 또는 hp를 사용한다. 미터계 중력단위와 SI 단위와는 다음 관계가 있다.

12) 미터계 공학단위계에서는 질량과 중량(무게)의 단위를 (kg)으로 동일하게 사용하여 혼동을 초래하기도 하였으나 현재는 질량(kg), 중량(kgf)으로 표기하여 이를 피하고 있다.

$1\,kgf = 1\,kg \times 9.81\,m/s^2 = 9.81\,N$

$1\,at = 1\,kgf/cm^2 = 98.1\,kPa$

$1\,kgf{\cdot}m = 9.81\,N{\cdot}m = 9.81\,J$

$1\,ps = 75\,kgf{\cdot}m/s = 735.6\,W$

$1\,ps = 75\,kgf{\cdot}m/s = 735.6\,W$

$1\,hp = 76\,kgf{\cdot}m/s = 746\,W$

(2) 영국식 중력단위계

영국식 중력단위계(BG, British Gravity Unit)는 길이를 피트(ft), 시간을 초(s), 힘은 파운드포스(lbf)를 기본단위로 한다. 질량의 단위는 슬러그(slug) 또는 파운드(파운드매스, lb, lbm)를 사용한다. 따라서 1파운드포스(lbf)는 1 slug의 질량을 1 ft/s^{2}으로 가속시키는데 필요한 힘 또는 1의 질량을 표준중력가속도 32.174 ft/s^{2}으로 가속시키는데 필요한 힘으로 정의된다.

압력의 단위는 프사이(psi) 또는 (lbf/ft^2)를 사용하고, 1 psi는 1 in^{2}의 면적에 1 lbf의 힘이 누르는 힘으로 정의한다. 에너지는 Btu(British thermal unit)로 나타내며, 1 Btu는 68°F, 1 lbf의 물의 온도를 1°F 높이는데 필요한 에너지로 정의된다. BG 단위와 SI 단위의 비교를 [표 1.4]에 나타냈다.

$1\,slug = 1\,lbf \cdot s^2/ft = 32.174\,lb$

$1\,lbf = (1\,slug)(1\,ft/s^2) = 1\,slug{\cdot}ft/s^2 = 0.45343kgf$

$1\,lbf = (1\,lb)(32.174\,ft/s^2) = 32.174\,lb{\cdot}ft/s^2 = 4.44822\,N$

$1\,Btu = 1.0551\,kJ$

표 1.4 SI 단위와 영국식 중력단위(BG)의 비교

단위	SI 단위	영국중력 단위	환산인자
질량	kg	lb, slug	1 lb = 0.4536 kg, 1 slug = 14.5939 kg
길이	m	ft	1 ft = 0.3048 m, 1 in = 25.4 mm
시간	s	s	1 s = 1 s
온도	K	°R	1 K = 1.8 °R
속도	m/s	ft/s	1 ft/s = 0.3048 m/s
가속도	m/s^2	ft/s^2	1 ft/s^2 = 0.3048 m/s^2
압력	Pa = N/m^2	lbf /ft^2	1 lbf /ft^2 = 47.88 Pa, 1 psi = 6895 Pa
힘	N	lbf	1 lbf = 4.44822 N
에너지	J = N · m	ft · lbf	1 ft · lbf = 1.3558 J
동력	W = J/s	ft · lbf /s	1 ft · lbf /s = 1.3558 W
밀도	kg/m^3	slug/ft^3	1 slug/ft^3 = 515.4 kg/m^3
비중량	N/m^3	lbf /ft^3	1 lbf /ft^3= 157.1 N/m^3
점성계수	kg/(m · s)	slug/(ft · s)	1 slug/(ft · s) = 47.88 kg/(m · s)
비열	m^2/(s^2 · K)	ft^2/(s^2 · °R)	1 m^2/(s^2· K) = 5.980 ft^2/(s^2 · °R)

예제4

영국식 중력단위인 압력 1psi를 단위환산을 통하여 SI 단위와 미터계 중력단위로 변환하라.

1 in = 2.54 cm, 1 lbf = 4.44822 N × (1 kgf/9.81 N) = 0.45343 kgf이므로 1 psi의 SI 단위와 미터계 중력단위로의 환산은 각각 다음과 같다.

$$1\,\text{psi} = \frac{1\,\text{lbf}}{1\,\text{in}^2} = \frac{4.44822\,\text{N}}{(0.0254\,\text{m})^2} = 6.8947\,\text{kPa} \quad \text{또는} \quad 1\,\text{kPa} = 0.145\,\text{psi}$$

$$1\,\text{psi} = \frac{1\,\text{lbf}}{1\,\text{in}^2} = \frac{0.45343\,\text{kgf}}{(2.54\,\text{cm})^2} = 0.07028\,\text{kgf/cm}^2 = 0.07028\,\text{at}$$

또는 $1\,\text{at} = 14.23\,\text{psi}$

1.3 유체의 성질

유체의 물리적 성질에는 밀도, 비중량, 비중, 점성, 압축성, 탄성률, 표면장력, 모세관현상, 증기압, 공동현상 등 여러 가지가 있다. 순수유체의 고유한 성질은 2개의 독립상태량의 함수이다. 일반적으로 2개의 독립상태량은 온도와 압력을 고려한다.

1.3.1 밀도

밀도(density)는 단위 부피당 유체의 질량으로 정의하고 단위는 kg/m^3, 기호는 일반적으로 ρ로서 표기한다.

$$\rho \equiv \frac{m}{V} = \frac{1}{v} \tag{1.14}$$

여기에서 m은 질량, V는 부피이다. $v(=V/m=1/\rho)$는 비체적(specific volume)으로서 단위 질량당 부피로 정의되어 밀도 ρ와 역수의 관계가 있다.

일반적으로 유체의 밀도는 일정한 압력 하에서 온도가 상승함에 따라서 작아진다.[13] 그러나 물의 밀도는 1표준기압(1atm) 하에서 0℃부터 온도와 더불어 점점 상승하고 4℃에서 최대가 되고 그 후부터 온도가 상승함에 따라 작아진다.[14] 즉, 물의 밀도는 4℃ 때 최대가 된다. 20℃ 물과 공기의 밀도는 각각

13) 순수유체의 밀도도 2개의 독립상태량의 영향을 받지만, 액체는 낮은 압력(10기압 이하)에서는 온도만의 영향을 받는다고 고려해도 좋다. 그러나 기체의 밀도는 낮은 압력이라도 온도와 압력 모두의 영향을 받는다.

14) 물을 제외한 대부분의 유체는 온도가 상승함에 따라 밀도가 작아진다. 그러나 물은 0℃부터 4℃까지의 범위에서는 온도가 상승하면 밀도가 커지고, 4℃ 이상의 온도에서는 온도가 상승하면 밀도가 작아진다. 따라서 물이 얼면 밀도가 작아져, 즉 비체적이 커져 장독대가 깨지기도 한다.

표 1.5 1기압, 15℃에서 각종 액체의 밀도와 비중

액체	물	가솔린	에틸알코올	바닷물	글리세린	수은
밀도[kg/m³]	998	680	789	1025	1264	13550
비중(S)	1.0	0.66~0.75	0.794	1.01~1.05	1.264	13.56

$\rho_{물} = 998\ \mathrm{kg/m^3}$, $\rho_{공기} = 1.20\ \mathrm{kg/m^3}$로서 물(액체)의 밀도가 공기(기체)보다 약 832배 크다. [부록 표 1]과 [부록 표 2]에 물과 공기의 밀도와 점성계수를 나타냈다.

1.3.2 비중량

비중량(specific weight)은 단위 부피당 중량 $W(=mg)$으로 정의하고 단위는 N/m³, 기호는 γ로 표기하고 밀도 ρ와 다음 관계가 있다.

$$\gamma \equiv \frac{W}{V} = \frac{mg}{V} = \rho g \tag{1.15}$$

여기에서 V는 부피, $g(=9.81\ \mathrm{m/s^2})$는 표준중력가속도이다.

비중량은 밀도에 중력가속도를 곱한 값이므로 대부분의 유체에서는 밀도와 마찬가지로 일정한 압력에서 온도가 상승함에 따라서 그 값이 작아진다. 그러나 1표준기압(1atm) 하에서 물의 비중량은 밀도와 마찬가지로 0℃부터 4℃까지는 온도의 상승과 더불어 커져 최대에 도달하고, 그 후부터는 온도가 상승함에 따라 작아진다.

비중(specific gravity, S)은 유체의 밀도 ρ(또는 질량 m, 비중량 γ)와 4℃ 물의 밀도$\rho_{물}$(또는 질량 $m_{물}$, 비중량 $\gamma_{물}$)와의 비로 정의되어 무차원이다.

$$\mathrm{S} = \frac{\text{유체의 밀도}}{\text{4℃의 물의 밀도}} = \frac{\rho}{\rho_{물}} = \frac{m}{m_{물}} = \frac{\gamma}{\gamma_{물}} \tag{1.16}$$

비중은 무차원이므로 SI 단위나 중력단위와 관계없이 모두 같은 값을 가진다. 각종 액체의 밀도와 비중을 [표 1.5]에 표시하였다.

1.3.3 점성

모든 유체는 점성이 있고 그 크기는 점성계수로 표시된다. 유체입자들 사이에 속도가 다르면 서로 영향을 미쳐 속도를 같아지려는 성질이 존재한다. 이것을 점성이라고 한다. 점성(viscosity)의 존재는 불균일을 균일화하려는 자연의 법칙에 기인한다.

(1) 뉴턴의 점성법칙

[그림 1-4]와 같이 평행한 두 평판 사이에 유체를 채우고 정지한 상태를 고려하자. 상부 평판만을 일정한 힘(수평력, 접선력, 전단력이라 칭함) F로 일정한 속도 v_∞로 움직일 때 평판 사이에 있는 유체의 유동을 관찰하면 양 평판에 접한 유체는 미끄러지지 않는 점착조건[15](no-slip condition)을 보이면서 힘 F는 평판의 면적 A와 속도 v_∞에 비례하고, 두 평판 사이의 거리 h에 반비례한다는 사실이 밝혀졌다.[16]

상부 평판만을 dt시간 움직였을 때 이동거리는 $ds = v_\infty dt$이고 회전각도는 $d\theta$이다. 그러므로 각 변형은 다음과 같이 표현할 수 있다.

$$\tan d\theta \approx d\theta = \frac{ds}{h} = \frac{v_\infty dt}{h} = \frac{dv}{dy}dt$$

이 식을 변형률로 정리하면 다음과 같다.

$$\frac{d\theta}{dt} = \frac{dv}{dy} \tag{1.17}$$

위 식은 유체요소의 변형률이 속도구배와 같음을 의미한다.

유체의 변형률(전단변형률)은 전단응력 τ에 직접 비례한다는 것이 1687년 Isaac Newton에 의해 발표된 후 계속해서 실험적으로 밝혀졌다. 즉,

$$\tau \propto \frac{d\theta}{dt} \tag{1.18}$$

전단응력 (1.18)을 속도구배로 표기하면 식 (1.17)에 의해 다음과 같다.

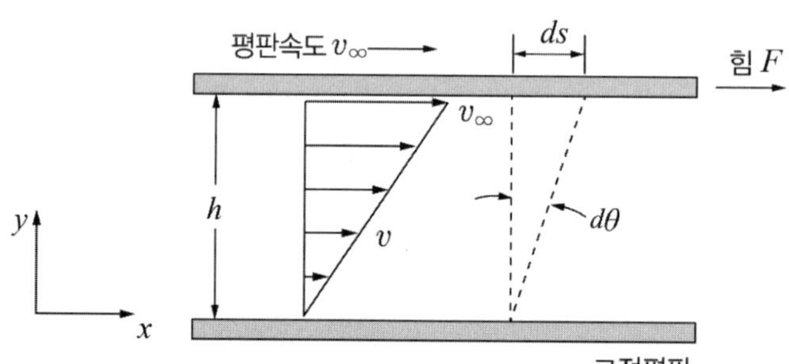

그림 1-4 뉴턴의 점성법칙

---

15) 점착조건이란 고체와 접촉한 유체의 속도는 연속체 특성에 기인하여 고체의 속도와 같다는 조건, 즉 고체와의 상대속도가 0이라는 것이다.

16) $F \propto A\frac{v_\infty}{h} \rightarrow F = \mu A\frac{v_\infty}{h} \rightarrow \tau = \frac{F}{A} = \mu\frac{v_\infty}{h}$. 이 식은 점성계수 μ가 속도분포와 관계가 없는 뉴턴유체인 경우이고, 두 평판 사이의 거리가 매우 작을 때에는 비뉴턴유체에도 성립한다. 또한 전단응력은 $\tau = F/A$, 즉 유체 내 속도가 다른 입자층 사이에 단위 면적당 작용하는 전단력으로서 접선응력이라고도 한다.

$$\tau = \mu \frac{dv}{dy} \tag{1.19}$$

여기서 비례계수 μ는 점성계수(coefficient of viscosity)라 하며 유체의 유동성을 나타내는 고유한 성질이다. 이 식을 뉴턴의 점성 법칙이라 한다. 뉴턴유체는 식 (1.18)를 따르는 유체로 정의되지만, 특히 점성계수 μ가 속도구배 dv/dy와 관계없이 일정하면 뉴턴유체, 즉 식 (1.19)를 만족하는 유체이고, 점성계수가 속도구배에 따라 다르면 비뉴턴유체, 즉 식 (1.19)를 만족하지 않은 유체이다.

기계공학에서 주로 다루는 물, 공기 등은 점성계수가 속도구배(또는 전단변형률)와 관계없이 일정하여 뉴턴유체(Newtonian fluid)[17]이다. 뉴턴유체는 전단응력 τ과 속도구배 dv/dy와의 관계가 선형적으로 나타나므로 직선의 기울기는 그 유체의 점성계수가 된다. 그러나 점성계수는 물질의 상태량이므로 온도와 압력에 따라 따르게 되는데 주로 온도에 큰 영향을 받는다. 이것을 [그림 1-5](a)에 나타냈는데, 물의 점성계수는 15℃와 40℃에 따라 크게 다름을 보여주고 있다.

비뉴턴유체(non Newtonian fluid)는 식 (1.18)의 관계를 따르지만, 전단응력과 속도구배 사이의 관계가 선형적이지 않은 유체이다. 여기에는 전단농후액체(shear thickening fluid), 전단희박유체(shear thinning fluid), 빙햄 플라스틱유체(Bingham plastic fluid)가 있고 [그림 1-5](b)에 나타내었다. 전단농후액체는 속도구배가 클수록 점성계수가 증가하는 유체로 물과 녹말가루의 혼합물이나 물과 모래의 혼합물 등이 이에 속한다. 전단희박유체는 이것과는 반대로 속도구배가 클수록 점성이 작아지는 유체이다. 여기에는 페인트, 고분자 용액 등이 있다. 빙햄플라스틱유체는 유체와 고체 사이 중간에 위치한 유체이다. 이 물체는 항복응력까지는 전단응력에 저항하여 고체처럼 움직임이 없지만, 전단응력이 항복응력을 초과하면 연속적으로 변형하고 유체처럼 거동한다.

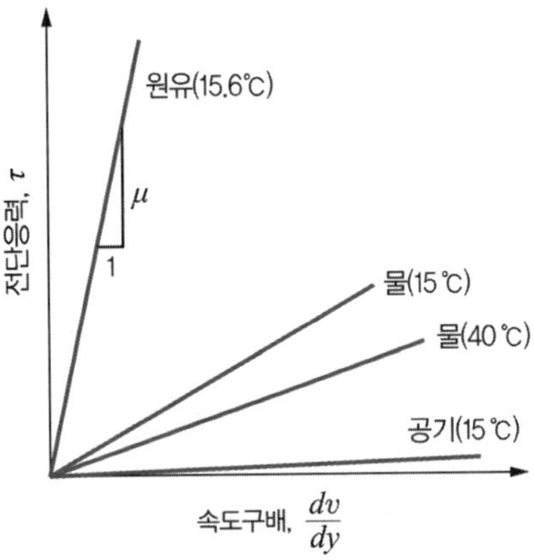

(a) 뉴턴유체

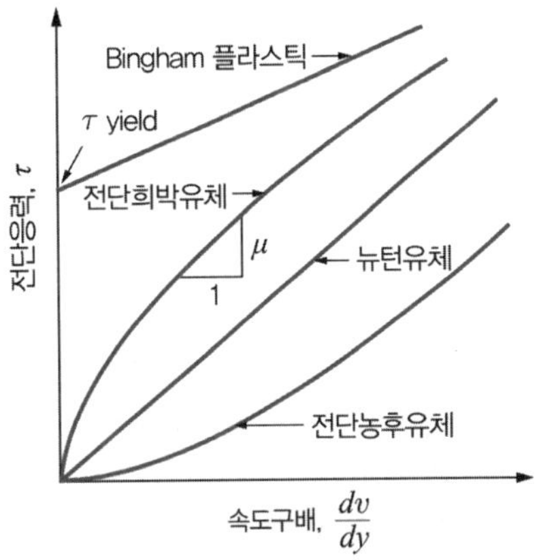

(b) 비뉴턴유체

그림 1-5 전단변형율과 전단응력

17) 뉴턴유체는 전단응력 τ가 변형률(또는 속도구배) $d\theta/dt$와 선형적인 관계를 갖는 유체이다. 이것은 점성계수가 일정한 상수임을 가리킨다. 즉, 뉴턴유체의 점성계수는 속도구배(또는 전단력)와 관계없는 물질의 고유한 성질이다.

(2) 점성계수

모든 유체는 점성이 있다. 점성이 존재하는 이유는 불균일을 균일화하려는 자연의 법칙에 기인한다. 즉 유체 층 사이에 속도가 다르면 서로 같아지려는 성질 때문에 점성이 존재한다. 결국 점성은 유체 내부의 상대운동을 방해하려는 성질이므로 내부마찰[18](internal friction)이라고도 한다. 회전시킨 액체의 속도가 점차 줄어드는 것은 액체에 점성이 있기 때문이다. 그러므로 점성은 유체의 운동과 관련된 에너지를 소멸시키고, 또 유체와 접촉하고 있는 고체 면에서 저항력(마찰력)을 유발한다.

유체라도 점성의 발생 기구는 액체와 기체가 서로 다르다. 액체의 점성은 층류유동인 경우 액체분자들은 평균자유행로가 짧고 응집된 상태로 운동하므로 분자의 응집력[19](분자간력, molecular cohesive force)이 지배하지만, 기체분자의 점성은 평균자유행로가 크고 공간을 자유로이 운동하므로 분자의 운동량 교환[20]에 기인한다.

점성의 크기는 점성계수로 표현한다. 점성계수 μ의 단위는 식 (1.19)의 전단응력과 속도구배에 대한 비이므로 다음과 같다.

$$\mu = \frac{\tau}{dv/dy} = \frac{\mathrm{N/m^2}}{\mathrm{(m/s)/m}} = \frac{\mathrm{N \cdot s}}{\mathrm{m^2}} = \frac{\mathrm{kg}}{\mathrm{m \cdot s}} \qquad (1.20)$$

따라서 점성계수의 단위는 (kg/m·s), ($\mathrm{N \cdot s/m^2}$) 혹은 (Pa·s)이고, 단위의 차원은 [$ML^{-1}T^{-1}$]이다. 일반적으로 점성계수의 단위는 poise를 사용한다.

$$1\ \mathrm{poise} = 1\ \mathrm{dyne \cdot sec/cm^2} = 0.1\ \mathrm{N \cdot s/m^2}$$

$$1\ \mathrm{centipoise} = (1/100)\ \mathrm{poise} = 10^{-3}\ \mathrm{N \cdot s/m^2}$$

점성은 유체의 고유한 성질이므로 2개의 독립상태량, 즉 압력과 온도의 영향을 받지만 압력의 영향이 크지 않아 주로 온도의 영향만을 고려한다. 그런데 액체의 점성계수는 온도가 증가함에 따라 감소하지만 기체의 점성계수는 온도의 증가와 더불어 증가한다. 이것을 [그림 1-6]에 나타냈다. 액체가 온도가 높으면 점성계수가 낮아지는 이유는 액체분자의 응집력이 작아져 보다 자유롭게 움직일 수 있기 때문이다. 그러나 기체는 온도가 높을수록 분자의 운동에너지(또는 속도)가 커져 더 많은 운동량 교환을 가져와 점도를 증가시킨다.

---

18) 내부마찰과 외부마찰(고체 사이의 마찰, external friction)은 입자층 사시에 속도가 다르면 서로 같아지려는 성질에 기인하여 본질적으로 동일하지만, 현상론적으로는 매우 다르다. 고체 사이의 마찰(외부마찰)은 표면의 거칠기나 융착에 기인하지만, 유체 사이의 내부마찰(점성)은 분자의 응집력이나 분자 운동에 의한 운동량 교환에 기인한다.

19) 액체 점성의 발생 기구는 층류와 난류가 다르다. 층류이면 액체의 점성은 분자의 응집력에 기인하고, 이것은 만유인력이 아니고 분자 사이의 전기화학적인 힘을 의미한다. 난류상태이면 액체의 난류점성은 기체와 같이 분자의 운동량 교환에 기인하는데, 이 내용은 7장 '7.2.2 난류전단응력'에서 설명한다.

20) 운동량 교환(전달)은 유체역학에서 가장 중요한 핵심적인 내용이라 할 수 있다. 이것은 기체의 점성 및 액체의 난류점성이 생기게 하는 요인이기 때문이다. 유체의 속도에는 두 가지가 있다. 하나는 브라운운동이라 알려진 분자가 스스로 제멋대로 움직이는 분자속도이고, 또 다른 하나는 유체가 압력차에 의해 흐르는 체적속도(bulk velocity)이다. 일반적으로 칭하는 속도란 체적속도를 의미하고 액체의 운동량 전달은 체적속도 차이에 기인한다. 액체입자들이 체적속도가 다르면 자연의 법칙에 따라 속도를 고르게 하려는 성질이 운동량 교환으로 나타난 것이다. 액체의 운동량 교환은 '(4) 운동량 전달'에서 자세히 설명한다.

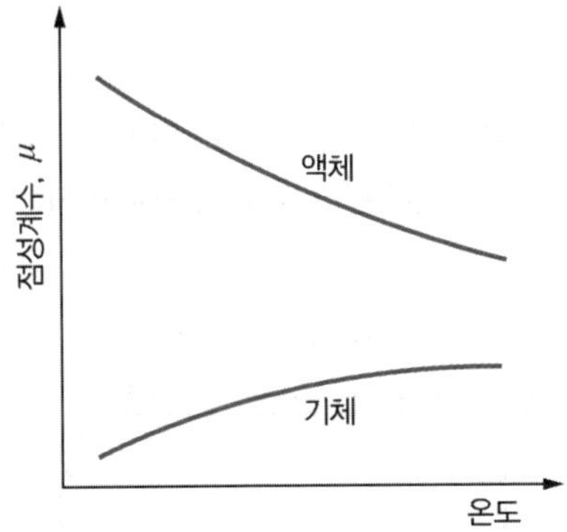

그림 1-6 온도에 따른 점성계수

액체의 점성계수는 온도에 따라 감소하고 다음 식으로 표현된다.

$$\mu = a10^{b/(T-c)} \tag{1.21}$$

여기서 T는 절대온도, a, b, c는 각 액체에 대한 실험상수이다. 물은 온도 0℃~370℃ 범위에서 $a = 2.414 \times 10^{-5}\,\mathrm{N \cdot s/m^2}$, $b = 247.8\,\mathrm{K}$, $c = 140\,\mathrm{K}$이다. [부록 그림 1]에 1atm에서 온도에 따른 액체와 기체의 점성계수를 나타냈다.

기체의 점성계수는 온도에 따라 증가하고, Sutherland식이 유명하다.

$$\mu = \frac{aT^{1/2}}{1 + b/T} \tag{1.22}$$

여기서 T는 절대온도이고 a와 b는 각 기체에 대한 실험상수이다. 공기에 대해 이들 상수 값은 대기조건하에서 $a = 1.458 \times 10^{-6}\,\mathrm{kg/(m \cdot s . K^{1/2})}$, $b = 110.4\,\mathrm{K}$이다.

기체의 점성계수는 기체분자의 응집력을 무시할 수 있어 액체의 점성계수에 비하여 상당히 작은 값을 가진다. [부록 표 1], [부록 표 2]에 온도에 따른 물과 공기의 점성계수를 밀도, 동점성계수와 함께 나타내었다.

예제5

오일이 평판 위를 $v = (20y - 80y^2)\,\mathrm{m/s}$의 속도 분포를 갖고 흐른다. 이때 평판 면에서 작용하는 전단응력은 얼마인가? 단 오일의 점성계수는 $\mu = 0.0075\,\mathrm{N \cdot s/m^2}$이며 y는 평판 면부터 수직거리이고 단위는 m이다.

평판 면, 즉 $y = 0$에서의 속도구배는 $(dv/dy)_{y=0} = (20 - 160y)_{y=0} = 20\,\mathrm{(m/s)/m}$이다. 따라서 전단응력은 식 (1.19)로부터 다음과 같다.

$$\tau = \mu\left(\frac{dv}{dy}\right)_{y=0} = 0.0075\,\frac{\mathrm{N \cdot s}}{\mathrm{m^2}} \times 20\,\frac{\mathrm{(m/s)}}{\mathrm{m}} = 0.15\,\mathrm{N/m^2}$$

예제6

그림과 같은 베어링에서 직경 3 cm인 축이 300 rpm으로 회전할 때 마찰에 의한 손실동력은 얼마인가? 단 베어링과 축과의 접촉 길이는 12 cm, 간극은 0.25 mm, 오일의 점성계수는 $\mu = 0.006\ \mathrm{N \cdot s/m^2}$이다.

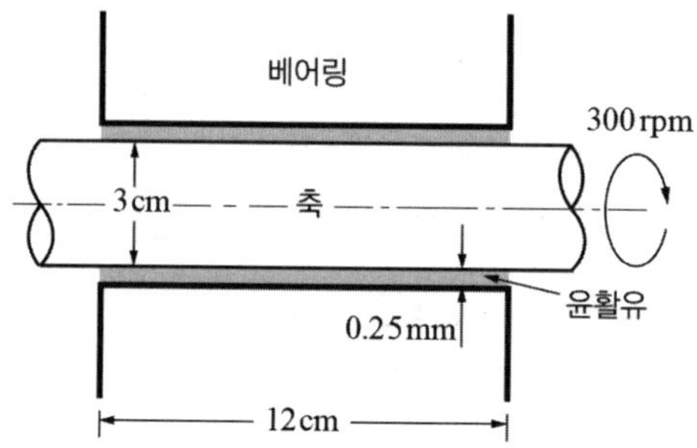

[그림 예제1.6]

이것은 베어링 축의 구동 토크와 마찰손실의 평형으로 구할 수 있다. 먼저 저항토크 T는 "힘×거리"이므로 다음과 같다.

$$T = A\tau r = -(2\pi r \times 0.12)\left(\mu \frac{dv}{dr}\right) r$$

위 식을 속도에 대하여 정리하여 적분하면 다음 식을 얻는다.

$$v = \frac{T}{0.24\pi\mu}\frac{1}{r} + C$$

적분상수 C는 경계조건, 즉 베어링 표면 $r = 0.01525\ \mathrm{m}$에서 속도 $v = 0$을 대입하면 다음과 같다.

$$C = -\frac{T}{0.24\pi\mu}\frac{1}{0.01525}$$

따라서 저항토크는 다음 식으로 주어진다.

$$T = 0.24\pi\mu \frac{0.01525 \times 0.015}{0.00025} v$$

여기서 축의 표면속도 v는 다음과 같다.

$$v = \omega r = (2\pi \dot{n}/60) r = (2 \times 3.14 \times 300/60) \times 0.015 = 0.471\ \mathrm{m/s}$$

마찰손실 L은 구동토크와 $L = T\omega = T(2\pi \dot{n}/60)$인 관계가 있으므로 다음과 같다.

$$L = 0.24\pi\mu \frac{0.01525 \times 0.015}{0.00025} v \left(\frac{2\pi \dot{n}}{60}\right)$$

$$= (0.24 \times 3.14)(0.006)\frac{0.01525 \times 0.015}{0.00025}(0.471)\left(\frac{2 \times 3.14 \times 300}{60}\right)$$

$$= 0.06\ \mathrm{N \cdot m/s}$$

(3) 동점성계수

동점성계수(kinematic viscosity) ν는 밀도 ρ에 대한 점성 μ와의 비율로서 유체역학뿐만 아니라 열전달에서도 자주 사용된다.

$$\nu = \frac{\mu}{\rho} = \frac{(\mathrm{N \cdot s/m^2})}{(\mathrm{kg/m^3})} = \frac{\mathrm{m^2}}{\mathrm{s}} \tag{1.23}$$

동점성계수의 단위는 $\mathrm{m^2/s}$ 또는 $\mathrm{cm^2/s}$이 사용되며, 단위의 차원은 $[L^2T^{-1}]$이다. 일반적으로 동점성계수의 단위는 stoke를 사용하고 다음과 같다.

$$1\,\mathrm{stoke} = 1\,\mathrm{cm^2/s} = 10^{-4}\,\mathrm{m^2/s}$$
$$1\,\mathrm{centistoke} = (1/100)\,\mathrm{stoke} = 1\,\mathrm{mm^2/s} = 10^{-6}\,\mathrm{m^2/s}$$

점성계수가 온도의 함수이므로 동점성계수도 온도에 따라 다른 값을 갖는다. [부록 그림 2]에 1atm에서 여러 유체의 온도에 따른 동점성계수를 나타냈다. 점성계수는 물이 공기보다 크지만, 동점성계수는 공기가 물보다 큼에 유념하라.

예제7

20℃ 공기의 점성계수와 밀도는 $\mu = 1.807 \times 10^{-4}$ poise, $\rho = 1.203\,\mathrm{kg/m^3}$이다. 점성계수를 미터계 절대단위[MLT], 미터계 공학단위[FLT] 및 SI 단위로 나타내어라. 또한 공기의 동점성계수는 몇 stoke인가?

$1\,\mathrm{poise} = 1\,\mathrm{dyne\,.\,sec/cm^2} = 1(10^{-5}\mathrm{N})(\mathrm{sec})(10^{-4}\,\mathrm{m^2}) = 0.1\,\mathrm{N \cdot s/m^2}$이므로 미터계 절대단위계 [MLT] 및 SI 단위로는 다음과 같다.

$$1.807 \times 10^{-4}\,\mathrm{poise} \times \frac{0.1\,\mathrm{N \cdot s/m^2}}{1\,\mathrm{poise}} = 1.807 \times 10^{-5}\,\mathrm{N \cdot s/m^2}$$

미터계 공학단위계[FLT]로는 $1\mathrm{N} = (1/9.81)\,\mathrm{kgf}$이므로 다음과 같다.

$$1.807 \times 10^{-5}\,\mathrm{N \cdot s/m^2} = 1.807 \times 10^{-5}\left(\frac{1}{9.8}\mathrm{kg}f\right).\,\mathrm{s/m^2}$$
$$= 1.8439\,\mathrm{kg}f \cdot \mathrm{s/m^2}$$

공기의 동점성계수 ν는 SI 단위로 다음과 같다.

$$\nu = \frac{\mu}{\rho} = \frac{1.807 \times 10^{-5}\,\mathrm{N \cdot s/m^2}}{1.203\,\mathrm{kg/m^3}} = 1.502\,\mathrm{m^2/s}$$

(4) 운동량 전달

유체동역학에서 가장 중요한 성질은 점성이다. 점성은 유체입자들 사이에 속도가 다르면 서로 같아지려는 성질이고 그 크기를 점성계수로 표현한다고 하였다. 또한 액체의 점성은 층류인 경우에는 분자의 응집력에 기인하지만, 난류인 경우에는 기체와 마찬가지로 분자의 운동량 교환에 기인한다고 하였다. 따라서 유체의 난류점성의 크기는 유체입자의 순(net) 운동량 전달(교환)을 의미한다.

난류는 유체입자들이 멋대로 이동하는 난잡한 흐름이다. 난류에서는 속도가 다른 유체입자들이 운동량(mv)을 보유한 채 층을 넘나들면서 속도가 같아지도록 한다. 즉 속도가 빠른 입자들은 속도가 작은 입자층으로, 속도가 작은 입자들은 속도가 빠른 입자층으로 이동하며 운동량을 전달한다.

운동량 전달기구는 뉴턴유체의 전단흐름을 컨베이어 벨트로 이동하는 수송시스템으로 고려하면 이해하기 쉽다. [그림 1-7](a)는 벽면 부근의 두개의 유체층과 속도분포를, 그림(b)와 (c)는 유체층이 층류와 난류인 경우에 속도가 다른 두 개의 컨베이어 벨트에 사람들이 타고 있는 것을 나타냈다. 벨트의 이동방향을 x축 방향이라 하자. 그림(b)의 층류인 경우에는 고속벨트와 저속벨트의 사람들이 층을 유지하면서 이동할 것이다. 그런데 그림(c)의 난류인 경우에는 층을 유지하지 못하고 넘나들면서 고속벨트의 일부 사람들이 저속벨트로 이동하면 고속벨트의 운동량 총합은 줄어들고, 반면에 저속벨트의 운동량 총합은 증가할 것이다. 물론 이와 반대의 현상, 즉 저속벨트의 사람들이 고속벨트로 이동하여 운동량을 전달하기도 한다. 한 물체의 운동량 변화는 그 물체에 작용하는 외력에 기인하다는 것은 뉴턴 운동 제2법칙으로부터 잘 알려진 사실이다.

저속벨트의 운동량 증가는 고속벨트의 유체입자가 저속벨트로의 이동에 의해 x축 양의 방향으로 힘을 가한 것이 된다. 반면에 고속벨트의 운동량 감소는 저속벨트로부터 입자의 이동이 고속벨트를 x축 음의 방향으로 힘이 작용한 것을 의미한다. 이것은 y축의 음의 방향으로 이동하는 것에 의하여 x축의 양의 방향으로 작용하는 힘이 생긴다고 할 수 있다. 이 힘은 전단력이므로 난류에서 전단력(또는 전단응력)은 유체입자가 y축 방향으로 운동량 전달에 의해 발생한다는 것을 알 수 있다.[21]

난류는 속도가 다른 입자층 사이에 불규칙하게 상호 이동하므로 운동량 전달의 순 방향은 큰 쪽(고속층)에서 작은 쪽(저속 층)을 향하고, 그 값은 운동량이 큰 쪽에서 작은 쪽의 값을 뺀 것과 같다. 그러므로 운동량 전달이라 하면 순(net) 운동량 교환을 의미한다.

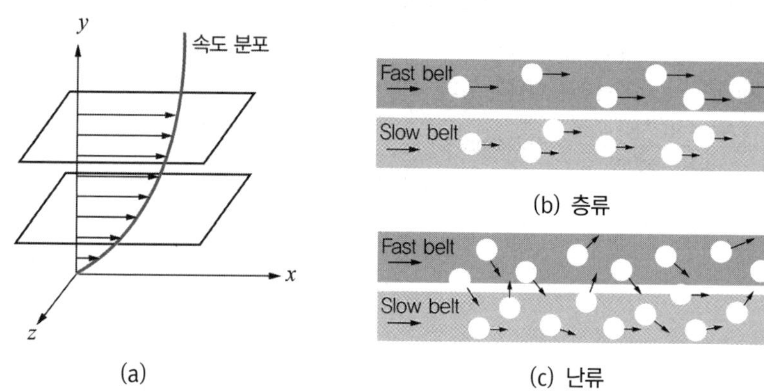

그림 1-7 운동량 전달에 대한 컨베이어 벨트 수송시스템

21) 난류에 기인한 전단응력은 레이놀즈응력이라 하며, 7장 7.2.2 난류전단응력에서 자세히 설명한다.

1.3.4 압축성과 탄성

일반적으로 액체는 압력을 가하면 수축되는 정도가 작아 비압축성이라 고려하지만, 기체는 낮은 압력이라도 가하면 쉽게 수축되는 압축성 유체이다. 액체는 비압축성이라 고려하지만, 매우 큰 고압으로 가하면 약간 수축된다. 이때 압축에너지는 보존되어 압력을 제거하면 액체는 고체와 같이 원 상태로 팽창한다. 이것을 체적탄성(bulk modulus)이라 한다. 압축성계수와 체적탄성계수는 역수의 관계가 있으며 물질의 고유한 성질이다.

(1) 압축성계수

유체의 압축성계수(압축률, coefficient of compressibility) α는 유체에 가한 압력이 dp만큼 증가에 대한 부피 V가 dV만큼의 변화, 즉 수축률과의 비로 정의된다.

일정한 질량 m에 대하여 수축률 dV/V은 밀도변화율 $d\rho/\rho$과 동일한 관계가 있다.

$$m = \rho V \rightarrow 0 = \rho dV + V d\rho \rightarrow \frac{dV}{V} = -\frac{d\rho}{\rho}$$

그러므로 압축성계수는 다음 식으로 나타낼 수 있다.

$$\alpha = -\frac{1}{V}\left(\frac{\partial V}{\partial p}\right)_T = \frac{1}{\rho}\left(\frac{\partial \rho}{\partial p}\right)_T \tag{1.24}$$

여기서 하첨자 T는 등온상태 하에서의 압축과정을 의미한다. 그러므로 위 식은 등온압축계수(isothermal compressibility) α를 의미한다.[22] 등온압축계수는 후술하는 체적탄성계수 ϵ_v와 역수의 관계($\alpha = 1/\epsilon_v$)가 있다. 압축성계수의 단위는 dV/V 및 $d\rho/\rho$가 무차원이므로 $1/dp$의 단위, 즉 압력의 역수 단위인 (1/Pa), (m^2/N), (cm^2/kgf), (1/psi)을 갖는다. 압축성계수(또는 체적탄성계수)는 물질의 고유한 성질이므로 압력과 온도에 영향을 받는다. 그러나 물의 압축성계수는 [표 1.6]에 나타낸 바와 같이 온도와 압력에 따라 그다지 변하지 않아 $\alpha \approx 0$이다. 그러므로 물(또는 액체)은 비압축성유체라 고려할 수 있다. 물의 작은 체적변화를 가져오려면 매우 큰 압력이 필요하다. 반면에 기체는 압축성계수가 상당히 커서 온도와 압력의 작은 변화에도 체적이 크게 변화하여 압축성유체이다.

표 1.6 물의 압축성계수 α (m^2/N)

압력(기압)/온도	0℃	20℃	50℃	95℃
1	0.4902×10^{-9}	0.4545×10^{-9}	0.4369×10^{-9}	0.4695×10^{-9}
100	0.4835×10^{-9}	0.4396×10^{-9}	0.4241×10^{-9}	0.4547×10^{-9}
300	0.4374×10^{-9}	0.4168×10^{-9}	0.4006×10^{-9}	0.4292×10^{-9}
1000	0.3817×10^{-9}	0.3537×10^{-9}	0.3405×10^{-9}	0.3582×10^{-9}

22) 유체에 압력을 가하면 점성에 의하여 내부적으로 열이 발생하여 유체의 온도와 엔트로피가 변할 수 있다. 이 때문에 등온압축계수 α와 등엔트로피 압축계수 α_s를 다르게 정의하여 사용한다.

기체의 유동에서는 압축성이 매우 중요하다. 기체의 압축성은 음속과 관련이 있다. 기체는 Mach수가 0.3 이하이면 액체와 마찬가지로 비압축성 유체의 유동으로 해석할 수 있지만, Mach수가 0.3 이상이면 압축성 유동으로 해석해야 한다.

예제8

표준상태(0 ℃, 101.3 kPa)의 물은 1기압의 압력 변화에 대하여 체적의 변화는 몇 %인가? 또 물을 1% 압축하는데 필요한 압력은 얼마인가?

표준상태의 물을 1기압의 압력변화($\Delta p \fallingdotseq 100$ kPa)에 대한 체적변화는 압축성계수 식 (1.24)와 [표 1.6]의 압축성계수를 참고하면 다음과 같다.

$$-\frac{\Delta V}{V} = \alpha \Delta p = (0.4902\times 10^{-9}\ \mathrm{m^2/N})(1\times 10^5\ \mathrm{N/m^2}) = 0.000049$$
$$= 0.0049\ \%$$

물은 1기압의 압력변화에 대한 체적의 변화는 0.005% 정도이다.

또한 물을 1% 압축하는데 필요한 압력은 식 (1.24)에 의해서 다음과 같다.

$$\Delta p = -\frac{\Delta V}{V_1}\frac{1}{\alpha} = \frac{0.01}{0.4902\times 10^{-9}\ \mathrm{m^2/N}} = 20{,}400\ \mathrm{kPa}$$
$$\cong 204\text{기압}$$

물을 1% 압축하려면 약 204기압 정도의 압력이 필요하다.

(2) 체적탄성계수

유체는 고체와 마찬가지로 압력을 가하면 수축하고 압력이 감소하면 팽창한다. 유체의 체적탄성계수(bulk modulus of elasticity) ϵ_v는 압축계수의 역수로 다음과 같이 정의한다.

$$\epsilon_v = -V\left(\frac{\partial p}{\partial V}\right)_T = \rho\left(\frac{\partial p}{\partial \rho}\right)_T = \frac{1}{\alpha} \qquad (1.25)$$

체적탄성계수 ϵ_v의 단위는 압력의 단위, 즉 Pa, N/m^2, kgf/cm^2, psi을 갖는다. 비압축성유체(액체)는 체적탄성계수가 온도와 압력에 따라 그다지 변하지 않고 $\epsilon_v \approx \infty$인 상당히 큰 값을 갖는다. 그러므로 액체는 조그만 체적변화라도 매우 큰 압력이 필요하지만, 그러나 기체는 체적탄성계수가 상당히 작아 압력을 가하더라도 체적이 쉽게 변한다.

이상기체의 체적탄성계수를 구하여 보자. 이상기체의 상태식 $p = \rho RT$를 일정한 온도에서 미분하여 $dp/d\rho$로 정리하면 다음과 같다.

$$(dp/d\rho)_T = RT$$

체적탄성계수 정의 식 (1.25)을 고려하면 위 식은 다음과 같다.

$$\epsilon_v = p \tag{1.26}$$

이것은 기체의 등온압축과정에서 체적탄성계수는 그때의 절대압력과 같다는 것을 의미한다.

단열압축과정에서 기체의 체적탄성계수는 마찬가지 방법으로 구하면 다음과 같다.

$$\epsilon_v = kp \tag{1.27}$$

따라서 기체의 단열압축과정에서의 체적탄성계수는 절대압력과 비열비의 곱과 같다.

음속은 미소한 떨림(압축과 팽창)의 압력파가 매질은 통해 이동하는 속도이다.[23] 따라서 액체 중에 음파가 전파되는 속도 c는 체적탄성계수와 다음과 같은 관계가 있다.

$$c = \sqrt{\frac{dp}{d\rho}} = \sqrt{\frac{\epsilon_v}{\rho}} \tag{1.28}$$

음속은 체적탄성계수와 밀도비의 제곱근으로 정의되어 물에서의 음속이 공기 중에서의 음속보다 크게 된다.[24] 또한 동일한 유체라도 음속은 온도에 따라 다르게 된다.

공기(기체) 중에 음파가 전달되는 속도 c는 등엔트로피 과정으로 고려할 수 있으므로 위 식에 식 (1.27)을 대입하고, 이상기체 상태식 $p = \rho RT$를 고려하면 다음 식으로 표현된다.

$$c = \sqrt{\frac{kp}{\rho}} = \sqrt{kRT} \tag{1.29}$$

따라서 대기 중의 음속은 절대온도에 따라 다르고 기체온도의 제곱근에 비례한다.

예제9

왕복동 내연기관의 연소실은 연료공기 혼합기가 압축되며 연소한다. 압력이 $1\ \mathrm{MN/m^2}$(10기압)일 때 체적이 $500\ \mathrm{cc}$이었고, 압력이 $2\ \mathrm{MN/m^2}$(20기압)일 때 체적이 $490\ \mathrm{cc}$이었다. 연료공기 혼합기의 체적탄성계수는 얼마인가?

혼합기의 체적탄성계수는 정의 식 (1.25)에 의해 다음과 같다.

$$\epsilon_v = -\frac{\Delta p}{\Delta V/V} = -\frac{(2-1)\mathrm{MN/m^2}}{(490-500)/500} = 50\ \mathrm{MPa}$$

---

23) 음속 c은 압력파의 미소한 떨림에 의해 밀도와 압력의 변화를 가져와 $c^2 = dp/d\rho$인 관계가 있다. 10장 '10.2 음속과 Mach수'에서 자세히 설명한다.

24) 물의 밀도 ρ는 공기보다 크지만, 물의 체적탄성계수 ϵ이 공기보다 훨씬 커서 물에서의 음속이 공기 중에서의 음속보다 크다. 마찬가지 이유 때문에 금속(고체)에서의 음속이 물(액체)에서의 음속보다 크다.

예제10

1기압, 20℃ 물속 및 대기 중에서의 음속을 구하라.

[표 1.6]에서 1기압, 20℃(293K) 물의 압축성계수는 $0.4545 \times 10^{-9}\ \mathrm{m^2/N}$, 밀도는 $1000\ \mathrm{kg/m^3}$이다. 공기의 비열비는 1.4, 기체상수는 $287\ \mathrm{J/kg \cdot K}$이다.
물속에서 음속은 식 (1.28)에 의해 다음과 같다.

$$c = \sqrt{\frac{\epsilon_v}{\rho}} = \sqrt{\frac{1}{\alpha}\frac{1}{\rho}}$$
$$= \sqrt{\frac{1}{(0.4545 \times 10^{-9}\ \mathrm{m^2/N}) \times (1000\ \mathrm{kg/m^3})}} = 1{,}483\ \mathrm{m/s}$$

공기 중의 음속은 식 (1.29)에 의해 다음과 같다.

$$c = \sqrt{kRT} = \sqrt{1.4 \times 287\ \mathrm{J/kg \cdot K} \times 293\ \mathrm{K}} = 343\ \mathrm{m/s}$$

물에서의 음속이 대기 중에서보다 4.3배 빠른 것을 알 수 있다.

(3) 체적팽창계수

체적팽창계수도 물질의 고유한 성질이므로 2개의 독립상태량, 즉 온도와 압력에 따라 변한다. 일정한 압력에서 온도에 따른 밀도의 변화는 굴뚝에서의 연기의 상승, 자연대류 열전달 등 많은 자연현상을 일으킨다.

체적팽창계수 β는 일정한 압력 하에서 온도에 따른 체적(또는 밀도) 변화로 정의된다.

$$\beta = \frac{1}{V}\left(\frac{\partial V}{\partial T}\right)_p = -\frac{1}{\rho}\left(\frac{\partial \rho}{\partial T}\right)_p \tag{1.30}$$

체적팽창계수의 단위는 dV/V 및 $d\rho/\rho$가 무차원이므로 $1/dT$의 단위, 즉 온도의 역수 단위인 (1/K)를 갖는다. 체적팽창계수가 크다는 것은 온도에 따른 밀도의 변화가 큼을 나타낸다. 따라서 $\beta \Delta T$는 일정한 압력 하에서 ΔT 온도상승에 따른 유체의 체적팽창률 $\Delta V/V$를 의미한다.

이상기체의 체적팽창계수를 살펴보자. 절대온도 T에서 이상기체의 체적팽창계수는 온도의 역수, 즉 $1/T$가 된다. 이것은 이상기체 상태방정식($p = \rho RT$)을 일정한 압력 하에서 미분한 것을 식 (1.30)에 대입하면 다음과 같이 쉽게 증명된다.

$$\beta = -\frac{\Delta\rho/\rho}{\Delta T} = \frac{\Delta T/T}{\Delta T} = \frac{1}{T} \tag{1.31}$$

여기서 T는 절대온도이다.

1.3.5 표면장력

액체는 응집력 때문에 서로 혼합될 수 없는 다른 물질과 접촉할 때 그 표면을 되도록 작게 하려는 성질이 있다. 액체 표면에서 생기는 이 힘을 표면장력이라 한다. 표면장력은 유체와 관련된 문제에서는 대체로 무시되지만 물방울, 기포의 형성, 액체와 고체의 접촉각, 모세관현상 및 계면활성제 등과 관련해서는 중요한 성질이다.

(1) 표면장력

액체 내부에 있는 분자들은 인력이나 반발력이 모든 방향으로 평형상태에 있다. 그러나 자유표면상의 분자들은 내부로부터의 인력만이 작용하게 된다. 따라서 대기와 접해 있는 액체분자들이 작용하는 인력의 총 합력은 표면장력으로 나타난다. 표면장력(surface tension) σ는 단위 길이당 잡아당기는 힘으로 정의되므로 자유표면상의 얇은 액막(liquid film)을 잡아당기는 힘을 측정하여 평가할 수 있다.

[그림 1-8]은 U형 프레임과 마찰이 없는 철선(slider)에 액막이 형성되어 있다. 철선을 힘 F로 길이 y만큼 잡아당겼다고 하자. 이때 철선이 움직이는 동안 액막의 온도는 일정하게 유지되었다고 하자. U형 프레임 사이의 거리를 L이라 하면 액막은 상하 2개의 면을 가지므로 표면적의 증가는 $2Ly$만큼 증가하고 표면적을 증가시키는 데 필요한 일(=힘×거리)은 Fy가 된다. 즉 표면적을 증가시키는데 필요한 에너지는 전부 액막의 표면적 증가에 사용되어 표면에는 에너지를 갖게 된다. 그러므로 면적이 증가함에 따라 단위면적당 행한 일은 다음 식으로 쓸 수 있다.

$$\frac{\text{면을 증가시키는데 필요한 일}}{\text{증가된 면적}} = \frac{Fy}{2Ly} = \frac{F}{2L} = \sigma \tag{1.32}$$

이 식은 단위 길이당 잡아당기는 힘을 의미하여 표면장력 σ의 정의와 같다. 따라서 표면장력은 직각 방향으로 단위 길이당 작용하는 힘으로 정의되며, 표면 에너지[25]는 단위 면적당 에너지로 정의된다. 표면장력의 단위는 $\mathrm{N/m}$이고, 표면에너지의 단위는 $\mathrm{N \cdot m/m^2(=N/m)^2}$ 이다. 따라서 표면장력과 표면에너지의 단위는 동일하지만 그 값은 동일하지 않아 사용상 주위가 필요하다.

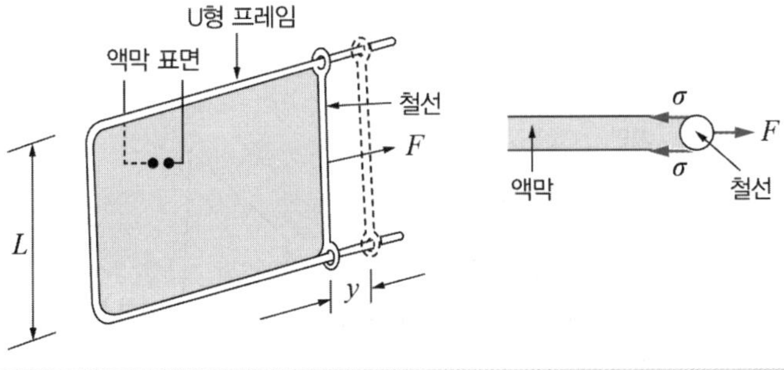

그림 1-8 수평 철선의 움직임

25) 자유표면 위에 있는 분자들은 한쪽(액체 내부)만 상대적으로 강한 분자인력(내부인력)을 받기 때문에 힘의 불균형이 생긴다. 이 힘의 불균형을 이겨내고 새로운 자유표면을 형성하는데 소요되는 에너지(potential energy)를 자유표면에너지 혹은 표면에너지(surface energy)라 한다.

표 1.7 공기와 접촉 시의 표면장력(1기압, 20℃)

액체	표면장력 σ, N/m	액체	표면장력 σ, N/m	액체	표면장력 σ, N/m
물 0℃	0.076	가솔린	0.022	혈액, 37℃	0.058
물 20℃	0.073	에틸알코올	0.023	글리세린	0.063
물 60℃	0.066	비누 수용액	0.025	윤활유	0.365
물 100℃	0.059	등유	0.028	수은	0.480

표면장력의 가장 일반적인 경우는 유체가 물과 접촉할 때이다. 20℃ 상온 하에서 물이 공기와 접촉할 때와 수은이 공기와 접촉할 때의 표면장력은 각각 0.073 N/m, 0.48 N/m이다. 만일 표면에 오염물질이 존재하면 표면장력은 상당히 변할 수 있다. 표면장력은 분자응집력과 직접적인 관계가 있으므로 그 크기는 온도가 증가함에 따라 감소하며 임계점에서 0이 된다. 몇 가지 액체에 대한 공기와의 접촉 시의 표면장력을 [표 1.7]에 나타냈다.

(2) 물방울, 기포

표면장력은 표면을 줄이려는 힘으로 작용하므로 물방울이나 기포는 초기에 구형이 아니더라도 결국에는 표면장력에 의해 구형이 된다. 구형은 체적에 비해 가장 작은 표면적을 갖는 형태이다. 구형과 표면장력은 서로 관계가 있으므로 기포와 표면 사이에 역학적 평형을 적용시키면 막을 경계로 안과 밖의 압력차와 표면장력 사이의 간단한 관계식을 얻을 수 있다.

곡면의 계면은 계면을 경계로 압력 차이를 나타내며, 이때 오목한 면 쪽의 압력이 볼록한 면 쪽의 압력보다 높다. [그림 1-9]와 같이 임의의 만곡된 표면의 미소면적 dA를 고려하자. 이 계면의 오목한 왼쪽의 압력을 p, 볼록한 오른쪽의 압력(대기압)을 p_0라 하면 이 미소면적에 수직방향으로 작용하는 힘(=초과압력×면적)은 $(p-p_0)dA$이고, 이 힘의 x축 방향의 힘의 성분은 다음 식으로 주어진다.

$$(p-p_0)dA\cos\theta$$

여기서 $dA\cos\theta$는 x축에 직각인 평면에 투영된 면적이다.

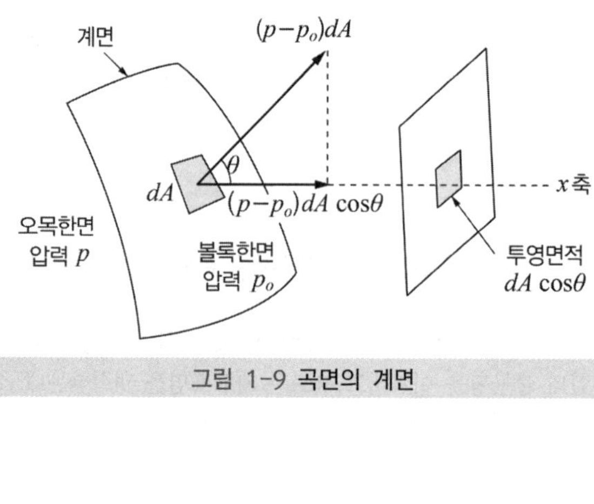

그림 1-9 곡면의 계면

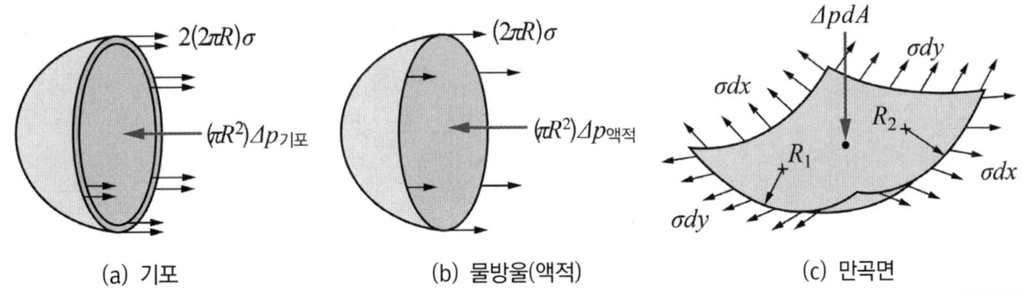

그림 1-10 표면장력에 의한 압력변화

물방울과 기포의 반쪽을 고려하여 위의 관계를 적용시켜 보자. 표면장력은 원주를 따라 작용하고 압력은 면적에 작용함을 주목하면, 물방울과 기포에 대한 힘의 평형은 [그림 1-10](a), (b)를 참고하면 다음과 같이 주어진다.

$$2(2\pi R)\sigma = (p-p_0)_{\text{기포}}\pi R^2 \rightarrow \Delta p_{\text{기포}} = p - p_0 = \frac{4\sigma}{R} \tag{1.33}$$

$$(2\pi R)\sigma = (p-p_0)_{\text{물방울}}\pi R^2 \rightarrow \Delta p_{\text{물방울}} = p - p_0 = \frac{2\sigma}{R} \tag{1.34}$$

여기서 p와 p_0는 각각 기포 또는 물방울의 내부 및 외부의 압력이다.

[그림 1-10](c)와 같이 일반적인 만곡된 계면에 대해서 주 곡률반지름을 R_1, R_2라 하면 오목한 쪽의 압력증가 Δp는 다음 식으로 주어진다.

$$\Delta p_{\text{만곡면}} = \sigma\left(\frac{1}{R_1} + \frac{1}{R_2}\right) \tag{1.35}$$

예제11

만곡된 계면의 안과 밖의 압력차 식 (1.35)를 증명하라.

[그림 예제1.11]과 같이 주 곡률반지름이 R_1, R_2인 이중 만곡면의 미소요소 dx, dy를 고려하자. aa, bb의 사각형 부분은 만곡면 AA, BB의 투영이고 요소의 정적평형을 유지하려면 압력차 $(p-p_0)$는 표면장력에 의한 힘과 평형을 이루어야 한다. 이 압력차와 표면장력과의 관계는 요소와 수직방향의 힘의 성분 σdx, σdy를 0으로 놓음으로써 유도할 수 있다. 즉

$$(p-p_0)\,dx \cdot dy = 2\sigma dy \sin\alpha + 2\sigma\, dx \sin\beta \quad \cdots\cdots \text{(R1)}$$

그림에서

$$\sin\alpha = \frac{dx/2}{R_1}, \quad \sin\beta = \frac{dy/2}{R_2}$$

이므로 식 (R1)에 이것을 대입하면 식 (1.35)를 얻는다.

$$\Delta p = (p-p_0) = \sigma\left(\frac{1}{R_1} + \frac{1}{R_2}\right)$$

식 (1.35)의 응용으로서 액면의 반지름이 R인 물방울일 때는 $R_1 = R_2 = R$을 위 식에 대입하면 식 (1.34)을 얻는다.

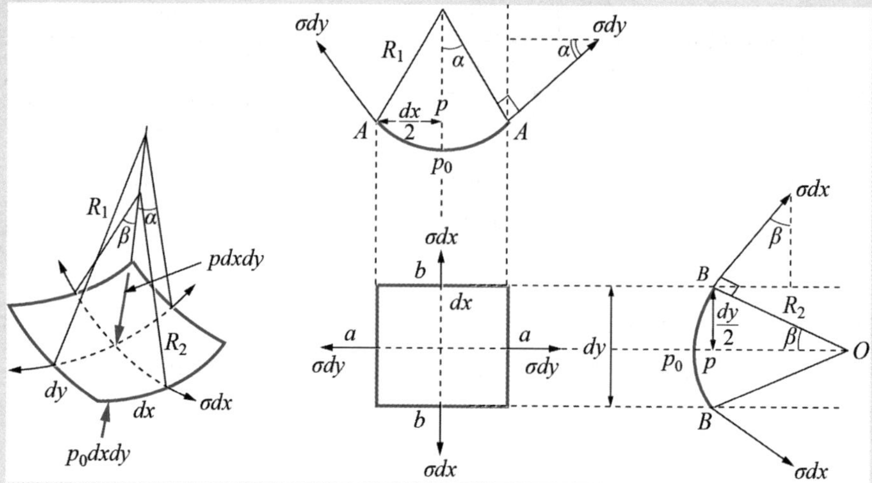

[그림 예제1.11]

예제12

20℃ 상온에서 물방울의 직경이 $1\ \mathrm{cm}$이라면 물방울의 내부압력은 주위 대기압보다 얼마나 더 높은가?

물방울 내외의 압력차는 식 (1.34)로 주어진다. 20℃ 상온에서 물의 표면장력은 [표 1.7]에서 $0.073\ \mathrm{N/m}$을 얻을 수 있다. 따라서 물방울 내외의 압력차는 식 (1.34)에 의해 다음과 같다.

$$\Delta p = \frac{2\sigma}{R} = \frac{2\times 0.073\,\mathrm{N/m}}{0.5\times 10^{-2}\,\mathrm{m}} = 29.2\,\mathrm{N/m^2} = 29.2\,\mathrm{Pa}$$

(3) 모세관 현상

표면장력에 의한 표면효과로서 모세관 현상이 있다. 모세관(capillary tube)이란 털과 같이 가는 관이란 뜻이고, 모세관 현상(capillarity)이란 모세관에서 액체가 상승 또는 저하하는 것을 의미한다. 이것은 물과 물 등 서로 친화적인 분사 사이에 작용하는 힘인 응집력과 물과 유리와 같이 비친화적인 분자 사이에 작용하는 부착력과의 상대적인 크기에 따라 다르게 나타나기 때문이다. 즉 부착력이 응집력보다 크면 액체가 모세관을 따라 올라가고, 반대이면 내려간다.

액체가 고체를 적시는 경우, 즉 부착력이 응집력보다 큰 경우는 [그림 1-11](a)와 같이 상승하고 접촉각 θ은 90°보다 작다. 그러나 그 반대인 경우, 즉 액체가 고체를 적시지 않은 경우에는 그림(b)와 같이 저하하고, 접촉각은 90°보다 크다. 모세관 내 액체의 자유표면의 곡면은 요철면(메니스커스, meniscus)이라 한다.

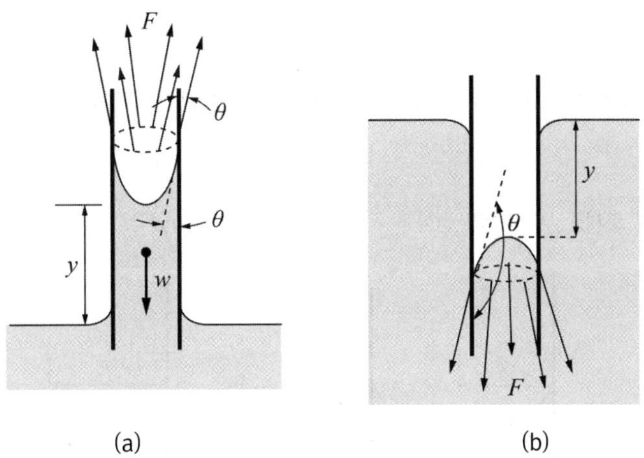

그림 1-11 모세관 현상

모세관 상승 또는 하강의 크기 y는 표면장력에 의한 효과이므로 액주에 대한 힘의 평형으로부터 결정할 수 있다. 액주 높이의 기준은 대기압이 작용하는 수조의 자유표면이다. 수조의 자유표면과 액주 상부의 자유표면은 동일한 대기압이 작용하므로 액주가 상승하는 힘(또는 액주의 무게, W)은 표면장력에 의한 힘($2\pi R\sigma$)의 수직방향 성분과 같다. 먼저 액주의 중량을 고려하면 다음과 같다.

$$W = \rho g \pi R^2 y$$

여기서 R은 모세관 반경으로 상수이다.

다음, 액주 상면의 곡면(메니스커스)에 작용하는 표면장력의 수직방향 성분의 힘은 다음 식으로 주어진다.

$$F = 2\pi R\sigma \cos\theta$$

따라서 위 두 식을 등식으로 풀면 모세관 상승 높이는 다음과 같다.

$$y = \frac{2\sigma \cos\theta}{\rho g R} \tag{1.36}$$

이 식은 [그림 1-11](b)와 같이 고체를 적시지 않는 액체에 대해서도 적용된다. 모세관 현상은 종이에 잉크의 퍼짐, 담배 라이터 심지의 오일 상승 등 많은 곳에서 나타난다. 또 직경이 작은 관을 압력측정용으로 사용할 때는 모세관 효과가 나타나므로 이를 보정해야 한다.

예제13

모세관에서 액체의 상승 또는 저하의 크기에 대한 표현식을 표면 액막을 경계로 전후 압력차를 고려하여 유도하라.

[그림 예제1.13]에 모세관 내 액주의 정상의 곡면(meniscus)을 나타냈다.

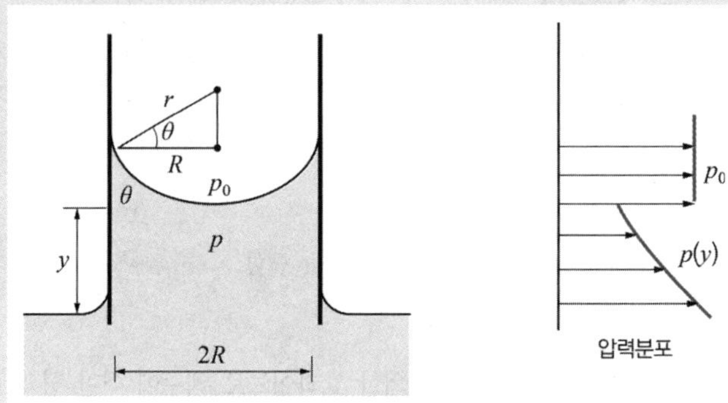

[그림 예제1.13] 액주 정상의 압력차

메니스커스의 임의의 반경 r은 $r = R/\cos\theta$이고, R은 모세관의 반경이다. 식 (1.34)에 의해 표면을 가로지르는 압력차 Δp는 $2\sigma/r$이므로, 만약 표면 위의 압력이 대기압 p_0이라 하면 표면 바로 밑의 액체의 압력 p는 다음과 같이 주어진다.

$$\Delta p = p - p_0 = \frac{2\sigma}{r} \rightarrow p = p_0 - \frac{2\sigma\cos\theta}{R}$$

또 저수조의 자유표면과 모세관 액주의 외부 압력은 동일한 대기압이다. 그때 액주의 높이 y에서 액주 내부 압력 p은 다음 식으로 주어진다.

$$p = p_0 - \rho g y$$

모세관의 크기(높이)는 위 두 식에 의해 식 (1.36)과 동일한 다음 식을 얻는다.

$$y = \frac{2\sigma\cos\theta}{\rho g R}$$

예제14

직경 $1\ \mathrm{mm}$인 긴 유리관이 20℃의 얕은 물에 수직으로 세워져 있다. 유리관에 물의 접촉각이 30°이라면 모세관 내 물의 상승 높이는 얼마인가?

20℃ 물의 표면장력은 [표 1.7]에 의해서 $0.073\ \mathrm{N/m}$이므로 모세관 내 물의 상승 높이는 식 (1.36)에 의해 다음과 같다.

$$y = \frac{2\sigma\cos\theta}{\rho g R} = \frac{2\times 0.073\ \mathrm{N/m}\times\cos 30^\circ}{1000\ \mathrm{kg/m^3}\times 9.8\ \mathrm{m/s^2}\times 0.5\times 10^{-3}\ \mathrm{m}}$$
$$= 0.0258\ \mathrm{m} = 2.58\ \mathrm{cm}$$

(4) 접촉각

표면장력의 표면효과로서 접촉각(contact angle) θ가 있다. 접촉각은 모세관 효과의 강도를 나타내는 것으로서 접촉점에서 액체면에 대한 접선과 고체면과 만드는 각도로 정의된다. 이때 $\theta < 90°$ 이면 액체는 고체를 '적신다(wet)', $\theta > 90°$ 이면 액체는 고체를 '적시지 않는다(nonwetting)'고 말한다.

접촉각을 설명하기 위하여 액체가 고체, 기체와 만나는 곳에서 표면장력을 고려하여 보자. 이를 [그림 1-12]에 나타냈는데, 3개의 막(고체-기체막, 액체-기체막, 고체-액체막)이 존재하는 것을 알 수 있다. 이때의 접촉각은 힘의 평형으로 구할 수 있다. 일반적으로 표면장력 σ는 액체와 기체 사이에 형성된 표면에 대한 표면장력 σ_{lv}을 의미한다.

경계면 부근을 미시적 관점에서 살펴보자. 고체와 액체, 고체와 기체, 액체와 기체분자 사이의 인력은 모두 다르게 나타나므로 경계면 상의 미소요소에 작용하는 힘의 평형을 생각할 때는 표면장력이라는 개념을 사용하여 각각 σ_{sl}, σ_{sv}, σ_{lv}로 나타낸다. 여러 가지 액체가 고체 벽면에서 형성되는 액체 표면의 형상은 접촉각 θ에 좌우되고 이것을 [그림 1-13]에 나타내었다.

[그림 1-13](a)는 메틸렌 요오드(methylene iodide)가 유리에 접촉하여 형성한 것으로서 이곳의 힘의 평형을 고려해 보자. 여기에는 독립된 4개의 힘이 작용하여 평형상태에 있다. 4개 중 3개는 막의 표면장력이고, 4번째 힘 F_A는 액체와 고체 벽 사이의 인력으로서 부착력(adhesive force)이다. x, y축 방향에 대한 4개의 힘에 대한 평형을 적용하면 다음과 같은 식이 성립한다.

$$\sum F_x = \sigma_{lv}\sin\theta - F_A = 0$$

$$\sum F_y = \sigma_{sv} - \sigma_{sl} - \sigma_{lv}\cos\theta = 0$$

따라서 위 식에서 다음 식을 얻을 수 있다.

$$F_A = \sigma_{lv}\sin\theta \tag{1.37}$$

$$\sigma_{sv} - \sigma_{sl} = \sigma_{lv}\cos\theta \tag{1.38}$$

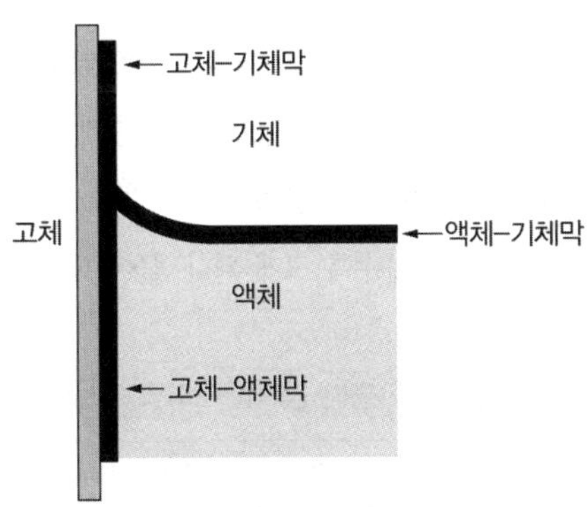

그림 1-12 표면장력

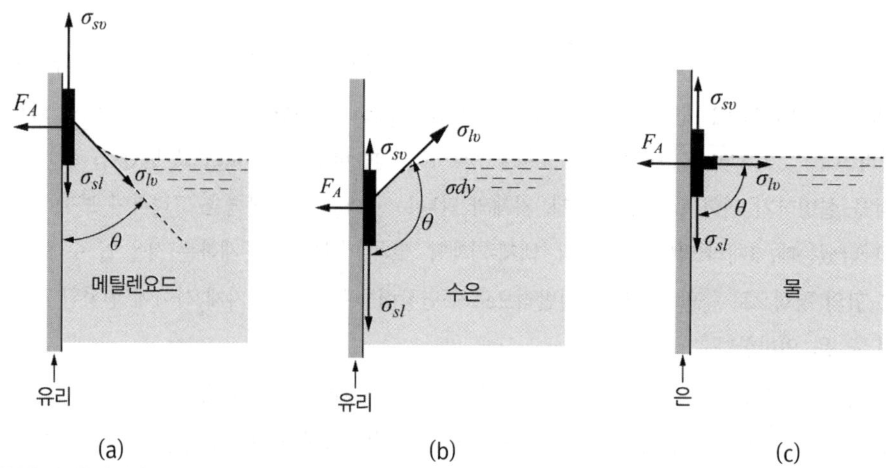

그림 1-13 여러 가지 물질의 접촉각

위 식 (1.37)에 의하여 접촉각 θ와 액체-기체 경계막의 표면장력 σ_{lv}을 알면 부착력 F_A를 구할 수 있다. 식 (1.38)은 접촉각 θ가 고체-액체 경계막에 대한 표면장력 σ_{sl}과 고체-기체 경계막에 대한 표면장력 σ_{sv}의 차이에 좌우된다는 것을 보이고 있다. σ_{sv}가 σ_{sl}보다 크면 식 (1.38)에서 θ는 양(+)의 값을 가지며, [그림 1-13](a)와 같이 접촉각 θ는 0°와 90° 사이에 있어 에틸렌 요오드는 유리를 적시고 있다. 그림 (b)는 수은이 유리에 접촉한 형상을 나타낸 것이다. 접촉각 θ가 약 140°이므로 cos θ는 음(-)의 값을 가지므로 식 (1.38)에 의해 σ_{sv}는 σ_{sl}보다 작다. 따라서 접촉각이 $\theta > 90°$ 이므로 수은은 유리를 적시지 않는다. 그림 (c)는 물이 은(silver)에 접촉한 상태를 근사적으로 나타낸 것이다. 이 경우에 σ_{sv}와 σ_{sl}은 거의 같아 식 (1.38)의 좌변이 0이므로 θ가 0이 되어 따라서 접촉각 θ는 90°이다.

액체에 불순물이 포함되었거나 혼합물질인 경우 접촉각은 상당히 변화될 수 있다. 근래 많은 화학제품이 wetting agents 또는 detergents로 개발되어 밥솥, 전기 프라이팬 등에 사용되고 있다. 이러한 합성물은 접촉각이 매우 작거나 혹은 매우 큰 값을 가진다.

1.3.6 증기압과 공동현상

모든 액체는 항상 기화하려는 성질을 가지고 있다. 즉 액체에서 기체로의 상변화를 일으키려고 한다. 증기압(vapor pressure) p_v는 주어진 온도에서 액체와 상평형에 있는 증기의 압력으로 정의된다. 이것은 결국 주어진 온도에서 순수물질의 상변화를 일으키는 포화압력 p_{sat}과 같다. 즉 $p_v = p_{sat}$이다. 순수물질의 증기압(또는 포화압력)은 온도에 비례하며 온도가 높을수록 크게 된다. 물에 대한 증기압을 [표 1.11]에 나타내었다.

표 1.11 물의 증기압(포화압력)

온도[℃]	0	5	15	30	50	100	150	200	300
포화압력[kPa]	0.611	0.872	1.71	4.25	12.35	101.3	475.8	1554	8581

비등(boiling)은 액체의 온도가 충분히 높으면 끓은 상태, 즉 액체가 기체로의 상태변화를 일컫는다. 그러나 압력이 충분히 낮으면 비교적 저온에서도 비등이 일어난다. 액체가 온도에 대응한 증기압(포화압력)보다 낮거나 혹은 압력에 대응한 포화온도보다 높으면 비등이 일어난다. 예를 들면 100℃ 물의 증기압은 101.3 kPa이지만 15℃ 물의 증기압은 1.71 kPa로 낮아진다. 이것은 15℃의 물이 흐를 때 물의 압력이 1.71 kPa보다 낮아지게 되면 가열하지 않더라도 15℃의 물이 비등하여 기포(bubble)가 발생한다. 이때 기포의 내부압력은 표면장력에 의해 매우 높은 상태가 되고 기포가 고체표면에서 부서질 때에는 높은 압력으로 인하여 고체표면에 큰 손상을 가져오게 된다. 이러한 비등현상을 공동현상(캐비테이션, cavitation)이라 한다.

유체의 유동으로 인한 공동현상을 기술하는 무차원변수로서 캐비테이션수(cavitation number) Ca가 있다.

$$\text{Ca}=\frac{p-p_v}{\rho v^2/2} \tag{1.39}$$

여기서 p는 유체의 압력, p_v는 증기압, ρ 및 v는 유체의 밀도와 속도이다. 캐비테이션수는 압력에 비례하고, 압력은 Bernoulli 정리에 의해 속도에 반비례한다. 즉 속도가 증가할수록 캐비테이션수는 작아지고, 캐비테이션수가 작아지면 공동현상이 발생한다. 그러므로 유체의 속도가 커져 유체의 압력이 증기압보다 낮아지면 그곳의 유체가 순간적으로 비등하여 기포가 발생하는 공동현상을 일으키기 시작하는 임계값이 존재한다. 즉 공동현상은 주어진 유동에 대한 캐비테이션수가 임계값 이하가 되면 발생한다.

공동현상은 유체기계(수력터빈, 펌프 등)의 설계에 있어서 피해야 할 매우 중요한 고려사항이다. 공동현상이 발생되면 유체의 흐름을 차단 억제할 뿐만 아니라 기포의 소멸에 의한 소음, 진동, 재료의 부식 등의 손상을 가져와 기계의 성능 및 내구성에 악영향을 미치기 때문이다.

예제15

정지상태의 5℃, 1atm의 물이 선박의 스크류에 의하여 회전하기 시작하였다. 이때 물의 속도와 압력의 관계는 Bernoulli 방정식 '$p/\rho+v^2/2=$ 일정'을 만족한다면 공동현상이 발생하기 시작하는 스크류의 회전속도(rpm)는 얼마인가? 스크류의 회전반경은 $0.5\ \text{m}$로 한다.

온도 5℃의 물의 증기압 p_v는 [표 1.11]에 의해 $0.872\ \text{kPa}$이다. 또한 $1\ \text{atm}(101.325\ \text{kPa})$, 5℃ 물의 밀도는 [부록 표 1]에서 $1000\ \text{kg/m}^3$이다. 따라서 스크류가 정지상태와 작동상태의 두 조건을 베르누이 방정식에 고려하면 속도 v는 다음 식으로 주어진다.

$$\frac{p_{atm}}{\rho}=\frac{p_v}{\rho}+\frac{v^2}{2} \quad \rightarrow$$

$$v=\sqrt{\frac{2(p_{atm}-p_v)}{\rho}}=\sqrt{\frac{2\times(101.3-0.872)\times10^3\ \text{N/m}^2}{1{,}000\ \text{kg/m}^3}}=14.2\ \text{m/s}$$

그러므로 스크류의 원주속도 $v(=\omega r)$가 $14.2\ m/s$가 되면 공동현상이 발생하므로 각속도 $\omega(\text{rad/s})$는 다음과 같다.

$$\omega=\frac{v}{r}=\frac{14.2\ \text{m/s}}{0.5\ \text{m}}=28.4\ \text{rad/s}$$

스크류의 회전속도 $\dot{n}\ (rpm)$은 다음과 같다.

$$\dot{n}=\frac{60\omega}{2\pi}=\frac{60\times28.4}{2\times3.14}=271.2\ \text{rpm}$$

CHAPTER 01

유체역학의 기본개념 / 연습문제

[유체의 유동장]

01
유체란 무엇이며 액체와 기체의 차이를 설명하라.

02
연속체란 무엇인가?

03
점착조건이란 무엇이며, 성립조건은 무엇인가?

04
계와 검사체적이란 무엇인가?

05
완전유체와 이상기체를 비교 설명하라.

06
뉴턴유체와 비뉴턴유체를 설명하라.

07
유체역학의 발달사를 기술하라.

[차원 및 단위]

08
질량 kg, 중량(무게) kgf, 힘 N의 차이를 설명하라.

09
다음 양들의 차원을 FLT계와 MLT계로 구하라.

(a) 압력
(b) 힘
(c) 운동량
(d) 에너지

10
영미 중력단위계의 $1\,\mathrm{lb}f$ 및 $1\,\mathrm{psi}$를 미터계 중력단위(FLT)와 SI 단위로 나타내어라.

11
기체의 평균자유경로 l은 다음 식으로 주어진다.

$$l = 1.26\frac{\mu}{\rho\sqrt{RT}}$$

이 식을 사용하여 20℃, $7\,\mathrm{kPa}$ 및 20℃, $100\,\mathrm{kPa}$에서의 공기의 평균자유경로를 계산하라. 이 조건에서 공기는 희박하다고 할 수 있는가?

12
매우 낮은 Reynolds수($\mathrm{Re} \ll 1$)에서 직경이 D인 구에 작용하는 항력 F는 Stokes- Oseen에 의해 다음 식이 제안되었다. 이 식은 차원적으로 동차인가?

$$F = 3\pi\mu Dv + \frac{9\pi}{16}\rho v^2 D^2$$

여기서 ρ는 밀도, μ는 점성계수이다.

13
크기가 $8\times10\times2.5\,\mathrm{m}$인 강의실 내의 공기의 중량은 얼마인가? 공기의 밀도는 $1.12\,\mathrm{kg/m^3}$이라 가정하라.

14
중력가속도 g는 해수면의 9.81m/s^{2}로부터 대형 항공기가 순항하는 고도 13,000m에서의 9.767m/s^{2}까지 고도에 따라 감소한다. 해수면에서의 항공기의 중량에 비해 고도 13,000m에서의 항공기 중량의 감소 비율(%)을 구하라.

15
승용차가 60 km/h의 속도로 도로 위를 주행하고 있다. 수평의 도로 및 오르막길에서 자동차에 작용하는 힘은 얼마인가?

[밀도, 비중량]

16
절대압력 100 kPa, 온도 20℃인 공기의 밀도와 비중량을 구하라.

17
수은의 비중이 13.54일 때 밀도와 비중량을 구하라.

18
어떤 기름 2 m^{3}의 중량이 1.742 kgf일 때 이 기름의 밀도, 비중량을 구하라.

19
물의 밀도 ρ의 변화는 다음과 같다.

온도(℃)	20	25	30	35	40	45	50
밀도 (kg/m³)	998.2	997.1	995.7	994.1	992.2	990.2	988.1

이 데이터를 이용하여 물의 밀도를 예측하는 경험식 $\rho = c_1 + c_2 T + c_3 T^2$ 의 형태로 구하라. 그리고 경험식에 의한 예측과 [부록 표 1]에 주어진 데이터와 비교하라.

[점성]

20
운동량 전달이란 무엇을 의미하는가?

21
액체의 점성은 온도가 증가함에 따라 낮아지는데 비하여 기체의 점성은 온도가 증가함에 따라 상승하는 이유를 설명하라.

22
뉴턴유체의 점성계수 μ, 동점성계수 $\nu(=\mu/\rho)$에 대한 CGS 절대단위계, MKS 중력단위계, SI 단위계의 단위를 각각 쓰고 이들 단위 사이의 환산식을 구하라.

CHAPTER 01

유체역학의 기본개념 / 연습문제

23

어떤 액체의 비중이 0.88, 동점성계수가 3.5×10^{-4} $\mathrm{m^2/s}$이다. 점성계수는 얼마인가?

24

20℃, $150\ \mathrm{kPa(abs)}$인 산소의 동점성계수는 0.104 stoke이다. 동일한 온도와 압력에서 점성계수는 얼마인가?

25

10℃와 70℃ 사이에서 물과 공기의 점성계수와 밀도의 변화는 얼마인가? 압력은 표준 대기압(절대압력 $p = 101.3\ \mathrm{kN/m^2}$)으로 가정한다.

26

어떤 액체의 비중량과 점성계수는 각각 $945\ \mathrm{kgf/m^3}$, $131.67\ \mathrm{N \cdot s/m^2}$이다. 동점성계수는 얼마인가?

27

20℃ 공기의 점성계수는 $1.78 \times 10^{-5}\ \mathrm{N \cdot s/m^2}$이다. Sutherland식을 이용하여 200℃에서의 점성계수를 구하여라.

28

100℃ 프로판의 점성계수는 $1.00 \times 10^{-5} \mathrm{N \cdot s/m^2}$이고 400℃일 때는 $1.72 \times 10^{-5} \mathrm{N \cdot s/m^2}$이다. 프로판의 Sutherland 상수를 구하라.

29

물의 유동에서 전단응력이 $1.2\ \mathrm{N/m^2}$이 되려면 속도구배는 얼마여야 하는가?

30

점성계수 μ가 $\times 10^{-3}\ \mathrm{N \cdot s/m^2}$인 유체가 평판을 따라 $v(\mathrm{m/s}) = 750y - 2.5 \times 10^6 y^3$의 속도분포로 흐른다. 평판면에서의 전단응력을 $\mathrm{N/m^2}$과 $\mathrm{kgf/m^2}$의 단위로 계산하라. 여기서 $y(\mathrm{m})$는 평판 면의 법선방향 거리이다.

31

점성계수 μ가 $4.5 \times 10^{-3}\ \mathrm{N \cdot s/m^2}$인 유체가 간격이 $0.03\ \mathrm{m}$인 평행한 두 평판 사이를 흐르고 있다. 두 평판 사이 속도분포가 $v(\mathrm{m/s}) = 100y(0.03 - y)$로 주어질 때 평판면에서의 전단응력을 계산하라.

32

그림과 같이 두 개의 평행한 평판 사이를 액체가 흐르고 있다. 아래 평판 면 근처에서의 속도분포는 다음과 같다.

$y(\mathrm{mm})$	$v(\mathrm{m/s})$
1.0	1.00
2.0	1.99
3.0	2.99

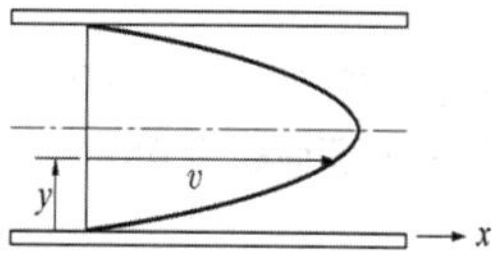

(a) 점성계수가 $1.2 \times 10^{-3}\ \mathrm{N \cdot s/m^2}$이라면 액체 내의 최대 전단응력은 얼마인가?

(b) 최소 전단응력은 어느 곳에서 발생하는가?

33

점성계수 μ가 $1.2\times10^{-2}\ \mathrm{N\cdot s/m^2}$인 오일이 압력구배가 $dp/dx = -1.8\ \mathrm{kN/m^3}$인 고정된 두 평판 사이를 흐르고 있다. 두 평판 사이의 간격이 $5.0\ \mathrm{cm}$이라면 평판 벽면 $(y=0)$ 및 벽면에서 $12\ \mathrm{mm}$ 떨어진 곳에서의 속도와 전단응력은 각각 얼마인가?

속도분포는 다음과 같다.

$$v = -\frac{1}{2\mu}\frac{dp}{dx}(By - y^2)$$

34

그림과 같이 베어링 안에서 지름이 $30\ \mathrm{cm}$인 축이 $5\ \mathrm{m/s}$의 속도로 축 방향으로 움직이고 있다. 베어링과 축 사이에는 $\mu = 0.005\ \mathrm{kgf\cdot s/m^2}$인 윤활유가 유막을 형성할 때, 축을 $5\ \mathrm{m/s}$의 속도로 움직이려면 몇 kgf의 힘이 필요한가? 단 유막에서의 속도분포는 선형분포라 가정한다.

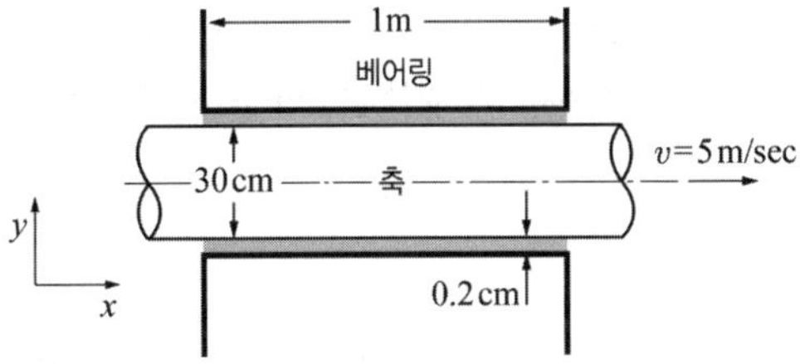

[그림 P1.34]

35

평판 위를 흐르는 공기의 속도 v를 평판의 수직방향 위치 y에서 측정한 결과 다음과 같은 분포를 보였다.

y(mm)	1.5	3	6	12	18	24
v(m/s)	0.23	0.46	0.92	1.94	3.11	4.39

(a) 속도분포가 다음 형태로 가정하여 상수 C_1과 C_2를 구하라.

$$v = C_1 y + C_2 y^3$$

(b) 위의 결과를 이용하여 평판 면$(y=0)$과 $y=50\ \mathrm{mm}$에서의 전단응력을 구하라.

36

회전식 원통점도계는 고정된 외부원통과 움직이는 내부원통 사이에 유체를 넣고 내부 원통을 각속도 ω로 회전시켜 토크(회전력) T를 측정하여 점성계수를 측정한다. 그림과 같이 내부 및 외부 원통 반경이 각각 $R_i = 10\ \mathrm{cm}$, $R_o = 11\ \mathrm{cm}$, 원통의 길이 $\ell = 40\ \mathrm{cm}$이다. 내부 원통을 $40\ \mathrm{rpm}$의 속도로 회전시키는데 필요한 토크가 $0.157\ \mathrm{N\cdot m}$이라면 오일의 점성계수는 얼마인가?

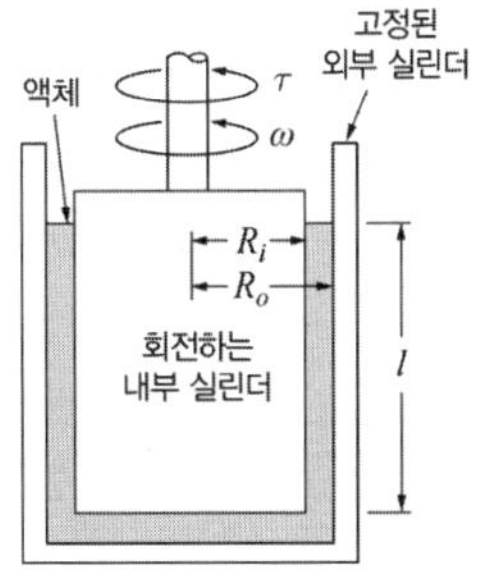

[그림 P1.36]

CHAPTER 01 유체역학의 기본개념 / 연습문제

37

그림과 같은 조건이라면 베어링의 손실동력은 얼마인가?

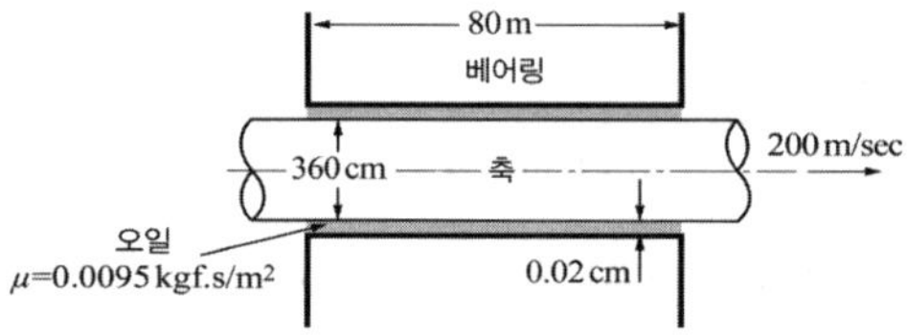

[그림 P1.37]

38

그림과 같이 원판은 축에 의해서 회전한다. 원판은 고체 면과 아주 근접해 있고, 그 사이에 오일이 채워져 있다.

(a) 원판이 $1\ \mathrm{rad/s}$의 각속도로 회전한다면 $r = 3\ \mathrm{cm}$ 및 $r = 2\ \mathrm{cm}$에서의 전단응력의 비를 구하라.

(b) 각속도가 $2\ \mathrm{rad/s}$이면 $r = 3\ \mathrm{cm}$에서 원판에 접해 있는 오일의 속도는 얼마인가?

(c) 오일의 점성계수가 $0.01\ \mathrm{N \cdot s/m^2}$, 간격이 $y = 2\ \mathrm{mm}$일 때, (b)에서 언급한 조건에 대한 전단응력은 얼마인가?

(d) (c)와 동일한 조건에서 원판의 직경이 $10\ \mathrm{cm}$일 때, 원판을 $5\ \mathrm{rad/s}$의 각속도로 회전시키는데 필요한 토크는 얼마인가?

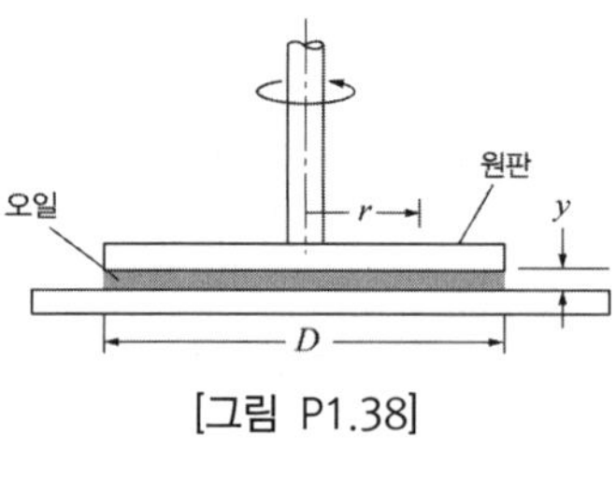

[그림 P1.38]

[압축성과 탄성]

39

유체의 압축계수란 무엇이며 단열압축계수와 등온압축계수는 어떻게 다른가?

40

유체의 체적탄성계수와 고체(철)의 체적탄성계수를 비교하라.

41

어떤 액체가 절대압력이 $101.3\ \mathrm{kPa}$에서 $20\ \mathrm{MPa}$로 변할 때 체적이 $167.8\ \mathrm{cm^3}$에서 $166.13\ \mathrm{cm^3}$으로 감소되었다. 이 액체의 체적탄성계수를 구하라.

42

물의 압축계수가 $4.84 \times 10^{-5}\ \mathrm{cm^2/kg}$일 때, 물의 체적을 0.1% 감축시키기 위한 압력의 증가를 계산하라.

43

초기 체적이 $1000\ \mathrm{cm^3}$인 물에 $2 \times 10^6\ \mathrm{N/m^2}$의 압력이 작용한다. 압력이 작용하고 난 후의 체적을 추정하라.

44

물을 1기압에서 1000기압으로 등온 압축할 때 밀도의 증가를 구하라. 물의 등온 압축계수는 $4.80 \times 10^{-5}\ \mathrm{atm}$로 가정하라.

45

15℃, 1기압하의 물을 100℃까지 가열한다. 체적팽창계수를 이용하여 물의 밀도변화를 구하라.

46

압력이 $101.3\ \mathrm{kPa}$인 자유표면에서 바닷물의 밀도는 약 $1030\ \mathrm{kg/m^3}$이다. 바닷물의 체적탄성계수가 $2.34 \times 10^9\ \mathrm{N/m^2}$, 깊이 z에 따른 압력변화를 $dp = \rho g dz$이라 할 때, 깊이 $2500\ \mathrm{m}$에서 바닷물의 압력과 밀도를 구하라. 단 온도의 효과는 무시한다.

47

디젤기관의 실린더(연소실)는 공기만을 흡입하여 압축한다. 실린더에 부착된 압력계는 초기에 $170\ \mathrm{kPa}$이었다. 실린더 내 공기를 피스톤으로 처음 부피의 1/3이 되도록 압축할 때 압력계의 눈금을 구하라. 대기압은 $101.3\ \mathrm{kPa}$, 등온압축이라 가정한다.

48

유체의 밀도변화가 2% 미만의 유동은 비압축성 유체의 유동으로 해석한다. 관내를 흐르는 공기의 상류에서의 압력이 $62\ \mathrm{kPa}$, 하류에서의 압력이 $59\ \mathrm{kPa}$이라면 이 유동을 비압축성 유체의 유동이라 할 수 있는가? 온도는 동일하다고 가정한다.

49

20℃, 200℃, 2000℃에서의 공기의 음속을 구하라.

50

20℃에서의 물, 수은, 바닷물에서의 음속을 구하라.

[표면장력과 모세관 현상]

51

표면장력이란 무엇인가? 또 표면장력과 표면에너지를 비교 설명하라.

52

모세관 효과의 발생 요인과 접촉각과 어떤 관계가 있는지 설명하라.

53

물의 표면장력이 $7.4\ \mathrm{kgf/m}$일 때, 외부 대기압에 대한 직경 $1\ \mathrm{mm}$인 물방울의 내부 압력은 얼마인가?

54

직경 $5\ \mathrm{cm}$인 비눗방울의 내부압력이 대기압보다 $20.7\ \mathrm{N/m^2}$만큼 높다면 비눗방울의 표면장력은 얼마인가?

55

직경이 D_1인 비눗방울을 D_2까지 증가시키는데 필요한 일은 얼마인가? 비눗방울의 표면장력은 σ이다.

56

비눗방울의 내경 R, 막 두께 t, 표면장력은 σ이다. 외부대기압에 대한 내부압력을 나타내는 식을 유도하라. 내경이 $4\ \mathrm{mm}$일 때 비눗방울의 내·외부에 대한 압력차는 얼마인가?

CHAPTER 01 유체역학의 기본개념 / 연습문제

57

장구애비가 표면장력에 의해 물표면 위에 떠 있다. 이 곤충은 다리가 6개이고, 각각의 다리는 $5\ \mathrm{mm}$의 길이에 걸쳐서 물과 접촉하고 있다. 장구애비가 물에 빠지는 것을 피하기 위한 최대 질량은 얼마인가?

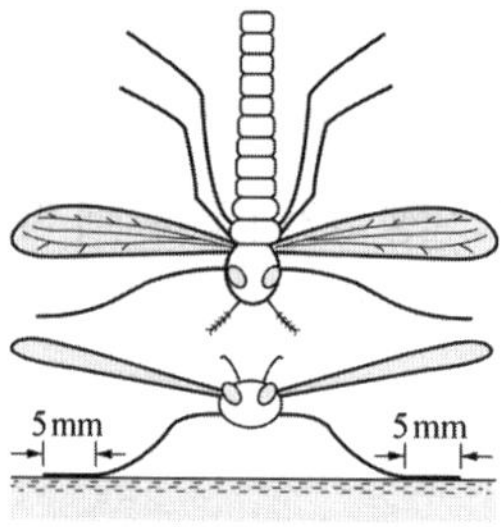

[그림 P1.57]

58

관 내 압력을 측정하기 위하여 피에조미터관(압력 측정 유리관)의 수주가 이용된다. 유리관의 직경이 $6\ \mathrm{mm}$일 때 표면장력의 효과로 인한 수주의 높이는 얼마인가? 또 유리관의 직경이 $3\ \mathrm{mm}$, $1\ \mathrm{mm}$일 때 표면장력의 효과는 어떻게 나타나는가?

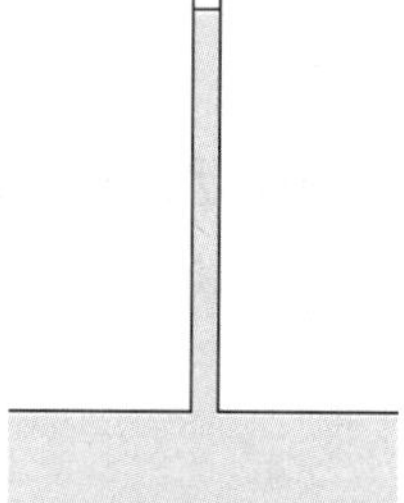

[그림 P1.58]

59

표면장력이 T, 반경 r인 구형 액적의 내부압력은 외부압력에 비하여 $\Delta p = 2T/r$ 만큼 높다. 이것을 에너지에 착안하여 증명하라.

60

간격이 $1\ \mathrm{mm}$인 두 개의 연직 유리 평판 사이에서 물의 최대 모세관 높이를 구하라.

61

관 내의 모세관 높이를 측정함으로써 표면장력을 계산할 수 있다. 물의 표면장력은 0℃의 $0.0756\ \mathrm{N/m}$에서 100℃의 $0.0589\ \mathrm{N/m}$까지 선형적으로 변화한다. 물의 모세관 상승 높이를 이용하여 0~100℃ 범위의 온도를 측정할 수 있는 관의 크기(직경과 길이)를 구하라.

62

수은은 유리 표면에 부착하지 않는다. 그래서 유리관이 수은에 잠길 때 메니스커스는 그림과 같이 아래로 떨어진다. 수은의 표면장력은 $0.514\ \mathrm{N/m}$이고, 접촉각은 40°이다. 직경 $1\ \mathrm{mm}$인 유리관에서 수은의 하강거리 h를 구하라.

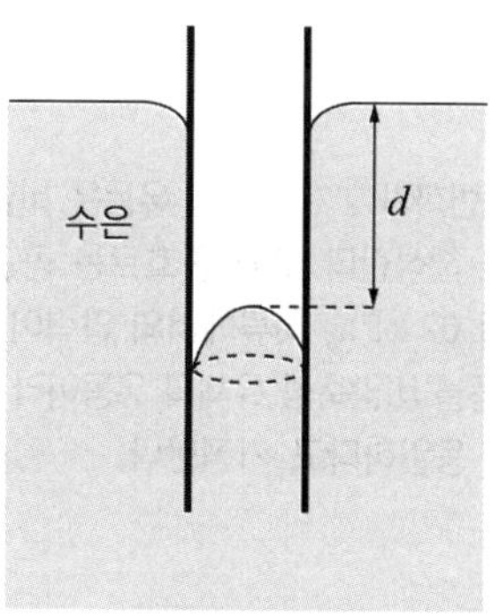

[그림 P1.38]

[증기압과 공동현상]

63

증기압이란 무엇인가? 포화압력과 어떻게 관련되어 있는가?

64

액체가 비등 과정 중에 압력이 증가된다면 온도는 어떻게 변화하는가?

65

공동현상이란 무엇이며 공동현상이 발생되는 이유를 기술하라.

66

높은 산에 올라 밥을 짓는데 물이 98℃에서 끓었다. 이때의 대기압을 구하라.

67

배관시스템에서 물의 온도는 40℃ 이하로 유지된다. 배관시스템에서 공동현상을 피하기 위한 최소 압력은 얼마인가?

68

20℃의 물속에서 고속회전에 의해 프로펠러 날개 끝에서의 압력이 $2\,\mathrm{kPa}$까지 저하하였다면 이 프로펠러에서 공동현상이 발생하는지를 판단하라.

69

물속에서 공동현상의 발생 정도를 표시하는 양으로서 캐비테이션수가 사용되고 있다.

$$\mathrm{Ca} = \frac{p - p_v}{\rho v^2/2}$$

여기서 p는 물의 압력, p_v는 포화압력, v는 물의 유동속도, ρ는 물의 밀도이다. 만약 공동현상이 $\mathrm{Ca} \leq 0.5$에서 발생된다고 하자. 프로펠러가 회전에 의해 속도 $15\,\mathrm{m/s}$, 압력 $0.6\,\mathrm{kgf/cm^2}$이라 할 때, 물의 온도가 10℃, 20℃ 및 30℃에서의 Ca를 구하고, 캐비테이션이 발생여부를 기술하라.

CHAPTER 02

유체 정역학

2-1 유체의 압력

2-2 물체에 작용하는 힘

2-3 부력과 안정성

2-4 상대적 정지 유체

연습문제

CHAPTER 02 유체 정역학

유체 정역학(정수역학, fluid statics, hydrostatics)은 정지하고 있는 유체나 상대적으로 정지상태의 유체에 대한 힘의 평형을 고려하는 분야이다. 유체(특정 시스템, 검사체적)에 작용하는 힘에는 유체 내부 질량에 작용하는 힘인 체적력과 외부와의 물리적인 접촉에 기인하여 표면에 작용하는 표면력이 있다. 일반적으로 체적력으로서는 중력이, 표면력으로서는 수직방향으로 작용하는 압력력과 접선방향으로 작용하는 전단력이 있다. 전단력은 유체의 점성에 기인하여 속도구배가 존재할 때 나타나는 힘이므로 유체가 정지상태에서는 점성유체라도 이 힘이 나타나지 않는다. 따라서 정지상태의 유체에 작용하는 힘은 체적력으로서 중력과 표면력으로서 수직방향의 힘, 즉 압력에 의한 힘만이 존재한다. 그러므로 유체 정역학에서는 깊이(또는 높이)에 따른 압력이 유일한 상태량이 된다.

유체 정역학의 응용분야는 선박이나 잠수함 및 수력 댐과 같이 물 위에 떠 있거나 물속에 잠겨 있는 물체에 작용하는 힘과 안정성 그리고 유압잭(hydraulic jack)과 같은 유압장치에서 발달되는 힘을 결정하는 데 적용된다.

2.1 유체의 압력

2.1.1 응력과 압력

기계공학에서는 유체나 고체를 모두 연속체로서 취급한다. 이것은 물질을 이룬 원자나 분자 사이에는 빈 공간이 없어 원자나 분자의 운동은 접해있는 다른 원자나 분자에 영향을 미쳐 연속적인 운동을 유발하는 것을 의미하므로 두 분자 사이에는 운동을 유발시키는 힘(또는 응력)이 존재한다.

(1) 응력

연속체에 작용하는 힘은 체적력(체력, body force)과 표면력(surface force)으로 구분한다. 체적력은 물리적 접촉없이 물체(질량)에 작용하는 모든 외력을 의미하며 중력, 부력, 원심력 등이 이에 속하며, 단위 질량당 작용하는 힘으로 표시된다. 한편 표면력은 물체의 경계 또는 표면에 작용하는 모든 외력을 의미하며 단위 면적당 작용하는 힘, 즉 응력으로 표시된다.

[그림 2-1]과 같이 유체요소의 미소 표면적 일부를 ΔA라 하면 유체의 형상은 표면으로부터 힘을 받아 현재의 형태를 유지한다. 표면에 작용하는 힘 F를 수직성분과 접선성분으로 분해하여 수직방향으로 작용하는 힘을 F_n(편의상 유체 내부에서 외부로 작용하는 힘으로 표시), 접선방향으로 작용하는 힘을 F_t라 하자.

수직응력 σ는 단위면적에 작용하는 수직방향의 힘 F_n으로 정의되므로 다음과 같다.

$$\sigma = \lim_{\Delta A \to 0} \frac{F_n}{\Delta A} \tag{2.1}$$

수직응력에는 힘의 방향에 따라 수직인장응력과 수직압축응력으로 고려할 수 있다. 그러나 유체는 수직인장응력에 대해서는 견디지 못하므로 일반적으로 응력이라 하면 압축응력(압력)을 의미한다.

전단응력 τ는 단위면적에 작용하는 접선방향의 힘 F_t로 정의되므로 다음과 같다.

$$\tau = \lim_{\Delta A \to 0} \frac{F_t}{\Delta A} \tag{2.2}$$

유체에 힘이 작용하면 힘(또는 응력)은 수직방향 힘(또는 수직응력)과 접선방향의 힘(또는 전단응력)의 합으로 주어진다. 그러나 정지한 유체는 점성의 영향이 없으므로 접선방향으로 작용하는 힘이 존재하지 않아 수직방향으로 작용하는 힘만이 존재한다. 따라서 정지한 유체에 작용하는 표면력은 수직방향의 힘, 즉 압력에 의한 힘뿐이다.

유체의 미소 직육면체에 대하여 응력을 고려하면 면은 6개이지만 대응하는 면의 전단력은 서로 같으므로 3개의 면만을 고려하면 된다. 또 한 개의 면은 x, y, z축 3방향으로 작용하는 전단력이 존재하므로 고려해야 할 응력은 총 9개가 된다. 이들 응력은 일반적으로 응력 텐서(stress tensor) σ_{ij}를 사용하여 표현하고 다음과 같다.

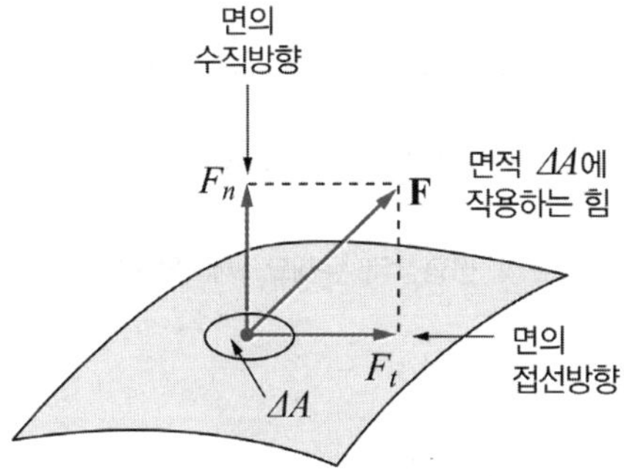

그림 2-1 미소 면적 ΔA에 작용하는 힘

$$\sigma_{ij}=\begin{pmatrix}\sigma_{xx}\ \sigma_{yx}\ \sigma_{zx}\\ \sigma_{xy}\ \sigma_{yy}\ \sigma_{zy}\\ \sigma_{xz}\ \sigma_{yz}\ \sigma_{zz}\end{pmatrix}=\begin{pmatrix}-p+\tau_{xx} & \tau_{yz} & \tau_{zx}\\ \tau_{xy} & -p+\tau_{yy} & \tau_{zy}\\ \tau_{xz} & \tau_{yz} & -p+\tau_{zz}\end{pmatrix}$$

여기서 첫 번째 하첨자는 작용하는 면을, 두 번째 하첨자는 방향을 나타낸다. 즉 σ_{zy}는 z방향에 수직인 단면에 y방향으로 작용하는 응력을 가리킨다. 응력 텐서의 대각선 성분들 σ_{xx}, σ_{yy}, σ_{zz}는 수직응력으로서, 이것은 압력 p와 수직전단응력 τ_{xx}, τ_{yy}, τ_{zz}의 합으로 구성된다. 그러나 비대각선 성분들 $\sigma_{ij}(i\neq j)$은 전단응력 $\tau_{ij}(i\neq j)$만으로 구성된다.[26]

(2) 압력

압력은 유체 내 한 점에 작용하는 단위 면적당 수직력(압축력)으로 정의한다. 정지하고 있든 혹은 움직이고 있든 물체의 표면에는 어느 부분이라도 주위 유체에 의한 수직력이 작용하고 있다. 이것을 압력(pressure)이라 하며 다음과 같이 표현된다.

$$p=\lim_{\Delta A\to 0}\frac{F_p}{\Delta A} \tag{2.3}$$

여기서 F_p는 미소 면적 ΔA에 외부에서 유체 내부로 작용하는 수직방향의 힘이다. 압력은 벡터일 것 같지만 스칼라 양이다. 압력은 크기만을 갖고 모든 방향에 대해 동일한 크기로 작용한다. 즉 한 점에 작용하는 압력은 크기를 갖지만 특정한 방향을 갖지는 않는다. 이것은 압력의 중요한 성질 중 하나로서 압력의 등방성이라고 한다.

압력의 등방성은 [그림 2-2]와 같이 평형상태에 있는 무한히 작은 쐐기 형상의 유체요소를 고려하면 쉽게 증명된다. 이 요소에 작용하는 힘은 표면력으로서 압력(p_y, p_z, p_s)과 체적력으로서 중력(W)이 있다.

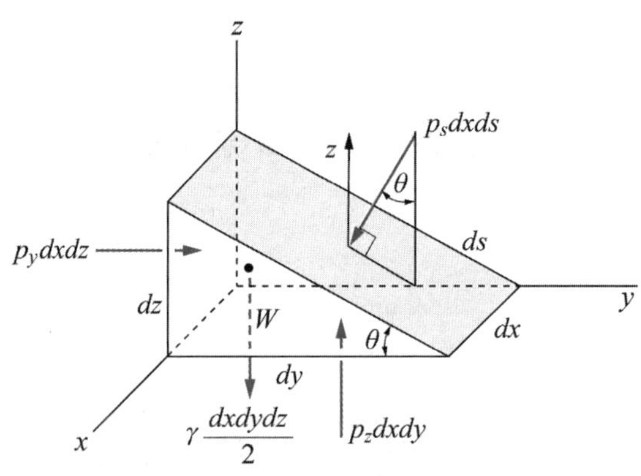

그림 2-2 평형상태 유체요소에 작용하는 압력

26) 응력 텐서에 대해서는 '3.3.2 점성유체의 운동방정식'에서 자세히 설명하다.

먼저 y축 방향으로의 힘의 평형 $\sum F_y = 0$은 다음과 같다.

$$\sum F_y = p_y(dx\,dz) - (p_s dx\,ds)\sin\theta = 0$$

[그림 2-2]를 참고하면 $dz = ds\,\sin\theta$와 같으므로 위 식은 다음 식이 성립한다.

$$p_s = p_y$$

다음 z축 방향의 힘의 평형 $\sum F_z = 0$은 다음과 같다.

$$\sum F_z = p_z(dxdy) - (p_s dxds)\cos\theta - W = 0$$

이때 쐐기 형체의 중력 $W = mg = \gamma(dxdydz)/2$는 무한히 작은 유체요소($dx$, dy, $dz \to 0$)를 고려하면 0이 된다. 따라서 위 식에 $dy = ds\,\cos\theta$를 고려하고 $dxds\,\cos\theta$로 나누면 다음 식이 된다.

$$p_z = p_s$$

위 두 식에 의해 $p_s = p_y = p_z$가 성립한다. 그런데 각 θ는 임의로 선택한 것이므로 p_s가 θ와 무관하여 정지 유체 내의 한 점에 작용하는 압력은 모든 방향에 대해 크기가 동일하다는 결론을 내릴 수 있다.

$$p_x = p_y = p_z = p_s \tag{2.4}$$

즉 정지 유체 내 한 점에 작용하는 압력은 방향과 관계없다는 것을 알 수 있다. 이것은 정지 유체뿐만 아니라 운동 중인 유체에도 적용할 수 있는데 왜냐하면 압력은 스칼라이지 벡터가 아니기 때문이다.

2.1.2 압력의 전달

압력의 중요한 특성 중에 압력의 전달이 있다. 이것은 밀폐된 용기 내 정지상태의 유체의 한 부분에 힘을 가하면 압력이 전파되어 유체시스템 전체에 대해 동일한 양만큼 압력을 증가시킨다는 점이다. 이것을 파스칼(Pascal)의 원리라 한다.

밀폐된 용기에 가득 채워진 유체의 압력은 중력을 무시하면 위치에 관계없이 일정하다. 왜냐하면 유체 내부에 압력의 차이가 존재하면 압력의 차이에 의해 흐름이 나타나 곧 유체 내부의 압력의 평형을 가져오기 때문이다. 압력이 전파되는 속도, 즉 압력파가 전파되는 속도는 음속이다. 이것은 음속이 압력파가 전파되는 속도이기 때문이다.

압력의 전달은 정지 유체 내의 임의의 두 점에 작용하는 압력을 고려하면 알 수 있다. [그림 2-3](a)와 같이 정지 유체 내에 임의의 미소 원기둥을 고려하여 중력에 의한 유체의 무게를 생략하면 증가된 압력(또는 정적 압력) p_1에 대한 힘의 평형을 조사하면 다음과 같다.

$$p_1 dA = p_2 dA \;\rightarrow\; p_1 = p_2$$

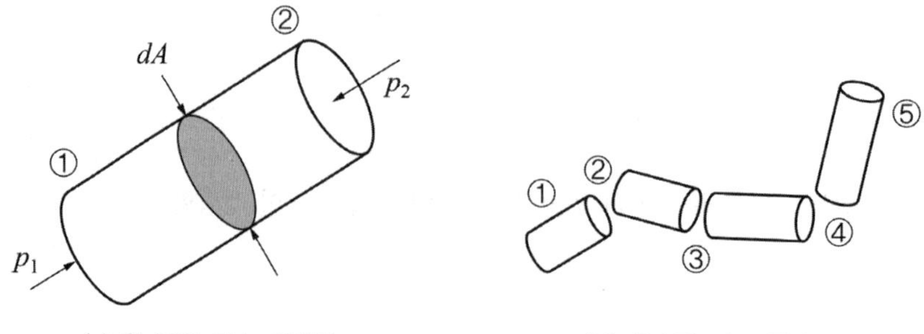

(a) 한 개의 미소 원기둥 (b) 연속된 미소 원기둥

그림 2-3 미소 원기둥

즉 원기둥 양단 ①, ②에서 압력은 같다. 더욱이 [그림 2-3](b)와 같이 원기둥이 다수 연결된 상태를 고려하면 다음과 같다.

$$p_1 = p_2 = p_3 = \cdots$$

이것은 정지 유체 내에서의 증가된 압력은 각 부분에 그대로 전달하는 것을 의미한다. 이것은 파스칼의 원리에 의해 밀폐된 용기 속에 갇혀있는 유체에 작용하는 압력은 그 유체 전체에 걸쳐 동일한 양만큼의 압력을 증가시킨다는 의미이다. 따라서 파스칼의 원리는 작은 힘으로 큰 힘을 얻는 유압기계에 응용된다.

파스칼의 원리는 건설기계, 유압 프레스 등과 같은 유압기계의 발전에 크게 기여하였다. [그림 2-4]는 유압 승강기(hydraulic lift)를 나타낸 것으로서 이 원리를 적용한 예를 보여준다. 면적 A_1인 ①의 단면에 압축기 등에 의해 힘 F_1를 가하면 압력 $p_1 = F_1/A_1$이 발생되어 전파되어 유체시스템 전체, 즉 ②의 단면에 동일한 압력 $p_1(=p_2)$이 작용하게 된다. 따라서 면적 A_2인 ②의 단면에 작용하는 힘 F_2는 다음과 같다.

$$F_2 = \frac{A_2}{A_1} \times F_1 \tag{2.5}$$

유압기계는 파스칼의 원리에 의해 제작되어 건설기계의 굴삭기, 트럭, 크레인 등을 비롯하여 자동차의 파워핸들, 토크 컨버터 및 공작기계의 자동선반, 다축 드릴 등 많은 분야가 있다.

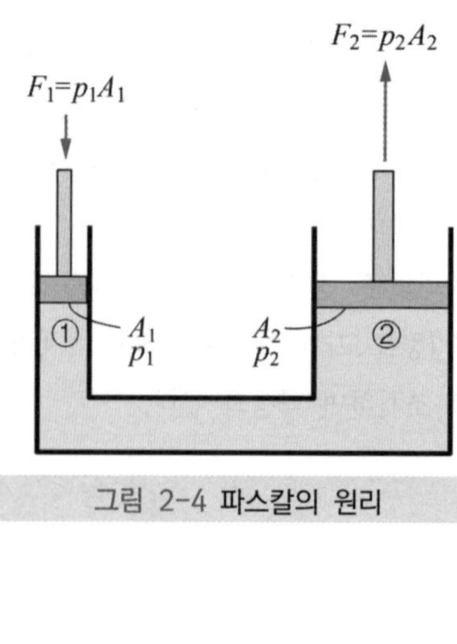

그림 2-4 파스칼의 원리

예제1

그림과 같은 유압잭(hydraulic jack)이 있다. 잭의 손잡이 부분에 100 N의 힘을 가한다면 잭이 지탱할 수 있는 하중은 얼마인가? 단 리프트의 무게는 무시하라.

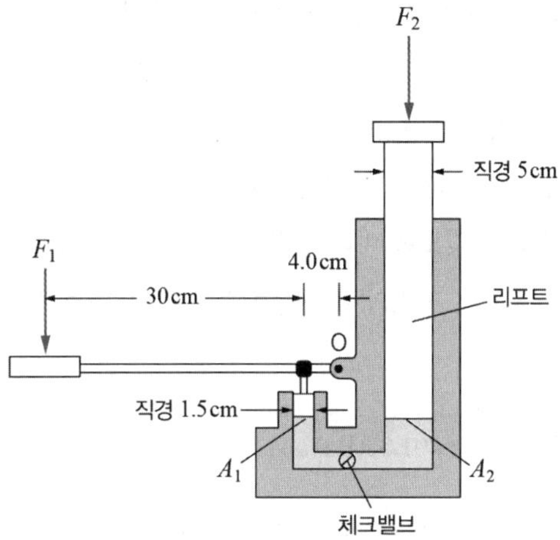

[그림 예제2.1]

유압잭의 작은 피스톤에 가한 힘을 F_1, 큰 피스톤이 지탱할 수 있는 힘을 F_2라 하자. 점 O에서 모멘트를 취하면 작은 피스톤에 작용하는 힘 F_1은 다음과 같다.

$$0.34\,\text{m}\times 100\,\text{N} - 0.04\,\text{m}\times F_1 = 0$$

$$F_1 = \frac{0.34\,\text{m}\times 100\,\text{N}}{0.04\,\text{m}} = 850\,\text{N}$$

따라서 작은 피스톤에 작용하는 압력은 $p_1 A_1 = F_1$에 의해서 다음과 같다.

$$p_1 = \frac{850\,\text{N}}{\pi d_1^2/4} = \frac{850\,\text{N}}{3.14\times(0.015\,\text{m})^2/4} = 4.81\times10^6\,\text{N/m}^2$$

파스칼의 원리에 의해 단면적이 큰 피스톤의 압력도 동일한 압력($p_2 = p_1$)이 작용하므로 큰 피스톤이 지지할 수 있는 힘은 $F_2 = p_2 A_2$에 의해 다음과 같다.

$$F_2 = 4.81\times10^6\,\frac{\text{N}}{\text{m}^2}\times\frac{3.14\times(0.05\,\text{m})^2}{4} = 9.43\,\text{kN}$$

2.1.3 계기압력과 절대압력

압력을 표현하는 방법에는 완전 진공(절대압력 0)을 기준으로 하는 절대압력과 대기압(계기압력 0)을 기준으로 하는 계기압력의 두 가지가 있다. 일반적으로 절대압력은 압력 단위 다음에 (abs)를 붙여 절대압력임을 표기하고, 계기압력은 압력 단위 다음에 (gage)를 표기하여 계기압력임을 나타낸다. 대기압보다 낮은 압력은 진공압력(vacuum pressure)이라 한다. 절대압력, 계기압력, 진공압력은 모두 양(+)의 값으로 표기되며 다음과 같이 서로 연관되어 있다.

$$p_{gage} = p_{abs} - p_0 \tag{2.6a}$$

$$p_{vac} = p_0 - p_{abs} \tag{2.6b}$$

여기서 p_0는 측정되는 장소의 대기압(국지대기압)이고, 국지대기압이 주어지지 않았으면 표준대기압 1atm (p_{atm})으로 평가한다. 이 식들의 관계를 [그림 2-5]에 나타내었다.

계기압력과 진공압력은 일반적으로 탄성압력계로 측정된다. 계측기로 측정된 압력은 모두 계기압력이다. 부르동 압력계(Bourdon gage)는 일반적으로 가장 널리 사용되는 탄성압력계로서, 이 압력계는 표준대기압 (p_{atm} = 101.3 kPa)에서 0인 값을 갖도록 미리 조절되어 있다. 만약 부르동 압력계가 200 kPa를 가리킨다면 그 시스템의 압력 p는 측정되는 장소의 대기압보다 200 kPa만큼 높다는 것을 의미하여 다음과 같이 표기한다.

$$p = 200\,\text{kPa(gage)} \text{ 혹은 } p = 301.3\,\text{kPa(abs)}$$

진공압력은 대기압보다 낮지만 진공압력계로 측정되어 양(+)의 값으로 나타내며 압력기호 다음에 (vac) 붙여 표기한다. 진공압력도 계측기로 측정된 압력이므로 계기압력이다. 진공압력계가 40 kPa를 나타냈다면 그 시스템의 압력 p는 국지대기압보다 40 kPa는 만큼 압력이 낮다는 것을 의미하며 다음과 같이 표기한다.

$$p = 40\,\text{kPa(vac)} = -40\,\text{kPa(gage)} \text{ 혹은 } p = 61.3\,\text{kPa(abs)}$$

이것은 진공압력 40 kPa 혹은 절대압력 61.3 kPa이라 읽는다.

유체역학에서는 압력에 기인한 힘을 평가할 때 절대압력이 아닌 계기압력이 사용된다. 따라서 압력이라고 하면 특별히 언급하지 않거나 혹은 압력 단위 다음에 (abs)나 (gage) 등이 표기되지 않았으면 계기압력을 의미한다.

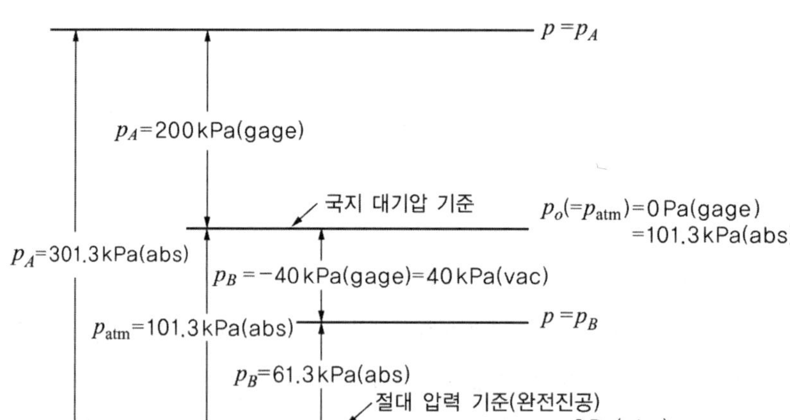

그림 2-5 절대압력, 계기압력 및 진공압력과의 관계

2.1.4 정수압분포

유체 정역학[27] 에서는 점성의 영향이 존재하지 않아 압력이 유일한 상태량이 된다. 정지상태의 유체의 깊이에 따른 압력을 정수압, 압력변화를 정수압분포라 한다. 자유표면을 갖는 정지한 유체 내의 압력은 연직방향, 즉 깊이(또는 높이)에 따라서만 변한다. 이것은 원기둥 모양의 유체요소를 고려하여 그 요소에 힘의 평형 방정식을 적용하면 이를 증명할 수 있다.

(1) 유체 정역학의 미분방정식

유체에 작용하는 힘에는 체적력과 표면력이 있다. 정지상태의 유체에서는 전단응력이 존재하지 않아 표면력으로는 압력력만이, 체적력으로는 무게에 해당하는 중력만이 작용한다.

정지유체 내의 압력분포를 구해보자. [그림 2-6]과 같이 연직 상방향을 양(+)의 z축으로 취하고 유체 내에 단면적 dA, 길이 ds, 수평면과 이루는 각 θ인 미소 원기둥의 유체요소를 고려하자. 임의의 s방향으로 유체요소에 작용하는 힘의 평형 $\sum F_s = 0$ 을 고려하여 표면력으로서 압력에 의한 힘($F_p = \Delta p dA$)과 체적력으로서 미소 원기둥의 무게($W = mg$)만을 고려하면 다음 식이 성립한다.

$$\sum F_s = \underbrace{pdA - (p+dp)dA}_{\text{순수 압력력}(F_p)} - \underbrace{\gamma dA\, ds \sin\theta}_{\text{무게}(W)} = 0$$

이 식을 요소의 체적 $ds\,dA$로 나누면 다음 식이 된다.

$$\frac{dp}{ds} = -\gamma \sin\theta$$

여기서 $\gamma(=\rho g)$는 유체의 비중량이다. 위 식은 $\sin\theta = dz/ds$이므로 다음 관계식을 얻는다.

$$\frac{dp}{ds} = -\gamma \frac{dz}{ds} \tag{2.7}$$

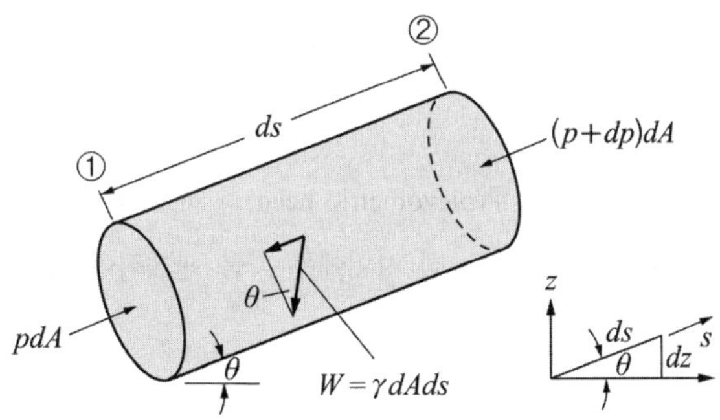

그림 2-6 미소 원기둥의 힘의 평형

---

27) 유체 정역학은 정지상태나 혹은 상대운동이 없어 정지상태로 고려할 수 있는 유체에 대한 힘의 평형을 다루는 역학인데, 특히 물에 대해서 고려하는 경우에는 정수역학(Hydrostatics)이라 한다.

위 식은 다음과 같이 쓸 수 있다.

$$\frac{dp}{dz} = -\gamma \tag{2.8}$$

이 식 (2.8)은 정지유체의 연직방향에 따른 압력의 변화를 나타낸 식으로서 유체 정역학의 미분방정식이라 한다. 식 (2.7)에 의해서 압력변화 dp/ds는 s방향으로 높이 변화가 존재할 때, 즉 $dz/ds \neq 0$일 때만 값을 가지므로 수평방향으로의 압력변화는 0임을 알 수 있다. 압력은 식 (2.7), (2.8)에 나타낸 바와 같이 높이에 반비례한다. 이것은 유체 내에서 위쪽(z의 양의 방향)으로 이동하면 압력이 감소하고, 아래쪽으로 이동하면 압력이 증가함을 의미한다.

(2) 정수역학 방정식

정지유체 내의 압력분포를 살펴보자. 정지유체 내의 압력분포는 유체의 비중량 γ(또는 밀도 ρ)가 높이나 깊이에 따라 변하지 않고 일정하다면, 즉 비압축성유체라면 식 (2.8)을 적분하여 구할 수 있다. 물은 비압축성유체이므로 깊이에 따른 압력분포를 쉽게 구할 수 있다. 그러나 대기(공기)의 고도에 따른 압력분포는 공기가 압축성유체이므로 높이에 따른 공기의 밀도의 변화를 알아야 하므로 쉽지 않다.

유체의 비중량 $\gamma(=\rho g)$가 일정하면, 즉 물인 경우에는 식 (2.8)을 적분하면

$$\int_1^2 dp = \int_1^2 -\gamma dz \rightarrow p_1 + \gamma z_1 = p_2 + \gamma z_2$$

이므로 다음 식을 얻는다.

$$p + \gamma z = \text{상수}(p_z) \tag{2.9}$$

이 식은 정지유체 내 전체에 걸쳐 압력 p와 γz의 합이 일정함을 의미하고, 이것을 위압 p_z(piezometric pressure)이라 한다. 식 (2.9)의 양변을 비중량 γ로 나누면 다음 식으로 나타난다.

$$\left(\frac{p}{\gamma} + z\right) = \frac{p_z}{\gamma} = \text{상수} \tag{2.10}$$

위 식의 좌변 괄호 항, 즉 p_z/γ는 위압수두(piezometric head)라 하고 비압축성 정지유체 내 모든 점에서 일정하다.[28] 따라서 정지유체 내 임의의 두 점 사이에는 다음 관계식이 성립한다.

$$\frac{p_1}{\gamma} + z_1 = \frac{p_2}{\gamma} + z_2 \tag{2.11}$$

즉,

28) 유체역학에서는 유체의 높이를 수두(head)로 정의하고 압력과 함께 자주 사용한다.

$$\frac{\Delta p}{\gamma} = -\Delta z \tag{2.12}$$

이 식은 비중량 γ(또는 밀도 ρ)가 일정한 정지유체 내 두 점 사이의 압력수두 차이($\Delta p/\gamma$)는 두 점 사이의 연직방향 거리 Δz임을 의미한다. 이때 연직방향 수직거리 Δz는 두 점 사이의 압력차의 척도로 사용되며 p/γ를 압력수두(pressure head)라 한다. 따라서 식(2.10)의 위압수두 p_z/γ는 압력수두 p/γ와 위치수두 z와의 합을 의미한다. 지금까지 설명한 식 (2.9)~(2.12)는 유체의 높이 z의 증가(또는 감소)에 따라 압력 p가 감소(또는 증가)하는 정수역학 방정식(hydrostatic equation)이라고 한다.

(3) 물의 깊이에 따른 압력분포

물의 깊이에 따른 압력분포는 자유표면 $z=0$에서 압력 p_0을 0이라 하면 깊이 방향, 즉 $-z$에 따른 압력 p는 정수역학의 미분방정식 (2.8)을 적분하여 다음과 같이 구할 수 있다.

$$\int_0^p dp = \int_0^{-z} (-\gamma) dz$$

물은 비압축성 유체이므로 비중량 γ가 일정하여 위 식의 적분은 다음과 같다.

$$p = \gamma z \tag{2.13}$$

이 식은 물의 깊이에 따른 압력분포가 자유표면에서 깊이가 깊을수록 선형적으로 증가하는 것을 보여주고 있다. 이때 물속의 압력 p는 자유표면 $z=0$에서의 압력(국지대기압) $p_0=0$을 기준으로 하였으므로 계기압력이다.

절대압력으로 표현하면, 즉 자유표면 $z=0$에서의 압력을 표준대기압 $p_0=p_{atm}$이라 하면 깊이 z에 따른 압력은 식 (2.8)의 적분에 의해 다음과 같다.

$$p = p_{atm} + \gamma z$$

이 식의 압력 p는 완전진공을 기준으로 하였으므로 절대압력이다.

예제2

비중이 0.74인 휘발유가 2m의 두께로 물 위에 떠 있다. 휘발유와 물의 총 깊이는 6m이고 표면이 대기압에 접해 있다면 용기 밑바닥의 압력은 절대압력으로 얼마인가?

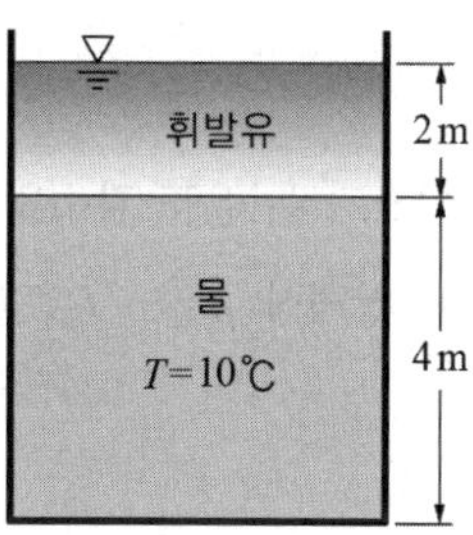

[그림 예제2.2]

휘발유 표면에 접해있는 국지대기압이 주어지지 않았으므로 표준대기압 p_{atm}을 사용한다. 용기 밑바닥의 압력 p는 다음과 같다.

$$p = p_{atm} + p_{휘발유} + p_{물} = p_{atm} + g(\rho_1 h_1 + \rho_2 h_2)$$

$$= 101.3\,\mathrm{kPa} + 9.81\,\mathrm{m/s^2}(0.74\times10^3\,\mathrm{kg/m^3}\times 2\,\mathrm{m} + 10^3\,\mathrm{kg/m^3}\times 4\,\mathrm{m})$$

$$= 155.06\,\mathrm{kPa\ (abs)}$$

(4) 대기의 고도에 따른 압력분포

대기(공기)의 고도에 따른 압력분포는 공기가 압축성유체이므로 고도에 따른 공기의 밀도 ρ의 변화를 알아야 정지 유체에 대한 미분방정식 (2.8)을 적분하여 구할 수 있다.

공기의 밀도는 이상기체의 상태방정식 $p = \rho RT$을 이용하여 압력의 함수로 표기한다.

$$\rho = \frac{p}{RT}$$

위 식의 양변에 중력가속도 g를 곱하여 비중량 $\gamma(=\rho g)$ 로 표기하면 다음과 같다.

$$\gamma = \frac{pg}{RT} \tag{2.14}$$

여기서 R 은 기체상수로서 건조한 공기에 대해서 $287\,\mathrm{J/kg\cdot K}$ 이고, T 는 절대온도(K), p 는 절대압력이며 단위는 Pa이다.[29)]

위 식에는 또 하나의 변수, 즉 온도가 도입되었으므로 대기권에서의 고도에 따른 온도에 대한 자료도 필요하다. 대기권은 대류권과 성층권의 두 개 층으로 되어 있고 온도분포가 다르다. 대류권은 해수면에서부터 고도 $11\,\mathrm{km}$까지이고, 온도 감소율(lapse rate)은 $6.5\,\mathrm{K/km}$이다. 성층권은 고도 $11\,\mathrm{km}$에서부터 $32\,\mathrm{km}$ 사이의 영역이지만, 고도 $11 \sim 20\,\mathrm{km}$까지는 $-56.5\,℃$의 등온상태를 보이고, 그 이상부터는 고도가 높을수록 온도가 상승한다.

고도에 따른 온도변화를 알았으므로 밀도변화를 구하여 대류권에서의 압력변화를 살펴보자. 대류권의 고도 z에 따른 온도 T는 다음과 같이 나타낸다.

$$T = T_0 - \alpha z \tag{2.15}$$

여기에서 T_0는 해수면$(z=0)$에서의 온도이고, α는 온도 감소율로서 $6.5\,\mathrm{K/km}$이다. 유체 정역학의 미분방정식 (2.8)에 포함된 밀도 ρ에 이상기체 상태식 $\rho = p/RT$을 대입하면 다음과 같다.

$$\frac{dp}{dz} = -\frac{pg}{RT} \tag{2.16}$$

29) 이상기체 상태방정식의 온도와 압력은 절대온도와 절대압력을 의미한다.

표 2.1 해수면에서 표준대기의 성질

성질	SI 단위
온도, T_0	288.15 K(15℃)
압력, p_0	101.33 kPa(abs)
밀도, ρ_0	1.225 kg/m³
중력가속도, g_0	9.807 m/s²

이 식의 온도 T에 식 (2.15)를 대입하면 다음 식이 된다.

$$\frac{dp}{dz} = -\frac{pg}{R(T_0 - \alpha z)}$$

변수를 분리하여 적분하면 다음 식을 얻는다.

$$\frac{p}{p_0} = \left[1 - \frac{\alpha z}{T_0}\right]^{g/\alpha R}$$

그러므로 고도 z에 따른 압력은 다음과 같다.

$$p = p_0\left[1 - \frac{\alpha z}{T_0}\right]^{g/\alpha R} \tag{2.17}$$

여기서 p_0는 해수면($z=0$)에서의 절대압력이다. [표 2.1]의 해수면에서 표준대기의 성질 p_0, T_0, g와 기체 상수 $R = 286.9\,\mathrm{J/kg \cdot K}$를 사용하면 식 (2.17)로부터 대류권 전체에 대한 압력분포를 얻을 수 있다. 이 계산에 의하면 온도가 -56.5℃인 대류권 최상부에서는 절대압력이 약 23 kPa이다. 고도에 따른 온도와 압력분포를 [그림 2-7]에 나타냈다. 고도에 따른 공기의 상태는 [부록 표 3]에 나타냈다.

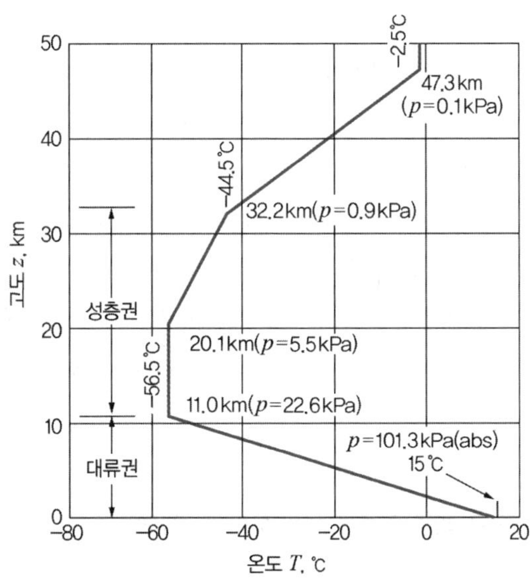

그림 2-7 고도에 따른 온도와 압력분포

예제3

해수면에서의 온도와 압력이 20℃, 101.3 kPa이라면 고도 1000 m에서의 압력은 얼마인가?

고도 1000 m는 대류권이므로 압력은 식 (2.17)으로 구할 수 있다. 기준 해수면에서의 온도와 압력이 $T_0 = 288.15\,\text{K}$, $p_0 = 101.3\times10^3\,\text{N/m}^2$, 온도 감소율 $\alpha = 6.5\times10^{-3}\,\text{K/m}$, 공기의 기체 상수 $R_{air} = 287\,\text{J/kg}\cdot\text{K}$, 중력가속도는 $g = 9.807\,\text{m/s}^2$이다.

고도 1000m(= z)에서의 압력은 식 (2.17)에 위 값을 대입하면 다음과 같다.

$$p = p_0\left[1-\frac{\alpha z}{T_0}\right]^{g/\alpha R}$$

$$= 101.3\times10^3\,\text{N/m}^2\left(1-\frac{6.5\times10^{-3}\,\text{K/m}\times1000\,\text{m}}{288.15\,\text{K}}\right)^{5.259}$$

$$= 89.8\,\text{kPa}$$

2.1.5 압력의 측정

압력의 계측은 대체로 1기압 이하는 액주계로, 1~50기압은 탄성압력계로, 50기압 이상은 전기식압력계를 사용한다.

(1) 액주계

액주계(마노미터, manometer)는 액주의 높이로 1기압 이하의 압력이나 압력차를 측정하는 계기이다. 여기에는 기압계, 단순 액주계, 시차 액주계, 멀티 액주계 등이 있다.

① 기압계

기압계(barometer)는 대기압을 측정하는 장치이다. 기압계의 액체는 수은이 사용된다. 수은은 비중이 13.6으로 커서 기압계의 액주 높이를 짧게 할 수 있을 뿐 아니라 진공부는 수은의 증기압이 극히 작아서 완전 진공으로 생각할 수 있기 때문이다.

Torricelli(1608~1647)는 [그림 2-8]과 같이 수은이 담긴 용기 속으로 수은이 채워진 관을 거꾸로 세움으로써 대기압을 측정하였다. 점 O에서의 압력은 동일한 높이에서의 압력, 즉 대기압 p_{atm}와 같고, 점 A에서의 압력은 수은 증기만이 존재해 완전 진공($p_{vapor}=0$)으로 고려한다. 따라서 점 O에서의 압력은 수직방향으로 힘의 평형, 즉 수은기둥의 무게와 증기압에 의한 힘은 대기압과 힘의 평형에 의해 다음 식이 성립한다.

$$p_{atm} = p_{vapor} + \gamma h \simeq \gamma h$$

여기서 $\gamma(=\rho g)$ 및 h는 수은의 비중량 및 수은기둥의 높이이다.

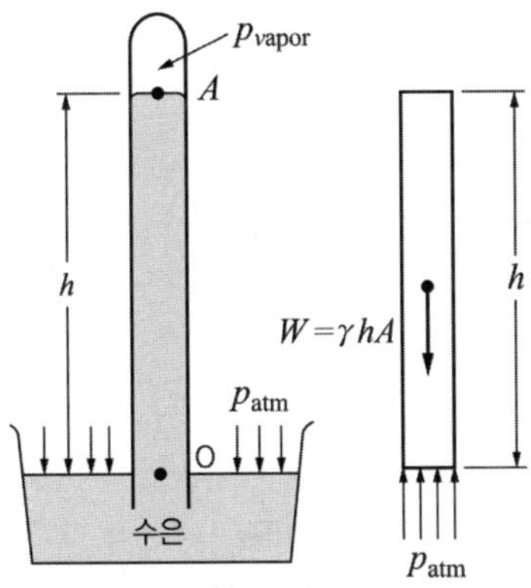

그림 2-8 Torricelli 기압계

표준대기압 p_{atm}(1 atm, 1 표준기압)은 표준중력가속도($g = 9.8\ \mathrm{m/s^2}$)하에 0℃의 수은($S_{Hg} = 13.6$)의 수은주의 높이 760 mm에 의해 발생되는 압력으로 정의된다.

$$p_{atm} = \rho gh = 13595.1\ \mathrm{kg/m^3} \times 9.80665\ \mathrm{m/s^2} \times 0.76\ \mathrm{m}$$
$$= 101325\ \mathrm{kg \cdot m/s^2 \cdot m^2} = 101.3\ \mathrm{kN/m^2}$$

따라서 표준대기압은 다음과 같은 관계로 표시된다.

$$1\ \mathrm{atm} = 760\ \mathrm{mmHg} = 10.33\ \mathrm{mH_2O} = 101.325\ \mathrm{N/m^2} = 101.3\ \mathrm{kPa}$$

단위 mmHg는 Torricelli를 기리기 위해 토르(Torr)로 불린다. 1 mmHg는 1토르이다.

② 단순 액주계

단순 액주계는 대기압보다 약간 높거나 약간 낮은 압력을 측정하는 장치이다. 여기에는 압력원의 액체와 액주계의 액체가 동일한 피에조미터관[30](위압계, 정압관 piezometer)과 두 액체가 다른 U자형 액주계가 있다.

피에조미터관은 단순한 액주계로서 대기압보다 약간 높은 압력을 측정하는데 사용된다. 피에조미터관은 [그림 2-9](a), (b)와 같이 한쪽은 압력을 측정하고자 둥근 용기에 부착되어 있고 다른 한쪽은 대기 중에 열린 상태이다. 용기 내 점 ①에서의 압력 p_1은 그 위치에서의 액주의 높이 h의 무게와 국지대기압 p_0의 합으로 주어지므로 다음과 같다.

$$p_1 = \gamma h + p_0$$

30) 위압은 식(2.9)로 주어진 바와 같이 정압 p와 위치 압력 γz의 합으로 정의된다. 따라서 피에조미터관은 관이 설치된 높이로 위치 압력이 주어지므로, 피에조미터관이 나타낸 압력은 직접 정압을 가르키므로 정압관으로도 사용된다.

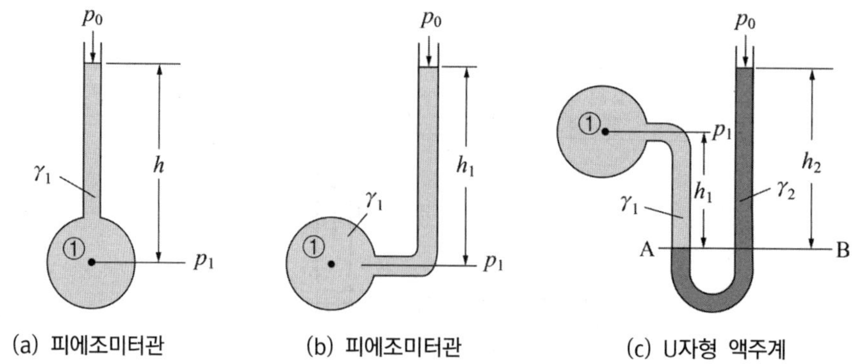

그림 2-9 액주계

따라서 용기 내의 압력 p_1은 계기압력 γh에 국지대기압 p_0를 더해주었으므로 절대압력이다. 물론 여기서 국지대기압을 $p_0 = 0$으로 고려하면 압력 p_1은 계기압력이 된다. 만약 액주의 높이 h가 너무 높으면 그림 (c)와 같이 U자형 액주계를 사용하여 밀도가 큰 액체를 넣어 측정할 수 있다. U자형 액주계도 한쪽은 압력을 측정할 용기에, 다른 쪽은 국지대기압에 노출되어 있다.

U자형 액주계의 경우 그림 (c)의 점 ①에서의 압력 p_1은 압력원 액체의 비중량을 γ_1, 액주계 액체의 비중량을 γ_2, 국지대기압 p_0이라고 하면 동일한 높이 A, B에서의 압력이 같음을 이용하여 측정할 수 있다. 즉 A점에서의 압력 $p_1 + \gamma_1 h_1$과 이것과 동일한 수평 위치 B점에서의 압력 $p_0 + \gamma_2 h_2$는 같으므로 용기 내 ①점에서의 압력은 다음과 같다.

$$p_1 + \gamma_1 h_1 = p_0 + \gamma_2 h_2 \rightarrow$$
$$p_1 = \gamma_2 h_2 - \gamma_1 h_1 + p_0$$

이것은 국지대기압 p_0이 포함되어 있으므로 절대압력이고, 계기압력으로는 다음과 같다.

$$p_1 = \gamma_2 h_2 - \gamma_1 h_1$$

③ 시차 액주계

[그림 2-10]과 같이 2개의 용기 ①점과 ②점 사이의 압력차를 구하는 액주계를 시차 액주계(differential manometer)라 한다. 그림 (a)에서 두 용기의 압력차 $p_1 - p_2$를 구하여 보자. A점에서의 압력과 이것과 수평 위치의 B점에서의 압력은 같으므로 두 점 사이의 압력차는 다음과 같다.

$$p_1 + \gamma_1 h_1 = p_2 + \gamma_2 (h_2 - h) + \gamma h \rightarrow$$
$$p_1 - p_2 = \gamma h + \gamma_2 (h_2 - h) - \gamma_1 h_1$$

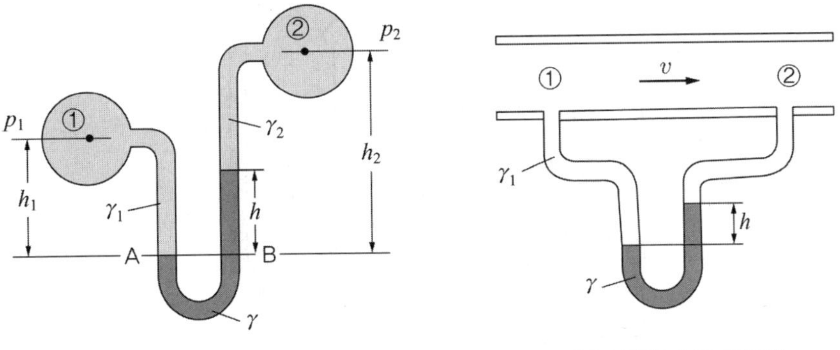

(a) 시차액주계 (b) U자형 시차 액주계

그림 2-10 시차 액주계

[그림 2-10](b)의 관내 두 점 사이의 압력차도 동일한 방법으로 구할 수 있다. 그림 (b)는 위 식에서 $\gamma_2 = \gamma_1$, $h_2 = h_1$인 경우이므로 압력차는 다음 식으로 표현된다.

$$p_1 - p_2 = (\gamma - \gamma_1)h \tag{2.18}$$

④ **다중 액주계**

다중 액주계(multi manometer)는 하나 이상의 U자관이 설치된 경우이다. 압력의 측정원리는 동일한 수평면에서의 압력은 같으므로 하나의 수평 높이에서 그 다음의 수평 높이까지의 압력변화, 즉 두 점 사이의 압력차 $\Delta p = \gamma h$를 단계적으로 산정해 식을 만들어 결국 미지의 압력을 구하는 방법이다.

[그림 2-11]은 석유 탱크 내 공기의 압력을 측정하기 위하여 다중 액주계가 설치된 것을 나타냈다. 먼저 점 ②의 압력 p_2는 탱크 내 공기의 압력 p_1과 점 ①과 ②의 높이차 h_1의 무게의 합으로 주어지므로 다음과 같다.

$$p_2 = p_1 + \gamma_{\text{석유}} h_1$$

점 ③에서의 압력은 점 ②의 압력에 액주의 높이차 h_2의 무게를 뺀 값으로 주어지고, 점 ④에서의 압력도 유사한 방법을 고려하면 각각 다음과 같다.

$$p_3 = p_2 - \gamma_{\text{공기}} h_2$$
$$p_4 = p_3 + \gamma_{\text{수은}} h_3$$

따라서 위 세 식을 전부 더하면 석유 탱크 내 공기의 압력(출발점의 압력) p_1과 도착점의 압력 p_4의 관계로 다음과 같이 주어진다.

$$p_4 = p_1 + \gamma_{\text{석유}} h_1 - \gamma_{\text{공기}} h_2 + \gamma_{\text{수은}} h_3$$

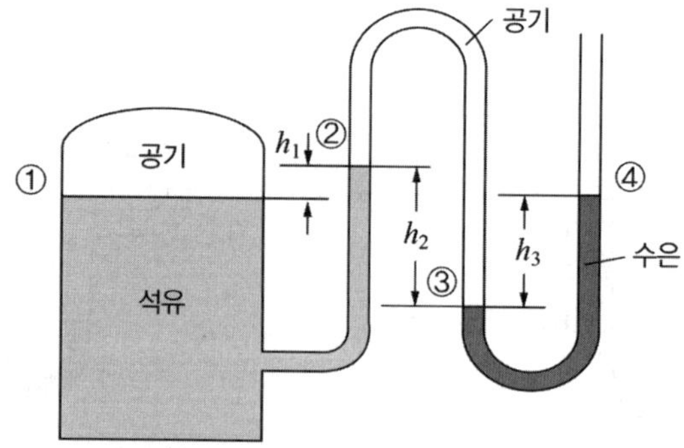

그림 2-11 **다중 유체 액주계**

여기서 점 ④에서의 압력 p_4가 대기와 접하고 있기 때문에 $p_4 = 0$을 고려하면, 점 ①에서의 압력 p_1은 계기압력이 되고, 위 식에 의해 평가할 수 있다.

그런데 위 식을 살펴보면 도착점의 압력 p_4은 출발점의 압력 p_1에 유체 층의 압력변화, 즉 압력차 $\Delta p(=\rho gh)$를 단계적으로 계속 합산으로 주어지고, 이때 유체 층의 높이차가 앞의 기준층보다 낮으면 압력이 증가하여 양(+)의 합산으로, 높으면 압력이 감소하여 음(-)의 합산으로 평가함을 알 수 있다. 따라서 다중 유체 액주계 방정식은 다음과 같다.

$$p_4 = p_1 + \sum_{down} \gamma_i h_i - \sum_{up} \gamma_i h_i \tag{2.19}$$

여기서 p_4를 국지대기압 p_0으로 평가하면 p_1은 절대압력이 되고, $p_4 = 0$으로 평가하면 p_1은 계기압력임을 재차 강조한다.

예제4

20℃의 물이 경사진 관내를 흐르고 있다. 두 점 ①과 ② 사이의 압력차를 구하기 위하여 시차 수은 액주계를 설치하였더니 그림과 같았다. 두 점 사이의 위치수두와 압력수두의 합의 변화, 즉 위압수두 변화를 나타내어라.

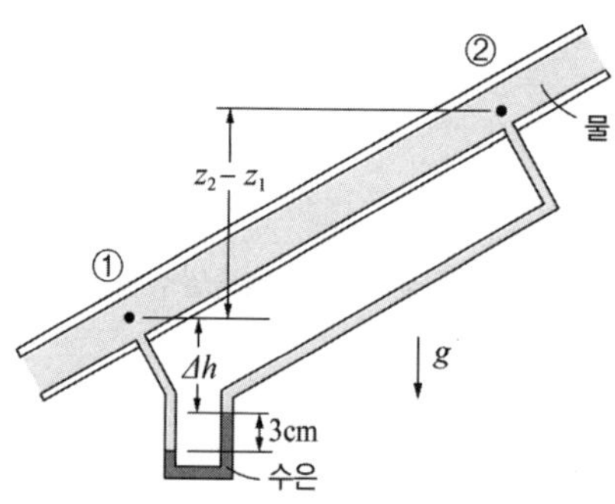

[그림 예제2.4]

먼저 두 점 ①과 ②의 높이차는 $\Delta z = z_2 - z_1$, 점 ①과 액주계 수은주 액면과의 높이차는 Δh라 하고, 수은 액주계의 높이 차는 3 cm이다. 수은과 물의 비중량은 각각 133 kN/m³, 9.81 kN/m³이다. 액주계방정식 (2.19)를 적용하면 다음과 같다.

$$p_2 = p_1 + \gamma_{물}(\Delta h + 0.03) - 0.03\gamma_{수은} - \gamma_{물}(\Delta h + \Delta z)$$
$$= p_1 + \gamma_{물}\Delta h + 0.03\gamma_{물} - 0.03\gamma_{수은} - \gamma_{물}\Delta h - \gamma_{물} z_2 + \gamma_{물} z_1$$

위 식을 정리하면 다음 식이 된다.

$$(p_2 + \gamma_{물} z_2) - (p_1 + \gamma_{물} z_1) = 0.03(\gamma_{물} - \gamma_{수은})$$
$$p_{z2} - p_{z1} = 0.03(\gamma_{물} - \gamma_{수은})$$

따라서 위압수두 변화는 식 (2.12)에 의해 다음과 같다.

$$\frac{p_{z2} - p_{z1}}{\gamma_{물}} = \frac{0.03(\gamma_{물} - \gamma_{수은})}{\gamma_{물}} = 0.03\,\mathrm{m} \times \left(1 - \frac{133\,\mathrm{kN/m^3}}{9.81\,\mathrm{kN/m^3}}\right)$$
$$= -0.377\,\mathrm{m}$$

예제5

[그림 2-11]과 같이 석유 탱크 내 공기의 압력을 측정하기 위하여 다중 액주계를 설치하였더니 $h_1 = 40\mathrm{cmP}$, $h_2 = 100\mathrm{cm}$, $h_3 = 80\mathrm{cm}$이었다. 공기의 압력은 얼마인가? 석유의 비중은 0.8이다.

다중 액주계는 대기 중에 노출되어 있으므로 도착점에서의 압력은 0이다. 물, 수은, 공기(20℃ 가정)의 비중량은 각각 9.81 kN/m³, 133 kN/m³, 12.6 N/m³이지만, 공기의 비중량은 다른 것에 비해 너무 작으므로 무시하기로 한다.

석유 탱크에 액주계 방정식 (2.19)를 적용하면 다음과 같다.

$$0 = p_{air} - \gamma_{석유} h_1 + \gamma_{공기} h_2 - \gamma_{수은} h_3$$

따라서 석유 탱크 내 압력 p는 다음과 같다.

$$p = \gamma_{석유} h_1 - \gamma_{공기} h_2 + \gamma_{수은} h_3$$
$$= (9810 \times 0.8)\,\mathrm{N/m^3} \times 0.4\,\mathrm{m} - 12.6\,\mathrm{N/m^3} \times 1\,\mathrm{m} + 133 \times 10^3\,\mathrm{N/m^3} \times 0.8\,\mathrm{m}$$
$$= 109.5\,\mathrm{kPa}$$

(2) 탄성 압력계

탄성 압력계는 금속 등의 탄성 변화를 이용하여 압력을 측정하는 계측기로서 여기에는 부르동관식(Bourdon tube type), 격막식(Diaphragm seal type), 벨로우즈식(Bellows type), 캡슐식(Capsule type) 등이 있다. 이 중 가장 많이 사용하는 것이 부르동 압력계로서 [그림 2-12]에 전형적인 형태와 내부구조를 나타냈다. 이것은 타원형의 단면적을 갖는 곡관의 튜브가 원호 모양으로 되어 있어 튜브에 압력이 작용하면 곡관의 변형으로 압력을 측정하는 원리이다. 압력이 제거되면 곡관은 탄성의 성질에 의해 다시 본래의 상태로 되돌아와 0의 값을 지시하도록 되어있다. 즉 탄성 압력계는 표준대기압에서 0의 값을 지시하도록 미리 세팅되어 있다.

(a) 외관 형태

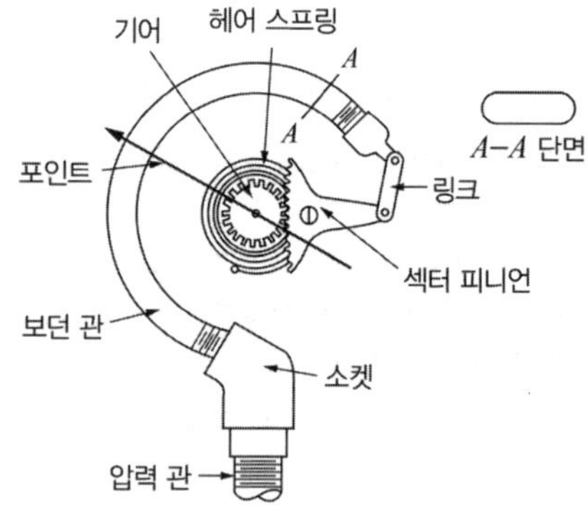

(b) 내부 구조

그림 2-12 부르동 압력계

(3) 전기식 압력계

전기식 압력계는 일반적으로 50기압보다 높은 고압이나 변동이 심한 압력의 측정에 사용된다. 이것은 외부의 압력을 받으면 굴곡과 변형에 의한 전기 신호를 측정하는 압력계를 말하며 압력 변환소자(pressure transducer)에 따라 스트레인 게이지식, 압전기식, 탄소판 저항식 등이 있다.

스트레인 게이지(strain gauge)나 압전기(piezoelectric)는 압력이 가해지면 압력변화에 따른 저항의 변화가 브리지회로를 통해 선형적인 미소 전기 신호(전류)를 발생시킨다. 이들 전기 신호는 증폭시켜 압력변환기에 의해 압력으로 변환시켜 오실로스코프나 디지털장치, 컴퓨터에 전달하여 기록할 수도 있다. 특히 왕복동 내연기관의 연소압력 측정은 절대적으로 압전기식 압력계가 사용된다. 이것은 압력이 아주 빠르게 급변할 뿐만 아니라 연소 최고압력이 100기압에 이르고 노킹이 발생되면 이보다 훨씬 더 큰 압력이 발생되기 때문이다. [그림 2-13]에 전기식 압력변환기를 나타냈다.

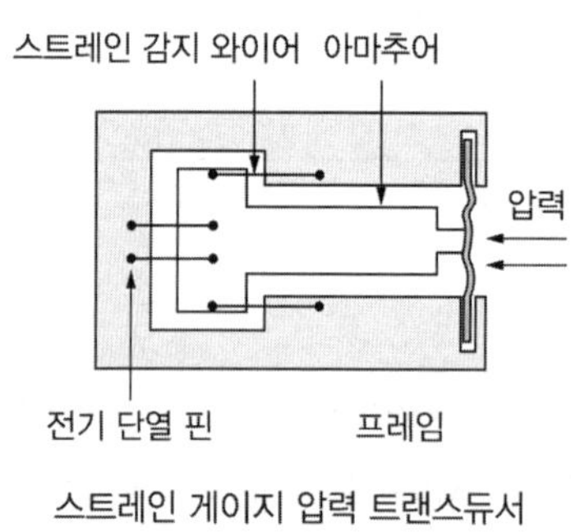

(a) 스트레인 게이지식

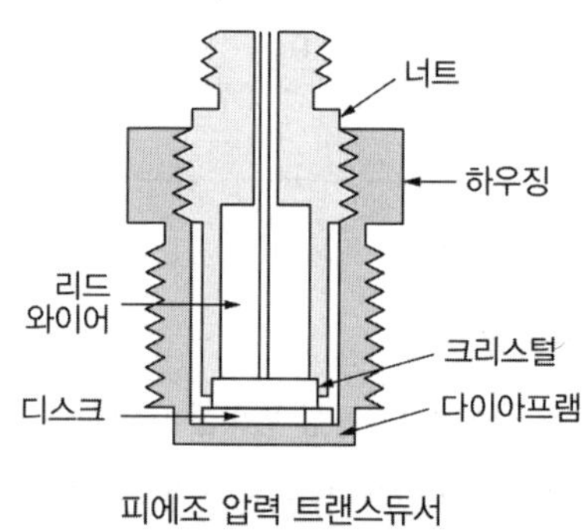

(b) 압전기식

그림 2-13 전기식 압력변환기

2.2 물체에 작용하는 힘

정지 유체 속에 잠긴 물체는 유체의 무게에 의한 힘을 받게 된다. 이 힘의 평가는 댐, 수문, 물탱크, 선박 등의 설계에 있어서 대단히 중요하다. 물체에 작용하는 힘의 평가는 힘의 3요소, 즉 힘의 크기, 방향, 작용점을 모두 알아야 한다.

2.2.1 압력 프리즘

정지한 유체에 작용하는 힘은 중력과 압력뿐이다. 그런데 기체와 액체가 작용하는 힘의 평가는 다르다. 기체는 밀도(또는 비중량)가 작기 때문에 중력을 무시할 수 있을 뿐만 아니라 압력도 높이에 관계없이 일정하다고 고려할 수 있다. 그러므로 대기 중에 놓인 평판 면에 작용하는 힘은 평판이 수직으로 놓여있든 수평으로 놓여있든 단순히 “압력×면적”으로 평가할 수 있다. 즉 정지 기체 중에 놓인 물체에 작용하는 총 힘(합력)의 크기 F_R은 $F_R = pA$이고, 힘의 방향은 면의 수직방향이며, 작용점은 평판의 도심 C(면적의 중심, center of area)이다.

그러나 액체 속에 잠긴 물체에 작용하는 힘은 기체와 달리 압력이 깊이에 따라 다르기 때문에 합력을 구하는 것이 약간 복잡하지만 압력-면적 3차원 공간의 체적으로 평가할 수 있다. 이 체적을 압력 프리즘(pressure prism)이라고 한다. 이것을 수직 평판에 대하여 좀 더 자세히 살펴보자.

[그림 2-14](a)는 폭이 b, 깊이 h인 직사각형 벽면에 유체가 작용하는 압력을 화살표로 나타냈다. 자유표면에서의 압력은 대기압이므로 영(0)이고, 깊이 h인 바닥 면에서의 압력은 정수력으로서 γh이다. 정수력 압력분포는 그림 (b)와 같이 압력-면적 공간으로 3차원으로 나타낼 수 있다. 이때 수직 벽면에 작용하는 합력(총 힘)은 압력-면적 공간의 체적으로 평가할 수 있다. 즉

$$F_R = \text{체적} = \frac{1}{2}(\gamma h)(bh) = \frac{1}{2}(\gamma h)A \tag{2.20}$$

여기서 $A(=bh)$는 직사각형 벽면의 면적이다.

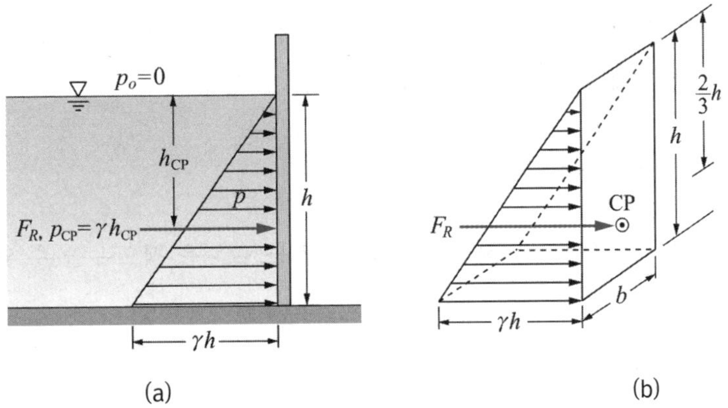

그림 2-14 수직 직사각형 벽면에 작용하는 힘

수직 벽면에 작용하는 합력의 작용점은 압력 프리즘의 도심(압력의 중심)이다. 직사각형 벽면의 압력 중심 CP(center of pressure)는 후에 설명하겠지만, 자유표면에서 $2h/3$ 깊이(또는 밑바닥 면에서 $h/3$ 높이)에 있다. 일반적으로 압력 프리즘의 형상은 삼각형, 직사각형, 사다리꼴 등 다양하다.

압력 프리즘 해석방법은 평판이 자유표면까지 연장된 경우뿐 아니라 물속에 잠긴 수평 평판, 경사진 평판에도 적용할 수 있다. [그림 2-15]에 물속에 잠긴 수평 평판과 경사진 평판에 대한 압력 프리즘을 나타냈다. 일반적으로 경사면을 따라 거리 y를 측정하는 것이 편리하지만, 그러나 압력은 연직방향 거리 h에 따라서만 다르게 된다.

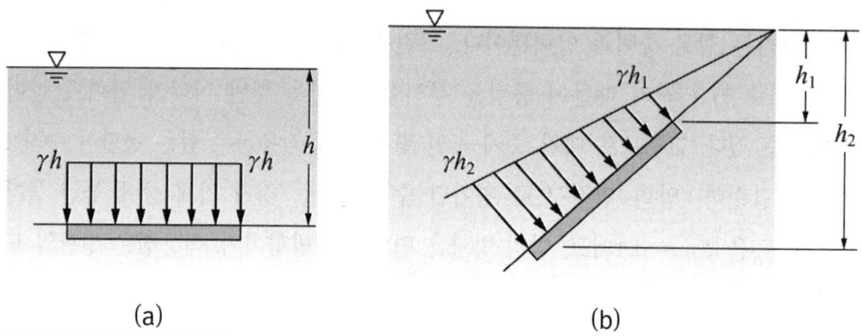

그림 2-15 **수평 및 경사 평판의 압력 분포**

2.2.2 평판에 작용하는 힘

물속에 잠겨있는 물체에 작용하는 총 힘의 크기, 방향, 작용점을 구하여 보자. 물은 비압축성이므로 물의 비중량은 압력(또는 깊이)에 관계없이 일정하다고 고려한다.

[그림 2-16]과 같이 물속에 임의 형상의 경사진 평판[31]이 놓여있다고 하자. 이때 수면은 대기 중에 노출된 자유표면이라고 하자. 평판의 연장선과 자유표면이 만나는 점을 O, 교차각을 θ라 하고 평판의 연장선을 기준으로 x, y축을 고려하자. 여기서 y는 x축(또는 점 O)에서 y축 방향의 거리, x는 y축에서 x축 방향의 거리, h는 자유표면에서 연직방향 거리이다. 또 y_c는 x축에서 도심 C까지의 거리, y_{cp}는 x축에서 압력 중심 CP까지의 거리이다.

물이 평판에 작용하는 힘(합력) F_R은 임의의 깊이 y에 있는 미소면적 dA에 작용하는 미소 힘 $dF(=pdA=\gamma h dA)$를 전체 표면적에 대한 적분으로 구할 수 있다. 즉

$$F_R = \int \gamma h\, dA = \int \gamma y \sin\theta\, dA$$

여기서 $h = y\sin\theta$이다. 위 식은 $\gamma(=\rho g)$와 $\sin\theta$가 일정하므로 다음 식으로 쓸 수 있다.

$$F_R = \gamma \sin\theta \int_A y\, dA \tag{2.21}$$

31) 압력은 면에 수직으로 작용하고, 깊이에 따라서만 다르므로 임의 형상의 물체를 평판으로 고려하여 설명한다.

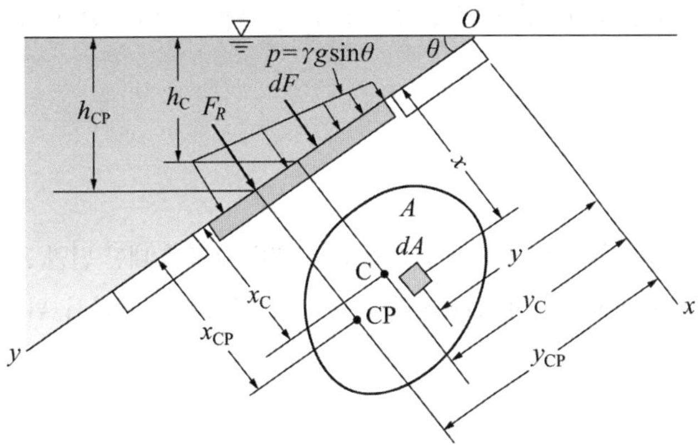

그림 2-16 평판에 작용하는 물의 압력

위 식의 적분은 x축에 대한 단면 1차 모멘트(first moment of area)로서 다음과 같다.

$$\int_A y\,dA = y_c A \ \rightarrow \ y_c = \frac{\int_A y\,dA}{A}$$

여기서 y_c는 평판의 면적 A의 도심 C에 대한 y좌표이다. 따라서 식 (2.21)은 다음과 같이 간단히 표기할 수 있다.

$$F_R = \gamma y_c \sin\theta\, A = \gamma\, h_c A = p_c A \tag{2.22}$$

여기서 $h_c(= y_c \sin\theta)$는 자유표면에서 도심까지의 연직방향 거리이다. 위 식은 결국 물이 평판에 작용하는 힘은 도심에서의 물의 압력 $p_c(=\gamma h_c)$와 평판의 면적 A와의 곱으로 주어지고 평판의 각도 θ와는 관계가 없음을 나타내고 있다. 합력의 방향은 물론 평판 면의 수직방향이다. 이 식을 정수력 방정식(hydrostatic force equation)이라 한다.

대부분의 정수역학 문제에서는 대기압보다 높은 압력에 의해 유발되는 힘에만 관심을 두게 된다. 왜냐하면 일반적으로 대기압은 문제의 단면 반대쪽에도 동일하게 작용하여 서로 상쇄되기 때문이다. 따라서 위 식에서 물의 압력 p_c는 도심에서의 계기압력을 의미한다. 유체역학에서는 특별한 언급이 없는 한 계기압력이 사용되고 압력이라 하면 계기압력을 의미함을 다시 한 번 더 강조한다.

다음은 합력의 작용점을 구하여 보자. 합력의 작용점 CP(x_{cp}, y_{cp})는 압력의 중심이므로 면적의 중심(도심) C(x_c, y_c)와 다르다. 일반적으로 압력은 수심이 깊을수록 증가하므로 정수력의 합력이 작용하는 점은 도심보다 아래쪽에 위치한다. 이곳은 합력의 모멘트와 압력분포에 의한 모멘트의 합이 동일하다는 것으로 구할 수 있다. 따라서 합력의 작용점의 y좌표는 x축 주위의 압력분포에 의한 모멘트를 고려하면 다음 식이 성립해야 한다.

$$F_R y_{cp} = \int_A y\,dF = \int_A \gamma \sin\theta\, y^2 dA$$

여기서 $F_R = \gamma y_c \sin\theta A$를 고려하면 합력의 작용점 y_{cp}는 다음 식으로 평가된다.

$$y_{cp} = \frac{\int_A y^2 dA}{y_c A}$$

위 식의 분자는 평판의 연장선과 자유표면이 교차하여 형성되는 x축에 대한 단면 2차 모멘트(관성모멘트, second moment of area, moment of inertia)라 하며 I_x로 표기한다. 따라서 위 식은 다음과 같이 쓸 수 있다.

$$y_{cp} = \frac{I_x}{y_c A} \tag{2.23}$$

단면 2차 모멘트는 공학적인 응용 측면에서 도심을 지나는 축에 관한 2차 모멘트로 표현하는 것이 편리하여 평행축 정리[32)]를 이용하면 다음 식으로 표현된다.

$$I_x = I_{xc} + y_c^2 A \tag{2.24}$$

여기서 I_{xc}는 도심을 지나는 축에 대한 단면 2차 모멘트이고 x축에 평행하다. 이 식을 식 (2.23)에 대입하면 합력의 작용점은 다음 식으로 표현된다.

$$y_{cp} = y_c + \frac{I_{xc}}{y_c A} \tag{2.25}$$

I_{xc}는 항상 양(+)이므로 $I_{xc}/y_c A > 0$이 되어 $y_{cp} > y_c$이 된다. 즉 압력의 중심 y_{cp}이 면적의 중심(도심) y_c보다 $\Delta y(=y_{cp}-y_c)$만큼 더 깊은 곳(도심의 아래쪽)에 있게 된다. 또한 물체가 깊은 수심에 위치할수록, 즉 도심 y_c가 클수록 압력의 중심 y_{cp}은 도심 y_c에 근접하는 것을 알 수 있다.

합력의 작용점의 x좌표도 y축에 대한 모멘트를 고려하면 다음 식이 성립해야 한다.

$$F_R x_{cp} = \int x\,dF = \gamma \sin\theta \int_A xy\,dA$$

또는

$$x_{cp} = \frac{\int_A xy\,dA}{y_c A} = \frac{I_{xy}}{y_c A}$$

---

32) 평행축 정리는 도심 축에 대한 면적 1차 모멘트가 0이 된다는 조건을 이용하여 도심 축과 도심 축에 평행한 축에 대한 면적 2차 모멘트 사이의 관계를 나타낸 것이다. 즉 도심의 x축에 대한 면적 2차 모멘트를 I_{xc}, 도심과 평행한 x축에 대한 면적 2차 모멘트를 I_x라 하면 $I_x = I_{xc} + y_c^2 A$이 성립한다. 이것에 대한 증명은 [예제2.6]에 주어졌다.

여기서 I_{xy}는 x축과 y축에 대한 관성상승모멘트(product of inertia)이다. 다시 평행축 정리33)를 사용하면 다음과 같이 쓸 수 있다.

$$x_{cp} = x_c + \frac{I_{xyc}}{y_c A} \tag{2.26}$$

여기서 I_{xyc}는 $x-y$ 좌표계를 평행 이동하여 도심을 지나도록 만든 직교좌표계에 대한 관성상승모멘트이다. 잠긴 면적이 도심을 지나며 x축 또는 y축과 평행인 축에 대해 대칭이면 I_{xyc}는 영(0)이므로 합력은 도심의 선상에 있다. 즉 $x_{cp}=x_c$이다. 몇 가지 대표적인 형상에 대한 도심과 단면 2차모멘트(관성모멘트)를 [그림 2-17]에 나타내었다.

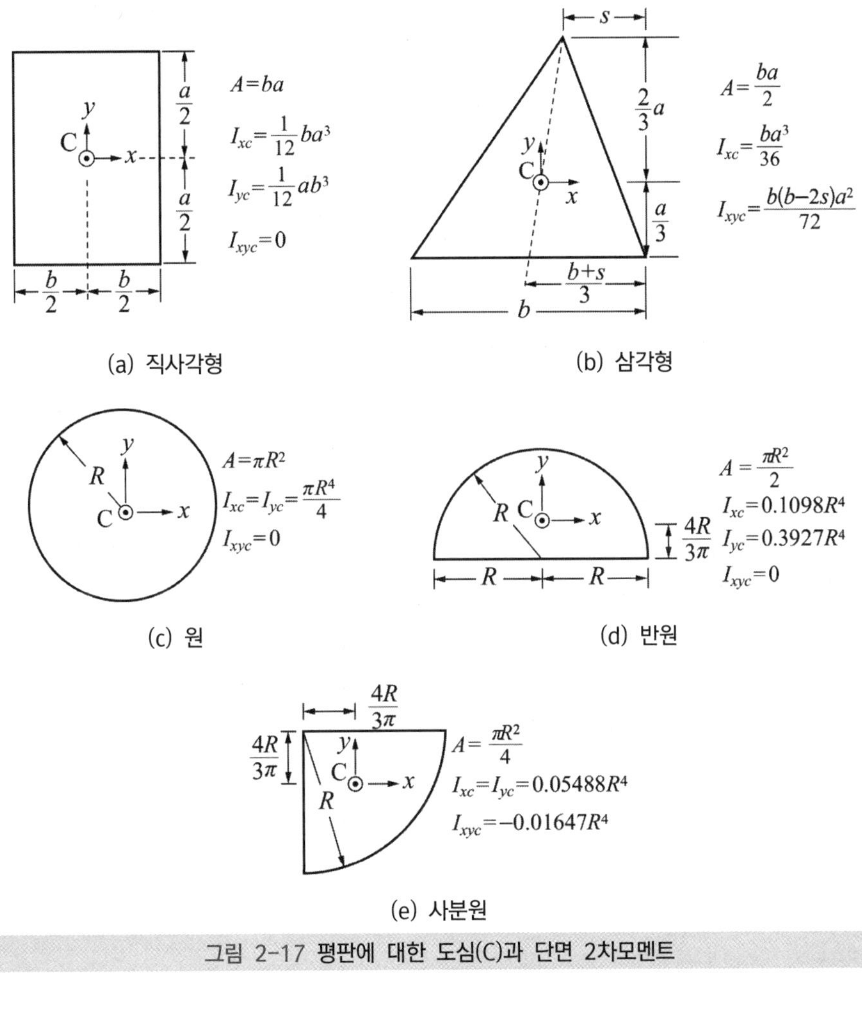

그림 2-17 평판에 대한 도심(C)과 단면 2차모멘트

33) 면적의 관성상승모멘트에 대한 평행축 정리는 $I_{xy}=I_{xyc}+x_c y_c A$이다.

합력의 작용점 식 (2.25)와 (2.26)은 한 종류의 유체에 대해서만 유효하다. 또 액체 표면에서의 압력이 $p_0 = 0$인 자유표면인 경우에 국한된다. 표면에서 압력이 0이 아니면 제한 조건을 만족시키는 등가의 문제로 바꾸어 생각할 수 있다. 즉 도심 위로 $p_c/\rho g$ 거리만큼 위 위치에 상응하는 자유표면을 기준으로 y가 측정되어야 한다. 정수력과 정수압은 오직 동일한 밀도를 갖는 유체에 대해서만 유효하다. 서로 다른 밀도를 갖는 유체 사이에는 이들 방정식을 적용할 수 없다.

예제6

평행축 정리 $I_x = I_{xc} + y_c^2 A$가 성립함을 증명하라.

평행축 정리는 단면의 2차 모멘트를 단면의 도심을 통과하는 단면 2차 모멘트와의 관계로 나타낸 것이다.

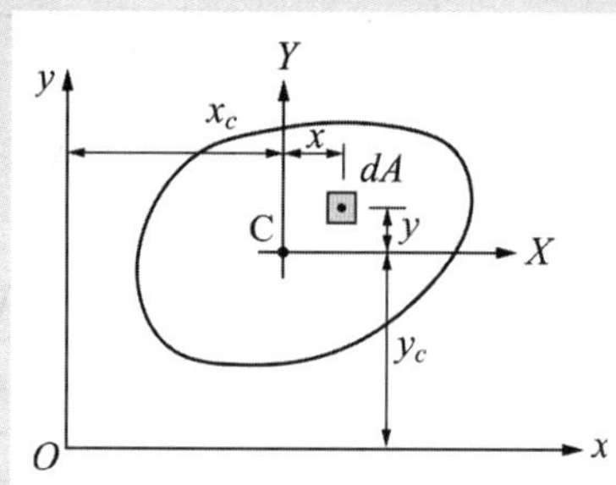

[그림 예제2.6 평행축의 정리]

먼저 [그림 예제2.6]의 미소 면적 dA의 도심 C의 축(X, Y)에 대한 단면 2차 모멘트 I_{xc}, I_{yc}는 정의에 의해 다음과 같다.

$$I_{xc} = \int_A y^2 dA,\ I_{yc} = \int_A x^2 dA$$

다음, 도심 축과 평행한 임의의 축(x, y)에 대한 미소 면적 dA의 단면 2차 모멘트를 구하면 다음과 같다.

$$I_x = \int_A (y + y_c)^2 dA = \int_A y^2 dA + 2y_c \int_A y dA + y_c^2 \int_A dA$$

여기서 우변 첫 번째 항은 도심에 대한 단면 2차 모멘트이고, 두 번째 항은 도심 축에 대한 면적 1차 모멘트이므로 0의 값을 갖고, 세 번째 항은 x축과 평행한 도심을 지나는 X축 사이 거리의 제곱 y_c^2에 전체 면적 A를 곱한 값을 의미한다. 따라서 다음 식이 성립한다.

$$I_x = I_{xc} + y_c^2 A$$

이 식을 평행축 정리라 한다.

예제7

그림과 같이 직경 1.0 m인 원형의 수문이 자유수면부터 4 m 깊이에 연직방향으로 힌지(hinge)되어 있다. 수문에 작용하는 힘, 압력이 작용하는 위치, 수문을 여는데 필요한 힘을 구하라.

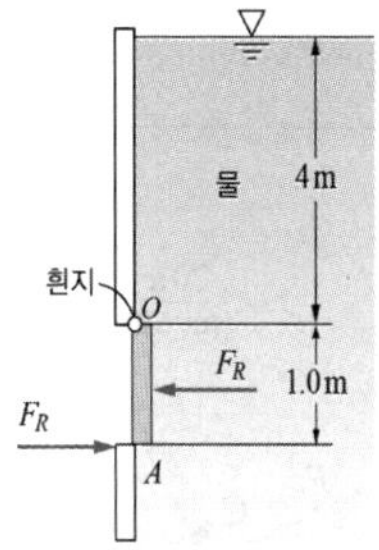

[그림 예제2.7]

수문의 도심까지의 거리는 $h_c(=y_c \sin\theta) = 4\text{ m} + 0.5\text{ m} = 4.5\text{ m}$, 물의 비중량 γ는 9.81 kN/m^3이므로 수문에 작용하는 힘은 식 (2.22)에 의해 다음과 같다.

$$F_R = p_c A = \gamma h_c A = (9.81\text{kN/m}^3)(4.5\text{m})\left(\frac{1^2\pi}{4}\text{m}^2\right) = 34.6\text{ kN}$$

합력의 작용점 CP(x_{cp}, y_{cp})는 식 (2.25), (2.26)을 사용하여 구한다. 원에 대한 단면 2차모멘트는 [그림 2-17]에 의해서 $I_{xc} = \pi R^4/4$ 및 $I_{xyc} = 0$을 얻는다.

$$y_{cp} = y_c + \frac{I_{xc}}{y_c A} = y_c + \frac{\pi R^4/4}{y_c \pi R^2} = 4.5\text{m} + \frac{(0.5\text{m})^2}{4\times 4.5\text{m}} = 4.51\text{m}$$

$$x_{cp} = x_c + \frac{I_{xyc}}{y_c A} = x_c$$

따라서 합력의 위치는 도심을 지나는 연직선상에 도심으로부터 0.01 m 아래에 위치한다. 수문을 여는데 필요한 힘 F는 힌지를 기준으로 모멘트를 취하면 얻을 수 있고 다음과 같다.

$$F_R \times \overline{OR} = F \times \overline{OS}$$

$$F = \frac{F_R \times \overline{OR}}{\overline{OS}} = \frac{34.6\text{kN} \times 4.51\text{m}}{1\text{m}} = 156\text{kN}$$

예제8

그림과 같이 저수조의 경사진 벽에 직경 3 m인 원형의 수문이 설치되어 있다. 수문은 수평방향의 직경을 따라 설치된 축에 고정되어 있다. 자유표면에서 수문 축까지의 깊이는 20 m이다. 물에 의해 수문에 가해지는 합력의 크기와 위치 그리고 수문을 열기 위하여 축에 가해야 하는 모멘트를 구하라.

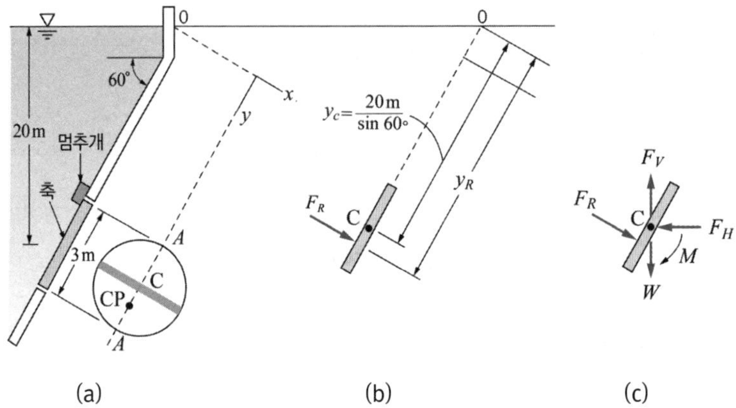

[그림 예제2.8]

물의 비중량은 9.81 kN/m^3, $h_c = 20$ m이므로 수문에 가한 힘의 합력은 식 (2.22)에 의해 다음과 같다.

$$F_R = \gamma h_c A = (9.81\,\mathrm{kN/m^3})(20\,\mathrm{m})\left(\frac{3^2\pi}{4}\,\mathrm{m^2}\right) = 1386.8\,\mathrm{kN}$$

합력의 작용점 CP(x_{cp}, y_{cp})는 식 (2.25), (2.26)에 의해 구할 수 있고, 원에 대한 단면 2차 모멘트는 [그림 2-17]에 의해서 $I_{xc} = \pi R^4/4$ 및 $I_{xyc} = 0$이다. y_{cp}는 $y_c = h_c/\sin 60°$ 이므로 다음과 같다.

$$y_{cp} = y_c + \frac{I_{xc}}{y_c A} = \frac{20m}{\sin 60°} + \frac{(\pi/4)(1.5\,\mathrm{m})^4}{(20m/\sin 60°)(1.5^2\pi/4\,\mathrm{m^2})} = 23.2\,\mathrm{m}$$

$$x_{cp} = x_c + \frac{I_{xyc}}{y_c A} = x_c$$

수문을 고정하는 축과 압력 중심까지의 거리는 다음과 같다.

$$y_{cp} - y_c = 23.2\mathrm{m} - 23.1\,\mathrm{m} = 0.1\,\mathrm{m}$$

그러므로 물이 수문에 가하는 힘은 1.387 MN이고, 이 힘의 작용점은 수문의 회전축으로부터 직경 A-A를 따라 $0.1\,m$ 아래에 있으며, 힘의 방향은 수문에 수직인 방향이다.

수문을 여는데 필요한 모멘트는 그림(c)의 자유물체도를 고려하여 구할 수 있다. 이 그림에서 W는 수문의 무게이고, F_H와 F_V는 수문에 작용하는 수평과 수직방향의 힘(반력)이다.

축에 대하여 모멘트를 더하면 $\sum M_c = 0$이므로 다음과 같다.

$$M = F_R(y_{cp} - y_c) = (1386.8\times10^3\,\mathrm{N})(0.1\,\mathrm{m})$$
$$= 138.68\times10^3\,\mathrm{N\cdot m}$$

2.2.3 곡면체에 작용하는 힘

물속에 잠겨있는 곡면체에 작용하는 총 힘(합력)의 크기와 방향을 구해보자. 실제 물에 잠겨 있는 물체(댐, 곡관, 잠수함 등)의 표면은 평면이 아닌 곡면이 많다. 곡면체에 작용하는 힘의 크기는 평판과 마찬가지로 압력을 적분하여 구할 수 있지만, 곡면이 단순하지 않으면 적분하기 쉽지 않다. 이때에는 곡면과 연직 및 수평 방향으로 투영된 면으로 둘러싸인 검사체적에 대한 수평방향과 수직방향으로 힘의 평형을 고려하면 쉽게 구할 수 있다.[34)]

[그림 2-18](a)에서 곡면체 AB에 가해지는 합력을 구해보자. 먼저 곡면 AB, 수평면 AO 그리고 수직면 BO로 둘러싸인 체적을 분리한다. 단 지면의 수직방향으로는 단위 길이를 고려한다. 물에 의한 수직방향의 힘 F_{AO}과 수평방향의 힘 F_{BO}의 크기는 그림 (b) 자유물체도(free body diagram)에 대한 압력분포로부터 얻을 수 있다. 그림 (c)는 물의 무게 $W(=\gamma V)$가 물의 무게중심(CG)에서 작용하고, 곡면체가 유체를 지지하는 힘 F_R은 힘의 작용점 CP에 작용하며, 이 힘은 수직방향의 힘 F_V과 수평방향의 힘F_H으로 나누어 표기하였다.

이 힘들이 평형을 유지하기 위해서는 수평성분과 수직성분의 힘들이 모두 크기가 같고 동일선상에 놓여 있어야 한다. 이것은 물이 곡면체에 작용하는 세 힘의 합력과 곡면체가 물을 지지하는 힘의 작용선이 한 점에서 교차하는 공점력계(concurrent force system)를 형성해야하기 때문이다. 따라서 이 힘들은 크기는 같고 방향이 반대이므로 다음 식이 성립한다.

$$F_H = F_{BO} \qquad F_V = F_{AO} + W$$

곡면체가 물을 지지하는 합력 F_R의 크기는 다음 식으로 구할 수 있다.

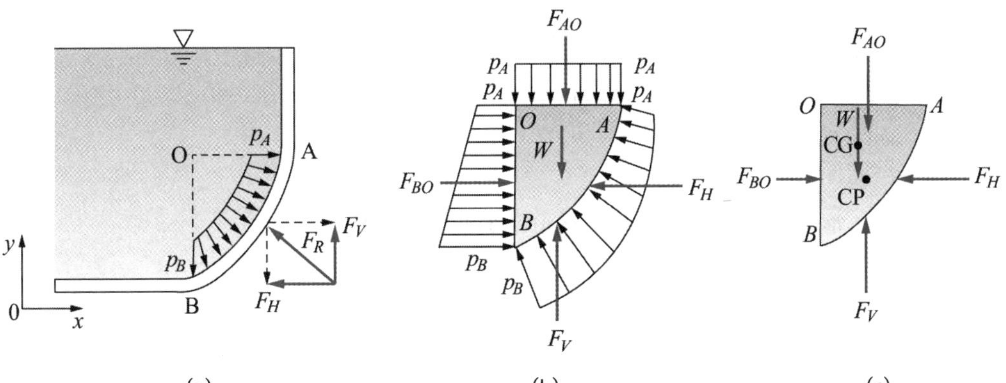

그림 2-18 곡면에 작용하는 정수력

34) 곡면에 작용하는 정수력은 곡면에 접촉한 유체를 포함한 계(system)에 평형을 적용함으로써 구할 수 있음을 의미한다. 이 개념은 부력의 원리에도 적용된다.

$$F_R = \sqrt{F_H^2 + F_V^2}$$

여기서 곡면체 AB의 수직방향의 힘 F_{AO}과 수평방향의 힘 F_{BO}는 잠겨있는 평면에 작용하는 힘으로 구할 수 있다. 합력의 작용점은 적절한 축에 대한 모멘트를 구하여 얻을 수 있다. 즉 수직방향의 힘과 수평방향의 힘은 도심에 작용하고, 물의 무게는 무게중심에서 작용한다.

예제9

직경 $D = 8\,\mathrm{m}$, 길이 $L = 80\,\mathrm{m}$인 잠수함이 바닷물에 잠수하여 선체의 상면이 바닷물의 자유표면에 접해 있다. 바닷물의 밀도가 $\rho = 1{,}200\ \mathrm{kg/m^3}$이라면 선체 왼쪽 반에 작용하는 수평방향의 힘을 구하여라.

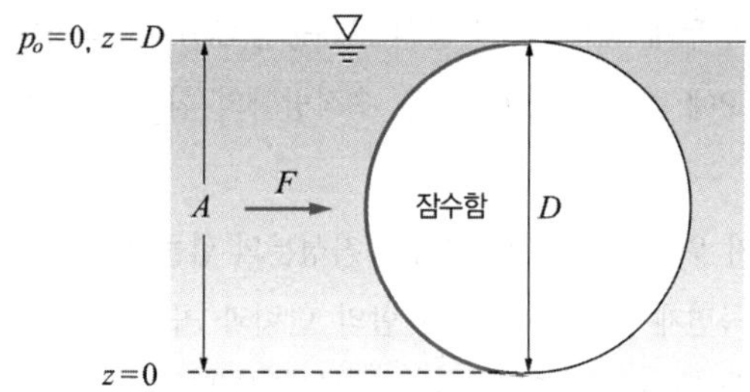

[그림 예제2.9] 바닷물에 잠수한 잠수함

잠수함이 원통형이라 가정하고 잠수함에 수평방향으로 작용하는 힘은 곡선면을 투영한 가상적인 수직면적 A에 대해 다음과 같이 적분으로 구할 수 있다.

$$F_H = \int_A p dA = \gamma h_c A = \frac{1}{2}\rho g L D^2$$

또는

$$F_H = \int_A p dA = \int_{z=0}^{z=D} \rho g L(D-z)dz = \frac{1}{2}\rho g L D^2$$

$$F_H = \frac{1}{2} \times 1{,}200\,\mathrm{kg/m^3} \times 9.81\,\mathrm{m/s^2} \times 80\,\mathrm{m} \times (8\,\mathrm{m})^2$$
$$= 30.14\ \mathrm{MN}$$

따라서 수치값을 대입하면 다음과 같다.

$$F_H = \frac{1}{2} \times 1{,}200\,\mathrm{kg/m^3} \times 9.81\,\mathrm{m/s^2} \times 80\,\mathrm{m} \times (8\,\mathrm{m})^2 = 30.14\ \mathrm{MN}$$

예제10

직경 $2.4\,m$, 길이 $10\,m$인 배수관에 물이 반만 차 있고 흐르지는 않고 있다. 물이 배수관에 작용하는 힘과 작용선의 위치를 구하여라.

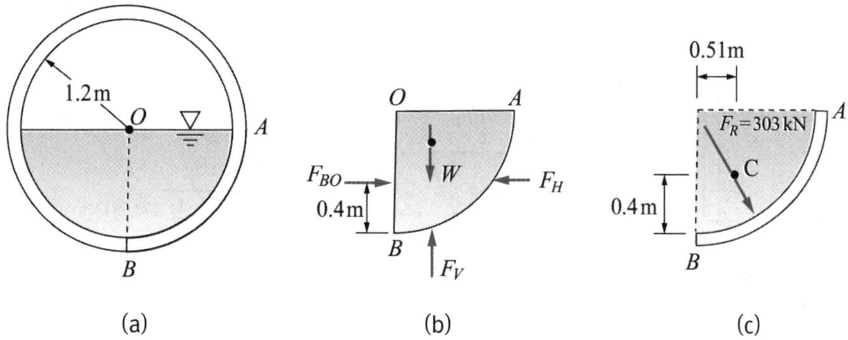

[그림 예제2.10]

[그림 예제2.10](a)를 참고하며 그림 (b)와 같이 배수관의 수평부분 AO, 수직부분 BO, 곡선부분 AB로 둘러싸인 물을 검사체적으로 분리한다.

배수관의 곡면 AB에 작용하는 수평분력 F_H은 AB를 투영한 수직면에 작용하는 힘 F_{BO}와 같으므로 다음과 같다.

$$F_H = \gamma h_c A = (9810\,\mathrm{N/m^3})\left(\frac{2.4\,\mathrm{m}}{2}\right)(2.4\,\mathrm{m} \times 10\,\mathrm{m}) = 282{,}528\,\mathrm{N}$$

수직방향의 힘 F_V은 AB를 투영한 수평면에 작용하는 힘이 대기압으로서 0이므로 액체의 무게 W만 작용한다. 따라서 다음과 같다.

$$F_V = \gamma V = \gamma\left(\frac{\pi R^2}{4} \times L\right)$$
$$= (9810\,\mathrm{N/m^3})\left(\frac{3.14 \times 1.2^2\,\mathrm{m^2}}{4} \times 10\,\mathrm{m}\right) = 110{,}892\,\mathrm{N}$$

물이 배수관에 작용하는 힘은 수평방향의 힘과 수직방향의 힘의 합이므로 다음과 같다.

$$F_R = \sqrt{F_H^2 + F_V^2} = \sqrt{(282{,}528\,\mathrm{N})^2 + (110{,}892\,\mathrm{N})^2} = 303{,}511\,\mathrm{N}$$

배수관이 물을 지지하는 힘과 방향은 물이 배수관에 작용하는 힘 F_R과 크기는 같고 방향이 반대가 된다.

유체 체적의 무게중심은 사분원의 도심이므로 [그림 2-17](e)를 참고하면 $4R/3\pi$에 의해 BO 중심선에서 오른쪽으로 $0.51\,\mathrm{m}$에 위치한다.

예제11

자유수면에서부터 6 m 깊이의 곡면체 AB에 가해지는 힘과 작용선을 구하여라. 곡면 AB는 반경이 2 m, 지면의 수직방향으로는 반경이 2 m의 1/4인 원호이다.

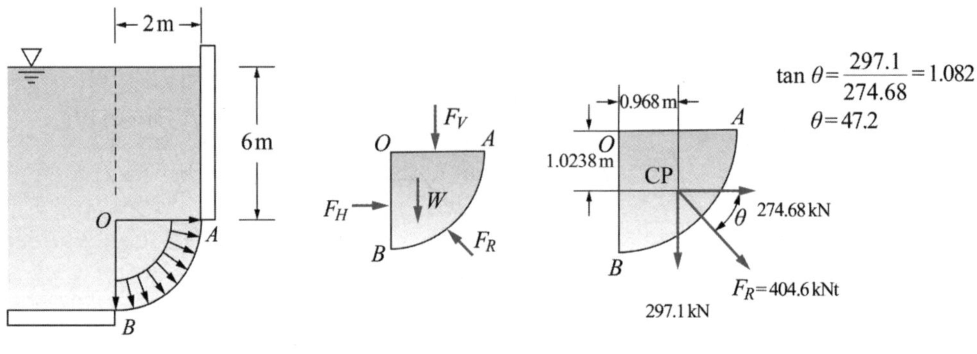

[그림 예제2.11]

[그림 예제2.11](b) 자유물체도에 ABO에 작용하는 힘을 나타내었다. 곡면체가 물을 지지하는 힘의 수평방향의 힘 F_H와 F_V는 힘의 평형을 고려하면 각각 다음과 같다.

$$F_H = F_{BO} = \gamma h_c A = (9.81\,\text{kN/m}^2)(7\,\text{m})(2\times 2)\text{m}^2 = 274.68\ \text{kN}$$

$$F_V = F_{AO} + W = \gamma h_c A + \gamma\left(\frac{\pi R^2}{4}\times L\right)$$

$$= 9.81\,\text{kN/m}^3 \times 6\,\text{m}\times(2\times 2)\text{m}^2 + 9.81\,\text{kN/m}^3\left(\frac{2^2\pi}{4}\times 2\,\text{m}^3\right)$$

$$= 235.44\,\text{kN} + 61.64\,\text{kN} = 297.1\ \text{kN}$$

따라서 곡면체가 물을 지지하는 합력 F_R의 크기는 다음과 같다.

$$F_R = \sqrt{274.68^2 + 297.1^2} = 404.6\,\text{kN}$$

힘의 작용점 CP(x_{cp}, y_{cp})는, 먼저 수평방향의 힘의 작용선 y_{cp}는 식 (2.25)에 의해 다음과 같다.

$$y_{cp} = y_c + \frac{I_{xc}}{y_c A} = 7\,\text{m} + \frac{(1\,\text{m})(2\,\text{m})^3/12}{(7\,\text{m})(2\times 2\,\text{m}^2)} = 7.0238\ \text{m}$$

수직방향의 힘의 작용선 x_{cp}는 점 O에 대한 모멘트를 합함으로써 구해진다.

$$F_V x_{cp} = F_{AC}\times 1m + W\times c_w$$

여기서 물의 무게에 대한 도심 c_w는 [그림 2-17]에 의해서 $c_w = 4R/3\pi = 0.849\,m$이므로 x_{cp}는 다음과 같다.

$$x_{cp} = \frac{235.44\,\text{kN}\times 1\,\text{m} + 61.64\,\text{kN}\times 0.849\,\text{m}}{297.1\,\text{kN}} = 0.968\,\text{m}$$

따라서 곡면에 작용한 힘은 [그림 예제2.11(c)]와 같이 나타난다.

2.3 부력과 안정성

2.3.1 부력

물체가 물속에 완전히 잠겨있거나 혹은 일부만이 잠긴 채 떠 있을 경우, 물체는 물에 의해 상향으로 부력(buoyancy, buoyant force)이란 힘을 받는다. 이 힘은 유체가 곡면에 작용하는 힘의 평형으로부터 구할 수 있다. 부력의 원리는 이미 기원전 3세기에 Archimedes에 의해 다음과 같이 발표되었다.

① 유체 내에 잠긴 물체는 그 물체가 배제한 유체의 무게만큼 상 방향으로 부력을 받는다.

② 유체에 떠 있는 물체는 그 물체의 무게만큼 유체를 배제한다.

[그림 2-19](a)와 같이 임의의 형상의 물체가 비중량이 $\gamma(=\rho g)$인 유체 속에 잠겨있다. 물체의 위 곡면 ①과 아래 곡면 ②의 미소면적 dA에 작용하는 압력은 각각 p_1, p_2이다. 유체가 물체에 작용하는 미소힘 dF_B은 힘의 평형으로부터 두 압력에 의한 힘의 차이이므로 다음과 같다.

$$\begin{aligned} \underbrace{dF_B}_{\text{부력}} &= \underbrace{dF_2}_{\text{곡면2위의유체무게}} - \underbrace{dF_1}_{\text{곡면1위의유체무게}} = p_2 dA - p_1 dA = \gamma(h_2 - h_1)dA \\ &= \underbrace{\gamma dV}_{\text{미소물체체적에 상당한 유체무게}} \end{aligned}$$

여기서 dV는 미소부분의 체적이다.

유체가 물체에 작용하는 힘은 위 식을 물체의 체적에 대한 적분으로 얻어지며 다음과 같다.

$$F_B = \int_V dF_B = \int_V \rho g dV = \gamma V \tag{2.28}$$

위 식의 유체가 물체에 작용하는 힘 F_B는 부력을 뜻하며, 유체 속에 잠긴 물체가 배제한 체적의 유체의 무게 $W(=\gamma V)$와 같음을 의미한다. 이것은 Archimedes의 부력의 원리 ①을 수학적으로 나타낸 것이다. 부력의 작용방향은 중력의 작용방향과 반대가 되며 작용점은 배제체적의 중심, 즉 부력 중심을 지나게 된다.

기체 속에 잠긴 물체도 부력을 받는다. 예를 들면 사람의 몸무게가 700 N, 비중량이 $9.4\ \mathrm{kN/m^3}$이라면, 사람의 체적은 $0.074\ \mathrm{m^3}$ 정도이다. 상온에서 공기의 비중량이 $12\ \mathrm{N/m^3}$이므로 사람이 받는 부력은 $0.074\ \mathrm{m^3} \times 12\ \mathrm{N/m^3} = 0.89\ \mathrm{N}$이다. 이 값은 사람의 몸무게의 0.13%로 너무 작으므로 공기의 부력은 일반적으로 무시되고 있다. 그러나 고무풍선이나 열기구(hot air balloon)의 경우에는 공기의 부력이 무시되기는 커녕 설계에서 지배적인 인자가 된다. 그러나 물속에 잠긴 물체의 부력은 기체와 달리 상당히 큰 값을 가지므로 선박의 설계 때 중요한 인자가 된다.

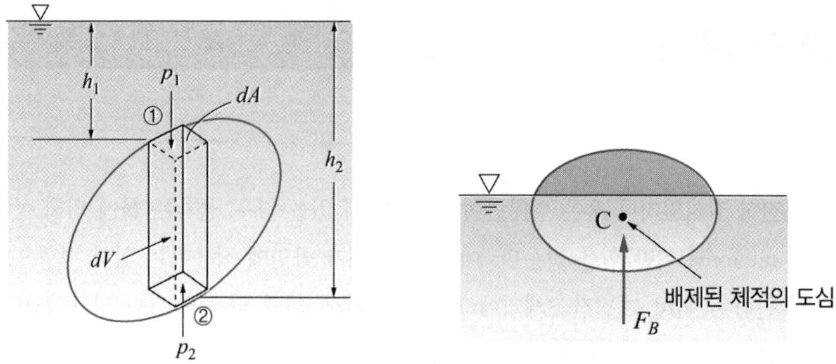

(a) 잠긴 물체의 부력 (b) 떠 있는 물체의 부력

그림 2-19 잠긴 또는 떠 있는 물체의 부력

물속에 잠긴 물체의 무게 T는 공기 중에서의 물체의 무게 W에 부력 F_B을 뺀 값이 된다. 즉,

$$T = W - F_B$$

물체가 자유표면에 떠 있는 경우에는 물체의 무게 T는 0이므로 그때의 부력은 떠 있는 물체의 무게와 같다. 즉,

$$F_B = \underbrace{W}_{\text{물체의 무게}} = \underbrace{\gamma_w V_0}_{\text{배제된 체적에 상당한 물의 무게}} \tag{2.29}$$

여기서 γ_w는 물의 비중량, V_0는 물속에 잠긴 물체의 체적이다. 부력의 작용선과 무게 중심선은 일치한다. 왜냐하면 정적 평형상태에서는 순수 모멘트가 있을 수 없기 때문이다. 식 (2.29)는 Archimedes의 부력의 원리 ②를 수학적으로 나타낸 것이다.

예제12

직경이 30 cm인 나무로 된 볼링공이 있다. 볼링공의 몇 퍼센트가 물에 잠기겠는가? 볼링공의 비중은 0.7이다.

볼링공의 부피 V는 다음과 같다.

$$V = \frac{4}{3}\pi R^3 = \frac{4}{3} \times 3.14 \times (0.15\,\mathrm{m})^3 = 0.0141\,\mathrm{m}^3$$

물 위에 떠 있는 볼링공이 받는 부력은 볼링공의 잠긴 체적 V_0의 물의 무게와 같으므로 식 (2.29)에 의해 다음 식으로 나타낼 수 있다.

$$F_B = W = (0.7 \times 9810\,\mathrm{N/m^3}) \times 0.0141\,\mathrm{m}^3 = \gamma_w V_0 \rightarrow$$

$$V_0 = \frac{(0.7 \times 9810)}{9810} \times 0.0141\,\mathrm{m}^3 = 9.87 \times 10^{-3}\,\mathrm{m}^3$$

따라서 잠긴 볼링공의 체적비율은 다음과 같다.

$$\frac{V_0}{V} = \frac{9.87 \times 10^{-3}\,\mathrm{m}^3}{0.0141\,\mathrm{m}^3} = 0.7 = 70\%$$

예제13

유리구 속에 납을 채우고 그 위에 유리 막대를 붙인 비중계는 부력의 원리를 이용하여 액체의 비중을 측정하는 계기이다. 순수한 물에 비중계를 넣으면 비중계는 물에 뜨고, 눈금은 1.0을 가리켜 물의 비중이 1임을 나타낸다. [그림 예제2.13]와 같이 밀도 ρ인 액체에 비중계를 넣었더니 눈금 1.0과 Δh만큼 차이를 보였다면 이 액체의 비중은 얼마인가?

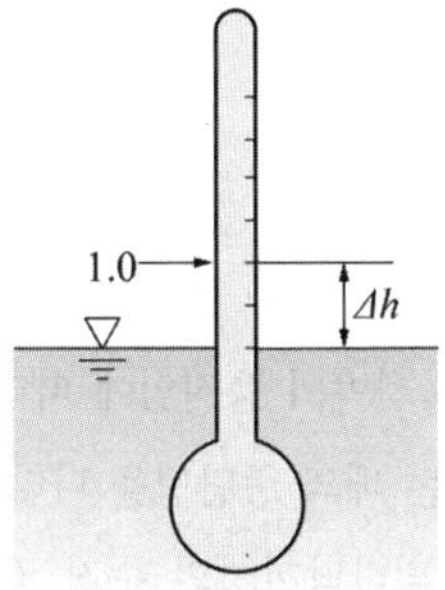

[그림 예제2.13]

물에 대한 부력 $F_{B,w}$는 비중계의 눈금 1.0까지 배제한 체적의 물의 무게 W와 같으므로 비중계의 배제체적을 V_0라면 다음과 같다.

$$F_{B,w} = W = \gamma_w V_0$$

비중량 γ_x(또는 밀도 ρ_x)인 액체의 부력은 [그림 예제2.13]에 나타낸 바와 같이 비중계가 잠긴 부분의 체적이 물의 경우보다는 ΔhA만큼 작다. 따라서 액체의 부력 $F_{B,x}$는 위 식과 동일한 원리에 의해 다음 식이 성립한다.

$$F_{B,x} = W = \gamma_x (V_0 - \Delta hA)$$

여기서 A는 비중계 유리관 부분의 단면적이다.

액체의 비중 $S(=\gamma_x/\gamma_w)$는 액체의 비중량 γ_x 와 물의 비중량 γ_w와의 비로 정의되므로 위 두 식을 같다고 놓고 비중 눈금 차이로 정리하면 다음 식을 얻는다.

$$S = \frac{1}{1 - A\Delta h / V_0}$$

위 식의 A, Δh 등은 비중계에 따라 정해지는 값이므로 Δh를 알면 비중을 알 수 있다.

2.3.2 안정성

액체에 잠겨 있거나 혹은 떠 있는 물체의 안정성은 물체의 무게중심 G(center of gravity)와 부력중심 B(center of buoyancy)의 상대 위치에 따라 좌우된다. 왜냐하면 무게중심의 방향과 부력의 방향이 서로 반대방향으로 작용하기 때문이다.

(1) 잠긴 물체

유체에 잠긴 물체(기구, 잠수함 등)는 부력중심 B가 항상 무게중심 G보다 위에 있으므로 어떠한 형태로 기울여도 복원우력(복원모멘트, restoring moment, restoring couple)이 발생하여 처음의 평형상태로 돌아오게 되어 물체는 안정하다. 그러나 반대로 무게중심이 부력중심보다 위쪽에 위치하면 불안정한 상태가 되어, 물체는 조금만 기울여도 전복우력(전복모멘트, overturning moment)이 발생하여 180° 회전하게 된다.

(2) 떠 있는 물체

안정성 문제는 선박과 같이 떠 있는 물체에서 더욱 중요하다. 왜냐하면 선박은 무게중심 G가 부력중심 B보다 위에 있을 뿐만 아니라 부력중심이 선박의 움직임에 따라 변하기 때문이다. [그림 2-20]에 선박의 상태를 나타냈다. 그림 (a)는 바르게 떠 있는 배의 종단면을 나타냈다. 이때 무게중심과 부력중심을 연결한 선 BG를 부양축이라 하고, 수면에서 배 밑바닥까지의 수직 깊이를 흘수(draft) D라 하며 배가 배제한 물의 무게를 배수량(displacement)이라 한다.

그림 (a)는 배의 무게중심 G가 부력중심 B보다 위에 있어 안정한 상태를 보이고 있다. 배가 외부 힘에 의하여 그림 (b)와 같이 오른쪽으로 기울어지면 배의 우측부의 배수량은 증가하고 좌측부는 반대로 감소한다. 배수량이 변화함에 따라 배수체적의 도심이 변하여 부심중심 B는 오른쪽 옆의 B'로 이동하지만, 배의 무게중심 G는 부력과 관계없이 변하지 않는다. 이 때문에 배의 무게 W와 부력 F_B의 작용방향이 일직선상에 있지 않게 되어 배를 회전시키는 우력(couple of forces)이 발생하게 된다. 새로운 부력중심 B'에 작용하는 부력의 연직선과 부양축 BG와의 교점 M을 경심(metacenter)이라 한다. 또한 무게중심에서 경심까지의 높이 $h(=GM)$를 경심높이(meta centric height)라 한다.

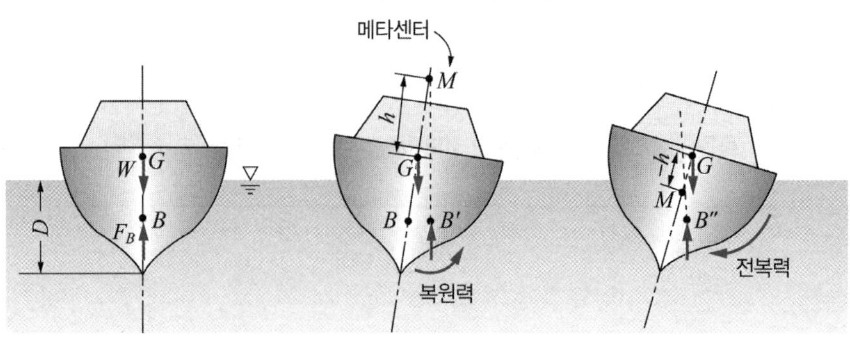

그림 2-20 선박의 경심높이와 안정성 관계

떠 있는 물체(선박)의 안정성은 경심높이 h의 크기에 따라 결정된다. 그림(b)와 같이 h가 양(+)의 값을 가지면, 즉 경심 M이 무게중심 G보다 위쪽에 위치하면 배를 원래의 상태로 되돌리려는 복원력(복원우력)이 작용해 배는 안정하다. 만약 경심이 무게중심과 같게 되면, 즉 h가 0이면 우력을 만들지 못하므로 배는 기울어진 현재의 상태를 유지하는 중립상황이 된다. 그러나 경심높이 h가 음(-)의 값을 갖게 되면, 즉 그림(c)와 같이 경심이 무게중심보다 아래쪽에 오게 되면 전복우력이 발생해 배는 더욱 기울어지게 된다. 배는 양의 경심높이 h 값이 클수록 안정하다.

2.4 상대적 정지 유체

우유나 석유 같은 액체는 큰 탱크에 담겨 운송된다. 차량이 일정한 속도를 유지하면 탱크 내 액체는 평형상태에 도달하여 일정한 각도의 수면을 유지한 채 마치 강체와 같이 운동한다. 또 액체가 담긴 원통 용기도 중심축을 중심으로 일정한 각속도로 회전시키면 용기 내 유체는 평형상태에 도달하여 일정한 포물면을 유지한 채 상대운동이 사라져 역시 강체와 같이 운동을 한다. 이와 같이 용기와 함께 등속 직선운동을 하거나 등속 원운동을 하는 유체는 모두 상대적 정지상태로 취급할 수 있다. 상대운동이 없는 유체의 유동은 유체 정역학으로 해석할 수 있다. 즉 유체와 유체 또는 유체와 용기 사이에 속도 차이가 없으면 전단력이나 마찰력이 발생하지 않아 정지상태의 유체와 같이 취급할 수 있다.

2.4.1 정수역학의 운동방정식

유체가 정지하고 있든 움직이고 있든 한 점에서의 압력은 방향과 관계가 없다. 그럼 상대적 정지상태의 유체 내의 압력은 위치에 따라 어떻게 다른가? 또는 상대적 정지유체에 대한 운동방정식은 어떻게 표현되는가? 결론부터 말하면 상대적 정지유체 내의 압력분포는 유체 정역학의 미분방정식 (2.8)이 성립한다. 여기에서 비압축성 미소 유체요소에 작용하는 힘의 평형을 고려하여 정수역학의 운동방정식을 유도해 보자.

상대적 정지상태의 유체에 작용하는 힘은 점성유체라 할지라도 표면력으로서 압력과 체적력으로서 중력만이 작용한다. [그림 2-21]에 나타낸 $dx\,dy\,dz$인 미소 유체 요소를 고려하자. 압력은 x, y, z축 모든 방향으로 작용하지만 그림에는 간략히 표현하기 위하여 y축 방향의 압력만을 표기했다. y축 방향의 수직인 단면에 작용하는 표면력은 '압력×면적'이므로 $p\,dx\,dz$이고, 이곳에서 오른쪽으로 dy 떨어진 단면에서 작용하는 표면력은 Taylor의 급수전개에 의해 2차 이상의 미소 항을 무시하면 다음과 같다.

$$(p dx\,dz)_{y+dy} = \left(p + \frac{\partial p}{\partial y} dy\right) dx\,dz$$

따라서 y축 방향의 수직인 단면에 작용하는 순수표면력은 다음과 같다.

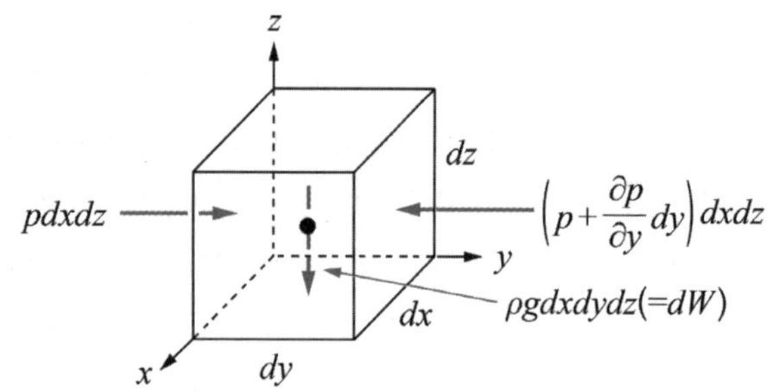

그림 2-21 미소 유체요소에 작용하는 표면력과 체적력

$$d\mathbf{F}_y = pdxdz - \left(p+\frac{\partial p}{\partial y}dy\right)dx\,dz \;=\; -\frac{\partial p}{\partial y}dxdydz$$

이와 같은 방법으로 고려하여 x축과 z축 방향으로 작용하는 미소 표면력은 다음과 같다.

$$d\mathbf{F}_x = -\frac{\partial p}{\partial x}dxdydz\ ,\ \ d\mathbf{F}_z = -\frac{\partial p}{\partial z}dxdydz$$

그러므로 미소 유체요소에 작용하는 순수표면력의 합을 벡터로 표기하면 다음과 같다.

$$d\mathbf{F}_s = dF_x\mathbf{i} + dF_y\mathbf{j} + dF_z\mathbf{k}$$

또는

$$d\mathbf{F}_s = -\left(\frac{\partial p}{\partial x}\mathbf{i} + \frac{\partial p}{\partial y}\mathbf{J} + \frac{\partial p}{\partial z}\mathbf{k}\right)dx\,dy\,dz \qquad (2.30)$$

여기에서 **i, j, k**는 x, y, z축 방향의 단위 벡터이다. 위 식은 우변 괄호 항이 압력구배 ∇p의 벡터 식 (1.6)과 같으므로 다음과 같이 쓸 수 있다.

$$\nabla p = -\frac{d\mathbf{F}_s}{dxdydz}$$

이 식은 두 점 사이의 압력의 변화(기울기)가 미소 유체요소의 단위 체적당 작용하는 순수(net) 표면력임을 의미한다.

다음, 체적력으로서 미소 유체요소의 무게에 해당하는 미소 중력 dW는 '밀도×체적×중력가속도'이고 음의 z축 방향으로 작용하므로 다음과 같다.

$$-dW\mathbf{k} = -\rho g\,dxdydz\,\mathbf{k}$$

그러므로 미소 유체요소에 작용하는 힘은 뉴턴의 운동 제2법칙 $\sum d\mathbf{F} = dm\mathbf{a}$을 적용하면 다음과 같다.

$$\sum d\mathbf{F} = \underbrace{d\mathbf{F}_s}_{\text{표면력}} + \underbrace{(-dW\mathbf{k})}_{\text{체적력}} = \underbrace{dm\mathbf{a}}_{\text{관성력}}$$

또는

$$\underbrace{-\nabla p\, dxdydz}_{\text{순표면력}} + \underbrace{(-\rho g\, dxdydz\,\mathbf{k})}_{\text{체적력}} = \underbrace{\rho dxdydz\,\mathbf{a}}_{\text{관성력}}$$

위 식을 정리하면 다음과 같다.

$$-\nabla p - \rho g\mathbf{k} = \rho\mathbf{a} \tag{2.31}$$

이 식은 정지 및 상대적 정지상태의 비압축성 유체에 대한 운동방정식, 즉 정수역학의 운동방정식이다.[35)]

2.4.2 등가속도 직선운동

용기가 임의 방향으로 등가속도 **a**로 움직일 때를 고려하여 보자. 유체가 작용하는 x, y, z축 방향의 힘의 성분은 정수역학의 운동방정식 (2.31)에 의해 다음과 같다.

$$\frac{\partial p}{\partial x} = -\rho a_x,\ \frac{\partial p}{\partial y} = -\rho a_y,\ \frac{\partial p}{\partial z} = -\rho(g + a_z) \tag{2.32}$$

정지된 유체의 경우에는 $\mathbf{a} = 0$ 이므로 식 (2.32)에 의해 다음과 같다.

$$\frac{\partial p}{\partial x} = 0,\ \frac{\partial p}{\partial y} = 0,\ \frac{\partial p}{\partial z} = -\rho g$$

이 식은 정지상태의 액체의 압력은 x축이나 y축 방향으로 변하지 않고 단지 z축 방향(연직방향)으로만 변한다는 것을 보여준다. 따라서 유체 내 압력분포는 다음과 같이 상미분방정식으로 쓸 수 있다.

$$\frac{dp}{dz} = -\gamma$$

이 식은 유체 정역학의 미분방정식 (2.8)과 같다.

(1) 직선 및 수평방향 등가속도 운동

[그림 2-22]와 같이 액체가 들어있는 용기를 일정한 가속도 **a**로서 직선운동을 하는 경우를 고려하자. 그림의 수평방향을 x축, 용기의 높이 방향을 z축으로 취하면 x축과 z축 방향의 성분가속도는 a_x, a_z이고, y축 방향의 가속도는 없으므로 0이다. 따라서 유체의 운동방정식은 식 (2.32)에 의해 다음과 같다.

---

35) 이 식은 Euler에 의해 처음으로 유도되었으므로 Euler의 운동방정식이라고 한다. Euler의 운동방정식은 3장 식 (3.15)과 (3.73)에서도 설명한다.

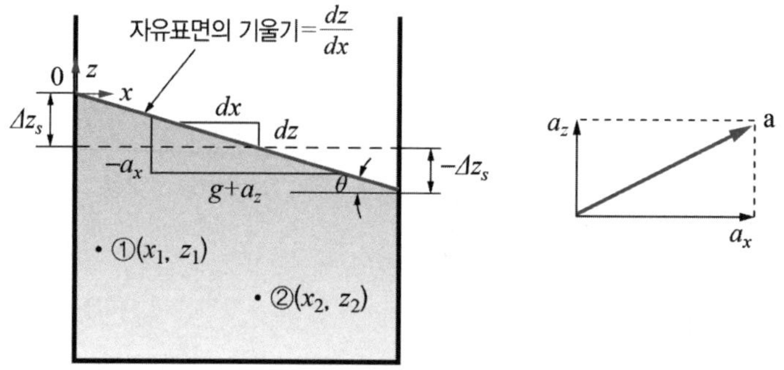

그림 2-22 등가속도 직선운동

$$\frac{\partial p}{\partial x} = -\rho a_x, \ \frac{\partial p}{\partial y} = 0, \ \frac{\partial p}{\partial z} = -\rho(g+a_z) \tag{2.33}$$

압력 p는 y축 방향으로는 변화가 없어 x, z축의 함수이다. 압력 $p(x, z)$의 전미분은 식 (2.33)을 고려하면 다음과 같다.

$$dp = \left(\frac{\partial p}{\partial x}\right)dx + \left(\frac{\partial p}{\partial z}\right)dz = -\rho a_x dx - \rho(g+a_z)dz \tag{2.34}$$

따라서 용기 내 물의 압력분포는 위 식을 적분하여 구할 수 있고 다음과 같다.

$$p = -\rho a_x x - \rho(g+a_z)z + C$$

여기서 물은 비압축성 유체이므로 밀도 ρ는 일정하다. 적분상수 C는 경계조건, 즉 용기 벽면의 자유표면 O점($x=0$, $z=0$)에서의 압력을 p_0라 하면 $C=p_0$가 된다. 이것을 대입하면 압력분포는 다음 식으로 주어진다.

$$p = p_0 - \rho a_x x - \rho(g+a_z)z \tag{2.35}$$

이 식이 등가속도 직선운동을 하는 용기 내 물의 압력분포를 나타낸 식이다.

용기 내 물의 임의의 두 점 ①(x_1, z_1)과 ②(x_2, z_2) 사이의 압력차는 식 (2.35)에 의해 다음과 같다.

$$p_2 - p_1 = -\rho a_x(x_2 - x_1) - \rho(g+a_z)(z_2 - z_1) \tag{2.36}$$

등압선 상에서는 $dp=0$이므로 등압면의 기울기는 식 (2.36)으로부터 다음과 같이 된다.

$$\frac{dz}{dx} = -\frac{a_x}{g+a_z} = \text{상수} \tag{2.37}$$

또한 [그림 2-22]에서 $\tan(\pi-\theta) = dz/dx = -a_x/(g+a_z)$인 관계가 있으므로 dz/dx는 경사면의 기울기 θ를 나타내어 위 식은 다음과 같이 쓸 수 있다.

$$\tan\theta = \frac{a_x}{g+a_z} \tag{2.38a}$$

$$\theta = \tan^{-1}\frac{a_x}{g+a_z} \tag{2.38b}$$

자유표면도 등압면이므로 물속의 등압선은 자유표면과 평행한 선이 된다. 만약 등가속도 수평운동을 하는 경우에는 $a_z=0$이므로 식 (2.38a)에 의해 다음과 같다.

$$\tan\theta = \frac{a_x}{g} \tag{2.39}$$

따라서 등가속도 수평운동을 하는 경우 자유표면(등압선)의 경사각도 θ를 측정하면 등가속도 a_x를 알 수 있다.

등가속도 직선운동을 할 경우, 자유표면의 수직 상승값 Δz_s을 구해보자. [그림 2.21]을 고려하여 물탱크의 가로 길이를 b 라 하면 다음과 같다.

$$\Delta z_s = \tan\theta \times \frac{b}{2} \tag{2.40}$$

수직 하강값 $-\Delta z_s$는 위 식의 값에 음의 값을 취하면 된다.

(2) 연직방향 등가속도 운동

유체가 담겨진 용기가 연직 상 또는 하 방향으로 등가속도 운동을 한다면 $a_x=0,\ a_y=0,\ a_z\neq 0$가 된다. 이 경우에는 식 (2.37)이 0, 즉 $dz/dx=0$이 되어 등압선(자유표면)이 수평이 되는 것을 알 수 있다.

연직방향으로 등가속도 운동을 할 때의 압력분포는 압력이 z방향만의 함수이므로 압력 $p(z)$의 미분은 식 (2.34)에 의해 다음 식으로 주어진다.

$$\frac{dp}{dz} = -\rho(a_z+g) = -(\rho a_z+\gamma) \tag{2.41}$$

이 식은 연직방향으로 등가속도 운동을 하는 유체의 압력분포는 정지유체의 깊이에 따른 압력 식 (2.8)에 연직방향 등가속도에 기인한 압력, 즉 ρa_z만큼 더 큰 값을 갖는 것을 알 수 있다. 이것은 엘리베이터(elevator)가 등가속할 때 물통 바닥의 물의 압력이 정지상태보다 더 크게 나타남을 의미한다.

연직방향으로 등가속도 운동을 할 때, 임의의 두 점의 압력차 $\Delta p(=p_2-p_1)$는 식 (2.41)에 의해 다음과 같이 주어진다.

$$\Delta p = -\rho(a_z + g)\Delta z$$

여기서 $\Delta z(=z_2 - z_1)$는 임의의 두 점 사이의 높이 차이다.

만약 용기가 자유낙하 한다면 $a_z = -g$이므로 압력구배는 $\Delta p = 0$, 즉 x, y, z축 3방향으로의 압력구배가 모두 0이므로 깊이에 관계없이 유체 내부 모든 지점의 압력 차이는 0, 즉 무중력 상태가 된다.

예제14

고속버스가 주행 중에 창문의 빗물이 수평선에 대하여 30°로 경사져 흘러내린다면 버스의 등가속도는 얼마인가.

고속버스가 등가속도 수평운동을 하는 경우의 가속도는 식 (2.39)에 의해 구할 수 있고 다음과 같다.

$$a_x = g\tan\theta = 9.81\ \mathrm{m/s^2} \times \tan 30^\circ = 5.7\ \mathrm{m/s^2}$$

예제15

그림과 같이 가로×세로(지면깊이)×높이가 각각 $3\ \mathrm{m} \times 1.5\ \mathrm{m} \times 1.5\ \mathrm{m}$인 물탱크 차량에 물이 $1\ \mathrm{m}$ 높이로 담겨있다. 정지상태 탱크의 AB벽면에 작용하는 힘은 얼마인가? 또 물탱크가 수평방향으로 $\mathrm{m/s^2}$로 등가속도 운동을 한다면 자유표면과 수평면 사이의 기울기는 얼마인가? 이때 AB면에 작용하는 힘은 얼마인가?

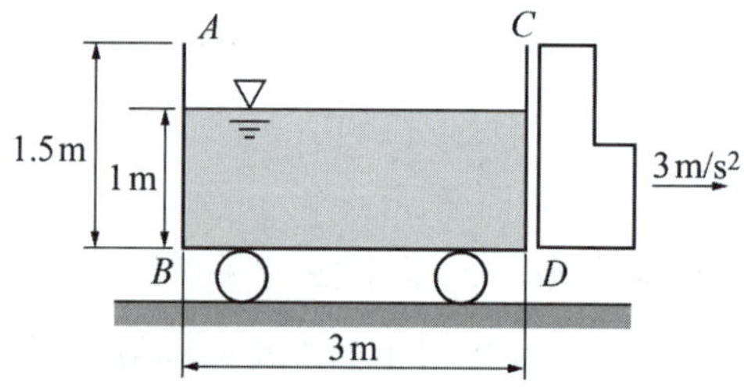

[그림 예제2.15]

먼저 정지한 물이 물탱크의 AB벽면에 작용하는 힘 F은 압력 프리즘 방법을 도입하면 체적의 무게와 같으므로 다음과 같다.

$$F = \frac{1}{2}(\gamma h)A = \frac{1}{2}(9810\ \mathrm{N/m^3} \times 1\ \mathrm{m})(1.5\ \mathrm{m} \times 1\ \mathrm{m})$$
$$= 7357.5\ \mathrm{N}$$

다음, 수평방향 등가속도 운동을 하는 경우의 자유표면과 수평면 사이의 기울기 θ는 식 (2.39)에 의하여 다음과 같다.

$$\theta = \tan^{-1}\frac{a_x}{g} = \tan^{-1}\frac{3}{9.81} = 17^\circ$$

등가속도 직선운동을 할 경우 물이 AB벽면에 상승한 높이 Δz는 식 (2.40)에 의해 다음과 같다.

$$\Delta z_s = \tan\theta \times \frac{b}{2} = \tan 17^\circ \times \frac{3\mathrm{m}}{2} = 0.46\ \mathrm{m}$$

따라서 등가속도 수평운동을 할 경우 AB벽면의 물의 높이는 $1+0.46 = 1.46\,\text{m}$이므로, AB벽면에 작용하는 힘 F은 압력 프리즘 방법을 도입하면 다음과 같다.

$$F = \frac{1}{2}(\gamma h)(bh) = \frac{1}{2}(9810\,\text{N/m}^3 \times 1.46\,\text{m})(1.5\,\text{m} \times 1.46\,\text{m})$$
$$= 9900.2\,\text{N}$$

2.4.3 등속 회전운동

액체가 담긴 원통 용기를 중심축에 대하여 일정한 각속도 ω로 회전시키면 액체는 원심력에 의해 바깥쪽으로 쏠리고, 액체 표면이 오목해지며 평형상태에 도달하게 된다. 등속 회전운동을 하는 액체는 용기 사이에 상대운동이 없기 때문에 강체처럼 회전하여 강제선회운동(forced vortex motion)이라 하고 유체정역학으로 취급할 수 있다. 따라서 강체 회전운동을 하는 액체의 압력분포나 여러 가지 현상은 정수역학의 운동방정식 (2.31)을 이용하거나 혹은 직접 미소 유체요소에 대한 힘의 평형을 고려하여 해석할 수 있다.

(1) 정수역학의 운동방정식 이용

[그림 2-23]과 같이 반지름이 R인 용기에 물을 채우고 연직방향 중심 z축 주위로 일정한 각속도 ω로서 회전시킬 때 등압면을 구하여 보자. 이때는 원통좌표계를 사용하는 것이 편리하다. 압력구배에 대한 원통좌표계(r, θ, z)는 다음과 같다.

$$\nabla p = \frac{\partial p}{\partial r}\mathbf{e}_r + \frac{1}{r}\frac{\partial p}{\partial \theta}\mathbf{e}_\theta + \frac{\partial p}{\partial z}\mathbf{e}_z \tag{2.42}$$

여기에서 $\mathbf{e}_r$, $\mathbf{e}_\theta$, $\mathbf{e}_z$는 원통좌표 r, θ, z축에 대한 단위 벡터이다.

회전축으로부터 거리 r만큼 떨어져 회전운동을 하고 있는 유체입자의 각속도는 구심가속도, 즉 $a_r = -r\omega^2$가 된다. 여기서 음(-)의 기호는 중심축 방향을 가리킨다. 따라서 원통좌표계에 대한 각 방향 등각속도는 다음과 같다.

$$a_r = -r\omega^2,\ a_\theta = 0,\ a_z = 0$$

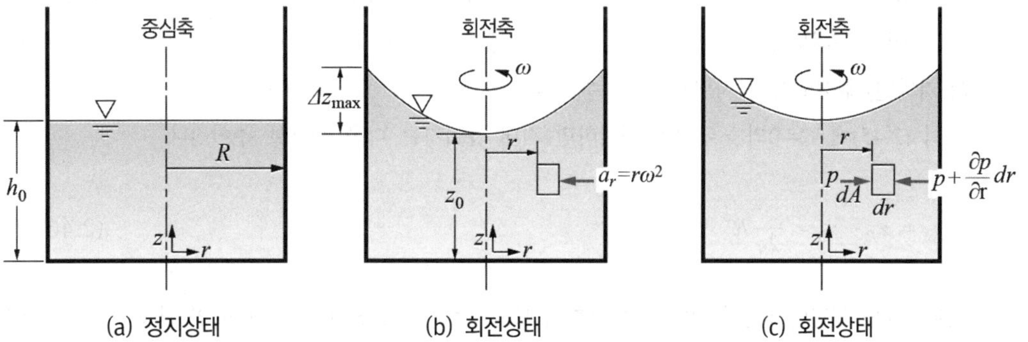

그림 2-23 액체의 강체회전

이 값을 고려하면 정수역학의 운동방정식 (2.31)로부터 다음 식을 얻는다.

$$\frac{\partial p}{\partial r} = \rho r\omega^2, \quad \frac{\partial p}{\partial \theta} = 0, \quad \frac{\partial p}{\partial z} = -\rho g \tag{2.43}$$

이 식은 강체 회전운동을 하는 액체 내의 압력 p가 r과 z의 함수임을 의미한다. 따라서 압력 $p(r, z)$의 미분은 다음 식으로 표현된다.

$$dp = \frac{\partial p}{\partial r}dr + \frac{\partial p}{\partial z}dz$$

이 식에 식 (2.43)을 대입하면 다음 식으로 주어진다.

$$dp = \rho r\omega^2 dr - \rho g\, dz \tag{2.44}$$

이 식은 강체 회전운동을 하는 액체에 대한 압력의 변화를 나타낸 식이다.

① 등압선

등압선(등압면)은 $dp = 0$이므로 식 (2.44)로부터 다음 식을 얻는다.

$$\frac{dz}{dr} = \frac{r\omega^2}{g}$$

이 식을 적분하면 등압선에 대한 식이 얻어진다.

$$z = \frac{\omega^2}{2g}r^2 + z_0 \tag{2.45}$$

여기서 z_0(적분상수)는 중심선상($r = 0$)에서의 높이, 즉 회전축에서 자유표면의 높이로 주어진다. 따라서 등압선은 초기값 z_0를 갖고 반경방향의 거리의 제곱, 즉 r^2에 비례하여 증가하는 포물선임을 알 수 있다.

② 등압선상의 최대 높이 차

용기가 회전할 때 벽면에서의 액체의 높이 z_R과 회전축 중심에서 액체의 높이 z_0와의 차이, 즉 등압선상의 최대높이 차이를 구해보자. 이것은 액체의 체적이 같음을 이용하거나 혹은 식 (2.45)에 $r = 0$(중심축)와 $r = R$(용기벽면)에서의 높이 차이로 구할 수 있다.

먼저 식 (2.45)에 $r = 0$와 $r = R$을 대입하면 최대 높이차는 다음 식으로 주어진다.

$$\Delta z_{\max} = z_R - z_0 = \frac{\omega^2}{2g}R^2 \tag{2.46}$$

다음은 액체의 체적이 같음을 이용하여 구하여 보자. 반지름 r, 높이 z, 두께 dr인 원통형 미소요소의 체적은 $dV = 2\pi rz dr$이므로 자유표면에 형성된 포물선의 체적 V는 다음과 같다.

$$V = \int_{r=0}^{R} 2\pi z\, r dr = 2\pi \int_0^R \left(\frac{\omega^2}{2g} r^2 + z_0 \right) r\, dr = \pi R^2 \left(\frac{\omega^2 R^2}{4g} + z_0 \right)$$

이것은 회전하기 전의 용기 내 액체의 체적과 동일하고 다음과 같다.

$$V = \pi R^2 h_0$$

여기서 h_0는 회전하기 전의 용기 내 액체의 높이이다. 이들 두 식으로부터 다음 식을 얻을 수 있다.

$$z_0 = h_0 - \frac{\omega^2 R^2}{4g}$$

이 식을 식 (2.45)에 대입하면 강체 회전운동을 하는 액체의 자유표면에 대한 방정식이 얻어진다.

$$z = h_0 - \frac{\omega^2}{4g}(R^2 - 2r^2) \tag{2.47}$$

따라서 자유표면의 최대높이 차이 $\Delta z_{\max}$는 $r = R$인 가장자리와 $r = 0$인 중심축에서의 자유표면의 차이므로 다음과 같다.

$$\Delta z_{\max} = z_R - z_0 = \frac{\omega^2}{2g} R^2$$

이 식은 앞에서 구한 식 (2.46)과 같다.

③ 압력분포

강체 회전운동하는 액체의 압력분포는 식 (2.44)를 적분하여 구할 수 있다. 즉

$$\int dp = \rho\omega^2 \int r dr - \rho g \int dz \ \rightarrow$$

$$p = \frac{\rho\omega^2}{2} r^2 - \rho g z + p_C \tag{2.48}$$

여기서 p_C(적분상수)는 임의의 점(r, z)에서의 압력으로 주어진다. 이 식으로부터 압력은 회전축으로부터 반경방향 거리 r에 따라 변하며 반경이 일정한 거리에서의 압력은 연직방향의 깊이 z에 따라 변하는 정수압으로 주어진다. 모든 수평면($z =$ 일정)에서 용기의 중심과 가장자리 사이의 압력차는 $\gamma\Delta z$로 주어지므로 식 (2.46)을 참고하면 $\Delta p = \rho\omega^2 R^2/2$임을 알 수 있다.

임의의 두 점의 압력차는 식 (2.44)의 적분 또는 식 (2.48)에 의해 다음과 같이 주어진다.

$$p_2 - p_1 = \frac{1}{2}\rho\omega^2(r_2^2 - r_1^2) + \rho g(z_1 - z_2) \tag{2.49}$$

만일 반경이 동일한 지점에서 수직방향의 압력차를 구하면 이것은 정수역학의 압력차와 같다. 즉, $r_1 = r_2$이므로 식 (2.49)는 다음과 같이 된다.

$$p_2 - p_1 = \rho g(z_1 - z_2) \tag{2.51}$$

(2) 미소 유체요소의 힘의 평형

[그림 2-23](c)와 같이 중심축에서 거리 r만큼 떨어진 위치에서 단면적 dA, 길이 dr인 원통형 미소 유체요소에 대한 힘의 평형을 고려하여 보자. 회전운동을 일으키는 유체입자의 각속도는 구심가속도, 즉 $a_r = -r\omega^2$이다.

r 위치의 압력을 p라고 하면 $r+dr$ 위치에서의 압력은 $p+(\partial p/\partial r)dr$이므로 다음과 같은 평형방정식을 얻을 수 있다.

$$pdA - \left(p + \frac{\partial p}{\partial r}dr\right)dA = \rho dr dA(-r\omega^2) \rightarrow$$

$$\frac{\partial p}{\partial r} = \rho r\omega^2 \tag{R1}$$

연직방향에 대해서는 앞에서 구한 식 (2.43)에 의하여 다음과 같다.

$$\frac{\partial p}{\partial z} = -\rho g \tag{R2}$$

압력 p는 반경방향 거리 r과 연직방향 z의 함수이므로 압력 $p(r, z)$의 미분은 다음 식으로 표현된다.

$$dp = \frac{\partial p}{\partial r}dr + \frac{\partial p}{\partial z}dz$$

이 식에 식 (R1), (R2)를 대입하면 다음 식을 얻는다.

$$dp = \rho r\omega^2 dr - \rho g\,dz$$

이 식은 미소 유체요소에 직접 힘의 평형을 고려하여 얻은 식으로서 전술한 정수역학의 운동방정식을 이용하여 얻은 식 (2.44)와 같다.

예제16

자유표면을 갖는 반경 10 cm인 긴 원통에 물이 담겨있다. 원통의 중심축을 중심으로 일정한 각속도로 회전시켰을 때 자유표면의 최대높이 차이가 5 cm이었다. 원통의 회전속도는 얼마인가?

자유표면의 최대높이 차이는 반지름 $r=0$ 및 $r=R$에서의 차이이고, 각속도 ω(rad/s)와 회전 속도 $\dot{n}$(rpm) 사이는 $\omega=2\pi\dot{n}/60$ 인 관계가 있다. 각속도와 자유표면의 최대높이 차이는 식 (2.46)에 의해 다음과 같다.

$$\omega = \left(\frac{2g}{R^2}\Delta z_{\max}\right)^{1/2} = \left(\frac{2\times 9.81\,\mathrm{m/s^2}}{0.1^2\,\mathrm{m^2}}\times 0.05\,\mathrm{m}\right)^{1/2} = 9.9\ \mathrm{rad/s}$$

따라서 원통의 회전속도는 다음과 같다.

$$\dot{n} = \frac{60\omega}{2\pi} = \frac{60\times 9.9}{2\times 3.14} = 94.6\ \mathrm{rpm}$$

예제17

자유표면을 갖는 반경 20 cm, 높이 70 cm까지 수은이 들어있는 U자관이 있다. U자관의 중심축을 중심으로 200 rpm으로 회전시켰을 때 U자관 중심에서의 압력은 얼마인가? 대기압은 101.3 kPa이다.

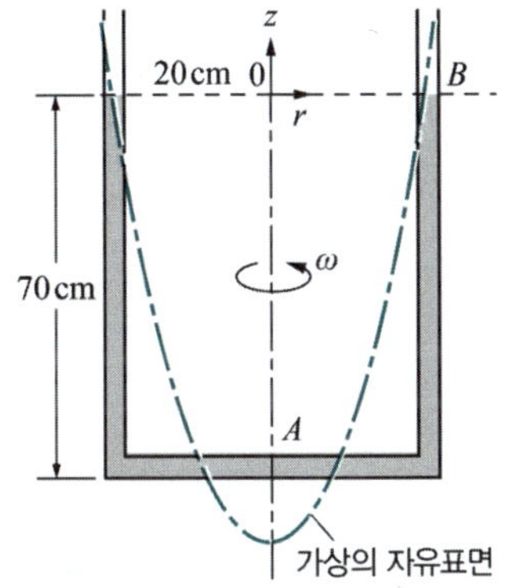

[그림 예제2.17]

회전수 $\dot{n}\,(rpm)$를 각속도 ω(rad/s)로 환산하면 다음과 같다.

$$\omega = \frac{2\pi\dot{n}}{60} = \frac{2\times 3.14\times 200}{60} = 20.9\ \mathrm{rad/s}$$

자유표면에서의 높이 차이는 식 (2.46)에 의해 다음과 같다.

$$z - z_0 = \frac{(20.9\ \mathrm{rad/s})^2}{2\times 9.8\,\mathrm{m/s^2}}\times(0.2\,\mathrm{m}) = 0.89\,\mathrm{m}$$

이 값 0.89 m는 정지 수은의 자유표면의 높이 70 cm보다 큰 값이므로 U자관 내 자유표면의 기울기가 매우 심한 것을 알 수 있다. 압력은 식 (2.48)에 의해 구할 수 있지만, 적분상수 p_C는 자유표면 $B(r,z)$점, 즉 $(r,\ z)=(0.2\mathrm{m},\ 0)$에서의 압력 $p_B = 101.3\mathrm{kPa}$을 대입하여 구할 수 있다.

$$p_C = p_B - \frac{\rho\omega^2}{2}r^2 + \rho gz$$

$$= 101,300\ \text{Pa} - \frac{(13,600\ \text{kg/m}^3)\times(20.9\,\text{rad/s})^2}{2}(0.2\,\text{m})^2$$

$$= -17,512\,\text{Pa}$$

따라서 $A(r,z)$점에서의 압력은, 즉 $B(r,z)$점을 기준으로 $(r,\ z)=(0,\ -0.7\text{m})$에서의 압력은 식 (2.48)에 의해 다음과 같다.

$$p_A = \frac{\rho\omega^2}{2}(0)^2 - \rho g(-0.7) + p_C$$

$$= -17,512\,\text{Pa} - (13,600\,\text{kg/m}^3)(9.8\,\text{m/s}^2)(-0.7\,\text{m}) = 75,784\,\text{Pa}$$

이 값은 대기압보다 작다. 왜냐하면 그림의 쇄선을 따라서 점 B로부터 자유표면의 포물선을 따라 내려오면 포물면은 U자관의 수평부분과 교차하고 점 AA 밑으로 떨어질 것이다.

U자관이 정지상태일 때 A점에서의 압력은 다음과 같이 주어진다.

$$p_A = p_B + \rho gh$$

$$= 101,300\ \text{Pa} + 13,600\,\text{kg/m}^3 \times 9.8\,\text{m/s}^2 \times 0.7\,\text{m}$$

$$= 194,596\ \text{Pa}$$

그러므로 회전운동은 점 A에서의 압력을 61% 감소시킨다. U자관을 더 빨리 회전시키면 A점에서의 압력은 더 떨어뜨릴 수 있으며 결국에는 캐비테이션 현상이 발생할 수 있다.

CHAPTER 02

유체 정역학 / 연습문제

[계기압력과 절대압력]

01

계기압력과 절대압력을 설명하라.

02

Pascal의 법칙을 설명하라.

03

건강한 사람의 혈압이 120mmHg이라면 중력공학단위[FLT]와 SI 단위로는 얼마인가?

04

펌프의 흡입관과 송출관에서 물의 압력을 측정하였더니 각각 37mmHg, 5kgf/cm^{2}이었다. SI 단위로 절대압력으로는 얼마인가? 단 주위 대기압은 755mmHg이다.

05

기압계의 눈금이 756mmHg인 장소에서 탱크에 연결된 진공압력계가 40kPa를 나타냈다. 탱크 안의 절대압력은 얼마인가? FLT와 SI 단위로 표기하라.

[압력측정]

06

180mmHg와 동등한 비중이 0.78인 기름의 액주 높이를 구하라.

07

10m 깊이의 바다 물속에서 잠수부에 가해지는 압력은 얼마인가? 또 사람의 표면적이 1.8m^{2}이라 하면 사람이 받는 전압력은 대기 중에서보다 얼마나 더 받겠는가? 바닷물의 비중량은 10.1kN/m^{3}이다.

08

높이가 5m인 밀폐된 용기에 물이 4m 채워져 있다. 탱크의 윗부분은 공기가 있으며, 탱크 위의 압력계측기는 10kPa를 가리키고 있다. 탱크 바닥에서의 압력은 얼마인가?

09

기름 탱크에 물이 스며들었다. 물의 높이는 1.2m, 그 위에 떠 있는 기름(비중량 8.3kN/m^3)의 높이는 4m이다. 탱크 바닥에서의 압력은 얼마인가?

10

그림에 표시한 바와 같은 상태에서 A, B, C, D의 각 점에서 계기압력을 구하여라. 단 기름의 비중은 0.92, 물의 비중은 1.00, 수은의 비중은 13.6이다.

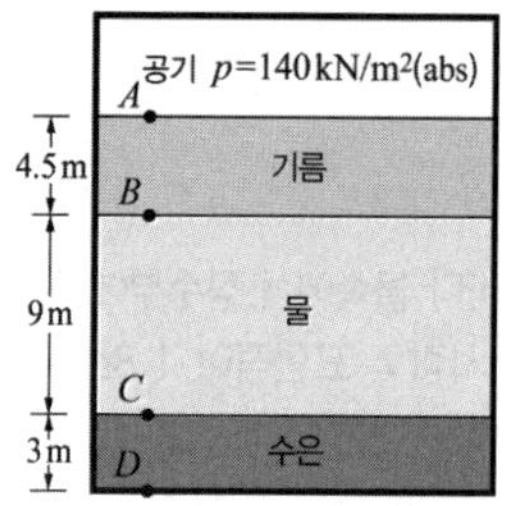

[그림 P2.10]

11

그림과 같은 마찰이 없는 피스톤-실린더 장치에 공기가 들어있다. 피스톤의 질량은 3kg이고 단면적이 25cm² 이다. 피스톤 위의 압축 스프링은 피스톤에 30N의 힘을 미친다. 만약 대기압이 100kPa이라면 실린더 내부의 공기의 압력은 얼마인가?

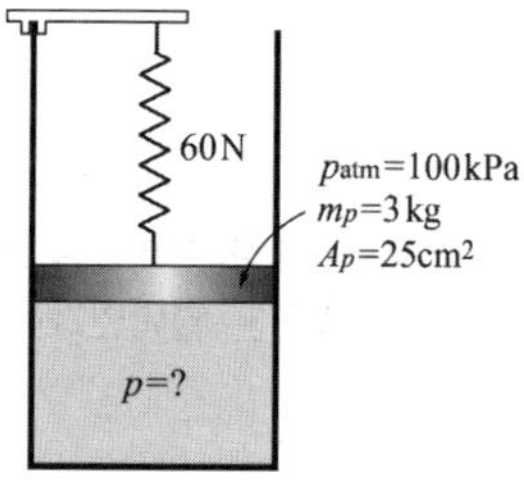

[그림 P2.11]

12

다음 그림과 같은 조건에서 탱크 내 공기와 원관 내 기름의 압력은 각각 얼마인가?

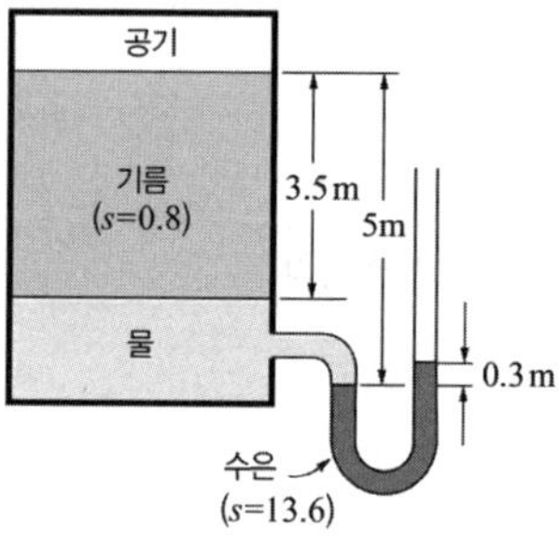

(a)

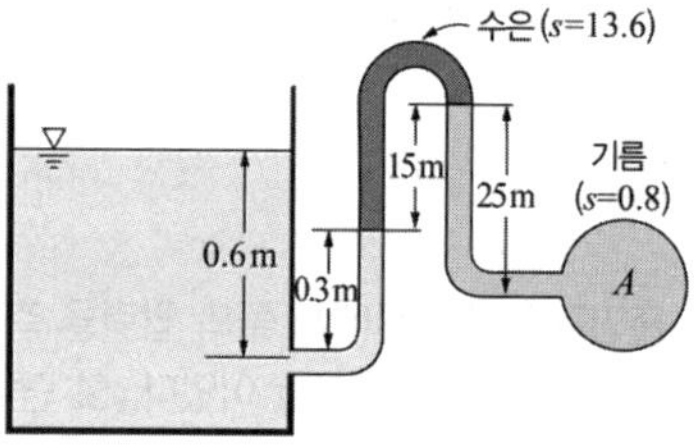

(b)

[그림 P2.12]

13

양쪽이 대기 중에 개방된 U자관에 U자관의 한쪽에 물을, 다른 한쪽에는 경유(ρ = 780kg/m³)를 넣었다. 물의 높이가 80cm이라면 경유의 높이는 얼마가 되겠는가?

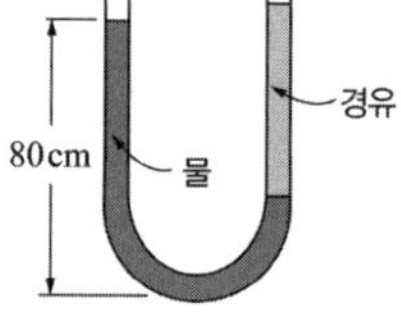

[그림 P2.13]

14

공기 덕트 내 압력을 측정하기 위하여 수은 액주계 설치하였더니 그림과 같았다. 덕트 내의 압력을 계기압력과 절대압력으로 구하라. 국지대기압은 100kPa이다.

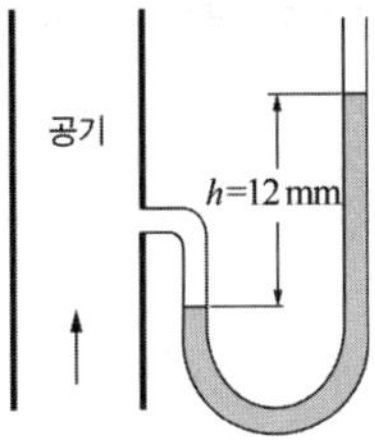

[그림 P2.14]

15

그림과 같이 담수와 해수가 흐르는 평행 수평 배관이 이중 U자관에 의해 서로 연결되어 있다. 두 배관 사이의 압력 차이를 구하여라. 해수의 밀도는 ρ =1035kg/m³ 이다.

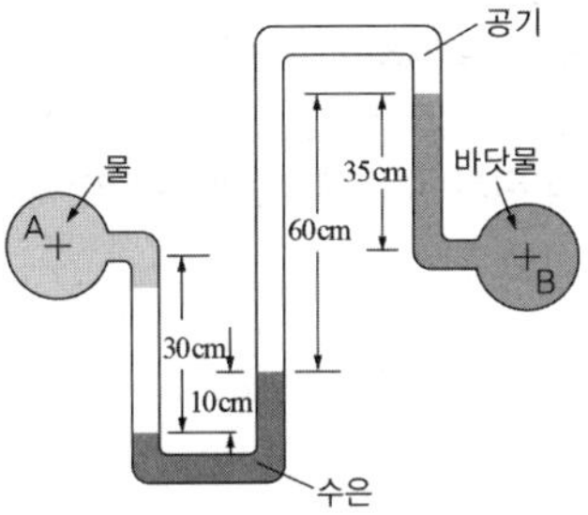

[그림 P2.15]

16

그림과 같이 하부에 동일한 유체를 갖는 두 개의 방이 무게가 30N인 피스톤에 의해 분리되어 있다. 방 A와 B의 압력을 구하라.

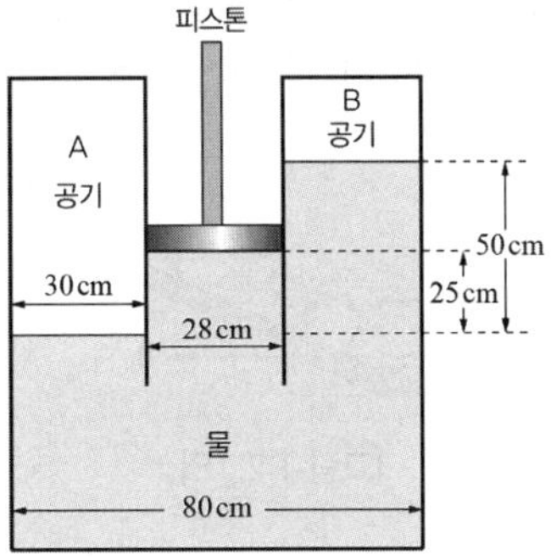

[그림 P2.16]

17

다음 그림은 2종 액체의 미압계이다. 초기에 비중량 γ_3인 액체를 0-0 수준으로 넣은 다음 비중량 $\gamma_2(\neq\gamma_3)$인 액체를 1-1수준으로 넣었다. 이 상태의 미압계를 비중량 γ_1인 액체가 흐르는 관에 연결하였더니 그림과 같은 변위가 나타났다면 압력차 p_1-p_2는 얼마인가? 단 U자관 원관의 단면적은 작은 곳이 a, 넓은 곳은 A이다.

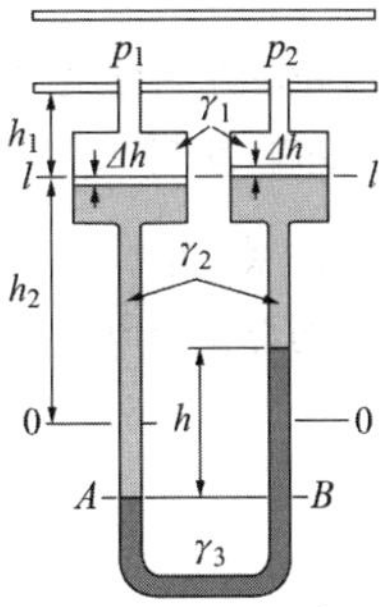

[그림 P2.17]

유체 정역학 / 연습문제

18

경사미압계를 설치하였더니 그림과 같이 나타났다. 경사미압계는 $\alpha = 30^\circ$ 이고 액주계의 액체는 비중이 0.86인 알코올이다. 액주계의 액면은 최초의 0-0보다 h=20mm만큼 상승하였고 액주와 원관의 단면적비는 0.01이다. 두 점의 압력차 $p_1 - p_2$를 구하여라.

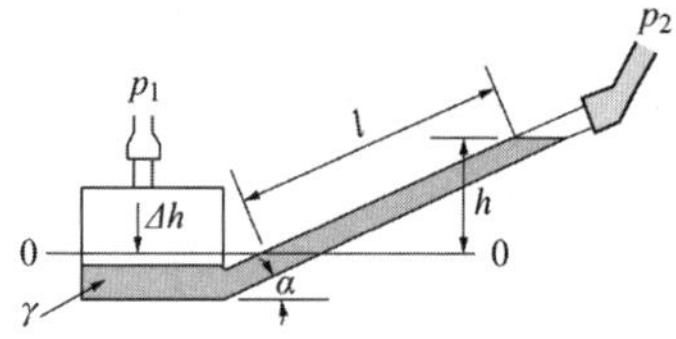

[그림 P2.18]

[평면에 작용하는 정수력]

19

물속에 한 변이 5m인 정사각형 평판이 연직방향으로 놓여있다. 판면의 도심은 수면 밑 5m이라 할 때 다음을 구하여라.

(a) 평판에 작용하는 총 힘

(b) 압력 중심과 도심과의 거리

20

직경 5m인 원판이 물속에 연직방향으로 놓여있다. 도심은 수면 밑 5m이라 할 때 다음을 구하라.

(a) 원판에 작용하는 총 힘

(b) 압력중심과 도심과의 거리

21

그림과 같이 높이 6m, 폭 5m인 직사각형 평판이 4m 깊이의 수로의 끝을 막고 있다. 평판은 상단 점 O에서 힌지로 연결되어 있고, 하단 점 A에서 고정된 턱에 의해 열리지 않도록 구속되어 있다. 턱이 판에 미치는 힘을 구하여라.

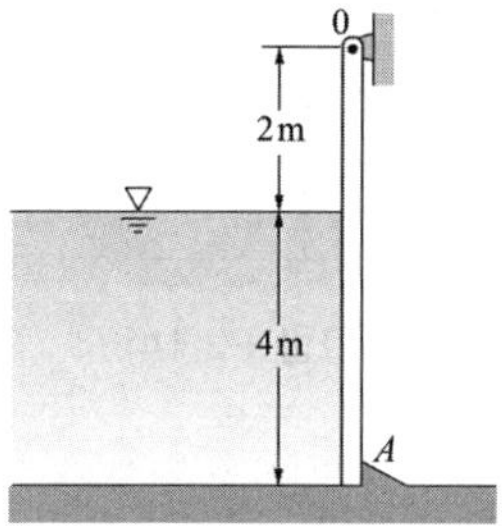

[그림 P2.21]

22

직경 1.0m인 원형 수문이 수면으로부터 3m 깊이에 연직방향으로 설치되어 있다. 수문 상단이 경첩(hinge)으로 연결되어 있을 때 수문에 작용하는 힘, 압력 중심의 위치, 수문을 여는데 필요한 힘을 구하라.

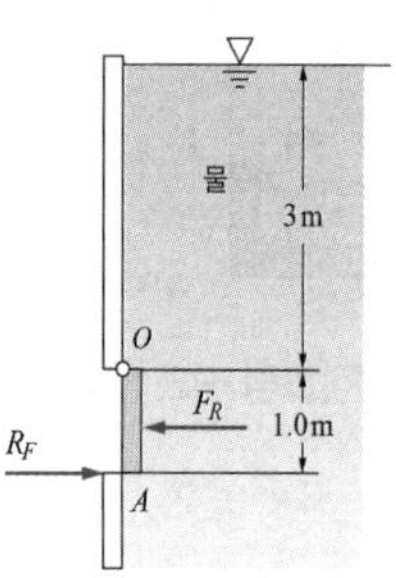

[그림 P2.22]

23

그림과 같이 높이가 4m, 폭이 4m인 정사각형 수문이 수면으로부터 3m 깊이에 상단 O가 힌지로 연결되어 있고 하단 A에서 고정된 턱에 의해 구속되어 있다. 7m 높이의 물에 의해 수문에 작용하는 정수력과 압력중심의 위치를 구하여라.

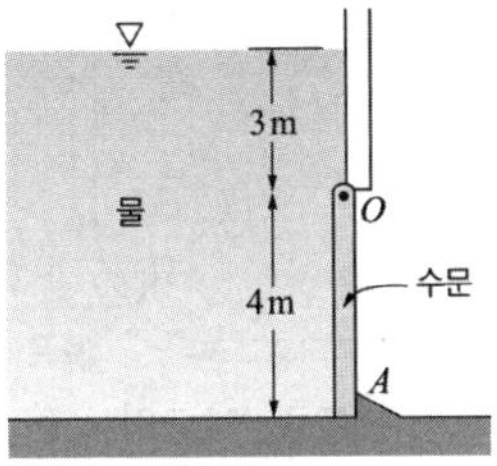

[그림 P2.23]

24

그림과 같이 무게 200kgf, 폭 5m인 직사각형 수문이 45° 각도로 설치되어 O에서 회전할 수 있도록 되어 있다. 수문은 그 중심에 수직력 F을 작용함으로써 아래 모서리 A로부터 열리게 되어 있다. 수문을 열기 위한 최소 힘 F를 구하여라.

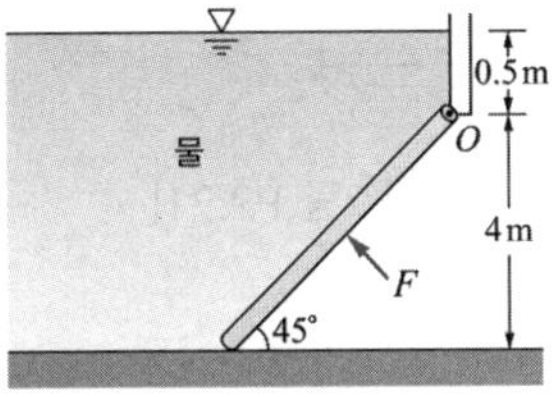

[그림 P2.24]

[곡면에 작용하는 정수력]

25

곡면 위에 작용하는 합력, 그리고 압력중심을 정의하라.

26

그림에서 곡면 AB에 작용하는 힘의 단위 길이당 분력과 작용점의 위치를 구하여라.

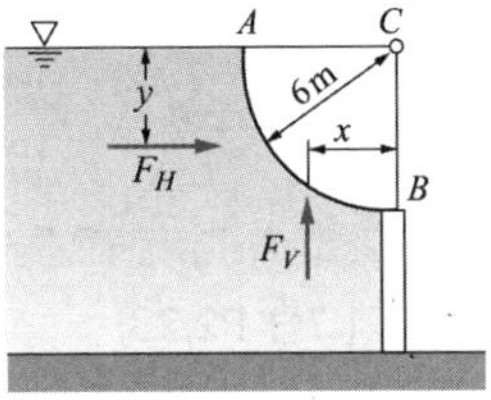

[그림 P2.26]

27

그림과 같은 원통형 수문에 작용하는 (a) 수평분력과 작용선, (b) 수직분력과 작용선을 구하라. (c) 점 O에 힌지되어 있다면 수문을 들어 올리는 데 필요한 힘 F 및 (d) O 축에 관한 모멘트를 구하라.

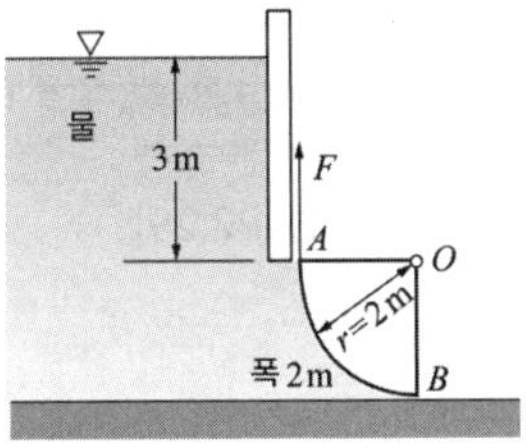

[그림 P2.27]

CHAPTER 02

유체 정역학 / 연습문제

28

그림과 같이 직경 1m인 긴 원통이 자동 수문으로 이용된다. 물의 수위가 5m가 되면 원통형 수문은 점 O의 경첩에 의해 회전함으로써 열린다. 다음을 구하라.

(a) 원통에 작용하는 정수력과 문이 열릴 때 힘의 작용선

(b) 원통의 단위 길이당 무게.

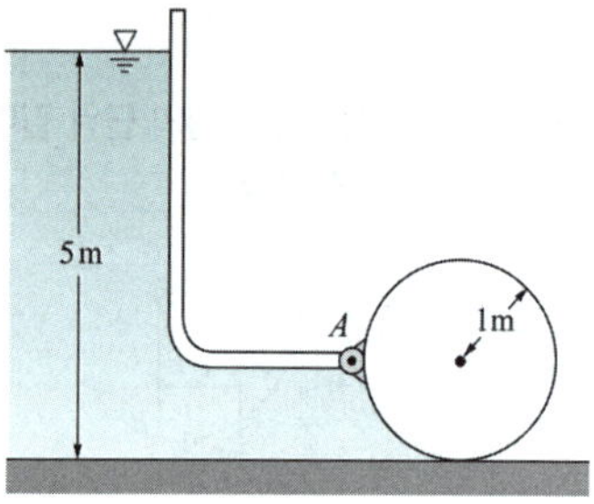

[그림 P2.28]

29

그림과 같이 직경 10m, 길이 300m인 반원형 터널이 바닷물 속 50m 깊이에 건설된다. 터널의 지붕 위에 작용하는 총 정수력을 구하여라.

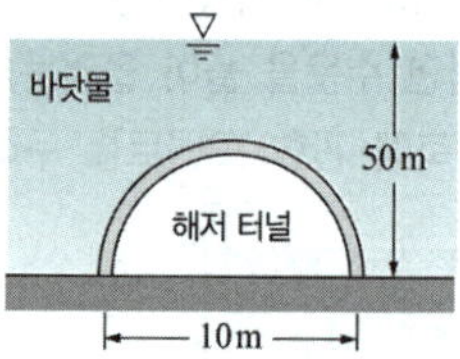

[그림 P2.29]

30

길이가 6m인 곡면의 수문이 그림과 같이 물 저장소의 벽면에 설치되어 있다. 물이 수문에 가하는 힘의 수직, 수평 성분을 구하라. 이 힘은 점 A를 지나는가를 설명하라.

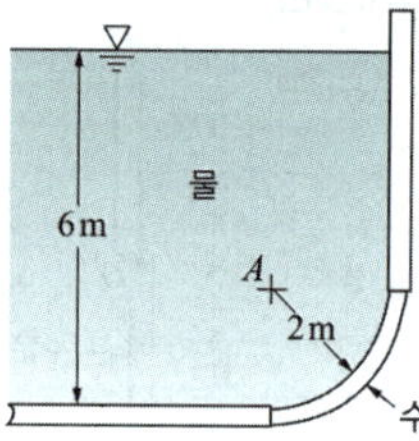

[그림 P2.30]

31

그림과 같은 1/4 원형 수문은 길이가 6m이며 O에 경첩으로 연결되어 있다. 수문을 제자리에 고정시키는 데 필요한 수평 힘 F를 구하여라. 단 경첩의 무게와 경첩에서의 마찰력은 무시하라.

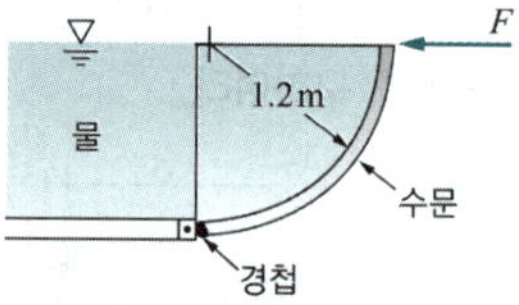

[그림 P2.31]

32

지름이 0.4m, 길이는 0.6m인 실린더가 비중량이 γ인 액체로 채워진 개방된 탱크 안에 떠 있다. 그림 P2.32와 같이 U튜브가 탱크에 부착되어 있다. 파이프 A의 압력이 대기압보다 0.7kPa 낮을 때 유체의 높이들이 그림과 같다. 실린더의 무게를 구하라. 실린더 꼭대기는 액체 표면과 일치한다.

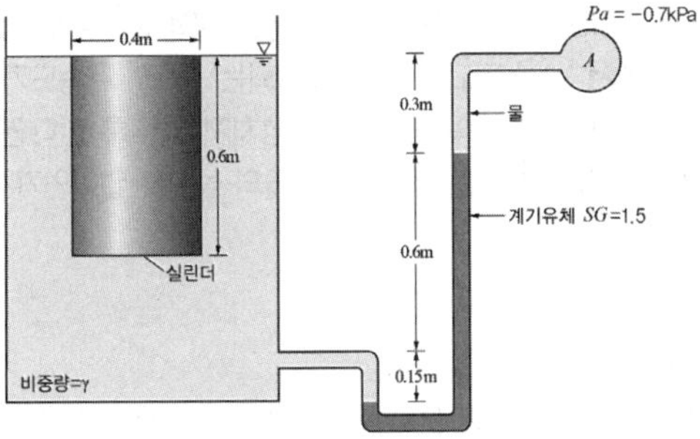

[그림 P2.32]

[부력과 안정성]

33

부력이란 무엇이며 왜 발생하는가?

34

부피가 V인 잠겨 있는 물체에 작용하는 부력은 얼마인가? 또 부력의 작용선과 방향은 어떠한가?

35

서로 다른 깊이의 물속에 두 개의 동일한 구형의 공이 있다. 이들 두 공에 작용하는 부력의 크기는 같을까 혹은 다를까를 설명하라.

36

무게중심이 부력중심보다 위에 있는(a) 잠겨 있는 물체와(b) 떠 있는 물체의 안정성을 논하라.

37

빙하(비중 0.917)가 바다(비중 1.025) 위에 떠 있다. 빙하 체적의 몇 퍼센트가 물속에 잠겨 있는가?

38

그림과 같이 바닷물에 정육면체의 얼음이 떠 있다. 얼음과 바닷물의 비중은 각각 0.917 및 1.025이다. 만약 얼음이 8cm 정도 수면 위로 나와 있다면 바닷물 속에 잠긴 얼음의 높이는 어느 정도인가?

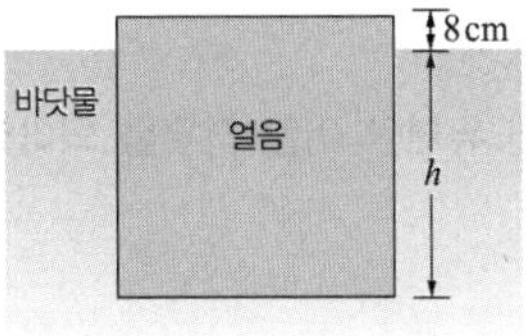

[그림 P2.38]

39

직경 0.8cm인 비중계가 수면 위로 8cm 정도 나와 있다. 만약 물을 비중이 1.1인 액체로 대체한다면 비중계는 액체 표면 위로 얼마만큼 나오겠는가? 비중게의 무게는 0.187N이다.

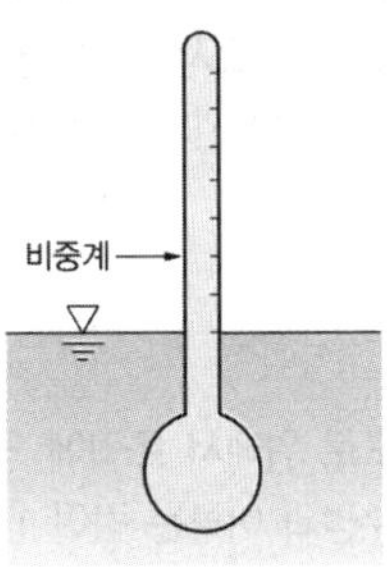

[그림 P2.39]

CHAPTER 02

유체 정역학 / 연습문제

40

잠수부가 호수에 잠긴 150kgf인 화강암(ρ=2700kg/m³)을 건져 내려고 한다. 잠수부가 호수 바닥에서 화강암을 들어 올리는데 필요한 힘은 얼마인가?

41

Archimedes는 공기 중에서 왕관의 무게가 3.2kgf이고 물속에서 2.95kgf으로 측정하였다. 이때 왕관이 순금이었는지 여부를 결정하라. 금의 밀도는 19,300kg/m³이다.

[상대적 정지유체]

42

강체운동중인 유체란 어떤 경우를 의미하는가?

43

유리잔 속의 물이(a) 정지해 있을 때,(b) 등속도로 상향운동할 때,(c) 등속도로 하향 운동할 때,(d) 등속도로 수평 운동할 때의 물 바닥면에서의 압력을 비교하라.

44

물이 들어있는 수직 원통형 용기(반경 R)가 중심축에 대하여 일정한 각속도 ω로서 회전운동할 때, 용기 바닥면의 중앙과 가장자리에서의 압력을 구하라.

45

물탱크가 수평 도로 위에서 트럭에 의해 견인되고 있다. 자유표면이 수평과 이루는 각이 15°로 측정되었다면 트럭의 가속도는 얼마인가?

46

직경 2.4m, 길이 7.4m인 밀폐된 원통형 탱크에 휘발유가 가득 차 있다. 트럭이 1.5m/s²으로 가속할 때 탱크의 양 끝단에서 압력차를 구하라.

47

높이 80cm, 직경 40cm인 원통형 물탱크가 수평의 도로에서 수송되고 있다. 예상되는 최고 가속도가 4m/s²이라면 가속 중에 물이 넘치지 않도록 한다면 탱크 안의 최초 허용할 수 있는 물의 높이는 얼마인가?

48

높이 100cm, 직경 50cm인 수직 원통형 용기에 물이 60cm 채워져 있다. 지금 용기가 120rpm의 등각속도로 회전한다. 회전운동 결과 원통 용기의 중심에서 액체 수위는 얼마나 하강할 것인가를 구하여라.

49

개방된 U자관에 액체가 일부 들어있다. 이 U자관이 수평으로 a의 가속도로 가속될 때, U자관 사이가 ℓ만큼 떨어져 있다면 두 기둥 사이에 h의 높이차가 발생한다. $a, \ell,\ h$ 사이의 관계식을 구하라.

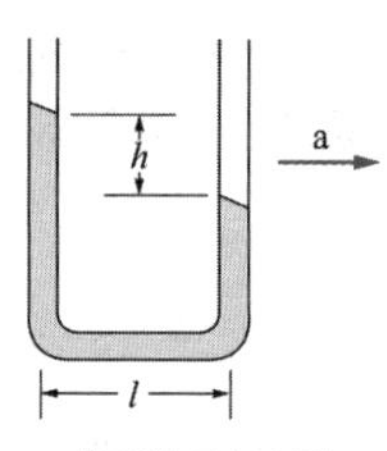

[그림 P2.49]

50

직경 60cm인 수직 원통형 용기에 물이 30cm 높이로 담겨 있다. 용기가 중심축에 대해 점차 각속도를 증가시켜 회전하고 있다면, 용기 바닥이 최초로 드러날 때의 각속도를 결정하라. 또 이 순간에 최대 물 높이를 구하라.

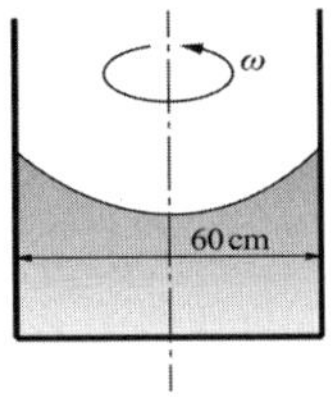

[그림 P2.50]

51

그림과 같이 U자관에 물이 일부 차 있으며 중심축 $a-a$를 중심으로 회전한다. U자관의 중심 바닥(점 A)에서 물이 증발하기 시작하는 가속도를 구하라.

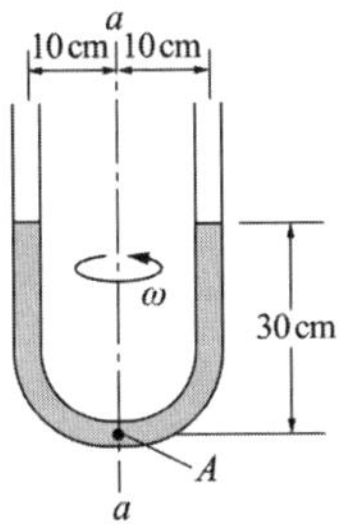

[그림 P2.51]

52

U자관에 수은이 들어있으며 중심축에서 벗어난 $a-a$를 중심으로 회전한다. 정지된 상태에서 양쪽 U자관의 수은 높이는 150mm이다. 두 유리관 사이의 높이 차가 75mm일 때의 각속도 ω를 구하라.

유/체/역/학

CHAPTER

03

유체 동역학

CHAPTER 03 유체 동역학

유체 동역학(유체 운동학, fluid dynamics)은 유체가 움직이는 상태에서 힘의 평형을 고려하는 분야로서, 유체의 점성의 존재 여부에 따라서 이상유체유동과 점성유체유동으로 나누어 고찰한다. 실제 모든 유체는 점성을 가지고 있지만 점성이 없는 이상유체로서 고려하면 식이 간략화되어 유체의 유동을 쉽게 해석할 수 있다. 이 장에서는 유체의 유동과 관련된 기본 개념부터 설명한다. 먼저 유체유동의 분류와 유동장의 기술방법, 유체유동의 가시화, Euler 방정식, Bernoulli 방정식 및 유체입자의 운동을 설명한 후 유체동역학 해석에 필요한 3가지 기본방정식에 대하여 설명한다.

3.1 유체의 유동

3.1.1 유체유동의 분류

실제 유체유동은 다양하게 나타나지만, 이를 몇 가지 방법으로 분류하여 복잡한 유동을 단순화시켜 고려한다. 예를 들어 난류·비정상유동을 층류·정상유동으로, 3차원 비균일유동을 1차원 균일유동으로, 압축성·점성유체의 유동을 비압축성·비점성유체의 유동으로 해석하기도 한다.

(1) 정상유동과 비정상유동

정상유동(정상류, steady flow)은 유동의 성질(압력 p, 속도 v, 질량 m 등)이 시간 t에 따라 변하지 않는 일정한 흐름을 말한다. 따라서 정상유동이면 유동의 성질(유동 변수, 유동 특성이라고도 칭함)이 변하지 않으므로 성질의 시간에 대한 미분(또는 편미분)은 0이 된다.

$$\frac{\partial p}{\partial t}=0,\ \ \frac{\partial v}{\partial t}=0,\ \ \frac{\partial m}{\partial t}=0$$

비정상유동(비정상류, unsteady flow)은 유동의 성질이 시간에 따라 변하는 유동이다. 예를 들면 다음 조건 중 하나라도 성립하면 유체유동은 비정상유동이 된다.

$$\frac{\partial p}{\partial t} \neq 0, \quad \frac{\partial v}{\partial t} \neq 0, \quad \frac{\partial m}{\partial t} \neq 0$$

(2) 균일유동과 비균일유동

균일유동(uniform flow)은 임의의 순간에 유동장 내 임의의 단면이나 공간의 모든 점에서 속도벡터(크기와 방향)가 같은 흐름, 즉 위치에 따라 변화가 없는 흐름을 의미한다. 유체의 속도를 **v**, 임의방향의 좌표를 s라 하면 균일유동은 다음 식이 성립한다.

$$\frac{\partial \mathbf{v}}{\partial s} = 0$$

비균일유동(nonuniform flow)은 임의의 순간에 임의의 공간이나 단면의 모든 점에서 속도가 동일하지 않은, 즉 속도가 다른 흐름을 말한다.

$$\frac{\partial \mathbf{v}}{\partial s} \neq 0$$

(3) 1차원 유동, 2차원 유동, 3차원 유동

유체의 유동은 일반적으로 3차원의 성질을 갖는다. 즉 x축, y축, z축 방향으로 퍼텐셜(압력, 속도 등)이 변화하면서 흐른다. 그러나 하나 또는 두 방향에서의 변화가 다른 방향에 비해 상대적으로 작아 무시할 수 있으면 유체의 흐름을 2차원 또는 1차원이라 고려할 수 있으며, 이는 유체유동의 해석을 보다 쉽게 할 수 있게 한다.

관내 층류유동을 고려하여 보자. 관 입구영역에서는 속도가 회전각 θ방향으로는 변화하지 않고 반경 r방향과 유동방향인 z축 방향에 따라서만 변화하므로 속도는 $v = v(r, z)$로 표기되어 2차원 유동으로 해석할 수 있다. 그런데 입구영역을 지나 완전발달영역에서는 속도가 유동방향으로는 변화하지 않고 반경 r방향으로만 변하여 $v = v(r)$로 표기되어 1차원으로 해석할 수 있다. 그러나 자동차나 비행기와 같이 뭉툭한 물체 주위를 감싸 흐르는 유체의 유동은 속도가 x축, y축, z축 방향으로 모두 변화하므로 3차원 유동으로 해석해야 한다.

(4) 층류유동과 난류유동

유체의 유동은 유체입자들의 유동 구조를 근거로 층류(laminar flow)와 난류(turbulent flow)로 구분한다. 층류유동은 입자들이 섞이지 않고 층을 이루어 흐르는 유동으로서 안정되고 질서 정연한 흐름을 말한다. 일반적으로 층류는 임계 Reynolds수 이하에서 나타나고, 그 이상이 되면 천이유동, 난류유동이 나타난다.

유체유동이 빠르게 되면, 즉 임계 Reynolds수 이상이 되면 입자들은 층을 이루지 못하고 무질서하게 서로 섞이면서 불안정한 비정상적인 흐름이 나타나는데 이를 난류라 한다. 따라서 난류유동은 넓은 범위의 크기가 다른 에디[36](와, eddy)가 발생하여 존재하는데, 이 에디군에 의해 유체입자의 혼합이 촉진되어 벽면전단응력과 압력손실이 크게 증가한다.

(5) 점성유체유동과 비점성유체유동

실제 모든 유체는 점성을 가지고 있어 점성유체이다. 점성유체(viscous fluid)의 유동은 점성에 기인한 힘, 즉 전단력이 존재하게 된다. 따라서 점성유체의 운동방정식은 표면력으로서 압력 이외에 전단력을 더 고려해야 하므로 취급이 상당히 복잡하고 어렵다.

비점성유체(inviscid fluid)는 점성이 없는 이상적인 유체이다. 유체를 이상유체로 가정하면 표면력으로서 압력만을 고려하면 되므로 운동방정식을 비롯한 각종 이론식이 간단해지고 쉽게 다루어진다. 실제 점성유체의 유동이라도 전단력을 무시할 수 있는 영역이 존재하는데, 이때에는 이상유체유동으로 해석할 수 있다. 따라서 이상유체유동에 대한 각종 식은 실제 현상을 잘 설명하기도 하여 실용상 많이 사용된다.

(6) 압축성유동과 비압축성유동

모든 유체는 점성뿐만 아니라 압축성이 있으므로 압축성유동(compressible flow)을 행한다. 그러나 밀도의 변화를 무시할 수 있으면 비압축성 유동(incompressible flow)으로 해석할 수 있다. 액체(물)는 높은 압력을 가해도 밀도가 거의 변하지 않아 비압축성이지만, 기체(공기)는 작은 압력에서도 밀도가 쉽게 변하여 압축성 유체이다. 따라서 비압축성유체는 액체, 압축성유체는 기체를 의미한다. 그러나 기체라도 Mach수 0.3 이하의 유동에서는 비압축성유체로 고려할 수 있다. 따라서 Mach수 0.3 이상의 기체를 제외한 대부분의 유체의 유동은 비압축성유체로 해석한다. 자연현상에서는 Mach수가 0.3 이상의 유동이 나타나기 어렵다. Mach수는 다음과 같이 정의한다.

$$\mathbf{M} = \frac{\text{유체의 속도}}{\text{음파의 속도}} = \frac{v}{c}$$

여기서 $\mathbf{M}$은 마하수(Mach number), v는 유체의 속도, c는 음속(음파의 속도)이다.

비압축성유체의 유동은 밀도가 변하지 않고 일정하므로 속도 또는 압력분포만을 알면 그 외 다른 성질도 알 수 있어 수학적으로 취급이 상당히 간편해진다.

(7) 내부유동과 외부유동

유체의 유동은 내부유동과 외부유동으로 나누어 고려한다.[37] 내부유동(internal flow)은 고체 벽면으로 둘러싸인 관(pipe)이나 덕트(duct) 내에 유체가 완전히 충만된(밀폐된) 상태에서의 유동을 의미하고 덕트유

36) 에디(eddy)는 와(소용돌이)라고 번역하지만, 이것은 유체 점성에 기인하여 주 흐름 방향과 다르게 나타나는 유체 입자의 회전운동을 의미하며 다양한 크기, 방향, 강도, 생존시간 등을 갖는다. 난류는 에디(와)의 거동이 매우 불규칙적이므로 난류모델이란 에디와 난류점성을 어떻게 평가하느냐에 따라 다르게 된다.

37) 이 책에서는 제8장 점성유체 내부유동, 제9장 점성유체 외부유동, 제11장 개수로 유동으로 나누어 설명한다.

동이라고도 한다. 그러나 관이나 덕트 내의 유동이라도 액체가 일부만 채워져 자유표면(free surface)이 존재한 흐름은 내부유동이라 하지 않고 개수로 유동(open channel flow)이라 하며 별도로 취급한다. 강이나 관개수로의 유동은 개수로 유동의 한 예이다. 외부유동(external flow)은 팬, 날개, 자동차, 항공기, 잠수함을 비롯하여 야구공, 골프공, 낙하산 등과 같이 유체가 물체 주위를 완전히 감싸며 흐르는 유동, 즉 유체에 잠긴 물체 주위의 유동을 뜻한다.

실제 모든 유체는 점성을 가지고 있으므로 내부유동과 외부유동 모두 유체의 점성의 영향이 유동장 전체를 지배한다. 즉 내부유동, 외부유동의 해석은 모두 점성에 기인한 마찰력 또는 마찰항력 등을 평가하는 것이 주된 목적이다.

3.1.2 유동장 기술방법

유체 동역학은 유체의 유동에서 나타나는 문제를 다루는 학문이다. 유체유동은 속도가 이론 또는 실험에 의해 위치와 시간의 함수로 주어지면 압력과 힘을 추정할 수 있어 문제가 해결된다고 전술한 바 있다. 그러므로 유체 동역학은 유동장에서 유체입자가 매시 점유하는 공간 위치와 그 위치에서의 속도(또는 가속도)로 기술된다. 여기에는 동일한 입자(계, system)를 서로 다른 위치에서 시간에 따라 운동을 관찰하는 라그랑주 방법과 동일한 위치(검사체적, control volume)에서 서로 다른 입자를 시간에 따라 운동을 기술하는 오일러 방법 두 가지가 있다.

(1) 라그랑주 서술방법

라그랑주(Lagrange) 표현은 유체입자나 혹은 미소질량의 유체를 계(system)로 고려하여 유체입자(또는 유체계)의 운동을 시간에 따라 추적하면서 묘사하는 방법이다. 입자의 구별은 초기(특정시각)에 공간의 어느 위치에 존재하느냐 하는 관점에서 출발한다. 따라서 기준이 되는 특정시간 $t=t_0$에서 입자의 위치, 즉 공간좌표 $\mathbf{r}_0(x_0, y_0, z_0)$에 시선을 고정시키면 $\mathbf{r}_0$는 물질좌표[38](material coordinate)가 된다. 그러므로 모든 입자는 $t=t_0$일 때 점유했던 물질좌표로 표시될 수 있다.

Lagrange 서술방법은 [그림 3-1]에 나타낸 바와 같이 시간 $t=t$일 때 입자 A가 점유한 공간좌표를 $\mathbf{r}(t)$로 표시되며 다음과 같다.

$$\begin{aligned}\mathbf{r}(t) &= x(t)\mathbf{i} + y(t)\mathbf{j} + z(t)\mathbf{k} \\ &= x\mathbf{i} + y\mathbf{j} + z\mathbf{k}\end{aligned} \tag{3.1}$$

여기서 x, y, z는 시간 t에서 입자의 위치 좌표이고 $\mathbf{i}$, $\mathbf{j}$, $\mathbf{k}$는 x, y, z축 방향의 단위 벡터이다. 이때 속도와 가속도는 각 입자의 위치벡터의 시간에 미분하여 구한다.

$$\mathbf{v}(t) = \frac{d\mathbf{r}(t)}{dt} = \frac{\partial x}{\partial t}\mathbf{i} + \frac{\partial y}{\partial t}\mathbf{J} + \frac{\partial z}{\partial t}\mathbf{K} \tag{3.2}$$

---

38) 물질좌표란 공간좌표 $\mathbf{r}_0$가 곧 입자를 가르킨다는 의미이다.

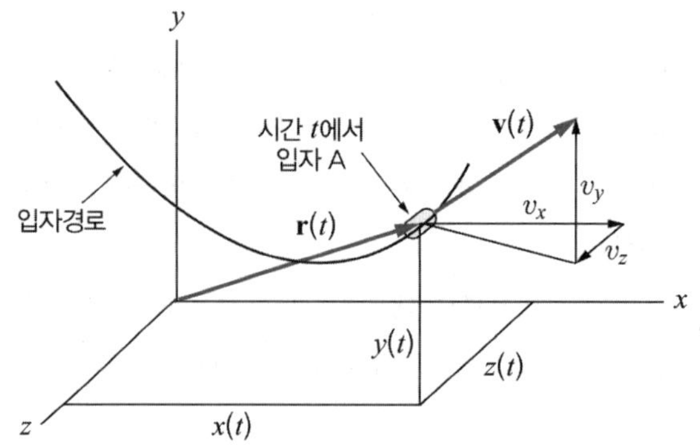

그림 3-1 유체 입자의 경로

$$\mathbf{a}(t) = \frac{d\mathbf{v}(t)}{dt} = \frac{d^2\mathbf{v}(t)}{dt^2} \tag{3.3}$$

또는

$$v_x = \frac{\partial x}{\partial t},\ v_y = \frac{\partial y}{\partial t},\ v_z = \frac{\partial z}{\partial t} \tag{3.4}$$

$$a_x = \frac{\partial v_x}{\partial t} = \frac{\partial^2 x}{\partial t^2},\ a_y = \frac{\partial v_y}{\partial t} = \frac{\partial^2 y}{\partial t^2},\ a_z = \frac{\partial v_z}{\partial t} = \frac{\partial^2 z}{\partial t^2} \tag{3.5}$$

여기서 v_x, v_y 및 v_z는 입자의 각 축방향 성분속도[39)]이다.

Lagrange 표현은 위치가 시간의 함수이므로 속도 및 가속도도 시간만의 함수가 된다. 그러므로 라그랑주 방법은 시간에 따른 입자의 위치를 추적하면서 입자의 운동(속도 및 가속도)을 기술하는 방법이다. 이 방법은 입자의 수가 적으면 유체의 유동을 쉽게 파악할 수 있다. 그러나 유체유동의 해석은 많은 수의 입자의 관찰을 필요로 하고 각 입자의 운동은 뉴턴의 제 2법칙에 의해 여러 개의 상미분방정식으로 표현되며, 더욱이 각 방정식의 해는 다른 방정식의 해와 관련이 있으므로 전체 유동장의 해를 구하기가 매우 어렵다. 따라서 이 방법은 분무입자(spray)의 운동이나 다상 유동(multiphase flow)과 같이 뚜렷이 경계가 한정된 유체유동을 수치 해석하는 경우 매우 편리하다.

(2) 오일러 서술방법

유체유동의 해석은 수많은 입자를 개별적으로 추적하여 기술하는 라그랑주 방법은 거의 불가능하다. 오일러(Euler) 서술방법은 어떤 특정 입자가 아닌 유동장 내 검사체적을 고려하여 검사체적을 지나는 입자의 성질을 시간의 함수로써 서술하는 방법이다. 이 때문에 오일러 방법은 유동장 전체를 해석하는데 편리하다.

39) 유체역학 교재에 따라서는 속도 **v**의 x, y, z축 방향의 속도성분을 u, v, w로 표기하기도 하지만, 이 책에서는 v_x, v_y, v_z로 표기한다. 왜냐하면 이 책에서 u는 내부에너지, v는 속도, w는 중력(무게)의 기호로 사용하기 때문이다.

오일러 방법에서 속도, 가속도, 압력, 밀도 등은 유동장 내 검사체적의 위치 $\mathbf{r}(x, y, z)$과 시간 t의 함수로 표현되고, 검사체적의 위치와 시간은 서로 관계가 없고 독립적이다.[40)] 예를 들어 속도는 다음 식으로 표현된다.

$$\mathbf{v}(\mathbf{r}, t) = f(\mathbf{r}, t) = v_x\mathbf{i} + v_y\mathbf{j} + v_z\mathbf{k} \tag{3.6}$$

여기서

$$\begin{aligned} v_x &= f_1(x, y, z, t) \\ v_y &= f_2(x, y, z, t) \\ v_z &= f_3(x, y, z, t) \end{aligned} \tag{3.7}$$

한편 입자의 가속도[41)]는 다음과 같이 주어진다.

$$\mathbf{a}(\mathbf{r},\ t) = \frac{d\mathbf{v}(\mathbf{r}, t)}{dt} \tag{3.8}$$

또는

$$\begin{aligned} \mathbf{a} &= \frac{D\mathbf{v}}{Dt} = \frac{\partial \mathbf{v}}{\partial t} + v_x\frac{\partial \mathbf{v}}{\partial x} + v_y\frac{\partial \mathbf{v}}{\partial y} + v_z\frac{\partial \mathbf{v}}{\partial z} \\ &= \frac{\partial \mathbf{v}}{\partial t} + \mathbf{v}\cdot\nabla\mathbf{v} \end{aligned} \tag{3.9}$$

유체역학에서는 주로 오일러방법을 사용한다. 왜냐하면 수많은 유체입자의 회전과 변형운동을 동시에 해석하기에 어려움이 많기도 하지만, 실제 유체역학의 응용분야는 입자의 개개의 운동보다는 유동장 전체에 대한 해석이 필요하기 때문이다. 즉 유동장내 각 점에서의 속도를 알면 유체가 구조물에 가한 힘 또는 유체의 운동량변화 등을 쉽게 구할 수 있다.

(3) 가속도장

유체유동을 기술함에 있어서 Lagrange 서술방법과 Euler 서술방법의 중요한 차이는 속도와 가속도가 시간만의 함수이냐 혹은 위치와 시간만의 함수이냐에 따라 다른 것을 알 수 있다. 라그랑주 방법에서는 속도가 시간만의 함수이므로 가속도는 입자의 경로에 따라 속도의 미분으로 평가할 수 있다. 그러나 오일러방법에서는 속도가 위치와 시간의 함수이므로 가속도는 속도에 대한 위치와 시간의 미분으로 평가해야 되므로 다소 복잡하다.

---

40) 독립적이란 검사체적의 위치를 고정시켜 놓고 시간을 자유롭게 변할 수 있다는 의미이다. 즉 검사체적의 위치와 시간은 서로 어떠한 영향도 미치지 않는다는 의미이다. 그러나 라그랑주 방법은 위치가 시간의 함수이므로 독립적이지 않다.

41) 오일러 서술표현의 가속도 식 (3.9)는 후술한 식 (3.17)에서 유도하며 자세히 설명하였다.

① **수직성분, 접선성분 가속도**

속도를 표현하는 또 다른 유용한 방법이 있다. 이것은 속도를 한 개의 유선(streamline)상의 곡선의 거리(길이)와 시간의 함수로 다음과 같이 표현하는 것이다.

$$\mathbf{v} = \mathbf{v}(s, t) \tag{3.10}$$

유체입자의 경로(유적선)가 곡선을 취하면 접선방향의 가속도 a_t와 법선방향의 가속도, 즉 원심가속도 a_n이 반드시 나타난다. [그림 3-2](a), (b)에 유선상의 유체입자의 속도와 접선방향과 법선방향의 가속도를 나타냈다.

유적선을 따라 유체입자의 속도는 위 식 (3.10)을 참고하면 다음과 같이 표현할 수 있다.

$$\mathbf{v} = v(s, t)\mathbf{e}_t$$

여기서 $v(s, t)$는 속도벡터의 크기(속력, speed)로서 유적선을 따르는 거리 s와 시간 t의 함수임을 의미하고, 속도벡터의 방향은 단위벡터 $\mathbf{e}_t$에 의해 주어진다.

가속도는 정의에 의해 속도벡터의 미분으로 다음과 같다.

$$\mathbf{a} = \frac{d\mathbf{v}}{dt} = \left(\frac{dv}{dt}\right)\mathbf{e}_t + v\left(\frac{d\mathbf{e}_t}{dt}\right) \tag{3.11}$$

위 식의 우변 첫 번째 항, 즉 속력에 대한 미분(시간도함수)[42]에 연쇄법칙[43](chain rule)을 이용하면 다음과 같다.

$$\frac{dv(s,t)}{dt} = \left(\frac{\partial v}{\partial s}\right)\left(\frac{ds}{dt}\right) + \frac{\partial v}{\partial t}$$

여기서 ∂는 편도함수 연산자(partial derivative operator)이고 d는 전도함수 연산자(total derivative operator)이다. 유체입자는 dt시간 동안 ds만큼 이동하므로 ds/dt는 입자의 속력 v을 의미한다. 따라서 위 식은 다음과 같이 쓸 수 있다.

$$\frac{dv}{dt} = v\left(\frac{\partial v}{\partial s}\right) + \frac{\partial v}{\partial t} \tag{3.12}$$

---

42) 미분은 어떤 지점에 대한 변화를 나타내기 위한 것이고, 도함수는 변화를 함수로 나타낸 것을 의미한다. 따라서 도함수는 미분계수라 할 수 있고 도함수를 구하는 과정을 미분(differentiate)한다고 표현한다.

43) 연쇄법칙은 합성함수를 미분하는 공식이다. 예를 들면 일변수함수에 대해서는 f, g가 미분 가능한 함수이고, $y=f(u)$이고, $u=g(x)$일 때 y는 x로 미분가능하고 다음 식이 성립한다. $\frac{dy}{dx}=\frac{dy}{du}\frac{du}{dx}$. 이변수함수에 대해서는 $v=f(s,t)$이고, $s=g(t)$일 때는 $\frac{dv}{dt}=\frac{\partial v}{\partial s}\frac{ds}{dt}+\frac{\partial v}{\partial t}\frac{dt}{dt}=\frac{\partial v}{\partial s}\frac{ds}{dt}+\frac{\partial v}{\partial t}$가 된다.

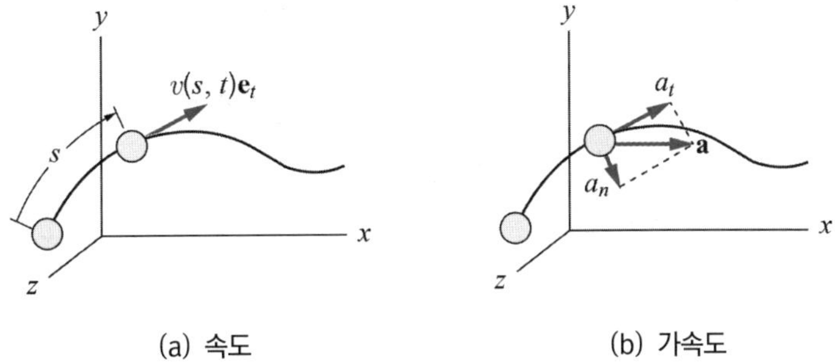

그림 3-2 유체 입자의 경로(유적선)

다음은 식 (3.11)의 우변 두 번째 항, 즉 접선방향 단위벡터의 도함수를 구해보자. 유체입자의 방향이 시간에 따라 변하므로 접선방향 단위벡터의 미분은 0이 아니고 다음 식으로 주어진다.

$$\frac{d\mathbf{e}_t}{dt} = \frac{v}{R}\mathbf{e}_n \tag{3.13}$$

여기서 R은 입자 경로의 국부적인 곡률반경이고, $\mathbf{e}_n$은 입자 경로에 수직인 법선방향의 단위벡터로서 곡률 중심의 안쪽을 가리킨다.

그러므로 식 (3.11)에 식 (3.12), (3.13)을 대입하면 유체입자의 가속도는 다음과 같다.

$$\mathbf{a} = \left(v\frac{\partial v}{\partial s} + \frac{\partial v}{\partial t}\right)\mathbf{e}_t + \left(\frac{v^2}{R}\right)\mathbf{e}_n \tag{3.14a}$$

또는

$$\mathbf{a} = a_t\mathbf{e}_t + a_n\mathbf{e}_n \tag{3.14b}$$

여기서

$$a_t = v\frac{\partial v}{\partial s} + \frac{\partial v}{\partial t}, \quad a_n = \frac{v^2}{R} \tag{3.15}$$

식 (3.14)는 입자의 경로에 따른 가속도를 평가하는 식이고, 식 (3.15)는 접선성분, 법선성분 가속도이다. 식 (3.14)의 우변 첫 번째 항은 입자의 속력 v가 변하면 접선가속도 a_t 성분이 존재하고, 두 번째 항은 방향이 변하면 법선방향의 가속도, 즉 구심가속도 a_n가 발생하는 것을 나타낸다.

② 직교좌표성분 가속도

가속도를 직교좌표성분으로 표현하여 보자. Euler 서술방법에 의하면 속도와 성분속도는 식 (3.6)과 (3.7)과 같이 위치와 시간의 함수로 주어졌고 다음과 같이 표현된다.

$$\mathbf{v} = \mathbf{v}(r, t) = v_x\mathbf{i} + v_y\mathbf{j} + v_z\mathbf{k}$$

여기서 $v_x = f_1(x, y, z, t)$, $v_y = f_2(x, y, z, t)$, $v_z = f_3(x, y, z, t)$이다.

유체입자의 x축 방향 가속도는 정의에 의해 다음과 같다.

$$a_x = \frac{dv_x}{dt}$$

여기서 v_x는 유체입자의 x축 방향 속도성분이다. 다변수 함수에 대한 연쇄법칙을 이용하면 위 식은 다음과 같이 쓸 수 있다.

$$a_x = \frac{\partial v_x}{\partial x}\frac{dx}{dt} + \frac{\partial v_x}{\partial y}\frac{dy}{dt} + \frac{\partial v_x}{\partial z}\frac{dz}{dt} + \frac{\partial v_x}{\partial t} \tag{3.16}$$

성분속도 v_x는 dt시간 동안 입자가 x축 방향으로 $dx(=v_x dt)$만큼 이동하므로 다음과 같다.

$$v_x = \frac{dx}{dt}$$

마찬가지로 y축 및 z축 방향의 성분속도는 다음과 같다.

$$v_y = \frac{dy}{dt},\ v_z = \frac{dz}{dt}$$

따라서 입자의 x축 방향 가속도 a_x는 다음과 같이 주어진다.

$$a_x = v_x\frac{\partial v_x}{\partial x} + v_y\frac{\partial v_x}{\partial y} + v_z\frac{\partial v_x}{\partial z} + \frac{\partial v_x}{\partial t} \tag{3.17a}$$

마찬가지로 y축 및 z축 방향의 가속도는 다음과 같다

$$a_y = \frac{\partial v_y}{\partial t} + v_x\frac{\partial v_y}{\partial x} + v_y\frac{\partial v_y}{\partial y} + v_z\frac{\partial v_y}{\partial z} \tag{3.17b}$$

$$a_z = \frac{\partial v_z}{\partial t} + v_x\frac{\partial v_z}{\partial x} + v_y\frac{\partial v_z}{\partial y} + v_z\frac{\partial v_z}{\partial z} \tag{3.17c}$$

위 식 (3.17a)~(3.17c)를 벡터로 표기하면 다음과 같다.

$$\mathbf{a} = \frac{d\mathbf{v}}{dt} = \frac{\partial \mathbf{v}}{\partial t} + v_x\frac{\partial \mathbf{v}}{\partial x} + v_y\frac{\partial \mathbf{v}}{\partial y} + v_z\frac{\partial \mathbf{v}}{\partial z} \tag{3.17d}$$

$$= \underbrace{\frac{\partial \mathbf{v}}{\partial t}}_{\text{국부 가속도}} + \underbrace{\mathbf{v}\cdot\nabla\ \mathbf{v}}_{\text{대류 가속도}}$$

여기서 ∇은 델 연산자(구배 연산자, gradient operator)이다. 위 식의 우변 첫 번째 항 $\partial\mathbf{v}/\partial t$는 국부가속도(local acceleration)라 하며, 이 항은 정상유동에서는 영(0)이 되어 비정상유동에서만 발생한다. 우변 두 번째 항 $(\mathbf{v}\cdot\nabla)\mathbf{v}$는 대류가속도(convective acceleration)라 하며 정상유동이라도 속도가 위치의 함수인 경우에 발생한다. 따라서 정상상태 균일유동에서는 속도가 위치의 함수가 아니므로 그때는 대류가속도항도 존재하지 않는다.

(4) 물질도함수

식 (3.17d)의 전도함수 연산자 d/dt는 운동하는 유체입자를 추적하는 것을 강조하기 위하여 물질도함수(material derivative) 또는 '실질도함수(실질미분, substantial derivative)'라 하며 D/Dt로 표기하고 다음과 같이 정의한다.[44]

$$\begin{aligned}\frac{D(\,)}{Dt} &= \frac{\partial(\,)}{\partial t} + v_x\frac{\partial(\,)}{\partial x} + v_y\frac{\partial(\,)}{\partial y} + v_z\frac{\partial(\,)}{\partial z} \\ &= \frac{\partial(\,)}{\partial t} + \mathbf{v}\cdot\nabla(\,)\end{aligned} \tag{3.18}$$

물질도함수는 벡터든 스칼라든 상관없이 위치와 시간의 함수로 주어지는 유체성질에 모두 적용할 수 있다. 물질도함수를 속도장에 적용하면 그 결과는 가속도(물질가속도라고도 칭함)이며 식 (3.17)과 같고, 밀도 ρ에 대한 물질도함수는 다음과 같다.

$$\begin{aligned}\underbrace{\frac{D\rho}{Dt}}_{\text{물질도함수}} &= \underbrace{\frac{\partial\rho}{\partial t}}_{\text{국부 변화율}} + \underbrace{v_x\frac{\partial\rho}{\partial x} + v_y\frac{\partial\rho}{\partial y} + v_z\frac{\partial\rho}{\partial z}}_{\text{흐름에 동반된 }\rho\text{의 변화율}} \\ &= \frac{\partial\rho}{\partial t} + \mathbf{v}\cdot\nabla\rho\end{aligned} \tag{3.19}$$

예제1

유체 유동장의 속도가 다음 식으로 주어졌다.

$\mathbf{v}(x, y, z, t) = 4t\mathbf{i} + yt\mathbf{j} + x^2z\mathbf{k}$

여기서 x, y, z의 단위는 m이고, t는 시간(초)이다. 따라서 속도의 단위는 m/s이다. 다음을 구하라

(a) 몇 차원의 유동인가?

(b) 정상류인가 비정상류인가?

(c) 시간 $t=4$일 때 점 $(1, -2, 3)$에서의 속도는 얼마인가?

(d) 점 $(1, -2, 3)$에서의 가속도를 구하라.

---

44) 유체의 유동이 정상상태이면 유체의 성질은 시간에 대한 미분이 0이므로 $\partial/\partial t = 0$이 성립한다. 그러나 물질 도함수 D/Dt는 정상상태라도 흐름에 동반된 변화율이 존재하므로 $D/Dt \neq 0$임을 명심하라. 단 정상상태 균일유동이면 흐름에 동반된 변화율도 없으므로 $D/Dt = 0$이 성립된다.

(a) 속도벡터 식에 의해서 각 성분속도는 $v_x = 4t$, $v_y = yt$, $v_z = x^2 z$이다. 이 유동장은 모든 방향의 속도가 존재하여 3차원 유동이다.

(b) 속도벡터에 시간항인 t가 존재하므로 $\partial v/\partial t \neq 0$이 되어 비정상류이다.

(c) 속도벡터에 $x=1,\ y=-2,\ z=3,\ t=4$를 대입하면 속도는 다음과 같다.

$$\mathbf{v} = (4\times 4)\mathbf{i} + (-2\times 4)\mathbf{j} + (1^2\times 3)\mathbf{k} = 16\mathbf{i} - 8\mathbf{j} + 3\mathbf{k}\,(\mathrm{m/s})$$

따라서 속도벡터의 크기는 다음과 같다.

$$v = \sqrt{16^2 + (-8)^2 + 3^2} = 18.1\,\mathrm{m/s}$$

(d) 먼저 각 방향의 성분 가속도를 위치의 함수로 다음과 같이 구한다.

$$a_x = \frac{\partial v_x}{\partial t} + v_x\frac{\partial v_x}{\partial x} + v_y\frac{\partial v_x}{\partial y} + v_z\frac{\partial v_x}{\partial z}$$

$$= 4 + (4t)(0) + (yt)(0) + (x^2 z)(0) = 4$$

$$a_y = \frac{\partial v_y}{\partial t} + v_x\frac{\partial v_y}{\partial x} + v_y\frac{\partial v_y}{\partial y} + v_z\frac{\partial v_y}{\partial z}$$

$$= y + (4t)(0) + (yt)(t) + (x^2 z)(0) = y + yt^2$$

$$a_z = \frac{\partial v_z}{\partial t} + v_x\frac{\partial v_z}{\partial x} + v_y\frac{\partial v_z}{\partial y} + v_z\frac{\partial v_z}{\partial z}$$

$$= (0) + (4t)(2xz) + (yt)(0) + (x^2 z)(x^2) = x^4 z + 8xzt$$

따라서 가속도는 다음 식과 같다.

$$\mathbf{a} = a_x\mathbf{i} + a_y\mathbf{j} + a_z\mathbf{k}$$

$$= 4\mathbf{i} + (y + yt^2)\mathbf{j} + (x^4 z + 8xzt)\mathbf{k}$$

점 $(1, -2, 3)$에서의 가속도는 위 식에 좌표값을 넣으면 다음과 같다.

$$\mathbf{a} = 4\mathbf{i} - (2 + 2t^2)\mathbf{j} + (3 + 24t)\mathbf{k}$$

3.1.3 유체유동의 가시화

유체의 유동을 가시화하는 방법에는 해석적방법과 수치적방법 그리고 실험적방법이 있다.

(1) 해석적 방법

해석적(analytical) 방법은 유체유동을 방정식의 수학적인 해로 구하는 방법이다. 방정식은 점성・압축성인 일반유체를 비점성・비압축성으로 고려하여 이상유체의 이론으로부터 유도된다. 이상유체에 대한 기본적인 미분방정식으로는 Laplace 방정식이 있다. 비점성・비압축성유체의 흐름, 즉 퍼텐셜흐름은 Laplace 방정식을 적용하여 해를 구할 수 있다.

실제 일반유체에 대한 방정식은 비선형이고 해법이 제한되어 있어 수학적인 해가 거의 존재하지 않는다. 이상유체 이론도 점성과 압축성의 영향이 큰 흐름에서는 적용할 수 없다.

(2) 수치적 방법

수치적(computational) 방법은 유체유동에 대한 방정식을 컴퓨터를 이용하여 해를 얻는 방법이다. 이 방법은 전산유체(CFD, computational fluid dynamics)라 불리며 급속히 발달해 왔다. CFD의 응용범위는 유체역학과 관련된 모든 분야를 포함하고 있어 특별히 전산유체역학이라고 한다. 요즘은 CFD의 사용이 일반화되어 범용 유체 동역학 프로그램이 개발되어 판매하는 회사도 생겨났다. 기업체, 연구소, 대학교 등은 이들 프로그램을 적극 사용하여 연구결과를 도출하고 있다.

전산유체역학은 지난 수십년간 강력하게 발달해 왔지만, 해석결과는 단지 기본적인 물리 법칙을 만족시킬 때에만 유효하다. 특히 난류의 모델화는 정확성이 다소 부족하므로 수치적 예측결과는 반드시 물리적 실험결과와 비교하며 검증할 필요가 있다.

(3) 실험적 방법

유체유동의 해석에 가장 신뢰성 있는 것은 실험적(experimental) 가시화 방법이다. 이 방법은 유동에 대한 정성적이고 때로는 정량적인 데이터까지 얻을 수 있다. 실험적 방법에 의해 얻어지는 선의 모양에는 유선, 유적선, 유맥선, 시간선이 있다. 정상유동에서는 유선, 유적선, 유맥선이 모두 동일하게 나타나지만, 비정상유동에서는 이들 세 선이 모두 다르게 나타난다.

① 유선

유체유동의 가시화의 대표적인 방법은 흐름의 방향을 선으로 표현하는 것이다. 이것을 유동형상(flow pattern)이라 하고, 그 선들 중에 유선(stream line)이 있다. 유선은 유체입자의 방향과 속도의 방향이 같은 곡선으로 정의된다. 그러므로 유선은 속도벡터의 방향만을 나타내고 속도의 크기는 나타내지 못한다.

유선은 [그림 3-3](a)에 나타낸 바와 같이 주어진 순간에 모든 점에서 입자의 유동방향에 접선이 되도록 그려진다. 정상유동에서는 유동의 성질이 변하지 않으므로 유선도 시간에 따라 변하지 않고 입자도 유선을 따라 움직인다. 그러나 비정상유동에서는 유체의 흐름이 시시각각 변화하므로 입자의 경로와 유선이 다르게 된다. 그러므로 유선은 유동장의 순간적인 형상임에 유념하기 바란다.

2차원 유체유동을 고려하자. 임의의 점을 통한 유선상에 요소 ds를 취하고, 이 요소의 x, y축 방향의 길이를 dx, dy라 하자. 또 이 점을 통한 유체의 속도 v의 x, y축 방향의 성분속도를 v_x, v_y라 하면 [그림 3-3](b)에서 알 수 있는 바와 같이 유선의 기울기 dy/dx는 유선의 정의로부터 v_y/v_x와 같아야 한다. 따라서 유선은 다음 식으로 주어진다.

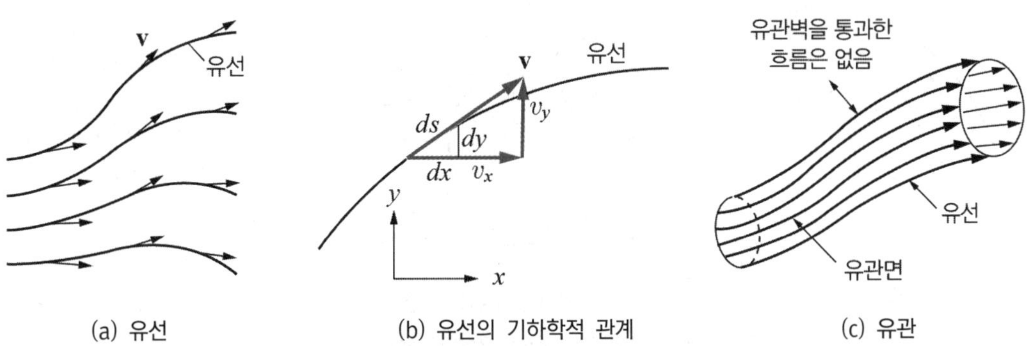

그림 3-3 유선과 유관

$$\left(\frac{dy}{dx}\right)_{유선} = \frac{v_y}{v_x}$$

따라서 유선의 방정식은 다음과 같이 쓸 수 있다.

$$\frac{dx}{v_x} = \frac{dy}{v_y} = \frac{dz}{v_z} = \frac{ds}{\mathbf{v}} \tag{3.20}$$

유동장 내 어느 점에서든지 유체속도의 방향은 한 개만을 가지므로 유선은 교차하지 않는다. 또한 유선은 접선방향을 의미하므로 유선의 법선방향 속도성분은 0이 된다. 유동장에 유선을 벽으로 고려한 임의의 폐곡선을 가정하면 한 개의 폐쇄된 모양의 관이 만들어지는데, 이것을 유관(stream tube)이라 하며 [그림 3-3](c)에 나타내었다.

[그림 3-4]에 여러 가지 형상의 유선을 나타냈다. 그림(a)는 곡관 내 물의 흐름에 대한 유선으로서 유선은 각 위치에 따라 속도벡터가 다른 것을 알 수 있다. 그림(b)는 원기둥 주위 흐름에 대한 유선을 나타냈다. 원기둥 중심축으로 흐르는 유체는 일부가 원기둥 윗면을 따라, 다른 일부는 아랫면을 따라 흐르게 된다. 이와 같이 흐름이 나누어진 유선을 분할유선(dividing streamline)이라 한다. 분할 유선이 물체와 교차하는 곳에서는 속도가 0이 되며 이것을 정체점(stagnation point)이라고 한다. 그림(c)는 회전축을 중심으로 회전하는 와류(vortex)의 유선을 나타냈다. 와류의 경우 각속도의 크기는 유선에 따라 변화하지 않지만 방향이 변하므로 비균일유동이다. 균일유동이면 유선은 직선이고 평행하게 나타난다.

② 유적선

유적선(path line)은 유체입자의 경로(궤적)를 나타낸 선이다. 이것은 고정된 한 점(위치)에서 형광물질(또는 기포)을 단 한 번 순간 방출한 후 형광물질이 유동에 따라 만들어진 선을 장시간 노출 촬영하여 얻을 수 있다.

유적선은 속도장을 알면 계산으로도 구할 수 있다. 시간 t에서의 추적 입자의 위치 $\mathbf{r}(x, y, z)$은 초기위치 $\mathbf{r}_0(x_0, y_0, z_0)$를 기준으로 속도 v를 초기시간 t_0에서 임의의 시간 t까지 적분으로 구할 수 있다.

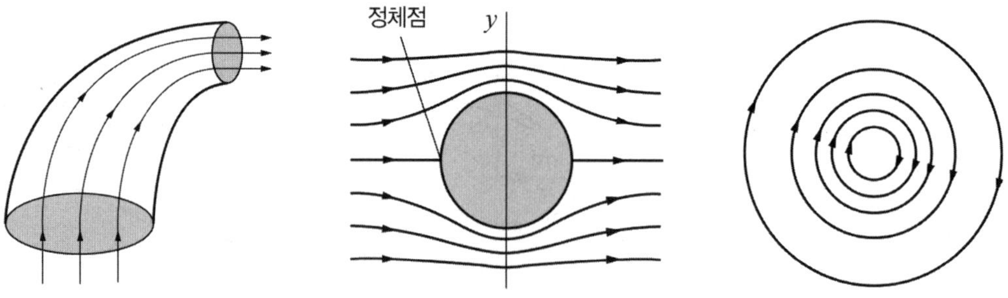

(a) 곡관 (b) 원기둥 주위의 흐름 (c) 와류

그림 3-4 여러 형상의 유선

$$\mathbf{r} = \mathbf{r}_0 + \int_{t_0}^{t} \mathbf{v}\,dt \tag{3.21}$$

위 식 (3.21)에 의해서 t_0에서 t까지 적분하여 입자의 궤적을 선으로 이으면 유적선이 된다. 간단한 유동에 대해서는 식 (3.21)처럼 해석적으로 적분할 수도 있지만, 복잡한 유동에 대해서는 속도장이 시간에 따라 변하므로 수치적분 하여야 한다.

③ 유맥선

유맥선(streak line)은 흐름의 수직방향으로 한 점 또는 여러 위치에서 물감이나 연기, 기포 등을 연속 발생시켜 이것들이 하류로 흘러가면서 형성되는 선이다. 따라서 유맥선은 유적선과 더불어 실험을 통하여 가장 쉽게 얻을 수 있다.

④ 시간선

시간선(time line)은 흐름의 수직방향의 위치에서 수소기포 등을 펄스 발생시켜 일정시간 후에 수포기포가 만들어낸 선이다. 따라서 시간선은 균일유동의 여부를 판단하는데 유용하고 특히 경계층의 두께를 알 수 있게 한다.

⑤ 유선, 유적선, 유맥선 비교

정상류에서는 유선, 유적선, 유맥선이 모두 일치한다. 즉 정상류 실험에서 얻어진 유적선과 유맥선은 유선을 의미한다. 그러나 비정상류에서는 이들 3개의 선이 모두 다르게 나타난다.

[그림 3-5]에 비정상류에서 유선, 유적선, 유맥선을 나타냈다. 유동은 초기의 수평 흐름이 어느 시각

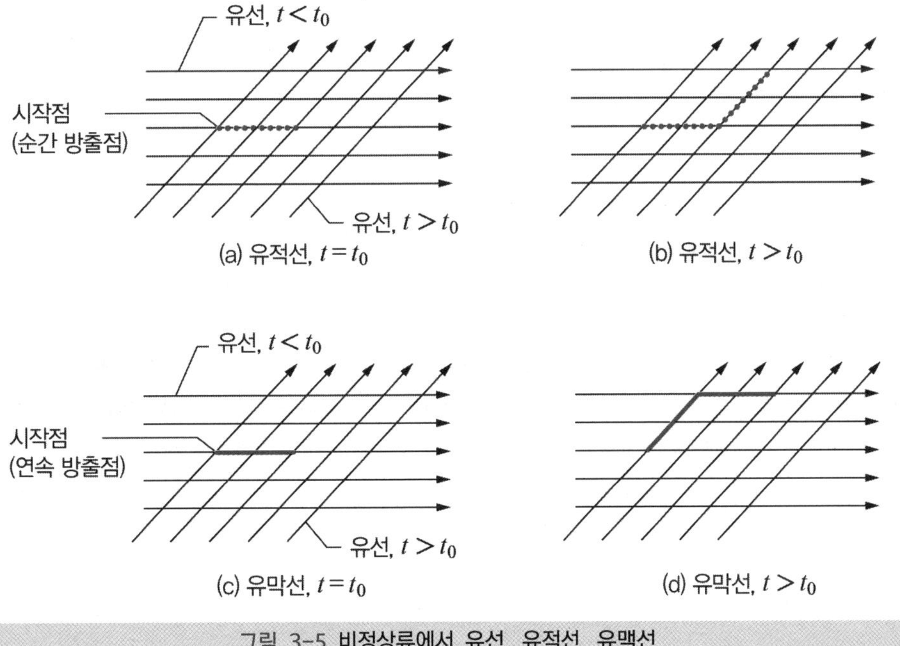

그림 3-5 비정상류에서 유선, 유적선, 유맥선

t_0 이후에는 오른쪽 위 방향으로 속도가 바뀌는 2차원 비정상류를 나타냈다. 먼저 유적선을 살펴보자. 시작점에서 한 번 순간 방출된 유체입자는 시간 t_0까지는 그림(a)에서처럼 유선에 따라 수평선분을 이루지만, 시간 t_0 이후부터는 그림(b)와 같이 유선에 따라 오른쪽 위쪽 방향으로 경로가 바뀌어 흐르게 된다. 그러므로 그림(b)의 점선은 입자의 경로, 즉 유적선을 의미한다.

다음은 연속 방출된 염료의 거동, 즉 유맥선을 검토하자. 염료의 경로는 시작점에서 연속 방출되었으므로 그림(c)처럼 수평 선분을 형성할 것이다. 이 시점까지는 유적선와 유맥선의 차이는 없다. 그런데 시간 t_0 이후에 흐름의 방향이 바뀌면 시작점에서 분출된 염료는 새로운 유선을 따라 새로운 선분이 형성되고, 초기 수평 염료선도 모두 오른쪽 위쪽 방향으로 이동되어 그림(d)에 보이는 유맥선을 이루게 된다. 그림(b)의 유적선과 그림(d)의 유맥선을 보면 분명히 다른 것을 알 수 있다. 이것은 비정상류에서 유적선, 유맥선 및 유선이 서로 다른 것을 의미한다. 유적선과 유맥선은 모두 유동장의 과거의 흔적을 제공하고, 유선은 현재의 흐름의 형상을 나타낸다. 왜냐하면 유선은 어느 주어진 시간에서의 순간적인 유동 형태인 반면, 유적선 및 유맥선은 시간의 경과에 의하여 생성되는 선이기 때문이다.

예제2

2차원 비압축성 유동장에서 속도가 다음 식으로 주어졌다.

$$\mathbf{v} = x\mathbf{i} + y\mathbf{j}$$

이 유동의 유선을 구하고 xy 평면에 나타내 보아라.

속도벡터 식에 의해 각 성분속도는 $v_x = x,\ v_y = y$이다. 따라서 유선의 방정식은 식 (3.20)에 의해 다음과 같다.

$$\frac{dx}{x} = \frac{dy}{y}$$

양변을 적분하면 다음 식을 얻는다.

$$\int \frac{dx}{x} = \int \frac{dy}{y} \rightarrow \ln x = \ln y + \ln C$$

따라서 유선은 다음 식으로 주어진다.

$$\frac{x}{y} = C$$

이 유선을 [그림 예제3.2]에 나타냈다.

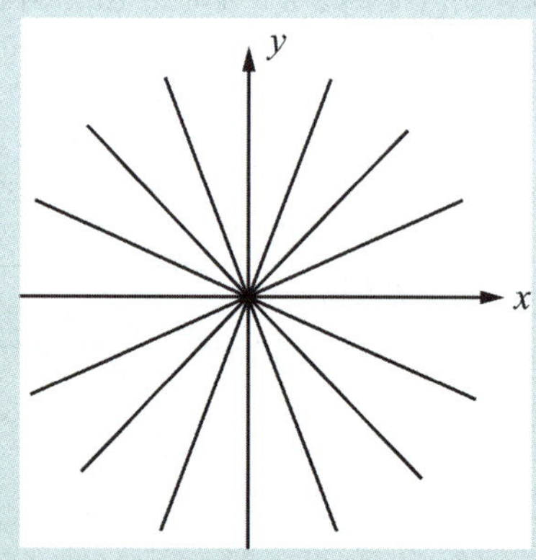

[그림 예제3.2]

유선의 유동방향은 1사분면($x>0,\ y>0$)에서는 $v_x,\ v_y$가 모두 "+"이므로 우측 상방향을 향하고, 2사분면($x<0,\ y>0$)에서는 v_x가 "−", v_y가 "+"이므로 유선의 방향은 좌측 상방향을 향한다. 3, 4분면에서도 모두 밖으로 향한다. 이 유선의 형태는 유체가 원점에서 반경방향으로 분출하는 소스(source) 형태의 유동을 보이고 있다. 소스 유동은 5장에서 설명한다.

3.1.4 Euler 방정식

물체의 운동은 Newton의 운동 제2법칙, 즉 $\mathbf{F} = m\mathbf{a}$에 의해 지배받는다. 정지상태의 물체에 작용하는 힘은 압력과 중력만이지만 물체 또는 유체가 움직이면 속도구배가 존재하여 점성에 기인한 힘을 더 받게 된다. 그러나 만약 유체가 비점성유체(이상유체)라면 물체가 움직이더라도 속도구배가 존재하지 않아 점성에 기인한 힘이 나타나지 않는다. 그러므로 비점성유체의 운동방정식은 유체에 작용하는 힘이 압력과 중력만이므로 정수역학의 운동방정식 (2.31)과 같다.

비점성유체의 운동방정식은 Euler에 의해 유도되어 Euler 방정식이라고 한다. 이 식을 유도하여 보자.45) [그림 3-6]과 같이 유선을 가로질러 놓인 단면적 dA, 길이 ds, 수평면과 각도 θ인 미소 원기둥 유체요소를 고려하자.46) 여기서 비점성 유체요소가 임의의 s방향으로 가속된다고 하자. s방향으로 유체요소에 작용하는 힘은 비점성유체이므로 요소의 양단에 작용하는 순수(net) 압력력(압력에 의한 힘) F_p와 요소의 중량에 의한 힘 $W\sin\theta$만이 존재한다. 그러므로 임의의 s방향으로 뉴턴 제2법칙을 적용하면 다음과 같다.

$$\underbrace{F_p}_{\text{순수 압력력}} + \underbrace{W\sin\theta}_{\text{중력}} = ma_s \tag{3.22}$$

원기둥 유체요소의 질량 m 및 무게 W는 다음과 같다.

$$m = \rho dA ds, \quad W = mg = \gamma dA ds$$

이 값과 그림에 표시한 압력을 식 (3.22)에 대입하여 정리하면 다음 식을 얻는다.

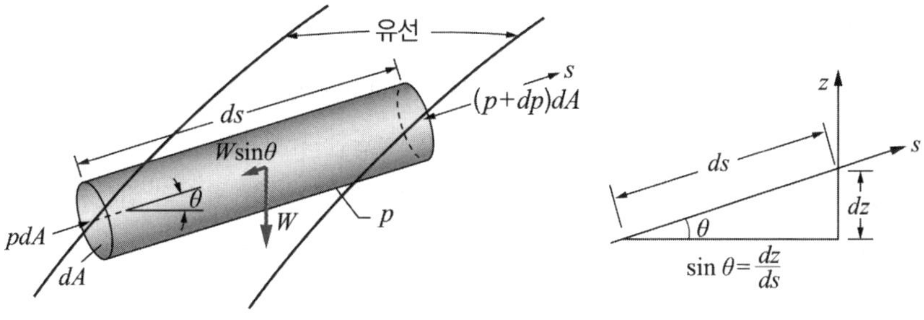

(a) (b)

그림 3-6 원기둥 미소 유체요소

45) Euler의 운동방정식은 정수역학의 운동방정식 (2.31)과 동일하므로 유도과정이 동일하다. 식 (2.31)은 미소 직사각형 유체요소를 고려하였지만, 여기에서는 단면적 dA, 길이 ds, 수평면과 각도 θ인 미소 원기둥 형상의 유체요소에 압력력과 중력만을 고려하여 유도한다.

46) 비회전 유동장에서는 유선상이 아니더라도 동일한 유동장이면 Euler 방정식과 다음에 설명할 Bernoulli 방정식이 모두 성립한다. 여기서는 이를 강조하기 위하여 유선을 가로지르는 유체요소를 고려하여 Euler 방정식을 유도한다.

$$pdA - (p + dp)dA - (\gamma dAds)\sin\theta = (\rho dAds)a_s \rightarrow$$

$$-\frac{dp}{ds} - \gamma\sin\theta = \rho a_s$$

여기서 연직 상향을 양(+)의 z축으로 고려하면 $\sin\theta = dz/ds$이므로 위 식은 다음 식이 된다.

$$-\frac{dp}{ds} - \gamma\frac{dz}{ds} = \rho a_s$$

비중량 $\gamma(=\rho g)$를 일정한 상수로 고려하면 다음과 같다.

$$-\frac{d}{ds}(p + \gamma z) = \rho a_s \quad (3.23)$$

이 식은 임의의 s방향에 대한 비점성유체의 운동방정식, 즉 Euler 방정식으로서 유체 정역학의 운동방정식 (2.31)과 동일하다. 단 주의할 점은 유체 동역학에서 압력, 즉 식 (3.23)의 압력 p는 정압(static pressure)이고, 유체 정역학에서 압력, 즉 식 (2.31)의 압력은 정수압(hydrostatic pressure)이라는 점이다.47) 만약 비압축성유체가 정지상태 혹은 속도가 변화하지 않으면 $a_s = 0$ 또는 $a_s = const.$이므로 위 식의 압력(정압)은 정수압 $p = \gamma z$와 일치한다. 이것은 유체가 움직이더라도 가속도가 존재하지 않으면 압력분포는 정수압 분포가 된다는 것을 의미한다. 예를 들어 유선에 따른 등속도의 흐름은 연직방향으로 가속도가 없기 때문에 압력은 정수압으로 평가된다.

3.1.5 Bernoulli 방정식

비점성・비압축성유체(이상유체)의 정상류에서 유선에 따라 Euler 방정식을 적분하면 Bernoulli 방정식을 얻을 수 있다.48) 즉, Euler 방정식과 Bernoulli 방정식은 동일한 관계이다.

유체입자의 임의의 유동방향 s가 유선의 방향이라고 하면 가속도 a_s는 유선의 접선방향의 가속도 a_t를 의미한다. 유선에 따른 Euler 방정식 (3.23)은 다음과 같이 쓸 수 있다.

$$-\frac{d}{ds}(p + \gamma z) = \rho a_t \quad (3.24)$$

가속도의 접선방향 성분은 식 (3.15)에 의해 다음과 같다.

$$a_t = v\left(\frac{\partial v}{\partial s}\right) + \frac{\partial v}{\partial t}$$

---

47) 정수압은 정지상태의 유체의 깊이에 따른 압력을 의미하고, 정압은 유체의 흐름에 직각방향으로 작용하는 압력을 의미한다.

48) Daniel Bernoulli는 1738년 그의 저서 수력학(hydrodynamics)에 Bernoulli 방정식을 처음으로 소개하였는데, 이때 비점성・비압축성 유체의 정상상태의 유선(1차원)을 고려하여 유도하였다. 그러나 그후 Bernoulli 방정식은 비회전운동(비회전류)이면 유선에 관계없이 2차원, 3차원 흐름에 대해서도 성립함이 밝혀졌다. 여기에 대해서는 '5장 5.3.3 비회전류에서 Bernoulli 방정식'에서 설명한다.

흐름이 정상유동이면 국부가속도는 영(0), 즉 $\partial/\partial t=0$이고 유적선이 유선이 된다. 또한 유선을 따르는 성질들은 거리 s만의 함수로 나타나기 때문에 편미분이 상미분으로 바뀌게 된다. 따라서 Euler 방정식 (3.23)은 위 접선가속도를 고려하면 다음과 같이 된다.

$$-\frac{d}{ds}(p+\gamma z)=\rho v\left(\frac{dv}{ds}\right)=\rho\frac{d}{ds}\left(\frac{v^2}{2}\right)$$

위 식은 다음과 같이 쓸 수 있다.

$$\frac{d}{ds}\left(p+\rho\frac{v^2}{2}+\gamma z\right)=0 \tag{3.25}$$

위 식을 적분하면 다음 식이 얻어진다.

$$p+\rho\frac{v^2}{2}+\gamma z=C\,[\mathrm{N/m^2}] \tag{3.26a}$$

또는

$$\frac{p}{\gamma}+\frac{v^2}{2g}+z=H[\mathrm{m}] \tag{3.26b}$$

$$\frac{mp}{\rho}+\frac{mv^2}{2}+mgz=E[\mathrm{J}] \tag{3.26c}$$

여기서 C, H, E는 일정한 상수이고 단위를 [ ]에 함께 표시했다. 식 (3.26)을 Bernoulli 방정식이라 하고 1차원유동, 즉 유선에 적용되므로 v는 속도가 아니라 속력임에 주의를 요한다. 식 (3.26a)의 각 항은 압력의 단위를 가지므로 좌변 첫 번째 항부터 차례로 정압, 동압, 위치압력이라 하고, 우변의 C는 전압(총압)이라 하며 각각 다음과 같은 의미를 가진다.

① 정압(정적압력, static pressure) p는 유체의 유동과 관계없는, 즉 흐름에 수직방향으로 작용하는 압력으로서 실제 열역학적 압력을 의미한다. 일반적으로 유체역학에서 압력이라 하면 정압을 가리킨다.

② 동압(동적압력, dynamic pressure) $\rho v^2/2$은 속도 v인 유체가 등엔트로피 유동으로 정지하였을 때 압력 상승으로 나타난 값이다. 즉 단위 체적당 운동에너지를 압력의 항으로 표기한 것이다.

③ 위치압력(potential pressure) $\gamma z(=\rho gz)$는 유체의 위치 z가 기준면에서 얼마나 높은 위치에 있는가를 나타낸 값이다. 이것은 진정한 의미에서 압력이 아니고 단지 위치에 따른 유체무게가 압력에 미치는 영향을 나타낸 값이다.

④ 전압(총 압력, total pressure)은 이들 압력의 총합을 의미한다. Bernoulli 방정식은 비점성 · 비압축성유체의 정상류에서 유선(또는 유적선)상이라면 위치에 관계없이 유체의 전압이 일정하다는 것을 의미한다.

⑤ 위압(piezometric pressure) p_z는 정압 p와 위치압력 γz의 합을, 위압수두 p_z/γ는 압력 수두 p/γ와 위치수두 z와의 합을 의미한다. 위압수두는 수력기울기선(HGL)으로 표시된다. 또 수력기울기선에 속도수두 $v^2/2g$를 더하면 에너지선(EL)으로 표시된다.

⑥ 정체압(stagnation pressure)은 정압과 동압의 합 $p+\rho v^2/2$를 의미한다. 유선상에서 위치에너지의 변화를 무시할 수 있다면 정체압이 일정하여, 전압은 정체압으로 대체할 수 있다. 일반적으로 정체압[49)]은 p_0(하첨자 0 표기)로 표기하며, 유체가 등엔트로피 유동으로 감속되어 속도가 0인 정체상태가 되었을 때의 압력으로 사용되어 압축성 유동에서 중요하게 다루어진다.

유체역학에서는 수두(head)란 용어를 자주 사용한다. 식 (3.26b)는 좌변 첫째 항부터 차례대로 압력수두, 속도수두, 위치수두라 하고 전체의 합 H를 전 수두(총 수두, total head)라 한다. 압력수두(pressure head) p/γ는 정압 p를 발생시키는 유체기둥의 높이, 속도수두(velocity head) $v^2/2g$는 마찰 없이 자유낙하하는 유체가 속도 v에 이를 수 있도록 하는데 필요한 높이, 위치수두(elevation head) z는 유체의 위치를 의미한다. 식 (3.26c)는 좌변 첫째 항부터 질량 m인 유체의 압력에너지(유동에너지), 운동에너지, 위치에너지라 하고 전체의 합 E를 총 에너지(전 에너지)라 한다.

Bernoulli 방정식은 유체역학에서 가장 유용한 식 중의 하나로서, 이 식의 응용은 위치의 변화를 무시하면 두 점 사이의 압력과 속도의 관계를 알 수 있게 해준다.

(1) 수력기울기선, 에너지기울기선

Bernoulli 방정식은 이상유체의 정상상태 흐름이면 전수두(또는 총에너지)가 일정하므로 유선을 따라 압력수두와 속도수두 사이의 관계를 알 수 있게 해준다. [그림 3-7]은 댐으로부터 물이 수평 관로를 통해 흐를 때 수평 기준면을 기준으로 손실이 없는 경우와 손실이 있는 경우의 에너지선(EL, energy line)과 수력기울기선(HGL, hydraulic grade line)을 나타냈다.[50)]

먼저 그림(a)의 손실이 없는 이상유체의 선도를 살펴보자. 물이 이상유체라면 관로를 통해 흐를지라도 점성에 기인한 에너지 손실이 없으므로 유체의 총 수두는 일정하여 에너지선(EL)은 수평선으로 표시된다.

또 댐 수면에서의 총에너지는 대기압이 접해 있고($p_0=0$), 물의 속도는 무시($v=0$)할 수 있으므로 위치수두만이 존재하므로 z가 된다. 그러나 수평관로에서 총에너지는 위치수두 z, 압력수두 p/γ, 속도수두 $v^2/2g$가 모두 존재하고 이들의 합으로 주어진다. 또 그림과 같이 높이가 일정한 수평관로에서는 이상유체는 에너지 손실이 없으므로 위치수두, 압력수두, 속도수두가 모두 일정하다. 위치수두와 압력수두의 합은

---

49) 정체압은 고속의 기체가 등엔트로피 유동으로 속도 z가 0이 되었을 때 압력상승으로 나타나는 동압과 정압의 합으로 정의된다. 따라서 정체압 p_0와 정압 p는 같지 않으며 '제10장 압축성 · 비점성 유체의 유동'에서 자세히 다룬다.

50) 비점성유체이면 에너지손실이 발생하지 않아 유선상이라면 총에너지가 일정하여 그림(a)와 같이 수평선으로 나타난다. 그러나 점성유체(실제 유체)의 총에너지선은 그림(b)와 같이 점성에 기인한 에너지손실 발생만 작게 나타난다. 이 경우에는 Bernoulli 방정식에 에너지손실을 포함시키면 에너지 보전이 성립한다. 이 식을 확장된 Bernoulli 방정식이라 한다. [그림 3-8](b)는 확장된 Bernoulli 방정식을 근거로 나타낸 것이다.

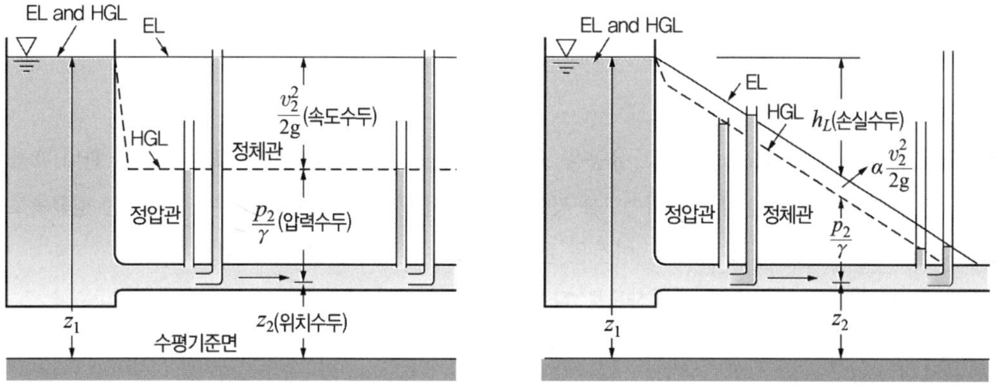

(a) 이상유체 (b) 실제 유체

그림 3-7 직선 관로에서의 에너지선과 수력기울기선

정압관(피에조미터관)에 의해서, 또한 압력수두와 속도수두의 합은 정체관에서 측정된 물의 높이로 나타난다.

수력기울기선(HGL)은 압력수두 p/γ와 위치수두 z의 합을 나타낸 선이다. 이상유체는 수평 관로에서 압력손실이 발생하지 않아 압력수두가 일정하여 수평선으로 나타난다. 이것은 관로에 설치된 정압관에서 물이 관 위로 압력수두 높이만큼 상승된 위치를 연결한 선이기도 하다. 에너지선과 수력기울기선의 차이는 속도수두 $v^2/2g$를 의미하는데, 관의 직경이 일정하면 점성의 유무와 관계없이 속도가 일정하므로 속도수두도 일정하게 유지된다.[51)]

다음은 에너지 손실을 고려한 실제 유체의 선도 [그림 3-7](b)를 살펴보자. 물은 점성이 존재하므로 이상유체가 아니다. 물이 관내를 흐르면 점성에 기인한 마찰손실이 존재하여 하류로 갈수록 수두손실 h_L(또는 압력손실)이 크게 나타난다. 따라서 점성유체의 에너지선(EL)은 그림(b)와 같이 이상유체의 에너지선(수평선)보다 수두손실만큼 작게 하향 경사로 나타난다. 또 물이 관로에 따라 흐르면 점성에 기인한 마찰손실(압력손실)이 나타나므로 압력수두 p/γ는 계속 작아진다. 따라서 위치수두와 압력수두의 합을 나타낸 수력기울기선의 감소하는 비율은 관의 수두손실의 척도가 된다. 그러나 속도수두는 점성의 유무와 상관없이 관내 속도가 일정하므로 일정하다. 이때 관로의 실제 속도수두는 평균속도로 측정한 값과는 다르므로 수정계수 α를 고려한 $\alpha v^2/2g$로 평가된다.

(2) 확장된 Bernoulli 방정식

Bernoulli 방정식은 실용성이 높아 수정된 속도수두에 점성에 기인한 수두손실(손실수두) h_L, 터빈수두 h_t 및 펌프수두 h_p가 포함된 확장된 Bernoulli 방정식으로 많이 사용된다.

$$\frac{p_1}{\gamma} + \alpha_1\frac{v_1^2}{2g} + z_1 + h_p = \frac{p_2}{\gamma} + \alpha_2\frac{v_2^2}{2g} + z_2 + h_t + h_L \tag{3.27}$$

51) 질량보존법칙에 의해 $m = \rho A v$이므로 관로면적 A(또는 직경)가 일정하면 속도 v가 일정하다.

여기서 α는 운동에너지 수정계수, v는 관내 평균속도이다.

① 운동에너지 수정계수

Bernoulli 방정식 중의 속도 v는 관로 유동을 고려하면 평균속도를 의미한다. 그러나 실제 관내 흐름은 속도가 관 벽면에서 0, 중심에서 최대속도를 갖는다. 따라서 실제 관내 유체의 운동에너지는 평균속도로 평가한 운동에너지와는 다르게 되어, 이것을 운동에너지 수정계수로 보정할 필요가 있다.

관내 질량유량은 속도분포가 존재하므로 다음과 같이 평가할 수 있다.

$$\dot{m} = \int_A \rho v dA = \rho v_{avg} A$$

여기서 v는 임의의 반경 r에서의 실제 속도, v_{avg}는 관 단면에서의 평균속도이다.

먼저 유체의 운동에너지를 평균속도로 평가하면 다음과 같다.

$$E_{k,avg} = \frac{1}{2}\dot{m}\, v_{avg}^2 = \frac{1}{2}\rho v_{avg}^3 A$$

다음, 실제 운동에너지는 반경 r에서 미소면적 dA를 통과하는 미소질량 $d\dot{m}$ 에 대한 운동에너지를 단면적 A에 대한 적분으로 주어진다.

$$E_{k,true} = \int_A \frac{1}{2} d\dot{m}\, v^2 = \frac{1}{2}\int_A \rho v dA \times v^2 = \int_A \frac{1}{2}\rho v^3 dA$$

실제 운동에너지는 평균속도로 구한 운동에너지와 다르므로 평균속도로 구한 운동에너지에 수정계수 α를 곱한 값으로 평가해야 한다.

$$E_{k,true} = E_{k,avg} \times \alpha \;\rightarrow\; \int_A \frac{1}{2}\rho v^3 dA = \frac{1}{2}\rho v_{avg}^3 A \times \alpha$$

따라서 수정계수 α는 위 식으로부터 다음과 같이 결정된다.

$$\alpha = \frac{1}{A}\int_A \left(\frac{v}{v_{avg}}\right)^3 dA \tag{3.28}$$

운동에너지 수정계수는 균일유동이면 $\alpha = 1$, 비균일유동이면 $\alpha > 1$이다. 또 관로 층류유동이면 속도분포가 포물선 형상이고 $\alpha = 2$이다. 난류유동이면 $\alpha = 1.04 \sim 1.11$의 값을 갖는다. 관로 층류유동의 실제 운동에너지는 평균속도로 구한 값보다 2배나 큰 값이지만, 난류유동에서는 운동에너지 수정계수가 1에 가까워 평균속도로 구하는 값과 거의 비슷함을 알 수 있다. 이 때문에 산업현장에서는 관내 흐름이 대부분 난류이므로 운동에너지 수정계수를 사용하지 않기도 한다.

예제3

관로 층류유동에서의 속도분포는 다음과 같다.

$$\frac{v}{v_{\max}} = \left[1-\left(\frac{r}{R}\right)^2\right]$$

여기서 R은 관의 반지름이고, r은 중심부터의 거리이다. 평균속도와 운동에너지 수정계수를 구하라.

유량 Q는 다음과 같이 주어진다.

$$Q = v_{avg}A = \int_A v dA = \int_0^R v_{\max}\left(1-\frac{r^2}{R^2}\right)2\pi r\, dr$$

따라서 평균속도는 다음과 같다.

$$v_{avg} = \frac{Q}{A} = \frac{-\pi}{A}R^2 v_{\max}\frac{(1-r^2/R^2)^2}{2}\Big|_0^R = \frac{1}{2}v_{\max}$$

평균속도는 최대속도의 1/2이다. 운동량 수정계수는 식 (3.28)을 적용하면 다음과 같다.

$$\alpha = \frac{1}{\pi R^2}\int_0^R\left[\frac{v_{\max}(1-r^2/R^2)}{v_{\max}/2}\right]^3 2\pi r\, dr = 2$$

이것은 관내 층류유동에서 운동량 수정계수가 $\alpha = 2$인 것을 의미한다. 관로 층류유동에 대한 속도분포 식은 제8장 점성유체 내부유동에서 자세히 설명한다.

② 수력기울기선과 유체가 교차하는 경우

유체시스템의 해석은 일반적으로 확장된 Bernoulli 방정식에 나타낸 수두를 이용한다. 이것은 확장된 Bernoulli 방정식을 가시화시키면 시스템 내에서 문제가 되는 지점을 찾을 수 있기 때문이다. 예를 들면 저수지의 물을 긴 관로를 통해 공급할 때 수력기울기선을 고찰하면 [그림 3-8]과 같이 유체와 교차하는 곳이 나타나기도 한다. 이때 수력구배선(HGL)과 관 위치(위치수두) z의 차이는 압력수두 p/γ를 의미하므로 관이 수력기울기선보다 아래에 있으면 관내의 압력은 대기압보다 높은 양압을, 위쪽에 있으면 대기압보다 낮은 음압임을 의미한다. 그러므로 관내 압력이 유체의 증기압까지 낮아지면 공동현상이 발생하므로 수력기울기선을 고려하여 펌프를 설치할 때 흡입부의 압력이 너무 낮아지지 않도록 주의해야 한다. 특히 온수의 증기압은 저온에 비해 더 높으므로 더욱 주의할 필요가 있다.

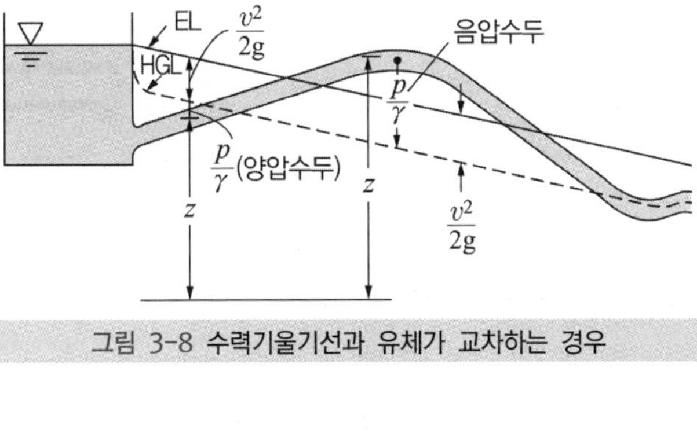

그림 3-8 수력기울기선과 유체가 교차하는 경우

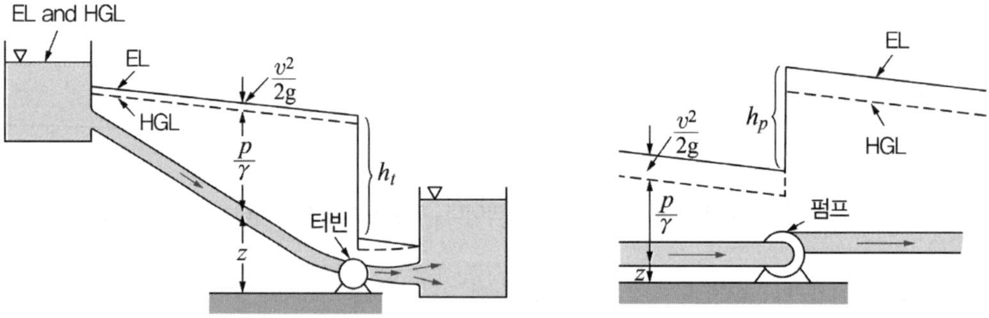

(a) 펌프 (b) 터빈

그림 3-9 펌프 및 터빈에 의한 에너지선과 수력기울기선의 변화

에너지선(EL)과 수력기울기선(HGL)은 수두손실에 기인하여 유동방향으로 하향 경사를 갖게 된다. 이때 펌프가 설치되면 흐름에 에너지를 공급하게 되어 에너지선과 수력기울기선이 급격히 상승하지만, 반대로 터빈을 설치하면 흐름으로부터 에너지가 방출하기 때문에 급격한 하강으로 나타난다. 이것을 [그림 3-9]에 나타냈다.

(3) Bernoulli 방정식의 응용

유체의 속도와 유량 측정기기는 Bernoulli 방정식을 근거로 만들어진다. 따라서 Bernoulli 방정식의 이해는 유체 측정기기의 원리를 이해하는 데에도 매우 중요하다.

① 정압관

관로를 흐르는 유체의 압력 p는 관 벽면에 수직으로 구멍을 뚫어 정압관(피에조미터관)을 설치하여 액주의 높이 h로 측정할 수 있다. 즉, [그림 3-10] 정압관에 표시한 바와 같이 점 ①에서의 압력은 유체가 정지했을 때와 마찬가지로 점 ③과 ④ 사이의 압력 γh_{4-3}과 점 ①과 ③ 사이의 압력 γh_{3-1}의 합으로 주어진다. 따라서 점 ①에서의 압력은 $h_{3-1}+h_{4-3}=h$이므로 결국 점 ①과 점 ④의 높이차 h로 주어져 다음과 같다.

$$p_1 = \gamma h$$

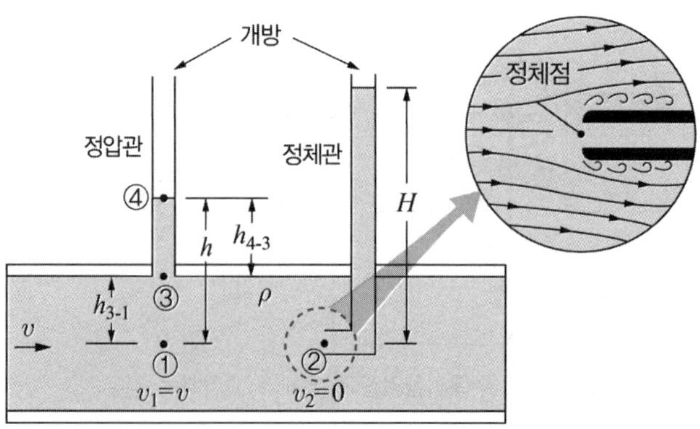

그림 3-10 정압관과 정체관

② **정체관**

정체관은 흐름의 속도가 영인 정체점(stagnation point)에서의 압력, 즉 정체압력을 측정하는 관이다. 정체수두(정체압력)는 압력수두(정압)와 속도수두(동압)의 합을 의미한다. 정체관은 [그림 3-10]에 나타낸 바와 같이 흐름에 직각방향으로 설치된다. 정체관 입구 점 ②에서는 유체가 관 내부로 흐를 수 없으므로 속도가 0인 정체상태가 만들어진다. 따라서 정체압은 정체점 ②에서의 압력이다. 정체압 측정원리는 유선상의 모든 점에서 에너지가 일정하다는 Bernoulli 방정식이 적용된다.

[그림 3-10]의 유선상의 두 점 ①과 ② 사이에 Bernoulli 방정식를 적용하면 $z_1 = z_2$이므로 다음과 같다.

$$p_1 + \rho\frac{v_1^2}{2} = p_2 + \rho\frac{v_2^2}{2}$$

정체점 ②에서의 속도는 영, 즉 $v_2 = 0$이므로 p_2는 정체점에서의 압력, 즉 정체압이므로 하첨자 0를 붙여 $p_{0,2}$로 표시되고 다음과 같다.

$$p_{0,2} = p_1 + \rho\frac{v_1^2}{2} \tag{3.29}$$

이 식은 정체압이 정압과 동압의 합임을 나타내고 있다. 정체압은 일반적으로 유동하는 유체가 등엔트로피 과정으로 정지되는 곳에서의 압력이다.

③ **피토관**

피토관(Pitot tube)은 유체의 속도를 측정하는 대표적인 기기로서 정압관과 정체관이 결합된 형태로 되어있다. 이것은 [그림 3-11]에 나타낸 바와 같이 정체점 ①에서 정체압력을 측정하는 정체관과 정체관 외측으로 동심의 정압관을 설치하여 점 ②에 흐름과 평행방향으로 정압 측정 구멍을 하나 더 설계된 이중관의 구조를 갖고 있다. 두 점 ①과 ②에 Bernoulli 방정식을 적용하면 다음과 같다.

$$p_1 + \rho\frac{v_1^2}{2} + \gamma z_1 = p_2 + \rho\frac{v_2^2}{2} + \gamma z_2$$

피토관은 $z_1 \approx z_2$이고 정체점 ①에서는 $v_1 = 0$이므로 위 식은 다음과 같이 쓸 수 있다.

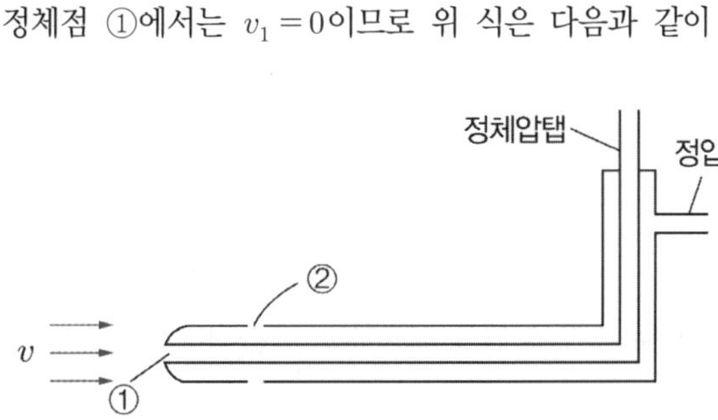

그림 3-11 피토관

$$p_{0,1} = p_2 + \rho \frac{v_2^2}{2}$$

따라서 유체의 속도는 다음 식으로 주어진다.

$$v = \sqrt{2\Delta p / \rho} \tag{3.30}$$

여기서 $\Delta p\,(= p_{0,1} - p_2)$는 정체압 $p_{0,1}$과 정압 p_2의 차이이다. 따라서 피토관을 사용하여 차압 Δp을 U자관 마노미터 등에 의해 측정하면 식 (3.30)에 의해 속도를 평가할 수 있다.

예제4

그림과 같이 풍동에 피토관을 설치하여 공기의 속도를 측정하려고 한다. U자 마노미터에 물이 들어있으며 물의 높이 차이는 25 cm이었다. 공기의 속도는 얼마인가? 풍동에서의 공기의 압력과 온도는 각각 98 kPa, 20 ℃ 이었다.

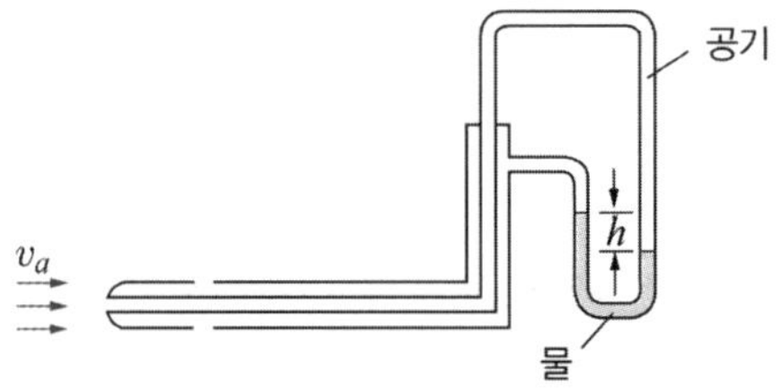

[그림 예제3.4]

물의 밀도는 $1000\,\mathrm{kg/m^3}$이므로 정수압의 관계식 $\Delta p = \rho g \Delta z$에 의해 차압 Δp는 다음과 같다.

$$\Delta p = 1000\,\mathrm{kg/m^3} \times 9.81\,\mathrm{m/s^2} \times 0.25\,\mathrm{m} = 2.45\ \mathrm{kPa}$$

공기의 밀도 ρ는 이상기체 상태식을 사용하면 다음과 같다.

$$\rho = \frac{p}{RT} = \frac{98 \times 10^3\,\mathrm{N/m^2}}{(287\,\mathrm{J/kgK}) \times (20 + 273\,\mathrm{K})} = 1.17\,\mathrm{kg/m^3}$$

따라서 공기의 속도는 피토관 방정식 (3.30)에 의해서 다음과 같다.

$$v = \sqrt{2\Delta p/\rho} = \sqrt{\frac{2 \times 2.45 \times 10^3\,\mathrm{N/m^2}}{1.17\,\mathrm{kg/m^3}}} = 64.7\,\mathrm{m/s}$$

④ 오리피스 유량계

유량계는 유동 부분을 급격히 교축시켜 교축부의 압력 감소로 유량을 계측하는 장애물식 유량계가 많이 사용된다. 여기에는 [그림 3-12]에 나타낸 바와 같이 오리피스식, 노즐식, 벤투리식 등이 있다. 이것들은 모두 압력차가 확실히 얻어질 수 있도록 관을 교축시킨 형상이며 측정원리는 모두 동일하다.

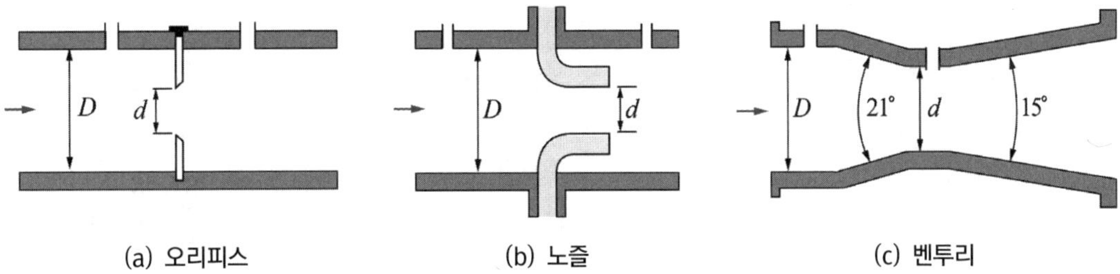

그림 3-12 장애물식 유량계

E. Torricelli는 대기압에 노출된 물탱크의 수면 아래 h인 지점에 오리피스(orifice)를 설치하여 유량을 측정하였다. [그림 3-13]과 같이 물탱크의 자유표면 점 ①과 오리피스 출구 점 ② 사이를 잇는 유선에 따라 Bernoulli 방정식을 적용하면 다음과 같다.

$$\frac{p_1}{\gamma} + \frac{v_1^2}{2g} + z_1 = \frac{p_2}{\gamma} + \frac{v_2^2}{2g} + z_2$$

물탱크의 단면적이 오리피스 단면적보다 매우 크다고 하면 자유수면 ①의 하강속도는 $v_1 \approx 0$이다. 점 ①과 ②는 모두 대기압이 작용하므로 $p_1 = p_2 = p_0$이고, $z_1 - z_2 = h$이다. 따라서 이 값들을 위 식에 대입하면 오리피스에서 분출 속도 $v(=v_2)$는 다음 식으로 주어진다.

$$v = \sqrt{2gh} \tag{3.31}$$

이 식은 E. Torricelli에 의해 발견되었으므로 토리첼리의 정리라 한다. 또 이때 분출되는 유량은 다음과 같다.

$$Q = Av = A\sqrt{2gh} \tag{3.32}$$

실제 오리피스에서 유출되는 속도와 단면적은 유체의 점성 때문에 위 식의 속도와 단면적보다 작게 된다. 이것을 [그림 3-13](b)에 나타냈다. 이 때문에 실제 유출속도 v_a와 유출량 Q_a는 유출 단면적(컨트랙터 단면적) A_c과 속도계수 C_v와 수축계수 C_c를 도입하여 다음과 같이 평가한다.

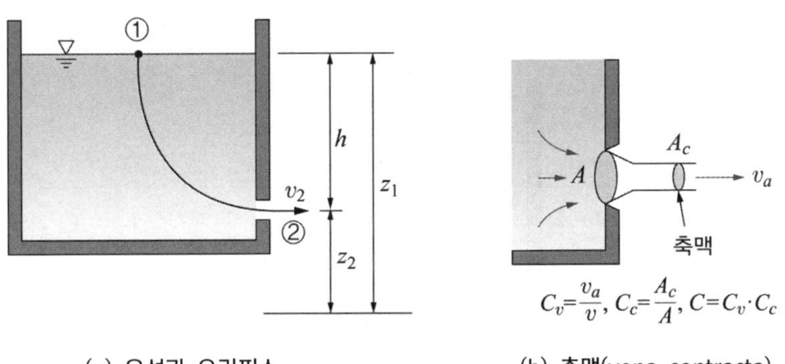

그림 3-13 물탱크

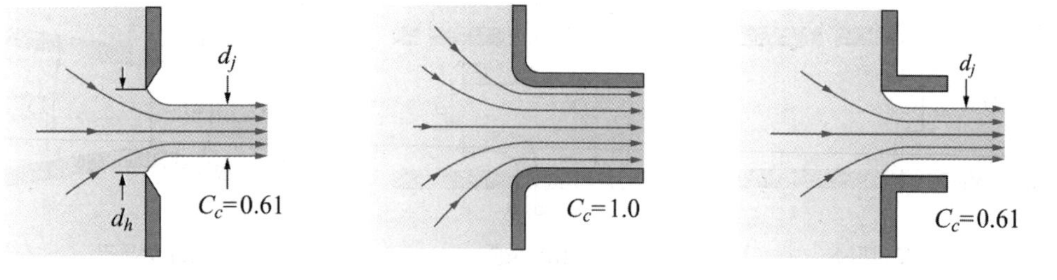

(a) 칼날형 (b) 둥근형 (c) 모난형

그림 3-14 오리피스 형상에 따른 수축계수

$$v_a = C_v v = C_v \sqrt{2gh} \tag{3.33}$$

$$Q_a = v_a A_c = (C_v v)(C_c A) = CA\sqrt{2gh} \tag{3.34}$$

$$C = C_v C_c \tag{3.35}$$

여기서 C는 유량계수(discharge coefficient)라 하며 속도계수와 수축계수와의 곱으로 정의된다.

실제 유체(또는 물)가 오리피스를 통과할 때 단면적이 줄어드는 것은 점성에 기인한다. 이때 유체의 단면적이 최소인 부분을 베나 콘트랙타(축맥, vena contracta)라 한다. 베나 콘트랙타 단면적과 오리피스 단면적을 각각 A_c, A라 하면 일반적으로 수축계수는 $C_c = A_c/A$이다. [그림 3-14]에 몇 가지 형상의 오리피스에 대한 수축계수를 나타냈지만, 물에 대한 오리피스의 수축계수는 0.5~1이고, 속도계수는 0.93~0.98이다. 그러므로 오리피스에 대한 유량계수 C는 0.465~0.98로서 형상에 따라 크게 차이 나는 것을 알 수 있다. 유량계수는 실제 형상뿐만 아니라 압력에 따라서도 다르고, 유량에 직접 비례한다. 즉 유량계수의 10% 오차는 유량 평가에 10% 오차를 가져오므로 매우 중요한 값임을 알 수 있다.

예제5

물탱크 자유표면의 단면적을 A_0, 출구 오리피스의 단면적을 A라고 하자. 수면의 수위가 h까지 떨어지는데 걸리는 시간을 구하여라. 단 손실이 없는 Bernoulli 방정식을 만족하는 이상적인 흐름이라고 가정한다.

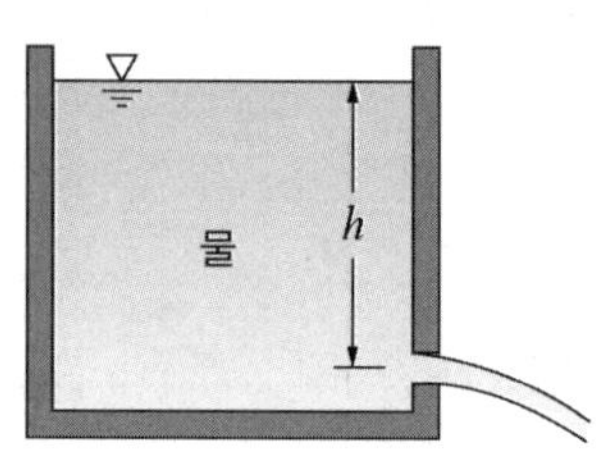

[그림 예제3.5]

미소시간 dt동안에 탱크 내 물의 높이가 dh만큼 낮아지면 줄어드는 유체의 부피 dQ는 다음과 같다.

$dQ = A_0 dh$

이 양은 dt 시간동안 오리피스에서 분출되는 유량과 같아야 하므로 다음과 같다.

$$dQ = vAdt$$

위 두 식을 같게 놓고 오리피스 출구 속도는 $v=\sqrt{2gh}$ 이므로 다음 식이 얻어진다.

$$\frac{dh}{dt} = \frac{A}{A_0}\sqrt{2gh} \rightarrow \int_0^h \frac{dh}{\sqrt{h}} = \frac{A}{A_0}\int_0^t \sqrt{2g}\,dt$$

따라서 걸리는 시간 t는 위 식을 적분하여 다음과 같다.

$$2\sqrt{h} = \frac{A}{A_0}t\sqrt{2g} \rightarrow t = \frac{A_0}{A}\sqrt{\frac{2h}{g}}$$

예제6

그림과 같이 물탱크 물을 사이펀을 이용하여 배출하려고 한다. 초기에 사이펀 출구 ②에서 유출되는 물의 속도, 사이펀 내 ③점에서의 압력은 얼마인가. 사이펀의 직경은 20 mm, 사이펀의 출구는 물탱크보다 1.0 m 낮은 위치에 있다. 대기압은 100 kPa, 물의 밀도는 1000 kg/m^{3}이고 이상유체라 가정한다.

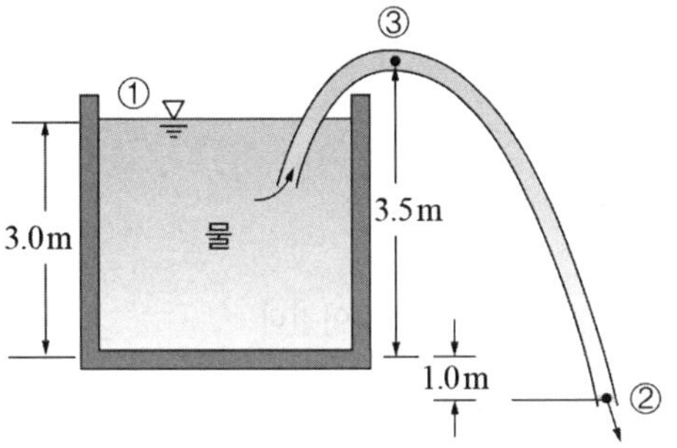

[그림 예제3.6]

물탱크 내 자유표면과 사이펀의 출구를 ①, ②라 하고, Bernoulli 방정식을 적용시키면 다음과 같다.

$$\frac{p_1}{\gamma} + \frac{v_1^2}{2g} + z_1 = \frac{p_2}{\gamma} + \frac{v_2^2}{2g} + z_2$$

물탱크의 직경이 사이펀의 직경보다 훨씬 크므로 $v_1 \approx 0$, $p_1 = p_2 = p_0$, $z_1 - z_2 = 3.0\,\text{m} + 1.0\,\text{m} = 4.0\,\text{m}$를 위 식에 대입하면 다음과 같다.

$$v_2 = \sqrt{2g(z_1 - z_2)} = \sqrt{2 \times 9.81\,\text{m/s}^2 \times 4.0\,\text{m}} = 8.86\,\text{m/s}$$

사이펀의 최대 높이 점 ③의 압력은 점 ③과 ② 사이에 Bernoulli 방정식을 적용하여 구할 수 있다. 즉,

$$\frac{v_3^2}{2g} + \frac{p_3}{\gamma} + z_3 = \frac{v_2^2}{2g} + \frac{p_2}{\gamma} + z_2$$

여기서 연속방정식에 의해 $v_3 = v_2$, $p_2 = p_0 = 100\,\text{kPa}$이므로

$$p_3 = p_2 + \gamma(z_2 - z_3) = 100\,\text{kPa} + (1000\,\text{kg/m}^3)(9.81\,\text{m/s}^2)(-4.5\,\text{m})$$
$$= 55.72\,\text{kPa}$$

사이펀 내의 압력 55.72 kPa은 대기압 100 kPa보다 낮아 진공압력임을 알 수 있다.

⑤ 벤투리 유량계

벤투리관(venturi tube meter)은 압력차를 이용하여 유체의 유량을 측정하는 장애물식 유량기기이다. 형상은 관을 축소시킨 모양이며 관 벽면에서 압력을 측정한다. 유체는 축소된 곳을 통과할 때 속도가 증가하여 압력이 저하한다. 단면적이 가장 좁은 부위를 목(또는 목부, throat)이라고 한다.

공기가 흐르는 관에 [그림 3-15]와 같이 벤투리 유량계를 설치하여 유량을 평가하여 보자. 단면 ①, ②에서의 직경이 D_1, D_2(또는 면적 A_1, A_2)이고, 공기의 흐름이 비압축성 균일유동이라면 연속방정식에 의해 다음 관계가 성립한다.

$$Q = (\pi D_1^2/4)v_1 = (\pi D_2^2/4)v_2 \rightarrow v_1 = (D_2/D_1)^2 v_2$$

단면 ①, ②에 Bernoulli 방정식을 적용하면 다음과 같다.

$$\frac{v_1^2}{2g} + \frac{p_1}{\gamma} = \frac{v_2^2}{2g} + \frac{p_2}{\gamma}$$

위 두 식에서 v_1를 소거하고, v_2에 대하여 풀면 다음 식이 얻어진다.

$$v_2 = \sqrt{\frac{2g(p_1 - p_2)}{\gamma} \Big/ \left(1 - \left(\frac{D_2}{D_1}\right)^4\right)}$$

벤투리 유량계를 통한 유량 Q는 다음 식으로 주어진다.

$$Q = A_2 v_2 = A_2 \sqrt{\frac{2g(p_1 - p_2)}{\gamma} \Big/ \left(1 - \left(\frac{D_2}{D_1}\right)^4\right)} \tag{3.36a}$$

따라서 벤투리 유량계의 직경 D_1, D_2 및 면적 A_1, A_2는 이미 알고 있으므로 압력차 $\Delta p(=p_1 - p_2)$를 알면 위 식에 의해 유량을 평가할 수 있다. 압력차는 [그림 3-15]의 U자관 액주계의 높이차 h를 읽어서 구할 수 있고 다음과 같다.

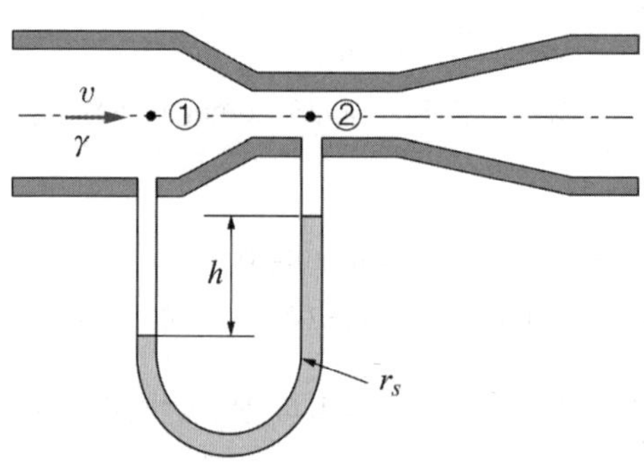

그림 3-15 벤투리 유량계

$$p_1 + \gamma h = p_2 + \gamma_w h \rightarrow \frac{p_1 - p_2}{\gamma} = h\left(\frac{\gamma_w}{\gamma} - 1\right)$$

이 식을 식 (3.36a)에 대입하면 이론적인 유량은 다음 식으로 주어진다.

$$Q = A_2\sqrt{2gh\left(\frac{\gamma_w}{\gamma} - 1\right)\Big/\left(1 - \left(\frac{D_2}{D_1}\right)^4\right)} \tag{3.36b}$$

또는

$$Q = A_2\sqrt{2gh\left(\frac{\gamma_w}{\gamma} - 1\right)\Big/\left(1 - \left(\frac{A_2}{A_1}\right)^2\right)} \tag{3.36c}$$

실제 유체의 흐름에서는 점성 때문에 위의 이론값보다 작아지므로 유량계수를 곱하여 유량을 구한다. 벤투리 유량계의 유량계수를 C 라 하면 실제 유량은 다음 식으로 주어진다.

$$Q_a = CQ = CA_2\sqrt{2gh\left(\frac{\gamma_w}{\gamma} - 1\right)\Big/\left(1 - \left(\frac{A_2}{A_1}\right)^2\right)} \tag{3.37}$$

예제7

[그림 3-15]와 같이 1기압, 20℃의 공기가 흐르는 관로에 벤투리 유량계를 설치하여 질량유량을 계측하고자 한다. 단면 ①, ②의 직경이 각각 10 cm, 6 cm이고 U자 마노미터의 물의 높이 차이가 12 cm일 때 유량은 얼마인가? 유량계수는 1로 고려한다.

단면 ①, ②의 면적과 면적비는 직경이 각각 10 cm, 6 cm이므로 다음과 같다.

$$A_1 = \frac{\pi \times (0.1\,\text{m})^2}{4} = 7.85 \times 10^{-3}\,\text{m}^2$$

$$A_2 = \frac{\pi \times (0.06\,\text{m})^2}{4} = 2.83 \times 10^{-3}\,\text{m}^2$$

$$\frac{A_2}{A_1} = \frac{2.83 \times 10^{-3}\,\text{m}^2}{7.85 \times 10^{-3}\,\text{m}^2} = 0.36$$

20℃ 물과 공기의 밀도는 각각 [부록 표.1] 및 [부록 표.2]에 의해 998 kg/m³및 1.2 kg/m³이므로 비중량비는 다음과 같다.

$$\frac{\gamma_w}{\gamma} = \frac{\rho_w}{\rho} = \frac{998\,\text{kg/m}^3}{1.2\,\text{kg/m}^3} = 831.7$$

체적유량은 식 (3.36c)에 의해 다음과 같다.

$$\begin{aligned} Q &= A_2\sqrt{2gh\left(\frac{\gamma_w}{\gamma} - 1\right)\Big/\left(1 - \left(\frac{A_2}{A_1}\right)^2\right)} \\ &= 2.83 \times 10^{-3}\,\text{m}^2 \times \sqrt{2 \times 9.81\,\text{m/s}^2 \times 0.12\,\text{m} \times (831.7 - 1)/(1 - 0.36^2)} \\ &= 0.134\,\text{m}^3/\text{s} \end{aligned}$$

따라서 질량유량은 다음과 같다.

$$m = \rho Q = 1.2\,\text{kg/m}^3 \times 0.134\,\text{m}^3/\text{s} = 0.1608\,\text{kg/s}$$

3.1.6 유체입자의 운동

유체유동은 유체입자(또는 유체요소[52])의 병진운동, 선형변형, 각 변형(전단변형), 회전이 조합되어 나타난다. 이 중 변형과 회전은 유체의 점성 때문에 나타나는데, 이것은 각 방향으로의 속도구배에 기인한 응력과 변형률이 다르기 때문이다. 연속체의 변형률(또는 응력)은 3개의 수직변형률(또는 수직응력)과 6개의 전단변형률(또는 전단응력)로 총 9개로 구성된다. 수직변형률은 선형변형에 관계하고, 전단변형률은 각 변형과 회전에 관계한다.

2차원 유동을 고려하자. 유체요소가 임의의 한 점에서 x, y축 방향의 성분속도의 미소변화 dv_x, dv_y는 다음과 같이 쓸 수 있다.

$$dv_x = \frac{\partial v_x}{\partial x}dx + \frac{\partial v_x}{\partial y}dy = \frac{\partial v_x}{\partial x}dx + \frac{1}{2}\left(\frac{\partial v_y}{\partial x} + \frac{\partial v_x}{\partial y}\right)dy - \frac{1}{2}\left(\frac{\partial v_y}{\partial x} - \frac{\partial v_x}{\partial y}\right)dy$$

$$dv_y = \frac{\partial v_y}{\partial x}dx + \frac{\partial v_y}{\partial y}dy = \frac{\partial v_y}{\partial y}dy + \frac{1}{2}\left(\frac{\partial v_y}{\partial x} + \frac{\partial v_x}{\partial y}\right)dx + \frac{1}{2}\left(\frac{\partial v_y}{\partial x} - \frac{\partial v_x}{\partial y}\right)dx \tag{3.38}$$

유체요소의 운동은 위 식에 나타난 변형속도 $\partial v_x/\partial x$, $\partial v_y/\partial y$, $(\partial v_y/\partial x + \partial v_x/\partial y)$, $(\partial v_y/\partial x - \partial v_x/\partial y)$가 어떤 값을 갖느냐에 따라 결정된다.

(1) 병진운동

유체요소의 운동 중에 가장 간단한 형태는 [그림 3-16](a)에 나타낸 것처럼 병진운동(선형운동, 이동, translation)이다. 그림은 유체요소 $ABCD$가 미소시간 dt가 지난 후 $A'B'C'D'$로 이동하여 모든 점에서 같은 속도를 가져 속도구배가 없으므로 당구공과 같이 변형 없이 단지 위치만을 바꾸는 경우이다. 그러나 속도구배가 존재하면 유체요소는 이동하면서 점진적으로 변형과 회전을 할 것이다.

병진운동(선형운동)은 변형과 회전이 없으므로 유체요소의 운동은 다음 식을 만족한다.

$$\frac{\partial v_y}{\partial x} = 0, \quad \frac{\partial v_x}{\partial y} = 0, \quad \frac{\partial v_x}{\partial x} = 0, \quad \frac{\partial v_y}{\partial y} = 0$$

식 (3.38)에 이 조건을 고려하면 각 방향 성분속도는 다음과 같다.

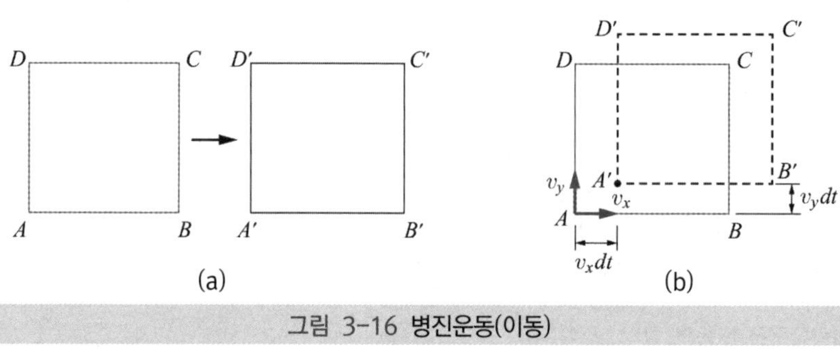

그림 3-16 병진운동(이동)

52) '유체입자(fluid particle)'와 '유체요소(fluid element)'는 동의어이다. 한 개의 운동을 묘사할 때는 '유체입자'로, 유체입자 '무리'나 '모양'을 묘사할 때는 '유체요소'로 표현한다.

$$v_x = const., \ \ v_y = const.$$

이 식은 속도가 일정하여 모든 점에서 같은 속도임을 의미한다. 따라서 유체요소가 x축과 y축 방향으로 미소시간 dt 동안 이동한 거리는 각각 $v_x dt$와 $v_y dt$이고 이것을 그림 (b)에 나타냈다.

(2) 선형변형

선형변형(linear deformation)은 유체요소가 유동방향은 변하지 않고 길이만 변하는 유동, 즉 각 변이 그 변 방향으로만 신축되는 유동이다. 이것은 유체요소 $ABCD$가 단면이 좁은 통로에 들어가서 미소시간 dt동안 가늘고 긴 형태의 $A'B'C'D'$로 변형되어 나타나는 유동이다. 이것을 [그림 3-17](a)에 나타냈다. 따라서 다음 식을 만족한다.

$$\frac{\partial v_x}{\partial x} = a, \quad \frac{\partial v_y}{\partial y} = b, \ \frac{\partial v_y}{\partial x} = 0, \ \ \frac{\partial v_x}{\partial y} = 0 \tag{3.39}$$

여기에서 a, b는 일정한 상수이다. 따라서 식 (3.38)에 이 조건을 고려하면 $dv_x = adx, \ dv_y = bdy$가 된다. 이 식을 적분하고 적분상수를 생략하면 $v_x = ax, \ v_y = by$가 된다. 이 식에 이상유체의 연속방정식[53] $\partial v_x / \partial x + \partial v_y / \partial y = 0$을 고려하면 $b = -a$이므로, 각 방향 성분속도는 다음과 같다.

$$v_x = ax, \ v_y = by = -ay \tag{3.40}$$

이 식은 x축 방향의 속도 v_x는 x가 커질수록 빠르고, y축 방향의 속도 v_y는 y가 커짐에 따라 느리다는 것을 의미한다. 이것은 미소 직사각형 $ABCD$를 고려하면 $A(x, y)$점에서의 x축과 y축 방향으로의 속도는 v_x, v_y인 것에 대하여 B점$(x+dx, 0)$에서 x축 방향의 속도와 D점$(0, y+dy)$에서 y축 방향의 속도는 식 (3.40)에 의해 다음과 같고, 그림 (b)에 표시하였다.

$$B\text{점} \ : \ v_{x+dx} = v_x + dv_x = v_x + adx \ = v_x + \frac{\partial v_x}{\partial x}dx$$

$$D\text{점} \ : \ v_{y+dy} = v_y + dv_y \ = v_y - a\,dy = v_y - \frac{\partial v_x}{\partial x}dy$$

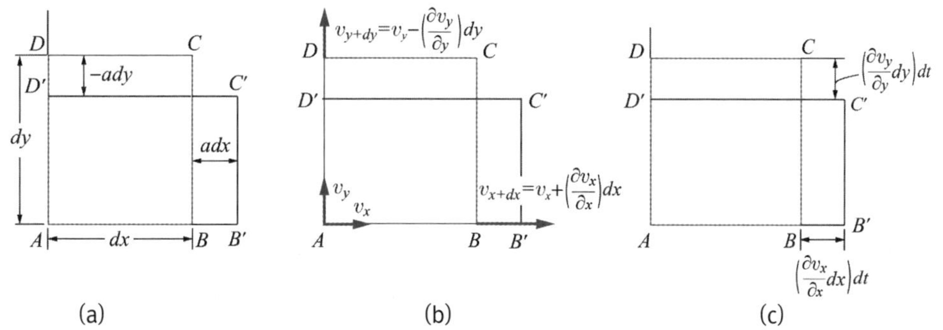

그림 3-17 선형변형

53) 미분형태의 연속방정식 (3.75)에 기술하였다.

따라서 유체요소는 속도 차이에 의하여 $\overline{AB}$는 $\overline{AB'}$로 늘어나고 $\overline{AD}$는 $\overline{AD'}$로 축소되어 dt 시간동안 그 차이는 각각 $adxdt = (\partial v_x/\partial x)dxdt$, $bdydt = (\partial v_y/\partial y)dydt$가 된다. 이것을 그림 (c)에 나타냈다. 선형변형은 축소노즐이나 확대노즐 내의 유동에서 나타난다.

여기서 유체요소의 수직변형률을 고찰해 보자. x축 방향의 수직변형률 ϵ_{xx}은 초기길이 $\overline{AB}$에 대한 변형 후의 길이 $\overline{AB'}$의 차이를 의미하므로 다음 식과 같이 미소시간 dt의 극한에서의 변형률과 관련지을 수 있다.

$$\epsilon_{xx} = \lim_{dt \to 0}\left[\frac{\left(dx + \dfrac{\partial v_x}{\partial x}dxdt\right) - dx}{dx}\right] = \frac{\partial v_x}{\partial x}dt \tag{3.41a}$$

동일한 방법으로 y, z축 방향에 대한 수직변형률은 다음과 같이 주어진다.

$$\epsilon_{yy} = \frac{\partial v_y}{\partial y}dt, \ \epsilon_{zz} = \frac{\partial v_z}{\partial z}dt \tag{3.41b}$$

체적변형률(volume dilation)은 체적요소의 체적 증가분을 변형 전의 체적으로 나눈 값으로 정의하고 e로 표기한다.

$$\begin{aligned} e = \frac{\Delta V}{V} &= \epsilon_{xx} + \epsilon_{yy} + \epsilon_{zz} \\ &= \frac{\partial v_x}{\partial x}dt + \frac{\partial v_y}{\partial y}dt + \frac{\partial v_z}{\partial z}dt \end{aligned} \tag{3.42}$$

유체역학에서는 응력을 변형률보다 변형속도로 표현하는 것이 일반적이다. 따라서 수직변형속도를 각 방향의 성분속도로 표시하면 다음과 같다.

$$\begin{aligned} \frac{\partial \epsilon_{xx}}{\partial t} &= \frac{\partial}{\partial t}\left(\frac{\partial v_x}{\partial x}dt\right) = \frac{\partial v_x}{\partial x} \\ \frac{\partial \epsilon_{yy}}{\partial t} &= \frac{\partial v_y}{\partial y} \\ \frac{\partial \epsilon_{zz}}{\partial t} &= \frac{\partial v_z}{\partial z} \end{aligned} \tag{3.43}$$

(3) 각 변형

각 변형(전단변형, shear strain)은 고체 벽면 근처를 흐르는 미소 유체요소 $ABCD$가 벽면과의 마찰(전단력)에 의해 흐름이 지연되어 마름모꼴의 $A'B'C'D'$로 변형되어 유동하는 것을 의미한다. 이것을 [그림 3-18](a)에 나타냈다. 즉 유체 내에서 상호 수직인 두 선분이 직각을 이루지 못하고 각 변화를 가져와 찌그러짐이 생기는 유동을 말한다. 각 변형은 다음 값을 갖는다.

$$\frac{\partial v_x}{\partial x}=0,\quad \frac{\partial v_y}{\partial y}=0,\quad \frac{\partial v_y}{\partial x}-\frac{\partial v_x}{\partial y}=0,\quad \frac{\partial v_y}{\partial x}+\frac{\partial v_x}{\partial y}=\theta_x+\theta_y \tag{3.44}$$

여기서 $\partial v_y/\partial x=\theta_x$, $\partial v_x/\partial y=\theta_y$를 고려하면 $dv_x=\theta_x dy$, $dv_y=\theta_y dx$가 되어 이 식을 적분하여 상수를 생략하면 다음 식을 얻는다.

$$v_x=\theta_x y,\quad v_y=\theta_y x \tag{3.45}$$

여기서 θ_x, θ_y는 각 변형에 의한 x, y축 방향의 변형각도를 의미한다. 이 식은 각 변형이 있는 경우의 속도분포가 [그림 3-18](b)에 표시한 바와 같이 x축 방향의 속도 v_x는 y가 커질수록 $\theta_x y$만큼 커지고, y축 방향의 속도 v_y도 역시 x가 커짐에 따라 $\theta_y x$만큼 커짐을 의미한다. 따라서 $\overline{AB}$는 $\overline{AB'}$가 되고 $\overline{AD}$는 $\overline{AD'}$가 되어 초기의 직사각형 $ABCD$는 마름모꼴의 $AB'C'D'$로 변형한다.

이번에는 미소요소 $ABCD$가 각 변형하는 경우 각 점에서의 속도를 평가해 보자. 점$A(x,y)$에서의 성분속도가 v_x, v_y인 것에 대하여 dx, dy 떨어진 점$B(x+dx,0)$ 및 점$D(0,y+dy)$에서의 속도는 식 (3.45)에 의해 각각 다음과 같이 주어진다.

$$B\text{점}\ :\ v_y(x+dx,0)=v_y+dv_y=v_y+\theta_y dx=v_y+\frac{\partial v_y}{\partial x}dx$$

$$D\text{점}\ :\ v_x(0,y+dy)=v_x+dv_x=v_x+\theta_x dy=v_x+\frac{\partial v_x}{\partial y}dy$$

따라서 dt 시간동안 각 변형에 의한 변위는, 즉 $\overline{AB'}$와 $\overline{AD'}$의 x축과 y축에 대한 변위는 $\theta_x dxdt=(\partial v_y/\partial x)dxdt$, $\theta_y dydt=(\partial v_x/\partial y)dydt$이며 그림(c)에 나타냈다.

여기서 유체요소의 전단변형률(변형률)[54]을 고려하여 보자. $x-y$평면에서 발생한 전단변형각 θ_{xy}는 x, y축 방향의 각변형각도의 평균으로 주어진다. 각변형각도 θ_x와 θ_y는 그림(c)로부터 다음과 같이 미소시간 dt의 극한에서의 속도의 도함수와 직접 관련지을 수 있다.

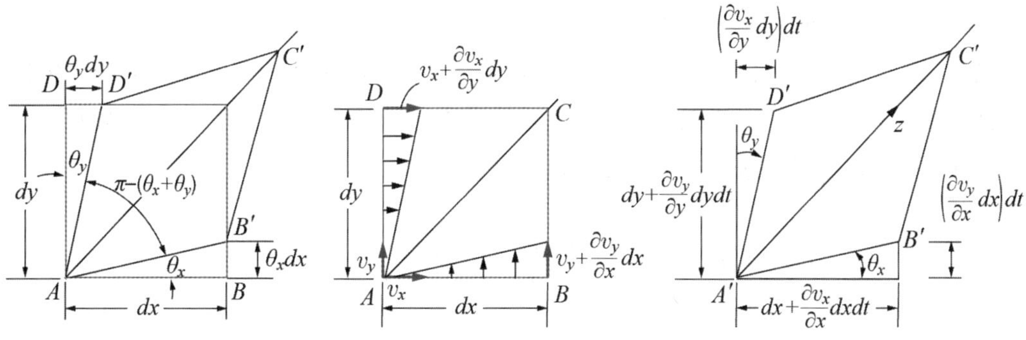

그림 3-18 미소 요소의 각 변형

54) 변형률이라 하면 일반적으로 수직변형률이 아닌 전단변형률을 의미한다.

$$\theta_x = \lim_{dt\to 0}\left[\tan^{-1}\frac{\overline{AB'}\text{ 의 }y\text{ 성분}}{\overline{AB'}\text{ 의 }x\text{ 성분}}\right]$$

$$= \lim_{dt\to 0}\left[\tan^{-1}\frac{(\partial v_y/\partial x)dxdt}{dx+(\partial v_x/\partial x)dxdt}\right] = \frac{\partial v_y}{\partial x}dt \tag{3.46a}$$

$$\theta_y = \lim_{dt\to 0}\left[\tan^{-1}\frac{(\partial v_x/\partial y)dydt}{dy+(\partial v_y/\partial y)dydt}\right] = \frac{\partial v_x}{\partial y}dt \tag{3.46b}$$

전단변형각 θ_{xy}는 x, y축 방향의 각변형각도의 평균으로 주어지므로 다음과 같다.

$$\theta_{xy} = \frac{1}{2}(\theta_x+\theta_y) = \frac{1}{2}\left(\frac{\partial v_y}{\partial x}dt + \frac{\partial v_x}{\partial y}dt\right) \tag{3.47a}$$

$y-z$평면, $z-x$평면에서 발생한 전단변형각은 동일하게 고려하면 다음과 같다.

$$\theta_{yz} = \frac{1}{2}\left(\frac{\partial v_z}{\partial y}dt + \frac{\partial v_y}{\partial z}dt\right)$$

$$\theta_{zx} = \frac{1}{2}\left(\frac{\partial v_x}{\partial z}dt + \frac{\partial v_z}{\partial x}dt\right) \tag{3.47b}$$

전단변형률 ϵ는 전단변형각도의 시간 도함수로 주어지므로 다음과 같다.

$$\epsilon_{xy} = \frac{d\theta_{xy}}{dt} = \frac{1}{2}\left(\frac{\partial v_y}{\partial x} + \frac{\partial v_x}{\partial y}\right)$$

$$\epsilon_{yz} = \frac{1}{2}\left(\frac{\partial v_z}{\partial y} + \frac{\partial v_y}{\partial z}\right) \tag{3.48}$$

$$\epsilon_{zx} = \frac{1}{2}\left(\frac{\partial v_x}{\partial z} + \frac{\partial v_z}{\partial x}\right)$$

다음은 유체요소의 회전율(각속도)을 고려하여 보자. $x-y$평면에서 유체요소의 회전각은 x, y축 방향의 각변형각도 θ의 평균으로 주어진다. 이때 각변형각도는 일반적으로 반시계방향을 양의 값으로 취하여 평균회전각은 $\{\theta_x+(-\theta_y)\}/2$가 된다.[55] 따라서 $x-y$평면에서 회전율, 즉 z축 주위의 회전율(각속도) ω_z는 평균회전각의 시간 도함수로 주어지므로 다음과 같다.

$$\omega_z = \frac{d}{dt}\left(\frac{\theta_x-\theta_y}{2}\right) = \frac{1}{2}\left(\frac{d\theta_x}{dt} - \frac{d\theta_y}{dt}\right) = \frac{1}{2}\left(\frac{\partial v_y}{\partial x} - \frac{\partial v_x}{\partial y}\right) \tag{3.49a}$$

---

55) 회전을 고려할 경우에는 일반적으로 반시계방향을 양의 값으로 취하기 때문에 θ_x는 양, θ_y는 음의 값을 취한다. 그런데 유체요소가 변형이 일어나려면 $\overline{AB}$와 $\overline{AD}$의 회전 방향이 서로 반대이어야 하므로 변형각은 식 (3.47)에 나타낸 바와 같이 단순히 합의 평균을 취한다.

$y-z$평면, $z-x$평면에서 회전율은 $x-y$평면과 동일하게 고려하면 다음과 같다.

$$\omega_x = \frac{1}{2}\left(\frac{d\theta_y}{dt} - \frac{d\theta_z}{dt}\right) = \frac{1}{2}\left(\frac{\partial v_z}{\partial y} - \frac{\partial v_y}{\partial z}\right) \tag{3.49b}$$

$$\omega_y = \frac{1}{2}\left(\frac{d\theta_z}{dt} - \frac{d\theta_x}{dt}\right) = \frac{1}{2}\left(\frac{\partial v_x}{\partial z} - \frac{\partial v_z}{\partial x}\right)$$

여기서 하첨자는 유체요소의 회전축을 의미한다. 그러므로 회전각속도 벡터 $\boldsymbol{\omega}$ 는 다음 식으로 표현할 수 있다.

$$\boldsymbol{\omega} = \omega_x \mathbf{i} + \omega_y \mathbf{j} + \omega_z \mathbf{k} \tag{3.49c}$$

(4) 회전

회전[56]은 미소 유체요소 $ABCD$가 형태를 변하지 않고 $A'B'C'D'$로 회전하는 유동을 의미한다. 이것을 [그림 3-19](a)에 나타냈다. 회전은 다음 값을 갖는 경우이다.

$$\frac{\partial v_x}{\partial x} = 0, \quad \frac{\partial v_y}{\partial y} = 0, \quad \frac{\partial v_y}{\partial x} + \frac{\partial v_x}{\partial y} = 0, \quad \frac{\partial v_y}{\partial x} - \frac{\partial v_x}{\partial y} = \zeta \tag{3.50}$$

위 조건을 식 (3.38)에 대입하면 $dv_x = -\zeta/2\,dy$, $dv_y = \zeta/2\,dx$가 되어 이 식을 적분하여 상수를 생략하면 다음 식을 얻는다.

$$v_x = -\frac{\zeta}{2}y, \ v_y = \frac{\zeta}{2}x \tag{3.51}$$

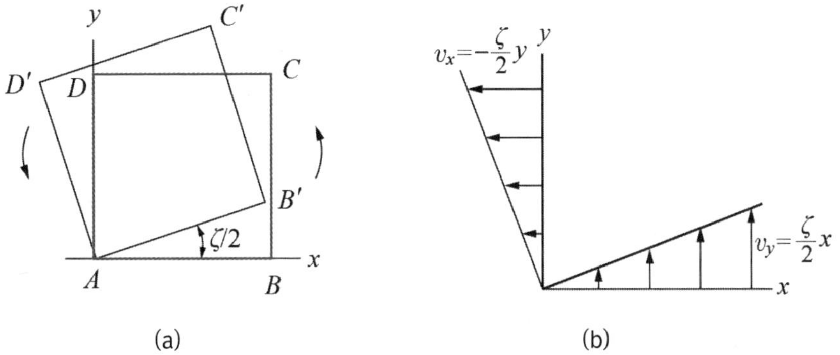

그림 3-19 미소 요소의 회전

56) 유체입자의 회전운동과 유체의 회전유동을 명확히 구분해야 한다. 유체입자의 회전운동은 와(eddy)라고 하며 유체가 원형의 유선을 따라 회전하며 흐르는 회전유동은 와류(vortex)라 한다. 따라서 와류에는 유체입자가 회전하지 않으면서 원형의 유선을 따라 회전하며 흐르는 자연와류와 유체입자가 회전하면서 원형의 유선을 따라 회전하는 강제와류로 나뉜다. 와류는 '5장 5.4.1 기본적인 퍼텐셜유동 (3) 와류' 및 '5.4.4 와류의 운동'에서 자세히 설명한다.

이 식에 따라 유체요소의 회전에 의한 속도분포는 [그림 3-19](b)에 표시한 바와 같이 y축 방향의 속도 v_y는 x가 커질수록 $(\zeta/2)x$만큼 커지고, x축 방향의 속도 v_x도 역시 y가 커짐에 따라 $-(\zeta/2)y$만큼 커짐을 의미한다. 이것은 미소 유체요소 $ABCD$가 형태를 변화시키지 않고 단위시간 동안 A를 중심으로 각 $\zeta/2$만큼 회전하여 $AB'C'D'$가 되는 것을 의미한다. 여기서 ζ는 와도라 한다.

회전속도 $\mathbf{v}$는 성분속도를 v_x, v_y라 하면 식 (3.51)에 의해 다음과 같이 표현할 수 있다.

$$\mathbf{v}^2 = v_x^2 + v_y^2 = \left(\frac{\zeta}{2}\right)^2 (x^2 + y^2) = \left(\frac{\zeta}{2}\right)^2 r^2$$

$$\therefore \ \mathbf{v} = \frac{\zeta}{2} r = \omega r \tag{3.52}$$

여기에서 r은 $r^2 = x^2 + y^2$이다. 속도벡터 $\mathbf{v}$의 방향은 원점을 중심으로 반지름 r에 수직방향이다. 즉, 유체요소는 원점(또는 그림의 A점)을 중심으로 와도(또는 각속도) $\zeta/2(=\omega)$로서 회전하는 것을 의미한다. 이와 같이 유체요소가 그 형을 붕괴하지 않고 회전하는 것을 자유와류운동(선와류유동, free(line) vortex motion)이라 하며, 자유와류운동은 곡관의 일부나 유선이 원형인 유동에서 나타난다.

유동장에 유체입자의 회전운동이 존재하면 유체는 일반적으로 각속도(회전율) 벡터 $\boldsymbol{\omega}$ $(\omega_x, \omega_y, \omega_z)$ 또는 와도(회전) 벡터 $\boldsymbol{\zeta}$ $(\zeta_x, \zeta_y, \zeta_z)$를 갖는다. 와도(vorticity) ζ는 식 (3.52)에 나타난 바와 같이 각속도 ω의 2배, 즉 $\zeta = 2\omega$임을 알 수 있고 다음과 같다.

$$\zeta_x = \frac{\partial v_z}{\partial y} - \frac{\partial v_y}{\partial z}, \ \zeta_y = \frac{\partial v_x}{\partial z} - \frac{\partial v_z}{\partial x}, \ \zeta_z = \frac{\partial v_y}{\partial x} - \frac{\partial v_x}{\partial y} \tag{3.53a}$$

와도벡터 $\boldsymbol{\zeta}$ 는 속도벡터 $\mathbf{v}$의 외적으로서 다음과 같이 컬(curl)로 주어진다.

$$\begin{aligned}\boldsymbol{\zeta} &= \left(\frac{\partial v_z}{\partial y} - \frac{\partial v_y}{\partial z}\right)\mathbf{i} + \left(\frac{\partial v_x}{\partial z} - \frac{\partial v_z}{\partial x}\right)\mathbf{j} + \left(\frac{\partial v_y}{\partial x} - \frac{\partial v_x}{\partial y}\right)\mathbf{k} \\ &= \zeta_x\mathbf{i} + \zeta_y\mathbf{j} + \zeta_z\mathbf{k} \\ &= \nabla \times \mathbf{v}\end{aligned} \tag{3.53b}$$

유체입자가 비회전운동을 하고 있을 때에는 각속도 또는 와도가 전부 0이므로 다음과 같이 속도구배 사이에 특별한 관계가 성립한다.

$$\frac{\partial v_y}{\partial x} = \frac{\partial v_x}{\partial y}, \ \frac{\partial v_x}{\partial z} = \frac{\partial v_z}{\partial x}, \ \frac{\partial v_z}{\partial y} = \frac{\partial v_y}{\partial z} \tag{3.54}$$

이들 식은 이상유체유동에서 광범위하게 사용된다. 왜냐하면 이상유체는 점성이 없으므로 비회전운동을 하기 때문이다. 실제 모든 유체는 점성과 압축성을 가지고 있지만, 그의 영향을 무시할 수 있는 경우에는 이상유체의 유동, 즉 비회전류(비회전운동)로서 해석할 수 있다. 따라서 이상유체의 유동은 점성이 없으므로 초기의 유동 형태를 붕괴하지 않고 유지하여 초기에 비회전이면 언제까지나 비회전운동을, 회전하면 언제까지나 회전운동을 계속 행한다. 그러므로 이상유체유동은 일방적으로 한쪽에서 다른 쪽으로의 천이는 일어나지 않는다.

예제8

유동장에서 속도가 다음 식으로 주어졌다. (a) 선형변형속도, (b) 각 변형속도, (c) 회전속도를 구하여라.

$$\mathbf{v} = (x^2 + y^2)\mathbf{i} + 2xy\mathbf{j} - 4xz\mathbf{k}$$

이 흐름은 속도벡터 식에 의해 각 성분속도가 $v_x = x^2 + y^2$, $v_y = 2xy$, $v_z = -4xz$로 주어졌으므로 3차원 유동이다.

(a) 선형변형속도는 식 (3.39)에 의해 다음과 같다.

$$\frac{\partial v_x}{\partial x} = 2x, \quad \frac{\partial v_y}{\partial y} = 2x, \quad \frac{\partial v_z}{\partial z} = -4x$$

(b) 각 변형속도는 식 (3.44)에 의해 다음과 같다.

$$\frac{\partial v_y}{\partial x} + \frac{\partial v_x}{\partial y} = 2y + 2y = 4y$$

$$\frac{\partial v_z}{\partial y} + \frac{\partial v_y}{\partial z} = 0 + 0 = 0$$

$$\frac{\partial v_x}{\partial z} + \frac{\partial v_z}{\partial x} = 0 + (-4z) = -4z$$

(c) 회전속도(각속도) $\boldsymbol{\omega}$ 는 와도 $\boldsymbol{\zeta}$ 의 1/2이다. 먼저 와도 $\boldsymbol{\zeta}$ 는 식 (3.53b)에 의해 다음과 같다.

$$\begin{aligned}\boldsymbol{\zeta} &= \left(\frac{\partial v_z}{\partial y} - \frac{\partial v_y}{\partial z}\right)\mathbf{i} + \left(\frac{\partial v_x}{\partial z} - \frac{\partial v_z}{\partial x}\right)\mathbf{j} + \left(\frac{\partial v_y}{\partial x} - \frac{\partial v_x}{\partial y}\right)\mathbf{k} \\ &= (0-0)\mathbf{i} + (0+4z)\mathbf{j} + (2y-2y)\mathbf{k} \\ &= 4z\mathbf{j}\end{aligned}$$

따라서 회전속도는 다음과 같다.

$$\boldsymbol{\omega} = \frac{1}{2}\boldsymbol{\zeta} = 2z\mathbf{j}$$

예제9

2차원 비압축성 유동장에서 속도가 다음 식으로 주어졌다.

$$\mathbf{v} = (ax + by)\mathbf{i} + (cx + dy)\mathbf{j}$$

여기서 a, b, c, d는 상수이다. (a) 와도, (b) 회전속도, (c) 비회전유동이 되기 위한 조건을 구하라.

속도벡터 식에 의해 각 성분속도는 $v_x = ax + by$, $v_y = cx + dy$이다.

(a) 와도는 속도벡터의 외적으로서 컬로 주어지므로 다음과 같다.

$$\begin{aligned}\boldsymbol{\zeta} &= \nabla \times \mathbf{v} \\ &= \left(\frac{\partial v_z}{\partial y} - \frac{\partial v_y}{\partial z}\right)\mathbf{i} + \left(\frac{\partial v_x}{\partial z} - \frac{\partial v_z}{\partial x}\right)\mathbf{j} + \left(\frac{\partial v_y}{\partial x} - \frac{\partial v_x}{\partial y}\right)\mathbf{k} \\ &= (c-b)\mathbf{k}\end{aligned}$$

(b) 회전속도(각속도)는 와도의 1/2이므로 다음과 같다.

$$\boldsymbol{\omega} = \frac{1}{2}\boldsymbol{\zeta} = \frac{1}{2}(c-b)\mathbf{k}$$

(c) 비회전유동이 되기 위한 조건은 각속도가 전부 0, 즉 $\omega = 0$이므로 다음과 같다.

$$(c-b) = 0 \rightarrow b = c$$

3.2 연속방정식

유체역학에서 대부분의 법칙들은 고체역학의 이론이 적용된다. 고체역학에서 물질계의 특성의 변화를 다루는 기본 물리법칙들, 즉 질량, 운동량, 에너지방정식은 유체역학에서도 그대로 적용된다. 유체역학에서는 유체계(fluid system)의 성질의 변화를 검사체적을 도입하여 구하게 되는데 이 방법을 검사체적법이라 한다. 기본방정식은 적분형태 또는 미분형태의 식으로 유도할 수 있다. 먼저 검사체적법에 의해 적분형태의 연속방정식부터 구해보자.

3.2.1 검사체적법

검사체적법[57]은 어떤 유체계에 대한 특성을 검사체적으로 해석하는 방법이다. 이것을 이해하기 위해서는 먼저 계, 주위, 경계, 검사체적, 검사면(검사표면) 등의 용어를 이해하는 것이 매우 중요하다.

(1) 계

열역학이나 고체역학에서 모든 법칙들은 일반적으로 일정한 질량을 가진 물질의 집합체로 정의되는 어떤 특정한 계(물질, system)를 대상으로 해석하였다. 즉 계란 고려하는 대상의 특정 물질이라 정의한다. 주위(surroundings)는 계 외부의 모든 것을 가리킨다. 계와 주위는 경계(boundary)로서 구분한다.

계(system)에 질량, 운동량, 에너지보존법칙을 적용하여 보자. 계의 질량 m_{sys}은 정의에 따라 일정하므로 보존되며 변화하지 않는다.[58] 이것을 질량보존법칙이라 하고 다음과 같이 간단한 수학식으로 표현된다.

$$\frac{dm_{sys}}{dt} = 0 \tag{3.55}$$

계에 대한 뉴턴의 운동 제2법칙과 정상상태의 에너지방정식은 각각 다음과 같다.

$$\mathbf{F} = m_{sys}\mathbf{a} = m_{sys}\frac{d\mathbf{v}}{dt} = \frac{d}{dt}(m_{sys}\mathbf{v}) \tag{3.56}$$

$$\frac{dE_{sys}}{dt} = 0 \tag{3.57}$$

식 (3.55)~(3.57)의 표현은 전부 Lagrange 방법이다. 어떤 특정한 계에 적용된 이들 식은 고체역학은 물론 유체역학에서도 적용된다.

---

57) 유체역학의 미분해석은 18세기 후반 Euler와 d'Alembert에 의해 시작되었고, 검사체적법은 18세기 중반 Daniel Bernoulli에 의해 특별한 경우로서 언급되었다가 20세기 초 현대 유체역학의 개척자인 Ludwig Prandtl에 의해서 체계적인 도구로서 개발되었다. 검사체적법이 최초로 소개된 책은 1941년 Keenan의 '열역학'과 1947년 Hunsaker, Rightmire(공저)의 '유체역학'이 있다.

58) 질량이 에너지로 변환될 수 있는 핵반응은 무시한다.

유체를 계로서 해석하는 방법은 Lagrange 방법이다. 계는 어떤 특정한 물질을 의미하기 때문에 동일한 물질을 대상으로 한 고체역학에 대해서는 질량, 운동량, 에너지의 시간변화율을 평가하는 것이 쉽다. 그러므로 시스템적 해석(Lagrange 방법)은 고체역학에서는 이상적이나 유체역학에서는 이상적이지 못하다. 왜냐하면 유체가 물체에 작용하는 힘은 동일한 입자가 아닌 항상 새로운 입자에 기인하므로 Lagrange 방법으로는 해석하기 매우 어렵기 때문이다. 이를 위해 검사체적법이 도입되었다.

(2) 검사체적

유체역학에서는 유체유동을 일반적으로 유동장 내 임의의 선택된 공간상의 영역(부피)으로 정의되는 검사체적(cv, control volume)으로 해석한다. 검사면(cs, control surface)은 검사체적을 둘러싸고 있는 검사표면을 의미한다. 유체입자(유체계)는 검사면을 통과하므로 검사체적의 질량, 운동량, 에너지 등은 시간에 따라 연속적으로 변할 수 있다.

검사체적법이란 어느 한 순간에 검사체적을 통과하는 유체입자의 성질을 파악하여 유체가 작용하는 힘, 운동량, 에너지를 3가지 기본법칙에 적용하여 평가하는 방법이다. 이와 같이 해석하는 방법을 Euler 방법이라고 한다. 검사체적법은 하나의 입자가 지나가고 새로운 입자가 오더라도 이러한 것은 아무런 문제가 되지 않고, 단지 검사면을 통과하는 입자의 성질만이 문제가 된다.

검사체적은 고정되어 있든지, 움직이고 있든지, 변형될 수가 있다. 일반적으로 검사체적의 선택은 고정된 유동시스템이면 고정검사체적을, 움직이거나 변형되는 경우라면 움직이거나 변형되는 검사체적으로 선택한다. 그러나 어느 것이든 검사면에서 속도와 면적을 알 수 있는 곳이 선택된다. 이것을 [그림 3-20]에 파선으로 나타냈다.

[그림 3-20](a)는 관로유동에서 관을 지지하는 반력을 계산하기 위해서 90°의 수축엘보(elbow) 관의 입구와 출구면을 수직으로 횡단하는 고정된 검사체적을 나타냈다. 그림 (b)는 비행기 엔진의 추력을 계산하기 위하여 움직이는 검사체적을 나타냈다. 움직이는 검사체적의 속도 v_{cv}는 움직이는 물체의 속도를 취한다. 이때 비행기 엔진의 질량유량을 평가할 경우 속도는 노즐에서 배출되는 배기가스의 속도(절대속도) v가 아닌 비행기와의 상대속도 v_r, 즉 $v_r = v - v_{cv}$로 평가해야 한다. 왜냐하면 검사체적과 동일한 속도로 운동하는 유체는 검사체적으로 들어올 수도 나갈 수도 없기 때문이다. 왕복형 내연기관의 연소과정을 해석할 경우에는 그림(c)와 같이 피스톤 헤드와 실린더 헤드 사이의 공간, 즉 시간에 따라 크기가 변하는 연소실을 검사체적으로 선택한다. 이때에도 질량유량의 평가는 검사체적의 입구나 출구에서의 속도 v에 검사면의 속도(피스톤의 속도) v_{cv}를 고려한 상대속도 v_r로 평가해야 한다.

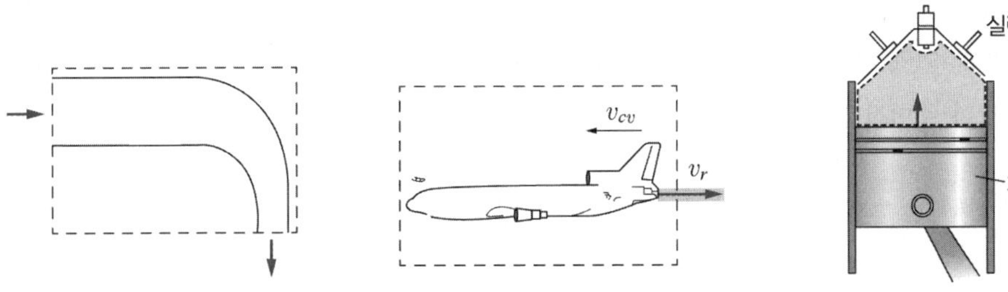

(a) 고정 검사체적 (b) 움직이는 검사체적 (c) 변형하는 검사체적

그림 3-20 검사체적의 선택

(3) 체적유량, 질량유량

유체가 검사면을 통과하는 질량을 평가하여 보자. 이때 속도와 검사면이 직교인 상태인지 아닌지 혹은 속도가 평균속도(균일속도)인지 아닌지에 따라서 유량 평가식이 달라진다.

체적유량 Q는 단순히 단위시간에 통과하는 유체의 부피로서 '면적×속도'로 평가되고, 단위는 (m^3/s)이다. 예를 들어 관로유동에서 흐르는 물의 체적유량은 물의 속도(평균속도)와 관의 단면적을 알면 $Q = Av$로 평가할 수 있다.

질량 m은 물질의 양(kg)이고, 질량유량 $\dot{m}$은 단위 시간에 통과하는 물질의 양으로서 단위는 (kg/s)이다. 질량유량은 '체적유량×밀도' 또는 '밀도×면적×속도'로서 평가한다. 즉

$$\dot{m} = \rho Q = \rho A v$$

일반적으로 밀도 ρ는 직접 측정할 수 없어 압력 p와 온도 T를 측정하여 상태량 표에서 얻지만, 기체인 경우에는 이상기체 상태식을 사용하여 압력과 온도로부터 추정하기도 한다.

체적유량 평가식 $Q = Av$에서 속도 v는 속도가 단면에서 균일하다는 데 근거를 두고 있다. 그런데 속도가 단면에 걸쳐 균일하지 않다면 체적유량은 미소단면적을 통과하는 미소체적유량 $v\,dA$를 전체 유동면적에 대한 적분으로 구해야 한다.

$$Q = \int_A v\,dA$$

그러므로 비균일유동에서 질량유량도 다음 식으로 주어진다.

$$\dot{m} = \int_A \rho v\,dA$$

비압축성유체이면 균일유동이든 비균일유동이든 상관없이 밀도가 단면적에 걸쳐서 일정하므로 질량유량은 다음과 같이 '밀도×체적유량'으로 간단히 표현된다.

$$\dot{m} = \rho \int_A v\,dA = \rho Q$$

지금까지는 속도와 검사면이 항상 직교한 상태이다. 속도와 검사면이 직교하지 않은 경우의 유량을 평가하여 보자. [그림 3-21]과 같이 검사면과 속도의 방향이 직교하지 않는다면 단면을 통과하는 유량은 속도의 수직성분속도만이 기여할 것이다. 그러므로 유량은 속도 v에 직교하는 단면적 $dA\cos\theta$을 고려하거나 혹은 단면적 dA에 수직성분 속도 $v_n(= \mathbf{v}\cdot\mathbf{n})$을 고려하여 평가해야 된다. 따라서 체적유량과 질량유량은 다음과 같이 주어진다.

$$Q = \int_A v\,dA\cos\theta = \int_A v_n d\mathbf{A} = \int_A (\mathbf{v}\cdot\mathbf{n})\,d\mathbf{A} = \int_A \mathbf{v}\cdot d\mathbf{A} \tag{3.58}$$

$$\dot{m} = \int_A \rho v\,dA\cos\theta = \int_A \rho(\mathbf{v}\cdot\mathbf{n})\,dA = \int_A \rho\mathbf{v}\cdot d\mathbf{A} \tag{3.59}$$

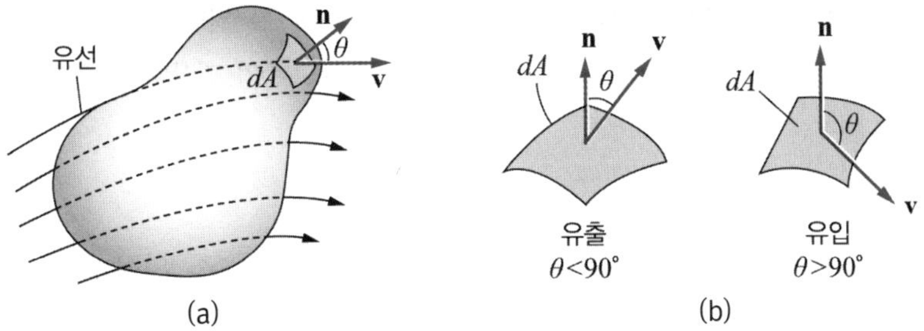

그림 3-21 임의 형상의 검사체적

여기서 θ는 속도벡터 $\mathbf{v}$와 미소면적 dA에 수직인 외향 단위벡터 $\mathbf{n}$ 사이의 각도이고, $(\mathbf{v}\cdot\mathbf{n})\,dA = \mathbf{v}\cdot d\mathbf{A}$인 관계가 있고, $d\mathbf{A}$는 면적벡터[59]로 표기한 미소면적이다. 이 식들은 비균일유동에서 검사표면과 속도가 직교하지 않은 경우 유량을 평가하는 매우 중요한 식이다.

체적유량과 질량유량 식 (3.58)과 (3.59)는 속도벡터와 외향 단위벡터 사이의 내적이 $\mathbf{v}\cdot\mathbf{n} = v\cdot n\cos\theta$로 주어지므로 두 벡터 사이의 각도가 $\theta < 90^\circ$인 경우에는 $\cos\theta > 0$이 되어 위 식의 적분 값이 양수가 되어 전체 검사면을 통과하는 유량은 순수 유출이 일어남을 의미한다. 이것은 그림(b)에서 알 수 있는 바와 같이 속도벡터의 방향이 외부를 향하고 있는 것으로도 알 수 있다. 결국 $\mathbf{v}\cdot\mathbf{n}$이 양수이면 유출을, 음수(또는 $\theta > 90^\circ$)이면 유입을 의미한다. 위 식의 적분 값이 0이면 전체 검사면을 통과하는 질량유량이 0을 의미하여 검사체적은 유량의 변화가 없는 정상상태가 된다.

3.2.2 Reynolds 수송정리

Reynolds 수송정리(transport theorem)는 유체계(유체 입자)의 성질의 변화를 검사체적으로 해석하는 검사체적법에 대한 기본이론이다. 이것은 계의 운동을 특정영역의 검사체적을 도입하여, 검사체적을 통과할 때 계의 성질의 변화를 고려하여 해석하는 방법이다. 3가지 기본법칙 식 (3.55)~(3.57)을 보면 이들은 모두 계의 특성, 즉 질량, 운동량 및 에너지의 시간변화율과 관계가 있음을 알 수 있다. 따라서 Reynolds 수송정리는 3가지 기본법칙 모두에 적용된다.

(1) 검사체적의 특성변화

계(system)의 특성(성질, 상태량)에는 압력, 부피, 온도, 엔트로피, 질량, 운동량, 에너지 등 다양하게 있다. 이들 특성은 크게 총량적 특성(종량성 상태량, extensive property)과 강성적 특성(강도성 상태량, intensive property)으로 나눌 수 있다.

총량적 특성은 계의 질량 m에 비례한 것으로서 여기에는 질량 m, 운동량 mv, 에너지 $E(=me)$ 등이 있다.[60] 강성적 특성은 총량적 특성을 질량 m으로 나눈 값으로 평가되어 계의 질량과 독립적이다. 그러므로 질량에 대한 강성적 특성은 $1(=m/m)$이고, 운동량에 대한 강성적 특성은 $v(=mv/m)$이며,

59) 면적벡터란 크기가 평면의 면적과 같고 방향은 법선방향을 갖는 벡터이다. 면에 수직인 방향은 안과 밖의 두 방향이 있는데, 일반적으로 닫힌 공간에서는 밖으로 나가는 방향을 양(+)의 방향으로 결정한다.

60) 앞으론 식 (3.55)~(3.57)에 표현한 계를 의미하는 하첨자 sys는 붙이지 않는다.

에너지에 대한 강성적 특성은 단위 질량당의 에너지인 $e(=E/m)$가 된다.

총량적 특성을 B, 강성적 특성을 $b(=B/m)$라고 표시하면 어느 순간 검사체적 내의 총량적 특성 값은 다음 식으로 주어진다.

$$B_{cv} = \int_{cv} b\,dm = \int_{cv} b\rho\, dV \tag{3.60}$$

여기서 cv은 검사체적, dm은 검사체적 내 미소질량으로서 '밀도×미소체적', 즉 ρdV이다. 따라서 검사체적의 종량적 특성의 변화는 다음과 같이 쓸 수 있다.

$$\frac{dB_{cv}}{dt} = \frac{1}{dt}\int_{cv} b\rho\, dV \tag{3.61}$$

여기서 적분은 검사체적에 대하여 수행한다.

(2) 검사면을 통한 특성수송

유체가 검사표면을 통과하면 계의 특성, 즉 질량, 운동량, 에너지도 유체와 함께 검사면을 통해 유입 또는 유출한다. 만약 검사면에서 속도가 균일하다면 질량유량은 다음과 같이 간단히 주어진다.

$$\dot{m} = \rho \mathbf{v} \cdot \mathbf{A}$$

여기서 **v**는 검사면에 대한 속도벡터이고, **A**는 검사면에 대한 면적벡터[61]이며, 크기는 단면적과 같다.

위 식의 두 벡터의 내적을 구하기 위해서는 면적벡터의 방향을 결정할 필요가 있다. 면적벡터는 일반적으로 검사체적의 바깥쪽 방향을 양(+)의 값으로 한다. [그림 3-22]와 같이 관로 내 검사체적의 입구 ①과 출구 ②를 각각 하첨자 1, 2로 표기하면 유입면(입구)에서 속도벡터와 면적벡터 사이의 각도는 180°, 출구에서는 0°가 되어 이들 코사인(cosine) 값이 각각 −1, 1이 되므로 두 벡터의 내적은 다음과 같다.[62]

$$\mathbf{v}_1 \cdot \mathbf{A}_1 = -v_1 A_1, \quad \mathbf{v}_2 \cdot \mathbf{A}_2 = v_2 A_2$$

따라서 검사체적으로부터 유출되는 순수 질량유량 $\dot{m}_{net}$은 다음과 같이 쓸 수 있다.

$$\begin{aligned} \dot{m}_{net} &= \rho_2 v_2 A_2 - \rho_1 v_1 A_1 \\ &= \rho_2 \mathbf{v}_2 \cdot \mathbf{A}_2 + \rho_1 \mathbf{v}_1 \cdot \mathbf{A}_1 \\ &= \sum_{cs} \rho \mathbf{v} \cdot \mathbf{A} \end{aligned} \tag{3.62}$$

위 식은 검사체적의 모든 입·출구를 고려한 순수 유출질량유량(efflux)을 의미한다.

---

61) 흐름이 임의의 단면을 통과할 때 유량의 평가는 유속에 수직인 단면적만이 기여하므로 이것을 면적벡터라 한다. 즉 면적벡터란 크기가 평면의 면적과 같고 방향은 법선방향을 갖는 벡터이다. 그런데 면의 법선방향은 안과 밖의 두 방향이 있는데, 일반적으로 닫힌 공간에서는 밖으로 나가는 방향을 양(+)의 방향으로 결정한다.

62) 벡터의 내적은 $\mathbf{v} \cdot \mathbf{A} = |v||A|\cos\theta$이며 1장 식 (1.3)으로 주어졌다.

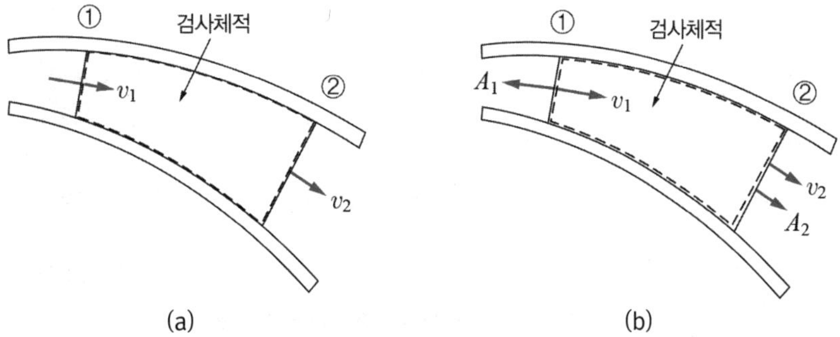

그림 3-22 관로 내 검사체적

검사체적으로부터 유출되는 총량적 특성의 순수변화율 $\dot{B}_{net}$은 순수 질량유량 $\dot{m}_{net}$에 강성적 특성 b를 곱하면 된다. 즉

$$\dot{B}_{net} = \dot{m}_{net} b = \sum_{cs} b \rho \mathbf{v} \cdot \mathbf{A} \tag{3.63}$$

위 식 (3.63)은 모든 1차원 흐름에 대하여 적용이 가능하다. 그러나 검사면과 속도의 방향이 직교하지 않는다면 $\dot{B}_{net}$은 질량유량 식 (3.59)를 참고하여 다음과 같이 검사면의 전 면적에 걸쳐 적분형태로 주어진다.

$$\dot{B}_{net} = \dot{m} b = \int_{cs} b \rho (\mathbf{v} \cdot \mathbf{A})\, dA = \int_{cs} b \rho \mathbf{v} \cdot d\mathbf{A} \tag{3.64}$$

이 식이 검사면을 통한 특성수송의 일반적인 형태이다.

(3) Reynolds 수송정리

[그림 3-23]에 관로의 왼쪽에서 오른쪽에서 흐르는 유동장을 고려하여 임의의 시각 t와 $t+\Delta t$에서의 계와 고정된 검사체적을 나타냈다. 먼저 임의의 시각 t에서 계는 유입되는 물질 ΔB_{in}과 검사체적 내의 물질 $B_{cv}(t)$로 나누어 고려할 수 있다. 그러므로 이때 계의 총량적 특성 B_{sys}는 다음과 같다.

$$B_{sys}(t) = \Delta B_{in} + B_{cv}(t)$$

다음 시각 $t+\Delta t$에서 계의 총량적 특성도 검사체적 내의 물질과 유출되는 물질로 나누어 고려하면 다음과 같다.

$$B_{sys}(t+\Delta t) = B_{cv}(t+\Delta t) + \Delta B_{out}$$

그러므로 계의 총량적 특성의 변화율은 위 두 식을 고려하면 다음 결과를 얻는다.

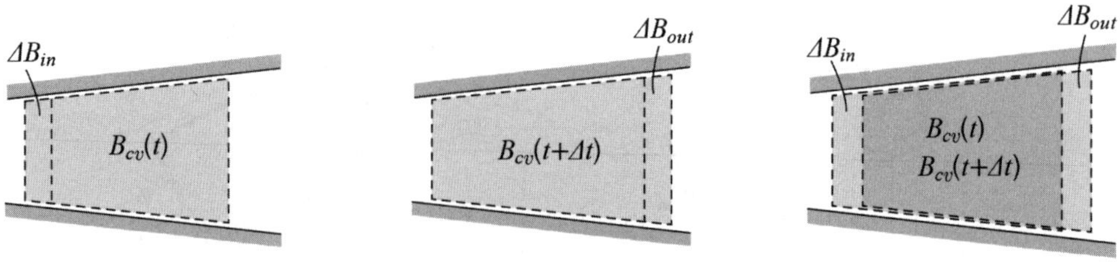

(a) 시간 t순간의 계 (b) 시간 $t+\Delta t$순간의 계 (c) 검사체적(공통구역)

그림 3-23 검사체적을 통과하는 시스템

$$\begin{aligned}\frac{dB_{sys}}{dt} &= \lim_{\Delta t\to 0}\left[\frac{B_{sys}(t+\Delta t)-B_{sys}(t)}{\Delta t}\right]\\ &= \lim_{\Delta t\to 0}\left[\frac{B_{cv}(t+\Delta t)-B_{cv}(t)+\Delta B_{out}-\Delta B_{in}}{\Delta t}\right]\\ &= \lim_{\Delta t\to 0}\left[\frac{B_{cv}(t+\Delta t)-B_{cv}(t)}{\Delta t}\right]+\lim_{\Delta t\to 0}\frac{\Delta B_{out}}{\Delta t}-\lim_{\Delta t\to 0}\frac{\Delta B_{in}}{\Delta t}\end{aligned} \tag{3.65}$$

위 식 우변의 첫 번째 항은 검사체적의 특성 B_{cv}의 변화율이다. 즉

$$\lim_{\Delta t\to 0}\left[\frac{B_{cv}(t+\Delta t)-B_{cv}(t)}{\Delta t}\right]=\frac{dB_{cv}}{dt} \tag{3.66}$$

우변 두 번째, 세 번째 항은 다음과 같다.

$$\lim_{\Delta t\to 0}\frac{\Delta B_{out}}{\Delta t}=\dot{B}_{out},\ \lim_{\Delta t\to 0}\frac{\Delta B_{in}}{\Delta t}=\dot{B}_{in}$$

이들 두 항은 다음과 같이 결합하여 표현할 수 있다.

$$\dot{B}_{net}=\dot{B}_{out}-\dot{B}_{in} \tag{3.67}$$

이 식 $\dot{B}_{net}$은 검사면을 통과하는 총량적 특성의 순수 유출률(net flux)로서 유출률 $\dot{B}_{out}$에서 유입률 $\dot{B}_{in}$을 뺀 값을 의미한다.

따라서 계의 총량적 특성의 변화율은 식 (3.65)에 식 (3.66)과 (3.67)을 고려하면 다음과 같이 나타낼 수 있다.

$$\underbrace{\frac{dB_{sys}}{dt}}_{\text{유체계 특성의 시간변화율}} = \underbrace{\frac{d}{dt}B_{cv}+\dot{B}_{net}}_{\text{검사체적으로 고려한 유체 특성의 시간변화율}}$$

이 식은 유체계의 특성 B_{sys}의 시간변화율이 검사체적의 특성 B_{cv}의 시간변화율과 검사체적으로부터 순수

유출률 $\dot{B}_{net}$을 더한 값과 같다는 것을 의미한다. 그러므로 위 식 우변 첫 번째 항에 식 (3.61)을, 두 번째 항에 식 (3.64)를 대입하면 다음 식을 얻는다.

$$\underbrace{\frac{dB_{sys}}{dt}}_{Lagrange\text{ 관점 표현}} = \underbrace{\frac{d}{dt}\int_{cv} b\rho \, dV + \int_{cs} b\rho\,(\mathbf{v}\cdot\mathbf{n})\,dA}_{Euler\text{ 관점 표현}} \tag{3.68}$$

이 식은 Reynolds 수송정리의 가장 일반적인 형태로서 계의 특성변화(Lagrange식 표현)를 검사체적의 특성변화(Euler식 표현)로 나타낸 것이다. Reynolds 수송정리는 다음 조건에 의해 여러 가지로 표현된다.

검사면에 입구와 출구가 여러 개가 있으면 검사면을 통과하는 순수유출률은 이들 모두의 총합으로 평가되어 다음 식으로 표현된다.

$$\frac{dB_{sys}}{dt} = \frac{d}{dt}\int_{cv}\rho b \, dV + \sum_{cs} b\rho \mathbf{v}\cdot\mathbf{A} \tag{3.69}$$

우변 두 번째 항, 즉 검사면을 통한 순수유출률을 질량유량으로 나타내면 다음과 같다.

$$\frac{dB_{sys}}{dt} = \frac{d}{dt}\int_{cv}\rho b \, dV + \sum_{cs}\dot{m}_o b_o - \sum_{cs}\dot{m}_i b_i \tag{3.70}$$

여기서 하첨자 i와 o는 각각 검사면의 입구와 출구를 의미한다.

결국 Reynolds 수송정리는 Lagrange 서술방법과 Euler 서술방법을 연결하는, 즉 해석방법이 서로 동일하다는 것을 증명하는 식이기도 하다.

3.2.3 적분형태의 연속방정식

Reynolds 수송정리를 이용하여 연속방정식을 구하여 보자. 연속방정식의 일반형은 Reynolds 수송정리 식 (3.68)에 계의 특성 B_{sys} 대신에 질량 m_{sys}을, 질량에 대한 강도성 특성 b 대신에 1을 고려하면 다음 식으로 주어진다.

$$\frac{dm_{sys}}{dt} = \frac{d}{dt}\int_{cv}\rho \, dV + \int_{cs}\rho(\mathbf{v}\cdot\mathbf{n})dA \tag{3.71}$$

연속방정식은 Lagrange 표현에서 계의 질량이 정의에 따라 일정(m_{sys} = 일정)함을 의미한다. 즉 위 식의 좌변은 다음과 같다.

$$\frac{dm_{sys}}{dt} = 0$$

따라서 식 (3.71)의 좌변도 0이 되어 다음과 같이 쓸 수 있다.

$$\underbrace{\frac{d}{dt}\int_{cv}\rho dV}_{\text{검사체적내 질량축적률}} + \underbrace{\int_{cs}\rho(\mathbf{v}\cdot\mathbf{n})dA}_{\text{검사면을 통한 질량의 순수유출률}} = 0 \tag{3.72}$$

이 식이 적분형태의 연속방정식으로서 압축성 유무는 물론 점성의 유무에 관계없이 모든 유체에 성립한다. 이것은 검사면을 통한 순수 유입질량유량율은 검사체적내 질량축적률과 같아 질량이 보존됨을 의미한다.

검사체적의 질량을 m_{cv}, 검사면 입구와 출구에서 통과하는 질량유량율을 각각 $\dot{m}_i$, $\dot{m}_o$ 라 하면 검사체적 내 질량축적률(변화율)과 검사면을 통한 질량의 순수유출률은 각각 다음과 같이 나타낼 수 있다.

$$\frac{d}{dt}\int_{cv}\rho dV = \frac{d}{dt}m_{cv} \tag{3.73a}$$

$$\int_{cs}\rho(\mathbf{v}\cdot\mathbf{n})dA = \sum_{cs}\dot{m}_o - \sum_{cs}\dot{m}_i \tag{3.73b}$$

따라서 적분형태의 연속방정식 (3.72)는 다음과 같이 간단하게 쓸 수 있다.

$$\frac{d}{dt}m_{cv} + \sum_{cs}\dot{m}_o - \sum_{cs}\dot{m}_i = 0 \tag{3.74a}$$

이 식은 식 (3.70)에 의해서도 $B_{sys}=$ 일정과 $b=1$이라 놓으면 얻어진다. 만약 입구와 출구가 한 개라면 연속방정식은 다음과 같이 더욱 간단해진다.

$$\frac{d}{dt}m_{cv} = \dot{m}_i - \dot{m}_o \tag{3.74b}$$

여기에서 적분형태의 연속방정식과 미분형태의 연속방정식을 비교해 보자.[63] 적분형태의 연속방정식 (3.72)의 좌변 두 번째 항은 가우스 발산정리[64]를 적용하면 다음과 같이 변환된다.

$$\int_{cs}\rho(\mathbf{v}\cdot\mathbf{n})dA = \int_{cv}\nabla\cdot\rho\mathbf{v}dV$$

따라서 식 (3.72)는 위 식을 고려하면 다음과 같이 쓸 수 있다.

$$\int_{cv}\left(\nabla\cdot\rho\mathbf{v} + \frac{\partial\rho}{\partial t}\right)dV = 0$$

위 식이 어떤 폐곡면에 대해서도 성립하기 위해서는 다음 식이 성립해야 한다.

---

63) 미분형태의 연속방정식은 '3.2.4 미분형태의 연속방정식'에서 식 (3.75)로 유도하였다. 여기서는 적분형태의 연속방정식과 미분형태의 연속방정식이 같다는 점만을 강조하기 위해 기술한다.

64) 가우스의 발산정리는 "속도벡터의 발산 $\nabla\cdot\mathbf{v}$를 체적 V에 대해 적분한 값은 표면에 수직방향으로 작용하는 속도벡터 $\mathbf{v}\cdot\mathbf{n}$를 표면적 A에 대하여 적분한 값과 같다"는 것이다.
즉, $\int_{cv}\nabla\cdot\mathbf{v}dV = \int_{cs}\mathbf{v}\cdot\mathbf{n}dA$이다.

$$\frac{\partial \rho}{\partial t} + \nabla \cdot (\rho \mathbf{v}) = 0$$

이 식은 미분 형태의 연속방정식으로서 식 (3.75b)와 동일하다. 즉 적분형태의 연속방정식과 미분형태의 연속방정식은 동일한 질량보존을 표현하는 식임을 알 수 있다.

예제10

직경 1.2 m, 높이 2.2 m인 물탱크의 하단에서 직경 10 cm인 물 제트가 분출한다. 물 제트의 속도를 $\sqrt{2gh}$로 가정할 때, 물탱크의 수위가 $h_1 = 2\,\mathrm{m}$로부터 $h_2 = 1\,\mathrm{m}$로 하강할 때까지 걸리는 시간을 구하라.

검사체적이 변하는 경우이다. 물은 출구에서 검사체적으로부터 유출된다. 물의 밀도를 ρ, 출구에서 속도를 v, 출구 단면적을 A라 하면 연속방정식은 다음과 같다.

$$\frac{d}{dt}m_{cv} = \dot{m}_i - \dot{m}_o = -\rho v A$$

검사체적 내 질량을 $m_{cv} = \rho A_T h$이라 고려하면 위 식은 다음과 같이 쓸 수 있다.

$$\rho v A = -\frac{d}{dt}(\rho A_0 h)$$

여기서 A_0는 물탱크의 단면적, h는 물의 높이이다. 위 식은 물 제트의 속도에 $v = \sqrt{2gh}$을 대입하고, ρA_0는 일정하므로 위 식의 우변을 미분하면 다음식이 된다.

$$\sqrt{2gh}\,A = -A_0 \frac{dh}{dt}$$

변수 분리하여 정리하면 다음 식이 된다.

$$dt = \frac{A_0}{\sqrt{2g}\,A} h^{-1/2}\,dh$$

$A_0/\sqrt{2g}\,A$은 일정하므로 위 식을 적분하면 다음 식이 된다.

$$t = \frac{-2A_0}{\sqrt{2g}\,A} h^{1/2} + C$$

적분상수는 초기상태, 즉 $t=0$일 때 $h=h_1$를 대입하면 다음과 같다.

$$C = \frac{2A_0}{\sqrt{2g}\,A} h_1^{1/2}$$

위 식을 고려하면 다음 식을 얻는다.

$$t = \frac{-2A_0}{\sqrt{2g}\,A}(h_1^{1/2} - h^{1/2})$$

따라서 수위가 $h_1 = 2\mathrm{m}$에서 $h_2 = 1\mathrm{m}$로 하강할 때 걸리는 시간은 다음과 같다.

$$t = \frac{2\frac{\pi}{4}(1.2\,\mathrm{m})^2}{\sqrt{2 \times 9.81\,\mathrm{m/s^2}}\,\frac{\pi}{4}(0.1\,\mathrm{m})^2}\left\{(2\mathrm{m})^{1/2} - (1\,\mathrm{m})^{1/2}\right\} = 26.93\ \mathrm{s}$$

3.2.4 미분형태의 연속방정식

미분형태의 연속방정식은 상자형 검사체적을 고려하여 얻어진다. 상자형 검사체적은 6개의 검사면 중 3개는 유입을, 나머지 3개는 유출하게 된다. [그림 3-24]에는 x축 방향의 질량유량만을 나타냈다.

(1) 검사면을 통한 질량수송

속도 **v**의 x, y, z 축 방향의 성분속도를 각각 v_x, v_y, v_z라 하자. x축의 수직인 단면 $(dy\,dz)$으로 유입하는 질량유량 $\dot{m}_i$[kg/s]은 '밀도×속도×면적' 또는 '질량플럭스[65]×면적'이므로 다음과 같다.

$$\dot{m}_i = \rho v_x\, dy\, dz$$

이곳에서 오른쪽으로 dx만큼 떨어진 단면에서 유출하는 질량유량 $\dot{m}_o$은 질량유속에 대한 Taylor의 급수전개에 의해서 2차 이상의 미소 항을 무시하면 다음과 같다.

$$\dot{m}_o = (\rho v_x)_{x+dx}\, dy\, dz = \left[\rho v_x + \frac{\partial}{\partial x}(\rho v_x)dx\right] dy\, dz$$

따라서 x축 방향의 수직인 검사면을 통한 질량 순수유입속도는 유입속도에서 유출속도를 뺀 값이므로 다음과 같다.

$$\dot{m}_i - \dot{m}_o = \rho v_x\, dy\, dz - \left[\rho v_x + \frac{\partial}{\partial x}(\rho v_x)dx\right] dy\, dz = -\frac{\partial(\rho v_x)}{\partial x}\, dx\, dy\, dz \tag{R1}$$

y축 방향과 z축 방향의 수직인 단면에 대한 것도 동일한 방법으로 평가할 수 있고, 그 결과를 [표 3.1]에 나타내었다.

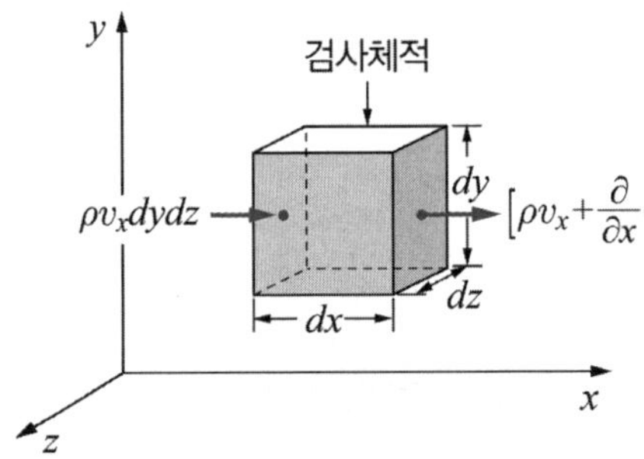

그림 3-24 상사형 검사체적

---

65) 플럭스(flux)는 어떤 양이 단위면적을 통과하는 시간비율로 정의되고, 여기에는 질량플럭스, 운동량플럭스, 에너지플럭스 등이 있다. 질량플럭스는 단위면적을 통과하는 질량유량으로 정의되므로 단위는 [kg/m²·s]가 되어, '밀도×속도', 즉 ρv로 평가된다. 따라서 질량유량[kg/s]은 '질량플럭스×면적'으로도 표현된다. 교재에 따라서는 질량플럭스를 질량유속(mass flux)이라고 표현하는데, 이 책에서는 유체의 속도인 유속(velocity)과 혼동을 피하기 위해 질량플럭스로 기술한다.

표 3.1 검사면을 통한 질량유량

수직인 단면	유입속도	유출속도	순유입속도
x축	$\rho v_x\,dy\,dz$	$\left[\rho v_x + \dfrac{\partial}{\partial x}(\rho v_x)dx\right]dy\,dz$	$-\dfrac{\partial(\rho v_x)}{\partial x}dx\,dy\,dz$
y축	$\rho v_y\,dx\,dz$	$\left[\rho v_y + \dfrac{\partial}{\partial y}(\rho v_y)dy\right]dx\,dz$	$-\dfrac{\partial(\rho v_y)}{\partial y}dx\,dy\,dz$
z축	$\rho v_z\,dx\,dy$	$\left[\rho v_z + \dfrac{\partial}{\partial z}(\rho v_z)dz\right]dx\,dy$	$-\dfrac{\partial(\rho v_z)}{\partial z}dx\,dy\,dz$

(2) 검사체적의 질량변화

검사체적 내에 질량이 축적되는 속도 $d\dot{m}_{c.v.}/dt$는 질량이 '밀도×체적'으로 평가되므로 다음 식으로 주어진다.

$$\frac{d\dot{m}_{c.v.}}{dt} = \frac{\partial\rho}{\partial t}dx\,dy\,dz \tag{R2}$$

(3) 미분형태의 연속방정식

연속방정식은 검사면을 통한 질량의 순수 유입속도와 검사체적의 질량의 변화와 같으므로 [표 3.1]과 식 (R2)를 고려하고 양변을 검사체적($dx\,dy\,dz$)으로 나누면 다음과 같이 밀도와 속도에 관한 편미분관계식으로 주어진다.

$$\frac{\partial\rho}{\partial t} + \frac{\partial}{\partial x}(\rho v_x) + \frac{\partial}{\partial y}(\rho v_y) + \frac{\partial}{\partial z}(\rho v_z) = 0 \tag{3.75a}$$

위 식을 벡터로 표기하면 다음과 같다.

$$\frac{\partial\rho}{\partial t} + \nabla\cdot(\rho\mathbf{v}) = 0 \tag{3.75b}$$

이 식은 미분형태의 연속방정식으로서 압축성 유무는 물론 점성의 유무에 관계없이 모든 유체에 성립한다. 이 식은 다음과 같은 여러 가지 조건에 의해 간단히 표현될 수 있다.

① 정상상태($\partial/\partial t = 0$), 비압축성(ρ=상수) 유체의 유동인 경우

$$\frac{\partial v_x}{\partial x} + \frac{\partial v_y}{\partial y} + \frac{\partial v_z}{\partial z} = 0 \tag{3.76a}$$

$$\nabla\cdot\mathbf{v} = 0 \tag{3.76b}$$

② **정상상태 압축성유체의 유동인 경우**

$$\frac{\partial(\rho v_x)}{\partial x}+\frac{\partial(\rho v_y)}{\partial y}+\frac{\partial(\rho v_z)}{\partial z}=0 \tag{3.77a}$$

$$\nabla\cdot(\rho\mathbf{v})=0 \tag{3.77b}$$

원통좌표계나 구형좌표계에 대한 연속방정식도 미소 검사체적을 대상으로 질량보존법칙을 적용하여 구할 수 있고 [표 3.2]에 나타냈다.

표 3.2 좌표계에 따른 연속방정식

좌표계	연속방정식
직교 좌표계 (x, y, z)	$\frac{\partial\rho}{\partial t}+\frac{\partial}{\partial x}(\rho v_x)+\frac{\partial}{\partial y}(\rho v_y)+\frac{\partial}{\partial z}(\rho v_z)=0$
원통 좌표계 (r, θ, z)	$\frac{\partial\rho}{\partial t}+\frac{1}{r}\frac{\partial}{\partial r}(\rho r v_r)+\frac{1}{r}\frac{\partial}{\partial\theta}(\rho v_\theta)+\frac{\partial}{\partial z}(\rho v_z)=0$
구형 좌표계 (r, θ, ϕ)	$\frac{\partial\rho}{\partial t}+\frac{1}{r^2}\frac{\partial}{\partial r}(\rho r^2 v_r)+\frac{1}{r\sin\theta}\frac{\partial}{\partial\theta}(\rho v_\theta\sin\theta)+\frac{1}{r\sin\theta}\frac{\partial}{\partial\phi}(\rho v_\phi)=0$

예제11

연속방정식을 원통좌표계(r, θ, z)로 표시하라.

그림과 같이 xyz좌표계를 취하고 공간의 한 점 $A(r, \theta, z)$에서 r, θ, z 방향의 속도를 v_r, v_θ, v_z라 하자. 점 A에서 xy평면으로 투영한 점을 A''라 하면 $\overline{OA''}=r$, OA''을 연장하여 $(\overline{A''B'}=\delta r)$이 되는 점 B'를 취한다. OA''를 θ가 증가하는 방향으로 $d\theta$만큼 회전하여 OD'라 하면 $\overline{A''D'}=rd\theta$가 된다. $A''B'$와 $A''D'$를 두 변으로 하는 사각형을 $A''B'C'D'$, 이것을 z축의 방향으로 z만큼 이동한 도형을 $ABCD$, 더욱이 dz 만큼 이동한 도형을 $A'B'C'D'$라 하여, 미소육면체 $ABCD-A'B'C'D'$에 대하여 질량 보존의 법칙을 적용한다.

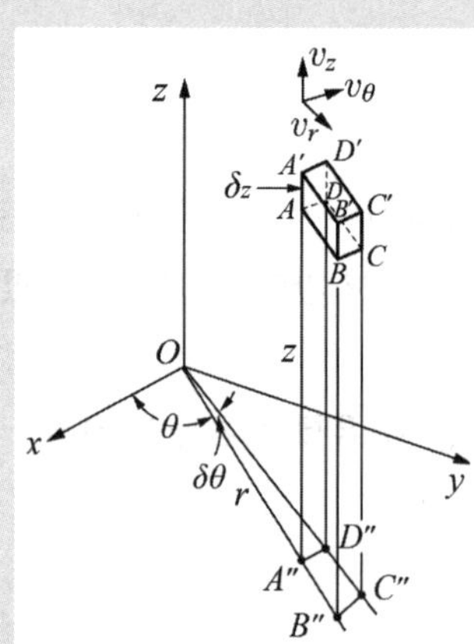

[그림 예제3.11]

먼저 r방향의 유입면 $ADD'A$와 $dr(=\overline{AB})$만큼 떨어진 유출면 $BCC'B'$에서 유입 · 유출 질량유량은 각각 $\dot{m}_i = \rho v_r r\, d\theta\, dz$, $\dot{m}_o = \rho v_r r\, d\theta\, dz + \partial(\rho v_r dr) r d\theta dz / \partial r$이다. 따라서 r축 방향의 질량 순수 유입속도는 다음과 같다.

$$\dot{m}_i - \dot{m}_o = -\frac{\partial(\rho v_r r)}{\partial r} dr\, d\theta\, dz$$

다음 θ방향의 유입면 $ABB'A$과 $rd\theta(=\overline{AD})$만큼 떨어진 유출면 $DCC'D'$에서 유입 · 유출질량 유량은 각각 $\dot{m}_i = \rho v_\theta\, dr\, dz$, $\dot{m}_o = \rho v_\theta\, dr\, dz + \partial(\rho v_\theta r d\theta) dr dz / (r\partial\theta)$이므로 순수 유입속도는 $-\partial(\rho v_\theta)/(\partial\theta).(dr d\theta dz)$이다. 마찬가지로 z축 방향의 수직인 면 $ABCD$와 $dz(=\overline{AA'})$만큼 떨어진 유출면 $A'B'C'D'$에서 유입 · 유출 질량유량은 각각 $\dot{m}_i = \rho v_z r\, dr\, d\theta$, $\dot{m}_o = \rho v_z r dr\, d\theta + \partial(\rho v_z dz) r dr d\theta / \partial z$이므로 순수 유입속도는 $-\partial(\rho v_z r)/(\partial z).(dr d\theta dz)$가 된다. 따라서 미소 육면체의 주위($r$, θ, z축 방향)에서 단위 시간당 순수 유입질량 유량은 다음과 같다.

$$-\left\{\frac{\partial}{\partial r}(\rho v_r r) + \frac{\partial}{\partial\theta}(\rho v_\theta) + \frac{\partial}{\partial z}(\rho v_z r)\right\} dr d\theta dz$$

한편 미소 육면체의 질량은 '밀도×체적'이므로 $\rho r dr d\theta dz$이고, 단위 시간당 질량의 증가는 $\partial(\rho r dr d\theta dz)/\partial t$이며 이 값이 위 식과 같다. 그러므로 다음 식이 얻어진다.

$$\frac{\partial\rho}{\partial t} + \frac{1}{r}\frac{\partial}{\partial r}(\rho r v_r) + \frac{1}{r}\frac{\partial}{\partial\theta}(\rho v_\theta) + \frac{\partial}{\partial z}(\rho v_z) = 0$$

이 식이 원통좌표계에 대한 연속방정식에 대한 표현이다.
비압축성유체(ρ=상수)에 대한 원통좌표계의 연속방정식은 다음과 같다.

$$\frac{1}{r}\frac{\partial}{\partial r}(r v_r) + \frac{1}{r}\frac{\partial v_\theta}{\partial\theta} + \frac{\partial v_z}{\partial z} = 0$$

구형 좌표계에 대한 연속방정식도 위와 비슷한 방법으로 유도된다.

예제12

2차원 비압축성유체의 정상 유동장에서 속도가 다음 식으로 주어졌다면, 이 유동은 연속방정식을 만족하는가?

$$\mathbf{v} = (4x^2 + 3y^2)\mathbf{i} + (-8xy)\mathbf{j}$$

속도벡터 식에 의해 각 성분속도는 $v_x = 4x^2 + 3y^2$, $v_y = -8xy$이다. 비압축성유체의 정상상태 유동인 경우의 연속방정식 (3.76b)에 성분속도를 대입하면 다음과 같다.

$$\begin{aligned}\nabla \cdot \mathbf{v} &= \frac{\partial v_x}{\partial x} + \frac{\partial v_y}{\partial y} + \frac{\partial v_z}{\partial z} \\ &= \frac{\partial}{\partial x}(4x^2 + 3y^2) + \frac{\partial}{\partial y}(-8xy) \\ &= 8x - 8x = 0\end{aligned}$$

따라서 이 유동은 연속방정식을 만족한다.

3.3 운동방정식

운동방정식(equation of motion)은 운동량 평형에 대한 관계식으로서 유선이나 검사체적에 뉴턴의 운동 제 2법칙을 근거로 유도된다. 운동방정식도 적분형태의 식과 미분형태의 식이 있는데 적분형 운동방정식은 Reynolds 수송정리 식 (3.68)의 계의 특성값 B_{sys} 대신에 계의 운동량 $m_{sys}v$를 고려하여 얻을 수 있지만, 이것은 '제4장 유동시스템의 운동량해석'에서 설명한다.[66] 여기에서는 상사형상의 검사체적을 고려하여 미분형태의 운동방정식을 유도한다.

3.3.1 이상유체의 운동방정식

뉴턴의 운동 제2법칙은 '물체가 보유한 운동량의 시간변화율은 물체에 작용하는 모든 힘의 총합과 같고, 그 방향은 합력의 방향과 동일하다'라고 표현된다. 이 법칙의 중요한 사항은 첫째 대상으로 하는 특정 시스템(물체, 검사체적)이 정의되어 있어야 하고, 둘째 크기뿐 아니라 방향도 포함되기 때문에 벡터 식으로 나타내어야 한다. 따라서 수식으로 표현하면 다음과 같다.

$$\underbrace{\sum \mathbf{F}}_{\text{유체계에 작용하는 총 힘}} = m\mathbf{a} = \underbrace{\frac{D(m\mathbf{v})}{Dt}}_{\text{유체계의 운동량 변화율}} \tag{3.78}$$

여기서 $\mathbf{F}, m, \mathbf{a}, \mathbf{v}$는 각각 힘, 질량, 가속도, 속도이다.

유체계(fluid system)가 보유한 운동량변화율을 상자형상의 미소 검사체적을 고려하여 평가해 보자. 먼저 이상유체의 운동방정식을 구한 후 점성유체의 운동방정식을 구해보자.

(1) 운동량 변화율

유체계의 운동량 변화율은 검사체적법을 도입하면 검사체적 내 운동량 축적률에 검사면을 통한 운동량 순수유출률의 합으로 평가된다. 즉

$$\text{유체계의 운동량 변화율} = \underbrace{[\text{축적속도}]}_{\text{검사체적내 운동량 축적률}} + \underbrace{[\text{유출속도}] - [\text{유입속도}]}_{\text{검사면을 통한 운동량 순수 유출률}} \tag{3.79}$$

먼저 검사면을 통한 운동량 순수유출률부터 구해보자. 운동량은 '운동량플럭스×면적' 또는 '질량유량×속도'로 평가되므로 [그림 3-25]에 각 검사면을 통과하는 운동량플럭스[67]를 나타냈다. 검사체적의 x축 방향의 수직인 단면으로 들어오는 운동량은 '운동량플럭스×면적'으로 주어지므로 '$\rho \mathbf{v}\, v_x \times dy\,dz$'이고, 이곳에

66) 유동시스템의 운동량 해석은 절대적으로 적분형 운동방정식이 사용되기 때문이다.

67) 운동량플럭스는 단위면적을 단위시간당 통과하는 운동량(질량×속도)을 의미하여 '질량유량×속도'를 흐름에 수직인 면적으로 나눈 값으로 정의된다. 따라서 x축 방향의 운동량플럭스는 '질량유량×속도'가 '$\rho \mathbf{v}\, dy\,dz \times v_x$'이고, 이것을 x축 방향의 수직인 면적 $dydz$로 나눈 값이므로 '$\rho \mathbf{v} \times v_x$'로 표현된다. 여기서 속도를 벡터 $\mathbf{v}$로 표기하는 것은 속도와 단면이 직교한 상태가 아닌 일반적인 상황을 나타내기 위함이다.

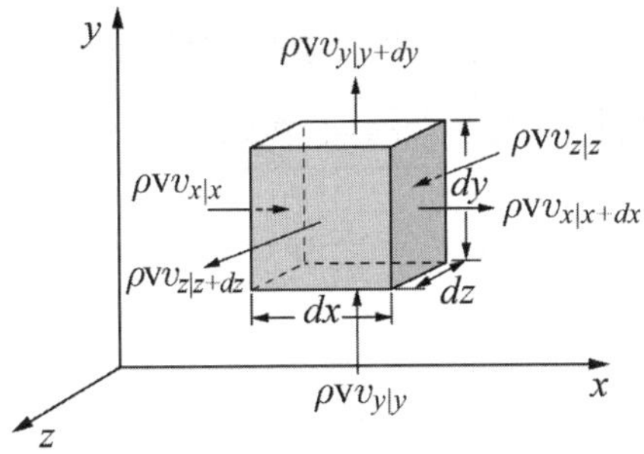

그림 3-25 검사면을 통한 운동량플럭스

서 오른쪽으로 dx 떨어진 단면에서 나가는 운동량은 Taylor의 급수전개에 의해 2차 이상의 미소항을 무시하면 다음과 같다.

$$(\rho \mathbf{v}\, v_x dy\, dz)_{x+dx} = [\rho \mathbf{v}\, v_x + \frac{\partial}{\partial x}(\rho \mathbf{v}\, v_x) dx]\, dy\, dz$$

x축 방향의 수직인 검사면을 통과하는 운동량의 순수유출률은 유출속도에서 유입속도를 뺀 값이 되므로 다음과 같다.

$$[\rho \mathbf{v}\, v_x + \frac{\partial}{\partial x}(\rho \mathbf{v}\, v_x) dx]\, dydz - \rho \mathbf{v}\, v_x dydz = \frac{\partial(\rho \mathbf{v}\, v_x)}{\partial x} dx\, dy\, dz$$

y, z축 방향으로의 운동량 순수유출률도 동일하게 고려하면 [표 3.3]과 같이 주어진다. 따라서 검사면을 통한 운동량 순수유출속도는 x, y, z축 방향으로의 순수 유출률의 합으로 평가되고 다음과 같다.

$$\left[\frac{\partial}{\partial x}(\rho \mathbf{v}\, v_x) + \frac{\partial}{\partial y}(\rho \mathbf{v}\, v_y) + \frac{\partial}{\partial z}(\rho \mathbf{v}\, v_z)\right] dx\, dy\, dz \tag{R1}$$

다음은 검사체적내 운동량 축적률을 평가해 보자. 검사체적 내 운동량축적률은 검사체적의 운동량(밀도×체적×속도)의 시간변화율로 주어지므로 다음과 같다.

$$\frac{\partial}{\partial t}(\rho \mathbf{v}\, dx\, dy\, dz) \tag{R2}$$

그러므로 검사체적의 운동량 변화율은 식 (R1)과 (R2)의 합으로 주어지므로 다음과 같다.

$$\frac{D(m\mathbf{v})}{Dt} = \left[\frac{\partial}{\partial x}(\rho \mathbf{v}) + \frac{\partial}{\partial x}(\rho \mathbf{v}\, v_x) + \frac{\partial}{\partial y}(\rho \mathbf{v}\, v_y) + \frac{\partial}{\partial z}(\rho \mathbf{v}\, v_z)\right] dx\, dy\, dz \tag{3.80}$$

위 식의 우변 각 괄호[ ]항은 벡터 미분연산자 ∇를 사용하면 다음과 같이 표현할 수 있다.

표 3.3 검사면을 통과하는 운동량속도

수직인 단면	운동량 유입속도	운동량 유출속도	운동량 순수유출속도
x	$\rho\mathbf{v}\,v_x\,dy\,dz$	$[\rho\mathbf{v}\,v_x + \frac{\partial}{\partial x}(\rho\mathbf{v}\,v_x)dx]\,dy\,dz$	$\frac{\partial(\rho\mathbf{v}\,v_x)}{\partial x}dx\,dy\,dz$
y	$\rho\mathbf{v}\,v_y\,dx\,dz$	$[\rho\mathbf{v}\,v_y + \frac{\partial}{\partial y}(\rho\mathbf{v}\,v_y)dy]\,dx\,dz$	$\frac{\partial(\rho\mathbf{v}\,v_y)}{\partial y}dx\,dy\,dz$
z	$\rho\mathbf{v}\,v_z\,dx\,dy$	$[\rho\mathbf{v}\,v_z + \frac{\partial}{\partial z}(\rho\mathbf{v}\,v_z)dz]\,dx\,dy$	$\frac{\partial(\rho\mathbf{v}\,v_w)}{\partial z}dx\,dy\,dz$

$$\frac{\partial}{\partial x}(\rho\mathbf{v}) + \frac{\partial}{\partial x}(\rho\mathbf{v}\,v_x) + \frac{\partial}{\partial y}(\rho\mathbf{v}\,v_y) + \frac{\partial}{\partial z}(\rho\mathbf{v}\,v_z)$$

$$= \mathbf{v}\left[\frac{\partial\rho}{\partial t} + \nabla\cdot(\rho\mathbf{v})\right] + \rho(\frac{\partial\mathbf{v}}{\partial t} + v_x\frac{\partial\mathbf{v}}{\partial x} + v_y\frac{\partial\mathbf{v}}{\partial y} + v_w\frac{\partial\mathbf{v}}{\partial z}) \tag{3.81}$$

위 식 우변 각 괄호[ ]항은 연속방정식 (3.75b)에 의해 0이 되고, 둥근 괄호( )항은 속도 $\mathbf{v}$의 물질미분 $D\mathbf{v}/Dt$ 식 (3.17d)와 동일하여 검사체적 내 유체입자의 가속도를 의미한다. 따라서 검사체적의 운동량 변화율 식 (3.81)은 다음과 같이 간단히 표현된다.

$$\frac{D(m\mathbf{v})}{Dt} = \rho\frac{D\mathbf{v}}{Dt}dx\,dy\,dz \tag{3.82}$$

이것이 검사체적의 운동량 변화율을 나타낸 식이다. 이 식의 $\rho dxdydz(=m)$는 질량을, $D\mathbf{v}/Dt(=a)$는 가속도을 의미하므로 유체의 운동량 변화율은 물체의 관성력(ma)을 의미하고 또 이 값은 검사체적의 부피 $dV(=dx\,dy\,dz)$에 비례하는 것을 알 수 있다.

(2) 유체에 작용하는 총 힘

유체의 운동과 관련되어 작용하는 힘에는 체적력으로서 중력 W을, 표면력으로는 압력력 $F_{압력력}$과 전단력 $F_{전단력}$의 총 3개의 힘만을 고려한다. 즉

$$\underbrace{\sum\mathbf{F}}_{유체에\ 작용하는\ 총\ 힘} = \underbrace{W_{중력}}_{체적력} + \underbrace{F_{압력력} + F_{전단력}}_{표면력}$$

만약 이상유체의 유동이라면 이상유체는 점성이 없으므로 점성에 기인한 전단력이 존재하지 않아 중력과 압력에 기인한 힘의 2개의 힘만을 고려한다.

먼저 중력을 구해보자. 미소 검사체적에 작용하는 미소 중력은 $dm\mathbf{g}$ 이므로 다음과 같다.

$$dW = dm\,\mathbf{g} = \rho\mathbf{g}\,dx\,dy\,dz \tag{3.83a}$$

또는

$$\left(\frac{dW}{dV}\right)_{\text{중력}} = \rho\mathbf{g} \tag{3.83b}$$

여기서 $dV(=dx\,dy\,dz)$는 미소 검사체적의 부피, ρ는 밀도, g(g)는 중력가속도이다.[68)]

다음 압력력은 '압력×면적'으로 주어지고 순수(net) 압력력은 검사체적의 양면에서 작용하는 압력력의 차이로 주어지므로 x축 방향의 순수 압력력은 다음과 같다.

$$dF_{x,\text{압력력}} = \left[p - \left(p + \frac{\partial p}{\partial x}dx\right)\right]dy\,dz = -\frac{\partial p}{\partial x}dx\,dy\,dz$$

여기에서 음(−)의 기호는 순수 압력력이 x축의 음의 방향으로 작용함을 의미한다. 따라서 검사체적에 작용하는 순수 압력력은 x, y, z축 3방향 모두 함께 고려하면 다음과 같다.

$$dF_{\text{압력력}} = -\left(\frac{\partial p}{\partial x} + \frac{\partial p}{\partial y} + \frac{\partial p}{\partial z}\right)dx\,dy\,dz = -\nabla p\,dx\,dy\,dz \tag{3.84a}$$

또는

$$\left(\frac{dF}{dV}\right)_{\text{압력력}} = -\nabla p \tag{3.84b}$$

따라서 이상유체에 작용하는 총 힘은 중력과 압력력의 합이므로 다음과 같다.

$$\sum \mathbf{F} = \rho\mathbf{g}\,dx\,dy\,dz - \nabla p\,dx\,dy\,dz \tag{3.85}$$

유체에 작용하는 힘들, 즉 중력, 압력력 등은 모두 검사체적의 부피 dV에 비례하는 것을 알 수 있다.

(3) 이상유체의 운동방정식

이상유체 운동방정식은 식 (3.78)에 식 (3.82)와 (3.85)를 대입하여 양변을 검사체적의 부피 $dx\,dy\,dz$으로 나누면 다음과 같이 얻어진다. 즉,

$$\underbrace{\rho\frac{D\mathbf{v}}{Dt}}_{\text{유체의 운동량 변화율}} = \underbrace{\underbrace{\rho\mathbf{g}}_{\text{중력(체적력)}} + \underbrace{(-\nabla p)}_{\text{압력력(표면력)}}}_{\text{유체에 작용하는 총 힘}} \tag{3.86a}$$

이 식은 이상유체의 운동방정식으로서 Euler에 의해 유도되어 Euler의 운동방정식[69)]이라고도 한다.

---

68) g와 g는 동일한 중력가속도 기호이다.

69) Euler의 운동방정식 (3.86)은 유체정역학의 운동방정식 (2.31), 비점성유체의 운동방정식 (3.23)과 동일하다.

Euler의 운동방정식 (3.86a)는 벡터기호로 표현되었지만 각 축 방향 성분으로 표기하면 다음과 같다.

$$
\begin{aligned}
\rho\left(\frac{\partial v_x}{\partial t} + v_x\frac{\partial v_x}{\partial x} + v_y\frac{\partial v_x}{\partial y} + v_z\frac{\partial v_x}{\partial z}\right) &= \rho g_x - \frac{\partial p}{\partial x} \\
\rho\left(\frac{\partial v_y}{\partial t} + v_x\frac{\partial v_y}{\partial x} + v_y\frac{\partial v_y}{\partial y} + v_y\frac{\partial v_y}{\partial z}\right) &= \rho g_y - \frac{\partial p}{\partial y} \\
\rho\left(\frac{\partial v_z}{\partial t} + v_x\frac{\partial v_z}{\partial x} + v_y\frac{\partial v_z}{\partial y} + v_z\frac{\partial v_z}{\partial z}\right) &= \rho g_z - \frac{\partial p}{\partial z}
\end{aligned}
\qquad (3.86b)
$$

3.3.2 점성유체의 운동방정식

Euler의 운동방정식은 이상유체, 즉 비점성유체에 대한 식이다. 점성유체에 대한 운동방정식을 고려하여 보자. 점성유체는 점성에 기인하여 전단력(또는 전단응력)이 발생한다. 따라서 점성유체의 운동방정식은 표면력으로서 압력 이외에 전단력까지 고려하여 얻어진 식이다.

검사체적에 작용하는 전단력을 평가하여 보자. 상자형상의 검사체적의 면은 6개이지만 대응하는 면의 전단력은 서로 같으므로 3개의 면만을 고려하면 된다. 또 전단력은 한 개의 면에 대해서도 3방향으로 발생한다. 예를 들면 x축 방향의 수직인 검사면이라도 x, y, z축 3방향으로 작용하는 전단력이 존재한다. 그러므로 점성유체의 검사체적에서 고려해야 할 전단력은 3개의 면에 각 3방향의 전단력이 발생하므로 총 9개가 된다.

유체의 운동과 관련하여 검사면에 작용하는 표면력에는 수직응력으로서 압력과 전단응력으로서 전단력이 있다. 표면력으로서 이들 응력은 일반적으로 응력 텐서(stress tensor) σ_{ij}를 사용하여 표기하며 다음과 같다.

$$
\sigma_{ij} = \begin{pmatrix} \sigma_{xx} & \sigma_{xy} & \sigma_{xz} \\ \sigma_{yx} & \sigma_{yy} & \sigma_{yz} \\ \sigma_{zx} & \sigma_{zy} & \sigma_{zz} \end{pmatrix} = \begin{pmatrix} -p+\tau_{xx} & \tau_{xy} & \tau_{xz} \\ \tau_{yx} & -p+\tau_{yy} & \tau_{yz} \\ \tau_{zx} & \tau_{zy} & -p+\tau_{zz} \end{pmatrix} \qquad (3.87)
$$

응력 텐서의 대각선 성분들 σ_{xx}, σ_{yy}, σ_{zz}는 수직응력으로서, 이것은 압력 p와 수직전단응력 τ_{xx}, τ_{yy}, τ_{zz}의 합으로 구성된다.[70] 그러나 비대각선 성분들 $\sigma_{ij}(i \neq j)$은 전단응력 $\tau_{ij}(i \neq j)$만으로 구성된다. 즉, $\sigma_{ij} = \tau_{ij}\,(i \neq j)$이다. 응력텐서의 힘과 방향의 표기법에 대해서는 [그림 3-26]에 나타내었다.

---

70) 수직전단응력(점성수직응력) τ_{xx} 존재는 다음과 같다. 엿을 길이 방향으로 잡아당기면 단면적은 줄어들고 길이가 늘어날 것이다. 이때 엿의 중심선을 x축으로 하고 한 점에서의 속도를 v_x라 하면, v_x가 거리 x에 따라 변하여 x축 방향으로 속도구배가 존재하여 수직전단응력 τ_{xx}가 발생한다.

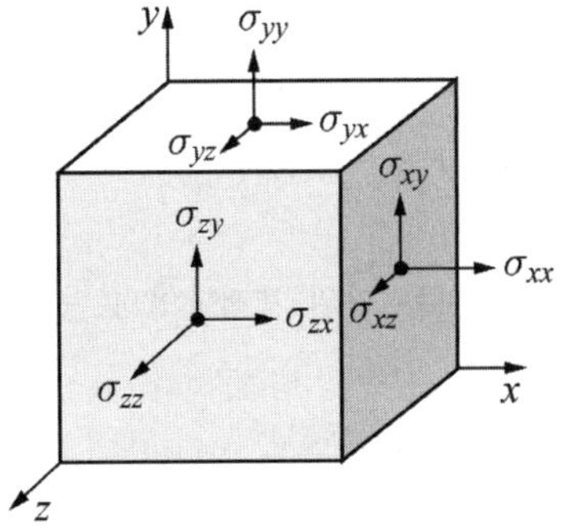

그림 3-26 응력텐서의 표기법

점성유체의 검사체적에 작용하는 순수 표면력은 이들 힘(또는 응력)에 의해서가 아니라 이들의 차이에 의해서 나타난다. [그림 3-27]은 x축 방향의 응력만을 나타냈다. 그림의 왼쪽 면에 작용하는 왼쪽방향으로의 힘은 $\sigma_{xx}dy\,dz$이고, 오른쪽 면에 오른쪽 방향으로 작용하는 힘은 $\left(\sigma_{xx}+\dfrac{\partial\sigma_{xx}}{\partial x}dx\right)dy\,dz$이다. 그 결과 순수 힘은 두 힘 중 큰 쪽인 오른쪽 면에서 오른쪽 방향으로 작용하는 힘$(\partial\sigma_{xx}/\partial x)dx\,dy\,dz$이 된다. 마찬가지로 다른 4개의 면에서도 동일한 현상이 나타나므로, 그 결과 x축 방향의 순수(유효) 힘은 다음과 같다.

$$dF_{x,\text{표면력}}=\left(\frac{\partial}{\partial x}\sigma_{xx}+\frac{\partial}{\partial y}\sigma_{yx}+\frac{\partial}{\partial z}\sigma_{zx}\right)dx\,dy\,dz \tag{3.88}$$

이 식에 포함된 x축 방향의 응력은 응력텐서 식 (3.87)의 제 1열에 해당함을 알 수 있다. 응력은 수직응력(압력)과 전단응력의 합을 의미하므로 $\sigma_{xx}=-p+\tau_{xx}$, $\sigma_{yx}=\tau_{yx}$, $\sigma_{zx}=\tau_{zx}$를 고려하면 식 (3.88)은 다음과 같이 쓸 수 있다.

$$dF_x=\left(-\frac{\partial p}{\partial x}+\frac{\partial}{\partial x}\tau_{xx}+\frac{\partial}{\partial y}\tau_{yx}+\frac{\partial}{\partial z}\tau_{zx}\right)dx\,dy\,dz$$

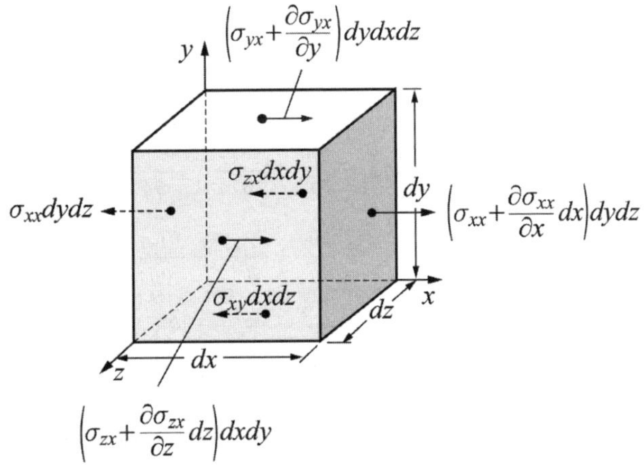

그림 3-27 x축 방향의 응력

또는

$$\left(\frac{dF_x}{dV}\right) = -\frac{\partial p}{\partial x} + \frac{\partial}{\partial x}\tau_{xx} + \frac{\partial}{\partial y}\tau_{yx} + \frac{\partial}{\partial z}\tau_{zx}$$

y, z축 방향의 수직인 검사면에 작용하는 단위 체적당의 표면력도 다음과 같이 유도된다.

$$\left(\frac{dF_y}{dV}\right) = -\frac{\partial p}{\partial y} + \frac{\partial}{\partial x}\tau_{xy} + \frac{\partial}{\partial y}\tau_{yy} + \frac{\partial}{\partial z}\tau_{zy}$$

$$\left(\frac{dF_z}{dV}\right) = -\frac{\partial p}{\partial z} + \frac{\partial}{\partial x}\tau_{xz} + \frac{\partial}{\partial y}\tau_{yz} + \frac{\partial}{\partial z}\tau_{zz}$$

따라서 위 식을 벡터 기호로 표현하면 다음과 같다.

$$\left(\frac{d\mathrm{F}}{dV}\right)_{\text{표면력}} = -\nabla p + \nabla\cdot\tau_{ij} \tag{3.89}$$

여기에서 $\tau_{ij} = \begin{pmatrix} \tau_{xx} & \tau_{xy} & \tau_{xz} \\ \tau_{yx} & \tau_{yy} & \tau_{yz} \\ \tau_{zx} & \tau_{zy} & \tau_{zz} \end{pmatrix}$

식 (3.89)는 단위 체적당 유체에 작용하는 표면력이 압력과 전단응력의 합으로 평가됨을 의미한다. 따라서 점성유체의 운동방정식은 이상유체 운동방정식 (3.86)의 표면력에 전단응력까지 고려한 식 (3.89)로 대체한 다음 식으로 주어진다.

$$\underbrace{\rho\frac{D\mathbf{v}}{Dt}}_{\text{관성력}} = \underbrace{\rho\mathbf{g}}_{\text{중력}} \underbrace{-\nabla p}_{\text{압력}} + \underbrace{\nabla\cdot\tau_{ij}}_{\text{전단응력}} \tag{3.90a}$$

이 식이 점성유체에 대한 운동방정식으로서 이상유체 운동방정식 (3.86a)에 전단응력 $\nabla\cdot\tau_{ij}$가 포함된 것을 알 수 있다.

점성유체에 대한 운동방정식 (3.90a)는 벡터기호로 표현되었지만 각 축 방향 성분으로 표기하면 다음과 같이 9개의 항으로 표현된다.

$$\begin{aligned}
\rho\left(\frac{\partial v_x}{\partial t} + v_x\frac{\partial v_x}{\partial x} + v_y\frac{\partial v_x}{\partial y} + v_z\frac{\partial v_x}{\partial z}\right) &= \rho g_x - \frac{\partial p}{\partial x} + \frac{\partial \tau_{xx}}{\partial x} + \frac{\partial \tau_{yx}}{\partial y} + \frac{\partial \tau_{zx}}{\partial z} \\
\rho\left(\frac{\partial v_y}{\partial t} + v_x\frac{\partial v_y}{\partial x} + v_y\frac{\partial v_y}{\partial y} + v_y\frac{\partial v_y}{\partial z}\right) &= \rho g_y - \frac{\partial p}{\partial y} + \frac{\partial \tau_{xy}}{\partial x} + \frac{\partial \tau_{yy}}{\partial y} + \frac{\partial \tau_{zy}}{\partial z} \\
\rho\left(\frac{\partial v_z}{\partial t} + v_x\frac{\partial v_z}{\partial x} + v_y\frac{\partial v_z}{\partial y} + v_z\frac{\partial v_z}{\partial z}\right) &= \rho g_z - \frac{\partial p}{\partial z} + \frac{\partial \tau_{xz}}{\partial x} + \frac{\partial \tau_{yz}}{\partial y} + \frac{\partial \tau_{zz}}{\partial z}
\end{aligned} \tag{3.90b}$$

위 식의 우변에 나타난 전단응력 τ_{ij}는 속도구배(또는 전단변형률)에 비례한다는 뉴턴의 점성법칙을 3차원의 점성유동으로 일반화하면 다음과 같이 표현된다.

$$
\begin{aligned}
\tau_{xx} &= 2\mu\frac{\partial v_x}{\partial x} \\
\tau_{yy} &= 2\mu\frac{\partial v_y}{\partial y} \\
\tau_{zz} &= 2\mu\frac{\partial v_z}{\partial z} \\
\tau_{xy} = \tau_{yx} &= \mu\left(\frac{\partial v_x}{\partial y} + \frac{\partial v_y}{\partial x}\right) \\
\tau_{xz} = \tau_{zx} &= \mu\left(\frac{\partial v_z}{\partial x} + \frac{\partial v_x}{\partial z}\right) \\
\tau_{yz} = \tau_{zy} &= \mu\left(\frac{\partial v_y}{\partial z} + \frac{\partial v_z}{\partial y}\right)
\end{aligned}
\tag{3.91}
$$

식 (3.90b)에 식 (3.91)을 대입하면 전단응력을 점성응력으로 나타낸 미분형 점성유체의 운동방정식이 얻어진다.71)

$$
\begin{aligned}
\rho\left(\frac{\partial v_x}{\partial t}+v_x\frac{\partial v_x}{\partial x}+v_y\frac{\partial v_x}{\partial y}+v_z\frac{\partial v_x}{\partial z}\right)&=\rho g_x-\frac{\partial p}{\partial x}+\mu\left(\frac{\partial^2 v_x}{\partial x^2}+\frac{\partial^2 v_x}{\partial y^2}+\frac{\partial^2 v_x}{\partial z^2}\right) \\
\rho\left(\frac{\partial v_y}{\partial t}+v_x\frac{\partial v_y}{\partial x}+v_y\frac{\partial v_y}{\partial y}+v_y\frac{\partial v_y}{\partial z}\right)&=\rho g_y-\frac{\partial p}{\partial y}+\mu\left(\frac{\partial^2 v_y}{\partial x^2}+\frac{\partial^2 v_y}{\partial y^2}+\frac{\partial^2 v_y}{\partial z^2}\right) \\
\rho\left(\frac{\partial v_z}{\partial t}+v_x\frac{\partial v_z}{\partial x}+v_y\frac{\partial v_z}{\partial y}+v_z\frac{\partial v_z}{\partial z}\right)&=\rho g_z-\frac{\partial p}{\partial z}+\mu\left(\frac{\partial^2 v_z}{\partial x^2}+\frac{\partial^2 v_z}{\partial y^2}+\frac{\partial^2 v_z}{\partial z^2}\right)
\end{aligned}
\tag{3.92a}
$$

또는

$$
\underbrace{\rho\frac{D\mathbf{v}}{Dt}}_{\text{관성력}} = \underbrace{\rho\mathbf{g}}_{\text{중력}}\ \underbrace{-\nabla p}_{\text{압력}} + \underbrace{\mu\nabla^2\mathbf{v}}_{\text{점성력}}
\tag{3.92b}
$$

식 (3.92)는 식 (3.90)과 동일한 점성유체에 대한 운동량방정식으로서 Navier-Stokes 방정식이라 한다. Navier-Stokes 방정식은 전단응력으로 표기된 텐서항 $\nabla\cdot\tau_{ij}$이 점성응력 $\mu\nabla^2\mathbf{v}$ 으로 표현되어 사용하기 쉽기 때문에 운동량 전달의 기본 미분방정식으로 사용된다. 또한 이 식은 점성계수 μ가 0인 경우를 고려하면 식 (3.92)의 우변 3번째 항이 소거되어 이상유체의 운동방정식 (3.86)이 되어 이상유체에 대해서도 성립한다.

---

71) 전단응력의 합은 2개의 항만을 고려하여 계산하면 다음과 같다.

$$
\frac{\partial\tau_{xx}}{\partial x}+\frac{\partial\tau_{yx}}{\partial y}=\frac{\partial}{\partial x}\left(2\mu\frac{\partial v_x}{\partial x}\right)+\frac{\partial}{\partial y}\mu\left(\frac{\partial v_x}{\partial y}+\frac{\partial v_y}{\partial x}\right)=2\mu\frac{\partial^2 v_x}{\partial x^2}+\mu\frac{\partial^2 v_x}{\partial y^2}+\mu\frac{\partial^2 v_y}{\partial x\partial y}
$$

$=\mu\dfrac{\partial^2 v_x}{\partial x^2}+\mu\dfrac{\partial^2 v_x}{\partial y^2}+\mu\left(\dfrac{\partial^2 v_x}{\partial x^2}+\dfrac{\partial^2 v_y}{\partial x\partial y}\right)=\mu\left(\dfrac{\partial^2 v_x}{\partial x^2}+\dfrac{\partial^2 v_x}{\partial y^2}\right)$이 된다. 왜냐하면 연속방정 $\dfrac{\partial v_x}{\partial x}+\dfrac{\partial v_y}{\partial y}=0$을 x에 대하여 편미분하여도 $\dfrac{\partial^2 v_x}{\partial x^2}+\dfrac{\partial^2 v_y}{\partial x\partial y}=0$이 되기 때문이다.

Navier-Stokes 방정식은 편미분방정식이고 식이 3개인데 미지수는 4개(압력 p와 3개의 성분속도 v_x, v_y, v_z)가 포함되어 있다. 그래서 해를 얻기 위해서는 4번째 식으로 연속방정식 및 초기조건과 경계조건이 필요하게 된다. Navier-Stokes 방정식의 원통 및 구형좌표계로의 표현은 [표 3.4], [표 3.5]에 나타내었다.

표 3.4 원통좌표계(r, θ, z)에서의 운동방정식

좌표성분	운동방정식
r성분	$\rho\left(\frac{\partial v_r}{\partial t} + v_r \frac{\partial v_r}{\partial r} + \frac{v_\theta}{r}\frac{\partial v_r}{\partial \theta} - \frac{v_\theta^2}{r} + v_z \frac{\partial v_z}{\partial z}\right) = \rho g_r - \frac{\partial p}{\partial r} + \mu\left[\frac{\partial}{\partial r}\left(\frac{1}{r}\frac{\partial}{\partial r}(r v_r)\right) + \frac{1}{r^2}\frac{\partial^2 v_r}{\partial \theta^2} - \frac{2}{r^2}\frac{\partial v_r}{\partial \theta} + \frac{\partial^2 v_r}{\partial z^2}\right]$
θ성분	$\rho\left(\frac{\partial v_\theta}{\partial t} + v_r \frac{\partial v_\theta}{\partial r} + \frac{v_\theta}{r}\frac{\partial v_\theta}{\partial \theta} - v_r \frac{v_\theta}{r} + v_z \frac{\partial v_\theta}{\partial z}\right) = \rho g_\theta - \frac{1}{r}\frac{\partial p}{\partial \theta} + \mu\left[\frac{\partial}{\partial r}\left(\frac{1}{r}\frac{\partial}{\partial r}(r v_\theta)\right) + \frac{1}{r^2}\frac{\partial^2 v_\theta}{\partial \theta^2} - \frac{2}{r^2}\frac{\partial v_\theta}{\partial \theta} + \frac{\partial^2 v_\theta}{\partial z^2}\right]$
z성분	$\rho\left(\frac{\partial v_z}{\partial t} + v_r \frac{\partial v_z}{\partial r} + \frac{v_\theta}{r}\frac{\partial v_z}{\partial \theta} + v_z \frac{\partial v_z}{\partial z}\right) = \rho g_z - \frac{\partial p}{\partial z} + \mu\left[\frac{1}{r}\frac{\partial}{\partial r}\left(r\frac{\partial v_z}{\partial r}\right) + \frac{1}{r^2}\frac{\partial^2 v_z}{\partial \theta^2} + \frac{\partial^2 v_z}{\partial z^2}\right]$

표 3.5 구좌표계(r, θ, ϕ)에서의 운동방정식

좌표성분	운동방정식
r성분	$\rho\left(\frac{\partial v_r}{\partial t} + v_r \frac{\partial v_r}{\partial r} + \frac{v_\theta}{r}\frac{\partial v_r}{\partial \theta} + \frac{v_\theta}{r\sin\theta}\frac{\partial v_r}{\partial \phi} - \frac{v_\theta^2 + v_\phi^2}{r}\right) = \rho g_r - \frac{\partial p}{\partial r} + \mu\left(\nabla^2 v_r - \frac{2}{r^2}v_r - \frac{2}{r^2}\frac{\partial v_\theta}{\partial \theta} - \frac{2}{r^2}v_\theta \cot\theta - \frac{2}{r^2\sin\theta}\frac{\partial v_\phi}{\partial \phi}\right)$
θ성분	$\rho\left(\frac{\partial v_\theta}{\partial t} + v_r \frac{\partial v_\theta}{\partial r} + \frac{v_\phi}{r}\frac{\partial v_\theta}{\partial \theta} + \frac{v_\phi}{r\sin\theta}\frac{\partial v_\theta}{\partial \phi} + \frac{v_r v_\theta}{r} - \frac{v_\phi^2 \cot\theta}{r}\right) = \rho g_\theta - \frac{1}{r}\frac{\partial p}{\partial \theta} + \mu\left(\nabla^2 v_\theta + \frac{2}{r^2}\frac{\partial v_r}{\partial \theta} - \frac{v_\theta}{r^2\sin^2\theta} - \frac{2\cos\theta}{r^2\sin^2\theta}\frac{\partial v_\phi}{\partial \phi}\right)$
ϕ성분	$\rho\left(\frac{\partial v_\phi}{\partial t} + v_r \frac{\partial v_\phi}{\partial r} + \frac{v_\theta}{r}\frac{\partial v_\phi}{\partial \theta} + \frac{v_\phi}{r\sin\theta}\frac{\partial v_\phi}{\partial \phi} + \frac{v_\phi v_r}{r} + \frac{v_\theta v_\phi}{r}\cot\theta\right) = \rho g_\phi - \frac{1}{r\sin\theta}\frac{\partial p}{\partial \phi} + \mu\left(\nabla^2 v_\phi - \frac{v_\phi}{r^2\sin^2\theta} - \frac{2}{r^2\sin\theta}\frac{\partial v_r}{\partial \phi} + \frac{2\cos\theta}{r^2\sin^2\theta}\frac{\partial v_\theta}{\partial \phi}\right)$

예제13

전단응력과 속도구배 사이에 다음 관계가 있음을 증명하라.

$$\tau_{xy} = \mu\left(\frac{\partial v_x}{\partial y} + \frac{\partial v_y}{\partial x}\right)$$

유체의 전단변형률은 전단응력에 직접 비례하여 다음 식으로 표현할 수 있다.

$$\tau \propto \frac{d\theta}{dt} \quad \cdots\cdots (R1)$$

전단변형률 θ_{xy}는 x, y축 방향의 각 변형의 합으로 주어지고 식 (3.47a)에 의해 다음과 같다.

$$\theta_{xy} = \theta_x + \theta_y = \frac{\partial v_y}{\partial x}dt + \frac{\partial v_x}{\partial y}dt$$

이 식을 식 (R1)에 대입하면 전단응력은 다음 식으로 표현된다.

$$\tau_{xy} = \mu\frac{\partial \theta_{xy}}{\partial t} = \mu\left(\frac{\partial v_y}{\partial x} + \frac{\partial v_x}{\partial y}\right)$$

이 식은 뉴턴의 점성법칙을 나타낸 식으로서, 비례계수 μ는 점성계수라 하며 유체의 유동성을 나타내는 고유한 성질이다.

3.4 에너지방정식

에너지방정식(equation of energy)은 에너지평형식이라고도 하며 운동방정식과 더불어 유체유동의 문제를 해결할 때 사용되는 중요한 식이다. Reynolds 수송정리에 의해 일반 에너지방정식을 유도해 보자.

3.4.1 일반 에너지방정식

운동방정식은 유체에 작용하는 힘을 고려하였지만, 에너지방정식은 열역학 제1법칙으로부터 유체에 작용하는 에너지를 고려하여 얻는다.

(1) 열역학 제1법칙

열역학 제1법칙은 에너지보존법칙이라 하며, 열이 에너지의 일종이라는 것이 19세기 초반 J. P. Joule이 실험을 통해 증명되자, 열을 포함하여 에너지가 보존된다는 형태로 개발된 것이다. 계(system)에 대한 에너지보존은 다음과 같이 기술할 수 있다.[72)]

72) 관례에 따라 외부에서 계로 유입된 열에너지 Q와 계가 주위로 행한 일 W는 양(+)의 값으로 한다. 따라서 계에서 외부로 방출된 열에너지와 외부에서 계로 주어지는 일은 음(-)의 부호를 갖는다.

$$\Delta E = Q - W$$

여기서 ΔE는 계의 에너지 변화, Q는 계의 경계를 통한 열에너지, W는 계의 경계를 통하여 행한 일을 의미한다.

먼저 계가 보유한 에너지 E를 평가하여 보자. 계가 보유한 에너지는 운동에너지 E_k, 위치에너지 E_p 및 내부에너지[73] E_u가 있으므로 이들 값의 합으로 주어진다.

$$\begin{aligned} E &= E_k + E_p + E_u \\ &= \frac{1}{2}mv^2 + mgz + mu \\ &= me \end{aligned} \tag{3.93}$$

$e\,(=E/m)$는 계가 보유한 단위 질량당 에너지로 다음과 같다.

$$e = e_k + e_p + e_u = \frac{1}{2}v^2 + gz + u \tag{3.94}$$

여기서 v는 계의 속도, z는 위치, u는 계의 비내부에너지이다.

에너지 보존법칙을 시간에 따른 에너지 변화율로 표현하면 다음과 같은 미분형태의 식으로 표현된다.

$$\frac{dE}{dt} = \dot{Q} - \dot{W} \tag{3.95}$$

여기서 $\dot{Q}(= Q/dt)$, $\dot{W}(= W/dt)$는 단위 시간당 전달된 열(열에너지)과 일이다.

(2) 일반 에너지방정식

일반 에너지방정식은 Reynolds 수송정리 식 (3.68)에 계의 총량적 특성 B_{sys} 대신에 계의 에너지 E를, 강성적 특성 b 대신에 단위질량당 에너지 e를 대입하여 얻을 수 있고 다음과 같다.

$$\frac{dE}{dt} = \frac{d}{dt}\int_{cv} e\rho dV + \int_{cs} e\rho(\mathbf{v}\cdot\mathbf{n})dA \tag{3.96}$$

이 식을 열역학 제1법칙 식 (3.95)에 대입하고 단위질량당 에너지 e에 식 (3.94)를 대입하면 다음 식이 된다.

$$\dot{Q} - \dot{W} = \frac{d}{dt}\int_{cv}(\frac{1}{2}v^2 + gz + u)\rho dV + \int_{cs}(\frac{1}{2}v^2 + gz + u)\rho(\mathbf{v}\cdot\mathbf{n})dA \tag{3.97}$$

---

73) 내부에너지에는 분자의 운동과 관련된 열적에너지, 분자의 구조와 관련된 화학에너지 그리고 핵에너지로 구성된다. 유체동역학에서는 핵에너지와 화학반응을 고려하지 않으므로 내부에너지라고 하면 열적에너지를 의미하고, 열적에너지는 온도에 비례한다.

여기서 $\dot{Q}$는 계의 경계를 통해 유입되는 열에너지율이고, $\dot{W}$는 계가 주변에 한 일률이다. 이 식이 Reynolds 수송정리에 의해 얻어진 에너지방정식이지만, 실제 적용하기에는 우변의 적분 항들이 존재하여 사용하기 쉽지 않다. 따라서 우변의 적분 항들을 유체유동에 관련된 변수로 표현하고, 특히 일률 $\dot{W}$를 보다 구체적으로 고려해야 일반 에너지방정식을 얻을 수 있다.

유체유동에서 고려하는 일에는 축일(shaft work) W_s, 유동일(flow work) W_f 그리고 전단일(shear work) W_τ의 3가지가 있다. 축일은 축을 회전시키는 일이고, 유동일은 계가 경계를 통과하기 위한 일, 전단일은 전단응력을 극복하는 일이다. 따라서 일률은 다음과 같이 표현된다.

$$\underbrace{\dot{W}}_{\text{일률}} = \underbrace{\dot{W}_s}_{\text{축일률}} + \underbrace{\dot{W}_f}_{\text{유동일률}} + \underbrace{\dot{W}_\tau}_{\text{전단일률}}$$

유동일과 전단일은 모두 계의 경계에서 나타난다.

① 축일

축일은 유체의 유동에 의해 축을 회전시켜 얻는 일을 의미하고, 이것은 유체기계인 펌프나 터빈과 관련이 있다. 펌프는 유체에 일을 가하는, 즉 외부에서 유체(계)로 일을 공급하는 장치이고, 터빈은 유체가 외부로 일을 행하는 장치이다. 열역학 제1법칙의 식은 관례에 따라 유체계가 외부로 행한 터빈일은 양(+)의 일로, 외부에서 유채계로 주어지는 펌프일은 음(-)의 일로 평가한다. 그러나 만약 유체 유동장에 펌프나 터빈이 설치되지 않았다면 축일은 0이 된다.

② 유동일

유동일은 유체계가 경계를 통과하기 위한 일, 즉 수직응력을 극복하기 위한 일로서 그 크기는 압력에 기인한 힘(압력력)과 같다. [그림 3-28]의 계 표면의 미소면적 dA에 작용하는 단위면적당 힘 벡터를 **F**라 하자. 단위면적당 힘 벡터는 표면에 수직성분인 수직응력(압력+수직전단응력) σ_{ii}과 표면의 접선방향 성분인 전단응력 τ_{ij}를 갖는다. 따라서 미소면적에 작용하는 힘은 $\mathbf{F}dA$이고, 유체가 이 미소면적을 통과하기 위해 행한 일률은 '힘×속도'로 주어지므로 $\mathbf{v}\cdot\mathbf{F}d\mathbf{A}$가 된다.

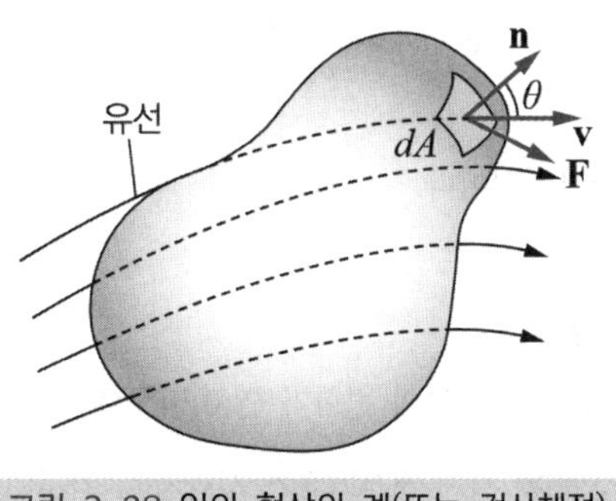

그림 3-28 임의 형상의 계(또는 검사체적)

유동일률은 유체가 계의 표면에서 행한 일의 수직성분의 값이므로 $\mathbf{v}\cdot(\sigma_{ii}\mathbf{n})dA$으로 표현된다. 임의의 형상의 검사체적의 전 표면에 걸친 유동일률은 위 식의 적분으로 $-\int_{cs}\mathbf{v}\cdot(\sigma_{ii}\mathbf{n})dA$로 주어진다. 여기에서 음(-)의 기호는 일에 대한 부호 약속에 따라 외부에서 유체계로 일이 주어졌다는 것을 의미한다. 따라서 유동일률은 다음과 같이 쓸 수 있다.

$$\dot{W}_f = -\int_{cs}\sigma_{ii}(\mathbf{v}\cdot\mathbf{n})dA$$

③ 전단일

수직응력 σ_{ii}는 응력텐서 식 (3.87)에 나타낸 바와 같이 압력 p와 수직전단응력 τ_{ii}의 합으로 구성된다. 또 수직전단응력 τ_{ii}와 전단일 W_τ은 모두 계의 표면에서 점성을 극복하기 위한 일이므로 이 둘을 합쳐 점성일 W_μ로 표기하면, 유동일률과 전단일률의 합은 다음과 같이 쓸 수 있다.

$$-\int_{cs}\sigma_{ii}(\mathbf{v}\cdot\mathbf{n})dA + \dot{W}_\tau = \int_{cs}p(\mathbf{v}\cdot\mathbf{n})dA + \dot{W}_\mu$$

위 식 우변 첫 번째 항이 양(+)의 부호가 되는 것은 계의 표면에 작용하는 압력 p의 방향이 계에 작용하는 힘의 방향(또는 응력의 방향)과 반대이기 때문이다.

④ 일반 에너지방정식

에너지방정식 (3.97)의 일률 $\dot{W}$에 축일률과 유동일률과 전단일률을 합한 식을 고려하면 다음과 같은 일반 에너지방정식을 얻는다.

$$\dot{Q} - \dot{W}_s = \int_{cs}\left(\frac{1}{2}v^2 + gz + u + \frac{p}{\rho}\right)\rho(\mathbf{v}\cdot\mathbf{n})dA + \frac{\partial}{\partial t}\int_{cv}(\frac{1}{2}v^2 + gz + u)\rho dV + \dot{W}_\mu \qquad (3.98)$$

여기서 비엔탈피 $h \equiv u + p/\rho$을 고려하고 점성일률 $\dot{W}_\mu$는 다른 항에 비해 작아 무시하면, 위 식은 다음과 같이 쓸 수 있다.

$$\dot{Q} - \dot{W}_s = \int_{cs}\left(\frac{1}{2}v^2 + gz + h\right)\rho(\mathbf{v}\cdot\mathbf{n})dA + \frac{\partial}{\partial t}\int_{cv}(\frac{1}{2}v^2 + gz + u)\rho dV \qquad (3.99)$$

이 식이 적분형태의 일반 에너지방정식이다.

(3) 정상상태 균일유동 에너지방정식

정상류에 대해서는 시간에 대한 계의 특성 값의 변화가 영(0)이므로 식 (3.99)의 우변 두 번째 항이 0이다. 또 흐름이 균일유동이라면 우변 첫 번째 식의 적분기호가 사라지고, 검사면을 통한 질량유량 $\int_{cs}\rho(\mathbf{v}\cdot\mathbf{n})dA$은 식 (3.73b)를 고려하면 일반 에너지방정식 (3.99)는 다음과 같이 간단히 표기할 수 있다.

$$\dot{Q} - \dot{W}_s = \sum_{cs} \dot{m}_o \left(\frac{1}{2} v^2 + gz + h \right)_o - \sum_{cs} \dot{m}_i \left(\frac{1}{2} v^2 + gz + h \right)_i \tag{3.100}$$

여기서 하첨자 i, o는 각각 입구와 출구를 의미한다.

예제14

1.2 MPa, 350 ℃의 과열증기가 20 m/s 속도로 터빈으로 유입되어 101 kPa, 100 ℃, 60 m/s 속도로 유출된다. 터빈을 통과하는 질량유량이 0.5 kg/s, 터빈 벽을 통한 열손실이 7600 kJ/h일 때, 터빈의 출력을 구하여라. 터빈 입구와 출구상태에서 증기의 비엔탈피는 각각 3154 kJ/kg, 2676 kJ/kg이고, 터빈 입구와 출구의 높이 차이는 무시한다.

터빈의 개략도는 다음과 같다.

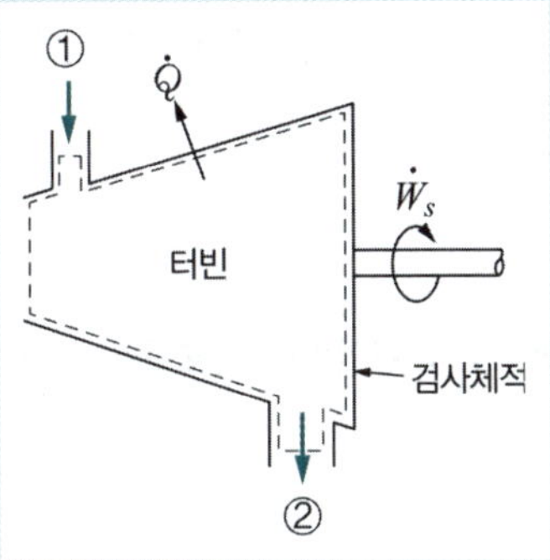

[그림 예제3.14]

입구 ①과 출구 ②를 하첨자 1, 2로 표기하면 정상상태를 고려해야 하므로 질량유량은 $\dot{m} = \dot{m}_1 = \dot{m}_2$ 이고 입구와 출구 높이 차이는 무시할 수 있으므로 $gz_1 = gz_2$ 이다. 따라서 정상상태 에너지방정식 (3.100)은 다음과 같이 쓸 수 있다.

$$\dot{Q} - \dot{W}_s = \dot{m}\left(\frac{1}{2} v_2^2 + h_2 \right) - \dot{m}\left(\frac{1}{2} v_1^2 + h_1 \right)$$

따라서 터빈의 출력은 다음과 같다.

$$\dot{W}_s = \dot{Q} + \dot{m}\left(\frac{1}{2} v_1^2 - \frac{1}{2} v_2^2 + h_1 - h_2 \right)$$

여기서 $\dot{Q}$는 방출된 열에너지이므로 음(-)의 값을 가지며, 식 중의 속도의 제곱, 즉 $(\mathrm{m/s})^2$은 단위 환산하면 J/kg과 같다는 단위 사용에 주의하면 터빈의 출력은 다음과 같다.

$$\dot{W}_s = \frac{-7600\,\mathrm{kJ/h}}{3600\,\mathrm{s/h}} + 0.5\,\mathrm{kg/s}\left(\frac{20^2}{2} \times 10^{-3} - \frac{60^2}{2} \times 10^{-3} + 3154 - 2676 \right)\mathrm{kJ/kg}$$

$$= 236.2\,\mathrm{kJ/s} = 236.2\,\mathrm{kW}$$

3.4.2 확장된 에너지방정식

실제 유체기계 등에 적용할 에너지방정식은 일반 에너지방정식보다 확장된 에너지방정식이 사용된다. 이것은 실제 관내 흐름은 관 벽면과의 마찰에 의해 수두손실 h_L이 존재하고, 속도분포가 균일하지 않아 평균속도로 평가한 운동에너지가 정확하지 않기 때문에 운동에너지 수정계수 α의 도입이 필요하기 때문이다. 이외에 축일률 $\dot{W}_s$가 구체적으로 터빈일률 $\dot{W}_t$과 펌프일률 $\dot{W}_p$로 표기하여 이 모두를 고려하면 확장된 에너지방정식이 얻어진다.

먼저 시스템의 입·출구가 하나씩이고 운동에너지 수정계수를 사용한 정상상태 에너지방정식 (3.100)은 다음과 같이 쓸 수 있다.

$$\dot{Q} - \dot{W}_s = \dot{m}\left(\frac{1}{2}\alpha_2 v_2^2 + gz_2 + \frac{p_2}{\rho} + u_2\right) - \dot{m}\left(\frac{1}{2}\alpha_1 v_1^2 + gz_1 + \frac{p_1}{\rho} + u_1\right) \tag{3.101}$$

여기서 하첨자 1과 2는 각각 시스템의 입구와 출구를 가리키고, 비엔탈피 h를 유동에너지 p/ρ와 내부에너지 u로 나누어 표기하였다.

(1) 펌프일, 터빈일

에너지방정식에 나타난 축일은 일반적으로 터빈일이나 펌프일을 가리킨다. 그러므로 축일률은 다음과 같이 나타내는 것이 보다 일반적이다.

$$\dot{W}_s = \dot{W}_p - \dot{W}_t$$

여기서 $\dot{W}_t$, $\dot{W}_p$는 각각 터빈에서 발생된 동력과 펌프로 공급된 동력을 의미한다. 이 관계를 식 (3.101)에 대입하고 양변을 중량유량 $\dot{m}g$로 나누면 다음 식을 얻는다.

$$\frac{\dot{Q}}{\dot{m}g} + \frac{\dot{W}_p - \dot{W}_t}{\dot{m}g} = \alpha_2\frac{v_2^2}{2g} + z_2 + \frac{p_2}{\gamma} + \frac{u_2}{g} - \left(\alpha_1\frac{v_1^2}{2g} + z_1 + \frac{p_1}{\gamma} + \frac{u_1}{g}\right) \tag{3.102}$$

(2) 확장된 일반 에너지방정식

식 (3.102)의 모든 항의 차원은 모두 길이 차원이므로 터빈동력과 펌프동력이 포함된 항을 각각 $h_t(=\dot{W}_t/\dot{m}g)$(터빈수두), $h_p(=\dot{W}_p/\dot{m}g)$(펌프수두)로 표기하면 다음과 같이 표현할 수 있다.

$$\frac{p_1}{\gamma} + \alpha_1\frac{v_1^2}{2g} + z_1 + h_p = \frac{p_2}{\gamma} + \alpha_2\frac{v_2^2}{2g} + z_2 + h_t + \left[\frac{1}{g}(u_2 - u_1) - \frac{\dot{Q}}{\dot{m}g}\right]$$

이 식은 역학적 에너지 부분(압력에너지, 속도에너지, 위치에너지, 터빈일, 펌프일)과 열적에너지 부분(우변 각 괄호 항, 내부에너지, 열에너지)으로 나누어 표시하였다.

모든 유체는 점성이 있으므로 역학적 에너지의 일부는 내부마찰 및 벽면과의 마찰에 의해 열에너지로 변환된다. 이 에너지는 환원될 수 없어 에너지 손실로 간주된다. 내부에너지 u는 분자의 운동과 관련된 열적에너지이고 이것은 온도에 비례한다. 유체의 내부마찰에 의한 열에너지 발생은 내부에너지의 상승을 가져오므로 $u_2 > u_1$가 된다. 만약 단열상태를 고려하면 $\dot{Q}=0$이고, 시스템의 온도를 일정하게 유지하기 위하여 방열을 하면 $\dot{Q}<0$이 되어 우변 각 괄호 항[ ]은 항상 양(+)의 값을 갖는다. 이렇게 손실된 에너지를 손실수두(head loss)라 하며 기호로는 h_L로 나타낸다. 따라서 위 식은 다음과 같이 나타낼 수 있다.

$$\frac{p_1}{\gamma} + \alpha_1 \frac{v_1^2}{2g} + z_1 + h_p = \frac{p_2}{\gamma} + \alpha_2 \frac{v_2^2}{2g} + z_2 + h_t + h_L \tag{3.103}$$

이 식이 확장된 일반 에너지방정식이다. 에너지방정식의 운동에너지는 수정계수를 고려한 평균속도로 평가됨을 알 수 있는데, 흐름이 난류이면 운동에너지 수정계수 α가 1과 근사하므로 α를 생략하여 표기할 수 있다.

터빈수두 h_t와 펌프수두 h_p로부터 터빈과 펌프의 동력을 구하는 식은 다음과 같다.

$$\dot{W}_t = \gamma Q h_t = \dot{m} g h_t \tag{3.104}$$

$$\dot{W}_p = \gamma Q h_p = \dot{m} g h_p \tag{3.105}$$

만약 터빈과 펌프의 효율이 각각 η_t와 η_p라면 실제 터빈출력과 실제 펌프동력은 다음과 같다.

$$\dot{W}_{t,true} = \eta_t \dot{W}_t \tag{3.106}$$

$$\dot{W}_{p,true} = \frac{\dot{W}_p}{\eta_p} \tag{3.107}$$

(3) Bernoulli 방정식과 에너지방정식

Bernoulli 방정식은 특별한 경우의 에너지방정식과 동일하지만, 두 방정식 사이에는 근본적인 차이가 있다. Bernoulli 방정식은 비점성·비압축성 정상상태 흐름에서 동일한 유선상이면 어느 위치라도 속도에너지, 위치에너지, 압력에너지의 총합은 일정하다는 의미이다. 그러므로 유선의 위치에 따른 속도와 위압(위치와 압력) 사이의 관계도 나타내며 다음과 같이 표현된다.

$$\frac{p_1}{\gamma} + \frac{v_1^2}{2g} + z_1 = \frac{p_2}{\gamma} + \frac{v_2^2}{2g} + z_2$$

에너지방정식은 점성·비압축성 유체에 대한 에너지보존식이고, 더욱이 확장된 에너지방정식은 점성에 기이한 손실에너지와 터빈을 통해 에너지를 빼앗기거나 펌프를 통해 에너지와 손실에너지까지 포함된 방정식이며 다음과 같다.

$$\frac{p_1}{\gamma}+\alpha_1\frac{v_1^2}{2g}+z_1+h_p=\frac{p_2}{\gamma}+\alpha_2\frac{v_2^2}{2g}+z_2+h_t+h_L \tag{3.108}$$

따라서 위 두 식을 비교하면 에너지 방정식과 Bernoulli 방정식은 분명히 다르다. 그러나 특별한 경우, 즉 펌프나 터빈이 존재하지 않은 비점성 유체의 유관(stream tube) 내 흐름, 즉 1차원 흐름이라면 두 식은 같다. 이것은 비점성 유체의 흐름이므로 수두손실이 없고($h_L=0$) 유관 내 흐름이므로 $\alpha=1$이며 펌프나 터빈이 존재하지 않아 $h_p=h_t=0$이면 두 식이 같기 때문이다. 즉, Bernoulli 방정식은 비점성유체의 흐름에 대한 1차원 에너지방정식이다.

예제15

화력발전소의 냉각수가 높이 100 m인 저수지로부터 공급받아 높이 20 m인 수평 관을 통해 흐르고 있다. 관에서의 손실수두는 다음과 같다.

$$h_L=0.02\frac{L}{D}\frac{v^2}{2g}$$

여기서 L, D는 각각 관의 길이와 직경, v는 관내 평균속도이다. 관의 길이와 직경이 $L=1000\,\mathrm{m}$, $D=15.3\,\mathrm{cm}$이고 유량이 $0.05\,\mathrm{m^3/s}$이라면 관 출구 지점에서의 압력은 얼마인가? 속도수정계수는 $\alpha=1$이라고 가정하라.

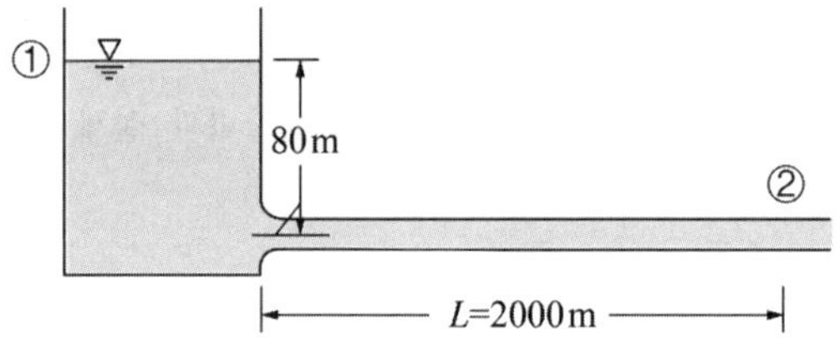

[그림 예제3.15]

[그림 예제3.15]에 나타낸 저수지 표면 ①, 관의 출구 ② 사이에 확장된 에너지방정식 (3.103)을 적용하면 터빈과 펌프가 없으므로 다음과 같다.

$$\frac{p_1}{\gamma}+\frac{v_1^2}{2g}+z_1=\frac{p_2}{\gamma}+\frac{v_2^2}{2g}+z_2+h_L$$

여기에 $p_1=p_0=0,\ v_1=0,\ z_1=100\mathrm{m},\ z_2=20\mathrm{m}$,

$v_2=Q/A=0.05/(\pi\times0.153^2/4)=2.72\,\mathrm{m/s}$이므로 손실수두는 다음과 같다.

$$h_L=0.02\frac{L}{D}\frac{v^2}{2g}=0.02\times\frac{1000\mathrm{m}}{0.153\mathrm{m}}\times\frac{(2.72\mathrm{m/s})^2}{2\times9.81\mathrm{m/s^2}}=49.3\,\mathrm{m}$$

이들 값을 위 에너지방정식에 대입하면 다음과 같다.

$$\begin{aligned}\frac{p_2}{\rho g}&=(z_1-z_2)-\frac{v_2^2}{2g}-h_L=(100\mathrm{m}-20\mathrm{m})-\frac{(2.72\mathrm{m/s})^2}{2\times9.81\mathrm{m/s^2}}-49.3\mathrm{m}\\&=30.3\mathrm{m}\end{aligned}$$

따라서 압력 p_2(계기압력)는 다음과 같다.

$$\begin{aligned}p_2&=30.3\rho g=(30.3\mathrm{m})\times1000\mathrm{kg/m^3}\times9.81\mathrm{m/s^2}\\&=297.2\,\mathrm{kPa}\end{aligned}$$

예제16

그림과 같이 높이 차가 $100\ \mathrm{m}$인 위치에서 초당 백톤($100\ \mathrm{m^3/s}$)의 물을 흘려 수력터빈을 발전시켜 전기를 얻고 있다. 점 ①, ② 사이에 손실수두가 $10\ \mathrm{m}$이라면, 터빈의 출력은 얼마인가? 속도수정계수는 $\alpha = 1$, 펌프효율 86% 라고 가정하라.

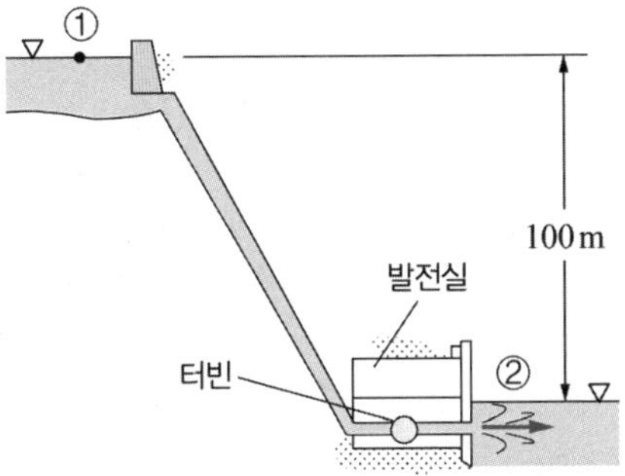

[그림 예제3.16]

터빈을 통과하는 물의 질량유량 $\dot{m}$은 다음과 같다.

$$\dot{m} = \rho \dot{Q}_v = 1000\ \mathrm{kg/m^3} \times 100\ \mathrm{m^3/s} = 10^5\ \mathrm{kg/s}$$

점 ①, ②에 대하여 확장된 에너지방정식 (3.103)을 적용하면 다음과 같다.

$$\frac{p_1}{\rho g} + \alpha_1 \frac{v_1^2}{2g} + z_1 = \frac{p_2}{\rho g} + \alpha_2 \frac{v_2^2}{2g} + z_2 + h_t + h_L$$

점 ①, ②는 대기와 접해 있는 자유표면이므로 속도는 $v_1 = v_2 = 0$, 압력은 $p_1 = p_2 = p_0$이다. 또 문제에서 주어진 속도수정계수 $\alpha = 1$ 및 손실수두 $h_L = 10\ \mathrm{m}$를 위 식에 대입하면 터빈수두는 다음과 같다.

$$h_t = z_1 - h_L = 100\ \mathrm{m} - 10\ \mathrm{m} = 90\ \mathrm{m}$$

실제 터빈출력은 펌프 효율 86%를 고려하면 식 (3.105)에 의해 다음과 같다.

$$\dot{W}_{t,true} = \eta_t \dot{m} g h_t = 0.86 \times 10^5\ \mathrm{kg/s} \times 9.81\ \mathrm{m/s^2} \times 90\ \mathrm{m} = 75.9\ \mathrm{MW}$$

CHAPTER 03 유체 동역학 / 연습문제

[유체의 유동]

01

층류유동과 난류유동에 대하여 기술하라.

02

Lagrange 서술방법과 Euler 서술방법을 설명하라.

03

물질도함수(물질미분)를 설명하라.

04

다음은 1차원, 2차원, 3차원 흐름 중 어떤 흐름인가?

(a) 직선 수평의 원관 내 완전발달 유동
(b) 종횡비가 큰 판(날개) 주위의 유동
(c) 길이가 긴 댐 수로에서 댐을 월류하는 물의 흐름
(d) 직사각형 대형 덕트의 끝단 평판의 작음 틈새를 통해 나오는 공기의 흐름
(e) 자동차, 비행기 등 큰 물체 주위의 공기의 흐름

05

속도가 $\mathbf{v} = (6 + 2xy + t^2)\mathbf{i} - (xy^2 + 10t)\mathbf{j} + 25\mathbf{k}$로 주어지는 유동에서 $t = 1\,s$일 때, 점 $(3, 0, 2)$에서 유체입자의 속도와 가속도를 계산하여라.

06

유선의 형태가 일정 간격으로 반복되는 주기적인 유동장이 있다. 유체는 일정한 유속 10m/s로 처음 1초 동안은 그림(a)와 같이 45° 각도로 오른쪽 위로 흐르고, 그 다음 1초간은 45° 각도로 오른쪽 아래로 흐른다. 처음에 점 A에서 방출된 입자의 2.5초 후의 유적선이 그림(b)와 같이 주어진다면 이 입자의 유맥선은 어떻게 나타나겠는가?

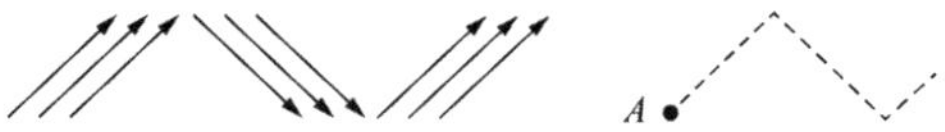

[그림 P3.5]

07

속도장이 $\mathbf{v} = -x\mathbf{i} + 2y\mathbf{j} + (5 - z)\mathbf{k}$와 같이 주어질 때 점 $(2, 1, 1)$를 지나는 유선을 구하여라.

08

속도장이 $\mathbf{v} = 6x\mathbf{i} + 6y\mathbf{j} - 7t\mathbf{k}$로 주어질 때 $x = 3\,\mathrm{m}$, $y = 2\,\mathrm{m}$, $t = 10\,\mathrm{s}$에서의 속도를 계산하라. 또한 $t = 0\,\mathrm{s}$일 때 유선군을 그려보아라.

09

문제 8과 동일한 속도장에서 동일한 점과 시각에서의 가속도를 Lagrange와 Euler의 관점에서 계산하여라.

10

속도장이 $\mathbf{v} = ax\mathbf{i} + ay\mathbf{j}$로 주어질 때 점 $(2, 4)$를 지나는 유선의 방정식을 구하여라. 또 평면곡선의 곡률 반지름이

$$R = \frac{[1 + (dy/dx)^2]^{3/2}}{d^2y/dx^2}$$

라는 것을 이용하여 점 $(2, 4)$에서 유선에 수직한 법선 가속도를 구하여라.

11

유동방향에 수직으로 놓인 반지름 R인 긴 원통에 이상유체가 $v = v_\infty(1 - R^2/x^2)$인 속도로 접근하고 있다. 다음을 구하라.

(a) $x = -3R,\ -2R,\ -R$에서의 가속도를 구하라.

(b) $v_\infty = 2\,\mathrm{m/s},\ R = 0.2\,\mathrm{m}$이라면 $x = -R$에서의 가속도의 크기는 얼마인가?

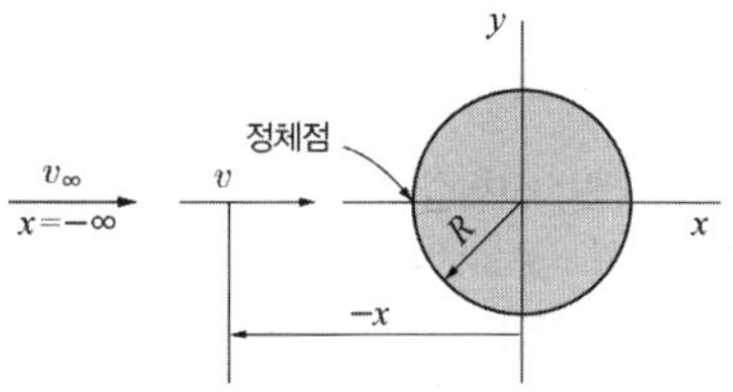

[그림 P3.11]

[Euler 방정식]

12

Euler의 운동방정식을 Newton의 제2법칙을 적용하여 유도하여 보아라

13

Euler의 운동방정식을 미소검사체적을 사용하여 유도하여 보아라.

[Bernoulli 방정식]

14

Bernoulli 방정식을 유도하여 보아라.

15

압력수두, 속도수두, 위치수두, 전수두, 위압수두를 설명하여라.

16

수력구배선과 에너지구배선을 설명하라.

17

Bernoulli 방정식은 정상류의 유선에 대한 방정식이다. 비회전운동이면 Bernoulli 방식이 비정상유동은 물론 2차원유동에서도 성립한다. 그 이유를 설명하라.

18

Bernoulli 방정식과 Energy 방정식 사이의 관계를 설명하라.

CHAPTER 03

유체 동역학 / 연습문제

19

그림과 같은 유로에서 ①과 ②단면에서 정압과 정체압을 측정하여 유량을 평가하고자 한다. 단면 ①과 ②의 면적비는 2이고, 관내를 흐르는 공기의 밀도는 1.2kg/m³ 이다. 액주계의 수위차가 12cm이라면 단면 ②에서의 유속은 얼마인가?

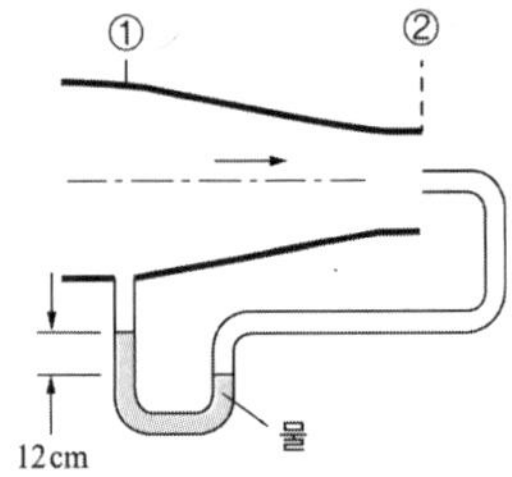

[그림 P3.19]

20

그림(a)는 피토관을 공기중에 설치하여 공기의 속도 v_a를 측정하는 것이고, 그림(b)는 물속에 설치하여 물의 속도 v_w를 측정하였더니 두 액주계의 높이차가 모두 h로 같았다. 다음 중 어떤 것이 옳은 것인가?
(a) $v_a = v_w$, (b) $v_a > v_w$, (c) $v_a < v_w$

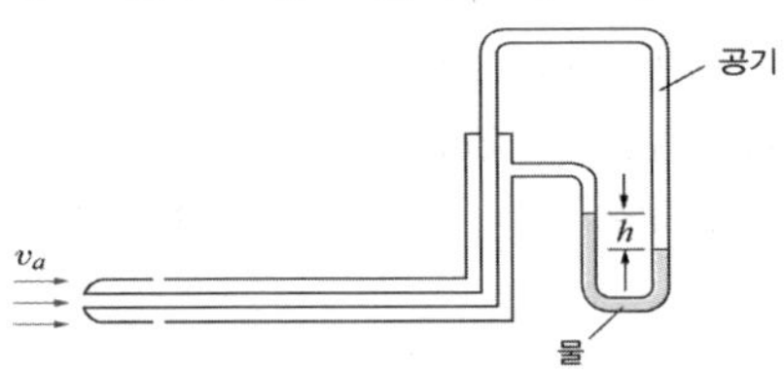

(a)

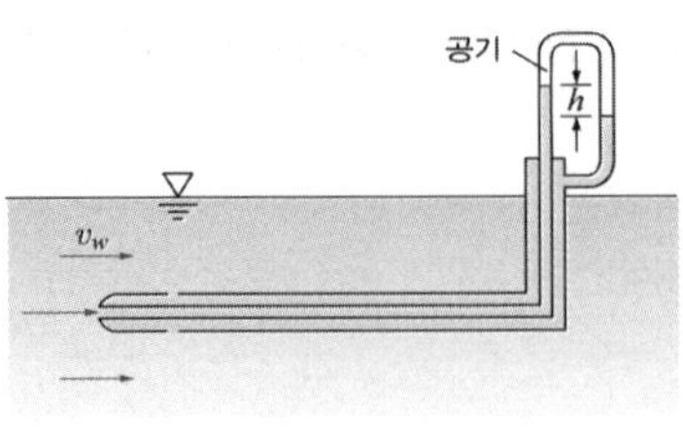

(b)

[그림 P3.20]

21

그림은 물의 유속을 측정하기 위하여 특별히 고안된 구형 피토관이다. 압력 측정구는 전방 정체점과 구의 폭이 최대가 되는 곳에 위치한다. 그림과 같이 수은 액주계가 압력 측정구에 연결되어 있고 액주계의 높이차는 5cm이다. 구 주위의 속도분포가 $v = 1.5 v_\infty \sin\theta$로 주어질 때 자유흐름의 속도 v_∞를 구하여라.

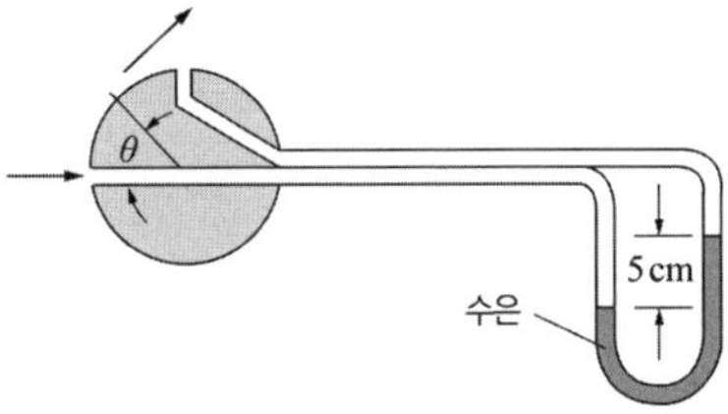

[그림 P3.21]

22

흐름에 가로질러 놓여있는 실린더 표면에서의 압력계수 분포는 다음과 같다.

$$C_p = 1 - 4\sin^2\theta$$

여기서 θ는 전방 정체점을 기준으로 한 각도이다. 2개의 압력구가 $\theta = \pm 30°$ 위치에서 물이 들어있는 액주계와 연결되어 있다. 이 실린더를 속도 50m/s, 밀도 1.2kg/m³ 인 공기류 중에 두고 그림과 같이 실린더를 20° 회전시켰다. 이때 액주계의 높이차는 몇 cm인가?

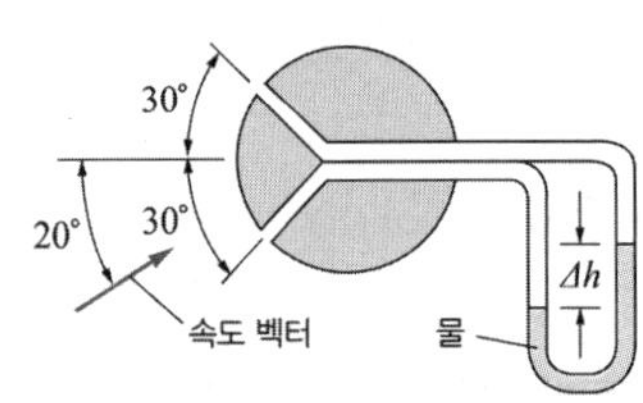

[그림 P3.22]

23

그림은 이상유체 흐름 이론을 적용하여 날개 주위의 유동양상을 나타낸 것이다. 공기의 접근속도 v_∞가 80m/s, 날개의 위쪽과 아래쪽에서의 속도가 각각 $v_1 = 85\,\mathrm{m/s}$, $v_2 = 75\,\mathrm{m/s}$라면 이 두 점 사이의 압력차는 얼마인가? 공기의 밀도는 1.2kg/m³으로 일정하다고 가정한다.

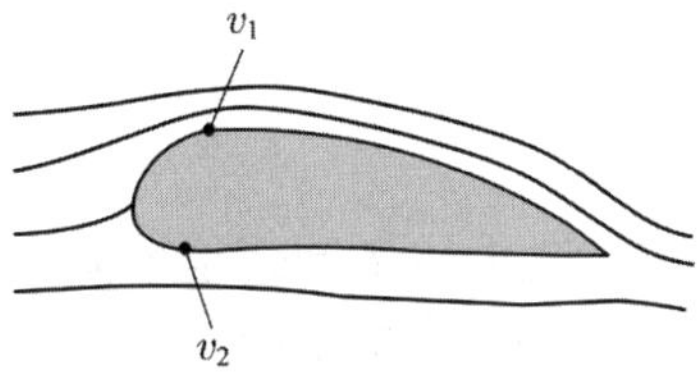

[그림 P3.23]

24

하나의 평판이 고정되어 있는 두 평행 평판 사이에 물이 흐르고 있다. 두 평판 사이의 거리는 h이고, 움직이는 평판의 속도는 v_∞이다. 두 평판 사이의 압력차를 구하기 위하여 점 ①과 ② 사이에 Bernoulli 방정식을 적용하였다.

$$\frac{p_1}{\gamma} + \frac{v_1^2}{2g} + z_1 = \frac{p_2}{\gamma} + \frac{v_2^2}{2g} + z_2$$

그리고 다음 식을 도출하였다.

$$p_1 - p_2 = \gamma(z_2 - z_1) + \rho\frac{v_2^2}{2} = \gamma h + \rho\frac{v_2^2}{2}$$

위 결과가 옳은가 옳지 않은가? 그 이유를 설명하라.

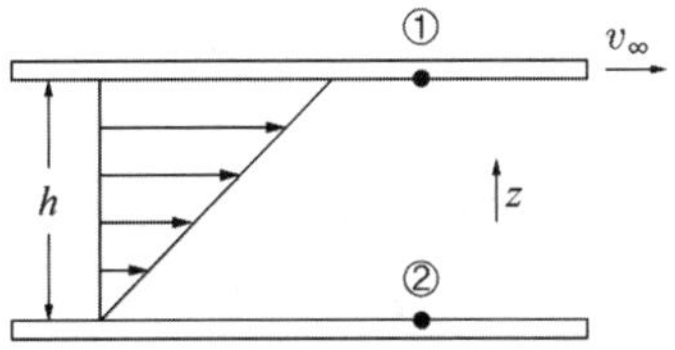

[그림 P3.24]

[유체입자의 운동]

25

유체입자의 운동에 대하여 기술하라.

26

유체입자의 변형과 회전은 유체의 점성에 기인한다. 그 이유를 설명하라.

27

유체입자의 회전운동과 비회전운동에 대하여 설명하라.

28

속도가 $\mathbf{v} = xy^2\mathbf{i} - 0.3y^3\mathbf{j} + xy\mathbf{k}$로 주어지는 유동에서 다음을 구하라.

(a) 몇 차원 유동인가?

(b) 비축성유동인가?

(c) 점 $(1, 3, 5)$에 위치한 유체입자의 가속도를 구하라.

29

비압축성 유체의 유동에서 속도가 $\mathbf{v} = 2x\mathbf{i} - 2y\mathbf{j} + 16\mathbf{k}$로 주어질 때, 이 유동에서 유체입자는 비회전운동을 하는가?

30

2차원 흐름의 속도성분은 다음과 같다.

$$v_x = \frac{C(y^2 - x^2)}{(y^2 + x^2)^2},\quad v_y = \frac{-2Cxy}{(x^2 + y^2)^2}$$

여기서 C는 상수이다. 이 흐름은 비회전운동을 하는가?

CHAPTER 03 유체 동역학 / 연습문제

31
속도장이 $\mathbf{v} = (x^2+y^2)\mathbf{i} + 2xy\mathbf{j} - 4xz\mathbf{k}$로 주어질 때, 점 $(2, 3, 4)$에서의 유체의 각속도는 얼마인가?

32
비압축성유체의 2차원 정상유동에서 속도장이 $\mathbf{v} = (ax+by)\mathbf{i} + (cx+dy)\mathbf{j}$로 주어졌다. 여기서 a, b, c, d는 상수이다. 다음을 구하라.

(a) 와도(vorticity)를 계산하여라.

(b) 이 유동이 비회전운동이 되려면 어떤 조건이 필요한가?

33
비압축성유동에서 속도가 $\mathbf{v} = (10t+x)\mathbf{i} + yz\mathbf{j} - 5t^2\mathbf{k}$로 주어질 때, 점 $(10, 3, 5)$에 있는 유체입자의 회전속도를 구하여라.

[연속방정식]

34
검사체적법이란 무엇인가?

35
Reynolds 수송정리란 무엇인가?

36
강도성 특성과 총량적 특성을 설명하라.

37
속도분포가 변한 경우의 유량을 평가하는 식을 기술하라.

38
연속방정식을 원통좌표계로 표시하여 보아라.

39
그림과 같은 수로에서 연직 방향으로의 물의 속도분포는 $v/v_{max} = (y/d)^{1/2}$로 표시된다. 수로의 수심이 $d = 2\,\mathrm{m}$, 수로 폭은 5m, 최대 유속이 3m/s라면 유량은 얼마인가?

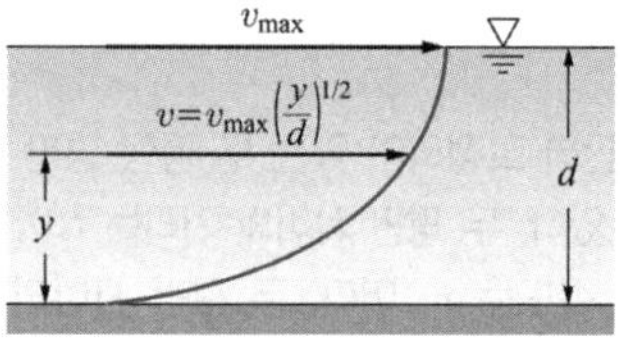

[그림 P3.39]

40
그림과 같이 하천에서 저수지로 10,000 m³/s의 유량으로 물이 유입되어, 댐 수로를 통하여 6,000 m³/s 유량으로 방출되고 있다. 저수지의 표면적이 100 m² 이라면 저수지의 수위 상승률(상승 속도)은 얼마인가?

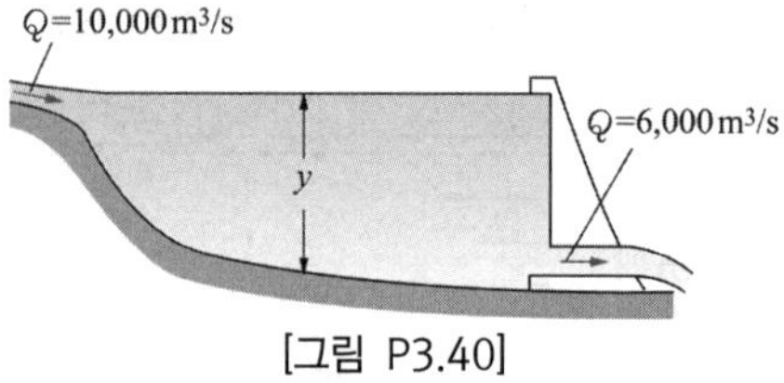

[그림 P3.40]

41

직경이 D인 두 개의 평행 원판이 각각 속도 v로서 서로 접근하고 있다. 두 판 사이의 간격을 h라 할 때, 판의 끝 단(단면적 A)에서 대류가속도의 방사방향 성분을 v, h 및 D의 항으로 나타내어라. 단면을 통과하는 속도분포는 균일하다고 가정하라.

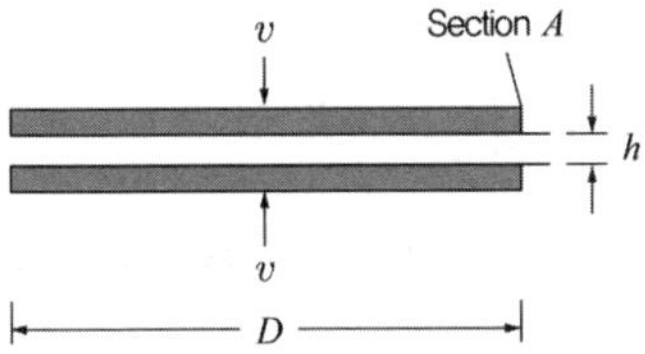

[그림 P3.41]

42

관을 통해 하방으로 공기가 유입되어 평형 원판 사이를 통해 유출된다. 공기의 밀도는 일정하다 가정하고, 원판 중심에서 r만큼 떨어진 점 A의 가속도에 대한 식을 공기 유량 Q, 방사 방향거리 r, 그리고 판 사이의 간격 h의 항으로 나타내어라. 또한 $D = 10\,\text{cm}$, $h = 0.6\,\text{cm}$ 그리고 $Q = 0.360\,\text{m}^3/\text{s}$라면 관 내의 속도와 $r = 10\,\text{cm}$ 떨어진 점 A에서의 가속도는 얼마인가?

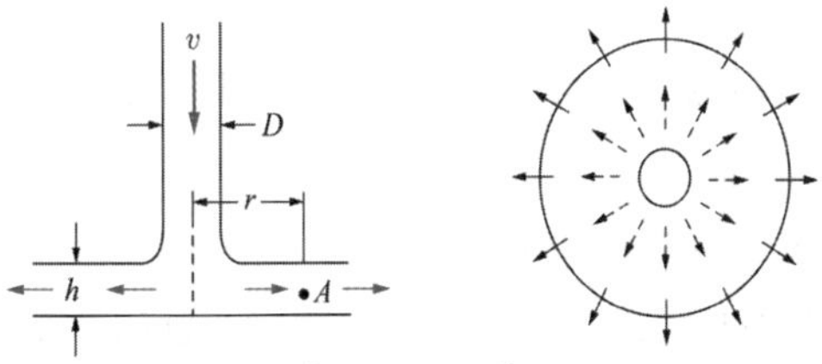

[그림 P3.42]

43

그림과 같은 흐름의 검사체적에 Reynolds 수송정리를 이용하여 연속방정식을 판단하고자 한다. 주어진 조건에 대하여 다음을 구하라.

(a) b의 값은 얼마인가?

(b) dB_{sys}/dt 의 값을 결정하라.

(c) $\sum b\rho\mathbf{v}\cdot\mathbf{A}$의 값은 얼마인가?

(d) $\dfrac{d}{dt}\displaystyle\int_{cv}\rho dV$는 얼마인가?

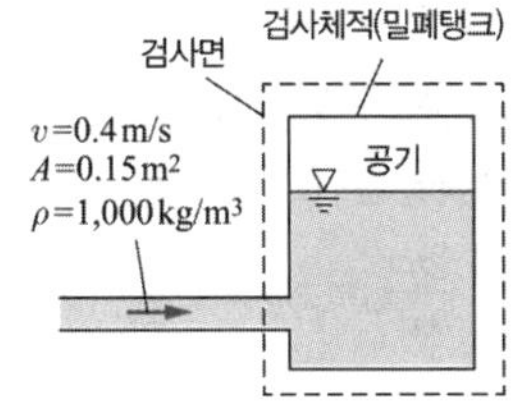

(a)

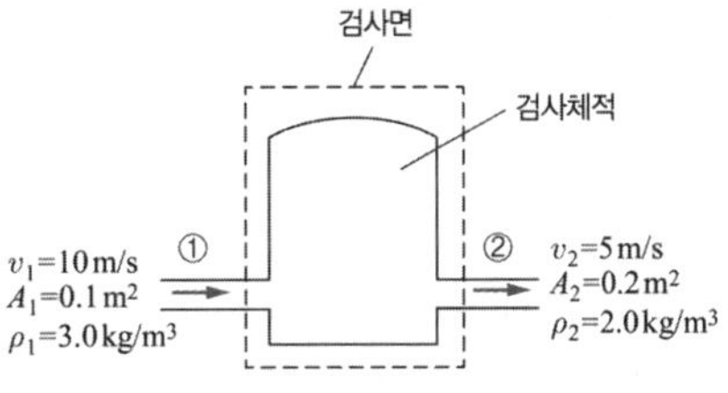

(b)

[그림 P3.43]

CHAPTER 03

유체 동역학 / 연습문제

[운동방정식]

44

Euler의 운동방정식과 Navier-Stokes 운동방정식의 차이를 설명하라.

45

길이가 Δx, Δy, Δz이고 속도성분이 v_x, v_y, v_z인 3차원 미소 직육면체에 대해서 부피를 영(0)으로 무한히 작게 했을 때 다음 결과를 보여라.

(a) 미소 직육면체의 단위체적당 x방향의 운동량 변화률은 다음과 같다.

$$\frac{\partial}{\partial t}(\rho v_x) + \frac{\partial}{\partial x}(\rho v_x v_x) + \frac{\partial}{\partial y}(\rho v_x v_y) + \frac{\partial}{\partial z}(\rho v_x v_z)$$

(b) 단위체적당 x방향으로 작용하는 총 표면력은 다음과 같다.

$$\frac{\partial p}{\partial x} + \frac{\partial \tau_{xx}}{\partial x} + \frac{\partial \tau_{yx}}{\partial y} + \frac{\partial \tau_{zx}}{\partial z}$$

(c) 단위체적당 체적력은 ρg_x이다. 임의의 한 점에서의 x방향의 운동량 방정식은 위의 (a), (b), (c)를 합하고 연속방정식을 적용하면 다음과 같음을 보여라.

$$\rho\left(\frac{\partial v_x}{\partial t} + v_x\frac{\partial v_x}{\partial x} + v_y\frac{\partial v_x}{\partial y} + v_z\frac{\partial v_x}{\partial z}\right) = \rho g_x - \frac{\partial p}{\partial x} + \frac{\partial \tau_{xx}}{\partial x} + \frac{\partial \tau_{yx}}{\partial y} + \frac{\partial \tau_{zx}}{\partial z}$$

46

비압축성 유체에서는 응력(stress)과 변형률(strain)이 다음 관계를 가지고 있다.

$$\tau_{xx} = 2\mu\frac{\partial v_x}{\partial x}$$

$$\tau_{xy} = \tau_{yx} = \mu\left(\frac{\partial v_x}{\partial y} + \frac{\partial v_y}{\partial x}\right)$$

$$\tau_{xz} = \tau_{zx} = \mu\left(\frac{\partial v_z}{\partial x} + \frac{\partial v_x}{\partial z}\right)$$

점성계수가 일정한 뉴턴액체에 적용하여 다음 결과를 유도하라.

$$\frac{\partial \tau_{xx}}{\partial x} + \frac{\partial \tau_{yx}}{\partial y} + \frac{\partial \tau_{zx}}{\partial z} = \mu\left(\frac{\partial^2 v_x}{\partial x^2} + \frac{\partial^2 v_x}{\partial y^2} + \frac{\partial^2 v_x}{\partial z^2}\right)$$

47

$\mathbf{v} = (3xy^2 - 4x^3)\mathbf{i} + (12x^2y - y^3)\mathbf{j}$의 속도분포를 가진 비압축성 Newton 유체의 전단 응력을 구하라.

48

비압축성 Newton 유체의 2차원 속도장이 다음과 같다.

$$\mathbf{v} = (12xy^2 - 6x^3)\mathbf{i} + (18x^2y - 4y^3)\mathbf{j}$$

여기서 속도의 단위는 $\mathrm{m/s}$, x와 y의 단위는 m이다. 이 유체가 20℃의 글리세린이고 $x = 0.5\,\mathrm{m}$, $y = 1.0\,\mathrm{m}$인 점에서의 압력이 $6\,\mathrm{kPa}$이라고 할 때, 이 점에서의 응력 σ_{xx}, σ_{yy} 및 τ_{xy}를 구하라. 이 응력들을 그림으로 그려라.

[에너지방정식]

49

에너지보정계수를 설명하라.

50

다음과 같은 속도분포를 가진 관로에서 운동에너지 보정계수 α를 구하여라.

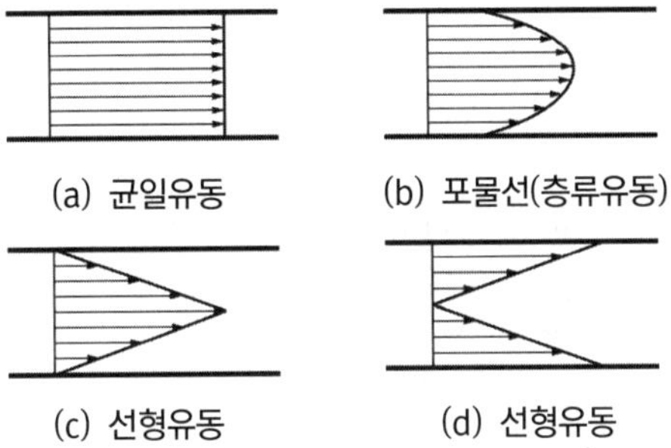

[그림 P3.50]

51

관로 유동에서 난류 속도분포는 다음 식으로 주어진다.

$$\frac{v}{v_{\max}} = \left(\frac{y}{R}\right)^n$$

여기서 R는 관의 반경, y는 관 벽면으로부터의 길이, $v_{\max}$는 중심에서의 속도, n은 Reynolds수에 따른 지수로서 대체로 1/6과 1/8 사이의 값을 갖는다. 운동에너지 보정계수 α를 n의 함수로 나타내어라. 또 n=1/6일 때 α는 얼마인가?

52

다음은 직경 7cm인 원관의 난류에 대한 데이터이다. 운동에너지 보정계수를 구하라. 관 벽면에서의 속도는 영이다.

r (cm)	v (m/s)	r (m/s)	v (m/s)	r (cm)	v (m/s)
0.0	32.5	2.5	24.38	3.1	19.6
0.5	32.44	2.6	23.7	3.2	18.69
1.0	32.27	2.7	22.88	3.25	18/16
1.5	31.22	2.8	22.03	3.3	17.54
2.0	28.21	2.9	21.24	3.35	17.02
2.25	26.51	3.0	20.49	3.4	16.14

53

D_1=20cm, D_2=10cm, L=1m인 관에 원유(S=0.90)가 유량 0.08m³/s로 흐르고 있다. 단면 ①과 ② 사이의 압력차를 구하라. 단 손실수두는 무시한다.

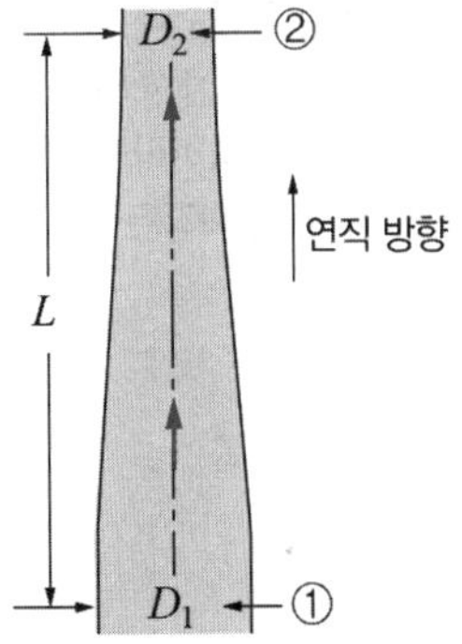

[그림 P3.53]

CHAPTER 03 유체 동역학 / 연습문제

54

그림과 같은 관에 경유(S=0.79)가 유량 0.2m³/s로 흐르고 있다. 단면 ①에서의 계기압력이 105kPa, 단면 ①과 ② 사이의 손실수두가 1.8m일 때 단면 ②에서의 압력은 얼마인가? 모든 점에서 α=1.0이라 가정한다.

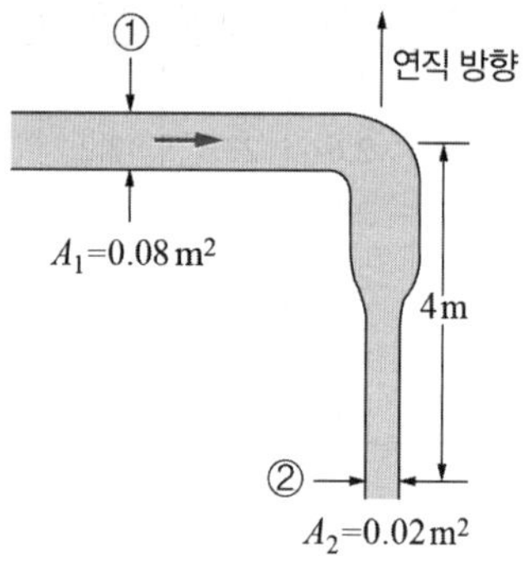

[그림 P3.54]

55

그림과 같은 사이펀에서 ①, ②, ③, ④의 표고는 각각 30, 32, 27, 26m이다. 유입구와 점 ② 사이의 손실수두는 속도수두의 3/4이고, 점 ②와 관의 끝단 사이의 손실수두는 속도수두의 1/4이라면 점 ②에서의 압력과 유량은 얼마인가? 관의 직경은 25cm, 모든 점에서 α= 1.0이라 가정한다.

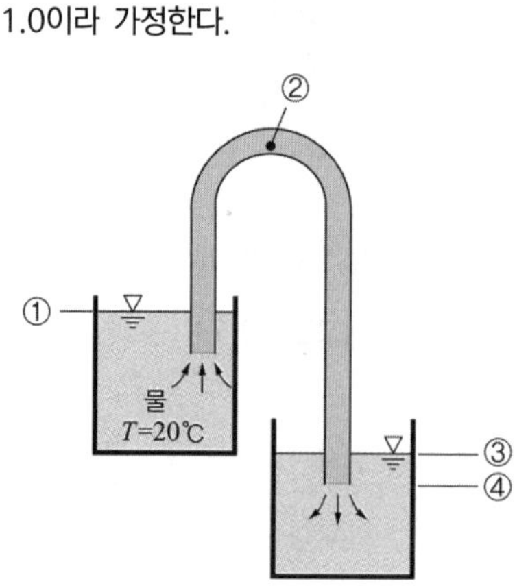

[그림 P3.55]

56

그림에서 관의 직경이 50cm, 유량이 0.5m³/s, z_1= 10m, z_2= 50m이고, 단면 ①과 ②에서의 압력이 각각 70kPa, 350kPa이라 하면 펌프가 흐름에 가한 압력을 kW로 나타내어라. 물의 수두손실은 h_L= 3m, α_1=α_2 =1이라고 가정하라.

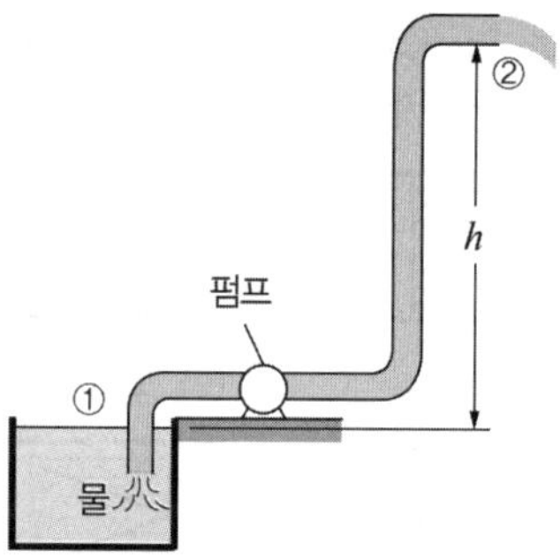

[그림 P3.56]

57

그림과 같은 조건의 관로에서 저수지의 물을 방출하고 있다. 관에서의 손실수두는 $h_L = 0.014(L/D)(v_2^2/2g)$, 모든 점에서 α= 1.0이라 가정하고 다음을 구하라.

(a) 물의 유량은 얼마인가?

(b) 수력기울기선(HGL)과 에너지기울기선(EGL)을 그려 보아라.

(c) 최소압력과 최소압력이 나타나는 위치를 구하라.

(d) 최대압력과 최대압력이 나타나는 위치를 구하라.

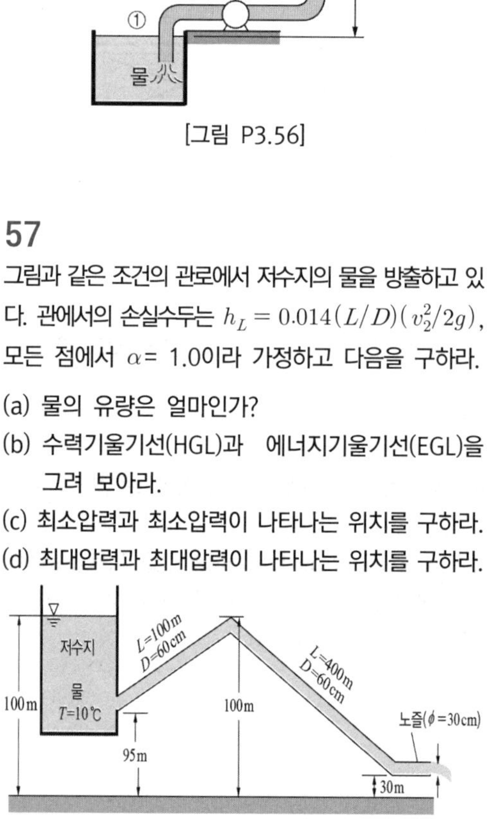

[그림 P3.57]

유/체/역/학

CHAPTER 04

유동시스템의 운동량 해석

CHAPTER 04 유동시스템의 운동량 해석

정지하고 있는 물체를 움직이게 하려면 힘이 필요하고, 반대로 움직이는 물체를 멈추게 하는데에도 힘이 필요하다. 그러므로 유체가 흐르면서 작용하는 힘은 구조물에 영향을 미치게 된다. 이 힘의 평가는 뉴턴의 운동 제2법칙, 즉 운동방정식으로 평가할 수 있는데, 제3장에서 기술한 미분형태의 운동방정식보다는 Reynolds 수송정리에 의해서 얻어진 적분형태의 운동량 방정식, 즉 운동량법칙이 유용하게 사용된다. 왜냐하면 미분형태의 운동방정식으로는 유체가 작용하는 힘을 모든 유체입자의 운동량의 벡터 총합으로 구해야 하지만, 적분형태의 운동량방정식은 모든 유체입자를 하나의 유동시스템(유체군계, 즉 전체 유체계)으로 고려하여 유도한 식이므로 유체가 물체에 작용하는 힘은 유동시스템이 작용하는 힘으로 쉽게 구할 수 있기 때문이다.

운동량방정식에는 운동량 그것에 관한 경우(선형운동량)와 운동량의 모멘트(각운동량)에 대한 것이 있다. 여기에서는 먼저 선형운동량방정식을 유도하고 계속해서 운동량모멘트방정식에 대해서 기술한다.

4.1 선형운동량방정식

선형운동량방정식은 관내 흐름 및 노즐을 통한 액체 분류가 관 및 날개에 작용하는 힘을 평가하는 데 유용하게 사용된다.

4.1.1 운동량법칙

뉴턴의 운동 제2법칙은 다음과 같다.

$$\sum \mathbf{F} = \frac{d(m\mathbf{v})}{dt}$$

여기서 물체의 질량과 속도의 곱 $m\mathbf{v}$를 선형운동량(linear momentum) 또는 단순히 운동량이라 한다. 운동량은 벡터이므로 크기와 방향이 있고, 방향은 속도의 방향과 일치한다. 이 식은 유체입자 한 개에 적용되는 것이지만 유체입자의 집단인 유동시스템에도 적용할 수 있다. 유동시스템으로 고려한 경우 위 식은 다음과 같이 표현될 수 있다.

$$\underbrace{\sum \mathbf{F}}_{\text{유동시스템에 작용하는 총 힘}} = \underbrace{\frac{d\mathbf{P}_{sys}}{dt}}_{\text{유동시스템의 운동량 변화율}} \tag{4.1}$$

여기서 $\mathbf{P}_{sys}(=m_{sys}\mathbf{v})$는 유동시스템의 현재의 상태를 나타내는 선형운동량이다.[74]

식 (4.1)은 유동시스템에 대한 Lagrange 표기이므로 유체유동에 적용하기 위해서는 운동량변화율을 검사체적을 도입하여 Euler 표현으로 바꾸어 해석해야 한다. 이것은 Reynolds 수송정리 식 (3.68)을 사용하여 계의 특성값 B_{sys} 대신에 유동시스템의 선형운동량 $\mathbf{P}_{sys}$를, 강도성 특성 b 대신에 단위질량당 운동량 $\mathbf{v}(=m_{sys}\mathbf{v}/m)$을 대입하여 구할 수 있고 다음과 같다.

$$\underbrace{\frac{d\mathbf{P}_{sys}}{dt}}_{Lagrange\text{식 표현}} = \underbrace{\frac{d}{dt}\int_{cv}\mathbf{v}\rho dA + \int_{cs}\mathbf{v}\rho(\mathbf{v}\cdot\mathbf{n})dA}_{Euler\text{식 표현}} \tag{4.2}$$

위 식을 식 (4.1)에 대입하면 다음과 같은 식이 얻어진다.

$$\underbrace{\sum \mathbf{F}}_{\text{유동시스템에 작용하는 총 힘}} = \underbrace{\frac{d}{dt}\int_{cv}\mathbf{v}\rho dV}_{\text{검사체적(내)의 운동량 축적률}} + \underbrace{\int_{cs}\mathbf{v}\rho(\mathbf{v}\cdot\mathbf{n})dA}_{\text{검사면을 통한 운동량의 순수유출률}} \tag{4.3a}$$

이 식이 일반형태의 선형운동량방정식으로서 운동량법칙(운동량정리, momentum theorem)이라고 한다. 운동량법칙은 유동시스템에 작용하는 총 힘이 검사체적의 운동량 축적률과 검사면을 통한 운동량 순수유출률의 합과 같다는 것을 의미한다. 정상상태이면 운동량 축적률이 0이므로 유동시스템에 작용하는 총 힘은 검사면을 통한 운동량의 순수유출률(=출구운동량-입구운동량)과 같다는 뜻이다. 운동량방정식은 연속방정식과 에너지방정식과 마찬가지로 유체의 점성의 유무와 압축성의 유무에 관계없이 성립하여 대단히 유용한 식이다.

선형운동량방정식 (4.3a)는 벡터로 표시되어 있으므로 x, y, z축 방향에 대한 스칼라방정식으로 표기하면 다음과 같다.

---

74) 고체동력학에서는 운동량보존과 충격량이 언급된다. 식 (4.1)를 초기시간 t_1과 최종시간 t_2 사이의 시간변화 $\Delta t = t_2 - t_1$로 적분하면 $F\Delta t = P_{sys,2} - P_{sys,1}$이 된다. 식의 좌변, 즉 힘과 시간의 곱을 충격량 (impulse) $I(=F\Delta t)$이라 한다. 즉 충격량은 어떤 시간 동안에 운동량의 변화이다. 물체는 외력이 없으면($F=0$) 시간이 지나더라도 식 (4.1)에 의해 $P_{sys,2} = P_{sys,1}$이 성립하여 물체의 총운동량은 변하지 않아 운동량이 보존(conservation of momentum)된다. 앞으론 모든 식의 운동량과 질량에 유동시스템을 의미하는 하첨자 sys는 표기하지 않는다.

$$\sum F_x = \frac{d}{dt}\int_{cv} v_x \rho dV + \int_{cs} v_x \rho (\mathbf{v}\cdot\mathbf{n}) dA$$

$$\sum F_y = \frac{d}{dt}\int_{cv} v_y \rho dV + \int_{cs} v_y \rho (\mathbf{v}\cdot\mathbf{n}) dA \tag{4.3b}$$

$$\sum F_z = \frac{d}{dt}\int_{cv} v_z \rho dV + \int_{cs} v_z \rho (\mathbf{v}\cdot\mathbf{n}) dA$$

위 식의 각 항은 좌표계의 양(+)의 부호를 가지므로 성분속도 v_x, v_y, v_z도 부호를 갖는다는 점에 주의해야 한다. 또 위 식의 우변 두 번째 항의 적분은 속도벡터 **v**와 법선방향 단위벡터 **n**과의 내적 **(v · n)**도 부호를 갖는다는 점에 주의를 요한다. 검사면의 적분은 운동량이 유입이면 양, 유출이면 음의 부호를 갖는다.

선형운동량방정식 (4.3)의 우변은 미분과 적분이 있으므로 사용하기에 쉽지 않다. 그래서 다음과 같은 조건이면 식이 간략화되어 사용하기에 편리하다.

(1) 입 · 출구를 고려한 선형운동방정식

대부분의 유체기계는 입 · 출구가 있다. 그러므로 검사면을 통한 운동량 순수유출률은 검사면 출구와 입구를 통한 운동량 $m\mathbf{v}$의 차이로 평가할 수 있다. 즉

$$\int_{cs} \mathbf{v}\rho(\mathbf{v}\cdot\mathbf{n})\,dA = \sum_{cs}\dot{m}_o\mathbf{v}_o - \sum_{cs}\dot{m}_i\mathbf{v}_i$$

여기서 하첨자 i과 o는 유동시스템의 유입(in)과 유출(out)을 가리킨다. 이 식을 고려하면 선형운동량방정식 (4.3)은 다음 식으로 표현할 수 있다.

$$\sum \mathbf{F} = \frac{d}{dt}\int_{cv}\mathbf{v}\rho dV + \sum_{cs}\dot{m}_o\mathbf{v}_o - \sum_{cs}\dot{m}_i\mathbf{v}_i \tag{4.4a}$$

이 식을 3개의 축방향에 대한 스칼라방정식으로 표기하면 다음과 같다.

$$\sum F_x = \frac{d}{dt}\int_{cv}\rho v_x dV + \sum_{cs}\dot{m}_o v_{ox} - \sum_{cs}\dot{m}_i v_{ix}$$

$$\sum F_y = \frac{d}{dt}\int_{cv}\rho v_y dV + \sum_{cs}\dot{m}_o v_{oy} - \sum_{cs}\dot{m}_i v_{iy} \tag{4.4b}$$

$$\sum F_z = \frac{d}{dt}\int_{cv}\rho v_z dV + \sum_{cs}\dot{m}_o v_{oz} - \sum_{cs}\dot{m}_i v_{iz}$$

[그림 4-1]과 같이 입구와 출구에서의 압력과 속도가 각각 p_1, v_1과 p_2, v_2이고, 단면적이 일정하지 않고 θ로 구부러진 곡관의 2차원 유동을 고려하여 운동량방정식을 표현해 보자.

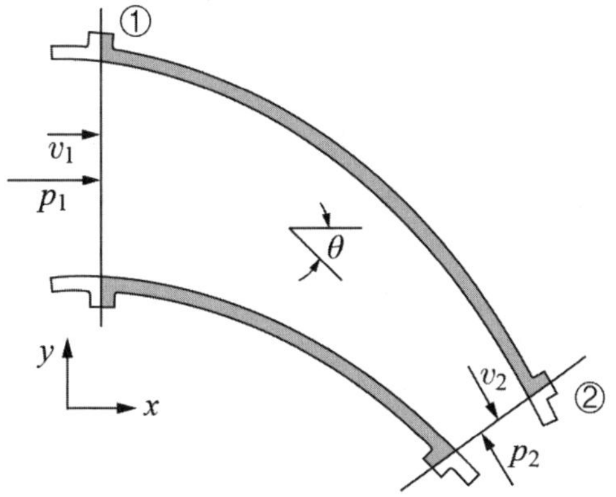

그림 4-1 곡관

① 입·출구가 1개인 정상상태 선형운동량방정식

대부분의 유동시스템은 입·출구가 1개씩이고 정상상태로 작동한다. 정상상태($d/dt=0$)이면 운동량법칙 식 (4.4)의 우변 첫 번째 항, 즉 검사체적의 운동량 축적률이 0이 되어 유동시스템에 작용하는 힘은 출구와 입구 단면에서의 운동량의 차이로 쉽게 구할 수 있다. 즉 정상상태이면 $\dot{m}_1=\dot{m}_2=\dot{m}=\rho Q$이므로 운동량방정식 (4.4)는 다음과 같이 훨씬 간략히 표현된다.

$$\underbrace{\sum \mathbf{F}}_{\text{정상유동시스템에 작용하는 힘}} = \underbrace{\rho Q(\mathbf{v}_2-\mathbf{v}_1)}_{\text{검사면을 통한 운동량 순수 유출률}} \tag{4.5a}$$

여기서 하첨자 1, 2는 각각 입구와 출구를 의미한다. 이 식도 벡터로 표시되어 있으므로 각 축방향 성분으로 표기하면 다음과 같다.

$$\begin{aligned}\sum F_x &= \rho Q(v_{2x}-v_{1x})\\ \sum F_y &= \rho Q(v_{2y}-v_{1y})\\ \sum F_z &= \rho Q(v_{2z}-v_{1z})\end{aligned} \tag{4.5b}$$

여기서 ρ[kg/m³]는 밀도, $Q(=vA)$[m³/s]는 체적유량이다. 이 식은 정상상태 유동시스템에 작용하는 총 힘은 운동량 순수유출율, 즉 출구와 입구 단면에서의 운동량 차이와 같다는 것을 의미한다.

[그림 4-1]의 곡관의 2차원 유동을 고려하면 운동량방정식 (4.5b)는 $v_{1x}=v_1$, $v_{1y}=0$, $v_{2x}=v_2\cos\theta$, $v_{2y}=-v_2\sin\theta$, $\dot{m}\,(=\rho Q)$이므로 다음 식으로 표현된다.

$$\begin{aligned}\sum F_x &= \rho Q(v_2\cos\theta - v_1)\\ \sum F_y &= \rho Q(-v_2\sin\theta)\end{aligned}$$

② 단위벡터표기 선형운동량방정식

유동시스템의 운동량 해석에는 운동량이 벡터이므로 방향을 나타내는 단위벡터를 표기하여 직접 계산하는 것이 편리할 때도 많다. 이것은 속도를 속도벡터로 표기한 방법과 동일하다.

[그림 4-1]를 고려하여 검사면의 입구와 출구에서의 운동량을 단위벡터로 표기하면 다음과 같다.

$$\sum_{cs}\dot{m}_1\mathbf{v}_1 = [\dot{m}v_1]\mathbf{i}$$

$$\sum_{cs}\dot{m}_2\mathbf{v}_2 = [\dot{m}_2(v_2\cos\theta)]\mathbf{i} + [\dot{m}_2(-v_2\sin\theta)]\mathbf{j} = \dot{m}v_2(\mathbf{i}\cos\theta - \mathbf{j}\sin\theta)$$

단위벡터 앞의 괄호 항은 크기를, 단위벡터는 방향을 의미하므로 $[\dot{m}_1v_1]\mathbf{i} = \dot{m}v_{1x} = \rho Qv_{1x}$, $[\dot{m}_2(v_2\cos\theta)]\mathbf{i} = \dot{m}v_{2x} = \rho Qv_{2x}$, $[\dot{m}_2(-v_2\sin\theta)]\mathbf{j} = -\rho Qv_{2y}$인 관계가 있음을 알 수 있다. 따라서 출구와 입구에서의 운동량의 차이는 동일한 단위벡터끼리의 차이로 평가할 수 있다. 즉

$$\sum_{cs}\dot{m}_2\mathbf{v}_2 - \sum_{cs}\dot{m}_1\mathbf{v}_1 = [\dot{m}\,v_2\cos\theta - \dot{m}\,v_1]\mathbf{i} - [\dot{m}\,v_2\sin\theta]\mathbf{j}$$

정상 유동시스템에 작용하는 힘 **F**는 운동량법칙에 의해 출구와 입구에서의 운동량 차이와 같으므로 다음과 같다.

$$\mathbf{F} = [\dot{m}\,v_2\cos\theta - \dot{m}\,v_1]\mathbf{i} - [\dot{m}\,v_2\sin\theta]\mathbf{j}$$

단위벡터 표기 운동방정식은 각 축방향에 대한 3개의 식이 1개의 식으로 표현되어 특히 3차원 흐름에 적용하여 사용된다.

③ 비균일유동의 선형운동량방정식

지금까지는 입구와 출구 단면에서의 속도가 균일하다고 고려한 것이다. 그러나 실제 대부분의 유동시스템은 균일유동이 아니므로 평균속도로 계산하면 운동량 평가에 오차가 발생한다. 따라서 균일속도(평균속도)로 평가한 운동량을 보정하기 위한 운동량 보정계수(momentum correction factor)를 사용할 필요가 있다.

운동량 보정계수 β는 3장 식 (3.28)로 정의한 운동에너지 수정계수 α와 유사하다. 즉 운동량 보정계수도 균일속도로 계산한 운동량과 비균일속도의 실제 운동량과의 차이를 보정하기 위한 것으로서 다음과 같이 정의한다.

$$\beta = \frac{\int_A v^2 dA}{v_{avg}^2 A} = \frac{1}{A}\int_A \left(\frac{v}{v_{avg}}\right)^2 dA \tag{4.6}$$

따라서 비균일유동의 운동량방정식은 운동량 보정계수를 도입하여 다음과 같다.

$$\sum\mathbf{F} = \frac{d}{dt}\int_{cv}\mathbf{v}\rho dV + \sum_{cs}\beta\dot{m}_2\mathbf{v}_2 - \sum_{cs}\beta\dot{m}_1\mathbf{v}_1 \tag{4.7}$$

여기서 운동량 보정계수 β는 입·출구에서 서로 다른 값을 갖는다. 균일유동이면 물론 $\beta=1$이지만, 속도분포가 포물선 형태인 관로 층류유동이면 $\beta=1.333$, 난류유동이면 속도분포가 보다 편평하여 1에 가까운 $\beta \cong 1.02$의 값을 갖는다.75)

④ 흐름 중에 물체가 있는 경우

정상상태의 유동장에 물체가 놓여있으면 유체에 작용하는 힘은 유체가 물체에 가한 힘(저항력) **B**까지 고려해야 한다. 따라서 흐름 중에 물체가 있는 경우의 정상상태 운동량방정식은 다음과 같이 쓸 수 있다.

$$\sum \mathbf{F} - \mathbf{B} = \rho Q(\mathbf{v}_2 - \mathbf{v}_1) \tag{4.8a}$$

이 식을 각 방향 성분 값으로 표기하면 다음과 같다.

$$\begin{aligned} \sum F_x - B_x &= \rho Q(v_{2x} - v_{1x}) \\ \sum F_y - B_y &= \rho Q(v_{2y} - v_{1y}) \\ \sum F_z - B_z &= \rho Q(v_{2z} - v_{1z}) \end{aligned} \tag{4.8b}$$

⑤ 외력이 없는 경우

인공위성이나 우주선은 우주(진공)에서 작동하므로 외력(체적력과 표면력)이 작용하지 않는다. 이 경우의 운동량방정식은 비균일유동을 고려한 식 (4.7)에 의해 다음과 같다.

$$0 = \underbrace{\frac{d(m\mathbf{v})_{cv}}{dt}}_{\text{검사체적의 운동량 변화율}} + \underbrace{\sum_{cs} \beta \dot{m}_2 \mathbf{v}_2 - \sum_{cs} \beta \dot{m}_1 \mathbf{v}_1}_{\text{검사면을 통한 운동량 순수유출률}} \tag{4.9}$$

이 식은 외력이 작용하지 않으면 검사체적의 운동량 변화율은 검사면을 통한 운동량의 순수 유입률과 같다는 것을 의미한다.

더욱이 검사체적의 질량 m이 거의 변하지 않고 일정하면 식 (4.9)의 우변 첫째 항은 단순히 질량과 가속도의 곱, 즉 관성력이 된다.

$$\frac{d(m\mathbf{v})_{cv}}{dt} = m_{cv}\frac{d\mathbf{v}}{dt} = (m\mathbf{a})_{cv}$$

그러므로 검사체적은 강체로 취급되며 물체에 작용하는 순수한 힘, 즉 추진력(thrust)은 식 (4.9)에 의해 검사면을 통한 운동량 변화율, 즉 순수유출률로 평가할 수 있다.

$$m_{body}\mathbf{a}(=\mathbf{F}_{thrust}) = \sum_{cs} \beta \dot{m}_1 \mathbf{v}_1 - \sum_{cs} \beta \dot{m}_2 \mathbf{v}_2 \tag{4.10}$$

---

75) 관내 층류유동이면 운동에너지 수정계수는 $\alpha=2$, 운동량 보정계수는 $\beta=1.333$이고, 관내 난류유동이면 속도분포가 편평하여 두 계수의 값이 모두 1에 가깝다.

(2) 검사체적 선정방법

곡관 내를 유체가 흐를 때 유체에 작용하는 총 힘은 운동량법칙(운동량방정식)을 사용하여 쉽게 평가할 수 있다. 이를 위해서는 가장 먼저 검사체적을 선정하여 그곳에 작용하는 힘과 운동량은 나타내어 고려하면 편리하다. 즉 검사체적에 작용하는 힘으로서 체적력으로서 중력(검사체적의 무게)과 표면력으로서 압력과 전단응력을 표기한다. 여기서 압력은 절대압력이 아닌 계기압력이 사용된다. 왜냐하면 대기압은 모든 방향으로 작용하므로 그 효과는 모든 방향에서 소거되기 때문이다.

검사체적을 선택하는 방법에는 다음 2가지가 있다.

① 유동시스템만을 검사체적으로 선정하는 방법

이것은 [그림 4-2](a)의 파선 내 음영으로 표시한 바와 같이 곡관 표면에 의해 정의된 유체만을 검사체적으로 선정하는 방법이다. 그림에는 검사체적의 입구 ①과 출구 ②에서 작용하는 압력 p_1, p_2 벽면에 작용하는 압력 p_w, 벽면에 작용하는 전단응력 τ_w 및 중력 W를 화살표로 표시하였다.

검사체적에 작용하는 표면력은 단면 ①, ②에서의 압력에 의한 힘 p_1A_1, p_2A_2와 관 벽면에 의해 유체에 작용하는(가해지는) 압력에 의한 힘 p_wA_w과 전단응력에 의한 힘 τ_wA_w이 있다. 그런데 전단응력 τ_w가 벽면의 위치에 따라 다르기 때문에 구하기가 쉽지 않다. 이 때문에 유동시스템의 운동량 해석에서는 벽면의 존재에 기인한 압력력 p_wA_w과 전단력 τ_wA_w의 합을 관이 유체에 작용하는(가한) 힘 $\boldsymbol{R}$로 표시하고, 이의 x와 y방향 성분을 각각 R_x, R_y로표기한다. 이때 힘과 운동량은 좌표계의 방향에 따라 부호를 갖는다는 점을 명심해야 한다.[76)]

정상상태 유동시스템에 운동량법칙을 적용하여 보자. [그림 4-2](a)에서 유체의 유동방향을 양의 x방향으로 취하고, 먼저 x축 방향과 y축 방향으로 유체에 작용하는 외부 힘을 고려하면 다음과 같다.

$$\sum F_x = (p_1A_1 - p_2A_2\cos\theta) + R_x$$
$$\sum F_y = p_2A_2\sin\theta - W + R_y$$

여기서 미지의 힘 **R**의 각 성분의 부호는 좌표계의 방향에 따라 양으로 가정한다. 이에 대한 타당성은 해답을 구한 뒤에 이 성분들의 실제 부호로부터 가정의 진위 여부를 알 수 있다.

다음은 입·출구 단면 ①, ②에서의 x방향과 y방향에 대한 운동량 변화율은 정상상태 ($\dot{m} = \rho Q = \rho v_1 A_1$)이므로 다음과 같다.

$$\dot{m}(v_{2x} - v_{1x}) = \rho Q(v_2\cos\theta - v_1)$$
$$\dot{m}(v_{2y} - v_{1y}) = \rho Q(-v_2\sin\theta)$$

정상상태에서는 운동량법칙에 의해 힘과 운동량 변화율이 같으므로 운동량방정식은 다음과 같다.

---

76) 이것은 힘 R_x, R_y의 화살표 방향이 $x-y$ 좌표축의 양의 방향이면 양(+), 음의 방향이면 음(-)의 값을 갖는 것을 의미하며 [그림 4-2] (b)에 나타냈다.

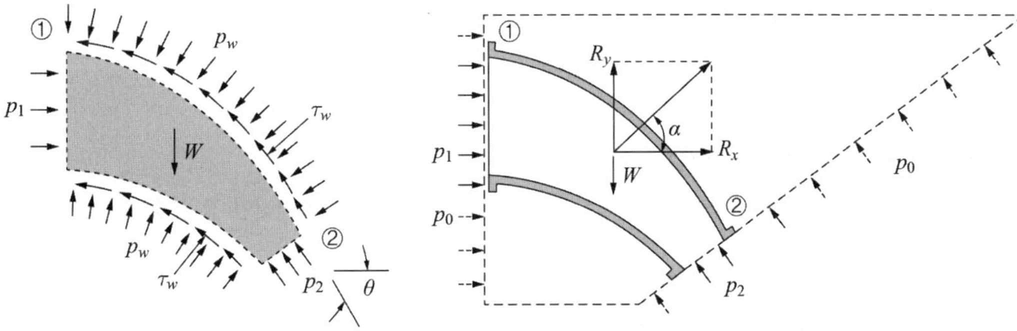

(a) 유동시스템만을 선정 (b) 유동시스템과 주위를 함께 선정

그림 4-2 검사체적을 고려하는 방법

$$(p_1A_1 - p_2A_2\cos\theta) + R_x = \rho Q(v_2\cos\theta - v_1)$$
$$p_2A_2\sin\theta - W + R_y = \rho Q(-v_2\sin\theta)$$

따라서 관이 유체에 가한 힘 R_x, R_y는 위 식을 정리하면 다음과 같다.

$$R_x = \rho Q(v_2\cos\theta - v_1) - (p_1A_1 - p_2A_2\cos\theta)$$
$$R_y = -p_2A_2\sin\theta - \rho Q(v_2\sin\theta) + W$$

두 성분의 합력 R의 크기와 방향은 다음과 같다.

$$R = \sqrt{R_x^2 + R_y^2}$$
$$\alpha = \tan^{-1}\left(\frac{R_y}{R_x}\right)$$

이상에서 구한 힘 R은 관이 유체에 미치는 힘이다. 따라서 유체가 관에 작용하는 힘은 작용·반작용의 법칙에 의해 R과 크기는 같고 방향이 반대이다. 유체시스템의 운동량 해석에서는 둘 중 하나를 구하여 다른 하나를 평가한다.

② 계와 주위를 함께 검사체적으로 선정하는 방법

이것은 [그림 4-2](b)의 파선으로 나타낸 바와 같이 검사체적을 유체뿐만 아니라 단면 ①과 ②로 자른 평면으로 둘러싸인 영역, 즉 플랜지와 볼트 그리고 주위까지 포함시킨 방법이다. 복잡한 형상의 유동시스템의 운동량 해석에는 주로 이 방법이 사용된다. 즉 내부 과정이 매우 복잡하더라도 관이 유체에 가한 힘을 R_x 및 R_y로 표기하고 검사표면에서의 값, 즉 압력에 기인한 힘과 운동량을 알면 쉽게 해석될 수 있기 때문이다. 왜냐하면 주위가 대기로 이루어진 검사면에 작용하는 힘(압력력)은 계기압력이 0인 대기압 p_0이므로 0이기 때문이다. 따라서 계와 주위를 함께 검사체적으로 고려한 운동량 방정식은 전술한 유동시스템만을 검사체적으로 선정한 방법에서 설명한 식과 동일하다. 단 유체의 무게 이외에 플랜지와 볼트의 무게

W_b를 고려할지의 여부는 주어진 문제를 주의 깊게 살펴봐야 하고, 고려할 경우에는 유체의 무게 W 대신에 볼트의 무게를 포함한 $W+W_b$로 대체하면 된다.

(3) 유동시스템의 운동량 해석방법

운동량방정식을 적용하여 유동시스템을 해석하기 위해서는 다음과 같은 체계적인 접근 방법이 필요하다.

① 유체의 유동방향을 양의 x축으로 취하여 $x-y$좌표축과 검사체적을 선정한다.
② 검사체적과 검사면에 속도, 압력, 중력, 운동량 등을 기입한다.
③ 지배방정식으로서 운동량방정식을 정립한 후, 힘과 운동량 변화율을 구한다. 여기에 연속방정식, Bernoulli 방정식 및 이상기체 상태식이 포함될 수 있다.
④ 정상상태이면 유동시스템에 작용하는 힘은 출구와 입구 단면에서의 운동량의 차이와 같으므로 이 등식으로부터 원하는 값을 구한다.

4.1.2 운동량방정식의 응용

유동시스템의 운동량 해석에서 우리가 구하고자 하는 것은 물체(관, 평판, 날개 등)를 지지하는 힘[77] 또는 유체가 물체에 작용하는 힘이다. 이들 힘은 크기는 같고 방향이 반대이므로 둘 중 하나만을 구하면 된다. 유체가 직관 및 곡관, 고정된 날개 및 움직이는 날개 등에 작용하는 힘들을 운동량방정식을 적용하여 평가해 보자.

(1) 유체가 관에 작용하는 힘

유체가 관에 작용하는 힘은 관이 유체에 작용하는 힘과 크기는 같고 방향이 반대이다. 유체가 직관 또는 곡관 내의 유동은 대체로 난류이기 때문에 운동량 보정계수는 $\beta=1$이라고 가정한다. 먼저 수평의 직관을 고려한 후, 곡관을 고려하여 보자.

[그림 4-3]은 수평의 직관에서 물이 정상상태로 흐르는 상태를 나타냈다. 입구와 출구에서의 압력과 속도를 각각 p_1, v_1과 p_2, v_2라 하면 유동시스템(검사체적)에 작용하는 힘은 출구와 입구에서의 운동량 차이와 같으므로 운동량방정식 (4.5)에 의해 다음과 같다.

$$\sum \mathbf{F}=\rho Q(\mathbf{v}_2-\mathbf{v}_1)$$

단면적이 일정한 직관이면 $A_1=A_2=A$, $v_1=v_2$이므로 위 식은 다음 식이 성립한다.

$$\sum F=0$$

이것은 수평의 직관 내 흐름에서 물에 작용하는 힘(체적력과 표면력)의 총합이 0임을 의미한다. 그러나 실제 유체는 점성에 기인한 압력손실이 일어나 압력이 저하되어 $p_1>p_2$가 된다.

---

77) 물체를 지지하는 힘은 관이 유체에 가한 힘 R 이외에 유체의 무게 W와 관의 무게 W_b까지 포함한다. 문제에 따라서는 유체의 무게와 관의 무게는 고려하지 않는 경우도 많다.

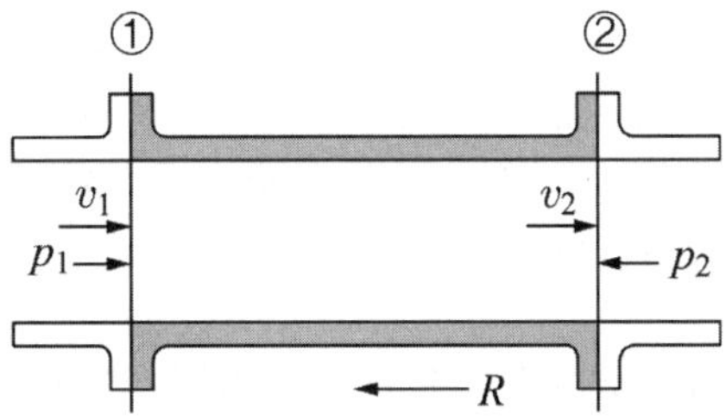

그림 4-3 수평의 직관

물에 작용하는 힘의 총합이 0임의 의미를 구체적으로 살펴보자. 수평의 직관 내 유동에서는 흐름이 x축에 대칭이므로 y축 방향의 힘은 상쇄되고 유체의 무게(중력, 체적력)는 일반적으로 고려하지 않는다. 따라서 x축 방향으로 작용하는 힘은 표면력으로서 압력에 의한 힘과 관이 유체에 작용하는 힘(마찰력) R만이 존재하고 이 힘의 합은 0이다. 즉

$$\sum F_x = (p_1A_1 - p_2A_2) - R = 0$$

여기서 R의 음의 부호는 [그림 4-3]의 R의 화살표 방향이 x축의 음의 방향을 나타냈기 때문이다. 따라서 위 식에 의해 압력차에 의한 힘은 다음과 같다.

$$(p_1 - p_2)A = R$$

이것은 수평의 직관 내 두 점 사이의 압력 차이에 기인한 힘은 관이 유체에 작용하는 힘 R과 같음을 의미한다. 이것은 관이 물의 흐름을 방해하는 힘이므로 마찰력을 의미한다. 만약 점성이 없는 이상유체라면 점성에 기인한 마찰력이 존재하지 않아, 즉 $R=0$이 되어 압력손실도 나타나지 않아 $p_1 = p_2$가 된다.

예제1

그림과 같이 단면적이 변하는 수평의 직관에 물이 정상적으로 흐를 때 관이 물(유동시스템)에 작용하는 힘을 구하여라. 입구와 출구에서의 압력과 속도, 면적은 각각 p_1, v_1, A_1 및 p_2, v_2, A_2이다.

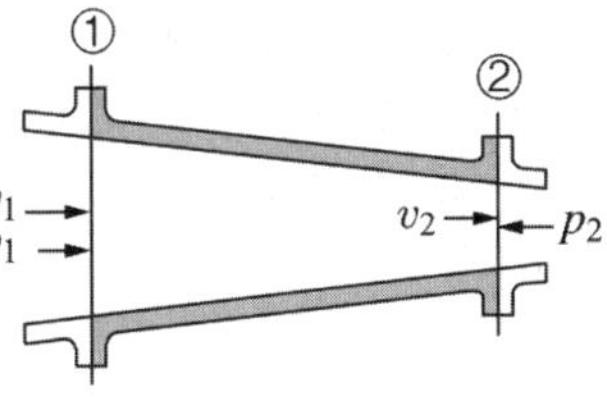

(a)

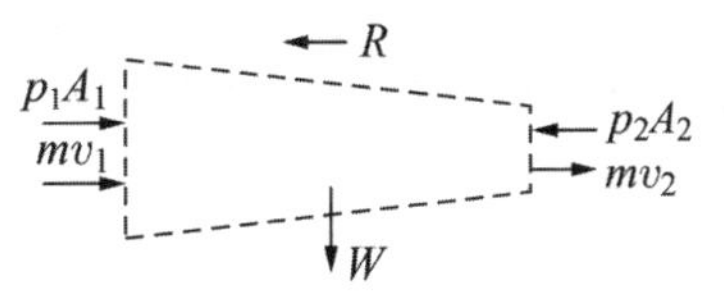

(b) 힘과 운동량 도표

[그림 예제4.1] 단면적이 변하는 직관

유동시스템의 운동량 해석방법에 따라 먼저 유동방향을 x축, 수직방향을 y축으로 취하고, 검사체적은 그림(b)와 같이 상류측 단면 ①과 하류측 단면 ② 사이를 선정한다.

다음은 검사체적에 압력력 pA, 물의 무게 W, 운동량 $\dot{m}v$ 및 관이 물에 작용하는 힘 R 등을 표기한다. 지배방정식으로는 입·출구가 1개인 정상상태 선형운동량방정식 (4.5)를 고려한다.

수평의 직관 내 흐름은 x축 방향의 힘만을 고려하면 되므로 x축 방향으로 작용하는 힘은 압력에 의한 힘과 관이 물에 작용하는 힘만이 존재하므로 다음과 같다.

$$\sum F_x = (p_1 A_1 - p_2 A_2) - R$$

운동량 변화율은 입·출구에서의 운동량 차이로 주어지고, 정상상태이면 $\dot{m}_1 = \dot{m}_2 = \rho Q$이므로 다음과 같다.

$$\dot{m}_2 (v_2 - v_1) = \rho Q (v_2 - v_1)$$

운동량법칙은 위 두 식이 같으므로 다음 식이 성립한다.

$$(p_1 A_1 - p_2 A_2) - R = \rho Q (v_2 - v_1)$$

따라서 단면적이 변하는 직관에서 관이 물에 작용하는 힘은 다음과 같다.

$$R = (p_1 A_1 - p_2 A_2) - \rho Q (v_2 - v_1)$$

예제2

그림과 같이 직경 10 cm인 수직관에서 공기가 정상상태로 위 방향으로 흐른다. 입구 ①과 출구 ②는 각각 $p_1 = 500\,\mathrm{kPa}$, $T_1 = 300\,\mathrm{K}$ 및 $p_2 = 130\,\mathrm{kPa}$, $T_2 = 293\,\mathrm{K}$, $v_2 = 300\,\mathrm{m/s}$이다. 단면 ①과 ② 사이의 마찰력은 얼마인가?

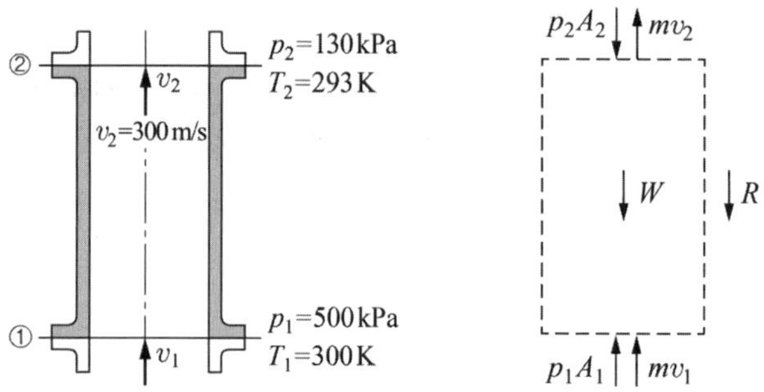

(a) (b) 힘과 운동량 도표

[그림 예제4.2] 수직관

운동량 해석방법에 따라 먼저 유동방향을 x축으로 하고, 단면 ①과 ② 사이를 검사체적으로 선정한다. 여기에 압력력 pA, 마찰력 R, 중량 W를 표기하여 힘과 운동량 도표를 작성한다.

운동량법칙은 정상상태이면 유동시스템에 작용하는 힘과 운동량변화는 같으므로 운동량방정식에 의해 마찰력을 구할 수 있다.

문제에 주어진 조건은 다음과 같다.

$D = 0.1\,\mathrm{m},\ p_1 = 500\,\mathrm{kPa},\ T_1 = 300\,\mathrm{K}$

$p_2 = 130\,\mathrm{kPa},\ T_2 = 293\,\mathrm{K},\ v_2 = 300\,\mathrm{m/s}$

질량유량 $\dot{m}$은 정상상태이므로 일정하고, 단면 ②에서 속도가 주어졌으므로 이상기체 상태방정식 $\rho = p/RT$ 및 공기의 기체상수 $R_{air} = 287\,\mathrm{J/kg \cdot K}$에 의해 다음과 같다.

$$\dot{m} = \rho_2 v_2 A_2 = \frac{p_2 v_2}{RT_2}\frac{\pi D_2^2}{4}$$

$$= \frac{(231.3\,\text{kPa})(300\,\text{m/s})}{(287\,\text{J/kg}\cdot\text{K})(293\,\text{K})}\frac{3.14\times(0.1\,\text{m})^2}{4} = 6.48\,\text{kg/s}$$

여기서 압력은 계기압력(130kPa)에 표준대기압(101.3kPa)의 합인 절대압력으로 평가하였다. 단면 ①에서의 속도는 정상상태이므로 $\rho v_1 A = \rho v_2 A$ 및 이상기체 상태방정식 $\rho = p/RT$에 의해 다음과 같다.

$$v_1 = \frac{\rho_2}{\rho_1}v_2 = \frac{p_2 T_1}{p_1 T_2}v_2$$

$$= \frac{(231.3\,\text{kPa})(300\,\text{K})(300\,\text{m/s})}{(701.3\,\text{kPa})(293\,\text{K})} = 101.3\,\text{m/s}$$

먼저 유동방향으로 검사체적(유동시스템)에 작용하는 총 힘을 구하면 다음과 같다.

$$\sum F_x = (p_1 A_1 - p_2 A_2) - R - W$$

다음, 유동방향으로의 운동량 변화율은 정상상태이므로($\dot{m}_1 = \dot{m}_2 = \dot{m}$) 다음과 같다.

$$\sum_{cs}\dot{m}_2 v_2 - \sum_{cs}\dot{m}_1 v_1 = \dot{m}(v_2 - v_1)$$

운동량법칙에 의해 위 두 식이 같으므로 다음 식이 성립한다.

$$(p_1 A_1 - p_2 A_2) - R - W = \dot{m}(v_2 - v_1)$$

공기의 무게 W는 작아 무시하면 단면 ①과 ② 사이의 마찰력 R은 다음과 같다.

$$R = (p_1 - p_2)A - \dot{m}(v_2 - v_1)$$

$$= (600 - 130)\,\text{kPa}\times\frac{\pi(0.1\,\text{m})^2}{4} - (6.48\,\text{kg/s})(300 - 101.3)\,\text{m/s}$$

$$= 2.4\,\text{kN}$$

예제3

그림과 같이 단면적이 변하고 60°로 구부러진 연직 곡관에서 물이 정상상태로 $6\,\text{m}^3/\text{min}$로 흐를 때, 관이 물에 가해지는 힘의 크기와 방향을 구하여라. 단면 ①과 ②에서 각각 $D_1 = 0.5\,\text{m}$, $p_1 = 200\,\text{kPa}$, $D_2 = 0.4\,\text{m}$, $p_2 = 80\,\text{kPa}$이다.

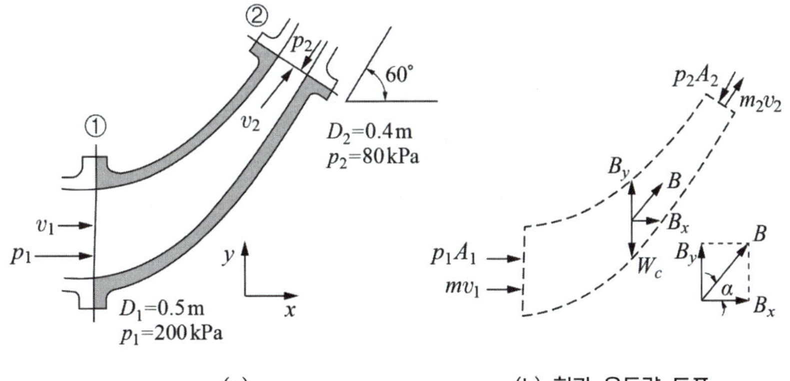

[그림 예제4.3] 단면적이 변하는 곡관

이 문제에서는 물이 관에 작용하는 힘을 평가하여 관이 물에 작용하는 힘을 평가하기로 한다.

곡관의 상류측 단면 ①과 하류측 단면 ② 사이를 검사체적으로, 수평의 유동방향을 기준으로 $x-y$ 좌표축을 선정한다. 여기에 압력력 pA, 운동량 $\dot{m}v$, 물의 중량 W 및 그리고 물이 관에 작용하는 힘 B(이것은 관이 유체에 작용하는 힘 R과 크기는 같고 방향이 반대임)을 표기하여 힘과 운동량 도표를 작성한다.

주어진 조건은 다음과 같다.

$$Q = 0.1\,\text{m}^3/\text{s},\ D_1 = 0.5\,\text{m},\ p_1 = 200\,\text{kPa},\ D_2 = 0.4\,\text{m},\ p_2 = 80\,\text{kPa}$$

위 조건에서 단면 ①과 ②에서 속도를 구하면 다음과 같다.

$$v_1 = \frac{Q}{A} = \frac{0.1\,\text{m}^3/\text{s}}{\pi(0.5\,\text{m})^2/4} = 0.51\,\text{m/s},$$

$$v_2 = \frac{Q}{A} = \frac{0.1\,\text{m}^3/\text{s}}{\pi(0.4\,\text{m})^2/4} = 0.8\,\text{m/s}$$

먼저 정상상태 2차원 흐름이라 고려하여 물이 관에 가해진 힘을 B_x, B_y이라 하면, 검사체적에 대한 x, y축 방향으로 유체에 작용하는 힘은 다음과 같다.

$$\sum F_x = p_1A_1 - p_2A_2\cos\theta + B_x$$

$$\sum F_y = (0 - p_2A_2\sin\theta) - W + B_y$$

다음, x축과 y축에 대한 운동량변화율은 정상상태, 즉 $\dot{m}_1 = \dot{m}_2 = \dot{m} = \rho Q$이므로 다음과 같다.

$$\dot{m}(v_{2x} - v_{1x}) = \rho Q(v_2\cos\theta - v_1)$$

$$\dot{m}(v_{2y} - v_{1y}) = \rho Q v_2(\sin\theta - 0)$$

운동량 법칙에 의해 x, y축 방향에 대한 위 두 식은 같으므로 다음 관계가 성립한다.

$$p_1A_1 - p_2A_2\cos\theta + B_x = \rho Q(v_2\cos\theta - v_1)$$

$$-p_2A_2\sin\theta - W + B_y = \rho Q v_2\sin\theta$$

따라서 유체가 관에 작용하는 힘 B는 각각 다음과 같다.

$$\begin{aligned}
B_x &= p_1A_1 - p_2A_2\cos\theta - \rho Q(v_2\cos\theta - v_1) \\
&= (200\times10^3)\,\text{Pa}\times\frac{\pi(0.5\,\text{m})^2}{4} - (80\times10^3)\,\text{Pa}\times\frac{\pi(0.4\,\text{m})^2}{4}\cos60^\circ \\
&\quad - 1000\,\text{kg/m}^3\times0.1\,\text{m}^3/\text{s}(0.8\times\cos60^\circ - 0.51)\,\text{m/s} \\
&= 34.24\,kN
\end{aligned}$$

$$\begin{aligned}
B_y &= p_2A_2\sin\theta + W + \rho Q v_2\sin\theta \\
&= (80\times10^3)\,Pa\times\frac{\pi(0.4\,\text{m})^2}{4}\sin60^\circ + 1000\,\text{kg/m}^3\times0.1\,\text{m}^3/\text{s} \\
&\quad \times(0.8\sin60^\circ)\,m/s \\
&= 8.77\,\text{kN}
\end{aligned}$$

여기서 물의 무게 W는 무시하였다. 따라서 관이 유체에 작용하는 힘 R의 크기와 방향 α은 유체가 관에 작용하는 힘 B와 크기는 같고 방향이 반대이므로 다음과 같다.

$$R = \sqrt{R_x^2 + R_y^2} = \sqrt{34.24^2 + 8.77^2} = 35.34\,\text{kN}$$

$$\alpha = \tan^{-1}\left(\frac{R_y}{R_x}\right) = \tan^{-1}\left(\frac{8.77}{34.24}\right) = 14.4^\circ$$

예제4

그림과 같이 유동방향을 180° 유턴시키기 위한 연직 곡관에 $0.16\,\mathrm{m^3/s}$의 물이 정상적으로 흐르고 있다. 곡관의 체적이 $0.12\,\mathrm{m^3}$, 곡관 입구에서의 압력이 $200\,\mathrm{kPa}$이라면 곡관을 지지하는데 필요한 힘을 구하여라. 곡관 입·출구 중심 간의 높이차는 $45\,\mathrm{cm}$이고 곡관의 무게는 $1\,\mathrm{kN}$이라고 가정하라.

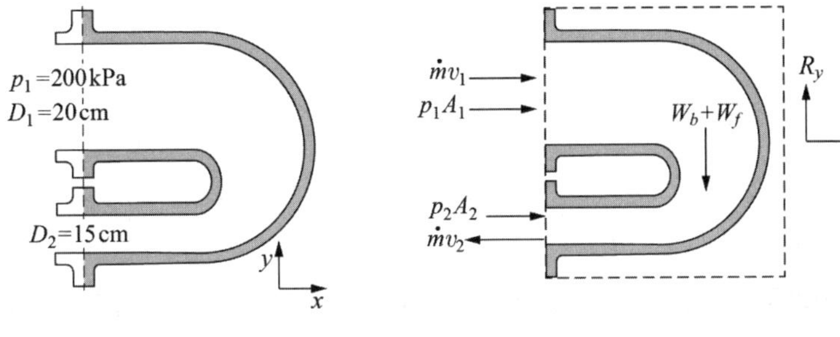

(a) (b) 힘과 운동량 도표

[그림 예제4.4]

곡관의 단면 ①과 ②를 한 변으로 하는 직사각형의 검사체적과 $x-y$ 좌표축을 선정한 후, 압력력 pA, 운동량 $\dot{m}v$, 곡관을 지지하는 힘 R, 물의 중량 W_f, 곡관의 무게 W_b를 표기한다. 주어진 조건은 다음과 같다.

$p_1 = 200\,\mathrm{kPa},\ D_1 = 0.2\,\mathrm{m},\ D_2 = 0.15\,\mathrm{m},\ \Delta y = y_1 - y_2 = 0.45\,\mathrm{m},$

$Q = 0.16\,\mathrm{m^3/s},\ \ V_L = 0.12\,\mathrm{m^3},\ \ W_b = 1\,\mathrm{kN}$

먼저 곡관의 입구와 출구에서 속도는 연속방정식 $Q = Av$를 이용하면 다음과 같다.

$$v_1 = \frac{Q}{A_1} = \frac{4\times 0.16\,\mathrm{m^3/s}}{\pi\times(0.2\,\mathrm{m/s})^2} = 5.1\,\mathrm{m/s}$$

$$v_2 = \frac{Q}{A_2} = \frac{4\times 0.16\,\mathrm{m^3/s}}{\pi(0.15\,\mathrm{m/s})^2} = 9.1\,\mathrm{m/s}$$

단면 ①, ② 위치에 Bernoulli방정식을 이용하여 출구 측의 압력 p_2를 구한다.

$$p_2 = p_1 + \frac{\rho(v_1^2 - v_2^2)}{2} + \rho g(y_1 - y_2)$$

$$= 200\,\mathrm{kPa} + \frac{(1000)(5.1^2 - 9.1^2)\,\mathrm{Pa}}{2} + (1000\times 9.81)(0.45)\,\mathrm{Pa}$$

$$= 176\,\mathrm{kPa}$$

모든 값을 계산하였으므로 힘과 운동량변화율을 구해보자.

먼저 x, y축 방향으로 힘의 평형은 다음과 같다.

$$\sum F_x = p_1A_1 + p_2A_2 + R_x$$

$$\sum F_y = R_y - (W_b + W_f)$$

운동량 변화는 x축 방향으로만 존재하고 정상상태이므로($\dot{m}_1 = \dot{m}_2 = \dot{m}$) 다음과 같다.

$$\sum_{cs}\dot{m}_2 v_{2x} - \sum_{cs}\dot{m}_1 v_{1x} = \dot{m}(-v_2) - \dot{m}v_1 = -\dot{m}(v_2 + v_1) = -\rho Q(v_2 + v_1)$$

운동량법칙에 의해 위 두 식은 같으므로 곡관을 지지하는 힘 R_x, R_y는 다음과 같다.

$$R_x = -(p_1A_1 + p_2A_2) - \rho Q(v_2 + v_1)$$

$$= -[(200\,\mathrm{kPa})(\pi\times 0.2^2/4\,\mathrm{m^2}) + (176\,\mathrm{kPa})(\pi\times 0.1^2/4\,\mathrm{m^2})]$$

$$-(1000\,\mathrm{kg/m^3}\times 0.16\,\mathrm{m^3/s})(9.1 + 5.1)\,\mathrm{m/s} = -2.28\,\mathrm{kN}$$

$$R_y = W_b + W_f = W_b + \gamma V$$
$$= 1\text{kN} + (9810\text{N/m}^3)(0.12\text{m}^3)$$
$$= 2.177\text{kN}$$

따라서 곡관을 지지하는 힘의 크기 R과 방향 α은 다음과 같다.

$$R = \sqrt{R_x^2 + R_y^2} = \sqrt{(-2.88)^2 + 2.177^2} = 3.61\text{kN}$$

$$\alpha = \tan^{-1}\left(\frac{R_y}{R_x}\right) = \tan^{-1}\left(\frac{2.177}{2.88}\right) = 37°$$

예제5

유동방향만을 바꾸기 위하여 입·출구가 같은 높이의 수평 곡관(Elbow)이 30°의 각도로 휘어져 있다. 직경 1m인 곡관 속을 온수가 $2\text{m}^3/\text{s}$의 유량으로 정상적으로 흐를 때 곡관을 지지하는데 필요한 힘을 구하라. 곡관의 체적은 1.2m^3, 무게는 2kN, 곡관 중심에서의 압력이 80kPa이라고 가정하라.

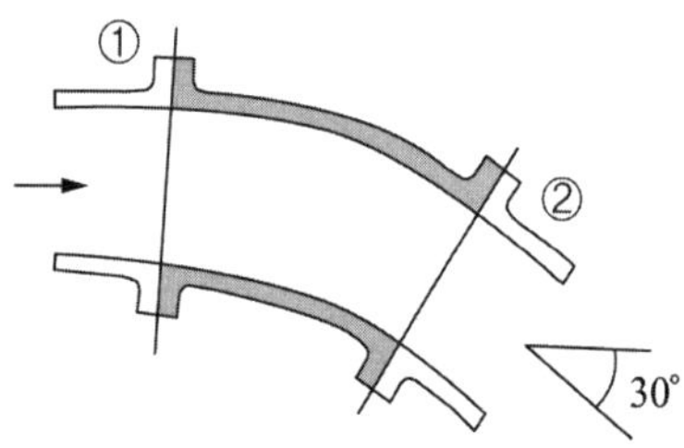

(a)

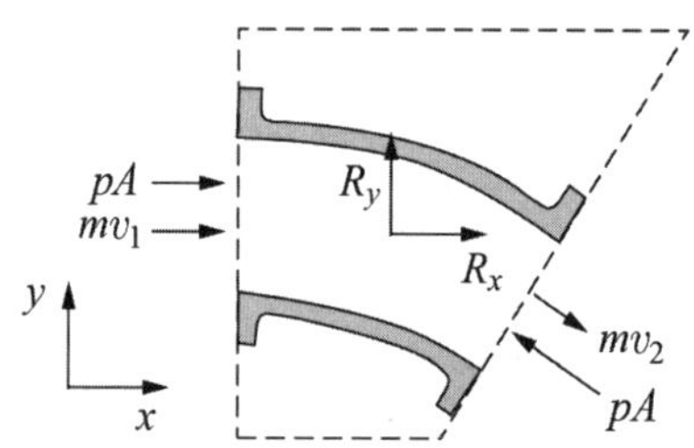

(b) 힘과 운동량 도표

[그림 예제4.5]

이것은 곡관 내 3차원 흐름에 대한 문제이다. 먼저 곡관을 검사체적으로 선정하고 곡관의 가로세로를 x, y축, 지면(중력)방향을 z축으로 결정한다. 곡관 내 물과 곡관의 무게를 포함한 중량 W는 음의 z방향으로 작용하고, 곡관을 지지하는 힘 R_x, R_y, R_z, 압력력 pA 그리고 입구와 출구 단면 ①, ②에서 운동량 등을 표기한다.

직경이 일정한 곡관 내 정상류이므로 입·출구 단면 ①, ②에서의 질량유량, 속도 및 면적은 모두 같고, 또 입·출구에서의 압력은 속도와 위치가 같으면 Bernoulli 방정식에 의해 압력도 같으므로 곡관의 중심에서의 압력 80kPa이라고 가정한다. 즉

$$\dot{m}_1 = \dot{m}_2 = \dot{m},\ v_1 = v_2 = v,\ A_1 = A_2 = A,\ p_1 = p_2 = p = 80\text{kPa}$$

운동량방정식은 3차원 흐름이므로 단위벡터 형태로 표현하는 것이 편리하다. 따라서 먼저 유체에 작용하는 힘을 고려하면 다음과 같다.

$$\sum \mathbf{F} = (R_x + p_1A_1 - p_2A_2\cos\theta)\mathbf{i} + (R_y + p_2A_2\sin\theta)\mathbf{j} + (R_z - W)\mathbf{k}$$
$$= (R_x + pA - pA\cos 60°)\mathbf{i} + (R_y + pA\sin 60°)\mathbf{j} + (R_z - W)\mathbf{k}$$

다음, 운동량 변화율은 다음과 같다.

$$\sum_{cs}\dot{m}_2\mathbf{v}_2 - \sum_{cs}\dot{m}_1\mathbf{v}_1 = [(\dot{m}_2v_2\cos 30°)\mathbf{i} - (\dot{m}_2v_2\sin 30°)\mathbf{j}] - [\dot{m}_1v_1]\mathbf{i}$$

운동량법칙에 의해 위 두 식은 같으므로 x, y, z축 방향에 대하여 다음 식이 성립한다.

$$R_x + pA - pA\cos 30° = \dot{m}v\cos 30° - \dot{m}v$$

$$R_y + pA\sin 30° = -\dot{m}v\sin 30°$$

$R_z - W = 0$

여기서 곡관 내 물의 속도, 압력력, 운동량은 다음과 같다.

$$v = \frac{Q}{A} = \frac{(2\,\mathrm{m^3/s})}{(3.14 \times 0.5^2\,\mathrm{m^2})} = 2.55\,\mathrm{m/s}$$

$$pA = (80\,\mathrm{kN/m^2})(3.14 \times 0.5^2\,\mathrm{m^2}) = 62.8\,\mathrm{kN}$$

$$\dot{m}v = \rho Q v = (1000\,\mathrm{kg/m^3})(2\,\mathrm{m^3/s})(2.55\,\mathrm{m/s}) = 5.1\,\mathrm{kN}$$

곡관을 지지하는 힘 R_x와 R_y는 위 식에 의해 다음과 같다.

$$R_x = (pA + \dot{m}v)(\cos 30° - 1)$$
$$= (62.8 + 5.1)(\mathrm{kN})(\cos 30° - 1) = -9.1\,\mathrm{kN}$$

$$R_y = -(pA + \dot{m}v)\sin 30°$$
$$= -(62.8 + 5.1)(\mathrm{kN})\sin 30° = -33.95\,\mathrm{kN}$$

R_z는 물을 포함한 곡관의 무게 W와 같으므로 다음과 같다.

$$R_z = W = \gamma V + 2\,\mathrm{kN} = (9.81\,\mathrm{kN/m^3})(1.2\,\mathrm{m^3}) + 2\,\mathrm{kN} = 13.8\,\mathrm{kN}$$

따라서 곡관을 지지하는 힘 $\mathbf{R}$은 다음과 같다.

$$\mathbf{R} = (-9.1\,\mathrm{kN})\mathbf{i} + (-33.95\,\mathrm{kN})\mathbf{j} + (13.8\,\mathrm{kN})\mathbf{k}$$

(2) 유체 분류가 날개에 작용하는 힘

터보기계[78](회전기계)는 고정된 날개와 움직이는 날개로 구성된다. 터보기계는 노즐을 통해 얻은 유체 분류(유체 제트, fluid jet)를 고정된 날개에 의해 방향을 바꾼 후 움직이는 날개에 충돌시켜 축의 회전을 얻거나 혹은 움직이는 날개에 의해 유체의 압력을 높인다. 로켓이나 항공기는 노즐을 통한 고속의 연소가스의 분류에 의해 추진력을 얻는다. 이때 분류가 날개에 작용하는 힘이나 로켓의 추진력은 운동량 법칙에 의해 운동량의 변화로써 평가할 수 있다.

① 노즐

노즐(nozzle)은 유체의 압력에너지를 효율적으로 운동에너지(속도)로 변환하는 기기이다. 소방 호스나 로켓의 노즐에서 분출하는 유체 분류의 흐름을 [그림 4-4]에 나타냈다. 유체 분류가 날개에 작용하는 힘을 평가하기 위해서는 분류에 대한 다음 가정이 필요하다.

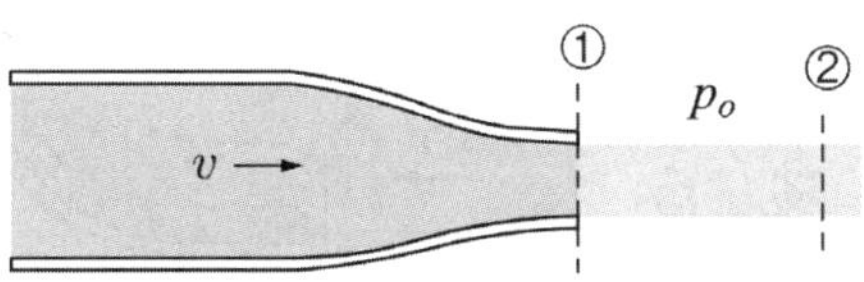

그림 4-4 노즐에서 분출하는 유체 분류

78) 터보기계(터빈, 펌프 등)는 유체가 충돌하는 고정익(고정날개)과 유동익(회전날개)이 세트를 이루며 다단으로 구성된다. 기계에 따라서 유동익은 로터(rotor), 임펠러(impeller), 휠(wheel) 또는 러너(runner)라 칭하고, 고정익을 스테이터(stator), 베인(vane)이라 한다.

- 고압의 유체가 노즐을 통해 대기 중으로 분출되면 분류의 압력은 대기압까지 떨어진다. 따라서 대기중의 분류의 모든 단면, 즉 ①, ②에서의 압력은 동일하고 주위 대기압 $p_0(=0)$와 같다. 따라서 유체 분류는 표면력으로서 압력에 의한 힘이 작용하지 않는다.
- 분류의 모든 단면에서 단면적이 동일한 것으로 가정한다. 비압축성유체(물)인 경우 단면적이 동일하면 질량보존($\dot{m} = \rho A v =$ 일정)에 의해 속도도 같다.
- 분류의 모든 단면에서 속도가 같은 것은 Bernoulli 방정식에 의해서도 증명된다. 즉, [그림 4-4]의 분류의 임의의 두 점 ①, ② 사이의 Bernoulli 방정식은 다음과 같다.

$$p_1 + \frac{\rho v_1^2}{2} + \gamma z_1 = p_2 + \frac{\rho v_2^2}{2} + \gamma z_2$$

위 식에 의해서 위치에너지 변화를 무시하면($z_1 \approx z_2$) 분류의 모든 단면에서 압력이 주위 압력 p_o와 같으므로($p_1 = p_2 = p_o$) 속도가 같다. 즉 $v_1 = v_2$이다.

② 고정된 날개

유체 분류는 고정된 날개에 의해 유동방향을 바꾼다. [그림 4-5]는 여러 가지 형상의 고정된 날개에 충돌하는 유체 분류를 음영으로, 검사체적을 파선으로 나타냈다. 검사체적은 계와 주위를 포함하여 선정하였다. 여기서 단면 ①은 유입하는 유체 분류를, 단면 ②, ③은 방향이 바뀐 유체 분류를 가리킨다. 고정된 날개에 충돌하는 분류 해석에 필요한 가정은 다음과 같다.

- 분류의 입・출구의 높이 차이와 검사체적 내 분류의 무게는 작아 무시한다. $z_1 = z_2 = z_3$, $W = 0$
- 분류의 모든 단면에서의 단면적은 일정하고($A_1 = A_2$), 압력은 대기압 p_0로 같다.
- 분류의 단면적과 압력이 같으므로 Bernoulli 방정식에 의해 분류의 유입속도와 굴절된 분류의 유출속도는 같다. $v_1 = v_2 = v_3$
- 날개 표면에서 점성에 기인한 마찰력은 압력력에 비해 대단히 작기 때문에 무시한다.

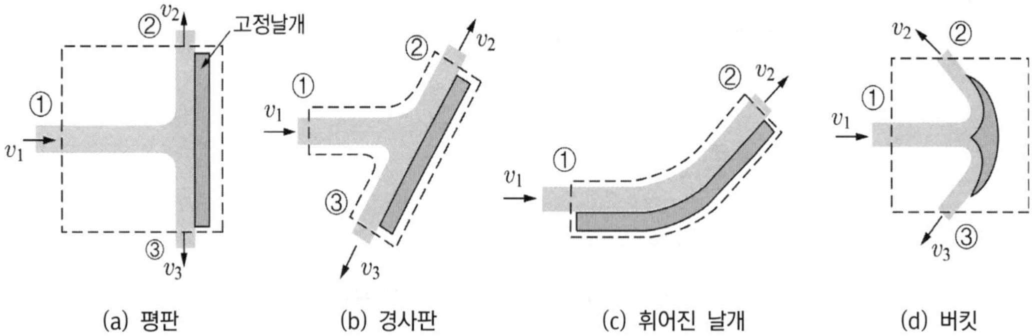

그림 4-5 고정된 날개에 충돌하는 유체 분류와 검사체적

예제6

[예제4.6] 대기 중에 놓인 수직 평판에 물을 정상상태로 속도 12m/s로 분출시켜 충돌시킨다. 물 분류의 직경이 2cm이라 할 때 평판을 고정시키는데 필요한 힘을 구하라.

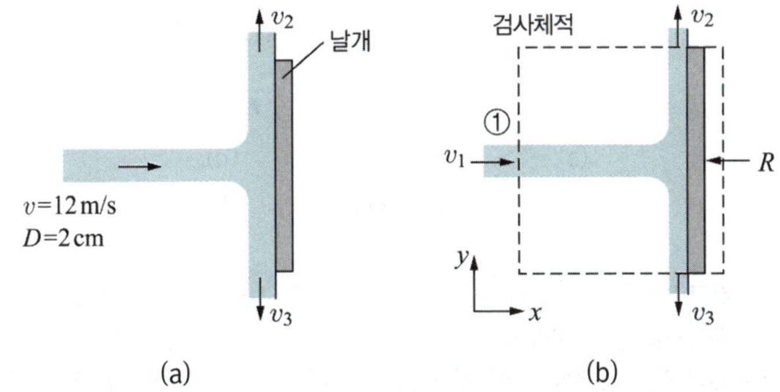

[그림 예제4.6]

[그림 예제4.6]과 같이 검사체적과 $x-y$ 좌표계를 선정한 후, 속도, 힘, 운동량을 기입한다.
주어진 조건은 다음과 같다.

$$v_1 = 12\text{m/s},\ A_1 = \frac{\pi(0.02\text{m})^2}{4} = 3.14\times10^{-4}\text{m}^2$$

검사체적에 작용하는 힘은 평판이 x축에 대해 대칭이므로 y축 방향으로 작용하는 힘은 상쇄되어 x축 방향으로 평판을 지지하는 힘 R밖에 없으므로 다음과 같다.

$$\sum F_x = -R$$

운동량 변화율은 정상상태이므로 x축 방향에 수직인 검사면을 통한 운동량의 순수유출률, 즉 검사면 출구와 입구를 통한 운동량 차이이다. 그런데 출구 ②, ③에서는 y축 방향의 속도만이 존재하여 운동량 차이는 다음과 같다.

$$\sum_{cs}\dot{m}_o v_{ox} - \sum_{cs}\dot{m}_i v_{ix} = (0) - (\dot{m}v) = -\rho A_1 v_1^2$$

여기서 음의 부호는 운동량이 x축의 음의 방향으로 작용한다는 의미이다.
운동량 법칙에 의해 위 두 식은 같으므로 평판을 지지하는 데 필요한 힘 R은 다음과 같다.

$$R = \rho A_1 v_1^2 = (1000\text{kg/m}^3)(3.14\times10^{-4}\text{m}^2)(12\text{m/s})^2$$
$$= 45.22\text{N}$$

참고로 물 분류가 평판에 가하는 힘 $\mathbf{F}_{jet}$는 작용-반작용의 법칙에 의하여 평판을 지지하는 힘 $\mathbf{R}$과 크기는 같고 방향이 반대이다.

예제7

[예제4.6]과 동일한 조건의 물 분류가 60°만큼 기울어진 경사판(vane)에 충돌시켰을 때 경사판을 고정시키는데 필요한 힘과 각 출구 단면에서 유량을 구하라.

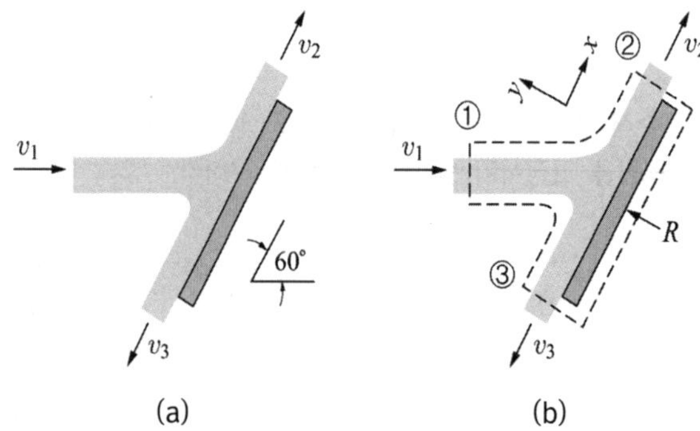

[그림 예제4.7]

[그림 예제4.7](b)와 같이 평판의 방향을 기준으로 $x-y$ 좌표축을 정하고 평판을 고정시키는데 필요한 힘을 R, 유입분류를 ①, 유출분류를 ②, ③이라 하자. 분류의 가정에 의해서 분류의 유입 및 유출 속도는 같으므로 $v_1=v_2=v_3$이다. 분류의 모든 단면적은 일정하고 압력은 대기압으로 같으므로 압력에 기인한 힘과 날개 표면에서 마찰에 의한 힘은 무시한다. 더욱이 분류의 무게도 무시하면 분류에 작용하는 힘은 경사판에 지지하는 힘밖에 없다.

먼저 각 방향에 대한 힘의 평형은 다음과 같다.

$$\sum F_x = 0$$

$$\sum F_y = R$$

각 방향의 검사면을 통한 순수 운동량 유출률(운동량 차이)은 다음과 같다.

$$\sum_{cs}\dot{m}v_{ox} - \sum_{cs}\dot{m}v_{ix} = (\rho Q_2 v_2 - \rho Q_3 v_3) - \rho Q_1 v_1 \cos 60°$$

$$\sum_{cs}\dot{m}v_{oy} - \sum_{cs}\dot{m}v_{iy} = 0 + \rho Q_1 v_1 \sin 60°$$

운동량법칙에 의해 정상상태이면 각 방향에 대한 위 두 식은 같으므로 다음 식을 얻는다.

$$0 = (\rho Q_2 v_2 - \rho Q_3 v_3) - \rho Q_1 v_1 \cos 60° \quad \cdots\cdots (R1)$$

$$= (Q_2 - Q_3) - Q_1 \cos 60°$$

$$R = \rho Q_1 v_1 \sin 60°$$

경사평판에 작용하는 힘을 구하기 위해서는 출구 유량 Q_2, Q_3를 알아야 한다. 경사평판 출구 유량 Q_2, Q_3는 질량보존에 의해 다음 식이 성립한다.

$$Q_1 = Q_2 + Q_3 \quad \cdots\cdots (R2)$$

위 식 (R1)과 (R2)에 의해서 출구 유량은 다음과 같다.

$$Q_2 = \frac{Q_1}{2}(1+\cos 60°),\ \ Q_3 = \frac{Q_1}{2}(1-\cos 60°)$$

따라서 각 유량과 경사평판을 지지하는 힘 R은 다음과 같다.

$$Q_1 = A_1 v_1 = \left(\frac{3.14\times 0.02^2\,\text{m}^2}{4}\right)(12\,\text{m/s}) = 3.768\times 10^{-3}\,\text{m}^3$$

$$Q_2 = \frac{Q_1}{2}(1+\cos 60°) = 2.826\times 10^{-3}\,\text{m}^3$$

$$Q_3 = \frac{Q_1}{2}(1-\cos 60°) = 0.942\times 10^{-3}\,\text{m}^3$$

$$R = (1000\,\text{kg/m}^3)(3.768\times 10^{-3}\,\text{m}^3)(12\,\text{m/s})\sin 60° = 39.16\,\text{N}$$

예제8

물 분류가 정상상태로 그림과 같이 60°로 휘어진 고정된 날개에 충돌한 후 방향을 바꾸고 있다. 분류의 속도가 3m/s, 직경이 2cm일 때 날개를 지지하는 힘을 구하라.

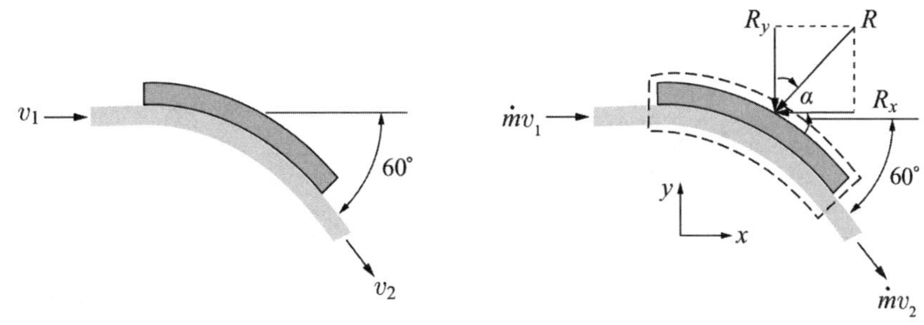

(a) (b) 힘과 운동량 도표

[그림 예제4.8]

먼저 그림(b)와 같이 점선으로 표시된 검사체적과 $x-y$ 좌표축을 선정하고 여기에 날개가 움직이지 않도록 지지하는 힘 R 및 운동량 $\dot{m}v$를 표기한다. 정상상태이므로 입구와 출구에서의 질량유량 및 속도는 같고 유체의 무게는 무시한다. 즉,

$$\dot{m}_1 = \dot{m}_2 = \dot{m},\ v_1 = v_2,\ W=0$$

먼저 각 방향에 대한 힘의 평형은 날개를 지지하는 힘밖에 없으므로 다음과 같다.

$$\sum F_x = -R_x$$

$$\sum F_y = -R_y$$

각 방향에 대한 운동량 차이는 다음과 같다.

$$\sum_{cs} \dot{m}v_{2x} - \sum_{cs} \dot{m}v_{1x} = \dot{m}(v_2 \cos 60^\circ) - \dot{m}v_1 = \dot{m}v(\cos 60^\circ - 1)$$

$$\sum_{cs} \dot{m}v_{2y} - \sum_{cs} \dot{m}v_{1y} = -\dot{m}(v_2 \sin 60^\circ) - 0 = -\dot{m}v \sin 60^\circ$$

운동량법칙에 의해 정상상태이면 유체에 작용한 힘은 운동량 차이와 같으므로 위 두 식에 의해 다음 식을 얻는다.

$$R_x = \dot{m}v(1 - \cos 60^\circ)$$

$$R_y = \dot{m}v \sin 60^\circ$$

이것을 계산하기 위한 질량유량은 다음과 같다.

$$\dot{m} = \rho A v = (1000\text{kg/m}^3)(3.14 \times 0.02^2/4\text{m}^2)(3\text{m/s}) = 0.942\,kg/s$$

날개를 지지하는데 필요한 x, y 방향의 힘은 다음과 같다.

$$R_x = \dot{m}v(1 - \cos 60^\circ) = (0.94\text{kg/s})(3\text{m/s})(1 - \cos 60^\circ) = 1.41\text{N}$$

$$R_y = \dot{m}v \sin 60^\circ = (0.94\text{kg/s})(3\text{m/s}) \sin 60^\circ = 2.44\text{N}$$

따라서 날개가 움직이지 않도록 지지하는데 필요한 힘 $\mathbf{R}$과 방향 α는 다음과 같다.

$$\mathbf{R} = \sqrt{R_x^2 + R_y^2} = \sqrt{1.41^2 + 2.44^2} = 2.82\text{N}$$

$$\alpha = \tan^{-1}\left(\frac{R_y}{R_x}\right) = \tan^{-1}\left(\frac{2.44}{1.41}\right) = 60^\circ$$

물 분류가 날개에 작용하는 힘 $\mathbf{F}_{jet}$는 날개를 지지하는 힘 $\mathbf{R}$과 크기가 같고 방향이 반대이다.

예제9

그림과 같이 물 분류가 135° 구부러진 날개에 충돌하고 있다. 분류의 속도가 $50\ \mathrm{m/s}$, 유량이 $0.1\ \mathrm{m^3/s}$일 때 날개를 지지하는 힘을 구하여라.

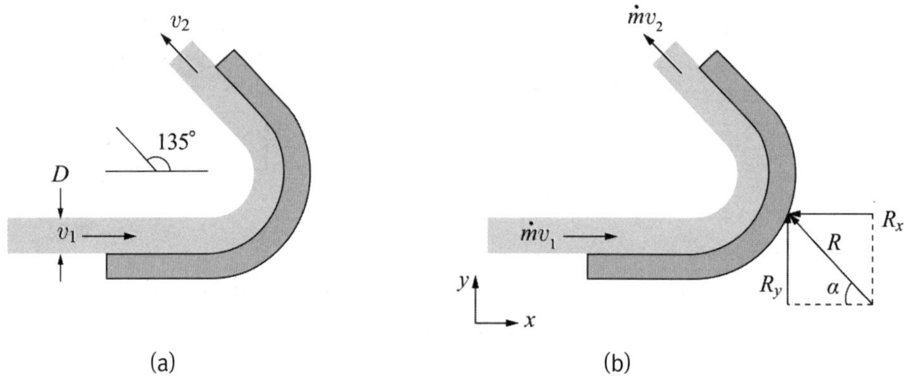

[그림 예제4.9]

그림(b)와 같이 검사체적과 $x-y$ 좌표축을 선정하고 여기에 날개가 움직이지 않도록 지지하는 힘 R 및 운동량 $\dot{m}v$을 표기한다. 정상상태이므로 $\dot{m}_1 = \dot{m}_2 = \dot{m}$이다.

먼저 각 방향으로 작용하는 힘은 다음과 같다.

$$\sum F_x = -R_x$$

$$\sum F_y = R_y$$

각 방향에 대한 운동량 변화는 다음과 같다.

$$\sum_{cs}\dot{m}v_{2x} - \sum_{cs}\dot{m}v_{1x} = \rho Q(v_2\cos 135°) - \rho Qv_1 = \rho Qv(\cos 135° - 1)$$

$$\sum_{cs}\dot{m}v_{2y} - \sum_{cs}\dot{m}v_{1y} = \rho Q(v_2\sin 135°) - 0 = \rho Qv\sin 135°$$

운동량법칙에 의해 위 두 식은 같으므로 날개를 지지하는데 필요한 힘은 다음과 같다.

$$R_x = \rho Qv(1-\cos 135°) = (1000\,\mathrm{kg/m^3})(0.1\,\mathrm{m^3/s})(50\,\mathrm{m/s})(1-\cos 135°) = 8.535\ \mathrm{kN}$$

$$R_y = \rho Qv\sin 135° = (1000\,\mathrm{kg/m^3})(0.1\,\mathrm{m^3/s})(50\,\mathrm{m/s})\sin 135° = 3.534\ \mathrm{kN}$$

따라서 합력의 크기와 방향은 다음과 같다.

$$\mathbf{R} = \sqrt{R_x^2 + R_y^2} = \sqrt{8.535^2 + 3.534^2} = 9.24\ \mathrm{kN}$$

$$\alpha = \tan^{-1}\left(\frac{R_y}{R_x}\right) = \tan^{-1}\left(\frac{3.534}{8.535}\right) = 22.5°$$

예제10

물 분류가 유량 $0.015\ m^3/s$으로 축대칭 버킷(bucket)에 속도 $30\ m/s$로 충돌한 후 60°의 각도로 굴절된다. 정상상태에서 버킷이 움직이지 않도록 지지하는데 필요한 힘을 구하라.

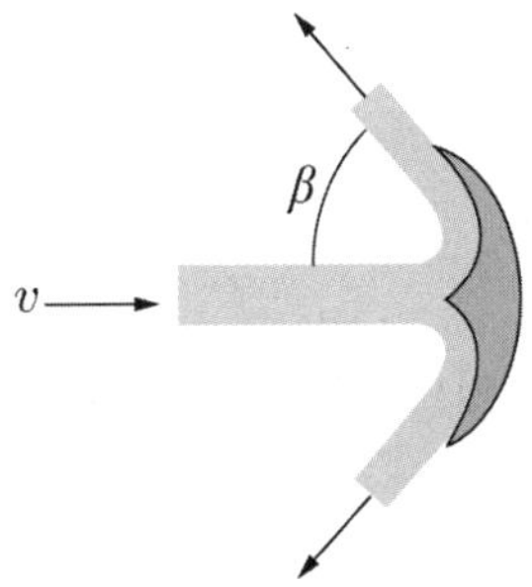

(a)

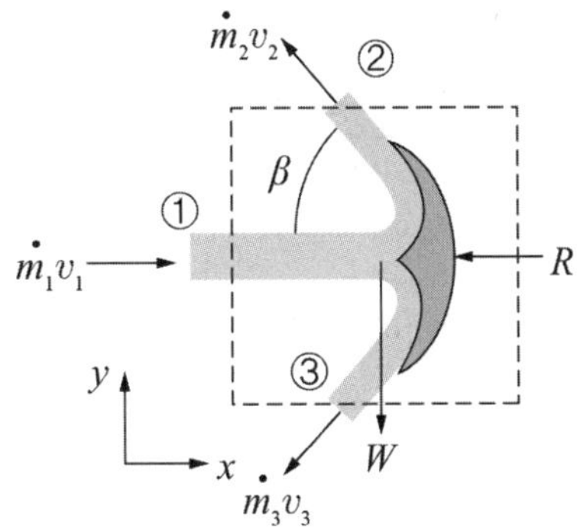

(b) 힘과 운동량 도표

[그림 예제4.10]

먼저 그림(b)의 점선으로 표시한 검사체적을 선정한 후 힘과 운동량 등을 표기한다. 버킷 입구를 ①, 출구를 ②, ③으로 표기하면 Bernoulli 방정식에 의해 유입 분류와 굴절된 분류의 속도는 같고, 정상상태이므로 입구와 출구에서의 질량유량은 같고 물의 무게는 무시한다. 즉,

$$v_1 = v_2 = v_3,\ \dot{m}_1 = \dot{m}_2 + \dot{m}_3 = 2\dot{m}_2\ ,\ \ W = 0$$

버킷을 지지하는 힘은 버킷이 x축에 대하여 대칭이므로 y축 방향의 힘은 상쇄되어 0이 된다. x축 방향으로 작용하는 힘은 다음과 같다.

$$\sum F_x = -R$$

운동량 차이도 x축 방향의 운동량만 존재하고 다음과 같다.

$$\begin{aligned}\sum_{cs} \dot{m}_o v_{ox} - \sum_{cs} \dot{m}_i v_{ix} &= (-\dot{m}_2 v_2 \cos 60^\circ) + (-\dot{m}_3 v_3 \cos 60^\circ) - (\dot{m}_1 v_1) \\ &= -2\dot{m}_2 v_2 \cos 60^\circ - \dot{m}_1 v_1 = -\dot{m}_1 v_1 (1 + \cos 60^\circ)\end{aligned}$$

위 식 우변의 음의 부호는 운동량이 x축의 음의 방향으로 작용한다는 의미이다. 운동량법칙에 의해 위 두 식은 같으므로 버킷을 지지하는데 필요한 힘은 다음과 같다.

$$\begin{aligned}R &= \dot{m}v(1+\cos 60^\circ) = \rho Q v (1+\cos 60^\circ) \\ &= (1000\,kg/m^3)(0.1\,m^3/s)(50\,m/s)(1+\cos 60^\circ) \\ &= 7.5\ kN\end{aligned}$$

③ 움직이는 날개

유체로부터 일을 얻거나 혹은 유체의 압력을 높이기 위해서는 날개가 움직여야 한다. 터빈은 움직이는 날개에 분류를 충돌시켜 운동량의 변화를 통해 일(또는 동력)을 얻는 장치이고, 반대로 펌프나 압축기는 움직이는 날개에 일을 가해 회전시켜 유체의 압력을 높여주는 장치이다.

유체 분류가 일정한 속도로 움직이는 날개에 작용하는 힘(충격력 및 반발력)을 평가할 때 유량은 움직이는 날개의 속도 u에 대한 유체 분류의 절대속도 v의 상대속도 $v_r(=v-u)$에 의해 평가하게 된다.

[그림 4-6]과 같이 유체 분류와 동일한 방향으로 속도 u로 움직이는 날개를 고려하자. 이때 분류의 유입속도(절대속도)와 유출속도는 같으므로($v_1 = v_2 = v$) 분류의 상대 유입속도와 상대 유출속도는 각각 다음과 같다.

$$v_{r1} = v_1 - u = v - u, \; v_{r2} = v_2 - u = v - u, \; v_{r1} = v_{r2} \tag{4.11}$$

분류의 유량은 상대속도로 평가되므로 다음과 같다.

$$Q = Av_r = A(v-u) \tag{4.12}$$

분류에 작용하는 힘은 움직이는 날개를 지지하는 힘 R 밖에 없으므로 다음과 같다.

$$\sum F_x = -R_x \tag{4.13}$$
$$\sum F_y = R_y$$

각 방향에 대한 날개의 운동량 변화는 다음과 같다.

$$\dot{m}v_{r2x} - \dot{m}v_{r1x} = \rho Q_r(v_r\cos\theta) - \rho Q_r v_r = \rho A(v-u)^2(\cos\theta - 1)$$
$$\dot{m}v_{r2y} - \dot{m}v_{r1y} = \rho Q_r(v_r\sin\theta) - 0 = \rho A(v-u)^2\sin\theta \tag{4.14}$$

운동량법칙에 의해 정상상태이면 분류에 작용하는 힘과 날개의 운동량 변화는 같으므로 위 식에 의해 날개를 지지하는 힘 R을 구할 수 있다. 날개가 분류로부터 얻어지는 동력 $\dot{W}$는 날개의 속도 u와 날개와 동일한 방향(날개의 접선방향)으로 받는 힘 R_x의 곱으로 얻어진다.

$$\dot{W} = R_x u \tag{4.15}$$

여기서 분류의 속도 v 대신에 날개의 속도 u를 사용하는 이유는 날개의 동력은 날개의 회전에 의해서

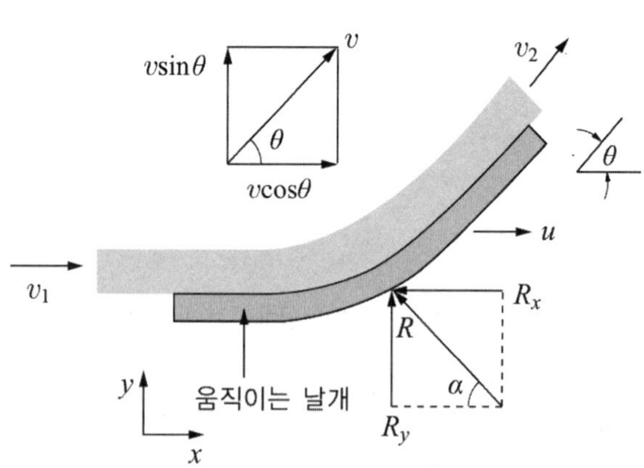

그림 4-6 움직이는 날개에 작용하는 힘

얻어지기 때문이다. 왜냐하면 날개가 고정되어 있다면 분류의 속도가 아무리 크다 하더라도 날개로부터 동력은 얻을 수 없기 때문이다.

예제11

[예제4.7]과 동일한 조건의 경사평판이 분류의 방향으로 $2\,\mathrm{m/s}$의 속도로 이동한다. 이때 평판이 받는 힘은 얼마인가?

주어진 조건은 분류의 직경 $2\,\mathrm{cm}$, 분류속도 $12\,\mathrm{m/s}$, 평판의 속도가 $2\,\mathrm{m/s}$이다. 또 출구 단면 ②와 ③에서의 분류속도($v_2 = v_3 = v$)는 같으므로 상대속도는 $v_{r2} = v_{r3} = v - u = 10\,\mathrm{m/s}$이다.

분류의 유량은 식 (4.12) 및 [예제 4.7]의 결과에 의해 다음과 같다.

$$Q_1 = Av_r = A(v-u)$$
$$= \left(\frac{3.14\times 0.02^2\ \mathrm{m^2}}{4}\right)(12-2)\,\mathrm{m/s} = 3.14\times 10^{-3}\ \mathrm{m^3/s}$$
$$Q_2 = \frac{Q_{r1}}{2}(1+\cos 60^\circ) = 2.355\times 10^{-3}\ \mathrm{m^3}$$
$$Q_3 = \frac{Q_{r1}}{2}(1-\cos 60^\circ) = 0.785\times 10^{-3}\ \mathrm{m^3}$$

검사체적에 작용하는 힘은 평판이 받는 힘만이 존재하므로 다음과 같다.

$$\sum F_x = 0$$
$$\sum F_y = R$$

각 방향에 대한 운동량 변화는 다음과 같다.

$$\sum_{cs}\dot{m}v_{rox} - \sum_{cs}\dot{m}v_{rix} = (\rho Q_{r2}v_{r2} - pQ_{r3}v_{r3}) - \rho Q_{r1}v_{r1}\cos 60^\circ$$
$$\sum_{cs}\dot{m}v_{roy} - \sum_{cs}\dot{m}v_{riy} = 0 + \rho Q_{r1}v_{r1}\sin 60^\circ$$

운동량법칙에 의해 각 방향에 대한 위 두 식은 같으므로 다음 식이 성립한다.

$$0 = (\rho Q_{r2}v_{r2} - \rho Q_{r3}v_{r3}) - \rho Q_{r1}v_{r1}\cos 60^\circ$$
$$= (Q_{r2} - Q_{r3}) - Q_{r1}\cos 60^\circ$$
$$R = \rho Q_{r1}v_{r1}\sin 60^\circ$$

따라서 평판을 지지하는 힘은 다음과 같다.

$$R = (1000\ \mathrm{kg/m^3})(3.14\times 10^{-3}\ \mathrm{m^3/s})(10\ \mathrm{m/s})\sin 60^\circ = 27.19\ \mathrm{N}$$

예제12

[예제4.9]와 동일한 조건에서 날개가 x축 방향으로 $20\,\mathrm{m/s}$의 속도로 이동하는 경우, 날개에 작용하는 힘과 얻을 수 있는 동력을 구하여라.

정상상태이므로 $\dot{m}_1 = \dot{m}_2 = \dot{m}$ 및 $v_1 = v_2 = v$이고, 상대속도는 $v_r = v - u = 30\,\mathrm{m/s}$이다. 먼저 유량은 식 (4.12)에 의해 다음과 같이 평가한다.

$$Q = Av_r = \frac{Q}{v}(v-u) = \frac{0.1\ \mathrm{m^3/s}}{50\ \mathrm{m/s}}(50-20)\mathrm{m/s} = 0.06\ \mathrm{m^3/s}$$

검사체적에 작용하는 힘은 날개를 지지하는 힘만 존재하므로 다음과 같다.

$$\sum F_x = -R_x$$

$$\sum F_y = R_y$$

각 방향에 대한 운동량 변화는 다음과 같다.

$$\sum_{cs} \dot{m}v_{r2x} - \sum_{cs} \dot{m}v_{r1x} = \dot{m}(v_{r2}\cos 135^\circ) - \dot{m}v_{r1} = \rho Q_r v_r(\cos 135^\circ - 1)$$

$$\sum_{cs} \dot{m}v_{r2y} - \sum_{cs} \dot{m}v_{r1y} = \dot{m}(v_{r2}\sin 135^\circ) - 0 = \rho Q_r v_r \sin 135^\circ$$

따라서 운동량법칙에 의해 날개에 작용하는 힘과 운동량 변화는 같으므로 날개를 지지하는데 필요한 x, y축 방향의 힘은 다음과 같다.

$$R_x = \rho Q_r v_r(1-\cos 135^\circ) = (1000\ \mathrm{kg/m^3})(0.06\ \mathrm{m^3/s})(30\ \mathrm{m/s})(1-\cos 135^\circ)$$
$$= 527.2\ \mathrm{N}$$

$$R_y = \rho Q_r v_r \sin 135^\circ = (1000\ \mathrm{kg/m^3})(0.06\ \mathrm{m^3/s})(30\ \mathrm{m/s})\sin 135^\circ$$
$$= 1.273\ \mathrm{kN}$$

움직이는 날개에 의해서 얻을 수 있는 동력 $\dot{W}$는 이동방향으로 작용하는 힘이 R_x이므로 식 (4.15)에 의해 다음과 같다.

$$\dot{W} = R_x u = 527.2\ \mathrm{N} \times 20\ \mathrm{m/s} = 10.54\ \mathrm{kW}$$

예제13

그림과 같은 수력 터빈에 의해서 동력을 얻고 있다. 물 분류의 단면적이 $100\ \mathrm{cm^2}$, 노즐로부터 분출되는 유량이 $0.2\ \mathrm{m^3/s}$, 수차 날개의 각도가 60°, 날개의 선속도가 $4\ \mathrm{m/s}$일 때 수력터빈에서 얻을 수 있는 동력을 구하라.

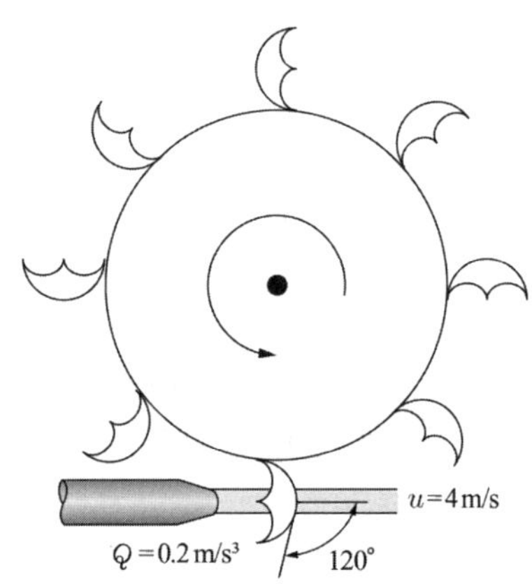

[그림 예제4.13]

이것은 연속날개에 관한 문제이다. 따라서 노즐에 충돌하는 유량은 노즐에서 분사하는 유량 Q와 같다. 주어진 조건은 다음과 같다.

$$A = 100 \times 10^{-4}\ \mathrm{m^2},\ Q = 0.2\mathrm{m^3},\ \theta = 60^\circ,\ u = 4\ \mathrm{m/s}$$

먼저 노즐에서 분사되는 물 분류의 속도는 다음과 같다.

$$v = \frac{Q}{A} = \frac{0.2\ \mathrm{m^3/s}}{100 \times 10^{-4}\ \mathrm{m^2}} = 20\ \mathrm{m/s}$$

검사체적에 작용하는 힘은 터빈을 지지하는 힘 R만 존재하고 다음과 같다.

$\sum F_x = -R_x$

여기서 수력터빈의 동력을 구하기 위해서는 날개의 접선방향(x축 방향)의 힘만을 필요하므로 그 외 y축과 z축방향의 힘은 평가하지 않는다.

x축 방향의 운동량 변화는 다음과 같다.

$$\sum_{cs} \dot{m}v_{r2x} - \sum_{cs} \dot{m}v_{r1x} = \dot{m}v_{r2}\cos 60^\circ - \dot{m}v_{r1} = \rho Q v_r(\cos 60^\circ - 1)$$

운동량법칙에 의해 위 두 식은 같으므로 날개를 지지하는 힘 R_x은 다음과 같다.

$$R_x = \rho Q v_r(1 - \cos 60^\circ)$$

수력터빈의 동력 $\dot{W}$는 식 (4.15)에 의해 날개가 받은 접선방향의 힘 R_x와 날개의 속도 u의 곱으로 평가되므로 다음과 같다.

$$\begin{aligned}\dot{W} &= R_x u = \rho Q v_r(1 - \cos 60^\circ)u \\ &= (1000\,\text{kg/m}^3)\times(0.2\,\text{m}^3/\text{s})\times(20-4)\text{m/s}\times(1-\cos 60^\circ)(4\,\text{m/s}) \\ &= 6{,}400\,\text{W} = 6.4\,\text{kW}\end{aligned}$$

4.1.3 운동량방정식의 기타 적용사례

지금까지 기술한 관이나 날개에 작용하는 힘의 평가는 속도가 단면에서 균일하거나 혹은 공급 유량이 일정한 경우이다. 이 절에서는 속도가 균일하지 않거나 또는 공급 유량이 변할 때 물체를 지지하는 힘을 평가하여 보자.

(1) 수문에 작용하는 힘

댐이나 둑에 설치된 수문에 정지된 유체가 작용하는 힘은 제2장 정수역학에서 배운 지식으로 구할 수 있다. 그러나 흐름이 존재할 때 유체가 수문에 작용하는 힘(또는 수문을 지지하는 힘)은 정수역학의 지식으로는 구할 수 없고 검사체적에 운동량방정식을 적용하여 구할 수 있다. [그림 4-7](a)와 같이 직사각형

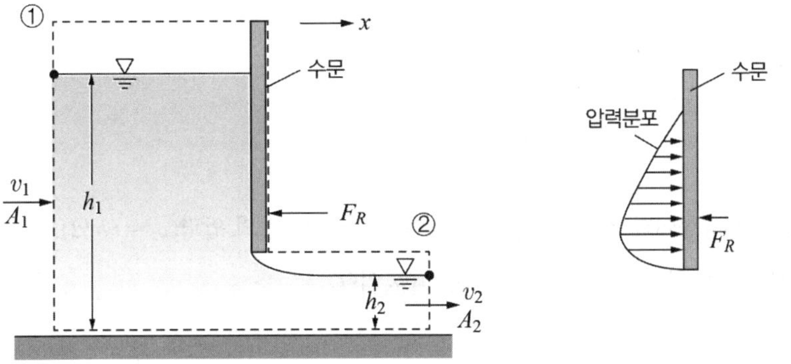

(a) 수문에서의 흐름 (b) 수문의 자유물체도

그림 4-7 수문을 지지하는 힘

수문을 지지하는 힘을 구해보자. 수문 상단 부근의 압력은 유속이 매우 느리기 때문에 정수압 분포와 거의 같지만, 수문 하단 근처에서는 유속이 매우 빠르기 때문에 압력이 정수압분포와는 크게 다르게 된다.

수문을 지지하는 힘 F_R은 압력이 정수압분포를 갖지 않으므로 미소 면적에 작용하는 힘을 수문 면적 전체에 대한 적분으로 다음과 같이 평가한다.

$$F_R = \int_A p\,dA$$

여기서 A는 물과 접촉한 수문의 면적이다. 수문을 지지하는 힘은 유체가 수문에 작용하는 힘 F_B와 크기는 같고 방향이 반대이다.

[그림 4.7](a)에 파선으로 표시한 검사체적을 고려하여 운동량방정식을 적용하여 보자. 검사체적의 유입부와 유출부에서의 속도, 수심, 면적을 각각 v_1, h_1, A_1과 v_2, h_2, A_2라 하자. 검사면에 작용하는 힘은 유입부와 유출부에서의 압력에 기인한 힘과 검사체적 밑면(수로바닥)에서의 유체의 점성에 기인한 마찰력 F_f 그리고 수문을 지지하는 힘 F_R가 있다. 따라서 다음과 같다.

$$\sum F_x = p_{c1}A_1 - p_{c2}A_2 - F_f - F_R$$

여기서 하첨자 1, 2는 유입부와 유출부를, p_c는 도심에서의 압력이다. 이 힘들 중 수로 바닥에서의 마찰력 F_f는 다른 힘에 비하여 매우 작기 때문에 일반적으로 무시한다.

다음, 검사체적의 운동량 변화율은 정상상태($\dot{m}_1 = \dot{m}_2 = \dot{m}$)를 고려하므로 검사면의 순수유출율이고 따라서 출구와 입구에서의 x축 방향의 운동량 차이는 다음과 같다.

$$\sum_{cs} \dot{m}_2 v_{2x} - \sum_{cs} \dot{m}_1 v_{1x} = \rho Q(v_2 - v_1)$$

운동량법칙에 의해 위 두 식은 같으므로 수문을 지지하는 힘은 다음 식으로 구할 수 있다.

$$\begin{aligned} F_R &= p_{c1}A_1 - p_{c2}A_2 - \rho Q(v_2 - v_1) \\ &= \left(\gamma \frac{h_1}{2} b h_1 - \gamma \frac{h_2}{2} b h_2\right) - \rho Q(v_1 - v_2) \\ &= \frac{1}{2}\gamma b (h_1^2 - h_2^2) - \rho Q(v_1 - v_2) \end{aligned} \tag{4.16}$$

여기서 흐름을 균일유동이라 가정하면 p_c는 도심 $h_c(=h/2)$에서의 압력($p_c = \gamma h/2$), b는 수문의 폭이고 유입부, 유출부에서의 단면적은 $A_1 = bh_1$, $A_2 = bh_2$이다.

① 이상유체의 수심과 속도

물을 점성이 없는 이상유체라 가정하고 상류와 하류의 수심 h_1, h_2가 주어지면, 상류와 하류에서의 속도 v_1, v_2는 연속방정식과 Bernoulli 방정식을 적용하여 구할 수 있다. 먼저 연속방정식에 의해 다음 관계를 얻는다.

$$Q = Av = bh_1v_1 = bh_2v_2 \rightarrow v_1 = \frac{h_2}{h_1}v_2$$

자유표면 ①, ② 사이에 Bernoulli 방정식을 적용하면 자유표면에서의 압력이 모두 동일한 대기압 $p_1 = p_2 = p_0$이므로 Bernoulli 방정식은 다음과 같다.

$$\frac{v_1^2}{2g} + h_1 = \frac{v_2^2}{2g} + h_2$$

위 두 식으로부터 유입부와 유출부에서의 속도는 다음과 같이 구할 수 있다.

$$v_1 = \sqrt{\frac{2gh_2^2}{h_1 + h_2}},\ v_2 = \sqrt{\frac{2gh_1^2}{h_1 + h_2}} \tag{4.17}$$

② **수격작용**

관로에 설치된 밸브를 급격히 차단하여 물의 흐름을 갑자기 정지시키면 밸브 상류측의 압력이 급격히 상승하여 정상상태의 압력파보다는 훨씬 큰 압력파가 발생한다. 이 압력파는 굉음을 발생하면서 음속으로 밸브와 배관 벽으로 전달하는데, 이 현상을 수격작용(water hammer)이라 한다. 압력파는 장애물을 만나면 부딪쳐 되돌아오는 현상이 반복되므로 수격작용은 배관을 손상시킬 수 있기 때문에 배관 설계 시 반드시 고려해야 할 중요한 사항이다.

수격작용도 운동량방정식을 적용하여 해석할 수 있다. [그림 4-8]과 같이 길이가 L인 관로 끝단에 설치된 밸브를 급격히 닫아 압력파가 발생하였다고 하자. 압력파는 액체의 점성에 의해 점차 사라지겠지만, 그전까지는 존재하여 음속 c로 관로를 왕복한다. 결국 밸브의 차단시간이 압력파가 되돌아오는 왕복시간 $2L/c$보다 짧으면 수격작용이 발생할 수 있다. 이 시간을 한계(임계) 폐색시간(critical time of closure)이라 하고 기호 $t_c(=2L/c)$로 나타낸다.

[그림 4-8]에서 압력파를 기준으로 상류측과 하류측에 있는 유체의 밀도, 압력 속도는 각각 ρ, p, v 및 $\rho + \Delta\rho$, $p + \Delta p$, 0이 된다. 압력파는 밸브의 상류측 방향으로 전파하므로 임의의 시각 t에서 압력파의

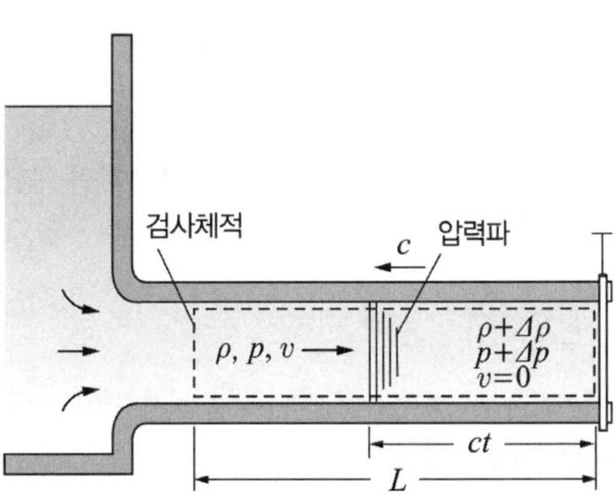

그림 4-8 관로에서 압력파

이동 거리는 밸브로부터 음속×시간, 즉 ct가 된다. 관로의 방향을 x축이라 하면 x축 방향의 운동량방정식은 식 (4.4b)에 의해 다음과 같다.

$$\sum F_x = \frac{d}{dt}\int_{cv}\rho v_x dV + \sum_{cs}\dot{m}_2 v_{2x} - \sum_{cs}\dot{m}_1 v_{1x} \tag{4.18}$$

여기서 하첨자 1, 2는 각각 상류측과 하류측을 의미한다.

먼저 위 식 (4.18)의 좌변, 즉 관로의 검사체적에 작용하는 힘은 다음과 같다.

$$\sum F_x = pA - (p + \Delta p)A$$

다음, 식 (4.18)의 우변 첫 번째 항, 즉 검사체적의 운동량 변화율은 압력에너지가 시간에 따라 감소하므로 다음과 같이 평가할 수 있다.

$$\frac{d}{dt}\int_{cv}\rho v_x dV = \frac{d}{dt}[\rho v(L-ct)A] = -\rho vcA$$

우변 두 번째 항, 즉 검사면을 통한 운동량 변화율은 유입부만 존재하므로 다음 식이 된다.

$$\sum_{cs}\dot{m}_2 v_{2x} - \sum_{cs}\dot{m}_1 v_{1x} = (0) - \dot{m}v_1 = -\rho A v^2$$

위 세 식을 운동량 방정식 (4.18)에 대입하여 정리하면 다음 식이 된다.

$$pA - (p + \Delta p)A = -\rho vcA - \rho A v^2$$

이 식을 정리하면 다음 식을 얻는다.

$$\Delta p = \rho v^2 + \rho vc$$

물의 음속 c는 물의 속도 v보다 훨씬 크기 때문에 위 식 우변의 첫 번째 항을 무시할 수 있으므로 하류측의 압력상승은 다음과 같이 정리할 수 있다.

$$\Delta p = \rho vc \tag{4.19}$$

압력파의 속도 c는 [그림 4-8]의 검사체적에 연속방정식을 적용하면 구할 수 있고, 검사체적에 대한 연속방정식은 다음과 같다.

$$\frac{d}{dt}m_{cv} + \sum_{cs}\dot{m}_2 - \sum_{cs}\dot{m}_1 = 0$$

위 식을 [그림 4-8]에 적용하면 다음과 같다.

$$\frac{d}{dt}[\rho(L-ct)A+(\rho+\Delta\rho)ctA]+\dot{m}_1=0$$

질량흐름은 $\dot{m}_1=\rho A v$ 이므로 이것을 고려하면 위의 연속방정식은 다음과 같이 된다.

$$\frac{\Delta\rho}{\rho}=\frac{v}{c}$$

또는

$$c=\frac{v}{\Delta\rho/\rho} \tag{4.20}$$

액체의 체적탄성계수 ϵ_v 정의는 1장 식 (1.25)에 의해 다음과 같이 쓸 수 있다.

$$\frac{\Delta\rho}{\rho}=\frac{\Delta p}{\epsilon_v}$$

액체의 음속 식 (4.20)는 식 (1.25)를 이용하여 $\Delta\rho/\rho$를 소거하면 다음 식이 된다.

$$c=\frac{v\,\epsilon_v}{\Delta p}$$

이 식에 식 (4.19)의 $\Delta p=\rho vc$를 대입하면 액체의 음속은 다음 식으로 주어진다.

$$c=\sqrt{\frac{\epsilon_v}{\rho}} \tag{4.21}$$

이 식은 액체의 음속과 액체의 체적탄성계수 사이의 관계를 나타낸 것으로서 1장 식 (1.28)과 같다.

예제14

[그림 4.7]과 같은 수문에서 수심이 $h_1=3\text{ m}$, $h_2=1\text{ m}$이고 수문의 폭을 $b=1\text{ m}$라 할 때 수문에 작용하는 힘을 구하여라.

유입면 ①과 유출면 ②에서의 속도는 식 (4.17)에 의해 다음과 같다.

$$v_1=\sqrt{\frac{2gh_2^2}{h_1+h_2}}=\sqrt{\frac{2\times 9.8\text{ m/s}^2\times(1\text{ m})^2}{3\text{ m}+1\text{ m}}}=2.21\text{ m/s}$$

$$v_2=\sqrt{\frac{2gh_1^2}{h_1+h_2}}=\sqrt{\frac{2\times 9.8\text{ m/s}^2\times(3\text{ m})^2}{4\text{ m}}}=6.64\text{ m/s}$$

수문에 작용하는 힘은 식 (4.16)에 의해 다음과 같다.

$$F_R = \frac{1}{2}\gamma b(h_1^2 - h_2^2) - \rho Q(v_2 - v_1)$$
$$= \frac{1}{2}(9810\text{N/m}^3)(1\text{ m})(3^2 - 1^2)(\text{m}^2)$$
$$- [(1000\text{ kg/m}^3)(3\times 1\text{ m}^2)(2.21\text{ m/s})(6.64 - 2.21)(\text{m/s})$$
$$= 9.83\text{ kN}$$

예제15

그림과 같이 소방차가 급수 통에 정상상태로 물을 공급받고 있다. 제트분류의 단면적은 $100\ \text{cm}^2$, 유입속도는 $5\ \text{m/s}$, 급수통과 물의 중량을 합한 값이 $3\ \text{kN}$이라 할 때 케이블의 장력과 저울에 기록된 중량을 구하라.

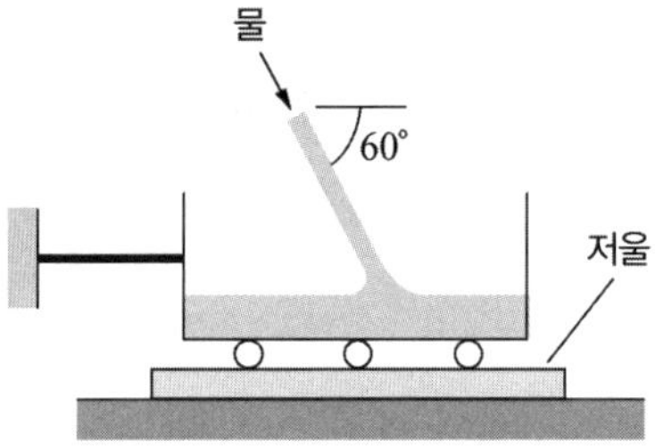

(a)

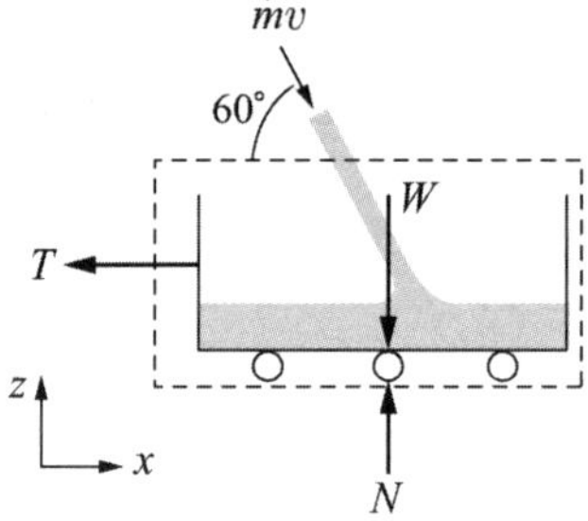

(b) 힘과 운동량 도표

[그림 예제4.15]

검사체적과 기준좌표계 $x-y$축을 나타내고 검사체적에 작용하는 힘, 즉 물의 중량 W, 케이블에 작용하는 힘 T, 저울에 나타난 무게 N 및 분류의 운동량을 기입한다.

먼저 x, y축 방향으로 작용하는 힘은 다음과 같다.

$$\sum F_x = -T$$
$$\sum F_y = N - W$$

다음, 운동량 변화는 정상상태이므로 검사체적 내 운동량 변화는 없다. 따라서 검사면을 통한 x, y 방향의 운동량 변화만 있고 다음과 같다.

$$\sum_{cs}\dot{m}_2 v_{2x} - \sum_{cs}\dot{m}_1 v_{1x} = (-\dot{m}v\cos 60^\circ) - (0)$$
$$\sum_{cs}\dot{m}_2 v_{2z} - \sum_{cs}\dot{m}_1 v_{1z} = -(-\dot{m}v\sin 60^\circ) - (0)$$

운동량법칙에 의해 각 방향에 대하여 위 두 식들은 같으므로 다음 식을 얻는다.

$$-T = -\dot{m}v\cos 60$$
$$N - W = \dot{m}v\sin 60$$

위 식의 운동량 흐름은 다음과 같다.

$$\dot{m}v = (\rho Av)v$$
$$= (1000\text{ kg/m}^3)(100\times 10^{-4}\text{ m}^2)(5\text{ m/s})^2 = 250\text{ N}$$

따라서 케이블의 장력과 저울의 무게는 각각 다음과 같다.

$$T = \dot{m}v\cos 60^\circ = 250\text{ N}\times\cos 60^\circ = 125\text{ N}$$
$$N = \dot{m}v\sin 60^\circ + W = 250\text{ N}\times\sin 60^\circ + 3000\text{ N} = 3216\text{ N}$$

저울의 무게는 유체 분류의 운동량으로 인해 급수 통의 중량보다 무겁게 나타난다.

예제16

저수지에 길이 1 km의 강관이 연결되어 유속 1.2 m/s의 속도로 물이 흐르고 있다. 관의 끝단에서의 압력이 300 kPa이라 가정하고, 밸브를 1초에 닫았다면 관의 끝단에 발생하는 압력은 얼마인가? 물의 온도는 20℃라고 가정하라.

먼저 양의 압력파가 발생하는지를 검토한다. 이것은 밸브의 차단시간이 폐색시간보다 작아야 한다. 먼저 물의 체적탄성계수와 밀도가 [표 1.6] 및 [부록 표.1]에 의해 $\epsilon_v = 2.19\times10^9\ \mathrm{N/m^2}$, $\rho = 998\ \mathrm{kg/m^3}$이므로 물의 음속은 식 (4.21)에 의해 다음과 같다.

$$c = \sqrt{\frac{\epsilon_v}{\rho}} = \sqrt{\frac{2.2\times10^9\ \mathrm{N/m^2}}{1000\ \mathrm{kg/m^3}}} = 1483\ \mathrm{m/s}$$

다음 한계 폐색시간은 다음과 같다.

$$t_c = 2L/c$$
$$= 2\times(1000\ \mathrm{m})/(1483\ \mathrm{m/s}) = 1.483\ \mathrm{s}$$

차단시간 1초는 한계 폐색시간 1.48초보다 작으므로 수격작용이 발생할 수 있다. 하류측의 압력상승 Δp는 식 (4.19)에 의해 다음과 같다.

$$\Delta p = \rho vc = 1000\ \mathrm{kg/m^3}\times1.2\ \mathrm{m/s}\times1483\ \mathrm{m/s}$$
$$= 1779.6\ \mathrm{kPa}$$

따라서 최대압력은 관 끝단의 초기 압력 p에 압력상승 값 Δp을 합한 값이 되고 다음과 같다.

$$p_{max} = 300\ \mathrm{kPa} + 1779.6\ \mathrm{kPa} = 2079.6\ \mathrm{kPa}$$

이것은 밸브를 급격히 닫으면 유체의 압력이 매우 크게 나타나 수격작용이 나타날 수 있음을 의미한다. 그러므로 관로 시스템을 설계할 때에는 압력이 허용 한도에 벗어나지 않도록 주의해야 한다. 이의 방지는 밸브 근처에 완충장치를 설치하든지 혹은 밸브의 닫는 시간을 한계 폐색시간보다 크도록 천천히 닫는 등의 방법이 있다.

(2) 비균일유동일 때 작용하는 힘

속도분포가 일정하지 않는 비균일유동일 때 유체가 물체에 작용하는 힘은 미소면적에 가한 힘의 적분으로 평가한다.

예제17

비행기 날개에 대한 항력을 풍동실험으로 측정하고자 한다. 풍동의 직경은 1 m, 단면 ①과 ②에서의 계기압력은 각각 1.5 kPa, 1.0 kPa, 공기의 밀도는 1.0 kg/m^{3}이다. 풍동 입구에서의 속도분포는 30 m/s로 균일하지만, 유출부에서의 속도는 날개에 의해 그림과 같이 변한다. 날개 지지하는데 필요한 힘을 구하라.

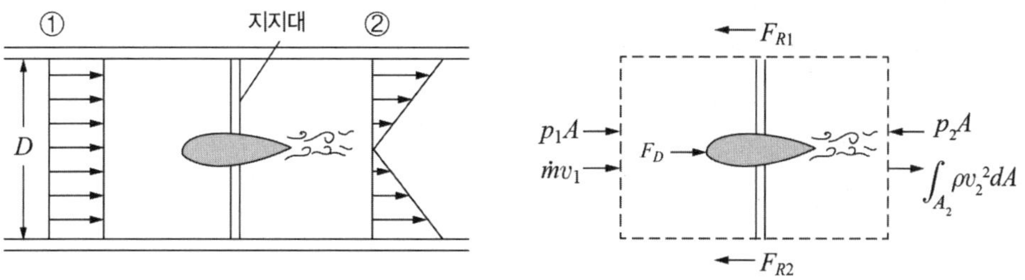

[그림 예제4.17]

먼저 검사체적과 좌표계를 선정한 후, 검사체적에 작용하는 힘과 운동량을 표기한다. 유출단면에서의 속도분포가 균일하지 않으므로 일반적인 형태의 운동량 방정식 (4.3)을 사용한다.

공기가 날개에 가하는 힘(저항력) F_D는 날개를 지지하는 힘 F_R과 힘의 평형을 이루기 때문에 $F_D = F_{R1} + F_{R2}$이다. 따라서 벽면 전단응력을 무시하면 검사체적에 작용하는 x축 방향의 힘은 압력력과 날개를 지지하는 힘만 존재하므로 다음 식이 된다.

$$\sum F_x = p_1 A - p_2 A - (F_{R1} + F_{R2})$$
$$= p_1 A - p_2 A - F_D$$

다음 운동량 변화율은 정상상태를 고려하면 검사체적 내 운동량 축적률이 0이므로 검사면을 통한 운동량 순수유출률로 주어진다. 검사면을 통한 운동량 순수유출률은 비균일 속도분포를 갖는 출구에서의 운동량과 균일한 속도분포를 갖는 입구에서의 운동량의 차이로 주어지며 각각 다음과 같다.

$$\int_{A_1} \rho v_x (\boldsymbol{v}.\boldsymbol{n})\, dA = \rho v_1 \boldsymbol{v}_1 A_1 = \rho v_1 (-v_1 A) = -\dot{m} v_1$$

$$\int_{A_2} \rho v_x (\boldsymbol{v}.\boldsymbol{n})\, dA = \int_{A_2} \rho v_2 (\boldsymbol{v}_2\, dA) = \int_{A_2} \rho v_2^2 dA$$

여기서 하첨자 1, 2는 각각 입구와 출구를 가리킨다. 위 식의 음의 부호는 운동량이 x축의 음의 방향으로 작용한다는 의미이다. 또 출구에서의 속도 v_2는 단면에 걸쳐 일정하지 않기 때문에 적분기호 밖으로 나올 수가 없다.

선형운동량방정식 (4.3)에 위 식들을 대입하면 항력은 다음과 같이 주어진다.

$$p_1 A - p_2 A - F_D = \int_{A_2} \rho v_2^2 dA - \dot{m} v_1 \rightarrow$$

$$F_D = A(p_1 - p_2) + \dot{m} v_1 - \int_{A_2} \rho v_2^2 dA \quad \cdots\cdots \text{(R1)}$$

날개를 지지하는데 필요한 힘을 계산하기 위해서는 우변 3번째 적분 항, 즉 속도가 균일하지 않은 유출구에서의 운동량을 평가해야 한다.

출구에서의 속도 $v_2(r)$는 풍동 중심에서부터 반경방향거리 r에 선형적으로 비례하므로 $v_2(r) = v_{\max}(r/R)$로 표시할 수 있다. 따라서 식 (R1)은 다음과 같이 쓸 수 있다.

$$F_D = A(p_1 - p_2) + \dot{m} v_1 - \int_{A_2} \rho \left(v_{\max} \frac{r}{R} \right)^2 2\pi r\, dr \quad \cdots\cdots \text{(R2)}$$

여기서 $v_{\max}$는 풍동 내 최대속도이고 R는 유출구(풍동)의 반경이다. 관내 최대속도 $v_{\max}$는 비압축성 유체($\rho = C$)의 연속방정식 'Av = 일정'에 다음과 같다.

$$A_1 v_1 = \int_{A_2} v_2(r) dA = \int_0^{r_o} v_{\max}(r/R) 2\pi r\, dr \rightarrow$$

$$(\pi \times 0.5^2\ \text{m}^2)(30\ \text{m/s}) = \int_0^{0.5} v_{\max}(r/0.5) 2\pi r\, dr$$

위 식에 의해 풍동 내 최대속도는 $v_{\max} = 45\ \text{m/s}$를 얻는다. 따라서 힘 F_D는 식 (R2)에 다음과 같다.

$$F_D = A(p_1 - p_2) + \dot{m} v_1 - \int_{A_2} \rho \left(v_{\max} \frac{r}{R} \right)^2 2\pi r\, dr$$
$$= A(p_1 - p_2) + \rho A v_1^2 - \rho v_{\max}^2 R^2 (\pi/2)$$
$$= (\pi \times 0.5^2\ \text{m}^2)(1.5 - 1.0)(10^3)\ \text{N/m}^2 + (1.0\ \text{kg/m}^3)(\pi \times 0.5^2\ \text{m}^2)(30\ \text{m/s})^2$$
$$- (1.0\ \text{kg/m}^3)(45\ \text{m/s})^2 (0.5\ \text{m})^2 (\pi/2)$$
$$= 304\ \text{N}$$

(3) 제트 추진기관

항공기용 가스터빈기관은 대부분 제트 추진기관이 장착되어 있다. 이것은 대기 중의 공기를 흡입하여 압축기에서 압축한 후 연소실에서 압축된 공기에 연료를 공급하여 연소시켜 고온·고압의 연소가스를 얻어 일부는 터빈을 돌리고, 나머지는 노즐을 통하여 고속으로 분출시켜 추진력을 얻는다. [그림 4-9]에 제트 추진기관의 개략도를 나타냈다.

제트 추진기관의 추력(추진력, thrust) F_{th}는 운동량법칙에 의하여 결국 운동량 추력과 압력 추력의 합으로 평가된다. 그러나 이상적인 경우, 즉 노즐 출구에서의 가스압력이 주위 대기 압력과 같으면 압력 추력이 없으므로 이때는 운동량 추력만이 존재한다. 운동량 추력은 검사면을 통한 운동량 순수유출률로서 노즐에서 분출하는 연소가스의 운동량과 엔진으로 유입하는 공기의 운동량의 차이로 주어진다. 공기의 유입속도, 즉 비행기의 속도를 v_1, 노즐에서 분출되는 연소가스의 속도를 v_2라 하면 추력은 다음과 같다.

$$F_{th} = \dot{m}_2 v_2 - \dot{m}_1 v_1 \tag{4.22}$$

여기서 연소가스의 속도 v_2는 움직이는 항공기에 대한 추력의 평가이므로 비행기 엔진에 대한 상대속도이다. $\dot{m}_1$은 유입하는 공기의 질량유량, $\dot{m}_2$는 노즐에서 유출하는 질량유량으로 공기유량에 연료유량 $\dot{m}_f$을 더 한 값이 된다. 즉, $\dot{m}_2 = \dot{m}_1 + \dot{m}_f$이다. 그러나 제트 추진기관의 연료유량은 공기유량에 비해 1/60~1/120 정도로 매우 작기 때문에 분출 질량유량은 유입하는 공기의 질량유량과 거의 같아 $\dot{m}_2 \approx \dot{m}_1$으로 고려한다. 따라서 위 식의 추력은 다음과 같이 표현된다.

$$F_{th} = \dot{m}_1 (v_2 - v_1) = \rho Q (v_2 - v_1) \tag{4.23}$$

식 (4.22)와 (4.23)은 각각 $\dot{m}_2 \neq \dot{m}_1$ 경우와 $\dot{m}_2 \approx \dot{m}_1$ 경우에 노즐 출구의 가스 압력이 주위 대기압과 같은 이상적인 경우의 추력이다.

제트 추진기관의 동력 $\dot{W}_j$은 추력과 비행기의 속도의 곱으로 주어진다.

$$\dot{W}_j = F_{th} v_1 = \rho Q v_1 (v_2 - v_1) \tag{4.24}$$

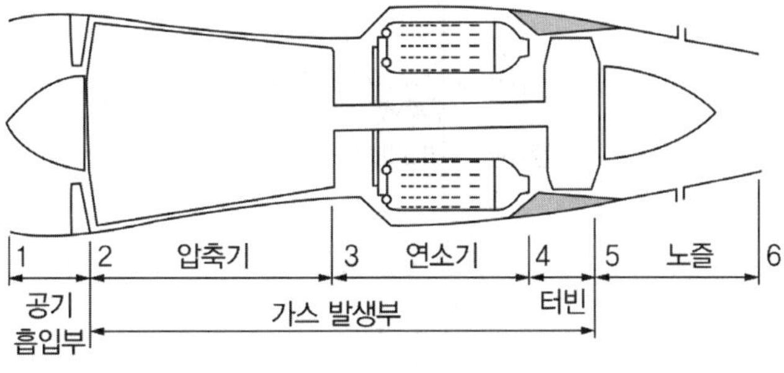

그림 4-9 제트 추진기관

제트 추진기관의 추력과 추진동력은 식 (4.23), (4.24)에서 알 수 있는 바와 같이 공기의 질량유량 $\dot{m}_1(=\rho Q)$과 노즐에서 분출되는 연소가스 속도 v_2와의 곱에 비례하고 비행기의 속도 v_1가 빠를수록 작아지는 것을 알 수 있다.

예제18

터보제트 항공기가 $900\ \mathrm{km/h}$의 속도로 비행하고 있다. 공기의 질량유량이 $80\ \mathrm{kg/s}$, 연소가스는 제트엔진에 대하여 상대속도 $600\ \mathrm{m/s}$로 분출시킨다. 공기와 연료의 비율이 60:1이라면 제트엔진의 추력은 얼마인가?

비행기의 속도 v_1는 $900\ \mathrm{km/s} = 250\ \mathrm{m/s}$, 노즐에서 연소가스의 상대 분출속도 v_2는 $600\ \mathrm{m/s}$, 공기의 질량유량 m_1은 $80\ \mathrm{kg/s}$이다.

이 문제는 공연비가 주어졌으므로 $\dot{m}_2 \neq \dot{m}_1$ 경우, 즉 연료의 운동량도 포함하여 추력을 계산해 보자. 공연비가 60이므로 $\dot{m}_1/\dot{m}_f = 60$에 의해 연료 유량은 $\dot{m}_f = \dot{m}_1/60 = 80/60\,\mathrm{kg/s}$이다.

그러므로 연료의 양을 고려한 추력은 식 (4.22)에 의해 다음과 같다.

$$
\begin{aligned}
F &= \dot{m}_2 v_2 - \dot{m}_1 v_1 = (\dot{m}_1 + \dot{m}_f)v_2 - \dot{m}_1 v_1 = \dot{m}_1(v_2 - v_1) + \dot{m}_f v_2 \\
&= (80\ \mathrm{kg/s})(600 - 250)(\mathrm{m/s}) + (80/60\ \mathrm{kg/s})(600\ \mathrm{m/s}) \\
&= 28.8\ \mathrm{kN}
\end{aligned}
$$

(4) 로켓의 추력

로켓 발사체는 [그림 4-10]에 나타낸 바와 같이 제트기관과는 달리 외부에서 공기를 흡입하지 않고 자체의 연료와 산화제를 연소실에서 연소시켜 추력을 얻는다. 즉 로켓 발사체의 추력 및 속도는 유입되는 공기의

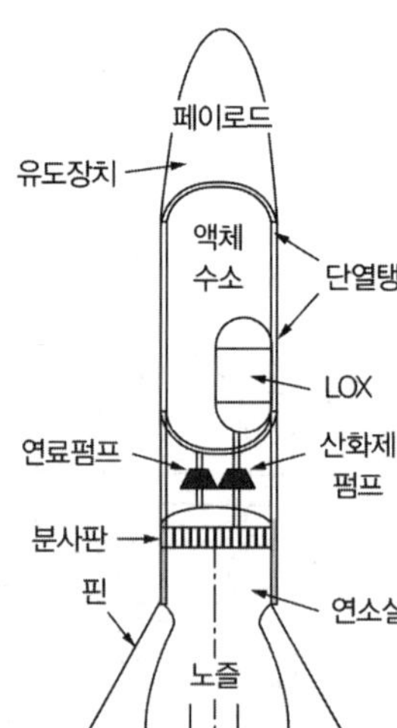

그림 4-10 **액체추진제 로켓 발사체**

운동량이 없으므로 유출되는 연소가스의 운동량으로만 결정되어 무한히 커질 수 있다. 그러나 로켓의 가속도는 연료와 산화제가 연소함에 따라 질량이 그만큼 감소되어 시간에 따라 다르게 된다. 다음 예제를 통해 로켓의 추력과 가속도를 평가하여 보자.

예제19

연필 형태의 펜슬 로켓이 있다. 펜슬 로켓을 시험발사대의 빔(beam)에 지지하여 추력시험을 하려고 한다. 펜슬 로켓의 중량 $0.4\ \mathrm{kgf}$, 로켓 노즐 직경 $1\ \mathrm{cm}$, 연소가스 속도 $400\ \mathrm{m/s}$, 연소가스 밀도 $0.6\ \mathrm{kg/m^3}$이다. 연소가스의 압력은 주위 대기 압력과 같다고 가정하고 로켓을 지지하는 막대에 작용하는 힘을 구하라.

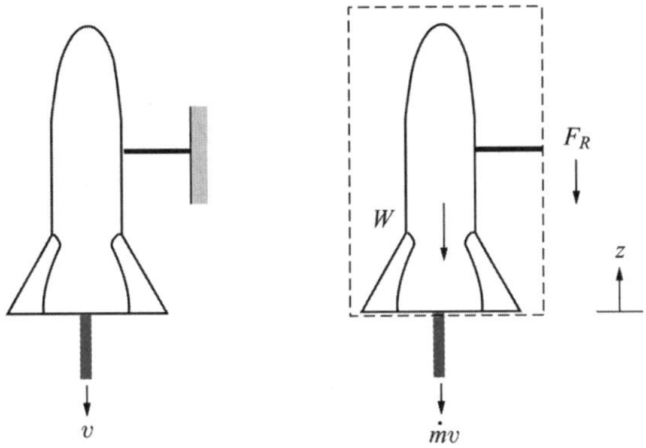

(a) (b) 힘과 운동량 도표

[그림 예제4.19] 펜슬 로켓

그림 (b)와 같이 로켓 지지막대를 포함한 직사각형을 검사체적으로, 노즐 상 방향을 양의 z축으로 취한다. 여기에 로켓을 지지하는 막대에 작용하는 힘을 F_R, 펜슬 로켓의 무게 W, 노즐에서 분출하는 가스의 운동량 $\dot{m}v$을 기입한다. 이 문제는 z축 방향의 힘만 고려하면 된다.

먼저 z축 방향으로 작용하는 힘은 힘의 평형에 의해서 다음 식을 얻을 수 있다.

$$\sum F_z = (-F_R - W)$$

다음, 운동량변화율을 구해보자. 펜슬 로켓이 고정되어 있고 정상상태라 가정하면 검사체적의 운동량변화율이 0이고, 또 검사면을 통한 운동량 순수유출률은 가스의 유입량이 없고 유출량만이 존재하므로 다음과 같다.

$$\sum_{cs} \dot{m}_o v_{oz} - \sum_{cs} \dot{m}_i v_{iz} = \dot{m}(-v) - (0) = -\dot{m}v$$

선형운동량 방정식은 위 두 식이 같으므로 다음 식이 성립한다.

$$-F_R - W = -\dot{m}v$$

펜슬 로켓의 중량은 $0.4\ \mathrm{kgf}$을 SI 단위로 환산하면 $1\ \mathrm{kgf} = 9.81\ \mathrm{N}$이므로 다음과 같다.

$$W = 0.4\ \mathrm{kgf} \times 9.81\ \mathrm{N/kgf} = 3.92\ \mathrm{N}$$

검사면에서 로켓 지지막대에 작용하는 힘은 다음과 같다.

$$\begin{aligned} F_R &= \dot{m}v - W = (\rho A v)v - W \\ &= (0.6\ \mathrm{kg/m^3}) \times \left(\frac{3.14}{4} \times 0.01^2\right)\mathrm{m^2} \times (400\ \mathrm{m/s})^2 - 3.92\ \mathrm{N} \\ &= 7.536\ \mathrm{N} - 3.92\ \mathrm{N} = 3.62\ \mathrm{N} \end{aligned}$$

따라서 F_R의 방향은 위쪽이다. 이것은 지지막대를 지지하는 힘은 위쪽을 향한다는 의미이다.

예제20

로켓의 질량을 m_R, 지상에서 보는 로켓의 속도(관측속도)는 v이다. 로켓은 노즐 출구 단면적이 A_e, 출구에서 가스압력은 주변 대기압보다 높은 p_e이며, 연소가스 속도는 로켓에 대한 상대속도 v_e로 분사되고 있다. 로켓에 대한 항력을 F_D, 무게를 W라 할 때 로켓의 추력과 가속도를 구하라.

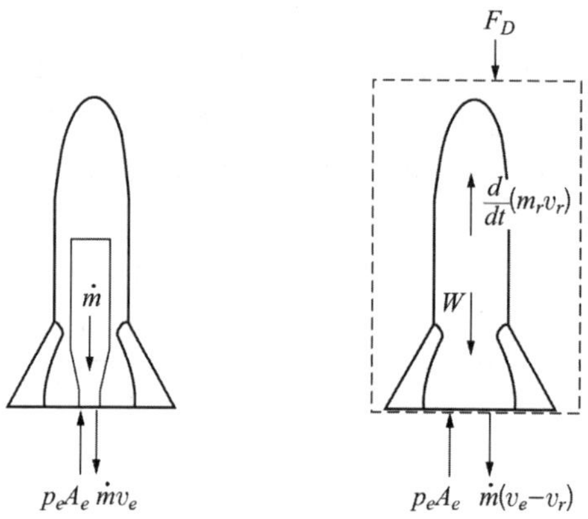

(a) 연소실과 노즐 (b) 로켓

[그림 예제4.20]

로켓은 외부로부터 공기를 공급받지 않으므로 연소실 입구속도는 $v_i = 0$, 입구에서 압력에 의한 힘도 $p_iA_i = 0$, 유입운동량도 $\dot{m}v_i = 0$이다.

먼저 추력을 평가하여 보자. 연소실과 노즐을 검사체적으로 설정하고, 여기에 힘과 운동량을 표기한다. 검사체적에 작용하는 힘에는 운동량 차이에 기인한 힘 F_{th}과 압력 차이에 기인한 힘 F_p가 있다. 또 로켓의 운동량 변화량은 로켓은 운동량 축적속도가 없으므로 검사면을 통한 운동량의 순수유출량으로 주어지고, 이것은 유출량만이 존재하여 $\dot{m}v_e$가 된다.

운동량법칙에 의해 힘과 운동량변화량은 같으므로 다음 식이 성립한다.

$$F_{th} - F_p = \dot{m}v_e$$

따라서 로켓의 추력은 다음과 같다.

$$F_{th} = \dot{m}v_e + F_p = \rho_e A_e v_e^2 + p_e A_e \quad \text{(R1)}$$

여기서 $\dot{m}$는 노즐을 통과하는 질량유량으로서 $\dot{m} = \rho_e A_e v_e$인 관계가 있다.

다음은 로켓의 가속도를 평가하여 보자. 이때에는 그림(b)에 나타낸 바와 같이 로켓과 주위를 검사체적으로 선정한 후 여기에 힘과 운동량 등을 표기한다.

로켓에 작용하는 힘에는 압력력 $F_p(=p_eA_e)$, 항력 F_D, 중량 W이 있다.

$$\sum F_z = F_p - F_D - W$$

운동량 변화율은 검사체적의 운동량 축적률과 검사표면을 통한 운동량 순수유출률의 합으로 주어진다. 로켓의 비행은 연료와 산화제가 소비되어 질량이 변하여 비정상상태이므로 검사체적의 운동량 축적률은 0이 아니고 다음과 같다.

$$\frac{d}{dt}\int_{cv} \rho v_z dV = \frac{d}{dt}(m_R v_r)$$

검사표면을 통한 운동량은 출구에서만 존재한다. 이때 출구속도 v_o는 정지기준계에 대한 속도, 즉 $v_o = v_e - v_r$을 사용해야 하므로 출구에서의 운동량, 즉 순수유출률은 다음과 같다.

$$\sum_{cs} \dot{m}_o v_{oz} - \sum_{cs} \dot{m}_i v_{iz} = \dot{m}[-(v_e - v_r)] = -\dot{m}(v_e - v_r)$$

여기서 그림(b) 힘과 운동량을 참고하면 운동량 축적율과 운동량변화율의 방향은 반대이다.

정상상태이면 힘과 운동량 변화가 같으므로 이들 식에 의해 다음 식을 얻는다.

$$p_e A_e - F_D - W = \frac{d(m_r v_r)}{dt} + [-\dot{m}(v_e - v_r)] \quad \text{(R2)}$$

위 식의 우변 첫 번째 항, 즉 검사체적의 운동량 축적률(변화율)은 다음과 같이 된다.

$$\frac{d}{dt}(m_r v_r) = m_r \frac{dv_r}{dt} + v_r \frac{dm_r}{dt}$$

여기서 dm_r/dt는 시간에 따른 로켓의 질량 감소율로 $-\dot{m}$를 의미한다. 따라서 위 식은 다음과 같이 쓸 수 있다.

$$\frac{d}{dt}(m_r v_r) = m_r \frac{dv_r}{dt} - \dot{m} v_r$$

운동량법칙 식 (R2)에 이 결과를 대입하면 로켓의 가속도에 대한 다음 식을 얻는다.

$$\begin{aligned} m_r \frac{dv_r}{dt} &= (\dot{m} v_e + p_e A_e) - F_D - W \\ &= (\rho_e A_e v_e^2 + p_e A_e) - F_D - W \end{aligned}$$

위 식에 의해 로켓의 가속도 dv_r/dt는 로켓의 순간적인 질량 m_r과 그 외 우변에 있는 3개의 항(압력력, 항력, 로켓의 무게)에 관계된다. 우변 첫 번째 괄호 항은 앞에서 구한 로켓의 추진력, 식 (R1)을 의미한다. 로켓의 추력은 운동량 차이에 기인한 것과 압력 차이에 기인한 힘으로 주어지며, 또 노즐에서 분출되는 가스의 압력을 가끔 절대압력으로 표현되기 때문에 다음과 같이 나타내기도 한다.

$$F_{th} = \rho_e A_e v_e^2 + A_e (p_e - p_o)$$

여기서 p_o는 로켓이 상승함에 따라 고도에 따라 변하게 되는 국소대기압을 의미한다.

4.2 운동량모멘트방정식

물체에 작용하는 힘을 평가할 때에는 운동량방정식이 유용하지만, 물체의 회전력을 평가할 때에는 운동량모멘트방정식(각운동량방정식)이 사용된다. 따라서 운동량모멘트방정식은 원심펌프, 터빈 및 팬 등의 터보기계(회전기계, turbo machine) 해석에 대단히 유용하다.

4.2.1 각운동량법칙

힘 **F**의 회전중심 O에 대한 모멘트 **M**는 힘과 변위 벡터 **r**과의 외적으로 주어진다.

$$\mathbf{M} = \mathbf{F} \times \mathbf{r} \tag{4.25}$$

두 벡터의 외적은 벡터가 되므로 운동량모멘트의 값은 벡터이다. 운동량모멘트 **M**의 크기는 두 벡터가 이루는 최단거리의 곱으로 주어지고, 방향은 오른손 법칙[79]에 따른다. [그림 4-11]의 경우 운동량모멘트의

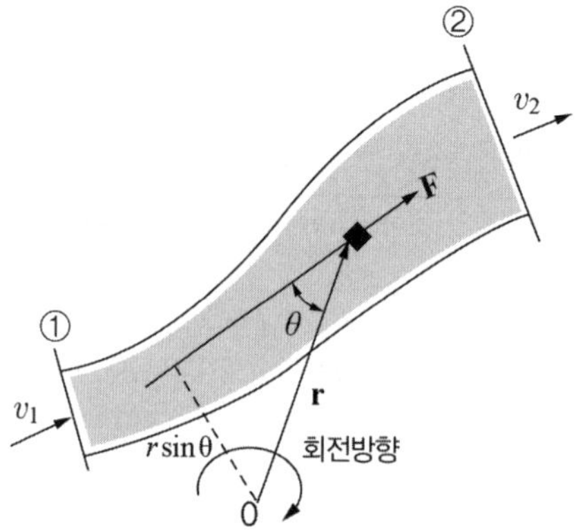

그림 4-11 시스템과 위치벡터

방향은 지면의 위를 향하고 크기는 다음과 같다.

$$M = Fr\sin\theta \tag{4.26}$$

운동량모멘트방정식의 유도과정은 운동량방정식의 유도과정과 같다. 운동량모멘트는 회전축에서 떨어져 있는 물체를 회전시키는데 필요한 힘, 즉 회전력이라고 정의할 수 있다. 따라서 운동량모멘트방정식은 운동방정식 (4.1)의 각 항에 위치벡터 **r**과의 외적으로 주어진다. 즉

$$\underbrace{\sum(\mathbf{F}\times\mathbf{r})}_{\text{유동시스템에 작용하는 힘에 대한 모멘트}} = \underbrace{\frac{d}{dt}(\mathbf{P}_{sys}\times\mathbf{r})}_{\text{유동시스템의 운동량 모멘트의 변화율}}$$

위 식의 좌변은 유동시스템을 구성하는 모든 유체입자에 작용하는 힘에 대한 모멘트($\mathbf{F}\times\mathbf{r}$)의 합은 회전축에 대한 회전력(토크[80]) $\sum\mathbf{M}\,(=\mathbf{T})$를 의미하고, 우변은 유동시스템의 운동량모멘트의 변화율을 가리킨다. 위 식 우변의 '운동량×위치', 즉 운동량에 대한 모멘트는 각운동량(angular momentum) $\mathbf{H}\,(=m\mathbf{v}\times\mathbf{r})$의 정의와 같으므로 위 식은 다음과 같이 쓸 수 있다.

$$\sum\mathbf{M} = \frac{d}{dt}(\mathbf{P}_{sys}\times\mathbf{r}) = \frac{d}{dt}\mathbf{H}_{sys} \tag{4.27}$$

이 식은 Lagrange식 표현이므로 유체유동에 적용하기 위해서는 Reynolds 수송정리 식 (3.68)을 사용하여 Euler식으로 변환한다. 즉 시스템의 특성 값 B_{sys} 대신에 시스템의 각운동량 $\mathbf{H}_{sys}$를, 강도성 특성 b 대신에 단위질량당 각운동량, 즉 $\mathbf{r}\times\mathbf{v}(=\mathbf{r}\times m\mathbf{v}/m)$을 대입하면 다음 식으로 표현된다.

---

79) 회전을 야기하는 힘의 방향으로 오른손을 감싸 쥐었을 때 엄지손가락의 방향이 모멘트 벡터의 방향이다. 따라서 모멘트는 양 또는 음(-)의 값을 가질 수 있지만, 부호규약에 따라 반시계 방향의 모멘트를 양, 시계방향을 음의 값으로 한다. 1장 [그림 1-3]에 벡터의 외적에서 모멘트의 방향을 나타냈다.

80) 운동량모멘트와 토크(회전력)는 정의가 둘 다 '위치벡터×힘벡터'로 동일하다. 그러나 의미에서는 약간의 차이가 있다. 모멘트는 물체를 회전시키려는 경향의 힘이라 할 수 있고, 토크는 회전시키는 힘을 의미한다. 예를 들면 시소가 움직이지 않으면 회전력은 0이지만, 회전하려는 모멘트가 걸려있는 상태라고 할 수 있다.

$$\frac{d\mathbf{H}_{sys}}{dt} = \frac{d}{dt}\int_{cv}(\mathbf{r}\times\mathbf{v})\rho dV + \int_{cs}(\mathbf{r}\times\mathbf{v})\rho(\mathbf{v}\cdot\mathbf{n})dA$$

이 식을 식 (4.27)에 대입하면 다음 식을 얻을 수 있다.

$$\underbrace{\sum\mathbf{M}}_{\text{유동시스템의 힘에 대한 모멘트}} = \underbrace{\frac{d}{dt}\int_{cv}(\mathbf{r}\times\mathbf{v})\rho dV}_{\text{검사체적의 각운동량 변화율}} + \underbrace{\int_{cs}(\mathbf{r}\times\mathbf{v})\rho(\mathbf{v}\cdot\mathbf{n})dA}_{\text{검사면을 통한 각운동량의 순수유출률}} \tag{4.28}$$

이 식이 일반적인 형태의 운동량모멘트방정식 또는 각운동량법칙이라 한다. 각운동량법칙은 유동시스템의 힘에 대한 모멘트(회전력)은 검사체적의 각운동량 변화율과 검사면을 통한 각운동량의 순수유출률의 합과 같음을 의미한다. 정상상태이면 힘에 대한 모멘트는 입・출구에서의 각운동량(운동량모멘트)의 차이와 같다.

운동량방정식 (4.3) 및 운동량모멘트방정식 (4.28)은 모두 절대좌표계(관성좌표계)에 적용되는 식이다. 따라서 방정식에 나타나는 속도 **v**는 원칙적으로 절대속도[81]이다. 더욱이 운동량방정식은 검사체적이 속도 u로 등속 직선운동하는 경우(비관성좌표계)에도 똑같이 성립한다.[82] 그러나 일정한 각속도 ω로 등속 원운동을 하는 경우에는 구심가속도(u)에 의한 힘이 발생하기 때문에 여기에서 제시하고 있는 각운동량 방정식 (4.28)을 사용하면 안된다. 회전하는 좌표계는 근본적으로 가속도가 0이 아닌 비관성좌표계이기 때문에 가속에 의한 관성항을 추가로 고려해야 한다. 즉 식 (4.28)은 고정된 절대좌표계에서만 사용할 수 있다.

운동량모멘트방정식 (4.28)은 정상상태를 고려하면 우변 첫 번째 항이 0이 되어 운동량모멘트는 검사면을 통한 각운동량의 순수유출률로 주어지고, 검사체적의 입구(하첨자1)와 출구(하첨자2)가 각각 1개씩인 것을 고려하면 다음과 같이 표현된다.

$$\sum\mathbf{M} = \int_{cs}(\mathbf{r}\times\mathbf{v})\rho(\mathbf{v}\cdot\mathbf{n})dA = \dot{m}[(\mathbf{r}\times\mathbf{v})_o - (\mathbf{r}\times\mathbf{v})_i] \tag{4.29}$$

이 식은 질량유량이 $\dot{m}(=\int\rho(\mathbf{v}\cdot\mathbf{n})dA = \rho Q)$인 유체의 운동량모멘트 $(\mathbf{r}\times\mathbf{v})$를 나타낸 것이다. 이 식은 결국 정상상태의 힘에 대한 모멘트(회전력)는 출구의 운동량모멘트에서 입구의 운동량모멘트를 뺀 값으로 평가할 수 있음을 의미한다.

---

81) 절대속도(absolute velocity)란 지상의 고정된 위치에서 관측된 속도이고, 상대속도(relative velocity)란 움직이는 상태에서 관찰할 수 있다.

82) 물체의 절대속도를 v, 이동검사체적의 속도가 u라고 하면 움직이는 검사체적에 대한 물체의 상대속도는 $v_r = v - u$가 된다. 따라서 식 (4.4)의 절대속도 v에 상대속도 v_r을 대입하여 정리하면 $\mathbf{F} = d(mv_r)/dt + \dot{m}_o v_{ro} - \dot{m}_i v_{ri} = d(mv)/dt + \dot{m}_o v_o - \dot{m}_i v_i - (dm/dt + \dot{m}_o - \dot{m}_i)u$가 된다. 그런데 우변의 최후 괄호항은 질량보존 $dm/dt = \dot{m}_i - \dot{m}_o$에 의해 0이 되므로 상대속도 v_r를 기준으로 한 운동량 방정식도 성립하게 된다.

(1) 운동량모멘트방정식의 적용

[그림 4-12](a)에 나타낸 바와 같이 두 개의 팔을 가진 살수기(sprinkler)에 의해서 발생되는 회전력을 평가하여 보자.[83] 스프링클러에 운동량모멘트방정식 (4.28)을 적용하기 위해서는 먼저 고정되고 변형되지 않는 검사체적을 선정한다. 검사체적은 그림(a)와 같이 스프링클러 팔이 회전하는 밑면과 윗면 그리고 스프링클러 끝에 부착된 노즐의 크기(직경)를 옆면으로 취한다. 검사체적 내 유동은 스프링클러의 회전에 의해 비정상적이지만 주기적인 회전을 평균화하여 정상 균일유동으로 고려한다.

검사체적의 입구와 출구에서의 $\mathbf{r}\times\mathbf{v}$ (단위 질량당 운동량모멘트)값을 평가해 보자. 검사체적 중앙 하단면의 유입구(회전축)에서는 축방향 속도만 존재하고 접선방향 속도는 존재하지 않기 때문에 운동량모멘트의 유입률은 없다. 즉 $(\mathbf{r}\times\mathbf{v})_i=0$이다. 그러나 노즐 출구에서는 물의 접선방향 속도가 존재하므로 운동량모멘트의 유출률의 크기는 $(\mathbf{r}\times\mathbf{v})_o=r_2v_2$이고, 방향은 오른손 법칙에 의해 결정된다. 따라서 [그림 4-12]의 스프링클러에 오른손법칙을 적용하면 $\mathbf{r}\times\mathbf{v}$가 음의 값[84]을 가져 유출률의 크기는 $-r_2v_2$가 된다. 여기서 r_2는 회전축으로부터 노즐 중심까지의 반경이고, $v_2(=v_{t2})$는 노즐에서 분출되는 접선방향 절대속도이다. 이것은 고정된 검사표면을 기준으로 측정된 속도이며, 노즐에서 관측된 유동속도 $v_r(=Q/A)$를 상대속도[85]라 한다. 절대속도 $\mathbf{v}$와 상대속도 $\mathbf{v}_r$는 다음과 같은 벡터 관계식이 성립한다.

$$\mathbf{v}=\mathbf{v}_r+\mathbf{u} \tag{4.30}$$

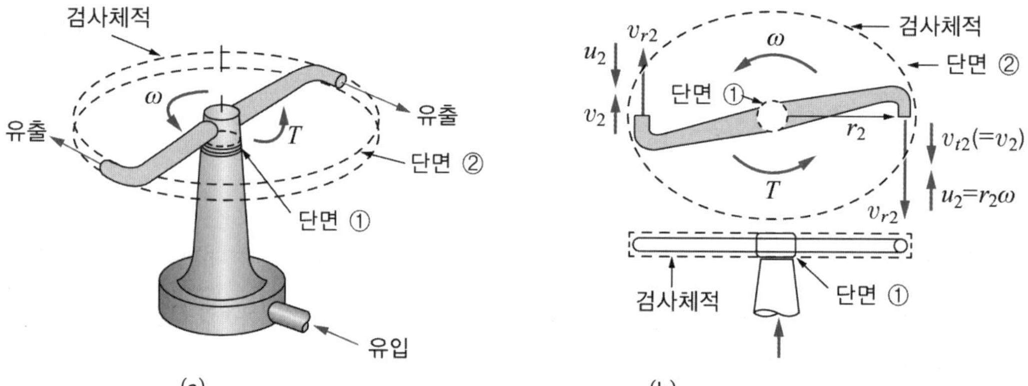

그림 4-12 스프링클러

83) 살수기를 고정시키는데 필요한 회전력을 구하는 문제는 앞에서 기술한 움직이는 날개를 지지하는데 필요한 힘의 평가와 동일하다. 이때는 속도를 상대속도를 고려하지 않고 절대속도만으로 평가한다. 여기에 대해서는 [예제 4.21]을 통해서 검토한다.

84) $\mathbf{r}\times\mathbf{v}$의 축방향성분의 대수부호는 접선방향속도 v_t와 노즐의 이동속도 u의 부호가 같으면 양(+), 다르면 음(-)의 부호를 갖는다. [그림 4-12]를 고려하면 v_t와 u의 방향이 반대이므로 음의 값을 갖는다.

85) 두 물체 A, B가 각각 $\mathbf{v}_A$, $\mathbf{v}_B$로 움직이고 있을 때 A에서 본 B의 속도 또는 B에서 본 A의 속도를 상대속도라 하며, 각각 상대속도와 $\mathbf{v}_r(=\mathbf{v}_{B/A})=\mathbf{v}_B-\mathbf{v}_A$ 또는 $\mathbf{v}_r(=\mathbf{v}_{A/B})=\mathbf{v}_A-\mathbf{v}_B$로 평가된다. 상대속도는 운동하는 관측자가 어떤 물체를 관찰할 때 운동하는 관측자에게 보이는 물체의 속도를 의미한다.

여기서 **u**는 고정된 검사표면을 기준으로 측정된 노즐이 이동속도이다.

다음은 검사체적을 통과하는 질량유량 $\dot{m}$, 즉 $\rho(\mathbf{v}\cdot\mathbf{n})dA$을 평가하여 보자. 여기서 $(\mathbf{v}\cdot\mathbf{n})$은 외향 법선방향 속도를 의미하고 외향 법선방향 속도가 유출이면 양(+), 유입이면 음(-)이므로 유출구인 단면 2에서는 양의 값을 갖는다. 또 유량은 상대속도로 평가해야 하므로 $\rho(\mathbf{v}\cdot\mathbf{n})dA=\rho Q=\rho A v_r$가 된다.

스프링클러에 대한 정상상태의 운동량모멘트를 회전축에 대한 회전력(축 토크), 즉 $\mathbf{T}(=\sum\mathbf{M})$로 표기하면 스프링클러의 운동량모멘트방정식은 식 (4.29)에 의해 다음과 같이 된다.

$$T=\int_{cs}(\mathbf{r}\times\mathbf{v})\rho(\mathbf{v}\cdot\mathbf{n})\,dA=\dot{m}\left[(\mathbf{r}\times\mathbf{v})_2-(\mathbf{r}\times\mathbf{v})_1\right]$$
$$=\dot{m}\left[(-r_2v_2)-(0)\right]=-r_2v_{t2}\dot{m}$$

여기서 T 값의 음의 부호는 [그림 4-12](b)에 나타낸 바와 같이 축 토크의 방향이 스프링클러의 회전방향과 반대임을 의미한다.[86] 또 $\dot{m}(=\rho v_r A)$은 스프링클러 두 개의 노즐을 통과하는 총 질량유량이다. 각 노즐에서 분출유량은 스프링클러의 회전 여부에 관계없이 모두 같다.

(2) Euler의 터보공식

운동량모멘트방정식이 적용되는 대표적인 장치가 터보기계이며, 여기에는 터빈, 펌프 등이 있다. 터보기계에 대한 설명은 물체를 회전시키려는 경향의 힘을 의미하는 '운동량모멘트'보다는 회전축에 대한 회전력을 의미하는 토크(torque)를 사용한다.

터보기계는 회전중심 O점에서 거리 r 떨어진 위치에서의 유체의 절대속도 **v**는 [그림 4-13]에 나타낸 바와 같이 방향이 결정된 크기만을 고려하여 접선성분(원주방향) v_t와 수직성분(반경방향) v_n으로 표시하면 편리하다. 따라서 운동량모멘트방정식 (4.28)은 다음과 같이 스칼라 형식으로 쓸 수 있다.

$$T=\frac{d}{dt}\int_{cv}\rho r v_n dV+\int_{cs}\rho r v_n v_t dA \tag{4.31}$$

토크는 정상류이면 우변 첫 번째 항이 0이 되므로 두 번째 항, 즉 검사면을 통한 운동량모멘트 순수유출률로 주어진다. 따라서 입출구가 1개씩인 1차원 균일유동을 고려하면 회전력(torque)은 운동량모멘트의 차이로 다음과 같이 표현된다.

$$T=\dot{m}\left[(rv_t)_2-(rv_t)_1\right]=\rho Q(r_2v_{t2}-r_1v_{t1}) \tag{4.32}$$

이 식이 터보기계의 회전력과 각운동량의 관계를 나타낸 식으로서 Euler의 터보기계방정식(Euler의 터보공식, turbomachine equation)이라고 한다. 원심펌프는 외부에서 일이 주어지므로 유동에 따라 각 운동량이 증가되어 $r_2v_{t2}>r_1v_{t1}$가 된다. 즉 원심펌프는 회전력 T가 양(+)이 된다. 이것은 회전력의 방향과 임펠러

---

86) 회전력 T의 양(+)의 부호는 회전력의 방향과 날개의 회전 방향이 같음을 의미한다. 회전력의 양부의 부호는 일의 방향이 아님에 주의해야 한다.

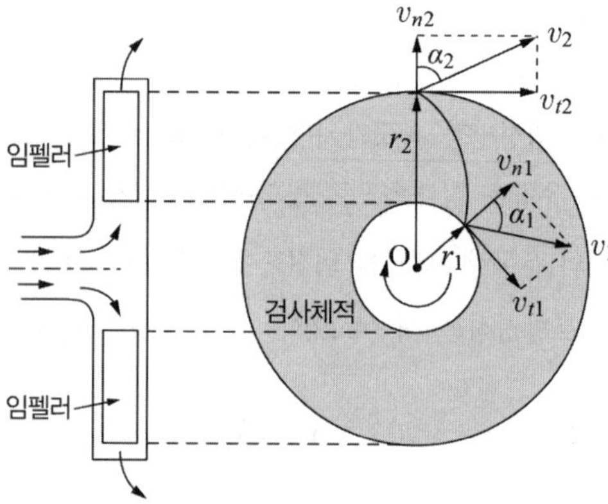

그림 4-13 원심펌프

(impeller)의 회전방향이 같음을 의미한다. 반면에 터빈은 일을 얻는(발생하는) 장치이므로 각운동량이 감소되어 $r_1 v_{t1} > r_2 v_{t2}$가 되어 회전력이 음(-)이 된다. 이것은 회전력의 방향과 터빈의 러너(runner)의 회전 방향이 반대임을 뜻한다.

이상적인 경우, 즉 입구와 출구에서 접선방향의 유체속도가 각속도 ω와 같은 경우의 회전력 T_{ideal}는 위 식에 $v_{t1} = \omega r_1$, $v_{t2} = \omega r_2$를 고려하면 된다. 따라서 이상적인 원심펌프에 대한 회전력은 다음과 같다.

$$T_{ideal} = \dot{m}\omega(r_2^2 - r_1^2) = \rho Q \omega(r_2^2 - r_1^2) \tag{4.33}$$

여기서 ω는 임펠러의 각속도로서 $\omega = 2\pi\dot{n}$이다.

유동익(러너 또는 임펠러[87])이 행한 일률, 즉 동력 $\dot{W}_s$은 회전력 T와 각속도 ω의 곱으로 주어지므로 다음과 같다.

$$\begin{aligned}\dot{W}_s &= T\omega = \frac{2\pi\dot{n}}{60}T \\ &= \omega\dot{m}(r_2 v_{t2} - r_1 v_{t1}) = \omega\rho Q(r_2 v_{t2} - r_1 v_{t1})\end{aligned} \tag{4.34}$$

$$\dot{W}_{s,ideal} = \omega T_{ideal} = \dot{m}\omega^2(r_2^2 - r_1^2) \tag{4.35}$$

여기서 $\dot{n}$[rpm]은 유동익의 회전수이다.

회전력 T와 동력 $\dot{W}_s$의 음양의 부호는 일의 방향을 의미하는게 아니라 회전력의 방향과 날개의 회전방향의 관계를 의미한다. 즉 회전력의 방향과 회전방향이 같은 펌프나 압축기에서는 양의 값이 되고, 회전력의 방향과 회전방향이 반대인 터빈에서는 음의 값이 된다. 이것은 결국 압축기의 구동은 외부에서 회전력만큼 일이 주어져야 하고, 터빈은 외부로 일을 발생하게 됨을 의미한다. 그러므로 터보기계방정식 (4.32)에서 알 수 있는 바와 같이 압축기에서는 유체의 각운동량이 증가하고, 터빈에서는 유체의 각운동량이 감소한다.

87) 펌프의 회전익을 임펠러(impeller), 터빈이나 수차의 회전익을 러너(runner)라 한다. 터보기계(회전기계)에서 회전하는 부분을 통틀어 로터(rotor)라 한다.

예제21

그림과 같이 반경이 r인 원주 위에서 질량 m인 물체가 힘 F를 받아 원운동을 하고 있다. 물체의 회전각속도를 ω라 할 때 물체에 가하는 동력이 $\dot{W}_s = T\omega$임을 밝혀라.

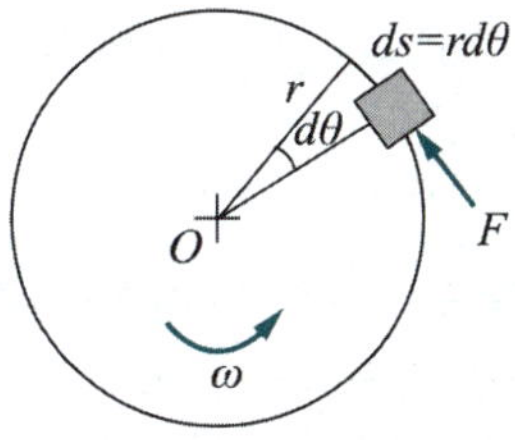

[그림 예제4.21]

원주 위에서 힘 F를 가하여 물체를 미소거리 ds만큼 이동시키는 데 필요한 미소일 dW은 다음과 같다.

$$dW = Fds = Frd\theta = Td\theta$$

여기서 토크는 $T = Fr$이다. 따라서 동력은 단위시간당 일로 정의되므로 다음과 같다.

$$\dot{W}_s = \frac{dW}{dt} = T\omega$$

4.2.2 운동량모멘트방정식의 응용

터보기계의 해석에는 각운동량 법칙이 절대적으로 사용된다. 유동시스템에 작용하는 힘에 대한 모멘트, 즉 회전력(torque) T는 유동시스템의 운동량모멘트의 변화율과 같다. 몇 가지 예제를 통하여 검토하여 보자.

예제22

그림과 같이 노즐이 2개이고, 회전축에서 노즐 중심까지의 거리가 $20\ \mathrm{cm}$인 살수기가 회전축과 동일한 축방향으로부터 $10\mathrm{L/s}$로 물이 유입되어 단면적이 $4\ \mathrm{cm}^2$인 노즐에서 접선방향으로 분사되고 있다. 다음을 구하라.

(a) 살수기 상부를 고정시키는데 필요한 토크

(b) 살수기가 $200\ \mathrm{rpm}$의 각속도로 회전할 때 발생되는 토크

(c) 발생하는 토크가 0일 때 살수기의 회전속도

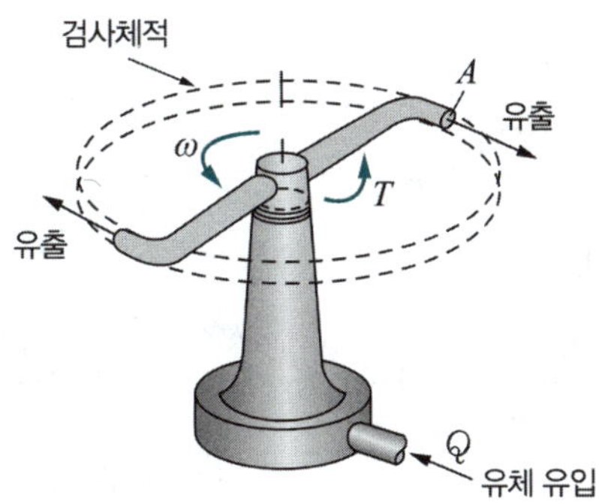

[그림 예제4.22]

(a) 입구와 출구에서 접선방향의 속도는 각각 다음과 같다.

$$v_{t1} = 0$$

$$v_{t2} = \frac{Q/2}{A} = \frac{10\times10^{-3}\ \mathrm{m^3/s}}{2\times2\times10^{-4}\ \mathrm{m^2}} = 25\ \mathrm{m/s}$$

살수기 상부를 고정시키는데 필요한 토크는 식 (4.32)에 의해 다음과 같다.

$$\begin{aligned} T &= \rho Q(r_2v_{t2} - r_1v_{t1}) = \rho Q(r_2v_{t2} - 0) \\ &= 10^3\ \mathrm{kg/m^3} \times (10\times10^{-3})\ \mathrm{m^3/s}\times(0.2\ \mathrm{m}\times 25\ \mathrm{m/s}) \\ &= 50\ \mathrm{N\cdot m} \end{aligned}$$

(b) 살수기가 회전하므로 이때에는 상대속도 v_r, 노즐의 이동속도 u를 고려한 절대속도 v_t를 평가해야 한다. 여기에서도 검사체적 입구에서의 접선방향의 속도는 없으므로 $v_{t1} = 0$이다.

출구에서의 상대속도는 노즐에서 흘러나오는 유량에 근거한 속도이므로 (a)에서 평가한 것과 동일하고, 노즐의 이동속도는 각속도 $\omega(=2\pi\dot{n}/60)$가 200 rpm이므로 다음과 같다.

$$v_{r2} = \frac{Q/2}{A} = \frac{10\times10^{-3}\ \mathrm{m^3/s}}{2\times2\times10^{-4}\ \mathrm{m^2}} = 25\ \mathrm{m/s}$$

$$u_2 = r_2\omega = 0.2\ m \times \frac{2\pi\times300\ \mathrm{rad/min}}{60\ s/\mathrm{min}} = 6.28\ \mathrm{m/s}$$

따라서 출구에서의 접선방향 절대속도는 식 (4.30)에 의해 다음과 같다.

$$v_{t2} = v_{r2} + (-u_2) = 25\ \mathrm{m/s} - 6.28\ \mathrm{m/s} = 18.72\ \mathrm{m/s}$$

따라서 살수기에서 발생하는 토크는 식 (4.32)에 의해 다음과 같다.

$$\begin{aligned} T &= \rho Q(r_2v_{t2} - r_1v_{t1}) = \rho Q(r_2v_{t2} - 0) \\ &= 10^3\ \mathrm{kg/m^3} \times (10\times10^{-3})\ \mathrm{m^3/s}\times(0.2\ \mathrm{m}\times 18.72\ \mathrm{m/s}) \\ &= 37.44\ \mathrm{N\cdot m} \end{aligned}$$

(c) 발생하는 토크가 0일 때 살수기의 회전속도를 ω라고 하면 식 (4.32)에 의해 다음과 같다.

$$0 = \rho Q(r_2v_{t2}) = \rho Q r_2(v_{r2} - r_2\omega) \rightarrow v_{r2} - r_2\omega = 0$$

$$\omega = \frac{v_{r2}}{r_2} = \frac{25}{0.2} = 125\ [\mathrm{rad/s}] = \frac{125\ \mathrm{rad/s}\times 60\ \mathrm{s/min}}{2\pi\ \mathrm{rad/rev}} = 1193.7\ \mathrm{rpm}$$

예제23

그림과 같이 노즐이 4개 달린 스프링클러 상단에 발전기를 설치하여 동력(전력)을 얻고자 한다. 스프링클러는 점 O를 중심으로 300 rpm으로 회전하고 물은 회전축과 동일한 축 방향으로 20 L/s로 공급되어 스프링클러의 팔을 거쳐 노즐에서 접선방향으로 유출한다. 노즐 직경은 1 cm, 회전축과 노즐과의 길이는 0.6 m, 노즐 길이는 무시한다. 이때 생산된 동력을 구하라.

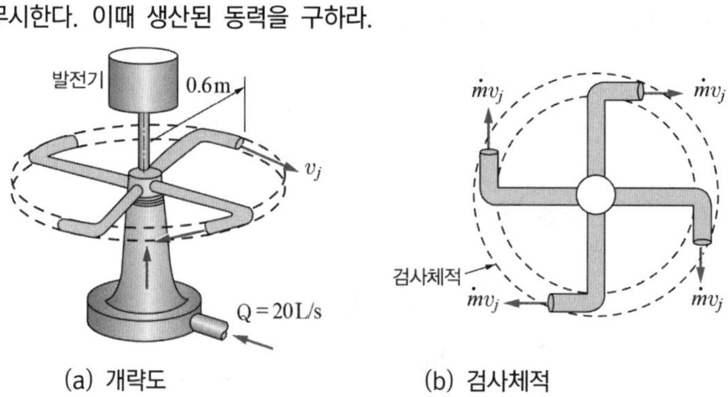

(a) 개략도　　　(b) 검사체적

[그림 예제4.23]

그림(b)와 같이 검사체적과 좌표계를 선정한 후 운동량, 운동량모멘트 등을 표기한다. 유입하는 유량에 대한 점 O(중심축)에 대한 운동량모멘트는 반경방향 속도가 없기 때문에 0이다.

먼저 점 O를 중심으로 작용하는 모멘트의 총합을 구해보자. 여기에는 동력을 발생시키는 발전기로 인해 발생되는 모멘트 M_o만이 존재하고 이것은 시계방향(음)이므로 다음과 같다.

$$\sum \mathbf{M} = -M_o$$

다음, 각운동량 변화율은 정상유동이면 검사면을 통한 운동량모멘트의 순수유출률로 주어진다. 노즐 출구(하첨자 2)에 대한 물 제트의 속도, 즉 노즐 한 개당 상대속도는 노즐이 4개이므로 다음과 같다.

$$v_{r2} = \frac{Q}{4A} = \frac{20\times10^{-3}\ \mathrm{m^3/s}}{\pi\times0.01^2/4\ \mathrm{m^2}} = 63.66\ \mathrm{m/s}$$

노즐의 회전속도 u_2는 회전 각속도 $\omega(=u/r=2\pi\dot{n}/60)$에 의해 다음과 같다.

$$\omega = \frac{2\pi\dot{n}}{60} = \frac{2\times3.14\times300}{60} = 31.42\ \mathrm{rad/s}$$

$$u_2 = r\omega = 0.6\ \mathrm{m}\times31.42\ \mathrm{rad/s} = 18.85\ \mathrm{m/s}$$

그러므로 노즐을 떠나는 물 제트의 절대속도 v_{t2}는 식 (4.30)에 따라 고정된 검사표면을 기준으로 물의 상대속도 v_{r2}에 노즐의 회전속도 u_2를 더해줘야 한다. 그런데 유체가 분출하는 상대속도와 노즐이 이동하는 속도는 반대이므로 다음과 같다.

$$v_{t2} = v_{r2} + (-u_2) = 63.66 - 18.85 = 44.81\ \mathrm{m/s}$$

물이 회전축의 중심 점 O로부터 유입되는 속도 v_1는 $v_1 = Q/A$이지만, 반경방향 성분이 없기 때문에 유입하는 물에 대한 각운동량은 없다. 따라서 각운동량의 변화는 4개의 노즐에 대한 것만 평가하면 되고 다음과 같다.

$$\sum_{cs} r_o\dot{m}_o v_o - \sum_{cs} r_i\dot{m}_i v_i = 4r_2\dot{m}_2 v_{t2}$$

여기서 $\dot{m}_2$ 노즐 한 개에서 분출되는 질량유량이다. 따라서 스프링클러 회전축에 대한 운동량 방정식은 각운동량의 순수변화율이 음의 값을 가져 다음과 같다.

$$-M_o = -4r\dot{m}_2 v_{t2} \quad \text{또는} \quad M_o = r\dot{m}v_{t2}$$

여기서 $\dot{m}(=4\dot{m}_2)$은 노즐에 공급되는 전 유량이다. 따라서 회전축을 통해 발전기로 전달된 힘의 모멘트(회전력)는 다음과 같다.

$$\begin{aligned} M_o(=T) &= r\dot{m}v_{t2} = r\rho Q v_{t2} \\ &= 0.6\ m\times1000\ kg/m^3\times(20\times10^{-3})m^3/s\times44.81\ m/s \\ &= 537.7\ N.m \end{aligned}$$

동력 $\dot{W}_s$는 회전력과 각속도의 곱으로서 다음과 같다.

$$\dot{W}_s = T\omega = (537.7\ N.m)(31.42\ rad/s) = 16.9\times10^3\ W$$

그러므로 스프링클러 형태의 터빈은 위 조건에서 16.9kW의 동력을 생산할 수 있는 잠재력을 가지고 있는 것을 알 수 있다.

예제24

우리나라 대부분의 수력발전소는 펠턴 수차(pelton wheel)에 의해 발전하고 있다. 펠턴 수차는 그림과 같이 노즐로부터 분사된 물 제트를 터빈 러너 주위에 부착된 버킷(bucket)에 충돌시켜 러너를 회전시켜 발전하게 된다. 이때 펠턴 수차를 지지하기 위한 힘을 구하라.

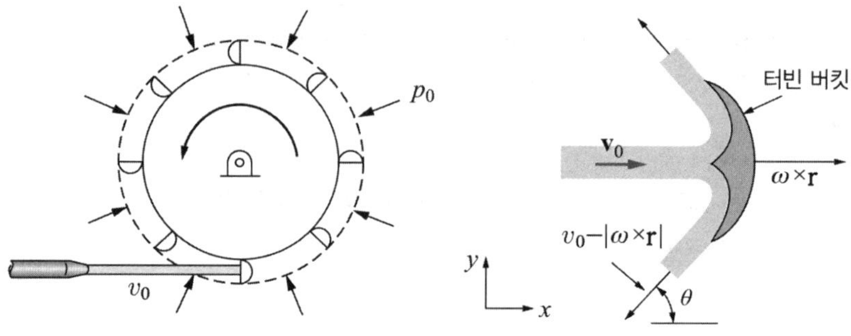

[그림 예제4.24]

[그림 예제4.24](a)와 같이 좌표축과 검사체적을 선정한다. 검사체적은 러너 전체와 노즐에서 분출되는 물 제트의 일부가 포함되어 있고, z축 방향으로는 러너 양쪽의 단면으로 한다. 여기에 작용하는 힘과 모멘트를 기입한다.

운동량모멘트는 펠턴 수차의 중심 z축을 고려하면 회전운동은 $x-y$평면에서 일어나며, 오른손 법칙에 따라 각운동을 나타내는 벡터는 $x-y$평면의 수직방향, 즉 z축 방향이다. z축 방향에 대한 운동량모멘트방정식 (4.28)은 다음과 같이 나타낼 수 있다.

$$\sum \mathbf{M}_z = \frac{d}{dt}\int_{cv} \rho(\mathbf{r}\times\mathbf{v})_z dV + \int_{cs} (\mathbf{r}\times\mathbf{v})_z \rho(\mathbf{v}\cdot\mathbf{n})dA$$

먼저 펠턴 수차 중심축에 발생되는 모멘트는 회전축이 러너에 가한 회전력 T만이 존재하여 다음과 같다.

$$\sum M_z = T$$

다음은 운동량모멘트의 변화는 정상상태이면 검사면을 통한 모멘트의 순수유출률로 주어진다. 수차에서 동력은 날개의 접선방향속도(x축 방향)의 힘만이 필요하므로 x축 방향의 버킷의 유출속도 v_{ox}와 유입속도 v_{ix}는 그림(b)를 참고하면 각각 다음과 같다.

$$v_{ox} = \{r\omega - (v_1 - r\omega)\cos\theta\}\mathbf{i}$$

$$v_{ix} = v_1\mathbf{i}$$

검사면을 통한 운동량모멘트의 순유출속도는 다음과 같다.

$$\int_{cs} (\mathbf{r}\times\mathbf{v})_z \rho(\mathbf{v}\cdot\mathbf{n})dA = r[r\omega - (v_1 - r\omega)\cos\theta]\rho Q - rv_1\rho Q$$

운동량모멘트 방정식은 위 두 식을 고려하면 다음과 같다.

$$\begin{aligned} T &= r[r\omega - (v_1 - r\omega)\cos\theta]\rho Q - rv_1\rho Q \\ &= -r(v_1 - r\omega)(1+\cos\theta)\rho Q \end{aligned}$$

따라서 펠턴 수차를 지지하기 위한 힘 T'는 펠턴수차에서 발생한 회전력 T와 크기는 같고 방향이 반대가 된다.

예제25

원심 펌프는 회전축 방향으로 유체를 유입하여 임펠러의 회전운동으로 압력을 높여 반경방향으로 방출하는 터보기계이다. 20℃의 물을 유량 $400\ L/\mathrm{min}$으로 유입시켜 임펠러의 직경 $20\ cm$, $1000\ rpm$으로 회전하여 방출하려면 원심펌프 작동에 필요한 회전력과 동력은 얼마인가?

검사체적을 고려하지 않고 직접 식 (4.32), (4.34)에 의해 회전력과 동력을 구하여 보자.

먼저 임펠러 입구에서 접선방향의 속도는 물이 임펠러의 축 방향으로 유입하므로 접선방향의 속도성분은 없다. 즉, $v_{t1}=0$이다. 임펠러 출구에서 접선방향의 속도는 $v_{t2}=\omega r_2$이다. 그러므로 원심펌프 작동에 필요한 회전력은 식 (4.32)에 의해 다음과 같다.

$$T=\rho Q r_2 v_{t2}=\rho Q\omega r_2^2=\rho Q\frac{2\pi\dot{n}}{60}r_2^2$$

$$=1000\ kg/m^3\times\frac{400\times10^{-3}\ m^3/\mathrm{min}}{60\ s/\mathrm{min}}\times\frac{1000\ rev/\mathrm{min}\times2\pi\ rad/rev}{60\ s/\mathrm{min}}\times\left(\frac{0.2}{2}m\right)^2$$

$$=6.98\ N.m$$

필요 동력은 식 (4.34)에 의해 다음과 같다.

$$\dot{W}_s=T\omega=T\frac{2\pi\dot{n}}{60}$$

$$=6.98\ N.m\times\frac{1000\ rev/\mathrm{min}\times2\pi\ rad/rev}{60\ s/\mathrm{min}}$$

$$=730.9\ W$$

CHAPTER 04

유동시스템의 운동량 해석 / 연습문제

[유체가 관에 작용하는 힘]

01

물이 유량 $0.6\ \mathrm{m^3/s}$으로 노즐을 통하여 대기 중으로 유출되고 있다. $D_1 = 30\ \mathrm{cm}$, $D_2 = 24\ \mathrm{cm}$일 때, 이 노즐을 고정시키기 위하여 플랜지에 가해지는 힘을 구하라. 비회전류라 가정하고 중력은 무시한다.

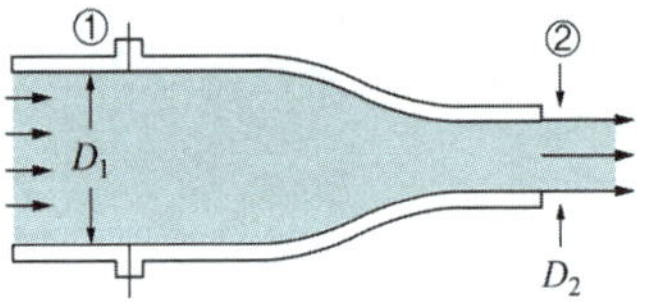

[그림 P4.1]

02

내경이 $32\ \mathrm{cm}$인 수평의 직관에 공기가 정상상태로 흐르고 있다. 단면 ②에서의 공기의 평균속도를 $100\ \mathrm{m/s}$일 때 단면 ①과 ② 사이의 벽면 마찰력을 구하라.

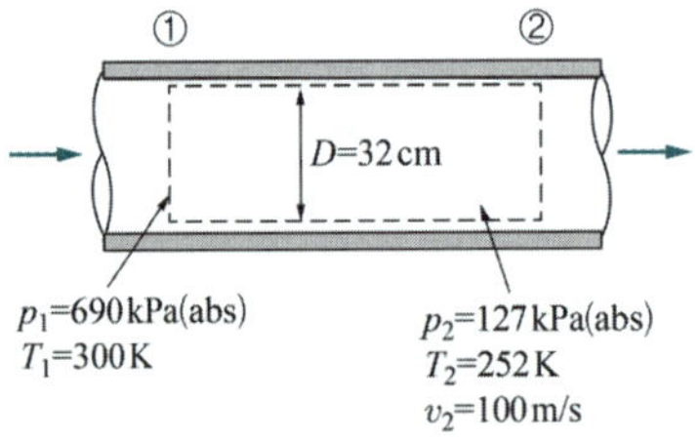

[그림 P4.2]

03

그림과 같이 수평의 원형 단면의 축소관에서 물이 흐른다. 물은 단면 ①에서 $8.0\ \mathrm{m/s}$, $500\ \mathrm{kPa}$로 유입되어 단면 ②에서 $30\ \mathrm{m/s}$로 대기중으로 유출된다. 이 축소관을 고정시키기 위한 축방향 힘을 구하라. 여기서 속도는 단면에서 일정한 균일속도이다.

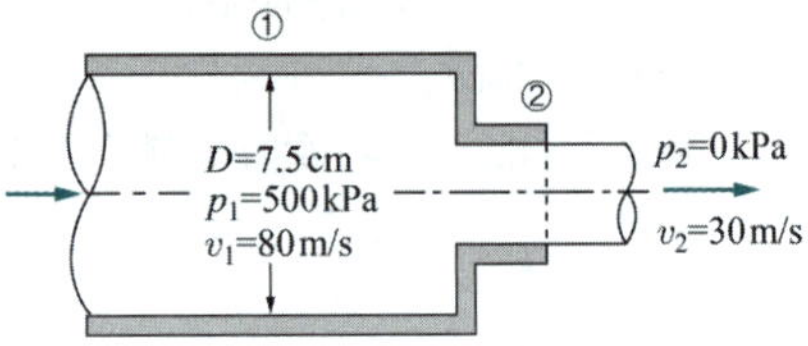

[그림 P4.3]

04

그림과 같은 2차원 홈(slot)에서 홈의 단위 길이당 유량 $0.16\ \mathrm{m^3/s}$의 물이 대기 중으로 분출되고 있다. 홈 내의 압력과 연직평판 AA'에 작용하는 단위 길이당 힘을 구하라. 홈의 폭 B과 물 제트의 폭 b은 각각 $20\ \mathrm{cm}$와 $10\ \mathrm{cm}$이다.

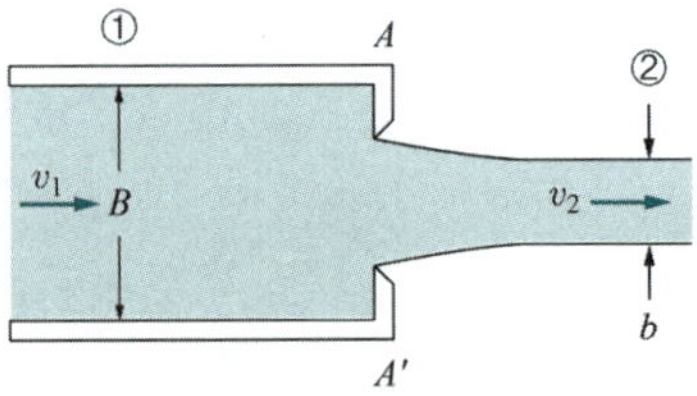

[그림 P4.4]

05

그림과 같이 직경 $0.6\ \mathrm{m}$인 관에 30°의 경사 각도를 가진 곡관에 연결되어 $1\ \mathrm{m^3/s}$의 유량이 흐르고 있다. 곡관 하단부 ①의 표고가 $30\ \mathrm{m}$, 압력이 $69\ \mathrm{kPa}$이고 곡관 상단부 ②의 표고가 $33\ \mathrm{m}$, 압력이 $60\ \mathrm{kPa}$이라면 이 곡관을 지지하는 데 필요한 앵커볼드의 수직방향의 힘은 얼마인가? 단 곡관의 무게는 $1\ \mathrm{kN}$, 길이 L은 $1.2\ \mathrm{m}$이다.

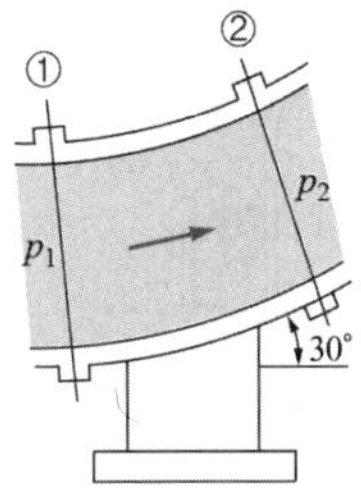

[그림 P4.5]

06

그림과 같이 노즐이 수직관에 장착되어 있으며 물이 노즐을 통해 대기중으로 방출된다. 물의 방출유량이 $0.1\ \mathrm{m^3/s}$일 때 플랜지에 걸리는 계기압력은 $40\ \mathrm{kPa}$이다. 노즐을 고정시키는데 필요한 수직력을 구하라. 노즐이 무게는 $200\ \mathrm{N}$이며, 노즐의 체적은 $0.012\ \mathrm{m^3}$이다.

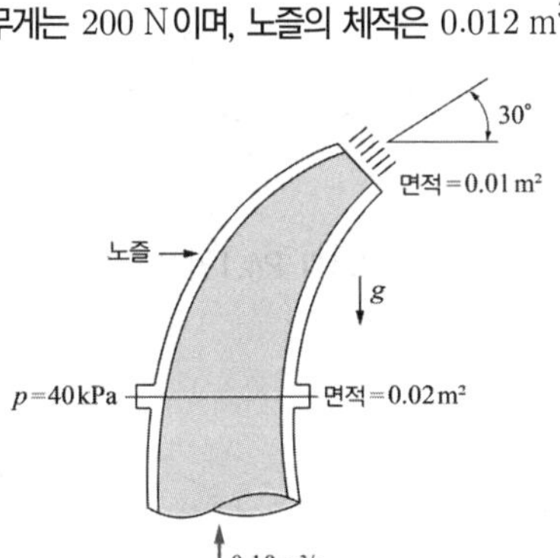

[그림 P4.6]

07

그림과 같이 수평관에 90°로 방향을 바꾸는 곡관이 연결되어 있다. 관의 직경 $1\ \mathrm{m}$, 유량이 $10\ \mathrm{m^3/s}$, 관내의 압력이 $300\ \mathrm{kPa}$이라면 이 곡관을 지지하기 위한 x축 방향의 힘은 얼마인가?

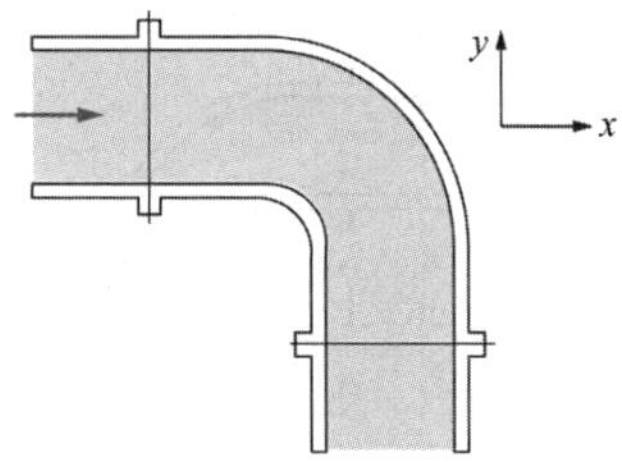

[그림 P4.7]

08

그림과 같은 동일한 수평면상의 곡관에서 물이 대기 중으로 유출되고 있다. 곡관의 체적은 $0.24\ \mathrm{m^3}$, 무게는 $2\ \mathrm{kN}$, $D_1 = 58\ \mathrm{cm}$, $D_2 = 30\ \mathrm{cm}$, $v_2 = 10\mathrm{m/s}$이다. 이 곡관을 지지하기 위해 플렌지에 작용하는 힘의 크기와 방향을 구하라.

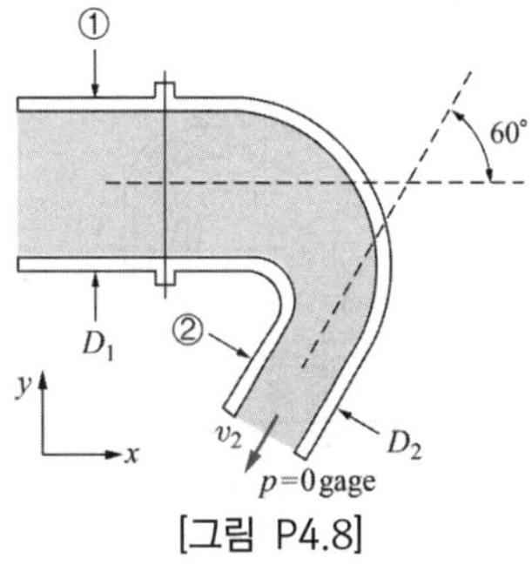

[그림 P4.8]

09

직경 $30\ cm$인 관이 135° 굽어있다. 이 곡관에 물이 $4.5\ m/s$로 흐를 때 곡관 내의 압력은 $70\ kPa$이다. 중력을 무시하고 이 곡관을 지지하는데 필요한 외력을 구하라.

10

그림과 같이 180° 방향을 바꾸는 곡관에서 물이 유량 $0.03\,\mathrm{m^3/s}$으로 흐르고 있다. 곡관의 직경이 $8\,\mathrm{cm}$, 단면 ①과 ②에서의 압력이 $160\,\mathrm{kPa}$로 같다면 이 곡관을 지지하기 위한 플랜지에 작용하는 힘은 얼마인가?

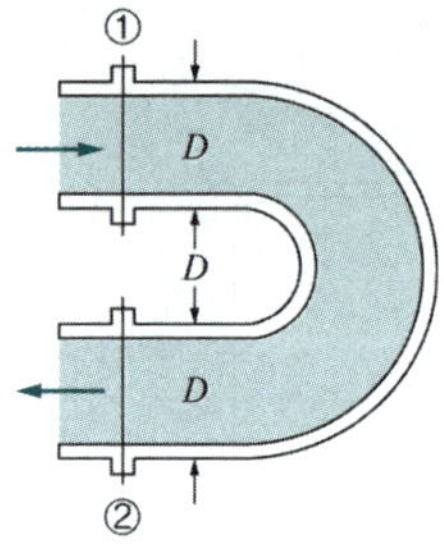

[그림 P4.10]

11

그림과 같이 엘보와 노즐이 체결되어 수평으로 놓여 있다. 단면 ①에서의 계기압력이 $100\,\mathrm{kPa}$, 단면 ②에서의 물이 대기중으로 방출되고 있다. 대기압이 $100\,\mathrm{kPa}$일 때 이 조립체를 고정시키기 위한 힘의 크기와 방향을 구하라.

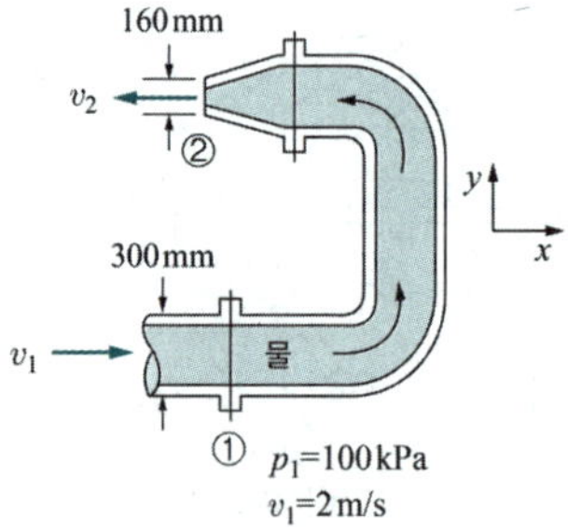

[그림 P4.11]

12

그림과 같은 수평의 T관 내에 물이 흐른다. $Q_1=0.25\,\mathrm{m^3/s}$, $Q_2=0.10\,\mathrm{m^3/s}$, $p_1=100\,\mathrm{kPa}$, $p_2=70\,\mathrm{kPa}$ $p_3=80\,\mathrm{kPa}$, $D_1=16\,\mathrm{cm}$, $D_2=8\,\mathrm{cm}$, $D_3=16\,\mathrm{cm}$이다. 이 T형 관을 지지하는데 필요한 $x-y$평면에서의 외력을 구하라.

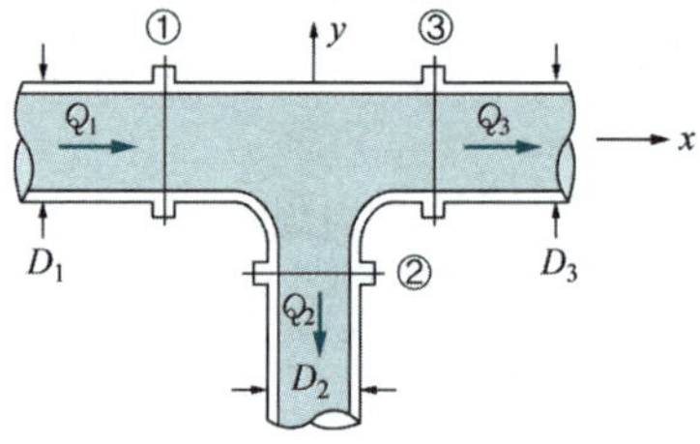

[그림 P4.12]

13

그림과 같이 수평의 Y형 관에서 단면 ①, ②, ③에서의 면적이 각각 $0.1\,\mathrm{m^2}$, $0.1\,\mathrm{m^2}$, $0.025\,\mathrm{m^2}$이다. 각 단면에서의 압력은 각각 $69\,\mathrm{kPa}$, $62\,\mathrm{kPa}$, $0\,\mathrm{kPa}$, 유량은 각각 $0.5\,\mathrm{m^3/s}$, $0.3\,\mathrm{m^3/s}$, $0.2\,\mathrm{m^3/s}$이다. 이 Y형 관을 지지하는데 필요한 x방향의 은 얼마인가?

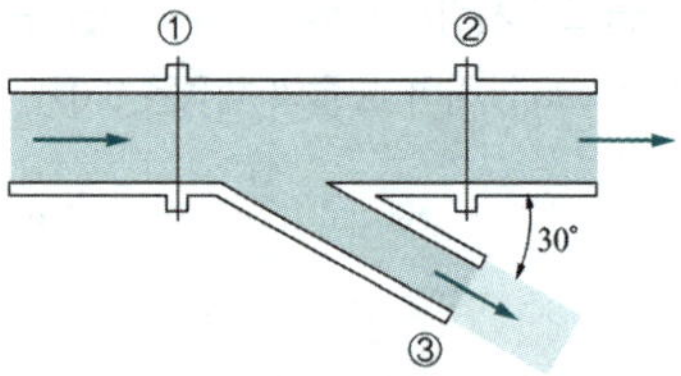

[그림 P4.13]

14

그림과 같은 '이중' 노즐에서 유량 $0.45\ \mathrm{m^3/s}$의 물을 대기중으로 유출하고 있다. 노즐이 수평면 위에 놓여 있고 제트 ①의 직경이 $10\ \mathrm{cm}$, 제트 ②의 직경이 $12\ \mathrm{cm}$, 관의 직경이 $30\ \mathrm{cm}$이라면 노즐을 고정시키기 위해 플랜지 볼트에 가해지는 힘의 x방향 성분은 얼마인가? 단 모든 제트의 속도는 같고 비회전류이라고 가정한다.

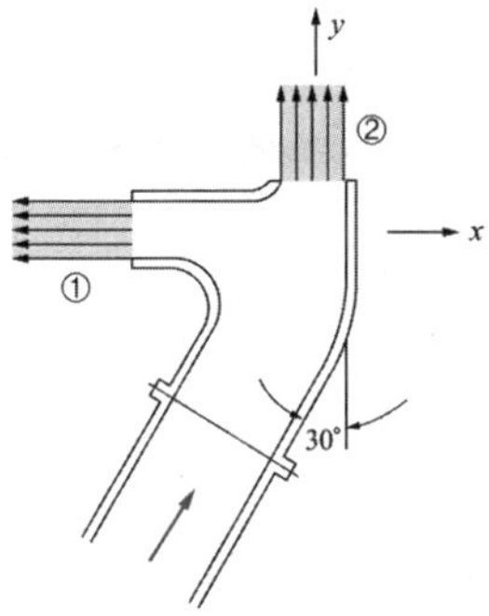

[그림 P4.14]

[유체분류가 고정된 혹은 움직이는 날개에 작용하는 힘]

15

20℃의 물이 직경 $10\ \mathrm{cm}$에서 $2\ \mathrm{cm}$로 줄어드는 노즐을 통과하고 있다. 유출속도가 $30\ \mathrm{m/s}$이고, 노즐 출구 ②에서의 압력은 대기압이다. 중량을 무시하고 노즐 내 단면 ①에서의 압력과 노즐을 움직이지 않도록 지지하는데 필요한 힘을 구하라.

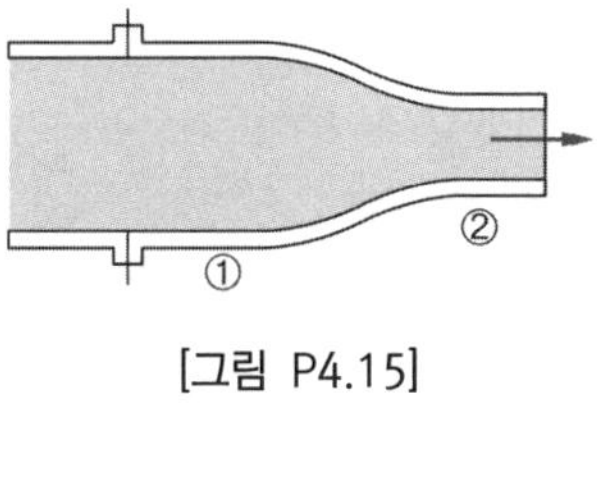

[그림 P4.15]

16

장난감 물총의 노즐 직경 $d = 1.5\ \mathrm{cm}$, 피스톤 직경 $D = 8\ \mathrm{cm}$이다. 피스톤을 속도 $30\ \mathrm{cm/s}$로 움직일 때 작용하는 힘 F_1과 물총을 고정시키기 위한 힘 F_2는 얼마인가? 물의 온도는 20℃, 피스톤과 벽면 사이의 마찰은 무시한다.

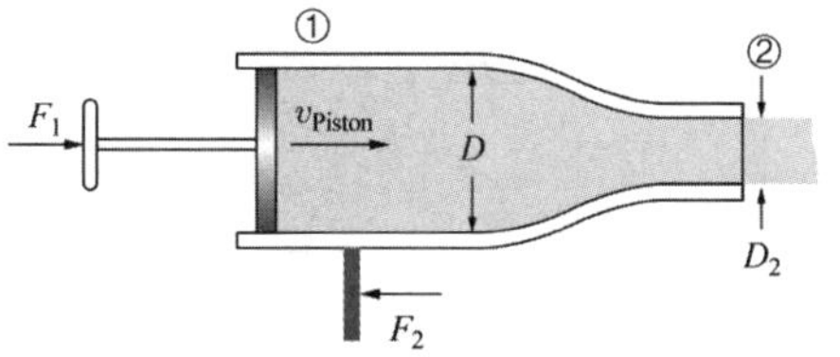

[그림 P4.16]

17

직경 $18\ \mathrm{mm}$인 수직 물 제트가 $10\ \mathrm{m/s}$의 속도로 노즐에서 분출한다. 이 물 제트는 그림과 같이 질량 $1.4\ \mathrm{kg}$의 평판에 부딪혀 평판을 띄우고 있다. 수직거리 h는 얼마인가?

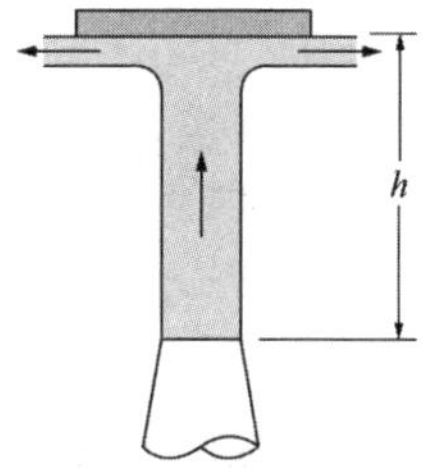

[그림 P4.17]

18

그림과 같이 직경이 $14\ \mathrm{cm}$인 원형 단면의 공기제트가 원추형 전향기(deflector)를 향해 수평으로 분출된다. 이 전향기를 고정시키기 위한 수평력은 $20\ \mathrm{N}$이 필요하다. 노즐에서 분출되는 공기유량을 구하여라.

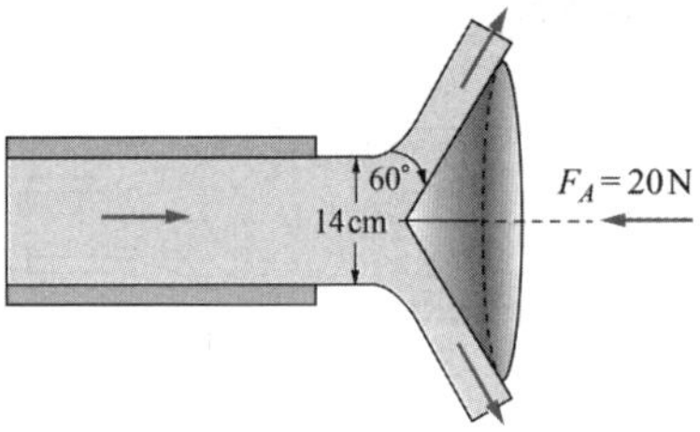

[그림 P4.18]

19

그림과 같이 마찰이 없는 바퀴 위에 탱크가 놓여 있다. 탱크는 위에서 물을 공급받아 탱크 바닥에 뚫려 있는 구멍을 통해 T자 관을 통해 방출하고 있다. $F=0$으로서 탱크가 움직이지 않을 때 직경 D를 구하라.

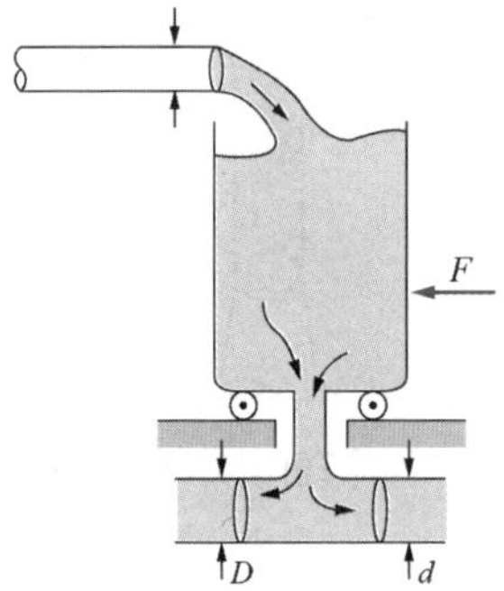

[그림 P4.19]

20

그림과 같이 컨베이어 벨트를 이용하여 $40\ \mathrm{m^3/min}$의 자갈을 바지선에 싣고 있다. 자갈의 무게가 $24\ \mathrm{kN/m^3}$이라면 바지선을 부두에 연결한 밧줄에 걸리는 장력은 얼마인가?

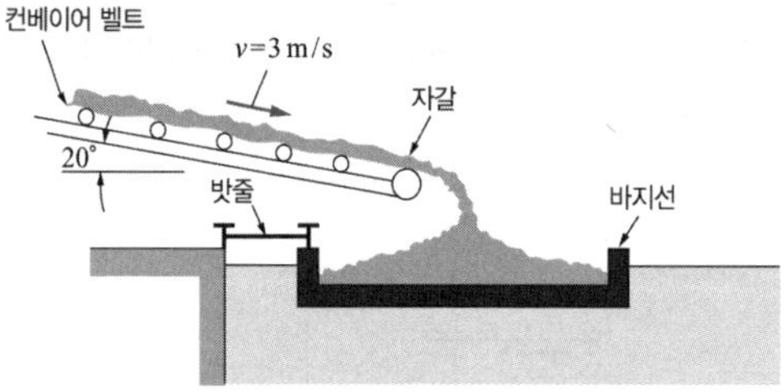

[그림 P4.20]

21

그림과 같이 수평면상의 물 제트의 방향을 바꾸기 위해 날개(vane)를 설치하였다. 물 제트의 속도 $6\ \mathrm{m/s}$, 질량유량 $10\ \mathrm{kg/s}$, 날개 굴절각도 30°일 때 물 제트가 날개에 가하는 힘을 구하라. 이때 중력은 무시하라.

[그림 P4.21]

22

그림과 같이 물 제트의 방향을 바꾸기 위해 날개를 설치하였다. 날개를 지지하는 데 필요한 x축, y축 방향의 힘을 구하라. 여기서 v_1과 v_2는 각각 $18\ \mathrm{m/s}$, $17\ \mathrm{m/s}$이고, 유량은 $0.15\ \mathrm{m^3/s}$이다.

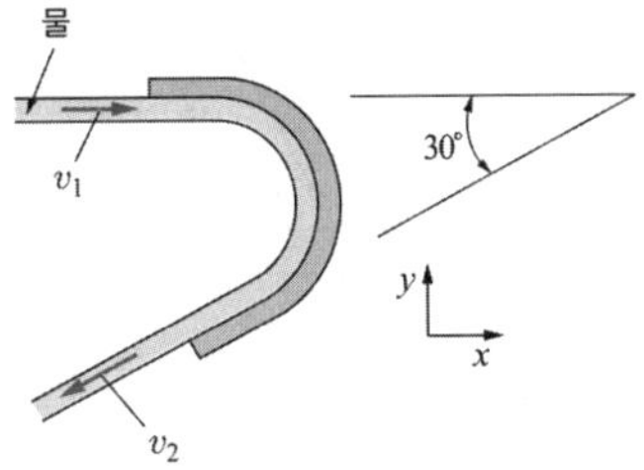

[그림 P4.22]

23

그림과 같이 직경 $50\ \mathrm{cm}$인 평판 A의 중앙에 오리피스가 있고 이 평판의 중심과 같은 위치에 물 제트가 $30\ \mathrm{m/s}$의 속도로 부딪치고 있다. 만약 오리프스로부터 유출되는 물의 속도가 $30\ \mathrm{m/s}$라면, 이 평판을 지지하는데 필요한 외력은 얼마인가?, 단 제트의 직경은 $D = 5\ \mathrm{cm}$, $d = 2\ \mathrm{cm}$이다.

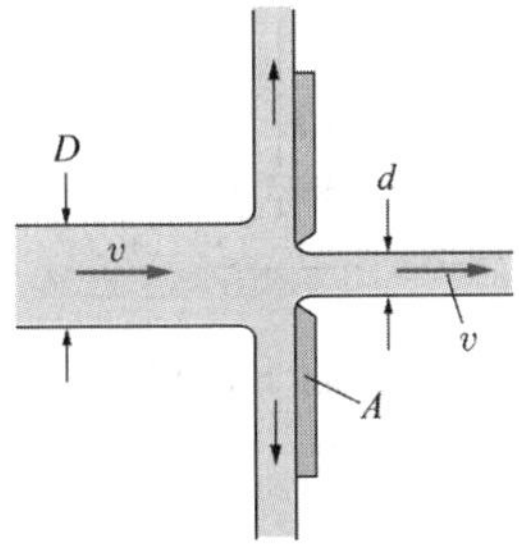

[그림 P4.23]

24

2차원 물 제트가 그림과 같이 연직 벽에 부딪친다. 제트의 유입속력과 유출속력이 같다($v_1 = v_2$)고 가정하고, 제트가 벽에 가하는 단위 폭당 힘을 구하고 벽면 근처에서의 액체 표면 형태를 그리고 그 이유를 설명하라.

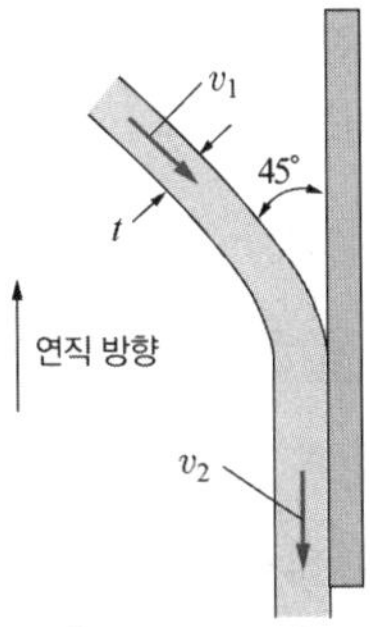

[그림 P4.24]

25

2차원 액체 제트가 그림과 같이 수평한 바닥에 부딪친다. d_2와 d_3를 d_1과 θ의 함수로 나타내어라. 액체 제트의 속도는 중력의 효과를 무시할 정도로 충분히 크고, 단면 ①, ②, ③에서의 속도는 동일하다고 가정한다.

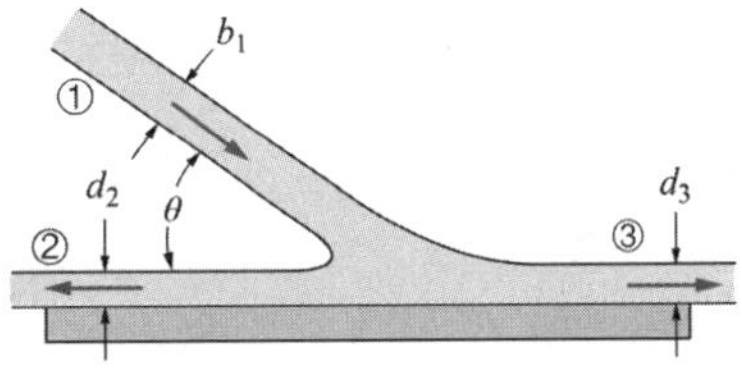

[그림 P4.25]

26

공기 원형 제트가 그림과 같이 고정된 평판에 부딪친다. 제트의 속도가 $40\ \mathrm{m/s}$, 제트의 직경이 $30\ \mathrm{mm}$이다. 공기의 속도가 모두 같다고 할 때 다음을 구하라.

(a) 평판을 고정시키기 위한 힘 F_R

(b) 평판을 따라 위아래로 흐르는 질량유량

(c) 평판이 우측방향으로 일정 속도 $10\ \mathrm{m/s}$로 움직일 때 평판이 받는 힘 F_R

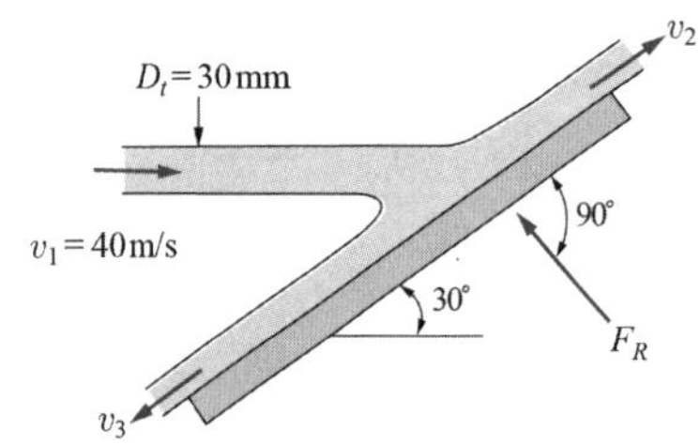

[그림 P4.26]

27

단면이 원형인 물 제트가 그림과 같이 펠턴 수차의 깃을 향해 수평으로 분사된다. 제트는 대칭이며 속도는 $30\ \mathrm{m/s}$로 노즐을 떠난다. 깃이 정지된 경우와 깃이 물 제트의 분사방향(오른쪽)으로 $30\ \mathrm{m/s}$로 움직일 때 깃이 받는 힘을 구하여라.

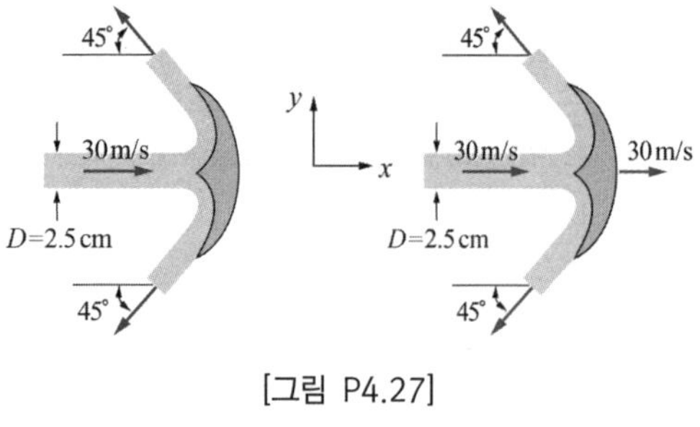

[그림 P4.27]

28

평면 물 제트가 그림과 같이 고정된 날개에 의해 굴절된다. 날개가 움직이지 않도록 지지하는 데 필요한 단위 폭당 x축과 y축 방향 힘은 얼마인가? 중력은 무시한다.

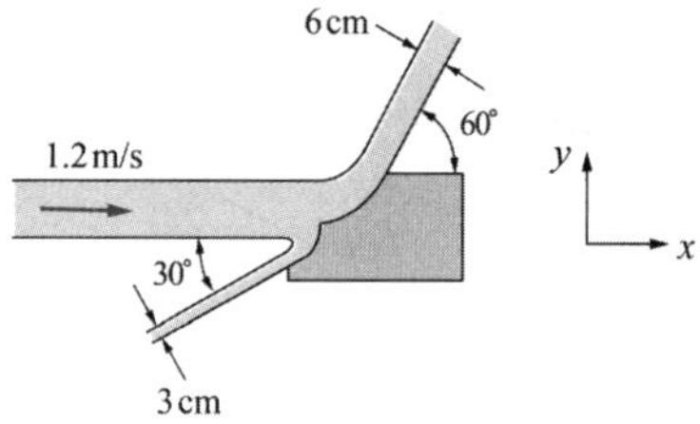

[그림 P4.28]

29

짐수레가 그림과 같이 $5\ \mathrm{m/s}$의 일정한 속도로 트랙을 따라 움직인다. 물 제트는 노즐로부터 $12\ \mathrm{m/s}$의 속도로 분출되어 짐수레에 있는 날개에 의해 180° 방향이 바뀐다. 노즐의 단면적이 $0.0012\ \mathrm{m^2}$일 때, 짐수레가 받는 반력을 구하라.

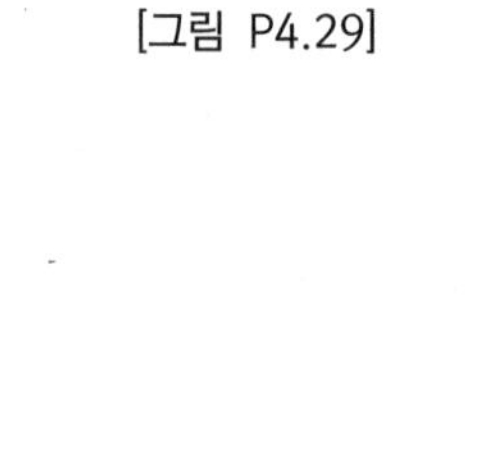

[그림 P4.29]

30

그림과 같이 물 제트를 사용하여 물($\rho = 1000\ \text{kg/m}^3$)이 짐수레를 통과하여 직각방향으로 방향을 바꾸어 짐수레를 가속시키고 있다. 제트의 유량 $Q = 0.1\,\text{m}^3/\text{s}$, 유속 $v_f = 10\,\text{m/s}$, 짐수레의 질량은 $m = 10\,\text{kg}$이다. 짐수레의 저항과 초기 속도는 없으며, 물의 무게는 짐수레의 무게보다 매우 가볍다. 짐수레의 가속도 식을 Q, ρ, v_c, m, v_f의 함수로 나타내고, 짐수레의 속도가 $5\,\text{m/s}$일 때의 가속도를 계산하라.

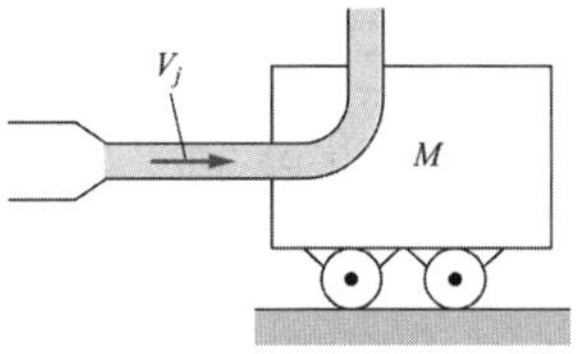

[그림 P4.30]

[운동량 방정식의 기타 적용사례]

31

그림과 같이 수문을 고정할 때 필요한 힘의 수평분력을 구하라. 이 결과와 수문이 완전히 닫힌 경우 필요한 수평분력과 비교하라. 단 상류의 물의 깊이는 $3\ \text{m}$이다.

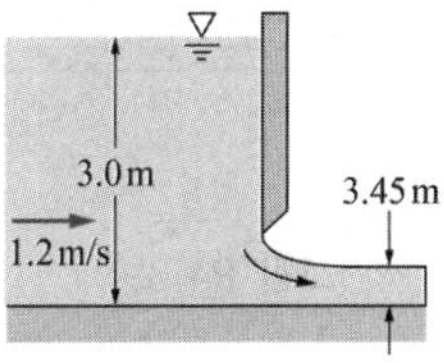

[그림 P4.31]

32

물이 2차원 개수로를 흐른다. 그림과 같이 기울어진 평판으로 유동방향을 바꾼다. 단면 ①에서의 속도가 x일 때 이 평판을 고정시키기 위해 필요한 수평력(단위 폭당 힘)은 얼마인가? 단면 ①에서의 압력은 정수압 분포를 가지며, 단면 ②에서는 자유제트와 같다. 마찰은 무시하라.

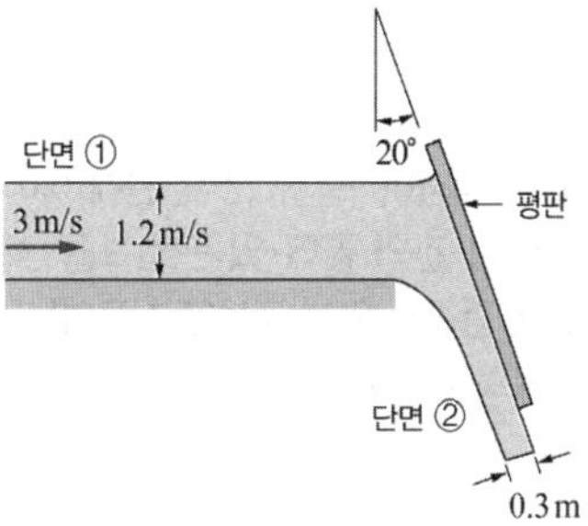

[그림 P4.32]

33

송유관 끝에 있는 밸브를 급격히 순간적으로 폐쇄했다. 휘발유의 초기 속도가 $10\ \text{m/s}$였다면 수격작용에 의한 압력 상승은 얼마인가? 휘발유의 체적 탄성계수는 $715\ \text{MPa}$이고 밀도는 $680\ \text{kg/m}^3$이다.

34

물의 초기 유속이 $4\ \text{m/s}$이고 길이가 $10\ \text{km}$인 강관의 하류부 끝에 있는 밸브를 10초에 걸쳐 닫는다면, 이 강관에서 발생하는 수격작용으로 인한 최대 압력은 얼마인가?

35

유량 $0.15\ \mathrm{m^3/s}$의 물을 송수하는 직경 $20\ \mathrm{cm}$인 강관의 하류부 끝에 있는 밸브를 갑자기 닫았을 때, 관내에서 발생하는 압력 반동 주기를 관측하여 강관의 길이를 측정하고자 한다. 압력 변동 주기가 3초라면 관의 길이는 얼마인가?

36

길이가 $4\ \mathrm{km}$, 직경이 $12\ \mathrm{cm}$인 강관에 $0.03\ \mathrm{m^3/s}$의 물이 흐른다. 이 관의 끝에 있는 밸브를 3초에 걸쳐 닫는다면 압력 증가로 인해 밸브에 작용하는 최대 힘은 얼마인가? 물의 온도는 10℃로 가정한다.

37

직경 $60\ \mathrm{cm}$인 관에 초기 속도 $v_0 = 0.1\ \mathrm{m/s}$로 물이 흐른다. 그림의 점 ③에서 밸브를 $t = 0$ 시간에 순간적으로 닫을 경우, 5초 동안 점 ②에서 나타나는 압력-시간 곡선을 그리고 $t = 0 \sim 5$초 동안 나타나는 중요한 정량적인 값을 나타내라. 또 $t = 1.5$초일 때 관에서의 위치별 압력은 어떠한가? 결과를 그리고 관에서의 위치별 속도를 나타내라.

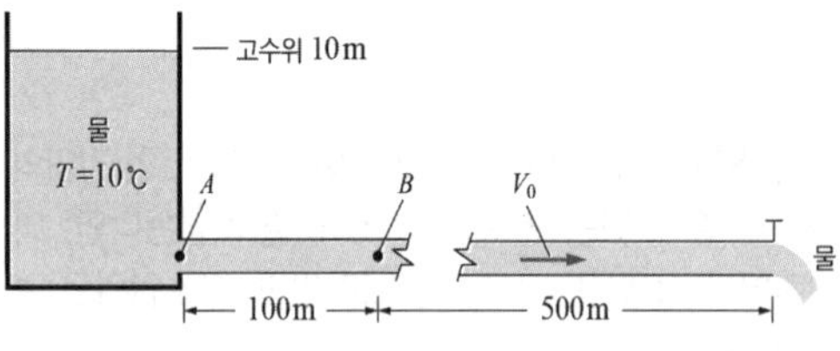

[그림 P4.37]

38

원관내 완전발달영역에서 층류유동의 속도분포는 다음 식과 같이 포물선 형태이며 그림과 같다. 평균속도 v_{avg}로 계산된 축방향 운동량유량과 비균일속도분포로 계산된 축방향 운동량 유량을 비교하라.

$$v = v_\infty\left[1 - \left(\frac{r}{R}\right)^2\right]$$

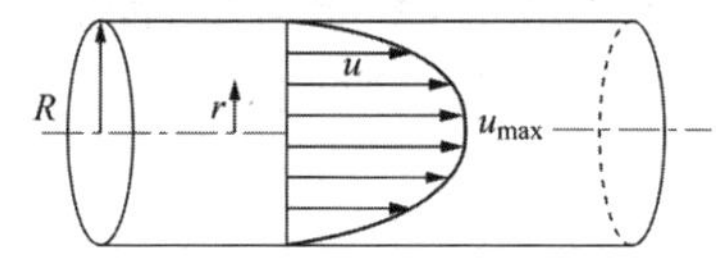

[그림 P4.38]

39

그림과 같이 원형 단면을 가진 덕트를 생각하자. 내부에 그물스크린을 설치하여 공기의 속도분포를 선형적이고 축 대칭으로 만들어 냈다. 스크린의 상류와 하류의 압력은 각각 $1.4\ \mathrm{kPa}$와 $1.0\ \mathrm{kPa}$이며 단면에 걸쳐 일정하다. 덕트 벽에 의해 공기에 가해지는 힘을 무시하고 스크린에 걸리는 항력을 구하라.

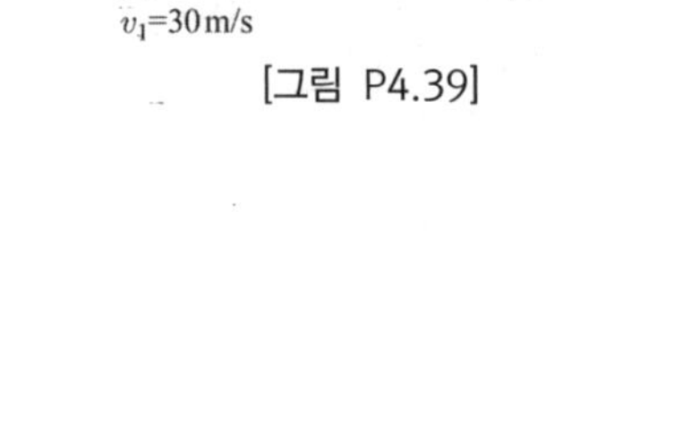

[그림 P4.39]

40

그림은 제트 펌프의 원리를 나타내고 있다. p_2-p_1를 d, v_f, D, v_∞, ρ의 함수로 나타내라. 노즐에서 분출하는 제트 유체와 관내를 흐르는 유체는 같고, 단면 ②에서 완전 혼합이 되어 유속은 단면에 걸쳐 균일하며 단면 ①과 ②에서의 압력은 일정하다. 만약 유체가 물이고 $A/A_\infty=1/3$, $v_f=15\text{ m/s}$, $v_\infty=2\text{ m/s}$라면 p_2-p_1은 얼마인가? 벽면에서의 전단응력(마찰력)은 무시한다.

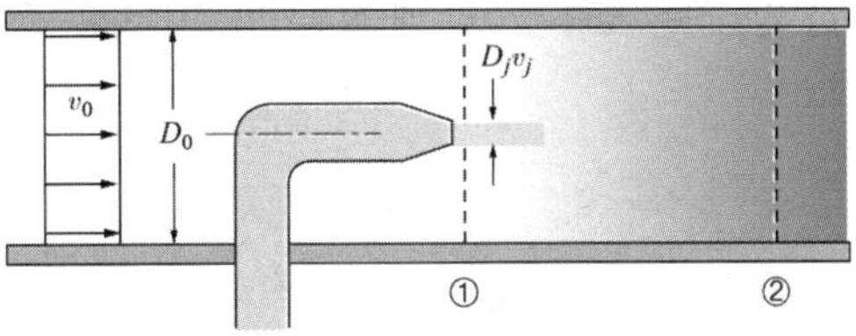

[그림 P4.40]

41

풍속이 12 m/s로 직경이 4 m인 풍차를 운전하고 있다. 동압력(대기압)의 유선의 직경이 그림과 같이 풍차의 상류부에서는 3 m, 하류부에서는 4.5 m이다. 속도 분포는 균일하고 공기($\rho=1.2\text{ kg/m}^3$)는 비압축성이라고 가정하면 풍차의 추진력은 얼마인가?

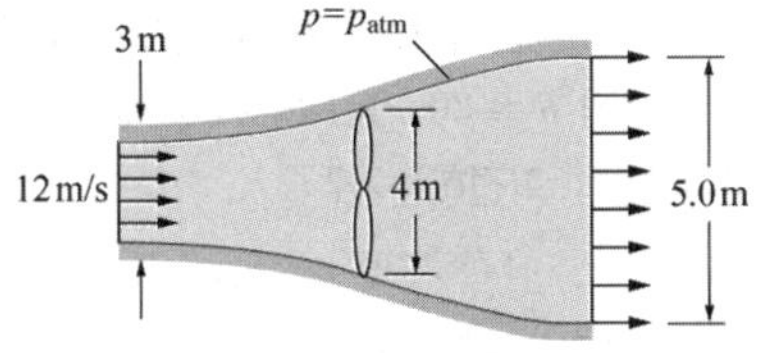

[그림 P4.41]

42

장난감 플라스틱 로켓은 물을 넣고 수동 펌프(hand pump)를 이용하여 물을 압축하면 그 반력으로 공기 중으로 올라가게 된다. 플라스틱 로켓의 질량은 50 g, 물은 100 g, 로켓 내부의 압력은 100 kPa, 출구의 단면적은 로켓 단면적의 $1/10$이고, 로켓의 직경이 5 cm이고 Bernoulli 방정식을 로켓 안의 물에 적용 가능하다고 가정한다. 공기의 마찰을 무시하고 로켓을 발사했을 때 얻을 수 있는 최대 속도를 구하라.

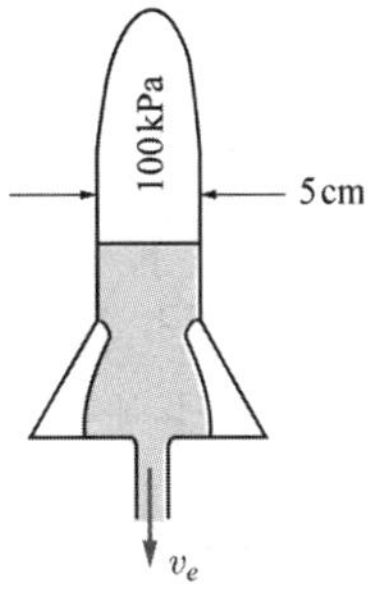

[그림 P4.42]

43

그림(a)과 같이 로켓의 배기가스는 x축의 방향으로 균일속도로 노즐을 떠난다. 배기가 스는 노즐로부터 자유제트로 배출되는 것으로 가정한다.

(a) 노즐 면적이 $A=\pi D^2/4$일 때 발생하는 추력이 $\rho v A^2$임을 보여라.

(b) 그림(b)와 같이 배기가스의 속도는 균일하지만 방향이 O점을 중심으로 방사방향을 가질 때 추력을 구하라.

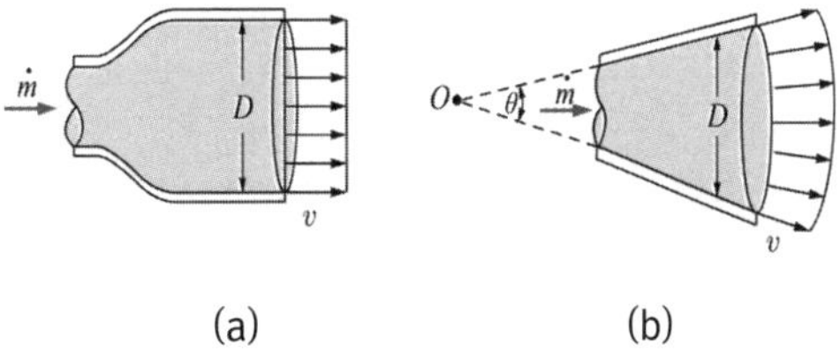

[그림 P4.43]

44

그림과 같이 3개의 노즐이 중심선에서 각각 30° 각도인 로켓을 설계하고자 한다. 로켓은 단면적이 $1\ \mathrm{m}^2$인 출구를 통해서 $2000\ \mathrm{m/s}$로 기체가 분출된다. 배출 가스의 밀도는 $0.3\ \mathrm{kg/m^3}$이고, 배출 압력은 $50\ \mathrm{kPa}$이다. 대기압이 $10\ \mathrm{kPa}$일 때, 이 로켓의 추진력은 몇 N인가?

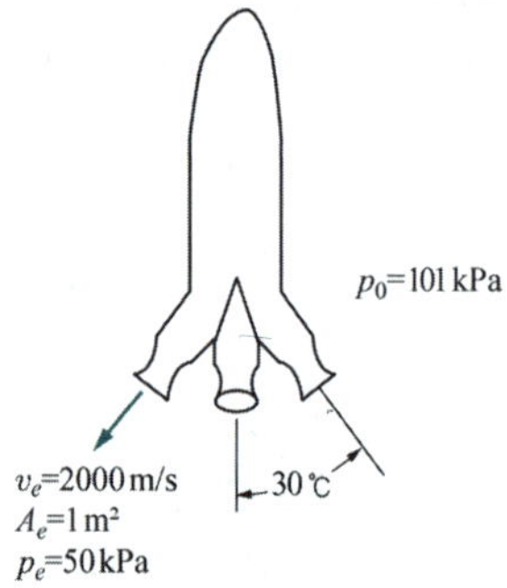

[그림 P4.44]

[운동량모멘트방정식의 응용]

45

반경 15 m의 원에 10 kg/h의 물을 방출할 수 있는 잔디용 스프링클러를 설계하라. 스프링클러의 압력은 350 kPa이고 Bernoulle 방정식을 적용할 수 있도록 노즐을 통해 나가는 물의 마찰효과는 무시한다. 그러나 스프링클러의 기초와 회전부 사이의 마찰은 무시할 수 없다.

46

그림과 같이 노즐이 2개이고, 회전축에서 노즐 중심까지의 거리가 20 cm인 살수기가 회전축과 동일한 축방향으로부터 80L/s로 물이 유입되어 단면적이 $0.3\ \mathrm{cm}^2$인 노즐에서 접선방향으로 분사되고 있다. 다음을 구하라.

(a) 살수기를 정지시키기 위한 저항토크
(b) 살수기가 500 rpm의 각속도로 회전할 때 발생되는 토크
(c) 발생하는 토크가 0일 때 살수기의 회전속도

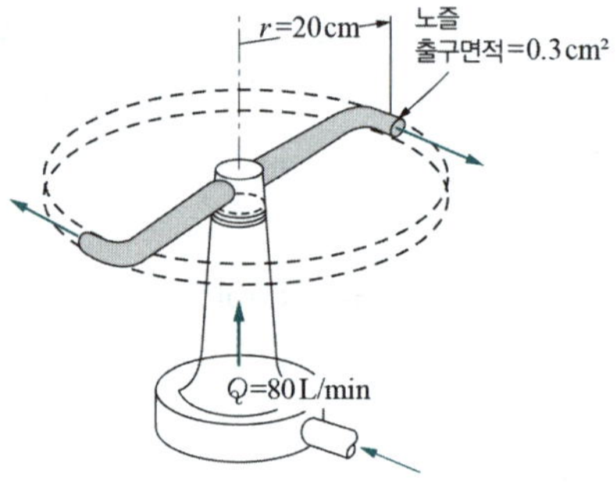

[그림 P4.46]

47

그림과 같이 회전축을 따라 6L/s의 물이 회전자로 유입된다. 상대속도에 수직한 노즐 단면적은 각각 $20\ \mathrm{mm}^2$이다. 이 회전자를 정지시키기 위한 저항토크는 얼마인가? 만약 저항토크가 영(0)으로 감소하면 (a) $\theta = 0°$,(b) $\theta = 30°$,(c) $\theta = 60°$ 일 때 회전자는 얼마나 빨리 회전하는가?

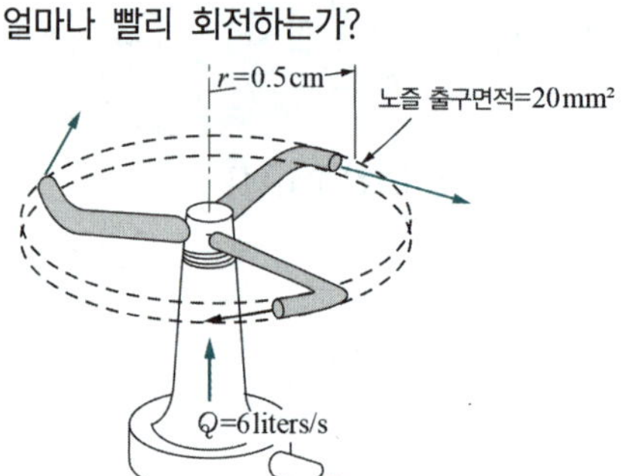

[그림 P4.47]

48

반경류 수력터빈이 그림과 같은 크기를 가지고 있다. 절대유입속도(v_1)가 $16\ \mathrm{m/s}$이고 로터의 접선방향에서 30° 각도로 유입되며, 절대유출속도(v_2)가 반경방향을 가질 때 로터의 각속도는 $120\ \mathrm{rpm}$이다. 터빈 축의 동력을 구하라.

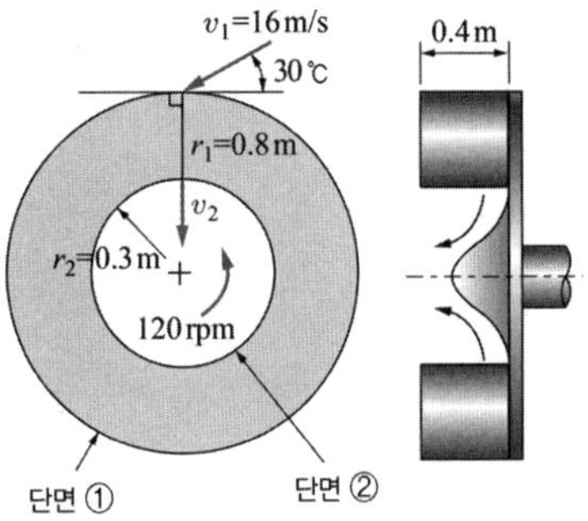

[그림 P4.48]

49

그림과 같이 팬은 내경 $12\ \mathrm{cm}$, 외경 $30\ \mathrm{cm}$, 로터 폭이 입구에서 출구까지 균일하게 $3.0\ \mathrm{cm}$, 회전자가 $1700\ \mathrm{rpm}$으로 회전할 때 체적유량은 $6.5\ \mathrm{m^3/min}$이다. 회전자 입구에서 절대속도(v_1)는 완전히 반경방향만이고 로터 출구에서는 외경의 접선방향에 30°를 이루는 깃 각을 갖는다.

(a) 적절한 입구 각은 얼마인가?

(b) 팬을 구동하기 위한 동력을 구하라.

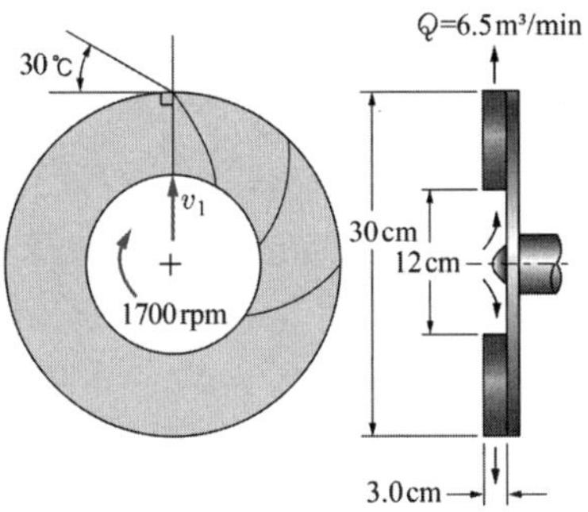

[그림 P4.49]

유/체/역/학

CHAPTER 05

비압축성 · 비점성 유체의 유동

CHAPTER 05

비압축성 · 비점성 유체의 유동

실제 모든 유체는 점성과 압축성의 성질을 띠고 있다. 이 장에서는 비압축성 · 비점성 유체의 유동에 대하여 기술한다. 이러한 유동을 퍼텐셜유동(potential flow)이라 하며 Laplace 방정식의 지배를 받는다. 퍼텐셜유동의 특징은 비회전운동인데, 이것은 비점성유체의 유동이므로 점성에 기인한 유체 입자의 회전운동이 나타나지 않는다. 정상 2차원 퍼텐셜유동장은 유동함수 또는 속도퍼텐셜(퍼텐셜함수)이 존재하여 이 값을 알게 되면 이것으로부터 유동장의 모든 점에서 속도를 구하고, 압력은 Bernoulli 방정식에 의해 구하여 문제를 해결할 수 있다.

이상유체는 비점성 · 압축성 유체를 의미한다. 이상유체는 점성이 없어 입자의 회전운동이 나타나지 않아 비회전운동을 한다. 이상유체의 유동과 퍼텐셜유동은 정의가 서로 다르므로 두 유동이 꼭 일치한다고 볼 수는 없다. 그러나 비압축성 이상유체를 고려하면 양자의 유동은 대부분 일치하고 지배방정식의 형태가 동일하다. 따라서 점성이 낮은 비압축성 유체의 유동을 퍼텐셜유동이라 취급하면 매우 간단하게 해석할 수 있다.

5.1 기본방정식

유체의 유동에 대한 기본방정식은 3장에서 기술하였다. 이들 식을 비점성 · 비압축성 유체의 유동에 적용하여 검토해 보자.

(1) 연속방정식

연속방정식 3장 식 (3.72), (3.75)는 압축성의 유무는 물론 점성의 유무에 관계없이 모든 유체에 성립하고 미분 형태의 연속방정식 (3.75a)는 다음과 같다.

$$\frac{\partial \rho}{\partial t} + \frac{\partial(\rho v_x)}{\partial x} + \frac{\partial(\rho v_y)}{\partial y} + \frac{\partial(\rho v_z)}{\partial z} = 0 \tag{5.1}$$

비압축성 유체에 대해서는 밀도 ρ가 유동장 전체에 걸쳐 일정하기 때문에 위 식은 다음과 같이 단순해진다.

$$\frac{\partial v_x}{\partial x} + \frac{\partial v_y}{\partial y} + \frac{\partial v_z}{\partial z} = 0 \tag{5.2a}$$

$$\nabla \cdot \mathbf{v} = 0 \tag{5.2b}$$

식 (5.2)는 비점성 유체에도 적용할 수 있어 비점성・비압축성 유체에 대한 연속방정식이다. 또 이 식은 정상 또는 비정상 유동에 관계없이 모두에 적용할 수 있다.

비압축성유체에 대한 연속방정식을 원통좌표계(r, θ, z)로 표시하면 다음과 같다.[88]

$$\frac{1}{r}\frac{\partial(r v_r)}{\partial r} + \frac{1}{r}\frac{\partial v_\theta}{\partial \theta} + \frac{\partial v_z}{\partial z} = 0 \tag{5.3}$$

(2) Euler 운동방정식

비점성유체, 즉 이상유체의 유동에 대한 운동방정식은 Euler의 운동방정식으로 표현되고 식 (3.86)로 주어졌다. 이 식을 벡터 및 x, y, z축 방향 성분으로 표현하면 다음과 같다.

$$\rho \frac{D\mathbf{v}}{Dt} = \rho \mathbf{g} - \nabla p \tag{5.4a}$$

$$\rho \frac{Dv_x}{Dt} = \rho g_x - \frac{\partial p}{\partial x},\quad \rho \frac{Dv_y}{Dt} = \rho g_y - \frac{\partial p}{\partial y},\quad \rho \frac{Dv_z}{Dt} = \rho g_z - \frac{\partial p}{\partial z} \tag{5.4b}$$

여기에서 D/Dt는 물질미분기호이고 식 (3.18)로 주어졌고 다음과 같다.

$$\frac{D(\,)}{Dt} = \frac{\partial(\,)}{\partial t} + v_x \frac{\partial(\,)}{\partial x} + v_y \frac{\partial(\,)}{\partial y} + v_z \frac{\partial(\,)}{\partial z}$$

여기서 정상유동이면 우변 첫 번째 항인 $\partial(\,)/\partial t$는 0이 된다.

(3) Bernoulli 방정식

Bernoulli 방정식은 비점성・비압축성 유체의 정상유동이라면 유선상의 모든 점에서 속도에너지, 위치에너지, 압력에너지의 총합이 일정하다는 것으로서 식 (3.26)에 주어졌고 다음과 같다.

$$\frac{p}{\rho g} + \frac{v^2}{2g} + z = H \tag{5.5}$$

---

88) 연속방정식의 원통좌표계의 표현 및 좌표 변환은 3장 [표 3.2] 및 [예제3.12]에서 설명하였다.

위 식의 전수두 H는 일정한 상수로서 유체입자가 회전운동을 하면 유선에 따라 다른 값을 가진다.[89)]

Bernoulli 방정식은 에너지방정식과 근본적인 차이가 있지만 특별한 경우 에너지방정식과 동일하다. 즉, Bernoulli 방정식은 열과 일이 없는 비점성・비압축성 유체의 1차원 정상상태 에너지방정식으로 고려할 수 있다.

5.2 유동함수

유체유동에 대한 해석은 연속방정식과 운동방정식을 동시에 풀어서 속도 또는 압력을 구하는 것으로서 상당히 어려운 과제이다. 그러나 정상・2차원 유동이라면 점성의 유무와 관계없이 유동함수(유선함수, stream function) ψ를 이용하면 쉽게 해를 구할 수 있다. 왜냐하면 유동함수는 2차원 유동에서 연속방정식과 운동방정식을 동시에 만족하는 변수이기 때문이다. 유동함수는 유동함수가 일정한 값들을 연결한 선이 유선이 되므로 유동함수를 유선함수라고도 한다.[90)]

5.2.1 유동함수

유동함수는 2차원 유동에서만 정의되는 함수로서 연속방정식과 유선의 방정식으로부터 얻어진다. 2차원 유동은 평면상의 유동으로서 우리 주위에 많이 나타난다.

2차원 유동이면 두 개의 속도성분(v_x, v_y)만이 존재하므로 비압축성유체의 정상상태・2차원 유동의 연속방정식은 식 (5.1)에 의해 다음과 같이 표현된다.

$$\frac{\partial v_x}{\partial x} + \frac{\partial v_y}{\partial y} = 0 \tag{5.6}$$

또한 2차원 유동에서 유선의 방정식 (3.20)은 다음과 같이 쓸 수 있다.

$$v_x dy - v_y dx = 0 \tag{5.7}$$

89) Bernoulli 방정식은 유체입자가 비회전운동을 하면 유선에 관계없이 유동장 전체에서 같은 상수를 가지고 성립한다. 여기에 대해서는 '5.3.3 비회전류에서 Bernoulli 방정식'에서 설명한다. 따라서 Bernoulli 방정식은 유체입자가 회전운동을 하거나 혹은 압축성유동에 대해서는 성립하지 않는다.

90) 교재에 따라서는 stream function을 유선함수라 번역하여 사용한다. 또 유동함수의 차이는 유량을 나타내어 유동함수를 유량함수라고도 한다. 여기에 대해서는 '5.2.2 유동함수의 기하학적 의미'에서 설명한다.

식 (5.6)은 식 (5,7)의 좌변이 완전미분이 되기 위한 필요충분조건이므로[91] 식 (5.7)을 만족하는 어떤 원 함수 $\psi(x,y)$가 존재하여 다음과 같이 표기할 수 있다.

$$v_x dy - v_y dx = d\psi \tag{5.8}$$

이 식을 식 (5.7)에 대입하면 유선의 방정식은 다음 식이 된다.

$$d\psi = 0 \tag{5.9}$$

이 식은 동일한 유선상에서는 유동함수 ψ의 변화가 없다는 것을 의미한다. 따라서 유선은 등유동함수선임을 의미한다. 식 (5.9)를 적분하면 어떤 새로운 원 함수 $\psi(x, y)$가 나타난다.

$$\psi(x,y) = \text{상수} \tag{5.10}$$

이 $\psi(x, y)$를 유동함수라 한다. 이것은 유선에 따라 일정하고 유선의 해로서 ψ가 구해지면 ψ가 일정한 점을 연결함으로써 유선을 나타낼 수 있다.

유동함수 $\psi(x, y)$의 미분은 다음과 같다.

$$d\psi = \frac{\partial \psi}{\partial x}dx + \frac{\partial \psi}{\partial y}dy \tag{5.11}$$

이 식과 식 (5.8)을 비교하면 다음 식과 같이 성분속도가 유동함수의 미분으로 표현된다.

$$v_x = \frac{\partial \psi}{\partial y}, \quad v_y = -\frac{\partial \psi}{\partial x} \tag{5.12}$$

또는

$$\mathbf{v} = \frac{\partial \psi}{\partial y}\mathbf{i} - \frac{\partial \psi}{\partial x}\mathbf{j}$$

퍼텐셜유동, 즉 마찰(점성)이 없는 비회전류에서는 유동함수에 대한 Laplace 방정식이 성립하여 Laplace 방정식에 지배를 받는다. 이를 검토하여 보자. 비회전류에서는 와도가 0이므로 식 (3.54)에 의해 다음 식을 얻는다.

$$\frac{\partial v_y}{\partial x} - \frac{\partial v_x}{\partial y} = 0$$

성분속도 식 (5.12)를 위 식에 대입하면 다음 식이 된다.

---

91) 완전미분의 필요충분조건은 제2차 편도함수가 미분순서에 관계없이 일정하다는 것으로 행하여진다. 따라서 식 (5.7)의 좌변 첫 번째, 두 번째 항의 계수 v_x, $-v_y$를 각각 y 및 x에 대한 편미분이라 하고 이를 다시 x 및 y에 대해 2차 편미분하여 $\partial v_x/\partial x = -\partial v_y/\partial y$이 성립하면, 즉 $\partial v_x/\partial x + \partial v_y/\partial y = 0$이 성립하면 식 (5.6)은 유선의 방정식 (5.7)의 좌변이 완전미분이 되기 위한 필요충분조건이 된다.

$$\frac{\partial^2\psi}{\partial x^2}+\frac{\partial^2\psi}{\partial y^2}=0 \tag{5.13}$$

이 식은 유동함수 ψ에 대한 Laplace 식이 성립함을 보여준다.

유동함수에 대한 원통좌표계 (r, θ, z)의 Laplace 방정식과 성분속도는 유동함수가 2차원 유동에서만 정의되므로 각각 다음과 같다.

$$\nabla^2\psi=\frac{\partial^2\psi}{\partial r^2}+\frac{1}{r}\frac{\partial\psi}{\partial r}+\frac{1}{r^2}\frac{\partial^2\psi}{\partial\theta^2}=0 \tag{5.14}$$

$$v_r=\frac{1}{r}\frac{\partial\psi}{\partial\theta},\quad v_\theta=-\frac{\partial\psi}{\partial r} \tag{5.15}$$

5.2.2 유동함수의 기하학적 의미

유동함수 $\psi(x, y)$의 기하학적 의미를 살펴보자. 유선에 대한 유동함수 값은 중요한 의미를 갖지 않지만, 유동함수 값의 변화는 체적유량과 관련이 있다.

[그림 5-1]과 같이 유동장 내 임의의 두 점 A, B를 취하고 A, B를 연결하는 곡선 중에 미소 길이 ds, 깊이 1을 취하면, ds를 횡단하여 왼쪽에서 오른쪽으로 흐르는 단위 깊이의 미소유량 dq는 다음과 같이 주어진다.

$$\begin{aligned} dq &=(\mathbf{v}\cdot\mathbf{n})dA=\left(\frac{\partial\psi}{\partial y}\mathbf{i}-\frac{\partial\psi}{\partial x}\mathbf{j}\right)\cdot\left(\frac{dy}{ds}\mathbf{i}-\frac{dx}{ds}\mathbf{j}\right)(ds\times 1) \\ &=\frac{\partial\psi}{\partial x}dx+\frac{\partial\psi}{\partial y}dy=d\psi \end{aligned}$$

이것은 요소를 가로지르는 단위 깊이당 미소유량 dq는 유동함수의 변화 $d\psi$와 같다는 것을 의미한다. 따라서 곡선 AB를 가로질러 왼쪽에서 오른쪽으로 흐르는 단위 깊이의 유량은 다음 식으로 주어진다.

$$q_{AB}=\int_A^B(\mathbf{v}\cdot\mathbf{n})\,dA=\int_A^B d\psi=\psi_B-\psi_A \tag{5.16}$$

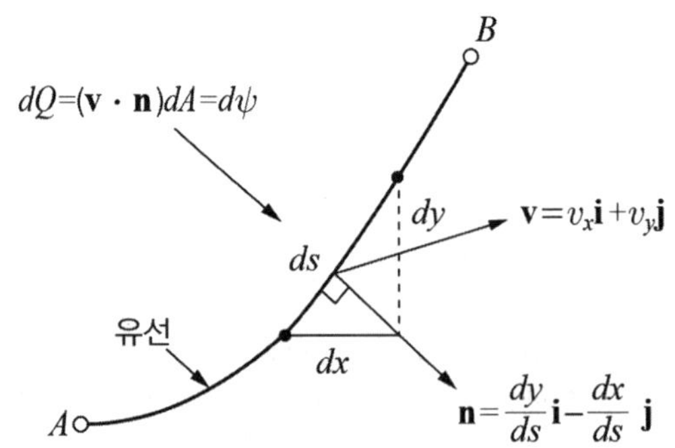

그림 5-1 유동함수의 기하학적 의미

즉 곡선 AB를 횡단하는 단위 깊이의 유량은 점 A, B에서의 유동함수의 차이로 주어지고 A와 B를 연결하는 경로와는 관계가 없다. 따라서 유동함수의 차이는 단위 깊이의 유량을 나타내므로 유동함수를 유량함수라고도 한다. 즉, 유동함수는 유선함수 또는 유동함수이기도 하다. 유동함수는 단위 깊이당 체적유량이므로 차원은 m^2/s, 즉 $[L^2T^{-1}]$이다.

다음은 곡선 AB에서 B점을 통과하는 유선상의 임의의 점B'를 취하자. 이것을 [그림 5-2]에 나타냈다. 곡선 AB'를 횡단하는 유량은 다음과 같다.

$$q_{AB'} = \int_A^{B'} d\psi = \psi_{B'} - \psi_A$$

곡선 ABB'를 통과하는 단위 깊이의 유량은 다음과 같다.

$$q_{ABB'} = \int_A^B d\psi + \int_B^{B'} d\psi = \psi_{B'} - \psi_A$$

여기서 BB'는 유선이므로 BB'를 가로질러 흐르는 유량은 없다. 따라서 곡선 AB' 및 ABB'를 통과하는 유량은 AB를 통과하는 유량과 같아 $q_{AB} = q_{AB'} = q_{ABB'}$이므로 다음 관계가 성립한다.

$$\psi_B - \psi_A = \psi_{B'} - \psi_A \rightarrow \psi_B = \psi_{B'}$$

따라서 유동함수 ψ는 유선에 따라 일정하다. 그러므로 식 (5.10)의

$$\psi(x, y) = \text{상수}$$

로 표시되는 등유동함수선은 유선을 의미한다. 또 유동방향은 유동함수 ψ가 증가 또는 감소하는가를 주목함으로써 정해질 수 있다. [그림 5-3]에 나타낸 바와 같이 ψ_A에서 ψ_B쪽을 보고 ψ_B가 ψ_A보다 크면, 즉 $\psi_B > \psi_A$이면 유동은 오른쪽으로 흐르고, 그 반대이면 왼쪽으로 흐른다.

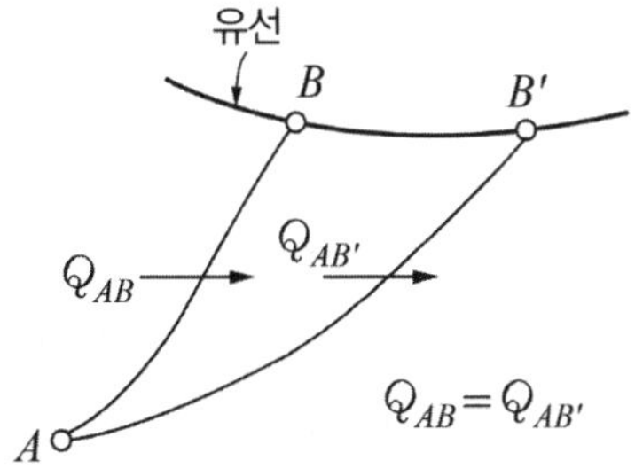

그림 5-2 유동함수의 응용

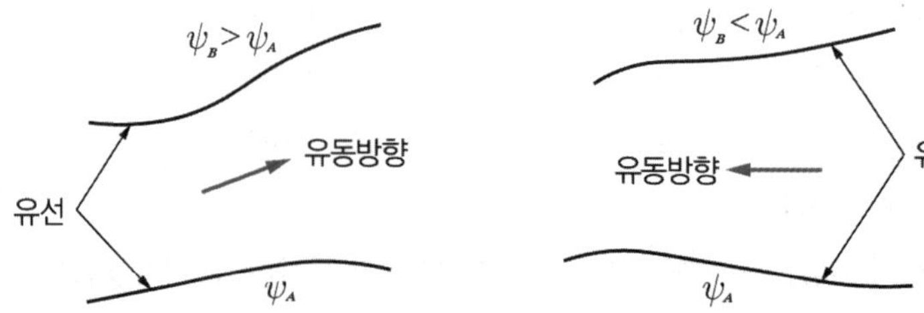

그림 5-3 유동방향과 유동함수의 변화

예제1

x, y축 방향의 성분속도가 각각 v_{0x}, v_{0y}인 균일유동에서 유동함수를 구하라.

성분속도와 유동함수의 관계는 식 (5.12)에 의해 다음과 같다.

$$v_x = v_{0x} = \frac{\partial \psi}{\partial y},\ v_y = v_{0y} = -\frac{\partial \psi}{\partial x}$$

위 식을 적분하면 다음 식을 얻는다.

$$\psi = \int v_{0x}\, dy = v_{0x} + f_1(x)$$

$$\psi = \int (-v_{0y})\, dx = -v_{0y}x + f_2(y)$$

여기서 적분상수 $f_1(x)$, $f_2(y)$는 각각 x와 y의 함수로 한다. 이 두 식을 만족하는 유동함수 ψ는 다음과 같이 주어진다.

$$\psi = v_{0x}\, y - v_{0y} x$$

위 식은 유동함수(유선)를 x, y좌표로 나타내기 위해서 다음과 같이 쓸 수 있다.

$$y = \frac{v_{0y}}{v_{0x}} x + \frac{\psi}{v_{0x}}$$

유선은 기울기가 v_{0y}/v_{0x}, 절편이 ψ/v_{0x}인 직선으로 나타나며 [그림 예제5.1]에 나타냈다.

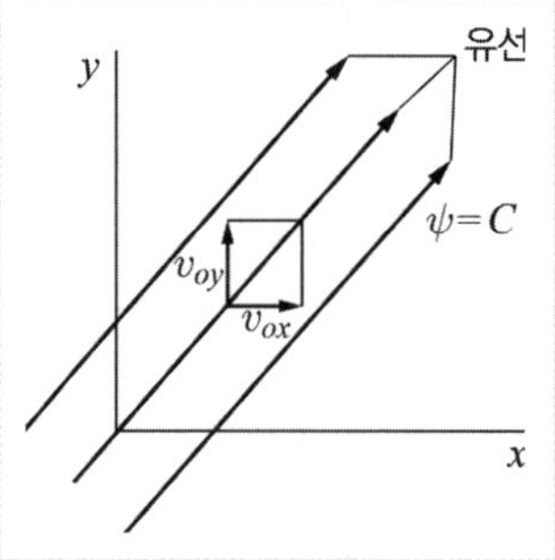

[그림 예제5.1]

예제2

2차원 비압축성 유동장에서 속도가 다음 식으로 주어졌을 때 유동함수 ψ를 구하라.

$$\mathbf{v} = -ay\,\mathbf{i} + ax\,\mathbf{j}$$

성분속도와 유동함수와의 관계는 식 (5.12)에 의해 다음과 같다.

$$v_x = -ay = \frac{\partial\psi}{\partial y},\ v_y = ax = -\frac{\partial\psi}{\partial x}$$

먼저 v_x를 적분하면 다음 식을 얻는다.

$$\psi = \int(-ay)dy = -\frac{a}{2}y^2 + f(x)$$

적분상수 $f(x)$는 v_y에 대한 식으로부터 구한다. $v_y = ax$이므로

$$v_y = ax = -\frac{\partial f(x)}{\partial x} = -\frac{df(x)}{dx}$$

이고, 이 식을 적분하면 다음 식을 얻는다.

$$f(x) = \int -ax\,dx = -\frac{a}{2}x^2 + C$$

따라서 유동함수는 다음과 같다.

$$\psi = -\frac{a}{2}y^2 - \frac{a}{2}x^2 + C$$

여기서 C는 상수이다.

5.2.3 유동함수의 응용

유동함수는 정상상태 · 2차원 유동에서만 정의될 수 있다고 기술하였다. 2차원 유동의 대표적인 것으로는 극좌표로 표현되는 평면유동(plannar flow)과 축대칭유동(axisymmetric flow)이 있다.

(1) 2차원 평면유동

공간의 위치가 원점으로부터 반지름 거리 r과 방향 θ로 표현되는 유동, 즉 극좌표로 표현되는 평면유동은 속도가 반지름 성분과 각성분으로만 이루어져 $v_z = 0$인 2차원 흐름이다. 그러므로 극좌표로 표현되는 비압축성 유체의 정상상태 흐름에서는 유동함수 $\psi(r, \theta)$가 존재한다. 극좌표에 대한 2차원 연속방정식은 식 (5.3)에 의해 다음과 같이 표기할 수 있다.

$$\frac{\partial}{\partial r}(rv_r) + \frac{\partial}{\partial\theta}(v_\theta) = 0 \tag{5.17}$$

좌변의 괄호 항이 극좌표에서의 유동함수 $\psi(r, \theta)$의 기울기라 하면 위 식은 다음과 같이 표기된다.

$$\frac{\partial}{\partial r}\left(\frac{\partial\psi}{\partial\theta}\right) + \frac{\partial}{\partial\theta}\left(-\frac{\partial\psi}{\partial r}\right) = 0 \tag{5.18}$$

따라서 극좌표에서의 성분속도와 유동함수 사이에는 다음 관계가 있다.

$$v_r = \frac{1}{r}\frac{\partial \psi}{\partial \theta},\ v_\theta = -\frac{\partial \psi}{\partial r} \tag{5.19}$$

극좌표 유동함수 $\psi(r, \theta)$도 Laplace 방정식이 성립하며 다음과 같다.

$$\nabla^2 \psi = \frac{\partial^2 \psi}{\partial r^2} + \frac{1}{r}\frac{\partial \psi}{\partial r} + \frac{1}{r^2}\frac{\partial^2 \psi}{\partial \theta^2} = 0 \tag{5.20}$$

이 식들은 원통좌표계 (r, θ, z)에 대한 유동함수를 2차원 흐름만을 고려한 것으로서 식 (5.14), (5.15)로 주어졌다.

(2) 비압축성 유체의 축대칭유동

원주방향으로 변화가 없는, 즉 $v_\theta = \partial/\partial\theta = 0$인 축대칭 유동도 r과 z축에 대한 2차원 유동이므로 유동함수 $\psi(r, z)$가 존재한다. 비압축성 유체의 축대칭유동에 대한 원통좌표에 대한 연속방정식은 식 (5.3)에 의해 다음과 같다.

$$\frac{1}{r}\frac{\partial (r v_r)}{\partial r} + \frac{\partial v_z}{\partial z} = 0$$

r과 z는 독립된 좌표이므로 위 식은 다음과 같이 쓸 수 있다.

$$\frac{\partial}{\partial r}(r v_r) + \frac{\partial}{\partial z}(r v_z) = 0$$

위 식의 좌변 괄호 항을 유동함수 $\psi(r, z)$의 기울기라 고려하면 다음과 같이 표기된다.

$$\frac{\partial}{\partial r}\left(-\frac{\partial \psi}{\partial z}\right) + \frac{\partial}{\partial z}\left(\frac{\partial \psi}{\partial r}\right) = 0 \tag{5.21}$$

따라서 비압축성 유체의 축대칭 유동에서 성분속도는 유동함수와 다음 관계가 있다.

$$v_r = -\frac{1}{r}\frac{\partial \psi}{\partial z},\ v_z = \frac{1}{r}\frac{\partial \psi}{\partial r} \tag{5.22}$$

이 경우에도 유동함수 ψ가 일정한 선은 유선이 된다. 그러나 두 점 A, B 사이를 통과하는 단위 깊이당 체적유량은 계수 (2π)를 곱한 값, 즉 $q_{AB} = 2\pi(\psi_B - \psi_A)$로 주어진다. 유동에 관한 부호 약속은 [그림 5-3]과 같다.

(3) 압축성 유체의 정상 2차원 유동

밀도가 변하는 정상 2차원 압축성 유동을 고려하여 보자. 정상 압축성 유동이면 밀도 ρ가 시간의 함수는 아니지만 위치에 따라 변할 수 있다.

정상 2차원 압축성 유동에 대한 연속방정식은 식 (5.1)에 의해 다음과 같다.

$$\frac{\partial(\rho v_x)}{\partial x} + \frac{\partial(\rho v_y)}{\partial y} = 0$$

이 식은 정상상태 비압축성 2차원 유동에 대한 연속방정식 (5.6)과 똑같은 형태임을 알 수 있다. 따라서 압축성유체의 유동에 대한 유동함수는 다음과 같이 정의될 수 있다.

$$\rho v_x = \frac{\partial\psi}{\partial y}, \quad \rho v_y = -\frac{\partial\psi}{\partial x} \tag{5.23}$$

이 경우에도 유동함수 ψ가 일정한 선은 유선이 된다. 그러나 여기에서 ψ의 변화는 체적유량이 아니고 질량유량에 대한 변화이다. 즉, 두 점 A, B를 가로질러 왼쪽에서 오른쪽으로 흐르는 질량유량은 다음과 같다.

$$d\dot{m} = \rho(\mathbf{v}\cdot\mathbf{n})dA = d\psi$$

또는

$$\dot{m}_{AB} = \int_A^B \rho(\mathbf{v}\cdot\mathbf{n})dA = \int_A^B d\psi = \psi_B - \psi_A \tag{5.24}$$

유동방향에 대한 기호 약속은 역시 [그림 5-3]과 같다.

예제3

마찰이 없는 유동의 Navier-Stokes 방정식의 엄밀해로서 다음과 같이 극좌표의 유동함수로 주어졌다. 유선을 그려보아라.

$$\psi = v\sin\theta\left(r - \frac{R^2}{r}\right) \tag{R1}$$

여기서 v와 R은 각각 속도와 길이를 나타내는 일정한 상수이다.

유동함수 ψ의 단위는 $\mathrm{m^2/s}$이다. 그러므로 $\psi/(vR)$가 무차원수임을 주목하여 식 (R1)을 무차원 형태로 표기하면 다음과 같다.

$$\frac{\psi}{vR} = \sin\theta\left(\frac{r}{R} - \frac{R}{r}\right) \tag{R2}$$

먼저 유동함수 $\psi=0$인 유선을 구해보자. 식 (R2)에 $\psi=0$을 고려하면 (a) $\sin\theta=0$, 즉 $\theta=0^\circ$ 또는 180°인 경우와 (b) $(r/R-R/r)=0$, 즉 $r=R$인 경우를 얻을 수 있다. (a)는 x축을 나타내고 (b)는 반경이 R인 원을 나타낸다. 이것을 [그림 예제5.3]에 나타냈다.

다음은 $\psi\neq 0$인 유선을 구해보자. 이 경우에는 임의의 r, 즉 r/R에 대하여 θ를 구하는 것이 용이하다. 즉 식 (R2)는 다음과 같이 쓸 수 있다.

$$\sin\theta = \frac{\psi/vR}{r/R-R/r} \tag{R3}$$

이 식은 y에 대하여 대칭이므로 θ는 2개의 해를 갖는다. 예를 들어 $\psi/(vR) = +1.0$인 경우에 먼저 $r > R$(원의 외측)에 대해서는 다음과 같다.

r/R	3.0	2.5	2.0	1.8	1.7	1.618
θ	22° 158°	28° 152°	42° 138°	53° 127°	64° 116°	90°

다음, $r < R$(원의 내측)인 경우에는 다음과 같다.

r/R	0.618	0.6	0.5	0.4	0.3	0.2	0.1
θ	-90°	-70° -110°	-42° -138°	-28° -152°	-19° -161°	-12° -168°	-6° -174

$r < R$인 경우의 유선은 x축 아래쪽에 원 내부의 폐곡선으로 그려진다. 이때 원점에서는 속도가 무한대이고 유동방향을 정할 수 없으므로 특이점이 된다. [그림 예제5.3]에는 $\psi/(vR) = +1/2, -1/2, -1$에 대한 유선도 표시하여 유동형태 전체가 제시되어 있다. $r = R$인 원의 외부, 즉 원통 주위의 2차원 비점성 균일유동을 나타내고 있고, 원의 내부는 더블릿(doublet, 소스와 싱크가 결합된 유동)이라는 갇힌 공간에서 회전하는 비현실적인 유동을 나타내고 있다.

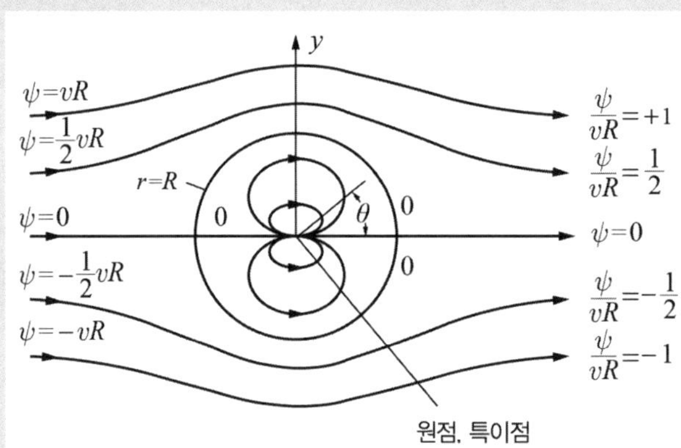

[그림 예제5.3]

5.3 퍼텐셜유동

비점성·비압축성 유체의 유동은 퍼텐셜유동이라 하고 유체 입자의 비회전운동을 특징으로 한다. 이상유체도 점성이 없어 입자의 회전이 나타나지 않아 비회전운동을 한다. 비점성·비압축성 유체의 비회전운동을 다루는 분야를 퍼텐셜 유동이론 혹은 비회전운동이론이라고 한다. 퍼텐셜유동은 속도퍼텐셜(퍼텐셜함수)이 존재하여 속도퍼텐셜을 알면 매우 간단하게 해석할 수 있다. 물론 정상 2차원 퍼텐셜유동에서는 유동함수도 존재하여 유동함수나 속도퍼텐셜 중 하나만을 알면 유체의 유동을 간단하게 해석할 수 있다.

5.3.1 와도와 비회전성

유체 입자(유체 요소)의 회전운동을 와(eddy)라고 한다.[92] 유체입자의 회전운동은 점성에 기인하며 각속도 ω 또는 와도 ζ로 표현된다. 와도(또는 각속도) 값이 존재하면, 즉 $\zeta \neq 0(\omega \neq 0)$이면 유체 입자의 회전운동(회전류)이 존재함을 의미하고, 와도(또는 각속도)가 0, 즉 $\zeta = 0(\omega = 0)$이면 유체 입자의 비회전운동(비회전류)을 의미한다.

퍼텐셜유동은 비회전운동을 특징으로 하므로 각속도 벡터(또는 와도 벡터)가 0, 즉 $\boldsymbol{\omega} = 0(\boldsymbol{\zeta} = 0)$이다. 따라서 3장 식 (3.54)에 의해 다음과 같이 속도구배 사이에 특별한 관계, 즉 유체입자의 비회전성이 성립한다.

$$\frac{\partial v_y}{\partial x} = \frac{\partial v_x}{\partial y}, \quad \frac{\partial v_x}{\partial z} = \frac{\partial v_z}{\partial x}, \quad \frac{\partial v_z}{\partial y} = \frac{\partial v_y}{\partial z} \tag{5.25}$$

퍼텐셜유동에서도 Laplace 방정식의 지배를 받으므로 $\nabla^2\psi = 0$이 성립한다. 이를 검토하여 보자. 유동함수 ψ는 xy 평면상의 2차원 유동에서만 정의되므로 z축 주위의 와도 $\zeta(=\zeta_z)$는 다음 식으로 표현된다.

$$\zeta = \frac{\partial v_y}{\partial x} - \frac{\partial v_x}{\partial y}$$

위 식의 속도성분에 유동함수의 미분 식 (5.12)를 대입하면 와도가 유동함수로 표현된다.

$$\zeta = -\frac{\partial^2 \psi}{\partial x^2} - \frac{\partial^2 \psi}{\partial y^2}$$

비회전운동에서는 와도가 $\zeta = 0$이므로 Laplace 방정식이 성립한다.

$$\nabla^2\psi = \frac{\partial^2 \psi}{\partial x^2} + \frac{\partial^2 \psi}{\partial y^2} = 0 \tag{5.26}$$

따라서 퍼텐셜유동에서의 유동함수는 Laplace 방정식을 만족한다. 반대로 유동함수가 Laplace 방정식을 만족하지 않으면 그 유동은 유체입자가 회전운동을 한다.

퍼텐셜유동은 점성의 영향이 없으므로 전단응력이 존재하지 않는다. 그러므로 유체요소에 작용하는 힘은 표면력으로서 압력에 의한 힘과 체적력으로서 유체의 무게뿐이다. 무게는 유체요소의 중심에서 연직방향으로 작용하고, 압력도 요소표면에 수직으로 작용하므로 이 둘 중 어떤 힘도 유체요소를 회전시키지 않는다. 따라서 이상유체가 비회전 유동영역을 통과하면 이상유체입자는 어떠한 회전도 일어나지 않는다.

퍼텐셜유동은 상당히 많은 곳에서 나타난다. 물의 흐름은 점성이 작아 퍼텐셜유동으로 고려할 수 있다. 물이 물체 주위를 흐르면 경계층이 발생된다. 경계층 내의 흐름은 점성이 작더라도 속도구배가 커서 전단응력을 발생시켜 유체입자의 회전운동을 일으켜 회전운동이 나타난다. 그러나 물체에서 멀리 떨어진, 즉

92) 와(eddy)란 '3.1.6 유체 입자의 운동 (4)회전'에서 설명한 바와 같이 점성에 기인하여 주흐름 방향과 다르게 나타나는 유체입자의 회전운동을 의미한다. 이것은 유체 흐름의 경로가 어떤 중심을 축으로 원주상을 회전하면서 흐르는 회전유동(와류, vortex)과 다르다.

경계층 외측의 흐름에서는 비회전운동을 계속 유지한다. 그러므로 경계층 내의 흐름은 점성유체유동으로, 반면에 경계층 외측의 주류에서의 흐름은 이상유체의 비회전운동, 즉 퍼텐셜유동으로 해석한다.

원통좌표계에 대한 와도벡터는 다음과 같다.

$$\boldsymbol{\zeta} = \left(\frac{1}{r}\frac{\partial v_z}{\partial \theta} - \frac{\partial v_\theta}{\partial z}\right)\mathbf{e}_r + \left(\frac{\partial v_r}{\partial z} - \frac{\partial v_z}{\partial r}\right)\mathbf{e}_\theta + \frac{1}{r}\left(\frac{\partial (r v_\theta)}{\partial r} - \frac{\partial v_r}{\partial \theta}\right)\mathbf{e}_z$$

$r-\theta$ 평면의 2차원 유동이면 위 식은 다음 식으로 표현된다.

$$\boldsymbol{\zeta} = \frac{1}{r}\left(\frac{\partial (r v_\theta)}{\partial r} - \frac{\partial v_r}{\partial \theta}\right)\mathbf{k} \tag{5.27}$$

여기서 $\mathbf{k}$는 z방향의 단위벡터이며 $\mathbf{e}_z$ 대신에 표기하였다. 원통좌표계의 비회전운동 조건은 와도가 0이므로 다음과 같다.

$$\left(\frac{1}{r}\frac{\partial v_z}{\partial \theta} - \frac{\partial v_\theta}{\partial z}\right) = 0, \quad \left(\frac{\partial v_r}{\partial z} - \frac{\partial v_z}{\partial r}\right) = 0, \quad \frac{1}{r}\left(\frac{\partial (r v_\theta)}{\partial r} - \frac{\partial v_r}{\partial \theta}\right) = 0 \tag{5.28}$$

예제4

비압축성 유동장에서 유동함수가 $\psi = ax^2 - ay^2$으로 주어졌다. 여기서 $a = 3\,s^{-1}$이다. 이 유동이 회전운동인지 비회전운동인지를 판단하라.

유동함수가 x, y함수로 주어졌으므로 이 유동은 2차원 유동이고, 비회전이면 z축 주위의 와도 ζ가 0이 성립해야 한다.

먼저 성분속도는 유동함수 식에 의해서 다음과 같다.

$$v_x = \frac{\partial \psi}{\partial y} = -2ay, \quad v_y = -\frac{\partial \psi}{\partial x} = -2ax$$

와도 ζ는 다음과 같다.

$$\zeta = \frac{\partial v_y}{\partial x} - \frac{\partial v_x}{\partial y} = \frac{\partial}{\partial x}(-2ax) - \frac{\partial}{\partial y}(-2ay) = -2a - (-2a) = 0$$

따라서 이 유동은 와도가 0이므로 비회전운동을 행한다.

5.3.2 유선이 동심원인 비회전류

유체가 동심원의 유선을 따라 흐르는 회전유동을 와류(vortex)라고 한다. 와류에는 입자들이 회전운동을 하면서 원형의 유선을 따라 흐르는 회전와류(회전류, rotation vortex)와 입자들이 회전운동을 하지 않으면서 원형의 유선을 따라 흐르는 비회전와류(비회전류, irrotatonal vortex)로 나뉘어진다.[93] 회전와류는 원통

93) 와류의 대표적인 예로서는 회오리바람 및 세면기내 흐름 등이 있다. 물이 담긴 원통을 중심축을 중심으로

에 물을 가득 담고 축을 중심으로 낮은 각속도로 회전시키면 물통 속의 유체의 흐름으로 나타나고, 이것은 마치 강체의 회전과 같아 강체와류라고도 한다. 비회전와류는 이와는 반대로 원통에 물을 가득 담고 중심축 위치에 매우 가는 직경의 막대기를 위치시킨 후 막대기만을 회전시키면 막대기 주위의 유체흐름으로 나타난다.

[그림 5-4](a)와 같이 원통 속의 물이 회전하는 2차원 유동장을 고려하자. 그림과 같이 $x-y$평면에서 2차원 흐름을 고려하여 미소 직사각형 유체요소 $ABCD$가 Δt의 짧은 시간 동안 회전하여 $A'B'C'D'$로 변형되었다고 하자. 또 반경 r에서 원주 속도를 v라 하고, 시간 $t+\Delta t$에서 미소 유체요소는 그림(b)에 나타낸 바와 같이 직선 AB는 각 $\Delta\theta_x$만큼, 직선 AD는 각 $\Delta\theta_y$만큼 회전하였다고 하자.

$x-y$평면에서 z축에 대한 유체요소의 회전율은 x, y축 각 변화에 대한 평균회전각의 시간도함수로 정의되므로 다음과 같다.

$$\frac{d\theta_z}{dt} = \frac{d}{dt}\left(\frac{\Delta\theta_x + \Delta\theta_y}{2}\right) = \frac{1}{2}\left(\frac{d\theta_x}{dt} + \frac{d\theta_y}{dt}\right)$$

그런데 각 변형이 작을 때에는 [그림 5-4](a)로부터 각 $\Delta\theta_y$는 각 $\Delta\phi$와 일치한다. 각 ϕ의 회전 각속도는 v/r이다. 따라서

$$\frac{d\theta_y}{dt} = \frac{v}{r}$$

또 각 θ_x의 변화율은 다음과 같다.[94)]

$$\frac{d\theta_x}{dt} = \frac{\partial v}{\partial r}$$

원주 속도 v가 오직 반경 r의 함수이기 때문에 편미분은 완전미분으로 대치할 수 있다. 그러므로 z축에 대한 유체요소의 회전 각속도는 x, y축 각 변형의 평균으로 주어지므로 다음과 같다.

$$\Omega_z = \frac{1}{2}\left(\frac{dv}{dr} + \frac{v}{r}\right) \tag{5.29}$$

강체처럼 회전하는 흐름에서 속도분포는 $v=\omega r$로 주어지므로 이 관계를 고려하면 위 식의 회전 각속도는 다음 식으로 주어진다.

$$\Omega_z = \frac{1}{2}\left[\frac{d}{dr}(\omega r) + \omega\right] = \omega$$

일정한 각속도로 회전시키면 물통 속의 물의 흐름으로 나타난다.

94) 각 θ_x의 변화율의 유도는 [예제5.5]로 주어졌다.

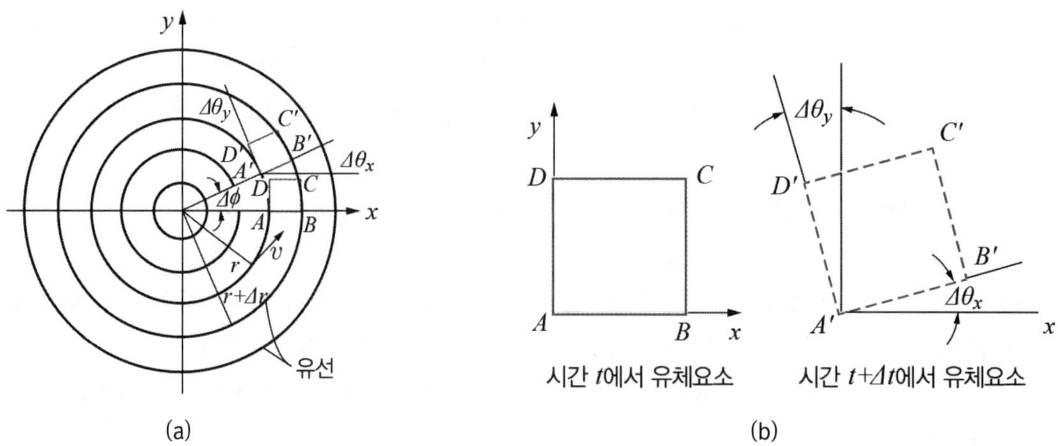

그림 5-4 유선이 동심원인 흐름에서의 유체요소의 변형

이와 같은 유동은 각속도의 값이 존재하므로 회전운동이고, 이것을 '강체 와류(강제와류, solid-like vortex forced vortex)'라고 한다.

만약 흐름이 비회전운동이라면 $\Omega_z = 0$이므로 식 (5.29)에 의해서 다음 관계가 성립한다.

$$\frac{dv}{dr} = -\frac{v}{r} \rightarrow \frac{dv}{v} = -\frac{dr}{r} \tag{5.30}$$

위 식을 적분하면 다음 식이 된다.

$$v = \frac{K}{r} \tag{5.31}$$

여기서 K는 상수이다. 즉 비회전 와류에서 원주에서의 속도 v는 반경 r에 반비례하며, 따라서 반경이 증가하면 속도는 감소한다. 이러한 형태의 유동장을 '자유 와류(비회전와류, free vortex)'라 한다. 자유와류는 유체요소들이 원을 그리면서 회전유동을 하지만 유체입자들은 비회전운동을 한다. 따라서 자유와류는 비회전운동을 하므로 포텐셜유동으로 해석할 수 있다.

예제5

유체요소가 각 변형할 때 미소 각 $\Delta\theta_x$의 시간변화율을 구하여라.

미소 각 $\Delta\theta_x$는 3장 식 (3.46)에 의해 다음과 같다.

$$\Delta\theta_x = \tan^{-1}\left[\frac{\overline{AB}\text{의 } y\text{성분}}{\overline{AB}\text{의 } x\text{성분}}\right] = \tan^{-1}\frac{\partial v_y}{\partial x}dt \approx \frac{\partial v_y}{\partial x}dt$$

따라서 미소 각 $\Delta\theta_x$의 시간변화율은 위 식의 관계를 [그림 5-4](b)에 적용하면 다음과 같다.

$$\frac{d\theta_x}{dt} = \frac{\partial v}{\partial r}$$

예제6

회오리바람이 수평면에서 회전하고 있다. 회오리바람을 자유 와류라 고려하고 와류 중심에서 반경방향 3 km 지점의 속도가 50 m/s 이라면, 중심에서 10 km 떨어진 곳의 속도는 얼마인가? 또 두 지점의 압력차는 얼마인가? 공기의 밀도는 $1.2\,\text{kg/m}^3$이다.

자연 와류(비회전와류)의 속도는 식 (5.31)에 의해 다음과 같다.

$$v = \frac{K}{r}$$

중심에서 3 km 및 5 km 떨어진 곳을 각각 하첨자 1, 2로 표기하면 10 km 떨어진 곳의 속도 v_2는 다음과 같다.

$$v_2 = \frac{v_1 r_1}{r_2} = \frac{(50\,\text{m/s})(3\,\text{km})}{10\,\text{km}} = 15\,\text{m/s}$$

비회전운동이므로 Bernoulli 방정식을 적용할 수 있고, 높이의 변화가 없으므로 압력차는 다음과 같다.

$$p_1 + \rho\frac{v_1^2}{2} = p_2 + \rho\frac{v_2^2}{2}$$

$$p_2 - p_1 = \frac{\rho}{2}(v_1^2 - v_2^2) = \frac{1.2\,\text{kg/m}^3}{2}(50^2 - 15^2)(\text{m/s})^2$$

$$= 1{,}365\,\text{Pa}$$

5.3.3 비회전류에서의 Bernoulli 방정식

Bernoulli 방정식은 이상유체의 정상유동이라면 유선상의 모든 점에서 속도에너지, 위치에너지, 압력에너지의 총합이 일정함을 의미한다. 그런데 Bernoulli 방정식은 이상유체의 정상상태의 비회전류(비회전운동)이라면 동일한 유선상이 아니더라도 유동의 어느 두 점 사이에서도 성립한다. 이것을 증명해 보자.

비회전운동이면 식 (5.30)이 성립해야 한다. 즉,

$$\frac{dv}{dr} = -\frac{v}{r}$$

임의의 r방향에 대한 Euler 방정식은 식 (3.23)에 의해 다음과 같이 쓸 수 있다.

$$-\frac{d}{dr}(p + \rho g z) = \rho a_t$$

위 식의 접선방향 가속도에 $a_t = -v^2/r$를 고려하면 Euler 방정식은 다음과 같이 된다.

$$-\frac{d}{dr}(p + \rho g z) = -\rho\frac{v^2}{r} = \rho v\left(\frac{dv}{dr}\right) = \frac{d}{dr}\left(\rho\frac{v^2}{2}\right)$$

따라서 위 식은 다음과 같이 쓸 수 있다.

$$\frac{d}{dr}\left(p+\rho\frac{v^2}{2}+\rho gz\right)=0$$

또는

$$p+\rho\frac{v^2}{2}+\rho gz=C \tag{5.32}$$

여기서 C는 임의의 r방향으로 일정한 상수이다. 따라서 이 식은 Bernoulli 방정식 (5.5)와 같고, 비회전운동이면 유선상이 아니더라도 Bernoulli 방정식이 성립함을 나타낸다.

일반적으로 비회전운동은 다음과 같이 표현한다.

$$\frac{dv}{dn}=-\frac{v}{r}$$

여기서 n은 곡률 중심에서 밖으로 향하는 법선좌표 방향이며 r은 곡률반경이다. n방향으로 Euler 방정식을 적용하면 다음과 같다.

$$\frac{d}{dn}\left(p+\rho\frac{v^2}{2}+\rho gz\right)=0$$

또는

$$p+\rho\frac{v^2}{2}+\rho gz=C$$

그러므로 비회전운동에서 Bernoulli 방정식의 상수 C는 유동장 내의 모든 유선에 대해서, 즉 모든 점에 대해서 일정하게 된다. 그러므로 유동장 내 임의의 두 점에 대해서 다음 식이 성립한다.

$$p_1+\rho\frac{v_1^2}{2}+\rho gz_1=p_2+\rho\frac{v_2^2}{2}+\rho gz_2$$

여기서 v는 속도가 아니라 속력이다. Bernoulli 방정식은 비회전류(입자의 비회전운동)이면 유선에 관계없이 2차원, 3차원 흐름에 대해서도 성립한다. Bernoulli 방정식은 이상유체 유동에서 속도분포로부터 압력분포 또는 압력분포로부터 속도분포를 얻는데 사용된다.

(1) 압력계수

Bernoulli 방정식은 이상유체의 정상상태 흐름에서 동일한 유선상이라면 전압, 전수두, 총에너지가 일정하다는 의미이다. 이 식의 중요성은 계측기기 원리의 이해 및 압력을 평가하는데 유용하게 사용된다. 이때 압력은 무차원 양으로 표시하는데 이를 압력계수(pressure coefficient)라 하고 다음과 같이 정의한다.

$$C_p = \frac{p - p_\infty}{\frac{1}{2}\rho v_\infty^2} \tag{5.33}$$

여기에서 v_∞ 및 p_∞는 자유흐름(또는 관 입구)에서의 속도와 압력이고, $\rho v_\infty^2/2$은 자유흐름의 동압(dynamic pressure)이다. 즉 압력계수는 동압에 대한 두 지점 사이의 압력차(기준압력과의 차이)를 의미한다.

관내 유동에서 위치에너지와 손실에너지를 무시한 Bernoulli 방정식은 다음과 같다.

$$p_\infty + \frac{1}{2}\rho v_\infty^2 = p + \frac{1}{2}\rho v^2$$

여기에서 v_∞, p_∞는 관 입구에서의 속도와 압력이다. 위 식은 마찰 손실이 없는, 즉 이상유체의 수평관내 유동에서는 압력과 동압의 합이 관의 위치와 관계없이 일정함을 의미한다. 따라서 관내 단면적이 줄어 속도가 증가하면 압력이 떨어지고 반대로 단면적이 증가하면 속도가 감소하여 압력이 증가하는 것을 알 수 있다. 즉 속도가 0이면 최대압력을 얻게 된다. 압력계수는 관 입구(또는 자유흐름)에서의 압력과 동압을 기준으로 평가한다. 관 입구에서 압력계수는 식 (5.33)의 국부압력 p에 입구압력 p_∞를 대입하면 0임을 알 수 있다.

[그림 5-5]는 이상유체의 관내 유동에서 유동에 따른 압력과 압력계수분포를 나타냈다. 그림(b)의 압력계수분포는 관 입구 단면 ①에서의 0을 기준으로 관내 단면적이 일정하면 속도와 압력이 변하지 않아 압력계수 C_p가 0을 계속 유지하지만, 단면적이 줄어들기 시작하는 단면 ②부터는 속도의 증가에 의해 압력 p가 저하되어 압력계수는 음(-)의 값이 되고, 최소 단면 ④에서 최소압력과 최소압력계수를 보이게 된다.

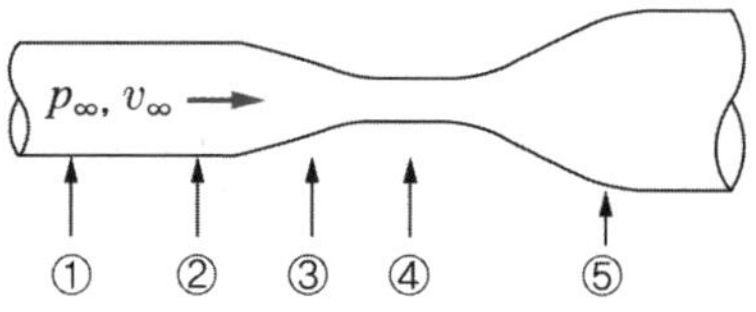

(a)

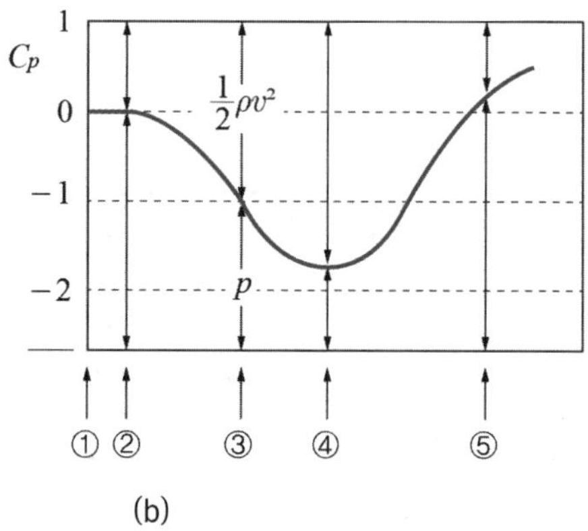

(b)

그림 5-5 관내 유동에서 압력과 압력계수 분포

단면적이 증가된 ⑤에서는 속도의 감소가 압력과 압력계수의 증가함을 보이는데 이것은 압력이 회복된 상태를 의미한다.

유체의 동압은 $\rho v^2/2 \geq 0$이므로 위 Bernoulli 방정식은 다음 식이 성립한다.

$$p_\infty + \frac{1}{2}\rho v_\infty^2 = p + \frac{1}{2}\rho v^2 \geq p \rightarrow \frac{1}{2}\rho v_\infty^2 \geq p - p_\infty$$

이므로

$$C_p = \frac{p - p_\infty}{\frac{1}{2}\rho v_\infty^2} \leq 1$$

따라서 관내 유동에서 압력계수 C_p는 항상 1보다 작음을 알 수 있다.

음의 압력계수는 식 (5.33)에서 알 수 있는 바와 같이 $p - p_\infty < 0$인 경우, 즉 국부 압력 p가 입구 압력 p_∞보다 작은 경우이다. 압력계수가 0인 경우는 국부압력 p와 입구압력 p_∞가 같은 경우이고, 압력계수가 1인 경우는 유체가 정지한 경우, 즉 정체점(stagnation point)에서의 상태를 의미한다. 왜냐하면 상류측(v_∞)과 정체점($v = 0$) 사이에 Bernoulli 방정식을 적용하면 $p_\infty + \rho v_\infty^2/2 = p$가 되어 이것을 식 (5.33)에 대입하면 압력계수가 1이 되기 때문이다. 관내유동에서는 정체점이 존재하지 않아 압력계수가 1인 곳은 나타나지 않지만, 원기둥 주위의 흐름에서는 정체점이 존재하여 압력계수가 1인 곳이 나타난다.

(2) 원기둥 주변의 압력분포

Bernoulli 방정식의 응용으로서 원기둥 주위의 압력분포를 살펴보자. 무한히 긴 원기둥 주변을 v_∞, p_∞인 이상유체가 정상상태로 흐른다고 하자. 유선의 형상은 원기둥을 중심으로 상하, 좌우 대칭을 이룬다. 이것을 [그림 5-6](a)에 나타냈다. 이상유체가 중심축을 따라 점 ①, ②, ③, ④를 거쳐 ⑤로 흘러가는 것을 고려하자. 두 점 사이의 유동은 Bernoulli 방정식으로 설명할 수 있다.

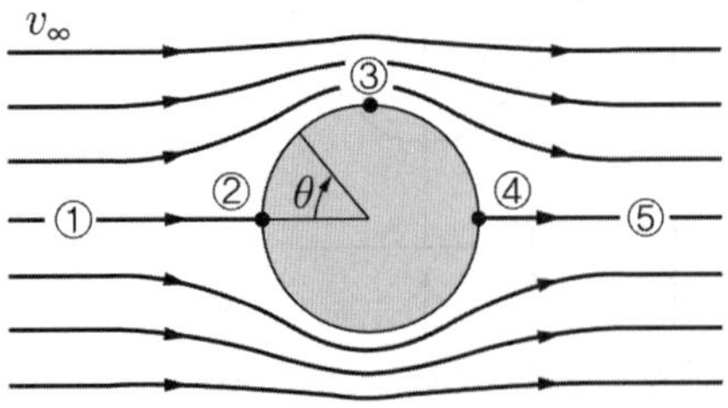

(a) 원기둥 주변의 흐름

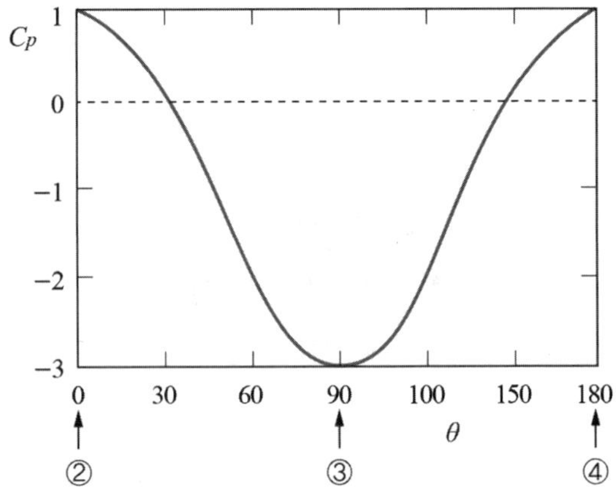

(b) 원기둥 표면의 압력계수 분포

그림 5-6 원기둥 주변의 흐름과 압력계수 분포

①②구간은 속도의 감소가 압력의 증가로 나타나고, 점 ②($\theta=0^\circ$)에서는 속도가 0이 되면서 최대압력($p_\infty+\rho v_\infty^2/2$)이 나타난다. 이곳을 정체점(압력계수 1)이라고 한다. 또 점 ②에서는 한 개의 유선이 두 개로 갈라져서 원기둥의 표면을 따라 위쪽과 아래쪽으로 흐른다. 이것을 분할유선이라고 한다. ②③구간은 압력의 감소(음의 압력구배)가 속도의 증가를 가져와 점 ③ ($\theta=90^\circ$)에서 최대속도(v_∞)가 나타난다. 그 후 ③④구간은 유동방향으로 압력이 증가하는 양(+)의 압력구배(역 압력구배라고 칭함)에도 불구하고 점 ③에서의 유체입자의 충분한 운동량으로 인해 유속이 감소되면서 압력이 회복되어 속도가 0인 점 ④($=180^\circ$)에서 만나게 된다. ④⑤구간은 정체점인 점 ④의 입자가 자유흐름으로 가속되면서 점 ⑤로 이동하게 된다.

[그림 5-6](b)는 원기둥 표면에서의 압력을 원주각도 θ에 따라 압력계수 C_p를 나타냈다.[95] 유선이 원기둥에 대하여 좌우 대칭이기 때문에 Bernoulli 방정식에 의해 원기둥 표면에서의 압력도 좌우 대칭이 된다. 정체점인 점 ②와 ④(원주각도 $\theta=0,\ 180^\circ$)는 압력계수가 1인 기점이고, 압력계수가 0인 각도 $\theta=30^\circ,\ 150^\circ$ 위치에서의 압력 p_∞는 정압임을 알 수 있다. 따라서 압력계수 분포도 원기둥의 좌우로 대칭임을 보이게 된다. 이상유체의 유동은 압력에 기인한 힘만이 존재하고 압력분포가 좌우 대칭이므로 이상유체 흐름에 놓인 물체에 작용하는 총 힘은 0임을 의미한다. 즉, 점성력이 작용하지 않은 이상유체의 흐름은 물체에 힘을 가하지 않는다. 그러나 점성이 존재하면 점성이 아주 작더라도 물체에 작용하는 힘(항력)이 나타난다. 이것을 D'Alembert의 역설이라고 한다.

예제7

그림과 같이 속도와 압력이 $v_\infty,\ p_\infty$인 이상유체의 균일유동장에 원기둥을 놓았을 때 원기둥 표면에서의 무차원 압력분포를 나타내어라. 원기둥 표면에서의 속도는 이론상 $v=2v_\infty\sin\theta$이다.

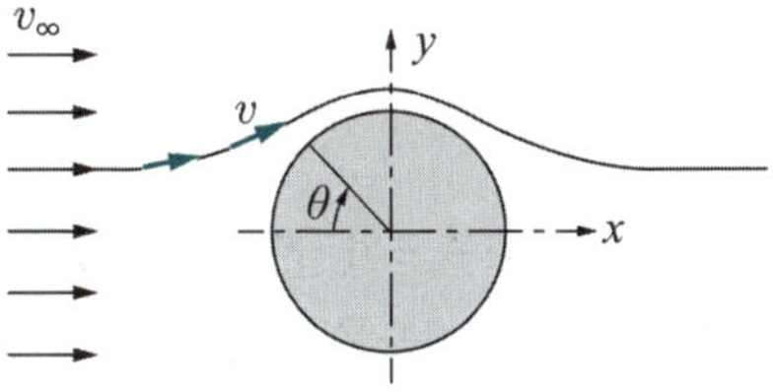

[그림 예제5.7]

이상유체의 유동이므로 비회전운동을 한다. 따라서 원기둥 상류 측과 원기둥 표면 사이에 Bernoulli 방정식이 성립한다.

$$p_\infty+\frac{1}{2}\rho v_\infty^2=p+\frac{1}{2}\rho v^2 \quad\cdots\cdots\text{(R1)}$$

압력계수는 식 (5.33)에 의해 다음과 같다

$$C_p=\frac{p-p_\infty}{\frac{1}{2}\rho v_\infty^2} \quad\cdots\cdots\text{(R2)}$$

95) 원기둥 표면에서의 압력계수의 평가는 [예제5.7]으로 주어졌다.

식 (R1)의 p를 식 (R2)에 대입하여 정리하면 다음 식을 얻는다.

$$C_p = \frac{p-p_\infty}{\frac{1}{2}\rho v_\infty^2} = 1 - \frac{v^2}{v_\infty^2}$$

원기둥 표면에서의 속도는 $v = 2v_\infty \sin\theta$로 주어졌으므로 이 값을 위 식에 대입하면 원기둥 표면에서의 압력계수는 다음과 같이 나타난다.

$$C_p = 1 - \frac{(2v_\infty \sin\theta)^2}{v_\infty^2} = 1 - 4\sin^2\theta$$

[그림 5-6](b)는 위 식에 의해 원기둥 표면의 압력계수 분포를 나타낸 것이다.

5.3.4 속도퍼텐셜

퍼텐셜유동은 퍼텐셜함수(속도퍼텐셜, 속도퍼텐셜함수라고도 칭함)가 존재하여 성분속도를 퍼텐셜함수의 구배로 나타낼 수 있다. 즉 퍼텐셜함수는 퍼텐셜유동(비회전류)에서만 정의된다.

(1) 속도퍼텐셜

퍼텐셜유동은 속도성분을 퍼텐셜함수 $\phi(x, y, z, t)$의 구배로 다음과 같이 표현된다.

$$v_x = \frac{\partial\phi}{\partial x}, \quad v_y = \frac{\partial\phi}{\partial y}, \quad v_z = \frac{\partial\phi}{\partial z} \tag{5.34a}$$

여기서 ϕ는 퍼텐셜함수(potential function, velocity potential)이다. 이것은 퍼텐셜유동장, 즉 비회전류 유동장에서는 와도가 0이므로 속도구배 사이의 특별한 관계식 (5.25)에 위 식 (5.34a)를 대입하면 성립하여 쉽게 증명된다. 식 (5.34a)을 벡터로 표기하면 다음과 같다.

$$\mathbf{v} = \nabla\phi \tag{5.34b}$$

이 식은 비회전류 유동장에서 속도가 속도퍼텐셜 ϕ의 구배로 표현됨을 의미한다. 따라서 퍼텐셜유동은 속도퍼텐셜 ϕ를 알면 식 (5.34)에 의해 각 성분속도를 구할 수 있어 유동의 모양을 알 수 있다. 2차원 유동에서 ϕ가 일정한 선은 등속도퍼텐셜선(equipotential line)이라 하고, 3차원 유동에서 ϕ가 일정한 면을 등속도퍼텐셜면(equipotential surface)이라 한다.

퍼텐셜유동은 비회전운동을 특징으로 하므로 속도퍼텐셜함수의 개념도 비회전성으로부터 얻어진다. 비압축성유체의 연속방정식은 다음과 같다.

$$\nabla \cdot \mathbf{v} = 0$$

비회전류에서는 위 식의 속도에 식 (5.34b)를 대입하면 다음 식이 성립한다.

$$\nabla^2\phi = 0 \tag{5.35a}$$

이 식은 속도퍼텐셜함수에 대한 Laplace 방정식이 성립됨을 의미한다. 여기서 ∇^2은 Laplace 연산자이다.

직교좌표계에서의 속도퍼텐셜에 대한 Laplace 방정식은 다음과 같다.

$$\frac{\partial^2 \phi}{\partial x^2} + \frac{\partial^2 \phi}{\partial y^2} + \frac{\partial^2 \phi}{\partial z} = 0 \tag{5.35b}$$

따라서 비점성 · 비압축성 유체의 퍼텐셜유동장은 Laplace 방정식의 지배를 받는다.

와도 ζ를 퍼텐셜함수로 표기하면 다음과 같다.

$$\zeta = \frac{\partial v_y}{\partial x} - \frac{\partial v_x}{\partial y} = \frac{\partial}{\partial x}\left(\frac{\partial \phi}{\partial y}\right) - \frac{\partial}{\partial y}\left(\frac{\partial \phi}{\partial x}\right) = \frac{\partial^2 \phi}{\partial x \partial y} - \frac{\partial^2 \phi}{\partial y \partial x}$$

비회전 조건에서는 와도가 $\zeta = 0$이므로 다음 식이 성립한다.

$$\zeta = \frac{\partial^2 \phi}{\partial x \partial y} - \frac{\partial^2 \phi}{\partial y \partial x} = 0 \rightarrow \frac{\partial^2 \phi}{\partial x \partial y} = \frac{\partial^2 \phi}{\partial y \partial x}$$

이것으로부터 중요한 결론을 얻을 수 있다. 속도퍼텐셜은 미분의 순서에 관계없이 성립하므로 하나의 상태량이 되고, 속도퍼텐셜이 존재하면 와도는 0이 되어 비회전류임을 의미한다. 이 때문에 비회전류는 속도퍼텐셜함수에 의해 특성지어질 수 있으므로 비회전류를 퍼텐셜유동이라고 한다.

Laplace 방정식의 해석은 경계조건이 필요하다. 경계조건은 일반적으로 유동장 경계에서의 속도로 주어진다. 비회전류에서 속도퍼텐셜 ϕ가 결정되면 식 (5.34a)에 의해 유동장 내 모든 점에서 속도를 구할 수 있고, 압력은 Bernoulli 방정식으로부터 구해진다. 속도퍼텐셜의 개념은 정상유동, 비정상유동 모두에게 적용된다.

속도퍼텐셜에 대한 원통좌표계 (r, θ, z)의 Laplace 방정식과 성분속도는 각각 다음과 같다.

$$\nabla^2 \phi = \frac{1}{r}\frac{\partial}{\partial r}\left(r\frac{\partial \phi}{\partial r}\right) + \frac{1}{r^2}\frac{\partial^2 \phi}{\partial \theta^2} + \frac{\partial^2 \phi}{\partial z^2} = 0 \tag{5.36}$$

$$v_r = \frac{\partial \phi}{\partial r}, \quad v_\theta = \frac{1}{r}\frac{\partial \phi}{\partial \theta}, \quad v_z = \frac{\partial \phi}{\partial z} \tag{5.37}$$

(2) 속도퍼텐셜의 기하학적 의미

[그림 5-7]과 같이 2차원 유동을 고려하여 유체 중의 한 점에서 임의의 방향으로 선분요소 ds를 취한다. 그 방향으로 속도의 크기를 $v_s = \overline{AC}$라 하면 다음 식을 얻을 수 있다.

$$\begin{aligned} v_s &= \overline{AB} + \overline{BC} = \overline{AB} + \overline{A'B'} = v_x \cos\alpha + v_y \cos\beta \\ &= v_x \frac{dx}{ds} + v_y \frac{dy}{ds} \end{aligned} \tag{5.38}$$

비회전류에서는 퍼텐셜함수 $\phi(x, y)$가 존재하여 식 (5.38)의 성분속도에 식 (5.34a)를 대입하면 다음 식을 얻는다.

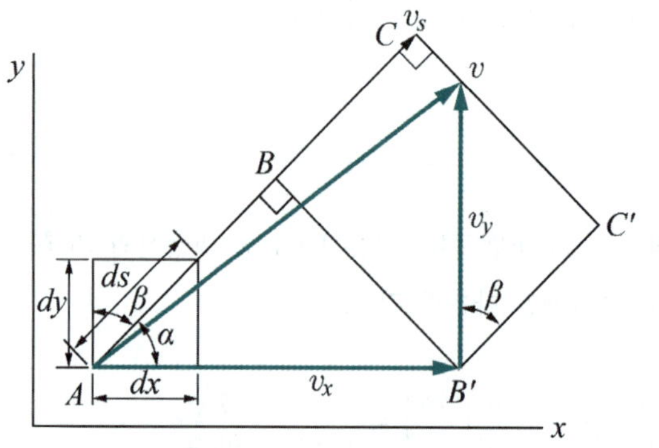

그림 5-7 속도퍼텐셜의 기하학적 의미

$$v_s = \frac{\partial \phi}{\partial x}\frac{dx}{ds} + \frac{\partial \phi}{\partial y}\frac{dy}{ds} = \frac{\partial \phi}{\partial s} \tag{5.39}$$

이 식에 의해서 임의 방향의 속도 v_s는 그 방향으로 $\phi(x, y)$의 증가비율 $\partial\phi/\partial s$과 같은 것을 알 수 있다. 이러한 이유 때문에 퍼텐셜함수 $\phi(x, y)$를 속도퍼텐셜이라고 한다.

예제8

x, y축 방향의 성분속도가 각각 v_{0x}, v_{0y}인 균일유동에서 속도퍼텐셜을 구하라.

성분속도는 속도퍼텐셜과의 관계식에 의해 $v_{0x} = \partial\phi/\partial x$, $v_{0y} = \partial\phi/\partial y$을 얻고, 이 관계식을 각각 적분하면 다음 식이 된다.

$\phi = v_{0x}\, x + C_1(y)$, $\phi = v_{0y}\, y + C_2(x)$

여기서 적분상수 $C_1(y)$, $C_2(x)$는 각각 y, x의 함수로 한다. 이 두 식을 만족하는 속도퍼텐셜은 다음과 같다.

$\phi = v_{0x}\, x + v_{0y} y$

속도퍼텐셜을 xy 좌표계로 나타내기 위해서는 다음 식으로 쓸 수 있다.

$$y = -\frac{v_{0x}}{v_{0y}}x + \frac{\phi}{v_{0y}}$$

따라서 속도퍼텐셜은 기울기가 $-v_{0x}/v_{0y}$, 절편이 ϕ/v_{0y}인 직선으로 나타나며 [그림 예제5.8]에 유선(실선)에 수직인 파선으로 나타냈다.

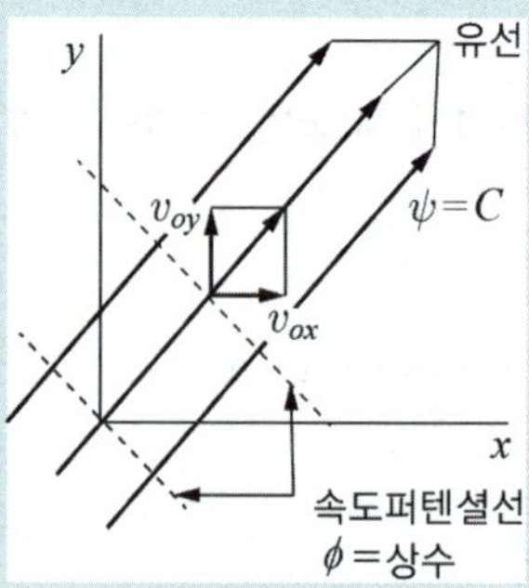

[그림 예제5.8]

(3) 유선과 속도퍼텐셜선과의 직교성

유동함수는 연속방정식과 유선의 방정식에 의해 정의되고, 유동함수의 Laplace 방정식은 비회전성으로부터 유도된다. 반면에 속도퍼텐셜은 비회전성에 의해 정의되며, 속도퍼텐셜의 Laplace 방정식은 연속방정식으로부터 유도된다. 따라서 2차원 퍼텐셜유동에서 유동함수와 속도퍼텐셜 사이에는 공액관계(공역관계, conjugate relation)가 있다. 즉 바꾸어 사용하여도 성질의 변화가 없다.

2차원 퍼텐셜유동에서는 유선과 속도퍼텐셜선이 정체점을 제외한 모든 점에서 직교한다. 2차원 비회전류에서는 유동함수 ψ와 퍼텐셜함수 ϕ에 대한 Laplace 방정식이 모두 성립하므로 식 (5.13)과 (5.35b)에 의해 다음과 같다.

$$\frac{\partial^2\psi}{\partial x^2}+\frac{\partial^2\psi}{\partial y^2}=0,\ \frac{\partial^2\phi}{\partial x^2}+\frac{\partial^2\phi}{\partial y^2}=0 \tag{5.40}$$

또한 유동함수로 표시한 성분속도 식 (5.12)와 속도퍼텐셜로 표시한 성분속도 식 (5.34a)를 비교하면 다음 식이 성립한다.

$$\frac{\partial\phi}{\partial x}=\frac{\partial\psi}{\partial y},\ \frac{\partial\phi}{\partial y}=-\frac{\partial\psi}{\partial x} \tag{5.41}$$

식 (5.40)를 Laplace 방정식, 식 (5.41)을 Cauchy-Riemann 방정식이라고 한다. 또한 식 (5.41)은 퍼텐셜함수 ϕ와 유동함수 ψ 사이를 바꾸어 놓아도 그 성질에 변화가 없으므로 공액관계라 한다.

식 (5.41)에 의해 다음 식을 얻을 수 있다.

$$\frac{\partial\phi}{\partial x}\frac{\partial\psi}{\partial x}+\frac{\partial\phi}{\partial y}\frac{\partial\psi}{\partial y}=0 \tag{5.42}$$

이 식은 $\phi=$상수, $\psi=$상수인 2개의 곡선이 서로 직교[96] 하는 것을 가리킨다. 따라서 속도퍼텐셜선과 유선은 서로 직교한다. 예를 들면 [예제5.8]에서 x, y축 방향의 성분속도가 각각 $v_x=v_{0x}$, $v_y=v_{0y}$인 균일유동에서 속도퍼텐셜선과 유동함수가 각각 다음 식으로 표현되고, 이들 두 선은 서로 직교함을 보였다.

$$\phi=v_{0x}x+v_{0y}y,\ \psi=v_{0x}y-v_{0y}x$$

[그림 5-8]은 임의의 유동장에 유선과 등속도퍼텐셜선을 나타낸 것이다. 유선과 등속도퍼텐셜선과는 직교함을 알 수 있다. 또 이 그림에서 유선 ψ_1과 ψ_2 사이를 흐르는 단위 깊이당 유량 q는 식 (5.16)에 의해 다음 식으로 표현된다.

---

96) 두 선들의 기울기의 곱이 -1이면 서로 직교한다. $\phi=$상수 및 $\psi=$상수를 각각 x에 대하여 미분하면 $\frac{\partial\phi}{\partial x}+\frac{\partial\phi}{\partial y}\left(\frac{dy}{dx}\right)_\phi=0$ (R1) 및 $\frac{\partial\psi}{\partial x}+\frac{\partial\psi}{\partial y}\left(\frac{dy}{dx}\right)_\psi=0$ (R2)이 된다. ϕ 및 ψ의 기울기 $(dy/dx)_\phi$, $(dy/dx)_\psi$를 곱하면 식 (R1), (R2)와 식 (5.33)에 다음 식이 성립한다. $\left(\frac{dy}{dx}\right)_\phi\left(\frac{dy}{dx}\right)_\psi=-1$

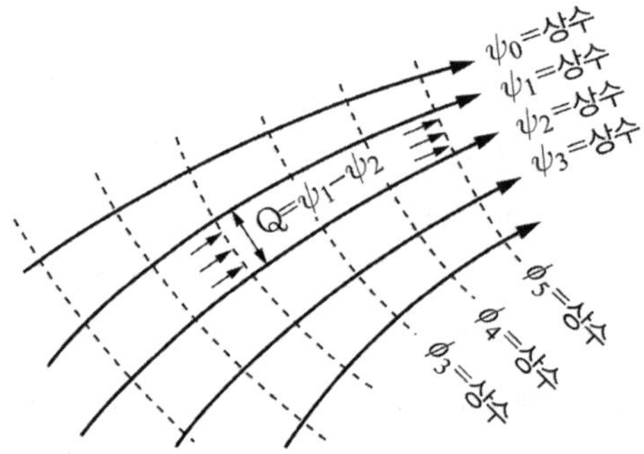

그림 5-8 속도퍼텐셜선과 유선과의 관계

$$q = \psi_1 - \psi_2$$

즉 단위 깊이당 체적유량 q는 유동함수의 차이로 주어진다.

예제9

유동장에서 유동함수가 다음과 같이 주어졌다. 유동이 비회전운동임을 보이고 속도퍼텐셜을 구하여라.

$$\psi = ax^2 - ay^2$$

성분속도는 유동함수에 의해서 다음과 같다.

$$v_x = \frac{\partial \psi}{\partial y} = -2ay, \; v_y = -\frac{\partial \psi}{\partial x} = -2ax$$

와도 ζ를 평가하면 다음과 같다.

$$\zeta = \frac{\partial v_y}{\partial x} - \frac{\partial v_x}{\partial y} = -2a - (-2a) = 0$$

유동은 와도가 0이므로 비회전운동이다.

성분속도 v_x를 속도퍼텐셜로 나타내면 다음과 같다.

$$v_x = \frac{\partial \phi}{\partial x} = -2ay$$

위 식을 적분하면 속도퍼텐셜은 다음과 같이 쓸다.

$$\phi = -2axy + f(y) \quad \cdots\cdots (R1)$$

성분속도 v_y를 속도퍼텐셜로 나타내면 다음과 같다.

$$v_y = \frac{\partial \phi}{\partial y} = -2ax$$

이 식의 속도퍼텐셜 ϕ에 식 (R1)을 대입하여 정리하면 다음 식을 얻는다.

$$\frac{\partial \phi}{\partial y} = \frac{\partial}{\partial y}[-2axy + f(y)] = -2ax + \frac{\partial f(y)}{\partial y} = -2ax \rightarrow$$

$$\frac{\partial f(y)}{\partial y} = 0 \rightarrow f(y) = \text{상수}$$

따라서 속도퍼텐셜은 다음과 같다.

$$\phi = -2axy + C$$

여기서 C는 상수이다.

5.3.5 복소퍼텐셜

2차원 퍼텐셜유동장이 Cauchy-Riemann 방정식이 성립하면 속도퍼텐셜 ϕ와 유동함수 ψ를 함수로 하는 복소퍼텐셜(복소함수, complex potential) $w(z)$로 표현할 수 있다. 그러므로 퍼텐셜유동은 속도퍼텐셜이나 유동함수 또는 복소퍼텐셜로부터 해석할 수 있다.

다음 2개의 복소수를 고려하자.

$$\begin{aligned} z &= x + iy \\ w &= \phi + i\psi \ (\text{단 } \phi,\ \psi\text{는 모두 } x,\ y\text{의 실함수}) \end{aligned} \tag{5.43}$$

w는 z의 함수, 즉

$$w = w(z) \tag{5.44}$$

인 관계가 있다고 하면 x, y에 대한 미분은 다음과 같이 쓸 수 있다.

$$\frac{\partial w}{\partial x} = \frac{dw}{dz}\frac{\partial z}{\partial x},\quad \frac{\partial w}{\partial y} = \frac{dw}{dz}\frac{\partial z}{\partial y}$$

그런데 식 (5.43)의 첫 번째 식을 미분한 $\partial z/\partial x = 1$, $\partial z/\partial y = i$을 고려하면 위 식은 다음과 같은 관계를 얻는다.

$$\begin{aligned} &\frac{\partial w}{\partial x} = \frac{dw}{dz},\quad \frac{\partial w}{\partial y} = i\frac{dw}{dz} \\ \therefore \quad & i\frac{\partial w}{\partial x} = \frac{\partial w}{\partial y} \end{aligned} \tag{5.45}$$

또 식 (5.43)의 두 번째 식을 각각 x와 y에 대해 미분하면 다음 식으로 표현되고

$$\frac{\partial w}{\partial x} = \frac{\partial \phi}{\partial x} + i\frac{\partial \psi}{\partial x},\quad \frac{\partial w}{\partial y} = \frac{\partial \phi}{\partial y} + i\frac{\partial \psi}{\partial y}$$

위 식을 식 (5.45)에 대입하면 다음 식을 얻는다.

$$-\frac{\partial \psi}{\partial x} + i\frac{\partial \phi}{\partial x} = \frac{\partial \phi}{\partial y} + i\frac{\partial \psi}{\partial y}$$

따라서 위 식의 좌변과 우변의 실수부는 실수부, 허수부는 허수부와 같다고 하면 다음 식이 주어진다.

$$\frac{\partial \phi}{\partial x} = \frac{\partial \psi}{\partial y},\quad \frac{\partial \phi}{\partial y} = -\frac{\partial \psi}{\partial x}$$

이 식은 Cauchy-Riemann 방정식 (5.41)과 동일하다. 이것은 Cauchy-Riemann 방정식이 식 (5.44)로 표시한 w가 z의 정칙함수(해석함수, regular or holomorphic function)이기 위한 필요충분조건임을 가리킨다.

이것은 역으로 Cauchy-Riemann 방정식이 성립하면 w는 z의 함수(정칙함수)임을 의미한다. 따라서 2차원 퍼텐셜유동장에서 성분속도는 식 (5.12)과 식 (5.34a)를 고려하면 다음과 같다.

$$v_x = \frac{\partial \phi}{\partial x} = \frac{\partial \psi}{\partial y} \tag{5.46a}$$

$$v_y = \frac{\partial \phi}{\partial y} = -\frac{\partial \psi}{\partial x} \tag{5.46b}$$

위 식의 v_x, v_y는 유동장의 임의의 점, 즉 z평면의 임의의 점에서 x, y 방향의 속도성분(성분속도)이고 ϕ, ψ는 각각 그 점에서 속도퍼텐셜과 유동함수를 가리킨다. 이에 따라 위치를 나타내는 복소수 z의 함수이면서 실수부는 속도퍼텐셜, 허수부는 유동함수인 $w(z) = \phi + i\psi$인 복소함수 w를 고려할 수 있다. 이 경우의 $w(z)$를 복소퍼텐셜(complex potential)이라고 한다.

복소퍼텐셜 w를 z에 대해 미분하면 식 (5.45), (5.46)에 의해 다음 식이 성립한다.

$$\frac{dw}{dz} = \frac{\partial w}{\partial z} = \frac{\partial}{\partial x}(\phi + i\psi) = \frac{\partial \phi}{\partial x} + i\frac{\partial \psi}{\partial s} = v_x - i\,v_y$$

따라서 복소퍼텐셜 w를 z로서 미분한 것의 실수부와 허수부를 구하면 속도성분 v_x와 v_y를 알 수가 있다. 여기서 $v_x + i\,v_y$를 복소속도(complex velocity), $v_x - i\,v_y$ 공액복소속도(공역복소속도, conjugate complex velocity)라 한다.

복소퍼텐셜 $w(=\phi + i\psi)$ 평면, 즉 ϕ를 횡축, $i\psi$를 종축으로 취한 평면에서 횡축과 종축에 대한 수직선은 각각 다음을 나타낸다.

$$\phi(x, y) = const, \ \ \psi(x, y) = const$$

그런데 복소수 $z(=x+iy)$평면, 즉 횡축을 x, 종축을 iy로 취한 평면에서는 위 식으로 표현된 곡선이 각각 등속도퍼텐셜선과 유선을 의미한다.

2차원 유동을 x, y를 직각좌표로 z평면상에 고려하거나 혹은 복소퍼텐셜 $w(z)$를 고려하면 유동의 여러 가지 상태를 간단한 식으로 표현되어 계산이 쉽다. 또 복소퍼텐셜 w는 Laplace 방정식을 만족하기 때문에 선형이고 해의 중첩이 가능하다. 따라서 $w_1, w_2, \cdots\cdots, w_n$가 각각 Laplace 방정식을 만족하는 해라고 하면 이들 식의 합도 Laplace 방정식의 해가 된다. 즉

$$w = \sum_{i=1}^{n} w_i$$

퍼텐셜유동은 속도퍼텐셜이나 유동함수 또는 복소퍼텐셜로부터 해석할 수 있다. 즉 퍼텐셜유동에서 이들 함수가 주어지면 이들 함수로부터 직접 속도성분 v_x 및 v_y를 구할 수 있다. 물론 이들 중 어느 하나를 사용하더라도 결과는 같다. 그러나 일반적으로 유동함수에 대한 경계조건을 설정하기 쉽기 때문에 유동함수를 사용하는 것이 더 편한 경우가 자주 있다. 복소퍼텐셜 $w(z)$를 고려하면 유동의 여러 가지 상태를

간단한 식으로 표현되고, 복소퍼텐셜을 z로 미분한 것의 실수부와 허수부가 각각 속도성분 v_x 및 v_y를 의미하므로 쉽게 구할 수 있다.

예제10

복소퍼텐셜이 다음 식으로 표현되는 경우 유동의 상태를 구하라.

$$w(z) = v_{0x} z$$

단 v_{0x}는 일정한 양(+)의 상수이다.

복소퍼텐셜 w를 z에 대하여 미분하면 다음 식이 얻어진다.

$$\frac{dw}{dz} = v_{0x}$$

이것은 [그림 예제5.10]에 나타낸 바와 같이 x축의 양의 방향으로 속도가 v_{0x}인 균일유동장을 나타낸다.

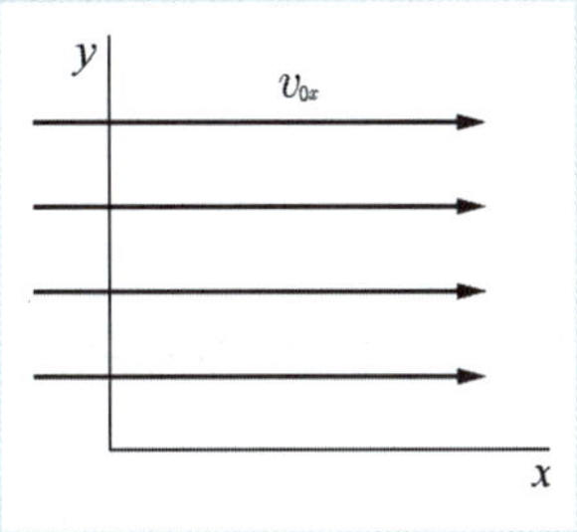

[그림 예제5.10]

예제11

복소퍼텐셜이 다음 식으로 표현되는 경우, 유동장의 상태를 구하라.

$$w(z) = (v_{0x} - i v_{0y}) z$$

단 v_{0x} 및 v_{0y}는 일정한 상수이다.

복소퍼텐셜 w를 z에 대하여 미분하면 다음 식이 얻어진다.

$$\frac{dw}{dz} = v_{0x} - i v_{0y}$$

이것은 [그림 예제5.11]과 같이 x, y축의 양의 방향으로 각각 성분속도 v_{0x} 및 v_{0y}를 갖는 균일 유동이다.

복소퍼텐셜을 다음과 같이 정리하면

$$w(z) = (v_{0x} - iv_{0y})z = (v_{0x} - iv_{0y})(x + iy)$$
$$= (v_{0x}x + v_{0y}y) + i(v_{0x}y - v_{0y}x)$$

속도퍼텐셜과 유동함수는 다음과 같다.

$$\phi = v_{0x}x + v_{0y}y, \ \psi = v_{0x}y - v_{0y}x$$

유동함수를 $\psi = v_{0x}y - v_{0y}x = C$라 놓으면 다음 식으로 표현된다.

$$y = \frac{v_{0y}}{v_{0x}}x + \frac{C}{v_{0x}}$$

이것은 유선의 방정식이고, 유동은 [그림 예제5.11]에 나타낸 바와 같이 기울기가 v_{0y}/v_{0x}, 절편이 C/v_{0x} 인 직선으로 나타난다.

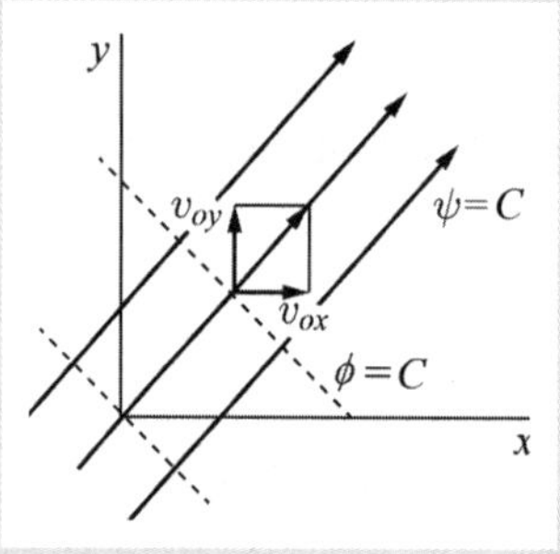

[그림 예제5.11]

예제12

복소퍼텐셜이 다음 식으로 표현될 때 어떤 흐름인지 조사하라

$$w(z) = \frac{Q}{2\pi}\ln z, \text{ (단 } Q > 0)$$

복소수 z를 극좌표로 표시하면 $z = r(\cos\theta + i\sin\theta) = re^{i\theta}$이 된다. 따라서 복소퍼텐셜은 다음과 같이 쓸 수 있다.

$$w(r,\theta) = \phi(r,\theta) + i\psi(r,\theta) = \frac{Q}{2\pi}\ln r + i\frac{Q\theta}{2\pi}$$

위 식에서 $\phi = const$라 하면 $(Q/2\pi)\ln r = const$, 따라서 $r = const$가 되므로 등속도퍼텐셜선은 원이 되고, $\psi = const$라 하면 $(Q\theta/2\pi) = const$가 되어 유선은 원점을 지나는 방사선이 된다. 이것을 [그림 예제5.12]에 나타냈다.

속도의 크기는 복소퍼텐셜 w를 z에 대하여 미분하여 얻을 수 있다.

$$\frac{dw}{dz} = \frac{Q}{2\pi}\frac{1}{z} = \frac{Q}{2\pi r e^{i\theta}}$$

따라서 속도의 크기는 다음과 같다.

$$\left|\frac{dw}{dz}\right| = \frac{Q}{2\pi r}$$

이 흐름은 원점을 중심으로 사방으로 유체가 방사상으로 분출하는 경우이다.

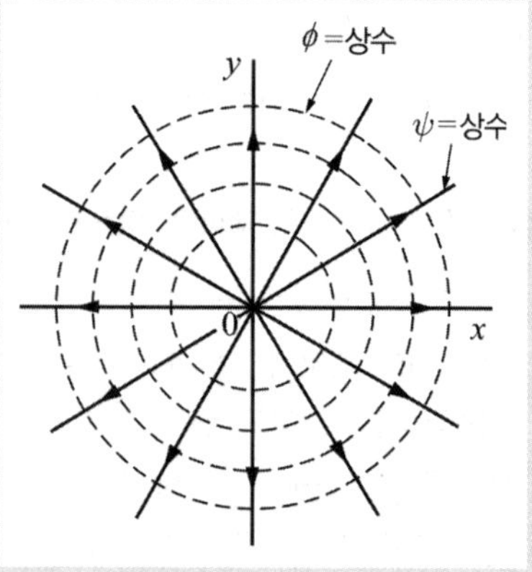

[그림 예제5.12]

예제13

복소퍼텐셜이 다음 식으로 주어질 때 어떤 흐름인지 조사하라.

$$w(z) = \frac{\Gamma}{2\pi i}\log z$$

이 흐름이 와류유동(회전유동)이면 성분속도와 순환을 구하여라.

극좌표로 표시하면 $z = r(\cos\theta + i\sin\theta) = re^{i\theta}$이므로 이것을 복소퍼텐셜에 대입하면 속도퍼텐셜과 유량함수는 다음과 같다.

$$w(r,\theta) = \phi(r,\theta) + i\psi(r,\theta) = \frac{\Gamma}{2\pi i}(\log r + i\theta) = \frac{\Gamma}{2\pi}\theta - i\frac{\Gamma}{2\pi}\log r$$

$$\therefore\ \phi(r,\theta) = -\frac{\Gamma}{2\pi}\theta,\ \psi(r,\theta) = \frac{\Gamma}{2\pi}\log r$$

위 식에 의해서 이 유동은 속도퍼텐셜 ϕ과 유량함수 ψ가 존재한다. 따라서 $\phi = const$인 경우 $\theta = const$에서 등포텐셜선은 원점을 중심으로 하는 방사선이 되고, $\psi = const$인 경우 $r = const$에서 유선은 원점을 중심으로 하는 원이 된다. 이것을 [그림 예제5.13]에 나타냈다.

이 흐름에서 반경방향 성분속도 v_r과 원주방향 속도성분 v_θ는 다음과 같다.

$$v_r = \frac{\partial\phi}{\partial r} = 0,\ v_\theta = \frac{\partial\phi}{r\,\partial\theta} = \frac{\Gamma}{2\pi}\frac{1}{r}$$

따라서 유체는 원점을 중심으로 하여 원주속도 $\Gamma/2\pi r$인 원운동을 한다. 순환은 임의의 동심원에 따라 접선속도의 원주에 대한 적분을 의미하므로 다음과 같다.

$$\text{순환} = \int_0^{2\pi} v_\theta \cdot r d\theta = \frac{\Gamma}{2\pi}\int_0^{2\pi}\frac{1}{r} r d\theta = \Gamma$$

여기서 Γ는 순환의 강도이다.

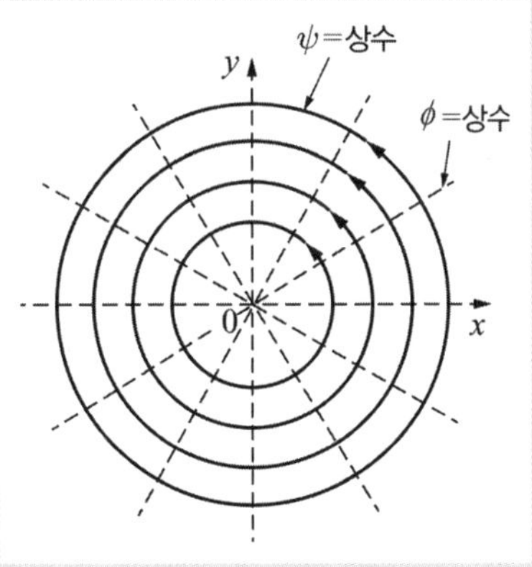

[그림 예제5.13]

5.4 여러 가지 퍼텐셜유동

퍼텐셜유동은 비점성유체의 유동이므로 비선형의 대류항이 무시될 수 있어 전산 수치기법에 의하여 쉽게 해를 구할 수 있다. 퍼텐셜유동 이론은 특히 $\mathrm{Re} > 10^4$인 외부유동의 순압력구배 영역이나 혹은 풍동이나 노즐과 같은 짧은 $L/D < 10$인 내부유동에서 잘 들어맞는다. 여기서는 기본적인 퍼텐셜유동과 퍼텐셜유동의 합성 그리고 원기둥 주위의 퍼텐셜유동에 대하여 기술한다.

5.4.1 기본적인 퍼텐셜유동

기본적인 퍼텐셜유동으로서는 평면상의 2차원 균일속도 유동, 2차원 소스와 싱크, 비회전 와류유동 등이 있다.

(1) 균일속도 유동

퍼텐셜유동의 가장 간단한 예로서는 [그림 5-9]에 나타낸 바와 같이 모든 유선이 직선이면서 서로 평행하며 속도가 일정한 평면 2차원 균일유동이다. 예를 들면 x축의 양의 방향으로만 속도 v_∞로 흐르는 균일유동은 속도퍼텐셜 ϕ 또는 유선함수 ψ로 나타낼 수 있다.

속도퍼텐셜을 구해보자. 먼저 성분속도를 속도퍼텐셜로 표현하면 다음과 같다.

$$v_x = v_\infty = \frac{\partial \phi}{\partial x}, \quad v_y = 0 = \frac{\partial \phi}{\partial y}$$

위 식을 적분하면 다음 식으로 표현된다.

$$\phi = v_\infty x + C$$

여기서 C는 임의의 상수로 0으로 놓을 수 있다. 따라서 x축의 양의 방향으로 흐르는 균일유동의 속도퍼텐셜은 다음과 같다.

$$\phi = v_\infty x \tag{5.47}$$

이것은 등속도퍼텐셜선이 x축의 값에 따라 다르고 $\phi_1, \phi_2, \phi_3, \cdots$ 등으로 나타낼 수 있음을 의미한다.

유동함수도 이와 유사하게 구할 수 있고 성분속도와 다음과 같은 관계가 있다.

$$v_x = v_\infty = \frac{\partial \psi}{\partial y}, \quad v_y = 0 = -\frac{\partial \psi}{\partial x}$$

유동함수는 위 식을 적분하여 구할 수 있고 다음과 같다.

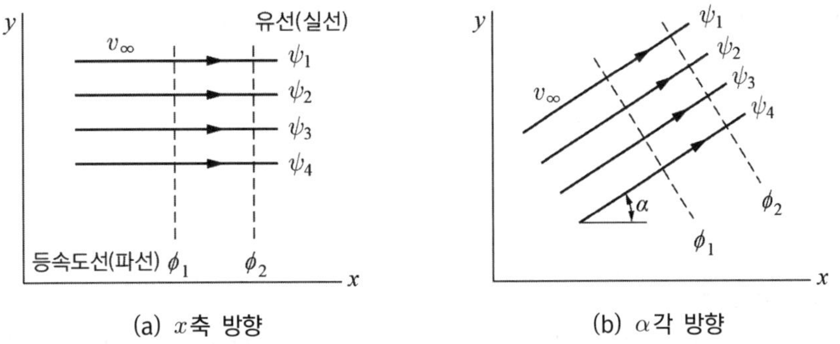

그림 5-9 균일유동에서의 속도퍼텐셜과 유동함수

$$\psi = v_\infty y \tag{5.48}$$

따라서 유선도 y축의 값에 따라서 $\psi_1, \psi_2, \psi_3, \cdots$ 등으로 나타낼 수 있다.

[그림 5-9](a)는 $v_x = v_\infty$인 균일유동에서 유동함수 ψ와 속도퍼텐셜 ϕ가 일정한 선들을 나타냈다. 이들 선은 서로 직교함을 알 수 있다. 흐름의 방향은 속도퍼텐셜이 증가하는 방향, 즉 x축의 좌표가 작은 곳에서 큰 곳으로 향한다.

다음은 x축에 대하여 α의 각도로 v_∞의 속도로 균일하게 흐르는 경우를 고려하자. 이 경우 각 성분속도는 다음과 같다.

$$v_x = v_\infty \cos\alpha, \ \ v_y = v_\infty \sin\alpha,$$

따라서 α의 각도의 균일유동에 대한 속도퍼텐셜과 유동함수를 구할 수 있고 다음과 같다.

$$\phi = v_x x + v_y y \ = v_\infty (x\cos\alpha + y\sin\alpha) \tag{5.49}$$

$$\psi = v_x y - v_y x \ = v_\infty (y\cos\alpha - x\sin\alpha) \tag{5.50}$$

이 관계를 [그림 5-9](b)에 나타냈다.

균일유동은 직교좌표계보다 원통좌표계의 사용이 편리한 경우가 있다. 특히 균일유동과 2차원 평면 비회전유동이 중첩될 때 원통좌표계의 사용이 편리하다. $x-y$ 직교좌표계와 $r-\theta$ 원통좌표계 사이에는 다음과 같은 관계가 성립한다.

$$x = r\cos\theta, \ \ y = r\sin\theta, \ \ r = \sqrt{x^2 + y^2}$$

위 식과 삼각함수 계산을 이용하면 원통좌표계와 직교좌표계 사이에 다음과 같은 속도성분 사이의 관계식을 유도할 수 있다.

$$v_x = v_r \cos\theta - v_\theta \sin\theta, \ \ v_y = v_r \sin\theta - v_\theta \cos\theta \tag{5.51}$$

따라서 원통좌표계의 균일유동에 대한 속도퍼텐셜과 유동함수는 다음과 같다.

$$\phi = v_\infty r\cos\theta \tag{5.52}$$

$$\psi = v_\infty r\sin\theta \tag{5.53}$$

(2) 2차원 소스와 싱크

소스(용출, source)는 [그림 5-10](a)과 같이 $x-y$ 평면의 원점 O의 z축으로부터 유량이 나와서 반경방향으로 흐르는 2차원 유동이며 모든 방향으로 대칭을 이룬다. 싱크(흡입, sink)는 소스와 반대인 유동, 즉 유체가 사방에서 원점으로 흘러들어오는 유동이다. 소스와 싱크유동의 강도는 단위 깊이당 체적유량 q로 표현한다.

소스를 2차원 퍼텐셜유동으로 고려하여 속도퍼텐셜 ϕ 및 유동함수 ψ를 구해보자. 소스는 원점에서 방사상으로 흐르므로 원주(접선)방향의 속도 v_θ는 존재하지 않고 반경방향의 속도 v_r만 존재한다. 반경 r에서 반경방향속도 v_r은 질량보존에 의해 $q = 2\pi r v_r$이므로 다음 식을 얻는다.

$$v_r = \frac{q}{2\pi r},\ v_\theta = 0 \tag{5.54}$$

여기서 q[m²/s]는 단위 깊이당 체적유량이다. 따라서 v_r, v_θ를 속도퍼텐셜로 표시하면 식 (5.37)에 의해 다음과 같다.

$$v_r = \frac{\partial\phi}{\partial r} = \frac{q}{2\pi r},\ v_\theta = \frac{\partial\phi}{r\partial\theta} = 0$$

위 식을 적분하면 다음 식이 된다.

$$\phi = \frac{q}{2\pi}\ln r + f_1(\theta),\ \phi = f_2(r)$$

단 $f_1(\theta), f_2(r)$은 각각 θ, r의 함수로 한다. 결국 이 두 식을 동시에 만족하는 속도퍼텐셜 ϕ는 다음과 같다.

$$\phi(r,\theta) = \frac{q}{2\pi}\ln r \tag{5.55}$$

여기서 q가 양(+)이면 유동은 반경방향으로 유출되는 소스유동이고 음(-)이면 원점을 향하여 유입되는 싱크유동이 된다.

다음은 소스의 유동 함수를 구해보자. 2차원 퍼텐셜유동에서는 유동함수 ψ와 성분속도는 식 (5.15)에 의해 다음과 같이 나타낼 수 있다.

$$v_r = \frac{\partial\psi}{r\partial\theta} = \frac{q}{2\pi r},\ v_\theta = -\frac{\partial\psi}{\partial r} = 0$$

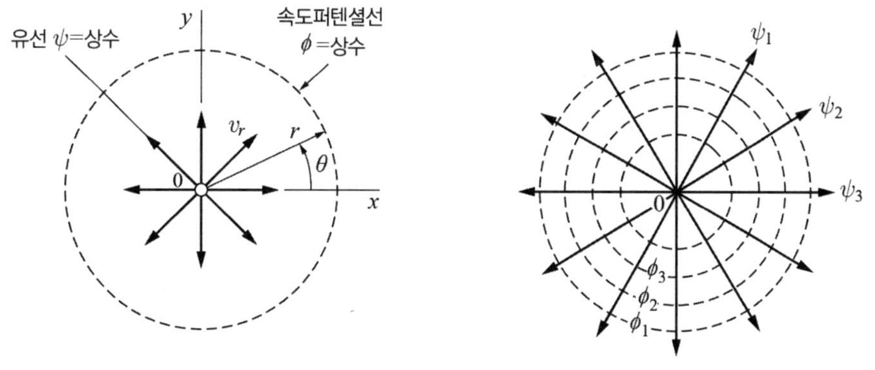

(a) 소스 (b) 유선과 등속도선

그림 5-10 소스

위 식을 적분하면 유선은 다음 관계로 주어진다.

$$\psi(r,\theta) = \frac{q}{2\pi}\theta \tag{5.56}$$

소스에서 등속도퍼텐셜선과 유선은 각각 $\phi =$ 상수 및 $\psi =$ 상수 이므로 식 (5.55) 및 (5.56)에 의해 다음 값을 얻는다.

$$r = \text{일정} \ \text{및} \ \theta = \text{일정}$$

즉 소스의 등속도퍼텐셜선은 반경방향 거리 r이 일정한 동심원을 이루고, 유선은 각도 θ가 일정한 방사선이 된다. 이것을 [그림 5-10](b)에 나타냈다.

싱크(흡입, sink)는 소스의 반대현상이므로 소스의 속도퍼텐셜과 유동함수 식 (5.55)와 (5.56)에 부호만 반대로 붙여주면 된다. 따라서 싱크의 속도퍼텐셜과 유동함수는 다음과 같다.

$$\phi(r,\theta) = -\frac{q}{2\pi}\ln r, \ \ \psi(r,\theta) = -\frac{q}{2\pi}\theta \tag{5.57}$$

또한 성분속도는 다음과 같다.

$$v_r = -\frac{q}{2\pi r}, \ \ v_\theta = 0 \tag{5.58}$$

소스와 싱크 유동에서 임의의 반경 r에서 흐르는 유량 Q는 다음과 같다.

$$Q = \int_0^{2\pi} v_r \cdot r\, d\theta = \int_0^{2\pi}\left(\frac{q}{2\pi r}\right)\cdot r\, d\theta = q$$

여기서 q는 이것은 단위 깊이당 체적유량으로서 소스 또는 싱크의 강도라 한다.

소스와 싱크 유동은 반경방향 속도 v_r이 식 (5.54) 및 (5.58)에 의해 $v_r \sim 1/r$임을 보이고 있다. 이것은 $r=0$인 원점에서의 속도가 무한대가 됨을 알 수 있다. 이와 같은 유동은 물리적으로 불가능하므로 원점은 특이점이라 하는데, 특이점(원점) 부근의 영역은 비회전유동이 될 수 없다. 따라서 소스와 싱크는 실제 유동장에서는 존재할 수 없지만, 특이점에서 멀리 떨어진 영역에서의 소스와 싱크 형태의 유동은 2차원 퍼텐셜유동으로 해석할 수 있다.

예제14

그림과 같이 쇄기모양의 벽면 사이를 작은 구멍을 향해 흐르고 있다. 이 유동에 대한 속도퍼텐셜 ϕ가 다음 식으로 주어질 때 작은 구멍으로 흐르는 단위 깊이당 체적유량을 구하여라.

$\phi = -2\ln r$

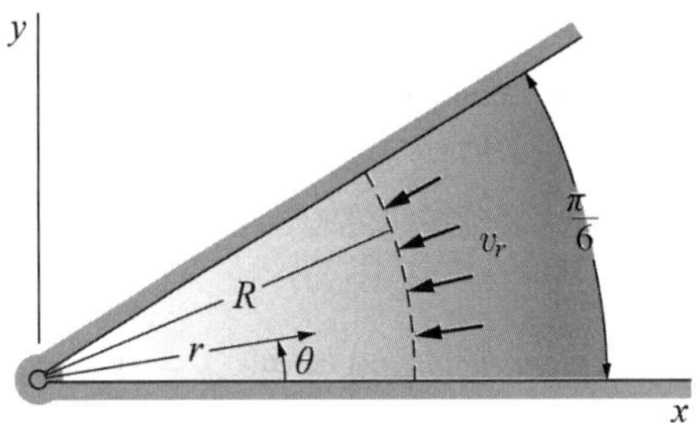

[그림 예제5.14]

이것은 반경방향으로 원점을 향해 흐르는 유동이므로 싱크이다. 싱크유동의 성분속도는 속도퍼텐셜 ϕ에 의해 다음과 같다.

$$v_r = \frac{\partial \phi}{\partial r} = -\frac{2}{r}, \quad v_\theta = \frac{\partial \phi}{r\,\partial \theta} = 0$$

따라서 길이가 $R\pi/6$인 호를 속도 v_r로 가로지르는 단위 깊이당 유량 q는 적분으로 구할 수 있고 다음과 같다.

$$q = \int_0^{\pi/6} v_r R d\theta = -\int_0^{\pi/6} \left(\frac{2}{r}\right) R d\theta = -\frac{\pi}{3}$$
$$= -1.05\, m^2/s$$

(3) 와류

와류(vortex)는 유체가 중심축 주위를 회전하며 흐르는 깔때기 모양의 회전유동을 의미한다. 와류에는 유체 중에 와(eddy)의 존재 여부에 따라 회전와류(rotation vortex)와 비회전와류(irrotatonal vortex)로 나뉘어진다고 설명한 바 있다.[97]

97) 와류에 대해서는 '5.4.4 와류의 운동'에서 보다 자세히 기술한다.

① 비회전와류

비회전와류는 자유와류(free vortex)라고도 하며 유체입자들이 회전운동을 하지 않으면서 원형의 유선을 따라 회전하는 유동이다. 이것은 회전유동이므로 앞에서 설명한 소스의 속도퍼텐셜과 유동함수를 서로 바꾸었을 때 형성되는 유동으로 고려할 수 있다. 즉 비회전와류는 $r-\theta$의 2차원 원통좌표를 고려하면 반경방향의 속도 v_r은 존재하지 않고, 원주방향의 속도 v_θ만 존재한다.

비회전와류의 속도퍼텐셜과 유동함수는 식 (5.55), (5.56)에 의해 각각 다음과 같이 고려한다.

$$\phi(r,\theta) = K\theta \tag{5.59}$$

$$\psi(r,\theta) = -K\ln r \tag{5.60}$$

여기서 $K(=q/2\pi)$는 상수이다. 비회전와류는 [그림 5-11]에 나타낸 바와 같이 유선이 동심원이고, 등속도퍼텐셜선이 반경방향으로 나타나 소스에 대한 [그림 5-10]과 반대이다.

비회전와류의 반경방향속도 v_r은 0이고, 원주방향 속도 v_θ는 다음과 같다.

$$v_\theta = \frac{1}{r}\frac{\partial\phi}{\partial\theta} = -\frac{\partial\psi}{\partial r} = \frac{K}{r},\ v_r = 0 \tag{5.63}$$

원주방향 속도는 원점으로부터 거리 r에 반비례한다. 그런데 $r=0$에서는 속도가 무한대, 즉 $v_\theta = \infty$가 되는 특이점을 형성한다. 따라서 비회전와류도 원점 부근의 영역은 고려하지 않는다.

비회전와류는 유체입자가 회전하지 않아 와도 ζ가 0이므로 식 (5.27)에 의해 다음과 같다.

$$\zeta = \frac{1}{r}\left(\frac{\partial K}{\partial r} - \frac{\partial v_r}{\partial\theta}\right)\mathbf{k} = 0 \tag{5.64}$$

비회전와류는 물이 담긴 원통의 중심 축의 위치에 매우 가는 막대기를 위치시킨 후 막대기만을 회전시키면 나타난다. 비회전와류에서 유체요소의 운동과 속도분포를 [그림 5-12](a)에 나타냈다.

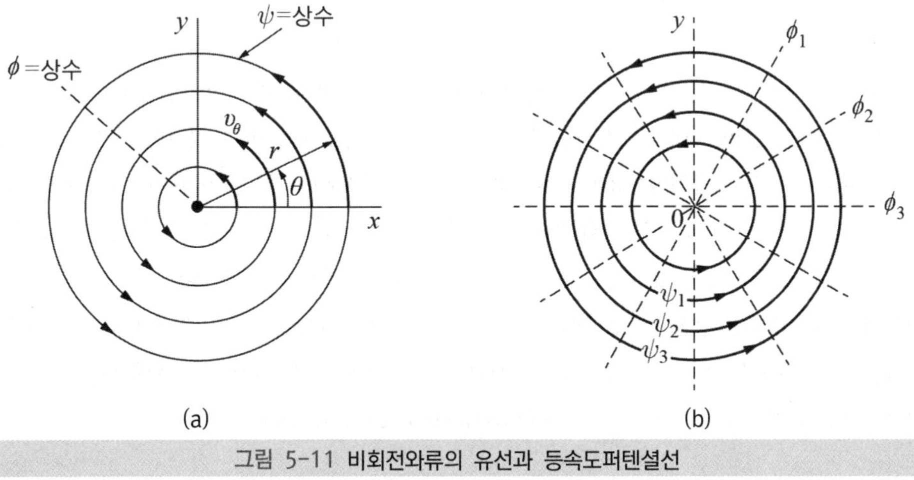

그림 5-11 비회전와류의 유선과 등속도퍼텐셜선

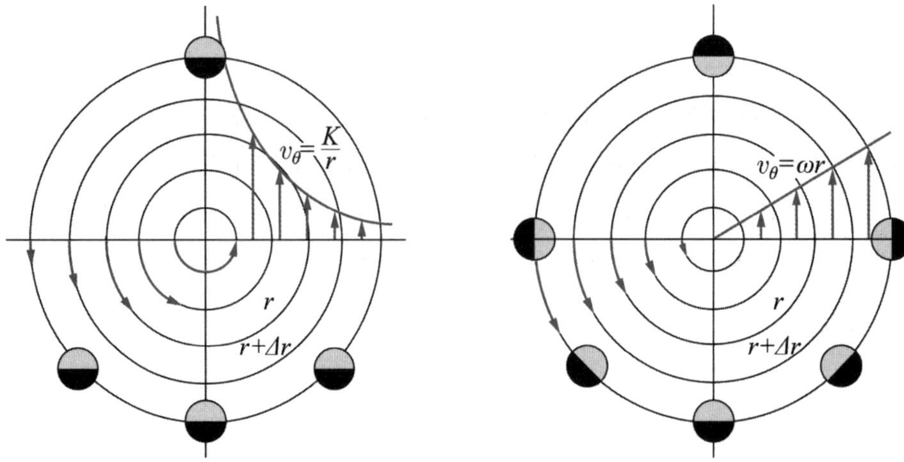

(a) 비회전와류(자유와류) (b) 회전와류(강제와류)

그림 5-12 와류의 운동

② **회전와류**

회전와류(강체와류, 강제와류, solid-like vortex, forced vortex)는 유체입자들이 회전운동을 하면서 원형의 유선을 따라 회전하는 유동이다. 회전와류에 대한 유선과 등속도퍼텐셜선은 비회전와류에 대한 것과 동일하다. 그런데 유체입자의 회전운동에 기인하여 속도분포가 다르다.

회전와류의 반경방향속도 v_r는 0이고, 원주방향 속도 v_θ는 ωr로 주어진다. 즉,

$$v_\theta = \omega r,\ \ v_r = 0 \tag{5.61}$$

회전와류는 유체입자가 회전운동하므로 와도 ζ가 존재하고 식 (5.27)에 의해 다음과 같다.

$$\zeta = \frac{1}{r}\left(\frac{\partial(\omega r^2)}{\partial r} - \frac{\partial v_r}{\partial \theta}\right)\boldsymbol{k} = 2\omega\boldsymbol{k} \tag{5.62}$$

회전와류의 와도는 회전각속도 ω의 2배를 보이고 있다. 회전 와류에 대한 속도 분포와 입자의운동을 [그림 5-12](b)에 나타내었다.

비회전와류(자유와류)와 회전와류(강제와류)에 대한 다른 예는 회전목마와 회전관람차가 있다. 어린이들이 회전목마를 타고 돌면, 어린이들은 회전목마와 동일한 각속도로 돌면서 회전한다. 이는 유체요소가 회전하면서 원운동을 하는 강체와류유동과 유사하다. 그러나 회전관람차를 탄 어린이는 원형으로 회전하지만 자신은 시선이 항상 앞쪽을 향하며 회전하지 않는다. 이것은 유체요소가 비회전운동하는 자유와류유동과 유사하다. 따라서 자유와류의 유동장은 비회전류이므로 퍼텐셜함수가 존재한다.

강제와류나 자유와류는 성질이 서로 반대이고 둘 다 비현실적이다. 실제 자연에서 나타나는 회오리바람(tonado)은 중심 부근에서는 강제와류유동이 나타나지만 중심에서 먼 곳에서는 자유와류유동이 나타나 결합된 와류의 형태를 보여준다. 이것을 혼합와류(combined vortex)라 한다.

예제15

다음에 표시한 흐름이 회전와류인지 비회전와류인지를 판단하라.

(a) $v_x = -\frac{\zeta}{2}y, \ v_y = \frac{\zeta}{2}x$

(b) $v_x = -\frac{Ky}{x^2+y^2}, \ v_y = \frac{Kx}{x^2+y^2}$

회전와류(강제와류)와 비회전와류(자유와류)는 와도 ζ가 값을 갖는지의 여부로 판단한다.

(a) 성분속도 v_x, v_y를 각각 y, x에 대하여 미분하여 빼면 다음 식을 얻는다.

$$\frac{\partial v_y}{\partial x} - \frac{\partial v_x}{\partial y} = \zeta$$

이 흐름은 와도가 존재하여 유체요소가 회전운동을 하는 회전와류이다. 회전각속도 ω는 와도의 1/2이므로 다음과 같다.

$$\omega = \frac{\zeta}{2}$$

이 흐름의 현상은 [그림 5-12](b)와 같다.

(b) 성분속도 v_x, v_y를 각각 y, x에 대하여 미분하여 빼면 다음과 같다.

$$\frac{\partial v_y}{\partial x} - \frac{\partial v_x}{\partial y} = \frac{K(x^2+y^2) - 2Kx(x^2+y^2) + K(x^2+y^2) - 2Ky^2}{(x^2+y^2)} = 0$$

이 흐름은 와도가 존재하지 않으므로 유체요소가 회전하지 않은 비회전와류로서 흐름의 형상은 [그림 5-12](a)와 같다.

③ 순환

와류(회전유동)에 대하여 일반적으로 적용하는 수학적인 개념은 순환(circulation)이다.[98] 순환 Γ는 [그림 5-13]에 나타낸 바와 같이 유동장 내에 임의의 폐곡선(closed contour) C 상에서 한 점에서의 속도 $\mathbf{v}$의 접선방향의 성분을 선적분한 것으로 정의되며 다음 식으로 표현된다.

$$\Gamma = \int_C \mathbf{v} \cdot d\mathbf{s} \tag{5.65}$$

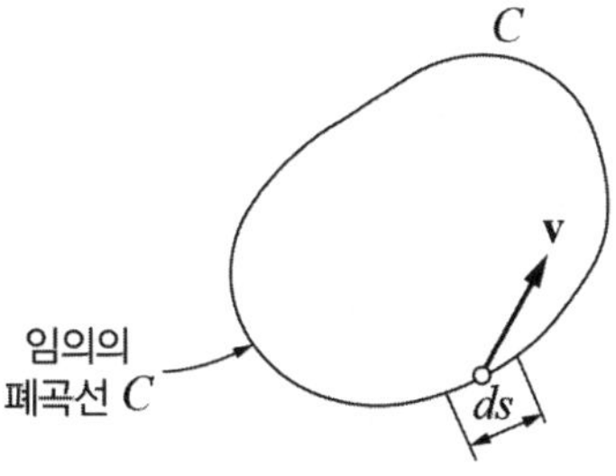

그림 5-13 폐곡선 C를 따르는 순환의 정의

98) 순환은 '5.4.4 와류의 운동 (2) 순환'에서 자세히 설명된다.

여기서 적분기호는 폐곡선 C를 반시계방향으로 따라가면서 적분하는 것을 의미하며, $d\mathbf{s}$는 곡선의 미소길이이다.

속도는 속도퍼텐셜과 $\mathbf{v} = \nabla\phi$인 관계가 있고, $\mathbf{v} \cdot d\mathbf{s} = \nabla\phi \cdot d\mathbf{s} = d\phi$이므로 비회전류이면 식 (5.65)는 다음 식으로 표현된다.

$$\Gamma = \int_C d\phi = 0$$

즉 비회전류에서 순환은 일반적으로 0이다.[99] 그러나 폐곡선 내에 특이점들이 존재하면 순환은 0이 아닐 수도 있다. 예를 들면 [그림 5-12](a)와 같이 원주방향 속도가 $v_\theta = K/r$인 자유와류에서 반경 r인 원형의 유선의 경로를 따라 순환을 계산하면 다음과 같다.

$$\Gamma = \int_0^{2\pi} \frac{K}{r}(r\,d\theta) = 2\pi K$$

즉 비회전와류에서 순환 Γ는 0이 아니며 $2\pi K$임을 알 수 있다. 그러나 원점에 있는 특이점을 포함하지 않도록 택한 경로에서의 순환은 0이 된다. 이것은 원점을 포함하지 않은 와관의 순환을 계산해 보면 쉽게 확인할 수 있다.[100]

자유와류에 대한 퍼텐셜함수 ϕ와 유동함수 ψ는 순환을 사용하여 표기하면 다음과 같다.

$$\phi = K\theta = \frac{\Gamma}{2\pi}\theta \tag{5.66}$$

$$\psi = -K\ln r = -\frac{\Gamma}{2\pi}\ln r \tag{5.67}$$

순환의 개념은 움직이는 유체 속에 잠긴 물체가 받는 힘을 계산하는데 유용하게 쓰인다.

예제16

비회전류에서 순환, 즉 속도퍼텐셜 ϕ의 사이클 적분이 0이 됨을 보여라.

$$\Gamma = \int_C d\phi = 0$$

속도퍼텐셜 $\phi(x, y)$를 미분하면 다음과 같다.

$$d\phi = \frac{\partial\phi}{\partial x}dx + \frac{\partial\phi}{\partial y}dy = v_x dx + v_y dy$$

이것을 사이클 적분식에 대입하면 다음 식이 된다.

$$\Gamma = \int_C (v_x dx + v_y dy)$$

99) 비순환류에서 속도퍼텐셜의 사이클 적분이 0이 되는 것은 [예제5.16]에 기술하였다.

100) '5.4.4 와류의 운동 (2) 순환' [예제5.20]에서 증명하였다.

이 식은 Stokes 정리를 응용하면 다음과 같이 쓸 수 있다.

$$\Gamma = \iint \left(\frac{\partial v_y}{\partial x} - \frac{\partial v_x}{\partial y} \right) dx\, dy$$

위 식은 좌변의 괄호 항이 와도 ζ를 의미하므로, 와관을 감싼 폐곡선에 따른 순환은 와도의 면적 적분과 같다는 것을 의미한다. 이것을 Stokes 법칙이라 한다. 따라서 입자가 회전운동을 안 하면, 즉 비회전류이면 와도는 0이므로 다음 식이 성립한다.

$$\Gamma = \int_C d\phi = 0$$

Sokes 정리는 '5.4.4 와류의 운동 (2) 순환'에서 설명한다.

5.4.2 퍼텐셜 유동장의 합성

기본적인 퍼텐셜 유동장들을 적절히 중첩하면 흥미로운 여러 가지 복합적인 퍼텐셜 유동장이 형성된다. 이 절에서는 더블릿, 반체 주위의 유동, 랭킨 물체 주위의 유동을 검토한다.

(1) 더블릿

동일한 강도의 소스(source)와 싱크(sink)가 가까운 거리에서 동시에 발생되면 유동현상은 어떻게 나타날까? 퍼텐셜유동은 Laplace 방정식을 만족하기 때문에 해의 중첩이 가능하다. 더블릿(doublet)은 소스와 싱크가 중첩되어 나타나는 유동장으로서 유선의 모양, 속도장, 정체점, 압력분포 등을 알아보자.

[그림 5-14]에 $(a,\ 0)$인 곳에 강도가 q인 싱크가, 또 $(-a,\ 0)$인 곳에 강도가 q인 소스가 놓여 있다고 하자. 싱크와 소스로부터 임의의 점 P까지의 거리를 r_1, r_2, x축과 만나는 각을 각각 θ_1, θ_2라 하고 점 P의 극좌표를 $P(r, \theta)$라 하면 소스와 싱크의 존재로 인한 점 P의 퍼텐셜함수는 식 (5.55)와 (5.57)에 의해 각각 다음과 같다.

$$\phi_{소스} = \frac{q}{2\pi} \ln r_2,\ \ \phi_{싱크} = -\frac{q}{2\pi} \ln r_1$$

따라서 점 P의 퍼텐셜함수 ϕ는 다음 식으로 주어진다.

$$\phi = \phi_{소스} + \phi_{싱크} = -\frac{q}{2\pi} \ln r_1 + \frac{q}{2\pi} \ln r_2 \tag{5.68}$$

여기서 $r_2 = r_1 + \Delta r$과 같이 고려할 수 있으므로 위 식은 다음 식이 된다.

$$\phi = \frac{q}{2\pi} \ln \frac{r_2}{r_1} = \frac{q}{2\pi} \ln\left(1 + \frac{\Delta r}{r_1}\right)$$

여기서 좌표 a는 r에 비하여 매우 작으므로 $a \to 0$인 극한에서 Δr은 근사적으로 $2a\cos\theta_2$라 생각할 수 있으므로 위 식은 다음 식으로 쓸 수 있다.

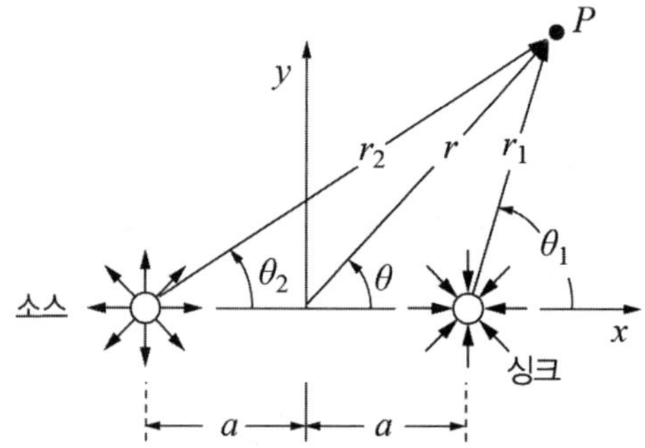

그림 5-14 더블릿 유동

$$\phi \cong \frac{q}{2\pi}\ln\left(1+\frac{2a\cos\theta_2}{r_1}\right)$$

$a \to 0$의 극한에서 $|(2a\cos\theta_2)/r_1| < 1$이므로 대수함수는 다음과 같이 급수전개가 가능하다.

$$\phi \cong \frac{q}{2\pi}\left(\frac{2a\cos\theta_2}{r_1}-\frac{[(2a\cos\theta_2)/r_1]^2}{2}+\frac{[(2a\cos\theta_2)/r_1]^3}{3}-\cdots\right)$$

$$= \frac{aq}{\pi}\left(\frac{\cos\theta_2}{r_1}-\frac{2a}{r_1^2}\frac{\cos^2\theta_2}{2}+\frac{4a^2}{r_1^3}\frac{\cos^3\theta_2}{3}-\cdots\right)$$

소스와 싱크를 중첩시키면, 즉 $a \to 0$으로 놓으면 $\theta_2 \to \theta_1$, $r_2 \to r_1$가 되고 또 동시에 소스와 싱크의 강도 q를 무한대로 하여 aq/π의 극한값이 어떤 유한한 값 M이 되도록 퍼텐셜을 조절하면, 즉

$$\lim_{\substack{a\to 0\\ q\to\infty}}\frac{aq}{\pi} = M$$

여기서 M는 상수로서 aq/π이고 더블릿의 강도라 한다. 따라서 더블릿의 속도퍼텐셜은 급수전개한 속도퍼텐셜식에서 첫째 항만을 고려하면 다음 식으로 표시된다.

$$\phi = \frac{M\cos\theta}{r} \tag{5.69}$$

유동함수 ψ는 속도퍼텐셜 ϕ와 공액관계에 의해 다음 식으로 주어진다.

$$\psi = -\frac{M\sin\theta}{r} \tag{5.70}$$

다음은 더블릿의 유선과 등속도퍼텐셜 선을 구하여 보자. 더블릿의 유선은 유동함수 ψ가 일정한 선이므로 다음과 같다.

$$-\frac{M\sin\theta}{r} = C \tag{5.71}$$

여기서 C는 상수이다. 유선의 식의 $\sin\theta$ 대신에 $\sin\theta = y/r = y/(x^2+y^2)^{1/2}$을 대입하면 다음 식이 된다.

$$x^2 + y^2 + \frac{M}{C}y = 0$$

이 식은 원의 방정식이다. 이 식을 다시 다음 식으로 변형할 수 있다.

$$x^2 + \left(y + \frac{M}{2C}\right)^2 = \left(\frac{M}{2C}\right)^2 \tag{5.72}$$

따라서 더블릿의 유선은 중심이 $(0, -M/2C)$, 반지름 $M/2C$인 원군으로서 이것은 중심을 y축에 두고 x축에 접하고 있다. 이것을 [그림 5-15]의 실선으로 나타냈다.

더블릿의 등속도퍼텐셜선은 동일한 방법으로 다음 식으로 주어진다.

$$\frac{M\cos\theta}{r} = A \tag{5.73}$$

여기서 $\cos\theta = x/r = x/\sqrt{(x^2+y^2)}$을 대입하면 위 식은 다음 식이 된다.

$$\left(x - \frac{M}{2A}\right)^2 + y^2 = \left(\frac{M}{2A}\right)^2 \tag{5.74}$$

따라서 더블릿의 등속도퍼텐셜선은 중심 $(M/2A, 0)$, 반지름 $M/2A$인 원군으로서 이것은 중심을 x축에 두고 y축에 접하게 된다. 이것을 [그림 5-15]의 파선으로 나타냈다.

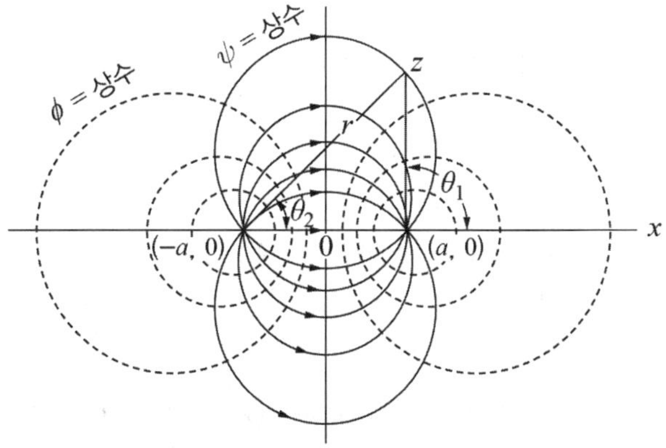

그림 5-15 더블릿의 유선(실선), 등속도퍼텐셜선(파선)

[표 5.1]에는 지금까지 고찰하였던 기본적인 평면 퍼텐셜유동과 더블릿에 대한 방정식을 나타내었다.

표 5.1 기본평면 퍼텐셜유동

유동장	속도퍼텐셜	유동함수	속도성분
x축과 α의 각을 갖는 균일유동	$\phi = v_\infty (x\cos\alpha + y\sin\alpha)$	$\psi = v_\infty (y\cos\alpha - x\sin\alpha)$	$v_x = v_\infty \cos\alpha$ $v_y = v_\infty \sin\alpha$
소스 또는 싱크 $q>0$ 소스 $q<0$ 싱크	$\phi = \dfrac{q}{2\pi}\ln r$	$\psi = \dfrac{q}{2\pi}\theta$	$v_r = \dfrac{q}{2\pi r}$ $v_\theta = 0$
자유와류 반시계방향 ($\Gamma>0$) 시계방향 ($\Gamma<0$)	$\phi = \dfrac{\Gamma}{2\pi}\theta$	$\psi = -\dfrac{\Gamma}{2\pi}\ln r$	$v_r = 0$ $v_\theta = \dfrac{\Gamma}{2\pi r}$
더블릿	$\phi = \dfrac{M\cos\theta}{r}$	$\psi = -\dfrac{M\sin\theta}{r}$	$v_r = -\dfrac{M\cos\theta}{r^2}$ $v_\theta = -\dfrac{M\sin\theta}{r^2}$

예제17

복소퍼텐셜이 다음 식으로 주어질 때 어떤 흐름인지 조사하라.

$$w(z) = \frac{M}{2\pi}\frac{1}{z}$$

복소퍼텐셜에 의해서 속도퍼텐셜과 유량함수는 다음과 같다.

$$w(z) = \phi + i\psi = \frac{M}{2\pi}\frac{1}{z} = \frac{M}{2\pi}\left(\frac{x-iy}{x^2+y^2}\right)$$

$$\therefore\ \phi(x,y) = \frac{M}{2\pi}\frac{x}{x^2+y^2},\quad \psi(x,y) = -\frac{M}{2\pi}\frac{y}{x^2+y^2}$$

먼저 유선은 유동함수 ψ가 무한한 일정한 상수를 가지므로 $\psi = A/4\pi$라 가정하여 양변을 ψ로 나누고 정리하면 유선은 다음 식으로 표현된다. 즉,

$$x^2+y^2 = -y\frac{2M}{A} \ \rightarrow\ x^2 + \left(y+\frac{M}{A}\right)^2 = \left(\frac{M}{A}\right)^2$$

이 식은 원에 대한 방정식이다. 유선은 중심이 $(0, -M/A)$, 반지름 M/A인 원군이다. 이것은 중심을 y축에 두고 원점에 접하고 있다.

등속도퍼텐셜선은 동일한 방법으로 $\phi = B/4\pi$라 가정하여 정리하면 다음 식으로 표현된다.

$$x^2+y^2 = x\frac{2M}{B} \ \rightarrow\ \left(x-\frac{M}{B}\right)^2 + y^2 = \left(\frac{M}{B}\right)^2$$

등속도퍼텐셜선은 중심이 $(M/B, 0)$, 반지름 M/B인 원군으로서 이들 원은 중심을 x축에 두고 원점에 접하고 있다. 따라서 이 유동은 [그림 5-15]에 표시한 더블릿유동이다.

(2) 반체 주위의 유동

[그림 5-16](a)와 같이 균일유동과 소스가 중첩되는 유동을 생각해 보자. 이것은 2차원 반체(half body) 주위의 유동이라 하며 유동함수는 다음과 같이 균일유동과 소스 유동함수의 합으로 나타낼 수 있다.

$$\begin{aligned}\psi &= \psi_{\text{균일유동}} + \psi_{\text{소스}} \\ &= v_\infty r \sin\theta + \frac{q}{2\pi}\theta \qquad (5.75)\end{aligned}$$

속도퍼텐셜은 다음과 같다.

$$\phi = v_\infty r \cos\theta + \frac{q}{2\pi}\ln r \qquad (5.76)$$

속도성분은 유동함수 혹은 속도퍼텐셜을 이용하여 구할 수 있고 다음과 같다.

$$v_r = \frac{1}{r}\frac{\partial\psi}{\partial\theta} = v_\infty \sin\theta + \frac{q}{2\pi r} \qquad (5.77a)$$

$$v_\theta = -\frac{\partial\psi}{\partial r} = -\,v_\infty \sin\theta \qquad (5.77b)$$

2차원 반체 주위의 유동의 유선은 [그림 5-16](b)에 나타냈다. 그림의 정체점의 위치는 소스와 균일유동이 서로 상쇄되어 속도가 0인 점의 위치이므로, 접선방향의 속도와 반경방향 속도가 각각 0인 곳이다. 먼저 반경방향속도가 0이라고 하면 다음 값을 얻는다.

$$v_\theta = 0\ ;\ v_\infty \sin\theta = 0 \ \rightarrow\ \theta = 0,\ \pi$$

$\theta = 0,\ \pi$는 x축 위를 의미하고, 이 값을 접선방향의 속도 식 (5.77a)에 대입하면 다음 식을 얻는다.

$$v_r = \frac{q}{2\pi r} \ \rightarrow\ r = \frac{q}{2\pi v_\infty}$$

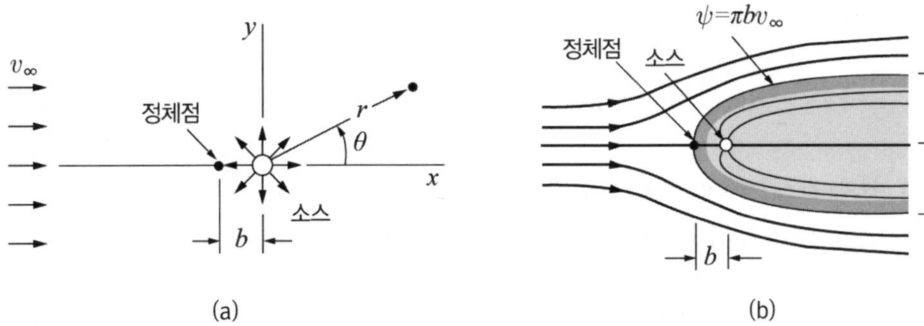

그림 5-16 2차원 반체 주위의 유동

그러므로 정체점의 위치, 즉 소스의 위치로부터 정체점까지의 거리 r은 소스의 세기 q와 균일유동의 속도 v_∞의 비로서 나타낼 수 있다.

정체점이 $x=-b$에 생긴다고 하면 정체점의 위치는 $r=b$이므로 다음과 같다.

$$b=\frac{q}{2\pi v_\infty} \tag{5.78}$$

유선을 가로지르는 유동은 없으므로 [그림 5-16](b)의 모든 유선들은 비점성유동 내에서 어떤 유체의 경계면의 역할을 할 수 있다. 반체의 형상은 정체점을 지나는 유선의 형상과 일치한다. 정체점을 지나는 유동함수는 식 (5.75)에서 $\theta=\pi$에서의 값을 구하면 되므로 다음과 같다.

$$\psi_{정체점}=v_\infty r\sin\pi+\frac{q}{2\pi}\pi=\frac{q}{2}(=\pi b v_\infty) \tag{5.79}$$

따라서 정체점을 지나는 유선의 식은 식 (5.75)의 유동함수에 $q/2(=\pi b v_\infty)$를 대입함으로써 다음과 같이 구해진다.

$$\pi b v_\infty=v_\infty r\sin\theta+b v_\infty\theta \text{ 또는 } r=\frac{b(\pi-\theta)}{\sin\theta} \tag{5.80}$$

여기서 θ는 2π까지 변화하여 반체의 폭은 $\pm\pi b$에 접근한다. 따라서 유선을 그리면 [그림 5-16](b)와 같이 나타나며 물체의 윤곽은 오른쪽으로 무한히 확장된다. 이 물체는 하류 방향의 끝이 개방되어 있으므로 일반적으로 반체(half-body)라고 부른다.

(3) 랭킨 물체 주위의 유동

랭킨 물체(Rankine body)는 [그림 5-17](a)에 나타낸 바와 같이 강도가 같은 소스와 싱크를 균일유동과 중첩으로 이루어진 '밀폐'된 물체 주위의 유동을 의미한다. 이에 반해 앞 절에서 다루었던 반체는 한쪽 끝이 '열린' 물체이다.

랭킨 물체 주위의 유동에 대한 유동함수와 속도퍼텐셜은 다음과 같다.

$$\psi=v_\infty r\sin\theta-\frac{q}{2\pi}(\theta_1-\theta_2) \tag{5.81}$$

$$\phi=v_\infty r\cos\theta+\frac{q}{2\pi}(\ln r_1-\ln r_2) \tag{5.82}$$

그런데 한 쌍의 소스$(-a,0)$와 싱크$(a,0)$의 유동함수와 속도퍼텐셜을 고려하면 $\sin\theta=y/r=\theta/(x^2 5y^2)^{1/2}$이므로 식 (5.81)과 (5.82)는 다음과 같이 쓸 수 있다.

$$\psi=v_\infty y-\frac{q}{2\pi}\tan^{-1}\left(\frac{2ay}{x^2+y^2-a^2}\right) \tag{5.83}$$

$$\phi = v_\infty x + \frac{q}{2\pi}\left[\ln\sqrt{(x+a)^2+y^2} - \ln\sqrt{(x-a)^2+y^2}\right] \tag{5.84}$$

이 유동장에 대한 유선은 $\psi =$ 상수로 둠으로써 얻어지며 [그림 5-17](b)와 같다. 유동장에서 속도성분들은 다음과 같다.

$$v_x = \frac{\partial\phi}{\partial x} = v_\infty + \frac{q}{2\pi}\left[\frac{x+a}{(x+a)^2+y^2} - \frac{x-a}{(x-a)^2+y^2}\right] \tag{5.85}$$

$$v_x = \frac{\partial\phi}{\partial y} = \frac{q}{2\pi}\left[\frac{y}{(x+a)^2+y^2} - \frac{y}{(x-a)^2+y^2}\right] \tag{5.86}$$

다음은 정체점의 위치를 알아보자. 정체점은 [그림 5-17](b)에 표시된 바와 같이 상류와 하류 쪽의 물체 끝부분인 두 곳에서 발생한다. 이 정체점의 위치는 속도가 0, 즉 성분속도 v_x, v_y가 각각 0인 곳을 구하면 알 수 있다. 성분속도가 $v_y = 0$이 되기 위해서는 $y = 0$이어야 하므로 정체점은 x축 위에 존재한다. 이것은 유동이 x축에 대해서 대칭임을 의미한다. 정체점의 x축 상의 위치는 $y = 0$일 때 $v_x = 0$인 조건에서 얻어진다. 즉 식 (5.85)에 의해서 다음과 같이 구할 수 있다.

$$v_\infty + \frac{q}{2\pi}\left[\frac{x+a}{(x+a)^2+0^2} - \frac{x-a}{(x-a)^2+0^2}\right] = 0 \rightarrow v_\infty = \frac{aq}{\pi(x^2-a^2)} \rightarrow$$

$$x = \pm\sqrt{a^2 + \frac{aq}{\pi v_\infty}} \tag{5.87}$$

따라서 정체점의 위치는 소스, 싱크의 세기 q와 균일속도 v_∞그리고 소스와 싱크 사이의 거리a의 함수이다. $y = 0$일 때 정체점에서의 유동함수 ψ는 다음 식에 의해 0인 상수 값을 갖는다.

$$\psi = 0 - \frac{q}{2\pi}\tan^{-1}\frac{0}{x^2-a^2} = 0$$

물체 표면과 일치하는 유선의 식은 식 (5.83)에 $\psi = 0$를 고려하면 다음과 같이 얻어진다.

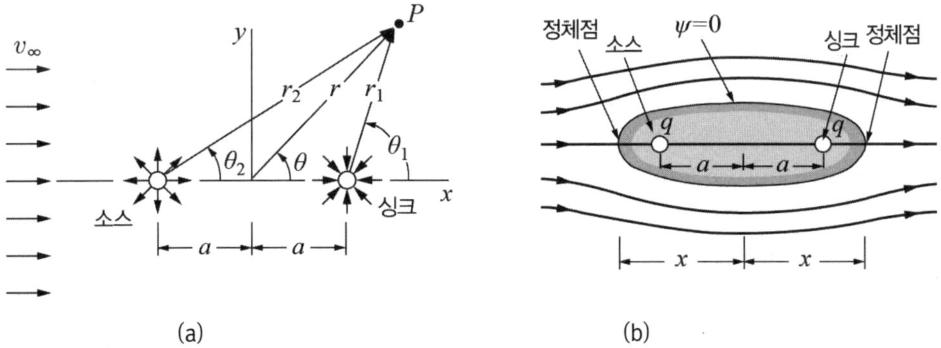

그림 5-17 랭킨 물체 주위의 유동

$$0 = v_\infty y - \frac{q}{2\pi}\tan^{-1}\left(\frac{2ay}{x^2+y^2-a^2}\right) \rightarrow$$

$$y = \frac{x^2+y^2-a^2}{2a}\tan\frac{2\pi v_\infty y}{q} \tag{5.88}$$

다양한 조건의 소스와 싱크를 균일유동과 합성함으로써 여러 가지 다른 모양의 물체들을 얻을 수 있다. 그러나 밀폐된 물체를 얻기 위해서는 반드시 소스와 싱크의 세기가 같아야 한다.

5.4.3 원기둥 주변의 퍼텐셜유동

소스와 싱크 사이의 거리가 0이 되도록 서로 접근하면 랭킨물체의 모양은 더욱 뭉툭해져서 원모양으로 접근하게 된다. 무한히 긴 원기둥 주변의 유동 현상과 원기둥에 작용하는 항력과 양력을 평가하여 보자.

(1) 유동 현상

원기둥 주변의 퍼텐셜유동에 대한 유동현상은 순환을 동반하지 않은 경우와 순환을 동반하는 경우로 나누어 검토하여 보자.

① 순환을 동반하지 않은 경우

균일유동장에 더블릿유동을 결합하면 무한히 긴 원기둥 주변을 순환 없이 유동하는 유동장을 얻을 수 있다.[101] 이 경우 유동함수 ψ와 속도퍼텐셜 ϕ는 균일유동과 더블릿유동의 합으로 주어지므로 식 (5.52), (5.53)과 (5.69), (5.70)에 의해서 다음과 같다.

$$\psi = v_\infty r\sin\theta - \frac{M\sin\theta}{r} \tag{5.89}$$

$$\phi = v_\infty r\cos\theta + \frac{M\cos\theta}{r} \tag{5.90}$$

위 식을 풀기 위한 경계조건은 반지름이 a인 원기둥 표면, 즉 $r=a$인 원이 유선임을 고려한다. 따라서 원기둥 표면에 이 조건을 대입하면 유동함수 식 (5.89)는 0이 되어야 한다.

$$\psi = v_\infty a\sin\theta - \frac{M\sin\theta}{a} = 0 \rightarrow \sin\theta\left(v_\infty a - \frac{M}{a}\right) = 0$$

이 식이 성립하려면 다음 조건을 만족해야 한다.

$$\sin\theta = 0 \rightarrow \theta = 0,\pi \tag{5.91}$$

101) 순환을 동반하지 않은 원기둥 주위의 유동해석은 유동의 방향과 정체각도 θ의 정의에 따라 식의 부호가 다르게 되어 주의를 요한다. 여기서는 [그림 5-18]에 나타낸 바와 같이 양(+)의 x방향으로 흐르는 균일유동에 정체점 B를 기준으로 한 반시계 방향의 원주각도 θ로 평가하였다.

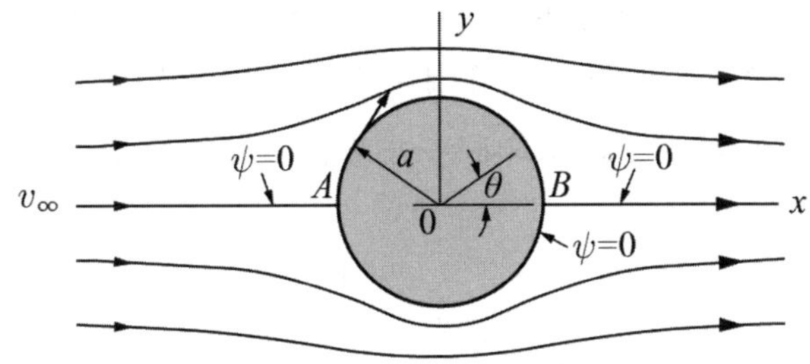

그림 5-18 순환을 동반하지 않은 원기둥 주변의 퍼텐셜유동

또는

$$v_\infty a - \frac{M}{a} = 0 \rightarrow M = v_\infty a^2 \tag{5.92}$$

식 (5.91)은 x축도 하나의 유선임을 의미하고, 식 (5.92)는 더블릿의 강도 M를 $v_\infty a^2$이 되도록 조절하면 원기둥 표면의 흐름도 유선이라는 것을 말해 준다. 이것을 [그림 5-18]에 나타냈다. 따라서 순환을 동반하지 않은 원기둥 주변의 유동에 대한 유동함수와 속도퍼텐셜은 식 (5.89), (5.90)에 $M = v_\infty a^2$를 대입하면 다음과 같이 주어진다.

$$\psi = v_\infty r\left(1 - \frac{a^2}{r^2}\right)\sin\theta \tag{5.93}$$

$$\phi = v_\infty r\left(1 + \frac{a^2}{r^2}\right)\cos\theta \tag{5.94}$$

이 식이 순환을 동반하지 않은 경우의 원기둥 주변의 퍼텐셜유동에 대한 유동함수와 속도퍼텐셜함수이다.

성분속도는 유동함수와 속포퍼텐셜 중 어느 것으로부터 구할 수 있지만 유동함수로부터 구하면 다음과 같다.

$$v_r = \frac{1}{r}\frac{\partial\psi}{\partial\theta} = v_\infty\left(1 - \frac{a^2}{r^2}\right)\cos\theta \tag{5.95}$$

$$v_\theta = -\frac{\partial\psi}{\partial r} = -v_\infty\left(1 + \frac{a^2}{r^2}\right)\sin\theta \tag{5.96}$$

원기둥 표면에서의 속도는 위 식에 $r = a$를 대입하여 구하면 다음과 같다.[102)]

$$v_r = 0,\ v_\theta = -2v_\infty\sin\theta \tag{5.97}$$

---

102) 원기둥 각 θ를 [그림 5-18]과 달리 정체점 A에서부터 이루는 각을 취하면 각 θ는 $\pi - \theta$가 되므로 원기둥 표면에서의 속도는 $v_\theta = 2v_\infty\sin\theta$로 표현된다.

원기둥 점 A와 점 B에서의 속도는 식 (5.95), (5.96)에 점 A의 좌표 $(-a, \pi)$와 점 B의 좌표 $(a, 0)$를 대입하면 $v_r = 0$, $v_\infty = 0$, 즉 $\mathbf{v}_A = 0$, $\mathbf{v}_B = 0$가 됨을 알 수 있다. 그러므로 점 A와 점 B는 정체점이다. 또한 원주의 상단과 하단에서($\theta = \pm\pi/2$) 최대속도가 발생하고 그 크기는 상류속도 v_∞의 2배임을 알 수 있다.

② 순환을 동반하는 경우

원기둥 주변에 순환을 동반하는 유동은 균일유동에 순환을 중첩시켜 얻을 수 있다. 이것을 [그림 5-19](a)에 나타냈다. 물리적으로 순환을 발생시키는 방법 중 하나는 원기둥을 그 축 주위로 회전시키는 것이다. 이에 따라 발생되는 흐름의 양상은 [그림 5-19](b)에 나타냈다. 원기둥 표면에서의 유체속도는 점착조건에 의해 원기둥의 표면속도와 같다. 그러나 원기둥으로부터 얼마간 떨어진 곳에서의 유체의 속도는 자연와류(비회전와류)와 유사하게 거리 r에 따라 감소한다.

순환을 동반한 원기둥 주변의 유동은 순환을 동반하지 않은 원기둥 주변의 균일유동에 단순 와류(순환)를 중첩시켜 근사적으로 얻을 수 있다. 그러므로 순환을 동반하는 경우의 유동함수 ψ와 속도퍼텐셜 ϕ는 식 (5.93), (5.94)와 식 (5.66), (5.67)의 단순한 합으로 주어지며 다음과 같다.

$$\psi = v_\infty r \sin\theta\left(1 - \frac{a^2}{r^2}\right) - \frac{\Gamma}{2\pi}\ln r \tag{5.98}$$

$$\phi = v_\infty r \cos\theta\left(1 + \frac{a^2}{r^2}\right) + \frac{\Gamma}{2\pi}\theta \tag{5.99}$$

여기서 Γ는 순환이다. 순환류의 유선이 모두 원형이므로 여기서도 $r=a$인 원은 모두 유선이 된다.

원기둥 주변의 유동장은 순환의 강도 Γ에 따라서 여러 가지로 나타난다. 유동장의 정체점의 위치를 찾아보자. 성분속도는 다음과 같다.

$$v_r = \frac{1}{r}\frac{\partial\psi}{\partial\theta} = v_\infty \cos\theta\left(1 - \frac{a^2}{r^2}\right) \tag{5.100}$$

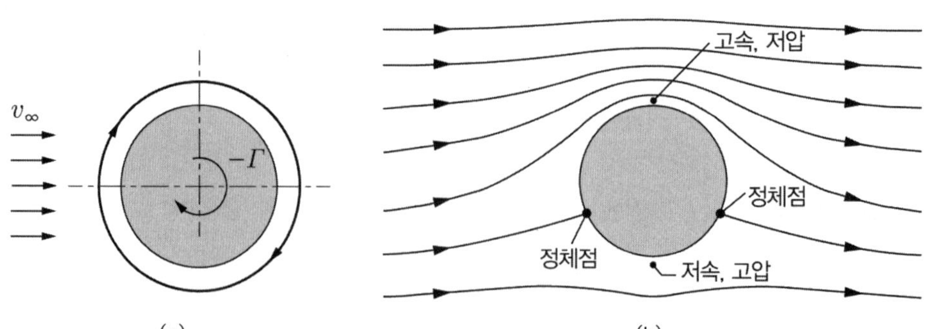

그림 5-19 순환을 동반하는 경우

$$v_\theta = -\frac{\partial \psi}{\partial r} = -v_\infty \sin\theta\left(1 + \frac{a^2}{r^2}\right) + \frac{\Gamma}{2\pi r} \tag{5.101}$$

정체점은 정의에 의하여 $v_r = 0, v_\theta = 0$으로부터 얻을 수 있다. 즉,

$$v_\infty \cos\theta\left(1 - \frac{a^2}{r^2}\right) = 0 \tag{5.102}$$

$$-v_\infty \sin\theta\left(1 + \frac{a^2}{r^2}\right) + \frac{\Gamma}{2\pi r} = 0 \tag{5.103}$$

먼저 식 (5.102)로부터 다음 조건을 얻을 수 있다.

$$\cos\theta = 0 \text{ 또는 } \left(1 - \frac{a^2}{r^2}\right) = 0$$

이므로

$$\theta = \pm\frac{\pi}{2} \text{ 또는 } r = a \tag{5.104}$$

만약 $\cos\theta \neq 0,\ r = a$이면 정체점은 식 (5.103)에 의해 다음 관계식으로 주어진다.

$$\sin\theta_{stag} = \frac{\Gamma}{4\pi v_\infty a} \tag{5.105}$$

여기서 θ_{stag}는 정체점의 위치를 가리키는 각도이다.

순환을 동반한 원기둥 주변의 유동현상을 [그림 5-20]에 나타냈다. 식 (5.105)에서 $\Gamma = 0$이면 $\theta_{stag} = 0$ 혹은 $\theta_{stag} = \pi$이다. 즉, 순환이 없는 경우의 정체점은 그림(a)와 같이 원기둥의 정면과 후면에서 발생한다. 그러나 $\Gamma \neq 0$이면 $|\sin\theta_{stag}| \leq 1$이므로 $-1 \leq \Gamma/4\pi v_\infty a \leq 1$의 범위에서의 정체점은 그림(b), (c)와 같이 원기둥 표면상의 다른 곳에서 발생한다. 즉, $\Gamma/4\pi v_\infty a = 1$이면 정체점은 그림(c)와 같이 $\theta_{stag} = \pi/2$에 위치한다. 따라서 $\Gamma/2\pi$가 0에서부터 $2v_\infty a$까지 변하는 사이에 정체점은 그림(b)와 같이 $0 \leq \theta_{stag} \leq \pi/2$에 위치하게 된다. $|\Gamma/4\pi v_\infty| > 1$이면, 식 (5.105)는 성립하지 않고 정체점은 그림(d)와 같이 원기둥의 표면에서 떨어진 유동장 내에서 발생한다.

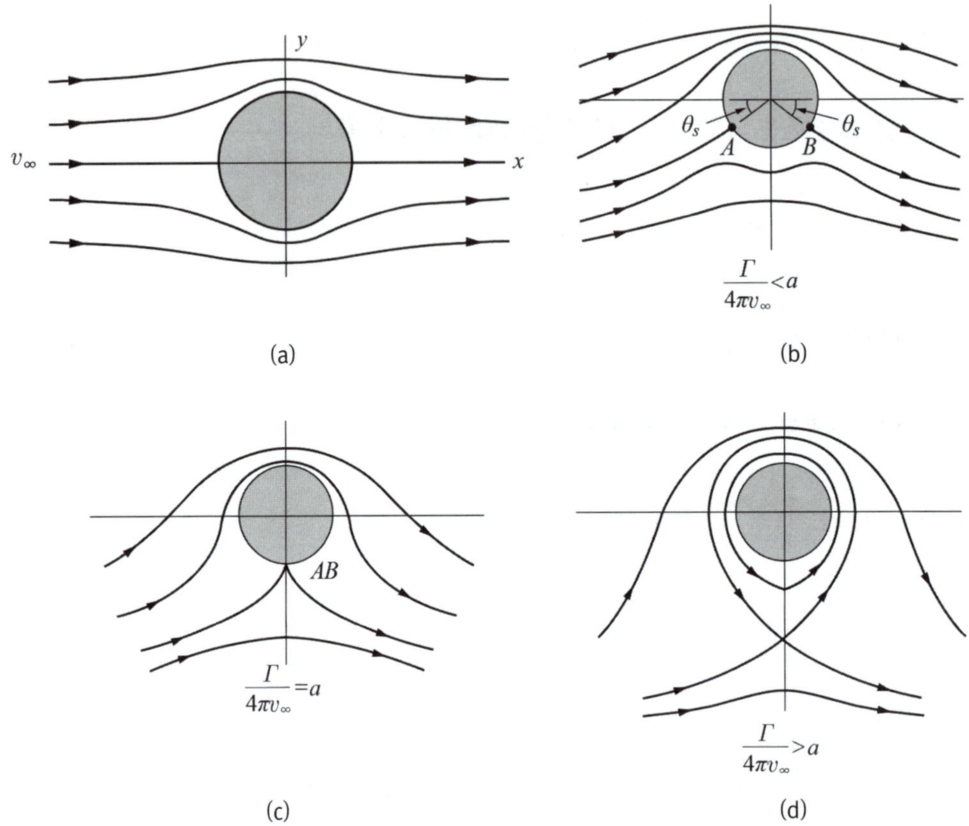

그림 5-20 순환을 동반한 원기둥 주변의 퍼텐셜유동의 정체점

예제18

순환 Γ를 동반하지 않은 경우, 반지름이 a인 원기둥이 속력 v_∞, 압력 $p_\infty(=p_0)$인 균일 유동장에 가로 놓았을 때 정체점과 최소 압력이 나타나는 지점과 압력의 크기를 계산하라.

회전을 동반하지 않은 원기둥 주위의 유동장에 대한 속도퍼텐셜과 유동함수는 식 (5.89)에 의해 다음과 같다.

$$\psi(r,\theta) = v_\infty r\sin\theta - \frac{M\sin\theta}{r}$$

성분속도는 위 식에 원기둥 표면이 유선이라는 조건, 즉 $M = v_\infty a^2$를 고려하면 다음과 같다.

$$v_r = \frac{1}{r}\frac{\partial\psi}{\partial\theta} = v_\infty \cos\theta\left(1 - \frac{a^2}{r^2}\right)$$

$$v_\theta = -\frac{\partial\psi}{\partial r} = -v_\infty \sin\theta\left(1 + \frac{a^2}{r^2}\right)$$

정체점은 정의 식 $\mathbf{v} = 0$으로부터 다음 식을 얻는다.

$$v_\infty \cos\theta\left(1 - \frac{a^2}{r^2}\right) = 0 \quad \cdots\cdots \text{(R1)}$$

$$-v_\infty \sin\theta\left(1 + \frac{a^2}{r^2}\right) = 0 \quad \cdots\cdots \text{(R2)}$$

먼저 식 (R2)로부터 $\sin\theta = 0$과 $(1+a^2/r^2)=0$을 얻는다. $(1+a^2/r^2)=0$은 r이 허수가 되므로 값이 될 수 없다. 따라서 정체점의 조건은 $\sin\theta = 0$, 즉 $\theta = 0$, $\theta = \pi$이다. 또 식 (R1)에 의해서도 $(1-a^2/r^2)=0$을 얻을 수 있다. 따라서 또 하나의 조건 $r = a$을 얻는다. 정체점은 2곳을 얻을 수 있고 다음과 같다. 따라서 정체점의 좌표는 $r = -a,\ \theta = \pi$인 $A(-a, 0)$와 $r = a,\ \theta = 0$인 $B(a, 0)$를 얻는다. 이것을 [그림 5-18]에 표시하였다.

정체점(하첨자 s)의 압력은 다음과 같다.

$$p_s = p_{\max} = p_\infty + \frac{\rho v_\infty^2}{2}$$

최소 압력점은 원기둥 표면에서의 압력분포를 θ에 관하여 미분하고 그 값을 0으로 놓으면 얻을 수 있다. 즉,

$$\frac{dp}{d\theta}\Big|_{r=a} = \frac{dp_\infty}{d\theta} + \frac{\rho v_\infty^2}{2}(-8\sin\theta\cos\theta) = -4\rho v_\infty^2 \sin\theta\cos\theta = 0$$

여기서 $\sin\theta = 0$, 즉 $\theta = 0$, $\theta = \pi$는 정체점의 조건이므로 최소압력을 주는 임계점은 $\cos\theta = 0$을 만족하는 θ이다. 따라서 최소압력이 나타나는 위치와 최소압력은 다음과 같다.

$$\theta = \frac{\pi}{2},\quad \theta = \frac{3\pi}{2}$$

$$p_{\min} = p_0 - \frac{3}{2}\rho v_\infty^2$$

예제19

순환 Γ를 동반한 속도가 v_∞인 균일 유동장에 반경이 a인 원기둥을 가로 놓았을 때 원기둥 표면상의 속도 및 정체점의 위치를 구하여라.

이 흐름은 균일유동장과 순환유동장의 조합이므로 유동함수는 식 (5.98)로 주어졌다.

$$\psi(r,\theta) = v_\infty \sin\theta\left(r - \frac{a^2}{r}\right) - \frac{\Gamma}{2\pi}\ln r$$

따라서 원기둥 표면($r = a$)에서의 속도는 다음 식으로 평가할 수 있다.

$$v_r = \frac{1}{r}\frac{\partial\psi}{\partial\theta} = 0$$

$$v_\theta = -\frac{\partial\psi}{\partial r} = -2v_\infty\sin\theta - \left(\frac{\Gamma}{2\pi}\right)\left(\frac{1}{a}\right)$$

정체점에서는 $v_\theta = 0$이므로 그 위치를 (x_s, y_s)라고 하면 다음과 같이 주어진다.

$$\sin\theta_{stag} = \frac{y_s}{a} = -\frac{\Gamma}{4\pi v_\infty a} \ \rightarrow\ x_s = \pm\sqrt{a^2 - y_s^2}$$

따라서 [그림 5-20]에 나타낸 바와 같이 $\Gamma/4\pi v_\infty < a$인 경우에는 정체점이 2곳, $\Gamma/4\pi v_\infty = a$인 경우에는 한 곳, $\Gamma/4\pi v_\infty > a$인 경우에는 원기둥 표면상에 정체점이 존재하지 않고 y축 위에 원기둥 내외로 1개씩 존재한다.

(2) 항력과 양력

원기둥에 작용하는 항력과 양력을 평가하여 보자. 항력(drga force)과 양력(lift force) 각각은 물체 표면에 작용하는 표면력의 자유유동 방향으로 받는 힘과 수직방향으로 받는 힘을 의미한다. 공기역학에서는 원기둥 대신에 날개로 대치하여, 비행기 성능을 결정하는데 중요한 양력과 항력으로 설명하고 있다.

① 순환을 동반하지 않은 경우

순환을 동반하지 않은 원기둥 주변의 흐름에서 유체가 원기둥에 작용하는 힘을 구해보자. 퍼텐셜유동에서는 전단력이 존재하지 않으므로 표면력으로서는 압력력만이 작용한다. 압력력은 원기둥 표면의 압력을 전 표면에 걸쳐 적분으로 구할 수 있다.

[그림 5-21]과 같이 원기둥 주변의 퍼텐셜 유동장을 고려하여 압력분포를 구해보자. 압력(압력분포)은 원기둥에서 멀리 떨어진 상류 측(v_∞, p_0)과 원기둥 표면 점 A(하첨자 s) 사이에 Bernoulli 방정식을 적용하여 구할 수 있다. 즉

$$p_0 + \frac{1}{2}\rho v_\infty^2 = p_s + \frac{1}{2}\rho v_s^2$$

여기에서 높이의 변화는 무시하였다. 원기둥 표면에서의 속도는 접선방향의 속도성분만을 가지므로 $v_s = v_\theta$ 이다. 따라서 원기둥 표면에서의 속도는 식 (5.97)를 참고하면 $v_\theta = -2v_\infty \sin\theta$로 주어지고, 이 값을 위 식에 대입하면 원기둥 표면에서의 압력 p_s는 다음과 같다.

$$p_s = p_0 + \frac{1}{2}\rho v_\infty^2(1 - 4\sin^2\theta) \tag{5.106}$$

이 식이 원기둥 표면에서의 압력분포를 나타낸 식이다. '5.3.3 비회전류에서 Bernoulli 방정식'에서 설명한 [그림 5-6](b)의 무차원 압력계수는 위 식을 근거로 나타낸 것이다.[103] 원기둥 표면의 압력분포는 연직축에 대하여 대칭임을 알 수 있다.

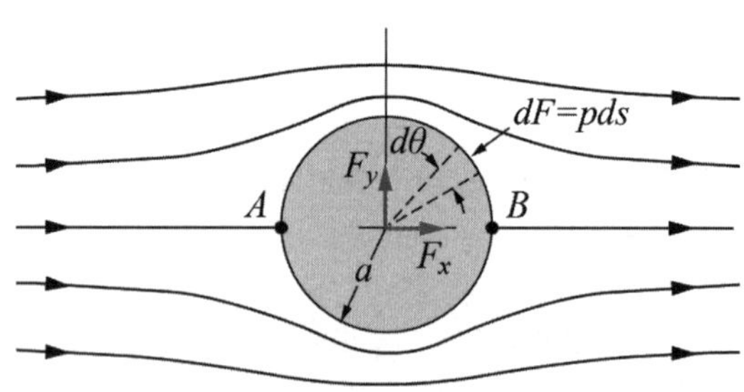

그림 5-21 원기둥이 받는 항력과 양력

103) 식 (5.106)은 무차원 압력계수로 정리하면 다음과 같다.

$$C_p = 1 - \frac{p_s - p_\infty}{\frac{1}{2}\rho v_\infty^2} = 1 - 4\sin^2\theta$$

퍼텐셜유동에서는 표면력으로서 압력력만이 존재하므로 항력이든 양력이든 모두 압력에 기인한다. 단위 길이의 원기둥(반경 a) 표면의 미소 선요소 ds에 작용하는 미소 힘은 $dF = p_s ds$이고 이 힘의 유동방향(x축 방향)과 수직방향(y축 방향)의 성분은 각각 $dF_x = p_s \cos\theta ds = p_s \cos\theta a d\theta$ 및 $dF_y = p_s \sin\theta a d\theta$이므로 항력 F_x과 양력 F_y는 미소 힘을 전체 표면에 걸쳐 적분으로 구할 수 있다.

$$F_x = -\int_0^{2\pi} p_s \cos\theta\, a\, d\theta \tag{5.107}$$

$$F_y = -\int_0^{2\pi} p_s \sin\theta\, a\, d\theta \tag{5.108}$$

위 식의 원주 표면에서의 압력 p_s에 식 (5.106)을 대입하고 적분하면 모두 0이 된다. 즉, 이상유체의 균일유동장에 원기둥을 가로 놓았을 때 유체가 원기둥에 작용하는 힘이 0이라는 의미이다. 이것은 원기둥 표면의 압력분포가 대칭인 점을 고려하면 당연한 결과이다. 그러나 경험에 의하면 비점성유체에 잠긴 물체는 상당한 양력이 발생한다. 이 모순은 D'Alembert의 역설이라고 전술한 바 있다. 이 역설은 유체의 점성의 역할이 이해되기 전인 20세기 초까지는 정설로 인정되었다.

② 순환을 동반하는 경우

순환을 동반하는 경우의 비점성유체가 원기둥에 작용하는 힘을 구해보자. 순환이 존재하는 흐름이라도 비회전류이면 원기둥 표면에서의 압력은 Bernoulli 방정식에 의해 구할 수 있다. 먼저 순환이 존재하는 원기둥 표면(하첨자 s)에서의 속도는 식 (5.101)에 $r = a$를 고려하면 다음과 같다.

$$v_s = -2v_\infty \sin\theta + \frac{\Gamma}{2\pi a} \tag{5.109}$$

따라서 원기둥 표면에서의 압력은 Bernoulli 방정식에 의해 다음 식으로 구할 수 있다.

$$p_0 + \frac{1}{2}\rho v_\infty^2 = p_s + \frac{1}{2}\rho\left(-2v_\infty \sin\theta + \frac{\Gamma}{2\pi a}\right)^2$$

또는

$$p_s = p_0 + \frac{1}{2}\rho v_\infty^2 \left(1 - 42\sin^2\theta + \frac{2\Gamma \sin\theta}{\pi a v_\infty} - \frac{\Gamma^2}{4\pi^2 a^2 v_\infty^2}\right) \tag{5.110}$$

순환을 동반한 경우의 원기둥에 작용하는 항력은 식 (5.110)을 식 (5.107)에 대입하여 적분하면 다음과 같다.

$$F_x = 0$$

이것은 순환이 없는 경우와 같은 결과이다. 즉, 원기둥 주위에 회전이 존재하더라도 유동방향으로의 힘(항력)은 받지 않는다. 그러나 수직방향으로 힘(양력) F_y는 식 (5.110)을 식 (5.108)에 대입하여 적분하면

0이 되지 않고 다음 값을 갖는다.

$$F_y = -\rho v_\infty \Gamma \tag{5.111}$$

따라서 양력은 유체의 밀도와 상류의 속도 그리고 순환의 곱으로 주어진다. 위 식의 음(-)의 값은 유동의 속도 v_∞가 양의 x축 방향과 Γ의 회전이 양(+), 즉 반시계방향의 자연와류가 합성인 경우에 양력 F_y가 아래(y축의 음의 방향)로 작용함을 의미한다.[104] 식 (5.111)의 관계는 Kutta-Joukowski의 정리(또는 가설)라고 하며 날개의 이론에서 매우 중요하게 사용된다.

5.4.4 와류의 운동

와류(vortex)도 본래 와(eddy)와 더불어 유체의 점성에 기인하여 나타나는 회전운동이지만, 와류의 운동(와동, vortex motion)을 이론적으로 간단히 하기 위하여 점성을 고려하지 않고 이상유체의 운동으로 취급할 수 있다. 얻어진 결과는 실제 중요한 것이 많다. 여기서는 와류의 운동, 순환, 와열, Karmann 와열 등을 고찰하여 보자.

(1) 와류의 운동

와류(vortex)는 주 흐름이 중심축 주위를 원형의 유선에 따라 흐르는 깔때기(또는 회오리) 모양의 흐름을 의미한다. 이에 비하여 와(eddy)는 주 흐름에 대항하여 흐르는 유체입자의 회전운동을 의미하는데, 그 크기는 와도 ζ로 표시된다. 2차원 흐름을 고려하면 와도는 다음식으로 정의한다.[105]

$$\zeta = \frac{\partial v_y}{\partial x} - \frac{\partial v_x}{\partial y}$$

즉 와도 ζ가 어떤 유한한 값을 가지면 유체입자의 회전운동이 존재하는 유동이고, 와도 $\zeta = 0$이면 유체입자의 회전운동이 없는 유동이다.

와류에는 유체입자가 회전하면서 원형의 유선을 따라 흐르는 회전와류(강제와류)와 회전하지 않으면서 원형의 유선을 따라 흐르는 비회전와류(자유와류)가 있다고 설명한 바 있다.[106] 먼저 강제와류를 고찰해 보자. 강제와류는 원통에 물을 가득 담고 물통을 축을 중심으로 낮은 각속도 ω로 회전시켜 정상상태에 이르면 나타난다. 이때 유체입자의 운동은 [그림 5-22](a)와 같이 동심의 두 유선상의 유체요소 $ABCD$가 짧은 시간 후에 $A'B'C'D'$로 모양이 변하지 않고 똑같이 나타난다.[107]

---

104) 실제 날개는 위 방향(y축의 양의 방향)의 양력 $F_y = \rho v_\infty \Gamma$을 얻기 위하여 양의 x축 방향의 속도 v_∞에 음(-)의 순환 Γ, 즉 반시계 방향의 자연와류를 동반시켜 얻게 된다.

105) 3차원 흐름에서는 $\frac{\partial v_z}{\partial y} - \frac{\partial v_y}{\partial z}$, $\frac{\partial v_x}{\partial z} - \frac{\partial v_z}{\partial x}$, $\frac{\partial v_y}{\partial x} - \frac{\partial v_x}{\partial y}$가 모두 유한한 값을 갖는다.

106) '5.4.1 기본적인 퍼텐셜유동 (3) 와류'에서 기술하였음

107) 이것은 회전유동에서 $ABCD$의 모든 점에서 유체입자의 각속도가 일정하여 유체입자의 응력 $\sigma_{r\theta}$과 변형률 $\epsilon_{r\theta}$이 0이기 때문이다.

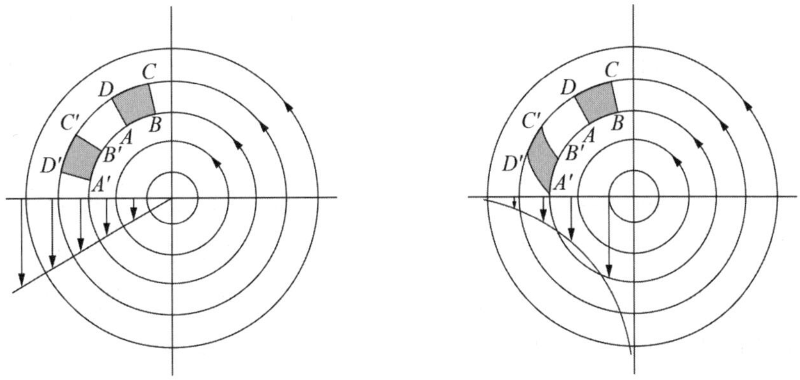

(a) 회전 와류(강제와류) (b) 비회전 와류(자유와류)

그림 5-22 와류의 유체요소의 운동

속도분포는 다음 식으로 주어진다.

$$v_x = -\omega y, \quad v_y = \omega x$$

와도 ζ는 다음과 같다.

$$\zeta = \frac{\partial v_y}{\partial x} - \frac{\partial v_x}{\partial y} = 2\omega$$

따라서 입자의 회전이 존재하는 와류에서는 와도 ζ가 각속도 ω의 2배, 혹은 각속도 ω가 와도 ζ의 반(1/2)이 된다. 와도가 존재하는 흐름에서는 속도퍼텐셜이 존재하지 않는다.

다음은 자유와류를 고찰해 보자. 자유와류는 물이 담긴 원통의 중심축의 위치에 매우 가는 막대기를 위치시킨 후 막대기만을 회전시키면 나타난다. 유체요소의 운동은 [그림 5-22](b)에 나타낸 바와같이 AB 유선상의 유체요소의 원주 속도가 CD 유선상의 원주 속도보다 작으므로 두 유선상의 유체요소 $ABCD$는 짧은 시간 후에 $A'B'C'D'$로 유체요소의 모양이 다르게 변형된다.[108] 이와 같은 자유와류는 회전축 중심에 작은 와가 존재하고, 이것에 의해서 유도된 주위의 흐름으로 보여진다.

속도분포는 다음 식으로 표현된다.

$$v_x = -\frac{ky}{x^2+y^2}, \quad v_y = \frac{kx}{x^2+y^2}$$

와도는 다음과 같다.

$$\zeta = \frac{\partial v_y}{\partial x} - \frac{\partial v_x}{\partial y} = 0$$

따라서 자유와류에서는 와도가 0이므로 속도퍼텐셜이 존재한다.

108) 이것은 유체입자의 응력 $\sigma_{r\theta}$과 변형률 $\epsilon_{r\theta}$이 0이 아니기 때문이다.

일반적으로 와류의 운동(와동)이 원주상의 관을 형성할 때, 이것을 와관(vortex tube)이라 하고 매우 가는 와관을 와계(vortex filament)라 한다. 많은 와계가 이루는 면을 와면(vortex sheet)이라 한다.

(2) 순환

유동장 내에 임의의 한 개의 폐곡선(closed contour) C를 고려하자. [그림 5-23]에 나타낸 바와 같이 폐곡선 C상의 임의의 한 점에서의 유속을 $\mathbf{v}$, 이 점에서 폐곡선의 미소 길이를 ds, $\mathbf{v}$와 ds가 이루는 각을 θ라 하면, 속도 $\mathbf{v}$의 ds방향의 성분속도는 $v\cos\theta$가 된다. $v\cos\theta\, ds$를 폐곡선에 따라 한 바퀴 적분한 값을 순환(circulation)이라 한다[109]. 순환을 Γ로 표기하면 다음 식으로 나타난다.

$$\Gamma = \int_C \mathbf{v}\cos\theta\, ds = \int_C \mathbf{v}\cdot d\mathbf{s} \tag{5.112}$$

속도 $\mathbf{v}$의 x, y 방향의 성분속도를 v_x, v_y라 하면, $\mathbf{v}$의 방향 여현은 $v_x/\mathbf{v}$, $v_y/\mathbf{v}$이고, ds의 방향 여현은 dx/ds, dy/ds이므로 수학 공식에 의하여 다음 식이 성립한다.

$$\cos\theta = \frac{v_x}{\mathbf{v}}\frac{dx}{ds} + \frac{v_x}{\mathbf{v}}\frac{dy}{ds} \tag{5.113}$$

이것을 식 (5.112)에 대입하면 다음 식이 된다.

$$\Gamma = \int_C (v_x dx + v_y dy) \tag{5.114}$$

이것을 Stokes 정리[110]를 응용하면 다음 식으로 표현된다.

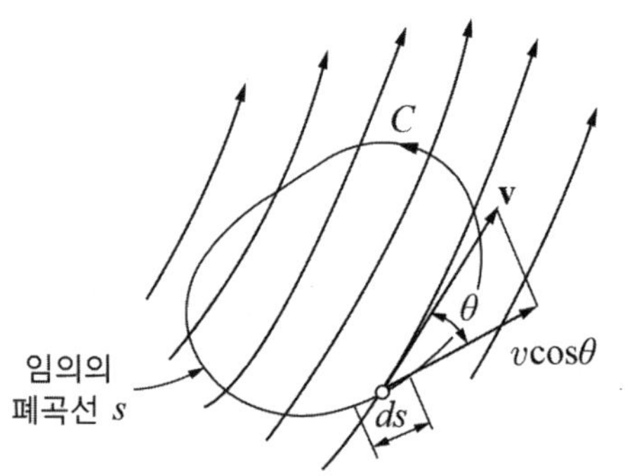

그림 5-23 순환

109) 회전 방향은 반시계방향을 양(+)의 방향으로 한다.

110) Stokes의 정리 : 2개의 실함수 $P(x,y)$ 및 $Q(x,y)$가 폐곡선 C 위 및 내부에 연속된 편도함수를 갖을 때 다음 식이 성립한다.

$$\int_C (Pdx + Qdy) = \iint_C \left(\frac{\partial Q}{\partial x} - \frac{\partial P}{\partial y}\right) dxdy$$

이 식의 좌변은 폐곡선 C 위를 양(+)의 방향에 따른 적분이고, 우변은 폐곡선 C로 포위된 면적에 대한 적분을 의미한다. 여기서 P, Q는 위 식에서 v_x, v_y를 의미한다.

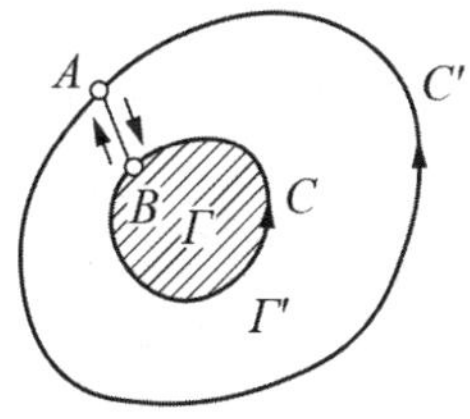

그림 5.24 와관을 감싼 폐곡선의 순환

$$\Gamma = \iint_C \left(\frac{\partial v_y}{\partial x} - \frac{\partial v_x}{\partial y} \right) dx dy \tag{5.115}$$

이 식에서 괄호 항 $(\partial v_y/\partial x - \partial v_x/\partial y)$는 와도 ζ와 같다. 이것에 의해 와관을 감싼 폐곡선에 따른 순환 Γ는 와도 ζ의 면적 적분과 같다. 이것을 Stokes 정리(Stokes's theorem)라 한다.

다음은 폐곡선 내부가 와(eddy) 없는 운동을 고려하자. 유체입자의 비회전운동은 와도 ζ가 0, 즉 $(\partial v_y/\partial x - \partial v_x/\partial y) = 0$이므로 위 식 (5.115)는 다음과 같이 된다.

$$\Gamma = 0 \tag{5.116}$$

다음은 [그림 5.24]에 표시한 바와 같이 와관을 감싼 폐곡선 C(순환 Γ) 주위에 임의의 폐곡선 C'를 그려 이 폐곡선에 따른 순환 Γ'를 고려하여 보자.

먼저 폐곡선 C와 C' 사이를 선분 AB로 연결하고, $C' - A - B - (-C) - B - A - C'$의 경로에 따른 폐곡선의 순환을 $\Gamma_{C'(-C)}$라 하자. 이 폐곡선 내에서는 와 운동이 없다고 하면 식 (5.115)와 (5.116)에 의하여 다음 식을 얻는다.

$$\Gamma_{C'(-C)} = \int_{C'(-C)} (v_x dx + v_y dy) = \iint_{C'(-C)} \left(\frac{\partial v_y}{\partial x} - \frac{\partial v_x}{\partial y} \right) dx\, dy = 0 \tag{R1}$$

그런데

$$\begin{aligned} \int_{C'(-C)} (v_x dx + v_y dy) &= \int_{C'} (v_x dx + v_y dy) + \int_{AB} (v_x dx + v_y dy) + \int_{-C} (v_x dx + v_y dy) \\ &\quad + \int_{BA} (v_x dx + v_y dy) \\ &= \Gamma' + \int_{AB} (v_x dx + v_y dy) - \Gamma - \int_{AB} (v_x dx + v_y dy) \\ &= \Gamma' - \Gamma \end{aligned} \tag{R2}$$

위의 두 식 (R1)과 (R2)에 의하여 다음 관계가 성립한다.

$$\Gamma' = \Gamma \tag{5.117}$$

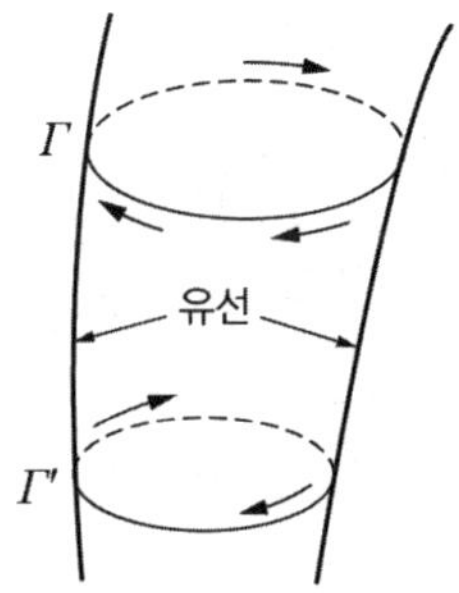

그림 5-25 실린더 형상의 폐곡선의 순환

따라서 이 식 (5.117)은 와류를 감싼 폐곡선(혹은 와관)의 순환이 폐곡선의 크기에 상관없이 일정한 것을 의미한다.

이것은 평면상의 폐곡선에 대한 설명이지만, 일반적으로 곡면상의 폐곡선에 대해서도 완전히 동일하게 성립한다. 또 유체 중에 [그림 5-25]에 표시한 바와 같이, 실린더 형상의 와관의 경우에도 어느 단면을 취해도 그 순환은 일정($\Gamma' = \Gamma$)하다.

이상의 설명에서 명확히 알 수 있는 바와 같이 와관을 감싼 폐곡선에 따른 순환은 그 와류에 대하여 결정된 불변량이 된다. 따라서 와류의 강도(유관의 강도, strength of the tube)는 와관을 감싼 폐곡선의 순환 값 식 (5.114)로 주어지고 이것을 벡터로 표기하면 다음과 같이 나타낼 수 있다.

$$\Gamma = \int_S \mathbf{v} \cdot \mathbf{n} dA \tag{5.118}$$

여기서 S는 폐곡선 C의 경계 곡면이다.

예제20

[예제 5.20] 예제 그림과 같이 유체 중에 실린더 형상의 와관에서는 어떤 횡단면의 폐곡선을 취하여도 순환 Γ의 값은 일정하다. 이것을 증명하라.

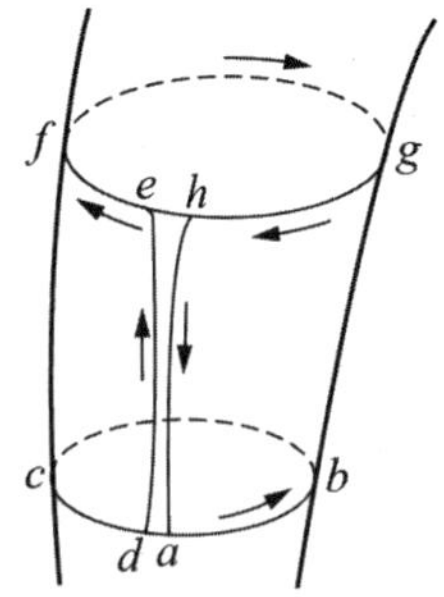

[그림 예제5.20]

와관의 임의 횡단면 $abcd$의 순환을 Γ, 다른 횡단면 $efgh$의 순환을 Γ'라 하면 각각 다음과 같이 표현할 수 있다.

$$\Gamma = \int_{abcd}, \qquad \Gamma' = \int_{hgfe}$$

다음, 무한히 접근한 2개의 선분 ah, de를 포함한 폐곡선 $abcdefgh$를 와류의 운동면상으로 고려하면 이 와면을 통과하는 와류는 없으므로 이 순환은 0과 같다. 따라서 다음 식으로 쓸 수 있다.

$$\int_{abcdefgh} = 0$$

그런데 위 식의 순환은 다음과 같이 나타낼 수 있다.

$$\begin{aligned}\int_{abcdefgh} &= \int_{abcd} + \int_{de} + \int_{efgh} + \int_{ha} \\ &= \Gamma + \int_{de} - \int_{hgfe} - \int_{ah} \\ &= \Gamma + \int_{de} - \Gamma' - \int_{de} \\ &= \Gamma - \Gamma'\end{aligned}$$

위 두 식에 의해 다음 관계가 성립한다.

$$\Gamma = \Gamma'$$

즉 어떤 횡단면을 취하여도 그 순환은 일정하다.

(3) 와 주위의 흐름

와(또는 와류)가 포함된 유체 중에서 와에 수직인 단면상에 2차원 흐름을 취하여 와 주위 흐름의 형상을 고려하여 보자. 순환이 Γ인 와의 외부 유체는 와의 영향에 의해 와를 중심으로 원운동을 한다. 와의 중심을 원점으로 취하고, 원점에서 반경 r인 곳의 원주속도를 **v**라 하면, 이 원주상의 순환은 와의 순환 Γ와 같으므로 다음 식으로 쓸 수 있다.

$$\Gamma = \int_0^{2n} \mathbf{v} r d\theta = 2\pi r \mathbf{v} \qquad \therefore\ \mathbf{v} = \frac{\Gamma}{2\pi r} \tag{5.119}$$

원주속도 **v**와 속도퍼텐셜 ϕ, 유동함수 ψ 사이에는 다음 관계가 있다.

$$\mathbf{v} = \frac{\partial\phi}{r d\theta} = -\frac{\partial\psi}{\partial r} \tag{5.120}$$

식 (5.119), (5.120)에 의해 다음 식이 얻어진다.

$$\frac{\partial\phi}{r\partial\theta} = \frac{\Gamma}{2\pi r}, \quad \frac{\partial\psi}{\partial r} = -\frac{\Gamma}{2\pi r}$$

유동함수와 속도퍼텐셜은 위 식을 각각 적분하여 적분상수를 생략하면 다음과 같이 주어진다.

$$\phi = \frac{\Gamma}{2\pi}\theta, \quad \psi = -\frac{\Gamma}{2\pi}\log r$$

이 식은 자연와류에 대한 식 (5.66), (5.67)과 동일하다.[111]

따라서 와 주위의 흐름에 대한 복소퍼텐셜은 다음과 같이 표현된다.

$$\begin{aligned} w &= \phi + i\psi = \frac{\Gamma}{2\pi}\theta - i\frac{\Gamma}{2\pi}\log r \\ &= \frac{\Gamma}{2\pi i}(\log r - i\theta) = \frac{\Gamma}{2\pi i}\log re^{i\theta} \\ &= \frac{\Gamma}{2\pi i}\log z \end{aligned} \tag{5.121}$$

(4) 와열

와열(vortex row)은 [그림 5-26]에 나타낸 바와 같이 강도 Γ와 회전 방향이 동일한 무수히 많은 와(와류)가 간격 a를 유지한 채 일렬로 나란히 있는 경우이다.

먼저 와는 $(2n+1)$개 있다 하고, 중앙의 와를 원점으로 취한다. 따라서 복소퍼텐셜 ω는 다음과 같이 주어진다.

$$\begin{aligned} w &= \frac{\Gamma}{2\pi i}[\log z + \log(z-a) + \log(z-2a) + \cdots + \log(z-na) \\ &\qquad + \log(z+a) + \log(z+2a) + \cdots + \log(z+na)] \\ &= \frac{\Gamma}{2\pi i}\log z(z^2-a^2)\cdots(z^2-n^2a^2) \end{aligned}$$

또는

$$w = \frac{\Gamma}{2\pi i}\log\left[\frac{\pi z}{a}\left(1-\frac{z^2}{a^2}\right)\cdots\left(1-\frac{z^2}{n^2a^2}\right)\right] + const$$

상수(const)가 소거되도록 좌표를 수정하고 $n\to\infty$이라 하면 복소퍼텐셜은 다음과 같이 쓸 수 있다.

$$w = \frac{\Gamma}{2\pi i}\log\left[\frac{\pi z}{a}\left(1-\frac{z^2}{a^2}\right)\left(1-\frac{z^2}{n^2a^2}\right)\cdots\right]$$

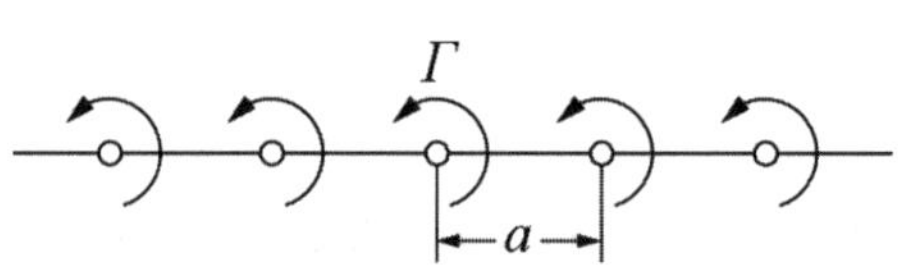

그림 5-26 와열

111) 이것은 와 주위의 흐름이 비회전 와류, 즉 회전축 중심에 작은 와가 존재하고, 이것에 의해서 유도된 주위의 흐름과 동일함을 의미한다.

그런데 다음과 같은 수학 공식에 의하여

$$\sin x = x\left(1-\frac{x^2}{\pi^2}\right)\left(1-\frac{x^2}{2^2\pi^2}\right)\cdots$$

이므로 다음 관계식을 얻을 수 있다.

$$\sin\frac{\pi z}{a} = \frac{\pi z}{a}\left(1-\frac{x^2}{a^2}\right)\left(1-\frac{x^2}{2^2a^2}\right)\cdots$$

따라서 와열에 대한 복소퍼텐셜은 다음과 같다.

$$w = \frac{\Gamma}{2\pi i}\log\,\sin\frac{\pi z}{a} \tag{5.122}$$

이 일렬의 와열은 일정한 속도를 갖고 어떤 방향으로 움직이지 않은 정상상태를 유지하지만, 단 평형상태는 불안정하여 붕괴하기 쉽다.[112)]

공역복소속도는 복소퍼텐셜 ω를 z에 대해 미분한 값으로 주어지므로 식 (5.122)에 의하여 다음과 같다.

$$\frac{dw}{dz} = v_x - iv_y = \frac{\Gamma}{2ai}\cot\frac{\pi z}{a} = \frac{\Gamma}{2ai}\cot\left(\frac{\pi x}{a}+i\frac{\pi y}{a}\right)$$

그런데 일반적으로

$$\begin{aligned}\cot(X+iY) &= \frac{\cos(X+iY)\sin(X-iY)}{\sin(X+iY)\sin(X-iY)}\\ &= \frac{\sin(2X)-\sin(i2Y)}{\cos(i2Y)-\cos(2X)}\\ &= -i\frac{\sinh(2Y)+i\sin(2X)}{\cosh(2Y)-\cos(2X)}\end{aligned}$$

인 관계가 있으므로 다음과 같다.

$$\begin{aligned}v_x - iv_y &= \frac{\Gamma}{2ai}\left[-i\frac{\sinh(2\pi y/a)+i\sin(2\pi x/a)}{\cosh(2\pi y/a)-\cos(2\pi x/a)}\right]\\ &= \frac{\Gamma}{2ai}\frac{-\sinh(2\pi y/a)-i\sin(2\pi x/a)}{\cosh(2\pi y/a)-\cos(2\pi x/a)}\end{aligned}$$

따라서 속도성분 v_x와 v_y는 각각 실수부와 허수부로 주어지므로 다음과 같다.

$$v_x = -\frac{\Gamma}{2a}\frac{\sinh(2\pi y/a)}{\cosh(2\pi y/a)-\cos(2\pi x/a)} \tag{5.123a}$$

---

112) 이에 대한 증명은 [예제 5.21], [예제 5.22]로 주어졌다.

$$v_y = \frac{\Gamma}{2a} \frac{\sin(2\pi x/a)}{\cosh(2\pi y/a) - \cos(2\pi x/a)} \tag{5.123b}$$

$y = \pm\infty$에서의 속도는 다음과 같다.

$$v_x = \mp \frac{\Gamma}{2a}, \quad v_y = 0$$

와 사이의 간격 a를 무한히 작게 하면 와열은 와면(vortex sheet)이 된다. 이때 와의 위쪽에서의 속도는 $-\Gamma/2a$, 아래쪽에서는 $\Gamma/2a$가 되므로 와면에서의 속도는 불연속이 된다.

2개의 흐름이 합류하여 만들어진 속도의 불연속면은 와면이라 고려할 수 있다. 이 불연속면은 불안정하여 곧 붕괴하여 파상이 되고, 결국에는 와열이 된다. 이것을 [그림 5-27]에 나타냈다.

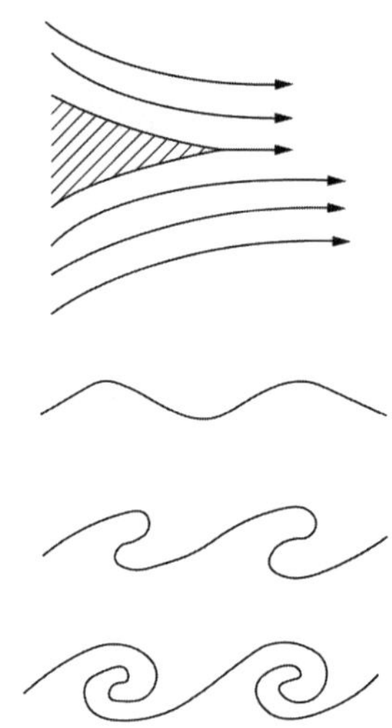

그림 5-27 와열의 생성

예제21

일렬의 와열의 복소퍼텐셜은 식 (5.122)로 표현된다. 정지상태임을 증명하라.

원점 $z=0$에 있는 와를 고려하자. 그것의 공역복소속도를 $v_{x0} - iv_{y0}$라 하면, 이것은 복소퍼텐셜함수 w에서 원점 와의 퍼텐셜을 뺀 것을 z로서 미분한 것에 의해 구할 수 있다. 즉

$$\begin{aligned} v_{x0} - iv_{y0} &= \left[\frac{d}{dz}\left(\frac{\Gamma}{2\pi i}\log\sin\frac{\pi z}{a} - \frac{\Gamma}{2\pi i}\log z\right)\right]_{z=0} \\ &= \frac{\Gamma}{2\pi i}\left[\frac{\pi}{a}\cot\frac{\pi z}{a} - \frac{1}{z}\right]_{z=0} \\ &= \frac{\Gamma}{2\pi i}\left[\frac{\pi}{a}\left(\frac{a}{\pi z} - \frac{1}{3}\frac{\pi z}{a} - \frac{1}{3^2\times 5}\left(\frac{\pi z}{a}\right)^3 - \cdots\right) - \frac{1}{z}\right]_{z=0} \\ &= 0 \end{aligned}$$

이것은 속도성분이 0이므로 원점에 있는 와는 정지상태에 있다. 그런데 일렬의 와중 어떤 와라도 원점으로 동일하게 취할 수 있으므로 모든 와는 정지상태에 있게 된다.

예제22

일렬의 와열이 불안정한 상태임을 증명하라.

[그림 예제5.22]와 같이 원점($z=0$)에 있는 와에 작은 변위($z=x+iy$)를 고려하면, 이 와열이 갖는 공역복소속도 $v_x - iv_y$는 [예제 5.2]를 참고하면 다음과 같다.

$$\frac{dw}{dz} = v_x - iv_y = \frac{\Gamma}{2\pi i}\left[\frac{\pi}{a}\cot\frac{\pi z}{a} - \frac{1}{z}\right]$$
$$= \frac{\Gamma}{2\pi i}\left[\frac{\pi}{a}\left(\frac{a}{\pi z} - \frac{1}{3}\frac{\pi z}{a} - \frac{1}{3^2\times 5}\left(\frac{\pi z}{a}\right)^3 - \cdots\right) - \frac{1}{z}\right]$$

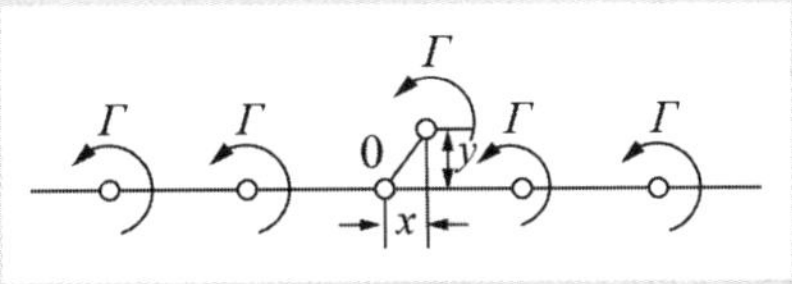

[그림 예제5.22]

이 식에 의해서 z가 충분히 작다고 하면 근사적으로 다음 식으로 표현된다.

$$v_x - iv_y = -\frac{\pi\Gamma}{6a^2 i}z$$

여기서 위 식의 좌변의 $\pi\Gamma/6a^2 = \lambda$라 하면 위 식은 다음과 같이 쓸 수 있고

$$v_x - iv_y = -\frac{\lambda}{i}(x+iy) = -\lambda y + i\lambda x$$

또 성분속도는 $v_x = dx/dt$, $v_y = dy/dt$ 이므로 위 식에 의해서 다음 관계가 있다.

$$\frac{dx}{dt} = -\lambda y, \quad \frac{dy}{dt} = -\lambda x$$

이 2개의 식에서 y를 소거하면 다음 식을 얻는다.

$$\frac{d^2x}{dt^2} - \lambda^2 x = 0$$

이 식의 일반해는 다음과 같다.

$$x = Ae^{+\lambda t} + Be^{-\lambda t}$$

그러므로 시간 t의 경과에 의해서 x는 증대한다. 즉 변위를 갖게된 와는 시간과 더불어 평균 위치에서 벗어나므로 이 와열은 불안정하는 것을 알 수 있다.

(5) Kármán의 와열

정지한 액체 중에서 실린더와 같은 물체를 움직일 때 물체의 배후에는 평행한 2개의 와열이 발생한다. 더구나 한쪽 와열의 와는 전부 동일한 방향으로 회전하고, 다른 쪽 와열의 와는 전부 반대 방향으로 회전한다. 이 와열은 Kármán에 의하여 이론이 완성되었으므로 Kármán의 와열(Kármán vortex street)이라 한다.

2개의 와열은 와 사이의 간격이 a, 와열 사이의 간격(폭)은 b라 하자. 또 위쪽 와열의 와는 강도 Γ로서 양의 방향(시계반대방향)으로 회전하고, 아래쪽 와열의 와는 동일한 강도 Γ로서 음의 방향(시계방향)으로 회전한다고 하자. [그림 5-28]에 나타낸 바와 같이 좌표축을 취하고, 특히 위쪽 와열의 한 개의 와는 y축을 통과하고, 아래쪽 와열중 원점에 가까운 와의 x좌표는 x_0라 하자. 이 와열의 유동에 대한 복소퍼텐셜은 전술한 식 (5.122)에 의해 다음과 같이 주어진다.

$$w=\frac{\Gamma}{2\pi i}\log\sin\frac{\pi}{a}\left(z-\frac{ib}{2}\right)-\frac{\Gamma}{2\pi i}\log\sin\frac{\pi}{a}\left(z-x_0+\frac{ib}{2}\right) \tag{5.124}$$

이 2개의 와열은 와열 전체가 그 형을 유지하면서 일정한 방향으로 움직이며 유동한다. 이때 성분속도는 식 (5.124)에 의하여 유도하면 다음과 같다.113)

$$v_x=\frac{\Gamma}{2a}\frac{\sinh(2\pi b/a)}{\cosh(2\pi b/a)-\cos(2\pi x_0/a)} \tag{5.125a}$$

$$v_y=\frac{\Gamma}{2a}\frac{\sin(2\pi x_0/a)}{\cosh(2\pi b/a)-\cos(2\pi x_0/a)} \tag{5.126b}$$

와열의 와의 운동방향은 다음과 같이 평가할 수 있다. $v_y=0$인 경우를 고려하면 위 식에 의해서 다음과 같다.

$$\sin\frac{2\pi x_0}{a}=0$$

따라서 다음과 관계를 얻는다.

$$x_0=0 \quad \text{또는} \quad x_0=\frac{a}{2}\omega$$

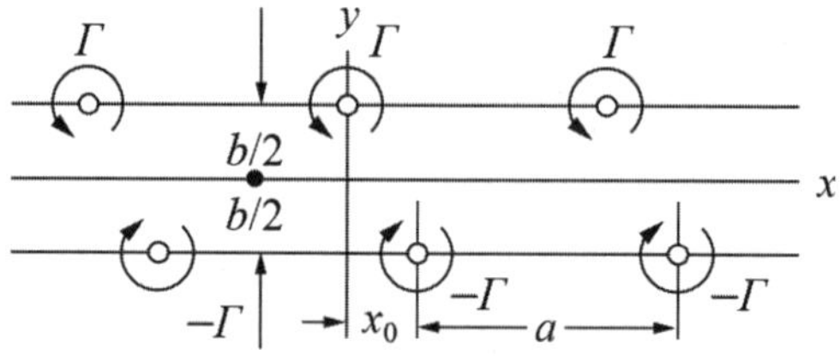

그림 5-28 Kármán 와열

113) 식에 대한 유도는 [예제 5.24]로 주어졌다.

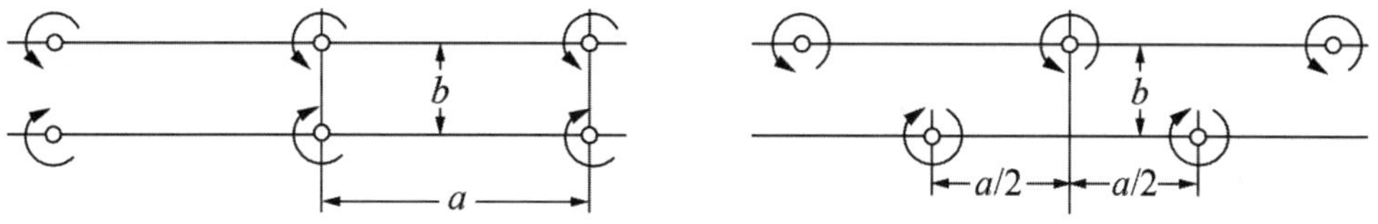

(a) 대칭형 와열　　　　(b) 비대칭 와열

그림 5-29 대칭형 와열과 비대칭 와열

$x_0=0$인 경우에는 와열이 [그림 5-9](a)과 같이 평행한 방향으로서, 이것을 대칭형와열이라고 한다. 또 $x_0=a/2$인 경우에는, [그림 5-29](b)와 같이 평향한 방향으로서 이것을 비대칭형와열이라고 한다.

와열의 속도는 식 (5.125)에 의하여 각각 다음과 같다.

$$\text{대칭형 와열 : } v_x=\frac{\Gamma}{2a}\frac{\sinh(2\pi b/a)}{\cosh(2\pi b/a)-1}=\frac{\Gamma}{2a}\frac{2\sinh(\pi b/a)\cosh(\pi b/a)}{2\sinh^2(\pi b/a)}=\frac{\Gamma}{2a}\coth\frac{\pi b}{a} \tag{5.126}$$

$$\text{비대칭형 와열 : } v_x=\frac{\Gamma}{2a}\frac{\sinh(2\pi b/a)}{\cosh(2\pi b/a)+1}=\frac{\Gamma}{2a}\frac{2\sinh(\pi b/a)\cosh(\pi b/a)}{2\cosh^2(\pi b/a)}=\frac{\Gamma}{2a}\tanh\frac{\pi b}{a} \tag{5.127}$$

다음은 이들 와열의 안정성에 대하여 검토하여 보자. 이것은 임의의 와에 작은 변위를 주어지고 그것이 시간과 더불어 어떻게 변하여 가는가를 조사하면 알 수 있다. 이와같이 검토하면 대칭형 와열은 불안정하게 되는 것이 증명된다.[114]

다음 비대칭형 와열에서는 이론상 와열 사의의 간격 b와 와의 간격 a와의 비가

$$b/a=0.28 \tag{5.128}$$

인 조건을 만족한 경우 안정하게 되는 것이 증명된다.

실제 유체중 물체의 후부에는 이와 같은 Kármán의 와열이 자주 보이지만, 특히 물체가 [그림 5-29]에 표시한 바와같이 대칭이고 후부가 뾰쪽하지 않는 경우에 잘 발생한다.

와열과 와 사이의 간격 b와 a와의 비는 물체의 형상에 따라 얼마간 차이가 있지만, 원기둥(실린더)과 같은 경우에는 $b/a=0.282$가 되어 이론과 잘 일치한다. 와열의 폭 b와 물체의 폭 D도 물체의 형에 따라 다르지만, [그림 5-30](a), (b)의 경우는 b는 D보다 약간 크고, (c)와 같이 유선형의 경우는 반대로 작고, b는 대체로 후부의 두께 d와 같다.

다음은 단위 시간당 발생하는 와의 조수 f를 고려하여 보자.[115] 물체의 유속이 v_∞인 평행류 중에 고정된

114) [예제 5.22]를 참고하라.

115) 상하 2 열의 와를 1개씩 묶어서 1조라 한다.

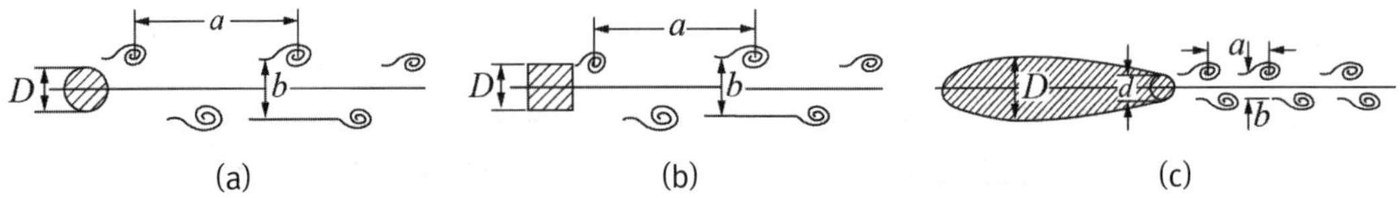

그림 5-30 Kármán 와열

경우 와열은 전술한 바와 같이 속도 $v(v \ll v_\infty)$로서 평행류의 후(뒷부분)을 추적한다. 따라서 흐름과 와열의 상대속도는 $v_\infty - v$가 된다. 그런데 $v_\infty - v$는 $a \times f$에 상당하므로 다음 관계로 주어진다.

$$f = (v_\infty - v)/a \qquad (5.129)$$

예를 들어 원기둥의 경우는 다음과 같다.

$$b/a = 0.282, \quad b/D = 1.2, \quad v/v_\infty = 0.14$$

따라서 식 (5.129)를 v_∞, D로서 표시하면 다음과 같다.

$$f = 0.202\, v_\infty / D \qquad (5.130)$$

이 상수 즉, f는 Strouhal에 의해서 연구가 시작되어 Strouhal수[116)]라 부르고 있다. Strouhal수는 물체의 형상이나 Reynolds수에 따라 다른 값을 갖지만, 대체로 다음 값을 갖는다.

원기둥(실린더) : $f = 0.20\, v_\infty / D$
평판 : $f = 0.16\, v_\infty / D$ (5.131)
날개 : $f = 0.15\, v_\infty / D$

와가 단위 시간당 f조(set)가 만들어진다는 것은 물체의 후부의 속도분포가 f주기로 변하게 되고, 따라서 압력분포도 f주기로 변하게 된다. 이것이 음의 발생의 원인이 되기도 하고, 또 이 때문에 물체는 평행류와 수직방향으로 힘을 받아 진동하는 경우도 있다. 이 힘은 보통 작지만, 진동수 f가 물체의 고유진동수와 일치하면 공진을 일으켜 격렬하면 물체를 파괴 시킨다든지 큰 음을 발생하기도 한다.

예제23

직경이 $2\ \mathrm{cm}$인 원기둥을 정지 물속에서 축 중심의 수직방향으로 $10\ \mathrm{m/s}$의 속도로 움직일 때, 진행방향으로 수직으로 진동일 일으킨다고 하자. 진동수를 구하라.

원기둥에 대한 와의 발생 수(조수)는 식 (5.131)에 의해 구할 수 있다. $v_\infty = 10\ \mathrm{m/s}$ $D = 0.02\ \mathrm{m}$ 이므로 와의 조수는 다음과 같다.

116) Strouhal수는 6장 식 (6.12)에서 정의하였다.

$$f = 0.20\frac{v_\infty}{D} = 0.20 \times \frac{10 \text{ m/s}}{0.02 \text{ m}} = 100 \text{ 조/s}$$

예제24

Kármán 와열의 복소퍼텐셜은 식 (5.124)로 주어지고, 성분속도는 식 (5.125)로 주어진다. 이것을 증명하여라.

Kármán와열에서 아랫 와열이 $z = x_0 - (ib/2)$인 어떤 와의 공역복소속도를 고려하자. 복소퍼텐셜 식 (5.124)의 $z = x_0 - ib/2$에서 와의 포텐셜을 뺀 것을 z에 대하여 미분하면 다음과 같이 주어진다.

$$\begin{aligned} v_x - iv_y &= \frac{d}{dz}\left[\frac{\Gamma}{2\pi i}\log\sin\frac{\pi}{a}\left(z - i\frac{b}{2}\right) - \left\{\frac{\Gamma}{2\pi i}\log\sin\frac{\pi}{a}\left(z - x_0 + \frac{ib}{2}\right) - \frac{\Gamma}{2\pi i}\log\left(z - x_0 + \frac{ib}{2}\right)\right\}\right]_{z = x_0 - (ib/2)} \\ &= \frac{\Gamma}{2\pi i}\left[\frac{\pi}{a}\cot\frac{\pi}{a}\left(z - i\frac{b}{2}\right) - \left\{\frac{\pi}{a}\cot\frac{\pi}{a}\left(z - x_0 + \frac{ib}{2}\right) - \frac{1}{z - x_0 + (ib/2)}\right\}\right]_{z = x_0 - (ib/2)} \\ &= \frac{\Gamma}{2\pi i}\left[\frac{\pi}{a}\cot\frac{\pi}{a}\left(z - \frac{ib}{2}\right)\right]_{z = x_0 - (ib/2)} \\ &= \frac{\Gamma}{2ai}\cot\left(\frac{\pi x_0}{a} - i\frac{\pi b}{a}\right) \end{aligned}$$

위 식을 식 (5.123)과 같이 정돈하면 성분속도는 식 (5.125)와 같이 표현 된다. 즉

$$v_x - iv_y = \frac{\Gamma}{2a}\frac{\sinh(2\pi b/a) - i\sin(2\pi x_0/a)}{\cosh(2\pi b/a) - \cos(2\pi x_0/a)}$$

따라서 속도성분은 다음과 같다.

$$v_x = \frac{\Gamma}{2a}\frac{\sinh(2\pi b/a)}{\cosh(2\pi b/a) - \cos(2\pi x_0/a)}$$

$$v_y = \frac{\Gamma}{2a}\frac{\sin(2\pi x_0/a)}{\cosh(2\pi b/a) - \cos(2\pi x_0/a)}$$

이것은 $efgh$인 어떤 와가 갖는 속도이지만, 아랫 열의 어떤 와에서도 같다고 말할 수 있으므로 결국 아랫열의 모든 와는 같은 속도로서 움직인다. 마찬가지로 윗열의 모든 와에서도 동일한 속도로 움직이므로 와열 전체가 위에 기술한 속도로서 움직이게 된다.

5.5 날개의 이론

날개(airfoil) 주위의 흐름도 순환을 도입하여 설명할 수 있다. 날개 주위로 음(-)의 순환, 즉 시계방향의 자연와류가 동반되면 날개 표면에 부착한 유체입자도 회전하기 때문에 날개 윗면에서는 속도가 증가하고 아랫면에서는 감소한다. 따라서 Bernoulli 방정식에 의해 윗면의 압력은 표준보다 낮은 음압이 되고, 아랫면

의 압력은 표준보다 높은 양압이 된다. 결국 날개는 윗면과 아랫면의 압력 차이에 의해 큰 양력이 발생하게 된다.

5.5.1 Blasius의 공식

(1) Blasius의 제1공식

정상 비회전운동을 하는 2차원 퍼텐셜흐름에 놓인 임의의 단면의 날개에 유체가 작용하는 힘의 평가는 Blasius의 제1공식이 이용된다. 즉 단위 길이(깊이)의 날개에 대하여 다음 식이 성립한다.[117)]

$$F_x - iF_y = \frac{1}{2}i\rho\oint_C\left(\frac{dw}{dz}\right)^2 dz \tag{5.132}$$

여기에서 F_x, F_y는 각각 단위 길이당 날개에 작용하는 압력에 기인한 힘의 x축 및 y축 방향 성분, w는 날개 주위 흐름의 복소함수(복소퍼텐셜), ρ는 유체의 밀도, 적분기호는 날개 주위 C에 따라 한 바퀴 회전하는 것으로 한다.

예제25

Blasius의 제1공식 식 (5.132)를 유도하라.

그림과 같이 단위 두께를 갖는 원기둥 형상의 물체에 임의의 한 점을 취하고 반시계방향(양의 방향)으로 물체 주위 S의 미소 선요소 ds를 고려하자. 포텐셜유동장이므로 선요소 ds에는 수직방향으로 유체의 압력에 기인한 힘 pds만 작용한다.

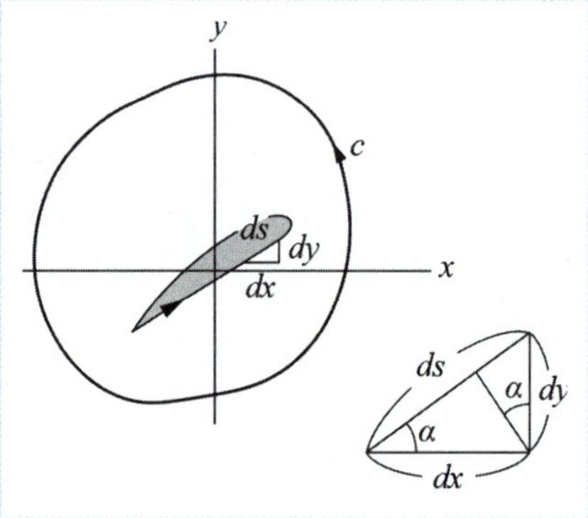

[그림 예제5.25]

물체에 작용하는 힘의 x, y축 성분의 힘을 F_x 및 F_y라고 하면 다음과 같다.

$$F_x = -\int_S \sin\alpha p ds, \quad F_y = \int_S \cos\alpha p ds \tag{R1}$$

그림을 참고하면 $ds\cos\alpha = dx$, $ds\sin\alpha = dy$이므로 위 식은 다음 식으로 표현되어

117) Blasius의 제1공식 (5.112)의 유도는 [예제 5.20]으로 주어졌다.

118) Cauchy 정리란 복소함수 $f(z)$가 정칙인 영역 내에서 임의의 폐곡선 C에 따라 순환하는 적분값은 항상

$$F_x = -\int_S pdy,\ F_y = \int_S pdx \quad \cdots\cdots (R2)$$

따라서 다음 관계식을 얻을 수 있다.

$$F_x - iF_y = -\int_S pdy - i\int_S pdx = -i\int_S p(ds - idy) \quad \cdots\cdots (R3)$$

여기서 $z = x + iy,\ \bar{z} = x - iy$라 놓으면 $dz = dx + idy,\ d\bar{z} = dx - idy$이므로 식 (R3)은 다음과 같이 표기된다.

$$F_x - iF_y = -i\int_S pd\bar{z} \quad \cdots\cdots (R4)$$

한편 원기둥 물체 주변을 따라 흐르는 유체의 속도를 v_s라 하면 Bernoulli 방정식에 의하여 $p = const - \rho v_s^2/2$이므로 위 식은 다음과 같이 쓸 수 있다.

$$F_x - iF_y = -i\int_S const.d\bar{z} + \frac{i\rho}{2}\int_S v_s^2 d\bar{z}$$

그런데 $\int_S d\bar{z} = 0$이므로 위 식은 우변 제1항이 0이 되어 다음 식이 된다.

$$F_x - iF_y = \frac{i\rho}{2}\int_S v_s^2 d\bar{z} \quad \cdots\cdots (R5)$$

또 $dz.d\bar{z} = (dx + idy)(dx - idy) = dx^2 + dy^2 = ds^2$에 의하여 $d\bar{z} = \dfrac{ds^2}{dz} = \left(\dfrac{ds}{dz}\right)^2 dz$가 되어 위 식은 다음과 같이 쓸 수 있다.

$$F_x - iF_y = \frac{i\rho}{2}\int_S v_s^2 \left(\frac{ds}{dz}\right)^2 dz \quad \cdots\cdots (R6)$$

다음, 물체 주위 흐름의 복소퍼텐셜을 $w = \phi + i\psi$이라고 하면, 물체 주위 S를 가로지르는 흐름은 없으므로 이것은 하나의 유선 ψ가 된다. 따라서 물체 주변에 따라 다음 식이 성립한다.

$$\frac{\partial\phi}{\partial s} = v_s,\ \frac{\partial\psi}{\partial s} = 0$$

그러므로

$$v_s = \frac{\partial\phi}{\partial s} = \frac{\partial\phi}{\partial s} + i\frac{\partial\psi}{\partial s} = \frac{\partial}{\partial s}(\phi + i\psi) = \frac{\partial w}{\partial s} = \frac{dw}{dz}\frac{dz}{ds},$$

이 관계를 식 (R6)에 대입하면 다음 식이 얻어진다.

$$F_x - iF_y = \frac{1}{2}i\rho\oint_S \left(\frac{dw}{dz}\right)^2 dz$$

위 식 우변의 적분은 물체 주변에 따른 적분이지만, 이 물체를 포함한 임의의 폐곡선을 C라고 하면 Cauchy의 정리[118]에 의해서 원기둥 물체 주변과 C 사이에 $(dw/dz)^2$의 특이점이 없는 경우, 또 있어도 이들의 합이 0인 경우는 S에 따른 적분을 C에 따른 적분으로 치환할 수가 있다. 따라서 Blasius의 제1공식 식 (5.132)가 얻어진다.

$$F_x - iF_y = \frac{1}{2}i\rho\oint_C \left(\frac{dw}{dz}\right)^2 dz$$

즉 Blasius의 제1공식은 정상 비회전운동을 하는 2차원 퍼텐셜흐름에 놓인 임의 단면을 갖는 물체에 유체가 작용하는 힘의 성분 F_x, F_y는 우변의 적분으로 구할 수 있음을 의미한다.

$\int_C f(z)dz = 0$이 성립한다. 또 폐곡선 C 내부에 다른 폐곡선 S가 있어도 $f(z)$는 C 및 S 위는 물론 그 사이가 정칙이면 $\int_C f(z) = \int_S f(z)$가 성립한다. 정칙이란 Cauchy-Riemann 방정식 관계가 만족함을 의미한다.

(2) Blasius의 제2공식

정상 비회전운동을 하는 2차원 퍼텐셜흐름에 놓인 날개에 유체가 작용하는 모멘트의 평가는 Blasius의 제2공식이 이용된다. 즉, 단위 두께의 날개에 대하여 다음 식이 성립한다.[119)]

$$M = -\frac{\rho}{2}\,\mathrm{Real}\left[\oint_C \left(\frac{dw}{dz}\right)^2 z\,dz\right] \tag{5.133}$$

여기서 $\mathrm{Real}\left[\oint_C \left(\frac{dw}{dz}\right)^2 z\,dz\right]$는 각 괄호 [ ]항의 값의 실수부를 의미하고, 적분 경로는 날개의 주위 C에 따라 일순하는 것으로 한다.

예제26

Blasius의 제2공식 식 (5.133)을 유도하라.

[그림 예제5.25]와 동일한 원기둥 물체 주위의 미소 선요소 ds를 고려하여 여기에 작용하는 압력 pds의 좌표원점에 대한 미소 모멘트 dM은 다음 식으로 표현된다.

$$dM = (pds\cos\alpha)x + (pds\sin\alpha)y = p(xdx + ydy) \cdots\cdots (\mathrm{R1})$$

여기서 $z = x+iy,\ \bar{z} = x-iy$라 놓으면

$$z\,d\bar{z} = (x+iy)(x-iy) = (xdx + ydy) + i(ydx - xdy)$$

이므로 dM의 실수부를 $\mathrm{Real}[z\,d\bar{z}]$로 표시하면

$$\mathrm{Real}[z\,d\bar{z}] = xdx + ydy$$

이 식을 식 (R1)에 대입하면 미소 모멘트는 다음 식으로 표현된다.

$$dM = \mathrm{Real}[pzd\bar{z}]$$

따라서 단위 두께의 물체에 작용하는 압력의 모멘트 M은 다음 식으로 구할 수 있다.

$$M = \oint_S \mathrm{Real}[pzd\bar{z}] = \mathrm{Real}\left[\oint_S pzd\bar{z}\right] \cdots\cdots (\mathrm{R2})$$

한편 Bernoulli 정리에 의해 다음 식을 얻는다.

$$p = const - \frac{\rho v_s^2}{2} = const - \frac{\rho}{2}\left(\frac{dw}{ds}\right)^2$$
$$= const - \frac{\rho}{2}\left(\frac{dw}{dz}\right)^2\left(\frac{dz}{ds}\right)^2$$

이것을 식 (R2)에 대입하면 다음 식이 된다.

$$M = \mathrm{Real}\left[\oint_S \left\{const. - \frac{\rho}{2}\left(\frac{dw}{dz}\right)^2\left(\frac{dz}{ds}\right)^2\right\} zd\bar{z}\right]$$

그런데 $\int_S zd\bar{z} = 0$이므로 위 식은 다음 식으로 표현된다.

$$M = -\frac{\rho}{2}\mathrm{Real}\left[\oint_S \left(\frac{dw}{dz}\right)^2\left(\frac{dz}{ds}\right)^2 zd\bar{z}\right]$$

또 전술한 바와 같이 $d\bar{z} = \left(\frac{ds}{dz}\right)^2 dz$이므로 이 관계를 위 식에 대입하면 다음 식이 얻어진다.

---

119) Blasius의 제2공식의 유도는 [예제5.26]에 주어졌다.

$$M = -\frac{\rho}{2}\text{Real}\left[\oint_S \left(\frac{dw}{dz}\right)^2 z\,dz\right]$$

물체의 주변 S 대신에 임의의 폐곡선 C를 고려하여 S와 C사이에 $(dw/dz)^2 z$의 특이점이 없는 경우, 또 있어도 그것의 합이 0이 되는 경우는 위 식의 우변의 S에 따른 적분을 C에 따라 적분을 하여도 지장이 없으므로 Blasius의 제2공식 식 (5.133)이 얻어진다. 즉,

$$M = -\frac{\rho}{2}\text{Real}\left[\oint_C \left(\frac{dw}{dz}\right)^2 z\,dz\right]$$

5.5.2 Kutta-Joukowski의 정리

(1) Kutta-Joukowski의 정리

비점성・비압축성 유체에 놓인 그 주위에 순환 Γ를 갖는 물체는 형상에 관계없이 상대속도 방향으로는 힘이 발생하지 않고 흐름에 직각방향으로 $\rho v_r \Gamma$의 힘을 발생한다. 이것을 Kutta-Joukowski의 정리라 한다. 즉, Kutta-Joukowski 정리는 단위 폭을 갖는 물체에 작용하는 양력 F_L 및 항력 F_D가 다음 식으로 표현된다.

$$F_L = \rho v_r \Gamma, \quad F_D = 0 \tag{5.134}$$

여기서 밀도 ρ는 유체의 밀도, v_r은 상대속도이다.

예제27

순환 Γ를 동반한 속도가 v인 균일 유동장에 반경이 a인 원기둥을 가로 놓았을 때 원기둥 주위의 흐름에 대한 복소퍼텐셜은 다음 식으로 주어진다. 원기둥이 받는 양력을 구하라.

$$w = vz + v\frac{a^2}{z} - \frac{\Gamma}{2\pi i}\log z$$

위 복소퍼텐셜 식의 우변 제1항과 제2항의 합은 속도가 v인 균일 유동장에 반경이 a인 원기둥 주위의 흐름에 대한 것이고, 제3항은 원점을 중심으로 순환 $-\Gamma$인 순환류를 가리킨다.

먼저 Blasius의 제1공식을 사용하여 원기둥에 미치는 전압력을 계산한다. 그러나 Blasius의 제2공식은 현 상황에서는 불필요하다. 이것은 흐름이 y축에 대하여 대칭이므로 원의 중심에 관한 압력의 모멘트 총합은 0이 되기 때문이다.

복소퍼텐셜의 미분의 제곱은 다음과 같다.

$$\left(\frac{dw}{dz}\right)^2 = v^2 - \frac{\Gamma v}{\pi i}\frac{1}{z} - \left(2a^2v^2 + \frac{\Gamma^2}{4\pi^2}\right)\frac{1}{z^2} + \frac{a^2\Gamma v}{\pi i}\frac{1}{z^3} + a^4v^2\frac{1}{z^4} \quad \cdots\cdots \text{(R1)}$$

위 식의 우변은 명확히 $|z|=a$인 원의 외부에 특이점을 갖지 않는다. 따라서 원을 감싼 임의의 폐곡선 C에 따라서 적분을 할 수 있다.

Blasius의 제1공식, 즉

$$F_x - iF_y = \frac{i\rho}{2}\oint_C \left(\frac{dw}{dz}\right)^2 dz$$

의 우변에 식 (R1)을 대입하면 다음 식을 얻는다.

$$F_x - iF_y = \frac{i\rho}{2}\oint_C \left[v - \frac{\Gamma v}{\pi i}\frac{1}{z} - \left(2a^2v^2 + \frac{\Gamma^2}{4\pi}\right)\frac{1}{z^2} + \frac{a^2\Gamma v}{\pi i}\frac{1}{z^3} + a^4v^2\frac{1}{z^4}\right]dz \quad \cdots\cdots (R2)$$

따라서 Cauchy의 정리에 의하여

$$\oint_C z^m dz = \begin{cases} 0, & (m \neq -1) \\ 2\pi i, & (m = -1) \end{cases}$$

이므로 식 (R2)의 우변 [ ]내의 제2항의 적분만 남아 다음 식을 얻는다.

$$F_x - iF_y = -i\rho\Gamma v$$

따라서

$$F_x = 0, \ F_y = \rho\Gamma v$$

이 식은 속도가 v인 균일 평행류에 놓인 원기둥이 순환 $-\Gamma$를 갖는 경우, 흐름에 수직방향으로 $\rho v\Gamma$인 양력을 받음을 의미한다. 이것은 또한 정지 유체 중을 속도 v로 달리는 원기둥이 순환 Γ인 순환류를 갖는 경우, 달리는 방향의 수직으로 양력 $\rho v\Gamma$을 받는 것과 같다. 이 결과를 Kutta-Joukowski의 정리라 한다.

(2) Kutta 조건

비점성·비압축성 유체 중에 놓인 후연이 뾰족한 물체는 정체점이 이론과는 달리 항상 물체 후미의 뾰족한 끝에 생기게 된다. 이것은 물체 후미에서 적합한 크기의 순환이 유발되기 때문이다. 이것을 Kutta의 조건이라 한다.

비행기가 하늘로 올라 날 수 있는 것은 Bernoulli 정리만으로는 설명이 되지 않고 Kutta의 조건이 뒤따라야 비로소 설명이 가능해진다. Bernoulli 정리는 유속의 차이가 있다는 전제하에 압력차가 생겨 양력이 발생하는 것을 설명하고 있지만, 그러나 왜 날개 윗면과 아랫면에서 유속이 다른 이유는 설명하고 있지 않다. Kutta의 조건은 이 이유를 설명하고 있는데, 날개의 윗면과 아랫면에서 속도가 다른 것은 날개 둘레에 공기의 순환이 존재하기 때문이라는 것이다. 이때 순환 Γ의 크기는 날개의 형상과 상대속도가 주어지더라도 결정할 수 없고 Kutta-Joukowski 정리 식 (5.134)에 의해 $\Gamma = F_L/\rho v_r$로 구할 수 있다.

5.5.3 등각사상

(1) 등각사상

2개의 복소수 $\zeta = \xi + i\eta$, $z = x + iy$ 사이에 다음 관계가 있다고 하자.

$$\zeta = f(z) \tag{5.135}$$

단 $f(z)$는 z의 함수(정칙함수)이고, z평면상의 한 점은 ζ평면상의 한 점에 대응한다고 하자.

[그림 5-31]의 복소평면을 고려하자. 식 (5.135)의 관계에서 z평면상의 P점(좌표 z)에 대하여, ζ평면상의 Q점(좌표 ζ)이 대응하고, 또 z평면상의 P점과 가까운 두 점 P_1, P_2(좌표를 각각 $z+\delta z$, $z+\Delta z$)에 대해서는 ζ평면상의 두 점 Q_1, Q_2(좌표를 각각 $\zeta+\delta\zeta$, $\zeta+\Delta\zeta$)에 대응하는 것이라고 하면 $\zeta=f(z)$, $\zeta+\delta\zeta=f(z+\delta z)$, $\zeta+\Delta\zeta = z+\Delta z$에 의하여 다음 관계가 성립한다.

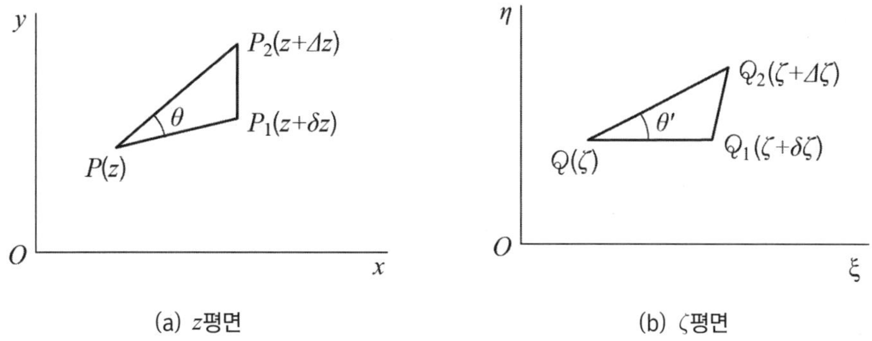

그림 5-31 복소평면

$$\frac{\delta\zeta}{\delta z}=\frac{f(z+\delta z)-f(z)}{\delta z}$$

$$\frac{\Delta\zeta}{\Delta z}=\frac{f(z+\Delta z)-f(z)}{\Delta z}$$

여기서 $\overline{PP_1}$, $\overline{PP_2}$를 0에 가깝게 취하면 $\delta\zeta/\delta z$와 $\Delta\zeta/\Delta z$는 모두 $d\zeta/dz=f'(z)$에 가깝다. 따라서 $\overline{PP_1}$, $\overline{PP_2}$가 충분히 작을 때에는 다음 관계가 성립한다.

$$\frac{\delta\zeta}{\delta z}=\frac{\Delta\zeta}{\Delta z}\ \rightarrow\ \frac{\Delta z}{\delta z}=\frac{\Delta\zeta}{\delta\zeta}$$

즉 $\dfrac{\overline{PP_2}}{\overline{PP_1}}e^{i\theta}=\dfrac{\overline{QQ_2}}{\overline{QQ_1}}e^{i\theta'}$이므로 다음 관계가 성립한다.

$$\therefore\ \frac{\overline{PP_2}}{\overline{PP_1}}=\frac{\overline{QQ_2}}{\overline{QQ_1}},\quad \theta=\theta',\quad \triangle PP_1P_2\propto\triangle QQ_1Q_2$$

즉 $\zeta=f(z)$에 의하여 z평면상의 미소 도형은 ζ평면상에 비슷한 모양으로 옮겨 그릴 수 있다. 예를 들면 z평면상의 두 곡선이 이루는 각은 ζ평면상에 옮겨 그린 두 곡선이 이루는 각과 같다. 따라서 $\zeta=f(z)$인 관계를 사용하여 z평면상의 곡선을 ζ평면상에 옮겨 그린 것을 등각사상이라 한다. 그러나 $d\zeta/dz$의 값은 ζ평면상의 위치에 따라 다르기 때문에 큰 도형은 비슷하게 사상되지 않는다. 또 $d\zeta/dz$가 0 혹은 ∞가 되는 점에서는 등각사상은 행할 수 없다.

다음은 이것을 어떻게 응용할 수 있는지에 대하여 다음 관계로 검토하여 보자.

$$\zeta=f(z) \tag{5.136}$$

[그림 5-32]에 나타낸 바와 같이 z평면의 k인 경계가 ζ평면에서 K인 경계로 사상된다고 하자. z평면의 k를 경계로 하는 흐름이 다음과 같이 복소퍼텐셜로 표현된다고 하자.

$$w=\phi+i\psi=F(z) \tag{5.137}$$

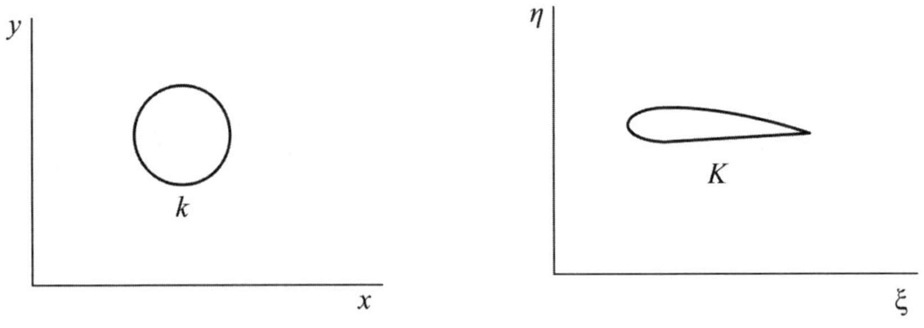

(a) z평면 (b) ζ평면

그림 5-32 등각사상

이 식은 식 (5.136)의 관계를 고려하여 다음 식으로 표현된다고 하자.

$$w = \phi + i\psi = G(\zeta) \tag{5.118}$$

$G(\zeta)$는 ζ평면에서 정칙함수이고 또한 K가 유선이 되므로 K를 경계로 하는 복소퍼텐셜이 된다.

따라서 ζ평면상에서 K를 경계로 하는 흐름이 복잡하여 직접적으로 구할 수 없어도 z평면상에서 k를 경계로 하는 흐름으로 간단히 구할 수 있는 경우에는 다음 관계를 사용하여 구할 수 있다.

$$\frac{dw}{d\zeta} = \frac{dw}{dz}\frac{dz}{d\zeta}$$

즉 dw/dz, $dz/d\zeta$를 알면 $dw/d\zeta$를 구할 수가 있다.

예제28

$\zeta = 1/z$인 관계가 있을 때, z평면에서 양 축에 각각 평행한 직선 $x = C_1$ 및 $y = C_2$는 ζ평면에서 어떤 곡선으로 사상되는가?

$\zeta = 1/z$에 의하여 $\xi + i\eta = 1/(x+iy)$이므로 다음 관계를 얻을 수 있다.

$$x + iy = \frac{1}{\xi + i\eta} = \frac{\xi - i\eta}{\xi^2 + \eta^2}$$

양변의 실수부와 허수부를 각각 같다고 놓으면 다음 관계가 얻어진다.

$$x = \frac{\xi}{\xi^2 + \eta^2},\ y = -\frac{\eta}{\xi^2 + \eta^2}$$

위 식에서 $x = C_1$, $y = C_2$을 대입하고 정리하면 다음 식이 된다.

$$\left(\xi - \frac{1}{2C_1}\right)^2 + \eta^2 = \frac{1}{4C_1^2},\ \xi^2 + \left(\eta + \frac{1}{2C_2}\right)^2 = \frac{1}{4C_2^2}$$

즉 이 사상은 각각 원이고, 하나는 실수부축 상에, 다른 하나는 허수부 축상에 중심을 갖고 모두 원점을 통과한다. [그림 예제5.28](a)의 z평면상에 2개 직선이 직교하는 것은 그림(b)의 ζ평면상으로의 사상에서는 2개의 원이 직교하는 것이 된다. 이것이 등각사상이다.

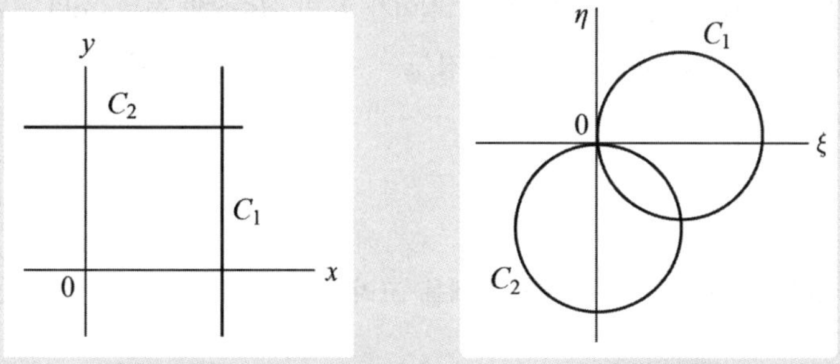

(a) z평면 (b) ζ평면

[그림 예제5.23]

(2) 평면 판의 사상

z평면과 ζ평면 사이의 다음 관계식을 고려하자.

$$\zeta = z + \frac{a^2}{z} \ (\text{단 } a > 0) \tag{5.139}$$

위 관계식을 이용하여 z평면에서 원에 대응하는 ζ평면상의 모양을 나타내 보자. z평면상의 원점을 중심으로 반경 a인 원주 상의 임의의 z점은 다음 식으로 표현된다.

$$z = ae^{i\theta} \tag{5.140}$$

이 식을 식 (5.139)에 대입하면 다음 식이 된다.

$$\zeta = ae^{i\theta} + ae^{-i\theta} = 2a\cos\theta$$

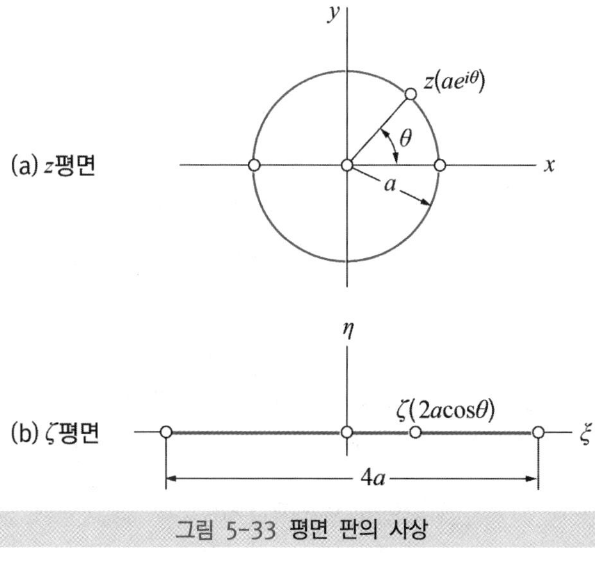

그림 5-33 평면 판의 사상

이 식에 의해서 ζ평면의 ζ점은 중심이 원점에 있고, 길이가 $4a$인 실축상의 선분, 소위 평판날개를 일주한다. 즉, z평면에서 $z=a$인 점은 ζ평면에서 $\zeta=2a$인 점, $z=-a$인 점은 ζ평면에서 $\zeta=-2a$인 점과 일치한다. 이것을 [그림 5-33]에 나타냈다.

(3) 원호의 사상

z평면과 ζ평면 사이를 식 (5.139)와 동일한 관계를 고려하자.

$$\zeta = z + \frac{a^2}{z} \quad (\text{단 } a > 0)$$

[그림 5-33]에 나타낸 바와 같이 z평면에서 중심 M을 y축 상에 $y=f$ 위치에 두고, $z=\pm a$인 원주상에 z가 있다고 하면 원주상에서는 다음 조건을 만족한다.

$$\theta = const$$

따라서 다음 식이 성립한다.

$$\theta_1 - \theta_2 = const \tag{5.141}$$

다음, z평면에서 $z=a,\ -a$인 점은 이것을 식 (5.139)에 대입하면 $\zeta=2a,\ -2a$가 되므로 $z=a,\ -a$에 대응하는 점은 ζ평면에서는 $\zeta=2a,\ -2a$가 된다. 이것을 [그림 5-33]에 나타냈다.
z평면에서 z와 $-a,\ +a$를 연결하는 선분을 $r_1,\ r_2$라 하고, 이것들이 x축과 이루는 각을 각각 $\theta_1,\ \theta_2$라 하자. z평면의 원호상의 z점에 대응하는 ζ평면상의 점을 ζ라 하고, ζ와 $-2a,\ +2a$을 연결하는 선분을 $R_1,\ R_2$라 하고, 이것들이 ξ축과 이루는 각을 각각 $\Theta_1,\ \Theta_2$라고 하자.

z평면에서 다음 관계가 성립한다.

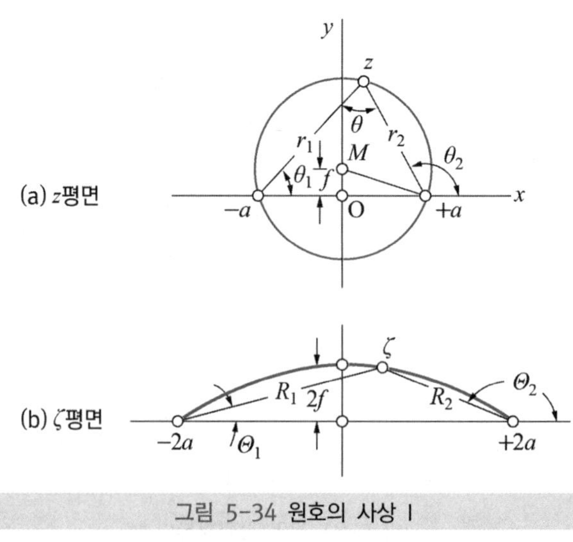

그림 5-34 원호의 사상 I

$$z+a=r_1e^{i\theta_1},\ z-a=r_2e^{i\theta_2}\ \rightarrow$$

$$\frac{z+a}{z-a}=\frac{r_1e^{i\theta_1}}{r_2e^{i\theta_2}}=\frac{r_1}{r_2}e^{i(\theta_1-\theta_2)}$$

따라서 위 식의 제곱에 식 (5.139)를 고려하면 다음 식을 얻는다.

$$\left(\frac{r_1}{r_2}\right)^2e^{i2\theta_1}=\left(\frac{z+a}{z-a}\right)^2=\frac{z^2+2az+a^2}{z^2-2az+a^2}=\frac{z+\dfrac{a^2}{z}+2a}{z+\dfrac{a^2}{z}-2a}$$

$$=\frac{\zeta+2a}{\zeta-2a} \tag{5.142}$$

다음 ζ평면에 대해서도 유사하게 고려하면 다음 식을 얻는다.

$$\zeta+2a=R_1e^{i\Theta_1},\ \zeta-2a=R_2e^{i\Theta_2}\ \rightarrow$$

$$\left(\frac{r_1}{r_2}\right)^2e^{i2\theta_1}=\left(\frac{R_1}{R_2}\right)e^{i(\Theta_1-\Theta_2)} \tag{5.143}$$

위 식은 식 (5.142)에 의하여 $\theta_1-\theta_2=const$이므로 다음 관계가 성립한다.

$$\Theta_1-\Theta_2=const \tag{5.144}$$

즉 z평면에서 z가 원주상을 일주하면, 이것에 대응하는 ζ는 ζ평면상에서 $x=\pm 2a$이며, $\Theta_1-\Theta_2=const$가 되는 원호를 일주한다.

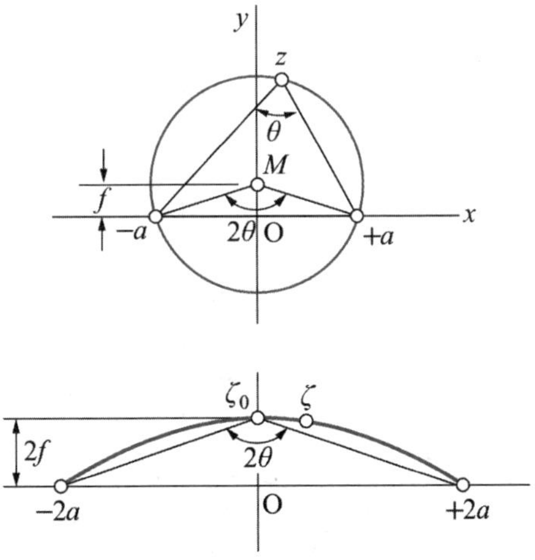

그림 5-35 원호의 사상 II

또한 [그림 5-35](a)에서 $\angle(a)M(-a) = 2\times\angle(a)z(-a)$이고, 식 (5.143)에 의하여 $\angle(2a)\zeta_0(-2a) = 2\times\angle(a)z(-a)$가 되므로 결국 $\triangle(2a)\zeta_0(-2a) \backsim \triangle(a)M(-a)$가 되어, 전자의 저변은 후자의 저변의 2배이므로 $\overline{\zeta_0 O} = 2\overline{MO} = 2f$가 된다.

(4) Joukowski 날개의 사상

Joukowski 날개의 사상을 고려하자. 이것은 z평면과 ζ평면 사이가 식 (5.139)와 동일한 관계가 있지만 [그림 5-36]에 나타낸 바와 같이 반경 a_0인 원의 중심 M을 x축, y축상이 아닌 원점 O에 가까운 곳에 취한다. 이 원과 x축과의 교점을 A라 하고, 원점 O와 A점 사이의 거리를 a라고 하자. z를 중심이 M인 원주 상에 취하고, $\overline{Oz}$와 z축이 이루는 각 θ와 동일하게 x축에 대하여 $\overline{Oz}$와 반대쪽으로 $\overline{Oz'}$을 그려서

$$\overline{Oz}\times\overline{Oz'} = a^2 \tag{5.145}$$

이 되도록 z'를 취하면 식 (5.145)에 의하여 다음 관계식을 얻는다.

$$z' = \overline{Oz'}\,e^{-i\theta} = \frac{a^2}{\overline{Oz}}e^{-i\theta} = \frac{a^2}{\overline{Oz}\,e^{i\theta}} = \frac{a^2}{z}$$

이 식의 결과는 z'점이 식 (5.139)의 우변 제 2항이므로, $\overline{Oz}$와 $\overline{Oz'}$와의 합벡터 $\overline{OP}$를 나타내는 점 P는 식 (5.139)에 의하여 ζ의 값이 된다. 이 P점, 즉 ζ는 z에 대응하는 날개형상 위의 점이 된다. 이 날개의 형을 Joukowski 익형이라고 한다. 원의 중심 M의 위치를 적절히 선택하는 방법에 따라 여러 가지 형상의 날개가 얻어진다.

또 z'점은 MA상에 중심을 갖는 원주상에 있게 된다. 이것을 증명해보자. [그림 5-37]과 같이 z점이 원의 주위를 돌아 B점에 도달하면 z'점은 B'에 도달하여 다음 식이 성립한다.

$$\overline{OB}\times\overline{OB'} = a^2 \tag{5.146}$$

식 (5.145), (5.146) 등에 의하여 $\triangle B'z'O$와 $\triangle zBO$는 상사를 이루므로 다음 관계가 성립한다.

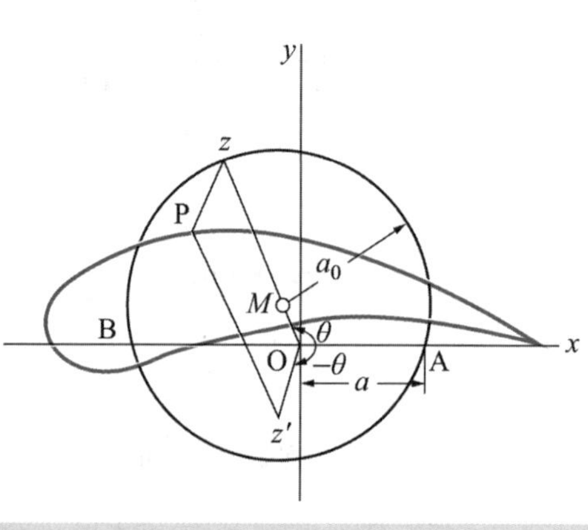

그림 5-36 Joukowski 익형 I

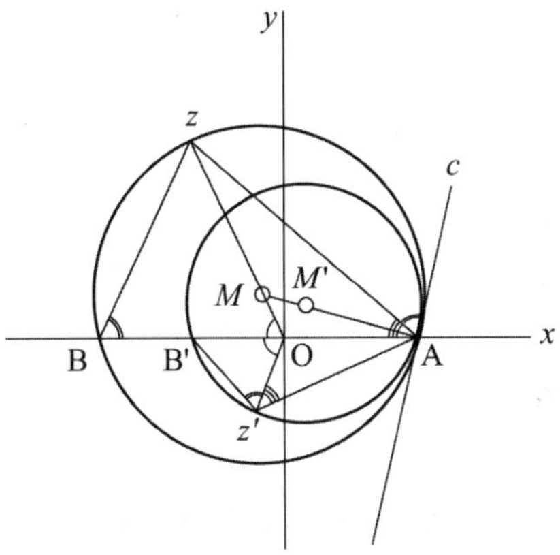

그림 5-37 Joukowski 익형 II

$$\angle B'z'O = \angle zBO \tag{5.147}$$

$\triangle Az'O$와 $\triangle zAO$도 동일하게 상사를 이루므로 다음 관계가 성립한다.

$$\angle Az'O = \angle zAO \tag{5.148}$$

식 (5.147)과 (5.148)을 더하면 다음 식이 된다.

$$\angle B'z'A = \angle zBO + \angle zAO \tag{5.149}$$

중심이 M인 원의 A점에서 접선 AC를 그리면 $\angle zBO = \angle CAz$가 되므로 이것을 식 (5.149)에 대입하면 다음 관계를 얻는다.

$$\angle B'z'A = \angle CAO \tag{5.150}$$

AC는 중심이 M인 원의 접선이지만 식 (5.150)에 의하여 동시에 A, z', B'를 통과하는 원의 접선이기도 하다. 따라서 z'점은 $\overline{MA}$ 상에 중심을 갖고 A, B'를 통과하는 원주상의 점임을 알 수 있다.

5.5.4 날개 주위의 흐름

날개 주위의 흐름에서 발생하는 양력 F_L은 날개 주위에 순환류(순환 Γ)가 발생한 결과로 해석하면 이론적으로 쉽게 유도할 수 있다. 가장 간단한 예로서 평판 날개를 고려하자.

[그림 5-38](a)에 표시한 바와 같이 길이 $4a$인 평판 날개가 유속 v_∞인 평행류를 α의 각도로서 받는다고 하자. 평면 판의 등각사상에 의하여 그림(a)의 평판 날개는 그림(b)의 원점을 중심으로 반경 a인 원기둥으로 대체할 수 있다. 한편 원기둥 주위의 순환류는 순환강도가 $-\Gamma$라고 가정하자.

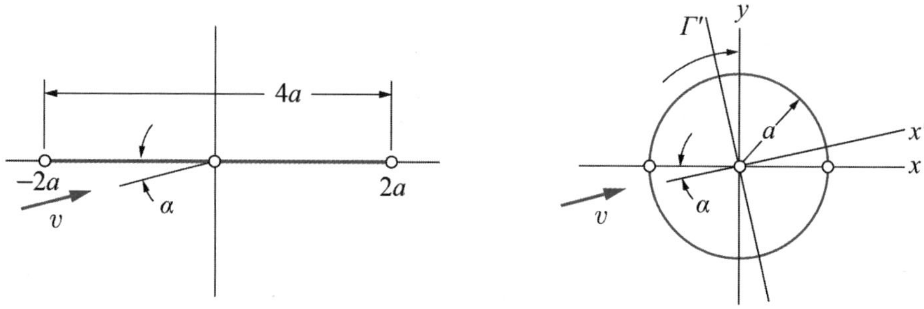

(a) ζ평면 (b) z평면

그림 5-38 날개 주위의 흐름

원기둥 주위의 유동방향으로 좌표축(x', y')을 취하여 $z' = x' + iy'$라고 하면 순환을 동반한 원기둥 주위의 흐름에 대한 복소퍼텐셜은 다음과 같이 표현된다.[120)]

$$w = vz' + v\frac{a_0^2}{z'} - \frac{\Gamma}{2\pi i}\log z' \tag{5.151}$$

[그림 5-39]를 고려하면 $z = re^{i(\theta+\alpha)} = re^{i\theta}e^{i\alpha} = z'e^{i\alpha}$, 따라서 $z' = ze^{-i\alpha}$가 되어 이 값을 위 식에 대입하고 상수를 생략하면 다음 식이 된다.

$$w = v\left(ze^{-i\alpha} + \frac{a^2e^{i\alpha}}{z}\right) - \frac{\Gamma}{2\pi i}\log z \tag{5.152}$$

다음은 식 (5.139)의 $\zeta = z + (a^2/z)$인 관계에 의해서 ζ 평면의 날개의 후단 $2a$에서의 속도는 $(dw/d\zeta)_{\zeta=2a}$에 의하여 구해지지만, $\zeta = 2a$는 $z = a$에 대응하므로 다음 식이 성립한다.

$$\left(\frac{dw}{d\zeta}\right)_{\zeta=2a} = \left(\frac{dw}{d\zeta}\right)_{z=a} = \left(\frac{dw}{dz}\cdot\frac{dz}{d\zeta}\right)_{z=a} = \left(\frac{dw}{dz}\right)_{z=a}\left(\frac{dz}{d\zeta}\right)_{z=a} \tag{5.153}$$

평판 날개의 사상 식 (5.139)를 미분하면

$$\left(\frac{d\zeta}{dz}\right)_{z=a} = \left(1 - \frac{a^2}{z^2}\right)_{z=a} = 0$$

가 되어 $(dz/d\zeta)_{z=a} = \infty$가 되므로 식 (5.153)의 좌변이 유한한 값이 되기 위해서는 다음 식을 만족해야 된다.

$$\left(\frac{dw}{dz}\right)_{z=a} = 0 \tag{5.154}$$

위 식에 식 (5.152)를 대입하여 미분하면 다음 식이 된다.

120) 순환을 동반한 원기둥 주위 흐름에 대한 복소퍼텐셜은 [예제5.25]에 주어졌다.

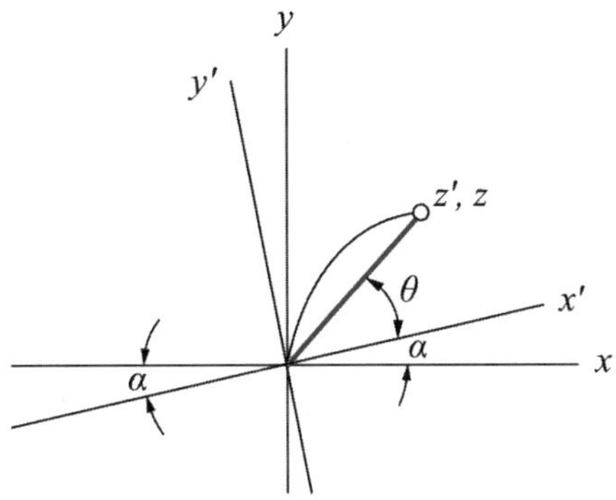

그림 5-39

$$\left[v\left(e^{-i\alpha}-\frac{a^2e^{i\alpha}}{z^2}\right)-\frac{\Gamma}{2\pi i}\frac{1}{z}\right]_{z=a}=0 \rightarrow$$

$$\Gamma = -2\pi i\, av(e^{i\alpha}-e^{-i\alpha})$$

따라서 순환 값은 다음과 같다.

$$\Gamma = \pi(4a)v\sin\alpha \tag{5.155}$$

Kutta-Joukowski의 정리에 의하면 식 (5.134)에 표시한 바와 같이 양력은 $\rho v\Gamma$로 주어지므로 평판 날개가 받는 양력 F_L은 순환 Γ에 식 (5.135)를 고려하면 다음과 같다.

$$F_L = \rho v\Gamma = 4\pi a\rho v^2\sin\alpha \tag{5.156}$$

이 식이 평판 날개에 각도 α, 속도 v인 균일 평행류와 부딪힐 경우 발생하는 양력에 대한 이론식이다.

동일한 방법으로 [그림 5-40]에 나타낸 바와 같이 익현길이 $4a$, 익현두께 $2b$인 원호날개에 각도(영각) α로 유체가 부딪힌 경우의 양력 F_L는 다음 식으로 주어진다.

$$F_L = 4a\sqrt{1+\tan^2\beta}\,\pi\rho v^2\sin(\alpha+\beta)$$

α, β가 작은 경우에는 근사적으로 다음 식으로 평가할 수 있다.

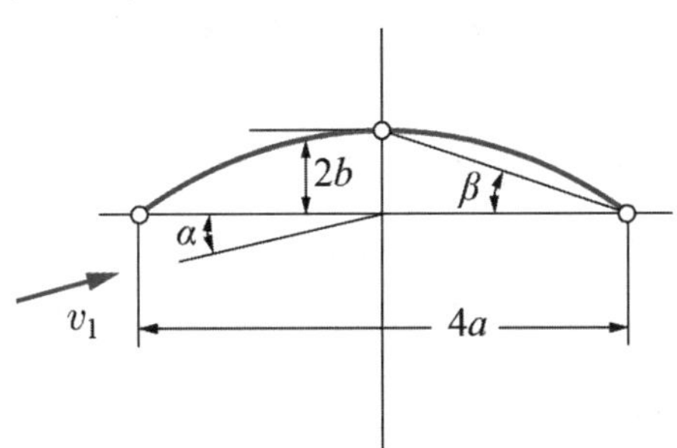

그림 5-40

$$F_L \fallingdotseq 4a\pi\rho v^2(\alpha+\beta)$$

이 식과 $F_L = C_L(\rho v^2/2)4a$에 의해서 양력계수 C_L 및 미분은 다음과 같다.

$$C_L \fallingdotseq 2\pi(\alpha+\beta) \rightarrow \frac{dC_L}{d\alpha} \fallingdotseq 2\pi$$

이것은 이론값이지만 실험에 의하면 $dC_L/d\alpha$는 5.6 정도이므로 근사하게 일치함을 알 수 있다.

예제29

[예제5.29] 그림과 같이 익현길이 $4a$, 익현두께 $2b$인 원호날개에 영각 α의 각도로서 속도 v_∞인 평행류가 부딪힌 경우의 순환상수 Γ 및 양력 F_L를 구하여라.

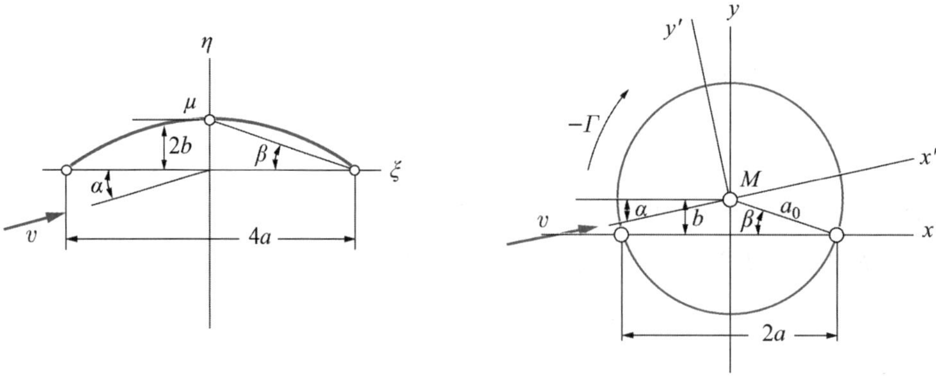

(a) (b)

[그림 예제5.29]

원호의 등각사상에서 기술한 바와 같이 [그림 예제5.25](a)의 원호 익은 그림(b)의 원기둥으로 사상된다. 그림(b)에서 M을 원점으로 하여 z'축을 평행류와 평행하게 취하고, 이것과 수직으로 y'축을 취한다. 이것을 좌표로 하는 복소퍼텐셜을 구하면 다음과 같다.

$$w = v_\infty z' + v_\infty \frac{a_0^2}{z'} - \frac{\Gamma}{2\pi i}\log z'$$

그런데 $z' = (z-ib)e^{-i\alpha}$인 관계가 있으므로 이것을 위 식에 대입하여 부가상수를 생략하면 다음 식으로 표시할 수 있다.

$$w = v_\infty(z-ib)e^{-i\alpha} + v_\infty \frac{a_0^2 e^{i\alpha}}{(z-ib)} - \frac{\Gamma}{2\pi i}\log(z-ib)$$

이 식을 $(dw/dz)_{z=a}=0$에 대입하여 예제 그림(b)에 표시한 바와 같이 $a-ib=a_0e^{-i\beta}$로 놓으면 다음 식을 얻는다.

$$v_\infty e^{-i\alpha} - v_\infty e^{i(\alpha+2\beta)} - \frac{\Gamma e^{i\beta}}{2\pi i a_0} = 0$$

따라서 순환 상수 Γ 및 양력 F_L는 다음과 같다.

$$\Gamma = 4a_0 \pi v_\infty \sin(\alpha+\beta) = 4a\sqrt{1+\tan^2\beta}\,\pi v_\infty \sin(\alpha+\beta)$$

$$F_L = \rho v_\infty \Gamma = 4a\sqrt{1+\tan^2\beta}\,\pi \rho v_\infty^2 \sin(\alpha+\beta)$$

실제 균일유동 중에 놓인 날개가 어떤 영각에 놓으면 날개 자신이 회전하고 있지 않아도 날개의 상면과 하면과의 압력 차이에 의하여 순환류(속박와류)가 발생하고, 따라서 이를 고려하여 양력을 계산할 수 있다. 날개 주위의 순환류의 존재는 여러 가지 실험 및 이론에서도 증명된다. 여기에 대해서는 9장 9.4.2 날개의 성능 (3) 유동항력에서 설명한다.

CHAPTER 05

비점성 · 비압축성 유체의 유동 / 연습문제

[유동함수]

01

비압축성 2차원 유동장의 속도성분이 다음과 같다. 이에 따른 유동함수를 구하라.

$v_x = x^2,\ v_y = -2xy + x$

02

비압축성 2차원 유동장의 성분속도가 다음과 같이 주어질 때 유동함수를 구하라.

(a) $v_x = 4,\ v_y = 3x$

(b) $v_x = 4y,\ v_y = 3x$

(a) $v_r = c/r,\ v_\theta = 0$

03

유량함수가 $\psi = 2xy$로 주어질 때 x=3, y=6에서 속도를 구하라.

04

속도장이 다음과 같이 주어질 때, 유동함수와 점(2, 3, 4)에서의 속도를 구하라.

$\mathbf{v} = (x+y)\mathbf{i} + (y+z)\mathbf{j} + (x^2+y^2+z^2)\mathbf{k}$

05

비압축성 2차원 유동장의 유동함수가 다음과 같을 때 이 유동의 유선을 그려라.

$\psi = 3x^2y + y$

06

어떤 비압축성 2차원 유동장의 유선들이 모두 동심원으로 나타나서 $v_r = 0$이다. A가 상수일 때 다음의 각 경우에 대한 유동함수를 구하라.

(a) $v_\theta = Ar$, (b) $v_\theta = Ar^{-1}$

07

어떤 2차원 유동장의 속도성분이 $v_x = 0,\ v_y = v$로 주어질 때 다음을 구하라.

(a) 데카르트좌표계와 원통좌표계에 대한 유동함수

(b) 이 유동장의 반경방향과 접선방향의 속도성분

08

비압축성 2차원 유동장에서 x방향 성분이 $v_x = 2x$로 주어질 때 다음을 구하라.

(a) x축 상에서 $v_y = 0$일 때 속도의 y방향 성분

(b) 이 유동에서 [그림 P5.8]의 면 OA를 가로지르는 평균속도$(\mathrm{m/s})$. 단 x와 y의 단위는 m이다.

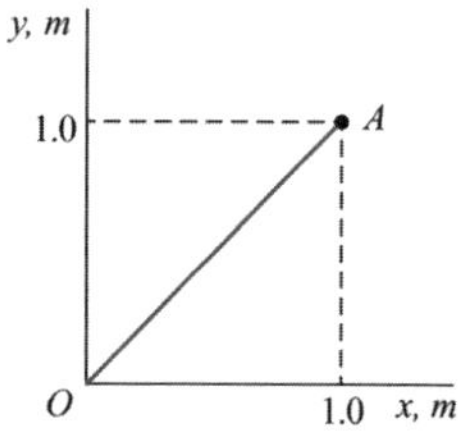

[그림 P5.8]

09

비압축성 2차원 유동장에 대해 유동함수가 다음 식으로 주어졌다.

$$\psi = 3x^2y - y^3$$

여기서 유동함수의 단위는 $\mathrm{m^2/s}$이고 x와 y의 단위는 m이다.

(a) 원점을 지나는 유선을 그려라.

(b) [그림 P5.9]의 직선 AB를 가로지르는 유량을 구하라.

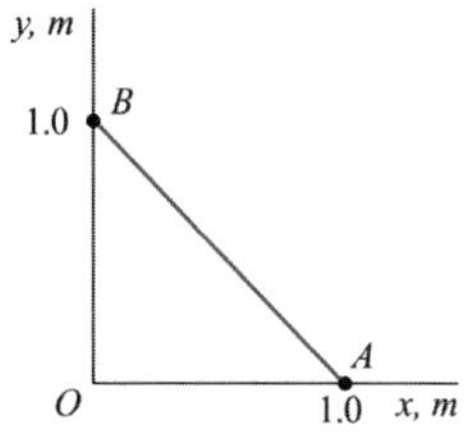

[그림 P5.9]

10

다음의 각 유동함수(단위 $\mathrm{m^2/s}$)에 대하여 $x = 1\ \mathrm{m}$, $y = 2\ \mathrm{m}$에서의 속도벡터의 크기와 방향(축에 대한 각도)을 구하라.

(a) $\psi = xy$

(b) $\psi = -2x^2 + y$

11

$v_x = -y$이고 $v_y = x$인 2차원 비압축성유동이 있다. 좌표 $x = 10$, $y = 0$인 점을 지나는 유선은 원점에 중심을 둔 원이 된다는 것을 보여라.

[퍼텐셜유동]

12

극좌표의 유선 $\psi(r, \theta)$과 등속도퍼텐셜선 $\phi(r, \theta)$가 서로 직교함을 증명하라.

13

퍼텐셜 유동은 Laplace 방정식의 지배를 받는다. 직각좌표계의 속도성분 v_x, v_y, v_z는 Laplace 방정식을 만족시킴을 보여라.

14

2차원 비압축성유동의 x축 방향 속도성분이 다음과 같이 주어진다. 이 유동은 비회전유동인가?

$$v_x = \frac{x}{(x^2 + y^2)^{3/2}}$$

15

2차원 비압축성유동의 유동함수가 다음과 같다.

$$\psi = ay^2 - bx$$

여기서 a와 b는 상수이다. 이것은 비회전운동인가 설명하라.

CHAPTER 05

비점성 · 비압축성 유체의 유동 / 연습문제

16

어떤 유동장의 유동함수가 다음과 같이 주어질 때 다음을 구하라.

$$\psi = 3x^2y - y^3$$

(a) 이 유동은 비회전운동인가?

(b) 회전운동이면 와도를 구하라.

(c) 이 유동장의 속도 크기는 좌표원점으로부터 거리의 제곱에 비례한다는 것을 밝혀라.

(d) $x = 0.6\ \mathrm{m}$, $y = 0.6\ \mathrm{m}$인 점에서 수평인 x방향에 대한 압력구배를 구하라.

17

유동함수가 $\psi = 4x^2 - 4y^2$로 주어질 때 유동장 내의 두 점 사이에 Bernoulli 방정식을 적용할 수 있음을 보여라.

18

성분속도가 다음과 같이 주어질 때 비회전유동 여부를 말하고 속도퍼텐셜을 구하라.

(a) $v_x = 4,\ v_y = 3$

(b) $v_x = 4y,\ v_y = 3$

(c) $v_r = c/r,\ v_\theta = 0$

19

비압축성유동의 속도성분들이 다음과 같이 주어진다.

$$v_x = 2cxy,\ v_y = c(a^2 + x^2 - y^2)$$

(a) 연속방정식을 만족함을 보여라.

(b) 유동은 회전성인가 아니면 비회전성인가?

(c) 유동함수 ψ를 구하라.

(d) 속도퍼텐셜함수 ϕ을 구하라.

(e) 유선을 그려라.

20

속도퍼텐셜이 다음 식으로 주어질 때 성분속도를 구하여라.

(a) $\phi = -2\ln(x^2 + y^2)$

(b) $\phi = v_x x + v_y y$

(c) $\phi = 2xy$

21

2차원유동장의 유동함수가 다음과 같다. 속도퍼텐셜을 구하라.

$$\psi = 5x^2y - (5/3)y^3$$

22

속도퍼텐셜이 다음과 같이 주어질 때 비압축성유동의 유동함수 ψ를 구하라.

$$\phi = -v_\infty r\sin\theta + \frac{A\cos\theta}{r}$$

a) 2차원 비압축성 유동에서 대응하는 유동함수를 구하라.

(b) $\phi \le -2(v_\infty A)^{1/2}$인 경우의 유선을 그려라.

(c) 정체점의 위치와 그 점에서의 속도퍼텐셜 ϕ를 구하라.

23

그림과 같이 경계 사이에 비압축성, 비점성 2차원유동의 속도퍼텐셜을 다음과 같다.

$$\phi = x^2 - y^2$$

(a) 유동함수를 구하라.

(b) 체적력을 무시하고 유량 q(지면에 수직방향으로 단위 폭당)와 곡면 벽 위의 한 점 B의 좌표 x_i, y_i 사이의 상관관계를 구하라.

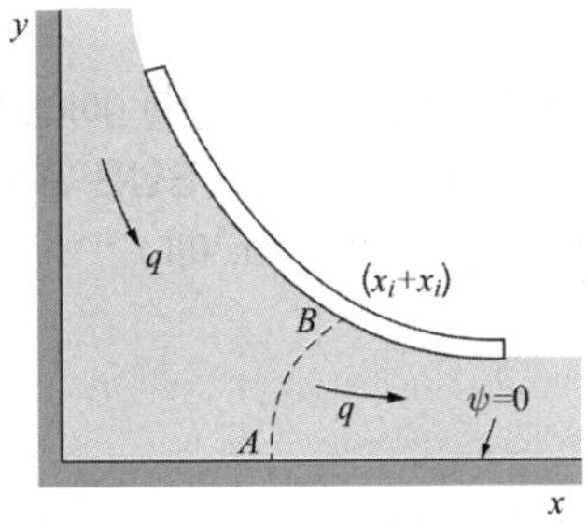

[그림 P5.23]

24

그림과 같이 쐐기 모양의 벽면 사이를 통해 작은 구멍 쪽으로 물이 흐르고 있다. 속도퍼텐셜은 $\phi = -2\ln r$이고 ϕ의 단위는 $\mathrm{m^2/s}$, r의 단위는 m이다. 점 A와 점 B 사이의 압력구배를 구하라.

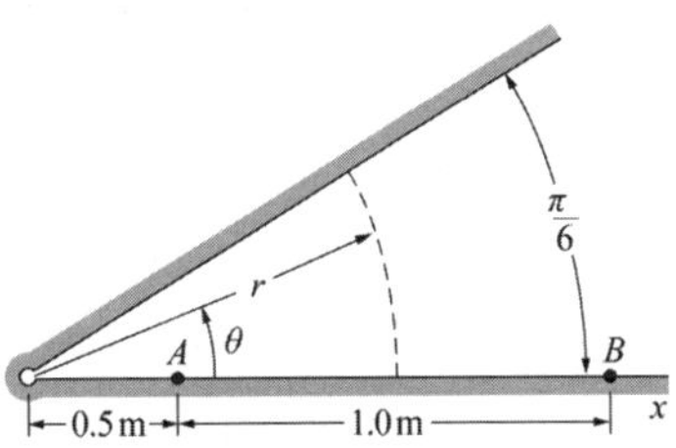

[그림 P5.24]

25

비점성 비압축성유동에 대한 속도퍼텐셜이 다음과 같이 주어졌다.

$$\phi = 2x^2y - \frac{2}{3}y^3$$

여기서 ϕ의 단위는 $\mathrm{m^2/s}$이고, x와 y의 단위는 m이다. $x = 1\,\mathrm{m}$, $y = 1\,\mathrm{m}$에서 압력이 200 kPa일 때 $x = 2\,\mathrm{m}$, $y = 2\,\mathrm{m}$에서의 압력을 구하라. 단 높이의 변화는 무시하며 유체는 물이다.

26

x축방향으로 $10\,\mathrm{m/s}$인 평행류와 y축방향으로 $5\,\mathrm{m/s}$인 평행류가 한곳에 존재할 때 복소퍼텐셜을 구하라.

27

복소퍼텐셜이 $W = (v_{0x} - iv_{0y})z$으로 표현되는 경우 흐름의 상태를 구하라.

28

복소퍼텐셜이 $W = z^2$으로 표현되는 경우 흐름의 상태를 구하라.

29

복소퍼텐셜함수 $W = \dfrac{Q}{2\pi}\log\dfrac{z+a}{z-a}$로 표시되는 유동은 $a \to 0$이 되면 동시에 $Q \to \infty$가 되고, 더욱이 $2aQ \to m$이 되는 경우의 흐름을 설명하라. (단 m은 유한한 값이다)

30

복소퍼텐셜함수 $W(z) = A\cosh[\pi(z/a)]$를 해석하고 유선을 그려라.

31

복소퍼텐셜함수 $W(z) = v_{0x}(z + a^2/z)$를 해석하고 유동특성을 설명하라.

32

복소퍼텐셜함수가 다음 식으로 표현되는 경우, 유동의 상태를 설명하라.

$$W = v_{0x}z + \frac{Q}{2\pi}\log z$$

[기본적인 퍼텐셜유동]

33

x축과 임의의 각 α를 이루고 속도가 $v_{x,0}$인 2차원 균일 유동장에서 유동함수와 속도퍼텐셜을 구하라.

34

정상 균일 비압축성 비점성 2차원유동이 x축과 30° 각도로 흐른다. 다음을 구하라.

(a) 이 유동에 대한 유동함수와 속도퍼텐셜
(b) 수직 y축 방향의 압력구배

35

세기가 같은 두 개의 2차원 소스가 점(1, 0)과 점(−1, 0)에 위치하고 있다. 점 (0, 0), (0, 1), (0, 1), (0, −1)에서의 속도를 구하여라.

36

원점에서 세기가 $30\ \mathrm{cm\cdot s}$인 소스가 위치하고 있고 또 점(1, 0, 0)에 세기가 $20\ \mathrm{cm\cdot s}$인 다른 소스가 존재한다. 이때 점(−1, 0, 0) 및 점(1, 1, 1)에서의 속도를 직교좌표계와 구좌표계에 대하여 각각 구하여라.

37

위 문제에서 무한 원점에서의 동압을 0이라고 하면 점(−1, 0, 0)과 점(1, 1, 1)에서의 동압은 얼마인가? 단 유체의 밀도는 $\rho = 1.2\ \mathrm{kg/m^3}$이다.

38

동일한 중심을 갖고 반경이 각각 $1\ \mathrm{m}$와 $1.2\ \mathrm{m}$인 두 개의 원형의 유선들 사이를 공기($\rho = 1.2\ \mathrm{kg/m^3}$)가 흐른다. 두 유선 사이의 압력차는 150kPa이다. 순환의 값을 구하라.

39

그림과 같은 정상 평면유동에서 $v_\theta = \omega r$이고 $v_r = 0$이다. 그림의 경로를 따른 순환량 Γ를 구하라.

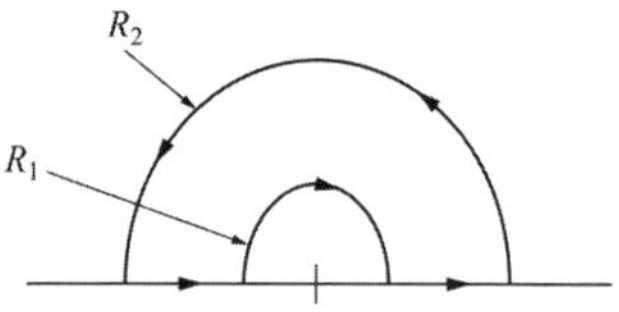

[그림 P5.39]

40

그림과 같이 2차원 유동의 유선들은 모두 동심원으로 되어있다. 속도는 $v_\theta = \omega r$로 주어지고 ω는 회전하는 유체의 각속도이다. 경로 $ABCD$를 따라 순환을 구하라.

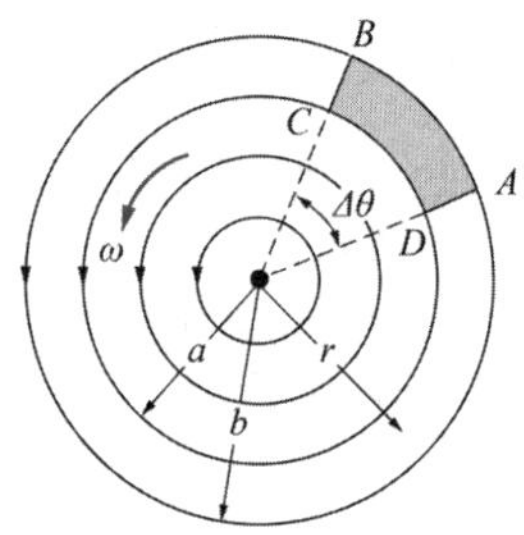

[그림 P5.40]

41
그림에 표시한 바와 같이 액체중에 있는 액주상의 와관은 어떤 횡단면의 폐곡선을 취하더라도 그 순환 Γ의 값은 일정하다. 이것을 증명하여라

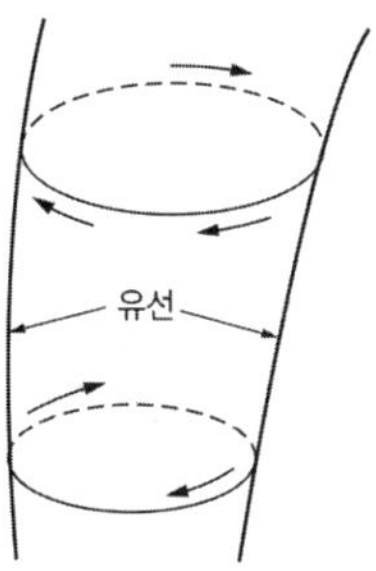

[그림 P5.41]

42
회오리 바람은 그림과 같이 $v_r = v_z = 0$이고 $v_\theta(r)$이 다음 식으로 표시되는 순환유동을 표현될 수 있다.

$$v_\theta = \begin{cases} \omega r & r \le R \\ \dfrac{\omega R^2}{r} & r > R \end{cases}$$

내부 또는 외부영역의 유동이 비회전인지 아닌지를 결정하라. 운동방정식을 이용하여 $r \to 8$일 때 $p = p_\infty$를 가정하여 회오리바람 내의 압력분포 $p(r)$를 구하라. 최저압력의 위치와 크기를 구하라.

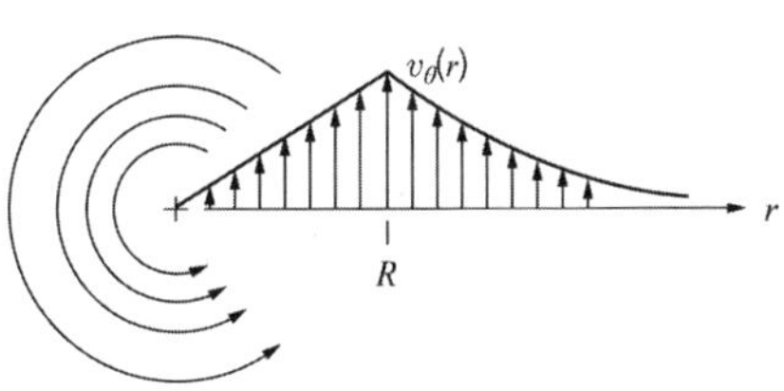

[그림 P5.42]

43
$(x, y) = (0, +a)$ 및 $(0, -a)$에 있는 각각 강도 m인 소스와 균일흐름 $v_{x,\infty} = ma$가 합해질 때 유선을 그려라.

44
원점에 존재하는 강도가 q인 소스와 중첩된 비점성 정체유동 $\psi = Kxy$를 고려하라. 길이 스케일로 $a = (q/K)^{1/2}$를 사용하여 반평면 위쪽에서의 유선을 그려라. 또 유동패턴을 물리적으로 조사하라.

[기본 유동장의 합성]

45
점 $(a, 0)$에 있는 강도가 q인 소스와 점 $(-a, 0)$에 있는 강도 $3\,q$인 소스가 중첩된 유선과 포텐셜선을 그려라.

46
임의의 한 점에서의 성분속도가 두 속도퍼텐셜 ϕ_1과 ϕ_2에 의하여 각각 v_{x1}, v_{y1}, v_{z1} 및 v_{x2}, v_{y2}, v_{z2}로 주어질 때 임의의 위치에서의 속도는 $\phi = \phi_1 + \phi_2$에 의하여 $v_x = v_{x1} + v_{x2}$, $v_y = v_{y1} + v_{y2}$, $v_z = v_{z1} + v_{z2}$임을 밝혀라.

47
$(x, y) = (+a, 0)$, $(0, 0)$ 및 $(-a, 0)$에 등간격으로 강도가 q인 소스들이 있을 때 유선을 그리고 정체점을 찾아라.

48

강도가 q인 소스는 그림과 같이 수직 고체 벽으로부터 ℓ만큼 떨어져 있다. 비압축성 비회전유동이며 속도퍼텐셜은 다음과 같다.

$$\phi = \frac{m}{4\pi}\{\ln[(x-\ell)^2+y^2] + \ln[(x+\ell)^2+y^2]\}$$

(a) 벽으로의 유동이 없음을 보여라

(b) 벽을 따라 흐르는 속도분포를 구하라.

(c) 소스로부터 멀리 떨어진 곳에서 $p = p_0$로 가정하고 벽을 따라 흐르는 흐름의 압력분포를 구하라. 유체 무게의 영향은 무시한다.

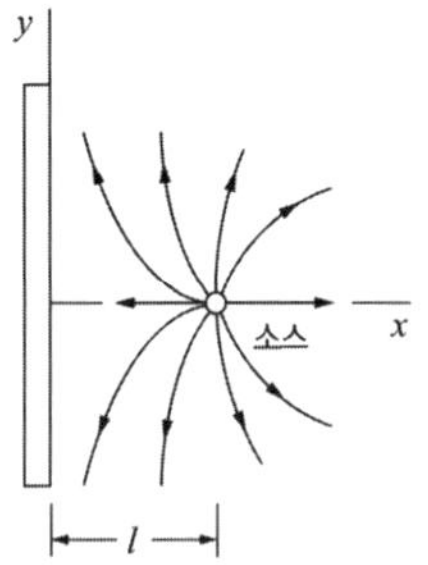

[그림 P5.48]

49

강도가 q인 소스와 강도 $3q$인 소스가 그림과 같이 x축 상에 위치하고 있다. 이 두 소스에 의해 만들어지는 정체점의 위치를 구하라.

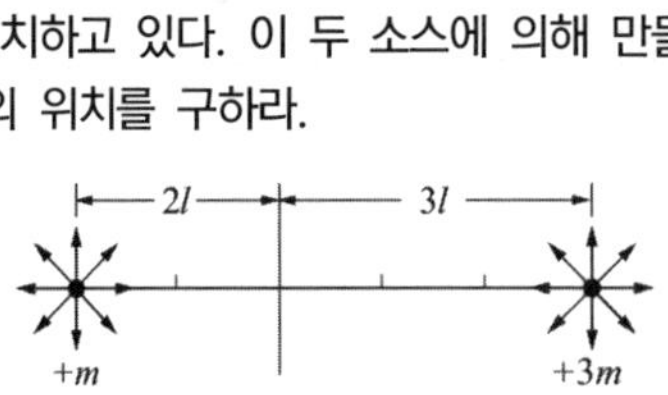

[그림 P5.49]

50

나선형의 와류유동에 대한 속도퍼텐셜이 $\phi = (\Gamma/2\pi)\theta - (q/2\pi)\ln r$로 주어지고, Γ와 q은 상수이다. 속도벡터와 반경방향이 이루는 각 α가 전 유동장에서 일정함을 보여라.

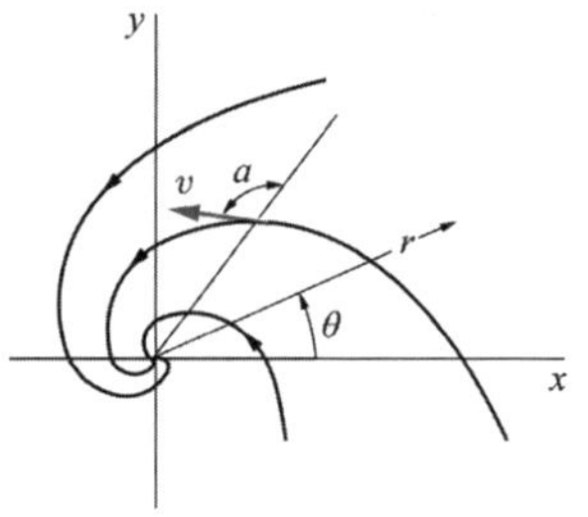

[그림 P5.50]

51

그림과 같이 와류와 싱크유동의 합성이 회오리 바람을 나타낼 수 있다고 하자. 회오리 바람 주위의 순환이 $\Gamma = 8{,}500\ \mathrm{m^2/s}$이고 $r = 40\ \mathrm{m}$에서의 압력이 아주 먼 곳보다 $2.2\,\mathrm{kPa}$ 작으며, 해수면 밀도에서 비점성 유동을 가정할 때 다음을 구하라.

(a) 싱크의 강도 $-q$

(b) $r = 10\ \mathrm{m}$에서의 압력

(c) 유선이 $r = 40\ \mathrm{m}$인 원과 만나는 각 β를 구하라.

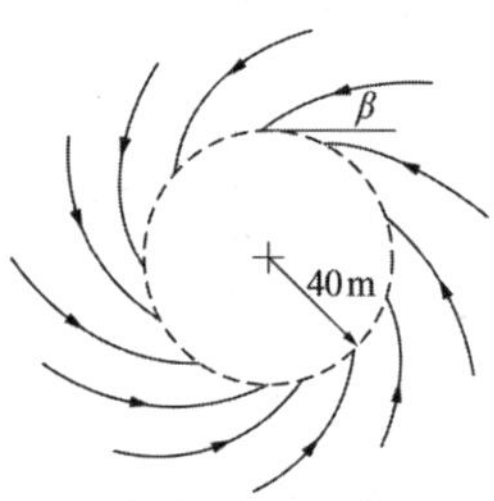

[그림 P5.51]

52

토네이도는 싱크 $q = -1{,}000\ \mathrm{m^2/s}$ 더하기 와류 $K = 1{,}600\ \mathrm{m^2/s}$로 가정된다. 반경선과 유선 사이의 각을 구하고 r과 θ에 따라 변하지 않음을 보여라. 만약 토네이도가 해수면 높이의 공기에서 형성된다면 어떤 반경에서 국소 압력이 $740\ \mathrm{mmHg}$가 되겠는가?

53

그림과 같이 무한 평행평판을 향하는 퍼텐셜유동의 유동함수는 다음과 같이 주어진다.

$$\psi = Axy$$

여기서 A는 상수이다. 이러한 유동은 중앙의 O점이 정체점을 표시하므로 '정체점 유동'이라고 한다. 점 O에 강도 q인 소스를 더하면 그림(b)와 같이 '마주침'을 수반하면서 평행평판을 향하는 정체점 유동이 얻어진다. 충돌 높이 h, 상수 A와 소스의 강도 q 사이의 관계를 구하라.

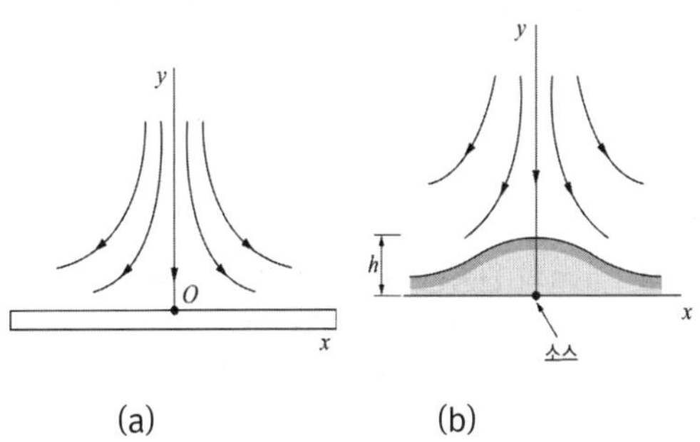

[그림 P5.53]

54

체적유량 $Q = 30\ \mathrm{m^3/s}$인 소스가 $4\ \mathrm{m/s}$의 균일흐름에 잠겨있다. 얻어지는 Rankine 반체에 대하여 다음을 계산하라. (a) 소스와 정체점 사이의 거리, (b) 물체 표면에서 국소속도가 $4.5\ \mathrm{m/s}$되는 두 위치 (r, θ)

55

$v_{x,\infty} = 20\ \mathrm{m/s}$, $\rho = 1000\ \mathrm{kg/m^3}$인 균일한 물의 흐름이 원점에 있는 소스와 합쳐져서 반체를 형성하고 있다. $(x, y) = (0, 1.2\ \mathrm{m})$에서의 압력이 p_∞보다 $12.5\ \mathrm{kPa}$ 낮을 때 다음을 구하라.

(a) 이 점은 반체 밖에 있는가?
(b) 소스의 강도 q
(c) 반체의 정체점에서의 압력

56

그림과 같이 Rankine 반체가 형성된다. 주어진 흐름속도와 물체의 형상에 대하여 다음을 계산하라.

(a) 소스강도 q, (b) 거리 a, (c) 거리 h, (d) A에서의 속도

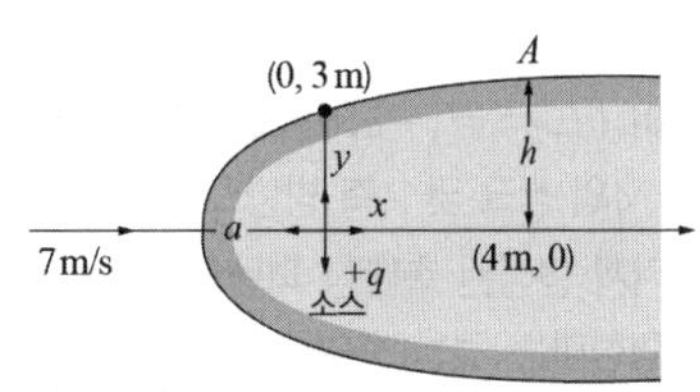

[그림 P5.56]

57

그림과 같이 반체모양의 물체가 유선상에 있다. 상류의 속도가 v_∞이다. 자유유동 속도 v_∞를 예측하는데 사용할 수 있는 정체점과 점A 사이의 압력차는 얼마인가? 압력차를 v_∞와 유체 밀도 ρ의 항으로 표시하라. 체적력은 무시하고 유체는 비점성 비압축성유체라 가정한다.

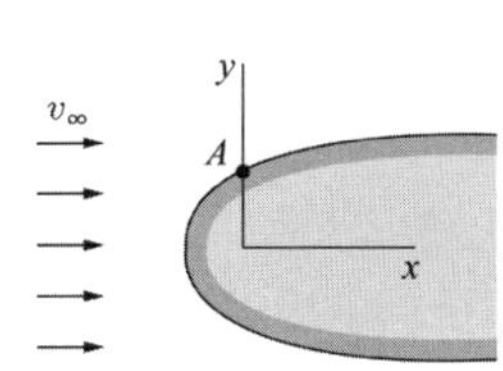

[그림 P5.57]

58

$v_\infty = 4\ \mathrm{m/s}$인 균일흐름이 Rankine 오벌에 접근한다.($a = 50\ \mathrm{cm}$) 소스-싱크 짝의 강도 q을 찾아라. 이 강도는 오벌의 총 길이가 $250\ \mathrm{cm}$가 되도록 할 것이다. 이 오벌의 최대 폭은 얼마인가?

59

$q = 2\ \mathrm{m^2/s}$인 소스-싱크 쌍이 균일흐름과 함께 Rankine 오벌을 형성하고, 그 최소 치수는 $40\ \mathrm{cm}$이다. $a = 15\ \mathrm{cm}$이면 균일 흐름의 속도 v_∞와 어깨에서의 속도는 얼마가 되어야 하는가? 또 최대 치수는 얼마인가?

60

그림과 같이 $(x, y) = (-a, 0)$에 강도 $+q$의 소스와 $(a, 0)$에 $-q$의 싱크 및 x축 방향으로의 균일흐름 v_∞를 중첩시켜서 형성된 축대칭 퍼텐셜유동은 Rankine 회전체를 형성하는 것을 보여라. 길이 $2L$, 최대직경 $2R$을 결정하는 식을 q, v_∞, a로 나타내어라.

[그림 P5.60]

61

길이 $2\ \mathrm{m}$, 높이 $1\ \mathrm{m}$의 Rankine 오벌이 그림과 같이 $v_\infty = 10\ \mathrm{m/s}$의 균일흐름에 잠겨 있다. (a) 점 A에서의 속도, (b) 정체점을 향해 접근하여 입자의 최대 감속도를 가지는 점 B의 위치를 구하라.

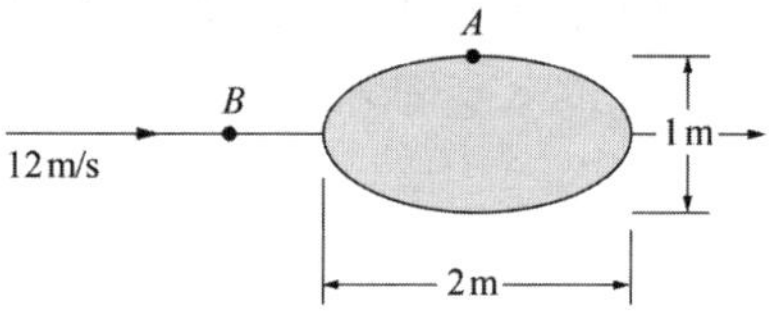

[그림 P5.61]

[원기둥 주변의 유동]

62

속도가 $4\ \mathrm{m/s}$의 수평의 균일속도 유동장에서 직경이 $120\ \mathrm{cm}$인 원기둥을 가로 놓았다. 원기둥의 150°, 135°, 120°, 90°의 표면에서의 속도와 압력을 구하라. 유체는 물이라 가정하고 압력은 자유유동장의 압력을 기준으로 계산하여라.

63

직경 $1.5\ \mathrm{m}$의 원통형 교각이 깊이 $3\ \mathrm{m}$, 유속 $3\ \mathrm{m/s}$의 물속에 연직방향으로 세워져 있다. 동압에 의한 교각의 상류측 반에 미치는 힘을 구하여라.

64

음(-)의 x축 방향으로 $4\ \mathrm{m/s}$로 물이 흐르는 균일속도 유동장에 직경 $1.2\ \mathrm{m}$의 원기둥을 가로질러 놓고 원기둥 중심에서 반시계방향으로 세기 $15\ \mathrm{m^2/s}$인 2차원 와류유동을 합성하였을 때 원기둥 표면의 90°, 270° 되는 위치에서의 속도와 압력을 구하라.

65

동일한 강도의 반시계방향의 2개의 와류유동이 y축 상의 점$(0, a)$와 점$(0, -a)$에 위치하고 있다. 이 유동장의 유량함수와 원점에서의 속도를 구하여라.

66

직경 $1\ \mathrm{m}$의 원기둥을 지나는 등속 유동에 $1.0\ \mathrm{m^2/s}$의 순환이 중첩되었다. 온도가 20℃일 때 등속 유동은 $5\ \mathrm{m/s}$의 속도를 갖는다. 정체점들의 위치를 찾고, 원기둥이 받는 단위 길이당 양력을 구하라.

유/체/역/학

CHAPTER 06

차원해석과 상사법칙

CHAPTER 06 차원해석과 상사법칙

3장에서 기술한 유체유동의 기본방정식으로는 아주 단순한 형태의 기하학적 형상과 몇 가지 일정한 경계조건에 대해서만 해를 얻을 수 있다. 실제 대부분의 유동 문제의 해를 얻기 위해서는 기본방정식만으로는 부족하고 실험을 통해 얻은 자료가 필요하다. 일반적으로 설계과정에서 필요한 자료는 경험에 의한 자료만으로도 충분한 경우가 많기 때문에 핸드북이나 학술지를 통해 발표된 자료가 매우 유용하게 사용된다. 그러나 기하학적으로나 물리적으로 너무 복잡한 경우에 유동의 형상이나 압력변화, 마찰계수, 항력계수 등을 알기 위해서는 실험을 수행하거나 혹은 전산유체역학(CFD)에 의해 근사적인 해를 얻고 있는데, 이때 차원해석과 상사법칙이 큰 도움이 된다. 왜냐하면 차원해석을 통해 중요한 무차원수를 찾을 수 있을 뿐 아니라 상사법칙에 근거한 모형실험을 통하여 중요한 데이터를 얻을 수 있기 때문이다. 더욱이 차원해석과 상사법칙은 실험변수의 개수와 그 복잡성을 줄여주는 역할을 한다.

6.1 서론

차원해석(dimensional analysis)의 목적은 매개변수의 수를 줄이고, 거기서 얻은 많은 실험 데이터를 무차원화하여 한 세트의 곡선이나 심지어 하나의 곡선으로 간략화하는 것이다. 만일 어떤 현상이 n개의 매개변수와 관련되어 있다면 이 문제를 차원해석을 통해 단지 $k(<n)$개의 무차원수(무차원 매개변수)의 문제로 귀착시킬 수 있다. 결국 실험결과는 무차원수의 함수로 나타낼 수 있다. 이 때문에 차원해석은 몇 가지 이점을 가져온다. 첫째 관련 연구를 계획할 때부터 실험이나 이론을 생각하는데 도움을 주고, 둘째 매개변수의 중요성을 이해할 수 있어 실험 시간과 경비가 줄어들며, 셋째 무차원수에 대한 외삽이 가능하다는 점이다. 이를 구체적으로 검토해 보자.

(1) 연구 내용 고찰 및 결과 예측

어떤 연구의 결과를 얻기 위하여 차원해석이나 무차원화에 대한 지식이 없는 상태로 시작한다면 어떤 매개변수가 중요한지 정확히 알지 못한 채 주어진 매개변수 모두에 대하여 실험을 하려고 할 것이다.

그러나 차원해석을 행한다면 매개변수의 수를 줄일 수 있고, 매개변수들 사이의 관계를 알 수 있으며 이들 매개변수들로 이루어진 무차원화된 식으로 표현할 수 있다. 결국 차원해석은 중요하다 생각되는 매개변수가 중요하지 않고, 반대로 중요하지 않다고 생각되는 매개변수가 중요하다고 해주며 해당 연구에 대한 실험식까지 상당히 예측할 수 있게 해준다.

(2) 실험 시간과 경비의 절약

상사법칙에 의거하여 모형을 설계 제작하여 실험을 수행한다고 하자. 차원해석을 행하지 않으면 주어진 모든 매개변수에 대하여 실험을 하려고 할 것이다. 예를 들어 점성유체 내부유동에서 압력손실을 구하자고 한다면, 매개변수로서 유체의 속도, 밀도, 점성계수, 관의 직경 및 조도 등 5가지 모두에 대하여 실험을 수행하려고 할 것이다. 이때 실험 횟수는 각 매개변수에 대하여 5번씩 수행한다고 하더라도 25번이 된다. 더욱이 실험의 정확도를 높이기 위하여 한 가지 실험조건에 반복실험을 2번 이상 수행한다면 실제 실험 횟수는 더욱 많아질 것이다. 그러나 차원해석을 통해 매개변수의 수를 5개에서 무차원수 2개로 줄일 수 있다면 실험의 횟수는 크게 줄어들어 그만큼 실험 시간 및 실험 경비 등이 줄어들 것이다.

상사법칙은 또한 경비를 더욱 크게 줄일 수 있다. 실제 자동차, 선박, 비행기, 잠수함 등의 항력과 양력은 실험용으로 작게 제작된 복제 구조물인 모형(model)에서 얻은 데이터로 평가한다. 모형은 실제 구조물인 원형(prototype)보다 훨씬 작으므로 비용의 절감뿐만 아니라 취급이 용이하고 다양한 매개변수에 대한 실험이 가능한 장점이 있다.

(3) 무차원수의 외삽

상사법칙에 근거하여 모형실험을 수행한다고 하더라도 원형의 조건 모두를 완벽하게 맞출 수가 없는 경우가 많다. 예를 들면 유체역학에서 대표적인 무차원수인 Reynolds수가 같으면 동역학적인 상사가 이루어져 모형과 원형은 받는 힘도 같아진다. 즉

$$\left(\frac{vD}{\nu}\right)_m = \left(\frac{vD}{\nu}\right)_p$$

여기서 하첨자 m과 p는 모형과 원형을 의미하고 v는 속도, D는 직경(또는 대표길이), ν는 동점성계수이다. 이때 원형과 모형 사이의 동점성계수의 비는 원형과 모형 사이의 축척비(길이비) α_L로 다음과 같이 주어진다.

$$\frac{\nu_m}{\nu_p} = \alpha_L^{3/2}$$

이것은 축척비 α_L이 0.1인 모형의 경우 동점성계수는 $\nu_m = 0.032\nu_p$가 된다. 이것은 원형의 유체가 물이라면 모형은 동점성계수가 물의 0.032배인 유체를 사용해야 됨을 의미한다. 그런데 동점성계수가 이렇게 낮은 유체는 실제 존재하지 않아 불가능하여 모형실험은 Reynolds수 상사를 만족시키지 못한 상황이 된다.

차원해석과 상사법칙은 모형실험이 원형의 조건을 만족시키지 못하더라도 하나 또는 그 이상의 무차원수에 대해 측정 범위 밖의 값도 외삽이 가능하다는 장점이 있다. 이것은 실제 모형실험에서 수행할 수 없는 실험범위의 값도 모형실험에서 얻은 데이터를 사용하여 외삽에 의해서 예측할 수 있다는 것이다.

6.2 차원해석의 원리

차원해석의 원리는 매개변수의 차원에 착목하여 무차원 매개변수를 얻는 방법이다. 이를 위해서는 먼저 차원과 차원 동차성 원리의 이해가 필요하다.

(1) 차원

차원해석은 유체의 물리적 성질을 차원으로 표현하여 수행한다. 차원이란 어떤 물리량이 기본 물리량에 대하여 어떻게 산출되는가를 표시하는 것으로서 [ ]항으로 표현한다. 기본 물리량에는 길이, 질량, 시간, 온도, 전류, 광도, 물질의 양의 7개가 있으며, 유도 물리량에는 기본 물리량의 조합으로 얻어진 속도, 가속도, 밀도, 점성, 압력, 힘 등이 있다.

유체역학에서는 기본 물리량으로 질량, 길이, 시간의 3개가 주로 사용되고 이들의 차원은 각각 $[M]$, $[L]$, $[T]$로 표기한다. 유체역학에서 많이 사용되는 유도 물리량으로는 압력, 힘, 점성계수 등이 있고, 이들의 차원을 검토해 보자.

압력 p는 단위면적당 작용하는 힘으로 정의되므로 압력의 차원은 다음과 같다.

$$p = \frac{F}{A} = [ML^{-1}T^{-2}] \tag{6.1}$$

이 식은 압력의 차원이 기본 물리량의 조합으로 $[ML^{-1}T^{-2}]$임을 보이고 있다. [ ]항은 압력이 단위 면적당 작용하는 힘으로 정의되므로 "질량을 길이와 시간의 제곱승으로 나눈 차원과 같다"는 의미이다. 따라서 [ ]는 차원을 의미한다.

힘 F는 뉴턴의 운동 제2법칙으로부터 질량과 가속도의 곱이기 때문에 차원은 다음과 같이 표현된다.

$$F = ma = [MLT^{-2}] \tag{6.2}$$

점성계수 μ는 $\mathrm{N \cdot s/m^2}$의 단위를 갖기 때문에 차원은 다음과 같다.

$$\mu = [ML^{-1}T^{-1}] \tag{6.3}$$

유체역학에서 많이 사용되는 물리량과 차원은 [표 6.1]에 나타냈다.

표 6.1 유체역학에서 사용되는 물리량과 차원

물리량	기호	차원
길이(length)	s, L	$[L]$
시간(time)	t	$[T]$
질량(mass)	m	$[M]$
면적(area)	A	$[L^2]$
속도(velocity), 음속(sound velocity)	v, c	$[LT^{-1}]$
가속도(acceleration), 중력가속도(gravity)	a, g	$[LT^{-2}]$
체적유량(volume flow rate)	Q	$[L^3T^{-1}]$
질량유량(mass flow rate)	$\dot{m}$	$[MT^{-1}]$
압력(pressure), 전단응력, 탄성계수	p, τ, ϵ_v	$[ML^{-1}T^{-2}]$
밀도(density)	ρ	$[ML^{-3}]$
비중량(specific weight)	γ	$[ML^{-2}T^{-2}]$
각속도(angular velocity)	ω	$[T^{-1}]$
표면장력(surface tension)	σ	$[MT^{-2}]$
점성계수(viscosity)	μ	$[ML^{-1}T^{-1}]$
동점성계수(kinematic viscosity)	ν	$[L^2T^{-1}]$
힘(force)	F	$[MLT^{-2}]$
모멘트, 토크(moment, torque)	M, T	$[ML^2T^{-2}]$
동력(power)	$\dot{W}$	$[ML^2T^{-3}]$

(2) 차원 동차성의 원리

차원 동차성의 원리는 '방정식에서 덧셈과 뺄셈은 차원이 서로 같아야 한다.' 또는 '물리적 관계를 나타내는 방정식에서 좌변과 우변의 차원은 동일해야 한다.'라고 표현할 수 있다.

Bernoulli 방정식은 비점성·비압축성유체의 정상상태 흐름에서 유선상이라면 어느 곳이든 압력에너지, 운동에너지, 위치에너지의 총합이 일정하다는 것을 의미하지만 길이$[L]$, 압력$[ML^{-1}T^{-2}]$, 단위질량당 에너지$[L^2T^{-2}]$의 차원으로 각각 나타낼 수 있다. 예를 들면 길이 차원의 Bernoulli 방정식은 다음과 같다.

$$\frac{p}{\rho g} + \frac{v^2}{2g} + z = H \tag{6.4}$$

위 식의 각항은 상수 H를 포함하여 모두 동일한 길이$[L]$ 차원을 가지고 있다. 이 때문에 좌변 첫째 항부터 각각 압력수두, 속도수두, 위치수두라 하고, 우변 H를 총 수두(전 수두, total head)라 한다. 각 항이 길이 차원이란 것은 다음과 같이 증명된다.

$$\text{압력수두 : } \frac{p}{\rho g} = \frac{[ML^{-1}T^{-2}]}{[ML^{-3}][LT^{-2}]} = [L]$$

$$\text{속도수두 : } \frac{v^2}{2g} = \frac{[LT^{-1}]^2}{[LT^{-2}]} = [L]$$

$$\text{위치수두 : } z = [L]$$

따라서 각 항들은 모두 동일한 차원이므로 동차성의 원리에 의해 덧셈으로 표기할 수 있다.

6.3 무차원수

차원해석에 의해 나타나는 무차원수(무차원 매개변수)는 정말 많다. 유체역학을 비롯한 열전달, 고체역학 등의 기계공학뿐만 아니라 화학공학, 전기공학 등 다른 학문에서도 사용되는 무차원수는 무수히 많기 때문이다. 무차원수 중 자주 사용되고 중요한 것들은 제안자의 이름을 딴 무차원수로 발표되고 있다. 여기서는 유체역학과 관련된 무차원수에 대하여 검토한다.

6.3.1 유체 운동과 관련된 힘

유체 유동에 대해 관련된 변수들을 모두 고려하여 차원해석을 하면 다양한 무차원 매개변수가 유도되지만, 사실 이들 무차원수는 물리법칙에 의해서 유도된 힘들에 대한 비이다. 유체의 운동과 관련된 힘들에는 관성력, 중력, 점성력, 표면장력, 압력력(압력에 의한 힘), 탄성력, 부력 등 여러 가지가 있다. 각 힘의 크기는 다음과 같다.

$$\text{관성력 : } F_i = ma = m\frac{v}{t} = \rho L^3 \frac{v}{L/v} = \rho v^2 L^2$$

$$\text{중력 : } F_g = mg = \rho g L^3$$

$$\text{점성력 : } F_v = \tau A = \mu \frac{dv}{dy} A = \mu v L$$

$$\text{표면장력 : } F_s = \sigma L$$

$$\text{압력력 : } F_p = pA = pL^2$$

$$\text{탄성력 : } F_e = \epsilon_v A = \epsilon_v L^2 = \rho c^2 L^2$$

$$\text{부력 : } F_b = \gamma V - mg = g(\Delta\rho)L^3$$

여기에서 기호 ρ[kg/m³]는 밀도, L[m]은 길이, v[m/s]는 속도, m[kg]은 질량, g[m/s²]는 표준중력가속도, μ[N·s/m²]는 점성계수, σ[N/m]는 표면장력, ϵ_v[N/m²]는 체적탄성계수, γ[N/m³]는 비중량, V[m³]는 체적, c[m/s]는 음속, ν[m²/s]는 동점성계수이다.

6.3.2 중요한 무차원수

유체역학에서 자주 등장하는 무차원수를 [표 6.2]에 정리하였다. 무차원수는 제안한 과학자의 이름을 붙인 것도 있고 두 사람 이상이 제안한 것도 있다.

표 6.2 유체역학에서 사용되는 무차원수

무차원수	정의	특징	적용범위
Reynolds수	$\mathbf{Re} = \frac{\rho v L}{\mu} = \frac{vL}{\nu}$	$\frac{\text{관성력}}{\text{점성력}}$	모든 형태의 유동
Froude수	$\mathbf{Fr} = \frac{v^2}{gL} = \frac{v}{\sqrt{gL}}$	$\frac{\text{관성력}}{\text{중력}}$	자유표면을 가진 유동
Euler수	$\mathbf{Eu} = \frac{p}{\rho v^2} = \frac{\Delta p}{\rho v^2}$	$\frac{\text{압력}}{\text{관성력}}$	압력(차)이 중요한 문제
압력계수	$C_p = \frac{\Delta p}{\rho v^2/2}$	$\frac{\text{압력힘}}{\text{관성력}}\left(\frac{\text{압력차}}{\text{동압}}\right)$	압력차가 중요한 문제
Cavitation수	$\mathbf{Ca} = \frac{p - p_v}{\rho v^2/2}$	$\frac{\text{압력차}}{\text{동압}}$	증기압이 중요한 문제
Mach수	$\mathbf{M} = \frac{v}{c}$	$\frac{\text{관성력}}{\text{탄성력}}\left(\frac{\text{유속}}{\text{음속}}\right)$	압축성 유체의 유동
Cauchy수	$\mathbf{Ca} = \frac{\rho v^2}{\epsilon_v}$	$\frac{\text{관성력}}{\text{탄성력}}$	압축성 유체의 유동
Strouhal수	$\mathbf{St} = \frac{fL}{v}$	$\frac{\text{관성력(국소)}}{\text{관성력(대류)}}$	특성진동수를 가진 비정상유동
Weber수	$\mathbf{We} = \frac{\rho v^2 L}{\sigma}$	$\frac{\text{관성력}}{\text{표면장력}}$	표면장력이 중요한 문제
Darcy 마찰계수	$f = \frac{\Delta p_L}{\rho v^2/2} = \frac{4\tau_w}{\rho v^2/2}$	$\frac{\text{손실압력}}{\text{동압}}$	점성유체 내부유동
Fanning 마찰계수	$C_f = \frac{\tau_w}{\rho v^2/2}$	$\frac{\text{표면 전단응력}}{\text{동압}}$	점성유체 외부유동
항력계수	$C_D = \frac{F_D}{\rho v^2 A/2}$	$\frac{\text{항력}}{\text{동압힘}}$	점성유체 외부유동
양력계수	$C_L = \frac{F_L}{\rho v^2 A/2}$	$\frac{\text{양력}}{\text{동압힘}}$	점성유체 외부유동
조도비	$\frac{e}{L}$	$\frac{\text{벽면조도}}{\text{대표길이}}$	점성유체 유동

(1) Reynolds수

영국의 Osborne Reynolds(1842-1912)는 관내 유체유동에 관한 연구결과로서 층류와 난류를 구별하는 무차원수를 제시하였다. 이 수를 Reynolds수라 하며 유체에 작용하는 점성력에 대한 관성력의 비로서 정의하였다.

$$\mathbf{Re} = \frac{\text{관성력}}{\text{점성력}} = \frac{\rho v^2 L^2}{\mu v L} = \frac{\rho v L}{\mu} = \frac{vL}{\nu} \tag{6.5}$$

Re수는 유체동역학에서 가장 중요한 무차원수로서 층류와 난류의 구별은 물론 점성력이 주로 작용하는 유동 모형에서 매우 중요한 의미를 갖는다. Reynolds수가 매우 작다면 유동은 점성력이 지배적이고, 반대로 매우 크면 관성의 영향이 상대적으로 커서 비점성 유체유동 문제로 취급할 수 있다. 모형실험에서 Re수가 같으면 흐름은 동역학적 상사가 성립한다.

(2) Froude수

영국의 William Froude는 해상 파도 모델 실험을 통해 관성력과 중력의 비를 표현하는 Froude수를 제안하였다.

$$\mathbf{Fr} = \frac{\text{관성력}}{\text{중력}} = \frac{\rho v^2 L^2}{\rho g L^3} = \frac{v^2}{gL} = \frac{v}{\sqrt{gL}} \tag{6.6}$$

Froude수는 유체의 무게에 대한 유체의 관성력의 상대적인 비를 나타내는 척도로서, 자유표면을 갖는 유동에서 유체의 무게가 중요한 경우에 사용된다. 따라서 유체의 무게가 중요하지 않은 문제에서는 무차원수로 Froude수는 나타나지 않는다. 대표적인 적용분야로는 선박 주위의 물(파도)의 유동이나 개수로 유동이 있다. 특히 이 무차원수는 하구에서 해수와 담수 사이에 형성되는 밀도 성층화(density stratification)가 있는 곳에서의 유체 유동과 화력발전소에서 온수 배출에 따른 열부력류(thermal plume)의 연구에도 사용된다.

(3) Euler수

스위스의 Leonhard Euler(1707~1783)는 압력과 유동 사이의 관계에 대한 선구적 업적을 남긴 저명한 수학자이다. 그는 관성력에 대한 압력력의 비의 척도로서 Euler수를 발표하였다.

$$\mathbf{Eu} = \frac{\text{압력력}}{\text{관성력}} = \frac{pL^2}{\rho v^2 L^2} = \frac{p}{\rho v^2} \tag{6.7}$$

Euler수는 일반적으로 유동장의 압력이나 혹은 두 지점 사이의 압력차가 중요할 때 사용된다. Euler수와 유사한 무차원수에는 압력계수와 Cavitation수가 있다.

압력계수(pressure coefficient) C_p는 Euler수 Eu와 유사하게 유체의 관성력에 대한 압력력과의 비로 정의된다.

$$C_p = \frac{\text{압력력}}{\text{관성력}} \propto \frac{\Delta p L^2}{\rho v^2 L^2/2} = \frac{\Delta p}{\rho v^2/2} \tag{6.8}$$

여기서 관성력은 $\rho v^2 L^2/2$를 사용하였다.[121] 압력계수는 결국 두 지점 사이의 압력차를 동압으로 나눈 식으로 정의된다.

---

121) 무차원수는 동일한 차원이면 곱하거나 나누거나 역수를 취할 수 있다. 압력계수는 5장 식 (5.33)에서도 설명하였다.

Cavitation수(공동지수) **Ca**는 공동현상(cavitation)이 발생하는 문제에서 중요하게 사용되는데 다음과 같이 정의된다.

$$\mathbf{Ca} = \frac{p - p_v}{\rho v^2/2} \tag{6.9}$$

여기서 p는 기준압력, p_v는 증기압이다.

(4) Mach수

오스트리아 물리학자 Ernst Mach(1838-1916)는 음속보다 빠르게 비행하는 물체에서 유체 상태량이 현저하게 변화하는 사실을 처음으로 인지하여 Mach수를 유도하였다. Mach수는 관성력과 탄성력의 비로 정의되며 유체의 압축성과 관련되어 속도가 빠른 유동에서 중요한 역할을 한다.

$$\mathbf{M} = \left(\frac{\text{관성력}}{\text{탄성력}}\right)^{1/2} = \left(\frac{\rho v^2 L^2}{\epsilon_v L^2}\right)^{1/2} = \left(\frac{\rho v^2}{\epsilon_v}\right)^{1/2} = \left(\frac{v^2}{c^2}\right)^{1/2} = \frac{v}{c} \tag{6.10}$$

위 식은 체적탄성계수와 음속과의 관계, 즉 1장 식 (1.28)에 의해 $c = \sqrt{\epsilon_v/\rho}$임을 고려했다.

압축성유체의 유동에서는 Cauchy수 Ca가 Mach수 M과 동일하게 다음과 같이 정의되어 사용된다.

$$\mathbf{Ca} = \frac{\text{관성력}}{\text{탄성력}} = \frac{\rho v^2}{\epsilon_v} = \mathrm{M}^2 \tag{6.11}$$

즉 Mach수의 제곱은 Cauchy수와 같다. 따라서 압축성 유동에서는 압축성을 고려할 때 Mach수 혹은 Cauchy수 중 하나를 사용할 수 있다. 즉, Mach수나 Cauchy수는 압축성 힘에 대한 관성력과의 비의 척도를 의미한다. 압축성 유동에서 Mach수가 0.3보다 작을 때에는 유동에 의한 관성력이 유체의 밀도를 변화시킬 만큼 크지 않아 비압축성유체의 유동으로 고려할 수 있다.

(5) Strouhal수

Vincenz Strouhal(1850~1922)는 '노래하는 선(singing wires)'의 연구에서 다음과 같은 Strouhal수(스트로우할수)를 사용하였다.

$$\mathbf{St} = \frac{\text{관성력(국소)}}{\text{관성력(대류)}} = \frac{fL}{v} \tag{6.12}$$

여기서 f는 물체로부터 와류(소용돌이)가 방출되는 주파수, v는 유속, L은 흐름에 수직인 물체의 대표길이(폭)이다. Strouhal수는 흐름 중에 놓여 있는 물체 뒤에 생성된 와류에 의하여 발생되는 소음의 특성에 관한 무차원수이다. 물체(원통, 철사, 케이블 등) 주위의 유동은 물체 하류에 규칙적으로 떨어져 나가는 와류(대표적인 것으로 Kármán 와열이 있음)가 발생한다. 와류는 물체에 주기적인 힘을 줄 수 있기 때문에 와류의 방출주파수를 구하는 것이 중요하다. 와류의 주기적인 방출주파수 f가 가청영역 안에 있으면 소리가 발생하고, 심하면 구조물의 파괴를 가져온다. 대표적인 것이 1940년 Tacoma 다리의 붕괴가 있다. 이 사건은 다리에서 떨어져 나가는 와류의 방출주파수가 다리의 고유진동수와 일치되어 공진상태가 되고 이것이 증폭되어 결국 다리의 붕괴를 가져왔다.

(6) Weber수

독일의 Moritz Weber(1871-1951)는 모세관 유동을 연구하며 관성력과 표면장력과의 비로 정의되는 Weber수를 제안하였다. Weber수는 기체-액체 또는 액체-액체의 접촉면과 이들 접촉면이 경계와 맞닿은 곳에서 중요한 무차원수이다.

$$\mathbf{We} = \frac{\text{관성력}}{\text{표면장력}} = \frac{\rho v^2 L^2}{\sigma L} = \frac{\rho v^2 L}{\sigma} \tag{6.13}$$

Weber수는 표면장력과 관성력의 상대적인 크기를 나타낸 것으로서 표면장력 σ의 영향이 나타난 기포(bubble), 액적형성 등에 주로 사용된다.

(7) 기타 무차원수

점성유체 내부유동과 외부유동에 대한 Darcy 마찰계수와 Fanning 마찰계수, 양력과 항력에 관계되는 양력계수와 항력계수 등이 있다. 이들은 모두 유체의 동압, 즉 $\rho v^2/2$에 대하여 무차원화되는 공통점이 있다. 무차원수는 이외에도 많이 있지만 생략한다.

6.4 차원해석

유동문제는 지배방정식을 얻으면 쉽게 해를 얻을 수 있다. 그러나 많은 경우 문제에 대한 지배방정식을 알 수 없는데, 이러한 경우에는 차원해석을 통해 무차원 매개변수(무차원수)를 찾아야 한다. 무차원 매개변수를 구하는 방법에는 Buckingham의 Pi정리와 D. Riabouchinsky에 의해 대중화된 반복변수법 그리고 Ipsen의 순차법이 있다. 만약 지배방정식을 알면 반대로 지배방정식의 무차원화를 통하여 무차원수를 찾을 수 있다.

6.6.1 Pi 정리

Pi 정리는 1914년 Buckingham(1867~1940)이 제안한 것으로서 유동시스템의 물리현상을 구명하는데 필요한 독립된 무차원 매개변수의 수를 결정하는 방법이다. 이것은 문제에 관련된 총 매개변수의 수가 n개이고, 이 중 기본차원의 수가 m개라면 무차원 매개변수의 수는 $n-m$개라는 것이다. 유체공학에서 사용되는 기본차원의 수는 최대 3개, 즉 질량, 길이, 시간이다. 따라서 기본차원의 수는 $m \le 3$이다.

Buckingham은 무차원 매개변수를 Pi라고 하였는데, 이것은 변수의 곱을 의미하는 기호 $\Pi(\phi)$에서 유래된 것이다. 이로 인해 이 정리를 'Pi 정리(Π정리)'라 한다. 차원해석을 통해 구한 무차원 매개변수들, 즉 Π_1, Π_2, $\Pi_3 \cdots$ 등을 'Pi항(Pi 집단)'이라 한다.

물리현상에 관여하는 매개변수가 5개($n=5$)라면 다음과 같이 나타낼 수 있다.

$$y_1 = f(y_2, y_3, y_4, y_5)$$

이들 매개변수에 기본차원이 3개 포함되어 있다면($m=3$) 무차원 매개변수의 수는 5-3=2에 의해 2개가 되므로 Π_1, Π_2이다. 따라서 위 식은 다음과 같이 표현할 수 있다.

$$\Pi_1 = f(\Pi_2) \tag{6.14}$$

이 무차원 매개변수들 사이의 함수관계식은 실험에 의해서 Π_2를 변화시키고 이에 대응하는 Π_1의 값을 측정하면 구할 수 있다.

(1) Pi항의 결정

차원해석은 Pi 정리에 의해 무차원수의 개수를 결정한 후 구체적인 무차원 매개변수(Pi항, Pi 집단)를 결정하는 것이다. 여기에는 D. Riabouchinsky의 반복변수법이 있다.

Pi정리는 물리현상에 관여하는 매개변수가 5개($n=5$)이고, 이들 매개변수에 기본차원이 3개 포함되어 있다면($m=3$) 무차원수의 개수(Pi항의 개수)는 $n-m$에 의해 2개로 결정된다. 구체적인 무차원 매개변수는 매개변수 중 중요하지 않은 반복변수 m개와 중요한 종속변수 $(n-m)$개로 구별하여 반복변수법을 통해 구할 수 있다. 따라서 반복변수법(method of repeating variables)은 반복변수 m(기본차원의 수와 같음)개를 골라내어 $(n-m)$개의 Pi항, 즉 $\Pi_1, \Pi_2, \cdots$를 찾는 방법이다.

Pi항(무차원 매개변수)은 종속변수 한 개에 중요하지 않은 반복변수 3개를 멱-적(power-product)의 형태로 표현한다. 예를 들면 5개의 매개변수 중 2개의 종속변수를 y_1, y_2라 하고 3개의 반복변수를 y_3, y_4, y_5라 하면 Pi항(Π_1, Π_2)는 종속변수 하나에 반복변수의 멱적으로 각각 다음과 같이 표현한다.

$$\Pi_1 = y_1(y_3)^{a_1}(y_4)^{b_1}(y_5)^{c_1} = [M^0L^0T^0]$$

$$\Pi_2 = y_2(y_3)^{a_2}(y_4)^{b_2}(y_5)^{c_2} = [M^0L^0T^0]$$

여기서 Pi항은 무차원이므로 차원[ ]의 질량, 길이, 시간의 지수가 모두 0으로 표현된다.

종속변수 y_1, y_2의 지수는 1 또는 -1을 선택한다. 지수를 -1로 선택하는 것은 종속변수를 분모로 나타내기 위함이다. Π_1에는 y_1이, Π_2에는 y_2가 포함되어 있기 때문에 Pi항은 각각 독립적이다. 이렇게 구한 Pi항은 차원 동차성의 원리에 의해 각 차원의 지수에 대한 항등식을 만들어 a, b, c를 구할 수 있다.

반복변수법은 다음 6개의 단계로 정형화될 수 있다.

1단계 : 문제에 관련된 모든 변수를 열거하고 그 수를 세어 n개로 결정한다. 만일 이 단계에서 중요한 변수가 누락되면 차원해석은 실패한다. 여기에는 시스템의 기하학적 형상을 나타내는 변수(길이, 직경, 조도 등)와 유체의 특성(밀도, 점도, 비중량 등) 그리고 시스템에 영향을 미치는 외부효과(압력강하, 마찰력 등)가 있다.

2단계 : 각 매개변수에 대한 차원을 $[MLT]$에 따라 작성한다.

3단계 : 무차원 매개변수의 수를 Pi정리($k = n - m$)에 의해 결정한다. 이때 모든 변수 n개에서 기본차원의 수 m개를 찾아 계산한다. 이때 변수에 기본차원, 즉 질량, 길이, 시간이 모두 포함되어 있으면 $m = 3$이다.

4단계 : 모든 변수에서 반복변수와 종속변수를 결정한다. 반복변수법에서는 이들 변수의 선택이 차원해석 결과에 영향을 미치기 때문에 중요하고 가장 어렵다.

반복변수의 선정은 다음과 같다.

① 힘, 압력강하, 토크, 출력 등의 출력변수는 선정하지 않는다. 즉, 출력변수는 종속변수로 결정한다.

② 반복변수들 사이에 무차원이 형성해서는 안 된다.

③ 반복변수는 문제의 기본차원을 모두 포함해야 한다.

④ 동일한 차원이거나 거듭제곱인 차원을 선정해서도 안 된다. 예를 들어 길이를 반복변수로 선정했다면 면적이나 체적은 설정할 수 없다.

⑤ 반복변수는 상사의 기본변수인 길이(직경) L, 속도 v, 밀도 ρ 을 선택한다.

5단계 : Pi항을 종속변수 한 개에 반복변수 m개를 멱-적의 식으로 만들고 지수를 대수학적으로 결정하여 구한다.

6단계 : Pi항이 무차원임을 확인한 후 이들 사이를 관계식으로 나타낸다. 일반적으로 최종 형태는 다음과 같이 표현된다.

$$\Pi_1 = f(\Pi_2, \Pi_3, \cdots, \Pi_{n-m})$$

(2) Pi항의 독립성

반복변수법은 반복변수를 어떻게 선택하느냐에 따라 Pi항(무차원 매개변수)이 달라질 수 있다. 이 때문에 Pi항은 유일하지 않게 된다. 즉 다른 형태의 Pi항이 나타날 수 있다. 그러나 Pi항의 개수는 변하지 않으므로 Pi항들을 다른 형태의 식으로 만들 수 있다. 이것은 동일한 차원이면 Pi항에 곱하든, 나누든, 지수 곱을 하든, 역수를 취하든 상관이 없기 때문이다. 이것을 Pi항의 독립성이라고 한다.

3개의 Pi항을 가진 문제를 예로 들어보자. 이들의 함수 관계는 다음과 같이 쓸 수 있다.

$$\Pi_1 = f(\Pi_2, \Pi_3)$$

이것으로부터 Pi항을 조합하여 새로운 Pi 항을 만들어 낼 수 있다. 예를 들어 아래와 같이 새로운 Pi항 Π_2'을 만들 수 있다.

$$\Pi_2' = \Pi_2^a \Pi_3^b \text{ 혹은 } \Pi_2' = \Pi_2^a / \Pi_3^b$$

여기서 a, b는 임의의 지수이다. 그러면 새로운 Pi항에 대한 함수관계식은 다음과 같이 표현될 것이다.

$$\Pi_1 = f_1(\Pi_2', \Pi_2)$$

또는

$$\Pi_1 = f_2(\Pi_2', \Pi_3)$$

이들 식은 모두 성립한다. 이러한 조작으로 Pi항의 수는 줄어들지 않으나 Pi항의 형태는 달라질 수 있음을 의미한다.

Pi항의 독립성은 압력계수 식 (6.8)을 정의하는데 관성력을 $\rho v^2 L^2$ 대신에 $\rho v^2 L^2/2$를 사용하여도 상관이 없음을 의미한다. 또 다른 예로 점성유체 내부유동은 차원해석에 의하여 Darcy 마찰계수 f의 도출이 있다. 이것은 점성유체 외부유동의 Fanning 마찰계수 C_f와 다음과 같은 관계가 있다.

$$f = \frac{8\tau_w}{\rho v^2} = 8C_f$$

이것은 Pi항 사이에 유용한 함수 관계가 있음을 의미한다. 즉 Π_1에 상수를 곱하여 Π_2가 되어도 동일한 무차원이 되므로 상관이 없다는 뜻이다. 따라서 다음과 같은 관계식을 얻을 수 있다.

$$\Pi_1 = f(\Pi_2)$$

여기서 f는 함수를 의미한다. 이러한 관계는 실험을 통하여 결정한다.

예제1

유체 속에서 운동하는 물체가 받는 힘 F는 물체의 길이 L, 속도 v, 유체의 밀도 ρ의 영향을 받는다고 하자. 이들 사이의 무차원 관계식을 유도하여 보아라.

반복변수법에 의한 6단계는 다음과 같다.

① 문제에 관련된 매개변수의 수는 힘, 길이, 속도, 유체의 밀도의 4개이다. 즉 $n=4$이다. 이것들을 물체에 작용하는 힘에 대한 함수로 나타내면 다음과 같다.
$F = f(L, v, \rho)$

② 4개 매개변수에 대한 차원은 [표 6.1]을 참고하면 다음과 같다.
$F[MLT^{-2}]$, $L[L]$, $v[LT^{-1}]$, $\rho[ML^{-3}]$

③ 매개변수의 차원에 질량, 질이, 시간이 모두 포함되어 있으므로 기본차원의 수는 $m=3$이므로 Pi항의 개수는 $k=n-m$에 의해 $k=1$이다.

④ Pi항이 1개, 반복변수는 3개(m개), 종속변수는 1개(k개)가 된다. 따라서 반복변수는 상사의 기본변수인 L, v, ρ를 선택하고 힘 F는 출력변수로 선택한다.

⑤ 1개의 Pi항 Π_1를 종속변수에 반복변수의 멱-적의 형태로 표현하면 다음과 같다.

$\Pi_1 = FL^{a_1}v^{b_1}\rho^{c_1}$

동차성의 원리에 의해 Π_1이 무차원이므로 우변도 역시 무차원이어야 된다. 따라서 [표 6.1]을 참고하여 위 식 우변의 변수에 차원을 대입하면 다음과 같다.

$\Pi_1 = [M^0L^0T^0] = [(MLT^{-2})(L)^{a_1}(LT^{-1})^{b_1}(ML^{-3})^{c_1}]$

$[M]$ 차원에 대하여 ; $0 = 1 + c_1$

$[L]$ 차원에 대하여 ; $0 = 1 + a_1 + b_1 - 3c_1$

$[T]$ 차원에 대하여 ; $0 = -2 - b_1$

위 식으로부터 지수의 값은 다음과 같다.

$a_1 = -2,\ b_1 = -2,\ c_1 = -1$

따라서

$$\Pi_1 = FL^{-3}v^{-2}\rho^{-1} = \frac{F}{\rho v^2 L^2}$$

이 식은 무차원 힘의 계수 $C_F(= F/\rho v^2 L^2)$이다. 무차원 힘의 계수는 2를 곱하여도 무차원이 되므로 다음과 같이 표현할 수 있다.

$$\Pi_1{}' = \frac{F}{\rho v^2 L^2/2}$$

이 식은 항력계수 C_D 혹은 양력계수 C_L를 의미한다.

위 문제는 단 하나의 Pi항만 존재하므로 $\Pi_1 = C$에 의하여 다음과 같이 쓸 수 있다.

$$\frac{F}{\rho v^2 L^2} = C$$

여기서 C는 상수이다. 그러므로

$F = C\rho v^2 L^2$

이 식은 물체가 받는 힘이 유체의 밀도, 속도 그리고 물체의 크기에 따라서 변하는 것을 보여준다. 그런데 상수 C의 값을 알 수 없기 때문에 물체가 받은 힘을 예측할 수 없다. 이것을 알려면 이들 변수에 대한 실험을 반복 수행해야 할 것이다. 이것은 이 문제에서 중요한 매개변수(점성계수)가 누락되었기 때문이고 따라서 차원해석이 실패했음을 보여준다.

예제2

유체 속에서 운동하는 물체가 받는 힘 F는 물체의 길이 L, 속도 v, 유체 밀도 ρ 그리고 유체 점성 μ의 영향을 받는다고 하자. 이들 사이의 무차원 관계식을 유도하여 보아라.

이번 예제는 [예제 6.1]에 비해 매개변수로서 유체의 점성이 포함되어 있다.

반복변수법에 의한 6단계는 다음과 같다.

① 주어진 매개변수 5개를 물체에 작용하는 힘에 대한 함수로 나타내면 다음과 같다.

$F = f(L, v, \rho, \mu)$

② 5개 매개변수에 대한 차원은 다음과 같다.

$F[MLT^{-2}]$, $L[L]$, $v[LT^{-1}]$, $\rho[ML^{-3}]$, $\mu[ML^{-1}T^{-1}]$

③ 기본차원의 수는 3개($m=3$)이므로 Pi항의 수는 5-3=2개이다.

④ Pi항의 수가 2개이므로 반복변수의 수는 3개, 종속변수의 수는 2개이다. 반복변수 3개는 상사의 기본변수인 L, v, ρ를, 나머지 F, μ는 종속변수로 선정한다.

⑤ 2개의 Pi항 Π_1, Π_2를 멱-적의 형태로 표현하면 다음과 같다.

$$\Pi_1 = FL^{a_1}v^{b_1}\rho^{c_1}$$

$$\Pi_2 = \mu^{-1}L^{a_2}v^{b_2}\rho^{c_2}$$

여기서 Π_2의 식에 μ의 지수를 -1로 선정하는 것은 점성을 분모에 나타내기 위함이다.

Π_1의 식에 [표 6.1]을 참고하여 차원을 대입하면 다음과 같다.

$$\Pi_1 = [M^0L^0T^0] = [(MLT^{-2})(L)^{a_1}(LT^{-1})^{b_1}(ML^{-3})^{c_1}]$$

$[M]$ 차원에 대하여 ; $0 = 1 + c_1$

$[L]$ 차원에 대하여 ; $0 = 1 + a_1 + b_1 - 3c_1$

$[T]$ 차원에 대하여 ; $0 = -2 - b_1$

위 식으로부터 지수의 값은 다음과 같다.

$a_1 = -2,\ b_1 = -2,\ c_1 = -1$

따라서

$$\Pi_1 = FL^{-3}v^{-2}\rho^{-1} = \frac{F}{\rho v^2L^2}$$

이 식은 무차원 힘에 대한 계수 C_F이다.

다음은 Π_2의 식에 차원을 대입하면 다음과 같다.

$$\Pi_2 = [M^0L^0T^0] = [(ML^{-1}T^{-1})^{-1}(L)^{a_2}(LT^{-1})^{b_2}(ML^{-3})^{c_2}]$$

$[M]$ 차원에 대하여 ; $0 = -1 + c_2$

$[L]$ 차원에 대하여 ; $0 = 1 + a_2 + b_2 - 3c_2$

$[T]$ 차원에 대하여 ; $0 = 1 - b_2$

이것들로부터 다음을 얻는다.

$a_2 = b_2 = c_2$

따라서

$$\Pi_2 = \mu^{-1}L^1v^1\rho^1 = \frac{\rho vL}{\mu} = \mathbf{Re}$$

이것은 무차원수인 Reynolds수이다.

⑥ 2개의 Pi항 Π_1, Π_2가 무차원임이 재확인되므로 이들 변수 사이에는 다음 식을 만족한다.

$$\Pi_1 = f(\Pi_2)$$

따라서 최종 함수 관계식은 다음과 같다.

$$\frac{F}{\rho v^2L^2} = f\left(\frac{\rho vL}{\mu}\right)$$

이 식은 유체에 잠긴 물체에 작용하는 무차원 힘의 계수 C_F는 Reynolds수 $\mathbf{Re}$에 따라 다른 값을 갖는다는 것을 의미한다. 이것은 유체와 물체가 주어졌으면 ρ, μ, L은 기지의 값이므로 Reynolds수에 따라 물체가 받는 힘 F을 측정하여 구할 수 있다.

예제3

직경이 D인 수평 관내에 밀도 ρ, 점성계수 μ인 비압축성유체가 흐를 때 관 벽면 전단응력 τ_w과 다른 매개변수 사이의 일반 관계식을 구하라.

[예제1]에서 알 수 있었던 바오 같이 문제에 중요한 매개변수가 빠진 상태에서 차원해석을 행하면 실패로 끝난다. 그래서 다음과 같이 다시 고려한다.

일반적으로 관내 완전발달 영역에서는 속도분포가 변하지 않고 일정하다. 관 벽면의 전단응력 τ_w는 유체속도 v와 관의 조도 e의 영향도 받는다. 따라서 문제를 다음과 같이 수정한다.

직경 D, 조도 e인 수평 관내에 밀도 ρ, 점성계수 μ인 비압축성유체가 속도 v로 흐를 때 완전 발달 영역에서 관 벽면 전단응력 τ_w를 나타내는 일반관계식을 구하라.

반복변수법의 6단계는 다음과 같다.

① 매개변수의 수는 전단응력, 속도, 밀도, 점성계수, 관 직경, 조도의 6개이다. 이것들을 전단응력에 대한 함수로 나타내면 다음과 같다.

$$\tau_w = f(v, \rho, \mu, D, e) \quad \text{(R1)}$$

② 6개 매개변수에 대한 차원은 다음과 같다.

$$\tau_w[ML^{-1}T^{-2}],\ v[LT^{-1}],\ \rho[ML^{-3}],\ \mu[ML^{-1}T^{-1}],\ D[L],\ e[L]$$

③ 매개변수에 질량, 길이, 시간이 모두 포함되어 있으므로 기본차원의 수는 $m=3$이다. 따라서 Pi항의 수는 $k=n-m$에 의해 3개이다.

④ Pi항의 수가 3개이므로 반복변수의 수는 3개, 종속변수의 수도 3개이다. 변수 중 v, ρ, μ, D 사이에는 $\rho vD/\mu$로 무차원이 되고, 또 D, e는 모두 길이의 차원이기 때문에 이것들을 동시에 반복변수로 선정할 수 없다. 따라서 반복변수 3개는 상사의 기본변수인 D, v, ρ를, 나머지 τ_w, e, μ는 종속변수로 선정한다.

⑤ 3개의 Pi항은 종속변수 한 개에 반복변수의 멱-적의 형태로 표현하면 다음과 같다.

$$\Pi_1 = \tau_w v^{a_1} D^{b_1} \rho^{c_1}$$

$$\Pi_2 = \mu v^{a_2} D^{b_2} \rho^{c_2}$$

$$\Pi_3 = e v^{a_3} D^{b_3} \rho^{c_3}$$

먼저 Π_1의 식에 차원을 대입하면 다음과 같다.

$$\Pi_1 = [M^0 L^0 T^0] = [(ML^{-1}T^{-2})(LT^{-1})^{a_1}(L)^{b_1}(ML^{-3})^{c_1}]$$

$[M]$ 차원에 대하여 ; $0 = 1 + c_1$

$[L]$ 차원에 대하여 ; $0 = -1 + a_1 + b_1 - 3c_1$

$[T]$ 차원에 대하여 ; $0 = -2 - a_1$

그러므로 다음 값을 얻을 수 있다.

$$a_1 = -2,\ b_1 = 0,\ c_1 = -1$$

따라서

$$\Pi_1 = \tau_w v^{-2} \rho^{-1} = \frac{\tau_w}{\rho v^2}$$

위 식의 분자에 8을 곱하면 수정된 무차원 매개변수 Π_1'이 얻어지고 이것은 Darcy 마찰계수 f이다.

$$\Pi_1' = \frac{8\tau_w}{\rho v^2} = f$$

마찬가지로 나머지 2개에 대해서도 동일하게 적용하면 다음 식들을 얻을 수 있다.

$$\Pi_2 = \mu v^{a_2} D^{b_2} \rho^{c_2} \rightarrow \Pi_2 = \frac{\rho v D}{\mu} = \mathbf{Re}$$

$$\Pi_3 = ev^{a_3}D^{b_3}\rho^{c_3} \rightarrow \Pi_3 = \frac{e}{D}$$

여기서 Π_2, Π_3은 각각 Reynolds 수와 조도비를 의미한다.

⑥ Π_1', Π_2, Π_3가 무차원임이 재확인되므로 다음 식을 만족한다.

$$\Pi_1' = f(\Pi_2, \Pi_3)$$

여기서 f는 함수를 의미한다. 그러므로 최종 함수 관계식은 다음과 같다.

$$\frac{8\tau_w}{\rho v^2} = f\left(\mathbf{Re}, \frac{e}{D}\right) \quad \text{(R2)}$$

결국 식 (R2)에 포함된 변수의 수는 식 (R1)에 포함된 변수의 수와 같지만, 항의 개수는 5개에서 2개로 감소하였다. 이 결과는 차원해석에 의하여 변수들의 관계를 매우 간단하게 만든 것임을 알 수 있다. 전단응력에 대한 관계식은 Reynolds수(속도)와 조도비를 각각 변화시켜 가면서 이에 대응하는 값 $8\tau_w/\rho v^2$을 측정하면 구할 수 있다.

예제4

바다에 떠 있는 배가 움직일 때 받는 힘 F는 배의 길이 L, 속도 v, 유체의 밀도 ρ, 점성계수 μ, 중력가속도 g, 음속 c의 영향을 받는다고 가정하여 무차원 관계식을 구하여라.

반복변수법의 6단계에 의해 먼저 힘과 매개변수들의 함수 관계는 다음과 같다.

$$F = f(v, L, \rho, \mu, g, c)$$

위 매개변수의 차원은 [표 6.1]을 참고하면 다음과 같다.

$F[MLT^{-2}]$, $v[LT^{-1}]$, $L[L]$, $\rho[ML^{-3}]$, $\mu[ML^{-1}T^{-1}]$,
$g[LT^{-2}]$, $c[LT^{-1}]$

Pi 정리에 의해 매개변수가 총 7개, 기본차원의 수는 변수에 질량, 길이, 시간이 모두 포함되어 있으므로 3개, 따라서 Pi 집단의 수는 7-3=4개이다. 따라서 반복변수는 3개, 종속변수는 4개, Pi 집단의 수는 4개이다. 반복변수로서 ρ, v, L, 종속변수로서 F, μ, g, c, 취하면 4개의 Pi항은 다음과 같이 나타낼 수 있다.

$$\Pi_1 = \frac{F}{\rho^{a_1}v^{b_1}L^{c_1}},\ \Pi_2 = \frac{\mu}{\rho^{a_2}v^{b_2}L^{c_2}},\ \Pi_3 = \frac{g}{\rho^{a_3}v^{b_3}L^{c_3}},\ \Pi_4 = \frac{c}{\rho^{a_4}v^{b_4}L^{c_4}}$$

지수 a, b, c는 각 차원의 지수에 대한 등식을 만들어 구하면 Pi항은 다음 식이 된다.

$$\Pi_1' = \frac{F}{\rho v^2 L^2/2},\ \Pi_2 = \frac{\mu}{\rho vL},\ \Pi_3 = \frac{gL}{v^2},\ \Pi_4 = \frac{c}{v}$$

Π_1'은 항력에 대한 항력계수 C_D, Π_2는 Reynolds수의 역수, Π_3는 Froude수의 제곱의 역수, Π_4는 Mach수의 역수이다. 즉,

$$\Pi_1' = \frac{F}{\rho v^2 L^2/2} = C_D,\quad \Pi_2 = \frac{1}{\mathbf{Re}},\quad \Pi_3 = \frac{1}{\mathbf{Fr}^2},\quad \Pi_4 = \frac{1}{\mathbf{M}}$$

따라서 배가 받는 힘의 무차원 관계식은 다음과 같다.

$$C_D = f(\mathbf{Re}, \mathbf{Fr}, \mathbf{M})$$

이것은 물 위에서 움직이는 배(물체)에 작용하는 힘에 관여하는 무차원수에는 항력계수, Reynolds수, Froude수, Mach수가 있음을 의미한다.

예제5

자유표면을 갖는 유체 내 두 점 사이의 압력차 Δp가 속도 v, 특성 길이 L, 유체의 밀도 ρ, 점성계수 μ, 체적탄성계수 ϵ_v, 표면장력 σ, 유동 유체와 자유수면 위의 유체와의 비중량 차이 $\Delta\gamma$의 영향을 받는다고 할 때 Δp를 나타내는 일반 관계식을 구하여라.

압력차와 변수들의 함수 관계는 다음과 같다.

$$\Delta p = f(v,\ L,\ \rho,\ \mu,\ \epsilon_v,\ \sigma,\ \Delta\gamma)$$

위 변수의 차원은 표 [6.1]을 참고하면 다음과 같다.

$$\Delta p\,[ML^{-1}T^{-2}],\ v\,[LT^{-1}],\ L\,[L],\ \rho\,[ML^{-3}],\ \mu\,[ML^{-1}T^{-1}],$$
$$\epsilon_v\,[ML^{-1}T^{-2}],\ \sigma\,[MT^{-2}],\ \Delta\gamma\,[ML^{-2}T^{-2}]$$

Pi 정리에 의해 매개변수가 총 8개, 기본차원의 수는 3개 따라서 Pi집단의 수는 5개이다. 반복변수 3개는 일반적으로 $\rho,\ v,\ L$를 취하므로 나머지 $\Delta p,\ \mu,\ \epsilon_v,\ \sigma,\ \Delta\gamma$는 종속변수가 되므로 5개의 Pi항은 다음과 같이 나타낼 수 있다.

$$\Pi_1 = \Delta p\,\rho^{a_1}v^{b_1}L^{c_1}$$

$$\Pi_2 = \mu\,\rho^{a_2}v^{b_2}L^{c_2}$$

$$\Pi_3 = \epsilon_v\rho^{a_3}v^{b_3}L^{c_3}$$

$$\Pi_4 = \sigma\,\rho^{a_4}v^{b_4}L^{c_4}$$

$$\Pi_5 = \Delta\gamma\,\rho^{a_5}v^{b_5}L^{c_5}$$

지수 $a,\ b,\ c$는 각 차원의 지수에 대한 등식을 만들어 구하면 다음과 같이 Pi항들 사이의 함수 관계를 얻을 수 있다.

$$\frac{\Delta p}{\rho v^2} = f\left(\frac{\rho v L}{\mu},\ \frac{v}{\sqrt{\epsilon_v/\rho}},\ \frac{\rho v^2 L}{\sigma},\ \frac{v^2}{L\Delta\gamma/\rho}\right)$$

위 식 우변 2번째 항의 $\sqrt{\epsilon_v/\rho}$는 음속 c와 같으므로 음속으로 표현하면 다음과 같다.

$$\frac{\Delta p}{\rho v^2} = f\left(\frac{\rho v L}{\mu},\ \frac{v}{c},\ \frac{\rho v^2 L}{\sigma},\ \frac{v^2}{L\Delta\gamma/\rho}\right) \quad \cdots\cdots \text{(R1)}$$

위 식의 좌변은 압력계수를, 우변 괄호 항은 차례로 Reynolds수, Mach수, Weber수, Froude수를 의미한다. 따라서 자유표면을 갖는 유체 유동장의 압력손실에 관여하는 무차원 매개변수에는 위 식에 의해 압력계수, Reynolds수, Mach수, Weber수, Froude수가 있고, 다음과 같이 쓸 수 있다.

$$C_p = f(\mathbf{Re},\ \mathbf{M},\ \mathbf{We},\ \mathbf{Fr})$$

여기서 위 식 (R1)의 우변 4번째 항이 Froude수를 의미하는데 밀도 ρ 대신에 γ/g를 사용하면 다음과 같다.

$$\mathbf{Fr} = \frac{v}{\sqrt{(\Delta\gamma/\gamma)gL}}$$

Froude수를 적용하는 대부분의 경우는 자유표면을 갖는 물에서의 유동이고 물과 접촉하는 주변의 유체는 공기이다. 따라서 실제 적용할 경우에는 $\Delta\gamma = \gamma_{액체}$ 이므로 $\Delta\gamma/\gamma = 1$이 된다. 그러므로 위 식은 다음과 같이 쓸 수 있다.

$$\mathbf{Fr} = \frac{v}{\sqrt{gL}}$$

이 식은 Froude 정의 식 (6.6)과 동일하다.

6.4.2 Ipsen의 순차법

반복변수법은 6단계의 정형화된 단계를 따르면 무차원 매개변수를 쉽게 얻을 수 있다는 장점이 있지만 단점도 있다. 이것은 모든 Pi항이 동일한 반복변수를 포함하고 있어서 다양성과 효율성이 적다는 점이다.

Ipsen은 완전히 다른 방법을 제시하였다. 그는 매개변수의 개수를 세거나 확인하는 절차 없이 모든 무차원 매개변수를 동시에 직접 얻을 수 있는 순차법을 제시하였다. 그것은 문제와 관련된 매개변수를 파악하고 이들 매개변수에 포함된 기본차원(길이, 질량, 시간)을 하나씩 순차적으로 나눗셈이나 곱셈만으로 제거하여 무차원 매개변수를 얻는 방법이다. 다음의 예제를 통해 순차법을 검토하여 보자.

예제6

공기 중의 음속은 미소한 압력파가 매체를 통하여 전파되는 속도이다. 공기의 음속 c를 공기의 압력 p, 공기의 밀도 ρ 사이의 관계로 무차원 식으로 나타내 보아라.

공기 중의 음속에 관여한 중요한 변수로는 압력과 밀도가 있고, 이것을 함수로 나타내면 다음과 같다.

$c = f(p, \rho)$

여기서 각 변수의 차원은 다음과 같다.

$c[LT^{-1}]$, $p[ML^{-1}T^{-2}]$, $\rho[ML^{-3}]$

Ipsen의 순차법은 변수들에 포함된 기본차원(길이, 질량, 시간)을 하나씩 소거해 나간다. 이때 소거하는 과정을 아래와 같은 표를 만들어 단계별 접근하는 것이 이해하기 쉽다.

1단계 변수 및 차원	2단계 변수 및 차원	3단계 변수 및 차원
$c\ [LT^{-1}]$		
$p\ [ML^{-1}T^{-2}]$	$pc\ [MT^{-3}]$	
$\rho\ [ML^{-3}]$	$\rho c^3\ [MT^{-3}]$	$\frac{\rho c^2}{p}\ [0]$

1단계 열에 변수들의 차원을 [ ]로 표현한다. 3개의 변수는 모두 길이와 시간의 차원을 가지고 있으므로 c로 나누거나 곱하여 길이 차원을 소거한다. 이렇게 처리된 변수들을 다시 기본차원으로 정리하여 2단계 변수 열에 기록한다. 2단계 변수의 차원은 공통적으로 $[MT^{-3}]$를 가지고 있으므로 pc로 나누어 3단계 열에 나열한다. 영[0] 차원은 무차원 매개변수를 의미한다. 따라서 함수 관계식은 다음과 같은 무차원 형태로 정리될 수 있다.

$\frac{\rho c^2}{p} = C$ 또는 $c = C\sqrt{\frac{p}{\rho}}$

여기서 상수 C는 1장 식 (1.29)에 의하면 $\sqrt{k}$이다. 즉 공기 중의 음속은 다음과 같다.

$c = \sqrt{\frac{kp}{\rho}}$

공기를 이상기체라 가정하면 이상기체상태식 $p = \rho RT$에 의해 위 식은 다음 식이 된다.

$c = \sqrt{kRT}$

여기서 k는 공기의 비열비, R은 공기의 기체상수, T는 절대온도이다.

예제7

유체 속에서 운동하는 구형의 물체가 받는 항력 F_D는 구의 직경 D, 속도 v, 유체 밀도 ρ 그리고 유체 점성 μ의 영향을 받는다고 하자. 항력을 나타내는 관계식을 유도하여 보아라.

이 문제는 [예제6.2]와 동일하다. 여기에서는 Ipsen의 순차법으로 구하여 보자. 물체가 받는 항력을 모든 매개변수들의 함수로 표현한다.

$F_D = f(v, \rho, \mu, D)$

이 문제는 5개의 변수($n=5$)와 3개의 기본차원($m=3$)을 가졌으므로 무차원 매개변수의 수는 Pi정리에 의해 2개임을 알 수 있다.

이 5개의 변수들에 대한 단계별 순차표를 만들어 2개의 무차원 매개변수를 구해보자.

1단계 변수와 차원	2단계 변수와 차원	3단계 변수와 차원	4단계 변수와 차원
$F_D\ [MLT^{-2}]$	$\dfrac{F_D}{D}\ [MT^{-2}]$	$\dfrac{F_D}{\rho D^4}\ [T^{-2}]$	$\dfrac{F_D}{\rho v^2 D^2}\ [0]$
$v\ [LT^{-1}]$	$\dfrac{v}{D}\ [T^{-1}]$	$\dfrac{v}{D}\ [T^{-1}]$	
$\rho\ [ML^{-3}]$	$\rho D^3\ [M]$		
$\mu\ [ML^{-1}T^{-1}]$	$\mu D\ [MT^{-1}]$	$\dfrac{\mu}{\rho D^2}\ [T^{-1}]$	$\dfrac{\mu}{\rho v D}\ [0]$
$D\ [L]$			

먼저 구의 직경 D를 이용하여 나누거나 곱하여 다른 변수들에 포함된 길이 차원을 소거한다. 2단계 열은 그 결과와 차원을 나타낸다. 이번에는 2단계 변수들을 ρD^3을 이용하여 질량단위를 소거하여 시간차원만을 가지는 변수들을 3단계 변수 열에 기록한다. 이때 두 번째 열에 있는 v/D는 질량이 포함되어 있지 않으므로 그대로 3단계로 옮겨진다. 마지막으로 v/D를 사용하여 시간차원을 소거하여 4단계 배열에 기록한다. 결국 2개의 Pi 항만이 남게 되어 다음과 같은 형태의 무차원 관계식을 얻을 수 있다.

$$\frac{F_D}{\rho v^2 D^2} = f\left(\frac{\mu}{\rho v D}\right)$$

이 식은 무차원 힘의 계수 $C_F(=F_D/\rho v^2 D^2)$가 Reynolds수의 역수, 즉 $1/\mathrm{Re}$만의 함수임을 의미한다. 무차원 매개변수는 무차원수의 독립성에 의해 동일한 차원을 가진 다른 무차원수로 바꿀 수 있으므로 위 식의 $1/\mathrm{Re}$을 Re로 수정하면 다음과 같이 쓸 수 있다.

$$\frac{F_D}{\rho v^2 D^2} = f\left(\frac{\rho v D}{\mu}\right)$$

이 식은 [예제6.2]의 결과와 같다.

6.4.3 지배방정식의 무차원화

현상을 지배하는 방정식을 알고 있다면 역으로 지배방정식의 무차원화를 행하여 무차원 매개변수를 얻을 수 있다. 점성유체의 운동방정식인 Navier-Stokes 방정식을 무차원화하여 점성유체 유동을 지배하는 무차원수에 어떤 것이 있는지 살펴보자. 여기서는 1차원에 대하여 고려한다.

Navier-Stokes 방정식 (3.92)를 1차원에 대해 표기하면 다음과 같다.

$$\rho\frac{\partial v_x}{\partial t}+\rho v_x\frac{\partial v_x}{\partial x}=\rho g_x-\frac{\partial p}{\partial x}+\mu\frac{\partial^2 v_x}{\partial y^2} \tag{6.15}$$

위 식의 각 항을 무차원 변수로 표시하기 위하여 무차원 속도 $V_x^*=v_x/v$, 무차원 길이 $X^*=x/L$, $Y^*=y/L$, 무차원 시간 $T^*=tv_\infty/L$를 도입한다. 여기서 v는 대표속도, L은 대표길이로서 각각 적당한 대표 값을 사용한다. 위 식에 무차원 속도, 무차원 길이, 무차원 시간 등을 대입하면 다음과 같은 무차원 식이 얻어진다.[122)]

$$\rho\frac{\partial(vV_x^*)}{\partial(T^*L/v)}+\rho(vV_x^*)\frac{\partial(vV_x^*)}{\partial(LX^*)}=\rho g-\frac{\partial p}{\partial(LX^*)}+\mu\frac{\partial}{\partial(LY^*)}\frac{\partial(vV_x^*)}{\partial(LY^*)}$$

$$\therefore\ \frac{\rho v^2}{L}\left(\frac{\partial V_x^*}{\partial T^*}+V_x^*\frac{\partial V_x^*}{\partial X^*}\right)=\rho g-\frac{1}{L}\frac{\partial p}{\partial X^*}+\frac{\mu v}{L^2}\frac{\partial^2 V_x^*}{\partial Y^{*2}}$$

위 식의 각 항의 계수, 즉 $\rho v^2/L$은 관성력, ρg는 중력, p/L는 압력력, $\mu v/L^2$은 점성력을 나타낸다.[123)] 위 식의 양변을 관성력으로 나누면 다음과 같은 무차원 식이 얻어진다.

$$\frac{\partial V_x^*}{\partial T^*}+V_x^*\frac{\partial V_x^*}{\partial X^*}=\frac{gL}{v^2}-\frac{1}{\rho v^2}\frac{\partial p}{\partial X^*}+\frac{\mu}{\rho vL}\frac{\partial^2 V_x^*}{\partial Y^{*2}} \tag{6.16}$$

위 식은 Navier-Stokes 방정식을 무차원 변수로 표시한 것으로서 원래의 식과 동일한 일반적인 특성을 갖는다. 또 식 우변의 각 무차원 변수의 계수는 힘 사이의 비로서 역시 무차원이며 고전적으로 알려진 운동량전달에 흔히 쓰이는 무차원 변수들이다. 즉,

$$\frac{gL}{v^2}\equiv \mathrm{Fr}^{-1},\quad \frac{\Delta p}{\rho v^2}\equiv \mathrm{Eu},\quad \frac{\mu}{\rho vL}\equiv \mathrm{Re}^{-1}$$

이것은 Navier-Stokes 방정식을 무차원화하면 무차원수인 Froude수, Euler수, Reynolds수가 구해질 수 있음을 보여주고 있다.

---

122) 여기서는 Navier-Stokes 식을 1차원까지 고려하였지만 2차원을 고려하여도 유사한 결과가 나온다. 이때에는 1차원에서 고려한 무차원변수 외에 무차원속도 $V_y^*=v_y/v$를 하나 더 고려하여 정리하면 된다.

123) 이것은 각 항의 계수에 L^3을 곱하면 $\rho v_\infty^2 L^2$은 관성력, ρgL^3는 중력, pL^2는 압력력, $\mu v_\infty L$은 점성력을 나타내기 때문이다.

6.5 상사법칙

차원해석만으로 충분한 정보를 얻을 수 없을 경우에는 모형실험을 할 필요가 있다. 상사법칙(similitude)이란 모형실험을 통해서 원형의 거동을 예측하는 기술이며 이론이다. 기본 이론에는 포함되어 있지 않은 모형의 설계, 제작, 실험의 수행, 결과의 분석 등에는 상사법칙이 사용된다.

오늘날 새로운 자동차의 제작이나 새로운 건축물을 건설할 때에는 설계단계에서 반드시 모형실험을 수행한다. 예를 들어 자동차와 항공기는 항력과 양력을 예측하기 위하여, 건축물은 주위 흐름에 대한 안전성 평가를 위해 풍동실험을 통해 얻어진 정보로부터 예상되는 잠재적인 문제점을 해결한다. 대부분의 실험은 비용과 시간을 절약하기 위해 원형(prototype)보다는 축소된 모형(model)이 사용된다. 이때 모형과 원형 사이에 완전한 상사를 이루기 위해서는 기하학적 상사, 운동학적 상사, 역학적 상사의 3가지 조건을 모두 만족시켜야 하고 이를 상사법칙이라 한다.

6.5.1 기하학적 상사

상사에서 가장 기본적이고 분명한 조건은 사진을 축소·확대한 것처럼 모형이 원형과 정확히 기하학적 상사이어야 한다는 것이다. 이것은 대응하는 모든 길이의 비, 즉 축척비(길이비, scale ratio) α_L가 동일해야 한다는 의미이다. 원형과 모형(하첨자 p, m으로 표기) 사이에 길이, 넓이, 체적에 대한 비는 다음 식이 성립한다.

$$\begin{aligned} &\text{축척비}: \frac{L_m}{L_p} = \alpha_L \\ &\text{넓이비}: \frac{A_m}{A_p} = \frac{L_m^2}{L_p^2} = \alpha_L^2 \\ &\text{체적비}: \frac{V_m}{V_p} = \frac{L_m^3}{L_p^3} = \alpha_L^3 \end{aligned} \tag{6.17}$$

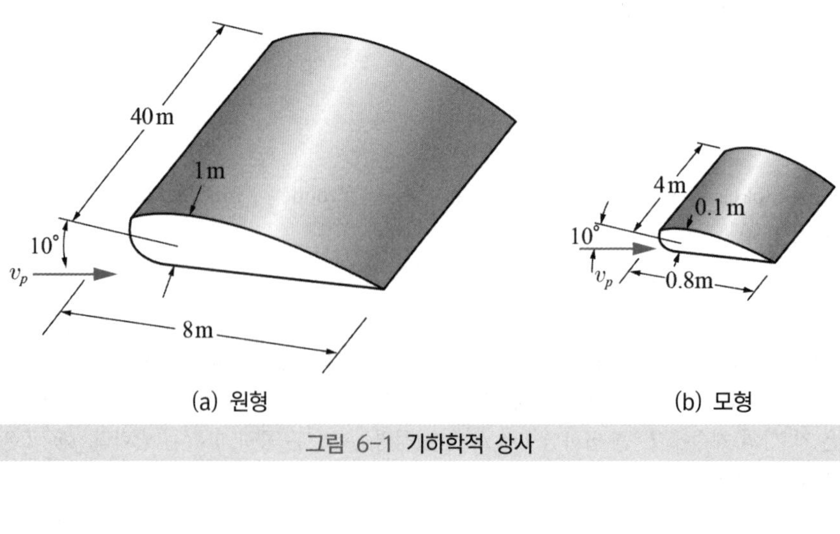

(a) 원형 (b) 모형

그림 6-1 기하학적 상사

기하학적 상사는 모형과 원형 사이에 대응하는 길이의 비는 물론 모든 각도를 일치시켜 유동의 방향도 보존되어야 한다. 따라서 모형과 원형이 그 주변에 대해 갖는 방향도 같아야 한다. [그림 6-1]은 비행기의 날개를 원형과 1/10로 축소된 모형을 함께 나타냈다. 모형의 길이는 모두 1/10의 크기로 되어 있다. 그러나 영각(angle of attack)은 1/10로 줄이지 않고 동일한 10°로 되어 있다. 이것은 유동의 방향을 동일하게 유지하기 위함이다.

6.5.2 운동학적 상사

운동학적 상사는 실물과 모형 사이에 길이의 축척비가 같고 또 시간의 축척비도 같아야 한다는 것을 의미한다. 이것은 결국 유동의 양상이 같아 대응하는 속도와 가속도의 분포상태가 상사가 됨을 의미한다.

시간의 비는 다음과 같다.

$$t_p/t_m = \alpha_t = \text{상수}$$

속도를 v로 표기하면 $L_p = v_p t_p$, $L_m = v_m t_m$이므로 속도비는 다음과 같다.

$$\frac{v_p}{v_m} = \frac{L_p/t_p}{L_m/t_m} = \frac{\alpha_L}{\alpha_t} = \text{상수} \tag{6.18}$$

가속도를 a로 표기하면 $v_p = a_p t_p$, $v_m = a_m t_m$이므로 가속도비는 다음과 같다.

$$\frac{a_p}{a_m} = \frac{v_p/t_p}{v_m/t_m} = \frac{\alpha_L}{\alpha_t^2} = \text{상수}$$

일반적으로 모형과 원형에 대한 시간은 동일한 시간의 크기를 고려하므로, 즉 $t_p = t_m$인 조건을 고려하면 원형과 모형 사이의 속도비와 가속도비는 모두 길이비(축척비) α_L과 같다. [그림 6-2]에 운동학적 상사를 나타냈다.

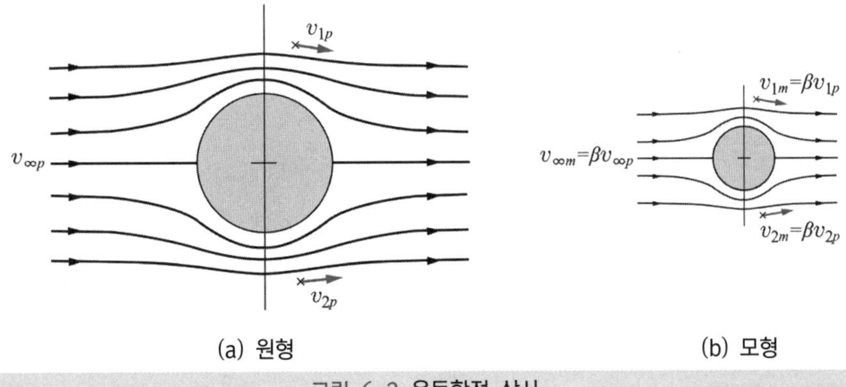

그림 6-2 운동학적 상사

6.5.3 역학적 상사

역학적 상사는 원형과 모형 사이에 질량에 작용하는 여러 힘의 비가 전체 유동장에서 같아야 ($F_m/F_p=$일정) 한다는 것이다. 유체 요소에 작용하는 힘은 이 요소의 운동을 지배하기 때문에 역학적 상사는 유동 양상의 상사를 만족시키게 된다. 만약 기하학적 상사를 만족시키고 원형과 모형의 유체에 작용하는 상대적인 힘이 같다면, 즉 역학적 상사를 이룬다면 원형과 모형에서의 유동 양상도 같아진다. 동역학적 상사(운동학적 상사+역학적 상사)는 모형과 원형 사이의 Reynolds수, Froude수 등이 동일하게 하면 된다. 왜냐하면 이 무차원수들은 유체에 작용하는 상대적인 힘들의 척도이기 때문이다.

동역학적 상사는 관성력과 점성력의 비인 Reynolds수뿐만 아니라 관성력과 중력의 비인 Froude수, 관성력과 표면장력의 비인 Weber수 등이 모두 동일한 경우에 이루어진다. 그런데 Reynolds수는 모든 유동에서 중요한 역할을 하지만, Froude수는 자유표면이 존재한 개수로유동에서만 중요하다. 따라서 어떤 유동이 역학적 상사를 이루는가는 유동의 특성을 고려하여 무차원수를 검토하여야 한다. 여기서 유체역학에서 중요하게 다루는 점성유체 내부유동, 점성유체 외부유동, 개수로유동으로 나누어 살펴보자.

(1) 점성유체 내부유동

점성유체 내부유동은 관내에 점성유체가 완전히 채워진 밀폐된 상태에서의 유동을 의미한다. 관에는 직관, 곡관, 확대관, 축소관을 비롯하여 밸브, 계량기 등의 부속기기가 포함되어 있다. 관내 유동은 유체간의 경계면이나 자유표면이 존재하지 않기 때문에 지배적인 힘은 관성력과 점성력이고 따라서 Reynolds수가 가장 중요한 상사변수가 된다. 관내 유속은 일반적으로 작으므로, 즉 Mach수가 0.3 이하이므로 압축성은 무시된다. 즉, 압축성에 관한 상사는 고려하지 않아도 된다.

내부유동의 동역학적 상사로서는 Reynolds수와 더불어 유체와 접촉하는 관 벽면의 표면조도(거칠기)에 대한 무차원 매개변수인 조도비(roughness ratio)가 있다. 직경이 L인 관에서 표면조도의 평균높이를 e라고 하면 조도비는 e/L가 된다. 이것은 축척비 α_L가 일반적으로 1보다 작기 때문에 $e_m=\alpha_L e_p$에 의해서 모형의 표면조도가 원형보다 훨씬 더 매끈해야 된다는 것을 의미한다. 표면조도는 층류유동에서는 중요하지 않지만 난류유동에서는 표면조도가 절대적으로 중요하다.

이상의 논의로부터 점성유체 내부유동에 대한 무차원 매개변수(Pi 집단)에는 기하학적 상사로서 축적비, 동역학적 상사로서 Reynolds수와 조도비가 있다. 즉,

$$\Pi = f\left(\alpha_L,\ \frac{e}{L},\ \frac{\rho v L}{\mu}\right) \tag{6.19}$$

위 조건을 근거로 모형과 원형에 대한 속도비는 Reynolds수에 의해 다음과 같이 주어진다.

$$\frac{v_m}{v_p} = \frac{\mu_m}{\mu_p}\frac{\rho_p}{\rho_m}\frac{L_p}{L_m}$$

속도비는 축척비 뿐만 아니라 점성계수와 밀도비에도 의존하는 것을 알 수 있다. 일반적으로 모형과 원형은 서로 같은 유체를 사용하여 $v_m/v_p=L_p/L_m=1/\alpha_L$(단 $t_p=t_m$인 조건)이다. 그러므로 모형의 유체속도

$v_m(=v_p/\alpha_L)$은 축적비 α_L가 1보다 훨씬 작기 때문에 원형의 속도 v_p보다 훨씬 크게 된다. 따라서 Reynolds수의 상사에 맞추기가 어려워질 경우도 있다.

Reynolds수의 상사가 만족되면 원형과 모형의 현상이 동일하게 되어 다른 무차원수에 대한 상사도 동일하게 성립된다. 예를 들어 원형에서의 두 점 사이의 압력차는 Euler수를 이용하여 모형에서 얻은 압력차로 다음과 같이 구할 수 있다.

$$\frac{\Delta p_p}{\rho_p v_p^2} = \frac{\Delta p_m}{\rho_m v_m^2} \rightarrow \Delta p_p = \frac{\rho_p}{\rho_m}\left(\frac{v_p}{v_m}\right)^2 \Delta p_m = \frac{\rho_p}{\rho_m}\alpha_L^2 \Delta p_m \tag{6.20}$$

이 식은 일반적으로 모형과 원형이 서로 같은 유체를 사용하여 $\rho_p/\rho_m = 1$이지만 축적비가 $\alpha_L \neq 1$이므로 모형에서 구한 압력차와 원형에서의 압력차가 다르다는 것을 보여준다. 즉, $\Delta p_p \neq \Delta p_m$이다.

(2) 점성유체 외부유동

점성유체 외부유동은 항공기, 자동차, 골프공, 잠수함 등의 물체가 공기나 물속에서의 유동을 의미한다. 항공기나 자동차 등의 양력과 항력은 풍동실험에서 얻어진 데이터로 예측하게 되는데 이때에도 상사법칙이 적용된다. 외부유동도 기하학적 상사와 동역학적 상사로서 Reynolds 상사를 만족해야 한다. 외부유동은 중력의 영향이 작으므로 Froude수를 고려할 필요가 없다. 또한 항공기와 같이 고속의 유동에서는 압축성이 중요하므로 Mach수를 고려해야 하지만, 일반적인 액체나 저속의 기체와 같은 비압축성 유체의 유동에서는 Mach수에 대한 상사도 생략한다. 따라서 점성유체 외부유동에 대한 매개변수는 점성유체 내부유동에 대한 식 (6.19)와 동일하다.

$$\Pi = f\left(\alpha_L, \frac{e}{L}, \frac{\rho v L}{\mu}\right) \tag{6.21}$$

외부유동에서 관심 있는 항목은 물체에서 발생되는 항력 F_D이다. 항력을 예측하기 위해서는 위 식 (6.21)의 상사법칙을 만족해야 된다. 상사법칙이 만족되면 다른 상사도 성립하므로 항력은 [표 6.2] 무차원 매개변수 중 항력이 포함된 항력계수 C_D의 상사로 평가할 수 있다.

$$C_D = \frac{F_D}{\rho v^2 A/2} = f\left(\alpha_L, \frac{e}{L}, \frac{\rho v L}{\mu}\right)$$

위 식에 의해 모형과 원형 사이에 축척비 α_L, 조도비 e/L, Reynolds수를 만족하면 모형과 원형 사이의 항력계수도 만족할 것이다. 따라서 원형의 항력계수는 다음과 같다.

$$\frac{C_{D,p}}{\rho_p v_p^2 L_p^2/2} = \frac{C_{D,m}}{\rho_m v_m^2 L_m^2/2} \rightarrow C_{D,p} = \frac{\rho_p}{\rho_m}\left(\frac{v_p}{v_m}\right)^2\left(\frac{L_p}{L_m}\right)^2 C_{D,m}$$

여기서 L_p^2, L_m^2은 원형과 모형의 면적 A_p, A_m이다. 따라서 이 관계식에 의해 모형에서 측정된 항력으로 이에 대응하는 원형의 항력을 예측할 수 있다.

동역학적 상사는 차원해석에 의해서 구할 수 있다. 예를 들면 풍동에서 항공기의 모형을 실험한다고 할 때 동역학적 상사는 [예제6.2]에서 검토한 바와 같이 2개의 무차원 매개변수가 존재한다.

$$\Pi_1 = \frac{\rho v L}{\mu}, \;\; \Pi_2 = \frac{F_D}{\rho v^2 L^2/2} \tag{6.22}$$

여기서 Π_1는 Reynolds수이고, Π_2는 항력계수 C_D이다. 또 F_D는 항공기에 작용하는 공기의 항력이고, ρ는 공기의 밀도, μ는 점성계수, v는 공기 속도, L은 항공기의 대표길이이다. 상사는 위 식의 두 개의 무차원수에 하나만을 만족하여도 다른 한쪽도 만족하게 되므로 $\Pi_{1_m} = \Pi_{1p}$을 만족하면 $\Pi_{2m} = \Pi_{2p}$인 관계가 성립한다. 이것은 앞에서 Reynolds수 상사에 기인하여 원형의 항력을 항력계수의 상사로 예측한 것과 동일하다.

그러나 실제로는 이들 상사법칙의 적용에 문제점이 발생한다. 이것은 모형의 유체속도를 맞추기가 쉽지 않기 때문이다. 일반적으로 원형과 모형은 동일한 유체를 사용하므로 Reynolds수의 상사를 만족시키기 위한 모형 속도는 다음과 같다.

$$v_m = \frac{\nu_m}{\nu_p}\frac{L_p}{L_m} v_p = \frac{1}{\alpha_L} v_p$$

위 식에 의해서 축척비 α_L이 1보다 훨씬 작으므로 모형에서의 속도는 원형의 속도보다 훨씬 크게 된다. 예를 들면 축척비가 $\alpha_L = 1/10$이고 원형의 속도가 60km/h라 하면, 모형에서 요구되는 속도는 600 km/h가 된다. 이 값은 실제 모형실험에서 얻기 어려운 비현실적으로 높은 속도이다.

이의 해결방안으로는 다른 유체, 즉 $\nu_m/\nu_p < 1$인 유체를 사용하던지 혹은 축척비 α_L를 크게 하는 방법이 있다. 예를 들어 물의 동점성계수는 공기에 비해 약 1/10이므로 원형에서의 유체가 공기라면 모형에서는 물을 사용하여 요구 속도를 얻을 수 있다. 그러나 물을 사용하더라도 펌프 동력이 큰 것이 요구된다면 물의 속도를 맞추기가 쉽지 않다. 또한 축척비를 크게 하는 것도 모형의 제작은 물론 그에 맞는 풍동설비도 필요하므로 비용이 크게 증가되어 이것 또한 쉽지 않다.

그런데 관심 있는 유동 범위에서의 유동특성은 Reynolds수에 영향을 크게 받지 않는다. 원기둥이나 구에 대한 항력계수는 Reynolds수가 약 10^3부터 2×10^5 사이의 난류에서는 일정하여 Reynolds수의 영향을 받지 않는다.[124] 일반적으로 큰 Reynolds수에서는 관성력이 지배적이기 때문에 항력은 본질적으로 Reynolds수에 독립적이다. 그러므로 이런 경우에는 항력이 조도비 e/L에 영향을 크게 받아 정확한 Reynolds수의 상사가 요구되지 않는다.

[그림 6-3]에 수문을 유출하는 유체의 유동을 나타냈다. 이 유동에서 Reynolds수와 Froude수가 같으면 서로 대응하는 점에서 작용하는 힘의 다각형은 완전히 같은 모양을 가진다. 그리고 운동학적 상사도 이들의 모형법칙에 의해 보장된다.

124) 원통, 구에 대한 항력계수는 '9장 점성유체 외부유동'에서 자세히 설명한다.

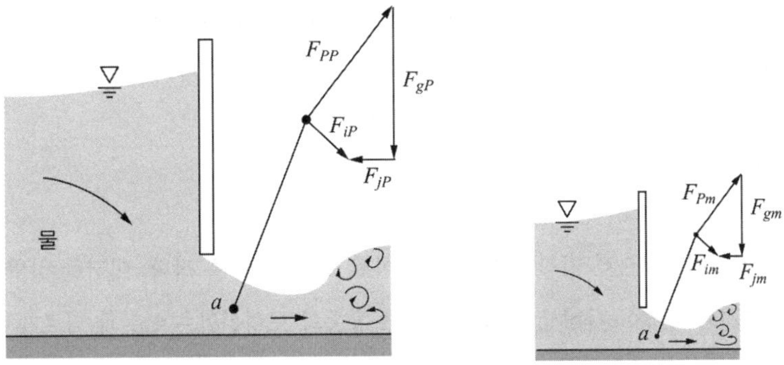

(a) 원형 (b) 모형

그림 6-3 역학적 상사

(3) 개수로 유동

개수로 유동은 자유표면이 존재하는 유동으로서 선박 주위의 유동, 운하, 강, 배수로, 잔잔한 웅덩이에서의 유동 등이 모두 이에 속한다. 이와 같은 개수로 유동은 관성력과 더불어 중력이 중요하여 Froude수가 중요한 무차원 매개변수가 된다. 또한 개수로 유동은 자유표면이 존재하므로 표면장력으로 인한 힘도 중요할 수 있다. 그러므로 개수로 유동에서의 상사는 기하학적 상사 이외에 Froude수, Reynolds수, Weber수가 중요하며 다음과 같이 표현된다.

$$\Pi = f\left(\alpha_L, \frac{e}{L}, \frac{v}{\sqrt{gL}}, \frac{\rho v L}{\mu}, \frac{\rho v^2 L}{\sigma}\right) \tag{6.23}$$

개수로 유동은 일반적으로 중력이 구동력이므로 Froude수 상사가 절대적으로 요구된다. 따라서 Froude수 상사는 다음과 같다.

$$\frac{v_p}{\sqrt{g_p L_l}} = \frac{v_m}{\sqrt{g_m L_m}}$$

모형과 원형은 중력장($g_m = g_p$)이 동일하므로 속도비는 다음과 같다.

$$\frac{v_m}{v_p} = \sqrt{\frac{L_m}{L_p}} = \sqrt{\alpha_L} \tag{6.24}$$

즉 속도비는 축척비 α_L의 제곱근으로 주어진다.

개수로 유동에서 Reynolds수의 상사에 의한 속도비는 다음 식으로 주어진다.

$$\frac{v_m}{v_p} = \frac{\mu_m}{\mu_p}\frac{\rho_p}{\rho_m}\frac{L_p}{L_m} = \frac{\mu_m/\rho_m}{\mu_p/\rho_p}\frac{L_p}{L_m} = \frac{\nu_m}{\nu_p}\frac{1}{\alpha_L}$$

개수로 유동은 Reynolds수와 Froude수가 일치하도록 고려해야 하므로, 위 식의 속도비에 Froude수의 속도비 식 (6.24)를 대입하면 동점성비는 축척비와 다음과 같은 관계가 있다.

$$\sqrt{\alpha_L} = \frac{\nu_m}{\nu_p}\frac{1}{\alpha_L} \rightarrow \frac{\nu_m}{\nu_p} = \alpha_L^{3/2} \tag{6.25}$$

개수로 유동의 유체는 일반적으로 강물 또는 바닷물이고 축척비 α_L은 작다. 이러한 상황에서 동점성비, 즉 식 (6.25)를 만족시키는 것이 사실상 어려워 개수로 유동의 모형실험은 사실과 다르게 해석될 수 있어 주의를 요한다.

개수로 유동에서 표면장력의 모델화는 Weber수가 일치되어야 하므로 다음 조건을 만족시켜야 한다.

$$\frac{\rho_p v_p^2 L_p}{\sigma_p} = \frac{\rho_m v_m^2 L_m}{\sigma_m} \rightarrow \frac{\sigma_m/\rho_m}{\sigma_p/\rho_p} = \frac{v_m^2 L_m}{v_p^2 L_p} = \alpha_L^2 \tag{6.26}$$

축척비 α_L가 1이 아니므로 모델과 원형에 동일한 유체를 사용할 수 없어 위 식을 만족시키는 것은 역시 불가능하다.

개수로 유동에서는 다행히도 표면장력과 점성의 효과가 작아 Weber수와 Reynolds수의 상사는 요구되지 않고 Froude수 상사만을 요구한다. 댐의 배수로와 같이 큰 구조물은 Reynolds수가 크고 따라서 점성력이 중력과 관성력에 비해 작다. 이 경우 Reynolds수의 상사는 고려하지 않고 Froude수의 상사를 기초로 모형을 설계한다. 다만 모형에서 Reynolds수는 원형의 Reynolds수와 똑같을 필요는 없지만 커야 한다. 따라서 이런 종류의 수력모델은 Reynolds수가 커지도록 가능하면 크게 만든다.

예제8

실물과 모형 사이의 축척비가 $30:1$이라고 하자. 실물 주위의 공기의 흐름을 모형에서는 물을 사용하여 역학적으로 상사인 흐름을 만들고자 한다. 모형의 어떤 위치에서 압력이 $2000\ \text{mmAq}$이라면 실물에서의 압력을 수주 $[\text{mmAq}]$로 구하여라. 단 물과 공기의 점성계수의 비는 $50:1$, 밀도비는 $800:1$로 한다.

점성의 영향이 현저하므로 Reynolds 상사법칙이 성립한다.

$$\left(\frac{\rho v L}{\mu}\right)_p = \left(\frac{\rho v L}{\mu}\right)_m \rightarrow$$

$$\frac{v_p}{v_m} = \frac{L_m}{L_p}\frac{\rho_m}{\rho_p}\frac{\mu_p}{\mu_m} = \frac{1}{30}\frac{800}{1}\frac{1}{50} = \frac{8}{15}$$

Reynolds 상사법칙이 성립하면 실물과 모형 사이의 압력계수도 같다. 즉,

$$\frac{p_p}{\rho_p v_p^2} = \frac{p_m}{\rho_m v_m^2} \rightarrow$$

$$p_p = p_m\frac{\rho_p}{\rho_m}\left(\frac{v_p}{v_m}\right)^2 = 2000\frac{1}{800}\left(\frac{8}{15}\right)^2 = 0.71\ \text{mmAq}$$

예제9

잠수함의 성능을 실험하기 위해 해수 탱크에서 모형실험을 하려고 한다. 실물 크기의 $1/20$로 제작된 모형의 속도는 얼마로 해야 하는가?

잠수함은 수면 아래에서 이동하는 목적이므로 자유 수면의 영향은 고려하지 않아도 된다. 또 물은 동일한 해수가 사용되므로 원형과 모형의 동점성계수 ν는 같다. 유체 유동에 대한 상사는 Reynolds수이므로 다음과 같다.

$$\frac{v_p L_p}{\nu} = \frac{v_m L_m}{\nu}$$

으로부터

$$\frac{v_m}{v_p} = \frac{L_p}{L_m} = 20$$

이므로 속도는 20배가 되어야 한다.

예제10

유조선이 30노트로 운항하는 경우 파도의 영향을 해석하기 위하여 해수탱크에서 모형을 $1/100$의 크기로 제작하여 실험하고자 한다. 모형 유조선의 속도는 얼마로 하면 좋은가?

자유표면이 있는 유동에서의 상사는 Froude수가 같아야 한다. 따라서

$$\frac{v_p^2}{gL_p} = \frac{v_m^2}{gL_m}$$

으로부터

$$\frac{v_m}{v_p} = \sqrt{\frac{L_m}{L_p}} = \frac{1}{10}$$

이므로 모형에서의 속도 $v_m = v_p/10 = 30/10 = 3$, 즉 3노트이면 된다.

예제11

트럭이 -20℃에서 $60\ \mathrm{km/h}$의 속도로 주행 시 항력을 예측하기 위하여 $1/5$ 축척의 트럭으로 20℃ 풍동에서 실험을 실시하고자 한다. 다음을 구하라.

(1) 풍동내 공기의 속도는 얼마인가?

(2) 풍동에서 트럭의 항력이 $200\ \mathrm{N}$으로 측정되었다면 원형에 작용하는 항력은 얼마인가? 단 공기의 -20℃와 20℃에서의 밀도와 동점성계수는 각각 $1.40\ \mathrm{kg/m^3}$, $1.20\ \mathrm{kg/m^3}$과 $1.16 \times 10^{-5}\ \mathrm{m^2/s}$, $1.51 \times 10^{-5}\ \mathrm{m^2/s}$이다.

트럭에 작용하는 항력을 구하는 문제이다. 이것은 Reynolds수 상사에 의해 무차원 힘의 계수 의 상사로 평가할 수 있다.

먼저 풍동 내 공기의 속도는 Reynolds수 상사에 의해 다음과 같다.

$$v_m = v_p\left(\frac{\nu_m}{\nu_p}\right)\left(\frac{L_p}{L_m}\right) = 60\ \text{km/h} \times \left(\frac{1.51\times10^{-5}\ \text{m}^2/\text{s}}{1.16\times10^{-5}\ \text{m}^2/\text{s}}\right)\times 5$$

$$= 390\,\text{km/h}$$

풍동에서 위의 속도로 실험을 실시하여 항력이 200 N이 측정되었다면, 무차원 힘의 계수의 상사로부터 원형에서 작용하는 항력을 구할 수 있다. 무차원 힘의 계수의 상사는 다음과 같다.

$$\frac{F_m}{\rho_m v_m^2 L_m^2} = \frac{F_p}{\rho_p v_p^2 L_p^2}$$

따라서 원형에 작용하는 항력은 위 식에 의해 다음과 같다.

$$F_p = F_m\left(\frac{\rho_p}{\rho_m}\right)\left(\frac{v_p}{v_m}\right)\left(\frac{L_p}{L_m}\right)$$

$$= 200\ \text{N}\times\left(\frac{1.40\,\text{kg/m}^3}{1.20\,\text{kg/m}^3}\right)\left(\frac{60\,\text{km/h}}{390\,\text{km/h}}\right)\times 5$$

$$= 179\,N$$

예제12

그림과 같이 뭉툭한 물체 주위로 공기가 흐를 때 와류가 발생된다. 물체는 폭 $D = 0.2$ m, 길이 $L = 0.6$ m이고, 공기의 속도가 $v = 15$ m/s일 때 와류의 발생주파수를 구하라. 20℃ 수조에서 1/5 축척의 모형실험에서 측정된 발생주파수는 50 Hz이었다.

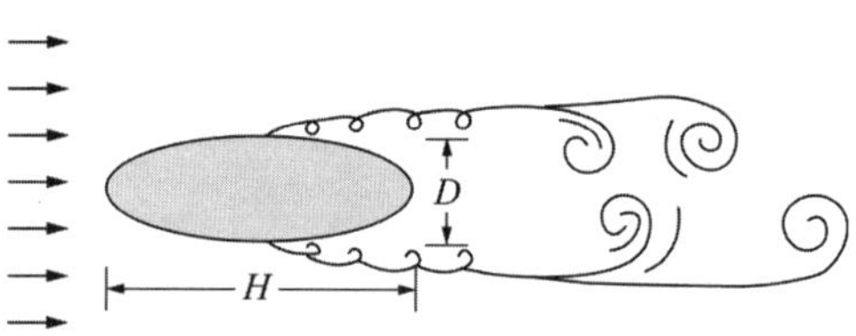

[그림 예제6.12]

먼저 표준상태의 공기와 20℃ 물의 밀도와 점성계수는 각각 다음과 같다.

$\rho_a = 1.23\ \text{kg/m}^3$, $\mu_a = 1.79\times10^{-5}\ \text{kg/(m.s)}$, $\rho_w = 998\ \text{kg/m}^3$,

$\mu_w = 1.0\times10^{-3}\ \text{kg/(m.s)}$

발생주파수 f는 폭 D와 길이 L, 유체속도 v, 밀도 ρ, 점성계수 μ에 영향을 받는다. 따라서 이상의 변수들의 함수 관계는 다음과 같다.

$$f = \phi(D, L, v, \rho, \mu)$$

위 변수의 차원은 다음과 같다.

$f[T^{-1}]$, $D[L]$, $L[L]$, $v[MT^{-1}]$, $\rho[ML^{-3}]$, $\mu[ML^{-1}T^{-1}]$

6개 변수 중에는 3개의 기본차원 $[MLT]$이 있으므로 3개의 무차원 매개변수(Pi 집단)가 있다. 이들 사이는 차원해석을 통해 다음 관계를 얻을 수 있다.

$$\frac{fD}{v} = \phi\left(\frac{D}{L}, \frac{\rho v D}{\mu}\right)$$

이 식은 좌변의 무차원 매개변수인 Strouhal수가 기하학적 상사인 D/L와 Reynolds수의 함수임을 보이고 있다. 따라서 모형과 원형 사이에는 다음과 같이 상사법칙이 성립해야 한다. 즉,

$$\frac{D_p}{L_p} = \frac{D_m}{L_m} \text{ 및 } \frac{\rho_p v_p L_p}{\mu_p} = \frac{\rho_m v_m L_m}{\mu_m}$$

첫 번째 상사에 의해서 모형의 길이는 1/5 축척이므로 다음과 같다.

$$L_m = \frac{D_m}{D_p} L_p = \frac{1}{5} \times 0.6\,\text{m} = 0.12\,\text{m}$$

모형에서의 속도는 Reynolds수 상사에 의해서 다음과 같다.

$$v_m = \frac{\mu_m}{\mu_p} \frac{\rho_p}{\rho_m} \frac{D_p}{D_m} v_p$$

$$= \frac{1.0 \times 10^{-3}\,\text{kg/(m·s)}}{1.79 \times 10^{-5}\,\text{kg/(m·s)}} \frac{1.23\,\text{kg/m}^3}{998\,\text{kg/m}^3} \frac{5}{1} (15\,\text{m/s})$$

$$= 5.16\,\text{m/s}$$

이상 상사조건이 충족되면 원형과 모형 사이의 Strouhal수(fD/v) 상사도 성립되어 원형에서의 와류 발생주파수는 다음과 같다.

$$f_p = \frac{v_p}{v_m} \frac{D_m}{D_p} f_m$$

$$= \frac{15\,\text{m/s}}{5.16\,\text{m/s}} \frac{0.04\,\text{m}}{0.2\,\text{m}} (50\,\text{Hz})$$

$$= 29.1\,\text{Hz}$$

(4) 불완전한 상사

실제 모형실험을 계획할 때 모형이 원형을 동역학적으로 완벽하게 상사시키는 것이 어려울 때가 있다. 왜냐하면 개수로 유동에서 Reynolds수와 Froude수를 동시에 일치시키기 위해서는 유체특성을 극적으로 변화시켜야 가능한데, 실제로는 물이나 공기와 같이 값싼 유체들을 이용할 수밖에 없어 일치시키기 어렵기 때문이다. 이와 같이 상사를 만족하지 못한 모형을 왜곡모형(distorted model) 혹은 불완전한 상사라고 한다.

자유표면을 갖는 수력학적 모형실험에서 동역학적 상사는 Froude수와 Reynolds수 상사를 동시에 만족해야 한다. 이때 원형과 모형의 동점성비는 식 (6.25)에 의해 다음과 같이 주어진다.

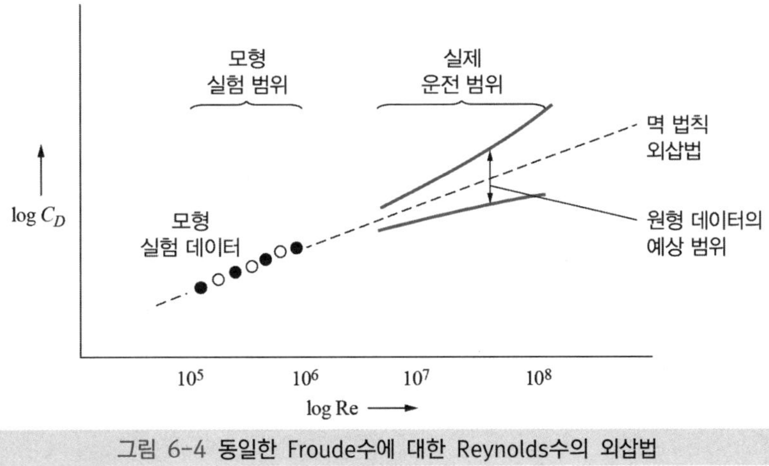

그림 6-4 동일한 Froude수에 대한 Reynolds수의 외삽법

$$\frac{\nu_m}{\nu_p} = \alpha_L^{3/2}$$

이것은 축척비가 0.1인 모형의 경우 $\nu_m = \alpha_L^{3/2}\nu_p = 0.032\,\nu_p$이다. 원형의 유체가 물이라면 동역학적 상사를 달성하기 위해서는 동점성계수가 물의 0.032배인 유체를 사용해야 하는데, 이런 유체는 존재하지 않아 불가능하다. 실제로는 모형과 원형에 모두 물이 사용되므로 Reynolds수 상사를 만족시키지 못한 상황이 된다.

이 때문에 자유표면을 갖는 모형실험은 Froude수는 일치시킨 반면에 Reynolds수는 1/10~1/1000 정도로 대단히 작은 범위에서 데이터를 얻는다. 그래서 [그림 6-4]에 표시한 바와 같이 낮은 Reynolds수에서 얻은 값을 외삽법으로 높은 Reynolds수에서의 값을 추정한다. 물론 외삽법의 사용은 정확성이 떨어지지만, 수력학적 모형실험에는 이 방법 외에는 보이지 않고 있다.

CHAPTER 06

차원해석과 상사법칙 / 연습문제

[차원해석의 원리]

01
차원해석의 장점과 단점을 기술하라.

02
라디안, 각속도, 회전력, 일, 동력, 운동량모멘트의 차원을 FLT시스템과 MLT시스템으로 표기하라.

03
다음 항들의 차원을 표기하라.

(a) $\rho v \dfrac{\partial v}{\partial x}$

(b) $\displaystyle\int_1^2 (p - p_0)\, dA$

(c) $\displaystyle\int \rho \frac{\partial v_x}{\partial t} dx\, dy\, dz$

04
다음 식들의 차원 동차성을 검토하라.

(a) $Q = \dfrac{2}{3} CL\sqrt{2g}\, H^{3/2}$

(b) $v = \dfrac{1.49}{n} R^{2/3} S^{1/2}$

(c) $h_f = f\dfrac{L}{D}\dfrac{v^2}{2g}$

(d) $F_D = \dfrac{0.074}{Re^{0.2}}\dfrac{Bx\rho v^2}{2}$

여기서 Q는 유량, C는 상수, L은 길이, g는 중력가속도, H는 수두, v는 속도, n은 길이 단위의 1/6멱수, R은 길이, S는 경사, h_f는 수두손실, f는 무차원 마찰계수, D는 직경, F_D는 항력, Re는 Reynolds수, B는 폭, x는 길이, ρ는 밀도이다.

05
다음 변수군을 무차원화하여 무차원수로 표시하여라.

(a) $\rho,\ v,\ \Delta p$

(b) $\rho,\ g,\ v,\ F$

(c) $t,\ \mu,\ \Delta p,\ F$

06
Reynolds수 $\rho v D/\mu$는 유체역학에서 매우 중요한 무차원수이다. FLT시스템과 MLT시스템을 사용하여 무차원임을 증명하라.

[무차원수]

07
유체에 관여하는 힘을 기술하라.

08
완전기체가 원관 내를 흐를 때 Mach수 M은 비열비 k, 압력 p, 밀도 ρ, 속도 v에 의존한다. Mach수는 어떻게 표시되는가?

09
자유표면을 갖는 유체의 유동에서는 무차원수로서 Froude수 $v/\sqrt{gh}$가 사용된다. 그 이유를 설명하고 Froude수를 유도하라.

10
천정이나 관단에 매달린 물방울이 떨어지는 것은 물방울의 무게가 유체의 표면장력보다 크기 때문이다. 이의 무차원수인 Bond수 Bo(=중력/표면장력)를 구하여라. 물방울의 직경은 D, 유체 밀도는 ρ, 표면장력은 σ, 중력가속도는 g이다.

11

Reynolds수가 매우 작은, 즉 $\mathrm{Re} \ll 1$에서는 무차원수로서 Stokes수 St가 사용된다. 이것은 유체의 밀도 ρ, 점성계수 μ, 입자의 직경 D, 입자의 속도 v 그리고 중력가속도 g에 의한 무차원수이다. Stokes수를 구하여라.

12

성층유동에서 사용되는 아르키메데스수 Ar은 중력가속도 g, 밀도 차이 $\Delta\rho$, 유동 폭 L 그리고 점성계수 μ의 조합으로 이루어진다. 이 무차원수의 형태를 구하여라.

[차원해석(Pi항의 결정)]

13

표면장력과 점성을 무시할 수 있을 때, 탱크에서 분출하는 유체의 속도 v는 유체의 밀도 ρ, 압력강하 Δp에 의존한다. 속도 v에 대한 식을 차원해석으로부터 유도하여라.

14

매끈한 원관 내를 점성유체가 흐른다. 관로 유동에 관여하는 물리량이 유체의 밀도 ρ, 점성계수 μ, 중력가속도 g, 관 길이 L, 유량 Q, 손실수두 Δh_L이라고 하자. 차원해석을 통해 관로 유동에 대한 무차원수를 구하여라.

15

관로유동에서 관의 직경 D, 길이 L, 유체의 밀도 ρ, 점성계수 μ, 중력가속도 v 및 압력손실을 Δp라 할 때, Q, ρ, μ를 반복변수로 하여 무차원함수를 구하면 다음 정답은 어느 것인가?

① $f(\mathrm{Re}, \mathrm{Fr}) = 0$

② $f(\mathrm{Re}, \mathrm{M}) = 0$

③ $f\left(\dfrac{\mu D^2}{\rho^2 Q^3}, \dfrac{\mu \Delta p/L}{\rho^6 Q^7}, \dfrac{Q^2 \rho^5 g}{\mu^5}\right) = 0$

④ $f\left(\dfrac{\mu D}{\rho Q}, \dfrac{\mu^5 \Delta p/L}{\rho^6 Q^7}, \dfrac{Q^3 \rho^5 g}{\mu^5}\right) = 0$

16

직경 D, 길이 L인 원관 속을 밀도 ρ, 점성계수 μ인 유체가 속도 v로 흐를 때, 유량 Q는 다음 식으로 주어짐을 차원해석으로 증명하여 보아라.

$$Q = \frac{\pi D^4 \Delta p}{128 \mu L} \quad (\text{단, } \Delta p = p_1 - p_2)$$

17

직경이 D인 수조 바닥에 직경이 d인 오리피스를 그림과 같이 연결하여 배수를 하여 수조 수위 h_1을 h_2로 낮추는 데는 어느 정도의 시간이 필요하다. 비점성 액체라 가정하고 이 문제에 적용되는 Pi집단을 결정하고 다음과 같은 함수 형태로 나타내라.

$$\frac{\Delta h}{d} = f(\Pi_1, \Pi_2, \Pi_3)$$

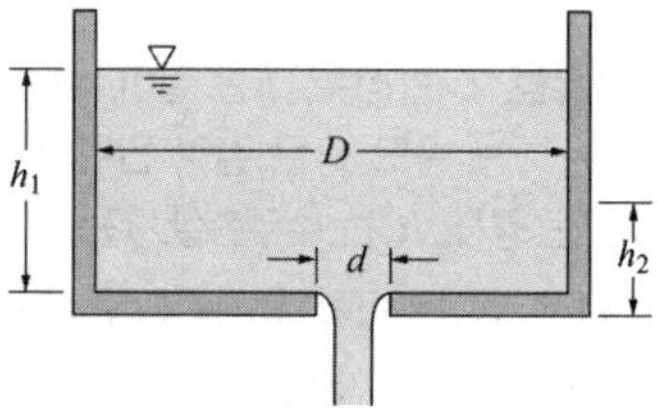

[그림 P6.17]

18

관로 유동에서 유량은 [그림 P6.16]과 같이 오리피스를 사용하여 측정한다. 체적유량 Q는 오리피스 전후의 압력차 Δp, 유체의 밀도 ρ, 오리피스 직경 d, 관의 직경 D의 함수이다. 이 함수 관계를 무차원 형태로 나타내어라.

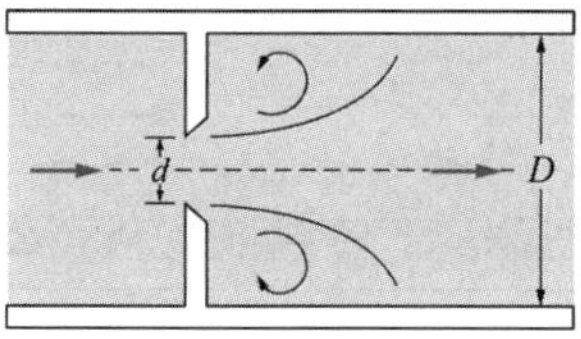

[그림 P6.18]

19

수평 관내에 점성유체가 흐를 때 발생하는 압력강하 $\Delta p/L$는 점성계수 μ, 평균 유속 v, 관의 직경 D의 함수이다. 차원해석을 통하여 이 변수들의 관계를 구하라.

20

층류유동 조건에서 한 변의 길이가 b인 정삼각형 모양의 구멍을 통해 흐르는 체적유량 Q는 점성계수 μ, 단위길이당 압력강하 $\Delta p/L$, 그리고 b의 함수이다. Pi정리를 이용하여 이 관계를 무차원 형태로 작성하라. 구멍의 크기 b가 두 배로 되면 체적유량은 몇 배가 되겠는가?

21

액체가 흐르는 관로의 중앙에 놓여 있는 표면이 거친 구에 작용하는 항력 F_D는 구의 직경 D, 밀도 ρ, 점성계수 μ, 액체의 유속 v, 구의 조도계수 e의 함수이다. 이 문제에 관계되는 무차원 수들을 구하여 다음과 같은 함수 형태로 나타내라.

$$\frac{F_D}{\rho v^2 D} = f(\Pi_1, \Pi_2)$$

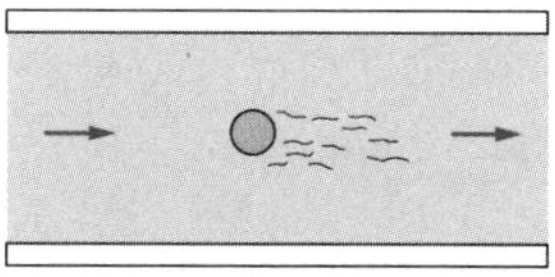

[그림 P6.21]

22

[그림 P6.22]와 같이 급축소 단면을 가진 수평관에 액체가 흐른다. 이때 발생하는 압력 변화에 대한 무차원 매개변수를 차원해석을 통해 구하고, 다음과 같은 함수 형태로 나타내라.

$$\frac{\Delta p d^2}{\rho Q^2} = f(\Pi_1, \Pi_2)$$

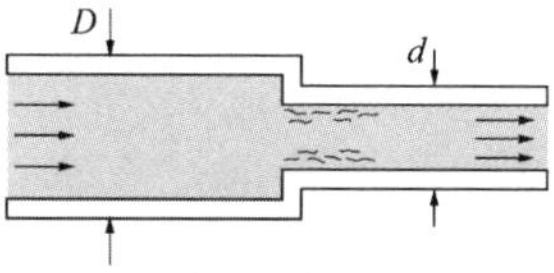

[그림 P6.22]

23

유체가 물체에 작용하는 힘 F_D는 유체의 밀도 ρ, 유속 v, 물체의 길이 L 및 점성계수 μ, 중력가속도 g, 음속 c의 함수로서 다음과 같이 주어진다.

$$F_D = C_D \frac{\rho}{2} - v^2 L^2$$

무차원 항력계수 C_D가 Reynolds수, Froude수, Mach수의 함수임을 Pi정리를 통해 증명하여라.

24

압축성 유체 속에 표면이 매끈한 물체가 운동할 때, 물체에 작용하는 항력 F_D는 물체의 속도 v, 치수 L, 유체의 밀도 ρ, 점성계수 μ, 탄성계수 ϵ에 의존한다. 항력에 대한 식을 유도하여라.

25

미소 진폭의 표면파의 속도는 진폭 h, 유체의 표면장력 σ, 유체의 비중량 γ, 중력가속도 g의 함수가 된다. 차원해석을 하여 파속 v를 무차원 함수 형태로 나타내어라.

26

모세관에 들어있는 액체의 최대 상승 높이는 관의 직경, 표면장력, 액체의 비중량의 함수이다. 이 문제에서 중요한 역할을 하는 Pi 집단을 구하라.

27

호수 위의 일렁이는 물결의 높이를 구하려고 한다. [그림 P6.27]에서 보듯이 물결 높이 H는 바람의 속도 v, 물의 밀도 ρ, 공기 밀도 ρ_0, 수심 y, 호숫가로부터의 거리 L, 중력가속도 g의 함수라고 가정하자. 반복변수 y, v, ρ를 사용하여 이 문제를 서술하는 데 사용되는 Pi항을 구하라.

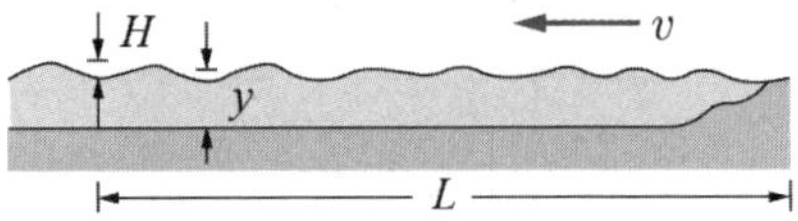

[그림 P6.27]

28

둑(weir)은 [그림 P6.28]과 같이 수로의 유량을 측정하기 위하여 설치된다. 체적유량 Q는 중력가속도 g, 위어의 폭 b, 위어 선단에서 상류 자유수면까지의 높이 H에 따라 변한다. Q가 b에 비례한다면 Pi 정리를 사용하여 $Q(g, b, H)$의 관계식을 구하라.

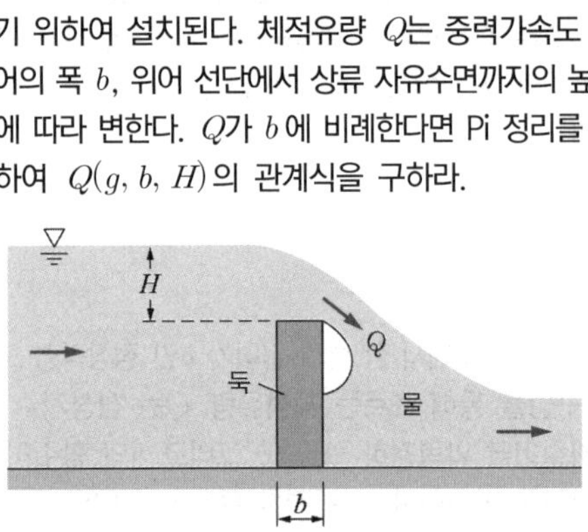

[그림 P6.28]

29

액체 분무기에서 만들어지는 액적의 직경 d는 분무기 노즐의 직경 D, 분무 제트의 속도 v, 액체의 밀도 ρ, 점성계수 μ 그리고 표면장력 σ에 의해 지배된다고 생각한다. 이들 관계를 무차원 형태로 나타내어라. 힌트 D, ρ, v를 반복변수로 채택하라.

30

점성유체 속에서 작은 구(고체입자)가 침강하고 있다. 침강속도(종말속도) v_t는 구의 직경 D, 구의 밀도 ρ_s, 유체의 밀도 ρ, 유체의 점성계수 μ, 중력가속도 g에 의존하여 다음 관계를 가진다.

$$v_t = f(\rho, \rho_s, \mu, D, g)$$

차원해석을 통하여 이 문제에 대한 Pi집단을 구하고 다음과 같은 함수형태로 나타내어라.

$$\frac{v_t}{\sqrt{gD}} = f(\Pi_1, \Pi_2)$$

31

기포가 액체 중에서 상승하고 있다. 상승 속도 v_b는 액체의 밀도 ρ_l, 기포의 직경 D, 액체의 점성계수 μ_l, 표면장력 σ, 중력가속도 g에 대하여 다음과 같은 함수 관계를 가진다.

$$v_b = f(\rho_l, \mu_l, D, \sigma, g)$$

차원해석을 통하여 이 문제에 대한 Pi집단을 구하고 다음과 같은 함수형태로 나타내어라.

$$\frac{v_b}{\sqrt{gD}} = f(\Pi_1, \Pi_2)$$

32

원심펌프에서 발생하는 압력강하 Δp는 임펠러 직경 D, 회전속도 $\dot{n}$, 유량 Q, 유체 밀도 ρ의 함수이다. 차원해석을 통해 Pi 집단을 구하라.

33

원심펌프의 용량은 펌프의 회전속도 $\dot{n}$, 임펠러 직경 D, 펌프의 수두 H_p, 유체의 점성계수 μ, 유체의 밀도 ρ, 중력가속도 g의 함수로 다음과 같이 표현된다.

$$Q = f(\dot{n}, D, H_p, \mu, \rho, g)$$

차원해석을 통해 무차원 매개변수를 구하고 다음과 같은 함수형태로 나타내라.

$$\frac{Q}{\dot{n}D^3} = f(\Pi_1, \Pi_2, \Pi_3)$$

34

펌프의 동력 $\dot{W}$는 유체의 비중량 γ, 유량 Q 및 전양정 H의 함수이다. 차원해석을 통하여 동력에 대한 식을 유도하여라.

35

진공상태에서 물체가 자유낙하할 때 낙하거리 h에서의 속도는 $v = c\sqrt{gh}$로 표시됨을 Ipsen의 순차법을 사용하여 증명하여라.

36

탱크 바닥의 구멍에서 액체를 배출하는데 요하는 시간 t_d는 구멍의 직경 d, 액체의 초기 부피 V_0, 액체의 초기 깊이 h_0 그리고 액체의 밀도 ρ와 점성계수 μ의 함수이다. 이 관계를 Ipsen의 순차법을 사용하여 무차원함수로 나타내어라.

차원해석과 상사법칙 / 연습문제

37

원판이 [그림 P6.37]과 같이 고체 경계면으로부터 거리 h만큼 떨어져 있고, 원판과 경계면 사이에는 점성계수 μ인 오일이 채워져 있다. 그림과 같이 원판을 회전시키는 데 필요한 토크는 μ, ω, h, D의 함수이다. 여기서 ω는 $\mathrm{rad/s}$ 단위를 가지는 각속도이다. 이 문제에 대한 실험 결과를 분석할 경우 사용될 수 있는 Pi 집단을 구하라.

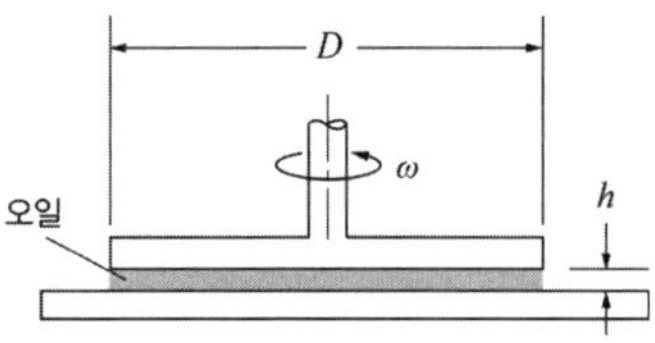

[그림 P6.37]

38

[그림 P6.38]의 원추 평판 점도계를 돌리는 데 필요한 토크 T은 반경 R, 각속도 ω, 유체의 점성계수 μ, 원추각 θ의 영향을 받는다. 이 관계를 무차원 형태로 나타내어라. T가 θ에 비례한다면 이 관계는 어떤 식으로 단순화되겠는가?

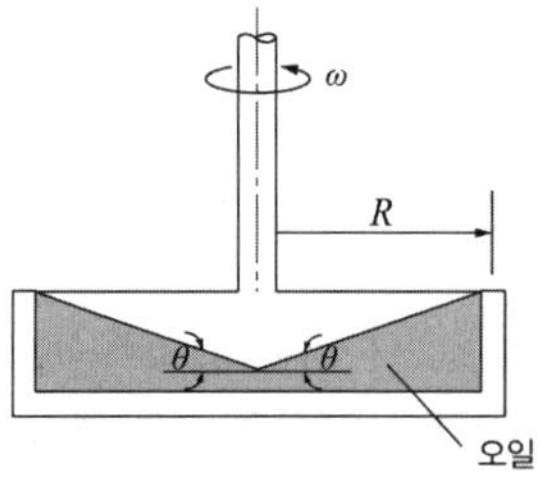

[그림 P6.38]

39

저널베어링에서 발생하는 마찰토크 T는 저널 직경 D_1, 베어링 직경 D_2, 길이 L, 윤활유의 점성계수 μ, 저널의 각속도 ω, 베어링에 걸리는 하중 P에 의존한다. 마찰토크에 대한 식을 유도하여라.

40

직경 D_1인 원판(두께 무시)이 점성계수 μ, 밀도 ρ인 액체가 들어있는 원통형 상자 속에서 일정한 각속도 ω로 회전한다. 원통형 상자의 내경이 D_2이고, 원통과 원판 사이의 간격은 y이다. 토크가 이들 변수에만 의존한다면 토크에 대한 식을 유도하여라.

41

온도 T_0인 유체 안에 온도 $T_w(> T_0)$인 벽돌이 수직으로 놓여 있다. 벽돌 벽면에서는 온도 차이에 의해 온도경계층이 발생하고 자연대류 경계층유동이 나타난다. 유동의 속도는 다음의 운동방정식을 연속방정식이나 에너지방정식과 함께 적절한 경계조건을 사용하여 풀어 구할 수 있다.

$$\rho\left(v_x \frac{\partial v_x}{\partial x} + v_y \frac{\partial v_x}{\partial x}\right) = \rho\beta(T_w - T_0)g + \mu\frac{\partial^2 v_x}{\partial y^2}$$

여기서 β는 유체의 열팽창계수이다. 이 식을 ρ, g, L 및 $(T_w - T_0)$를 사용하여 무차원화하여라.

[상사법칙]

42

동역학적 상사란 무엇인가?

43

중력과 표면장력이 지배하는 유동현상을 모형실험을 하고자 한다. 모형비(축척비)에 대한 식을 유체의 물성으로 나타내어라.

44

이상유체가 어떤 정압수두 하에서 오리피스로부터 유출한다. 이 오리피스와 기하학적 상사한 모형에 대하여 역학적 상사가 되기 위한 모형과 원형 사이의 속도비, 유량비, 분류마력비 등을 상사비로 표시하여라.

45

자유표면을 갖는 기름 탱크에서 수평 관을 통하여 기름이 공급된다. 척도 1/10인 모형을 사용하여 유량을 구하고자 한다. 원형과 모형 사이의 속도비, 유량비, 동점성계수비는 각각 얼마이어야 하는가? 이 문제에서 마찰력과 중력이 중요하게 작용함을 고려하라.

46

동점성계수 ν가 $10^{-6}\ m^2/s$인 물이 직경 $10\ \mathrm{cm}$인 관에 흐르고 있다. 동일한 관에서 동역학적 상사를 만족시키는 오일($\nu = 10^{-5}\ \mathrm{m^2/s}$)의 속도가 $0.5\ \mathrm{m/s}$이었다면 물의 속도는 얼마인가?

47

직경이 $10\ \mathrm{cm}$인 원관 속을 20℃, $760\ \mathrm{mmHg}$인 공기가 평균속도 $120\ \mathrm{m/s}$로 흐르고 있다. 이 관속의 유동상태를 조사하기 위하여 직경 $30\ \mathrm{cm}$인 모형을 사용하여 물을 흐르게 하고 있다. 물의 평균속도는 얼마로 하면 되겠는가?

48

동점성계수가 $1.62 \times 10^{-5}\ \mathrm{m^2/s}$인 기름이 직경 $18\ \mathrm{cm}$인 관을 $16\ \mathrm{m/s}$의 속도로 흐르고 있다. 이것을 동점성계수가 $10^{-6}\ \mathrm{m^2/s}$인 물의 속도 $10\ \mathrm{m/s}$와 상사를 이루게 하려면 관의 크기는 얼마로 하면 되겠는가?

49

큰 벤투리미터에 대해 원형과 같은 액체를 사용하여 1/10 축척의 모형 실험을 하고자 한다. 동역학적 상사를 적용하여 유량비 Q_m/Q_p를 구하라. 주어진 유량에 대해 모형에서 압력차가 $300\ \mathrm{kPa}$로 측정되었다. 동역학적 상사를 적용하여 원형에서의 압력차를 예측하여라.

50

$4\ \mathrm{m}$의 정수압 하에서 직경 $30\ \mathrm{mm}$의 오리피스로부터 유량이 15℃의 물 $3.8\ \mathrm{m^3/s}$이었다. 이 오리피스와 기하학적 상사인 1/12 축척으로 모형실험을 하고자 한다. 모형에서 사용할 액체의 비중이 1.4라 하면 모형에서의 유량과 액체의 점성계수를 구하여라.

51

길이 $200\ \mathrm{m}$인 유조선을 1:50의 모형배로 실험하고자 한다. 유조선이 $30\ \mathrm{km/h}$의 속력으로 항해한다면 역학적 상사를 위하여 모형배의 속도는 얼마이어야 되는가? 단 점성마찰은 무시한다.

52

물의 온도 20℃, $4\ \mathrm{m/s}$의 속도로 직경 $0.3\ \mathrm{m}$인 수평관로를 흐를 때 압력 강하가 $64\ \mathrm{kN/m^2}$이었다. 이 관로의 1:6 척도의 모형에서 공기를 사용하여 평균속도 $30\ \mathrm{m/s}$일 때 동일한 관로길이에서 $55\ \mathrm{kN/m^2}$의 압력 강하를 만들려고 한다. 모형과 원형 사이에 역학적 상사를 위하여 요구되는 공기의 압력과 온도는 얼마인가?

CHAPTER 06

차원해석과 상사법칙 / 연습문제

53

깊은 수심에서 잠수함을 예인할 때 항력을 결정하기 위하여 1/5 축척으로 모형실험을 하고자 한다. 원형과 동일한 액체를 사용할 때, 상사법칙을 적용하여 원형 속도에 대한 모형에서의 견인속도비를 구하라.

54

직경이 $120\ \mathrm{mm}$인 원심송풍기를 $2000\ \mathrm{rpm}$으로 회전할 때 $66\ \mathrm{mmAq}$의 풍압을 일으킨다. 만약 직경이 $160\ \mathrm{mm}$인 원심송풍기를 동일한 회전수로 회전하였을 때 공기의 유동 상태가 상사였다면 이때의 풍압은 얼마이겠는가?

55

$\rho = 40\ \mathrm{kg/m^3}$, $\mu = 0.002\,\mathrm{poise}$인 기체를 직경 $1.2\ \mathrm{m}$인 관을 통하여 $25\ \mathrm{m/s}$의 속도로 수송한다. 배관시스템에는 Y관이 설치되어 있어 이곳에서의 손실을 측정하고자 모형 Y관을 만들어 20℃의 물 $75\ \mathrm{m^3/s}$의 유량으로 흘러보낸다. 축척비가 얼마인 모형을 사용하여야 하는가? 또 모형에서 얻은 손실을 원형의 손실로 환산하려면 어떻게 하여야 하는가?

56

길이 $1.5\ \mathrm{m}$, 폭 $0.3\ \mathrm{m}$인 평판을 잔잔한 20℃의 물속에서 $3\ \mathrm{m/s}$의 속도를 끌어당길 때 항력은 $14\ \mathrm{N}$이었다. 이것과 기하학적으로 상사한 평판을 절대압력 $101.3\ \mathrm{kN/m^2}$, 온도 15℃의 공기에서 $18\ \mathrm{m/s}$로 끌 때 역학적 상사가 이룬다면 모형 평판의 치수와 항력은 얼마인가?

57

길이 $1\ \mathrm{m}$의 모형배를 조파수조에서 $0.6\ \mathrm{m/s}$의 속도로 예인한다. 원형배의 길이를 $60\ \mathrm{m}$라 할 때 역학적 상사가 되려면 원형배의 속도는 얼마인가? 단 마찰저항은 고려하지 않는다. 또 모형배를 끄는데 $4.5\ \mathrm{N}$의 힘이 소요되었다면 원형 배의 추진력은 얼마로 설계하면 좋은가? 물은 같은 바닷물이다.

58

침수면적 $0.75\ \mathrm{m^2}$, 길이 $2\ \mathrm{m}$인 모형 선박이 $3\ \mathrm{m/s}$ 속도로 운행할 때 $1.5\ \mathrm{kgf}$의 항력을 발생한다. 침수면적 부분은 평판이라 생각하고 다음에 답하라.

(a) 모형의 조파 저항

(b) 길이가 모형의 25배가 되는 원형 선박이 모형과 서로 대응하는 조파저항으로 운행될 때의 선박의 항력, 단 물의 밀도는 $102\mathrm{kgf{\cdot}s/m^4}$, 동점성계수는 $0.011\mathrm{cm^2/s}$이다.

59

$0.6\ \mathrm{m}$의 깊이에서 $1.5\ \mathrm{m}$의 높이로 도약하는 수력도약의 모형을 1:10의 척도로 실험 수로 내에 만들려고 한다. 이 실험 수로 내에는 얼마의 유량이 사용되어야 하는가?

59

직경이 $1.2\ \mathrm{m}$인 뚜껑이 없는 원통 수조 안에 물을 $1.2\ \mathrm{m}$ 깊이로 넣고 연직축을 중심으로 $1000\ \mathrm{rpm}$으로 회전시킨다. 1/2척도의 모형수조에 수은을 넣고 회전할 때 역학적 상사가 되려면 몇 rpm으로 회전하여야 하는가? 또 액체 내의 대응점에서의 압력비는 얼마인가?

60

60 m/s의 속도로 공기 중을 운동하는 1 m 길이의 물체를 수동(water tunnel) 속에서 1:6의 모형을 사용하여 연구하고자 한다. 수동 속의 물은 충분히 가압하여 공동현상이 일어나지 않는다. 역학적 상사를 위한 수동에서의 유속은 얼마로 하면 좋은가? 또 원형과 모형에 작용하는 항력비는 얼마인가? 물의 온도는 20℃이다.

66

12:1의 모형을 가지고 수동시험을 한다. 수동의 액체는 20℃의 물이다. 모형에서 물의 속도가 25 m/s일 때, 모형에서 두 점 사이의 압력차는 65 mAq였다. 만일 원형이 101.3 kPa, 20℃ 대기 중에서 역학적 상사를 이룬다면 원형에서 이들 대응하는 두 점 사이의 압력차는 얼마이겠는가?

67

직경 0.3 m인 관에 붙은 직경 0.15 m의 모형 노즐을 통하여 20℃의 물이 0.18 m^3/s의 유량으로 대기 중으로 방출된다. 마찰효과를 무시할 수 있을 때, 물이 노즐에 작용하는 힘의 축방향 성분은 3 kN이다. 만일 선형비가 4:1의 원형 노즐로부터 1.13 m^3/s의 공기(15℃, 절대압력 101.3 kPa)를 대기 중으로 분출시킨다면 원형 노즐에 작용하는 힘의 축방향 성분은 얼마인가? 또 마찰효과를 무시할 수 없는 경우 모형 노즐에서 힘의 축방향 성분이 3.56 kN이라면 원형에서의 필요 공기 유량과 힘의 축방향 성분은 얼마이겠는가?

68

유량 5 m^3/min, 양정 30 m, 회전수 750 rpm으로 운전하는 원심펌프가 있다. 만일 이 펌프가 같은 효율로써 회전수를 1500 rpm으로 바꾸어 운전할 때, 유량과 양정은 얼마인가?

69

임펠러 직경 7.6 cm인 원심펌프가 900 rpm으로 회전하여 물을 압축하고 있다. 기하학적으로 상사인 임펠러 직경 15.2 cm인 원심펌프를 20℃ 공기를 사용하여 실험하고자 한다. 다음을 구하라.

(a) 101.3 kPa인 공기가 공급될 때 모형펌프의 속도
(b) 역학적 상사를 이루기 위한 모형의 회전속도와 공기의 압력

70

비중 0.9인 기름을 펌핑하는 펌프가 있다. 이것과 1:12의 기하학적 상사를 이룬 모형펌프를 만들었다. 모형의 흡입관의 직경은 100 mm, 송출관의 직경은 75 mm이다. 이 모형펌프로 15℃의 물을 0.014 m^3/s의 유량으로 펌핑할 때 동력은 0.522 kW가 소요되었고, 흡입구와 송출구의 액주계 차이는 3 mAq였다. 모형과 원형이 완전한 역학적 상사가 이루려면 원형에서의 점성계수와 동력은 얼마이어야 하는가? Reynolds수와 Froude수를 동시에 고려하여라.

유/체/역/학

CHAPTER

07

비압축성 · 점성유체의 유동

CHAPTER 07 비압축성 · 점성유체의 유동

실제 모든 유체는 압축성과 점성을 가지고 있어 압축성 · 점성유체이다. 액체(물)는 높은 압력을 가하더라도 압축된 정도가 작아 비압축성유체로 고려할 수 있지만, 기체(공기)는 낮은 압력에도 쉽게 압축되어 압축성유체이다. 그러나 공기도 유속이 Mach 0.3 이하일 때에는 비압축성유체로 취급할 수 있다. 따라서 실제 모든 유체는 유속이 빠르지 않는 한 비압축성 · 점성유체로 고려할 수 있다.

유체는 유속이 점차 빠르게 되면 점성에 기인하여 유체입자의 변형과 회전을 일으켜 층류에서 난류로 천이하고 고체와 접촉한 면에서는 경계층이 발달한다. 그러나 이상유체의 유동은 점성이 없어 유체입자의 변형과 회전이 나타나지 않고 층류상태를 유지하며 경계층이 발달하지 않는다. 이것은 유체의 점성이 흐름이 층류인 경우 속도가 다른 유체요소끼리 상대운동을 방해하려는 마찰(내부마찰)을 일으키고, 유체가 고체 벽면을 스쳐 지나갈 때에도 고체와 유체요소 사이에 상대운동을 방해하려는 마찰(외부마찰)을 일으켜 얇은 두께의 경계층을 발생시키기 때문이다. 그러므로 난류와 경계층의 발달은 실제 유체의 유동, 즉 점성유체의 유동에서 나타나는 커다란 특징이다.

이 장에서는 점성유체의 내부유동과 외부유동을 설명하기 전에 점성유체의 유동에서 나타나는 커다란 특징인 난류와 경계층을 설명하고, 이의 응용으로서 두 평판 사이의 층류유동, 동심 원관 내 층류유동 그리고 윤활이론에 대하여 설명한다.

7.1 실제 유체의 유동

실제 유체의 유동은 층류와 난류가 모두 나타난다. 유동의 특성은 층류와 난류에 따라 크게 달라지기 때문에 이의 구별이 중요하다. 층류와 난류를 처음 발견한 사람은 하겐(G.H.L Hagen)이고 난류를 체계적으로 연구한 사람은 레이놀즈(O. Reynolds, 1842~1912)이다.

7.1.1 층류와 난류

유체의 유동은 유체입자들의 유동구조를 근거로 층류(laminar flow)와 난류(turbulent flow)로 구분한다. 유속이 느리면 유체입자들은 섞이지 않고 층을 이루어 안정되고 질서 정연한 층류를 유지하지만, 유속이 빠르면 유체입자들이 층을 이루지 못하고 무질서하게 서로 섞이면서 불안정한 비정상적인 흐름인 난류가 된다.

유체의 유동은 층류이든 난류이든 속도가 다른 입자(요소)끼리 상대운동을 방해하려는 마찰이 나타나는데 층류인 경우에는 유체의 점성에 기인하고, 난류인 경우에는 입자의 불규칙한 혼합에 의한 운동량 전달(교환)에 기인하여 나타난다. 이 때문에 유체와 물체 표면 사이에 나타나는 마찰력(마찰항력)은 흐름이 층류냐 난류냐에 따라서 크게 달라진다.

유체의 유동이 층류인지 혹은 난류인지는 Reynolds수로 쉽게 알 수 있다. 흐름이 임계레이놀즈수보다 크면 난류, 작으면 층류로 판별할 수 있다. Reynolds는 원통형의 긴 유리관 속으로 물을 흘려 속도를 높여가면서 유색 액체의 유동 상태를 관찰하였다. 물의 흐름이 층류이면 유색 액체는 [그림 7-1](a)와 같이 선명한 부드러운 선을 그리지만, 난류에서는 그림(c)와 같이 혼란이 발생하여 흐름이 교란되면서 흐르게 되고, 그림(b)의 천이류는 층류와 난류가 혼합된 상태로 흐르게 된다.

Reynolds는 광범위한 실험을 통하여 난류에 대해 체계적으로 연구하였다. 그는 층류에서 난류 또는 난류에서 층류로 변하는 천이 조건이 관의 지름 D, 흐름의 속도 v, 유체의 밀도 ρ, 점성계수 μ, 동점성계수 ν 등의 개개의 값에는 직접 관계하지 않고, 다음 식과 같이 점성력에 대한 관성력의 비에 의존한다고 하였다.

$$\mathbf{Re} = \frac{\text{관성력}}{\text{점성력}} = \frac{\rho v^2 D^2}{\mu v D} = \frac{\rho v D}{\mu} = \frac{vD}{\nu} \tag{7.1}$$

이 값 **Re**를 Reynolds수라 한다. 층류에서 난류 또는 난류에서 층류로의 천이가 일어날 때의 레이놀즈수를 임계레이놀즈수(Critical Reynolds' number) $\mathbf{Re_c}$라고 한다.

임계레이놀즈수는 물속에 존재하는 난류의 크기에 따라서 다르게 된다. 관 입구를 둥글게 하거나 또는 관 내 표면을 매끄럽게 하는 등에 의해 교란이 0에 가까울 정도로 조작하면 임계레이놀즈수는 높게 되고 그 극한값을 상임계 레이놀즈수라 한다. 지금까지 얻어진 원관에 대한 상임계 레이놀즈수의 최댓값은 1.2×10^4이지만, 일반적으로는 4000을 선택한다. 이것과는 반대로 어떤 Reynolds수 이하에서는 관 입구나 벽면에서 큰 교란이 발생하더라도 난류로의 천이가 일어나지 않고 층류를 계속 유지하는 경우가 있는데 이것을 하임계 레이놀즈수라 하고 지금까지 얻어진 하임계 레이놀즈수의 최솟값은 2100이고, Schiller는 2320을 주장하여 학자에 따라서 다른 값을 제안하고 있다. 그러나 설계 시 안전을 위하여 원관에 대한

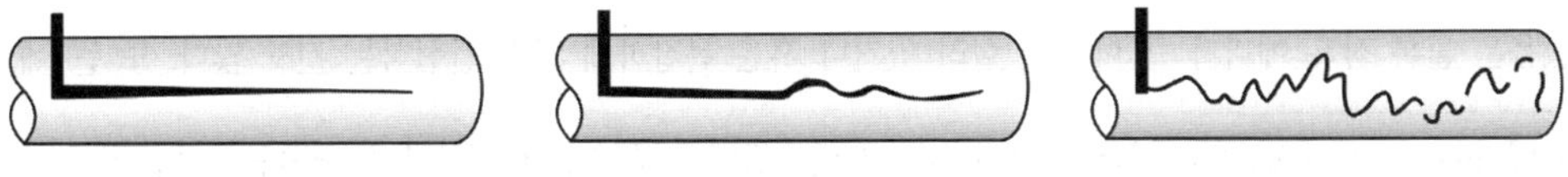

(a) 층류 (b) 천이류 (c) 난류

그림 7-1 레이놀즈의 실험

하임계 Reynolds수로는 2100을 택한다. 따라서 원관 내 흐름에서는 Reynolds수가 2100 이하면 층류, 4000 이상이면 난류, 그 사이이면 천이류이다. 즉

층류 : $Re < 2100$
천이류 : $2100 \le Re < 4000$
난류 : $Re \ge 4000$

위의 임계레이놀즈수는 원관내 흐름에서 얻은 결과이다. 그러므로 평판 주위의 흐름이나 혹은 4각 덕트 내의 흐름 및 완전히 물에 잠긴 물체 주위의 흐름에 대한 임계레이놀즈수는 위의 값과 다르다는 점에 주의해야 한다. 또한 Reynolds수는 난류와 층류를 구별해주는 무차원수이기도 하지만, 제6장 차원해석에서 기술한 바와 같이 모형과 원형 사이의 Reynolds수가 동일하면 역학적 상사를 이루게 된다. 따라서 모형실험에서 얻은 데이터로 원형에서의 값을 예측할 수 있으므로 Reynolds수는 매우 중요한 의미를 갖는다.

7.1.2 난류의 발생

유체의 속도를 높여가면 흐름의 상태는 층류에서 난류로 급격히 변하지 않고 천이류를 거쳐 난류로 변하게 된다. 이것은 층류상태에서 속도가 점점 빠르게 되면 일부 입자들은 교란이 증폭되어 관성력이 점성력보다 커져 다른 층으로 옮겨가 흐름이 불규칙하게 되고 인접한 유체입자끼리 서로 교환 또는 섞임이 일어나 난류상태가 되지만, 다른 입자들은 속도에 교란이 발생하여도 다른 층으로 옮겨가려는 관성력에 비하여 이를 저지하려는 점성력이 커서 교란이 사라지게 되어 계속 층류상태를 유지하기 때문이다. 즉 천이류란 층류와 난류가 혼합된 상태의 흐름을 의미한다.

난류는 천이류에서 속도가 더욱 커지면 천이류의 층류입자까지도 불규칙한 교란이 나타나 결국 모든 유체입자가 난류상태가 되어 흐르는 것을 말한다. 난류는 유체입자의 혼란과 교란의 불규칙성과 우연성이 지배한다. 혼란과 교란은 임계레이놀즈수보다 큰 난류에서 나타나지만, 물체 벽면 근처 경계층 내 흐름에서도 발생한다. 즉 경계층 내 흐름은 흐름이 임계레이놀즈수보다 낮아도 난류가 발생하며, 혼란과 교란이 발생한 경계층 내 흐름을 난류전단흐름(turbulent shear flow)이라고 한다.

[그림 7-2]에 평판에 인접한 경계층내 유체입자의 유동을 나타냈다. 그림(a)는 빠른 유체입자와 느린 유체입자가 점성에 의해 서로 잡아당기면서 층을 이루며 나란히 흐르는 층류경계층 흐름이고, 그림(b)는 속도구배가 커서 인접한 유체입자끼리 서로 교환이 일어나는 난류전단흐름이다. 난류에서는 관성력이 점성력보다 커서 흐름이 불안정하게 되어 빠른 입자는 느린 입자에 걸려 넘어져 느린 입자 쪽으로 말려 들어가고, 느린 입자는 빠른 입자 쪽으로 밀려나 에디(와, 선회 회전류, eddy)[125]를 발생한다. 에디의 흐름 방향은 3차원이고 크기와 강도, 발생하는 주기나 장소 등 많은 것이 상당히 불규칙적이다.

실제 유체는 연속체이므로 [그림 7-2](b)와 달리 어떤 한 개의 에디와 다른 에디와의 경계를 구별할 수 없음은 물론 작은 에디가 큰 에디에 실려 있거나 혹은 복잡하게 서로 간섭하는 것도 많다. 또 큰 에디는

125) 에디(eddy)는 와(渦)라고 번역하지만 이것은 난류유동에서 주 흐름에 대항하여 나타나는 매우 작은 크기의 유체입자의 선회 회전류(또는 선회 회전영역)로서 다양한 크기, 방향, 강도, 생존시간 등을 갖는다. 난류란 매우 작은 크기의 와(eddy)가 가득 차 있는 유동이다.

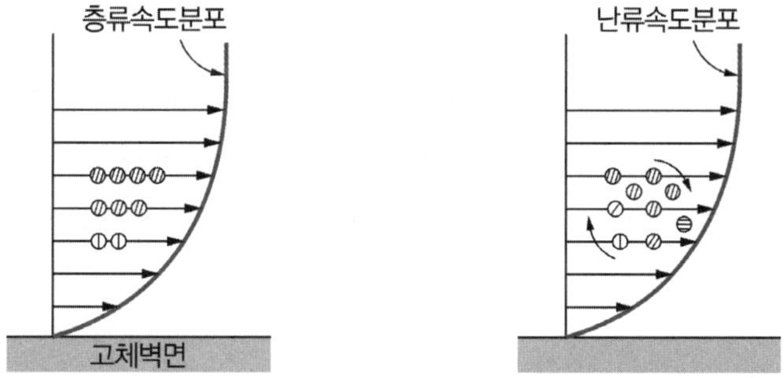

(a) 층류　　(b) 난류

그림 7-2 층류 및 난류

하류로 흘러가면서 작은 에디로 붕괴되고 작은 에디는 점성에 의해 소멸하는 등 끊임없이 변동한다. 따라서 난류는 유동장 전반에 걸쳐 에디라 불리는 와(붉은색) 와(eddy)가 빠르고 무질서하게 생성・소멸・변동하는 특징을 갖고 있고 이것이 혼란과 교란으로 나타난다. 난류에서 에디가 발생하면 유체의 운동에너지는 에디에너지로 변하고, 큰 에디는 작은 에디로 분열하고 작은 에디에너지는 점성에 의하여 마찰열로 변하여 소멸하게 된다.

난류전단흐름은 어떤 장애물에 의해서 발생시킬 수 있다. 균일한 흐름 속에 금속망(mesh)을 설치하면 흐름이 망 표면에서 박리하여 에디를 방출하게 된다. 따라서 금속망의 굵기를 변경하면 여러 가지 크기의 난류를 만들 수 있다. 그러나 하류에서는 새로운 에디를 발생하지 않고 마찰열로 소멸하므로 하류로 갈수록 혼란이 균일해지면서 감소한다.

층류와 난류에서의 이동현상(운동량전달, 열전달, 물질전달 등)은 이와 같은 흐름의 특성 때문에 서로 상당한 차이가 있다. 난류에서는 에디의 운동이 속도가 다른 입자들을 서로 혼합시키는 작용, 즉 입자들 사이의 속도 차이를 균일화하려는 경향이 있으므로 층류에 비하여 운동량, 열, 물질전달이 더욱더 활발히 일어나게 된다. 그 결과 층류와 난류는 서로 다른 속도분포를 갖게 된다.

7.2 난류

난류는 실제 많은 유체기기나 산업 공정플랜트에 나타난다. 유체의 흐름이 난류이면 난류전단응력에 기인하여 마찰력(또는 마찰항력)이 비약적으로 크게 증가한다. 이것은 분자점성이나 분자확산에 기인한 층류와는 달리 입자가 교란에 의해 상호 격렬하게 혼합하는 난류의 특징 때문이다. 이 때문에 유체의 점성계수는 고유한 성질이지만, 난류점성계수는 유체의 고유한 성질이 아니고 난류의 크기에 따라 다르게 된다.

7.2.1 난류 특성

난류는 유체입자의 흐름이 혼란(turbulence)과 교란(fluctuation)으로 나타나 불규칙성과 우연성이 지배하여 매우 복잡하다. 그러므로 난류 이론은 어떤 기본적인 가정과 경험에 의해 수식화되었다. 난류의 특성은 난류 에너지, 난류 강도, 난류 크기 등으로 기술하는데, 이것을 평가하기 위해서는 먼저 난류 속도와 상관을 이해해야 한다.

(1) 난류 속도와 상관

유체의 속도 **v**는 벡터이므로 3차원 공간좌표, 즉 x, y, z축 방향의 성분속도와 시각 t의 함수이다. 흐름이 층류이면 한 점에서의 속도는 시간에 관계없이 일정하지만, 난류이면 한 점에서의 속도라도 시간에 따라 변동한다.

유체가 흐르는 유동장 내의 한 점에서 난류 속도를 열선풍속계로 측정하면 [그림 7-3]에 나타낸 바와 같이 어떤 일정한 값을 기준으로 시간적으로 불규칙적으로 변동한다. 이 값을 시간 평균값(temporal mean value)이라 한다. 또 동일한 시간이라도 공간 내 위치에 따라 속도가 어떤 일정한 값을 기준으로 불규칙적으로 변동한다. 이 값을 공간 평균값(spatial mean value)이라 한다. 유체기기에서는 일반적으로 시간 평균값에 관심이 있으므로 이후부터 난류라고 하면 시간 평균값으로 설명되는 것에 유념하기 바란다. 따라서 난류 속도는 시간평균속도에 불규칙적으로 변동하는 변동속도의 합이라고 가정함으로써 수학적으로 표현할 수 있다.

① 난류 속도

난류 유동의 속도 $\mathbf{v}(x, y, z, t)$를 x축 방향의 성분속도 v_x에 대해서만 표시하면 [그림 7-3]에 나타낸 바와 같이 시간평균속도(평균속도, time average velocity) $\bar{v}_x(x, y, z)$와 변동속도(fluctuating velocity) $v_x{}'(x, y, z, t)$의 합으로 고려할 수 있다. 이것을 y축과 z축 방향의 성분속도 v_y, v_z에 대해서도 기술하면 다음과 같다.

$$
\begin{aligned}
v_x &= \bar{v}_x + v_x{}' \\
v_y &= \bar{v}_y + v_y{}' \\
v_z &= \bar{v}_x + v_z{}'
\end{aligned}
\tag{7.2}
$$

여기서 바(¯) 는 시간평균속도, (′)는 변동속도를 의미한다. 평균속도 $\bar{v}_x$와 변동속도의 시간 평균값 $\overline{v_x{}'}$은 각각 다음과 같이 정의된다.[126)]

126) 난류에서 속도라 함은 일반적으로 시간평균속도를 의미하므로 (¯)를 붙이지 않고 v_x, v_y로 표기한다. 단 변동 속도와 구별할 때에는 (¯)를 붙여 표기한다. 유체의 변동속도는 밀리세컨드(ms) 범위에서 아주 급격하게 변하므로 식 (7.3)의 적분시간 t는 수초 이상이면 적절하다고 고려하고 있다.

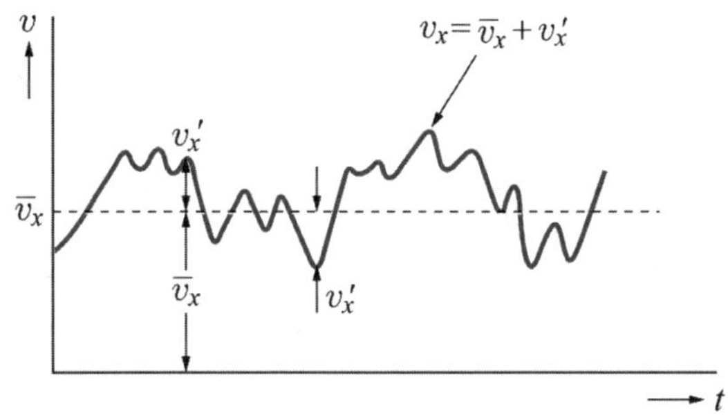

그림 7-3 난류 속도

$$\bar{v}_x \equiv \frac{1}{t}\int_0^t v_x(x, y, z, t)dt$$
$$\overline{v_x'} \equiv \frac{1}{t}\int_0^t v_x'(x, y, z, t)\, dt = 0 \quad (7.3)$$

y축과 z축 방향의 평균속도와 변동속도에 대해서도 위와 비슷하게 정의된다. 적분시간 t는 평균속도가 시간에 관계없이 일정하도록 충분히 크게 취하지만 일반적으로 수초 이상이면 적절하다고 고려하고 있다. 난류 유동에서도 평균속도 $\bar{v}_x$가 시간에 관계없이 일정하면 정상상태이고, 그때의 변동속도의 시간평균값 $\overline{v_x'}$는 식 (7.3)에 정의한 바와 같이 0이 된다. 그러나 변동속도의 2승 평균값 $\overline{v_x'^2}$은 0이 아니며 또한 변동속도끼리의 곱의 시간평균값, 즉 $\overline{v_x'v_y'}$와 $\overline{v_y'v_z'}$도 전형적인 난류 유동에서는 0이 되지 않고 어떤 유한한 값을 갖는다.

난류에서는 압력 p와 온도 T도 시간평균값과 변동값의 합으로 정의된다.

$$p = \bar{p} + p', \quad T = \overline{T} + T' \quad (7.4)$$

변동값의 시간평균은 0이 된다. 즉,

$$\overline{p'}, \overline{T'} = 0 \quad (7.5)$$

② 상관

변동속도 사이의 관계를 고려하여 보자. 실제 난류 유동에서 x축과 y축 방향의 변동속도 v_x'와 v_y'를 동시에 측정하면 [그림 7-4]의 분포를 예상할 수 있다. 그림(a)는 변동속도 $v_y' > 0$에 대하여 $v_x' > 0$인 경우와 $v_x' < 0$인 경우가 서로 동등하게 나타나고, 반대로 $v_y' < 0$인 조건에 대해서도 $v_x' > 0$인 경우와 $v_x' < 0$인 경우가 서로 동등하게 나타남을 보이고 있다. 그러므로 두 변동속도 사이에는 어떠한 관계도 인정되지 않는 독립적인 관계를 이루고 있다. 이것에 대하여 그림(b)는 v_x'가 증가하면 v_y'는 감소하고, v_x'가 감소하면 v_y'는 증가하여 두 변동속도 사이에는 이와 같은 상관(correlation)이 존재함을 보이고 있다. 특히 난류전단흐름에서는 그림(b)와 같이 음(-)의 상관이 존재하고, 음의 상관이 난류전단응력에 큰 영향을 미치게 된다.

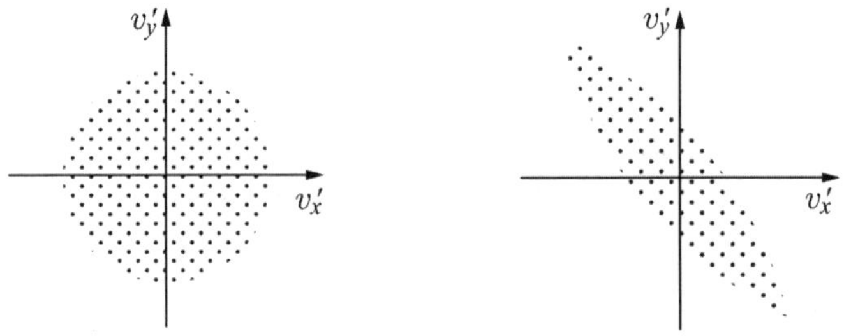

그림 7-4 상관

(2) 난류 특성

난류 유동은 동일한 평균속도의 난류라도 변동속도의 크기에 따라 다르게 된다. 난류 특성은 변동속도를 근거로 난류 에너지, 난류 강도 및 난류 크기로 평가한다.

① 난류 에너지

난류의 단위 부피당 평균 운동에너지 $e_{k,mean}$는 다음 식으로 주어진다.

$$e_{k,mean} = \frac{1}{2}\rho\overline{\left[\left(\bar{v}_x + v_x{}'\right)^2 + (\bar{v}_y + v_y{}')^2 + \left(\bar{v}_z + v_z{}'\right)^2\right]}$$

합의 평균이나 평균의 합은 같으므로 위 식은 다음과 같이 표기할 수 있다.

$$e_{k,mean} = \frac{1}{2}\rho\left\{\overline{\left(\bar{v}_x + v_x{}'\right)^2} + \overline{\left(\bar{v}_y + v_y{}'\right)^2} + \overline{\left(\bar{v}_z + v_z{}'\right)^2}\right\}$$

위 식을 전개함에 있어서 변동속도의 시간평균값 $\overline{v_x{}'}$는 식 (7.3)에 의해 0이므로 이 항이 포함된 항은 0이 된다. 즉,

$$\overline{\bar{v}_x v_x{}'} = \bar{v}_x \overline{v_x{}'} = 0$$

그러므로 난류 에너지는 다음 식으로 표현된다.

$$e_{k,mean} = \frac{1}{2}\rho\left(\bar{v}_x^2 + \bar{v}_y^2 + \bar{v}_z^2 + \overline{v_x{}'^2} + \overline{v_y{}'^2} + \overline{v_z{}'^2}\right) \tag{7.6a}$$

난류의 운동에너지는 시간평균속도가 일정하면 변동속도의 크기에 따라 좌우됨을 알 수 있다. 동일한 속도의 난류라 할지라도 난류 에너지는 변동속도의 변화(진폭)가 클수록 크게 됨을 알 수 있다. 난류 운동에너지의 상대적인 크기를 비교하기 위하여 시간평균속도가 같다고 고려하면 난류 에너지는 3방향 변동속도에 대한 운동에너지의 합으로 다음과 같이 평가할 수 있다.

$$e_{k,mean} = \frac{1}{2}\rho\left(\overline{{v_x}'^2} + \overline{{v_y}'^2} + \overline{{v_z}'^2}\right) \tag{7.6b}$$

② 난류 강도

난류의 x축 방향 성분속도 v_x는 식 (7.2)에 의해 다음과 같이 표현된다.

$$v_x = \bar{v}_x + {v_x}'$$

난류가 정상상태이면 변동속도의 시간평균값 $\overline{{v_x}'}$는 0이다. 그러나 난류가 정상상태라도 변동속도 2승의 평균값 $\overline{{v_x}'^2}$은 0이 되지 않고 어떤 유한한 값을 갖는다.

난류 강도(intensity of turbulence) I는 변동속도 2승 평균의 평방근 $\sqrt{\overline{{v_x}'^2}}$ 을 변동의 실효값 또는 표준편차라고 부르는데, 이 값을 평균속도로 나눈 값으로 정의한다. 따라서 난류 강도는 3방향 변동속도를 모두 고려하여 다음과 같이 표시할 수 있다.

$$I = \frac{\sqrt{\left(\overline{{v_x}'^2} + \overline{{v_y}'^2} + \overline{{v_z}'^2}\right)/3}}{\bar{v}} \tag{7.7}$$

여기에서 $\bar{v} = \sqrt{\bar{v}_x^2 + \bar{v}_y^2 + \bar{v}_z^2}$ 이다.

$\bar{v}$는 유체의 어느 순간의 평균속도이다. 난류 강도가 크다는 것은 변동속도의 진폭(또는 변동속도성분)이 큰 것을 의미한다. 일반적으로 난류 강도 I는 0.01~0.1의 값을 갖는다.

(3) 등방성 난류

난류는 시간적으로나 공간적으로 변하지만, 등방성 난류는 시간적으로나 공간적으로나 난류 특성이 모두 동일하여 방향성이 없는 난류이다. 따라서 등방성 난류는 상관이 존재하지 않는 난류이다. 등방성 난류는 벽 근방 난류전단흐름에서는 성립하지 않지만 난류 본체 자유흐름에서는 대부분 성립한다.

① 균일성

균일성은 방향에 관계없이 변동속도가 모두 일정함을 의미한다. 즉

$$\overline{{v_x}'} = \overline{{v_y}'} = \overline{{v_z}'},\ \overline{{v_x}'^2} = \overline{{v_y}'^2} = \overline{{v_z}'^2} \tag{7.8}$$

등방성 난류의 난류 강도는 식 (7.7)에 위 관계를 고려하면 $\overline{{v_x}'^2}/\bar{v}_x$로 간단히 표기할 수 있다.

② 등방성

등방성은 좌표축을 90°, 180° 회전 또는 역회전시켜도 상관이 변하지 않는다. 좌표축을 180° 회전시키면 ${v_y}'$가 $-{v_y}'$가 되므로 등방성 난류의 상관은 다음 관계가 성립한다.

$$\overline{v_x' v_y'} = \overline{v_x'(-v_y')} = -\overline{v_x' v_y'}$$

위 관계식에 의해 다음 관계가 성립한다.

$$\overline{v_x' v_y'} = 0$$

좌표축을 90° 회전시켜도 상관이 변하지 않으므로 $v_x' = v_z'$가 성립한다. 이 조건을 고려하면 위 식에 의해 다음 관계가 성립한다.

$$\overline{v_x' v_y'} = \overline{v_y' v_z'} = \overline{v_z' v_x'} = 0 \tag{7.9}$$

③ 등방성 난류

등방성 난류는 장소(하첨자 1, 2로 표기)에도 관계없이 균일성과 등방성이 모두 만족하므로 식 (7.8)과 (7.9)에 의해 다음 관계가 성립한다.

$$\begin{aligned}
&\overline{v_{x_1}'^2} = \overline{v_{y1}'^2} = \overline{v_{z1}'^2} = \overline{v_{x2}'^2} = \overline{v_{y2}'^2} = \overline{v_{z2}'^2} \\
&\overline{v_{y1}' v_{y2}'} = \overline{v_{z1}' v_{z2}'} \\
&\overline{v_{x1}' v_{y2}'} = \overline{v_{x1}' v_{z2}'} = \overline{v_{y1}' v_{x2}'} = \overline{v_{y1}' v_{z2}'} = \overline{v_{z1}' v_{x2}'} = \overline{v_{z1}' v_{y2}'} = 0
\end{aligned} \tag{7.10}$$

따라서 등방성 난류는 3차원 흐름에 대하여 표현된 3×3개의 상관텐서의 어떤 값들이 0이 되어 취급이 간단하게 된다.

7.2.2 난류 전단응력

층류에서 마찰(내부마찰)은 유체입자 사이에서 속도가 같아지도록 하는 점성의 작용에 기인한다. 그러나 난류에서 마찰은 인접한 유체입자 사이에서 격렬한 운동량 교환(운동량 전달)[127]에 의해서 발생한다. 즉, 속도가 다른 유체입자(또는 유체요소) 사이에 작용하는 힘은 층류에서는 전단응력, 난류에서는 난류 전단응력(층류 전단응력과 레이놀즈응력의 합)이라 한다. 난류에서 기본방정식과 레이놀즈응력을 검토하여 보자.

(1) 난류 기본방정식

난류에서 속도, 압력, 온도 등은 시간평균값과 변동값의 합으로 정의된다. 그러면 난류에서 연속방정식과 Navier-Stokes방정식은 어떻게 표현되는지 살펴보자.

① 연속방정식

비압축성유체의 정상상태 연속방정식은 3장 식 (3.76)에 의해 다음과 같다.

---

127) 운동량 전달은 '1.3 점성 (4) 운동량 전달'에서 자세히 기술하였다.

$$\nabla \cdot \mathbf{v} = \frac{\partial v_x}{\partial x} + \frac{\partial v_y}{\partial y} + \frac{\partial v_z}{\partial z} = 0$$

이 식은 난류에 대한 연속방정식으로도 적용된다. 이것을 증명해보자. 난류 유동에 대해서는 위 식의 속도에 평균속도와 변동속도의 합으로 표시하면 다음과 같다.

$$\nabla \cdot \mathbf{v} = \nabla \cdot (\overline{\mathbf{v}} + \mathbf{v}') = \nabla \cdot \overline{\mathbf{v}} + \nabla \cdot \mathbf{v}' = 0 \tag{7.11}$$

이 연속방정식의 시간평균은 다음과 같다.

$$\overline{\nabla \cdot \mathbf{v}} = \overline{\nabla \cdot \overline{\mathbf{v}}} + \overline{\nabla \cdot \mathbf{v}'} = \nabla \cdot \overline{\mathbf{v}} + \nabla \cdot \overline{\mathbf{v}'} = 0$$

위 식의 우변 두 번째 항, 즉 변동속도의 시간평균값은 식 (7.3)에 의해 다음과 같다.

$$\nabla \cdot \overline{\mathbf{v}'} = \frac{\partial \overline{v_x'}}{\partial x} + \frac{\partial \overline{v_y'}}{\partial y} + \frac{\partial \overline{v_z'}}{\partial z} = 0 \tag{7.12}$$

따라서 난류에 대한 연속방정식은 다음과 같다.

$$\nabla \cdot \overline{\mathbf{v}} = \frac{\partial \overline{v}_x}{\partial x} + \frac{\partial \overline{v}_y}{\partial y} + \frac{\partial \overline{v}_z}{\partial z} = 0 \tag{7.13}$$

이 식이 일반적인 난류 유동에서의 연속방정식이다. 난류 유동에서는 연속방정식에 순간속도, 평균속도, 변동속도를 모두 적용시켜도 식 (7.11), (7.12), (7.13)에 의해서 모두 만족하는 것을 알 수 있다. 이것을 Reynolds 법칙이라고 한다.

② Navier-Stokes 방정식

Navier-Stokes 방정식 (3.92)는 층류는 물론 난류에서도 적용할 수 있다. 그러나 난류의 경우에는 속도의 항이 평균속도와 변동속도의 합으로 표시되어 복잡하게 나타난다. 식의 전개는 연속방정식의 경우와 유사하여 생략하고 결과만을 표현하면 다음과 같다.

$$\begin{aligned}
&\frac{\partial \overline{v}_x}{\partial t} + \overline{v}_x \frac{\partial \overline{v}_x}{\partial x} + \overline{v}_y \frac{\partial \overline{v}_x}{\partial y} + \overline{v}_z \frac{\partial \overline{v}_x}{\partial z} = g_x - \frac{1}{\rho}\frac{\partial \overline{p}}{\partial x} + \frac{\mu}{\rho}\left(\frac{\partial^2 \overline{v}_x}{\partial x^2} + \frac{\partial^2 \overline{v}_x}{\partial y^2} + \frac{\partial^2 \overline{v}_x}{\partial z^2} \right) \\
&\qquad + \frac{1}{\rho}\left\{ \frac{\partial(-\rho \overline{v_x'^2})}{\partial x} + \frac{\partial(-\rho \overline{v_x' v_y'})}{\partial y} + \frac{\partial(-\rho \overline{v_x' v_z'})}{\partial z} \right\} \\
&\frac{\partial \overline{v}_y}{\partial t} + \overline{v}_x \frac{\partial \overline{v}_y}{\partial x} + \overline{v}_y \frac{\partial \overline{v}_y}{\partial y} + \overline{v}_z \frac{\partial \overline{v}_y}{\partial z} = g_y - \frac{1}{\rho}\frac{\partial \overline{p}}{\partial y} + \frac{\mu}{\rho}\left(\frac{\partial^2 \overline{v}_y}{\partial x^2} + \frac{\partial^2 \overline{v}_y}{\partial y^2} + \frac{\partial^2 \overline{v}_y}{\partial z^2} \right) \\
&\qquad + \frac{1}{\rho}\left\{ \frac{\partial(-\rho \overline{v_x' v_y'})}{\partial x} + \frac{\partial(-\rho \overline{v_y'^2})}{\partial y} + \frac{\partial(-\rho \overline{v_y' v_z'})}{\partial z} \right\}
\end{aligned} \tag{7.14}$$

$$\frac{\partial \bar{v}_z}{\partial t}+\bar{v}_x\frac{\partial \bar{v}_z}{\partial x}+\bar{v}_y\frac{\partial \bar{v}_z}{\partial y}+\bar{v}_z\frac{\partial \bar{v}_z}{\partial z}=g_z-\frac{1}{\rho}\frac{\partial \bar{p}}{\partial z}+\frac{\mu}{\rho}\left(\frac{\partial^2 \bar{v}_z}{\partial x^2}+\frac{\partial^2 \bar{v}_z}{\partial y^2}+\frac{\partial^2 \bar{v}_z}{\partial z^2}\right)$$
$$+\frac{1}{\rho}\left\{\frac{\partial(-\rho\overline{v_x'v_z'})}{\partial x}+\frac{\partial(-\rho\overline{v_y'v_z'})}{\partial y}+\frac{\partial(-\rho\overline{v_z'^2})}{\partial z}\right\}$$

위 식과 층류에 대한 Navier-Stokes 방정식 (3.92)를 비교하면 변동속도의 곱의 시간평균, 즉 $-\rho\overline{v_x'^2}$, $-\rho\overline{v_x'v_y'}$, $-\rho\overline{v_x'v_z'}$, $-\rho\overline{v_y'^2}$, $-\rho\overline{v_y'v_z'}$, $-\rho\overline{v_x'^2}$이 포함된 것을 알 수 있다. 이들 새로운 항을 레이놀즈응력이라고 한다.

(2) 레이놀즈응력

난류에서 전단응력 τ_T은 층류 전단응력 τ_L에 레이놀즈응력[128](난류마찰응력, Reynolds stress) τ_t의 합으로 평가된다. 레이놀즈응력을 평가해보자.

고체 벽면 근처의 2차원 난류전단흐름을 고려하자. 평균속도분포를 [그림 7-5]에 나타냈다. 난류에서는 에디(eddy)라는 유체요소가 항상 발생・교란・소멸하면서 유동하므로 주 흐름방향이 x축 방향이라 하더라도 y축 방향으로도 교란에 의한 흐름이 존재한다. 따라서 난류에서의 속도는 x, y축 방향의 성분속도 v_x, v_y가 모두 존재한다.

유동장 내 임의의 위치에서 y축과 수직인 단면, 즉 x축과 평행한 단위면적 AB를 고려하자. AB를 통과하는 유체입자의 y축 방향의 속도는 $v_y=\bar{v}_y+v_y'$가 되지만, 주 흐름이 x축 방향이므로 $\bar{v}_y=0$이 되어 $v_y=v_y'$가 된다. 따라서 단위면적 AB를 단위시간에 통과하는 유체의 운동량(질량유량×속도=질량플럭스×면적×속도)의 시간평균값은 질량플럭스 ρv_x, AB 면적 1, 속도는 v_y'이므로 다음과 같다.

$$\frac{1}{t}\int_0^t \rho v_x v_y'\,dt=\frac{\rho}{t}\int_0^t v_y'(\bar{v}_x+v_x')dt=\frac{\rho\bar{v}_x}{t}\int_0^t v_y'dt+\frac{\rho}{t}\int_0^t v_x'v_y'dt$$
$$=\frac{\rho}{t}\int_0^t v_x'v_y'dt=\rho\overline{v_x'v_y'} \tag{7.15}$$

여기에서 변동속도 v_y'의 시간평균값은 식 (7.3)에 의해 0이 고려되었다. 이 식은 흐름에 평행한 면 AB에 단위면적당 단위시간당 통과하는 유체의 운동량, 즉 운동량 전달이 난류의 변동속도의 곱의 평균으로 평가됨을 나타내고 있다. 난류에서의 운동량 전달 $\rho\overline{v_x'v_y'}$는 발견자의 이름을 따서 레이놀즈응력이라 하고, 층류 전단응력과 유사하게 고려하여 난류마찰응력(난류응력)으로 생각할 수 있다. 여기에서 '7.2.1 난류 특성'에서 설명한 변동속도에 대한 상관을 고려하여 보자.

128) 난류 전단응력(난류응력)은 층류 전단응력에 레이놀즈응력의 합으로 주어진다. 그런데 층류전단응력의 기여는 레이놀즈응력에 비하여 훨씬 작으므로 레이놀즈응력을 직접 난류전단응력이라 칭하기도 하고 난류마찰응력이라고도 한다.

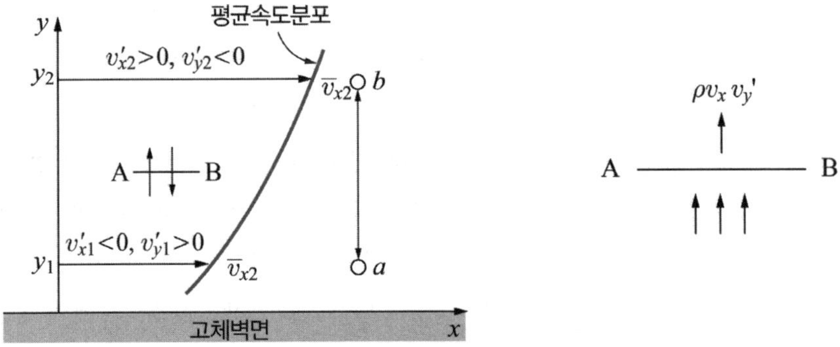

그림 7-5 난류의 작용

[그림 7-5]와 같이 고체 벽면에 인접한 y_1층과 y_2층에 있는 유체입자의 평균속도를 각각 $\bar{v}_{1x}$, $\bar{v}_{2x}$ ($\bar{v}_{2x} > \bar{v}_{1x}$)라 하자. 먼저 y_1층의 입자 a가 주 흐름과 수직방향인 y_2층으로 이동하였다고 하면($v_{1y}' > 0$), x축 방향 변동속도 v_{1x}'가 발생하고, 그 크기는 두 층의 속도 차이에 비례할 것이다. 즉 $v_{1x}' \propto (\bar{v}_{1x} - \bar{v}_{2x})$ 이므로 $v_{1x}' < 0$이 된다. 반대로 y_2층의 입자 b가 y_1층으로 이동할 때에도($v_{2y}' < 0$) 변동속도 v_{2x}'가 발생하고, 그 크기는 $v_{2x}' \propto (\bar{v}_{2x} - \bar{v}_{1x})$로서 $v_{2x}' > 0$이 된다. 따라서 벽면 근방의 난류전단흐름에서는 $v_y' > 0$이면 $v_x' < 0$ 또는 $v_y' < 0$이면 $v_x' > 0$으로 나타나 변동속도 사이에는 음의 상관이 존재한다.

레이놀즈응력 τ_t는 입자의 교란에 의한 것이므로 난류 마찰응력이라 할 수 있고 음의 상관이 존재하므로 양의 값으로 표현하기 위하여 일반적으로 음의 부호를 붙여 다음과 같이 표시된다.

$$\tau_t = -\rho\overline{v_x' v_y'} \tag{7.16}$$

그러므로 난류에서의 전단응력은 층류에 의한 전단응력(분자 운동량전달) τ_L과 레이놀즈응력(난류 교란에 의한 운동량전달) τ_t의 합이 되어 다음과 같이 표현된다.

$$\underbrace{\tau_T}_{\text{난류 전단응력}} = \tau_L + \tau_t = \underbrace{\mu\frac{d\bar{v}_x}{dy}}_{\text{층류 전단응력}} + \underbrace{(-\rho\overline{v_x' v_y'})}_{\text{레이놀즈응력}} \tag{7.17}$$

이 식에서 제1항 층류 전단응력 τ_L은 점성에 의한 것이고, 속도 $\bar{v}_x$는 시간평균속도이며[129], 제2항 레이놀즈응력 τ_t는 난류의 성질(유체입자의 교란)에 기인한 것이고 변동속도의 곱의 평균값으로 평가된다. 즉 난류 전단응력은 층류에 대한 뉴턴의 점성법칙에 레이놀즈응력이 첨가된 것을 알 수 있다. 레이놀즈응력은 벽 근방의 매우 얇은 층류저층을 제외하고는 층류 전단응력보다 상당히 크므로 난류에서의 전단응력은 층류 전단응력에 비하여 훨씬 큰 값을 갖는다.

129) 난류에서 속도라 함은 일반적으로 시간평균속도를 의미하므로 이후부터는 바(¯)를 붙이지 않고 v_x로 표기한다. 단 변동 속도와 구별할 때에는 바(¯)를 붙여 표기한다.

층류 전단응력과 레이놀즈응력 사이에는 중요한 차이가 있다. 층류 전단응력은 유체의 고유한 성질인 점성계수와 평균속도의 영향을 받지만, 레이놀즈응력은 유체의 점성계수와 평균속도와는 관계없고 오직 난류 특성에만 영향을 받는다. 이것은 난류전단흐름에서는 난류 마찰응력에 상관이, 즉 레이놀즈응력이 큰 영향을 미친다는 것을 의미한다. 그러므로 점성유체의 난류유동에 대한 Navier-Stokes 방정식 (7.14)의 해는 레이놀즈응력이 크게 영향을 미치는 것을 알 수 있다. 그러나 풍동(wind tunnel) 내 흐름과 같이 등방성 난류인 경우에는 변동속도 v_x'와 v_y'가 존재하여도 어느 방향에 대해서도 일정하여 상관이 존재하지 않아 $\partial\overline{v_x' v_y'}/\partial y$ 등이 0이 되어 레이놀즈응력 $-\rho\overline{v_x' v_y'}$이 Navier-Stokes 방정식의 해에 영향을 미치지 않는다. 난류 이론 및 모델은 레이놀즈응력을 평가하기 위하여 여러 가지 가설을 사용하여 난류의 유동장을 반실험·이론적으로 해결하고 있다.

7.2.3 난류 이론

난류에 대한 이론은 혼합거리를 고려한 것이 대표적이다. 혼합거리란 난류유동에서 유체입자가 그 성질이 변하지 않고 자유롭게 이동하는 거리를 의미한다. 이것은 분자운동론에서 평균자유이동거리(평균자유행정)에 상당한다. 난류 이론은 보시네스크가 최초로 전개하였고 그 외 프란틀의 혼합거리 이론 등이 있다.

(1) 보시네스크 이론

보시네스크(J. Boussinesq)는 난류 마찰응력(레이놀즈응력)을 층류 전단응력에 대한 뉴턴의 점성법칙과 유사하게 속도구배와 연관시켰다. 그는 벽면에서 멀리 떨어진 난류 본체에서는 층류 전단응력이 레이놀즈응력에 비해 작아 무시할 수 있으므로 결국 난류 본체에서의 전단응력은 레이놀즈응력만으로 주어지고, 레이놀즈응력 τ_t는 속도구배 dv_x/dy에 비례한다고 최초로 제안하였다.[130] 즉

$$\tau_t = -\rho\overline{v_x' v_y'} \propto \frac{dv_x}{dy} = \epsilon\frac{dv_x}{dy} \tag{7.18}$$

여기에서 비례계수 ϵ을 에디 점성계수(와 점성계수, eddy viscosity)라 한다.

난류 전단응력 τ_T는 위 식을 식 (7.17)에 대입하여 다음 식으로 표현된다.

$$\tau_T = \mu\frac{dv_x}{dy} - \rho\overline{v_x' v_y'} = (\mu+\epsilon)\frac{dv_x}{dy} = \mu_T\frac{dv_x}{dy} \tag{7.19}$$

여기서 μ_T는 난류점성계수로서 유체의 점성계수에 에디 점성계수의 합, 즉 $\mu_T \equiv \mu + \epsilon$로 정의된다. 이것은 난류 전단응력을 층류 전단응력과 동일한 형태의 식으로 표현한 것이다. 에디 점성계수 ϵ는 유체의 고유한 성질이 아니고 난류 흐름의 상태에 따라 결정된다. 예를 들면 흐름이 층류이면 에디 점성계수는 당연히 $\epsilon = 0$이다. 난류점성계수 μ_T도 에디 점성계수 ϵ이 포함되어 유체의 고유한 성질이 아니다.

식 (7.19)는 속도에 밀도 ρ를 곱하여 단위체적당의 운동량으로 정리하면 다음과 같다.

---

130) 여기에서 v_x는 시간평균속도를 의미하고 바($^-$)를 표기하지 않았다.

$$\tau_T = -\frac{(\mu+\epsilon)}{\rho}\frac{d(\rho v_x)}{dy} = -(\nu+\epsilon_M)\frac{d(\rho v_x)}{dy} \tag{7.20}$$

여기에서 $\epsilon_M(=\epsilon/\rho)$은 에디 운동량확산계수(eddy diffusivity of momentum)라 한다. 에디 운동량확산계수의 차원은 동점성계수(kinematic viscosity) ν와 같고 $[L^2/T]$이다.

(2) 프란틀의 혼합거리 이론

프란틀의 혼합거리 이론은 운동량 전달이론이라고도 한다. 프란틀(L. Prandtl, 1875-1953)은 1925년 난류를 속도가 다른 두 개 층 사이의 유체요소가 그 운동량을 유지한 채 서로 혼합한 것이라고 고려하여 레이놀즈응력을 혼합거리(mixing length) l를 제안하여 평가하였다.

[그림 7-6](a)에 벽면에 접하여 흐르는 유체의 속도분포를, (b)에 유체요소가 이웃 층으로의 수렴과 확산을 나타내었다. 이때 각 층의 입자 a, b, c의 힘의 크기라든가 방향이 변화할 때까지의 진행거리는 l', l'', $\cdots$로서 각각 다르지만 그 평균을 취하여 l'라고 하자.

먼저 각 층의 입자의 속도를 표기하여 보자. y층에 있는 임의의 입자 a의 평균속도를 $\bar{v}_x|_y$라 하면, $y+l'$층 및 $y-l'$층에 있는 입자 b, c의 평균속도는 각각 $\bar{v}_x|_{y+l'}$, $\bar{v}_x|_{y-l'}$으로 표시되고, 이것을 Taylor의 급수로 전개하면 그 근사식은 다음과 같이 표현된다.

$$\bar{v}_x|_{y+l'} = \bar{v}_x|_y + l'\frac{d\bar{v}_x}{dy}$$

$$\bar{v}_x|_{y-l'} = \bar{v}_x|_y - l'\frac{d\bar{v}_x}{dy}$$

따라서 $y+l'$(하첨자 1) 및 $y-l'$층(하첨자 2)에 있는 입자 b, c가 y층에 도달하였을 때 x방향의 변동속도 v_{1x}', v_{2x}'는 각각 다음과 같이 표시된다.

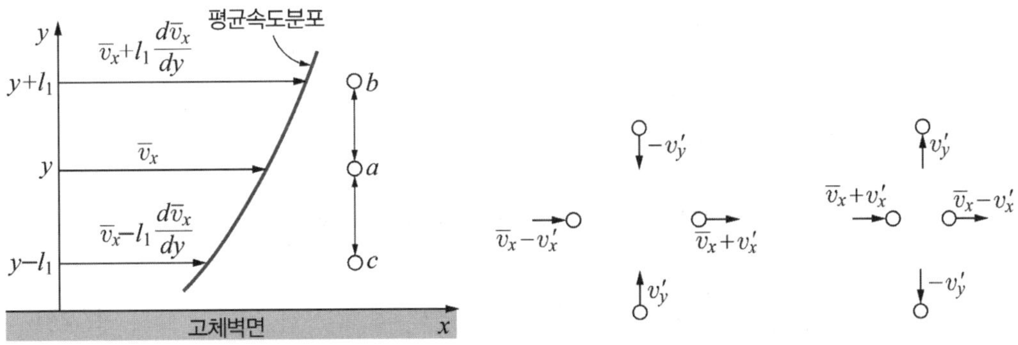

(a) 속도분포　　(b) 수렴과 확산

그림 7-6 난류에서 혼합거리 이론

$$v_{1x}{}' = \bar{v}_x|_{y+l'} - \bar{v}_x|_y \fallingdotseq l' \frac{d\bar{v}_x}{dy}$$

$$v_{2x}{}' = \bar{v}_x|_{y-l'} - \bar{v}_x|_y \fallingdotseq -l' \frac{d\bar{v}_x}{dy}$$

결국 이들의 평균값이 y층에서의 변동속도성분 $v_x{}'(=\overline{v_x{}'})$로 고려할 수 있다. 즉

$$|v_x{}'| = \frac{1}{2}(|v_{1x}{}'| + |v_{2x}{}'|) = \frac{1}{2}\left(\left|l'\frac{d\bar{v}_x}{dy}\right| + \left|-l'\frac{d\bar{v}_x}{dy}\right|\right) \fallingdotseq l'\left|\frac{d\bar{v}_x}{dy}\right| \tag{7.21}$$

다음 $y+l_1$층에서 y층으로 온 입자가 $y-l_1$층에서 온 것보다 앞쪽에 있으면, 두 입자의 속도 차이에 의해 양자의 간격이 넓혀지므로 이것을 메꾸기 위하여 상층과 하층의 입자는 y층으로 흘러들어온다. 반대로 $y-l_1$층에서 온 입자가 $y+l_1$에서 온 것보다 앞쪽에 있으면 양자의 간격이 좁혀지므로 그 사이에 있는 입자는 y층에서 상층 혹은 하층으로 밀려난다. 이것을 [그림 7-6](b)에 나타냈다. 따라서 y방향의 변동속도 $v_y{}'(=\overline{v_y{}'})$는 $|v_y{}'| \propto |v_x{}'|$라고 생각되고, 식 (7.21)에 의해 다음과 같이 표현된다.

$$|v_y{}'| \propto l'\left|\frac{d\bar{v}_x}{dy}\right| \tag{7.22}$$

식 (7.21)과 (7.22)는 변동속도를 혼합거리로 표현한 식이다.

이번에는 레이놀즈응력을 프란틀의 혼합거리로 나타내보자. 난류의 변동속도 $v_x{}'$, $v_y{}'$ 사이에는 앞에서 설명한 바와 같이 음의 상관으로 조합되므로 변동속도의 곱을 양의 값으로 표현하기 위하여 음의 부호가 첨가된다고 하였다. 따라서 혼합거리 l'의 크기를 비례상수까지 포함하여 l로 나타내면 변동속도의 곱은 다음과 같이 쓸 수 있다.

$$\overline{v_x{}'v_y{}'} = -l^2\left|\frac{d\bar{v}_x}{dy}\right|\left|\frac{d\bar{v}_y}{dy}\right|$$

따라서 레이놀즈응력은 다음과 같다.

$$\tau_t = -\rho\overline{v_x{}'v_y{}'} = \rho l^2\left|\frac{d\bar{v}_x}{dy}\right|\left|\frac{d\bar{v}_x}{dy}\right| \tag{7.23}$$

위 식을 식 (7.17)에 대입하면 난류에서의 전단응력은 다음과 같이 표현할 수 있다.

$$\tau_T = \mu\frac{dv_x}{dy} + \rho l^2\left|\frac{d\bar{v}_x}{dy}\right|\left|\frac{d\bar{v}_x}{dy}\right| \tag{7.24}$$

여기서 l은 프란틀의 혼합거리이다. 혼합거리 l은 에디점성계수 ϵ과 마찬가지로 유체의 고유한 성질이 아니고 흐름의 상태와 위치에 따라 다르므로 실험으로 구하는 수밖에 없다. 식 (7.23)은 프란틀이 레이놀즈

응력을 혼합거리로 제창한 것으로서 혼합거리 이론(mixing length theory) 또는 유체입자가 운동량을 보유한 채 혼합한다는 생각에서 운동량 전달이론(momentum transfer theory)이라고 한다.

프란틀의 혼합거리 이론 식 (7.24)와 보시네스크 이론 식 (7.18)을 비교하면 다음 관계가 있다.

$$\epsilon = \rho l^2 \left| \frac{d\bar{v}_x}{dy} \right| \quad \text{혹은} \quad \epsilon_M = l^2 \left| \frac{d\bar{v}_x}{dy} \right| \tag{7.25}$$

즉 에디 점성계수 ϵ과 에디 운동량확산계수 ϵ_M은 프란틀의 혼합거리 l로 표현되는 것을 알 수 있다.

관내 흐름에서 유로 중심부에서의 혼합거리 l은 직경 D에 비교할 정도의 크기, 즉 $l \approx D$이지만[131], 관 벽면이나 평판 벽면 근처에서의 혼합거리는 자유운동이 제한되기 때문에 벽면부터의 거리 y에 비례할 정도의 작은 크기이다. 따라서 $y \to 0$이 됨에 따라 $l \to 0$이 된다. 그러므로 벽면에서 매우 가까운 곳에서의 흐름은 층류를 이루고 이 영역을 층류저층(laminar sub-layer)이라 한다. 관내 흐름에서 난류일 때 중심부에서 속도분포가 비교적 평탄한 것은 혼합거리 l이 벽면 부근에 비해 커서 난류의 교란이 보다 크게 작용하기 때문이다.

예제1

관에 물이 난류상태로 흐르고 있고 속도분포가 $v = 2y^2 + 10\,[\mathrm{m/s}]$이다. 관 벽면에서 $0.12\,\mathrm{m}$ 떨어진 곳에서의 난류 전단응력이 $60\,\mathrm{kPa}$일 때 이 점에서의 에디 점성계수를 구하여라. 여기서 y는 벽면에서부터의 거리이고 물의 점성계수는 $0.001\,\mathrm{N\cdot s/m^2}$이다.

먼저 $y = 0.12\,\mathrm{m}$에서 속도구배는 속도분포를 미분하여 다음과 같다.

$$\left(\frac{dv}{dy}\right)_{y=0.12} = (4y)_{y=0.12} = 4 \times 0.12 = 0.48\,\mathrm{s^{-1}}$$

에디 점성계수 ϵ는 난류 전단응력 식 (7.19)에 의해 다음과 같다.

$$\begin{aligned}\epsilon &= \tau_T \left(\frac{dy}{dv_x}\right)_{y=0.12} - \mu \\ &= (60 \times 10^3\,\mathrm{Pa})\left(\frac{1}{0.48}\,\mathrm{s}\right) - 0.001\,\frac{\mathrm{N\cdot s}}{\mathrm{m^2}} \\ &= 125\,\mathrm{N\cdot s/m^2}\end{aligned}$$

위 결과로부터 에디 점성계수 ϵ는 점성계수 μ에 비해 125,000배 큰 값임을 알 수 있다.

---

131) 관내 완전발달난류에서 와확산계수 ϵ_M은 평균속도 $\bar{v}_x$와 지름 D에 비례한 다음 식으로 표기할 수 있다.

$\epsilon_M = l^2 \left| \frac{d\bar{v}_x}{dy} \right| = l|v_y'| \propto \bar{v}_x D$. 이것은 변동속도 v_y'가 평균속도 $\bar{v}_x$에 비례하고, 혼합거리 l 도관 벽면부터의 거리 y 또는 관 지름 D에 비례하기 때문이다.

7.3 경계층

모든 유체는 물체 주위를 흐를 때 반드시 물체 벽면 주위에 경계층(boundary layer)을 발생시킨다. 이것은 유체의 점성에 기인하므로 점성이 없는 이상유체의 흐름은 경계층이 발생되지 않는다. 경계층의 개념은 물체와 유체 사이에서 일어나는 벽면 전단응력 또는 마찰력(마찰항력)을 이해하는데 중심이 된다. 왜냐하면 전단응력은 속도구배에 비례하고 경계층 내 흐름은 속도구배가 심하기 때문이다. 경계층은 실제 유체 유동에서 난류와 더불어 가장 중요한 개념이다.[132)]

7.3.1 경계층의 개념

경계층에 대한 개념은 1904년 독일의 Ludwig Prandtl에 의하여 처음으로 소개되었다. Prandtl이 경계층 개념을 발표하기 전에 유체역학은 이론 및 실험의 두 방향으로 발달되어 왔었다. 이론 유체역학은 비점성유체(이상유체)에 대하여 1755년에 Euler가 Euler의 운동방정식에 대한 논문을 발표한 후부터 발전되었다. 그러나 수학에 근거를 둔 이론적 유체역학의 결과는 실험결과와 잘 부합하지 못하였기 때문에 실험에 종사하는 공학자들이 실험적 유체역학을 발전시키게 되었다.

점성유체에 대한 운동방정식은 Prandtl 이전에 거의 완벽히 묘사하는 Navier-Stokes 방정식이 발표되어 알려져 있었다. 그러나 Navier-Stokes 방정식은 몇 가지 간단한 경우를 제외하고는 수학적으로 푸는 것이 대단히 어려웠기 때문에 점성유체의 유동을 이론적으로 취급하기는 불가능하였다. 그런데 Prandtl이 점성유체의 유동을 고체 경계면에 인접한 영역과 이 영역 밖의 나머지 영역(주류 영역)의 두 영역으로 나누어 해석할 수 있음을 보였다. 고체 경계면에 인접한 영역은 경계층(boundary layer)이라 하며 이 영역에서만 점성이 중요한 역할을 하고, 경계층 밖의 주류영역에서는 점성효과를 무시할 수 있기 때문에 비점성유체의 흐름으로 취급할 수 있다고 하였다. 그러나 점성이 큰 유체가 물체 주위를 흐를 때에는 물체표면 부근의 경계층 영역뿐만 아니라 유동장 전체를 점성유동으로 해석해야 한다.

경계층의 개념으로 인하여 그동안 이론과 실험결과가 잘 부합하지 못하였던 원인을 규명하게 되었다. 더욱이 경계층 개념은 유동장에 Navier-Stokes 방정식의 응용이 불가능하였던 점성유체 유동의 해를 구하는 일이 가능하게 되었다. 따라서 경계층 개념은 현대 유체역학의 효시라 할 수 있다.

점성유체가 흐를 때 유체 층 사이에 작용하는 전단응력은 뉴턴의 점성법칙에 의해 유체의 점성계수 μ와 두 층 사이의 속도구배(dv/dy)와의 곱으로 알 수 있다. 그러므로 점성유체가 흐를 때 점성의 영향(또는 전단력)은 반드시 속도구배가 있어야만 나타난다. 경계층은 물체표면 부근에 속도구배가 나타나는(존재하는) 영역이라고 할 수 있다. 입자의 회전운동은 각속도 $\omega = (\partial v_y/\partial x - \partial v_x/\partial y)/2$로 주어지므로 경계층은 유체입자의 회전운동이 일어나는 영역이다.

경계층 안에서는 점성력과 관성력 둘 다 중요한 역할을 한다. 따라서 점성력에 대한 관성력의 비를 나타내는 Reynolds수가 경계층 유동의 특성을 나타내는 중요한 매개변수가 된다. Reynolds수를 정의하는

132) 여기서는 경계층의 기본 개념에 대해서만 설명하고 경계층 방정식, 경계층 운동량 적분방정식 및 근사해법은 '9장 점성유체의 외부유동'에서 기술한다.

데 사용되는 특성길이는 경계층이 발달되는 초기위치부터 유동방향으로의 거리 x 또는 경계층의 두께 δ 등이 사용된다.

경계층 내 유동은 Reynolds수에 따라 층류 또는 난류가 될 수 있는데 층류에서 난류로 천이되는 임계 Reynolds수는 일정하지 않다. 매끄러운 평판상의 비압축성유체 흐름에서 임계 Reynolds수는 $Re_c = 5.0 \times 10^5 \sim 3 \times 10^6$인데 이것은 압력구배, 표면조도, 열전달, 체력(body force) 및 자유흐름내의 요동 등의 영향을 받는다.

7.3.2 속도경계층

유체가 물체 주위를 흐를 때 벽면 근방에서는 속도경계층이 발달하여 속도가 벽면에서의 0에서부터 주류의 자유흐름 속도 v_∞까지 급격히 변화하여 큰 속도구배가 발생한다. 속도구배는 점성과 운동량 교환에 기인하여 전단응력을 발생시키는데 속도구배가 존재하는 영역을 속도경계층이라고 한다.

(1) 속도경계층의 발달

평판의 전면에서 유체가 v_∞인 속도로 흘러오는 경우 평판 주위에는 속도경계층이 형성된다. 이것을 그림 [그림 7-7]에 나타냈다. 평판 표면에서의 유체입자의 속도는 점착조건(no-slip condition)에 의해 0이 된다. 속도가 0인 입자는 점성에 기인하여 인접한 입자의 운동을 저지하고 이러한 영향은 계속되어, 그다음 층의 입자를 계속 저지하면서 표면으로부터 거리가 $y = \delta$인 곳까지 계속된다. 즉 $0 \le y \le \delta$인 영역에서는 속도구배가 존재하지만, $y \ge \delta$인 영역에서는 속도구배가 존재하지 않는다. 따라서 물체 주위의 흐름은 속도구배가 존재하는 경계층 내의 흐름과 속도구배가 존재하지 않은 경계층 외측의 자유흐름의 영역으로 뚜렷이 구별되어 나타난다.

경계층은 평판의 선단에서부터 층류경계층(laminar boundary layer)이 나타나기 시작한 후 층류와 난류가 함께 존재하는 천이경계층을 거쳐 결국에는 난류경계층으로 발달한다. 난류경계층은 모든 영역이 난류가 아니고 벽면 근방에는 매우 얇은 두께의 층류저층(Laminar sub-layer)이 존재한다. 경계층 내 속도분포는 곡선으로 나타나지만 층류저층 내 속도분포는 뉴턴의 점성법칙에 지배를 받아 직선의 형태로 나타난다. 층류경계층과 난류경계층의 구별은 평판의 임계레이놀즈수에 의거한다. 평판의 Reynolds수는 평판의 선단

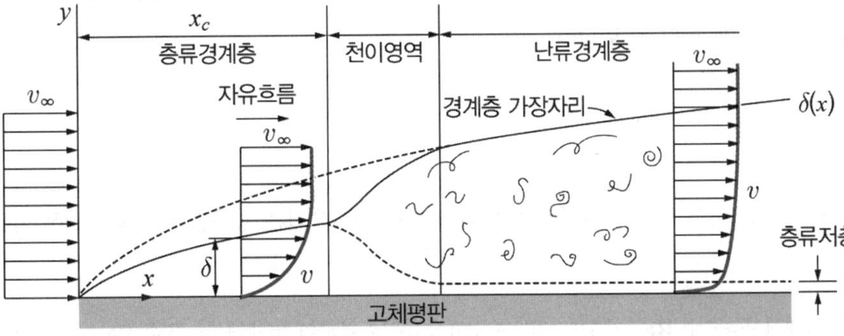

그림 7-7 평판에서 속도경계층의 발달

으로부터 거리 x의 함수로 정의 되므로 평판의 Reynolds수 **Re**와 경계층의 두께 δ는 평판 선단으로부터 거리 x에 따라 다르게 되므로 $\mathbf{Re}(x)$와 $\delta(x)$로 표기하고, 하류로 갈수록 증가한다.

평판의 Reynolds수는 다음 식과 같이 평판의 선단으로부터 거리 x의 함수로 정의된다.

$$\mathbf{Re}(x) = \frac{\rho v_\infty x}{\mu} = \frac{v_\infty x}{\nu} \tag{7.26}$$

여기서 v_∞는 자유흐름의 속도, ρ, μ, ν는 각각 평판 주위를 흐르는 유체의 밀도, 점성계수, 동점성계수이다.

평판의 임계레이놀즈수는 상류의 흐름 상태나 평판 선단의 형상, 평판의 표면조도 등에 따라 다르다. 매끄러운 평판의 균일유동에서 하임계 레이놀즈수는 5.0×10^5, 상임계 레이놀즈수는 3.0×10^6이다. 따라서 평판 주위의 유동에서 Reynolds수가 5.0×10^5보다 이하이면 층류경계층, 3.0×10^6 이상이면 난류경계층, 그 사이는 천이경계층이 형성된다.[133] 즉,

층류 : $\mathbf{Re} < 5.0 \times 10^5$

천이류 : $5.0 \times 10^5 \le \mathbf{Re} < 3.0 \times 10^6$

난류 : $\mathbf{Re} \ge 3.0 \times 10^6$

속도경계층이 형성되면 경계층 내의 흐름은 유체의 점성이 작더라도 속도구배가 매우 크므로 전단응력이 크게 나타난다. 따라서 경계층 내의 흐름은 점성유체의 운동방정식으로 해석해야 한다. 그러나 경계층 외측의 흐름은 점성유체라도 속도구배가 작아 점성의 영향을 무시할 수 있어 이상유체의 흐름, 즉 퍼텐셜유동으로 해석한다.

(2) 벽면 전단응력

전단응력의 크기는 뉴턴의 점성법칙 식 (1.15)에 의해 알 수 있는 바와 같이 속도구배에 비례한다. [그림 7-8]에 경계층의 속도분포를 나타냈다. 경계층 내부의 속도분포는 벽면의 0에서부터 자유흐름의 속도 v_∞까지 나타난다. 경계층 내 점 ①과 ②에서의 속도구배 dv/dy의 크기를 비교하면 벽면에 가까운 ①점에서의 속도구배가 ②점보다 훨씬 크다는 것을 알 수 있다. 이것은 전단응력이 속도구배가 가장 크게 나타나는 벽면에서 가장 크고 벽면에서 거리가 멀어질수록 작아지며, 경계층 두께 δ 외측의 영역에서는 속도구배가 0이므로 전단응력도 0이 된다. 따라서 전단응력은 평판 표면($y = 0$)에서 가장 크고, 이것을 벽면 전단응력(wall shear stress)이라 하며 τ_w로 표기한다.

$$\tau_w = -\mu \frac{dv}{dy}\Big|_{y=0} \tag{7.27}$$

여기에서 하첨자 w는 고체 벽면을 의미한다. 따라서 벽면 전단응력은 경계층의 두께가 가장 작은 평판의

133) 평판의 임계레이놀즈수 $\mathbf{Re}_c = 5.0 \times 10^5 \sim 3.0 \times 10^6$는 원관의 임계레이놀즈수 $\mathbf{Re}_c = 2100 \sim 4000$과 비교된다.

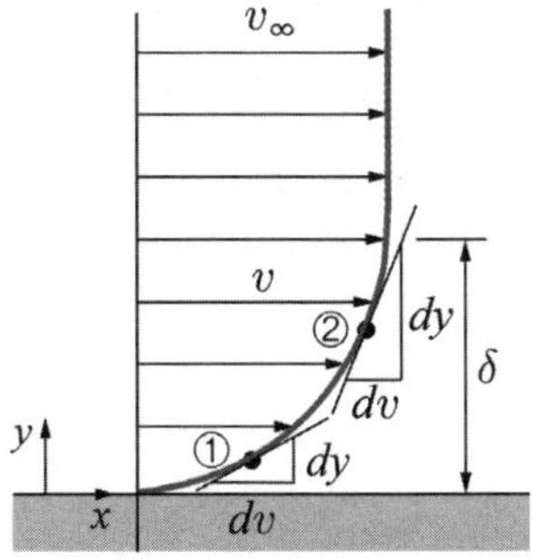

그림 7-8 경계층의 속도구배

선단에서 가장 크고 선단부터 거리 x가 증가함에 따라 작아진다. 더욱이 경계층의 두께는 평판 선단부터 거리 및 흐름이 층류냐 난류냐에 따라 다르므로 벽면 전단응력도 평판의 위치는 물론 흐름이 층류냐 난류냐에 따라 다르고 다음과 같다.134)

$$\tau_{w,L} \propto 1/\sqrt{x}\,,\ \ \tau_{w,T} \propto 1/x^{1/4} \tag{7.28}$$

여기서 하첨자 L과 T는 각각 층류와 난류를 가리킨다.

벽면 전단응력은 평판 마찰계수 C_f를 정의하는데 사용되어 매우 중요하다. 평판 마찰계수는 Fanning 마찰계수라고도 하며 다음 식과 같이 벽면 전단응력 τ_w와 동압 $\rho v_\infty^2/2$과의 비로 정의된다.

$$C_f = \frac{\tau_w}{\rho v_\infty^2/2} \tag{7.29}$$

7.3.3 속도경계층의 두께

속도경계층의 두께 δ는 경계층 내부의 속도분포가 0에서부터 자유흐름의 속도 v_∞까지의 두께(길이)이므로 정확히 정의를 내리기가 어렵다. 일반적으로 경계층의 두께는 경계층의 두께, 배제 두께, 운동량 두께로 구별하여 사용한다.

(1) 경계층의 두께

경계층의 두께 δ는 평판 표면의 법선방향(y축 방향) 위치에서의 속도 v가 자유흐름의 속도 v_∞의 99%에 상당하는 y 좌표로 정의한다. 즉,

$$v(y) = 0.99\,v_\infty \text{인 경우의 } \delta = y$$

134) 벽면전단응력도 여기서는 결과만 기술하고 자세한 내용은 '9장 9.2 평판 주위의 경계층'에서 기술한다.

경계층의 두께는 하류로 갈수록 증가하므로 평판 선단으로부터 거리 x에 따라 다르게 되어 $\delta(x)$로 표기한다. 더욱이 경계층의 두께는 경계층 내 흐름이 층류인지 난류인지에 따라서도 다르게 되어, 층류경계층과 난류경계층의 두께 δ_L과 δ_T는 각각 다음과 같이 선단부터 거리 x에 비례한다.[135]

$$\delta_L(x) = \frac{5x}{\sqrt{Re}} \propto \sqrt{x}\,, \quad \delta_T(x) = \frac{0.371\,x}{\sqrt[5]{Re}} \propto x^{4/5} \tag{7.30}$$

(2) 배제두께

유체의 질량유량은 일반적으로 '밀도×속도×면적(길이×1)'으로 평가한다. 유동장에서 질량유량을 평가할 경우 자유흐름 속도 v_∞를 사용하면 경계층(자유흐름 속도보다 작은 속도 영역)의 존재에 의해서 실제보다 큰 값을 얻게 된다. 이 때문에 과대평가한 체적유량만큼 경계층 배제두께(displacement thickness) δ^*를 구하여, 위 식의 '길이 y' 대신에 '$y-\delta^*$'을 고려하면 정확한 질량유량을 평가할 수 있다. 즉 배제두께는 경계층의 존재를 고려한 배제두께를 의미하고 이것을 [그림 7-9](b)에 나타내었다.

경계층 내를 흐르는 단위 깊이당 체적유량을 q라고 하면 이 유량과 배제두께를 고려한 경계층 내를 흐르는 유량이 같으므로 다음 식이 성립한다. 즉

$$q = \underbrace{\int_0^\delta v dy}_{\text{경계층내를 흐르는 단위깊이당체적유량}} = \underbrace{v_\infty(\delta - \delta^*)}_{\text{배제두께를 고려한 경계층내를 흐르는 단위깊이당체적유량}}$$

이 식을 배제두께에 대하여 정리하면 다음 식으로 주어진다.

$$\delta^* = \delta - \frac{1}{v_\infty}\int_0^\delta v dy = \frac{1}{v_\infty}\int_0^\delta (v_\infty - v)dy = \int_0^\delta \left(1 - \frac{v}{v_\infty}\right)dy \tag{7.31}$$

배제두께 δ^*는 결국 [그림 7-9](b)에 화살표로 가리키는 면적이 같도록, 즉 A=B가 되도록 취한 경계층의 배제두께인 것을 알 수 있다. 이것을 수식으로 나타내면 다음과 같다.

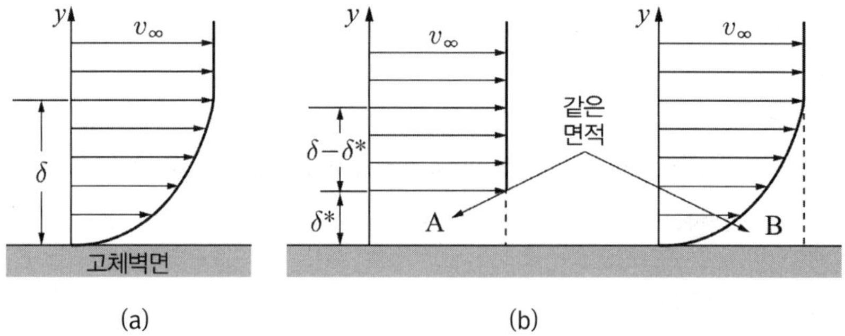

그림 7-9 경계층 배제두께

135) 층류경계층의 두께는 '9.2 평판주위의 경계층'에서 자세히 설명하고, 여기에서는 식만을 소개한다.

$$\underbrace{v_\infty \delta^*}_{\substack{\text{배제두께 } \delta^* \text{ 통한} \\ \text{단위 깊이당 체적유량}}} = \underbrace{\int_0^\delta (v_\infty - v)dy}_{\substack{\text{속도결손으로 인해 손실된} \\ \text{단위 깊이당 체적유량}}}$$

위 식에 의해서 배제두께는 식 (7.31)과 동일한 식이 얻어진다.

$$\delta^* = \int_0^\delta \left(1 - \frac{v}{v_\infty}\right)dy$$

여기서 $v_\infty - v$는 자유흐름의 속도와 경계층 내 속도와의 차이로서 속도 결손(velocity defect)이라 한다.

평판 주위의 유동과 관로 유동에서 질량유량의 평가는 경계층의 존재로 쉽지 않다. 그러나 각 단면에서 경계층의 배제두께를 알면 질량유량을 '속도×배제두께를 뺀 경계층의 두께'로 쉽게 평가할 수 있다. 평판 주위의 층류경계층에서 배제두께 δ^*는 일반적으로 경계층 두께 δ의 1/3이 된다. 이에 대한 증명은 운동량 두께에 대한 증명과 더불어 [예제7.2]에서 행하였다.

(3) 운동량두께

유체의 운동량(질량×속도)을 평가할 경우 자유흐름 속도 v_∞를 사용하면 경계층의 존재에 의하여 실제보다 크게 평가된다. 이 때문에 운동량두께(momentum thickness) θ도 배제두께와 유사하게 경계층의 존재에 기인한 운동량 손실을 정당화한 것이다. 즉 [그림 7-9](b)에서 면적 A=B가 운동량을 나타낸다면 이때의 배제두께 δ^*는 운동량 두께 θ를 의미한다. 이것을 수식으로 나타내면 다음과 같다.

$$\underbrace{\rho v_\infty^2 \theta}_{\substack{\text{속도가 } v_\infty\text{, 두께가 } \theta \text{인} \\ \text{유체층의 단위 깊이당 운동량}}} = \underbrace{\int_0^\delta \rho v (v_\infty - v)\, dy}_{\substack{\text{속도결손에 기인한} \\ \text{단위 깊이당 운동량}}}$$

그러므로 위 식은 다음과 같이 운동량두께 θ로 표현할 수 있다.

$$\theta = \frac{1}{\rho v_\infty^2} \int_0^\delta \rho v (v_\infty - v) dy = \int_0^\delta \frac{v}{v_\infty}\left(1 - \frac{v}{v_\infty}\right)dy \qquad (7.32)$$

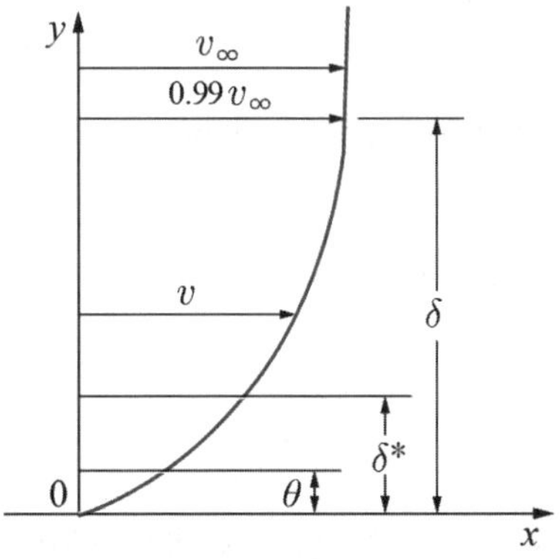

그림 7-10 층류경계층의 두께 비교

평판 주위의 층류경계층에 대한 운동량두께 θ는 근사적으로 경계층 두께 δ의 1/7이다.

운동량두께의 개념은 고체 벽면(또는 평판)에 작용하는 마찰항력의 척도가 되어 중요하다. [그림 7-10]에 평판 층류경계층에서 각 경계층의 두께를 비교하였다.

예제1

평판 주위의 층류유동에서 자유흐름의 속도를 v_∞, 평판 표면에서 법선방향의 거리를 y, 경계층의 두께를 δ라고 할 때, 경계층 내의 속도분포는 $y \le \delta$에서 다음 식으로 표시된다.

$$\frac{v}{v_\infty} = 2\left(\frac{y}{\delta}\right) - \left(\frac{y}{\delta}\right)^2$$

평판 표면에서의 속도구배, 전단응력, 경계층의 배제두께 δ^*, 운동량두께 θ를 경계층 두께 δ의 함수로 구하라.

평판 표면에서의 전단응력은 속도구배를 구하여 이것을 뉴턴의 점성법칙에 대입하여 평가한다.
속도구배는 주어진 속도분포 식을 y에 대하여 미분하여 다음과 같이 얻을 수 있다.

$$\frac{dv}{dy} = \frac{2v_\infty}{\delta}\left(1 - \frac{y}{\delta}\right)$$

평판 표면에서의 속도구배는 위 식에 $y=0$을 대입하여 다음과 같다.

$$\left(\frac{dv}{dy}\right)_{y=0} = \frac{2v_\infty}{\delta}$$

평판 표면에서의 전단응력은 뉴턴의 점성법칙에 의해 다음과 같다.

$$\tau_w = \mu\left(\frac{dv}{dy}\right)_{y=0} = \mu\frac{2v_\infty}{\delta}$$

경계층의 배제두께 δ^*는 식 (7.31)에 유체의 속도 v를 대입하면 다음과 같다.

$$\delta^* = \int_0^\delta \left(1 - \frac{v}{v_\infty}\right)dy = \delta\int_0^1\left[1 - 2\left(\frac{y}{\delta}\right) + \left(\frac{y}{\delta}\right)^2\right]d\left(\frac{y}{\delta}\right)$$
$$= \delta\int_0^1 (1 - 2\eta + \eta^2)d\eta = \frac{1}{3}\delta$$

여기서 η는 y/δ이다.

운동량두께 θ는 식 (7.32)에 주어진 속도분포 식을 대입하여 다음과 같다.

$$\theta = \int_0^\delta \frac{v}{v_\infty}\left(1 - \frac{v}{v_\infty}\right)dy = \delta\int_0^1 (2\eta - \eta^2)(1 - 2\eta + \eta^2)\,d\eta$$
$$= \frac{2}{15}\delta \fallingdotseq \frac{1}{7}\delta$$

이상의 결과 평판 주위 층류유동에서 배제두께는 경계층 두께의 1/3, 운동량두께는 경계층 두께의 약 1/7임을 알 수 있다.

7.3.4 경계층의 박리

실제 유체는 점성이 존재하여 고체 주위를 흐르면 고체 벽면 주위로 경계층이 발달하지만, 경계층 내 흐름은 조건에 따라서 고체 표면에 따라 후단까지 진행하지 않고 중도에서 벗어나는 경우가 있다. 이것을 경계층의 박리(separation)라 하고, 유체의 흐름이 고체 표면에서 벗어나는 곳을 박리점(separation point)이라 한다. 박리점 이후의 흐름은 와류(회전유동)를 동반하는 크게 혼란된 흐름이 되고, 이 흐름을 후류(wake)라 한다.

[그림 7-11]과 같이 원기둥 주변에 물이 흐르는 경우 발생되는 경계층의 박리와 후류를 검토해 보자. 원기둥 상류에서의 흐름은 이상유체의 유동과 대단히 유사한 비회전류이다. 그러나 원기둥 주위의 흐름은 이상유체와 달리 표면에서의 속도가 점착조건에 의하여 0이 되고 매우 얇은 두께의 속도경계층이 발생한다. 원기둥 주변의 속도분포는 표면의 0에서부터 경계층을 거쳐 자유흐름의 속도까지 변화한다.

상류에서 중심축 유선을 따라 흐르는 유체 입자의 속도는 원기둥에 다가올수록 점차 감소하여 원기둥 중앙 표면의 정체점에서 0이 된다. 이때 속도의 감소는 압력의 상승으로 나타나고 원기둥 표면을 따라 흐르게 된다. 경계층 외측 부분은 점성효과가 미미하여 비점성・비회전흐름, 즉 이상유체의 흐름으로 취급할 수 있다.

원기둥 표면을 따라 흐르는 유체입자는 유동방향으로 압력의 변화가 없거나$(dp/dx=0)$ 혹은 압력이 낮은 음(-)의 압력구배$(dp/dx<0)$를 갖는다. 그런데 원기둥 중앙부분 하류의 흐름에서는 유동방향으로 압력이 증가하게 된다. 유체입자가 양(+)의 압력구배(역압력구배, $dp/dx>0$)에 맞닿으면 처음에는 자신이 가지고 있는 운동량으로 나아가지만, 운동량이 소진되면 앞으로 나아가지 못하고 이를 피하려고 표면에서 벗어난 흐름이 나타난다. 이곳을 박리점 또는 유선분리점이라 한다. 이 이후의 원기둥 뒤의 흐름은 후류라 한다.

원기둥 주위의 경계층의 두께는 층류보다는 난류경계층이 두껍게 된다. 이에 따라 층류와 난류에 따라 유동 박리점의 위치가 다르게 나타난다. [그림 7-12]에 원통 주위의 흐름에서 유동박리의 발생점을 나타내었다. 그림 (a)는 층류유동인 경우로서 역압력구배를 이기지 못해 $\theta=82^\circ$에서 박리됨을 보이고 있다. 원기둥 주위의 층류흐름은 넓은 후류와 층류박리 영역에서의 매우 낮은 압력 때문에 항력계수 C_D가 크다. 그림 (b)는 난류인 경우로서, 난류경계층은 빠른 유속, 즉 보다 큰 운동량에 기인하여 역압력구배에 좀 더 견딜 수 있어서 난류박리가 $\theta=120^\circ$에서 발생한다. 따라서 후류는 층류보다 좁아지고 그곳의 압력이

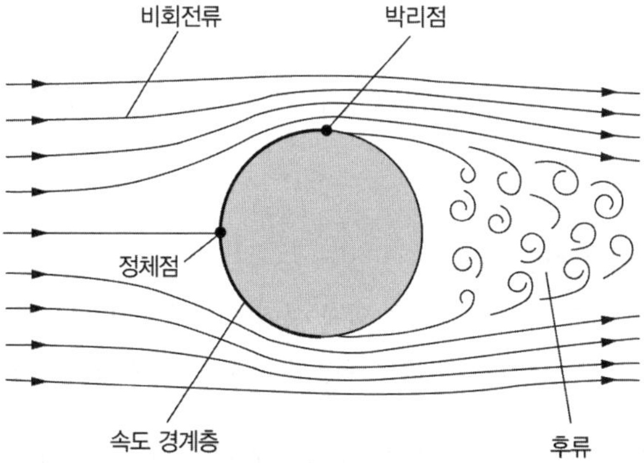

그림 7-11 원기둥 주위의 물의 흐름

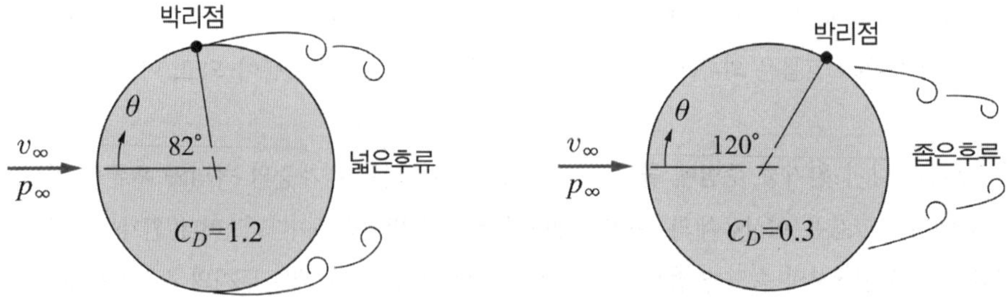

그림 7-12 원통 표면에서의 박리점

층류의 경우보다 높아 항력이 75%까지 줄어든다. 이에 따라 난류의 항력계수는 층류의 1.2보다 낮은 0.3 정도가 된다. 이 때문에 항력의 감소를 위하여 난류경계층을 더 선호하게 된다.

7.4 비압축성 · 점성유체의 유동

점성유체의 유동으로서 두 수평 평판 사이의 층류유동과 수평 동심 원관 내 층류유동에 대하여 마찰력(또는 전단응력) 등을 구하여 보자.[136] 점성유체의 유동에 대한 문제는 연속방정식과 Navier-Stokes 방정식을 사용하여 해(속도분포)를 얻을 수 있고, 또한 2차원 유동이면 유동함수를 사용하여 해를 구할 수 있다. 점성유체의 층류유동은 속도구배 또는 속도분포를 알면 벽면전단응력과 마찰력 등 다른 모든 것을 알 수 있다.

7.4.1 두 평판 사이의 층류 유동

두 평행 평판 사이의 층류 유동은 다음 2가지 경우를 고려할 수 있다. 하나는 유체가 고정된 두 평판 사이를 흐르는 경우(Poiseuille 유동)와 다른 하나는 한 평판만이 이동하는 경우 그 사이를 유체가 흐르는 경우(Couette 유동)이다. 두 평판 사이의 층류유동은 금속이나 고분자 가공 공정, 예를 들면 압출(extrusion)과 다이(die), 사출성형 등에 응용된다.

(1) 고정된 두 평판 사이의 층류 유동

고정되고 밀폐된 두 평행 평판 사이의 흐름은 압력 차에 의해서 발생되며 평판 Poiseuille 유동(plane Poiseuille flow)이라고 한다. 평판 Poiseuille 층류 유동에 대한 속도분포를 구하여 보자. 이것은 연속방정식

136) 비압축성 · 점성유체의 대표적인 유동은 내부유동과 외부유동 그리고 여기에서 기술한 두 수평 평판 사이의 층류유동과 수평 동심 원관 내 층류유동이 있다. 점성유체의 내부유동과 외부유동은 특별히 중요하여 제8장과 9장에서 자세히 기술하였다. 따라서 이 절은 '8장 점성유체의 내부유동'을 공부한 후 검토하면 한층 이해하기가 쉬울 것이다.

과 Navier-Stokes 운동방정식으로 지배방정식을 얻고, 여기에 경계조건을 대입하여 얻을 수 있다.[137] [그림 7-13]과 같이 좌표축을 취하고 1차원 정상상태 비압축성 유체의 흐름이라 가정하면 다음과 같이 항을 고려할 수 있다.

① 흐름이 1차원이다. → y, z축 방향과 관계된 항은 생략한다. $v_y = v_z = 0$
② 정상류이다. → 시간 t에 관한 항은 생략한다. $D/Dt = 0$
③ 비압축성 유체이다. 밀도는 일정하다. → $\dfrac{\partial \rho}{\partial x} = \dfrac{\partial \rho}{\partial y} = \dfrac{\partial \rho}{\partial z} = 0$
④ 중력이나 기타 외력의 영향은 없다. → ρg 등의 항을 제거한다.
⑤ 완전히 발달된[138] 층류 유동이다. → 가속의 항이 제거되고, 또 층류이므로 y축 방향의 속도성분도 없다.
⑥ 유체는 압력구배에 의해 흐른다. → 압력 p는 x방향만의 함수이다.

이상과 같이 간략화를 행하면 연속방정식과 Navier-Stokes 방정식은 다음과 같이 상당히 간단해진다. 정상상태 연속방정식 (3.76a)는 위 조건을 고려하면 다음 식이 된다.

$$\frac{\partial v_x}{\partial x} + \underbrace{\frac{\partial v_y}{\partial y}}_{\text{가정1}} + \underbrace{\frac{\partial v_z}{\partial z}}_{\text{가정1}} = 0 \rightarrow \frac{dv_x}{dx} = 0,\ v_x = v_x(y) \tag{7.33}$$

이 식은 유속 v_x가 x축 방향에 따라서 변하지 않고 일정하여 완전 발달된 흐름이고, 또 유속 v_x가 y축 방향의 함수, 즉 $v_x = v_x(y)$임을 의미한다. 따라서 축방향 속도성분만이 존재한다.

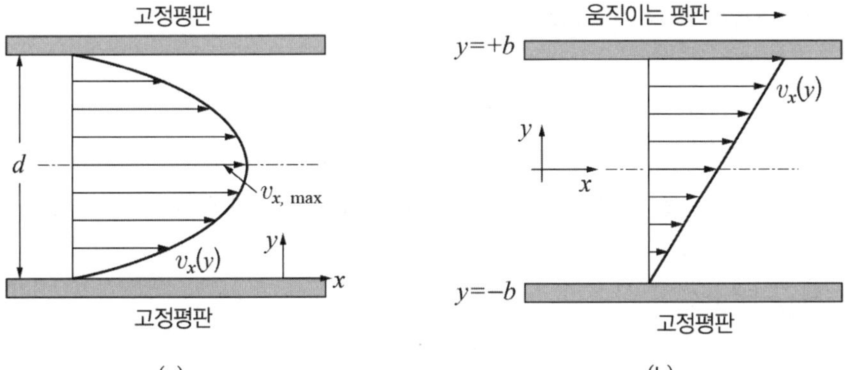

그림 7-13 두 평판 사이의 속도분포

137) 속도분포는 운동방정식이나 힘의 평형으로부터 얻을 수 있다. 여기서는 Navier-Stokes 운동방정식으로 얻고 힘의 평형으로는 7장 '7.4.2 동심 원관내 층류유동'에서 유도한다. 그리고 8장 '점성유체 내부유동'에서는 힘의 평형과 Navier-Stokes 운동방정식 모두에서 속도분포를 유도하였다.

138) '완전히 발달된'이란 위치가 입구에서 멀리 떨어진 곳을 나타내고, 물리적으로는 유동이 순수하게 축방향 성분만이 존재하는 곳을 의미한다.

다음 Navier-Stokes 방정식 (3.92a)은 위 조건에 의해서 다음과 같다.

$$\rho\left(\underbrace{\frac{\partial v_x}{\partial t}}_{\text{가정2}} + \underbrace{v_x\frac{\partial v_x}{\partial x}}_{\text{연속조건}} + \underbrace{v_y\frac{\partial v_x}{\partial y}}_{\text{가정1}} + \underbrace{v_z\frac{\partial v_x}{\partial z}}_{\text{가정1}}\right) =$$

$$\underbrace{\rho g_x}_{\text{가정4}} - \frac{\partial p}{\partial x} + \mu\left(\underbrace{\frac{\partial^2 v_x}{\partial x^2}}_{\text{연속조건}} + \frac{\partial^2 v_x}{\partial y^2} + \underbrace{\frac{\partial^2 v_x}{\partial z^2}}_{\text{가정1}}\right) \rightarrow \frac{\partial p}{\partial x} = \mu\frac{\partial^2 v_x}{\partial y^2} \tag{7.34}$$

또한 1차원이고 중력이 무시되기 때문에 y축과 z축 방향의 운동량 식은 다음과 같다.

$$\underbrace{\frac{\partial p}{\partial y}}_{\text{가정6}} = 0, \quad \underbrace{\frac{\partial p}{\partial z}}_{\text{가정6}} = 0 \rightarrow p = p(x) \tag{7.35}$$

위 식 (7.35)는 흐름이 압력구배에 의한 1차원 유동이므로 압력이 x축 방향만의 함수, 즉 $p = p(x)$이고 y축 방향의 함수가 아님을 의미한다. 그러므로 압력구배 "$\partial p/\partial x = 일정$"이 된다. 일반적으로 수평 흐름에서는 이와 같이 압력차에 의해 유체의 흐름이 나타나게 된다. 식 (7.34)가 고정된 두 평판 사이의 유동에서의 지배방정식이다. 여기에 경계조건을 대입하면 두 평판 사이의 속도분포를 구할 수 있다.

고정된 두 평판 사이의 거리를 $2b$라 하고 중심을 $y=0$으로 취하면 두 평판의 위치는 각각 $y=\pm b$가 된다. 경계조건은 고정된 평판 표면에서의 유체의 속도가 0이므로 다음과 같이 주어진다.

$$y = 0 \quad : \frac{\partial v_x}{\partial y} = 0 \tag{7.36a}$$

$$y = \pm b : v_x = 0 \tag{7.36b}$$

지배방정식 (7.34)을 한 번 적분하면 다음 식이 된다.

$$\mu\frac{\partial v_x}{\partial y} = \left(\frac{dp}{dx}\right)y + C_1$$

위 식에 경계조건 (7.36a)를 대입하면 $C_1 = 0$이고, 다시 한 번 적분하면 다음 식을 얻는다.

$$v_x = \frac{1}{2\mu}\left(\frac{dp}{dx}\right)y^2 + C_2$$

위 식에 경계조건 (7.36b)를 대입하면 적분상수 C_2는 다음과 같다.

$$C_2 = -\frac{1}{2\mu}\left(\frac{dp}{dx}\right)b^2$$

위 적분상수를 위 식에 대입하면 고정된 두 평판 사이의 흐름에서 속도는 다음 식으로 주어진다.

$$v_x = \frac{1}{2\mu}\left(\frac{dp}{dx}\right)(y^2 - b^2) \tag{7.37}$$

이 식이 평판 Poiseuille 유동에서 속도분포를 나타낸 식이다. 따라서 2개의 고정된 평판 사이의 속도분포는 포물선을 형성한다.

최대속도는 평판의 중심, 즉 $y=0$에서 나타나며 이 값을 식 (7.37)에 대입하면 다음과 같다.

$$v_{x,\max} = -\frac{b^2}{2\mu}\left(\frac{dp}{dx}\right) \tag{7.38}$$

두 평판 사이의 평균속도 v_{avg}는 속도 v_x를 평판 중심에서 한쪽 평판까지의 길이 b로 적분한 값을 그 길이(적분구간)로 나눈 값으로 구하여진다. 즉

$$v_{avg} = \frac{1}{b}\int_0^b v_x\,dy = \frac{1}{b}\int_0^b \frac{1}{2\mu}\left(\frac{dp}{dx}\right)(y^2 - b^2)dy = -\frac{b^2}{3\mu}\left(\frac{dp}{dx}\right) = \frac{2}{3}v_{x,\max} \tag{7.39}$$

두 평판 사이를 흐르는 단위 길이당 체적유량 q는 속도 v_x를 직접 $-b$부터 b까지 적분으로 구할 수 있고, 또 이 값은 '평균속도×두 평판 사이의 거리'와 같으므로 다음 식이 된다.

$$q = \int_{-b}^{b} v_x\,dy = -\frac{2b^3}{3\mu}\left(\frac{dp}{dx}\right) = 2b\,v_{avg} \tag{7.40}$$

두 평판 사이를 흐르는 체적유량 Q는 q가 단위 길이당 유량이므로 위 식의 값에 평판의 폭(깊이)을 곱해야 한다. 체적유량을 알면 평균속도는 $v_{avg} = Q/A$에 의해서도 구할 수 있다.

예제3

[예제7.3] 길이가 L인 고정된 두 평판 사이를 흐르는 유동에서 압력강하는 Δp이었다. 이 유동의 (a) 표면전단응력, (b) 유동함수, (c) 와도, (d) 속도퍼텐셜을 구하라.

먼저 속도구배 $dp/dx = \Delta p/L$을 고려하면 다음과 같다.

(a) 표면 전단응력은 3장 식 (3.91)에 의해서 다음과 같다.

$$\tau_w = \tau_{yx} = \mu\left(\frac{\partial v_x}{\partial y} + \frac{\partial v_y}{\partial x}\right)\Big|_{y=\pm b} = \mu\frac{\partial}{\partial y}\left[\frac{1}{2\mu}\left(\frac{dp}{dx}\right)(y^2 - b^2)\right]\Big|_{y=\pm b}$$

$$= \pm\frac{\Delta p}{L}b = \mp\frac{2\mu}{b}v_{x,\max}$$

표면 전단응력은 위의 평판과 아래 평판이 같은 값을 갖지만, 부호 약속에 따라 위 평판은 음의 전단응력을 가진다.

(b) 두 평판 사이의 유동이 2차원 정상 비압축성 유동이므로 유동함수가 존재한다. 따라서 속도성분과 유동함수 사이의 관계는 5장 식 (5.12)에 의해 다음과 같다.

$$v_x = \frac{\partial\psi}{\partial y} = \frac{1}{2\mu}\frac{\Delta p}{L}(y^2 - b^2) = v_{x,\max}\left(1 - \frac{y^2}{b^2}\right),\quad v_y = -\frac{\partial\psi}{\partial x} = 0$$

위 식을 적분하고 두 평판 중심선에서 편의상 $\psi = 0$이라고 하면 유동함수는 다음 식으로 주어진다.

$$\psi = v_{x,\max}\left(1 - \frac{y^3}{3b^2}\right)$$

평판 표면에서의 유동함수는 위 식에 $y = \pm b$를 대입하면 각각 다음과 같다.

$$\psi_w = \pm\frac{2}{3}hv_{x.\max}$$

(c) $x-y$ 2차원 평면 유동에서는 z축에 대한 와도가 존재한다. 이것을 평가하면

$$\zeta_z = \frac{\partial v_y}{\partial x} - \frac{\partial v_z}{\partial y} = \frac{2v_{x,\max}}{b^2}y$$

와도가 값을 갖는 것을 알 수 있다. 와도는 평판 표면에서 가장 크고 중심선 위쪽은 양(반시계방향)이고, 아래쪽은 음(시계방향)이다.

(d) 속도퍼텐셜은 존재하지 않는다. 왜냐하면 속도퍼텐셜은 퍼텐셜유동(비회전유동)에서만 정의되고 이 예제의 유동은 와도가 존재하는 회전유동이기 때문이다.

(2) 하나의 평판만이 움직일 경우

두 평행 평판 중 하나의 평판만이 움직인 경우, 즉 고정평판과 움직이는 평판 사이에서 발생되는 층류유동을 고려하자. 이 흐름을 Couette 유동(Couette flow)이라고 한다. 여기에는 유체가 정지 상태(압력구배 0인 상태)에서 평판이 움직이는 경우와 유동상태(압력구배가 0이 아닌 상태)에서 평판이 움직이는 경우로 나누어 고려할 수 있다.

유체가 유동상태에서 하나의 평판만이 움직이는 경우의 속도분포를 [그림 7-14]에 나타내었다. 이때의 속도분포는 고정된 두 평판 사이의 유체 유동에 의한 포물선 형태의 속도분포(짧은 파선)에 정지유체에 하나의 평판만이 움직일 때의 직선 형태의 속도분포(긴 파선)의 합으로 나타나게 됨을 예측할 수 있다.

① 유체가 유동 중인 경우

유체가 유동 중인 경우, 즉 압력구배가 0이 아닌 경우 비압축성유체의 1차원 정상상태의 흐름을 고려하자. 두 평판 사이의 거리를 $d(=2b)$라 하고 움직이는 평판은 균일한 속도 v_P로 움직인다고 가정하자.

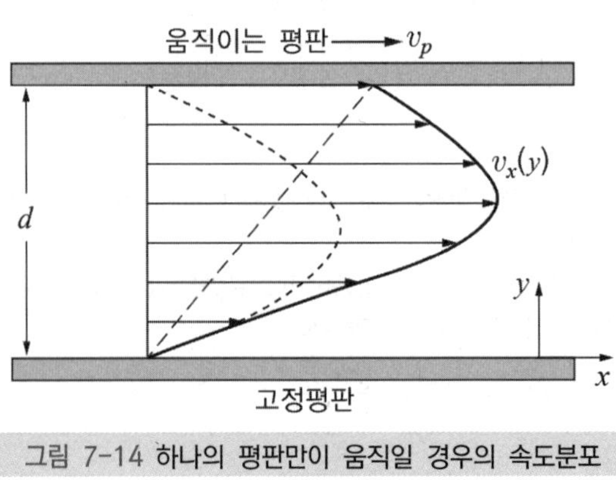

그림 7-14 하나의 평판만이 움직일 경우의 속도분포

경계조건은 다음과 같다.

$$y = 0 \ : \ v_x = 0$$

$$y = d \ : \ v_x = v_P$$

지배방정식 식 (7.34)을 두 번 적분하면 다음 식을 얻는다.

$$v_x = \frac{1}{2\mu}\left(\frac{dp}{dx}\right)y^2 + C_1 y + C_2 \tag{7.41}$$

여기에 경계조건을 대입하면 적분상수를 구하여 정리하면 위 식은 다음 식이 된다.

$$v_x = v_P\frac{y}{d} + \frac{1}{2\mu}\left(\frac{dp}{dx}\right)(y^2 - dy) \tag{7.42}$$

이를 무차원화하면 다음 식으로 나타낼 수 있다.

$$\frac{v_x}{v_P} = \frac{y}{d} + \alpha\frac{y}{d}\left(1 - \frac{y}{d}\right) \tag{7.43}$$

여기서

$$\alpha \equiv -\frac{d^2}{2\mu v_P}\left(\frac{dp}{dx}\right) \tag{7.44}$$

식 (7.43)이 압력구배가 존재할 때, 즉 유체가 유동 중에 하나의 평판만이 움직이는 경우 두 평판 사이의 흐름에 대한 속도분포를 나타낸 식이다. 속도분포는 예상한 바와 같이 압력구배 dp/dx와 평판의 속도 v_P 모두에 의존하게 됨을 보이고 있다.

[그림 7-15]에 움직이는 평판의 속도 v_P가 일정한 경우에 α의 값이 양(+), 0, 음(-)인 경우에 대하여 속도분포를 나타냈다. 식 (7.44)를 고려하면 α가 양인 경우에는 $d^2/2\mu v_P$가 양이므로 압력구배(dp/dx)가 음이 되어, 즉 흐름의 방향으로 압력이 하강한다. 결국 음의 압력구배는 무차원 속도분포 v_x/v_P가 0보다 크게 된다. 이때에는 평판 내 국소유체속도 v_x는 평판의 속도 v_P보다 크게 된다. 반면에 $\alpha < 0$인 경우에는 압력구배가 양($dp/dx > 0$)이 되어 유동방향으로 압력이 상승한다. 또 식 (7.43)을 v_x와 y에 대하여 미분하여 dv_x/dy에 대하여 정리하고 $y = 0$을 고려하면 다음 식이 얻어진다.

$$\left(\frac{dv_x}{dy}\right)_{y=0} = \frac{v_P}{d}(1+\alpha)$$

이 식에 의하여 $\alpha < -1$에서는 $dv_x/dy < 0$이 되어 아래 평판에서 역류가 일어난다.

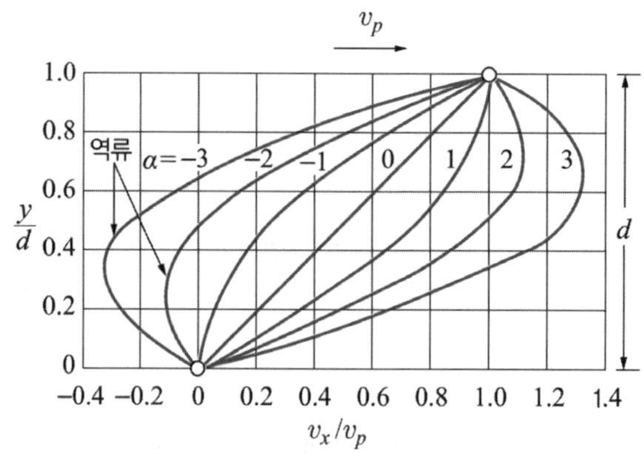

그림 7-15 무차원 압력구배에 따른 Couette 유동의 속도분포

② 유체가 정지 상태인 경우

두 평판 사이의 유체가 정지 상태이면 압력구배 dp/dx는 0, 즉 $\alpha=0$인 경우이다. 유체가 정지상태에서 위쪽 평판만이 속도 v_P로 움직이는 경우의 속도분포는 식 (7.43)에 의해서 다음과 같이 주어진다.

$$v_x = v_P \frac{y}{d}$$

속도분포는 직선적으로 변화한다. 따라서 이 흐름의 특성은 뉴턴의 점성법칙에 따른다.

예제4

두 평판 사이의 거리가 $1\,\mathrm{cm}$이고 그 사이에 엔진 오일이 들어있다. 아래 평판이 고정된 상태에서 위 평판이 $4\,\mathrm{m/s}$ 속도로 움직일 때 다음을 구하라. 단 엔진오일의 밀도와 점성계수는 $\rho = 891\,\mathrm{kg/m^3}$, $\mu = 0.029\,\mathrm{N\cdot s/m^2}$이다.

(a) 평판의 길이 $8\,\mathrm{m}$에서 압력강하가 $500\,\mathrm{Pa}$이면 위 평판 표면에서의 전단응력은 얼마인가?

(b) 압력강하가 없다면 위 평판 표면에서의 전단응력은 얼마인가?

먼저 평판 사이의 유동이 층류인지를 확인한다. 평판 사이의 유동에서 Reynolds 수는 직경 D 대신에 평판 사이의 간격 d로 구한다.

$$\mathbf{Re} = \frac{\rho v_\infty d}{\mu} = \frac{891\,\mathrm{kg/m^3} \times 4\,\mathrm{m/s} \times 0.01\,\mathrm{m}}{0.029\,\mathrm{N\cdot s/m^2}} = 1229$$

이 값은 1.0×10^5보다 작으므로 층류이다. 속도구배는 속도분포에 대한 식 (7.42)를 미분하여 구할 수 있고 다음과 같다.

$$v_x = v_P \frac{y}{d} + \frac{1}{2\mu}\left(\frac{dp}{dx}\right)(y^2 - dy)$$

$$\frac{dv_x}{dy} = \frac{v_P}{d} + \frac{1}{2\mu}\left(\frac{dp}{dx}\right)(2y - d)$$

(a) 압력강하가 있는 경우 위 평판 표면에서의 전단응력은 $y=d$를 대입하면 다음과 같다.

$$\begin{aligned}\tau &= \mu\frac{dv_x}{dy} = \mu\frac{v_P}{d} + \frac{d}{2}\left(\frac{dp}{dx}\right)\\ &= 0.029\,\mathrm{N\cdot s/m^2}\,\frac{4\,\mathrm{m/s}}{0.01\,\mathrm{m}} + \frac{0.01\,\mathrm{m}}{2}\left(\frac{-500\,\mathrm{N/m^2}}{8\,\mathrm{m}}\right)\\ &= 11.29\,\mathrm{N/m^2}\end{aligned}$$

(b) 압력강하가 없다면 $dp=0$이므로 다음과 같다.

$$\begin{aligned}\tau &= \mu\frac{dv_x}{dy} = \mu\frac{v_P}{d} + \frac{d}{2}\left(\frac{dp}{dx}\right)\\ &= 0.029\,\mathrm{N\cdot s/m^2}\,\frac{4\,\mathrm{m/s}}{0.01\,\mathrm{m}}\\ &= 11.6\,\mathrm{N/m^2}\end{aligned}$$

7.4.2 동심 원관 내 층류 유동

수평 동심 원관 내 정상 층류유동에서 속도분포를 구해보자. 이것은 전술한 무한한 두 평행 평판 사이의 층류유동과 근사적으로 같다고 할 수 있다. 따라서 동심 원관 내 층류유동은 두 원관이 고정되어 있는 경우와 내측 관만이 움직이는 경우로 나누어 검토할 수 있다. 앞절에서는 속도분포를 Navier-Stokes 운동방정식을 사용하여 해석하였지만 여기에서는 힘의 평형을 고려하여 유도하여 보자.

(1) 두 원관이 고정된 경우

[그림 7-16]에 나타낸 바와 같이 고정된 동심 원관 내 층류유동에서 미소 검사체적을 고려하여 여기에 직접 운동량 평형식을 적용하여 보자.

운동량 평형식은 3장 식 (3.78)과 (3.79)에 의해 다음과 같다.

$$\underbrace{[\text{힘의 총합}]}_{\text{유체계에 작용하는 총 힘}} = \underbrace{[\text{검사면을 통한 운동량 순 유입속도}] + [\text{검사체적내 운동량 축적속도}]}_{\text{유체계의 운동량변화율}}$$

$$= \underbrace{[\text{순 대류운동량}] + [\text{순 점성운동량}]}_{\text{검사면을 통과하는 운동량 순유입률}} + \underbrace{[\text{축적속도}]}_{\text{검사체적내 운동량축적률}} \qquad (7.45)$$

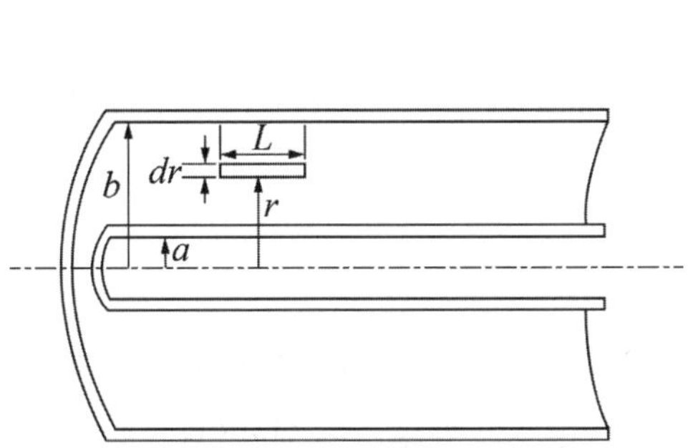

그림 7-16 수평 동심 원관 내 미소 검사체적

수평 동심 원관 내 미소 검사체적과 원통좌표계(r, θ, z)를 고려하자. 검사체적은 반경 r에서 두께 dr, 길이 L인 유선을 선택한다. 이때 검사체적에 z방향(유동방향)으로 운동량 평형식 (7.45)를 적용하여 보자.

먼저 검사체적내 운동량 축적속도는 정상상태이므로 0이다.

다음 검사면을 통과하는 운동량(mv)에서 순 대류운동량은 다음과 같다.

$$\rho v_{z,1}^2(2\pi r dr) - \rho v_{z,2}^2(2\pi r dr) \tag{R1}$$

정상상태 흐름에서는 v_z가 r만의 함수이므로 $v_{z,1} = v_{z,2}$가 되어 위 식의 값, 즉 순 대류운동량은 0이 된다.

또 검사면의 z방향으로 작용하는 순 전단력은 다음과 같다.

$$\tau_{rz}|_r(2\pi r L) - \tau_{rz}|_{r+dr}(2\pi r L) \tag{R2}$$

마지막으로 검사면에 작용하는 힘은 압력밖에 없으므로 다음 식과 같다.

$$p_1(2\pi r dr) - p_2(2\pi r dr) \tag{R3}$$

따라서 식 (R2)와 (R3)을 식 (7.45)에 대입하면 수평 동심 원관 내 층류유동에 대한 힘의 평형식이 얻어진다.

$$p_2(2\pi r dr) - p_1(2\pi r dr) = \tau_{rz}|_r(2\pi r L) - \tau_{rz}|_{r+dr}(2\pi r L)$$

$$\rightarrow \quad \frac{r(\tau_{rz})_{r+dr} - r(\tau_{rz})_r}{dr} = \frac{p_1 - p_2}{L} r$$

이 식의 좌변은 $r\tau_{rz}$의 1차 미분의 수학적 정의이므로 다음과 같이 쓸 수 있다.

$$\frac{d(r\tau_{rz})}{dr} = \frac{p_1 - p_2}{L} r$$

위 식을 적분하면 다음 식을 얻는다.

$$\tau_{rz} = \frac{p_1 - p_2}{2L} r + \frac{C_1}{r} \tag{R4}$$

위 식의 전단응력 τ_{rz}에 뉴턴의 점성법칙 식 $\tau_{rz} = -\mu dv_z/dr$를 적용하고, 적분하면 다음 식을 얻는다.

$$v_z = \frac{p_1 - p_2}{4\mu L} r^2 + \frac{C_1}{\mu} \ln r + C_2 \tag{R5}$$

위 식에서 적분상수 C_1과 C_2는 $r = a$ 및 $r = b$에서 유체 속도 $v_z = 0$인 경계조건을 적용하여 구할 수 있다. 그때 전단응력분포는 식 (R4)로부터 다음 식이 얻어진다.

$$\tau_{rz} = \frac{p_1 - p_2}{2L}\left\{ r - \frac{1-\left(\dfrac{a}{b}\right)^2}{2\ln\left(\dfrac{b}{a}\right)}\frac{b^2}{r} \right\} \tag{7.46}$$

또 속도분포는 식 (R5)로부터 다음 식이 된다.

$$v_z = \frac{p_1 - p_2}{2\mu L} b^2 \left\{ 1 - \left(\frac{r}{b}\right)^2 + \frac{1-\left(\dfrac{a}{b}\right)^2}{\ln\left(\dfrac{b}{a}\right)} \ln\left(\frac{r}{b}\right) \right\} \tag{7.47}$$

이 식이 동심 원관 내 임의의 반경 r에서의 속도분포를 나타낸 식이다.

다음은 최대속도가 나타나는 위치를 찾아보자. 최대 속도가 $r = r_m$에서 일어난다고 하면 여기에서는 $\partial v_z / \partial r = 0$이므로 위 식을 미분하면 다음 식을 얻는다.

$$r_m = \left[\frac{b^2 - a^2}{2\ln(b/a)} \right]^{1/2} = b\sqrt{\frac{1-(a/b)^2}{2\ln(b/a)}} \tag{7.48}$$

최대 속도의 위치는 두 동심관의 중심이 아니라 안쪽 관 쪽으로 편심되어 있고 두 동심관의 직경 a, b의 함수임을 알 수 있다.

체적유량 Q는 속도 v_x를 반경방향으로 a에서 b까지 적분하여 구할 수 있고, 이것은 '평균속도×단면적'과 같으므로 다음 식으로 쓸 수 있다.

$$Q = \frac{\pi(p_1 - p_2)b^4}{8\mu L}\left\{ 1 - \left(\frac{a}{b}\right)^4 - \frac{\left[1-\left(\dfrac{a}{b}\right)^2\right]^2}{\ln\left(\dfrac{b}{a}\right)} \right\} = \pi(b^2 - a^2)v_{z,avg} \tag{7.49}$$

여기에서 $v_{z,avg}$는 수평 동심 원관 내 z축(중심축) 방향의 평균속도이다.

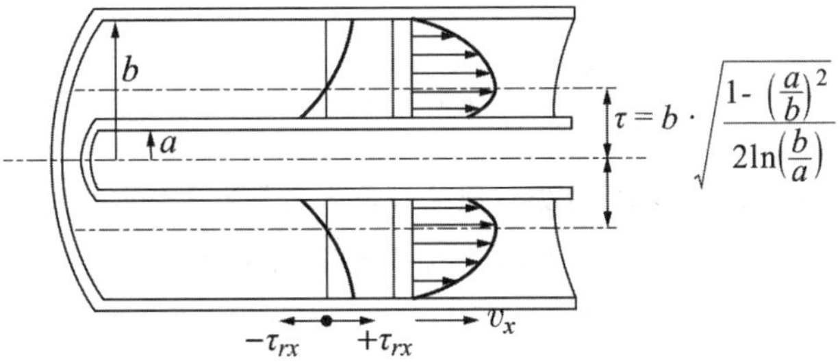

그림 7-17 수평 동심 원관 내 층류유동에서 전단응력분포와 속도분포

수평 동심 원관에 대한 속도 식 (7.47)과 체적유량 식 (7.49)는 8장 점성유체 내부유동에서도 동일한 식이 유도된다.[139] [그림 7-17]에 수평 동심 원관 내 층류유동에 대한 전단응력분포와 속도분포를 나타내었다.

여기에서 원관 내 층류흐름에서 내측과 외측 벽에 작용하는 전단력을 비교하여 보자. 전단력은 전단응력 식 (7.46)에 면적을 곱한 값으로 평가되므로 각 벽면에 작용하는 힘은 다음 식으로 구해진다.

$$\text{내측 벽} : F_a = -2\pi a L \tau_w|_a = -\pi a(p_1 - p_2)\left\{a - \frac{1-\left(\dfrac{a}{b}\right)^2}{2\ln\left(\dfrac{b}{a}\right)}\frac{b^2}{a}\right\}$$

$$\text{외측 벽} : F_b = 2\pi b L \tau_w|_b = \pi b(p_1 - p_2)\left\{b - \frac{\left(1-\dfrac{a}{b}\right)^2}{2\ln\left(\dfrac{b}{a}\right)}\frac{b^2}{a}\right\}$$

그때 두 힘의 합 τ_{az}는 다음 식으로 주어진다.

$$F_a + F_b = -2\pi a L \tau_w|_a + 2\pi b L \tau_w|_b = \pi(b^2 - a^2)(p_1 - p_2)$$

위 식은 양 벽면에서 작용하는 전단력의 합이 환상 단면에 작용하는 순수 압력력과 같음을 의미한다.

내측 및 외측 벽에 작용하는 힘의 비는 다음과 같다.

$$\frac{F_a}{F_b} = \frac{-a\tau_{az}}{b\tau_{bz}} = \frac{\dfrac{b^2/a^2 - 1}{2\ln(b/a)} - 1}{b^2/a^2 - \dfrac{b^2/a^2 - 1}{2\ln(b/a)}}$$

위 식에서 $b/a = 1$인 극한의 경우에 내측 벽에 작용하는 힘과 외측 벽에 작용하는 힘은 같게 되는 것을 알 수 있고, 이 힘의 관계를 [그림 7-18]에 붉은 실선으로 나타냈다.

총 힘에 대한 내측 벽면에 작용하는 힘의 비율은 다음 식으로 주어진다.

$$\frac{F_a}{F_a + F_b} = \frac{-a\tau_{az}}{-a\tau_{az} + b\tau_{bz}} = \frac{1}{2\ln(b/a)} - \frac{1}{(b/a)^2 - 1}$$

이 관계는 [그림 7-18]에 점선으로 나타내었다. 만약 내측과 외측의 표면적의 비가 5:1이면 위 식에 의해 작은 원관에 작용하는 힘 F_a는 총 힘($F_a + F_b$)의 27%가 된다. 이와 같은 고려는 플라스틱 파이프를 추출하는 과정에서 중요하다.

---

139) 점성유체 동심 관내 층류유동의 해석에서 $a = 0$을 고려하면 점성유체 내부유동이 되므로 속도분포 식 (7.47)과 체적유량 식 (7.49)는 8장 '8.2 관내 층류유동'에서 유도한 속도와 체적유량 식 (8.6)과 (8.10)과 동일하게 된다.

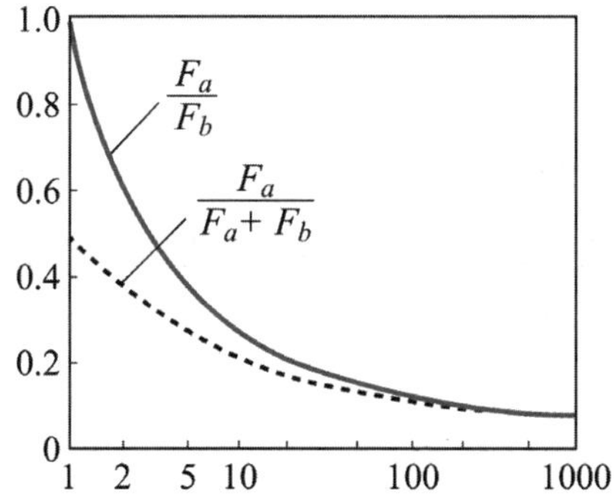

그림 7-18 동심 원관 벽면에 작용하는 힘

예제5

수평 동심 원관에서 전단응력이 0인 곳의 위치를 구하여라.

전단응력 식 (7.46)에 $\tau_{rz}=0$을 대입하면 다음 관계가 얻어진다.

$$\frac{r^2}{b^2}=\frac{1-\left(\frac{a}{b}\right)^2}{2\ln\left(\frac{b}{a}\right)}$$

따라서 반경방향 거리 r이 다음 값에서 전단응력은 0이 된다.

$$r=b\sqrt{\frac{1-(a/b)^2}{2\ln(b/a)}}$$

이 위치는 속도가 최대인 위치 식 (7.48)과 동일하다.

(2) 내측 관이 움직일 경우

수평 동심 원관의 내측 관이 움직이는 경우도 내측 관이 축 방향으로 움직이는 경우와 회전하는 경우로 고려할 수 있다.

① 내측 관이 축 방향으로 움직일 때

수평 동심 원관에서 내측 관이 z축(중심축) 방향으로 일정한 속도 v_0로서 움직일 때 완전발달흐름영역에서의 속도분포를 구하여 보자. 여기에서는 어떠한 압력구배가 존재하지 않는다고 가정한다. 이 경우 정상상태하에서 z축 방향에 대한 힘의 평형은 다음과 같다.

$$\sum F_z=0=\tau_{rz}2\pi rL|_r-\tau_{rz}2\pi rL|_{r+dr}$$

이 식에서 다음 식을 얻을 수 있다.

$$\frac{d(r\tau_{rz})}{dr}=0$$

이 식의 전단응력에 뉴턴의 점성법칙 $\tau_{rz}=-\mu dv_z/dr$을 적용하고, 두 번 적분하여 경계조건 $r=a$에서 $v_x=v_0$, $r=b$에서 $v_x=0$을 적용하면, 다음 식과 같은 전단응력과 속도분포가 얻어진다.

$$\tau_{rz}=\frac{\mu v_0}{r}\frac{1}{\ln(b/a)} \tag{7.50}$$

및

$$v_z=v_0\frac{\ln(b/r)}{\ln(b/a)} \tag{7.51}$$

양 표면에 작용하는 힘이 같으면 힘은 식 (7.50)에 의해 다음 식으로 주어진다.

$$F_a=\pi a\tau_{ra}L=F_b=\pi b\tau_{rb}L=\frac{\pi\mu v_0}{\ln(b/a)}L$$

내측관이 중심축 방향으로 움직일 경우 전단응력과 속도분포를 [그림 7-19]에 나타내었다.

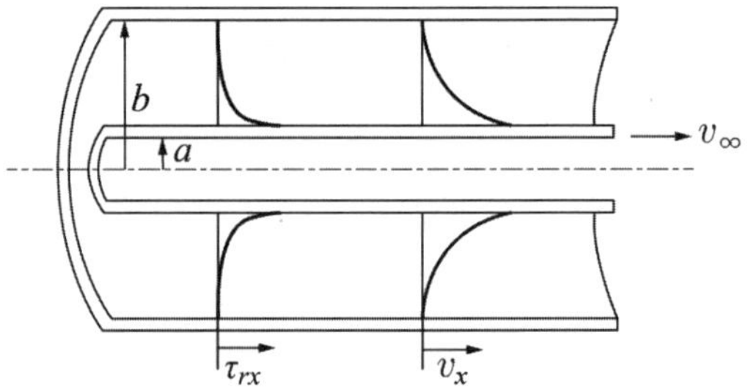

그림 7-19 내측 관이 축 방향으로 움직이는 수평 동심 원관

(2) 내측 관이 회전하는 경우

이번에는 내측 관이 회전속도 $\dot{n}(\mathrm{s}^{-1})$으로 회전하는 경우를 고려하여 보자. [그림 7-20](a)에 내측관이 회전하는 수평의 동심 원관을 나타냈다.

운동량 평형은 다음 식으로 주어진다.

$$F=0=2\pi rLr\tau_{r\theta}|_r-2\pi rLr\tau_{r\theta}|_{r+dr}$$

이 식에서 다음 식을 얻는다.

$$\frac{d(r^2\tau_{r\theta})}{dr}=0$$

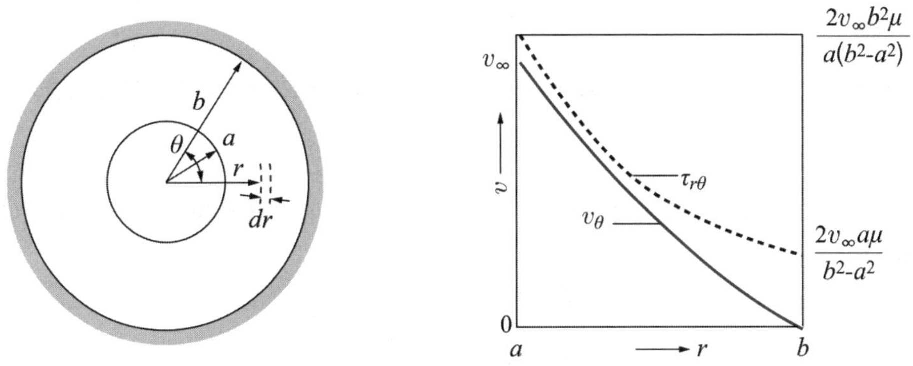

(a) 동심 원관 (b) 전단력과 속도분포

그림 7-20 내측 관이 회전하는 원관

이 식은 원통좌표로 표기되는 뉴턴의 점성법칙에 비압축성을 고려하여 적분을 행하면 다음 식이 얻어진다.

$$\tau_{r\theta} = -\mu r \frac{d(v/r)}{dr}$$

위 식을 두 번 적분하면 다음 식이 된다.

$$v_\theta = \frac{C_1}{2\mu r} - \frac{C_2}{\mu} r$$

위 식에 경계조건 $r = a$에서 $v_\theta = v_0$, $r = b$에서 $v_\theta = 0$을 적용하고, $v_0 = \dot{n}a$를 사용하면 다음 식을 얻는다.

$$v_\theta = \frac{\dot{n}a^2}{r}\frac{b^2 - r^2}{b^2 - a^2} \tag{7.52}$$

및

$$\tau_{r\theta} = \frac{2\dot{n}a^2 b^2 \mu}{(b^2 - a^2)\, r^2} \tag{7.53}$$

이 경우에서도 내측과 외측 벽에서의 회전력(torque)은 $F_t = 2\pi r \tau_r r L$와 같다. 전단력과 속도분포는 [그림 7-20](b)에 나타내었다.

동심 원관에서 내측 관이 회전하는 경우는 마찰 베어링, 원통 회전식 점성계측기 등에 나타난다. 원통 회전식 점성계측기는 내부에 점성을 측정할 액체가 채워지고 내측관이 회전하면 외측 관에 작용하는 힘을 측정하여 유체의 점성을 결정하는 기기이다. 물론 외측 원통 회전식 점성계도 있다. 이때에는 외측관이 회전하고 내측 관에 작용하는 힘을 측정하여 점성을 평가한다.

예제6

그림과 같은 내측 원통 회전식 점성계측기에서 액체의 점성은 다음 식으로 주어진다. 이것을 증명하여라.

$$\mu = \frac{T}{4\pi^2 \dot{n} L} \frac{b-a}{a^3}$$

여기서 T는 토크, L은 점도계 관의 높이, $\dot{n}$은 회전수[rpm]이고, 원통 바닥에 기인한 영향은 무시한다고 가정한다.

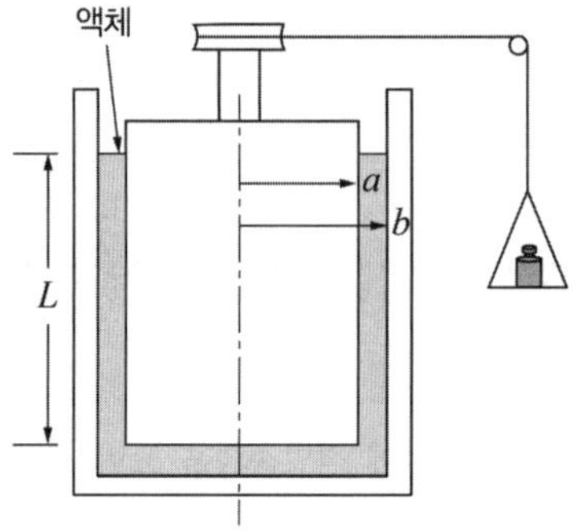

[그림 예제7.6]

[그림 예제7.6]과 같이 이중 원통 사이의 간격 $l(=b-a)$에 액체를 채우고 내통과 외통의 반지름을 각각 a, b, 높이를 L이라고 하자. 외통은 고정시키고 내통만을 토크 T, 각속도 ω로 회전시키면 내통의 접선속도는 $v_\theta = \omega a = 2\pi \dot{n} a$로 주어진다. 내통의 양쪽 끝(원통 윗면과 바닥)의 영향을 무시하면 점도와 토크 사이에는 뉴턴의 점성법칙이 성립한다.

뉴턴의 점성법칙에 의하면 '힘=전단응력×면적'이므로 다음과 같다.

$$F = \tau \times A = \mu A \frac{dv_x}{dy} = \mu A \frac{v_r}{(b-a)} = \mu(2\pi a L)\frac{2\pi \dot{n} a}{(b-a)}$$

토크 T는 '힘×거리'이므로 다음 식으로 주어진다.

$$T = Fa = \mu(2\pi a L)\frac{2\pi \dot{n} a}{(b-a)} a$$

위 식에 의해 점성계수는 다음과 같다.

$$\mu = \frac{T}{4\pi^2 \dot{n} L} \frac{(b-a)}{a^3}$$

7.4.3 윤활이론

기계부품으로서 축을 지지하면서 직선 또는 회전운동을 전달하는데 베어링이 많이 사용된다. 이때 고체 접촉면 사이에 윤활유가 주입되면 마찰저항이 대폭 줄어들게 된다. 고체 접촉면 사이의 유체윤활은 유체역학적으로 취급하여 해석할 수 있다. 즉, 하나는 고정되어 있고 다른 하나는 움직이는 두 평판 사이의 흐름으로 해석할 수 있다.

[그림 7-21]에 미끄럼 베어링(sliding bearing)과 구름 베어링(rolling bearing)을 나타내었다. 여기에서는 그림(a)와 같이 2개의 매끈한 평판 사이에 있는 윤활유가 2차원 유동을 하는 경우에 대하여 검토하여 보자.

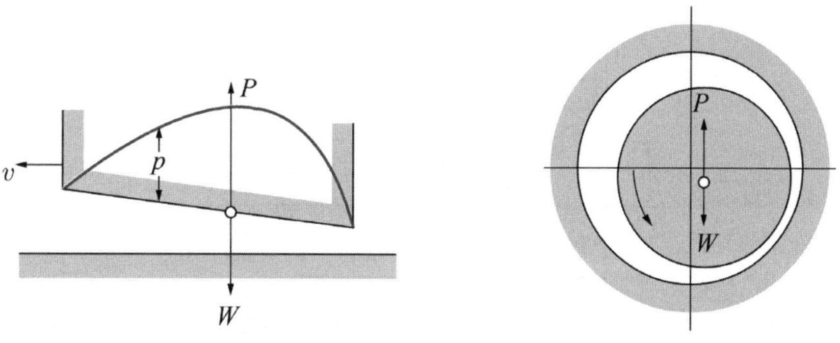

(a) 미끄럼 베어링 (b) 구름 베어링

그림 7-21 베어링

미끄럼 베어링은 하측 평판(윤활면)이 x축 방향으로 고정되어 있고 상측 평판(윤활면)이 약간 경사져 움직인다. 여기서는 상측 평면이 고정되어 있고 하측 평면이 일정한 속도 v_∞로서 움직일 때 윤활유가 쐐기 측으로 흘러가면서 유막에 큰 힘이 발생시킨다고 하자. 이것을 [그림 7-22]에 나타냈다.

윤활이론은 윤활유막의 압력분포, 부하용량, 유막 두께 등을 점성유체의 운동방정식, 즉 Navier-Stokes 방정식 (3.91)에 의해 예측하는 것이다. 윤활유 막에 대한 가정은 다음과 같다.

① 흐름은 정상상태 층류이다. 즉, 윤활유의 미끄러지는 속도가 상당히 크다 하더라도 두 평면 사이의 간극이 좁으므로 Reynolds수는 극히 작아 윤활유 흐름은 층류이다.
② 유체의 관성력 및 중력은 전단력에 비해 작다고 가정하여 생략한다.
③ 상측 평판의 기울기는 아주 작아 속도분포는 일정하여 압력 p는 x축만의 함수라고 가정한다.

Navier-Stokes 방정식 (3.92)는 1차원 정상흐름에 대해 다음과 같다.

$$\frac{Dv}{Dt} = \rho g_x - \frac{1}{\rho}\frac{\partial p}{\partial x} + \frac{\mu}{\rho}\left(\frac{\partial^2 v_x}{\partial x^2} + \frac{\partial v_x^2}{\partial y^2}\right)$$

윤활유막에 대한 조건을 고려하면 위 식은 다음과 같이 쓸 수 있다.

$$\frac{\partial p}{\partial x} = \mu\frac{\partial v_x^2}{\partial y^2} = \mu\frac{\partial}{\partial y}\left(\frac{\partial v_x}{\partial y}\right) \tag{7.54}$$

윤활면의 경사는 매우 작기 때문에 윤활유의 속도분포는 마치 평행 평판이 상대 운동할 때와 같은 분포를 한다고 가정할 수 있다. 따라서 위 식을 y에 대하여 2번 적분하면 p는 x만의 함수이므로 다음 식이 된다.

$$\frac{dp}{dx}\frac{y^2}{2} = \mu v_\infty + C_1 y + C_2 \tag{7.55}$$

여기서 적분상수 C_1, C_2는 경계조건 $y=h$에서 $v_x=0$ 및 $y=0$에서 $v_x=v_\infty$으로부터 구할 수 있고, 이 조건을 위 식에 대입하면 다음 식이 된다.

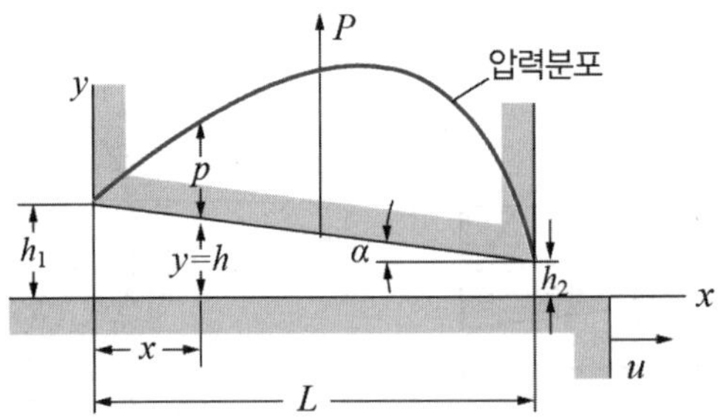

그림 7-22 미끄럼 베어링과 압력분포

$$v(x, y) = \frac{y}{2\mu}(y-h)\left(\frac{dp}{dx}\right) + v_\infty\left(1 - \frac{y}{h}\right) \tag{7.56}$$

위 식은 윤활유막 내 임의의 위치(x, y)에서의 유체의 속도이다.

다음은 윤활유막 내의 임의의 위치에서의 압력을 구하여 보자. 윤활유량 Q는 임의의 위치 x에서의 유막 두께 h을 통하여 흐르는 양이므로 [그림 7-22]의 지면에 수직방향의 단위 폭을 고려하면 다음 식으로 평가할 수 있다.

$$Q = \int_0^h v_x dy = \frac{v_\infty h}{2} - \frac{h^3}{12\mu}\frac{dp}{dx} \tag{7.57}$$

윤활유가 견딜 수 있는 하중(부하용량)을 계산하려면 먼저 윤활면에 작용하는 압력분포를 알아야 한다. 윤활유량 Q는 연속법칙에 의해 위치 x에 관계없이 일정하므로 상수로 놓고 x에 관해서 적분하면 압력분포를 얻을 수 있다. 상측 평판의 기울기를 α라 하면 [그림 7-22]의 기하학적 형상에서 $\alpha = (h_1 - h_2)/L$이고, 임의의 위치 x에서 유막 두께는 $h(x) = h_1 - \alpha x$가 되므로 이것을 위 식 (7.57)에 대입하여 dp/dx를 구하면 다음과 같다.

$$\frac{dp}{dx} = \frac{6\mu v_\infty}{(h_1 - \alpha x)^2} - \frac{12\mu Q}{(h_1 - \alpha x)^3} \tag{7.58}$$

위 식을 x에 대하여 적분하면 다음 식이 된다.

$$p(x) = \frac{6\mu v_\infty}{\alpha(h_1 - \alpha x)} - \frac{12\mu Q}{\alpha(h_1 - \alpha x)^2} + C \tag{7.59}$$

여기에서 C는 적분상수이다. 위 식에 $x=0$에서 $p=0$, $x=L$에서 $p=0$인 경계조건을 대입하면 유량 Q와 적분상수 C는 다음과 같이 구하여진다.

$$Q = \frac{v_\infty h_1 h_2}{h_1 + h_2}, \quad C = -\frac{6\mu v_\infty}{\alpha(h_1 + h_2)} \tag{7.60}$$

이 식을 식 (7.59)에 대입하면 윤활층 내에서의 압력분포는 다음 식으로 표현된다.

$$p(x) = \frac{6\mu v_\infty (h - h_2)\,x}{h^2 (h_1 + h_2)} \tag{7.61}$$

이 식이 평판(L 사이)에 작용하는 압력분포, 즉 유막 두께 h와 유압 p의 관계를 나타낸 식으로서 윤활이론의 기본이 되는 중요한 식이다. 왜냐하면 유막 두께의 변화에 의해 발생되는 압력이 부하에 대응하기 때문이다. 슬라이딩 베어링의 압력분포는 [그림 7-22]에 기본 기호와 함께 빨간 곡선으로 표시하였다.

윤활액막이 받는 총 압력(부하)은 평판에 작용하는 유압 p를 윤활 길이 L에 대한 적분으로 구할 수 있다. 그림의 수직인 단위 깊이당 작용하는 총 압력을 P라고 하면 다음과 같다.

$$P = \int_0^L p\,dx = \frac{6\mu v_\infty}{h_1 + h_2}\int_0^L \frac{x(h-h_2)}{h^2}\,dx$$

이 식의 우변에 $h = h_1 - \alpha x$를 대입하여 정리하면 다음과 같은 식을 얻는다.

$$P = \frac{6\mu v_\infty L^2}{(h_1 - h_2)^2}\left(\ln\frac{h_1}{h_2} - 2\frac{h_1 - h_2}{h_1 + h_2}\right) = \frac{6\mu v_\infty L^2}{h_2^2(\lambda - 1)^2}\left(\ln\lambda - 2\frac{\lambda - 1}{\lambda + 1}\right) \tag{7.62}$$

여기에서 λ는 유막두께 비($\lambda = h_1/h_2$)이다. 슬라이딩 베어링은 경사면의 각도 α가 매우 작으므로 평판이라 고려할 수 있어 총 압력 P는 베어링이 지지하는 하중(부하) W와 같다.

윤활유막 내의 마찰항력을 구하여 보자. 마찰항력 F_D는 아래 평판을 속도 v_∞로서 상대운동을 시키는데 필요한 힘이다. 이 힘은 점성에 의한 전단력이므로 전단력 τ를 윤활길이 L에 대하여 적분한 값으로 주어지므로 다음과 같다.

$$F_D = \int_0^L (\tau)_{y=0}\,dx = -\int_0^L \left(\mu\frac{dv_\infty}{dy}\right)_{y=0} dx$$

위 식 우변의 속도에 대한 미분은 식 (7.56)과 식 (7.58)에 의해 다음 식을 얻는다.

$$\begin{aligned}\left(\frac{dv_x}{dy}\right)_{y=0} &= -\frac{h}{2\mu}\frac{dp}{dx} - \frac{v_\infty}{h} \\ &= -\frac{3hv_\infty}{(h_1 - \alpha x)^2} + \frac{6hQ}{(h_1 - \alpha x)^3} - \frac{v_\infty}{h}\end{aligned}$$

이 식을 바로 위 식에 대입하면 윤활유 내의 마찰항력 F_D는 다음 식으로 주어진다.

$$\begin{aligned}F_D &= \frac{2\mu v_\infty L}{h_1 - h_2}\left(2\ln\frac{h_1}{h_2} - 3\frac{h_1 - h_2}{h_1 + h_2}\right) \\ &= \frac{2\mu v_\infty}{\alpha}\left(2\ln\lambda - 3\frac{\lambda - 1}{\lambda + 1}\right)\end{aligned} \tag{7.63}$$

또 베어링이 지지할 수 있는 최대하중 $W_{max}(=P_{max})$은 총 압력에 대한 식 (7.62)를 유막두께 비 λ로 미분한 값이 0, 즉 $dP/d\lambda=0$인 조건에서 구할 수 있고, $\lambda=2.2(h_1=2.2h_2)$인 값을 얻는다. 따라서 윤활면이 견딜 수 있는 최대하중과 최대 마찰항력은 식 (7.62)와 식 (7.63)에 $\lambda=2.2$를 대입하면 다음과 같다.

$$P=0.16\frac{\mu v_\infty L^2}{h_2^2} \tag{7.64}$$

$$F_D=0.75\frac{\mu v_\infty L}{h_2} \tag{7.65}$$

그러므로 윤활유막 내의 평균 마찰계수 f는 다음과 같이 주어진다.

$$f=\frac{F_D}{P}=\frac{0.75\mu v_\infty L/h_2}{0.16\mu v_\infty L^2/h_2^2}=4.69\frac{h_2}{L} \tag{7.66}$$

예제7

[예제7.7] 미끄럼 베어링의 위 평판이 연직방향으로 $3000\ \text{kgf}$의 하중을 받으면서 $6.0\ \text{m/s}$로 움직이고 두 평판 사이의 간격은 $0.1\ \text{mm}$를 유지해야 한다고 할 때 다음을 구하라. 평판은 직사각형이라고 가정하라.

(a) 위 평판의 길이가 $90\ \text{mm}$이라고 하면 폭은 얼마로 하면 좋은가?

(b) 미끄럼 베어링의 총 마찰항력을 구하라. 단 윤활유의 점성계수는 $0.0098\ \text{kgf}\cdot\text{s/m}^2$라 한다.

예제에 주어진 값들은 $v_\infty=6\ \text{m/s}$, $h=0.1\times10^{-3}\ \text{m}$, $L=0.09\text{m}$, $\mu=0.0098\text{kgf}\cdot\text{s/m}^2$이다.

(a) 위 평판의 폭을 b라고 하면, 위 평판에 작용하는 단위 폭당 최대하중은 다음과 같다.

$$P=\frac{3000\ \text{kgf}}{b}$$

최대하중 식 (7.64)에 위 값들을 대입하면 폭 b는 다음과 같다.

$$\frac{3000\ \text{kgf}}{b}=0.16\frac{(0.0098\ \text{kgf}\cdot\text{s/m}^2)(6\ \text{m/s})(0.09\ \text{m})^2}{(0.1\times10^{-3}\ \text{m})^2}$$

$$\rightarrow b=0.0394\ \text{m}=394\ \text{mm}$$

(b) 총 마찰항력은 식 (7.65)에 의해 다음과 같다.

$$F_D=0.75\frac{(0.0098\ \text{kgf}\cdot\text{s/m}^2)(6\ \text{m/s})(0.09\ \text{m})}{(0.1\times10^{-3}\ \text{m})}=39.7\ \text{kgf/m}$$

이 값은 단위 길이에 대한 마찰항력이므로 폭 $0.394\ \text{m}$에 대한 마찰력은 다음과 같다.

$$F_D=39.7\ \text{kgf/m}\times0.394\ \text{m}=15.6\ \text{kgf}$$

예제8

그림과 같이 수차의 연직축으로 중량 $36{,}000\ \mathrm{kgf}$를 폭 $230\ \mathrm{mm}$, 길이 $76\ \mathrm{mm}$의 로커 판(rocker plate)이 붙어 있는 미끄럼 베어링으로 지지하고 있다. 록커 판의 수는 16매이고 록커 판과 축 중심까지의 반지름은 $r = 450\ \mathrm{mm}$, 수차축의 회전수를 $120\ \mathrm{rpm}$, 윤활유의 점성계수를 $\mu = 0.00976\ \mathrm{kgf \cdot s/m^2}$이다. 록커 판이 최대 부하를 받을 수 있도록 경사져 있다면 다음을 구하라.

(a) 록커 판과 원판 사이의 최소 간극

(b) 베어링의 회전력

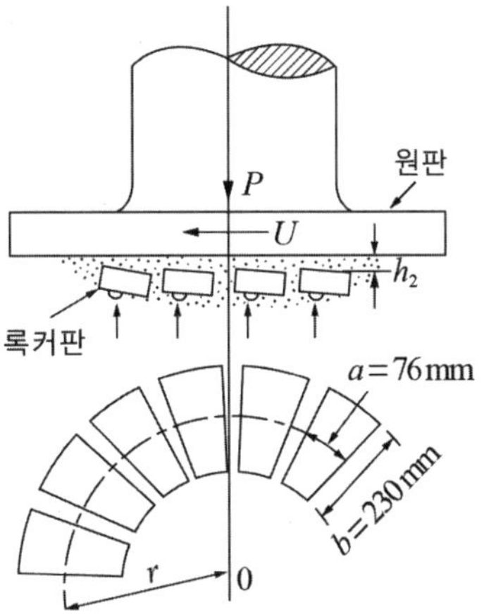

[그림 예제7.8]

록커 판의 운동을 선형운동이라 가정하면 속도와 길이는 다음과 같다.

$$v_\infty = \frac{2\pi r \dot{n}}{60} = \frac{2\pi(0.45\ \mathrm{m})(120)}{60\ \mathrm{s}} = 5.65\ \mathrm{m/s},\ \ L = 0.076\ \mathrm{m}$$

록커 판 1매가 받는 부하는 $36000\ \mathrm{kgf}/16 = 2250\ \mathrm{kgf}$이므로 단위 폭당 부하는 다음과 같다.

$$P = \frac{2250\ \mathrm{kgf}}{0.23\ \mathrm{m}} = 9783\ \mathrm{kgf/m}$$

(a) 최소 간극 h_2는 식 (7.64)에 의해 다음과 같다.

$$\begin{aligned} h_2 &= \sqrt{\frac{0.16\mu v_\infty L^2}{P}} \\ &= \sqrt{\frac{(0.16)(0.00976\ \mathrm{kgf \cdot s/m^2})(5.65\ \mathrm{m/s})(0.076\ \mathrm{m})^2}{9783\ \mathrm{kgf/m}}} \\ &= 0.072\ \mathrm{mm} \end{aligned}$$

(b) 록커 판 1매에 생기는 항력은 식 (7.65)에 의해 다음과 같다.

$$\begin{aligned} F_D &= 0.75\frac{\mu v_\infty L}{h_2} = 0.75 \times \frac{(0.00976\ \mathrm{kgf \cdot s/m^2})(5.65\ \mathrm{m/s})(0.076\ \mathrm{m})}{0.072 \times 10^{-3}\ \mathrm{m}} \\ &= 10.0\ \mathrm{kgf} \end{aligned}$$

록커 16매에 걸리는 전 항력은

$$F_{D,total} = 10.0\ \mathrm{kgf} \times 16 = 160\ \mathrm{kgf}$$

따라서 베어링의 회전력 T는 다음과 같다.

$$T = F_{D,total}\, r = 160\ \mathrm{kgf} \times 0.45\ \mathrm{m} = 72\ \mathrm{kgf \cdot m}$$

CHAPTER 07

비압축성 · 점성유체의 유동 / 연습문제

[난류]

01

이상유체와 점성유체의 각각에 대한 층류와 난류를 설명하라.

02

난류본체흐름과 난류전단흐름를 비교 설명하라.

03

난류속도, 상관, 난류강도에 대하여 설명하라.

04

에디(와 입자), 에디 점성계수에 대하여 설명하라.

05

난류모델이 왜 필요하며 어떤 것이 있는가?

06

직경 $100\,\mathrm{mm}$인 매끄러운 원관 내를 공기가 흐를 때 층류를 유지하기 위해서는 평균유속는 얼마 이하가 되어야 하는가? 공기의 동점성계수는 $0.151\ \mathrm{cm^2/s}$로 한다.

07

1877년 T. Boussinesq는 난류에서 전단응력이 층류와 비슷하게 $\tau_T = \epsilon\, dv/dy$로 표시된다고 가정하였다. 여기서 ϵ를 에디점성계수(와점성계수)라 하며 점성계수 μ보다 훨씬 큰 값을 갖는다. 벽면 근처에서는 난류전단응력과 벽면전단응력이 같고($\tau_T \approx \tau_w$), 속도분포는 대수법칙 식 (8.60) $v/v^* = 5.75\log_{10}(v^*y/v) + 5.5$에 따른다면 $\epsilon \approx k\rho v^* y$임을 보여라. 여기서 k는 임의의 상수이다.

08

Theodore von Kármán은 1930년에 난류전단응력은 $\tau_T = \epsilon\, dv/dy$로 표시될 수 있고, $\epsilon = \rho l^2 |dv/dy| = \rho K^2 y^2 |dv/dy|$라고 하였다. 여기서 ϵ는 혼합길이 와점성계수, $K = 0.4$는 Kármán의 무차원 혼합길이 상수이다. 벽면 근처에서는 $\tau_T \approx \tau_w$이라 가정하고 위 관계식을 적분하면 속도분포에 대한 대수법칙을 유도하라.

[경계층]

09

유체와 고체 벽면 사이의 흐름에서는 속도경계층 이외에 온도경계층, 농도경계층이 생길 수 있는데 그 이유를 설명하라.

11

경계층의 크기는 두께로 표시하는데 여기에는 층류경계층두께, 난류경계층두께, 배제두께, 운동량두께가 있다. 이들 각각에 대하여 설명하라.

12

비압축성 점성유체가 평판 주위의 유동에서 경계층 내의 속도분포가 $v/v_\infty = (y/\delta)^{1/5}$로 주어졌다면 배제두께 δ^*와 운동량두께 θ를 경계층두께 δ의 항으로 표시하라.

13

압력구배가 0인 평판에 연한 경계층 흐름에서 속도분포가 다음의 포물선으로 근사할 수 있는 경우 경계층 두께 비, 즉 δ^*/δ와 θ/δ를 구하라.

$$\frac{v}{v_\infty} = 2\left(\frac{y}{\delta}\right) - \left(\frac{y}{\delta}\right)^2$$

[평판 주위의 층류유동]

14

20℃의 물이 평판 위를 흐르고 있다. 만약 $x = x_1$ 인 위치에서 속도분포가 $v_x = 3y - y^3$으로 주어진다면 그 점과 벽면에서 전단응력을 구하여라.

15

2차원 비압축성의 평면 유동장에서 x축과 일치된 수평의 유선을 따라 움직이는 유체 입자의 속도는 실험을 통해 $v_x = x^2$으로 표현된다. 이 유선을 따라 다음을 구하라.

(a) y에 관한 v_y의 변화률

(b) 유체입자의 가속도

(c) x방향의 압력구배, 단 유체는 Newton유체이다.

[고정된 두 평행 평판 사이의 층류유동]

16

20℃의 물이 고정된 두 평행 평판 사이를 정상 층류상태로 흐른다. 이 유로에서 단위 길이당 압력강하는 $30\ \mathrm{kPa/m}$이고 판 사이의 거리는 $5\ \mathrm{mm}$이다. 단위 폭당 체적유량과 바닥면에 작용하는 전단응력의 방향과 크기 및 유로 중심선에서의 속도를 구하라.

17

고정된 두 평행평판 사이에 점성유체가 정상 층류상태로 흐르고 있다. 두 평판 사이의 거리는 $1.2\ \mathrm{cm}$, 유체의 비중은 0.9, 점성계수는 $0.4\ \mathrm{N \cdot s/m^2}$, 속도는 $0.16\ \mathrm{m/s}$이다. 유동방향으로 단위 길이당의 압력강하를 구하라. 또 유로 내의 최대속도는 얼마인가?

18

[그림 P7.18]과 같이 수직으로 세워진 두 개의 평행 평판 사이를 비압축성 유체가 윗 방향으로 흐르고 있다. Navier-Stokes 방정식을 사용하여 유동방향에 대한 압력구배를 구하라. 단 유동은 정상 층류 균일유동이라 가정한다.

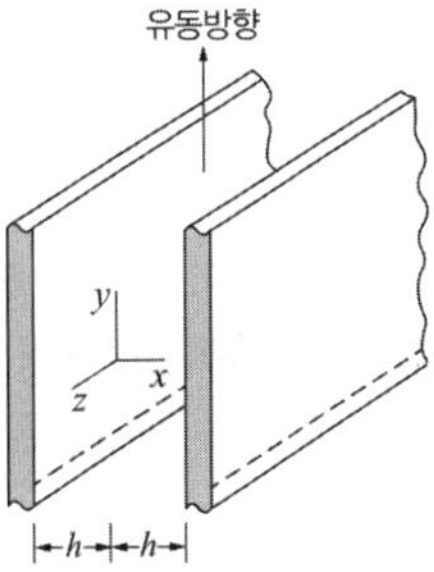

[그림 P7.18]

19

[그림 P7.18]과 동일한 평판에서 정상 층류 균일유동으로 밀도 v_P인 유체가 아래 방향으로 흐르고 있다. Navier-Stokes 방정식을 이용하여, 압력변화가 0인 경우, 즉 중력에 기인하여 유체가 흐르고 있을 때 다른 매개변수들 사이의 관계를 구하라.

[Couette 유동]

20

2매의 수평의 평행 평판 사이에 비압축성유체가 정지 상태(압력구배 0)로 채워져 있다. 아래 평판은 정지상태이고 위 평판만을 속도 v_P로 움직임에 의해 정상층류유동이 나타날 때 Navier-Stokes 방정식을 사용하여 속도분포와 단위 폭당 유량을 구하라.

21

2매의 평행 평판 사이에 비압축성 · 점성유체에 대한 Couette류가 있다. 압력이 유동방향으로 강하하는 경우 속도비 $v_{\max}/v_{avg}$를 구하라.

22

두 평행 평판 사이의 거리가 $0.6\ \mathrm{mm}$이다. 아래 평판이 정지해 있고, 위 평판은 $3\ \mathrm{m/s}$의 속도로 움직이고 있다. 만약 위 평판을 움직이는데 $3\ \mathrm{N/m^2}$의 힘이 필요하다면, 평판 사이에 있는 유체의 점성계수 μ는 얼마인가?

23

정지유체 중에 있는 무한 평판이 급격히 일정한 속도 v_∞로서 그 면에 평행하게 움직일 때 평판면에서의 마찰응력 τ_w를 구하라. 또 평판에서 수직방향으로 $y = 2\sqrt{\nu t}$ 만큼 떨어진 면에서의 마찰응력 τ_e는 τ_w의 몇 %가 되는가?

24

2매의 평행 평판 사이에 비압축성 · 점성 유체가 있다. 아래 평판$(y=0)$은 정지한 상태이고 위쪽 평판$(y=h)$이 그 평면 내에서 단순히 조화운동 $v_h = a\cos nt$을 할 때, 유체의 속도 v와 아래 평판면에서의 전단응력 τ_w를 구하라. 단 유체 내의 압력 p는 일정하다.

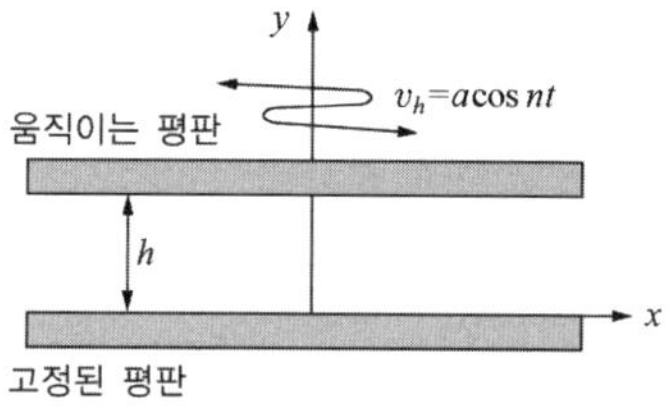

[그림 P7.24]

25

[그림 P7.25]와 같이 2매의 수평 평행 평판 사이의 유동은 위 평판은 고정되어 있고, 아래 평판의 움직임에 의해 일어나고 있다. 이와 같은 Couette유동에서 중요한 무차원 매개변수는 $\alpha = -(d^2/2\mu v_P)(dp/dx)$이다. $\alpha = 3$에 대한 무차원 속도분포를 그려라. 이 경우 최대속도는 어디에서 발생하는가?

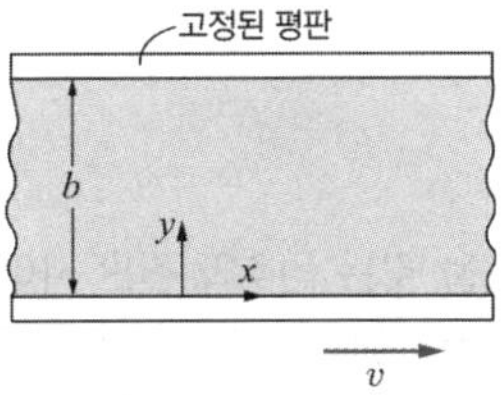

[그림 P7.25]

26

비압축성 점성유체가 [그림 P7.26]과 같이 수평의 평행 평판 사이에 있다. 두 평판은 그림에서 보는 바와 같이 속도 v_1과 v_2로 서로 반대방향으로 움직인다. x 방향의 압력구배는 0이고, 체적력은 유체의 자중에 의한 것만 있다. Navier-Stokes 방정식을 사용하여 두 평판 사이의 속도분포식을 구하라. 단 층류유동으로 가정한다.

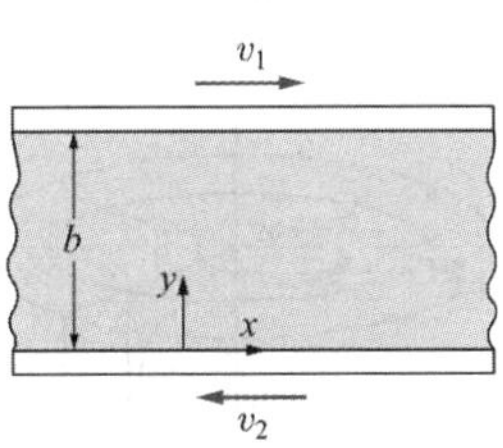

[그림 P7.26]

27

[그림 P7.27]과 같이 유체(비중량 $1.26\ \mathrm{kN/m^3}$, 점성계수 $1.4\ \mathrm{N \cdot s/m^2}$)가 두 평행 평판 사이에 들어 있다. 평판 사이의 유체는 압력구배에 의해 움직이고, 위쪽의 평판은 속도 v로 움직이지만, 바닥면의 평판은 고정되어 있다. 바닥쪽 평판의 두 점 사이에 연결된 U자형 마노미터에서는 $0.25\ \mathrm{cm}$의 눈금 차이를 보인다. 이 유동을 층류로 가정하고 위쪽 평판이 $6\ \mathrm{mm/s}$의 속도로 움직인다면 최대속도가 나타나는 곳은 바닥쪽 평판에서 얼마의 거리에 있는가?

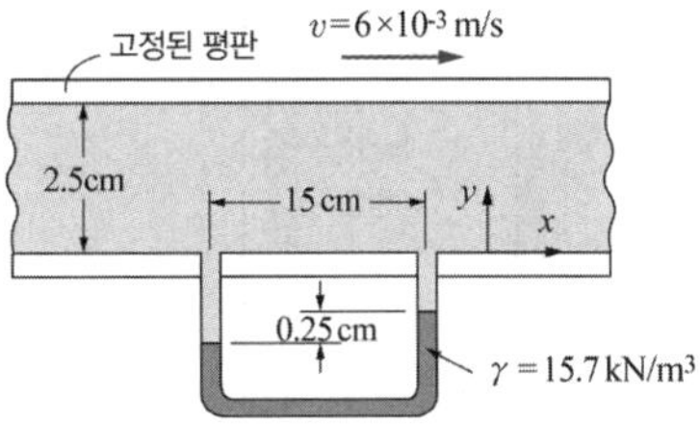

[그림 P7.27]

28

비압축성 · 점성 유체의 원관(반경 a) 내 비정상 층류에서 유동방향으로 압력구배가 $-\partial p/\partial z = Ae^{i\omega t} + B$와 같은 진동함수로 표시될 때, 속도 $v(r, t)$ 및 유량 $Q(t)$을 구하라.

[동심원관 내 층류유동]

29

[그림 P7.29]와 같은 원통회전점도계는 유체의 점성계수를 측정하는데 많이 사용된다. 이것은 외통(반경 b)이 각속도 ω로서 회전할 때, 유체의 점성에 기인하여 발생한 모멘트를 현수된 정지 내통(직경 a, 길이 L)으로 검출한다. 이 경우 모멘트식을 유도하라. 단 원통의 말단 효과는 무시한다.

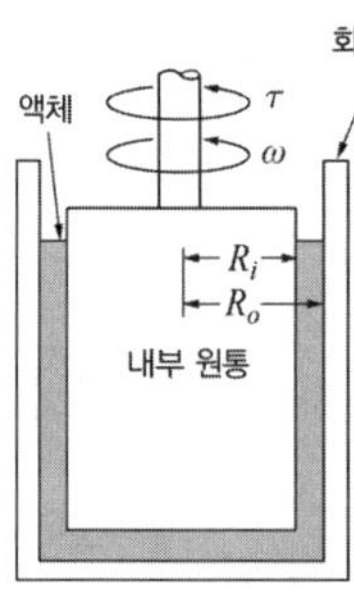

[그림 P7.29]

30

원뿔 평판 점도계는 [그림 P7.30]과 같이 평판 위에서 회전하는 매우 작은 각 θ의 원뿔로 구성된다. 원뿔을 각속도 ω로서 회전시키는데 필요한 토크 T는 ω에 대하여 반지름 R, 원뿔각 θ, 유체 점성계수 μ의 함수이다. 이 관계식을 유도하여라.

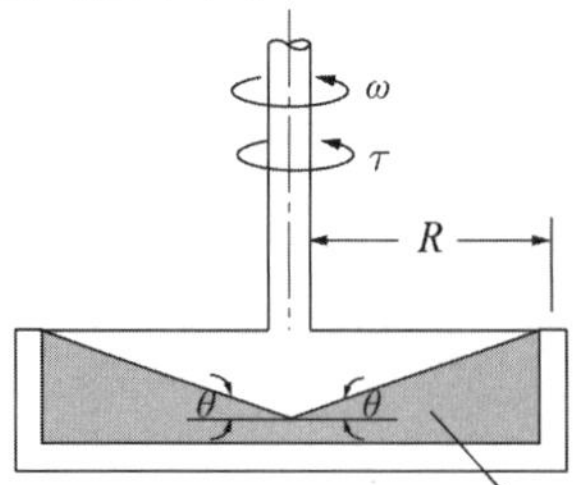

[그림 P7.30]

31

외측 원통 회전식 점도계(내통 직경 a, 길이 L, 외통 직경 b)에서 유체의 점성은 다음 식으로 주어진다. 이것을 증명하여라. 여기서 $n[\mathrm{rps}]$은 외통의 회전수, L은 토크이다.

$$\mu = \frac{T}{4\pi n L}\,\frac{b^2 - a^2}{a^2 b^2}$$

32

동일한 중심축을 갖는 원추와 원판 사이에 비압축성 유체가 있다. 아래 원판은 정지한 상태이고, 위의 원추는 중심축 주위를 각속도 ω로서 회전할 때, 속도 v_ϕ를 구하여라. 단 흐름은 충분히 느린 정상층류이고, 원추와 원판 주변의 효과는 무시한다.

33

z축을 중심축으로 하는 평행한 2매의 원판(양 원판의 반경 a, 양 원판 사이의 거리 h)이 있고, 하나는 정지한 상태이고 다른 하나는 각속도 ω로 회전하고 있다. 양 원판 사이에 비압축성유체가 있을 때, 속도분포, 전단응력, 회전원판에서 발생하는 모멘트를 구하라. 단 원판의 외주효과는 무시한다.

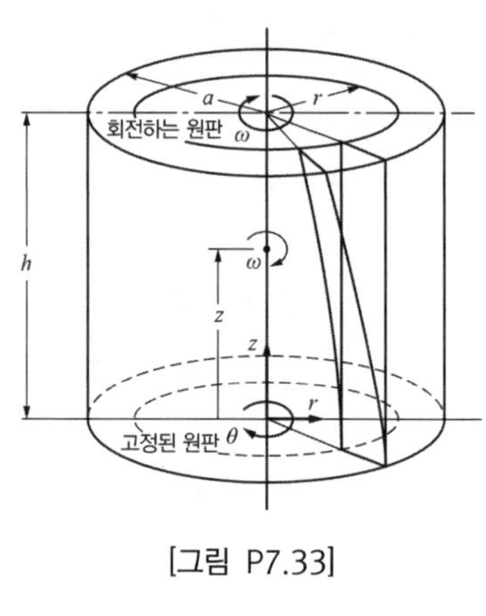

[그림 P7.33]

34

z축을 중심축으로 회전하는 2개의 원통(내통 : 반경 a, 각속도 ω_a, 외통 : 반경 b, 각 속도 ω_b) 사이에서 비압축성유체가 정상층류일 때 유속과 전단응력을 구하라. 단 양 원통의 말단 효과는 무시한다.

35

비중 1.2인 글리세린수용액의 점성계수를 구하기 위하여 평행 원판형 회전점도계(원판 직경 $D = 2a = 14.87\ \text{cm}$, 양 원판 사이의 거리 $h = 0.254\ \text{cm}$)를 사용하여 실험을 행하였더니 원판의 각속도 $\omega = 2.13\text{rad/s}$에서 원판의 모멘트가 $M = 3.31 \times 10^{-4}\ \text{kgf} \cdot \text{m}$가 얻어졌다. 글리세린수용액의 점성계수는 얼마인가?

36

비압축성 뉴턴유체가 무한히 긴 동심원관 사이를 [그림 P7.36]과 같이 정상상태로 흐른다. 외측 원관은 고정되어 있고, 내측 원관은 그림과 같이 길이 방향으로 v_0의 속도로 움직인다. 축방향 압력구배는 $-\Delta p/L$이다. 내측 원관이 받는 항력이 0이 되려면 v_0는 얼마가 되어야 하는가? 단 유동은 층류이고 축대칭이며 충분히 발달된 유동이라 가정한다.

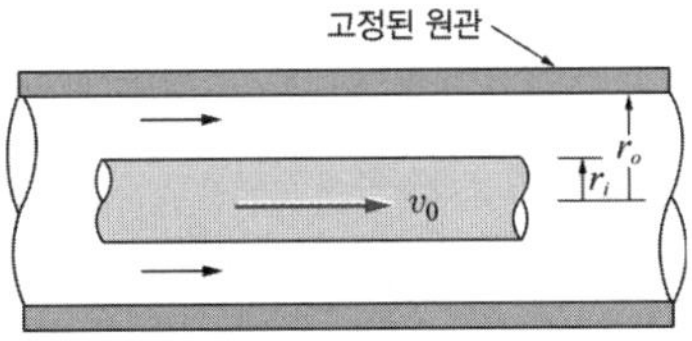

[그림 P7.36]

37

수평의 동심 2중 원관(외경 $2a$, 내경 $2na$, $0 < n < 1$) 내를 비압축성 유체가 정상층류 상태로 흐르고 있다. 속도 v, 유량 Q, 속도비 $v_{\max}/v_{avg}$를 구하라.

38

비압축성 유체가 평행한 두 원판 사이를 정상의 방사층류일 때, 하나의 원판에 작용하는 압력에 의한 힘 F_p, 전단응력에 의한 힘 F_τ, 및 단위시간당 점성에 의해 손실된 에너지 E_L를 구하라

[윤활이론]

39

평행하게 놓인 반경 a인 2개의 원판 사이에는 점성계수 μ가 상당히 높은 유체가 완전히 채워져 있고, 아래 원판은 정지하고 위 원판은 아래로 움직이고 있다. 위 원판에 힘 F가 작용할 때 양 원판 사이의 거리, 즉 유체의 두께 $h(t)$를 표시하는 식(스테만의 식)을 구하여라.

40

3차원 윤활이론의 기초가 되는 정상상태 압력방정식(Reynolds의 기초방정식)은 다음과 같이 주어진다.

$$\frac{\partial}{\partial x}\left(h^3\frac{\partial p}{\partial x}\right)+\frac{\partial}{\partial z}\left(h^3\frac{\partial p}{\partial z}\right)=6\mu v\frac{dh}{dx}$$

이 식을 그림과 같이 윤활면을 고려하여 비압축성유체에 대하여 흐름은 정상층류이고, 유체의 관성력은 전단응력에 비하여 작아 생략할 수 있으며, 윤활 막의 두께 방향(y방향)의 압력은 일정하며($\partial p/\partial y=0$), 고체 면과 윤활 막 사이의 계면에서는 점착조건이 성립한다는 가정 하에 유도하여 보아라.

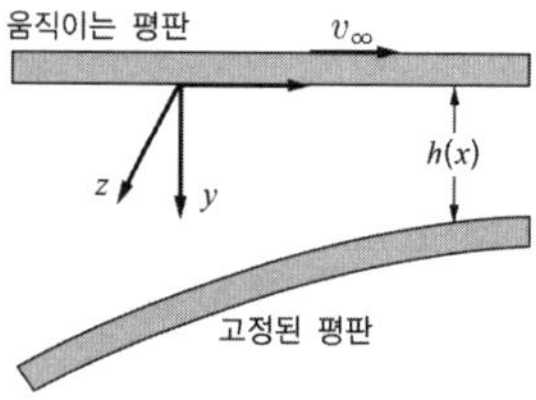

[그림 P7.40]

41

수직축이 베어링을 관통하고 점성계수 $0.3\ \mathrm{N\cdot s/m^2}$인 기름으로 [그림 P7.41]과 같이 윤활되고 있다. 축과 베어링 사이의 틈에서 유동 특성은 유동방향으로 압력구배가 없는 무한한 평행평판 사이의 층류유동과 같다고 가정된다. 축이 $100\ \mathrm{rev/min}$로 회전할 때, 점성저항을 극복하기 위한 토크를 계산하라.

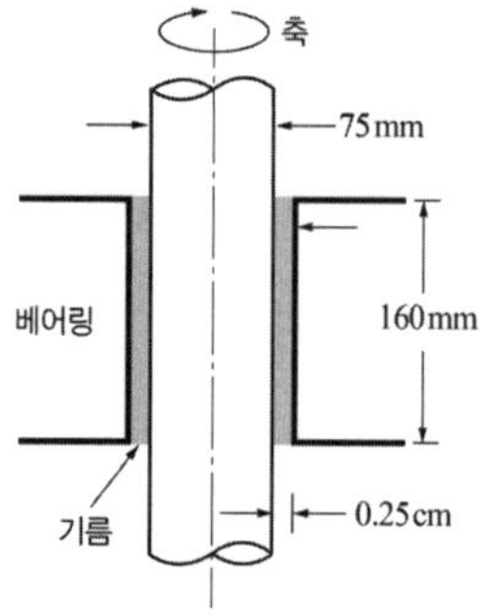

[그림 P7.41]

42

무한 폭 베어링의 고정 면이 다음과 같은 경사평면일 때, 속도 v, 압력 p을 구하라.

$$h=h_1-\frac{h_1-h_2}{x_2-x_1}(x-x_1)$$

$$=h_1-\alpha(x-x_1),\ h_1>h_2$$

43

윤활유(SAE 30)가 간격 $4\ \mathrm{mm}$ 떨어진 평행평판 사이를 흐른다. 바닥면 평판은 고정되어 있고 위쪽 평판은 x축 방향으로 $0.22\ \mathrm{m/s}$의 속도로 움직인다. 압력구배는 $60\ \mathrm{kPa/m}$의 음의 구배를 가진다. 유로 단면상의 여러 위치에서의 속도를 계산하고 이 결과를 그려라. 단 유동은 층류로 가정한다.

유/체/역/학

CHAPTER

08

점성유체의 내부유동

CHAPTER 08 점성유체의 내부유동

유체의 유동은 관내를 흐르는지 또는 잠긴 물체 주위를 흐르는지에 따라 내부유동과 외부유동으로 구분한다. 내부유동은 유체의 수송을 목적으로 설치된 관이나 덕트 등에 유체가 가득 차서, 즉 밀폐된 상태에서 흐르는 경우이다. 그러나 하수관과 같이 물이 완전히 채워지지 않은 채로 흐르는 경우에는 내부유동이라 하지 않고 개수로유동이라 하며 11장에서 별도로 다룬다. 내부유동과 개수로유동의 차이는 유동을 유발하는 힘이 다르다. 개수로유동은 중력에 의해서 물이 흐르지만, 내부유동은 관내 유동 방향의 압력의 차이에 의해서 흐르게 된다. 이것은 내부유동이 일반적으로 펌프나 팬 등에 의해 유체에 압력을 가하여 강제적으로 흐르게 함을 의미한다. 만약 유체가 관내에 완전히 차 있지 않다면 유동을 일으킬 압력차를 얻기가 불가능하다.

실제 모든 유체는 점성을 가지고 있으므로 내부유동, 외부유동 모두 유체의 점성이 유동장 전체를 지배한다. 그러므로 내부유동에서 유체역학적인 문제는 점성에 기인한 관로에서의 주 손실(직관에서의 마찰손실)과 관로의 형상 변화나 부속기기 등에 따른 부차적 손실이 압력강하에 미치는 영향을 파악하는 것이고, 잠긴 물체 주위로 흐르는 외부유동에서는 점성에 기인하여 물체 표면에서 발생한 힘(항력, 양력)을 파악하는 것이 목적이다.

8.1 내부유동

유체가 관내를 흐를 때에는 벽면과의 마찰에 의해 압력강하가 발생한다. 펌프의 동력은 실양정과 관내에서 나타나는 압력강하로부터 결정된다. 내부유동에 대한 해석은 일반적으로 연속방정식과 Navier-Stokes 방정식을 이용한다. 이때 얻어진 관내 속도분포는 층류와 난류에 따라 다르고, 또한 관의 입구영역인지 혹은 완전발달영역인지에 따라서도 다르게 된다. 내부유동에서 유체역학 문제는 관로에서 발생하는 압력손실, 즉 유동손실을 파악하는 것이 목적이다. 관로의 유동손실은 주손실과 부차적 손실의 합으로 주어진다.

8.1.1 입구영역과 완전발달영역

내부유동은 먼저 흐름이 층류인지 혹은 난류인지부터 알아야 한다. 이것은 흐름이 층류냐 난류냐에 따라 관내 속도분포가 다르고, 속도분포가 다르면 전단응력도 달라 결국 관내 압력손실(압력강하)이 다르게 나타나기 때문이다.

관내 유동영역은 입구영역과 완전발달영역으로 구별한다. 그 이유도 역시 관내 속도분포가 다르기 때문이다. 완전발달영역에서는 속도분포가 위치에 상관없이 일정하지만, 입구영역에서는 위치마다 속도분포가 다르게 나타난다.

관로 층류유동에서 관 입구영역의 유동현상을 [그림 8-1](a)에 나타내었다. 유체가 균일한 속도 v_∞로 관 입구로 유입되면 유체의 점성에 기인하여 벽면과의 마찰이 발생하면서 관 벽면에 따라 경계층이 발달한다. 이 때문에 관 입구영역에서 속도분포는 벽면에서 0, 중심부는 자유흐름 속도 v_∞를 보이게 된다. 그러나 양 벽면에서 생성된 경계층이 발달하여 서로 맞닿게 되면 관내 속도분포는 벽면에서 0, 관 중심에서 최대를 보이게 된다. 이 이후부터는 관내 속도분포가 위치에 따라 변하지 않는 완전발달영역이 된다.

(1) 입구영역

관 선단부터 완전발달흐름이 되기까지의 영역 또는 길이를 수력학적 입구영역 또는 수력학적 입구길이(간단히 입구길이라고 함. hydrodynamic entry length) L_h라 한다. 입구길이는 벽면 전단응력이 완전히 발달된 값의 2% 이내에 해당하는 곳까지의 길이로 정의되지만, 이 값은 층류와 난류에 따라 서로 다르게 된다.

층류유동인 경우 수력학적 입구길이는 대략 다음과 같다.

$$L_{h,L} \cong 0.05\,D\mathbf{Re} \tag{8.1}$$

여기서 $\mathbf{Re}(=v_{avg}D/\nu)$는 관내 평균속도 v_{avg}을 기준으로 한 Reynolds수이다. 층류의 수력학적 입구길이는 Reynolds수와 관의 직경에 선형적으로 비례하는 것을 알 수 있다. $\mathbf{Re}=20$이면 입구길이는 대략 관의 직경 D와 같고, 층류 한계치인 $\mathbf{Re}=2100$에서는 관의 직경보다 105배나 되어 상당히 긴 영역을 차지한다.

난류유동에서 입구길이는 난류에 의한 유체입자의 맹렬한 혼합이 분자확산보다 현저히 크게 나타나 층류보다는 훨씬 짧고 다음과 같다.

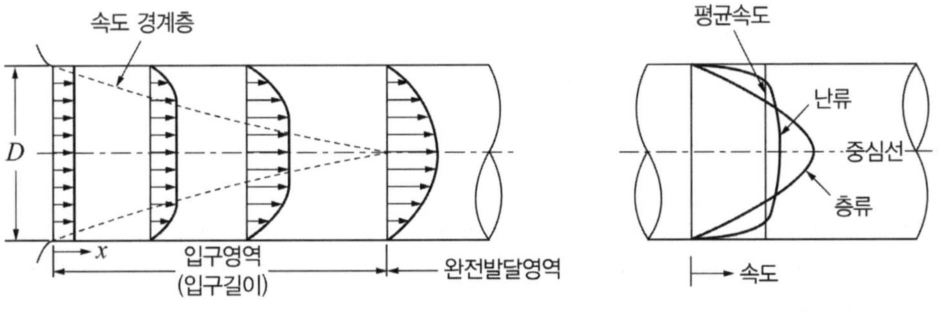

(a) 관 입구영역 (b) 완전발달영역

그림 8-1 관내 유동에서 속도분포

$$L_{h,T} \cong 1.359\, D\mathbf{Re}^{1/4} \tag{8.2a}$$

따라서 난류유동의 입구길이는 Reynolds수에 대한 영향도 1/4승에 비례하여 층류보다 Reynolds수의 의존도가 작다. 일반적으로 난류유동에서는 관의 길이가 직경의 10배 이상이면 입구의 영향을 무시하여 수력학적 입구길이는 다음과 같이 고려한다.[140)]

$$L_{h,T} \approx 10\, D \tag{8.2b}$$

일반적으로 내부유동의 배관시스템은 관의 길이가 수력학적 입구길이보다 훨씬 길기 때문에 전 구간에 걸쳐 완전발달영역이라고 가정할 수 있다. 즉 입구영역에서의 압력손실(수두손실)은 무시할 수 있다.

(2) 완전발달영역

실제 수도관, 송유관 등의 배관시스템은 관의 길이가 길고 공급 유량도 많다. 완전발달영역에서 관내 속도분포는 [그림 8-1](b)에 나타낸 바와 같이 층류인 경우 포물선 형태이고, 난류인 경우에는 격렬한 혼합에 의해 반경방향으로 편평한 형태를 보인다. 따라서 배관시스템은 전체 구간이 완전발달영역이고, 또 흐름은 대부분 난류라 고려하여 관 단면에 대하여 일정한 속도분포로 흐른다고 가정하여 1차원 흐름으로 해석한다.

완전발달영역의 해석은 원통좌표(r, θ, x)를 사용하면 유동이 순수하게 축방향의 1차원 흐름, 즉 $v_x \neq 0$이고 v_r과 v_θ는 0으로 고려한다. 또 중력은 무시하고 축대칭, 즉 $\partial/\partial\theta = 0$을 가정한다.

8.1.2 유동손실

내부유동에서 유동손실은 압력강하로 나타나는 총 손실로서 주 손실과 부차적 손실의 합으로 평가된다. 내부유동 해석에서 가장 중요한 것은 유동손실의 평가이다. 왜냐하면 이 값을 알아야 유체 수송에 필요한 일정한 압력차를 유지할 펌프의 사양을 결정할 수 있기 때문이다. 펌프[141)]의 사양은 실 양정에 유동 손실수두의 합으로 평가된다.

(1) 주 손실

주 손실은 배관시스템에서 단면적인 일정한 직관에서 나타나는 마찰손실(또는 압력손실)이다. 관로 층류유동에서 주 손실은 층류 마찰계수 또는 압력강하를 알면 Hagen-Poiseuille 방정식에 의해서 구할 수 있고, 난류유동에서는 난류 마찰계수를 알면 Prandtl의 3층 모형 실험식 등에 의해서 구할 수 있다.

---

140) 원관에 대한 하, 상임계 Reynolds수인 2100과 4000을 식 (8.2a)에 대입하면 난류입구길이는 $9.2\,D$와 $10.8\,D$를 얻는다. 따라서 난류의 경우 관 입구로부터 $10D$ 이후부터는 완전발달영역이라고 고려한다.

141) 펌프란 저수지의 물을 밀어 올려 고수지로 보내는 기계이다. 양정이란 고수지와 저수지의 높이 차이를 의미하고 이 값을 실 양정이라 한다. 참고로 히트펌프(heat pump)란 저온체의 열(열량)을 고온체로 보내는 기기이다.

(2) 부차적 손실

부차적 손실은 관로의 단면적이나 유동 방향이 변한다든지 혹은 관의 입구와 출구, 관로 도중에 설치된 엘보(elbow), 밸브(valve), 유니온(union), 티(tee) 등의 부속기기에 의해서 발생된 손실을 의미한다. 부차적 손실도 이들 흐름에서 부차적 손실계수를 알면 평가할 수 있다. 부차적 손실계수는 각 부속기기에 대하여 표로 작성되어 있다.

8.2 관내 층류유동

관내 완전발달 층류유동에 대하여 고찰하여 보자. 수평의 관내 완전발달영역에서는 압력에 기인한 힘과 전단력이 힘의 평형을 이루기 때문에 속도분포가 위치에 상관없이 어느 단면에서나 일정하다. 이 영역에서는 속도분포를 알게 되면 압력강하, 수두손실, 유량 등과 같은 유용한 정보를 쉽게 평가할 수 있다. 따라서 완전발달 층류유동에 대한 속도분포 식부터 고찰해 보자.

8.2.1 층류 속도분포

관내 층류유동에 대한 속도분포는 힘의 평형으로부터 구하던지 혹은 Navier-Stokes의 운동방정식으로부터 구할 수 있다.

(1) 힘의 평형으로부터 유도

수평 관내 완전 발달된 층류유동에서 속도분포를 힘의 평형으로부터 유도하여 보자. [그림 8-2]와 같이 반경 r, 두께 Δr, 길이 Δx인 반지모양의 미소 유체요소(미소 검사체적)에 유동방향으로 작용하는 힘을 고려하면 유체의 무게는 유동방향으로는 작용하지 않으므로 표면력으로서 압력에 의한 힘과 전단응력에 의한 힘만이 작용한다. 따라서 유동방향으로의 힘의 평형은 다음과 같다.

$$\underbrace{p_x(2\pi r\Delta r) - p_{x+\Delta x}(2\pi r\Delta r)}_{\text{압력에 의한 힘}} = \underbrace{\tau_{r+\Delta r}(2\pi r\Delta x) - \tau_r(2\pi r\Delta x)}_{\text{전단응력에 의한 힘}} \tag{8.3}$$

이 식은 수평 관내 완전발달영역에서 순수 압력에 의한 힘과 순수 전단력이 서로 평형을 이루는 것을 나타낸다. 위 식의 양변을 $2\pi\Delta r\Delta x$로 나누고 정리하면 다음 식을 얻는다.

$$r\frac{p_{x+\Delta x} - p_x}{\Delta x} + \frac{(r\tau)_{r+\Delta r} - (r\tau)_r}{\Delta r} = 0$$

여기서 $\Delta x, \Delta r \rightarrow 0$인 극한을 취하면 위 식은 다음과 같이 미분형태로 쓸 수 있다.

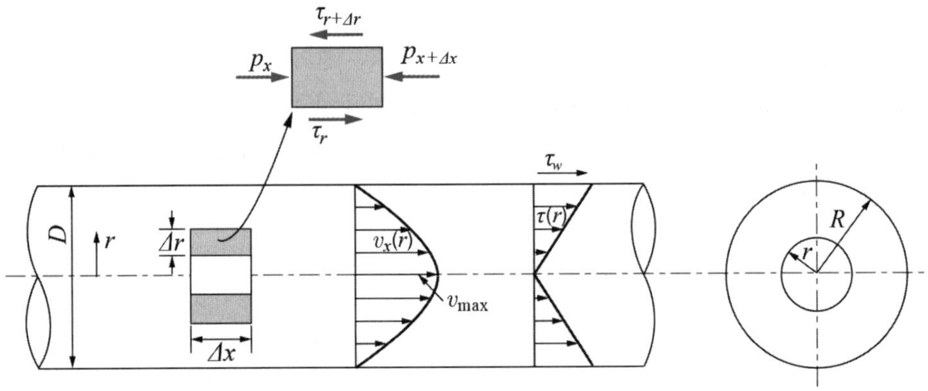

그림 8-2 관내 층류유동

$$r\frac{dp}{dx} + \frac{d(r\tau)}{dr} = 0$$

전단응력 τ에 뉴턴의 점성법칙 $\tau = -\mu(dv_x/dr)$[142]을 대입하고 점성계수 μ가 일정하다고 가정하면 위 식은 다음과 같이 쓸 수 있다.

$$\frac{dp}{dx} = \frac{\mu}{r}\frac{d}{dr}\left(r\frac{dv_x}{dr}\right) \tag{8.4}$$

이 식의 좌변은 x의 함수이고, 우변은 r의 함수이다. 따라서 좌변 $f(x)$와 우변 $f(r)$이 같아지기 위해서는 양변 모두 x와 r에 무관한 상수가 되어야 한다. 따라서 좌변 dp/dx의 값은 상수이다.

식 (8.4)를 두 번 적분하면 다음 식이 얻어진다.

$$r\frac{dv_x}{dr} = \frac{r^2}{2\mu}\left(\frac{dp}{dx}\right) + C_1$$

$$v_x(r) = \frac{r^2}{4\mu}\left(\frac{dp}{dx}\right) + C_1 \ln r + C_2$$

여기에 경계조건, 즉 $r=0$에서 $dv_x/dr=0$을 대입하면 $C_1=0$이 되고, $r=R$에서 $v_x=0$을 고려하면 $C_2 = -(dp/dx)R^2/4\mu$가 된다. 따라서 관내 층류 속도분포는 다음 식으로 주어진다.

$$v_x(r) = -\frac{R^2}{4\mu}\left(\frac{dp}{dx}\right)\left\{1-\left(\frac{r}{R}\right)^2\right\} \tag{8.5}$$

속도분포는 위 식에 따라 관 중심에서 최대속도, 벽면에서 0인 포물선의 형상이 된다. 이것을 [그림 8-2]에 나타냈다. 또 축방향 속도 v_x가 모든 r에서 양의 값을 가지므로 위 식에서 축방향 압력구배 dp/dx는

142) 관내 유동에서 dv_x/dr은 음수 값을 가지므로 [그림 8-2]에 표기한 전단응력이 양의 값을 얻기 위해 음의 부호를 붙여 정의하였다.

음(-)의 값임을 알 수 있다. 일반적인 관내 흐름은 점성에 기인하여 유동방향으로 압력이 감소하는 음의 압력구배를 갖는다.

관내 평균속도 v_{avg} 는 체적유량을 단면적으로 나눈 다음 식으로 평가할 수 있다.

$$\begin{aligned} v_{avg} &= \frac{Q}{A} = \frac{\int_0^R v_x 2\pi r\, dr}{\pi R^2} = \frac{2}{R^2}\int_0^R v_x(r)\, r dr \\ &= -\frac{2}{R^2}\int_0^R \frac{R^2}{4\mu}\left(\frac{dp}{dx}\right)\left(1-\frac{r^2}{R^2}\right) r\, dr \\ &= -\frac{R^2}{8\mu}\left(\frac{dp}{dx}\right) \end{aligned} \tag{8.6}$$

관내 최대속도 $v_{\max}$는 식 (8.5)에 관 중심인 $r=0$을 대입하여 다음과 같다.

$$v_{\max} = -\frac{R^2}{4\mu}\left(\frac{dp}{dx}\right) = 2v_{avg} \tag{8.7}$$

관내 속도분포는 식 (8.5)에 식 (8.6)과 (8.7)을 고려하면 다음 식으로 주어진다.

$$v_x(r) = v_{\max}\left\{1-\left(\frac{r}{R}\right)^2\right\} = 2\,v_{avg}\left\{1-\left(\frac{r}{R}\right)^2\right\} \tag{8.8}$$

위 식은 관내 층류유동에서의 속도분포를 최대속도와 평균속도로 나타낼 수 있고, 또 최대속도는 평균속도의 2배, 즉 $v_{\max} = 2\,v_{avg}$임을 보이고 있다.

관내를 흐르는 유체의 체적유량 Q는 '평균속도×단면적'으로 주어지므로 다음과 같다.

$$Q = v_{avg} \times A = -\frac{R^2}{8\mu}\left(\frac{dp}{dx}\right)(\pi R^2) = -\frac{\pi R^4}{8\mu}\left(\frac{dp}{dx}\right) \tag{8.9a}$$

만약 관의 길이 L에 대하여 압력강하가 $\Delta p(=p_1-p_2)$이라면 유량은 위 식의 (dp/dx)에 $(-\Delta p/L)$를 대입하여 다음 식으로 주어진다.

$$Q = \frac{\pi R^4}{8\mu}\frac{\Delta p}{L} \tag{8.9b}$$

관내 층류유동에서 유량은 압력강하 Δp와 관 반경의 4승, 즉 R^4에 비례하고, 점성계수 μ와 관의 길이 L에는 반비례함을 알 수 있다. 이 식은 관의 직경만을 2배로 하면 유량은 $2^4=16$배 증가되고, 또한 일정한 유량에서 관의 직경만을 2배로 하면 펌프의 동력은 1/16로 줄일 수 있음을 알 수 있다. 물론 직경을 2배로 하면 관의 제작비는 증가한다는 것을 감안하여야 한다. 관내 층류유동에 대한 속도분포, 평균속도 및 체적유량에 관한 식들은 모두 하겐과 포아젤에 의해 유도되어 하겐-포아젤 방정식(Hagen-Poiseuille's equation)이라 한다.

(2) 운동방정식으로부터 유도

수평 관내 완전발달영역에서의 속도분포를 운동방정식으로부터 유도하여 보자. 수평 원관의 중심을 x축으로 취하면 원통좌표계 (r, θ, x)에 대한 x축 방향의 Navier-Stokes 운동방정식은 3장 [표 3.4]에 의해 다음과 같다.

$$\rho\left(\frac{\partial v_x}{\partial t}+v_r\frac{\partial v_x}{\partial r}+\frac{v_\theta}{r}\frac{\partial v_x}{\partial \theta}+v_x\frac{\partial v_x}{\partial x}\right)=$$

$$\rho g_x-\frac{\partial p}{\partial x}+\mu\left[\frac{1}{r}\frac{\partial}{\partial r}\left(r\frac{\partial v_x}{\partial r}\right)+\frac{1}{r^2}\frac{\partial^2 v_x}{\partial \theta^2}+\frac{\partial^2 v_x}{\partial x^2}\right]$$

완전발달영역에서는 1차원 흐름이라 고려할 수 있으므로, 즉 $v_r=0$, $v_\theta=0$, $\partial v_x/\partial x=0$, $\partial v_x/\partial \theta=0$, $g_x=0$이고, 정상류라고 하면 $\partial v_x/\partial t=0$이므로 위 식은 다음과 같이 간단히 표기된다.

$$-\frac{1}{\rho}\frac{\partial p}{\partial x}+\frac{\mu}{\rho}\left(\frac{d^2 v_x}{dr^2}+\frac{1}{r}\frac{dv_x}{dr}\right)=0$$

위 식의 양변에 ρr를 곱하면 다음 식이 된다.

$$-r\frac{\partial p}{\partial x}+\mu\left(r\frac{d^2 v_x}{dr^2}+\frac{dv_x}{dr}\right)=0$$

위 식은 다음 식으로 표현할 수 있다.

$$\frac{d}{dr}\left(r\frac{dv_x}{dr}\right)=\frac{r}{\mu}\frac{\partial p}{\partial x}$$

이 식은 식 (8.4)와 동일하다. 따라서 이하의 설명은 전과 동일하지만, 여기서는 길이가 L인 관 양단의 압력을 각각 p_1, p_2, 또 $\Delta p=p_1-p_2$라 하면 $\partial p/\partial x=(p_2-p_1)/L=-\Delta p/L$이므로 위 식을 계산하여 보자. 즉 위 식의 $(\partial p/\partial x)$에 $(-\Delta p/L)$를 대입하면 다음 식을 얻는다.

$$\frac{d}{dr}\left(r\frac{dv_x}{dr}\right)=-\frac{r\Delta p}{\mu L}$$

이 식을 r에 대하여 두 번 적분하면

$$v_x(r)=-\frac{\Delta p}{4\mu L}r^2+C_1\ln r+C_2$$

적분상수는 경계조건, 즉 관 중심 $r=0$에서는 대칭성에 의하여 $dv_x/dr=0$이므로 $C_1=0$이 되고, 관 벽면 $r=R$에서는 속도가 0이므로 $C_2=\Delta pR^2/(4\mu L)$이 된다. 따라서 관내 속도분포는 다음 식으로 주어진다.

$$v_x(r)=\frac{\Delta p}{4\mu L}(R^2-r^2)=\frac{\Delta pR^2}{4\mu L}\left\{1-\left(\frac{r}{R}\right)^2\right\} \tag{8.10}$$

이 식은 힘의 평형으로부터 유도한 식 (8.5)의 (dp/dx)에 $(-\Delta p/L)$를 대입한 것과 동일하다.

(3) 경사 관내 속도분포

경사진 관내 완전발달영역에서 층류유동에 대한 속도분포를 구하여 보자. 이것도 수평 관내 층류유동과 같이 유동방향으로 유체계에 작용하는 힘의 평형을 고려하여 구할 수 있는데, 이때는 유체 무게의 유동방향의 성분이 존재하여 이 힘을 고려해야 된다. 결국 경사 관내 속도분포 식은 수평 관내 속도분포에 대한 식에서 압력강하 Δp를 중력의 영향도 함께 고려한 $\Delta p - \rho g L \sin\theta$로 대체시키면 된다.

[그림 8-3]과 같이 θ만큼 기울어진 경사진 관내에 반경 r, 길이 L인 원기둥 모양의 유체계를 고려하자.[143] 경사진 유체계에 유동방향으로 작용하는 힘은 압력차에 의한 힘, 전단력 그리고 중력(무게)이 있다. 먼저 유체 무게 W에 의한 유동방향의 힘 F_s은 다음과 같다.

$$F_s = W\sin\theta = \rho g(\pi r^2 L)\sin\theta$$

여기서 하첨자 s는 유동방향을 나타낸다. 따라서 [그림 8-3](b)에 표시한 유체계에 작용하는 힘의 평형을 고려하면 다음과 같다.

$$\underbrace{\tau(2\pi r L)}_{\text{전단응력에 기인한 힘}} = \underbrace{(p_1 - p_2)\pi r^2}_{\text{압력차에 의한 힘}} - \underbrace{\rho g(\pi r^2 L)\sin\theta}_{\text{유체 무게에 의한 힘}}$$

위 식의 양변을 $2\pi r L$로 나누고 전단응력 τ에 뉴턴의 점성법칙 식을 적용하면 다음과 같이 미분방정식이 얻어진다.

$$-\mu\frac{dv}{dr} = \frac{(p_1 - p_2)r}{2L} - \frac{r}{2}\rho g\sin\theta$$

위 식을 적분하고 적분상수를 경계조건 $r = R$일 때 $v = 0$을 대입하면 구하면 다음과 같이 경사진 관내의 층류유동에 대한 속도분포가 구해진다.

$$v(r) = \frac{R^2}{4\mu}\left(\frac{\Delta p}{L} - \rho g\sin\theta\right)\left\{1 - \left(\frac{r}{R}\right)^2\right\} \tag{8.11}$$

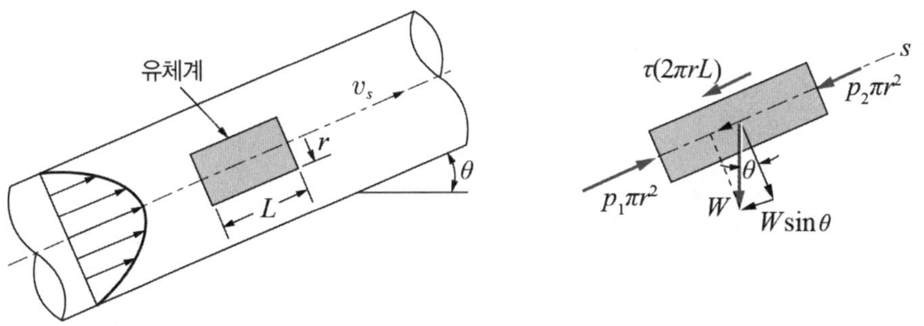

(a) 관내 유체계 (b) 유체계에 작용하는 힘

그림 8-3 경사 관내 층류유동

143) 유체계는 반지 모양을 취하든 원기둥을 취하든 결과는 동일하다. 수평의 직관에 대해서는 반지 모양의 유체계를 고려했지만, 여기에서는 원기둥 모양의 유체계를 고려하여 속도분포 식을 유도한다.

이 식은 수평 관내 층류유동의 속도분포 식 (8.5)에서 (dp/dx)를 $-(\Delta p-\rho g L\sin\theta)/L$로 대체시킨 식임을 알 수 있다. 따라서 경사진 관내의 층류유동에 대한 평균속도 v_{avg}와 체적유량 Q은 식 (8.6)과 (8.9)에 의해서 각각 다음과 같다.

$$v_{avg}=\frac{(\Delta p-\rho gL\sin\theta)R^2}{8\mu L}=\frac{(\Delta p-\rho gL\sin\theta)D^2}{32\mu L} \tag{8.12}$$

$$Q=\frac{(\Delta p-\rho gL\sin\theta)\pi R^4}{8\mu L}=\frac{(\Delta p-\rho gL\sin\theta)\pi D^4}{128\mu L} \tag{8.13}$$

여기서 상향류인 경우에는 $\theta>0$이므로 $\sin\theta>0$이고, 반대로 하향류인 경우에는 $\theta<0$이므로 $\sin\theta<0$이다. 이것은 유체 무게가 하향류의 경우에는 도움이 되지만, 상향류인 경우에는 방해가 됨을 의미한다. 따라서 액체를 정해진 유량으로 위로 공급하기 위해서는 보다 큰 압력차(또는 동력)가 필요하게 된다. 그러나 기체의 경우에는 밀도가 매우 작기 때문에 상향류이든 하향류이든 중력의 영향을 그다지 받지 않는다. 유체 유동이 없는 경우, 즉 정지상태의 유체인 경우에는 체적 유량 Q가 0이므로 식 (8.13)은 $\Delta p=\rho gL\sin\theta=\rho g\Delta z$가 되어 유체 정역학의 결과와 일치한다.

예제1

경사진 관내의 속도분포 식을 [그림 8-2]와 같이 반지 모양의 미소 유체계를 고려하여 유도하여 보아라.

[그림 예제8.1]과 같이 경사진 관내에 반경 r, 두께 Δr, 길이 Δx인 반지 모양의 미소 유체계를 고려한다. 유체계에 작용하는 힘은 압력, 전단력 그리고 유체 계에 대한 중력이 있다. 미소 유체 무게 W에 의한 유동방향의 힘 W_s는 다음과 같다.

$$W_s=W\sin\theta=\rho g(2\pi r\,\Delta r\Delta x)\sin\theta$$

여기서 θ는 수평과 경사진 관이 이루는 각도이다. 따라서 힘의 평형 식은 다음과 같다.

$$p_x(2\pi r\Delta r)-p_{x+\Delta x}(2\pi r\Delta r)-\rho g(2\pi r\Delta r\Delta x)\sin\theta=(2\pi r\Delta x)\tau_{r+\Delta r}-(2\pi r\Delta x)\tau_r$$

위 식의 전단응력 τ에 뉴턴의 점성법칙 $\tau=-\mu(dv_x/dr)$을 대입하고 Δx, $\Delta r\to 0$인 극한을 취하면 다음과 같은 미분방정식이 얻어진다.

$$\frac{dp}{dx}+\rho g\sin\theta=\frac{\mu}{r}\frac{d}{dr}\left(r\frac{dv}{dr}\right)$$

위 식을 두 번 적분하고 적분상수를 경계조건을 대입하여 구하면 속도분포는 다음과 같이 얻어진다.

$$v_x(r)=-\frac{R^2}{4\mu}\left(\frac{dp}{dx}+\rho g\sin\theta\right)\left\{1-\left(\frac{r}{R}\right)^2\right\}$$

이 식은 경사 관내의 층류유동에 대한 속도분포 식 (8.11)과 같다.

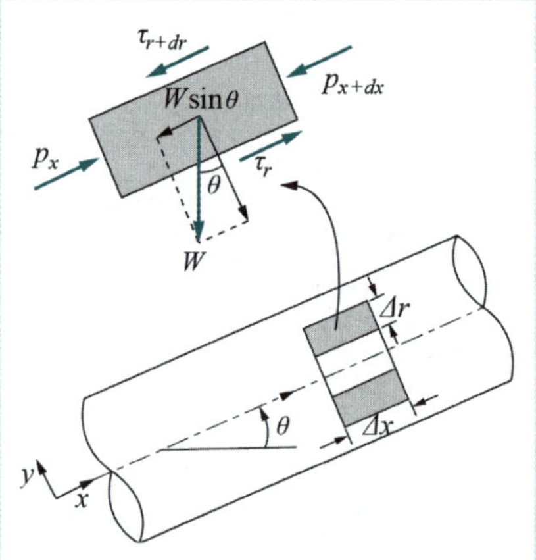

[그림 예제8.1]

8.2.2 층류 전단응력

관내 층류유동에서 전단응력분포 $\tau_L(r)$를 구하여 보자. 전단응력분포는 속도분포를 알면 뉴턴의 점성법칙에 의해 쉽게 구할 수 있다. 관내 층류유동에서 속도구배는 평균속도로 주어진 식 (8.8)을 미분하면 얻을 수 있고 다음과 같다.

$$v_x(r) = 2v_{avg}\left\{1-\left(\frac{r}{R}\right)^2\right\} \rightarrow \frac{dv_x}{dr} = -\frac{4v_{avg}}{R^2}r$$

따라서 층류 전단응력분포는 뉴턴의 점성법칙144)에 위 식을 고려하면 다음과 같다.

$$\tau_L(r) = -\mu\frac{dv}{dr} = \frac{4\mu v_{avg}}{R^2}r \tag{8.14}$$

이 식이 평 관내 층류유동에서 전단응력 분포 $\tau_L(r)$를 나타낸 식이다. 전단응력분포는 위 식의 $4\mu v_{avg}/R^2$가 일정한 상수이므로 중심에서 반경방향 거리 r에 선형적으로 비례하고, 관 중심 $r=0$에서 0, 관 벽면 $r=R$에서 최대가 됨을 알 수 있다.

관 벽면에서의 전단응력 τ_w는 식 (8.14)에 $r=R$과 $(dp/dx) = -\Delta p/L$를 고려하고 평균속도에 대한 식 (8.6)을 대입하면 다음과 같다.

$$\tau_w = \frac{4\mu R}{R^2}\frac{\Delta pR^2}{8\mu L} = \frac{\Delta pD}{4L} \tag{8.15}$$

관내 전단응력분포를 벽면전단응력으로의 표현은 식 (8.14)에 식 (8.15)를 고려하면 다음과 같다.

$$\tau_L(r) = \tau_w\frac{r}{R} \quad \text{또는} \quad \tau_L(r) = \tau_w\left(1-\frac{y}{R}\right) \tag{8.16}$$

여기서 r은 관 중심에서부터의 거리이고, $y(=R-r)$는 관 벽면으로부터 거리이다.

예제2

직경 0.1 m, 길이 10 m인 수평 원관을 유체가 층류 상태로 흐를 때 압력강하가 600 Pa 발생하였다. 관 중심, 관 중심에서 2.5 cm 떨어진 곳 및 관 벽면에서의 전단응력을 구하라.

먼저 관 벽면에서의 전단응력은 식 (8.15)에 의해 다음과 같다.

$$\tau_w = \frac{\Delta pD}{4L} = \frac{600\text{ N/m}^2\times 0.1\text{ m}}{4\times 10\text{ m}} = 1.5\text{ N/m}^2$$

관 중심($r=0$) 및 관 중심에서 2.5 cm($r = 0.025$ m) 떨어진 곳에서의 전단응력은 식 (8.16)에 의해 다음과 같다.

144) 여기에서도 관내 유동에서 dv_x/dr가 음수 값을 가지므로 전단응력이 양(+)의 값을 얻기 위해 음의 부호가 삽입되었다.

$$\tau_L(0) = 0$$

$$\tau_L(0.025) = 1.5\,\mathrm{N/m^2} \times \frac{0.025\,\mathrm{m}}{0.05\,\mathrm{m}} = 0.75\,\mathrm{N/m^2}$$

8.2.3 층류 압력강하

관내 유동은 압력차에 기인하므로 펌프가 유체에 압력을 가하여 강제로 흐르게 한다. 만약 내부유동이 수평의 직관으로만 이루어졌다면 펌프의 실 양정이 0이므로 펌프의 요구 동력은 유동손실, 즉 관이 유체의 흐름을 방해하는 마찰력만을 극복하기 위해 필요한 힘이라 할 수 있다. 그러므로 관 벽면에서의 마찰은 압력손실(pressure loss)을 가져와 펌프의 사양과 직접적인 관련이 있다. 압력손실은 압력강하, 손실수두, 마찰계수 등으로도 표현되어 이것들에 대한 정확한 이해가 필요하다.

(1) 압력강하

압력강하(pressure drop) Δp는 일반적으로 단면적이 일정한 직관 내 두 점 사이의 압력차, 즉 $p_1 - p_2$를 의미한다. 완전발달영역에서는 $(dp/dx) =$ 상수이므로 길이가 L인 관에서 압력강하가 Δp라면 다음과 같이 쓸 수 있다.

$$\frac{dp}{dx} = \frac{p_2 - p_1}{L} = \frac{-\Delta p}{L}$$

이 관계를 평균속도에 대한 식 (8.6)에 대입하면 압력강하는 다음과 같이 주어진다.

$$\Delta p = p_1 - p_2 = \frac{8\mu L v_{avg}}{R^2} = \frac{32\mu L v_{avg}}{D^2} \tag{8.17}$$

이 식은 점성계수 μ인 유체가 직경 D, 길이 L인 원관 내를 평균속도 v_{avg}로 흐를 때 두 점 사이의 압력강하를 나타낸 식이다. 압력강하는 위 식에 의해 유체의 점도 μ에 비례하여 점도가 0이면, 즉 이상유체의 흐름이면 압력강하는 0이 되어 압력손실이 발생되지 않음을 알 수 있다. 따라서 압력강하는 전적으로 유체의 점성에 기인하여 발생한다.

(2) 압력손실

압력손실(pressure loss)[145] Δp_L은 단면적이 일정한 직관뿐만 아니라 관의 단면적이나 유동방향이 변한다거나 또는 밸브 등의 부속기기도 포함된 압력강하를 의미한다. 배관시스템이 단면적이 일정한 수평의 직관으로만 이루어졌다면 압력강하와 압력손실은 서로 같다. 즉 $\Delta p_L = \Delta p$이다. 그러나 대부분의 경우 동일하지 않고, 이것들이 서로 같아지기 위해서는 확장된 에너지방정식 (3.103)을 고려하면 다음 조건

145) 일반적으로 배관시스템은 수평 또는 수직의 직관을 비롯하여 단면적이 변하거나 구부러진 곡관, 밸브, 콕 등의 부속품이 포함되어 있어 이들 모두의 압력강하가 손실임을 강조하기 위해 압력손실이라고 한다.

모두를 만족해야 한다.

① 원관이 수평으로 놓여 중력의 영향이 없어야 한다.$(z_1 = z_2)$

② 펌프나 터빈과 같이 일을 통해 유체에 압력을 변화시키는 장치가 없어야 한다.
$(h_{pump} = h_{turbine} = 0)$

③ 유동 단면적이 일정하여 평균속도의 변화가 없어야 한다.$(v_1 = v_2)$

④ 단면 1과 2의 속도분포가 같은 모양을 해야 한다.$(\alpha_1 = \alpha_2)$

실제 관 내부유동에서 압력손실 Δp_L은 층류와 난류, 매끈한 관과 거친 관, 수평 혹은 경사진 관, 관이든 덕트 등 상관없이 Darcy-Weisbach에 의해 제안된 다음 식으로 평가한다.

$$\Delta p_L = f\frac{L}{D}\frac{\rho v_{avg}^2}{2} \tag{8.18}$$

여기에서 $\rho v_{avg}^2/2$는 동압, f는 관 마찰계수(또는 Darcy 마찰계수)이다. 이 식은 다음에 설명한 손실수두 식 (8.19)와 더불어 Darcy-Weisbach 방정식이라 하며, 곧고 긴 관이면 층류든 난류든 상관없이 성립하여 마찰계수 f를 알면 압력손실 Δp_L를 또는 압력손실을 알면 마찰계수를 구하는데 사용된다.

(3) 손실수두

압력손실은 일반적으로 손실수두(수두손실, head loss)라 불리는 등가액주높이로 표현된다. 유체 정역학에서 $\Delta p = \rho gh$이므로 관의 손실수두 h_L는 압력손실 Δp_L을 ρg로 나누어 얻어진다.

$$h_L = \frac{\Delta p_L}{\rho g} = f\frac{L}{D}\frac{v_{avg}^2}{2g} \tag{8.19}$$

이 식도 압력손실 식 (8.18)과 마찬가지로 원관이든 비원관이든 또 층류든 난류든 관계없이 성립하며 마찰계수 f를 알면 손실수두 h_L를 구하는데 사용할 수 있다.

손실수두는 원관 내부의 마찰손실을 극복하기 위한 값이므로 펌프가 실제 양정에 더 필요로 한 값이라고 할 수 있다. 수평 관내 유동이라면 실양정이 0이므로 펌프의 이론 동력 $\dot{W}_L$는 손실수두만을 극복하기 위한 것이므로 다음과 같이 구할 수 있다.

$$\dot{W}_L = Q\Delta p_L = Q\rho g h_L = \dot{m} g h_L \tag{8.20a}$$

여기에서 Q[m³/s]는 체적유량, $\dot{m}$ [kg/s]는 질량유량이다.

만약 펌프의 효율이 η라 하면 실제 펌프의 동력은 다음과 같다.

$$\dot{W}_p = \dot{W}_L/\eta \tag{8.20b}$$

(4) 마찰계수

관 마찰계수 f는 관내 유동에 대한 마찰계수로서 Darcy-Weisbach 방정식 (8.18)에서 층류유동에 대한 압력강하 식 (8.17)을 대입하여 평가할 수 있다.

$$f = 2\frac{D}{\rho v_{avg}^2 L}\Delta p = 2\frac{D}{\rho v_{avg}^2 L}\left(\frac{32\mu L v_{avg}}{D^2}\right) = \frac{64\mu}{\rho v_{avg} D} = \frac{64}{\mathbf{Re}} \tag{8.21}$$

이것은 이론적으로 구한 관내 층류유동에 대한 마찰계수에 대한 식으로서 실험결과와 잘 일치한다. 따라서 층류 마찰계수 f는 Reynolds수만의 함수이고 관의 표면조도(또는 상대조도)와는 상관이 없다. 그러나 난류 마찰계수는 Reynolds수 뿐 아니라 관의 상대조도에도 상관이 있다.

관 마찰계수 f는 벽면전단응력으로도 나타낼 수 있다. 즉 식 (8.21)에 벽면전단응력 식 (8.15)를 고려하면 다음 식으로 표현된다.

$$f = \frac{\Delta p D/L}{\rho v_{avg}^2/2} = \frac{4\tau_w}{\rho v_{avg}^2/2} \tag{8.22a}$$

또는

$$\tau_w = \frac{f\rho v_{avg}^2}{8} \tag{8.22b}$$

또 관 마찰계수 f는 평판 마찰계수 C_f와 $f=4C_f$인 관계가 있다.[146] 이것은 관이 평판 4면이 둘러싸인 것으로 고려할 수 있으므로 관의 마찰면적이 평판의 것보다 4배나 큰 것을 의미하기도 한다.

예제3

직경이 $0.07\ \mathrm{m}$인 수평 원관에 공기가 $30\ \mathrm{m/s}$의 속도로 흐르고 있다. 관의 길이 $1\ \mathrm{m}$ 사이에 압력차가 $16\ \mathrm{mmAq}$이었다면 관의 마찰계수는 얼마인가? 공기의 밀도는 $1.2\ \mathrm{kg/m^3}$이다.

마찰계수는 흐름이 층류이든 난류이든 상관없이 Darcy-Weisbach 식 (8.18)로 계산할 수 있다. 먼저 압력손실 16 mmAq를 SI 단위로 환산하면 다음과 같다.

$$\Delta p_L = 16\,\mathrm{mmAq} \times \frac{101.325\times 10^3\,\mathrm{N/m^2}}{760\times 13.6\,\mathrm{mmAq}} = 165.85\,\mathrm{N/m^2}$$

그러므로 마찰계수는 식 (8.18)에 의해 다음과 같다.

$$f = \frac{2D\Delta p_L}{\rho v_{avg}^2 L} = \frac{2\times 0.07\mathrm{m}\times 156.85\,\mathrm{N/m^2}}{1.2\mathrm{kg/m^3}\times(30\mathrm{m})^2\times 1\mathrm{m}} = 0.02$$

146) 관 마찰계수 f는 Darcy 마찰계수(내부유동 마찰계수), 평판 마찰계수 C_f는 fanning 마찰계수(외부유동 마찰계수)라고 한다. 평판 마찰계수는 전단응력 τ_w와 동압 $\rho v_{avg}^2/2$과의 비로 정의된다. 즉, $C_f \equiv \tau_w/(\rho v_{avg}^2/2)$이다. 그러므로 평판 마찰계수 정의식과 관 마찰계수 식 (8.22)를 비교하면 $f=4C_f$인 관계가 있다.

예제4

점도 0.104 kg/(m·s), 밀도 870 kg/m^{3}인 엔진오일이 직경 2 cm, 길이 10 m인 수평 관내를 따라 1.2 m^3/h로 흐르고 있다. 다음을 구하라.

(a) 관내 평균속도, (b) Reynolds수, (c) 압력강하, (d) 펌프의 요구동력

평균속도 v_{avg}는 다음과 같다.

$$v_{avg} = \frac{Q}{A} = \frac{(1.2/3600)\,\text{m}^3/\text{s}}{\pi(0.02\,\text{m})^2/4} = 1.06\,\text{m/s}$$

Reynolds수는 다음과 같다.

$$Re = \frac{\rho v_{avg} D}{\mu} = \frac{(870\,\text{kg/m}^3)(1.06\,\text{m/s})(0.02\,\text{m})}{0.104\,\text{kg/(m·s)}} = 177$$

이 값은 임계레이놀즈수보다 작으므로 유동은 층류이다. 따라서 수평 관내 층류유동에서 압력강하는 식 (8.17)에 의해 다음과 같다.

$$\Delta p = \frac{32\mu L v_{avg}}{D^2} = \frac{32(0.104\,\text{kg/m·s})(10\,\text{m})(1.06\,\text{m/s})}{\pi(0.02\,\text{m})^2/4} = 122{,}293\,\text{Pa}$$

펌프의 요구 동력은 식 (8.20a)에 의해 다음과 같다.

$$\dot{W}_L = Q\Delta p_L = \left(\frac{1.2}{3600}\,\text{m}^3/\text{s}\right)(122{,}293\,\text{N/m}^2) = 37.4\,\text{W}$$

8.2.4 비원관내 층류유동

산업현장에서 사용되는 대부분의 관(pipe)은 원형이지만 난방이나 공기조화용으로는 직사각형을 비롯한 여러 가지 기하학적 단면을 갖는 덕트(duct)도 자주 사용된다. 이러한 원관이 아닌 사각 덕트에서의 손실수두(또는 압력손실) 등은 수력직경이라는 개념을 도입하면 원관에 대한 식들을 그대로 사용하여 구할 수 있다.

수력직경(hydraulic diameter) D_h는 다음과 같이 정의한다.

$$D_h = \frac{4 \times (\text{유로단면적})}{\text{접수길이}} = \frac{4A_c}{P} \tag{8.23}$$

여기에서 A_c는 유동 단면적, P는 유체와 관 벽이 닿는 부분의 모든 길이를 합한 값으로서 접수길이(젖은 길이, wet perimeter)라 한다.

비원형관에서 Reynolds수 및 압력손실에 대한 식은 직경 D 대신에 수력직경 D_h로 대체하여 원관에 대한 식을 그대로 사용할 수 있다. 따라서 비원형관에 대한 Reynolds수와 압력손실, 손실수두는 다음과 같이 쓸 수 있다.

$$\mathbf{Re}_h = \frac{\rho v_{avg} D_h}{\mu} = \frac{v_{avg} D_h}{\nu} \tag{8.24}$$

$$\Delta p_{L,h} = f\frac{L}{D_h}\frac{\rho v_{avg}^2}{2} \tag{8.25}$$

$$h_{L,h} = f\frac{L}{D_h}\frac{v_{avg}^2}{2g} \tag{8.26}$$

여기에서 v_{avg}는 평균속도, f는 마찰계수이다. 상대조도 e/D도 비원관내 난류유동을 고려할 때에는 수력직경으로 평가한 e/D_h를 사용해야 한다.

단면의 직경이 D인 원관의 수력직경 D_h을 구하여 보자. 이 경우 유동 단면적은 $A_c = \pi D^2/4$, 접수길이 $P = \pi D$이다. 따라서 식 (8.23)에 이 값을 대입하면 다음과 같다.

$$D_{h,\text{원관}} = \frac{4A_c}{P} = \frac{\pi D^2}{\pi D} = D$$

따라서 단면이 원형인 경우의 수력직경은 관의 직경과 같게 된다. 직경이 D_1, D_2인 동심원관과 가로, 세로 길이가 W, B인 직사각형 덕트에 대한 수력직경은 각각 다음과 같다.

$$D_{h,\text{동심관}} = \frac{4A_c}{P} = \frac{4\times\pi(D_2^2 - D_1^2)/4}{\pi(D_1 + D_2)} = D_2 - D_1$$

$$D_{h,\text{사각덕트}} = \frac{4A}{P} = \frac{4WB}{2(W+B)} = \frac{2WB}{W+B}$$

그 외 여러 가지 덕트에 대한 수력직경은 [표 8.1]에 나타냈다.

표 8.1 여러 가지 덕트에 대한 수력직경

형상		단면적 A	수력직경 $D_h(=4A/P)$
원관	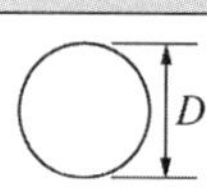	$\frac{\pi}{4}D^2$	D
동심 원관	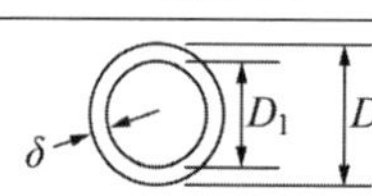	$\frac{\pi}{4}(D_2^2 - D_1^2)$	$D_2 - D_1 = 2\delta$
직사각형 덕트류	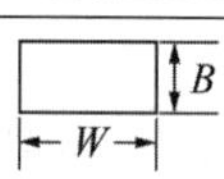	WB	$\frac{2WB}{W+B}$
사각형 개방 수로	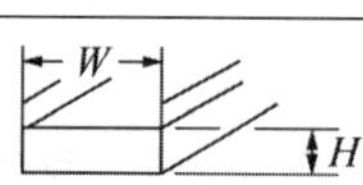	WH	$\frac{4WH}{W+2H}$
삼각형 개방 수로	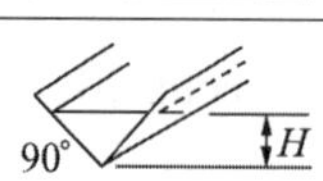	$\frac{1}{2}H^2$	$\frac{2H}{\sqrt{2}}$
1/2 충만 원관		$\frac{\pi}{8}D^2$	D
액막	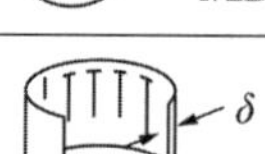	$\delta\pi D$	4δ

비원관에 대한 마찰계수 f는 다음과 같이 Reynolds수의 함수로 주어진다.

$$f = \frac{\phi}{\mathbf{Re}_h} \tag{8.28}$$

여기서 $\mathbf{Re}_h$는 비원관에 대한 Reynolds수, ϕ는 손실계수이다. 손실계수 ϕ는 동심 원관이면 직경비 (D_1/D_2), 직사각형 덕트인 경우에는 가로에 대한 세로의 길이의 비(B/W)에 따라 다르게 주어지며 이것을 [표 8.2]에 나타냈다.

표 8.2 비원관내 층류에 대한 손실계수 ϕ

형상	수력직경 D_h	매개 변수	$\phi = f\mathrm{Re}_h$
동심원관 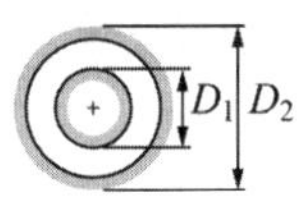	$D_2 - D_1$	$D_1/D_2 = 0.0001$	71.8
		0.01	80.1
		0.1	89.4
		0.6	95.6
		1.00	96.0
직사각형 덕트류 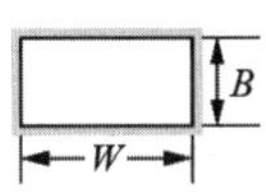	$\frac{2WB}{W+B}$	$B/W = 0$	96.0
		0.05	89.0
		0.10	84.0
		0.25	72.9
		0.50	62.2
		0.75	57.9
		1.00	56.9

예제5

공기가 길이 $100\ \mathrm{m}$, $200\ \mathrm{mm} \times 200\ \mathrm{mm}$인 정사각형 덕트 내를 평균속도 $20\ \mathrm{m/s}$의 속도로 블로어에 의해 공급하고 있다. 블로어의 효율을 75%라 할 때 블로어의 소요동력은 얼마인가? 공기는 20℃, 대기압이라 하고 덕트의 조도는 $e = 0.04\ \mathrm{mm}$이다.

덕트의 수력직경, Reynolds수 그리고 상대조도는 각각 다음과 같다.

$$D_h = \frac{4A}{P} = \frac{4\times(0.2\ \mathrm{m}\times 0.2\ \mathrm{m})}{4\times 0.2\ \mathrm{m}} = 0.2\ \mathrm{m}$$

$$\mathbf{Re} = \frac{\rho v D_h}{\mu} = \frac{1.2\ \mathrm{kg/m^3}\times 20\ \mathrm{m/s}\times 0.2\ \mathrm{m}}{1.8\times 10^{-5}\ \mathrm{N\cdot s/m^2}} = 2.6\times 10^5$$

$$\frac{e}{D_h} = \frac{0.04\times 10^{-3}\ \mathrm{m}}{0.2\ \mathrm{m}} = 0.0002$$

여기서 공기의 밀도와 점성계수는 부록 표.2에서 구하였다.

정사각형 덕트의 마찰계수 f는 [그림 8-7] Moody 선도에서 Reynolds수 2.6×10^5와 상대조도 0.0002에서 0.016을 찾을 수 있다. 따라서 손실수두는 Darcy-Weisbach 방정식 (8.19)에 의해 다음과 같다.

$$h_L = f\frac{L}{D_h}\frac{v^2}{2g} = 0.016 \times \frac{100\,\text{m}}{0.2\,\text{m}} \times \frac{(20\,\text{m/s})^2}{2 \times 9.81\,\text{m/s}^2} = 163.1\,\text{m}$$

유량은 다음과 같다.

$$Q = Av = (0.2\,\text{m} \times 0.2\,\text{m}) \times 20\,\text{m/s} = 0.8\,\text{m}^3/\text{s}$$

따라서 블로어의 소요동력은 식 (8.20b)에 의해 다음과 같다.

$$\dot{W}_p = \frac{Q\rho g h_L}{\eta} = \frac{0.8\,\text{m}^3/\text{s} \times 1.2\,\text{kg/m}^3 \times 9.81\,\text{m/s}^2 \times 163.1\,\text{m}}{0.75}$$
$$= 2.05\,\text{kW}$$

8.3 관내 난류유동

관내 난류유동의 해석도 결국 속도분포를 구하여 마찰력 또는 압력손실을 구하는 것이다. 이를 위해서는 난류유동에서의 전단응력, 압력강하, 마찰계수, 난류 속도분포 등의 이해가 필요하다.

8.3.1 관내 난류구조

관내 난류유동은 층류유동에 비하여 복잡하다. 층류유동에서의 속도분포는 하나의 식으로 나타낼 수 있는데 비하여 난류유동에서는 4가지 흐름 영역147)이 존재하여 각 영역마다 서로 다른 속도분포를 갖기 때문이다. [그림 8-4]에 관내 난류유동에 대한 구조를 나타냈다.

(1) 점성저층

경계층 내 흐름이 대부분 난류임에도 불구하고 관 벽면 바로 인접한 지역은 벽의 감쇠효과(damping effect) 때문에 에디 운동이 억제되어 상대적으로 매끈한 상태로 남아있는 유체 층이 있다. 이 매우 얇은 두께의

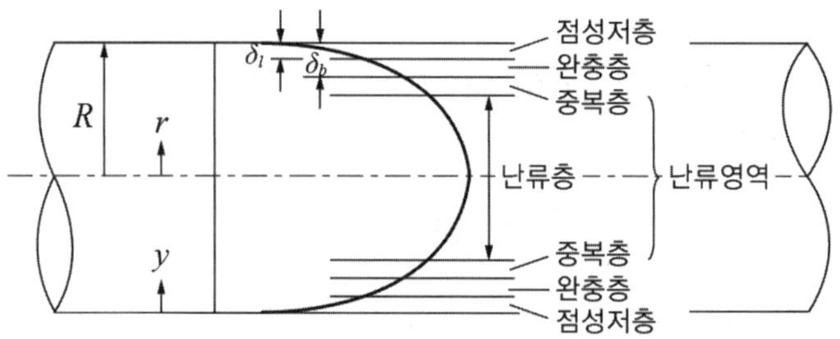

그림 8-4 관내 난류구조

147) 난류유동 내 3가지 흐름영역을 벽층(점성저층, 완충층), 중복층, 난류층(외층)으로 분류하기도 하고, 점성저층, 완충층, 난류층(중복층, 난류층)으로 구별하기도 한다.

유체층을 점성저층(층류저층, viscous sublayer)이라 하고 점성의 영향이 지배적이며 층류의 성질을 갖는다. 따라서 이 영역에서 전단응력은 사실상 일정하고 벽면에서의 전단응력 τ_w와 같고 속도분포는 뉴턴의 점성 법칙에 따른다. 따라서 점성저층내 속도분포는 뉴턴의 점성법칙 $\tau = \mu(dv/dy)$를 적분하여 다음과 같이 구할 수 있고 선형적임을 알 수 있다.

$$v = \frac{\tau_w}{\mu} y \tag{8.29}$$

여기서 y는 관 벽면부터의 거리이다.

위 식은 우변의 분모 분자에 밀도 ρ를 나누어 정리하면 다음 식으로 나타낼 수 있다.

$$v = \frac{\tau_w/\rho}{\mu/\rho} y \rightarrow \frac{v}{\sqrt{\tau_w/\rho}} = \frac{\sqrt{\tau_w/\rho}}{\mu/\rho} y$$

여기서 $\sqrt{\tau_w/\rho}$는 경계층 이론과 관련된 식에서 자주 등장하며 속도의 차원[148]을 가지므로 마찰속도 (friction velocity) 또는 전단속도(shear velocity)라 하며 v_*로 표기한다. 즉

$$v_* = \sqrt{\frac{\tau_w}{\rho}} \tag{8.30}$$

점성저층 내 속도분포 식 (8.29)를 마찰속도 v_*로 표기하면 다음과 같이 표현된다.

$$\frac{v}{v_*} = \frac{v_* y}{\nu} \tag{8.31}$$

이 식은 난류유동에서 점성저층내 속도분포를 무차원 거리로 나타내는 식으로서 벽법칙(law of the wal)이라 한다. 위 식의 우변 $v_* y/\nu$는 차원이 $[L/T][L]/[L^2/T] = 1$, 즉 무차원이므로 무차원 거리(상대거리)라 한다. 따라서 점성저층내 무차원 상대속도 v/v_*는 무차원 거리 $v_* y/\nu$와 같음을 의미한다. 실험결과에 따르면 점성저층은 무차원 거리가 약 5 이하의 매우 얇은 유체 층에서 발생하고 상대속도분포는 벽법칙과 잘 일치한다. 따라서 식 (8.31)은 무차원 거리가 5보다 같거나 작을 때 성립한다. 즉

$$\frac{v_* y}{\nu} \le 5 \tag{8.32}$$

따라서 점성저층의 두께 $\delta_l (= y)$은 다음과 같다.

$$\delta_l = \frac{5\nu}{v_*} \tag{8.33}$$

---

148) 전단응력과 밀도의 단위가 $\tau[\mathrm{N/m^2}]$ 및 $\rho[\mathrm{kg/m^3}]$이므로 $\sqrt{\tau_w/\rho}$는 $\left([M/T^2L]/[M/L^3]\right)^{1/2} = L/T$인 속도의 차원을 갖는다. 따라서 $\sqrt{\tau_w/\rho}$를 마찰속도 또는 전단속도라 한다.

점성저층의 두께는 마찰속도 $v_*(=\sqrt{\tau_w/\rho})$가 클수록, 즉 벽면 전단응력 τ_w이 클수록 작아진다. 점성저층의 두께는 벽면을 따라 하류로 갈수록 점점 커지는데, 이것은 하류로 갈수록 벽면 전단응력이 감소하기 때문이다.

(2) 완충층

완충층(천이층, buffer layer, buffer zone)은 점성저층의 외측 흐름 층이다. 이곳은 난류의 영향이 나타나기 시작하지만, 아직은 점성의 영향이 큰 층류와 난류가 혼합된 영역이다. 즉 이 영역에서는 유체입자들 사이에 운동량 교환에 의한 전단효과가 나타나지만, 아직은 점성(분자 확산)의 영향이 크게 존재한다.

완충층은 실험에 의해서 무차원 거리가 다음 관계로 주어졌다.

$$5 \leq \frac{v_* y}{\nu} \leq 30 \tag{8.34}$$

따라서 완충층의 두께 δ_b는 다음과 같다.

$$\delta_b = \frac{30\nu}{v_*} \tag{8.35}$$

완충층에서 속도분포는 층류와 난류가 혼재되어 표현하기가 쉽지 않지만 무차원 거리가 $v^* y/\nu = 11.84$까지는 벽법칙이 성립한다.

(3) 중복층

중복층(overlap layer)은 층류와 난류의 영향이 비슷한 크기이거나 혹은 난류의 영향이 층류보다 크게 작용하는 곳으로서 무차원 거리가 30보다 크고 500보다 작은 영역을 가르킨다. 즉

$$30 \leq \frac{vy}{\nu} \leq 500$$

중복층에서 전단응력은 층류 전단응력과 레이놀즈응력과의 합으로 표시된다.

$$\tau_T = \tau_L + \tau_t = \mu \frac{dv}{dy} + \rho l^2 \left| \frac{dv}{dy} \right| \frac{dv}{dy} \tag{8.36}$$

중복층에서 속도분포는 1937년 C.B. Milikan에 의해 중간층에서 점성저층에 대한 벽법칙 식 (8.31)과 난류층에 대한 속도결핍 식 (8.39)가 서로 일치하도록 다음과 같은 대수함수로 된 식을 제시하였다.[149)]

$$\frac{v}{v_*} = \frac{1}{\kappa} \ln\left(\frac{v_* y}{\nu}\right) + C \tag{8.37}$$

149) 식 (8.37)은 '8.3.4 난류 속도분포 (2) 대수법칙'에서 식 (8.59)로 유도하였다. 여기서는 식만 소개한다.

여기서 상수 κ는 보편 난류상수(universal turbulence constant)라 하며 C와 함께 실험으로 결정되고, κ의 값은 대략 0.4이다. 이 식을 대수법칙(the logarithmic law) 또는 대수 속도 분포(logarithmic velocity distribution)라 하고 실험으로 확인이 되었다.

(4) 난류층

난류층(외층, turbulent layer, outer layer)은 경계층 외층으로 난류의 영향이 지배적인 영역이다. 난류층에서의 전단응력은 레이놀즈응력만으로 고려할 수 있고 다음과 같다.

$$\tau_T = \tau_t = \rho l^2 \left| \frac{dv}{dy} \right| \frac{dv}{dy} \tag{8.38}$$

난류층에서 속도분포는 1933년 Kármán이 난류층에서 속도 v는 분자의 점성계수와는 관계없지만, 자유유동 속도(난류 본체에서의 속도) v_∞와의 차이($v_\infty - v$)는 경계층의 두께 δ와 관 벽면부터의 거리 y의 함수라 보고 차원해석에 의해 다음 식을 제안했다.

$$\frac{v_\infty - v}{v_*} = f\left(\frac{y}{\delta}\right) \tag{8.39}$$

여기서 관 중심속도와의 차이인 $v_\infty - v$를 속도결핍이라 하고 식 (8.39)를 속도결핍법칙(velocity defect law)이라 한다.150)

8.3.2 난류 전단응력

관내 난류유동에서의 전단응력분포도 속도분포가 다른 3개의 영역으로 나누어 고려할 수 있다. 즉 점성저층을 제외한 영역에서의 난류전단응력은 층류점성응력과 레이놀즈응력의 합으로 주어지므로 다음과 같다.

$$\tau_T = \tau_L + \tau_t$$

관내 난류유동의 점성저층을 제외한 영역에서 전단응력 분포를 구해보자. [그림 8-5]와 같이 반경 r, 길이 L인 원기둥 모양의 미소 검사체적(미소 유체계)을 고려하여 유동방향으로 힘의 평형을 고려하면 다음 식이 성립한다.

$$\tau_T(2\pi r L) = (p_1 - p_2)\pi r^2 \rightarrow$$

$$\tau_T = \frac{(p_1 - p_2) r}{2L}$$

---

150) 중간층에서는 대수속도법칙 식 (8.37)이 난류층에서도 성립해야 하므로 역으로 식 (8.37)에서 관 중심 $y = R(r=0)$에서 최대속도 $v = v_\infty$가 되는 경계조건을 고려하여 적분상수 C를 구하여 정리하면 속도결핍법칙은 다음 식으로도 표현된다. $(v_\infty - v)/v^* = 2.5\ln(R/y) = 2.5\ln R/(R-r)$

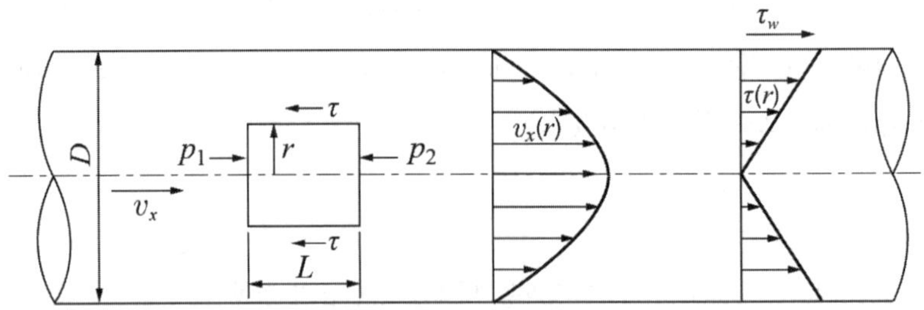

그림 8-5 미소 유체 계

위 식의 압력차 $\Delta p(=p_1-p_2)$에 손실수두 식 $\Delta p_L=\rho g h_L$을 대입하면 난류영역에서 전단응력분포는 다음 식으로 주어진다.

$$\tau_T(r) = \frac{\Delta p r}{2L} = \frac{\rho g h_L}{2L} r \tag{8.40}$$

여기에서 $\rho g h_L/2L$은 일정한 값이므로 τ_T는 중심에서 반경방향 거리 r에 선형적으로 비례하고 관 중심 $r=0$에서 $\tau_T=0$, 관 벽면 $r=R$에서 $\tau_T(=\tau_w)=\rho g h_L R/2L$ 로 최대가 됨을 알 수 있다. 따라서 관 중심에서 r 또는 관 벽면에서부터 $y(=R-r)$만큼 떨어진 곳의 전단응력은 식 (8.16)과 동일한 형태로 주어진다. 즉

$$\tau_T(r) = \tau_w \frac{r}{R} \quad \text{또는} \quad \tau_T(y) = \tau_w\left(1-\frac{y}{R}\right) \tag{8.41}$$

위 식은 식 (8.40)의 $r=R$에서의 값, 즉 벽면 전단응력(마찰응력) τ_w을 대입하면 다음 식으로도 표현된다.

$$\tau_T(y) = \frac{\rho g h_L R}{2L}\left(1-\frac{y}{R}\right) \tag{8.42}$$

식 (8.40)~(8.42)는 모두 관내 난류유동에서 전단응력분포를 나타낸 식으로서, 이 값은 결국 층류전단응력과 레이놀즈응력의 합과 같다.

관내 난류유동에 대한 전단응력분포를 [그림 8-6](a)에 나타냈다. 그림은 난류 전단응력분포 $\tau_T(r)$가 중심에서 반경방향의 거리 r에 직선적으로 변화하고, 그 값은 층류전단응력 τ_L과 레이놀즈응력 τ_t와의 합, 즉 $\tau_T=\tau_L+\tau_t$으로 평가됨을 보이고 있다. 층류전단응력은 벽면에서 가장 높아 $\tau_L=\tau_w$이고, 벽에서 멀어짐에 따라 감소하여 관의 중앙에서 0이 된다. 이에 반하여 레이놀즈응력은 $\tau_t=\tau_T-\tau_L$에 의해서 구해지는데, 벽면에서 0이고 벽에서 멀어짐에 따라 난류가 증가하여 커지다가 어느 위치부터는 감소하여 간다. 즉 레이놀즈응력은 관 벽면에서는 0이고 벽에서 멀어짐에 따라 난류가 증가하여 관의 중앙 부근에서는 레이놀즈응력만이 작용한다. 즉

$$y=0(\text{또는 } r=R) \ : \ \tau_T=\tau_L$$
$$y=R(\text{또는 } r=0) \ : \ \tau_T=\tau_t$$

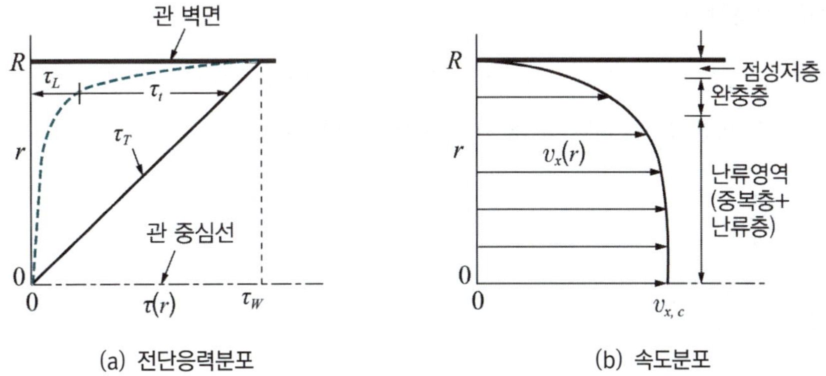

그림 8-6 관내 난류유동

예제6

직경 20 cm인 관내에 물이 난류로 흐르고 있다. 관 벽면으로부터 거리에 따른 속도(시간평균속도)가 표와 같이 측정되었다. 수평관의 길이 10 m에서 압력강하가 8.8 kPa일 때 관 벽면으로부터 거리 $y = 1$ cm 에서의 층류전단응력 τ_L, 레이놀즈응력 τ_t 그리고 와점성계수 ϵ를 구하라.

y [cm]	0.5	1	1.5
$\bar{v}$ [m/s]	8.02	9.13	9.74

층류전단응력은 뉴턴의 점성법칙에 의해, 레이놀즈응력은 난류전단응력의 식에 의해, 와점성계수는 보시네스크 이론에 의해 구할 수 있다.

먼저 $y = 1$ cm 에서의 속도구배는 위 주어진 데이터에 의해 다음과 같이 구할 수 있다.

$$\frac{dv}{dy} = \frac{(9.74 - 8.02)\,\text{m/s}}{(1.5 - 0.5) \times 10^{-2}\,\text{m}} = 172\,\text{s}^{-1}$$

$y = 1$ cm 에서의 층류전단응력은 다음과 같다.

$$\tau_L = \mu \frac{dv}{dy} = 0.001\,\text{N}\cdot\text{s/m}^2 \times 172\,\text{s}^{-1} = 0.172\,\text{N/m}^2$$

$y = 1$ cm$(r = R - y)$에서의 난류전단응력은 식 (8.40)에 의해 다음과 같다.

$$\tau_T(r) = \frac{\Delta p r}{2L} = \frac{8800\,\text{N/m}^2 \times (0.1 - 0.01)\,\text{m}}{2 \times 10\,\text{m}} = 39.6\,\text{N/m}^2$$

$y = 1$ cm 에서의 레이놀즈응력은 난류전단응력에 대한 식에 의해 다음과 같다.

$$\tau_t = \tau_T - \tau_L = 39.6\,\text{N/m}^2 - 0.172\,\text{N/m}^2 = 39.43\,\text{N/m}^2$$

와(eddy) 점성계수는 보시네스크 이론 식 (7.18)에 의해 다음과 같다.

$$\epsilon = \tau_t \left(\frac{dy}{dv}\right)_{y=0.1} = 39.43\,\text{N/m}^2 \left(\frac{1}{172}\,\text{s}\right) = 0.229\,\text{N}\cdot\text{s/m}^2$$

8.3.3 난류 압력강하

관내 압력강하 Δp 또는 손실수두 h_L은 층류든 난류든 관계없이 Darcy-Weisbach 방정식 (8.18), (8.19)에 의해 평가된다. 또 벽면 전단응력도 식 (8.20)에 의해 평가할 수 있다. 즉

$$\Delta p = f\frac{L}{D}\frac{\rho v_{avg}^2}{2}$$

$$h_L = \frac{\Delta p_L}{\rho g} = f\frac{L}{D}\frac{v_{avg}^2}{2g}$$

$$\tau_w = \frac{f}{4}\left(\frac{\rho v_{avg}^2}{2}\right)$$

따라서 이 식들을 평가하려면 난류 마찰계수 f를 알아야 한다.

(1) 층류 마찰계수

관내 유동에서 층류 마찰계수 f는 이론적으로 평가한 식 (8.21)로 주어진다. 즉

$$f = \frac{64}{\text{Re}}$$

이 식은 층류 마찰계수가 Reynolds수만의 함수이고 **Re**수가 증가함에 따라 감소함을 의미한다. 이것은 실험결과와도 잘 일치한다.

(2) 난류 마찰계수

난류 마찰계수 f는 이론적으로 구할 수 없고 실험으로 구한다. 난류 마찰계수는 난류라고 해서 불규칙하게 변하는 것이 아니라 층류와 마찬가지로 Reynolds수가 증가함에 따라 감소한다. 그러나 난류 마찰계수는 **Re**수뿐만 아니라 관내 표면 조도 e에도 영향을 받는다. 즉 난류 마찰계수는 동일한 Re수일지라도 매끄러운 관과 거친 관에 대한 값이 서로 다르고 거친 관이라도 상대조도 e/D에 따라 다르게 된다.

① 매끄러운 원관

매끈한 원관에 대한 난류 마찰계수 f는 Re수만의 함수로서 다음과 같이 주어졌다.

Blasius : $f = 0.3164\,\text{Re}^{-1/4} \quad (3.0\times 10^3 < \text{Re} < 1.5\times 10^5)$ (8.43)

Prandtl-Kármán : $\dfrac{1}{\sqrt{f}} = 2\log_{10}\dfrac{\text{Re}\sqrt{\text{f}}}{2.51} \quad (3.0\times 10^3 < \text{Re} < 3.4\times 10^6)$ (8.44)

Nikuradse : $f = 0.0032 + \dfrac{0.221}{\text{Re}^{0.237}} \quad (\text{Re} > 1.5\times 10^5)$ (8.45)

② **거친 원관**

거친 관에 대한 난류 마찰계수는 Re수뿐 아니라 관 벽면의 상대조도(relative roughness, 관 직경 D, 평균지름 e인 모래를 부착) (e/D)의 함수로 주어진다. 즉

$$f = f\left(\mathrm{Re},\ \frac{e}{D}\right) \tag{8.46}$$

난류 마찰계수에 대한 실험은 1933년 Prandtl의 제자 Nikuradse에 의해 처음 수행되었다. 그는 유량과 압력강하로부터 난류 마찰계수를 다음 식으로 제안하였다.

$$\frac{1}{\sqrt{f}} = 2\log_{10}\left(3.71\frac{D}{e}\right) \tag{8.47}$$

이 식은 높은 Reynolds수에서는 난류 마찰계수가 **Re**수와 관계없이 단지 상대조도(e/D)에만 영향을 받는 것을 보이고 있다.

콜부루크(C.F. Colebrook)는 천이유동과 난류유동에 대한 마찰계수를 다음과 같이 제안하였다.

$$\frac{1}{\sqrt{f}} = -2.0\log_{10}\left(\frac{2.51}{\mathrm{Re}\sqrt{f}} + \frac{e/D}{3.7}\right) \tag{8.48}$$

그러나 위 식은 정확성은 높으나 마찰계수가 내재적 형태이므로 마찰계수를 반복 계산에 의해 구해야 하므로 사용하기가 어렵다.

해랜드(S.E. Haaland)는 마찰계수를 외재적 형태의 다음 식을 제안하였다.

$$\frac{1}{\sqrt{f}} \cong -1.8\log_{10}\left[\frac{6.9}{\mathrm{Re}} + \left(\frac{e/D}{3.7}\right)^{1.11}\right] \tag{8.49}$$

이 식으로 구한 마찰계수는 콜부루크의 식 (8.48)과 2% 이내에서 일치한다고 알려져 있다.

③ **Moody 선도**

Colebrook의 식(8.48)은 정확성은 높으나 사용하기가 어려워 이 식을 그래프로 나타낸 것이 Moody 선도이다. 이 그래프는 Reynolds 수와 상대조도 e/D를 알면 마찰계수 f를 찾을 수 있다. 따라서 일반 산업현장에서는 상업용 관의 마찰손실을 계산하는데 Moody 선도가 주로 이용된다.

Moody 선도는 [그림 8-7]에 나타내었다. 이 선도로부터 다음 사항을 알 수 있다.

① 층류 마찰계수는 Re수가 증가할수록 감소하고 관 벽면 상대조도(e/D)와는 관계없으며 식 (8.21)로 주어진다.

② 난류 마찰계수는 Re수가 증가할수록 감소하고 상대조도가 증가할수록 증가한다. 매끈한 관에서는 $\epsilon = 0$이므로 Colebrook 식 (8.48)은 Prandtl 식 (8.44)와 일치한다.

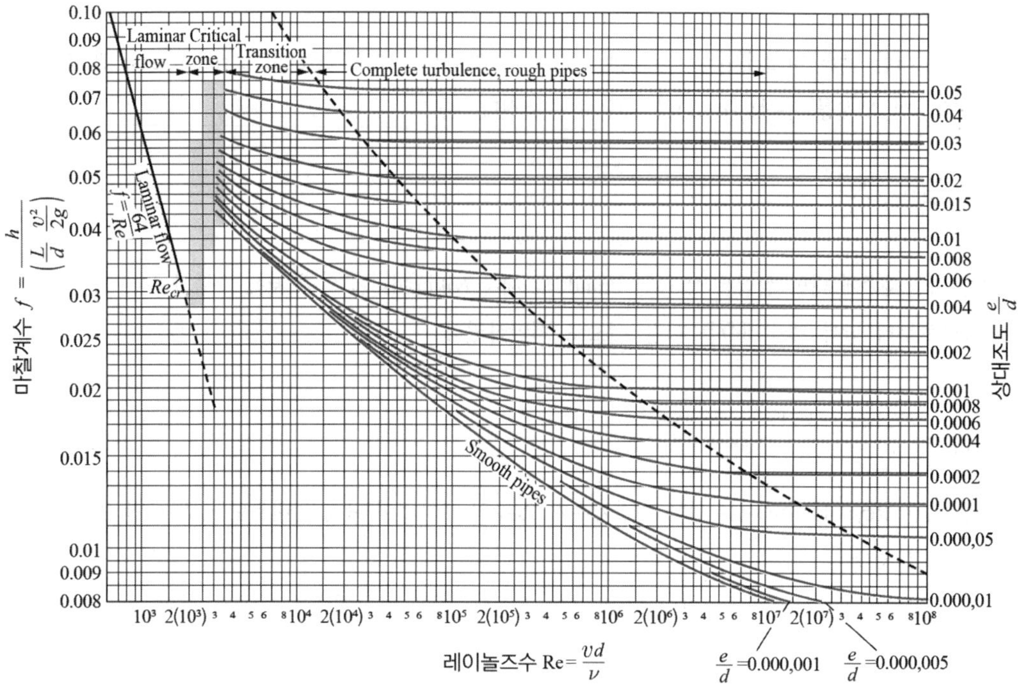

그림 8-7 Moody 선도

③ 천이영역 ($2100 < Re < 4000$)에서는 층류와 난류가 함께 나타나므로 마찰계수도 층류와 난류 사이의 값을 보인다.

④ Re수가 매우 크면 마찰계수 선들이 거의 수평으로 나타나 난류 마찰계수는 Re수와 무관하고 상대조도 만의 영향을 받는다. 즉, $Re \to \infty$이면 Colebrook 식 (8.48)은 Nikuradse 식 (8.47)이 된다.

예제7

공기가 $200\text{ mm} \times 300\text{ mm}$인 덕트 내를 평균속도 2 m/s로서 수평거리 50 m를 흐를 때 압력강하는 얼마인가? 공기는 20℃, 대기압이라 하고 덕트의 재질은 매끈한 철제이다

덕트의 수력직경은 다음과 같다.

$$D_h = \frac{4A}{P} = \frac{2ab}{a+b} = \frac{2 \times 0.2\text{m} \times 0.3\text{m}}{0.2\text{ m} + 0.3\text{ m}} = 0.24\text{ m}$$

덕트 내 공기 흐름에 대한 Reynolds수는 20℃의 공기의 밀도 ρ와 동점성계수 ν를 표에서 찾으면 각각 1.2 kg/m^3, $0.15 \times 10^{-4}\text{ m}^2/\text{s}$이므로 다음과 같다.

$$Re = \frac{vD_h}{\nu} = \frac{2\text{m/s} \times 0.24\text{m}}{0.15 \times 10^{-4}\text{m}^2/\text{s}} = 3.2 \times 10^4$$

따라서 흐름은 난류이다. Moody 선도에서 매끈한 관에서 Re수가 3.2×10^4인 경우 마찰계수 f 를 찾으면 0.023를 얻는다.

그러므로 압력손실은 식 (8.18)에 의해 다음과 같다.

$$\Delta p_L = f\frac{L}{D_h}\frac{\rho v^2}{2} = 0.023 \times \frac{50\text{ m}}{0.24\text{ m}} \times \frac{1.2\text{ kg/m}^3 \times (2\text{ m/s})^2}{2}$$
$$= 1.15\text{ N/m}^2 = 1.15\text{ Pa}$$

8.3.4 난류 속도분포

난류 속도분포는 3개의 흐름영역에서 서로 다르게 주어진다고 기술한 바 있다. 벽층(층류저층)의 속도분포는 뉴턴의 점성법칙에 따라 선형적이며 식 (8.31), 즉 $v/v^* = v^* y/\nu$로 표시되지만, 벽층의 두께가 전형적으로 속도분포의 2% 이내이므로 매우 얇아 무시될 수 있다. 따라서 난류속도분포에 대한 식은 중복층과 난류층에서 얻은 실험식이 제안되었는데, 여기에는 앞에서 설명한 대수법칙을 비롯하여 멱법칙 그리고 일반법칙 등이 있다.

(1) 멱법칙

난류유동에 대한 속도분포 식으로는 가장 간단하게 표현된 멱법칙(power law)이 있고 다음과 같다.

$$\frac{v}{v_{\max}} = \left(\frac{y}{R}\right)^{1/n} \quad \text{또는} \quad \frac{v}{v_{\max}} = \left(1 - \frac{r}{R}\right)^{1/n} \tag{8.50}$$

여기서 지수 n은 Reynolds수에 따라 다르지만 일반적으로 **Re**수가 증가 또는 감소하면 지수 n도 증가 또는 감소한다. 실제 대부분의 관내 난류유동인 $\mathbf{Re} < 10^5$ 조건에서는 $n \fallingdotseq 7$이다. 이를 검토하여 보자. 여기서 최대속도는 경계층 외측의 속도이므로 자유흐름의 속도이다. 즉 $v_{\max} = v_\infty$이다.

Blasius는 매끄러운 원관 내 $3.0 \times 10^3 < \mathrm{Re} < 1.5 \times 10^5$인 범위의 흐름에서 관 마찰계수를 식 (8.43)으로 제안했다.

$$f = 0.3164\,\mathbf{Re}^{-1/4} = 0.3164\left(\frac{v_{avg} D}{\nu}\right)^{-1/4}$$

위 식을 식 (8.22)에 대입하고 $v_{avg} \fallingdotseq 0.8\,v_{\max}$이라 가정하면 벽면 전단응력은 다음 식이 된다.

$$\tau_w = \frac{f}{4}\frac{\rho v_{avg}^2}{2} = \frac{0.3164}{4}\left(\frac{\mu}{\rho v_{avg} D}\right)^{1/4}\frac{\rho v_{avg}^2}{2} = 0.03325\rho\left(\frac{v_{avg}^{7/4}\nu^{1/4}}{R^{1/4}}\right) \tag{8.51}$$
$$= 0.03325\,\rho v_{avg}^2\left(\frac{\nu}{v_{avg} R}\right)^{1/4} = 0.0225\,\rho v_{\max}^2\left(\frac{\nu}{v_{\max} R}\right)^{1/4}$$

위 식의 $\sqrt{\tau_w/\rho}$를 마찰속도 v_*로 표기하고, $v_{\max}$에 대해 정리하여 식 (8.50)에 대입하면 다음 식이 얻어진다.

$$\frac{v}{v_*} = 8.74\left(\frac{v^* y}{\nu}\right)^{1/7} \tag{8.52}$$

관내 최대속도는 관 중심에서의 속도이므로 위 식에 $y=R$과 $v=v_{\max}$를 대입하면 다음과 같다.[151]

$$\frac{v_{\max}}{v_*}=8.74\left(\frac{v_* R}{\nu}\right)^{1/7} \tag{8.53}$$

식 (8.52)와 (8.53)을 고려하면 반경방향 속도분포는 다음 식으로도 표현된다.

$$\frac{v}{v_{\max}}=\left(\frac{y}{R}\right)^{1/7} \tag{8.54}$$

식 (8.52)~(8.54)는 Prandtl과 Karman에 의해 도출된 것으로서 1/7승 법칙이라 하고, 관내 난류의 속도분포를 표현한 실험식으로 잘 사용되고 있다.

관내 난류 평균속도 v_{avg}는 식 (8.54)를 반경에 대한 적분으로 구할 수 있다.

$$v_{avg}=\frac{1}{R}\int_0^R v\,dy=\frac{v_{\max}}{R}\int_0^R\left(\frac{y}{R}\right)^{1/7}dy=\frac{7}{8}v_{\max} \tag{8.55}$$

관내 난류 평균속도와 최대속도와의 비 $v_{avg}/v_{\max}=0.875$는 앞에서 $v_{avg}\fallingdotseq 0.8v_{\max}$라 가정한 것이 타당함을 보이고 있다. 또 난류유동에서 이 값은 층류유동에서의 값, 즉 식 (8.8)의 $v_{avg}/v_{\max}=0.5$와 비교된다.

그러나 난류 유동에서 1/7승 법칙이 성립하는 것은 마찰계수를 도출한 Blasius의 실험범위, 즉 $\mathrm{Re}=3.0\times10^3\sim1.5\times10^5$인 범위이다. Reynolds수가 이 범위를 벗어나면 속도분포는 1/7승 법칙에서 벗어나고 다음 식과 같이 $1/n$승 법칙이 성립한다.

$$\frac{v_{avg}}{v_{\max}}=\left(\frac{y}{R}\right)^{1/n} \tag{8.56}$$

여기에서 속도분포 지수 n은 Reynolds수에 따라 변화되는 값으로서, $\mathrm{Re}=4\times10^3$일 때 6, $\mathrm{Re}=3.2\times10^6$이면 10이 된다. 즉 지수 n은 Re수가 Blasius의 실험범위보다 작으면 작아지고, 크면 커지게 된다. [표 8.3]에 Re수와 n 및 $v_{avg}/v_{\max}$ 사이의 관계를 표시하였다. [그림 8-8]에 층류와 난류의 속도분포를 나타내었다. 층류인 경우는 포물선 형태이고 난류인 경우에는 격렬한 혼합에 의해 반경 방향으로 편평한 형태를 보이고 있다.

표 8.3 Re와 n 및 $v_{avg}/v_{\max}$ 사이의 관계

Re	4×10^3	$1\times10^3\sim1\times10^5$	3.2×10^6
n	6	7	10
$v_{avg}/v_{\max}$	0.791	0.817	0.865

151) $y=R$에서 $v=v_{\max}$ 대신에 경계층의 두께 $y=\delta$에서 주류속도 $v=v_\infty$로 표기하기도 한다. 따라서 식 (8.54), (8.56)의 1/7승 법칙은 $v/v_\infty=(y/\delta)^{1/7}$, $v/v_\infty=(y/\delta)^{1/n}$로 표기하기도 한다.

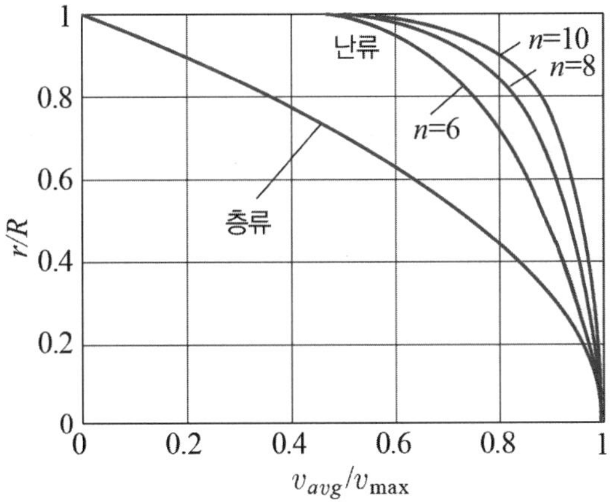

그림 8-8 층류와 난류의 속도분포

(2) 대수법칙

Prandtl이 레이놀즈응력을 혼합거리 l를 제안하여 평가한 후, 그의 혼합거리 이론은 난류해석에 광범위하게 사용되어 난류영역에 대한 대수속도분포 식이 발표되었다. 벽면에 인접한 난류영역에서 혼합거리 l이 벽으로부터 거리 y에 비례하여 변한다고 가정하면 다음 식이 성립한다.

$$l = \kappa y \tag{8.57}$$

여기서 κ는 난류상수 또는 Kármán 상수라 하며 실험에 의해 결정된다.

한편 난류영역의 전단응력이 모두 레이놀즈응력 τ_t이라 가정하면 식 (8.37)에 의해 다음 식으로 쓸 수 있다.

$$\tau_t = \rho l^2 \left| \frac{dv}{dy} \right| \frac{dv}{dy} = \rho \kappa^2 y^2 \left(\frac{dv}{dy} \right)^2$$

난류영역에서 전단응력이 y에 따라 변하지 않고 벽면의 전단응력 τ_w와 같다고 가정하면 위 식은 다음과 같이 쓸 수 있다.

$$\tau_w = \rho \kappa^2 y^2 \left(\frac{dv}{dy} \right)^2 \tag{8.58}$$

위 식의 양변을 제곱근을 취하여 정리하면 다음 식으로 표현된다.

$$dv = \frac{\sqrt{\tau_w/\rho}}{\kappa} \frac{dy}{y}$$

위 식을 적분하고 $\sqrt{\tau_w/\rho}$ 대신에 마찰속도 v_*로 표기하면 다음 식이 된다.

$$\frac{v}{v_*} = \frac{1}{\kappa}\ln\left(\frac{v_* y}{\nu}\right) + C$$

여기에서 κ와 C는 매끈한 벽면의 층류저층에 인접한 난류영역에서 실험으로 구하면 다음과 같다.

$$\kappa = 0.4,\ \ C = 5.5$$

따라서 속도분포는 다음 식으로 나타난다.

$$\frac{v}{v_*} = 2.5\ln\left(\frac{v_* y}{\nu}\right) + 5.5 \tag{8.59}$$

이 식을 10을 밑으로 하는 대수 함수로 표현하면 다음 식이 된다.[152)]

$$\frac{v}{v_*} = 5.75\log_{10}\left(\frac{v_* y}{\nu}\right) + 5.5 \tag{8.60}$$

식 (8.59), (8.60)은 난류 속도분포에 대한 대수법칙(logarithmic law)이라 하고, 무차원거리 $v_* y/\nu$가 대략 30 이상 500 이하의 범위에서 유효하다. 이 식의 중요성은 Reynolds수가 큰 흐름, 즉 Blasius의 실험범위보다 큰 경우에 속도분포를 예측할 수 있다는 점이다. [그림 8-9]는 관내 난류유동에서의 속도분포를 상대거리 $(v^* y/\nu)$에 대한 상대속도 (v/v^*)로 나타내었다.

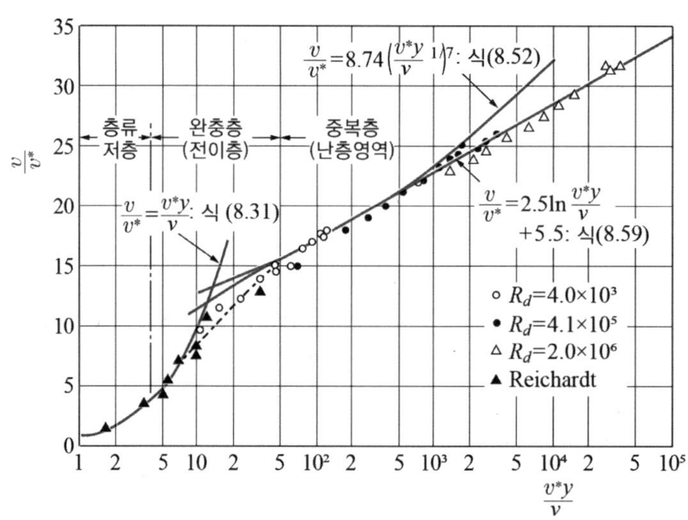

그림 8-9 원 관내 속도분포

---

152) 자연대수 ln를 10을 밑으로 하는 상용대수 log로 바꾸면 $2.5\ln\left(\frac{v_* y}{\nu}\right) = 2.5\,\frac{\log\left(\frac{v_* y}{\nu}\right)}{\log e} = 2.5\times 2.3\log\frac{v_* y}{\nu} = 5.75\log\frac{v_* y}{\nu}$가 된다.

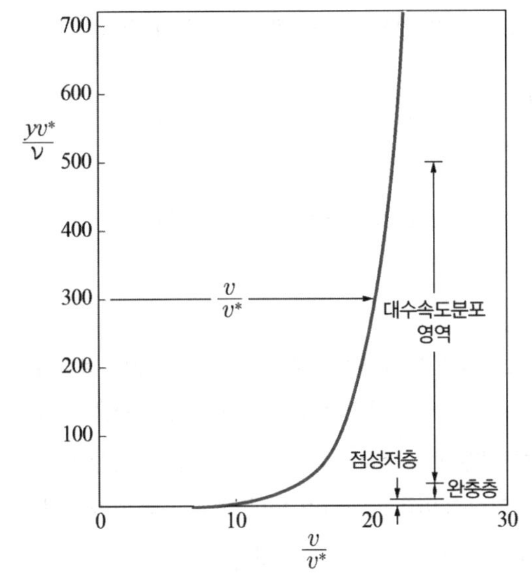

그림 8-10 난류경계층에서의 속도분포

난류경계층에서 속도분포는 [그림 8-9]를 참조하면 먼저 층류저층과 중복층이 다른 것을 알 수 있다. 실험결과와의 비교는 층류저층에서는 식 (8.31)과, 중복층에서는 식 (8.52)와 식 (8.59)와 일치하는 것을 알 수 있다. 더욱이 대수법칙은 멱법칙보다 보다 넓은 영역까지 실험결과와 잘 일치하는 것을 보여주고 있다. 그러나 이 그림은 벽에 인접한 거리를 로그 축척을 사용하였으므로 층류저층의 크기가 실제보다 대단히 크게 표시된다는 점에 주의할 필요가 있다. [그림 8-10]은 무차원거리와 무차원 상대속도를 모두 선형 스케일로 그린 것으로서 층류저층과 완충영역이 난류경계층 전체 두께의 아주 작은 부분(경계층 전체의 2%미만)만을 차지한다는 것을 잘 보여주고 있다.

속도분포를 알면 전단응력을 사용하여 마찰계수를 구할 수 있다. 식 (8.60)에 관 중심의 조건, 즉 $y = R$에서 $v = v_{\max}$를 대입하면 다음과 같다.

$$\frac{v_{\max}}{v_*} = 5.75\log\left(\frac{v_* R}{\nu}\right) + 5.5 \tag{8.61}$$

또 벽면 전단응력 식 (8.22b)와 마찰속도 식 (8.30)을 변형하면 다음 식을 얻는다.

$$f = 8\left(\frac{v_*}{v_{avg}}\right)^2 \tag{8.62}$$

식 (8.61)과 (8.62)에서 마찰속도 v_*를 소거하면 다음 식이 된다.[153)]

$$\frac{1}{\sqrt{f}} = 2.035\log\left(\frac{v_{avg}D}{\nu}\sqrt{f}\right) - 0.91 \tag{8.63}$$

153) 식 (8.63)의 유도는 [예제 8.5]로 주어졌다.

실제는 실험값과 일치시키기 위하여 정수를 수정한 다음 식이 사용된다.

$$\frac{1}{\sqrt{f}} = 2.0\log\left(\frac{v_{avg}D}{\nu}\sqrt{f}\right) - 0.80 \tag{8.64}$$

이들 식들은 전부 매끄러운 관내 난류속도분포에 대한 식이다.

(3) 일반속도분포

관내 난류유동에서 속도분포는 [그림 8-9]에 나타낸 바와 같이 3개의 영역이 모두 벽면으로부터 대수거리 $\ln y$에 대해 나타낼 수 있고, 또한 이들 식은 실험결과와 잘 일치함을 보여주고 있다. 더욱이 이 식들은 원관(pipe flow) 이외에 넓은 평판(flat plate flow)에서도 잘 일치한다고 알려졌다.

난류유동에서 속도분포를 [그림 8-9]를 참고하여 일반속도분포를 유도하여 보자. 그림의 종축, 즉 난류속도와 마찰속도와의 비를 무차원 상대속도 v^+로 정의하자.

$$v^+ \equiv \frac{v}{v_*} \tag{8.65}$$

또 그림의 횡축, 즉 무차원 거리 y^+를 다음 식과 같이 정의하자.

$$y^+ \equiv \frac{v_* y}{\nu} \tag{8.66}$$

위 식의 무차원 거리는 Reynolds수에 대한 정의와 비슷하므로 유사 Reynolds수라고도 한다.

따라서 [그림 8-9]의 속도분포를 종축의 상대속도 v^+와 횡축의 대수 상대거리 $\ln y^+$로 표기하면 다음 식이 된다.

$$v^+ = c_1 \ln y^+ + c_2 \tag{8.67}$$

여기에서 c_1, c_2는 상수이다. 또한 위 식은 상대속도 v^+가 상대거리 y^+의 함수이므로 다음과 같이 나타낼 수 있다.

$$v^+ = f(y^+) \equiv f\left(\ln\frac{y\sqrt{\tau_w/\rho}}{\nu}\right) \tag{8.68}$$

식 (8.67), (8.68)은 매끄러운 관(또는 매끄로운 평판)에서 넓은 범위의 Reynolds수에 걸쳐 실제 속도분포와 잘 일치하기 때문에 일반속도분포(universal velocity distribution)라 한다.

Kármán이 제안한 3층 모형(three-layer scheme)은 일반속도분포에 대한 대표적인 식이다. 그는 높은 Reynolds수에서 매끄러운 관내유동에서 속도를 측정하여 관내 속도분포를 난류중심영역, 완충영역, 층류영역 등 세 영역으로 구별하고 다음과 같이 제안하였다.

① **난류영역**

관 중심부의 난류 중심영역은 무차원 거리가 $y^+ > 30$인 경우이다. 이때 무차원상수의 값으로 각각 $c_1 = 5.75$, $c_2 = 5.5$를 얻었다. 이 값을 식 (8.67)에 대입하면 관내 난류 중심영역에서 상대속도 분포는 다음 식으로 주어진다.

$$v^+ = 5.75 \log y^+ + 5.5 \tag{8.69}$$

이것은 대수속도분포 식 (8.60)과 동일하다.

② **완충영역**

완충영역($5 < y^+ < 30$)에서 속도분포는 근사적으로 다음 식으로 나타냈다.

$$v^+ = 11.5 \log y^+ - 3.05 \tag{8.70}$$

③ **층류저층영역**

층류저층($y^+ < 5$)에서 상대속도분포는 $\tau_w = -\mu dv/dy = \mu v/y$ 및 마찰속도 식 (8.30) $\tau_w = \rho v_*^2$으로부터 다음 식으로 주어진다.

$$v^+ = y^+ \tag{8.71}$$

층류저층의 두께 $\delta_l(=y)$는 $y^+ < 5$인 조건에서 다음 관계, 즉 식 (8.33)으로 주어진다.

$$\delta_l = \frac{5\nu}{v_*}$$

층류저층의 두께는 위 식의 마찰속도 v_* 대신에 벽면전단응력 τ_w을 사용하면 Reynolds수의 함수로 나타낼 수 있다. 즉 식 (8.30)과 (8.20)을 고려하면 $\tau_w = \rho v_*^2 = \rho v_{avg}^2 f/8 \rightarrow v_* = v_{avg}\sqrt{f/8}$인 관계가 있으므로 위 식의 양변에 관 직경 D를 나누어주면 다음 식을 얻는다.

$$\frac{\delta_l}{D} = \frac{5\nu}{v_{avg}\sqrt{f/8}\,D} = \frac{5}{\mathbf{Re}}\left(\frac{8}{f}\right)^{1/2} = \frac{14.1}{\mathbf{Re}\,f^{1/2}}$$

위 식의 마찰계수 f에 식 (8.43)을 사용하면 층류저층의 두께는 다음과 같다.

$$\frac{\delta_l}{D} = \frac{14.1}{\mathbf{Re}(0.3164\,Re^{-1/4})^{1/2}} = 25\,\mathbf{Re}^{-7/8} = 25\,\mathbf{Re}^{-0.875} \tag{8.72}$$

(4) 거친 관내 난류속도분포

지금까지 기술한 난류경계층의 속도분포에 대한 식들은 전부 매끄러운 관에 대한 것이다. 실제 사용되는 관 벽면은 매끄럽지 않고 거칠다. 이 때문에 거친 관내 흐름에 대한 실험도 많이 수행되어 거친 관내 난류속도분포에 대한 식도 제안되었다.

관 벽면의 표면조도 e에 기인한 무차원 거리가 층류저층의 두께보다 작은 경우, 즉

$$\frac{v_* e}{\nu} < 5 \tag{8.73}$$

인 경우에는 매끄러운 관내 흐름과 동일하여 앞에서 기술한 속도분포 식을 그대로 적용할 수 있다.

그러나 다음과 같은 조건일 경우에는 관 벽면이 충분히 '거칠다'라고 표현한다.

$$\frac{v_* e}{\nu} > 100 \tag{8.74}$$

이때의 저항계수는 표면조도를 관 직경(또는 반경)으로 나눈 상대조도, 즉 e/D에 의해 결정된다. 이 경우 상대속도분포는 다음 식으로 표현된다.

$$\frac{v}{v_*} = 2.5 \ln\left(\frac{y}{e}\right) + 8.5 \tag{8.75}$$

이때 거친 관 마찰 저항계수 f는 Nikuradse에 의해 식 (8.47)로 주어졌다.

예제8

대수법칙 속도분포 식 (8.59)와 벽면전단응력 식 (8.22)를 사용하여 관 마찰계수의 식 (8.63)을 유도해라.

관 마찰계수 f는 식 (8.22)에 의해 다음과 같다.

$$f = 8\left(\frac{\tau_w}{\rho}\right)\left(\frac{1}{v_{avg}^2}\right) \quad \cdots\cdots \text{(R1)}$$

여기에서 마찰속도가 $v_*^2 = \tau_w/\rho$인 관계가 있으므로 위 식은 다음 식으로 변형될 수 있다.

$$f = 8\left(\frac{v_*}{v_{avg}}\right)^2 \quad \cdots\cdots \text{(R2)}$$

한편 평균속도는 다음 식으로 표현된다.

$$v_{avg}\pi R^2 = \int_0^R 2\pi(R-y)v\,dy \quad \cdots\cdots \text{(R3)}$$

식 (R3)을 식 (8.59)에 대입하면 다음 식이 얻어진다.

$$v_{avg} = \frac{2}{R^2}\int_0^R (R-y)v_*\left(2.5\ln\frac{v_* y}{\nu} + 5.5\right)dy = \frac{2v_*}{R^2}\int_0^R (R-y)\left(2.5\ln\frac{v_* y}{\nu} + 5.5)dy\right)$$

$$= \frac{2v_*}{R^2}\left[2.5Ry\left(\ln\frac{v_* y}{\nu} - 1\right) + 5.5Ry - 2.5\left(\frac{y^2}{2}\ln\frac{v_* y}{\nu} - \frac{y^2}{4}\right) - \frac{5.5}{2}y^2\right]_0^R$$

$$= \frac{2v_*}{R^2}\left[\frac{2.5}{2}R^2\ln\frac{v_*R}{\nu} + \frac{3.5}{4}R^2\right] \rightarrow \frac{v_{avg}}{v_*} = 2.5\ln\frac{v_*R}{\nu} + 1.75 \quad \text{(R4)}$$

식 (R4)를 변형하면 다음과 같이 된다.

$$\frac{v_{avg}}{v_*} = 2.5\ln\left(\frac{v_{avg}D}{\nu}\frac{v_*}{v_{avg}}\frac{1}{2}\right) + 1.75 \quad \text{(R5)}$$

한편 식 (R2)를 변형하면 다음 식이 된다.

$$\sqrt{f} = 2\sqrt{2}\left(\frac{v_*}{v_{avg}}\right)$$

위 식을 식 (R5)에 대입하면 다음 식을 얻는다.

$$\frac{2\sqrt{2}}{\sqrt{f}} = 2.5\ln\left(\frac{v_{avg}D}{\nu}\frac{\sqrt{f}}{2\sqrt{2}}\frac{1}{2}\right) + 1.75$$

위 식을 연산하면 마찰계수에 대한 식 (8.63)이 얻어진다.

$$\frac{1}{\sqrt{f}} = \frac{2.5}{2\sqrt{2}}\ln\left(\frac{v_{avg}D}{\nu}\sqrt{f}\right) - \frac{1}{2\sqrt{2}}(2.5\ln 4\sqrt{2} - 1.75)$$

이므로

$$\frac{1}{\sqrt{f}} = 2.035\log\left(\frac{v_{avg}D}{\nu}\sqrt{f}\right) - 0.91$$

예제9

속도분포에 대한 대수법칙을 사용하여 직경 $50\ \mathrm{cm}$, 평균 유속 $2\ \mathrm{m/s}$인 송수관의 마찰계수 및 관 중심에서의 속도를 구하라. 단 물의 온도는 20℃이다.

주어진 조건, 즉 20℃의 물의 동점성계수, 직경, 물의 평균속도는 다음과 같다.

$$\nu = 0.01\ \mathrm{cm^2/s} = 1.0\times10^{-6}\ \mathrm{m^2/s},\ D = 0.5\ \mathrm{m},\ v_{avg} = 2\ \mathrm{m/s}$$

먼저 Reynolds수를 구하면 다음과 같다.

$$\mathbf{Re} = \frac{v_{avg}D}{\nu} = \frac{2\ \mathrm{m/s}\times0.5\ \mathrm{m}}{1.0\times10^{-4}\ \mathrm{m^2/s}} = 10^6$$

따라서 관내 흐름은 난류이다. 이 값을 난류 마찰계수에 대한 식 (8.64)에 대입하면 다음과 같다.

$$\frac{1}{\sqrt{f}} = 2.0(\log10^6 + \log\sqrt{f}) - 0.80$$
$$= 2.0\log\sqrt{f} + 11.2$$

위 식과 [그림 8-7] Moody 선도를 고려하여 마찰계수를 구하면 다음과 같다.

$$f = 0.0116$$

다음, 관 중심에서의 속도를 구해보자. 먼저 마찰속도는 식 (8.30)에 의해 다음과 같다.

$$v_*^2 = \frac{\tau_w}{\rho} = \frac{1}{8}fv_{avg}^2 = \frac{1}{8}\times0.0116\times(2\mathrm{m/s})^2 \rightarrow v_* = 0.076\ m/s$$

관 중심에서의 속도 $v_{\max}$는 식 (8.60)에 $y = 0.25m$ 및 마찰속도를 대입하면 다음과 같다.

$$v_{\max} = v_*\left(5.75\log\frac{v_*y}{\nu} + 5.5\right)$$
$$= 0.076\left(5.75\log\frac{0.076\times0.25}{10^{-6}} + 5.5\right)$$
$$= 2.29\ [\mathrm{m/s}]$$

예제10

직경이 $0.1\ \mathrm{m}$인 관내를 물이 각각 다음과 같은 평균속도로 흐를 때 속도분포를 일반화한 속도분포 식을 사용하여 구하여라. 또한 층류저층의 두께는 얼마인가?

(a) 평균속도 : $5\times10^{-3}\ \mathrm{m/s}$

(b) 평균속도 : $0.3\ \mathrm{m/s}$

(c) 평균속도 : $2\ \mathrm{m/s}$

먼저 평균속도에 대하여 Reynolds수를 계산한다. 물의 밀도 ρ, 점도 μ는 다음과 같다.

$\rho = 1000\ \mathrm{kg/m^3},\ \mu = 1.0\times10^{-3}\ \mathrm{N/m\cdot s}$

(a) 평균속도가 $v_{avg} = 5\times10^{-3}\ \mathrm{m/s}$인 때 Re수는 다음과 같다.

$$\mathrm{Re} = \frac{\rho \mathrm{v_{avg}D}}{\mu} = \frac{1000\ \mathrm{kg/m^3}\times(5\times10^{-3})\ \mathrm{m/s}\times0.1\ \mathrm{m}}{1.0\times10^{-3}\ \mathrm{N/m\cdot s}} = 500$$

이것은 층류이다. 관내 층류유동에 대한 속도분포는 식 (8.8)에 의해 다음과 같다.

$$v = 2v_{avg}\left\{1-\left(\frac{r}{R}\right)^2\right\} = 2\times(5\times10^{-3})\times\left(1-\frac{r^2}{0.05^2}\right)$$
$$= 1\times10^{-2}\times(1-400r^2)\ [\mathrm{m/s}]$$

위 속도분포 식을 벽면으로부터 거리 $y(=R-r)$로 표현하면 다음과 같다.

$$v = 1\times10^{-2}\times\{1-400(R-y)^2\} = 1\times10^{-2}-4\times(0.05-y)^2\ \ [\mathrm{m/s}]$$

층류저층의 두께는 $0\le y\le 0.05$가 된다.

(b) 평균속도 $v_{avg} = 0.3\ \mathrm{m/s}$일 때 $\mathrm{Re} = 3\times10^4$이므로 관내 흐름은 난류다. 또한 Re수는 마찰계수에 대한 Blasius의 식이 성립하는 범위에 있다.

마찰속도 v_*는 벽면 전단응력 τ_w에 식 (8.51)을 적용하면 다음과 같다.

$$v_* = \sqrt{\frac{\tau_w}{\rho}} = \left(0.03325\frac{v_{avg}^{7/4}\,\nu^{1/4}}{R^{1/4}}\right)^{1/2} = \left(0.03325\frac{(0.3)^{7/4}(1\times10^{-6})^{1/4}}{(0.05)^{1/4}}\right)^{1/2}$$
$$= 1.61\times10^{-2}\ \mathrm{m/s}$$

또 무차원속도 v^+와 무차원거리 y^+는 식 (8.65)와 (8.66)에 의해 다음과 같다.

$$v^+ \equiv \frac{v}{v_*} = \frac{v}{1.61\times10^{-2}} = 62.1v \rightarrow v = \frac{v^+}{62.1}$$

$$y^+ \equiv \frac{v_*\,y}{\nu} = \frac{1.61\times10^{-2}\,y}{1.0\times10^{-6}} = 1.61\times10^4 y \rightarrow y = \frac{y^+}{1.61\times10^4}$$

이 데이터를 Karman의 3층 모형에 대입하면 각 영역에서 속도분포는 다음과 같다.

① 층류저층($y^+<5$) : 즉 $y<0.31\times10^{-3}\ \mathrm{m}$일 때, $v^+=y^+$이므로

$$v = \frac{v^+}{62.1} = \frac{1.61\times10^4\,y}{62.1} = 259.3\,y$$

층류저층의 두께는 식 (8.72)에 의하여 다음과 같다.

$$\delta_l = 25DRe^{-0.875} = 25\times0.1m\times(3\times10^4)^{-0.875} = 0.3\mathrm{mm}$$

② 완충영역($5<y^+<30$) : $0.31\,\mathrm{mm}<\mathrm{y}<1.83\,\mathrm{mm}$인 영역에서 속도분포는 식 (8.70)에 의해 $v^+ = 11.5\log y^+ - 3.05$이므로 다음과 같다.

$$v = \frac{1}{62.1}\{11.5\log(1.61\times10^4 y) - 3.05\} = 0.164\ln y + 1.61$$

③ 난류영역($y^+>30$) : $y>1.83\mathrm{mm}$일 때는 식 (8/69), 즉 $v^+ = 5.75\log y^+ + 5.5$이므로

$$v = \frac{1}{62.1}\{5.75\ln(1.61\times10^4 y) + 5.5\} = 0.0944\log y + 0.488$$

(c) 평균속도 $v_{avg} = 2\,\mathrm{m/s}$일 때 $\mathrm{Re} = 2\times10^5$이다. 이와 같이 높은 Reynolds수에서는 Prandtl-Karman의 식 (8.44)가 실험과 잘 일치한다. 따라서 마찰계수 f는 다음과 같다.

$$\frac{1}{\sqrt{f}} = 2\log_{10}\frac{(2\times10^5)\sqrt{f}}{2.51} = 2\log_{10}\sqrt{f} + 9.8 \rightarrow f = 3.88\times10^{-3}$$

벽면 전단응력은 식 (8.22)에 의해 $\tau_w = f\cdot\rho v/8 = 1.94\,\mathrm{N/m^2}$이므로 마찰속도는 $v_* = \sqrt{\tau_w/\rho} = 0.044\mathrm{m/s}$를 얻는다. 위와 동일하게 각 영역의 속도분포를 구하면 다음과 같다.

① 층류저층 : $y < 5.68\times10^{-5}\,\mathrm{m}$일 때 $v = 7700y$

② 천이영역 : $5.68\times10^{-5}\,\mathrm{m} < y < 3.41\times10^{-4}\,\mathrm{m}$일 때 $v = 4.74 + 1.01\log y$

③ 난류영역 : $y > 3.41\times10^{-4}\,\mathrm{m}$일 때 $v = 2.99 + 0.51\log y$

이것들의 관계를 [그림 예제8.7]에 나타내었다. 각 영역별 속도분포에 차이가 있음을 알 수 있다.

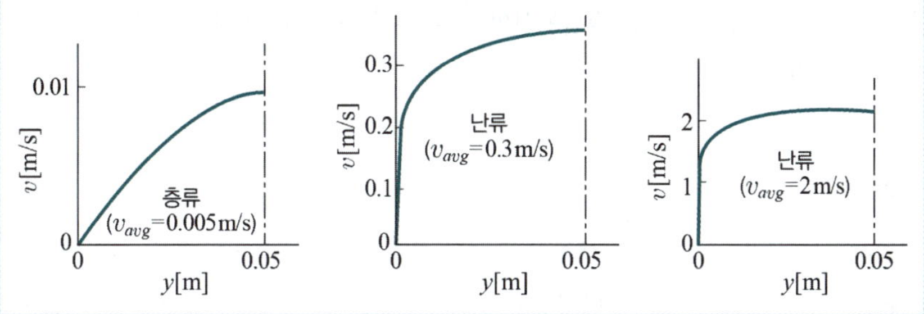

[그림 예제8.10] 속도분포

8.4 내부유동 유동손실

관내 유동에서 중요한 것은 총 유동손실의 평가이다. 유동손실은 단면적이 일정한 직관에서 나타나는 주 손실과 그 외 관로의 면적과 방향이 변한다든지 혹은 관로 도중에 설치된 엘보(elbow), 밸브(valve), 유니온(union), 티(tee) 등의 관 부속품에 기인하여 나타나는 부차적 손실의 합으로 평가된다. 주 손실에는 마찰계수가 중요하고 부차적 손실에는 부차적 손실계수가 중요하다.

8.4.1 펌프

펌프의 목적은 관을 통한 유체의 양수 및 수송이다. 양수란 낮은 곳의 물을 높은 곳으로 보내는 것을 의미한다. 따라서 펌프는 물에 압력(또는 에너지)을 가하여 전 수두를 증가시켜 저수지의 물을 고수지로 보낸다. 펌프의 수두를 양정(total head)이라 하고, 이것은 실 양정에 유동손실의 합으로 결정된다.

[그림 8-11]에 펌프에 엘보, 밸브, 티가 설치된 기본적인 배관시스템을 나타냈다. 저수지의 수면을 단면 ①, 고수지의 수면을 단면 ②라 하고, 수면의 높이 z_1, z_2, 대기압 p_0, 물의 비중량을 $\gamma(=\rho g)$라 하면

단면 ①, ②에서 전 수두는 각각 z_1+p_0/γ, z_2+p_0/γ이다. 따라서 펌프의 양정 H_p, 관로의 총 유동손실 $h_{L,total}$을 포함한 Bernoulli 방정식은 다음과 같다.

$$z_1+\frac{p_0}{\gamma}+H_p=z_2+\frac{p_0}{\gamma}+h_{L,total}$$

양 수면의 높이 차 z_2-z_1을 실 양정(actual head) H_z이라 한다. 따라서 펌프의 양정은 위 식에 의하여 실 양정과 총 유동손실의 합으로 주어진다.

$$H_p=H_z+h_{L,total} \tag{8.76}$$

총 유동손실은 [그림 8-11]을 참고하면 직관에서의 주 손실과 관 입구, 엘보, 티 및 관 출구에서의 부차적 손실의 합으로 주어진다.

8.4.2 주 손실

주 손실은 직관에서의 마찰손실(또는 압력손실)을 의미한다. 단면이 일정한 직관 내를 유체가 흐르면 관 벽면과의 마찰에 의해 압력손실 Δp_L이 발생하고, 그 크기는 손실수두 h_L로 표현된다. 직관의 손실수두는 식 (8.19)에 의해 다음과 같다.

$$h_L=\frac{\Delta p_L}{\rho g}=f\frac{L}{D}\frac{v_{avg}^2}{2g}$$

여기에서 Δp_L는 관 길이 L 사이에서 발생하는 압력손실, D는 관의 직경, ρ는 유체의 밀도, v_{avg}는 평균속도이고, f는 관 마찰계수이다.

비원관에서의 손실수두는 위 식의 직경 D 대신에 수력직경 D_h로 대체하여 위 식을 그대로 사용할 수 있다.

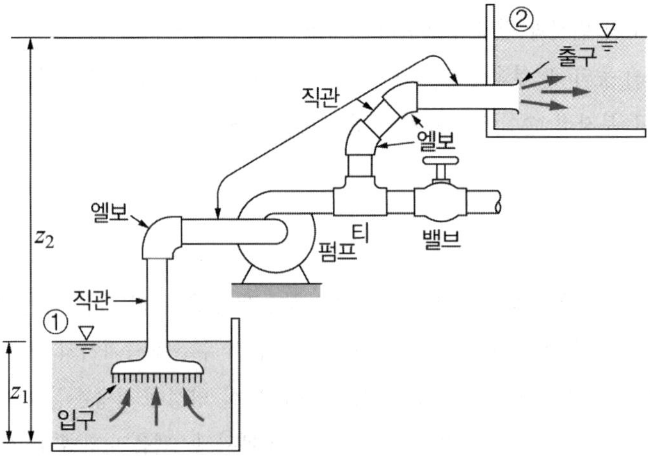

그림 8-11 배관시스템

8.4.3 부차적 손실

부차적 손실은 배관시스템에서 직관 이외에 나타나는 압력손실을 의미한다. 관로의 단면적과 유동 방향이 변한다거나 또는 밸브 등 부속품이 설치되어 있으면 흐름이 교란되고 유동박리와 혼합 등으로 인해 압력손실이 발생한다. 배관시스템의 부속품에 의한 손실계수는 부품의 형상에 따라 크게 영향을 받지만, Re수가 큰 유동에서는 Reynolds수의 영향은 별로 없다.

부차적 수두손실 h_L은 주손실과 마찬가지로 속도수두에 비례한다고 가정하여 부차적 손실계수 K_L과 속도수두 $v_{avg}^2/2g$와의 곱으로 평가된다.

$$h_L = K_L \frac{v_{avg}^2}{2g} \tag{8.77a}$$

여기에서 v_{avg}는 손실수두가 생기지 않는 단면에서의 평균속도이고, 평균속도가 변할 때에는 속도가 큰 쪽을 취한다.

부차적 손실(또는 부차적 손실계수)은 직관에서의 손실수두 식 (8.19)와 동일한 형태로 취급하기 위하여 다음 식으로 정의되는 등가길이(equivalent length) L_{eq}로 나타내기도 한다. 즉

$$h_L = K_L \frac{v_{avg}^2}{2g} = f \frac{L_{eq}}{D} \frac{v_{avg}^2}{2g} \tag{8.77b}$$

따라서 등가길이는 다음 식으로 표현된다.

$$L_{eq} = \frac{D}{f} K_L \tag{8.78}$$

등가길이란 부차적 손실계수에 대응한 동일한 직경과 마찰계수를 갖는 직관의 길이를 의미한다.

[그림 8-12]와 같이 직경이 D_1 및 D_2인 직렬관을 직경이 D_2인 한 개의 관으로만 이루어졌다고 가정하자. 그러면 D_1, L_1인 관에서의 손실은 등가길이를 사용하여 D_2, L_{eq} 관에서의 손실로 고려할 수 있다. 즉 손실수두에 대한 식 (8.19)를 적용하면 다음 식이 된다.

$$h_{L1} = f_1 \frac{L_1}{D_1} \frac{v_{avg,1}^2}{2g} = f_2 \frac{L_{eq}}{D_2} \frac{v_{avg,2}^2}{2g}$$

이므로

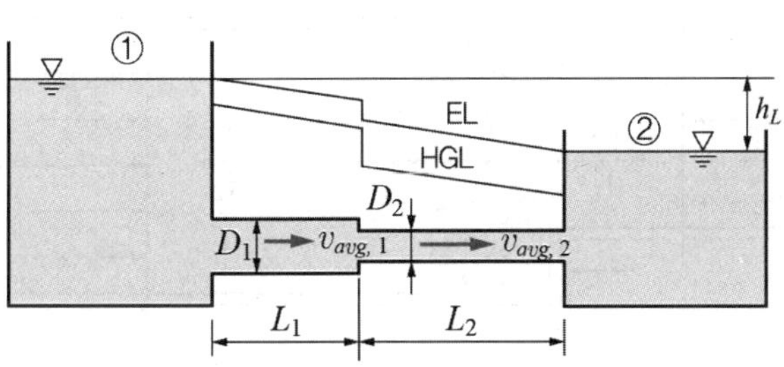

그림 8-12 직경이 다른 직렬관

$$L_{eq} = L_1 \frac{f_1}{f_2} \frac{D_2}{D_1} \left(\frac{v_{avg,1}^2}{v_{avg,2}^2} \right) = L_1 \frac{f_1}{f_2} \frac{D_2}{D_1} \left(\frac{D_2}{D_1} \right)^4 = L_1 \frac{f_1}{f_2} \left(\frac{D_2}{D_1} \right)^5$$

여기에서 연속방정식에 의해서 $(v_{avg,1}^2/v_{avg,2}^2) = (D_2/D_1)^4$이다. 따라서 D_1, L_1인 관은 D_2, L_{eq}인 관으로 고려할 수 있다.

(1) 단면적 변화에 의한 손실

관의 단면적(또는 직경) 변화에 의한 손실은 유동방향으로 급격 확대관, 급격 축소관, 점진적 확대관, 점진적 축소관으로 나누어 고려할 수 있다. 관의 단면적 변화에 의해 압력손실이 발생하는 이유는 급격한 속도의 변화에 기인한다.

관의 단면적 변화는 속도의 변화를 가져오고, 속도의 변화는 압력의 변화를 가져오는데, 이때 손실이 나타나기 때문이다. 축소관인 경우에는 압력에너지가 속도에너지로 변화하는데, 이 변환은 쉽게 행하여져 압력손실이 근소하여 무시하는 경우가 많다. 그러나 반대로 확대관인 경우에는 속도에너지가 쉽게 압력에너지로 변환되지 못하여 손실이 발생하고 손실도 무시할 수 없을 정도로 큰 경우가 많다.

① 급격 확대관

일반적으로 단면적의 변화가 작은 경우에는 속도변화도 작아 손실을 무시할 수 있지만, 단면적이 급격히 변하는 경우에는 속도변화도 커서 큰 손실이 발생한다. 즉 급격확대관 및 급격축소관에서 손실이 크게 나타난다.

부차적 수두손실(또는 손실계수)은 Bernoulli 방정식과 운동량법칙으로 구할 수 있다. 관의 단면적이 A_1에서 A_2로 급격히 확대한 경우에는 [그림 8-13]에 나타낸 바와 같이 흐름이 확대관에서 순환류가 발생되어 손실을 일으킨다. 상류측 ①과 순환류 영역을 벗어난 하류측 ② 사이에 손실수두(수두손실) h_L를 고려하면 다음과 같은 Bernoulli 방정식이 성립한다.

$$\frac{p_1}{\gamma} + \frac{v_1^2}{2g} = \frac{p_2}{\gamma} + \frac{v_2^2}{2g} + h_L \rightarrow$$

$$h_L = \frac{v_1^2 - v_2^2}{2g} + \frac{p_1 - p_2}{\gamma} \tag{8.79}$$

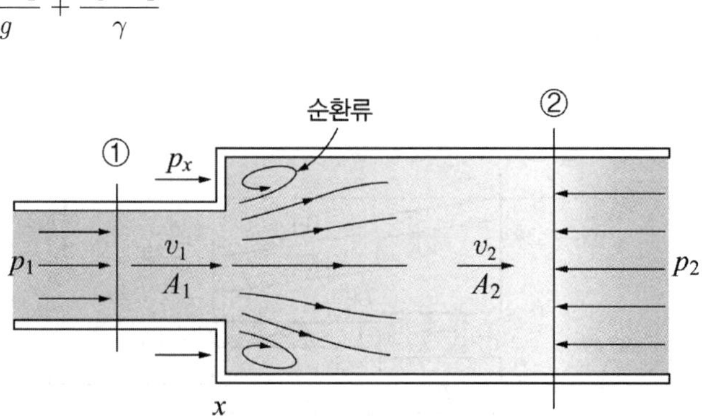

그림 8-13 급격 확대관

여기에서 v는 관내 평균속도, p는 압력, $\gamma(=\rho g)$는 유체의 비중량, 하첨자 1, 2는 상류측과 하류측을 가리킨다.

상류측 ①과 하류측 ② 사이를 검사체적으로 고려하여 운동량법칙 식 (4.5a)을 적용하면 다음 식으로 표현된다.

$$p_1A_1+p_x(A_2-A_1)-p_2A_2=\frac{\gamma}{g}(v_2^2A_2-v_1^2A_1)$$

여기에서 p_x는 x면에서의 압력이다. 압력 p_x를 p_1과 같다고 가정하고, 또 연속의 조건 $v_1A_1=v_2A_2$에 의해서 $A_1/A_2=v_2/v_1$를 고려하면 위 식은 다음 식이 된다.

$$p_1-p_2=\frac{\gamma}{g}\left(v_2^2-v_1^2\frac{A_1}{A_2}\right)\rightarrow p_1-p_2=\frac{\gamma}{g}(v_2^2-v_1v_2)$$

이 식을 식 (8.79)에 대입하면 급격 확대관에서 손실수두는 다음 식으로 주어진다.

$$h_L=\frac{v_1^2-v_2^2}{2g}+\frac{(v_2^2-v_1v_2)}{g}=\frac{(v_1-v_2)^2}{2g} \tag{8.80a}$$

또는

$$h_L=\left(1-\frac{v_2}{v_1}\right)^2\frac{v_1^2}{2g}=\left(1-\frac{A_1}{A_2}\right)^2\frac{v_1^2}{2g} \tag{8.80b}$$

실험에 의하면 $p_x=p_1$은 엄밀히는 정확하지 않다. 따라서 실제는 위의 손실수두는 비례계수 ξ를 사용하여 다음과 같이 표시한다,

$$h_L=K_L'\frac{(v_1-v_2)^2}{2g}=K_L'\left(1-\frac{A_1}{A_2}\right)^2\frac{v_1^2}{2g}=K_L\frac{v_1^2}{2g} \tag{8.80c}$$

여기에서 K_L'는 1 또는 1보다 약간 큰 상수이다. 따라서 급격 확대관에서 손실수두계수(손실계수) K_L는 $K_L\cong(1-A_1/A_2)^2$로 평가된다. 따라서 급격 확대관의 손실계수는 면적비 A_1/A_2가 클수록 작아짐을 알 수 있다. 확대관이 무한히 큰 극한 급격 확대관은 $A_1/A_2\cong 0$이므로 손실계수가 K_L=1이 된다. 이것은 식 (8.80c)에 의해서 $v_1^2/2g$, 즉 운동에너지가 완전히 소멸되어 열에너지로 변환되는 것을 의미한다. 극한 급격 확대관은 관의 출구가 대기에 노출된 경우라 할 수 있다. 급격 확대관의 손실계수를 [그림 8-14]에 나타내었다.

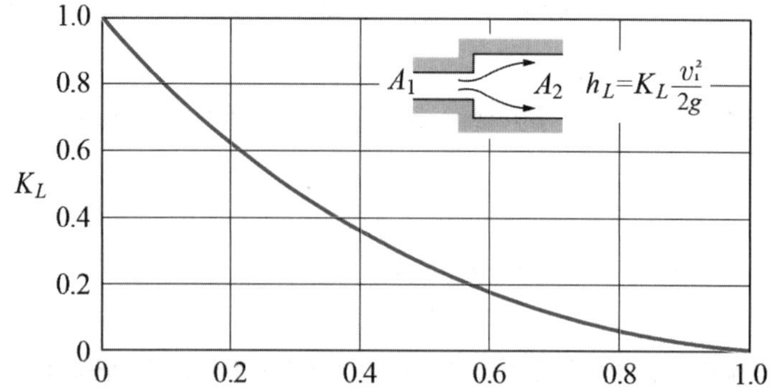

그림 8-14 급격 확대관에서의 손실계수

② **급격 축소관**

급격 축소관에서 발생되는 손실수두는 확대관의 경우와 비슷한 방법으로 유도할 수 있다. 그러나 이때에는 급격 축소관 내에서 흐름이 박리되어 좁은 유로의 축맥(베나 콘트랙타, vena contracta)이 형성된다. 따라서 이곳의 속도를 정확히 알기 위해서는 축소된 곳의 단면적을 알아야 한다.

급격 축소관 내의 흐름을 [그림 8-15](a)에 나타냈다. 여기에서 x는 최소 축소부의 위치이고, 이곳의 속도는 최대, 압력은 최소가 된다. 따라서 급격 축소관 내 흐름은 상류측 단면 ①에서 x단면까지 축소하여 흐르고, x단면부터 단면 ②까지는 확대하여 흐르게 된다. 이 경우 x단면 이전의 축소흐름에서는 압력에너지가 속도에너지로 쉽게 변하여 손실을 무시할 수 있지만, x단면 이후의 확대부(A_x부터 A_2까지)에서는 손실이 발생한다. 이 손실수두를 h_L라고 하면 식 (8.80)에 의해 다음과 같이 쓸 수 있다.

$$h_L = \frac{1}{2g}(v_x - v_2)^2 = \left(\frac{v_x}{v_2} - 1\right)^2 \frac{v_2^2}{2g}$$

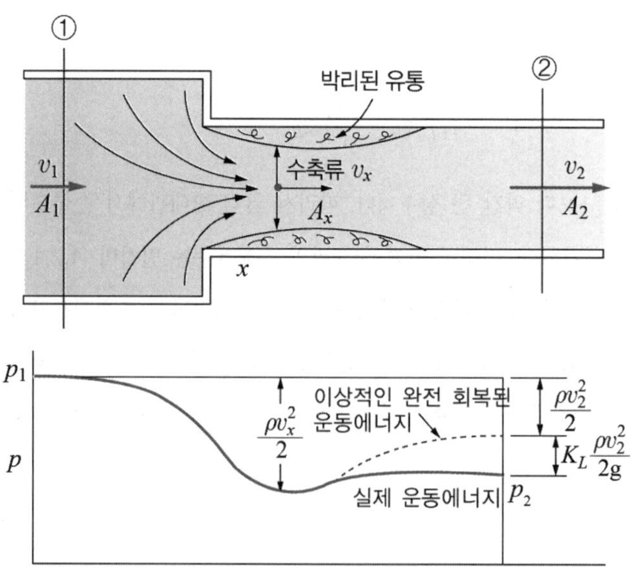

그림 8-15 급격 축소관

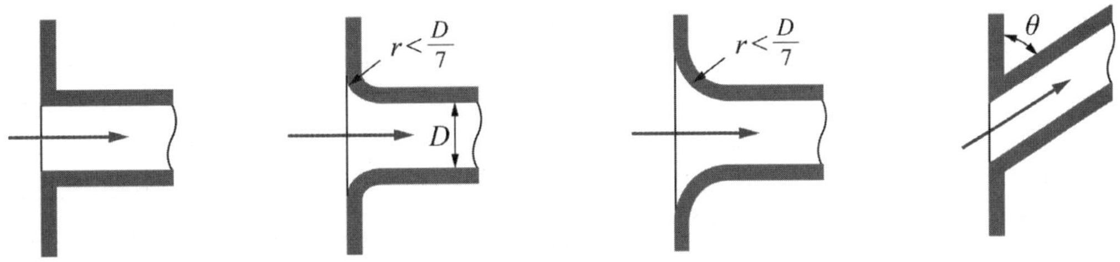

그림 8-16 관의 장착방법에 따른 손실계수

이 식에 연속의 조건 $A_1/A_2 = v_2/v_1$를 고려하여 정리하면 다음 식이 된다.

$$h_L = \left(\frac{A_2}{A_x} - 1\right)^2 \frac{v_2^2}{2g} = \left(\frac{1}{C} - 1\right) \frac{v_2^2}{2g} = K_L \frac{v_2^2}{2g} \tag{8.81}$$

위 식에서 급격 축소관에서 손실계수 K_L를 알기 위해서는 면적비 A_2/A_x를 알 필요가 있다. 이것의 역수, 즉 $C \equiv A_x/A_2$로 정의하고 C를 수축계수라고 한다. 바이스바흐(Weisbach)는 수축계수 C는 면적비 A_2/A_1에 따라 다르다며 [표 8.4]와 같이 주었다. 급격 축소관의 손실계수는 면적비 A_2/A_1가 클수록 작아지는 것을 알 수 있다.

표 8.4 여러 가지 면적비에 대한 수축계수와 손실계수

면적비, A_2/A_1	0.01	0.1	0.2	0.4	0.6	0.8	1.0
수축계수, C	0.617	0.624	0.632	0.649	0.712	0.813	1.00
손실계수, K_L	0.50	0.46	0.41	0.30	0.18	0.06	0

급격 축소관의 극단적인 예로서는 저수지나 커다란 용기에 관이 직접 연결된 경우이다. 이때에는 $A_2/A_1 \approx 0$이 되고, $A_2/A_1 = 0.01$에서 손실계수 K_L는 0.5가 된다. 이것은 운동에너지의 반(1/2)이 손실된다는 의미이다. 그러나 이 경우는 관 입구의 형상이 수직 단면과 같이 날카로운 경우이고, 손실계수는 [그림 8-16]에 나타낸 바와 같이 관 입구의 형상이나 장착 방법에 따라서도 달라진다. 일반적으로는 그 손실을 줄이기 위하여 관 입구를 둥글고 매끄럽게 하여 손실계수를 $K_L = 0.01 \sim 0.05$으로 떨어뜨려 급격 축소관에서도 손실이 무시될 때가 많다.

③ 점진적 확대관

관의 단면적이 흐름의 진행방향으로 커지는 점진적 확대관(원추형 디퓨저)의 손실수두를 고려하자. 이것을 [그림 8-17]에 나타냈다. 확대각 θ가 비교적 작을 때에는 흐름은 벽을 따라 흘러 유동손실은 비교적 작다. 그러나 확대각이 클 경우에는 흐름이 벽면에서 벗어나는 박리현상이 일어나 벽과의 사이에 와류가 발생하여 유동손실이 나타난다.

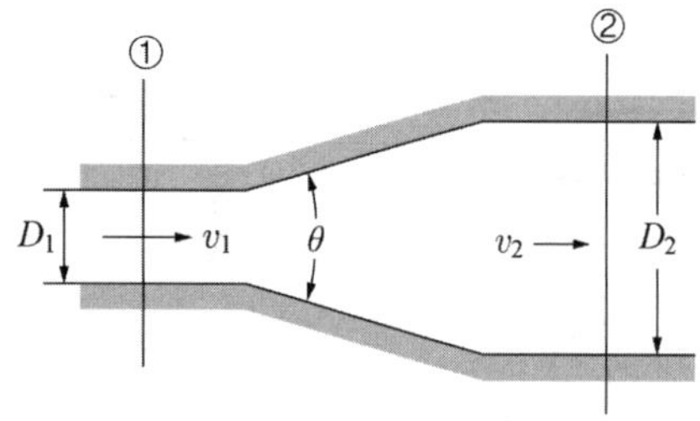

그림 8-17 점진적 확대관

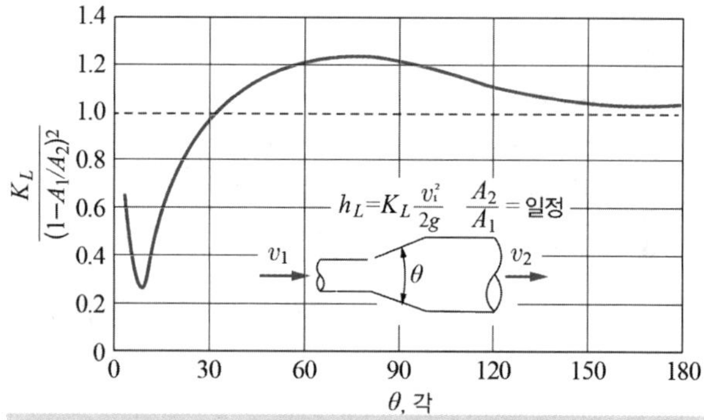

그림 8-18 점진 확대관의 확대각에 따른 손실계수

점진적 확대관의 단면 ①, ② 사이에 손실수두 h_L를 고려한 Bernoulli 방정식은 다음과 같다.

$$\frac{p_1}{\gamma} + \frac{v_1^2}{2g} = \frac{p_2}{\gamma} + \frac{v_2^2}{2g} + h_L$$

이 식은 급격 확대관에서 Bernoulli 방정식과 같다. 따라서 점진적 확대관에서의 손실수두는 급격 확대관에서의 손실수두 식 (8.80c)과 같이 동일하고 일반적으로 다음과 같이 나타낸다.

$$h_L = \frac{K_L}{(1 - A_1/A_2)^2} \frac{(v_1 - v_2)^2}{2g} = K_L \frac{v_1^2}{2g} \tag{8.82}$$

점진적 확대관의 손실계수 K_L은 확대각 θ와 횡 단면의 형태에 따라 달라진다. [그림 8-18]은 원형 단면의 확대각 θ에 따른 손실계수를 나타냈다. 손실계수는 확대각 6° 부근에서 최소값 0.135를 나타내고, 60° ~ 70° 부근에서 최대값 1.22를 보이고 있다. 점진 확대관의 손실계수는 관의 직경비 D_2/D_1에 따라서도 다르게 된다.

예제11

직경 120 mm **관에서 직경** 240 mm **관으로 연결된 급격 확대관에 20℃ 물이 유량** 0.2 m³/s**로 흐르고 있다. 직경** 120 mm **관에서의 압력이** 100 kPa**이라면 직경** 240 mm **관에서의 압력은 얼마인가?**

각 관에서의 유속은 다음과 같다.

$$v_1 = \frac{Q}{A_1} = \frac{0.2\ \mathrm{m^3/s}}{\pi(0.12\ \mathrm{m})^2/4} = 17.68\ \mathrm{m/s}$$

$$v_2 = \frac{Q}{A_2} = \frac{0.2\ \mathrm{m^3/s}}{\pi(0.24\ \mathrm{m})^2/4} = 4.42\ \mathrm{m/s}$$

먼저 연속방정식과 Bernoulli 방정식에 의해서 구한 수두손실은 식 (8.80a)과 같다. 즉,

$$h_L = \frac{(v_1 - v_2)^2}{2g} = \frac{(17.68 - 4.42)^2\ \mathrm{m^2/s^2}}{2 \times 9.81\ \mathrm{m/s^2}} = 8.96\ \mathrm{m}$$

두 관에 Bernoulli 방정식을 적용하여 p_2를 구하면 다음과 같다.

$$\begin{aligned} p_2 &= p_1 + \frac{(v_1^2 - v_2^2)\gamma}{2g} - \gamma h_L \\ &= 100\,\text{kPa} + \frac{(17.68^2 - 4.42^2)\,\text{m}^2/\text{s}^2 \times 9800\,\text{N/m}^3}{2 \times 9.81\,\text{m/s}^2} - 9800\,\text{N/m}^3 \times 8.96\,\text{m} \\ &= 158.6\,\text{kPa} \end{aligned}$$

예제12

직경 $240\,\text{mm}$ 관에서 직경 $120\,\text{mm}$ 관으로 연결된 급격 축소관에 20℃ 물이 유량 $0.2\,\text{m}^3/\text{s}$로 흐르고 있다. 급격 축소관에서의 압력손실은 얼마인가?

축소관에서의 유속은 다음과 같다.

$$v_2 = \frac{Q}{A_2} = \frac{0.2\,\text{m}^3/\text{s}}{\pi(0.12\,\text{m})^2/4} = 17.68\,\text{m/s}$$

또 급격 축소관에서 손실계수는 [표 8.4]에 의해서 면적비 $A_2/A_1 = 0.25$에 대한 $K_L \approx 0.38$을 얻는다. 따라서 압력손실은 $\Delta p_L = \gamma h_L$ 에 의해 다음과 같다.

$$\begin{aligned} \Delta p_L &= \gamma h_L = \gamma K_L \frac{v_2^2}{2g} \\ &= 9800\,\text{N/m}^3 \times 0.38 \times \frac{(17.68\,\text{m/s})^2}{2 \times 9.81\,\text{m/s}^2} \\ &= 59.3\,\text{kPa} \end{aligned}$$

(2) 관 부속품에 의한 손실

배관시스템의 부속품에는 연결용으로 곡관, 엘보, 티 등이 있고 유량 조절용으로는 글로브밸브, 게이트밸브, 볼 밸브 등 여러 가지가 있다

① 곡관 및 엘보

배관시스템에서 곡관(bend pipe)은 유체 유동의 방향을 바꾸는 역할을 한다. 이 과정에서 유체는 관성에 의하여 관의 안쪽 벽면에서 박리현상이 일어나거나 2차 흐름이 발생하여 손실을 증가시키게 된다.

[그림 8-19]에 나타낸 바와 같은 곡관 내를 유체가 흘러 벽면 일부에 와류가 발생할 때 수두손실은 다음과 같이 표현된다.

$$h_L = \left(K_L' + f\frac{L}{D}\right)\frac{v_{avg}^2}{2g} = K_L \frac{v_{avg}^2}{2g} \tag{8.83}$$

여기서 K_L'는 흐름의 방향변환에 의한 손실계수이고, $f(L/D)$는 곡관의 길이 L 사이의 마찰손실계수이다. 따라서 곡관에서의 수두손실은 직관에서보다 크게 나타난다.

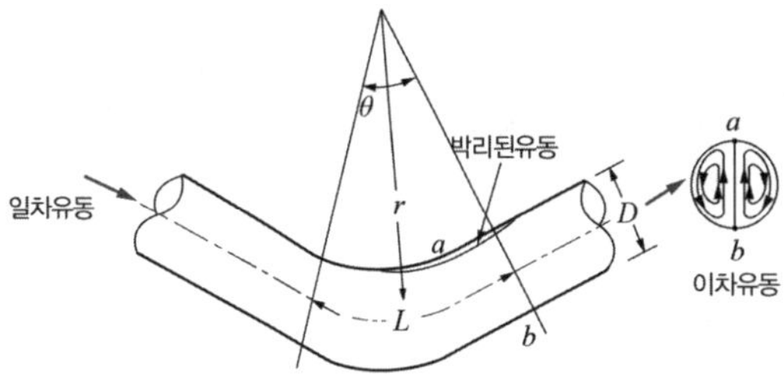

그림 8-19 곡관에서의 유동특성

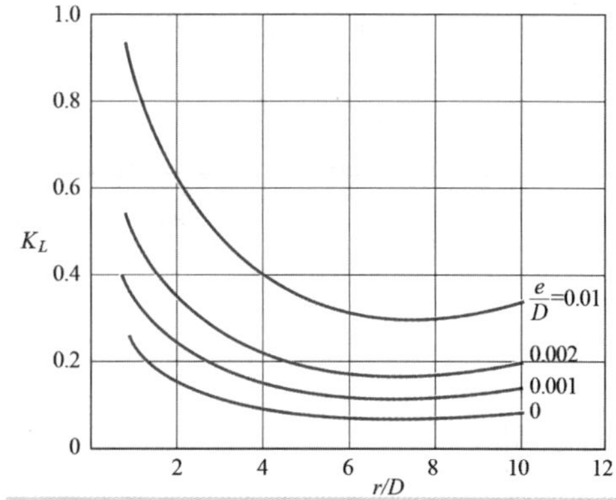

그림 8-20 90° 곡관에서의 손실계수

곡관의 방향변환에 의한 손실계수 K_L'는 r/D와 중심각 θ에 따라 다르게 된다. 90° 곡관을 흐르는 높은 Reynolds수에서의 K_L'는 관의 상대조도 e/D와 r/D에 따라 다르며 [그림 8-20]에 나타내었다. 매끄러운 관에서는 $r/D \approx 6$에서, 거친관에서는 $r/D \approx 7$에서 손실계수가 최소값을 보이고 있다. 곡관의 손실계수 K_L은 방향전환 손실계수 K_L'에 곡관의 축방향 길이에 대한 마찰손실 값 $f(L/D)$를 더해야 한다.

② **밸브**

밸브는 유로의 단면적을 차단하는 방법으로 유체의 양을 조절하는 기구로써 그로 인해 손실이 발생한다. 밸브를 잠그면 밸브의 손실계수 K_L는 무한대가 되고 유체는 흐르지 않게 된다. 밸브를 열면 K_L은 작게 되어 원하는 유량을 얻을 수 있다. 따라서 밸브의 손실계수는 밸브의 열린 정도는 물론 종류에 따라 크게 변하며, 더욱이 지금까지 기술한 곡관, 엘보, 티 등에 비하여 훨씬 크게 나타난다.

밸브의 종류에는 게이트밸브(gate valve), 볼밸브(ball valve), 글로브밸브(grove valve) 등 여러 가지가 있다. 게이트밸브는 밸브 몸체 내부에 디스크의 상하 움직임에 의해서 열리고 닫히는 구조이며, 볼밸브는 몸체 중심부에 설치된 볼의 회전에 의해서 열림과 닫히는 구조이며, 글로브밸브는 몸체 중심부에 수평하게 장착된 디스크의 상하 작용에 따라서 열림 정도가 조절되는 구조로 되어 있다. 밸브에서의 손실수두는 주로 유동의 고속부분에서의 운동에너지 소산에 의한 결과이다. 밸브의 구조를 [그림 8-21]에, 손실계수를 [표 8.5]에 나타내었다.

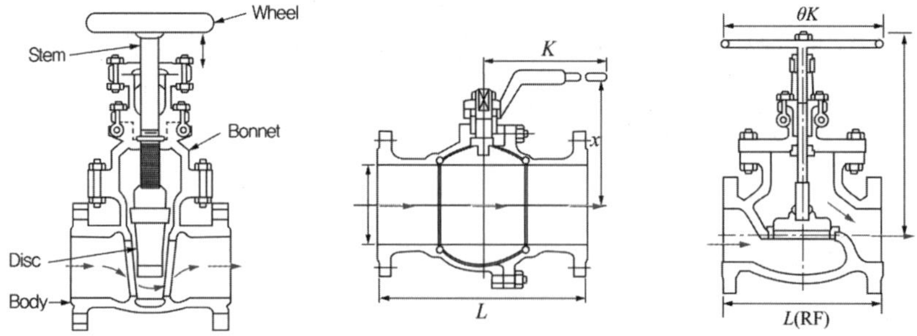

(a) 게이트밸브 (b) 볼밸브 (c) 글로브밸브

그림 8-21 여러 가지 밸브

표 8.5 여러 가지 관 부속품에 대한 손실계수와 등가길이

종류 \ 개도	1/4	1/3	1/2	2/3	3/4	전개
게이트밸브	16.3		10.3		7.63	6.09
글로브밸브	17		2.1		0.26	0.15
볼밸브		201		5.47		0.05

이 값들은 소실계수의 대표적인 값들임, 실제값은 설계와 제작사에 따라 달라질 수 있음

(3) 총 유동손실

배관계는 일반적으로 직경이 다른 2개 이상의 관들이 직렬 또는 병렬로 연결되어 있다. 여기서는 직렬로 연결된 배관계의 총 유동손실을 검토하여 보자.[154)]

[그림 8-22]와 같이 직경이 다른 2개의 직렬관에서 유량은 연속의 조건에 의해 $Q_1 = Q_2$ 이므로 다음 관계가 성립한다.

$$v_1 A_1 = v_2 A_2 \quad \text{또는} \quad \frac{v_1}{v_2} = \frac{D_2^2}{D_1^2}$$

여기서 하첨자 1과 2는 직경이 다른 관을 의미한다.

직렬관의 총 유동손실은 각 관의 손실수두의 합으로 주어진다.

$$h_{L,total} = h_{L,1} + h_{L,2}$$

만약 각 관에 엘보, 티 등의 부속품이 포함되어 있다면 총 유동손실은 각 관의 주 손실 식 (8.19)와 부차적 손실 식 (8.77a)의 합으로 주어져 다음과 같이 표현할 수 있다.

$$h_{L,total} = \frac{v_1^2}{2g}\left(\frac{f_1 L_1}{D_1} + \sum K_{L,1}\right) + \frac{v_2^2}{2g}\left(\frac{f_2 L_2}{D_2} + \sum K_{L,2}\right) \tag{8.84}$$

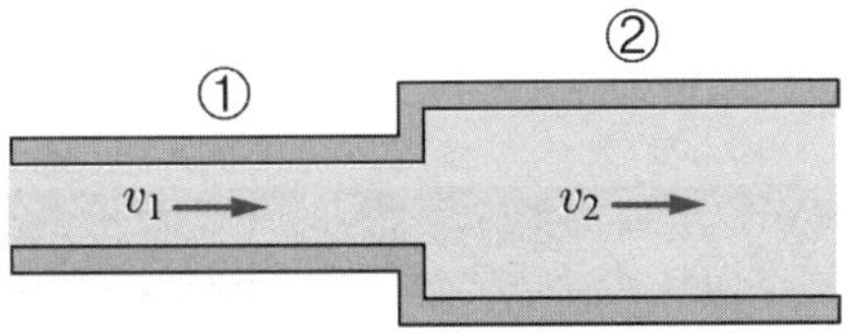

그림 8-22 직렬관

154) 병렬관에 대한 유동손실은 8.5.2 배관망 복합관로에서 설명한다.

예제13

그림과 같이 2개의 탱크가 관으로 연결되어 있을 때, 액체가 이동하는 관내 평균속도를 구하라. 단 상류측과 하류측 탱크의 자유표면의 높이는 각각 z_1, z_2 관의 길이는 L, 관의 지름은 D, 마찰계수는 f이고, 또 상류측 탱크에서 관 입구 및 밸브에서 손실계수는 각각 K_{L1}, K_{L2}라고 한다.

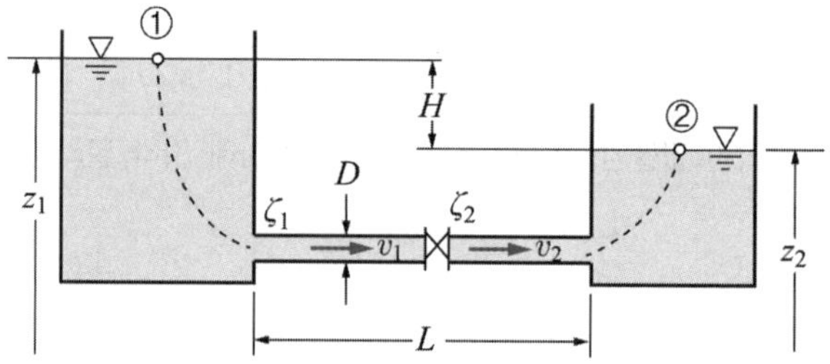

[그림 예제8.13]

대기압을 p_0, 액체의 비중량을 $\gamma(=\rho g)$라 하고, 또 $z_1 - z_2 = H_z$라고 하자. 상류측 탱크의 액면 ①에서 하류측 탱크의 액면 ②에 도달하는 유선을 고려하고 이때 자유표면이 하강하고 상승하는 속도를 무시하고 손실계수를 포함한 Bernoulli 방정식을 적용하면 다음과 같다.

$$z_1 + \frac{p_0}{\gamma} = z_2 + \frac{p_0}{\gamma} + h_L \rightarrow h_L = z_1 - z_2 = H_z$$

한편 총 손실은 식 (8.84)에 나타낸 바와 같이 주 손실(직관의 마찰손실)에 부차적 손실로서 관 입구손실 K_{L1}, 밸브에서 손실 K_{L2} 를 고려하면 다음과 같이 쓸 수 있다.

$$h_L = \frac{v^2}{2g}\left(f\frac{L}{D} + K_{L1} + K_{L2}\right)$$

관내 평균속도는 위 두 식을 같다고 놓고 풀면 다음과 같다.

$$v = \sqrt{2gH\Big/\left(f\frac{L}{D} + K_{L1} + K_{L2}\right)}$$

참고로 만약 마찰계수 f, 부차적 손실계수 K_{L1}, K_{L2} 가 모두 0이라고 하면, 즉 손실이 전혀 없는 경우에는 다음과 같이 주어진다. 이것은 토리첼리의 정리를 의미한다.

$$v = \sqrt{2gH}$$

8.5 배관망

일반적으로 배관망(배관시스템)은 크게 단일관로와 복합관로로 나눌 수 있다. 이들 관로는 직렬 또는 병렬로 배열되어 있다. 배관계에서 구하고자 하는 것은 유동손실(압력강하)을 비롯하여 유량, 관의 직경 등이다.

8.5.1 단일관로

단일관로에서 압력강하는 다음과 같은 요인의 영향을 받는다.

$$\Delta p = f(Q, L, D, e, \Delta z, \text{배관망의 배열}, \rho, \mu)$$

여기서 Q는 유량, L, D는 관의 길이와 직경, e는 관의 조도, Δz는 관의 높이 변화, ρ, μ는 유체의 밀도와 점도이다.

일반적으로 비압축성 유체의 성질은 일정하다고 가정할 수 있지만 조도, 높이 변화, 배관계의 배열 등은 관로의 설계에 따라 다르다. 주어진 배관계와 유체에 대해 이러한 변수들이 결정되면 함수관계는 다음과 같이 바뀐다.

$$\Delta p = f(Q, L, D) \tag{8.85}$$

실제 유동에서는 식 (8.85)에 의해 4개의 변수와 관련이 있다. 따라서 다음 4가지의 경우가 가능하다.

① Q, L, D는 알고 Δp를 모르는 경우

② $\Delta p, Q, D$는 알고 L를 모르는 경우

③ $\Delta p, L, D$는 알고 Q를 모르는 경우

④ $\Delta p, Q, L$는 알고 D를 모르는 경우

①과 ②는 연속방정식과 에너지방정식을 이용하여 풀 수 있지만 ③과 ④는 연속방정식과 에너지방정식이 필요하나 반복계산이 필요하다. 다음의 예로써 설명한다.

(1) Q, L, D는 알고 Δp를 모르는 경우

주어진 자료로부터 계산된 Reynolds수와 상대조도 e/D를 이용하여 Moody 선도로부터 마찰계수 f를 구하여 에너지방정식 (3.99)와 Darcy-Weisbach에 의해 제안된 손실수두 식 (8.18)에 의해 압력강하를 구할 수 있다.

예제14

20℃의 물이 유량 $0.1\ \mathrm{m^3/s}$로 직경 $150\ \mathrm{mm}$의 수평관($e/D = 0.0002$)를 통해 흐르고 있다. 완전히 발달된 유동일 때 관 길이 $10\ \mathrm{m}$당 압력강하를 구하여라.

수평관의 상류측과 하류측을 단면 ①, ②라 하고, 이를 포함한 임의의 검사체적을 고려하여 에너지방정식 (3.99)를 적용하면 다음과 같다.

$$\frac{p_1}{\gamma} + \alpha_1 \frac{v_1^2}{2g} + z_1 = \frac{p_2}{\gamma} + \alpha_2 \frac{v_2^2}{2g} + z_2 + h_L$$

여기서 단면적이 일정한 수평의 원관을 흐르므로 $v_1 = v_2$, $z_1 = z_2$이고, 물은 비압축성유체이므로 비중량 γ(또는 밀도 ρ)는 일정한 상수가 된다. 또 수평관 내의 손실수두 h_L은 Darcy-Weisbach에 의해 제안된

식 (8.18)을 고려하면 위 식은 다음과 같이 쓸 수 있다.

$$\frac{p_1 - p_2}{\gamma} = h_L = f\frac{L}{D}\frac{v_{avg}^2}{2g}$$

여기서 마찰계수 $f = f(\mathbf{Re}, e/D)$이므로 Reynolds수를 알아야 한다.

수평관 내 흐름의 평균속도와 Reynolds수는 20℃ 물의 밀도가 $\rho = 998\,\mathrm{kg/m^3}$, 점성계수가 $\mu = 1.0\times10^{-3}\,\mathrm{kg/(m\cdot s)}$이므로 다음과 같다.

$$v_{avg} = \frac{Q}{A} = \frac{Q}{\pi D^2/4} = \frac{4\times 0.1\,\mathrm{m^3/s}}{\pi\times(0.15\,\mathrm{m})^2} = 5.66\,\mathrm{m/s}$$

$$\mathbf{Re} = \frac{\rho v D}{\mu} = \frac{998\,\mathrm{kg/m^3}\times 5.66\,\mathrm{m/s}\times 0.15\,\mathrm{m}}{1.0\times10^{-3}\,\mathrm{kg/(m\cdot s)}} = 8.47\times10^5$$

따라서 $\mathbf{Re} = 8.47\times10^5$, $e/D = 0.0002$로부터 마찰계수는 Moody 선도에서 0.0149를 얻을 수 있다. 따라서 길이 $L = 10\,\mathrm{m}$당 압력강하는 다음과 같다.

$$p_1 - p_2 = f\frac{L}{D}\rho\frac{v_{avg}^2}{2} = 0.0149\times\frac{10\,\mathrm{m}}{0.15\,\mathrm{m}}\times 998\,\mathrm{kg/m^3}\times\frac{(5.66\,\mathrm{m/s})^2}{2}$$
$$= 15.76\,\mathrm{kPa}$$

(2) Δp, Q, D는 알고 L를 모르는 경우

(1)의 설명과 마찬가지로 주어진 자료로부터 계산된 Reynolds수와 상대조도 e/D를 이용하여 Moody 선도로부터 마찰계수 f를 구하여 에너지방정식 (3.99)와 Darcy-Weisbach에 의해 제안된 손실수두 식 (8.18)에 의해 관의 길이를 구할 수 있다.

예제15

압축공기를 사용하는 드릴(Drill)은 650 kPa의 압력과 공기 0.25 kg/s가 필요하다. 압축기로부터 드릴까지 연결된 호스의 직경은 40 mm이고, 압축기에서 공기의 배출압력은 690 kPa이다. 압축기를 나갈 때의 공기의 온도가 40℃이고 밀도의 변화 및 호스의 곡률반경을 무시할 때 호스의 길이는 얼마인가?

압축기 ①과 드릴 ② 사이를 검사체적으로 설정하자. 각 지점에서 물리량은 다음과 같다.

$p_1 = 690\,\mathrm{kPa}$, $T_1 = 40℃$, $p_2 = 650\,\mathrm{kPa}$

$\dot{m} = 0.25\,\mathrm{kg/s}$, $\rho =$ 일정, $D = 0.04\,\mathrm{m}$

검사체적에 에너지방정식 (3.99)를 적용하면 다음과 같다.

$$\frac{p_1}{\gamma} + \alpha_1\frac{v_1^2}{2g} + z_1 = \frac{p_2}{\gamma} + \alpha_2\frac{v_2^2}{2g} + z_2 + h_L$$

여기서 호스는 단면적이 일정하므로 $v_1 = v_2$이고, 또 운동에너지 수정계수가 같고 호수의 높이 변화도 작다고 고려하면 $\alpha_1 = \alpha_2$, $z_1 = z_2$이다. 따라서 호스 내 손실수두 h_L에 식 (8.18)을 고려하면 위 식은 다음과 같이 쓸 수 있다.

$$p_1 - p_2 = f\frac{L}{D}\rho\frac{v_{avg}^2}{2} \quad \cdots\cdots \text{(R1)}$$

공기의 밀도 ρ는 이상기체 상태방정식으로부터 다음과 같이 얻을 수 있다.

$$\rho = \frac{p_1}{RT_1} = \frac{(690+101)\times10^3\,\mathrm{Pa}}{287\,\mathrm{J/(kg\cdot K)}\times(40+273)\,\mathrm{K}} = 8.81\,\mathrm{kg/m^3}$$

여기서 이상기체 상태방정식이므로 절대압력과 절대온도를 사용하여 계산했다.

공기의 평균속도와 Reynolds수는 공기의 점성계수가 $\mu = 1.8\times10^{-5}\,\mathrm{kg/(m\cdot s)}$이므로 다음과 같다.

$$v_{avg} = \frac{Q}{A} = \frac{\dot{m}}{\rho(\pi D^2/4)} = \frac{4\times0.25\,\mathrm{kg/s}}{8.81\,\mathrm{kg/s}\times3.14\times(0.04\,\mathrm{m})^2} = 22.6\,\mathrm{m/s}$$

$$\mathbf{Re} = \frac{\rho v D}{\mu} = \frac{8.81\,\mathrm{kg/m^3}\times22.6\,\mathrm{m/s}\times0.04\,\mathrm{m}}{1.8\times10^{-5}\,\mathrm{kg/(m\cdot s)}} = 4.42\times10^5$$

마찰계수는 매끈한 관으로 가정하면 Moody 선도에서 0.0134를 얻을 수 있다. 따라서 이 값을 위 식 (R1)에 대입하여 호스의 길이를 구하면 다음과 같다.

$$L = \frac{p_1 - p_2}{\rho}\frac{2D}{f v_{avg}^2} = \frac{(690-650)\,\mathrm{kPa}}{8.81\,\mathrm{kg/m^3}}\times\frac{2\times0.04\,\mathrm{m}}{0.0134\times(22.6\,\mathrm{m/s})^2}$$
$$= 53.1\,\mathrm{m}$$

(3) Δp, L, D는 알고 Q를 모르는 경우

지금까지는 유량을 알았기 때문에 관내 평균속도와 Reynolds수를 구할 수 있어 마찰계수를 얻을 수 있었다. 그런데 유량을 모르면 Reynolds수를 구할 수 없어 마찰계수를 평가할 수 없다. 이런 경우에는 마찰계수를 가정하고 이 가정한 값으로부터 역으로 평균속도, Reynolds수를 구하여 Moody 선도로부터 새로운 마찰계수를 구하여 원하는 값을 얻는, 즉 반복 계산하여 평가할 수 있다. 관내 흐름은 일반적으로 난류이므로 난류마찰계수의 값으로 가정한다.

예제16

그림과 같은 배관계에서 20℃의 물이 직경 200 mm인 강관(조도 0.046)을 통하여 대기중으로 분출한다. 유량을 계산하여라.

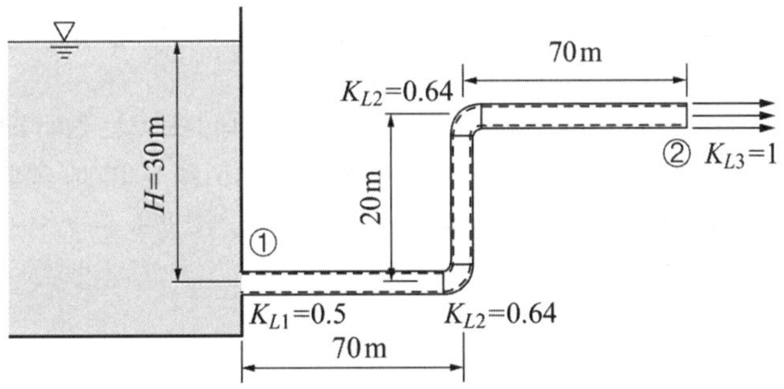

[그림 예제8.16]

강관의 입구를 ①, 강관의 출구를 ②라 하고 그 사이를 검사체적으로 고려하여 에너지방정식 (3.99)를 적용하면 다음과 같다.

$$\frac{p_1}{\gamma} + \frac{v_1^2}{2g} + z_1 = \frac{p_2}{\gamma} + \frac{v_2^2}{2g} + z_2 + h_L \quad \cdots\cdots \text{(R1)}$$

여기서 운동에너지 수정계수는 모두 1로 고려했다.

수조의 자유표면(하첨자 0)과 강관의 유입구(하첨자 1) 사이에 Bernoulli 방정식을 적용하면 다음과 같다.

CHAPTER 8 점성유체의 내부유동

$$\frac{p_0}{\gamma}+\frac{v_0^2}{2g}+z_0=\frac{p_1}{\gamma}+\frac{v_1^2}{2g}+z_1$$

여기서 $p_0=0$, $v_0=0$, $z_0-z_1=30\,\text{m}$이므로 위 식은 다음과 같이 쓸 수 있다.

$$30=\frac{p_1}{\gamma}+\frac{v_1^2}{2g} \qquad \text{(R2)}$$

이 식을 식 (R1)에 대입하면 다음 식을 얻는다.

$$30+z_1=\frac{p_2}{\gamma}+\frac{v_2^2}{2g}+z_2+h_L \qquad \text{(R3)}$$

한편 배관계의 총 손실은 직관의 마찰손실에 부차적 손실로서 관 입구손실 K_{L1}(=0.5), 두 개의 엘보 손실 K_{L2} (=0.64)를 고려하면 다음과 같이 쓸 수 있다.

$$\begin{aligned} h_L &= \frac{v^2}{2g}\left(f\frac{L}{D}+K_{L1}+K_{L2}\right) \\ &= \frac{v_2^2}{2g}\left(f\frac{(70+20+70)\text{m}}{0.2\,\text{m}}+0.5+2\times 0.64\right) \\ &= \frac{v_2^2}{2g}(800f+1.78) \end{aligned}$$

여기서 문제의 값, 즉 $z_2-z_1=20\,\text{m}$, $p_2=0$와 위의 총 손실을 식 (R3)에 대입하면 다음 식을 얻는다.

$$10=\frac{v_2^2}{2g}(800f+2.78) \qquad \text{(R4)}$$

위 식은 속도 v_2와 마찰계수 f 사이의 관계를 나타낸 식으로서 마찰계수가 주어지면 속도를 평가할 수 있다.

마찰계수는 일반적으로 Reynolds수와 상대조도 e/D의 함수이고, 이 문제에서 강관의 상대조도는 $e/D=0.046/200=0.00023$이므로 완전 난류영역에 해당하고, 따라서 마찰계수는 0.014로 가정한다. 이 값을 식 (R4)에 이 값을 대입하여 속도를 구하면 다음과 같다.

$$v_2=3.75\,\text{m/s}$$

마찰계수 f가 타당한지를 검토하기 위하여 위 속도에 대한 Reynolds수를 계산하여 Moody 선도로부터 마찰계수를 찾아보자. 먼저 Reynolds수는 다음과 같다.

$$\mathbf{Re}=\frac{\rho vD}{\mu}=\frac{998\,\text{kg/m}^3\times 3.75\,\text{m/s}\times 0.2\,\text{m}}{1.0\times 10^{-3}\,\text{kg/(m}\cdot\text{s)}}=7.5\times 10^5$$

Moody 선도로부터 $\mathbf{Re}=7.5\times 10^5$ 및 $e/D=0.00023$으로부터 새로운 마찰계수를 찾는다. 새로운 마찰계수는 0.0151이다.

만일 새로운 마찰계수가 먼저 가정한 마찰계수와 일치하면 계산된 관내 속도 v_2는 정확하므로 이 값으로부터 유량을 계산할 수 있다. 그러나 일치하지 않으면 새로운 마찰계수 0.0151을 식 (R4)에 대입하여 반복계산하여 속도를 구한다. 이와 같은 계산은 마찰계수가 일치할 때까지 반복 계산한다. 즉 $f=0.0151$를 식 (R4)에 대입하여 속도를 구하면 다음과 같다.

$$v_2=3.63\,\text{m/s}$$

Reynolds수는 다음과 같다.

$$\mathbf{Re}=\frac{\rho vD}{\mu}=\frac{998\,\text{kg/m}^3\times 3.63\,\text{m/s}\times 0.2\,\text{m}}{1.0\times 10^{-3}\,\text{kg/(m}\cdot\text{s)}}=7.2\times 10^5$$

Moody 선도로부터 $\mathbf{Re}=7.2\times 10^5$ 및 $e/D=0.00023$에 대응하는 마찰계수를 찾으면 0.0152와 같다. 따라서 $v_2=3.63\,\text{m/s}$ 요구하는 유속이므로 유량 Q는 다음과 같다.

$$Q=Av_2=(\pi/4)(0.2\,\text{m})^2\times 3.63\,\text{m/s}=0.114\,\text{m}^3/\text{s}$$

(4) Δp, Q, L는 알고 D를 모르는 경우

유량 Q는 알고 있지만 관의 직경 D를 모르므로 속도를 알 수 없어 마찰계수를 구할 수 없다. 따라서 관의 직경을 가정하여 속도와 Re수를 구하여 Moody 선도로부터 마찰계수를 구한다. 이로부터 식 (8.18)을 사용하여 압력강하를 구한다. 만일 Δp에 대한 값이 크면 직경 D를 크게, 작으면 작게 다시 가정하여 반복 계산을 행한다. 관 직경을 선택함에 있어 실제로 생산 공급되는 상용 관 규격을 미리 조사해 둘 필요가 있다. 관은 제한된 수의 표준규격으로 생산되기 때문이다.

예제17

그림과 같은 배관계에서 밀도와 점성계수가 $\rho = 890\,\mathrm{kg/m^3}$, $\mu = 0.029\,\mathrm{kg/(m\cdot s)}$인 오일이 $0.03\,\mathrm{m^3/s}$의 유량으로 탱크 ①에서 탱크 ②로 수송된다. 관의 직경 D를 결정해라.

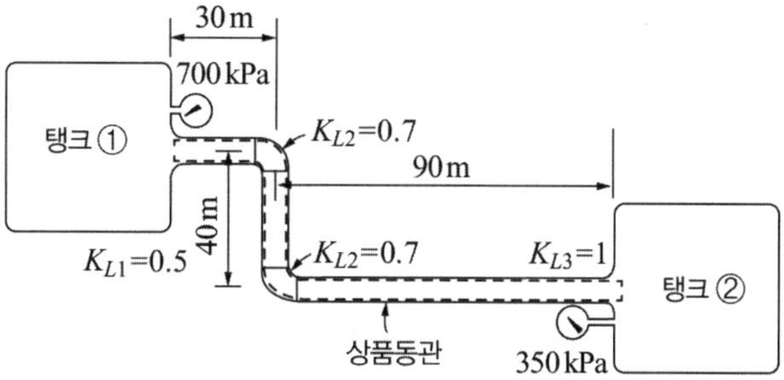

[그림 예제8.17]

그림과 같이 관 입구 ①과 관의 출구 ②로 둘러싸인 영역을 검사체적으로 설정한다. 주어진 조건은 다음과 같다.

$p_1 = 700\,\mathrm{kPa}$, $p_2 = 350\,\mathrm{kPa}$,
$Q = 0.03\,\mathrm{m^3/s}$, $\rho = 890\,\mathrm{kg/m^3}$

검사체적 ①과 ② 사이에 에너지방정식 (3.103)을 적용하면 다음과 같다.

$$\frac{p_1}{\gamma} + z_1 = \frac{p_2}{\gamma} + z_2 + h_L \quad \cdots\cdots (\mathrm{R1})$$

여기서 연속의 법칙에 의해 $v_1 = v_2$를 고려했다.

한편 배관계의 총 손실은 직관의 주손실에 부차적 손실로서 관 입구손실 K_{L1}(=0.5), 두 개의 엘보 손실 K_{L2} (=0.7)를 고려하면 다음과 같다.

$$h_L = \frac{v^2}{2g}\left(f\frac{L}{D} + K_{L1} + K_{L2}\right) \quad \cdots\cdots (\mathrm{R2})$$

$$= \frac{v_2^2}{2g}\left(f\frac{(30+40+90)}{D} + 0.5 + 2\times 0.7\right)$$

$$= \frac{v_2^2}{2g}\left(f\frac{160}{D} + 1.79\right)$$

위 식 (R2)와 p_1, p_2, γ의 값 및 $z_1 - z_2 = 40\,\mathrm{m}$를 식 (R1)에 대입하면 다음 식이 된다.

$$\frac{(p_1 - p_2)}{\rho g} + (z_1 - z_2) = \frac{v^2}{2g}\left(f\frac{160}{D} + 2.79\right) \rightarrow$$

$$v^2\left(f\frac{160}{D} + 3.79\right) = 160g \quad \cdots\cdots (\mathrm{R3})$$

또 연속방정식으로부터 속도 v와 관 직경 D 사이의 관계를 얻을 수 있다. 즉,

$$v = \frac{Q}{A} = \frac{4\times 0.03}{\pi D^2} = 0.038/D^2 \quad \cdots\cdots (R4)$$

이 식을 (R3)에 대입하면 에너지방정식은 다음 식으로 표현된다.

$$1569.6D^5 - 0.005474D - 0.231f = 0 \quad \cdots\cdots (R5)$$

이 방정식은 마찰계수 f와 연립해서 시행오차법으로 풀 수 있다. f의 값을 0.02라고 가정하면 다음 식이 된다.

$$1569.6D^5 - 0.005474D - 0.00462 = 0 \quad \cdots\cdots (R6)$$

위 식 (R6)의 제2항은 부차적 손실과 운동에너지항을 대표하는 항이다. 이 항은 다른 항에 비하여 비교적 작기 때문에 문제에 따라서는 이 항을 무시할 수 있으나 대부분의 관로 문제에서는 무시할 수 없다.

먼저 직경 D의 첫 번째 가정으로서 식 (R6)의 제2항을 무시하고 D에 관해서 풀어 다음 값을 취한다.

$D = 0.0783\,\mathrm{m}$

이 직경에 대응하는 속도와 Reynolds수는 다음과 같다.

$$v = \frac{Q}{A} = \frac{4\times 0.03\,\mathrm{m^3/s}}{\pi(0.0783\,\mathrm{m})^2} = 6.23\,\mathrm{m/s}$$

$$\mathbf{Re} = \frac{890\,\mathrm{kg/m^3}\times 6.23\,\mathrm{m/s}\times 0.0783\,\mathrm{m}}{0.029\,\mathrm{kg/(m\cdot s)}} = 14{,}970$$

따라서 이 Reynolds수와 상대조도 0.0006인 강관에 대한 마찰계수는 Moody 선도로부터 $f = 0.03$를 얻는다. 이 값을 식 (R5)에 대입하고 D에 관해서 풀면 다음 값을 얻는다.

$D = 0.0849\,\mathrm{m}$

이 직경에 대응하는 속도와 Reynolds수는 다음과 같다.

$v = 5.3\,\mathrm{m/s},\ \mathbf{Re} = 13{,}809$

따라서 이 Reynolds수와 상대조도 0.0006에 대한 마찰계수는 Moody 선도로부터 $f = 0.032$를 얻는다. 이 문제는 수렴속도가 빠르다는 것을 알 수 있다. 단 한 번의 시행으로 f 값이 일치하였다. 만일 f 값이 다르게 되면 이 값을 식 (R5)에 대입하여 다시 방정식을 푼다. 이와 같이 하여 f가 일치할 때까지 계산을 되풀이한다. 물론 수치해석으로도 풀 수 있다.

배관 설계에 있어서 직경을 결정하는 문제는 매우 중요하다. 왜냐하면 관 직경은 공동현상의 발생, 수격작용의 발생 및 경제성과 밀접한 관계가 있기 때문이다. 여기서 경제성이란 예를 들면 운전동력비를 줄이기 위하여 관 직경을 크게 선택하면 배관비(초기투자 및 보수비)가 증가되고, 반면에 배관비를 줄이기 위하여 관 직경을 작게 선택하면 손실이 커서 운전비가 많이 든다. 그러므로 배관 설계에 있어서 관 직경의 결정은 이들 모든 사항을 충분히 고려하여 최적의 직경을 선택해야 한다.

8.5.2 복합관로

복합관로는 직경이 다른 2개 이상의 관들이 직렬 또는 병렬로 복잡하게 연결된 경우이다. 여기에는 분지관의 문제와 회로망의 문제로 나누어 생각할 수 있다. 회로망의 문제는 화학공장의 배관, 상수도의 배관 등에서 매우 중요하게 다루어진다. 복잡한 회로망 문제는 손으로 직접 계산하기란 매우 힘들기 때문에 전자계산기 혹은 컴퓨터 프로그램을 사용하여 계산하고 있다.

(1) 분기관

분기관[155](또는 분지관)의 문제는 먼저 2개 이상의 관이 직렬 또는 병렬로 연결된 분기관에서의 손실을 이해할 필요가 있다. 분기관을 해석하기 위해서는 몇 가지 원칙이 있다. [그림 8-23]에 분기관을 나타내었다.

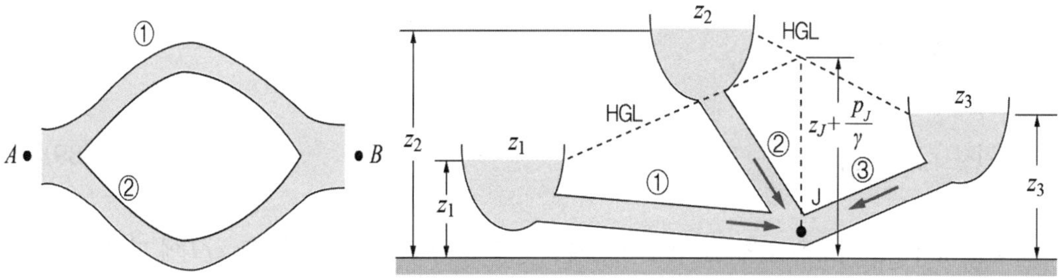

(a) 병렬관 (b) 3개 연결관

그림 8-23 분기관

① 병렬관

2개의 관이 병렬로 이루어진 경우의 총 유량은 연속방정식에 의해 각 관에서의 유량의 합과 같다. 또한 병렬관에서 각 관의 입구와 출구의 압력은 모두 p_A, p_B로서 모두 동일하므로 압력차도 $\Delta p = p_A - p_B$로서 모두 같다. 그러므로 각 관의 수두손실도 모두 같다. 즉 $h_{L,total} = h_{L,1} = h_{L,2}$이다. 따라서 다음 식이 성립한다.

$$Q = Q_1 + Q_2$$

$$f_1 \frac{L_1}{D_1}\frac{v_1^2}{2g} = f_2 \frac{L_2}{D_2}\frac{v_2^2}{2g}$$

위 식에 의해서 병렬관내 평균속도비와 유량비는 다음 식으로 표현된다.

$$\frac{v_1}{v_2} = \sqrt{\frac{f_2}{f_1}\frac{L_2}{L_1}\frac{D_1}{D_2}} \tag{8.86}$$

$$\frac{Q_1}{Q_2} = \frac{v_1 A_1}{v_2 A_2} = \left(\frac{D_1}{D_2}\right)^2 \sqrt{\frac{f_2}{f_1}\frac{L_2}{L_1}\frac{D_1}{D_2}} = \left(\frac{D_1}{D_2}\right)^{5/2} \sqrt{\frac{f_2}{f_1}\frac{L_2}{L_1}} \tag{8.87}$$

따라서 병렬관에서 각 관을 통과하는 상대적인 유량은 각 관의 수두손실이 같다는 조건에서 구할 수 있다. 이것은 식 (8.87)에 의해 관 직경비의 5/2승에 비례하고 관 길이비와 마찰계수비 곱의 제곱근에 반비례하는 것을 알 수 있다.

병렬관에서 총 수두손실이 알려져 있다면 각 관을 통과하는 유량을 결정하는 것은 간단하여 총 유량을 구하기 쉽다. 그런데 반대로 총 유량이 주어지고 각 관의 수두손실을 계산하는 것은 반복계산이 필요하다. 이것은 수두손실 식 (8.18)이 유량 Q와 관계가 있기 때문이다. 수두손실을 유량으로 표시하면 $h_L = f(L/D)(v_{avg}^2/2g) = fQ^2/C$이 되고, 여기서 $C = \pi^2 g D^5 / 8L$이다. 따라서 각각의 관은 각각 2차의 비선형 병렬저항을 가지며 수두손실은 다음과 같이 각 유량과 관계된다.

155) 분기관(trunk duct)은 메인 덕트에서 여러 개의 분지관으로 갈라지는 큰 덕트를 의미하고 분지관(branch duct)은 중앙에 위치한 메인 덕트에서 나와 직선으로 갈라져 나가는 작은 덕트를 의미한다.

$$h_L = \frac{Q^2}{\left(\sum \sqrt{C_i/f_i}\right)^2} \tag{8.88}$$

$$\text{여기서}\quad C_i = \frac{\pi^2 g D_i^5}{8L_i} \tag{8.89}$$

유량을 평가하는 방법은 먼저 관 난류 마찰계수 f_i를 Reynolds수와 상대조도 e/D에 따라 추정하고 식 (8.88)에 의해 수두손실 h_L의 첫 예상치를 계산한다. 그후 수두손실 예상치로 $Q_i \approx (C_i h_L/f_i)^{1/2}$에 의해 각 관에 대한 유량을 추정하고, 이 값을 근거로 새로운 Reynolds수와 f_i로 더 나은 추정치를 얻을 수 있다. 이후에는 계속 식 (8.88)이 수렴할 때까지 엑셀 등을 사용하여 되풀이 계산하면 된다.

예제18

입구와 출구의 높이차가 5 m인 2개의 병렬관에 물이 흐르고 있다. 총 수두손실이 20.3 m라면 총 유량은 얼마인가? 부차적 손실은 무시한다. 단 물의 밀도 및 동점성계수는 각각 $\rho = 1000\ \mathrm{kg/m^3}$, $\nu = 1.02\times10^{-6}\ \mathrm{m^2/s}$ 이다.

관	길이 L [m]	직경 D [cm]	관 벽 거칠기 e [mm]	상대조도 e/D
①	100	8	0.24	0.003
②	80	4	0.20	0.005

병렬관의 손실수두는 같으므로 식 (8.18)에 관의 길이와 직경을 대입하면 다음 식이 성립한다.

$$20.33\mathrm{m} = 1250 f_1 \frac{v_1^2}{2g} = 2000 f_2 \frac{v_2^2}{2g}$$

위 식은 미지수가 2개이므로 하나를 가정해서 구해야 한다. 먼저 관 ①의 마찰계수를 Moody 선도에서 난류부분의 중간 값 $f_1 \approx 0.03$이라 가정한다. 그러면 $v_1 = 3.26\ \mathrm{m/s}$를 얻고, Reynolds수는 $\mathbf{Re}_1 = v_1 D_1/\nu_1 = 255{,}686$을 얻는다. 이 값과 $e_1/D_1 = 0.003$을 기준으로 Moody 선도에서 마찰계수를 찾으면 $f_1 = 0.026$이다. 이 값을 기준으로 다시 계산하면 $v_1 = 3.5\ \mathrm{m/s}$를 얻고, 따라서 유량은 $Q_1 = 0.017\mathrm{m^3/s} = 63.3 m^3/h$ 이다.

관 ②도 동일하게 $f_2 \approx 0.03$이라 가정한다. 그러면 $v_2 = 2.58\ \mathrm{m/s}$를 얻고, Reynolds수는 $\mathbf{Re}_2 = v_2 D_2/\nu = 101{,}176$을 얻는다. 이 값과 $e_2/D_2 = 0.005$를 기준으로 마찰계수를 찾으면 $f_2 = 0.031$이다. 이 값을 기준으로 다시 계산하면 $v_2 = 2.53\ \mathrm{m/s}$를 얻고, 따라서 유량은

$Q_2 = 0.00318\mathrm{m^3/s} = 11.44\mathrm{m^3/h}$ 이다.

따라서 총 유량은 다음과 같다.

$$Q = Q_1 + Q_2 = 63.3 + 11.44 = 74.74\ \mathrm{m^3/h}$$

② 3개 연결관

[그림 8-23](b)와 같이 3개의 탱크가 모두 관으로 연결된 것을 고려하자. 분기점 J에서 유입하는 유량과 유출하는 유량이 같아야 한다. 그러므로 연속의 법칙은 다음과 같이 2가지 경우로 표시할 수 있다.

$$Q_1 + Q_2 + Q_3 = 0 \tag{8.90}$$

이 식은 한 개 또는 두 개의 수조에서 유입된 유량은 분기점 J에서 다른 2개 또는 한 개의 수조로 유출됨을 의미한다.156)

한편 이와 같이 연결된 관내의 유동은 분기점 J에서 동일한 압력 p_J이 되도록 조절된다. 분기점에서의 수력구배선(HGL)의 값은 다음과 같다.

$$h_J = \frac{p_J}{\gamma} + z_J$$

분기관 문제를 풀 때 각 관로에서 생기는 부차손실은 상당직관으로 환산하여 직관길이에 포함시켜 Darcy-Weisbach 식 (8.18)을 사용하여 계산하는 것이 편리하다. 3개의 탱크의 각 수면에서의 압력은 대기압이라고 가정하면 $p_1 = p_2 = p_3 = 0$이고, 각 연결관에서 손실수두는 다음 식으로 표현된다.

$$\begin{aligned} h_{L,1} &= f_1 \frac{L_1}{D_1}\frac{v_1^2}{2g} = z_1 - h_J \\ h_{L,2} &= f_2 \frac{L_2}{D_2}\frac{v_2^2}{2g} = z_2 - h_J \\ h_{L,3} &= f_3 \frac{L_3}{D_3}\frac{v_3^2}{2g} = z_3 - h_J \end{aligned} \tag{8.91}$$

분기관 문제를 푸는 과정은 다음과 같다. 먼저 분기점 J에서의 수력구배선 h_J를 가정한다. 각 수조의 자유표면과 분기점 사이에 수정된 에너지방정식 (3.90)과 위 식 (8.91)을 사용하여 각 관에서의 속도 v_1, v_2, v_3를 구하고, 계속해서 Q_1, Q_2, Q_3를 계산한다. 다음 분기점에서 연속방정식의 성립 여부를 검토한다. 만일 연속방정식 (8.90)이 성립하면 가정한 수력구배선은 실제의 수력구배선과 일치되었다는 것을 의미하므로 계산된 유량은 구하고자 하는 답이 된다. 그러나 만일 연속방정식이 성립하지 않고 총 유량의 합이 0보다 크면 수력구배선 h_J의 가정 값이 작았으므로 h_J를 조금 크게 새롭게 가정하여 계산을 되풀이하여 식 (8.88)이 만족시킬 때까지 반복 계산한다.

---

156) 분기점 J의 수력구배선이 수조 ②, ③보다 높으면 수조 ①에서 유입된 유량은 수조 ②, ③으로 유출되어 연속법칙은 $Q_1 = Q_2 + Q_3$이 되고, 만일 분기점 J의 수력구배선이 수조 ③보다 높으면 수조 ①과 ②에서 유입된 유량은 수조 ③으로 유출되어 연속법칙은 $Q_1 + Q_2 = Q_3$가 된다.

예제19

[그림 8-21](b)와 같이 3개의 수조가 관으로 연결되어 20℃의 물이 흐르고 있다. 각 관에 흐르는 유량을 계산하여라. 조건은 다음과 같다.

관	길이 L [m]	직경 D [m]	높이 z [m]	상대조도 e/D
①	3000	1	30	0.002
②	600	0.45	18	0.002
③	1000	0.6	9	0.001

여기서 길이 L은 부차 손실에 해당하는 상당직관 길이가 포함된 것으로 가정한다.

먼저 분기점 J에서의 수력구배를 $h_J = 23\,m$로 가정한다. 각 수조의 액면과 분기점 J 사이에 에너지방정식 (3.88) 또는 식 (8.89)을 적용하면 다음과 같다.

$$z_1 = \frac{p_J}{\gamma} + z_J + f_1 \frac{L_1}{D_1} \frac{v_1^2}{2g}$$

$$\frac{p_J}{\gamma} + z_J = z_2 + f_2 \frac{L_2}{D_2} \frac{v_2^2}{2g}$$

$$\frac{p_J}{\gamma} + z_J = z_3 + f_3 \frac{L_3}{D_3} \frac{v_3^2}{2g}$$

여기서 에너지 방정식에서 분기점에서의 속도수두는 무시하였다. 이들 식에 주어진 값을 대입하면 다음 식이 된다.

$$7 = f_1 \frac{3000}{1} \frac{v_1^2}{2g} \quad \cdots\cdots (R1)$$

$$5 = f_2 \frac{600}{0.45} \frac{v_2^2}{2g} \quad \cdots\cdots (R2)$$

$$14 = f_1 \frac{1000}{0.6} \frac{v_3^2}{2g} \quad \cdots\cdots (R3)$$

식 (R1), (R2), (R3)을 각각 Moody 선도와 연립하여 축차법을 사용하여 마찰계수 J, 속도 v, 유량 Q를 계산하면 다음 값을 얻는다.

$f_1 = 0.014,\ v_1 = 1.75\ \mathrm{m/s},\ Q_1 = 1.380\ \mathrm{m^3/s}$

$f_2 = 0.024,\ v_2 = 1.75\ \mathrm{m/s},\ Q_2 = 0.278\ \mathrm{m^3/s}$

$f_3 = 0.020,\ v_3 = 2.87\ \mathrm{m/s},\ Q_3 = 0.811\ \mathrm{m^3/s}$

계산된 유량을 연속방정식에 대입하면 $1.380 - (0.278 + 0.811) = 0.291$이 되고, 이 값은 0보다 크므로 수력구배를 전보다 조금 높게, 즉 $h_J = 24.6\ \mathrm{m}$로 가정한다. 이 값을 위 에너지방정식에 대입하면 다음 값을 얻는다.

$$5.4 = f_1 \frac{3000}{1} \frac{v_1^2}{2g} \rightarrow f_1 = 0.015,\ v_1 = 1.534\ \mathrm{m/s},\ Q_1 = 1.205\ \mathrm{m^3/s}$$

$$6.6 = f_2 \frac{600}{0.45} \frac{v_2^2}{2g} \rightarrow f_2 = 0.024,\ v_2 = 2.011\ \mathrm{m/s},\ Q_2 = 0.320\ \mathrm{m^3/s}$$

$$15.6 = f_1 \frac{1000}{0.6} \frac{v_3^2}{2g} \rightarrow f_3 = 0.020,\ v_3 = 3.029\ \mathrm{m/s},\ Q_3 = 0.856\ \mathrm{m^3/s}$$

위 값을 연속방정식에 대입하면 $1.250 - (0.320 + 0.856) = 0.029$이므로 수력구배를 다시 가정하여 계산하여야 한다. 이때는 수력구배 $h_J = p_J/\rho g + z_J$의 가정값을 선형외삽에 의하여 구하는 것이 편리하다.

$$h_J = 24.6 + \frac{24.6-23}{0.291-0.029} \times 0.029 = 24.8$$

따라서 $h_J = 24.8\,m$에 대한 유량은 각각 다음과 같다.

$$Q_1 = 1.183\ \mathrm{m^3/s},\ Q_2 = 0.325\ \mathrm{m^3/s},\ Q_3 = 0.862\ \mathrm{m^3/s}$$

$$1.183 - (0.325 + 0.862) = 0.004$$

이 값은 연속방정식을 만족할 만한 결과이다.

(2) 배관망

상업용이나 주거용 건물에는 난방용 온수관이나 식수용 수도관이 복잡한 배관망이 설치된다. 그러나 복잡한 배관망이라도 앞에서 기술한 똑같은 기본 원칙이 적용된다.

① 모든 연결점에서 유량의 합은 0이다.

② 모든 폐회로에서 한 바퀴 돌아가면서 총 압력변화는 0이어야 한다. 이것은 모든 연결점에서 수력구배선이 같은 것을 의미한다.

③ 모든 손실수두는 Moody 선도의 마찰계수와 부차적 손실 관계를 만족해야 한다.

이러한 원칙들을 배관망 중의 각 연결점과 독립적인 폐회로에 적용하면 각 관을 통과하는 유량과 각 연결점에서 수력구배선(또는 압력)에 대한 연립대수방정식이 얻어진다.

[그림 8-24]의 배관망은 2개의 연결점(절점, node)과 2개의 망(mesh) 그리고 3개의 지관으로 구성되어 있다. 2개의 절점과 n개의 지관을 갖는 배관망을 해석하여 보자. 이 유형의 문제는 각 지관에서의 손실수두는 같다는 관계와 연속방정식을 연립해서 풀면 쉽게 해결할 수 있다.

먼저 회로망내 흐르는 유체는 연속정리를 만족해야 하므로 다음 식이 성립한다.

$$Q_{in} = Q_1 + Q_2 + Q_3 + \cdots + Q_n = Q_{out} \tag{8.92}$$

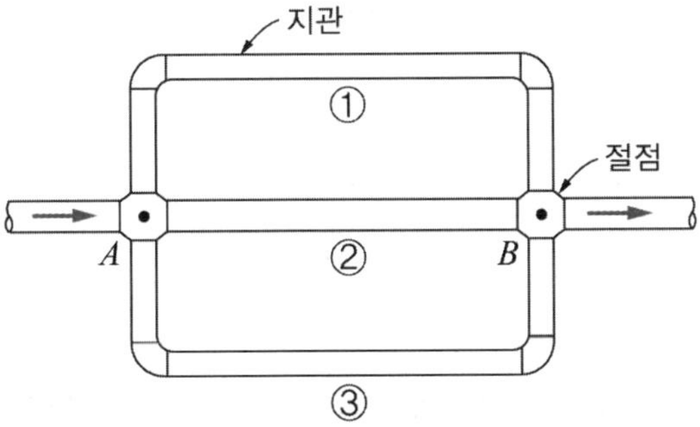

그림 8-24 배관망

연결점 A, B 사이에 일어나는 압력강하는 모든 지관에서 같아야 하므로 각 지관에서 발생하는 손실수두는 같다. 즉,

$$h_{L,1} = h_{L,2} = h_{L,3} = \cdots = h_{L,n} \tag{8.93}$$

이것은 연결점 A, B 사이에 각 지관에 대한 에너지방정식을 적용하면 쉽게 얻을 수 있다. 즉 연결점 A, B 사이에서 손실이 없다고 가정하고 각 분기관에 대한 에너지방정식을 적용하면 다음 식이 성립한다.

$$\begin{aligned} \frac{p_A - p_B}{\gamma} &= z_B - z_A + h_{L,1} \\ \frac{p_A - p_B}{\gamma} &= z_B - z_A + h_{L,2} \\ &\cdots\cdots \\ \frac{p_A - p_B}{\gamma} &= z_B - z_A + h_{L,n} \end{aligned} \tag{8.94}$$

위 식에서 각 지관에서 $p_A - p_B$, $z_B - z_A$는 공통이므로 식 (8.93)이 자연히 얻어진다.

2 절점 관회로망 문제는 2개의 유형으로 나누어 생각할 수 있다.

① A, B에서의 압력과 관의 조도, 배관의 기하학적 형상을 알 때 유량 Q를 구하는 문제
② 유량 Q와 관의 조도, 배관의 기하학적 형상을 알 때 손실수두를 구하는 문제

유형 ①은 두 연결점 사이에서 압력강하를 알고 있으므로 유량을 직접 계산할 수 있다. 전 유량은 각 지관의 유량의 합으로 계산된다.

유형 ②는 손실수두도 유량도 모르기 때문에 어렵고 다음과 같은 과정이 필요하다.

ⓐ 지관 1을 통하여 흐르는 유량 Q_1'을 가정한다.
ⓑ 가정한 유량 Q_1'에 대응하는 손실수두 $h_{L,1}'$을 계산한다. 지관에서의 손실수두는 모두 같다.
ⓒ $h_{L,1}'$을 사용하여 나머지 지관에서의 유량 $Q_2', Q_3', \cdots, Q_n'$을 계산한다.
ⓓ $h_{L,1}'$과 $Q_2', Q_3', \cdots, Q_n'$를 사용하여 전유량을 비례 배분한다. 즉,

$$Q_1 = \frac{Q_1'}{\sum Q'}Q,\ \ Q_2 = \frac{Q_2'}{\sum Q'}Q,\ \cdots,\ \ Q_n = \frac{Q_n'}{\sum Q'}Q \tag{8.95}$$

ⓔ 계산된 $Q_1, Q_2, \cdots, Q_n$,에 대한 손실수두 $h_{L,1}, h_{L,2}, \cdots, h_{L,n}$을 계산하여 이들의 유량이 옳게 계산되었는지를 검토한다.
ⓕ 만일 $h_{L,1}$이 일치하지 않은 경우에는 Q_1을 새롭게 가정하여 ①번부터 반복 계산한다.

예제20

[그림 8-22] 배관망은 20℃ 물을 압력 $p_A = 500\,\mathrm{kPa}$, 전유량 $0.3\,\mathrm{m^3/s}$으로 공급하고 있다. 각 지관은 $L_1 = 1000\,\mathrm{m}$, $D_1 = 0.3\,\mathrm{m}$, $e_1 = 0.3\,\mathrm{mm}$, $L_2 = 600\,\mathrm{m}$, $D_2 = 0.2\,\mathrm{m}$, $e_2 = 0.3\,\mathrm{mm}$, $L_3 = 1200\,\mathrm{m}$, $D_3 = 0.48\,\mathrm{m}$, $e_3 = 0.24\,\mathrm{mm}$ 및 $z_A = 30\,\mathrm{m}$, $z_B = 28\,\mathrm{m}$이라 할 때 각 지관에 흐르는 유량과 압력 p_B를 구하여라.

20℃ 물의 밀도와 동점성계수는 $\rho = 998\,\mathrm{kg/m^3}$, $\nu = 1.0\times10^{-6}\,\mathrm{m^2/s}$이다. 먼저 지관 ①을 통하여 흐르는 유량 Q_1'을 $0.05\,\mathrm{m^3/s}$로 가정하면 속도와 Reynolds수는 다음과 같다.

$$v_1' = \frac{Q_1'}{A_1} = \frac{0.05\,\mathrm{m^3/s}}{\pi(0.3\,\mathrm{m})^2/4} = 0.71\,\mathrm{m/s}$$

$$\mathbf{Re} = \frac{vD}{\nu} = \frac{0.71\,\mathrm{m/s}\times0.3\,\mathrm{m}}{1.0\times10^{-6}\,\mathrm{m^2/s}} = 213{,}000$$

$\mathbf{Re} = 213{,}000$, $e_1/D_1 = 0.001$에서 마찰계수는 Moody 선도에서 $f_1' = 0.0218$를 얻는다. 따라서 가정한 유량 Q_1'에 대응하는 손실수두 $h_{L,1}'$는 다음과 같다.

$$h_{L,1}' = 0.0218\times\frac{1000}{0.3}\frac{(0.71\,\mathrm{m/s})^2}{2\times9.81} = 1.867\,\mathrm{m}$$

다음 지관 ②는 마찰계수를 0.02로 가정하면 속도와 Reynolds수는 다음과 같다.

$$1.867 = 0.02\times\frac{600}{0.2}\frac{v_2^2}{2\times9.81} \rightarrow v_2 = 0.078\,\mathrm{m/s}$$

$$\mathbf{Re} = \frac{vD}{\nu} = \frac{0.78\,\mathrm{m/s}\times0.2\mathrm{m}}{1.0\times10^{-6}\,\mathrm{m^2/s}} = 156{,}000$$

마찰계수는 Moody 선도로부터 $Re = 156{,}000$, $e_2/D_2 = 0.0015$에서 $f_2' = 0.0235$를 얻는다. 따라서 지관 ②를 통한 속도와 유량은 다음과 같다.

$$1.867 = 0.0235\times\frac{600}{0.2}\frac{v_2^2}{2\times9.81} \rightarrow v_2 = 0.72\,\mathrm{m/s}$$

$$Q_2' = Av_2 = \frac{\pi(0.2\,\mathrm{m/s})^2}{4}\times0.72\,\mathrm{m} = 0.0226\,\mathrm{m^3/s}$$

지관 ③에 대해서도 마찰계수를 0.02로 가정하여 속도와 Reynolds수를 구하면 다음과 같다.

$$1.867 = 0.02\times\frac{1200}{0.48}\frac{v_3^2}{2\times9.81} \rightarrow v_3 = 0.86\,\mathrm{m/s}$$

$$\mathbf{Re} = \frac{vD}{\nu} = \frac{0.86\,\mathrm{m/s}\times0.48\,\mathrm{m}}{1.0\times10^{-6}\,\mathrm{m^2/s}} = 412{,}800$$

$\mathbf{Re} = 412{,}800$, $e_3/D_3 = 0.0005$에서 마찰계수는 Moody 선도로부터 $f_3' = 0.018$을 얻으므로 지관 ③을 통한 속도와 유량은 다음과 같다.

$$1.867 = 0.018\times\frac{1200}{0.48}\frac{v_3^2}{2\times9.81} \rightarrow v_3 = 0.90\,\mathrm{m/s}$$

$$Q_3' = Av_3 = \frac{\pi(0.48\,\mathrm{m/s})^2}{4}\times0.90\,\mathrm{m} = 0.163\,\mathrm{m^3/s}$$

따라서 각 지관을 통한 유량은 Q_1', Q_2', Q_3'를 사용하여 전유량을 비례 배분하면 다음과 같다.

$$Q_1 = \frac{Q_1'}{\sum Q}Q = \frac{0.05}{0.2356}\times0.3 = 0.064\,\mathrm{m^3/s}$$

$$Q_2 = \frac{0.0226}{0.2356}\times0.3 = 0.029\,\mathrm{m^3/s}$$

$$Q_3 = \frac{0.163}{0.2356} \times 0.3 = 0.207\,\text{m}^3/\text{s}$$

위 값으로부터 각 기관의 속도를 평가하여 손실수두를 검토한다. 즉,

$$v_1 = \frac{0.064\,\text{m}^3/\text{s}}{\pi(0.3\,\text{m})^2/4} = 0.905\,\text{m/s},\ Re = 271{,}500,\ e_1/D_1 = 0.001,\ f_1 = 0.021,$$

$$h_{L,1} = 0.021 \times \frac{1000}{0.3}\frac{(0.905\,\text{m/s})^2}{2\times 9.81} = 2.922\,\text{m}$$

$$v_2 = \frac{0.029\,\text{m}^3/\text{s}}{\pi(0.2\text{m})^2/4} = 0.923\text{m/s},\ \mathbf{Re} = 184{,}600,\ e_2/D_2 = 0.0015,\ f_2 = 0.023,$$

$$h_{L,2} = 0.023 \times \frac{600}{0.2}\frac{(0.923\,\text{m/s})^2}{2\times 9.81} = 2.996\,\text{m}$$

$$v_3 = \frac{0.207\,\text{m}^3/\text{s}}{\pi(0.48\text{m})^2/4} = 1.144\text{m/s},\ Re = 549{,}120,\ e_3/D_3 = 0.0005,\ f_3 = 0.175,$$

$$h_{L,3} = 0.0175 \times \frac{1200}{0.48}\frac{(1.144\,\text{m/s})^2}{2\times 9.81} = 2.918\,\text{m}$$

손실수두의 오차는 중간값 $h_{L,1} = 2.922\,\text{m}$에 대하여 불과 2.53%~0.13%에 불과하다. 이 값은 공학적으로 충분히 만족할 수 있는 오차범위 내에 있다.

점 B에서의 압력은 손실수두의 평균값 $h_L = 2.945\,\text{m}$에 대하여 에너지방정식으로부터 계산할 수 있다. 즉,

$$\frac{p_A}{\gamma} + z_A = \frac{p_B}{\gamma} + z_B + h_L$$

이므로

$$p_B = p_A + \gamma(z_A - z_B - h_L) = 500\,\text{kPa} + 9{,}810\,\frac{\text{N}}{\text{m}^3}(2 - 2.945)\text{m}$$
$$= 490.73\,\text{kPa}$$

실제 연결점과 지관이 다수인 배관망이나 수차, 펌프 등을 포함한 배관망은 손으로 수식을 계산하기가 힘들다. 그러므로 전자계산기를 사용하여 수치 계산을 할 필요가 있다.

CHAPTER 08

점성유체의 내부유동 / 연습문제

[관내 층류유동]

01

수평으로 놓인 직경 D, 길이 L인 원관에서 점성 · 비압축성유체(점성계수 μ, 밀도 ρ)가 정상층류로 흐를 때 속도 v, 유량 Q, 속도비 $v_{\max}/v_{avg}$ 및 관 마찰계수 f를 구하라.

02

점성 · 비압축성유체(점성계수 μ, 밀도 ρ)가 수평면과 θ만큼 기울어진 원관(반경 r)내를 중력 g의 작용 하에서 층류상태로 정상적으로 흐르고 있다. 속도 v, 유량 Q를 구하라.

03

원형의 관내를 비압축성유체가 흐른다. 관 마찰계수 f가 다음 식으로 표시되는 것을 증명하라.

$$f \equiv \frac{64}{Re}$$

04

관내를 유체가 정상 · 층류상태로 흐를 때 수두손실은 다음과 같이 Darcy-Weisbach 방정식으로 표시됨을 증명하라.

$$h_L = \frac{\Delta p_L}{\rho g} = f\frac{L}{D}\frac{v_{avg}^2}{2g}$$

05

직경 $100\,\mathrm{mm}$, 길이 $20\,\mathrm{m}$인 원관 속을 물이 흐르고 있다. 관의 입구와 출구의 압력차가 $10\,\mathrm{kPa}$이라면 유량은 얼마인가, 관 마찰계수는 $f = 0.014$이다.

06

직경 $20\,\mathrm{mm}$, 길이 $20\,\mathrm{m}$의 수평 강관을 통해 물을 공급하고 있다. 유량이 $0.1\,\mathrm{m^3/s}$일 때 압력강하는 얼마인가, 단 물의 온도는 20℃이고 부차적 손실은 무시한다.

07

글리세린 수용액(점성계수 $\mu = 0.566\,\mathrm{poise}$, 비중 1.203)이 직경 $10\,\mathrm{mm}$의 원관 내를 매분 1리터(liter)의 비율로 흐르고 있다. 원관 $1\,\mathrm{m}$당 압력손실은 얼마인가?

08

엔진오일을 직경 $100\,\mathrm{mm}$인 관을 통하여 $1\,\mathrm{km}$ 떨어진 곳으로 송유하려고 한다. 송유 유량이 $70\,\mathrm{m^3/h}$이라면 $1\,\mathrm{km}$ 거리에서 손실수두와 압력강하 및 송유하는 데 필요한 펌프동력을 구하라. 단 엔진오일의 동점성계수는 $2.4 \times 10^{-4}\,\mathrm{m^2/s}$, 비중은 0.9이다.

09

직경 $200\,\mathrm{mm}$, 길이 $200\,\mathrm{m}$인 원관 속으로 물이 유량 $0.5\,\mathrm{m^3/s}$로 흐르고 있다. $60\,kW$의 에너지손실이 일어날 때 손실수두, 마찰계수, 벽면에서의 전단응력을 구하여라.

CHAPTER 08 점성유체의 내부유동 / 연습문제

10

반지름이 R인 원관 내를 유체가 흐를 때 속도분포는 다음 식으로 주어졌다.

$$v = v_{avg}\left(1 - \frac{r^2}{R^2}\right)$$

여기서 r은 임의의 반경이다. 원관 벽면에서 마찰응력을 구하라. 또 원관의 길이가 L이라면 단위 시간당 유체의 손실에너지를 구하라.

[비원형 덕트]

11

단면적이 동일한 원형 관과 정사각형 덕트에 동일한 유량의 유체가 유동할 때 같은 길이에서의 압력강하비를 구하라. 관 마찰계수는 동일하다.

12

비압축성 유체가 수평의 정사각형 덕트(한 변의 길이 a)와 원관(직경 D) 내를 정상층류상태로 흐르고 있다. 이들 두 관의 단면적이 같을 때, 동일한 압력구배 하에서 평균 유속의 비 $v_{avg,D}/v_{avg,a}$를 구하라.

13

단면적이 같은 4각 덕트($a \times b$)와 원관(직경 D)을 비압축성 유체가 정상층류상태로 흐르고 있다. 이때 양 관내를 통과하는 유량이 동일한 경우 압력손실비를 구하고 원 관에서 압력손실이 최소인 것을 증명하라.

14

20℃의 공기가 직경 $20\ \mathrm{cm}$인 매끈한 관을 통하여 평균속도 $5\ \mathrm{m/s}$로 흐르고 있다. 이것이 그 후 변의 길이가 a인 매끈한 정사각형 덕트를 통과한다. 단위길이당 압력강하가 원관과 완전히 같아지기 위한 정사각형 덕트의 한 변의 길이 a를 구하라.

15

길이 $10\ \mathrm{m}$, 내경 $12\ \mathrm{cm}$, 외경 $18\ \mathrm{cm}$의 매끄러운 동심 2중관이 수면의 높이 차이가 $5\ \mathrm{m}$인 두 물탱크 사이에 연결되어 있다. 20℃ 물에 대한 유량($\mathrm{m^3/s}$)을 계산하라.

16

내경 $12\ \mathrm{cm}$, 외경 $18\ \mathrm{cm}$의 매끄러운 동심 2중관에 물이 가득 차 흐르고 있다. 동심관을 흐르는 물의 속도가 $1.0\ \mathrm{m/s}$라 하면 관 길이 $100\ \mathrm{m}$에서의 손실수두는 얼마인가? 물의 동점성계수는 $\nu = 1.0 \times 10^{-6}\ \mathrm{m^2/s}$이고, 관 마찰계수는 Blasius식을 활용하는 것과 Moody 선도를 이용하는 것을 비교하여 보아라.

17

그림과 같이 삼각형 통로로 구성된 열교환기가 있다. 길이 $L = 1\ \mathrm{m}$, 한 변의 길이가 $a = 2\ \mathrm{cm}$, 꼭지점 각도 $\beta = 80^\circ$인 이등변 삼각형 단면인 경우에 20℃의 물이 $2\ \mathrm{m/s}$의 속도로 흐를 때 압력강하를 구하라.

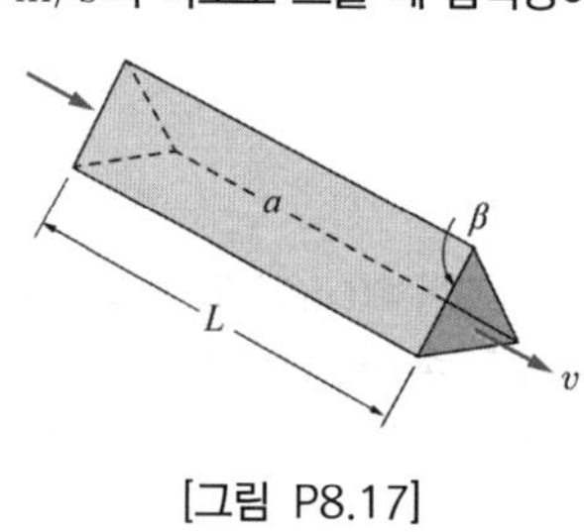

[그림 P8.17]

18

그림과 같이 길이 $10\ \mathrm{m}$이고 $40\ \mathrm{cm} \times 40\ \mathrm{cm}$의 일반 강철 덕트를 통하여 20℃의 대기 중의 공기를 실내로 보내기 위해 송풍기를 사용한다. (a) 방 안의 압력이 $80\ \mathrm{Pa}$의 진공일 때의 공기 유량, (b) 유량이 $200\ \mathrm{m^3/min}$일 때 실내의 압력을 구하라. 단 부차적 손실은 무시한다.

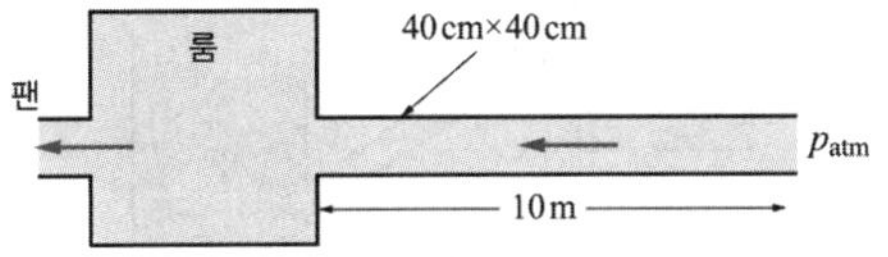

[그림 P8.18]

[관내 난류유동]

19

반경 R인 원관내 유동에서 난류경계층의 속도분포가 $v/v_\infty = (y/\delta)^{1/9}$이고 마찰계수가 $f = 0.185/\mathbf{Re}^{1/5}$와 같이 주어질 때 난류경계층의 두께는 얼마인가?

20

직경 $100\ \mathrm{mm}$의 매끄러운 원관 내를 공기가 $30\ \mathrm{m/s}$의 속도로 흐를 때, 길이가 $100\ \mathrm{m}$인 관에서의 압력강하는 얼마인가? 단 공기의 동점성계수는 $0.151\ \mathrm{cm^2/s}$로 한다.

21

직경 $20\ \mathrm{cm}$의 송풍관이 있다. 송풍관 내면의 거칠기가 $0.1\ \mathrm{mm}$이기 때문에 충분히 거친 관으로 취급하기 위해서는 벽면전단응력 τ_w는 적어도 어느 정도이어야 되는가? 단 공기의 동점성계수는 $0.146\ \mathrm{cm^2/s}$, 밀도는 $0.124\ \mathrm{kg \cdot s^2/m^4}$로 한다.

22

균일 단면의 원관 내를 물이 흐를 때 속도분포가 1/7승 법칙에 따른다고 하면, 레이놀즈응력 τ_t의 y방향의 분포를 구하라. 단 원관 내의 흐름은 난류라 하고, 혼합거리 l은 $l = 0.4y$로 한다.

23

직경 $10\ \mathrm{cm}$인 원관 내를 다음의 평균속도로 물이 흐를 때 관내 속도분포를 일반화한 속도분포식을 이용하여 구하라. 또 층류저층의 두께는 얼마인가?

(a) 유속 $0.05\ \mathrm{m/s}$

(b) 유속 $5\ \mathrm{m/s}$

[내부유동 유동손실]

24

직경 $150\ \mathrm{mm}$, 길이 $10\ \mathrm{m}$인 아연 도금관을 통하여 $500 \times 10^{-3}\ \mathrm{m^3/s}$의 20℃ 물을 흘러보낼 때 마찰손실을 구하라.

25

20℃의 물이 주철관을 통하여 $2.8\ \mathrm{m/s}$의 속도로 흐른다. 관의 길이는 $400\ \mathrm{m}$, 직경이 $16\ \mathrm{cm}$이라면 손실수두는 얼마인가? 물의 동점성계수는 $1.007 \times 10^{-6}\ \mathrm{m^2/s}$이다.

26

점성계수가 $1.98\ \mathrm{N \cdot s/m^2}$, 비중 0.88의 오일을 $40\ \mathrm{m^3/min}$의 유량으로 직경 $30\ \mathrm{cm}$인 관을 통하여 $10\ \mathrm{km}$ 떨어진 곳으로 수송하려고 한다. 소요동력은 얼마나 되는가?

27

표고가 10 m인 강물을 표고 60 m인 저수지로 양수하려고 한다. 유량은 $60\text{ m}^3/\text{min}$로 하고, 관로와 펌프에서의 손실수두를 5 m라 할 때 펌프에 필요한 동력을 구하여라.

28

20℃의 물이 매끄러운 관 속을 $1.0\text{ m}^3/\text{s}$의 유량으로 20 m 떨어진 두 탱크 사이를 유동한다. 두 탱크 사이의 높이 차이가 1.6 m라면 관의 직경은 얼마로 해야 하는가?

29

직경 100 mm, 길이 12 m인 주철관을 통하여 동점성계수가 $1.2\times10^{-5}\text{ m}^2/\text{s}$인 기름을 정상상태로 흘러보낼 때 유량을 구하라. 단 압력 손실수두는 1.5 m이었다.

30

그림과 같이 높은 위치의 탱크에서 20℃의 물이 흘러 내려온다. 탱크는 매우 넓고 부차적 손실을 무시할 때 유량을 계산하라.

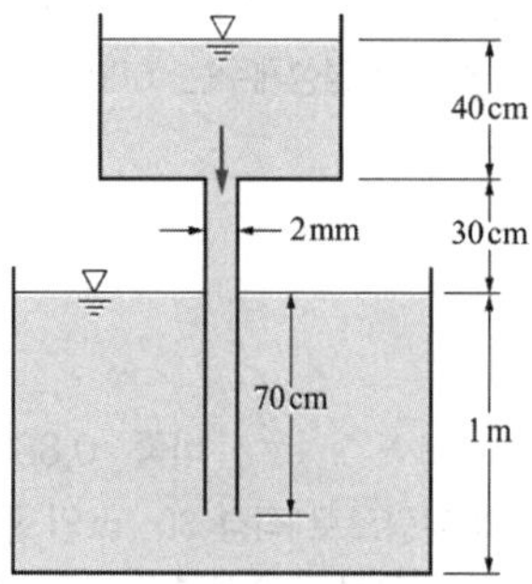

[그림 P8.30]

31

그림과 같이 높이 차이 $\Delta z=10\text{ m}$인 두 탱크 사이에 직경 8 mm, 길이 20 m, 기울기 $\theta=30°$ 인 경사관이 설치되어 있다. 유체의 점성계수가 $0.08\text{ kg}/(\text{m}\cdot\text{s})$일 때 단위 길이당 손실수두와 유량을 계산하여라.

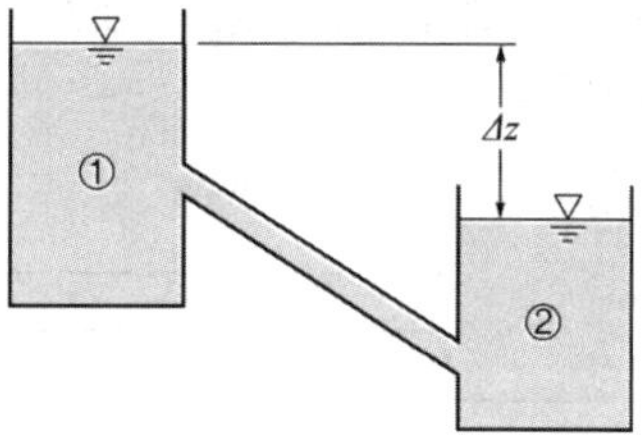

[그림 P8.31]

[부차적 손실]

32

그림은 20℃ 공기가 흐르는 관에 두꺼운 필터가 설치되어 유동손실을 보여준다. 공기의 유량은 $8\text{ m}^3/\text{min}$, 상류압력은 120 kPa, 관의 직경은 10 cm, 마노미터 눈금을 이용하여 필터의 부차적 손실계수 K_L를 구하라.

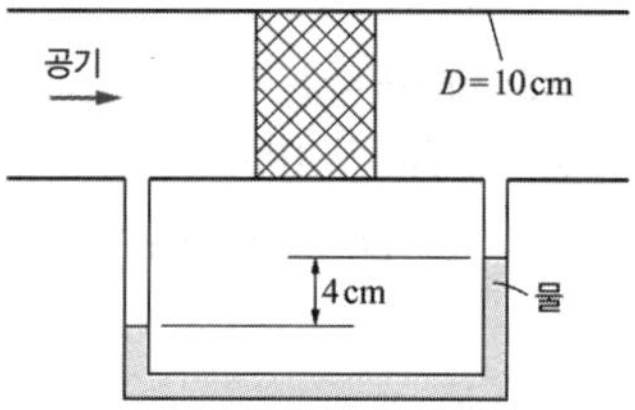

[그림 P8.32]

33

그림과 같이 두 수조가 급격 확대부가 있는 주철제 관에 의해서 연결되어 있다. 입구와 출구는 모서리가 있고 물의 온도는 20℃이다. 수조 ①의 수면이 수조 ②보다 $20\ \mathrm{m}$ 높을 때 부차적 손실을 고려하여 흐르는 유량을 계산하라.

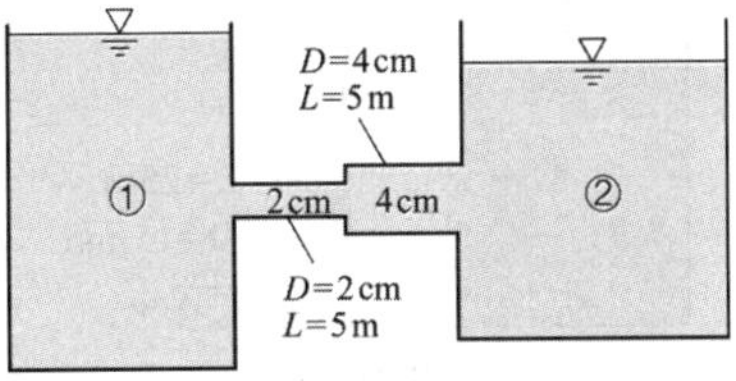

[그림 P8.33]

34

효율이 70%인 펌프가 20℃의 물을 $10\ \mathrm{m}$ 높은 저수조로 보내고 있다. 배관시스템은 직경 $5\ \mathrm{cm}$, 길이 $20\ \mathrm{m}$인 아연 도금된 강철관, 긴 흡입구, 나사로 연결된 2개의 90° 엘보, 날카로운 출구로 구성된다. 펌프의 소요동력은 얼마인가. 유량은 $0.012\ \mathrm{m^3/s}$이다.

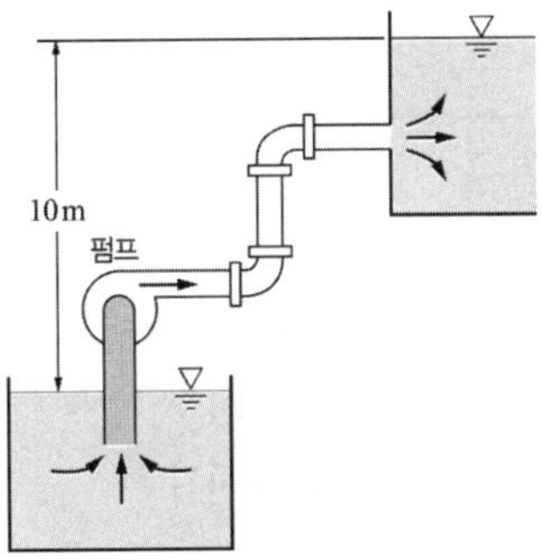

[그림 P8.34]

35

그림은 터빈에 의해서 동력을 얻는 것을 나타냈는데, 20℃의 물이 직경 $5\ \mathrm{cm}$, 길이 $40\ \mathrm{m}$인 관, 직경 $15\ \mathrm{cm}$, 길이 $25\ \mathrm{m}$인 관, 직경 $7.5\ \mathrm{cm}$, 길이 $45\ \mathrm{m}$인 관을 통과하는데 모두 주철관이다. 또 2개의 90° 엘보, 1개의 열린 글로브밸브가 있는데 모두 플랜지 붙이로 되어 있다. 출구의 높이가 0이고, 유량이 $0.005\ \mathrm{m^3/s}$일 때 터빈에서 얻을 수 있는 동력은 얼마인가?

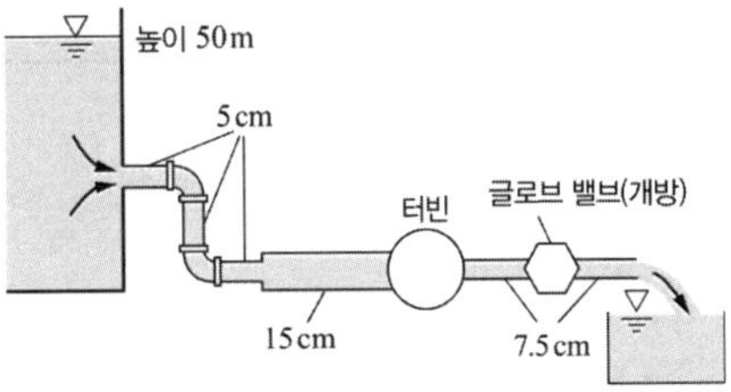

[그림 P8.35]

[배관망]

36

그림과 같은 복합관로에서 물이 유량 $0.1\ \mathrm{m^3/s}$로 흐른다. 두 탱크의 높이 차이를 구하라. 관의 직경은 $14\ \mathrm{cm}$, 관의 재료는 주철이며 물의 동점성계수는 $10^{-6}\ \mathrm{m^2/s}$이다.

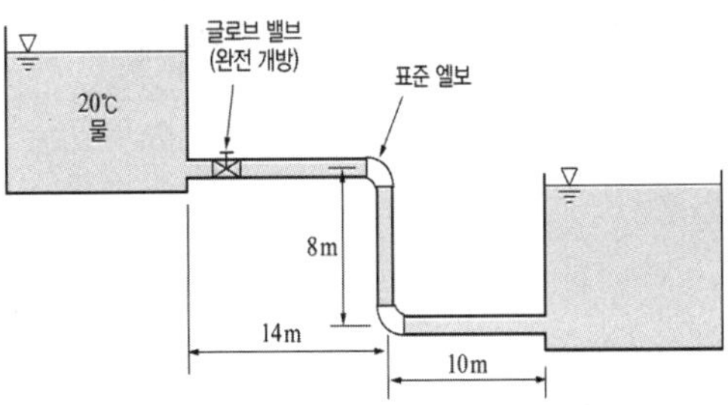

[그림 P8.36]

37

그림과 같이 2개의 탱크가 관으로 연결되어 있다. 이 관에서 흐르는 물의 유량은 얼마인가?

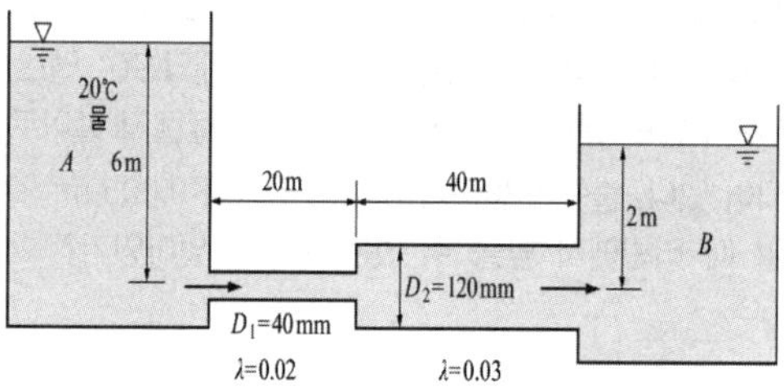

[그림 P8.37]

38

20℃의 물이 유량 $0.1\ m^3/s$로 직경 $150\ mm$의 수평관($e/D = 0.0002$)을 통해 흐르고 있다. 완전히 발달된 유동일 때 관 길이 $10\ m$당 압력강하를 구하여라.

39

압축공기를 사용하는 드릴(Drill)은 $650\ kPa$의 압력과 공기 $0.25\ kg/s$가 필요하다. 압축기로부터 드릴까지 연결된 호스의 직경은 $40\ mm$이고, 압축기에서 공기의 배출압력은 $690\ kPa$이다. 압축기를 나갈 때의 공기의 온도가 40℃이고 밀도의 변화 및 호스의 곡률반경을 무시할 때 호스의 길이는 얼마인가?

40

그림과 같은 수조에는 직경 15mm 상용 강철 파이프가 연결되어 있다. 유량을 0.4L/s로 유지하려면 h는 얼마가 되어야 하는가?

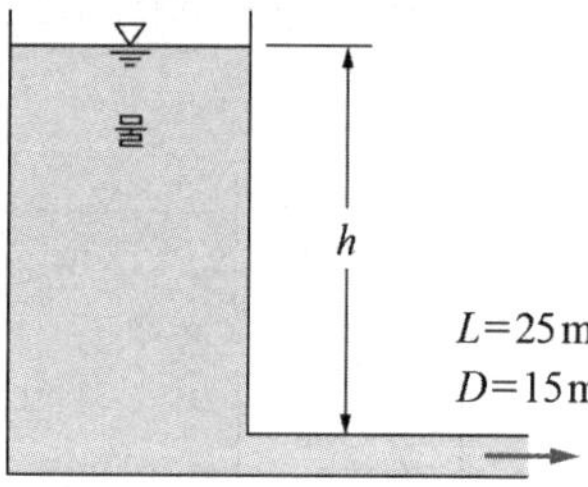

[그림 P8.40]

41

저수지 A에서 저수지 B로 물이 흐른다. 물의 온도는 $10℃$, 관의 직경은 $1\ m$, 관의 길이는 $200\ m$이다. 만약 관의 손실 수두가 $h_L = 0.01(L/D)(v^2/2g)$(v는 관에서의 속도)라고 하면, 유량은 얼마인가? 관 유출구에서의 손실 수두를 포함시켜 계산하고 HGL과 EGL을 그리라. 두 저수지 사이의 중간 지점인 P에서의 압력은 얼마인가?

[그림 P8.41]

42

입구와 출구의 높이 차가 5 m인 2개의 병렬관에 물이 흐르고 있다. 총 수두손실이 20.4 m라면 총 유량은 얼마인가? 부차적 손실은 무시한다. 물의 밀도 및 동점성계수는 각각 $\rho = 1000\ \mathrm{kg/m^3}$, $\nu = 1.02 \times 10^{-6}\ \mathrm{m^2/s}$이다.

관	길이 L [m]	직경 D [cm]	관 벽 거칠기 e [mm]	상대조도 e/D
①	100	8	0.24	0.003
②	80	4	0.20	0.005

43

그림과 같이 $A-B$ 사이에 2개의 병렬관을 통하여 20℃ 물이 흐르고 있다. 관은 주철제이고 입구와 출구의 압력강하는 $p_A - p_B = 20\ \mathrm{kPa}$이다. A점과 B점 사이를 흐르는 총 유량은 얼마인가?

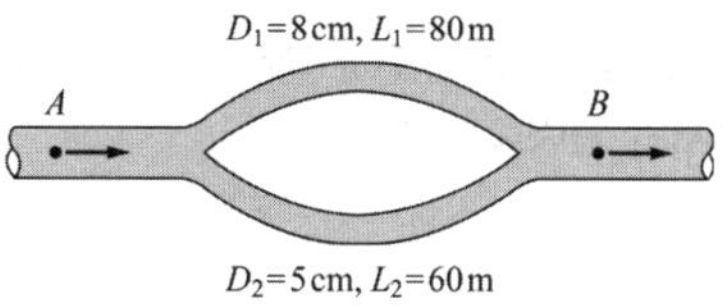

[그림 P8.43]

44

그림과 같이 $A-B$ 사이에 3개의 병렬관을 통하여 20℃ 물이 흐르고 있다. 물의 압력 $p_A = 500\ \mathrm{kPa}$, 총 유량은 $0.3\ \mathrm{m^3/s}$이다. 각 지관은 $D_1 = 0.2$, $L_1 = 1000\ \mathrm{m}$, $e_1 = 0.3\ \mathrm{mm}$, $D_2 = 0.3\ \mathrm{m}$, $L_2 = 600\ \mathrm{m}$, $e_2 = 0.3\ \mathrm{mm}$, $D_3 = 0.48\ \mathrm{m}$, $L_3 = 1200\ \mathrm{m}$, $e_3 = 0.3\ \mathrm{mm}$이라 할 때 각 지관에 흐르는 유량과 압력 p_B를 구하여라.

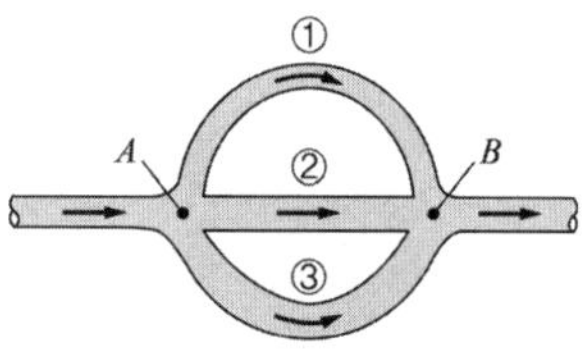

[그림 P8.44]

45

$A-B$ 사이에 3개의 병렬관을 통하여 물이 흐르고 손실수두가 20.3 m이다. 관로의 데이터가 아래와 같이 주어졌다면 관속을 흐르는 물의 유량은 얼마인가? 관 마찰손실 이외의 부차적인 손실은 무시한다.

관	길이 L [m]	직경 D [cm]	관 벽 거칠기 e [mm]	상대조도 e/D
①	100	8	0.24	0.003
②	150	6	0.12	0.002
③	80	4	0.20	0.005

점성유체의 내부유동 / 연습문제

46

그림과 같이 A, B 탱크의 20℃ 물이 탱크 C로 이송된다. 관에 대한 자료는 다음과 같다면 각 관에 흐르는 유량은 얼마나 되는가? 부차적 손실은 무시한다.

관	길이 L [m]	직경 D [cm]	높이 z [m]	마찰계수 f
①	1000	0.3	30	0.02
②	800	0.25	12	0.03
③	600	0.4	4	0.024

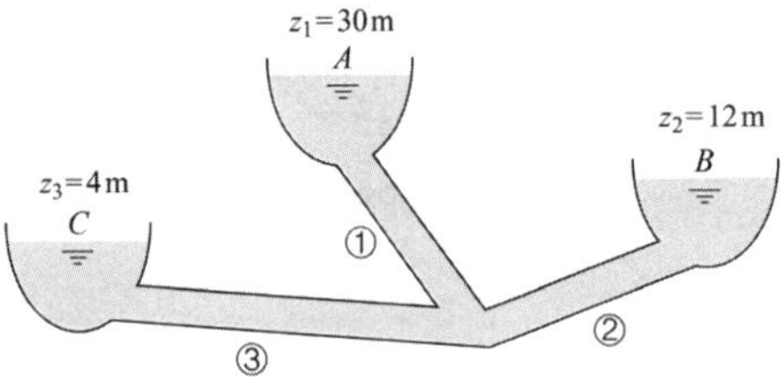

[그림 P8.46]

47

3개의 수조가 관으로 연결되어 20℃의 물이 흐르고 있다. 각 관에 흐르는 유량을 계산하여라. 조건은 다음과 같다.

관	길이 L [m]	직경 D [cm]	높이 z [m]	상대조도 e/D
①	3000	1	30	0.002
②	600	0.45	18	0.002
③	1000	0.6	9	0.001

48

그림과 같이 5개의 수평관 시스템에서 모든 관은 마찰계수 $f=0.024$를 갖는다고 가정하자. 20℃ 물이 입구와 출구에서의 유량이 $0.06\ \mathrm{m^3/s}$일 때, 모든 관에서의 유량과 유동방향을 구하라. 또한 $p_A = 800\ \mathrm{kPa(gage)}$일 때 B, C, D에서의 압력을 구하라.

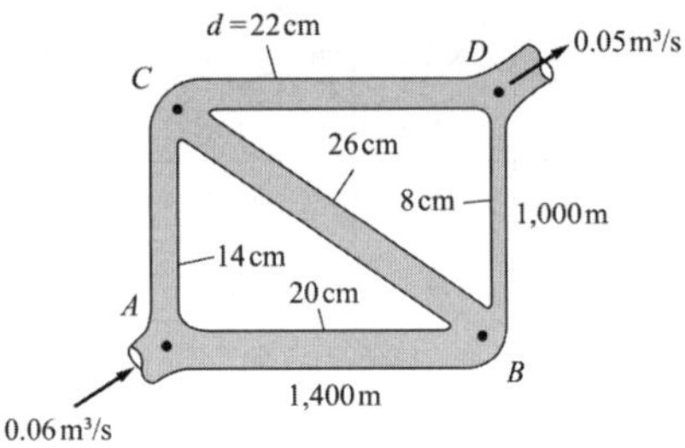

[그림 P8.48]

49

그림에서 AB와 BD의 길이는 각각 600 m와 400 m이다. 마찰계수는 모든 곳에서 0.024이고 $p_A = 620\ \mathrm{kPa(gage)}$이다. 모든 관은 직경이 16 cm라고 할 때 20℃ 물에 대해 모든 관에서의 유량과 f에서의 압력을 구하라.

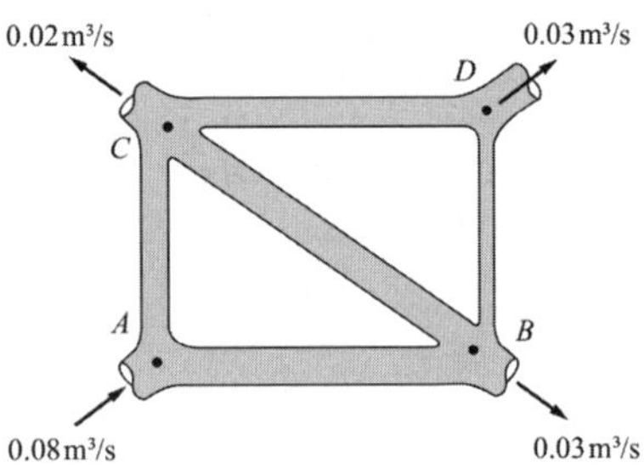

[그림 P8.49]

유/체/역/학

CHAPTER 09

점성유체의 외부유동

CHAPTER 09 점성유체의 외부유동

외부유동(external flow)은 유체 속에 잠겨있는 물체 주위에서 일어나는 유동현상을 다룬다. 점성유체의 외부유동은 점성에 기인하여 물체 표면에 경계층이 발생되고 유체로부터 힘을 받게 된다. 유체로부터 받는 힘, 즉 압력과 점성력은 결국 외부유동의 관심사인 항력과 양력으로 평가되고, 이것은 경계층과 밀접한 관계가 있다. 항력(drag force)은 유체에 작용하는 힘의 자유흐름 방향과 평행하게 작용하는 접선방향의 성분이고, 양력(lift force)은 수직방향의 성분이다. 유체 속에 잠긴 물체는 압력과 점성력 이외에 부력이나 중력도 작용한다. 그러나 항력과 양력은 그 정의상 움직이는 유체의 동적인 작용으로 생성되는 힘으로 제한되어 부력과 중력은 포함되지 않는다.

제8장 내부유동에서는 유동손실이 중요하여 압력손실 또는 수두손실 등을 마찰계수와 관련시켜 설명하였다. 외부유동에서는 물체 표면에서 발생하는 항력과 양력이 중요하고 이것을 항력계수와 양력계수와 관련시켜 평가하게 된다.

9.1 외부유동의 일반적인 특성

점성유체의 외부유동의 가장 큰 특징은 물체 표면에 발생된 경계층이 현상을 지배한다는 것이다. 물체 표면에 발생하는 경계층의 발달과 항력과 양력을 검토해 보자.

9.1.1 경계층의 발달

점성유체의 외부유동은 여러 가지 다양한 유체역학 현상들이 포함되어 있다. 이상유체의 유동은 점성이 없어 경계층이 발달하지 않지만 점성유체는 점성에 기인하여 경계층이 발달한다. 경계층의 특성은 평판, 원기둥, 구 등의 단순한 형태에서부터 유선형 물체, 뭉툭한 물체 등에 따라 다르고, 더욱이 흐름이 층류인지 혹은 난류인지에 따라서도 경계층의 발달과 후류의 영향이 다르게 나타난다.

점성유체 외부유동의 매개변수에는 Reynolds수, Froude수, Mach수가 있는데[157], 이 중 가장 중요한 매개변수가 Reynolds수이다. Reynolds수는 점성유체 외부유동에서 주요 관심사인 항력과 양력에 직접적인 관련이 있다. 외부유동의 특성은 **Re** $\gg 1$ 또는 **Re** < 1에 따라 매우 다르게 나타난다. 경험에 의하면 **Re** > 100인 유동은 관성의 영향이 지배적인 반면에 **Re** < 1인 유동은 점성의 영향을 크게 받는다. 대부분의 외부유동은 $10 <$ **Re** $< 10^9$의 범위이므로 관성의 영향을 크게 받는다. 이것은 물 또는 공기에 대하여 특성 길이가 $0.01\,m < L < 10\,m$, 자유흐름의 속도가 $0.01\,m/s < v_\infty < 100\,m/s$인 경우이다. **Re** < 1인 외부유동은 입경이 매우 작은 입자들이 호수나 강 또는 공기 중에서 침전될 경우에 나타난다. 이때의 유동은 크리핑 유동(creeping flow)이라 하며 점성의 영향이 매우 크며 항력계수가 매우 크게 나타난다.

(1) Reynolds수에 따른 유동

외부유동에서 발생한 경계층내 흐름의 특성은 Reynolds수에 따라 다르게 된다. [그림 9-1]은 Reynolds수에 따른 길이가 L인 평판 주위의 유동을 나타냈다. **Re**수가 작은 층류이면 평판이든 원기둥이든 형체에 상관없이 점성의 영향이 커서 유동장이 매우 넓은 영역에 걸쳐 점성의 영향을 받는다. 그림(a)는 $\mathbf{Re}_L = v_\infty L/\nu = 20$인 층류인 경우로서 유동속도가 자유흐름의 속도 v_∞의 1% 미만, 즉 $(v_\infty - v) < 0.01\,v_\infty$인 경계층의 두께 δ까지를 점성의 영향이 지배적인 점성영역(viscous region)으로 파선으로 표시하였다. 경계층의 외측은 점성의 영향을 무시할 수 있는 비점성영역(inviscid region)으로서 관성의 영향이 지배적인 영역이다.

그림(b)는 $\mathbf{Re}_L = 10^7$인 난류인 경우이다. **Re**수가 증가하여 난류상태가 되면 점성의 영향이 줄어들고 관성의 영향이 커지게 된다. **Re**수가 매우 크면 평판에 매우 근접한 영역과 평판 후방의 후류영역(wake)을 제외하고는 거의 모든 영역이 관성의 영향이 지배적인 흐름이 된다. 이때 점성의 영향이 있는 평판에 근접한 얇은 두께의 영역을 경계층이라고 한다. 경계층의 두께 δ는 평판 선단에서 0이고 선단으로부터 거리 x에 따라 커진다. 경계층 내부의 유동은 관련된 매개변수에 따라 층류 혹은 난류일 수 있다.

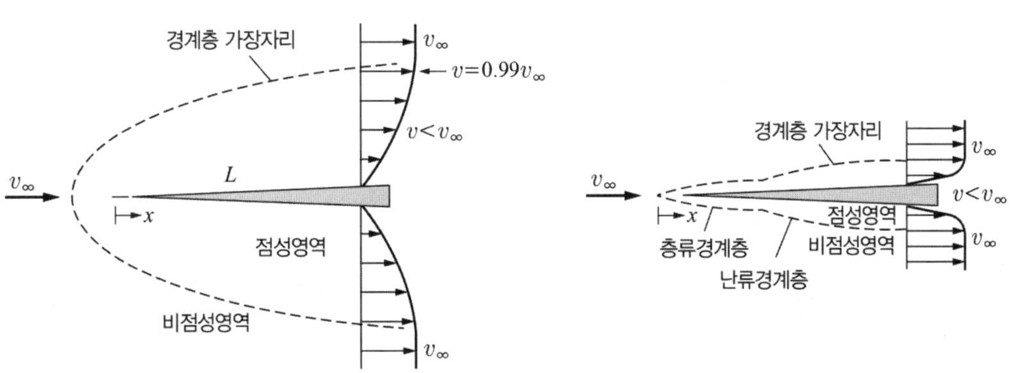

(a) 층류(Re=20)　　(b) 난류(Re=10^7)

그림 9-1 Reynolds수에 따른 평판 주위의 유동

157) Froude수는 개수로 유동, Mach수는 압축성 유동에서 중요한 무차원수이고, Reynolds수는 이 모든 유동에서 중요한 무차원수이다.

물체가 받는 마찰항력에 대한 해석은 1904년 프란틀(Ludwig Prandtl, 1875~1953)에 의해 이루어졌다. 그는 매우 높은 **Re**수에서 물체 주위의 흐름을 2개의 영역, 즉 점성의 영향이 지배하는 벽면 근처의 경계층 영역과 관성력이 지배하는 경계층 바깥의 비점성 영역으로 나누어 해석하였다.

(2) 실제 유동과 이상적인 유동

물체 주위를 감싸 흐르는 외부유동은 경계층이 현상을 지배한다. 일반적으로 유선형이 아닌 물체에서는 **Re**수가 클수록 점성이 지배하는 경계층 영역은 작아지지만, 반면에 유동박리(flow separation)와 후류(wake)라는 현상이 관찰되어 이것들이 현상을 지배하게 된다. 더욱이 유동현상은 동일한 Reynolds수일지라도 이상적인 유동과 실제 유동에서도 다르게 나타난다.

[그림 9-2]는 직경이 D인 긴 원기둥 주위의 흐름으로서 $\mathbf{Re}_D = v_\infty D/\nu = 10^5$인 동일한 경우이지만 점성유체의 이상적인 유동과 실제 유동을 나타냈다. 그림(a)는 점성유체의 이상적인 흐름인 경우로서 유동에 따라 압력이 저하하는 순 압력구배(음의 압력구배)가 나타나서 경계층의 두께가 매우 작고 후류의 폭도 매우 좁으며 유선도 전후 대칭으로 나타난다. 그러나 실제 유동인 경우에는 그림(b)와 같이 물체의 전방에는 순 압력구배에 기인하여 얇은 경계층이 나타나지만, 물체의 후방에서는 압력이 증가하는 역 압력구배(양의 압력구배)가 나타나고 이로 인해 흐름이 물체 표면에서 떨어져 나가는 박리현상이 나타나 폭이 넓은 후류가 나타난다.

결국 평판 주위의 유동이든 원기둥 주위의 유동이든 유동장의 특성은 **Re**수와 점성의 여부에 따라 다른 것을 알 수 있고, 결국 후술할 항력과 양력에 영향을 미치게 된다. 즉 경계층과 유동박리 등은 항력과 양력에 밀접한 관계가 있다.

9.1.2 항력과 양력

유체 속에서 물체가 움직이면 점성에 기인하여 물체 표면에 경계층이 발달하고 물체는 유체로부터 힘을 받게 된다. 이 힘은 점성에 기인한 전단응력과 압력에 기인한 수직응력으로 나타난다. 이상유체라면 점성이 없어 전단응력이 나타나지 않고 수직응력(압력)도 모든 표면에서 서로 같아 소거되어 물체는 어떠한 힘도 받지 않는다. 그러나 실제 모든 유체는 점성을 갖고 있으므로 흐름이 존재하면 물체는 유체로부터 힘을 받는다.

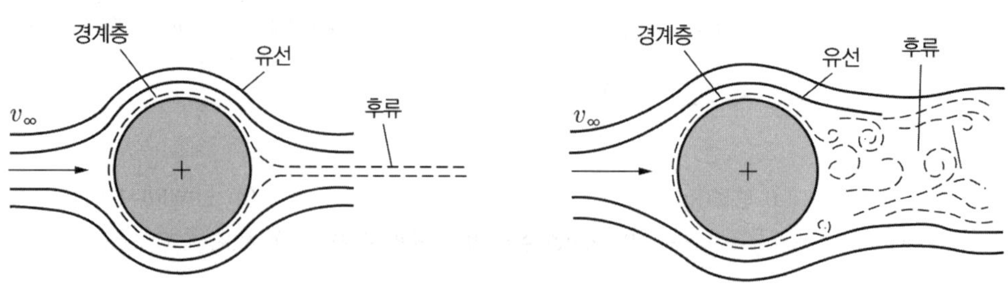

(a) (b)

그림 9-2 원기둥 주위의 실제 유동과 이상적인 유동

물체 표면에 유체가 작용하는 힘을 적극적으로 이용하는 것이 비행기의 날개(익형, airfoil)이다. 날개 표면에 나타나는 압력분포(수직응력분포)와 전단응력분포를 [그림 9-3]에 나타냈다. 먼저 그림(a)의 압력분포를 살펴보자. 날개 윗면에서의 유속은 자유흐름속도 v_∞보다 빠르기 때문에 이곳의 압력은 자유흐름에서의 압력(대기압)보다 낮은 음압($p<0$)이 된다. 이것은 '유체의 속도는 압력에 반비례한다'는 Bernoulli 방정식을 적용하면 쉽게 알 수 있다. 그러나 날개 아랫면에서는 유속이 자유흐름의 속도보다 작으므로 대기압보다 높은 양압($p>0$)이 된다. 따라서 날개는 위쪽의 음압과 아래쪽의 양압이 결합되어 위로 들어 올리는 양력(lift force)을 받게 된다.

다음은 그림(b)의 전단응력분포를 살펴보자. 날개의 선단부분을 제외하면 전단응력은 자유흐름 방향과 평행하게 작용한다. 이 힘은 작용-반작용의 원리에 의해서 크기는 같고 방향이 반대인 표면 마찰력으로 나타난다. 따라서 전단응력은 주로 날개의 운동을 방해하는 항력(drag force)으로 작용한다.

비행기(날개)가 속도 v_∞, 공기의 흐름 방향과 α의 각도(영각, angle of attack)로서 비행한다고 하자. 이때 압력과 전단응력에 의한 항력과 양력의 수식화는 [그림 9-4]를 참고하여 유도할 수 있다. 그림은 날개 표면의 미소면적 dA에 작용하는 점성력과 압력을 나타냈다. 미소 표면전단력의 크기는 $dF_f=\tau_w dA$이고, 미소 압력력의 크기는 $dF_p=pdA$이다. 이들 힘의 자유흐름 방향에 평행한 성분과 수직(법선)인 성분의 합이 각각 항력과 양력으로 주어진다. 따라서 미소 항력은 다음 식으로 표현된다.

$$dF_D = dF_x = -pdA\cos\theta + \tau_w dA\sin\theta$$

여기서 θ는 날개 표면의 반시계방향의 각도를 의미한다.

미소 양력은 다음 식과 같다.

$$dF_L = dF_y = -pdA\sin\theta - \tau_w dA\cos\theta$$

날개에 작용하는 항력 F_D과 양력 F_L은 미소항력과 미소양력을 날개 표면 전체면적에 대하여 적분한 값으로 구해진다.

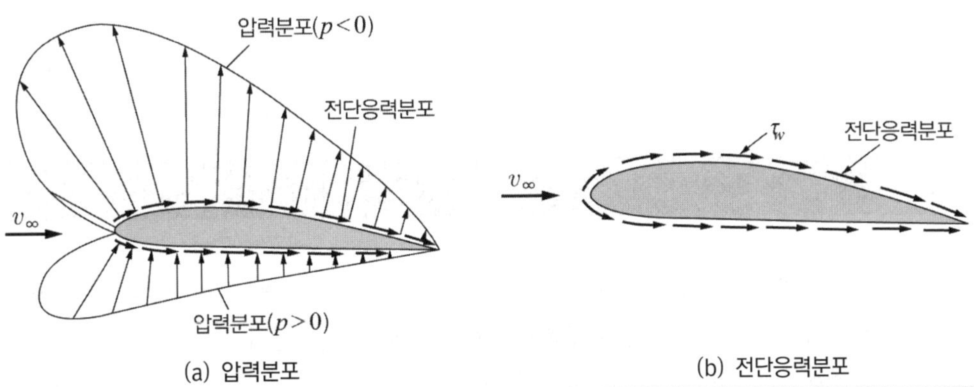

그림 9-3 익형에 작용하는 압력과 전단응력

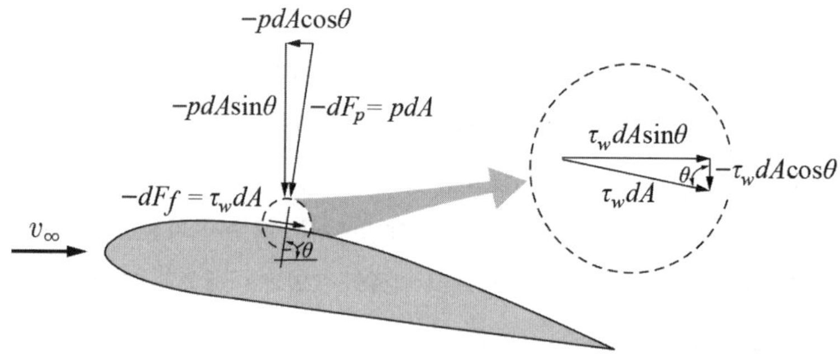

그림 9-4 미소 면적에 작용하는 압력과 점성력

$$F_D = \int(-p\cos\theta + \tau_w \sin\theta)dA \tag{9.1}$$

$$F_L = \int(-p\sin\theta - \tau_w \cos\theta)dA \tag{9.2}$$

위 식들은 2차원 유동에 대한 것이지만 3차원 유동에 대해서도 동일한 기본원리로 쉽게 확장 적용할 수 있다.

실제 물체에 작용하는 항력과 양력은 미소 항력과 미소 양력이 표면의 위치에 따라 크기와 방향이 다르기 때문에 이들 미소 힘의 분포를 물체 전 표면적에 걸쳐 적분한 값이다. 따라서 항력과 양력은 물체가 유체로부터 받는 힘 F_R의 접선방향의 성분과 수직방향의 성분임을 알 수 있다.

자동차, 비행기, 잠수함 등은 항력과 양력을 고려하여 설계된다. 대체로 항력은 물체의 움직임을 방해하는 힘(저항력)이므로 이를 최소화하도록 설계된다. 그러나 양력은 유체가 물체를 아래에서 위쪽으로 올리는 힘이므로 대체로 크게 발생하도록 설계되지만, 자동차의 경우는 전복의 위험성 때문에 작게 설계된다. 항공기에 작용하는 힘에는 추력(추진력), 항력, 양력, 중량 등 4가지가 있다. 항공기는 추력 F가 항력 F_D보다 크고, 양력 F_L이 중량 W 보다 크게 설계된다.

9.2 경계층의 특성

Reynolds수가 높은 물체 주위의 유동의 특성은 대부분의 영역이 관성의 영향이 지배적인 비점성영역일지라도 항력과 양력은 점성이 지배하는 얇은 두께의 경계층에 의해서 결정된다. 이 때문에 항력과 양력의 정확한 평가는 경계층에 대한 이해와 해석기술을 필요로 한다.

9.2.1 층류경계층

층류경계층의 발달과 두께, 전단응력분포를 살펴보자.

(1) 경계층의 발달과 두께

Reynolds수가 높은 평판 주위의 유동에서 발달한 경계층을 살펴보자. [그림 9-1](b)는 유체가 속도 v_∞로서 평판과 평행하게 흐를 때 평판 선단으로부터 거리에 따라 발달된 경계층을 파선으로 나타냈다. 경계층의 두께 $\delta(x)$는 평판 선단으로부터 거리 x에 따라 점차 증가하는 것을 알 수 있다.

평판에 접촉한 유체의 속도는 연속체 흐름의 특성인 점착조건(no-slip condition) 때문에 0이다. 그러므로 자유흐름의 유체와 평판에 인접한 유체 사이에는 속도구배가 존재하여 평판의 윗면과 아랫면에서 경계층을 형성한다. 이웃하는 유체입자들 사이에 속도가 다르면, 즉 속도구배가 존재하면 뉴턴의 점성법칙에 의해 전단응력이 발생한다. 평판의 선단부터 경계층이 발생되면, 즉 속도가 다른 층이 존재하면 속도가 낮은 유체입자들은 점성에 의해 속도가 빠른 이웃 입자들을 지체시키려고 한다. 계속해서 이 입자들은 하류로 흘러감에 따라 인접한 또 다른 빠른 입자들의 운동을 지체시킨다. 따라서 경계층의 두께는 하류로 갈수록 두껍게 된다. 이것을 경계층이 '발달(성장)'한다고 표현한다.

경계층의 두께 δ는 '7.3 경계층'에서 설명한 바와 같이 자유흐름의 속도 v_∞의 99%에 상당하는 y좌표를 경계층의 두께 $\delta = y$로 정의한다. 경계층의 두께는 하류로 갈수록 발달하므로 평판 선단으로부터 거리 x에 따라 달라 $\delta(x)$로 표기한다. 또한 경계층의 두께는 경계층 내 흐름이 층류인지 난류인지에 따라서도 다르게 되며 다음과 같다.[158)]

$$\delta_L(x) = \frac{5x}{\sqrt{Re_x}} \propto \sqrt{x} \tag{9.3a}$$

$$\delta_T(x) = \frac{0.371\,x}{\sqrt[5]{Re_x}} \propto x^{4/5} \tag{9.3b}$$

여기서 하첨자 L과 T는 각각 층류($3\times10^3 < \mathbf{Re}_x < 5\times10^5$)와 난류($3\times10^6 < \mathbf{Re}_x$)를 가리키고, $\mathbf{Re}_x(=v_\infty x/\nu)$는 평판 선단부터 거리 x에서의 Reynolds수, 즉 국소 Reynolds수이다. 층류유동의 하한 범위, 즉 $\mathbf{Re}_x = 3\times10^3$를 지정한 것은, 하한 범위 이하에서는 실험은 물론 간단한 이론도 행해지지 않았기 때문이다. [그림 9-5]에 평판 주위의 경계층의 두께와 전단응력분포를 나타냈다. 경계층의 두께는 평판 선단으로부터 거리 x가 증가함에 따라 증가하지만, 표면 전단응력은 평판 선단으로부터 거리 x가 증가함에 작아지다가 천이층을 지나 난류경계층 부근에서 갑자기 증가함을 보이고 있다.

158) 층류 및 난류 경계층의 두께는 식 (9.17)과 (9.43)으로 자세히 유도하였다. 여기에서는 경계층의 두께가 평판 선단부터 거리 x에 따라 변한다는 것을 강조하기 위해 기술한다.

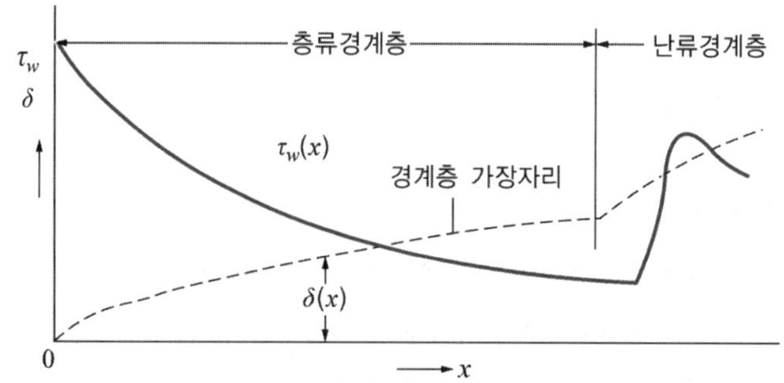

그림 9-5 평판 주위의 경계층의 두께와 표면전단응력 분포

(2) 전단응력분포

경계층은 유체입자들의 속도구배가 존재하는 영역이다. 속도구배가 존재하면 뉴턴의 점성법칙에 의해 전단응력이 발생한다. 전단응력은 속도구배에 비례하므로 속도구배가 가장 큰 평판 선단에서 가장 크고 평판 선단부터 거리 x가 증가함에 따라 작아져 위치의 함수이다. 더욱이 동일한 위치에서의 전단응력이라도 표면전단응력이 가장 크고, 표면에서 수직방향거리 y가 증가할수록 작아진다. 더욱이 표면전단응력 $\tau_w(x)$은 평판의 위치 x는 물론 층류냐 난류냐에 따라 다르게 된다. 표면전단응력은 [그림 9-5]에서 알 수 있는 바와 같이 경계층이 발달함에 따라 속도구배가 작아지므로 선단부터 거리에 따라 점차 감소하지만 난류경계층이 되면 갑자기 증가한다. 이것은 난류경계층이 되면 유속이 빠른 유체입자가 와(소용돌이, eddy)에 의하여 평판 표면 가까운 지역으로 혼입되어 표면에서의 속도구배 dv/dy가 난류로 전환되기 직전의 층류경계층에서의 속도구배보다 크게 되기 때문이다.

표면전단응력은 평판 선단부터 거리 x 및 층류냐 난류에 따라서도 다르며 다음과 같다.[159)]

$$\tau_{w,L}(x) \propto 1/\sqrt{x} \tag{9.4a}$$

$$\tau_{w,T}(x) \propto 1/x^{1/5} \tag{9.4b}$$

9.2.2 Prandtl/Blasius 경계층 근사해

경계층 내 흐름도 연속방정식과 운동방정식으로 해석할 수 있다. 이때 경계층 내 흐름은 점성이 큰 영향을 미치므로 점성유체의 운동방정식, 즉 Navier-Stokes 운동방정식으로 해석해야 한다.

(1) 경계층 방정식

경계층 내 흐름을 비압축성 2차원 흐름이고 또 외력이 없다고 가정한다. 그러면 Navier- Stokes 운동방정식과 연속방정식은 다음과 같다.

159) 층류 및 난류 경계층에서 표면전단응력은 식 (9.19)와 (9.41)에서 자세히 유도하였다.

$$\frac{\partial v_x}{\partial t} + v_x \frac{\partial v_x}{\partial x} + v_y \frac{\partial v_x}{\partial y} = -\frac{1}{\rho}\frac{\partial p}{\partial x} + \nu\left(\frac{\partial v_x^2}{\partial x^2} + \frac{\partial v_x^2}{\partial y^2}\right) \tag{9.5a}$$

$$\frac{\partial v_y}{\partial t} + v_x \frac{\partial v_y}{\partial x} + v_y \frac{\partial v_y}{\partial y} = -\frac{1}{\rho}\frac{\partial p}{\partial y} + \nu\left(\frac{\partial v_y^2}{\partial x^2} + \frac{\partial v_y^2}{\partial y^2}\right) \tag{9.5b}$$

$$\frac{\partial v_x}{\partial x} + \frac{\partial v_y}{\partial y} = 0 \tag{9.6}$$

여기서 v_x는 평판 표면에 평행한 속도, v_y는 평판 표면의 수직(법선)방향 속도이다.

경계층 내에서는 y축 방향의 속도분포($\partial v_x/\partial y$)가 x축 방향의 속도분포($\partial v_x/\partial x$)보다 커서 $\partial^2 v_x/\partial y^2$가 $\partial^2 v_x/\partial x^2$에 비해 훨씬 크므로 식 (9.5a)에서 $\partial^2 v_x/\partial x^2$항을 무시한다. 또한 경계층 내에서는 y축 방향의 속도 v_y가 작으므로 분자에 v_y가 갖는 모든 항을 무시하면 식 (9.5b)는 $-(1/\rho)\,\partial p/\partial y = 0$ 항만이 남아 $\partial p/\partial y = 0$이 성립한다. 즉 경계층 내에서 수직방향으로 압력분포는 일정하므로 경계층 안과 밖의 압력은 같다.

경계층 내 흐름에서는 위 식들이 다음과 같이 간략화된다.

$$\frac{\partial v_x}{\partial t} + v_x \frac{\partial v_x}{\partial x} + v_y \frac{\partial v_x}{\partial y} = -\frac{1}{\rho}\frac{dp}{dx} + \nu\frac{\partial v_x^2}{\partial y^2} \tag{9.7a}$$

$$\frac{\partial v_x}{\partial x} + \frac{\partial v_y}{\partial y} = 0 \tag{9.7b}$$

$$\frac{\partial p}{\partial y} = 0 \tag{9.7c}$$

이 식은 Prandtl에 의해 유도된 것이므로 Prandtl의 경계층 방정식이라고 한다.

(2) Blasius의 경계층 근사해

Prandtl의 제자 H. Blasius(1883~1970)는 평판의 경계층 방정식의 해를 연속방정식 대신에 유동함수 ψ를 도입하여 구하였다. 평판 주위로 유체가 정상상태($\partial/\partial t = 0$) 균일유동 v_∞로 평판과 평행하게 흘러 층류경계층이 생성되었다고 하자. 이것은 퍼텐셜유동이므로 $dp/dx = 0$이 되어[160] Prandtl의 경계층 방정식은 다음 식이 된다.

$$v_x \frac{\partial v_x}{\partial x} + v_y \frac{\partial v_x}{\partial y} = \nu\frac{\partial v_x^2}{\partial y^2} \tag{9.8}$$

$$\frac{\partial v_x}{\partial x} + \frac{\partial v_y}{\partial y} = 0$$

---

160) Bernoulli 방정식 $p + \rho v_\infty^2/2 + \rho g y = C$을 미분하면 $dp/dx + \rho v_\infty dv_\infty/dx = 0$이므로 $dp/dx = -\rho v_\infty dv_\infty/dx = 0$이 성립한다. 왜냐하면 $dv_\infty/dx = 0$이기 때문이다.

경계조건은 다음과 같다.

$$y=0\ :\ v_x=v_y=0$$
$$y=\infty\ :\ v_x=v_\infty \tag{9.9}$$

Blasius는 무차원 속도분포(v_x/v_∞)가 무차원 y방향 길이 $\eta(=y/\delta)$만의 함수라 하고 경계층의 두께는 $\delta\approx\sqrt{l\nu/v_\infty}$로 표시할 수 있으므로[161] 무차원거리 η를 다음과 같이 가정하였다.

$$\eta=\frac{y}{\delta}=y\sqrt{\frac{v_\infty}{\nu x}} \tag{9.10}$$

또한 성분속도 v_x, v_y는 연속방정식 대신에 유동함수 $\psi(x,y)$를 도입하여 구하였는데, 유동함수는 다음 식으로 유도하였다.[162]

$$\psi(x,y)=\sqrt{\nu x v_\infty}\,f(\eta) \tag{9.11}$$

여기서 $f(\eta)$는 무차원 유동함수이다.

Blasius는 위의 식들을 사용하여 식 (9.8)을 다음과 같은 1개의 상미분방정식으로 변환하여 해를 구하였다.[163]

$$ff''+2f'''=0 \tag{9.12}$$

이 식이 Blasius가 유도한 층류 경계층 방정식이다.

이때 경계조건은 다음과 같다.

$$\eta=0\ :\ f=f'=0 \tag{9.13}$$
$$\eta=\infty\ :\ f'=1$$

여기에서 $f(\eta)=\int_0^\eta(v_x/v_\infty)d\eta,\ f'(\eta)=v_x/v_\infty$이다. Blasius는 식 (9.12)가 비선형이므로 일반적인 해법이 없어 함수 f를 멱급수 전개로서 근사해를 구하였다. 그 후 하와스(Howarth)는 $f,\ f',\ f''$을 η의 함수로서 좀 더 정확히 구하였고 그 값을 [표 9.1]에 나타냈다. 여기에서 $f'=v_x/v_\infty$인 것에 주목하면 경계층 내 속도분포는 Blasius의 해에서 f'의 값으로 곧바로 알 수 있다.

---

161) Navier-Stokes 식 (9.8)은 좌변 제 1항과 2항 및 우변이 모두 동일한 오더(order)를 가진다. Navier-Stokes 방정식의 각 항을 대표길이 l, 대표속도 v_∞를 사용하여 무차원화하면 좌변 제 1항의 크기는 $v_x\cdot\partial v_x/\partial x\approx v_\infty^2/l$ 이고, 우변은 $\nu\cdot(\partial v_x/\partial y)/\partial y\approx\nu\cdot v_\infty/\delta^2$이다. 따라서 $v_\infty^2/l\approx\nu v_\infty/\delta^2$ 이므로 $\delta\approx\sqrt{l\nu/v_\infty}$ 을 얻는다.

162) 무차원 유동함수의 유도는 [예제9.1]에서 기술하였다.

163) 식 (9.12)의 전개는 [예제9.1]에서 기술하였다.

예제 1

균일 정상류 중에 놓인 평판에 대한 Prandtl의 경계층방정식에서 Blasius의 층류 경계층 방정식 (9.12)를 유도하라.

무차원 거리 η는 다음과 같다.

$$\eta = \frac{y}{\delta} = y\sqrt{\frac{v_\infty}{\nu x}} \quad \text{(R1)}$$

위 식을 미분하면 다음과 같다.

$$\frac{\partial \eta}{\partial y} = \sqrt{\frac{v_\infty}{\nu x}} \quad \text{(R2)}$$

$$\frac{\partial \eta}{\partial x} = -\frac{1}{2}\frac{y}{x}\sqrt{\frac{v_\infty}{\nu x}} = -\frac{\eta}{2x} \quad \text{(R3)}$$

여기에서 성분속도 v_x, v_y는 연속방정식 대신에 유동함수 $\psi(x, y)$를 도입하여 구하면 다음과 같다.

$$v_x = \frac{\partial \psi}{\partial y} = \frac{\partial \psi}{\partial \eta}\frac{\partial \eta}{\partial y} = \frac{\partial \psi}{\partial \eta}\sqrt{\frac{v_\infty}{\nu x}} \quad \text{(R4)}$$

$$v_y = -\frac{\partial \psi}{\partial x} \quad \text{(R5)}$$

유동함수는 식 (R4)에 의해 다음과 같이 표현된다.

$$\psi = \int_0^\eta v_x \sqrt{\frac{\nu x}{v_\infty}}\, d\eta = \int_0^\eta v_\infty \left(\frac{v_x}{v_\infty}\right)\left(\sqrt{\frac{\nu x}{v_\infty}}\right) d\eta = \sqrt{\nu x v_\infty}\int_0^\eta \left(\frac{v_x}{v_\infty}\right) d\eta \quad \text{(R6)}$$

여기에서

$$\int_0^\eta \left(\frac{v_x}{v_\infty}\right) d\eta = f(\eta) \quad \text{(R7)}$$

라고 하면, 무차원 유동함수 $f(\eta)$는 식 (R6)에 의해 다음 식으로 주어진다.

$$f(\eta) = \frac{\psi}{\sqrt{\nu x v_\infty}} \quad \text{(R8)}$$

따라서 x축 방향 성분속도 v_x는 식 (R4)와 (R7)에 의해 다음 식으로 표현된다.

$$v_x = v_\infty \frac{df(\eta)}{d\eta} = v_\infty f'(\eta) \quad \text{(R9)}$$

y축 방향 성분속도 v_y는 식 (R5), (R8), (R3)에 의하여 다음 식으로 주어진다.

$$\begin{aligned} v_y &= -\frac{\partial \psi}{\partial x} = -\frac{\partial(\sqrt{\nu x v_\infty}\, f)}{\partial x} \quad \text{(R10)} \\ &= -\frac{1}{2}\left(\sqrt{\frac{\nu v_\infty}{x}}\right) f - (\sqrt{\nu x v_\infty})\frac{\partial \eta}{\partial x}\frac{df}{d\eta} \\ &= \frac{1}{2}\sqrt{\frac{\nu v_\infty}{x}}\,(\eta f' - f) \end{aligned}$$

또는

$$v_y = \frac{v_\infty}{2\sqrt{\mathbf{Re}_x}}(\eta f' - f) \quad \text{(R11)}$$

식 (R9)와 (R10)을 평판의 경계층 방정식 (9.8)에 대입하기 위하여 식 (R9)의 v_x를 x, y에 대하여 편미분하면 다음과 같다.

$$\frac{\partial v_x}{\partial x} = v_\infty \frac{\partial}{\partial x}\left(\frac{df}{d\eta}\right) = v_\infty \frac{\partial}{\partial \eta}\left(\frac{df}{d\eta}\right)\frac{d\eta}{dx} = -\frac{v_\infty}{2x}\eta f'' \quad \text{(R12)}$$

$$\frac{\partial v_x}{\partial y} = v_\infty \frac{\partial}{\partial y}\left(\frac{df}{d\eta}\right) = v_\infty \frac{\partial}{\partial \eta}\left(\frac{df}{d\eta}\right)\frac{d\eta}{dy} = v_\infty \sqrt{\frac{v_\infty}{\nu x}}\, f'' \quad \cdots\cdots \text{(R13)}$$

경계층에서의 Navier-Stokes 방정식 (9.8)에 이들 식을 대입하면 다음 식이 된다.

$$-\frac{v_\infty^2}{2x}\eta f' f'' + \frac{v_\infty^2}{2x} f''(\eta f' - f) = \nu \frac{v_\infty^2}{\nu x} f''' \quad \cdots\cdots \text{(R14)}$$

이 식을 정리하면 Blasius의 층류 경계층 방정식 (9.12)가 얻어진다. 즉,

$$ff'' + 2f''' = 0$$

① 층류경계층 속도분포

층류경계층 내에서의 x축 방향의 속도분포는 Blasius의 해에서 $f'(\eta)$의 값을 찾아 곧바로 알 수 있다. 즉 [예제9.1]의 식 (R9)에 의해 다음과 같이 쓸 수 있다.

$$v_x = v_\infty f'(\eta)$$

이 식 중 무차원 유동함수의 미분, 즉 $f'(\eta)$은 [표 9.1]에 의해 y축 방향 무차원거리 η에 대하여 얻어진다. 이것을 [그림 9-6]에 나타냈다. 속도분포(v_x/v_∞)에 대한 Blasius의 이론값(실선)은 Nikuradse의 실험결과와 매우 잘 일치한다.

표 9.1 평판 층류경계층에 대한 η, f, f', f''

$\eta = y\sqrt{\frac{v_\infty}{\nu x}}$	f	$f' = \frac{v}{v_\infty}$	f''	$\eta = y\sqrt{\frac{v_\infty}{\nu x}}$	f	$f' = \frac{v}{v_\infty}$	f''
0	0	0	0.33206	5.0	3.28329	0.99155	0.01591
0.2	0.00664	0.06641	0.33199	5.2	3.48189	0.99425	0.01134
0.4	0.02656	0.13277	0.33147	5.4	3.68094	0.99616	0.00793
0.6	0.05974	0.19894	0.33008	5.6	3.88031	0.99748	0.00543
0.8	0.10611	0.26471	0.32739	5.8	4.07990	0.99838	0.00365
1.0	0.016557	0.32979	0.32301	6.0	4.27964	0.99898	0.00240
1.2	0.23795	0.39378	0.31659	6.2	4.47948	0.99937	0.00155
1.4	0.32298	0.45627	0.30787	6.4	4.67938	0.99961	0.00098
1.6	0.42032	0.51676	0.29667	6.6	4.87931	0.99977	0.00061
1.8	0.52952	0.57477	0.28293	6.8	5.07928	0.99987	0.00037
2.0	0.65003	0.62977	0.26675	7.0	5.27926	0.99992	0.00022
2.2	0.78120	0.68132	0.24835	7.2	5.47925	0.99996	0.00013
2.4	0.92230	0.72899	0.22809	7.4	5.67924	0.99998	0.00007
2.6	1.07252	0.77246	0.20646	7.6	5.87924	0.99999	0.00004
2.8	1.23099	0.81152	0.18401	7.8	6.07923	1.00000	0.00002

$\eta = y\sqrt{\frac{v_\infty}{\nu x}}$	f	$f' = \frac{v}{v_\infty}$	f''	$\eta = y\sqrt{\frac{v_\infty}{\nu x}}$	f	$f' = \frac{v}{v_\infty}$	f''
3.0	1.39682	0.84605	0.16136	8.0	6.27923	1.00000	0.00001
3.2	1.56911	0.87609	0.13913	8.2	6.47923	1.00000	0.00001
3.4	1.74696	0.90177	0.11788	8.4	6.67923	1.00000	0.00000
3.6	1.92954	0.92333	0.09809	8.6	6.87923	1.00000	0.00000
3.8	2.11605	0.94112	0.08013	8.8	7.07923	1.00000	0.00000
4.0	2.30576	0.95552	0.06424				
4.2	2.49806	0.96696	0.05052				
4.4	2.69238	0.97587	0.03897				
4.6	2.88826	0.98269	0.02948				
4.8	3.08534	0.98779	0.02187				

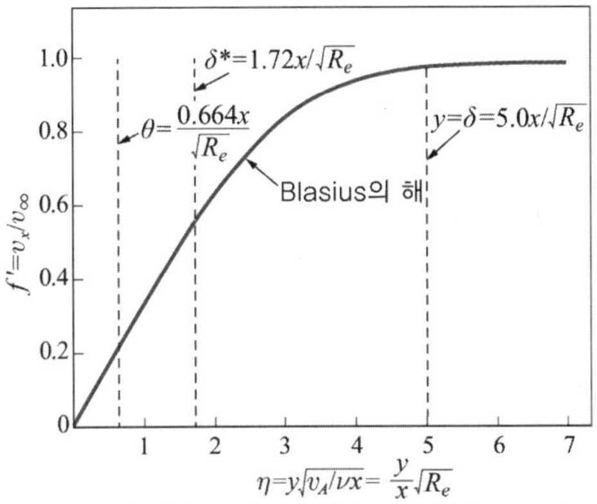

그림 9-6 평판 층류경계층에서 x축 방향의 속도분포

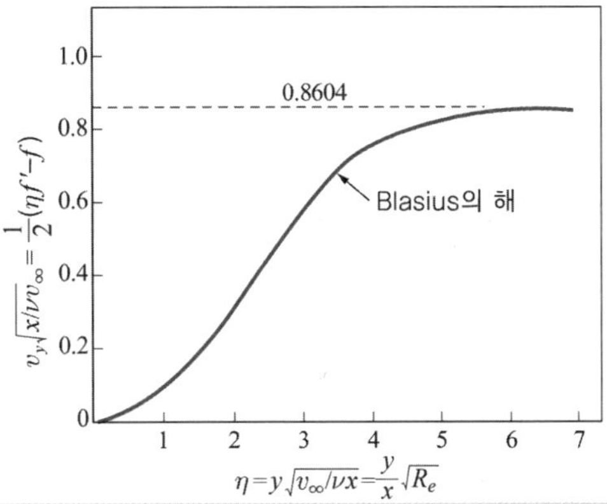

그림 9-7 평판 층류경계층에서 y축 방향의 속도분포

y축 방향 속도분포는 [예제9.1]의 식 (R11)에 의해 얻을 수 있다. 즉

$$v_y = \frac{v_\infty}{2\sqrt{\mathbf{Re}_x}}(\eta f' - f)$$

여기에서 $\mathbf{Re}_x = v_\infty x/\nu$이다. y축 방향 속도분포는 무차원거리 η에 대한 $v_y\sqrt{x/\nu v_\infty}$의 관계로 [그림 9-7]에 표시하였다. 경계층 내 유체는 배제작용에 의해서 벽에서 멀어지는 방향으로 밀려나게 된다.[164] 이때문에 v_y는 경계층의 외측에서도 역시 0이 되지 않고 임의의 값을 갖는다. 경계층의 외측, 즉 $y > \delta$에서 v_y는 그림에 나타낸 바와 같이 다음 값을 갖는다.

$$v_y = 0.8604\sqrt{\frac{\nu v_\infty}{x}} = 0.8604\frac{v_\infty}{\sqrt{Re_x}} \tag{9.14}$$

164) 경계층의 두께는 점차 커지므로 속도가 줄어든 만큼 체적유량이 외측으로 밀려나게 된다. 이것을 배제작용이라고 한다.

② 층류경계층 두께

층류경계층의 두께는 벽면부터 $y = \delta$인 점이고, 무차원속도 v_x/v_∞가 99%인 곳, 즉 [표 9.1]에서 $v_x/v_\infty = f' = 0.99$에 대하여 $\eta \approx 5.0$인 값을 찾을 수 있다. 따라서 무차원 거리 식 (9.10)에서 $y = \delta$를 고려하여

$$\eta = \delta\sqrt{\frac{v_\infty}{\nu x}} \tag{9.15}$$

을 사용하면 경계층 두께 $\delta(x)$는 다음과 같다.

$$\delta = 5.0\sqrt{\frac{\nu x}{v_\infty}} \tag{9.16a}$$

또는

$$\delta = 5.0\frac{x}{\sqrt{Re_x}} \tag{9.16b}$$

이 식이 층류경계층의 두께 δ의 발달을 나타낸 식이다. 층류경계층의 두께 $\delta(x)$는 평판 선단으로부터의 거리 x의 1/2승에 비례하며 커지고, 또 임의의 위치 x에서의 경계층의 두께와의 비율 δ/x는 Re_x만의 함수임을 알 수 있다.

경계층 배제두께는 7장 식 (7.31)에 의해 다음과 같다.

$$\delta^* = \int_0^\delta\left(1 - \frac{v_x}{v_\infty}\right)dy$$

평판의 층류경계층에서 배제두께 δ^*는 위 식의 속도와 거리를 무차원속도 f'와 무차원거리 η로 표시하여 계산하면 다음 식으로 쓸 수 있다.

$$\delta^* = \sqrt{\frac{\nu x}{v_\infty}}\int_0^\eta (1 - f')d\eta = \sqrt{\frac{\nu x}{v_\infty}}\,[\eta - f(\eta)]$$

여기서 적분 상한값 $f' = v_x/v_\infty = 1$에서의 값을 [표 9.1]에서 $\eta = 7.8$과 $f = 6.079$를 찾아 대입하면 배제두께는 다음 식으로 표현된다.

$$\delta^* = \sqrt{\frac{\nu x}{v_\infty}}\,[7.8 - 6.079] \cong 1.72\sqrt{\frac{\nu x}{v_\infty}} \tag{9.17a}$$

또는

$$\delta^* = 1.72\frac{x}{\sqrt{Re_x}} \tag{9.17b}$$

운동량두께 θ는 식 (7.32)에 의해 다음과 같다.

$$\theta = \int_0^{\delta} \frac{v_x}{v_\infty}\left(1 - \frac{v_x}{v_\infty}\right)dy$$

위 식을 무차원속도와 무차원거리로 표시하여 계산하면 다음 식이 된다.

$$\theta = \sqrt{\frac{\nu x}{v_\infty}} \int_0^{\eta} f'(1-f')d\eta = 0.664\sqrt{\frac{\nu x}{v_\infty}} \quad (9.18a)$$

또는

$$\theta = 0.664\frac{x}{\sqrt{Re_x}} \quad (9.18b)$$

[그림 9-6]에 운동량두께 θ, 배제두께 δ^*를 경계층 두께 δ와 함께 나타냈다.

③ 표면전단응력

층류경계층에서 표면전단응력은 [예제9.1]의 식 (R13)을 사용하면 다음 식으로 주어진다.

$$\tau_w = \mu\frac{dv_\infty}{dy}\Big|_{y=0} = \mu v_\infty\sqrt{\frac{v_\infty}{\nu x}}f''(0)$$

[표 9.1]에 의해 $\eta=0$인 때 $f''=0.332$를 찾아 대입하면 표면전단응력은 다음과 같다.

$$\tau_w = 0.332\mu v_\infty\sqrt{\frac{v_\infty}{\nu x}} = 0.332\mu\frac{v_\infty}{x}\sqrt{Re_x} \quad (9.19)$$

표면전단응력은 경계층의 발달 때문에 $x^{1/2}$에 반비례하고 속도 v_∞의 1.5승에 비례함을 알 수 있다. 이것은 원관 내 완전발달 층류영역에서 벽면전단응력이 속도의 제곱에 비례($\tau_w \propto v_\infty^2$)하고 거리 x에 관계없는 것과 대조적이다.[165)]

④ 마찰항력

마찰항력 $F_{D,f}$는 표면전단응력이 평판의 위치에 따라 다르므로 국소표면전단응력(마찰응력) $\tau_w(x)$을 전체에 표면에 적분으로 구한다.

$$F_{D,f} = \int_0^L \tau_w b\,dx \quad (9.20)$$

여기서 $F_{D,f}$는 점성응력에 의해 발생되는 평판 한 면당 마찰항력이며 L은 평판의 길이, b는 평판의 폭이다.

---

165) 원관내 층류유동에서 벽면전단응력은 식 (8.22b) $\tau_w = f\rho v_\infty^2/8$로 표현된다.

위 식의 표면전단응력에 식 (9.19)를 대입하면 마찰항력은 다음 식으로 표현된다.

$$F_f = \int_0^L 0.332\, b\mu v_\infty \sqrt{\frac{v_\infty}{\nu x}}\, dx \tag{9.21}$$

$$= 0.664\, b\mu v_\infty \sqrt{\frac{v_\infty L}{\nu}}$$

$$= 0.664\, b\mu v_\infty \sqrt{Re_L}$$

여기서 Re_L는 평판의 길이 L에 대한 평균 Reynolds수이다.

⑤ 마찰항력계수

평판의 위치 x에서의 국소마찰계수(국소전단응력계수) C_{fx}는 국소표면전단응력 $\tau_w(x)$를 동압 $(\rho v_\infty^2/2)$으로 나눈 무차원수로 정의된다. 즉

$$C_{fx} \equiv \frac{\tau_w}{\rho v_\infty^2/2} \tag{9.22}$$

위 식의 국소표면전단응력에 식 (9.19)를 대입하면 국소마찰계수는 다음 식으로 주어진다.

$$C_{fx} = 0.664\sqrt{\frac{\nu}{v_\infty x}} = \frac{0.664}{\sqrt{Re_x}} \tag{9.23}$$

길이가 L인 평판의 마찰항력계수(평균마찰계수) $C_D(= C_{fL})$는 마찰응력 $F_{D,f}/A$를 동압 $(\rho v_\infty^2/2)$으로 나눈 무차원수로 정의된다.

$$C_D = \frac{F_{D,f}/A}{\rho v_\infty^2/2} \equiv 1.328\sqrt{\frac{\nu}{v_\infty L}} = \frac{1.328}{\sqrt{Re_L}} = 2C_{fx} \tag{9.24}$$

따라서 평판 층류유동에서 마찰항력계수는 국소마찰계수의 2배가 된다.

마찰항력계수는 국소마찰계수 식 (9.23)으로부터 다음과 같이 구할 수도 있다.

$$C_D = \frac{1}{L}\int_0^L C_{fx}\, dx = \frac{1}{L}\int_0^L 0.664\sqrt{\frac{\nu}{v_\infty}}\, x^{-1/2} dx = 1.328\sqrt{\frac{\nu}{v_\infty L}}$$

$$= \frac{1.328}{\sqrt{\mathrm{Re}_L}} = 2\, C_{fx}$$

이 식은 식 (9.24)와 같다.

예제2

평판상의 2차원 층류유동에서 속도구배가 $120\ \mathrm{N/m^2/m}$이다. 평판 벽면에서 속도구배를 $(\partial v_x/\partial y)_0 = C$라 하여 벽면 부근에서의 속도분포를 구하여라.

경계층 방정식 (9.7)에서 정상상태를 고려하면 다음과 같다.

$$v_x \frac{\partial v_x}{\partial x} + v_y \frac{\partial v_x}{\partial y} = -\frac{1}{\rho}\frac{dp}{dx} + \nu \frac{\partial v_x^2}{\partial y^2}$$

평판 표면에서는 $v_x = 0$, $v_y = 0$이므로 위 식은 다음 식이 된다.

$$\frac{\partial v_x^2}{\partial y^2} = \frac{1}{\mu}\frac{dp}{dx}$$

위 식을 풀면

$$v_x = Cy + \frac{1}{2\mu}\cdot\frac{dp}{dx}y^2$$

여기서 $dp/dx = 120\ \mathrm{N/m^2/m}$이므로 속도분포의 근사식은 다음과 같이 구할 수 있다.

$$v_x = Cy + \frac{60}{\mu}y^2$$

예제3

초속 $6\ \mathrm{m/s}$로 흐르는 공기의 자유흐름 속에 길이 $60\ \mathrm{cm}$인 평판이 흐름에 평행하게 놓여 있다. 이때 평판 끝단에서의 경계층의 두께와 마찰계수를 구하고, 평판의 한 면에서의 평균마찰계수를 구하라. 단 공기의 동점성계수는 $1.5 \times 10^{-5}\ \mathrm{m^2/s}$이다.

평판의 길이 $L = 60\ \mathrm{cm}$에서의 Reynolds수는 다음과 같다.

$$\mathbf{Re}_L = \frac{vL}{\nu} = \frac{6\ \mathrm{m/s} \times 0.6\ \mathrm{m}}{1.5 \times 10^{-5}\ \mathrm{m^2/s}} = 2.4 \times 10^5$$

이 값은 임계값 5×10^5보다 작으므로 층류경계층이 발달한다. 층류경계층에 대한 경계층 두께와 국소마찰계수는 식 (9.16)과 (9.23)에 의해 다음과 같다.

$$\delta = \frac{5x}{\sqrt{Re_x}} = \frac{5 \times 0.6\ m}{\sqrt{2.4 \times 10^5}} = 6.12\ \mathrm{mm}$$

$$C_{f,x} = \frac{0.664}{\sqrt{Re_x}} = \frac{0.664}{\sqrt{2.4 \times 10^5}} = 0.00136$$

평균마찰계수는 식 (9.24)에 의해서 국소마찰계수의 2배이므로 다음과 같다.

$$C_D = 2C_{f,x} = 0.00272$$

예제4

길이 $1\ \mathrm{m}$, 폭 $0.8\ \mathrm{m}$인 평판을 판의 수평방향으로 $0.3\ \mathrm{m/s}$의 속도로 움직일 경우 평판 선단에서 $50\ \mathrm{cm}$ 거리에서 경계층의 두께 그리고 평판 표면에서의 마찰응력과 평판 전체의 마찰항력을 구하라. 단 물의 동점성계수는 $1.31\times10^{-6}\ \mathrm{m^2/s}$, 밀도는 $102\ \mathrm{kg/m^3}$이다.

물의 점성계수는 $\mu=\rho\nu=102\ \mathrm{kg/m^3}\times(1.31\times10^{-6}\ \mathrm{m^2/s})=1.363\times10^{-4}\mathrm{kg/m\cdot s}$이다.

평판 표면에서 물의 Reynolds수는 다음과 같다.

$$\mathrm{Re}_L=\frac{v_\infty L}{\nu}=\frac{0.3\ \mathrm{m/s}\times1.0\mathrm{m}}{1.31\times10^{-6}\mathrm{m^2/s}}=2.29\times10^5$$

이 값은 평판의 임계 Reynolds수 $\mathrm{Re}_{cr}=5\times10^5$보다 작으므로 평판 주위에는 층류경계층이 형성된다.

먼저 50 cm 지점에서 층류경계층의 두께는 식 (9.16)에 의하여 다음과 같다.

$$\delta=5.0\sqrt{\frac{\nu x}{v_\infty}}=5.0\times\sqrt{\frac{1.31\times10^{-6}\ \mathrm{m^2/s}\times0.5\ \mathrm{m}}{0.3\ \mathrm{m/s}}}=7.39\times10^{-3}\ \mathrm{m}$$

평판 밑면의 마찰항력계수 C_D은 식 (9.24)에 의해 다음과 같다.

$$C_D=1.328(Re_L)^{-1/2}=1.328\times(2.29\times10^5)^{-1/2}=2.775\times10^{-3}$$

표면전단응력은 식 (9.19)에 의해 다음과 같다.

$$\begin{aligned}\tau_w&=0.332\mu v_\infty\sqrt{\frac{v_\infty}{\nu x}}\\&=0.332\times(1.363\times10^{-4})\mathrm{kg/(m\cdot s)}\times0.3\mathrm{m/s}\times\sqrt{\frac{0.3\mathrm{m/s}}{(1.31\times10^{-6})\mathrm{m^2/s}\times1.0\mathrm{m}}}\\&=6.496\times10^{-3}\ \mathrm{N/m^2}\end{aligned}$$

평판 면의 마찰항력 $F_{D,f}$는 식 (9.23)에 의해 다음과 같다.

$$\begin{aligned}F_{D,f}&=(C_D)(A)\left(\frac{\rho v_\infty^2}{2}\right)\\&=(2.775\times10^{-3})\times(1.0\mathrm{m}\times0.8\mathrm{m})\times\left(\frac{102\mathrm{kg/m^3}\times(0.3\mathrm{m/s})^2}{2}\right)\\&=0.01019\ \mathrm{N}\end{aligned}$$

따라서 평판의 양면에 작용하는 마찰력은 $2F_f=2\times0.01019=0.02038\ \mathrm{N}$이다.

9.2.3 운동량 적분 경계층방정식

운동량 적분 경계층방정식은 물체 표면의 구조가 평판과 다른 경우에도 적용할 수 있을 뿐 아니라 난류경계층에 대해서도 근사하게 성립한다. 운동량 적분방정식은 적분형태의 운동량법칙으로부터 직접 구할 수 있고, 또는 경계층 운동방정식을 경계층의 두께 전체에 대한 적분으로 구할 수 있다. 여기서는 후자의 방법을 사용한다.

(1) 운동량 적분방정식

[그림 9-8]과 같이 경계층 내의 검사체적을 고려하자. 흐름은 정상상태 비압축성 2차원 흐름이라고 가정하자. Prandtl의 경계층 운동방정식 (9.7)은 주류에 대한 Bernoulli 방정식을 고려하면

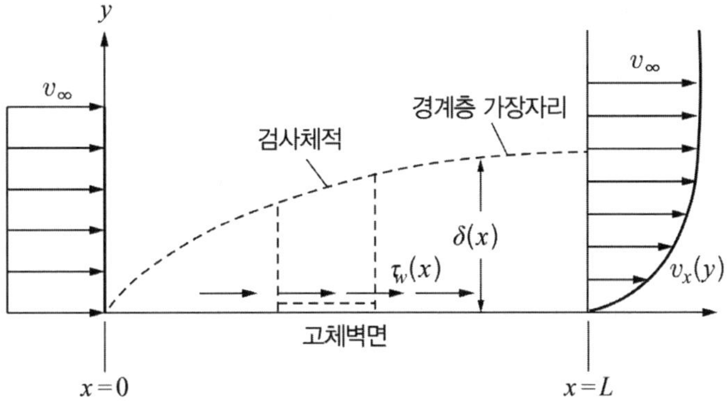

그림 9-8 운동량 적분방정식을 위한 검사체적

$(1/\rho)(dp/dx) = -d(v_\infty^2/2)/dx = -v_\infty dv_\infty/dx$가 되므로 다음 식으로 쓸 수 있다.

$$v_x\frac{\partial v_x}{\partial x} + v_y\frac{\partial v_x}{\partial y} - v_\infty\frac{dv_\infty}{dx} = \nu\frac{\partial^2 v_x}{\partial y^2}$$

이 식을 경계층의 두께 δ에 대하여 적분하면 다음 식을 얻는다.

$$\int_o^\delta (v_x\frac{\partial v_x}{\partial x} + v_y\frac{\partial v_x}{\partial y} - v_\infty\frac{dv_\infty}{dx})dy = \int_0^\delta \nu\frac{\partial^2 v_x}{\partial y^2} = -\frac{\tau_w}{\rho} \tag{9.25}$$

위 식 우변의 적분 값이 $-\tau_w/\rho$가 되는 이유는 다음과 같다.

$$\int_o^\delta \nu\frac{\partial^2 v_x}{\partial y^2}dy = \frac{1}{\rho}\int_0^\delta \mu\frac{\partial^2 v_x}{\partial y^2}dy = \frac{1}{\rho}\left[\mu\frac{\partial v_x}{\partial y}\right]_0^\delta = -\frac{1}{\rho}\left(\mu\frac{\partial v_x}{\partial y}\right)_{y=0} = -\frac{\tau_w}{\rho}$$

식 (9.25)는 층류경계층 운동방정식으로부터 유도했지만 난류경계층에 대해서도 근사적으로 성립한다. 난류경계층에 사용할 경우에는 위 식의 성분속도 v_x, v_y는 시간평균 성분속도를 의미하게 된다.

한편 연속방정식 (9.6)에 의해 다음 식을 얻는다.

$$v_y = -\int_0^y \frac{\partial v_x}{\partial x}dy \tag{9.26}$$

이 식을 식 (9.25)의 좌변 제2항에 대입하면 다음 식으로 변형된다.

$$\int_o^\delta \left\{v_x\frac{\partial v_x}{\partial x} - \frac{\partial v_x}{\partial y}\int_0^y \frac{\partial v_x}{\partial x}dy - v_\infty\frac{dv_\infty}{dx}\right\}dy = -\frac{\tau_w}{\rho} \tag{9.27}$$

위 식의 좌변 두 번째 항은 부분적분법을 사용하면 다음과 같이 변형할 수 있다.

$$\int_o^{\delta} \frac{\partial v_x}{\partial y}\left\{\int_0^y \frac{\partial v_x}{\partial x} dy\right\} dy = \left[v_x \int_0^y \frac{\partial v_x}{\partial x} dy\right]_0^{\delta} - \int_0^{\delta} v_x \frac{\partial v_x}{\partial x} dy$$

$$= v_\infty \int_0^{\delta} \frac{\partial v_x}{\partial x} dy - \int_0^{\delta} v_x \frac{\partial v_x}{\partial x} dy$$

따라서 식 (9.27)은 다음 식이 된다.

$$\int_o^{\delta} (2v_x \frac{\partial v_x}{\partial x} - v_\infty \frac{\partial v_x}{\partial x} - v_\infty \frac{\partial v_\infty}{\partial x}) dy = -\frac{\tau_w}{\rho} \rightarrow$$

$$\frac{\tau_w}{\rho} = \frac{d}{dx} \int_0^{\delta} v_x (v_\infty - v_x) dy + \frac{dv_\infty}{dx} \int_0^{\delta} (v_\infty - v_x) dy \tag{9.28}$$

자유흐름의 속도 v_∞는 일정하므로 우변 두 번째 항이 $dv_\infty/dx = 0$이 된다. 따라서 위 식은 다음과 같이 간단하게 된다.

$$\frac{\tau_w}{\rho} = \frac{d}{dx} \int_0^{\delta} v_x (v_\infty - v_x) dy = \frac{d}{dx} \int_0^{\delta} v_\infty^2 \left\{ \frac{v_x}{v_\infty} - \left(\frac{v_x}{v_\infty} \right)^2 \right\} dy \tag{9.29}$$

$$= v_\infty^2 \frac{d}{dx} \int_0^{\delta} \frac{v_x}{v_\infty} \left(1 - \frac{v_x}{v_\infty} \right) dy$$

식 (9.28), (9.29)는 경계층 내 흐름(층류와 난류)에 상관없이 적용할 수 있는 운동량 적분방정식으로서 1921년 Kármán에 의해 도출되어 Kármán의 운동량 적분방정식이라고도 한다. 식의 적분범위는 경계층의 두께, 즉 $y = 0 \sim \delta$ 이지만 $y = 0 \sim \infty$의 범위에서 행하여도 값은 변하지 않는다. 왜냐하면 경계층의 외측 영역, 즉 $y = \delta \sim \infty$ 범위에서는 속도가 $v_x = v_\infty$이므로 적분값이 0이 되기 때문이다.

운동량 적분방정식의 해는 경계층 내의 속도분포 v_x/v_∞를 알면 구할 수 있다. 즉 속도분포를 알면 경계층 두께, 전단응력, 마찰계수 등을 쉽게 얻을 수 있다. 이를 검토하여 보자. 비압축성 유체에 대해서는 ρ는 일정하므로 식 (9.30)은 다음과 같이 쓸 수 있다.

$$\tau_w = \rho v_\infty^2 \frac{d}{dx} \int_0^{\delta} \frac{v}{v_\infty} \left(1 - \frac{v}{v_\infty} \right) dy \tag{9.30}$$

여기서 v는 v_x를 의미한다. 일반적으로 속도분포 v/v_∞는 경계층에서 y/δ의 함수로 표기되므로 편리한 표기를 위하여 다음과 같이 정의한다.

$$\eta = \frac{y}{\delta} \rightarrow dy = \delta d\eta$$

식 (9.30)은 위 관계를 고려하면 다음과 같이 쓸 수 있다.

$$\tau_w = \rho v_\infty^2 \frac{d\delta}{dx} \int_0^1 \frac{v}{v_\infty}\left(1 - \frac{v}{v_\infty}\right) d\eta \tag{9.31}$$

이 식도 역시 운동량 적분방정식으로서 정상상태, 비압축성유체 2차원유동, 압력구배가 $dp/dx = 0$인 유동에서 성립한다.

경계층의 배제두께 δ^*와 운동량두께 θ와 표면전단응력과의 관계는 직접 식 (9.28)에 정의 식 (7.31)과 (7.32)를 고려하여 정리하면 다음과 같이 얻어진다.

$$\frac{\tau_w}{\rho} = \frac{d}{dx}(v_\infty^2 \theta) + \delta^* v_\infty \frac{dv_\infty}{dx} \tag{9.32a}$$

$$\frac{\tau_w}{\rho} = v_\infty^2 \frac{d\theta}{dx} + (2\theta + \delta^*) v_\infty \frac{dv_\infty}{dx} \tag{9.32b}$$

(2) Pohlhausen의 근사해

폴하우젠(Pohlhausen)은 평판에 연한 퍼텐셜유동에서 3차 함수로 된 속도분포를 가정하여 운동량 적분방정식 (9.30)에 대한 해를 구하였다. Pohlhausen이 구한 층류경계층의 두께, 표면전단응력, 마찰계수는 다음과 같다.

① 층류경계층의 두께

Pohlhausen은 층류경계층의 속도분포를 다음과 같은 3차식으로 가정하였다.

$$\frac{v}{v_\infty} = a + b\left(\frac{y}{\delta}\right) + c\left(\frac{y}{\delta}\right)^2 + d\left(\frac{y}{\delta}\right)^3 \tag{9.33}$$

여기에서 상수 a, b, c, d는 다음과 같은 경계층 조건으로 구할 수 있다.

$$y = 0 \ : \ v = 0$$
$$y = \delta \ : \ v = v_\infty$$
$$y = \delta \ : \ \frac{\partial v}{\partial y} = 0$$
$$y = 0 \ : \ \frac{\partial^2 v}{\partial y^2} = 0$$

위 경계조건을 식 (9.33)에 대입하면 상수는 $a = 0,\ b = 3/2,\ c = 0,\ d = 1/2$을 얻을 수 있다. 따라서 층류경계층의 속도분포는 다음과 같다.

$$\frac{v}{v_\infty} = \frac{3}{2}\left(\frac{y}{\delta}\right) - \frac{1}{2}\left(\frac{y}{\delta}\right)^3 \tag{9.34}$$

이 식을 운동량 적분방정식 (9.29)에 대입하고, $\tau_w = \mu(\partial v/\partial y)_{y=0} = (3/2\delta)\mu v_\infty$를 고려하면 다음 식이 된다.

$$\frac{3}{2}\frac{\nu v_\infty}{\delta} = \frac{d}{dx}\int_0^\delta v_\infty^2\left\{\frac{3}{2}\left(\frac{y}{\delta}\right)-\frac{1}{2}\left(\frac{y}{\delta}\right)^3\right\}\left\{1-\frac{3}{2}\left(\frac{y}{\delta}\right)+\frac{1}{2}\left(\frac{y}{\delta}\right)^3\right\}dy$$

이 식을 적분하면 다음 식을 얻는다.

$$\frac{3}{2}\frac{\nu v_\infty}{\delta} = \frac{39}{280}\frac{d}{dx}\left(v_\infty^2\delta\right)$$

위 식은 자유흐름속도 v_∞가 일정하므로 다음 식과 같이 단지 경계층 두께 δ에 관한 상미분방정식으로 쓸 수 있다.

$$\delta d\delta = \frac{140}{13}\frac{\nu dx}{v_\infty}$$

이 식을 다시 적분하면 다음 식이 된다.

$$\frac{\delta}{x} = \sqrt{\frac{280}{13}\frac{\nu}{v_\infty x}} = \frac{4.64}{\sqrt{Re_x}} \tag{9.35}$$

이 식은 운동량 적분방정식으로 구한 층류경계층의 발달을 나타낸 식으로서 Blasius가 층류경계층 방정식에서 해를 구한 식 (9.16b)와 상당히 양호한 일치를 보이고 있다.

② 표면전단응력

국소표면전단응력 $\tau_w(x)$는 전단응력 식 $\tau_w = \mu(\partial v_x/\partial y)_{y=0} = (3/2\delta)\mu v_\infty$의 δ에 식 (9.35)를 대입하면 다음과 같은 관계식으로 주어진다.

$$\tau_w = 0.323\sqrt{\frac{\mu}{\rho v_\infty x}}\cdot\rho v_\infty^2 \tag{9.36}$$

③ 마찰항력계수

평판에 연한 층류 흐름에서 국소마찰계수 C_{fx}는 다음과 같다.

$$C_{fx} \equiv \frac{\tau_w}{\rho v_\infty^2/2} = \frac{2}{\rho v_\infty^2}\frac{3}{2}\frac{\mu v_\infty}{\delta} = \frac{0.646}{\sqrt{\mathrm{Re}_x}} \tag{9.37}$$

마찰항력계수 $C_D(=C_{fL})$은 국소마찰계수를 $x=0\sim L$까지 적분으로 구하고 다음과 같다.

$$C_D = \frac{1}{L}\int_0^L C_{fx}dx = \frac{1.292}{\sqrt{\mathrm{Re}_L}} \quad (9.38)$$

식 (9.37), (9.38)은 Blasius가 구한 식 (9.23), (9.24)와 3%의 오차로서 근사함을 보이고 있다.

예제5

평판상의 2차원 층류유동에서 경계층의 속도분포가 다음과 같다.

$$\frac{v}{v_\infty} = \sin\left(\frac{\pi}{2}\frac{y}{\delta}\right)$$

(a) 경계층 두께 δ를 x의 함수로 나타내어라.

(b) 배제두께 δ^*를 x의 함수로 나타내어라.

(c) 평판의 길이가 L이고 폭이 b일 때 평판 상의 마찰력을 구하라.

(a) y/δ를 무차원 길이 η라고 정의하면 문제의 속도분포식은 다음과 같이 쓸 수 있다.

$$\frac{v}{v_\infty} = \sin\frac{\pi}{2}\eta$$

운동량 적분방정식 (9.31)의 속도분포에 위 식을 대입하면 다음 식이 된다.

$$\begin{aligned}\tau_w &= \rho v_\infty^2 \frac{d\delta}{dx}\int_0^1 \frac{v}{v_\infty}\left(1-\frac{v}{v_\infty}\right)d\eta \\ &= \rho v_\infty^2 \frac{d\delta}{dx}\int_0^1 \sin\frac{\pi}{2}\eta\left(1-\sin\frac{\pi}{2}\eta\right)d\eta \\ &= \rho v_\infty^2 \frac{d\delta}{dx}\int_0^1 \left(\sin\frac{\pi}{2}\eta - \sin^2\frac{\pi}{2}\eta\right)d\eta \\ &= \rho v_\infty^2 \frac{d\delta}{dx}\frac{2}{\pi}\left[-\cos\frac{\pi}{2}\eta - \frac{\pi}{4}\eta + \frac{1}{4}\sin\pi\eta\right]_0^1 \\ &= 0.137\rho v_\infty^2 \frac{d\delta}{dx}\end{aligned}$$

표면 전단응력은 뉴턴의 점성법칙에 의해 다음 식으로도 평가할 수 있다.

$$\begin{aligned}\tau_w &= \mu\frac{\partial v}{\partial y}\Big|_{y=0} = \mu\frac{v_\infty}{\delta}\frac{\partial(v/v_\infty)}{\partial(y/\delta)}\Big|_{y=0} \\ &= \mu\frac{v_\infty}{\delta}\frac{\pi}{2}\cos\frac{\pi}{2}\eta\Big|_{y=0} \\ &= \frac{\pi\mu v_\infty}{2\delta}\end{aligned}$$

위 두 식의 값은 같으므로 다음 관계가 얻어진다.

$$\tau_w = 0.137\rho v_\infty^2\frac{d\delta}{dx} = \frac{\pi\mu v_\infty}{2\delta}$$

$$0.0872\frac{\rho v_\infty}{\mu}\delta d\delta = dx$$

위 식을 적분하면

$$0.0872\frac{\rho v_\infty}{\mu}\frac{\delta^2}{2} = x + C$$

$\delta=0$일 때 $x=0$이므로 적분상수는 $C=0$이다. 따라서 경계층 두께 δ의 발달은 다음 식으로 주어진다.

$$\delta = 4.79\sqrt{\frac{x\mu}{\rho v_\infty}} = 4.79x\sqrt{\frac{\mu}{\rho v_\infty x}} = \frac{4.79x}{\sqrt{Re_x}}$$

CHAPTER 9 점성유체의 외부유동

또는

$$\frac{\delta}{x} = \frac{4.79}{\sqrt{Re_x}}$$

이 값은 층류경계층 방정식으로 구한 식 (9.16)과 매우 근사함을 알 수 있다.

(b) 배제두께 정의 식 (7.31)은 다음과 같이 무차원 길이 η의 함수로 표시할 수 있다.

$$\delta^* = \int_0^\delta \left(1 - \frac{v_x}{v_\infty}\right) dy = \delta \int_0^1 \left(1 - \frac{v_x}{v_\infty}\right) d\eta$$

위 식에 문제의 속도분포를 대입하여 적분하면 다음과 같다.

$$\delta^* = \delta \int_0^1 \left(1 - \sin\frac{\pi}{2}\eta\right) d\eta = \delta\left[\eta + \frac{2}{\pi}\cos\frac{\pi}{2}\eta\right]_0^1 = \delta\left[1 - \frac{2}{\pi}\right]$$

$\delta = 4.79x/\sqrt{Re_x}$ 이므로 이 값을 위 식에 대입하면 배제두께는 다음 식으로 주어진다.

$$\frac{\delta^*}{x} = \left(1 - \frac{2}{\pi}\right)\frac{4.79}{\sqrt{Re_x}} = \frac{1.74}{\sqrt{Re_x}}$$

이 값은 층류경계층 방정식으로 구한 식 (9.17)과 매우 근사함을 알 수 있다.

(c) 평판면에 작용하는 마찰항력 $F_{D,f}$는 항력계수 C_D가 주어지지 않았으므로 미소면적에 작용하는 표면전단응력을 평판 전체면적에 걸쳐 적분하여 구할 수 있다. 표면전단응력은 평판의 길이에 따라서 다르다.

$$F_{D,f} = \int_A \tau_w dA$$

$$dA = b\,dx,\ 0 \le x \le L$$

$$F_{D,f} = \int_A \tau_w dA = \int_0^L \tau_w b\,dx$$

평판의 표면전단응력은 앞에서 운동량 적분방정식을 이용하여 다음과 같이 구하였다.

$$\tau_w = 0.137\rho v_\infty^2 \frac{d\delta}{dx}$$

따라서 평판의 한쪽 면에 작용하는 마찰항력은

$$F_{D,f} = \int_0^L \tau_w b\,dx = \int_0^L 0.137\rho v_\infty^2 \frac{d\delta}{dx} b\,dx = 0.137\rho v_\infty^2 b \int_0^L d\delta$$
$$= 0.137\rho v_\infty^2 b \delta_L$$

위 식에 경계층 두께를 앞에서 구한 $\delta_L = 4.79L/\sqrt{Re_L}$ 를 대입하면 다음과 같다.

$$F_{D,f} = \frac{0.656\rho v_\infty^2 bL}{\sqrt{Re_L}}$$

예제6

흐름에 평행하게 놓인 폭 b, 길이 L인 평판 상의 경계층내 무차원 속도분포가 다음과 같이 주어졌다.

$$\frac{v}{v_\infty} = \frac{y}{\delta}\left(2 - \frac{y}{\delta}\right)$$

(a) 경계층 두께 δ를 x의 함수로 나타내어라.

(b) 평판의 마찰항력을 구하여라.

(a) 평판의 운동량 적분방정식 (9.29)는 다음과 같다.

$$\frac{\tau_w}{\rho v_\infty^2} = \frac{d}{dx}\int_0^\delta \frac{v_x}{v_\infty}\left(1 - \frac{v_x}{v_\infty}\right)dy \quad \text{(R1)}$$

위 식 우변의 각각의 적분은 속도분포를 대입하여 계산하면 다음과 같다.

$$\int_0^\delta \frac{v}{v_\infty}dy = \int_0^\delta \frac{y}{\delta}\left(2 - \frac{y}{\delta}\right)dy = \left|\frac{y^2}{\delta} - \frac{y^3}{3\delta^2}\right|_0^\delta = \frac{2}{3}\delta \quad \text{(R2)}$$

$$\int_0^\delta \left(\frac{v}{v_\infty}\right)^2 dy = \int_0^\delta \frac{y^2}{\delta^2}\left(2 - \frac{y}{\delta}\right)^2 dy = \left|\frac{4}{3}\frac{y^3}{\delta^2} - \frac{y^4}{\delta^3} + \frac{y^5}{5\delta^4}\right|_0^\delta = \frac{8}{15}\delta \quad \text{(R3)}$$

또 평판의 전단응력은 다음과 같다.

$$\tau_w = \mu\left(\frac{\partial v}{\partial y}\right)_{y=0} = \mu\frac{v_\infty}{\delta^2}(2\delta - 2y)_{y=0} = 2\mu\frac{v_\infty}{\delta} \quad \text{(R4)}$$

식 (R2), (R3), (R4)의 값을 식 (R1)에 대입하면

$$\frac{2\mu}{\rho v_\infty \delta} = \frac{d}{dx}\left(\frac{2}{3}\delta - \frac{8}{15}\delta\right) \quad \text{(R5)}$$

위 식을 정리하여 적분하면 다음 식이 얻어진다.

$$\frac{1}{2}\delta^2 = 15\frac{\nu}{v_\infty^2}x + C \quad \text{(R6)}$$

적분상수는 $x=0$에서 $\delta=0$인 조건을 대입하면 $C=0$이다. 따라서 경계층 두께는 다음 식으로 주어진다.

$$\delta = \sqrt{\frac{30\nu x}{v_\infty}} \cong \frac{5.48x}{\sqrt{Re}} \quad \text{(R7)}$$

여기서 $Re = v_\infty x/\nu$이다.

(b) 폭이 b인 평판의 마찰항력 $F_{D,f}$는 다음 식으로 평가할 수 있다.

$$F_{D,f} = b\int_0^L \tau_w dx \quad \text{(R8)}$$

위 식에 식 (R1)의 τ_w를 대입하여 적분하면 다음 식을 얻는다.

$$F_{D,f} = \rho b\left[\int_0^\delta v(v_\infty - v)dy\right]_{x=0}^{x=L} = \rho b\left(\frac{2}{3}v_\infty^2 - \frac{8}{15}v_\infty^2\right)\delta_{x=L}$$

$$= \rho b\frac{2}{15}v_\infty^2\sqrt{30\frac{\nu L}{v_\infty}} = \frac{1.46}{\sqrt{Re}}bL\frac{\gamma}{2g}v_\infty^2 \quad \text{(R9)}$$

이 경우 $Re = v_\infty L/\nu$이다. 지금 C_f를 마찰항력계수라 하면 위 식은 다음 식이 된다.

$$F_{D,f} = C_f bL\frac{\gamma}{2g}v_\infty^2 \quad \text{(R10)}$$

또 평판의 폭을 $b=1$이라고 하면 식 (R8)과 (R10)에 의해 다음 식을 얻고

$$F_{D,f} = \tau_w L = C_f L\frac{\gamma}{2g}v_\infty^2 \quad \text{(R11)}$$

따라서 항력계수는 다음과 같다.

$$C_f = \frac{\tau_w}{\frac{\gamma}{2g}v_\infty^2} = \frac{\tau_w}{\frac{1}{2}\rho v_\infty^2} \quad \cdots\cdots \text{(R12)}$$

9.2.4 난류경계층

자유흐름의 속도가 v_∞인 정상상태 균일유동 중에 흐름과 평행하게 매끄러운 얇은 평판이 놓여 평판 선단부터 난류경계층이 발달하였다고 하자. Reynolds수가 $5\times10^5 < \mathrm{Re} \le 5\times10^6$의 범위에서 난류경계층의 두께, 표면전단응력, 평균마찰계수, 마찰항력 등을 살펴보자.

(1) 난류경계층 방정식

2차원 정상 난류경계층 운동방정식은 Navier-Stokes 난류 운동방정식 (7.14)와 연속방정식 (7.13)에서 등방성 난류, 미소항 생략, '$\bar{p} + \rho\overline{v_y'^2} = p_1 = y$방향으로 일정'이라 고려하면 다음 식으로 표현된다.

$$\bar{v}_x \frac{\partial \bar{v}_x}{\partial x} + \bar{v}_y \frac{\partial \bar{v}_x}{\partial y} = -\frac{1}{\rho}\frac{\partial p_1}{\partial x} + \frac{1}{\rho}\frac{\partial}{\partial y}\left(\mu \frac{\partial \bar{v}_x}{\partial y} - \rho\overline{v_x' v_y'}\right) \tag{9.39}$$

$$\frac{\partial \bar{v}_x}{\partial x} + \frac{\partial \bar{v}_y}{\partial y} = 0 \tag{9.40}$$

경계조건은 다음과 같다.

$$y=0 \ : \ \bar{v}_x(x,0) = 0,\ \bar{v}_y(x,0) = 0,$$
$$y=0 \ : \ \bar{v}_x(x,\delta) = v_\infty(x),$$

이 식이 난류경계층의 운동방정식과 연속방정식이다. 이들 식에 의해 경계층 내의 속도 $\bar{v}_x$ 등의 미지의 수가 방정식의 수보다 많으므로 Reynolds 응력 $-\rho\overline{v_x' v_y'}$에 가정을 하고 반실험・이론적으로 구하게 된다.

(2) 난류 속도분포

평판의 난류경계층에서의 속도분포는 $10^5 < Re < 10^7$ 범위에서 관내 난류 속도분포의 1/7승 법칙이 경계층의 90% 이상의 영역에서 실험값과 일치한다고 알려져 있다. 이때 1/7승 법칙에서 관의 반지름 R은 경계층의 두께 δ로 대체되어 평판에 대한 난류경계층의 속도분포는 8장 식 (8.54)에 의해 다음 식으로 표현된다.

$$\frac{v_x(y)}{v_\infty} = \left(\frac{y}{\delta}\right)^{1/7} \tag{9.41}$$

(3) 표면전단응력

평판의 난류경계층에서의 속도분포는 식 (9.41)을 고려할 수 있다. 따라서 난류경계층의 두께가 δ인 곳의 표면전단응력은 다음 식으로 표현된다.[166)]

$$\tau_w = 0.0225\,\rho v_\infty^2 \left(\frac{\nu}{v_\infty \delta}\right)^{1/4} = 0.0225\,\rho v_\infty^{7/4}\left(\frac{\nu}{\delta}\right)^{1/4} \tag{9.42}$$

위 식의 난류경계층의 두께 δ에 후술한 식 (9.44)를 대입하면 난류에서 국소표면전단응력 $\tau_w(x)$는 거리 x의 함수로 다음 식이 얻어진다.

$$\tau_w = 0.0288\,\rho v_\infty^2 \left(\frac{\nu}{v_\infty x}\right)^{1/5} = 0.0288\rho v_\infty^2\left(\frac{1}{Re}\right)^{1/5} \tag{9.43}$$

(4) 난류경계층 두께

평판의 난류경계층의 두께 δ는 속도분포 식 (9.41)과 표면전단응력 식 (9.42)에 의해 유도할 수 있다. 위 두 식을 운동량 적분방정식 (9.29)에 대입하면 다음 식을 얻는다.

$$0.0225\left(\frac{\nu}{v_\infty \delta}\right)^{1/4} v_\infty^2 = \frac{d}{dx}\int_0^\delta v_\infty^2 \left\{\left(\frac{y}{\delta}\right)^{1/7} - \left(\frac{y}{\delta}\right)^{2/7}\right\} dy$$

이 식을 적분 및 미분하면 다음 식이 된다.

$$0.0225\left(\frac{\nu}{v_\infty}\right)^{1/4}\delta^{-1/4} = \frac{7}{72}\frac{d\delta}{dx}$$

이를 다시 적분하면 다음 식이 된다.

$$\left(\frac{\nu}{v_\infty}\right)^{1/4} x = 3.45\,\delta^{5/4} + C$$

여기서 적분상수는 평판 선단 $x=0$에서 경계층의 두께를 0, 즉 $\delta=0$이라 고려하면 C가 0이므로 다음 식이 얻어진다.

$$\frac{\delta}{x} = 0.371/\left(\frac{v_\infty x}{\nu}\right)^{1/5} = \frac{0.371}{\mathrm{Re}_x^{1/5}} \tag{9.44}$$

---

166) 경계층두께 δ에서 자유흐름속도와 마찰속도와의 비는 식 (8.52)에 의해 $v_\infty/v^* = 8.74(v^*\delta/\nu)^{1/7}$로 주어진다. 이 식을 마찰속도로 정리한 후 $v^* = 0.15 v_\infty^{7/8}(\nu/\delta)^{1/8}$을 마찰속도 정의 식 (8.30)에 대입하여 표면전단응력 τ_w에 대하여 정리하면 식 (9.40)이 얻어진다. 즉, $\tau_w = \rho v^{*2} = 0.0225\rho v_\infty^{7/4}(\nu/\delta)^{1/4}$ $= 0.0225(\nu/v_\infty\delta)^{1/4}\rho v_\infty^2$.

이 식이 난류경계층의 두께(발달)를 나타낸 식으로서 층류경계층의 두께를 나타낸 식 (9.16b)와 비교된다. 즉, 두 식을 비교하면 난류경계층의 두께 δ는 평판 선단으로부터 거리 $x^{4/5}$에 비례하고, 층류경계층의 두께는 $x^{1/2}$에 비례함을 알 수 있다. 따라서 난류경계층은 층류경계층에 비하여 상당히 빠르게 발달한다.[167)] 그 결과 속도발달구간도 난류 쪽이 층류보다 훨씬 짧게 된다. 층류경계층과 난류경계층에 대한 비교를 [표 9.3]에 나타내었다.

표 9.3 평판의 경계층 두께 및 마찰항력계수

	경계층 두께	전단응력	마찰계수
층류	$\delta \propto x^{1/2}$	$\tau_w \propto x^{-1/2}$	$C_{fx} \propto Re_x^{-1/2}$
난류	$\delta \propto x^{4/5}$	$\tau_w \propto x^{-1/5}$	$C_{fx} \propto Re_x^{-1/5}$

(5) 마찰항력계수

평판 난류경계층의 국소마찰계수 $C_{f,x}$는 국소표면전단응력 τ_w 식 (9.43)을 동압 $(\rho v_\infty^2/2)$으로 나눈 무차원수로 정의되므로 다음과 같다.

$$C_{f,x} = \frac{\tau_w}{\rho v_\infty^2/2} = 0.0576\left(\frac{\nu}{v_\infty x}\right)^{1/5} = 0.0576\,(\mathrm{Re}_x)^{-1/5} \tag{9.45}$$

마찰항력계수(평균마찰계수) C_D은 다음 식으로 얻을 수 있다.

$$C_D = \frac{1}{L}\int_0^L C_{fx} = 0.072\left(\frac{\nu}{v_\infty L}\right)^{1/5} = 0.072\,(\mathrm{Re}_L)^{-1/5} \tag{9.46}$$

난류마찰계수는 [표 9.3]에 나타낸 바와 같이 층류마찰계수보다 큰 것을 알 수 있다.

Reynolds수가 $\mathrm{Re} > 5\times 10^6$인 경우에 매끄러운 평판의 마찰항력계수는 실험결과와 잘 일치하는 Schlichting 식이라 불리는 다음 식이 사용된다.

$$C_D = \frac{0.455}{(\log_{10} Re_L)^{2.58}} \tag{9.47}$$

또한 Reynolds수가 크고 거친 평판의 마찰항력계수는 상대 표면조도 e/L만의 함수로 다음과 같이 제시하였다.

$$C_D = \left(1.89 - 1.62\log\frac{e}{L}\right)^{-2.5} \tag{9.48}$$

167) 예를 들면, 임계 레이놀즈수 $\mathrm{Re}_{cr} = 3.2\times 10^5$에서조차 난류경계층의 두께는 층류경계층의 3.6배나 크게 된다.

(6) 마찰항력

난류유동에서 평판의 한쪽면의 마찰항력 $F_{D,f}$은 다음 식으로 계산할 수 있다.

$$F_{D,f} = (C_D)(A)\left(\frac{\rho v_\infty^2}{2}\right) = 0.0372\,\rho v_\infty^2 bL\left(\frac{\nu}{v_\infty L}\right)^{1/5} \tag{9.49}$$

$$= 0.0372\,\rho v_\infty^2 bL(\mathrm{Re}_L)^{-1/5}$$

여기서 L은 평판의 길이, b는 평판의 폭, Re_L는 평판의 길이 L에 대한 평균 Reynolds수이다.

지금까지 난류경계층에 관한 식들은 사용하기에 몇 가지 주의사항이 있다. 첫째 흐름이 난류라 할지라도 $5\times10^5 < \mathrm{Re} \le 5\times10^6$의 범위에서 실험결과와 잘 일치하지만, Reynolds수가 이것보다 크게 되면 이 식의 값들은 실험값보다 작게 되며, 둘째 매끄러운 평판에서만 적용되고, 셋째 평판의 선단부터 바로 난류가 형성된다는 가정을 포함하고 있다.

예제7

평판상에 발생하는 난류경계층의 속도분포가 1/7승법칙에 따른다고 가정하여 경계층의 배제두께, 운동량 두께를 구하여라.

먼저 속도분포가 다음과 같이 $1/n$승법칙에 따른다 가정하여 유도한다.

$$\frac{v}{v_\infty} = \left(\frac{y}{\delta}\right)^{1/n} \tag{R1}$$

배제두께 δ^*는 정의 식 (7.31)의 속도분포에 위 식을 대입하면 다음과 같이 얻어진다.

$$\delta^* = \int_0^\delta \left(1-\frac{v}{v_\infty}\right)dy = \delta\int_0^1 \left\{1-\left(\frac{y}{\delta}\right)^{1/n}\right\}d\left(\frac{y}{\delta}\right)$$

$$= \frac{\delta}{n+1} \tag{R2}$$

다음은 운동량두께 θ도 정의 식 (7.32)의 속도분포에 위 식 (R1)을 대입하면 다음과 같다.

$$\theta = \int_0^\delta \left(\frac{v}{v_\infty}\right)\left(1-\frac{v}{v_\infty}\right)dy$$

$$= \int_0^\delta \left(\frac{y}{\delta}\right)^{1/n}\left\{1-\left(\frac{y}{\delta}\right)^{1/n}\right\}dy = \delta\int_0^1 \left\{\left(\frac{y}{\delta}\right)^{1/n} - \left(\frac{y}{\delta}\right)^{2/n}\right\}d\left(\frac{y}{\delta}\right)$$

$$= \frac{n}{(n+1)(n+2)}\delta \tag{R3}$$

식 (R2) 및 (R3)에 $n=7$을 대입하면 난류경계층의 배제두께 및 운동량 두께는 다음과 같다.

$$\delta^* = \frac{\delta}{8},\quad \theta = \left(\frac{7}{72}\right)\delta$$

예제8

평균속도 $150\ \mathrm{m/s}$의 바람 속에 면적 $1\ \mathrm{m}^2$인 정사각형 평판을 바람에 평행하게 설치할 경우의 평판의 저항을 구하라. 단 공기의 밀도는 $1.2\ \mathrm{kg/m^3}$, 점성계수는 $1.8\times10^{-5}\ \mathrm{N\cdot s/m^2}$이다.

공기의 동점성계수 ν와 Reynolds수는 다음과 같다.

$$\nu = \frac{\mu}{\rho} = \frac{1.8\times10^{-5}\ \mathrm{N\cdot s/m^2}}{1.2\ \mathrm{kg/m^3}} = 1.5\times10^{-5}\ \mathrm{m^2/s}$$

$$\mathrm{Re}_L = \frac{v_\infty L}{\nu} = \frac{150\ \mathrm{m/s}\times 1\ \mathrm{m}}{1.5\times10^{-5}\ \mathrm{m^2/s}} = 1.0\times10^7$$

따라서 평판에는 난류경계층이 형성된다. 평판의 마찰항력계수 C_D는 Reynolds수가 $\mathrm{Re}\geq 5\times10^6$이므로 식 (9.47)에 의하여 다음과 같다.

$$C_D = \frac{0.455}{(\log_{10}\mathrm{Re})^{2.58}} = \frac{0.455}{(\log_{10}1.07\times10^7)^{2.58}} = \frac{0.455}{7.03^{2.58}}$$

$$= 2.97\times10^{-3}$$

평판의 한쪽 면에 대한 마찰항력 $F_{D,f}$는 식 (9.49)에 의해 다음과 같다.

$$F_{D,f} = (C_D)(A)\left(\frac{\rho v_\infty^2}{2}\right) = 0.00297\times(1\ \mathrm{m^2})\times\left(\frac{0.12\ \mathrm{kg/m^3}\times(150\ \mathrm{m/s})^2}{2}\right)$$

$$= 4.0095\ \mathrm{N}$$

따라서 평판의 마찰력은 $2F_{D,f} = 2\times4.0095 = 8.019\ \mathrm{N}$이다.

9.2.5 천이층 마찰항력계수

평판의 마찰항력저항은 Reynolds수에 따라 다음과 같이 나누어질 수 있다.

(1) Reynolds수가 작은 경우

레이놀즈수가 작은 경우, 예를 들면 $\mathrm{Re} < 5\times10^5$의 범위에서의 마찰항력계수는 평판이 전 길이에 걸쳐 층류경계층이 형성되었다고 보고 얻은 Blasius의 식 (9.24)를 적용할 수 있다.

(2) Reynolds수가 큰 경우

레이놀즈수가 큰 경우, 즉 $\mathrm{Re} > 5\times10^6$의 범위에서는 평판이 전 길이에 걸쳐 난류경계층이 형성되었다고 보고 얻어진 Schlichting의 식 (9.47)을 적용할 수 있다.

(3) Reynolds수가 중간인 경우

레이놀즈수가 위의 중간인 $5\times10^5 < \mathrm{Re} \leq 5\times10^6$의 범위에서는 평판 선단부는 층류를 이루지만 평판 중간부터 난류경계층을 이루게 된다. 이와 같이 도중에 천이가 일어나는 경우, 즉 선단부터 거리 $0\sim x$까지 층류경계층을 이루고 $x\sim L$까지 난류경계층을 이루었을 때, 평판의 전 길이 $0\sim L$에 대한 마찰항력 $F_{D,f}$는 두 마찰항력계수의 합, 즉 식 (9.24)과 Schlichting의 식 (9.47)의 합으로 평가된다.

$$F_{D,f} = C_{D,L}\frac{\rho v_\infty^2}{2}xb + C_{D,T}\frac{\rho v_\infty^2}{2}(L-x)b$$

$$= \frac{1.328}{\sqrt{\mathrm{Re_L}}}\frac{\rho v_\infty^2}{2}xb + \frac{0.455}{(\log_{10}\mathrm{Re_L})^{2.58}}(L-x)b$$

$$= \frac{\rho v_\infty^2 Lb}{2}\left[\frac{1.328}{\sqrt{\mathrm{Re_L}}}\frac{x}{L} + \frac{0.455}{(\log_{10}\mathrm{Re_L})^{2.58}} - \frac{0.455}{(\log_{10}\mathrm{Re_L})^{2.58}}\frac{x}{L}\right]$$

위 식 우변의 각 괄호항 [ ]은 마찰항력계수 정의, 즉 $C_D \equiv F_{D,f}/(\rho v^2 L/2)$에 의하여 길이 L인 평판에 대한 마찰항력계수(평균마찰계수) C_D을 의미한다. 따라서 항력계수는 $x/L = (v_\infty x/\nu)/(v_\infty L/\nu) = \mathrm{Re}_{cr}/\mathrm{Re_L}$로 표기하면 다음과 같이 쓸 수 있다.

$$C_D = \frac{0.455}{(\log_{10}\mathrm{Re_L})^{2.58}} - \frac{1}{\mathrm{Re}}\left[\frac{0.455}{(\log_{10}\mathrm{Re}_{cr})^{2.58}} - 1.328\,\mathrm{Re}_{cr}^{1/2}\right] \tag{9.50}$$

Prandtl은 평판 주위 흐름에 대한 천이 Reynolds수로서 $\mathrm{Re}_{cr} = 5.3\times10^5$를 취하여 이 값을 위 식에 대입하여 천이층의 마찰항력계수를 다음 식으로 나타내었다.

$$C_D = \frac{0.455}{(\log_{10}\mathrm{Re_L})^{2.58}} - \frac{1700}{\mathrm{Re_L}} \tag{9.51}$$

[그림 9-9]는 평판의 마찰항력계수 C_D를 Reynolds수 $\mathrm{Re_L}(=vL/\nu)$와 상대조도 e/L의 함수로 나타내었다. 층류경계층에 대한 것은 Blasius의 이론식 (9.24)으로서 실험결과와 잘 일치한다. 매끄러운 또는 거친 평판의 난류마찰계수는 Schlichting의 식 (9.47), (9.48)과 잘 일치한다. 난류마찰계수는 평판의 상대 표면조도에 따라 수배 이상 차이가 나며, 완전히 거친 영역에서는 Reynolds수와 무관하다.

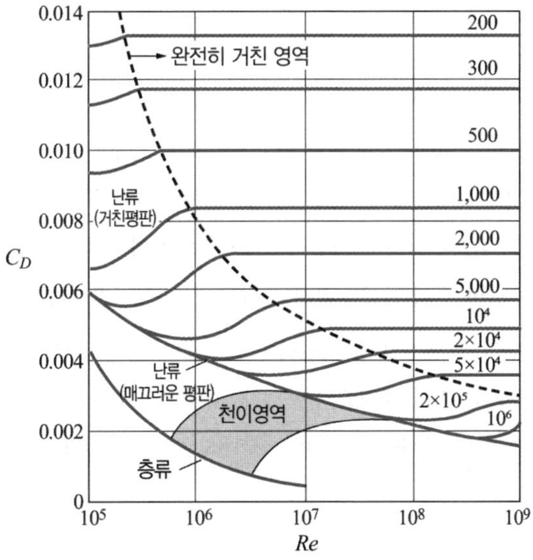

그림 9-9 평판의 마찰항력계수와 Reynolds수와의 관계

9.2.6 압력구배가 있을 경우의 경계층

경계층에 대한 지금까지의 이론적인 해석은 유체가 평판과 평행하게 흐를 때 진행방향으로 압력의 변화가 없는($dp/dx = 0$) 경우로서 실험과 대체로 잘 일치한다. 그러나 실제로는 유체의 점성에 의해서 흐름방향으로 음의 압력구배($dp/dx < 0$) 또는 양의 압력구배($dp/dx > 0$)가 존재한다. 일반적인 흐름에서는 음의 압력구배를 형성하지만, 심한 양의 압력구배가 존재하면 물체 표면에서 유동박리가 발생하여 마찰손실을 더욱 크게 발생시킨다.

비점성 비회전 흐름, 즉 퍼텐셜흐름에서 유체가 가속이 되면 속도는 증가하고 압력은 감소한다. 즉 $dv_x/dx > 0$이면 $dp/dx < 0$이 된다. 일반적인 가속의 흐름에서는 음의 압력구배에 기인하고, 이때에는 경계층의 두께도 얇고 유동박리도 일어나지 않아 흐름이 매끄럽고 순조롭다. 그러나 흐름이 감속되면 압력이 증가하여 양의 압력구배를 갖게 된다. 이 경우에는 경계층이 두꺼워지고 심하면 고체 표면에서 박리가 나타나고 박리점 이후의 하류영역에서는 흐름이 역류를 일으켜 경계층 방정식의 사용이 불가능해진다. 결국 압력구배는 주류의 상태에 따라서 음이 되기도 하고 양이 되기도 하며 경계층의 성질을 변화시킨다.

유동박리는 고체 표면에서의 속도 v_x의 2계도함수에 관련된 기하학적 형상으로 설명할 수 있다. Prandtl의 경계층 방정식 (9.7)에 정상상태($\partial/\partial t = 0$)의 평판의 경계조건, 즉 $y = 0$에서 $v_x = v_y = 0$인 조건을 대입하면 다음 식이 된다.

$$\frac{dp}{dx} = \mu\left(\frac{\partial^2 v_x}{\partial y^2}\right)_{y=0} = \mu\frac{\partial}{\partial y}\left(\frac{\partial v_x}{\partial y}\right)_{y=0} \tag{9.52}$$

이 식은 고체 표면에서는 x축 방향, y축 방향으로의 속도가 없으므로 관성력도 없고, 그래서 이곳에서의 흐름은 압력과 점성력으로만 균형을 이루고 있음을 나타내고 있다. 또 압력구배 dp/dx의 값에 따라 속도구배가 달라지고, 속도구배 $\partial v_x/\partial y$ 및 $\partial v_x^2/\partial y^2$는 곡선으로 나타남을 의미한다. 따라서 표면에서 속도의 1차 미분 $(\partial v_x/\partial y)_{y=0}$이 0인 되는 박리점, 또 속도의 2차 미분 $\partial^2 v_x/\partial y^2$이 0이 되는 변곡점이 나타나기도 하지만, 경계층 밖의 자유흐름 영역에서는 흐름이 일정하므로 이들 속도구배는 모두 0이 된다.

[그림 9-10]은 압력변화에 따른 경계층 내에서의 속도분포, 속도구배분포, 속도의 2차 미분 분포를 나타냈다. 먼저 압력구배가 음($dp/dx < 0$)인 순압력구배인 경우에는 그림(a)에 나타낸 속도분포와 같이 경계층 내에서는 $\partial v_x/\partial y > 0$이고, 경계층의 외측에서는 $\partial v_x/\partial y = 0$이므로 속도구배 $\partial v_x/\partial y$의 값은 물체 표면에서 가장 크고 표면에서 멀어질수록, 즉 y가 증가함에 따라 0의 값까지 감소함을 보이게 된다. 속도구배의 2차 미분은 식 (9.52)를 참고하면 음의 압력구배에 기인하여 경계층 전체에 걸쳐서 $\partial^2 v_x/\partial y^2 < 0$가 된다.

다음은 양의 압력구배, 즉 $dp/dx > 0$인 경우를 검토하여 보자. 양의 압력구배는 일반적이지 않아 역압력구배(adverse pressure gradient)라 하며 경계층의 두께가 급격하게 증가한다. 이 경우에는 역류가 일어나지 않은 약한 역압력구배와 역류가 일어나는 강한 역압력구배로 나눌 수 있다. 역압력구배는 [그림 9-10](b)에 나타냈다.

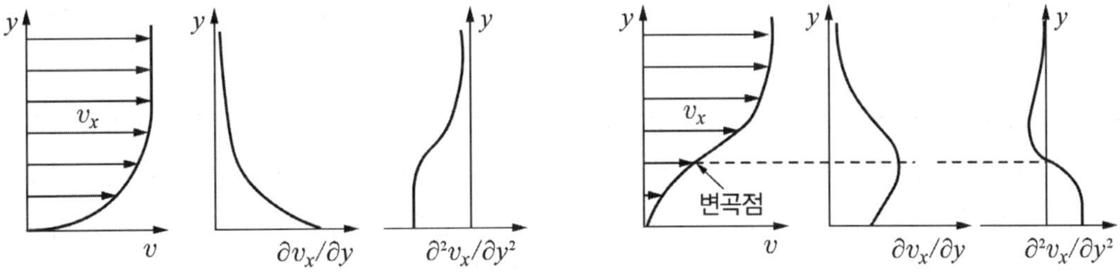

(a) 순압력구배 (b) 역압력구배

그림 9-10 압력변화에 따른 경계층내 속도분포

역압력구배에서는 물체 표면 근처에서 $\partial^2 v_x/\partial y^2 > 0$이므로 경계층의 속도분포에 변곡점($\partial^2 v_x/\partial y^2 = 0$)이 존재하고 $\partial v_x/\partial y$ 및 v_x의 분포는 그림(b)에 표시한 형상이 된다. 즉 역압력구배 하에서 경계층 내 속도분포는 속도구배 $\partial v_x/\partial y$가 표면에서 멀어질수록 점점 커지다가 속도의 2차 미분값이 0인 변곡점에서 최대가 된 후 다시 감소하여 0으로 점근하여 S자 모양이 된다. 속도의 2차 미분 $\partial v_x^2/\partial y^2$ 값도 물체 표면에서는 양(+)이 되고, 표면에서 멀어질수록 감소하여, 결국 0인 점을 지나 음(-)의 값을 갖게 되고, 경계층 외측에 가까울수록 음의 값에서 다시 0으로 접근한다. 즉, 역압력구배에서는 항상 경계층 내에 박리점이 존재한다.

순압력구배는 흐름이 안정되고 경계층의 발달이 어렵지만, 역압력구배는 흐름이 불안정하고 경계층의 발달도 빠르다. 이것은 경계층에서 음의 압력구배이면 dp/dx(압력차)가 흐름의 관성력과 동일한 방향으로 작용하는 것에 대하여 양의 압력구배이면 dp/dx는 흐름과 반대방향으로 작용하기 때문이다. 이 때문에 양의 압력구배를 역압력구배라고 한다. 역압력구배가 크게 되면 운동량이 작은 표면 근방의 유체는 전방으로 진행하기 어렵게 되어, [그림 9-11]의 ③ 선상에 표시한 바와 같이 변곡점이 점차 고체 표면에서 멀어져 결국 역류를 일으킨다. 이것을 유동박리라 한다.

유동 박리점에서는 표면전단력이 0, 수직방향 속도분포도 0인 임계상태(또는 임계압력구배)가 되어 다음 식이 성립한다.

$$\left(\frac{dv_x}{dy}\right)_{y=0} = 0 \tag{9.53}$$

[그림 9-11]의 ④ 선상의 속도분포는 압력구배가 임계압력구배보다 심한 역압력구배인 경우이다. 이때에는 박리점에서 흐름의 방향이 바뀌게 되므로 표면에서 응력이 사라지고 그 후류에 흐름의 방향이 바뀌는 박리영역이 발생하게 된다. 즉, 박리점 이후의 하류에서는 $(dv_x/dy)_{y=0} < 0$이 되어 역류가 생기고 박리점이 후류에 와류가 만들어지는 원인이 된다.

박리에도 층류경계층에서 생기는 층류박리와 난류경계층에서 발생되는 난류박리가 있다. 난류박리는 유체입자의 혼합 작용이 보다 활발히 행하여지므로 난류박리점이 층류박리에 비하여 하류에 위치하게 된다.[168] 따라서 난류는 후류가 좁아지고 그곳의 압력은 층류보다 높아져 항력이 75%까지 줄어들어 난류항력계수 C_D는 층류의 1.2보다 훨씬 낮은 0.3 정도가 된다.

일반적으로 동일한 Reynolds수에서 난류경계층의 두께가 층류경계층의 두께보다 크게 나타난다. 이것은 난류마찰계수가 층류마찰계수보다 큰 것에 원인이 있다. 이 때문에 마찰저항의 감소를 위해서는 층류경계층이 더 선호될 수 있는 것처럼 보일지 모르지만, 일반적으로는 반대로 난류경계층을 더 선호한다. 이것은 난류경계층이 층류경계층보다 유동박리의 발생이 어렵기 때문이다.

박리는 공학적으로 극히 바람직하지 않은 현상이다. 예를 들면, 비행기의 날개 표면에 박리가 발생하면 양력이 현저하게 저하하고 항력이 증대한다. 소위 실속상태(stall)가 된다. 또 유체기기의 블레이드(blade)나 디퓨저(diffuser)에서도 박리가 발생하면 성능이 저하할 뿐만 아니라 서징(surging) 현상도 일어나서 기계가 현저하게 진동하고 파손되는 경우도 있다. 따라서 이들 기기들은 미리 경계층의 계산을 행하여 박리가 발생하지 않도록 설계를 해야 한다.

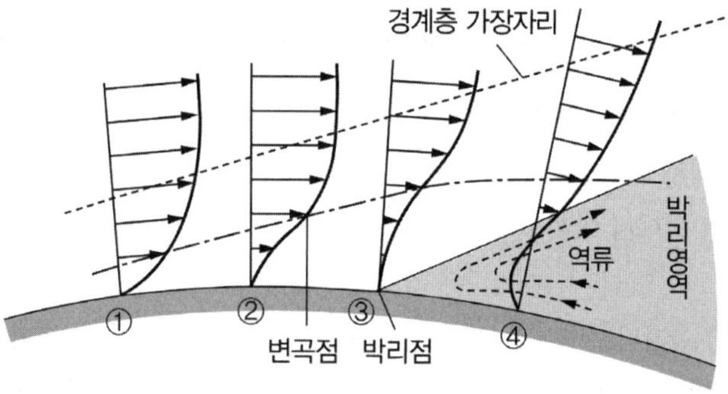

그림 9-11 곡면 위에서의 유체의 흐름

9.3 항력

유체 속에서 움직이는 모든 물체는 표면에 작용하는 전단응력 τ_w와 압력 p로 인하여 힘을 받게 된다. 이 힘의 유동방향 성분이 항력인데 전단응력에 기인하면 마찰항력, 압력에 기인하면 압력항력이다.

9.3.1 마찰항력, 압력항력

(1) 항력

항력 F_D는 물체가 유동방향으로 받는 힘으로서, 여기에는 물체의 표면에서 유체의 전단응력 때문에 생기는 마찰항력 $F_{D,f}$과 물체의 전방과 후방의 압력 차이에 의해 생기는 압력항력 $F_{D,p}$가 있다. 따라서 항력에 대한 식 (9.1)은 마찰항력과 압력항력의 합을 의미한다.

168) 층류 박리점과 난류 박리점의 위치는 7장 [그림 7-12]에 표시되었다.

$$F_D = \underbrace{\int \tau_w \sin\theta\, dA}_{\text{마찰항력}} + \underbrace{\int -p\cos\theta\, dA}_{\text{압력항력}} \tag{9.54}$$

$$= F_{D,f} + F_{D,p}$$

항력은 물체 표면의 미소 면적에 작용하는 점성응력과 압력을 알면 위 식에 의해 전체 면적에 대한 적분한 값으로 평가할 수 있다. 그러나 이 식의 사용은 국소 전단응력과 압력이 해석적 또는 실험적으로 얻어졌을 경우이다. 그러나 이 값을 얻기가 쉽지 않다.

일반적으로 항력과 양력은 항력계수 또는 양력계수를 사용하여 평가한다. 이것은 풍동(wind tunnel)에서 모형실험을 통하여 동력계(force dynamometer)에 의해 직접 항력 F_D과 양력 F_L을 측정하고, 이것을 항력계수 C_D와 양력계수 C_L과의 관계를 식으로 정의해 놓았기 때문이다. 항력계수와 양력계수는 물체에 작용하는 항력과 양력을 면적으로 나눈 평균압력(F/A)을 유체 흐름에 대한 동압 $(\rho v_\infty^2/2)$으로 나눈 무차원수로 정의한다. 즉

$$C_D \equiv \frac{F_D/A_D}{\rho v_\infty^2/2} \tag{9.55}$$

$$C_L \equiv \frac{F_L/A_L}{\rho v_\infty^2/2} \tag{9.56}$$

여기에서 ρ는 유체의 밀도, v_∞는 자유 흐름의 속도, A_D는 물체의 정면도 면적(물체를 유체의 흐름방향으로 보았을 때 투사되는 면적), A_L은 평면도 면적(물체를 유체 흐름의 법선방향에서 보았을 때 투사되는 면적)이다. 이것을 [그림 9-12]에 나타내었다. 즉, 항력과 양력은 항력계수 및 양력계수를 알면 평가할 수 있다. 문헌에 수록된 많은 항력계수는 모두 풍동실험에 의해서 얻어진 것이다.

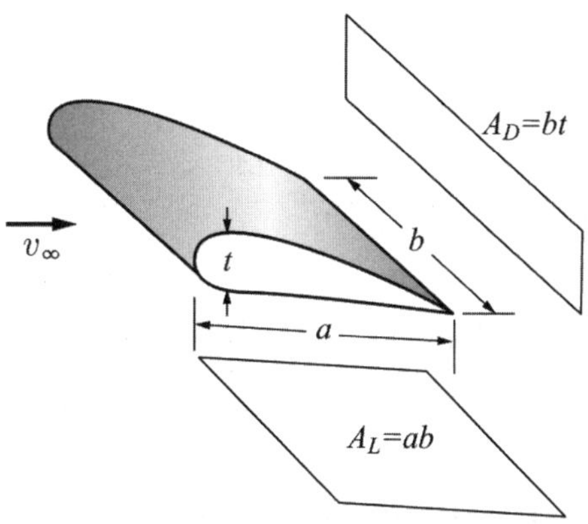

그림 9-12 물체의 투사면적

(2) 마찰항력

마찰항력과 압력항력의 크기는 물체의 형상, Reynolds수 등에 따라 다르다. 마찰항력(점성항력, friction drag) $F_{D,f}$는 물체 표면에 작용하는 표면전단응력 τ_w의 크기뿐 아니라 전단응력이 작용하는 방향 θ에도 관련이 있다. 이것은 식 (9.55)의 $\sin\theta$와 $\cos\theta$항에서 알 수 있다. 그러므로 흐름에 평행하게 놓인 평판의 항력은 $\cos 0^\circ = 0$이므로 마찰항력만이 작용하지만, 평판이 흐름에 수직으로 놓여있다면 $\sin 90^\circ = 0$이므로 마찰항력은 0, 즉 전단응력은 항력에 아무런 영향을 주지 않고 압력항력만이 영향을 준다.

일반적으로 물체는 $0^\circ < \theta < 90^\circ$의 형상이므로 마찰항력과 압력항력 모두가 존재한다. 즉 전단응력과 압력 모두의 영향을 받는다. 일반적으로 외부유동은 유체의 점성계수가 작고 Reynolds수가 매우 크기 때문에 마찰항력(전단력)은 전체 항력에서 아주 작은 부분을 차지하여 압력항력이 지배하지만, 유선형의 물체나 Reynolds수가 작은 경우에는 압력항력이 작아 항력의 대부분이 마찰항력이다.

길이 L, 폭이 b인 평판에서 마찰항력은 식 (9.55)에 의해 다음과 같이 계산된다.

$$F_{D,f} = \frac{1}{2}\rho v_\infty^2 A_D C_D = \frac{1}{2}\rho v_\infty^2 bLC_{D,f} \tag{9.57}$$

여기서 $C_{D,f}$는 마찰항력계수이다. 마찰항력계수는 Reynolds수 Re와 상대 표면조도 e/L의 함수이다. 흐름이 층류이면 항력계수는 Reynolds수만의 함수이다. 그러나 난류유동에서는 표면조도가 항력계수에 큰 영향을 미친다.

(3) 압력항력

압력항력(형상항력, pressure drag) $F_{D,p}$은 물체 표면에 작용하는 압력 p에 의한 부분이다. 압력항력은 물체의 형상에 크게 좌우되기 때문에 형상항력(form drag)이라고도 한다. 압력항력도 압력의 크기와 물체 표면의 방향의 영향을 받는다. 따라서 흐름에 수직으로 놓인 평판은 압력항력만이 영향을 미치지만, 유선형의 물체는 압력항력의 영향이 매우 작다.

압력항력계수는 식 (9.55)에 의해 다음 식으로 표현된다.

$$C_{D,p} \equiv \frac{F_{D,p}/A_D}{\rho v_\infty^2/2} = \frac{\int p\cos\theta\, dA}{\rho v_\infty^2 A_D/2} = \frac{\int C_p\cos\theta\, dA}{A_D} \tag{9.58}$$

여기서 $C_p = (p - p_0)/(\rho v_\infty^2/2)$는 압력계수이고, p_0는 기준압력[169]이다. 전체 표면의 압력이 일정하다면 물체 표면에 작용하는 압력에 의한 힘은 0이기 때문에 기준압력의 크기는 항력에 직접적으로 영향을 주지 않는다.

관성의 영향이 큰, 즉 Reynolds수가 매우 높은 외부유동에서는 압력차$(p - p_0)$가 동압에 직접 비례하여 압력계수는 **Re**수와 무관하다. 그러나 Reynolds수가 작은 유동에서는 압력차와 표면전단응력이 모두 점성응력 $\mu v_\infty/L$에 비례한다. 이때 항력계수는 $1/$**Re**에 비례한다.[170] 이것은 원관내 층류유동에서 마찰계수가

169) 기준압력은 자유흐름에서의 압력이다. 즉 자유흐름이 대기 중에서 나타난다면 기준압력은 대기압 p_0이다.

$1/\mathbf{Re}$에 비례하고, Reynolds수가 큰 유동에서는 마찰계수가 일정한 상수인 경우와 유사하다.

예제9

현재 승용차의 항력계수는 $C_D = 0.3$ 정도이고, 정면도 면적은 $A_D = 2.0\ \text{m}^2$이다. 승용차가 시속 $60\ \text{km/h}$로 달릴 때와 $120\ \text{km/h}$로 달릴 때 공기저항을 이기기 위해 필요한 마력수를 구하여라. 단 공기의 밀도는 $\rho = 1.2\ \text{kg/m}^3$이고, 항력은 마찰항력만을 고려한다.

60 km/h는 16.67 m/s이므로 마찰항력은 식 (9.57)에 의해 다음과 같다.

$$F_D = \frac{1}{2}\rho v_\infty^2 A_D C_D = \frac{1}{2}\times 1.2\ \text{kg/m}^3 \times (16.67\ \text{m/s})^2 \times (2\ \text{m}^2) \times 0.3$$
$$= 100\text{N}$$

필요한 동력은 다음과 같다.

$$\dot{W}_s = F_D v_\infty = \frac{100\ \text{N} \times 16.7\ \text{m/s}}{746\ \text{W/hp}} = 2.24\ \text{hp}$$

또한 $120\ \text{km/h} = 33.3\ \text{m/s}$이므로 이때 필요한 동력은 다음과 같다.

$$\dot{W}_s = F_D v_\infty = \frac{1}{2}\rho v_\infty^2 A_D C_D v_\infty$$
$$= \frac{1}{2}\times 1.2\ \text{kg/m}^3 \times (33.33\ \text{m/s})^3 \times (2\ \text{m}^2) \times 0.3 \times \frac{1}{746\ \text{W/hp}}$$
$$= 17.87\ \text{hp}$$

이것은 동력이 $\dot{W}_s \sim v_\infty^3$으로 속도의 세제곱에 비례하는 것을 알 수 있다. 그러나 주행거리가 $L = v_\infty t$로 일정하다면 필요한 총 에너지는 $E = \dot{W}_s t \sim v_\infty^3 \times (L/v_\infty) \sim v_\infty^2$으로 속도의 제곱에 비례하게 된다. 이것은 120 km/h로 주행하는 경우가 60 km/h로 주행하는 경우보다 공기저항을 이기기 위해 4배의 연료를 더 소모한다는 의미가 된다.

예제10

풍동을 이용하여 승용차의 항력계수를 구하고자 한다. 승용차가 $80\ \text{km/h}$의 속도로 주행할 때 유동방향으로 자동차에 가해지는 힘이 $200\ \text{N}$으로 측정되었다면 항력계수는 얼마인가? 단 승용차의 정면도 면적은 $2\ \text{m}^2$이고 공기의 밀도는 $1.2\ \text{kg/m}^3$이며, 항력은 마찰항력만을 고려한다.

자동차를 고정시켰을 때 공기의 속도는 $v_\infty = 80\ \text{km/h} = 22.22\ \text{m/s}$이다. 자동차의 항력계수는 식 (9.57)에 의해 다음과 같다.

$$C_D = \frac{F_D}{\frac{1}{2}\rho v_\infty^2 A_D} = \frac{200\ \text{N}}{\frac{1}{2}\times 1.2\ \text{kg/m}^3 \times (22.22\ \text{m/s})^2 \times 2\ \text{m}^2}$$
$$= 0.337$$

170) 이것은 $C_{D,p} \sim F_{D,p}/(\rho v_\infty^2/2) \sim (\mu v_\infty/L)/(\rho v_\infty^2/2) \sim \mu/\rho v_\infty L = 1/\mathbf{Re}$가 된다.

9.3.2 항력계수

항력 F_D가 마찰항력과 압력항력(형상항력)의 합으로 평가되는 것처럼 항력계수 C_D도 마찰항력계수와 압력항력계수의 단순한 합으로 평가된다.

$$C_D = C_{D,f} + C_{D,p} \tag{9.59}$$

항력계수 C_D는 일반적으로 물체의 형상, Reynolds수, 상대표면조도, Mach수, Froude수 등에 영향을 받는다. 즉,

$$C_D = f(shape, Re, e/L \ldots)$$

(1) 형상의 영향

항력계수는 평판, 원기둥, 구, 유선형 물체, 뭉툭한 물체 등 물체의 형상에 따라 다르다. 형상은 종횡비, 즉 특성길이 L과 두께(또는 직경) t와의 종횡비(L/t)로 평가하는데, 형상항력계수(압력항력계수)는 종횡비가 클수록 작아진다. 유동에 수직인 평판의 종횡비는 $L/t=0$이고, 구(sphere)는 $L/t=1$이므로 형상항력은 구체가 평판보다 작은 것을 알 수 있다. 일반적으로 종횡비가 매우 큰($L/t \rightarrow \infty$) 타원형 물체나 얇은 두께의 평판은 형상항력이 작고 마찰항력이 크다. 유선형화는 종횡비를 작게 하여 압력항력계수를 줄이도록 꾀한 것이다.

① 형상에 따른 항력계수

[그림 9-13]은 물체의 항력을 감소하기 위한 물체 형상에 따른 항력계수를 비교하여 놓았다. 그림(a)의 직사각형 물체는 예리한 모서리에 의해서 유동이 박리되므로 항력계수 C_D가 2.0으로 매우 크다. 그림(b)와 같이 앞을 둥글게 하면 항력계수가 1.1로서 항력이 약 45% 감소한다. 그림(c)와 같이 뒷부분까지 유선형으로 하면 항력계수가 0.15가 되어 항력이 약 85% 감소하여 주어진 두께에 대한 실질적인 최소치를 얻게 된다. 결국 항력계수의 감소는 유선형화를 꾀함으로써 이루어진다.

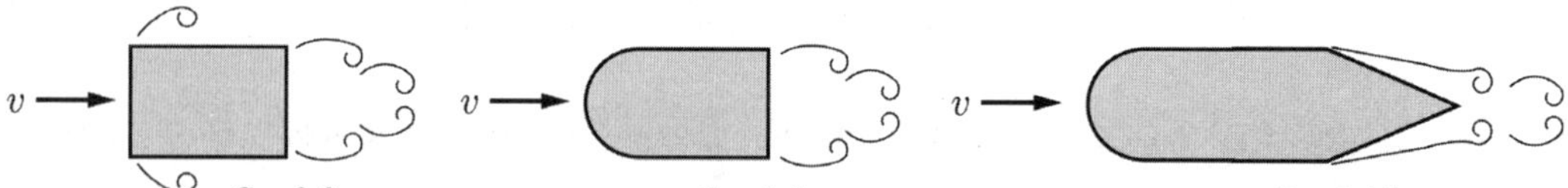

그림 9-13 형상에 따른 항력계수

② 유선형화

일반적으로 압력항력을 줄이기 위해 물체를 유선형으로 제작한다. 압력항력은 상류측과 하류측의 압력차가 주된 원인이고, 이 압력차는 주로 유동 박리에 기인한다. 유선형화(streamlining)의 목적은 박리 현상이 일어나지 않거나 혹은 박리점이 뒤쪽에서 일어나도록 하여 후류영역의 크기를 줄여 압력항력을 저감하는데 있다. 유선형화의 항력계수 저감효과는 낮은 Reynolds수보다 오히려 높은 Reynolds수에서 나타난다. 이것

은 항력이 속도에 비례하고 더욱이 높은 Reynolds 수에서는 상대적으로 마찰항력의 영향이 작고 압력항력이 큰 영향을 미치게 되는데, 유선형화는 높은 Reynolds수 범위에서도 유동박리를 일어나지 않게 할 수 있기 때문이다.

유선형화는 물체의 두께에 대한 길이와의 비(L/t)를 크게 하여 전후 압력차가 줄어들어 압력항력이 저감되지만, 표면적이 증가하므로 표면마찰항력이 증가된다. 그러므로 물체를 유선형으로 할 경우에는 마찰항력과 압력항력의 합이 최소가 되는 최적의 조건을 찾아야 된다. [그림 9-14]는 유선화된 원기둥에 대하여 $\mathbf{Re} = 4\times10^5$일 때 두께에 대한 길이비에 따른 항력계수를 나타냈다. 그림은 L/t가 클수록 압력항력이 감소하지만 표면마찰항력은 증가함을 보이고 있다. 최소 항력계수는 $L/t \cong 4$일 때 $C_D \cong 0.06$이다. 이 값은 유선화되지 않은 동일한 두께의 원기둥이 받는 최소 항력계수 값의 20% 정도이다. 일반적으로 유선형의 항력계수는 0.01과 0.1 사이의 값으로 현저하게 낮다.

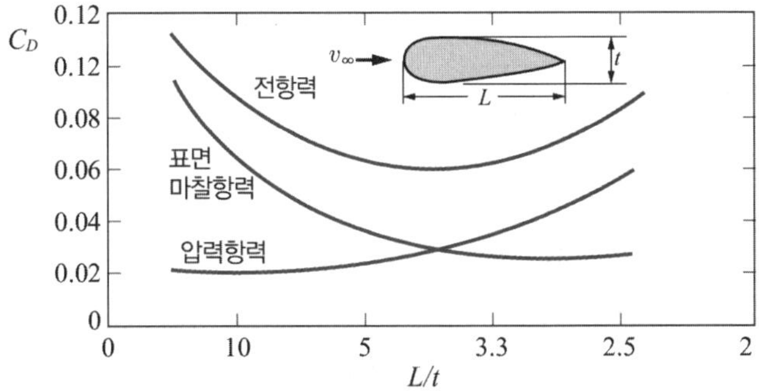

그림 9-14 유선화된 날개의 종횡비에 따른 항력계수

(2) Reynolds수의 영향

항력계수에 영향을 크게 미치는 요인으로서 Reynolds수가 있다. 이것은 Reynolds수에 따라 물체 주위의 흐름의 양상이 변하기 때문이다. 먼저 원기둥 주위의 흐름을 살펴보고 그다음 Reynolds수에 따른 항력계수를 검토하여 보자.

① 원기둥 주위의 흐름

Reynolds 수에 따른 원기둥 주위의 흐름을 [그림 9-15]에 나타냈다. 그림(a)는 Reynolds수가 $\mathbf{Re} < 0.5$의 매우 작은 경우의 원기둥 주위의 흐름이다. 이 경우에는 관성력을 무시할 수 있어 흐름이 원기둥 뒤에서 합류하게 되어 원기둥 전후의 흐름이 좌우 대칭이 된다. 그림(b)는 Reynolds수가 20~30으로 증가하게 된 경우로서, 유체의 점성에 기인하여 박리점이 형성된다. 경계층은 박리점에서 대칭으로 분리되어 2개의 와류(vortex)가 형성되어 서로 반대방향으로 회전하는 안정된 현상이 나타난다. 즉 이 Reynolds수에서는 와류의 위치는 변하지 않으며 그 에너지도 분리된 경계층의 유동에 의해 그대로 보존된다.

그림(c)는 Reynolds수가 40~70이 되면 주기적인 후류의 진동이 나타나는 경우이다. Reynolds수가 90이 되면 2개의 와류는 교대로 하류와 합류되어 없어지고 원기둥에서 조금 떨어진 하류에서 새로운 와류가 원기둥 양측에서 교대로 발생하여 두 개의 와열(row of vortex)을 형성한다. 이 와열은 점성에 의해 와류에너지가 소멸되어 어느 거리를 벗어나면 없어진다. 이 와열을 와로 또는 Von Karman 와열이라고 한다.

그림(d)는 $10^3 < \mathrm{Re} < 10^5$ 범위에서 층류경계층이 형성되는 경우이다. 층류경계층이 발생한 경우에는 원기둥의 상류측과 하류측의 대략 중간 지점($\theta = 82^\circ$)에서 박리점을 형성하여 원기둥의 하류측 절반이 모두 상대적으로 낮은 압력을 받으며 후류(wake)를 형성하게 된다. 후류에서의 낮은 압력은 상류의 압력으로 완전히 복원될 수 없기 때문에 압력항력을 일으키게 된다. 이에 따라 항력계수 C_D도 난류경계층에 비하여 상대적으로 큰 값을 갖게 된다.

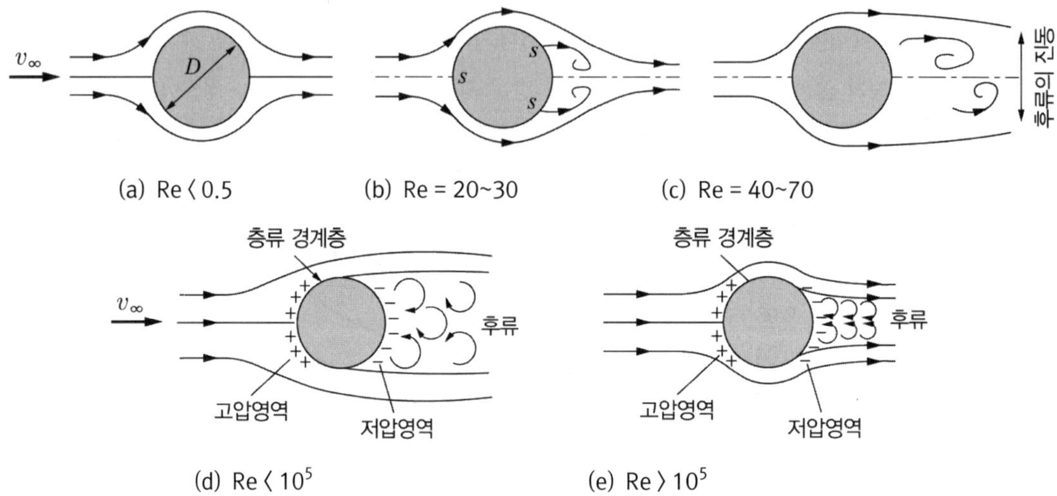

그림 9-15 원기둥 주위의 흐름

그림(e)는 $10^5 < \mathrm{Re} < 10^6$ 범위에서 난류경계층이 생성되는 것을 나타냈다. 이 경우에는 박리점($\theta = 120^\circ$)이 뒤로 밀려나면서 낮은 압력의 후류영역이 층류에 비해 좁게 된다. 더욱이 유속이 빠른 유체입자는 후류쪽으로 밀려 들어오게 되면서 상류측과 후류측 사이의 압력차가 작아져서 결국 항력(또는 항력계수)의 감소를 가져온다.

② 구의 원기둥의 항력계수

구나 원기둥의 항력계수가 Reynolds수에 따라 감소한다. 이것은 경계층의 특성변화로 야기되는 흐름의 양상이 변화하기 때문이다. [그림 9-16]에 구와 원기둥의 Reynolds수에 따른 항력계수를 나타냈다.

ⓐ $\mathrm{Re} \le 1.0$인 층류유동

Reynolds수가 1보다 작은 구 주위의 흐름은 크리핑 유동(creeping flow, Stokes flow)이라고 하며 항력계수가 매우 크다. 이것은 Reynolds수가 매우 낮으므로 관성효과는 나타나지 않고 점성효과가 매우 크게 지배하기 때문이다.

크리핑 유동에서 구의 항력 또는 항력계수는 스토크스 법칙(Stokes's law)에 의해서 구할 수 있다. 지름이 D_s(반지름 R_s)인 구형 입자가 점도 μ_l인 정지 유체 속에서 속도 v_s로 자유낙하할 때 입자가 받는 항력(resistance or drag) F_D는 다음 식으로 주어진다.

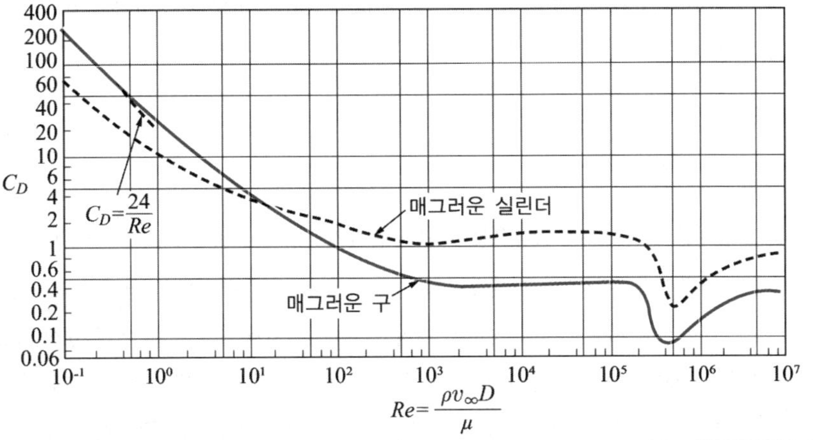

그림 9-16 **구와 원기둥의 Reynolds수에 따른 항력계수**

$$F_D = 6\pi\mu_l v_s R_s = 3\pi\mu_l v_s D_s \tag{9.60}$$

여기서 하첨자 l과 s는 각각 액체와 고체를 가리킨다. 이 식을 Stokes's 법칙이라 한다. 크리핑 유동에서 물체의 항력은 2/3가 마찰항력, 1/3이 형상항력이라고 알려졌다.

스토크스 법칙을 따르는 구형 입자의 항력계수 C_D는 항력계수의 정의 식 (9.55)의 힘 F_D에 식 (9.60)를 대입하면 다음과 같이 주어진다.

$$C_{D,구} = \frac{3\pi\mu_l v_s D_s/(\pi D_s^2/4)}{\rho_l v_s^2/2} = \frac{24}{\mathrm{Re}} \tag{9.61}$$

이 식은 $\mathrm{Re} \le 1.0$에 대한 입자의 항력계수로서 Reynolds수에 반비례하고 실험결과와 매우 잘 일치한다.

ⓑ $1 < \mathrm{Re} < 10^3$인 층류유동

$\mathrm{Re} > 1$가 되면 항력계수의 기울기가 점차 완만해져 식 (9.61)과 차이를 보이기 시작한다. 이것은 구와 원기둥 표면에 박리가 발생하기 시작하여 마찰항력의 영향이 상대적으로 작고 형상항력이 크게 영향을 미치기 때문이다. **Re**수가 1보다 크고 10^3보다 작은 층류유동에서 항력계수는 Reynolds수의 증가에 따라 조금씩 감소된다. 이 영역에서 구의 항력계수는 다음 식으로 표시된다.

$$C_{D,구} = \frac{18.5}{\mathrm{Re}^{0.6}} \tag{9.62}$$

이 식은 평판 층류경계층에서의 항력계수에 대한 식 (9.24) $C_D \sim 1/\sqrt{Re}$와 유사함을 보이고 있다.

ⓒ $10^3 < \mathrm{Re} < 10^5$인 층류유동

$10^3 < \mathrm{Re} < 10^5$에서는 구 및 원기둥 주위의 흐름의 양상이 사실상 변하지 않아 압력항력이 일정하게 유지되어 결국 항력계수가 변하지 않고 거의 일정한 값을 보이고 있다. 이 범위에서는 층류경계층이 발생하여 구의 전면($\theta = 85°$)에서 박리하여 후류(wake)를 발생한다. 구의 항력 F_D는 항력계수가 일정

하므로 식 (9.55)에서 알 수 있는 바와 같이 속도의 제곱에 완전히 비례한다. 따라서 $10^3 < \mathrm{Re} < 10^5$에서 구 및 원기둥의 항력계수는 다음과 같다.

$$C_{D,구} = 0.43, \ C_{D,원기둥} = 1.2 \tag{9.63}$$

ⓓ $\mathrm{Re} > 10^5$인 난류유동

층류유동에서 일정하던 항력계수는 난류유동이 되면 갑자기 $C_{D,구} = 0.1$, $C_{D,원기둥} = 0.3$의 절반 이하로 감소한다. 이것은 지금까지 층류였던 경계층이 갑자기 난류로 변하여 후류의 영역이 작아졌기 때문이다. 천이가 일어나는 Reynolds수는 물체의 형상에 따라 다르다. 골프공의 움푹 들어간 형상(dimple)은 층류에서 난류로의 천이 레이놀즈수를 떨어뜨려 보다 빨리 난류경계층을 만들어 항력계수를 떨어뜨리기 위함이다. 난류유동에서는 상대적으로 마찰항력의 영향이 작고 형상항력(압력항력)이 큰 영향을 미치게 되어 유선형화가 항력저감에 효과가 있다.

③ Kármán 와열

Von Kármán은 와열(와로, row of vortex, vortex street) 현상을 깊이 연구하여 와열의 크기, 주기 등을 밝혔다.[171] 그는 와열을 이상 유체유동에서 서로 다른 와류가 연속적으로 존재하는 것으로 간주하여 [그림 9-17]과 같이 나타냈으며 그 크기를 다음과 같이 제안하였다.

$$\frac{b}{a} = \frac{1}{\pi}\sin b^{-1} = 0.281 \tag{9.64}$$

이 값은 후에 실험적으로 확인되었다.

물체 주위에 이와 같은 와류가 규칙적으로 생기면 와류의 회전운동이 압력의 변화를 초래하여 결국 물체에 힘을 가하게 된다. 즉 원기둥 후류 양측에 교대로 발생하는 와류에 의해서 교번측력이 생기며 이로 인하여 원기둥은 진동을 하게 된다. 비행기에서 발생하는 요동(flutter)현상이나 바람에 의해 전선의 울림, 바람에 의해 현수교가 붕괴되는 것은 이의 좋은 예이다. 따라서 이것은 공학적 설계에 있어서 반드시 피해야 할 현상이다.[172]

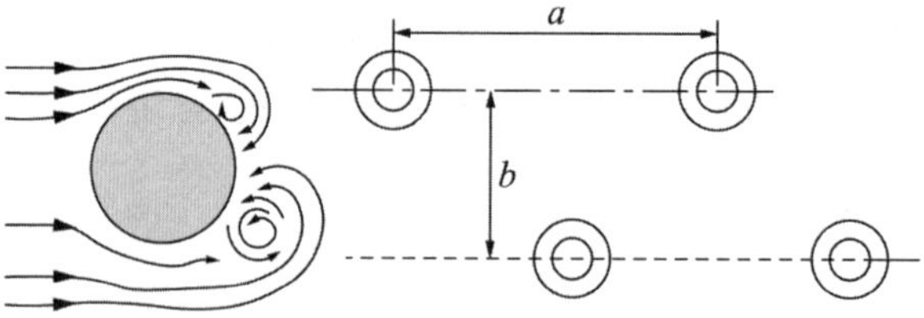

그림 9-17 Kármán 와열

171) '5.4.4 와류의 운동 (5) Kármán 와열'에서 설명하였다.

172) 물체 하류측에 와류(소용돌이)가 발생되면 소음뿐 아니라 와류의 생성 주파수와 물체의 고유진동수와 공명하게 되면 진동 진폭이 커져 물체에 힘이 가해져 응력이 발생하게 된다. 원기둥에서 발생하는 와류의 주파수를 f, 유속을 v, 원기둥의 직경을 D라 하면 이들 사이의 실험식은 $fD/v = 0.198(1-19.7/Re)$으로 주어진다. 이 식은 $250 < Re < 2\times10^5$ 범위에서 유효하며, 식의 좌변 $fD/v(=St)$은 Strouhal수라고 한다. St수는 6장 식 (6.12)에서 설명하였다.

(3) 표면조도의 영향

경계층은 매우 얇기 때문에 다른 조건들에도 매우 민감하다. 예를 들어, 구나 원기둥의 상류측 표면을 약간 거칠게 하면 표면이 매끈한 경우보다 작은 Reynolds수에서 난류가 된다. 이것은 표면조도에 따라 임계 Reynolds수가 다르듯이 항력계수도 표면조도에 따라 다르게 된다. 일반적으로 유선형 물체는 표면조도가 증가하면 표면마찰항력계수가 증가하여 항력도 증가한다. 그러나 구나 원기둥과 같은 뭉툭한 물체에서는 표면조도가 증가하면 항력계수를 감소시켜 항력도 감소된다. [그림 9-18]은 구의 표면조도 e/D에 대한 항력계수 C_D를 나타냈다.

일반적으로 물체 주위의 흐름에서 Reynolds수가 임계값에 도달하게 되면 경계층이 층류에서 난류로 바뀌고 후류(wake) 영역은 층류일 경우보다 상당히 좁아진다. 그 결과 마찰저항계수는 약간 증가하지만 압력항력계수가 상당히 감소되어 전체적인 항력계수는 감소된다.

표면이 매우 거친 골프공의 임계 Reynolds수는 4×10^4이다. 이 값은 표면이 매끄러운 구의 임계 **Re**수인 3×10^5에 비해 1/10로 상당히 작다. $4\times10^4 < \mathbf{Re} < 3\times10^5$의 범위에서 골프공의 항력계수 0.25는 매끄러운 공의 항력계수 0.5보다 1/2로 작다. 따라서 골프공은 항력이 작아 동일한 힘의 크기에도 멀리 날아간다.

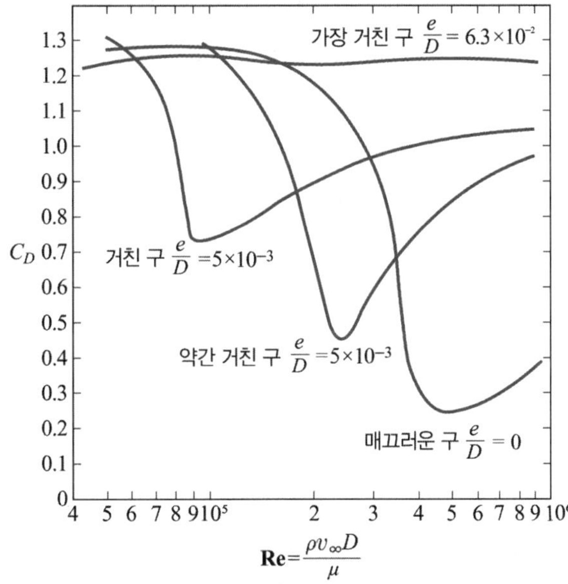

그림 9-18 구의 항력계수에 대한 표면조도의 영향

(4) 물체의 항력계수

물체의 항력은 항력계수로 나타낼 수 있다. 항력계수는 압력항력계수와 마찰항력계수의 합으로 평가되지만, 일반적으로 이들을 분리하여 평가하기는 어렵다. 그러므로 항력계수는 항상 개별항력계수보다는 총 항력계수로 다루어진다.

일반적으로 항력계수는 Reynolds수에 따라 실험으로 그 값을 평가하고 있다. 구와 원기둥 주위의 유동에서 설명한 바와 같이 Reynolds수가 낮은 크리핑유동(creeping flow)영역, 중간영역, 높은 영역에서의 항력계수는 서로 다른 특성을 나타낸다.

Reynolds수가 매우 낮은 **Re**<1 범위의 유동에서는 관성력이 무시할 정도로 작아서 흐름이 물체를 부드럽게 감싸며 흐른다. 이때 항력계수는 Reynolds수에 반비례한다. 따라서 구의 경우 항력 F_D와 항력계수 C_D는 식 (9.50), (9.61)로 주어졌고 다음과 같다.

$$F_D = 3\pi\mu_l v_s D_s$$

$$C_D = \frac{24}{\mathrm{Re}}$$

매우 낮은 Reynolds수에서 구형 물체에 작용하는 항력은 구의 직경, 점성계수, 속도에 비례함을 할 수 있다.

Reynolds수가 $1<$**Re**$<10^3$에서 구나 원기둥에서 항력계수는 Reynolds 수의 증가에 따라 감소하지만, $10^3<$**Re**$<10^5$의 층류유동 범위에서는 흐름의 양상이 변하지 않아 항력계수는 일정한 값을 보이고 있다. **Re**$>10^5$인 난류유동에서의 항력계수는 난류 특성에 기인하여 갑자기 낮아져서 층류인 때보다 반 이하의 값을 보이고 있다. 특히 물체의 유선형화는 10^4 이상의 높은 Reynolds수에서 효과를 가져오는데 이것을 [그림 9-19]에 나타내었다. 그림은 $L/t=4$인 유선형 물체의 **Re** $=10^4$에서 항력계수가 0.4 인 것에 대하여 10^6에서는 0.035 정도로 크게 낮아진 것을 보이고 있다.

[표 9.4]은 풍동실험에서 얻은 여러 가지 형상의 물체의 항력계수를 나타냈다. 항력계수는 물체에 대한 유체의 상대적인 유동방향이 큰 영향을 미치고 있음을 알 수 있다. 반구의 항력계수는 구면이 유동방향으로 놓여 있으면 0.34이지만 이와 반대방향이면 1.33이 된다. 즉 물체의 방향에 따라 항력계수(또는 항력)가 4배나 차이나게 된다.

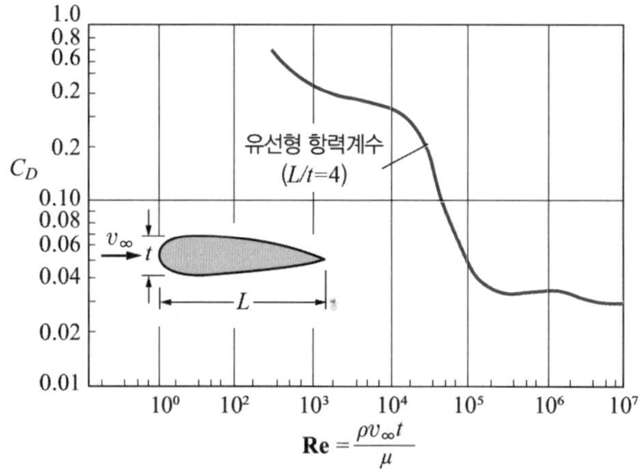

그림 9-19 유선형 물체의 Reynolds수에 따른 항력계수

표 9.4 여러 가지 3차원 물체의 항력계수

물체	모양	기준 면적	치수비율		항력계수 C_D
원기둥 (흐름방향)	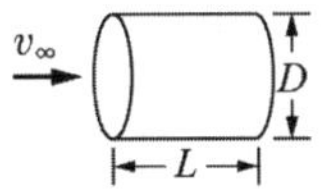	$A = \frac{\pi D^2}{4}$	$L/D =$	1	0.87
				2	0.91
				4	0.98
				7	0.99
원기둥 (흐름과 직각)	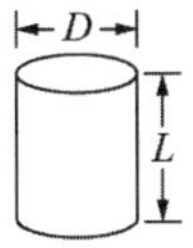	$A = LD$	$L/D =$	1	0.63
				2	0.68
				4	0.74
				10	0.82
				18	0.98
				∞	1.20
직사각형판 (흐름과 직각)	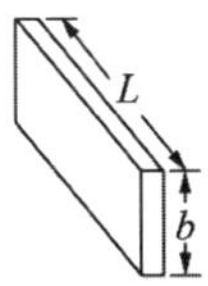	$A = Lb$	$L/b =$	1	1.12
				2	1.15
				4	1.19
				10	1.29
				18	1.40
				∞	2.10
반구(밑면 없음)		$A = \frac{\pi D^2}{4}$	왼쪽 볼록		0.34
			오른쪽 볼록		1.33
원추	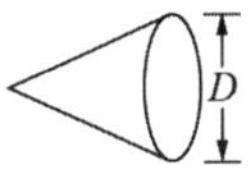	$A = \frac{\pi D^2}{4}$	$\alpha = 60^\circ$		0.51
			$\alpha = 30^\circ$		0.34
원판	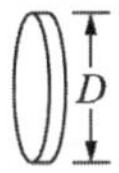	$A = \frac{\pi d^2}{4}$			1.2
낙하산		$A = \frac{\pi D^2}{4}$			1.3

예제11

직경이 D인 구에 작용하는 항력이 $F_D = 3\pi\mu v D$일 때 구의 항력계수가 $C_D = 24/Re$임을 보여라.

직경이 D인 구의 정면도 면적은 $A_D = \pi D^2/4$이다. 항력계수의 정의 식 (9.55)로부터 다음과 같다.

$$C_D \equiv \frac{F_D/A_D}{\rho v_\infty^2/2} = \frac{3\pi\mu v_\infty D}{(\rho v_\infty^2/2)\times(\pi D^2/4)} = \frac{24\mu}{\rho v_\infty D} = \frac{24}{Re}$$

예제12

직경이 50 cm인 구가 물속에서 8 m/s의 일정 속도로 움직일 때, 물에 의해 구에 작용하는 항력을 구하여라. 단 물의 밀도는 $1000\ \mathrm{kg/m^3}$, 점성계수는 $1.04\times10^{-3}\ \mathrm{N/m^2\cdot s}$이다.

구의 Reynolds수는 다음과 같다.

$$Re=\frac{\rho vD}{\mu}=\frac{1000\ \mathrm{kg/m^3}\times 8\ \mathrm{m/s}\times 0.5\ \mathrm{m}}{1.04\times10^{-3}\ \mathrm{N/m^2\cdot s}}=3.85\times10^6$$

이 흐름은 $\mathrm{Re}>10^5$이므로 난류이고 난류의 항력계수는 $C_D=0.2$이다. 따라서 항력은 식 (9.55)에 의해 다음과 같다.

$$F_D=C_D\left(\frac{1}{2}\rho v^2\right)A_L=0.2\times\left(\frac{1}{2}\times1000\ \mathrm{kg/m^3}\times(8\ \mathrm{m/s})^2\right)\times\left(\frac{\pi}{4}\times(0.5\,\mathrm{m})^2\right)$$
$$=1256.6\ \mathrm{N}$$

9.3.3 구의 침강속도

크리핑 유동(creeping flow)은 Reynolds수가 1보다 작은 경우이므로 공기나 물속에서 물체가 움직일 경우, 물체의 크기는 현미경으로 볼 수 있을 정도로 매우 작아야 한다. 이 때문에 크기가 매우 작은 분체나 분무의 침강(침강률, 침강속도)은 크리핑 유동으로 해석한다. 크리핑 유동은 스톡스법칙(Stokes' law)에 따른다.

(1) 정상상태 입자의 거동

정지상태의 유체 속에서 자유낙하하는 입자의 침강속도(종말속도) v_t를 구해보자. 입자의 침강속도도 항력계수(또는 Reynolds수) C_D에 따라 다르게 된다. 이것을 [그림 9-20]에 나타냈다. 직경 D_s, 밀도 ρ_s, 질량 $m(=\pi\rho_s D_s^3/6)$인 구형입자가 정지 유체 중을 자연낙하할 때 외력으로서는 중력(mg), 부력[173] $[m(\rho_l/\rho_s)g]$ 그리고 항력 F_D가 작용한다. 따라서 구형입자의 운동방정식은 다음과 같이 주어진다.

$$m\frac{dv_s}{dt}=mg-m\frac{\rho_l}{\rho_s}g-F_D=m\left(\frac{\rho_s-\rho_l}{\rho_s}\right)g-F_D$$

위 식의 항력 F_D에 식 (9.55)를 대입하면 구형 입자의 운동방정식은 다음과 같이 표현된다.

$$m\frac{dv_s}{dt}=mg'-C_D\frac{\rho_l v_s^2}{2}A \tag{9.65}$$

$$g'=\left(\frac{\rho_s-\rho_l}{\rho_s}\right)g \tag{9.66}$$

---

173) 체적이 V인 물체의 부력은 물체에 의해 배제된 유체의 무게, 즉 $\rho_l Vg$와 같다. 질량 m인 물체의 무게는 $mg=\rho_s Vg$이므로 체적은 $V=m/\rho_s$가 된다. 따라서 체적 V를 부력 식에 넣으면 부력은 $m(\rho_l/\rho_s)g$가 된다.

여기에서 $A(=\pi D_s^2/4)$는 구형입자의 단면적이다.

입자의 낙하속도 v_s는 최초 0부터 시작하여 점차 크게 되므로, 이에 따라 식 (9.65)의 우변 2번째 항도 점차 커지게 된다. 결국 이 값이 우변 첫 번째 항의 값과 같게 되면 입자는 가속이 없는 일정한 속도 $(dv_s/dt=0)$가 되어 낙하한다. 이 속도를 침강속도 또는 종말속도(terminal velocity) v_t라 하고 다음 식으로 주어진다.

$$v_t = \sqrt{\frac{2mg'}{C_D \rho_l A}} = \sqrt{\frac{4\rho_s g' D_s}{3C_D \rho_l}} \tag{9.67}$$

여기서 입자의 질량 $m=\pi\rho_s D_s^3/6$, 입자의 투영면적 $A=\pi D_s^2/4$을 고려하였다. 위 식은 침강속도가 물체의 항력계수 C_D의 함수임을 보이고 있다. 또 위 식을 입자의 직경으로 표현하면 다음 식으로 주어진다.

$$D_s = \frac{3C_D \rho_l v_t^2}{4\rho_s g'} \tag{9.68}$$

여기에서 Re수에 따른 침강속도를 평가하여 보자.

크리핑 유동의 경우 침강속도는 식 (9.67)의 항력계수에 식 (9.61)를 대입하면 다음과 같다.

$$v_t = \frac{\rho_s g' D_s^2}{18\mu_l} \tag{9.69}$$

$1 < \mathrm{Re} < 10^3$인 범위에서 침강속도는 수치해석에 의해 다음 식이 주어졌다.

$$v_t = \frac{\mu_l \mathrm{Re}}{\rho_l D_s} \tag{9.70}$$

$10^3 < \mathrm{Re} < 10^5$인 범위에서는 식 (9.67)에 식 (9.63)를 대입하면 다음과 같다.

$$v_t = 1.76\sqrt{\frac{(\rho_s - \rho_l) g D_s}{\rho_l}} \tag{9.71}$$

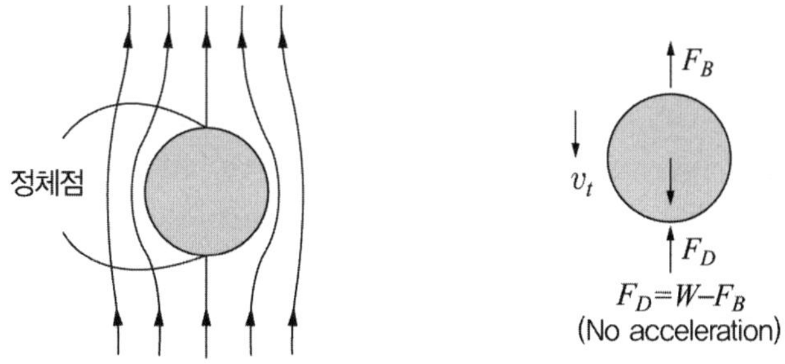

그림 9-20 침강하는 구 주위의 흐름

예제13

몸무게가 65 kgf인 군인이 낙하산을 타고 하강할 때의 낙하속도를 구하여라. 단 낙하산의 질량은 무시하고, 낙하산 전개(지름 5.4 m)시의 항력계수는 1.3, 공기의 밀도는 $1.2\,\mathrm{kg/m^3}$, $g' = g$라고 가정한다.

낙하하는 물체의 중량 $G = mg = 65\mathrm{kg_f}$, 항력계수 $C_D = 1.3$, 직경 $D = 5.4\mathrm{m}$, $g' = g$이며 낙하속도는 식 (9.67)에 의해 다음과 같다.

$$v_t = \sqrt{\frac{2mg'}{C_D \rho_f A}} = \left(\frac{2\times 65\times 9.81\,\mathrm{kg\cdot m/s^2}}{1.3\times 1.2\,\mathrm{kg/m^3}\times(3.14/4)\times(5.4\,\mathrm{m})^2}\right)^{1/2} = 5.97\,\mathrm{m/s}$$

예제14

직경 1 cm, 비중이 7.8인 쇠공을 깊이 20 m인 호수에서 가라앉고 있다. 호수의 물이 정지상태에 있을 때, 모래가 호수 바닥에 가라앉는데 걸리는 시간을 구하라.

모래(밀도 ρ_s)에 작용하는 힘은 중력 F_g, 부력 F_B, 그리고 저항력 F_D이다. 따라서 힘의 평형을 고려하면 다음과 같다.

$$F_g - F_B = F_D \Rightarrow \quad \rho_s Vg - \rho Vg = \frac{1}{2}\rho v_\infty^2 A C_D$$

즉,

$$\left(\frac{\rho_s}{\rho} - 1\right)\frac{4}{3}\pi R^3 g = \frac{1}{2}v_\infty^2(\pi R^2)C_D \Rightarrow \quad v_\infty^2 = \frac{1}{C_D}\left(\frac{\rho_s}{\rho} - 1\right)\frac{8}{3}Rg$$

여기서 $C_D = 0.5$(층류)를 가정하면 침강속도는 다음과 같다.

$$v_\infty = \left[\frac{1}{0.5}(7.8-1)\frac{8}{3}\frac{0.01\,\mathrm{m}}{2}(9.81\,\mathrm{m/s^2})\right]^{1/2} = 1.78\,\mathrm{m/s}$$

따라서 걸리는 시간은 다음과 같다.

$$t = \frac{L}{v_\infty} = \frac{20\,\mathrm{m}}{1.78\,\mathrm{m/s}} = 11.2\,\mathrm{s}$$

모래의 Reynolds수는 $\mathbf{Re} = \dfrac{v_\infty D}{\nu} = \dfrac{1.78\,\mathrm{m/s}\times 0.01\,\mathrm{m}}{1.0\times 10^{-5}\,\mathrm{m/s^2}} = 1780$ 이므로 층류이다. 따라서 항력계수를 층류 값으로 가정한 것은 타당하다.

(2) 비정상 입자의 유동

지금까지는 주위 유체가 정지상태라고 가정하였다. 만약 주위 유체가 비정상적으로 속도가 변한다면 그때 입자의 유동을 고려하여 보자.

입자의 운동방정식은 식 (9.65)에 의해 다음과 같다.

$$m\frac{dv}{dt} = mg - C_D\frac{\rho_l v^2}{2}A \tag{9.72}$$

여기서 $g' = g$로 평가하였다. 항력계수 C_D가 모든 속도범위에 걸쳐 일정한 상수라 가정하면 정상상태의 입자의 속도 v_s(가속도가 0인 상태, 즉 $dv_s/dt = 0$)는 위 식에 의해 다음 식으로 주어진다.

$$mg = C_D\frac{1}{2}\rho_l v_s^2 A \tag{9.73}$$

이 식의 $C_D A\rho_l/2 = mg/v_s^2$을 식 (9.70)에 대입하여 정리하면 다음 식이 된다.

$$m\frac{dv}{dt} = mg - mg\frac{v^2}{v_s^2}$$

위 식을 $t=0$에서 t까지 적분하고, 조건 $t=0$에서 $v=0$ 및 t에서 v을 고려하면 다음 식을 얻는다.

$$\frac{1+\dfrac{v}{v_s}}{1-\dfrac{v}{v_s}} = \exp\left(\frac{2gt}{v_s}\right) \tag{9.74}$$

이 식이 비정상 유동내의 입자의 속도를 나타낸 식이다.

[그림 9-21]은 무차원 속도 v/v_s를 무차원인자 $2gt/v_s$에 대하여 나타낸 것이다. 만약 무차원인자가 $2gt/v_s > 5$이면 속도는 일정한 정상상태임을 보이고 있다. $2gt/v_s < 1$이면 속도는 다음 식으로 표현할 수 있다.

$$\frac{v}{v_s} = \frac{gt}{v_s}$$

즉, $v = gt$인 관계는 어떠한 마찰 손실이 없는 경우, 즉 진공 중의 자유낙하 속도를 의미한다. 이것은 시간이 $t < v_s/2g$이 될 때까지 마찰손실을 무시할 수 있다는 것을 의미하고, 이 때문에 식 (9.73)에서 항력계수를 일정한 상수라고 가정한 것이 정당화된다.

자유낙하 속도는 종종 입자가 자유낙하 거리 L에 도달한 시간을 측정하여 평가할 수도 있다. 그러므로 이때의 자유낙하 속도는 평균속도, 즉 $v_{avg} = L/t$이다. 또한 평균속도는 다음 식으로 계산될 수 있다.

$$\frac{v_{avg}}{v_s} = \frac{1}{t}\int_0^t \frac{v}{v_s}\,dt$$

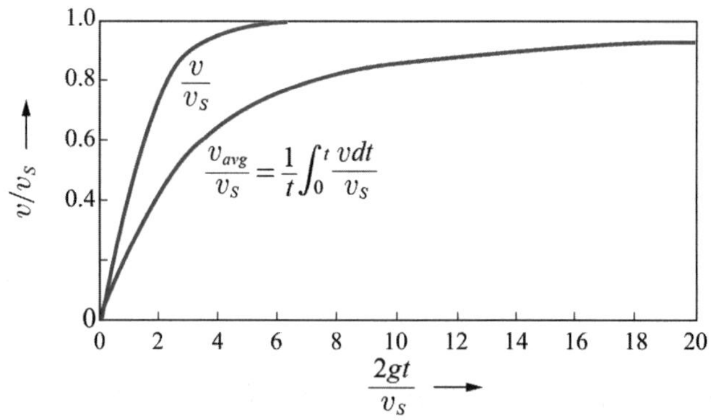

그림 9-21 구형 입자의 비정상 낙하

이 식에 식 (9.74)를 대입하여 적분하면 다음 식이 얻어진다.

$$\frac{v_{avg}}{v_s} = \frac{v_s}{2gt}\ln\left\{\frac{2+\exp\left(\frac{2gt}{v_s}\right)+\exp\left(-\frac{2gt}{v_s}\right)}{4}\right\} \tag{9.75}$$

이 함수 역시 [그림 9-20]에 나타내었다. 식 (9.75)는 측정된 평균속도로부터 정상상태 자유 낙하속도를 계산하는데 사용된다.

9.4 양력

일반적으로 항력은 유체가 물체의 움직임을 방해하려는 힘이고, 양력은 유체가 물체를 띄우려는 힘이다. 자동차는 항력, 양력이 모두 작게 설계되지만, 항공기의 날개나 축류기계의 회전날개(blade, vane) 등은 항력은 작게, 양력은 크게 설계된다. 양력의 평가는 항력과 마찬가지로 물체 표면에 작용하는 압력과 전단응력을 알 수 있으면 식 (9.2)와 같이 적분으로 평가할 수 있다. 그러나 물체 표면에서 유동 박리가 나타나면 박리된 영역 내의 압력분포를 예측할 수 없어 식 (9.2)로는 정확히 예측하기 어렵다. 따라서 양력도 항력과 마찬가지로 양력계수를 구하여 양력을 평가한다.

9.4.1 양력의 발생

양력의 발생 원리는 '유체의 속도는 압력에 반비례한다'는 Bernoulli의 원리에 기초한다. 즉 유체의 속도가 증가하면 압력은 감소하고, 유체의 속도가 감소하면 압력은 증가한다. 따라서 압력차가 존재하면 이에 따라 물체를 들어 올리는 힘, 즉 양력이 유발된다. 부력은 밀도 차이에 의해 발생하므로 물체나 유체가 정지상태라도 발생한다. 그러나 양력은 반드시 물체나 유체, 둘 중 하나가 움직여야 발생한다.

이상유체의 날개이론에 따르면 무한히 긴 원기둥의 단위 길이당 양력은 $F_L/b = \rho v_\infty \Gamma$로 주어진다.[174] 여기서 F_L은 날개 길이(span)가 b인 날개에 작용하는 양력이고, Γ는 '속도×원주'로 정의되는 순환이다. 이러한 비회전 이상유체 흐름에서는 원통이나 구에 작용하는 항력은 없다. 그러나 실제 유체는 점성이 있으므로 유동박리와 점성응력에 기인하여 항력이 생성되며, 이러한 점성효과는 양력을 얼마간 감소시킨다. 실제 유체가 회전하는 물체 주위를 흐르거나 혹은 물체가 유체 속에서 빠르게 회전하며 이동할 때에는 상당한 양력이 발생된다.

양력은 유체 흐름의 수직방향으로 발생하는 힘이므로 반드시 중력과 반대방향으로 나타나지 않는다. 항공기가 자세를 선회방향으로 기울이는 것은 그쪽 방향으로 양력을 얻기 위함이고, 야구공에 전방회전을 주어 던지면 '커브'가 되고, 탁구공에 전방회전을 주면 '드롭'이 일어나는 것은 이러한 이유에서이다. 그러므로 양력은 중력방향과는 관계가 없다. 고형 물체의 회전에 의해서 항력이 발생되는 현상을 Magnus효과라 한다.

9.4.2 날개의 성능

비행기의 날개(익형)의 성능에는 양력, 양력계수 그리고 유도항력이 있다.

(1) 양력

비행기의 날개(익, wing)는 흐름의 방향과 직각방향으로 힘(양력)을 발생시키기 위한 목적으로 만들어진다. 또 유체기계에서도 양력의 발생을 목적으로 만든 날개를 블레이드(blade) 또는 베인(vane)이라고 한다. 익의 단면을 익형(airfoil)이라 하고 [그림 9-22]에 각 부분에 대한 명칭과 기호를 나타냈다. 익현(wing chord)은 날개 표면 형상의 곡선을 뜻하고, 날개(익)의 전단과 후단 사이의 길이를 익현 길이(chord length) a, 날개의 길이를 스팬(span) b, 날개의 윗면과 아랫면의 사이의 캠버(camber)를 날개의 두께 t, 공기의 흐름 방향과 날개(익현선) 사이의 각도를 영각(angle of attack) α라 한다.

날개에 의해 발생되는 양력 F_L은 식 (9.56)에 의해 다음과 같다.

$$F_L = C_L \frac{1}{2} \rho v_\infty^2 ab \tag{9.76}$$

여기서 C_L은 양력계수이고 수, v_∞는 비행기의 속도, $ab(=A_L)$는 익의 평면도 면적이다.

양력은 식 (9.76)에서 알 수 있는 바와 같이 비행기 속도가 증가하면 증가하고 비행속도가 감소하면 감소한다. 이것은 비행기가 빠른 속도로 날수록 더 안정적으로 떠 있고, 일정한 고도 비행에서 비행기의 무게는 양력과 같음을 의미한다. 양력은 날개 모양에도 영향을 받는데 날개의 평면도 면적(A_L)이 클수록 커진다. 무거운 것을 운반하는 수송기나 여객기는 그만큼 많은 양력을 필요로 하여 날개의 면적이 넓다. 반면 전투기는 고속비행을 목적으로 하므로 날개의 면적이 상대적으로 작다.

---

174) 양력 F_L과 순환 Γ과의 관계식은 5.4 날개이론에서 식 (5.156)으로 주어졌다.

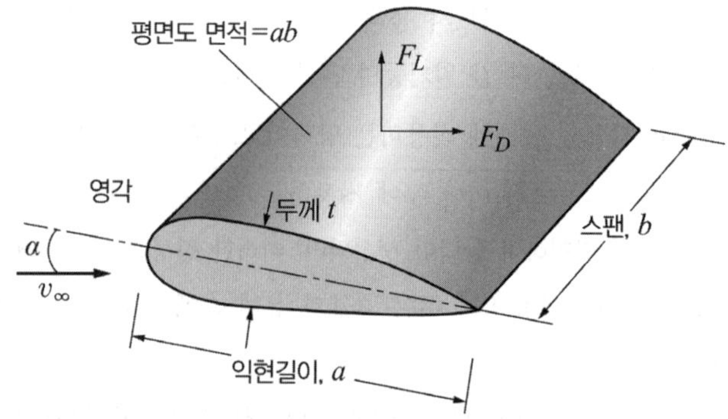

그림 9-22 날개의 각 부 명칭

식 (9.76)에는 나타나지 않았지만 양력(또는 양력계수)은 일반적으로 영각 α가 커질수록 증가한다. 그러나 영각이 어떤 일정한 수준을 넘어서면 양력이 감소하고, 항력이 증가한다. 이 현상을 스톨(stall)이라고 한다.

양력(또는 양력계수)도 마찰양력(계수)과 형상양력(계수)의 단순한 합으로 평가된다. 그런데 비행기 날개와 같이 양력을 발생시키는 장치는 항상 마찰양력이 무시할 수 있을 정도로 작다. 왜냐하면 날개가 유선형으로 설계되므로 마찰력의 방향이 양력방향과 거의 수직으로 되어 있어 양력에 기여하지 못하기 때문이다. 그러므로 비행기의 날개는 압력양력에만 의존한다. 일반적으로 양력은 아랫면의 양압에 의해 밀어 올리는 힘보다도 윗면의 음압에 의해 들어 올리는 힘의 효과가 더 크게 나타난다.

(2) 양력계수

양력계수는 날개의 형상(익형), Reynolds수, 영각 α, 종횡비$\lambda(b/a)$ 등의 영향을 받는다. 즉

$$C_L = f(shape, Re, \alpha, \lambda, \dots)$$

비행기 속도가 충분히 빠른 범위에서는 Reynolds수가 양력계수에 미치는 영향은 크지 않다. 그러므로 양력계수는 주로 날개의 형상과 영각 α의 영향을 받는다. 앞에서도 기술하였지만 양력(양력계수)은 동일한 형상의 익형이라도 영각에 따라 크게 다르게 된다. 즉 날개의 성능은 영각에 따라 크게 다르게 된다.

날개 주위를 흐르는 이상유체와 실제 점성유체의 흐름을 [그림 9-23]에 나타냈다. 그림(a)는 작은 영각의 날개 주위를 이상유체가 흐르는 경우이다. 이 경우에는 이상유체가 비점성 비회전류($\Gamma=0$)이므로 날개에 작용하는 양력과 항력이 모두 0이다. 또 정체점은 날개의 상단의 길이가 하단의 길이보다 더 긴 기하학적 모양 때문에 날개 끝에 못 미쳐서 날개 상단에 정체점이 생기게 된다. 날개 후미 상단에 정체점이 있다는 것은 아랫면의 흐름이 날개 꼬리 주변에서 위로 방향을 바꾸면서 위쪽 정체점으로 흘러감을 의미한다.

실제 점성유체의 흐름은 이와 다르게 양력이 존재하고, 정체점(박리점)이 날개 후미 뾰족한 곳에 나타난다. 이것을 그림(b)에 나타냈다. 실제 현상과 이론을 합치시키기 위하여 하류측 정체점이 익형의 꼬리 끝으로 이동되어 익형 끝에서의 흐름이 원활하게 떠날 수 있도록 적합한 크기의 순환이 유발된다는 가설이 도입되었고 관측도 되었다. 이것을 Kutta 조건(Kutta condition)이라 한다. 이것은 유체가 날개 후미의 뾰족한 모서리를 돌면서 와류를 생성하면서 순환류를 만들기 때문($\Gamma \neq 0$)이다.[175] 이 때문에 점성유체의

흐름은 날개 꼬리 끝에 날개의 위쪽에서 온 흐름과 아래쪽에서 온 흐름이 합쳐지면서 박리점(정체점)을 형성하여 익형 표면들과 평행하게 흐르며 날개를 떠나게 된다. 이와 같은 가정을 포함시켜 분석을 행하면, 2차원 익형에 대한 양력뿐만 아니라 유동의 양상 및 압력분포가 실험결과와 매우 잘 일치한다. 이것은 유체의 점성이 항력뿐만 아니라 양력과 비행기 날개 뒤에 순환을 생성하는 원인을 제공하기 때문이다.

이상유체 날개이론에 따르면 영각이 작은 대칭형 익형에 대하여 뒤쪽 박리점이 꼬리 끝에서 발생하도록 하기 위하여 요구되는 순환의 크기는 다음과 같이 주어진다.

$$\Gamma = \pi a v_\infty \alpha \tag{9.77}$$

여기서 Γ는 순환, a은 익현 길이(chord length), v_∞은 비행기 속도(또는 자유 흐름 속도), α는 영각이다.

원기둥의 경우와 마찬가지로 무한히 긴 날개에 대한 단위 길이당 양력은 다음과 같다.

$$F_L / b = \rho v_\infty \Gamma$$

여기서 b는 날개의 길이(span)이다. 날개의 평면도 면적은 $A_L = ab$이므로 이 부분에 대한 양력은 식 (9.77)을 위 식에 대입하면 다음과 같다.

$$F_L = \rho v_\infty^2 \pi a b \alpha \tag{9.78}$$

이 식과 양력계수에 대한 정의 식 (9.56)을 비교하면 2차원 날개를 지나는 비회전성 흐름에 대한 양력계수 C_L는 다음과 같이 영각 α만의 함수로 주어진다.

$$C_L = 2\pi\alpha \tag{9.79}$$

식 (9.78)과 (9.79)는 영각이 작고 무한히 긴 날개에 대한 이론적인 양력방정식이다. 영각이 큰 경우에는 날개 선단 근처에서 유동박리가 일어나므로 이상유체 날개이론으로 구한 것과는 차이가 난다. 즉, 항력은 커지고 양력은 작아진다. 따라서 날개의 성능을 평가하기 위하여 항상 풍동실험이 수행된다. [그림 9-24]에 종횡비가 각각 $\lambda = b/a = 3, 5, 7$인 3종의 날개에 대하여 영각 α에 따른 양력계수 C_L와 항력계수 C_D의 변화를 나타냈다. 그림은 영각이 증가함에 따라 양력계수도 증가하여 최대값에 도달한 후 감소함을 보이고 있다.

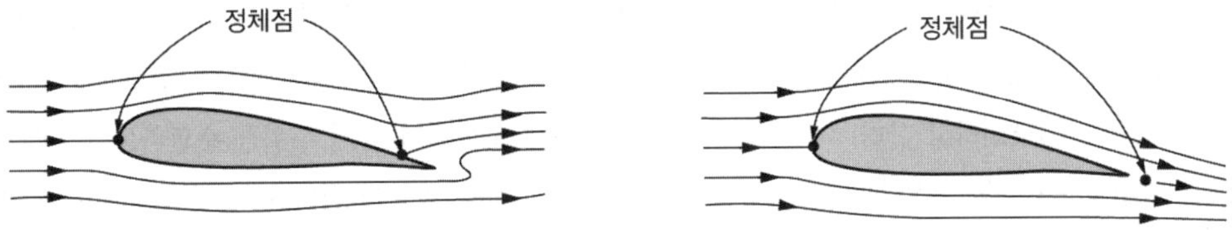

(a) 비회전유동($\Gamma = 0$) (b) 실제 유체유동($\Gamma \neq 0$)

그림 9-23 날개 주위의 흐름

175) 1902년 쿠타(Kutta)는 비행기 날개처럼 꼬리 부분이 날카로운 예각을 가지고 있는 경우에는 유체의 점성 때문에 순환이 생김을 관찰했다. '5.5.2 Kutta-Jou Kowski의 정리'에서 설명하였다.

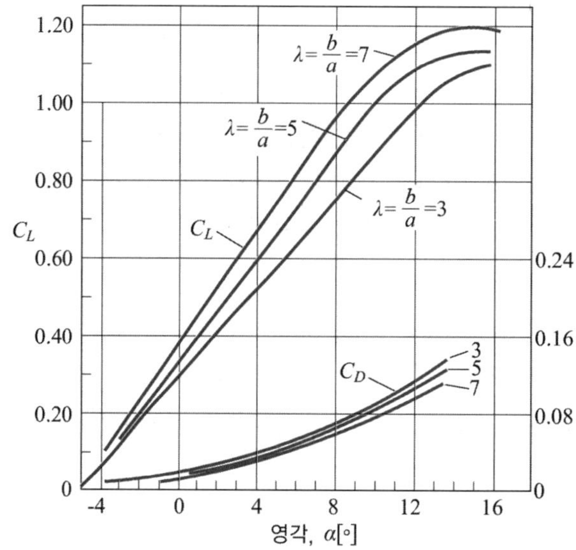

그림 9-24 영각에 따른 항력계수, 양력계수

이와 같이 양력계수가 감소하기 시작할 때의 조건을 실속(stall)이라 하고 이때의 영각을 실속각(13°~16° 정도)이라 한다. 실속은 날개 위쪽 면에서 유동박리의 발생에 기인하는데, 이는 양력의 감소뿐만 아니라 항력의 증가를 가져오도록 압력분포를 변화시킨다. 항력계수는 영각의 증가와 더불어 완만한 증가를 보이고 있다. 영각이 증가하여 실속각에 접근하면 항력계수는 기하급수적으로 급격히 증가한다.

영각이 4°~12° 범위에서 양력계수는 0.5~1.1, 항력계수가 0.01~0.3으로 변하여 양력·항력비(lift to drag ratio) C_L/C_D는 영각에 따라 다르지만, 실속각 부근에서 40~50 정도가 되어 양력계수가 항력계수에 비하여 약 40~50배나 큰 것을 알 수 있다. 비행기의 성능은 물론 양력·항력비가 클수록 좋다.

(3) 유도항력

비행기의 날개는 항력은 작게 양력은 크게 설계된다. 날개의 길이가 유한하면 날개 끝에서 생성되는 작은 와류로 인하여 유도항력이 발생되어 항력이 증가하고 양력이 감소된다.[176] 이것을 검토하여 보자.

비행기 날개의 양력은 본래 날개 아랫면의 압력이 윗면의 압력보다 높기 때문에 발생하는 것이지만, [그림 9-25]에 나타낸 바와 같이 날개의 끝단에서의 유체는 아래쪽에서 위로 흐르는 동시에 유체와 날개의 상대운동 때문에 뒤로 흐르게 되어 나선형 선회운동이 나타난다. 이것을 날개 끝 와류(tip vortex) 또는 후연와류(trailing vortex)라고 한다. 이것에 대하여 날개 면에 속박되어 날개 주위를 순환하는 와류를 속박와류(bounded vortex)라 한다.[177] 후연와류와 속박와류의 조합을 말굽와류(horseshoe vortex)라 하며 이 와류가 양력을 발생시키는 순환을 만들게 되고 그 크기는 생성되는 양력에 비례한다.

---

176) 5장 '5.4.3 날개 주위의 흐름'은 무한한 길이의 날개(2차원)에 대한 설명이다. 유한한 길이의 날개(3차원)에 대해서는 날개 끝에서 생성되는 와류에 의해 추가적인 항력, 즉 유도항력이 발생되어 항력은 증가하고 양력은 저하된다.

177) 물리적으로 말하면 날개 면상의 경계층은 속박와류이고, 이것이 하류쪽으로 흘러 내려간 것이 수반와류이다.

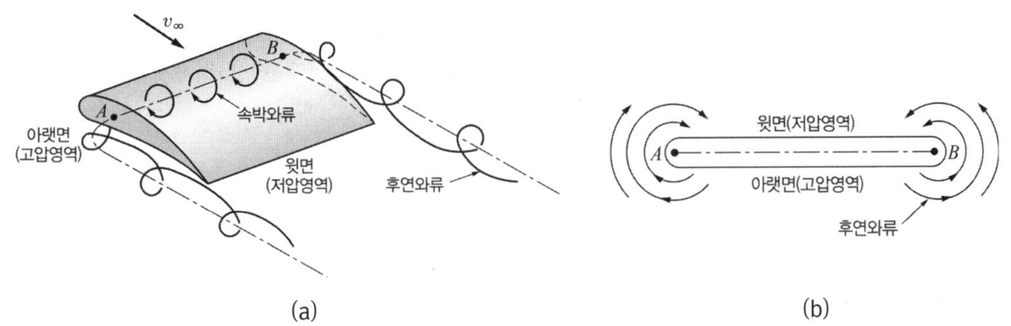

그림 9-25 유한한 날개 주위의 흐름

실제는 날개 길이(span)에 따라서 순환의 크기가 다르기 때문에 그림(b)와 같이 무수한 와계를 발생하여 점차 안으로 말려 들어가는 나선형 선회유동장을 형성한다. 이 때문에 날개 후방에서는 아래쪽 방향으로 속도가 v_z인 흐름이 발생한다. 이 v_z를 유도속도라 한다.

날개 끝에서 이와 같이 유발된 흐름은 비행기속도 v_∞에 하향속도성분 v_z를 부가시키는 효과를 갖는다. 따라서 '유효' 자유흐름 속도는 원래의 자유흐름 방향과 각 $\phi(\approx v_z/v_\infty)$을 이루며, [그림 9-26]에 나타낸 것과 같이 뒤로 기울게 된다. 따라서 유효 영각이 작아지기 때문에 유효양력은 무한히 긴 날개의 경우보다 작게 된다. 이 합력의 자유흐름 방향의 성분을 유도항력(induced drag)이라 하며, $F_{Di}=F_L\phi$로서 주어진다. Prandtl은 유도유속 v_z를 다음 방정식으로 주었다.

$$v_z=\frac{2F_L}{\pi\rho v_\infty b^2} \tag{9.90}$$

여기서 b는 날개의 길이(span)이다. 따라서 유도항력 F_{Di}은 다음 식으로 주어진다.

$$F_{Di}=F_L\phi=\frac{2F_L^2}{\pi\rho v_\infty^2 b^2}=\frac{C_L^2A_L^2}{\pi b^2}\frac{\rho v_\infty^2}{2} \tag{9.81}$$

여기서 $\phi\approx v_z/v_\infty$를 고려했다.

따라서 유도항력계수 C_{Di}를 식 (9.55)와 같이 정의하면 다음 식으로 주어진다.

$$C_{Di}=\frac{C_L^2}{\pi(b^2/A_L)} \tag{9.82}$$

이 식은 주어진 평면도 면적 $A_L(=ab)$에 대하여 유도항력계수가 양력계수 C_L이 작을수록, 날개 길이 b가 길수록, 즉 종횡비(b/a)가 클수록 작아짐을 보이고 있다.

종횡비(aspect ratio) λ는 $\lambda=b/a$로 정의되므로 날개의 유동방향의 길이(익현 길이, chord length) a에 대하여 상대적으로 날개 길이(span) b가 얼마나 긴지를 나타내는 척도이다. 일반적으로 종횡비가 증가함에 따라 양력계수는 증가하고 항력계수는 감소한다. 이것은 동일한 평면도 면적에 대하여 큰 종횡비의 설계는 유도항력이 작아지기 때문이다. 그러나 큰 종횡비의 비행기는 관성모멘트가 크게 나타나 조종이 쉽지 않은 단점도 있다. 작은 종횡비를 갖는 비행기는 날개가 중심부에 가까이 위치하기 때문에 조정이 보다 쉽다. 이 때문에 전투기의 날개는 짧고 넓게, 대형 상업용 항공기의 날개는 길고 좁게 설계된다.

직사각형 날개에 대한 총 항력은 다음 식에 의해 계산된다.

$$F_D = (C_D + C_{Di})\,ab\frac{\rho v_\infty^2}{2} \tag{9.83}$$

여기서 C_D는 날개 단면에 대한 형상 항력계수, C_{Di}는 유도항력계수이다.

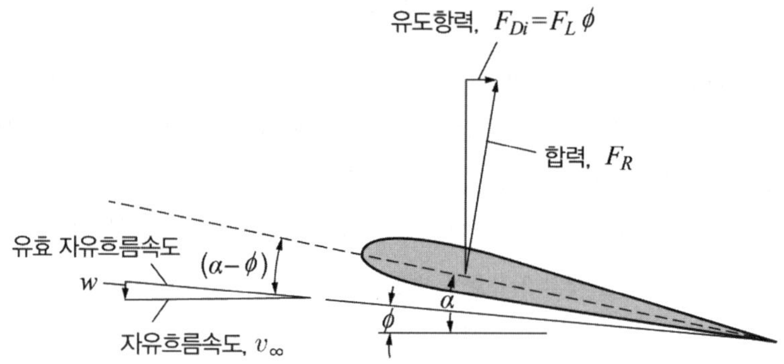

그림 9-26 유도항력

예제15

날개의 정면도 면적 $10\ \text{m}^2$, 평면도 면적 $80\ \text{m}^2$, 중량 $40{,}000\ \text{kgf}$인 비행기가 있다. 지상에서 공기 밀도 $\rho = 1.2\ \text{kg/m}^3$이고 최대 양력계수 $C_{L,\max} = 3.4$, 항력계수 $C_D = 0.02$일 때 비행기가 이륙하기 위한 최소속도와 최소 엔진동력[kW]은 얼마인가?

최소 비행속도는 비행기의 중량($W = mg$)을 양력 F_L과 같게 하고, 양력계수는 $C_L = C_{L,\max}$로 놓는 조건에서 다음과 같이 구할 수 있다.

$$W = F_L = C_{L,\max}\frac{1}{2}\rho v_{\min}^2 A_L$$

$$v_{\min} = \sqrt{\frac{2W}{C_{L,\max}\rho A_L}} = \sqrt{\frac{2mg}{C_{L,\max}\rho A_L}}$$

위 식에 주어진 조건을 넣으면 이륙하기 위한 최소속도는 다음과 같다.

$$v_{\min} = \sqrt{\frac{2(40000\ \text{kg}\times 9.8\ \text{m/s})}{3.4\times 1.2\ \text{kg/m}^3\times 80\ \text{m}^2}} = 49\ \text{m/s} = 176.4\ \text{km/h}$$

또한 비행기가 이륙하기 위해 필요한 최소 엔진 동력은 다음과 같다.

$$\begin{aligned}\dot{W}_{s,\min} &= F_D v_{\min} = \left(\frac{1}{2}\rho v_{\min}^2 A_D C_D\right) v_{\min} \\ &= \frac{1}{2}\times 1.2\ \text{kg/m}^3\times(49\ \text{m/s})^3\times 10\ \text{m}^2\times 0.02 \\ &= 14.12\ \text{kW}\end{aligned}$$

미국 연방항공국에서는 안전을 위한 최소 이륙속도는 $1.2v_{\min}$으로 규정하고 있다. 이에 따르면 이 예제의 조건에서 비행기가 이륙하기 위한 최소 안전속도는 211.7 km/h가 된다.

예제16

중량 5000 kgf인 비행기가 압력(절대압력) 23 kPa, 온도 −55℃, 10 km 상공에서 800 km/h의 속도로 날고 있다. 양력계수는 0.2, 날개의 길이는 15 m이다. 날개의 면적과 최소유도항력을 계산하라.

이상기체 상태방정식을 사용하여 밀도는 다음과 같다.

$$\rho = \frac{p}{RT} = \frac{23\times10^3\ \mathrm{N/m^2}}{286.7\,\mathrm{J/(kg\cdot K)}\times(273-55)\mathrm{K}} = 0.368\ \mathrm{kg/m^3}$$

정상상태 비행이므로 양력과 비행기의 중력은 같다.

$$W = F_L = C_L\frac{1}{2}\rho v^2 A_L$$

따라서 날개의 면적은 다음과 같다.

$$A_L = \frac{2W}{\rho v^2 C_L} = \frac{2\times5000\mathrm{kg}\times9.8\,\mathrm{m/s^2}}{(0.368\,\mathrm{kg/m^3})(800\,\mathrm{km}/3600\mathrm{s})^2(0.2)} = 26.96\,\mathrm{m^2}$$

최소 유도항력계수는 식 (9.82)에 의해 다음과 같다.

$$C_{Di} = \frac{C_L^2}{\pi(b^2/A_L)} = \frac{0.2^2}{\pi(16\,\mathrm{m})^2/26.96\,\mathrm{m^2}} = 0.00134$$

그러므로 유도항력은 다음과 같다.

$$F_{Di} = C_{Di}\frac{1}{2}\rho v_\infty^2 A_L = 0.00134\times\frac{0.368\,\mathrm{kg/m^3}\times(222.22\mathrm{m/s})^2}{2}\times26.96\,\mathrm{m^2} = 328.19\,\mathrm{N}$$

예제17

날개 길이(span) 10 m, 익현 길이(chord length) 1.8 m인 비행기가 112 m/s의 속도로 비행할 때 4500 kgf의 양력을 필요로 한다면 이 경우의 전항력은 어느 정도이면 좋겠는가? 단 항력계수는 0.07, 공기의 비중량은 1.2 kgf/m^{3}으로 한다.

양력의 정의 식 $F_L = C_L(\rho/2)v_\infty^2 A_L$에 의해 양력계수는 다음과 같다.

$$C_L = \frac{F_L}{\frac{\gamma}{2g}v_\infty^2 A_L} = \frac{4500\,\mathrm{kgf}}{\frac{1.2\,\mathrm{kgf/m^3}}{2\times9.81\,\mathrm{m/s^2}}\times(112\,\mathrm{m/s})^2\times(10\times18)\mathrm{m^2}} = 0.326$$

이 값에 의해 유도항력계수 C_{Di}는 식 (9.82)에 의해 다음과 같다.

$$C_{Di} = \frac{C_L^2}{\pi\lambda} = \frac{0.326^2}{\pi\times(10/1.8)} = 0.00609$$

2차원 날개의 항력계수 C_{Di}는 0.07이므로 전항력계수 C_D는 다음과 같다.

$$C_D = C_{Do} + C_{Di} = 0.07 + 0.00609 = 0.07609$$

따라서 전항력 F_D는 다음과 같다.

$$F_D = C_D\frac{\gamma}{2g}v_\infty^2 A = 0.07609\frac{1.2}{2\times9.81}\times112^2\times(10\times18) = 1051\,\mathrm{kgf}$$

9.4.3 회전에 의한 양력과 항력

유체가 정지된 물체 주위를 감싸 흐르면 물체는 유체로부터 항력과 양력을 받게 된다.[178] 이와 유사하게 정지된 유체 속에서 고체가 회전하면 유체가 끌려 순환이 생성되어 이 순환이 이상적인 균일유동과 결합되면 양력이 발생한다. 이것은 이 현상을 최초로 연구한 독일의 화학자이며 물리학자인 H. Magnus(1802~1870)의 이름을 따서 Magnus 효과(Magnus effect)라 한다. 이 현상은 야구에서 여러 종류의 투구(커브, 싱커 등)와 축구에서 휘어 차기, 골프에서 훅(hook)과 슬라이드(slice) 등이 나타나는 이유이다.

회전하는 구에 대한 양력계수 및 항력계수를 [그림 9-27]에 나타냈다. 이때 양력계수, 항력계수 모두 회전율과 밀접하게 관련되어 있으며 특히 항력계수는 각속도 ω(또는 회전율)에 크게 영향을 받는다. 이에 반하여 각속도가 항력계수에 미치는 영향은 상대적으로 작다. [그림 9-27]은 **Re** $= 6\times10^4$에서 매끄러운 구의 회전율 $\omega D/2v_\infty$이 양력계수 C_L과 항력계수 C_D에 미치는 영향을 나타냈다. 표면조도 또한 항력계수와 양력계수에 영향을 받는다. 특정 Reynolds수 범위에서 표면조도는 양력계수를 증가시키는 반면 항력계수는 감소시키는 효과를 발생한다. 따라서 적당한 상대조도를 갖는 골프공이 더 높이 더 멀리 날아가는 이유이다.

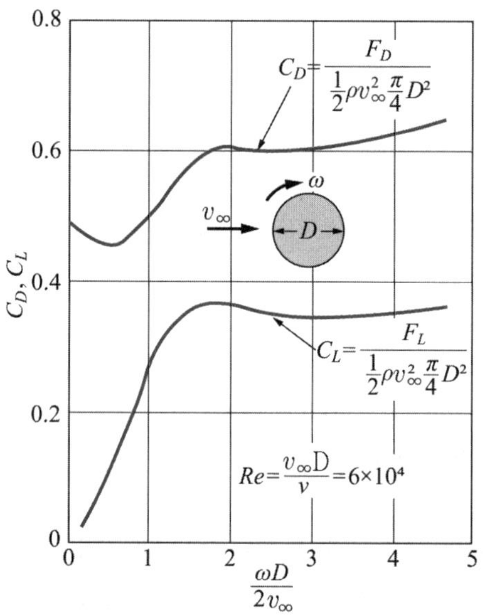

그림 9-27 회전하는 구의 양력계수와 항력계수

예제18

직경 60 mm인 공을 4500 rpm의 백스핀(back spin)을 걸어 70 km/h로 타격하였을 때 공기에 의해 공에 작용하는 양력을 구하여라. 단 공기의 밀도는 $1.2\ \mathrm{kg/m^3}$, 점성계수는 $1.52\times10^{-5}\ \mathrm{m^2/s}$이다.

---

178) 5장 "5.3.2 원기둥 주변의 퍼텐셜유동 (2) 항력과 양력 ② 순환을 동반한 경우"에서 설명하였다. 또한 구와 원기둥에 대한 Reynolds수에 따른 항력계수는 [그림 9-16]에 나타냈다.

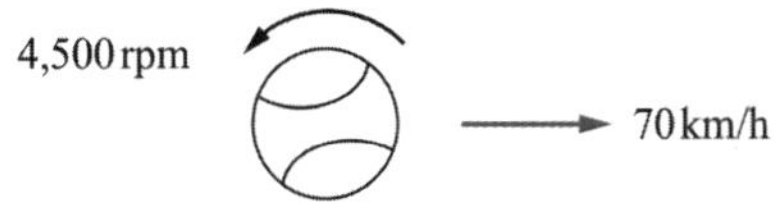

[그림 예제9.18]

공의 속도와 각속도는 다음과 같다.

$$v = 70\text{km/h} = 19.4\text{ m/s}$$

$$\omega = 4500\text{ rpm} = \frac{2\pi \times 4500\text{ rad}}{60\text{ s}} = 471.2\text{ rad/s}$$

Reynolds수와 무차원한 각속도는 다음과 같다.

$$\mathbf{Re} = \frac{vD}{\nu} = \frac{19.4\text{ m/s} \times 0.066\text{ m}}{1.52 \times 10^{-5}\text{ m}^2/\text{s}} = 8.4 \times 10^4$$

$$\frac{\omega D}{2v} = \frac{471.2\text{ s}^{-1} \times 0.066\text{ m}}{2 \times 19.4\text{ m/s}} = 0.8$$

위의 값으로부터 [그림 9-26]을 참고하면 무차원한 각속도 0.8에 대응한 양력계수는 대략 $C_L = 0.2$를 얻는다. 따라서 공에 작용하는 양력은 다음과 같다.

$$F_L = C_L A_L \frac{1}{2}\rho v^2$$

$$= 0.2 \times \frac{\pi}{4} \times (0.066\text{ m})^2 \times \frac{1}{2} \times 1.2\text{ kg/m}^3 \times (19.4\text{ m/s})^2$$

$$= 0.155\text{ N}$$

예제19

그림과 같이 직경 40 mm, 무게 2.7 g 의 탁구공을 각속도 ω의 백스핀(back spin)을 걸어 $v = 12\text{ m/s}$로 서브하였을 때 탁구공이 중력가속도로 인해 떨어지지 않고, 수평으로 날아갈 수 있는 각속도는 얼마인가? 단 공기의 밀도는 1.2 kg/m^3, 점성계수는 $1.52 \times 10^{-5}\text{ m}^2/\text{s}$이다.

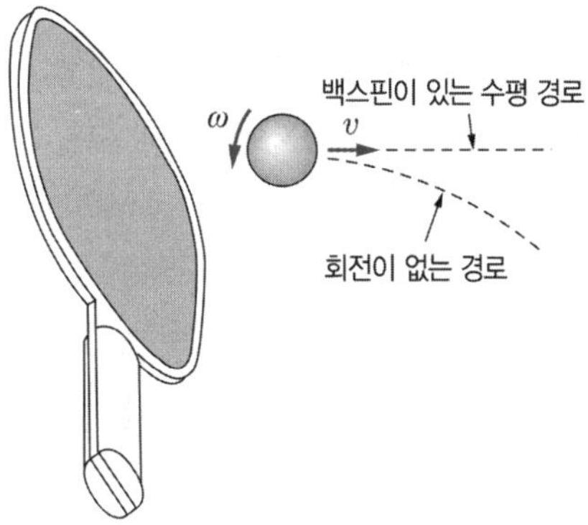

[그림 예제9.19]

탁구공이 백스핀을 걸어 수평으로 보내기 위해서는 회전에 의한 양력과 탁구공의 무게가 균형을 이루어야 한다. 그러므로 탁구공의 무게 W와 양력 F_L은 다음 관계가 성립한다.

$$W = F_L = C_L \frac{1}{2} \rho v^2 A$$

그러므로 양력계수는 다음과 같다.

$$C_L = \frac{2W}{\rho v^2 (\pi/4) D^2} = \frac{2 \times (2.7 \times 10^{-3} \times 9.81\,\text{kg})}{1.2\,\text{kg/m}^3 \times (12\,\text{m/s})^2 \times (\pi/4)(0.04\,\text{m})^2}$$
$$= 0.244$$

양력계수 $C_L = 0.244$에 대응한 회전율은 [그림 9-26]에서 $\omega D/2v = 0.9$를 찾을 수 있다.

따라서 각속도는 다음과 같다.

$$\omega = \frac{2v(0.9)}{D} = \frac{2 \times 12\,\text{m/s} \times 0.9}{0.04\,\text{m}} = 540\,\text{rad/s}$$
$$= (540\,\text{rad/s})\left(\frac{60\,\text{s}}{\text{min}}\right)\left(\frac{1\,\text{rev}}{2\pi\,\text{rad}}\right) = 5157\,\text{rpm}$$

참고로 탑스핀(top spin)을 걸어 타격한다면 공은 하향곡선을 그리며 중력의 영향만 작용할 때보다 더 급격하게 떨어진다.

9.4.4 자동차의 항력과 양력

자동차의 성능에는 주행성능 등 여러 가지가 있고, 주행성능에는 주행저항이 포함된다. 자동차가 움직이면 반드시 항력과 양력이 발생하고 항력은 주행저항을 의미하는데, 이것은 자동차가 주행할 때 방해하려는 힘을 말한다. 자동차는 주행저항(항력)이 연료소비율과 직접적인 관계가 있으므로 항력의 감소가 요구된다.

자동차는 양력도 중요한 요소이다. 자동차는 안정성을 위하여 양력의 저감이 요구된다. 왜냐하면 자동차의 양력이 크면 타이어에 걸리는 하중의 감소로 주행저항은 감소시킬 수 있으나, 고속으로 주행 중 바퀴가 지면의 돌출부에 충돌하였을 경우나 혹은 고속으로 선회 회전 중 강한 바람과 부딪히면 양력이 큰 자동차는 전복하기 쉽기 때문이다.

(1) 주행저항

주행저항 F는 자동차가 도로를 주행할 때 받는 저항으로서 구름저항 F_R, 공기저항 F_D, 구배저항 F_g의 합으로 주어지고, 속도의 변화가 있을 때에는 가속저항이 포함된다.

$$F = F_R + F_D + F_g \tag{9.84}$$

① 구름저항

구름저항(회전저항) F_R은 바퀴가 노면 위에서 회전할 때 생기는 마찰저항을 의미한다. 이것은 노면의 상태와 자동차의 중량(W)에 비례한다. 구름저항계수(마찰계수) μ는 저속에서는 일정하지만 고속에서는 급격히 증가한다.

$$F_R = \mu W \tag{9.85}$$

② **공기저항**

공기저항은 자동차가 주행할 때 공기를 밀어내려는 힘이며 여기에는 차체의 표면에서 생기는 마찰항력과 자동차의 앞뒷면의 압력차에 기안한 압력항력, 그 외에 그릴이나 라디에이터를 통과하는 공기류 및 환기류에 의한 마찰항력 등이 있다.

공기저항 F_D는 자동차의 전면 투형면적 A_D과 속도 v의 제곱에 비례한다. 즉

$$F_D = C_D A_D v^2 \tag{9.86}$$

여기에서 C_D는 항력계수(공기저항 계수)이다. 자동차의 공기저항은 속도의 제곱에 비례하므로 연료소비율과 직접적인 관계가 있다.

③ **구배저항**

구배저항은 자동차가 언덕길을 올라갈 때 중력에 의하여 자동차의 진행에 대한 저항으로서 차량 총중량 W과 언덕 경사도 θ에 비례한다. 경사도가 작을 때에는 $\sin\theta \approx \tan\theta$로 고려하여도 실용상 문제가 없으므로 구배저항 F_g는 다음 식으로 표현된다.

$$F_g = W\tan\theta \tag{9.87}$$

(2) 항력계수

자동차의 공기저항은 항력계수 C_D에 직접 비례한다. 자동차가 개발된 초기에는 주행속도가 느렸기 때문에 자동차의 항력계수가 차의 성능에 중요한 요소가 아니었다. 자동차의 항력계수는 1920년대에 0.8 정도였는데, 1940년대에 0.6, 1970년대에 0.45이었으며, 현재 대부분의 자동차는 0.3 정도이다. 자동차의 신형 모델 중에는 항력계수가 0.3 이하의 것도 출시되고 있고, 이론적인 최소치는 $C_D \approx 0.15$이다.

승용차의 항력계수는 더 이상의 감소를 기대하기가 어렵다. 거의 모든 차종이 유선형화를 이루었으며 유선형화가 잘 설계된 경주용 자동차의 경우 항력계수는 0.2이다. 따라서 승용차의 항력계수를 0.3 이하로 낮추는 것은 자동차의 실용성에 제약을 가져온다.

승용차의 설계는 항력과 양력의 감소를 위해 유선형상이 출발점이 된다. 그 후 고객의 요구나 혹은 승용차의 필요한 기능을 수용할 수 있도록 디자인을 수정해 갈 것이다. 예를 들면, 전고, 전폭, 전장 등의 전체적인 크기를 고려하여 전방은 유선형으로 하고 전폭은 넓게, 후방은 낮게 설계할 것이다. 일단 설계가 되면 풍동실험을 통해 승용차 주위의 유동양상의 관찰을 비롯하여 각부의 압력, 항력, 양력 등을 측정하여 항력계수 및 양력계수 등을 평가한다. [그림 9-28]은 풍동실험에서 얻어진 승용차의 윗면과 아랫면에서의 압력분포를 무차원 압력계수 $C_p = (p - p_\infty)/(\rho v_\infty^2/2)$로 나타냈다. 윗면과 아랫면에서 속도가 빠른 곳은 주위 대기압(기준압력) p_∞보다 낮은 음압이 발생할 것이다. 파선은 차량 후미에 68mm의 깃(lip)을 설치한 경우이다.

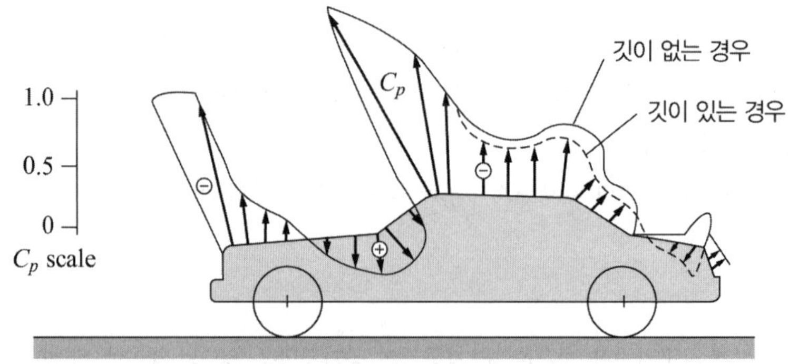

그림 9-28 승용차 표면의 압력분포

승용차의 본넷(bonnet)의 선단부분은 유속이 빨라 음압이 발생하고, 앞 유리창에서는 바람과 부딪쳐 속도가 감소되어 양압이 발생한다. 승용차의 지붕 위를 흐르는 공기의 속도는 승용차의 속도보다 약 30%나 빠르게 되어 역시 음압이 발생한다. 앞 유리창 모서리(A-piller)부분에서도 같은 현상이 발생해 음압이 발생한다. 그러나 안테나, 백미러 등 부착물 표면에서는 항력이 발생한다. 승용차의 지붕은 전체적으로 음압이 발생하지만, 깃을 설치한 경우에는 차량후미, 즉 트렁크 위쪽에 양압이 발생된다.

초기의 경주용 자동차는 안정성을 증가시키기 위하여 차량 후방에 스포일러(spoiler)를 장착시켰다. 스포일러 부착은 항력이 발생되어 단점이지만, 스포일러에 의한 양압의 발생으로 승용차를 누르는 힘이 작용하여 고속주행 시 안정성을 높일 수 있다. 또한 차량 후미에 양력이 발생하면 승용차의 압력저항을 떨어뜨릴 수 있어 항력이 감소되는 장점도 있다.

전형적인 승용차의 항력계수는 0.3이며 구체적인 항력성분은 [표 9.5]에 나타내었다. 유선형상에 따른 수직압력항력에 대한 항력계수는 0.1로 가장 크지만 다른 항목과 비슷하여 결코 주요한 요소는 아니다. 오히려 휠의 노출 전면면적 및 유동패턴에 기인한 항력계수가 0.8로 상당히 큼을 알 수 있다. 또 표면마찰에 기인한 항력은 차의 전체항력의 약 1/4 정도이며 이것은 유선형상보다 표면면적에 좌우된다. 엔진냉각을 위해 차량전면에 설치한 라디에이터 그릴(radiator grille)에 의한 항력도 항력계수가 0.03으로 비교적 큰 값을 보이고 있다. 마지막으로 차량 후방의 해치백형상은 트레일링 볼텍스를 일으켜 항력을 가져와 항력계수가 0.01 정도가 된다.

표 9.5 전형적인 승용차의 항력 기여 요소

기여요소	항력계수
수직압력항력	0.10
표면마찰, 하체	0.08
휠의 영향	0.08
엔진 냉각장치	0.03
트레일형 볼텍스 항력	0.01
전체	0.30

CHAPTER 09

점성유체의 외부유동 / 연습문제

[층류경계층]

01

폭 $5\ \mathrm{m}$, 길이 $15\ \mathrm{m}$의 매끄러운 평판이 길이 방향으로 10℃의 정지 물속을 $1.5\ \mathrm{m/s}$의 속도로서 움직이고 있다. 이때 층류경계층이 점유하는 길이 및 이 점에서의 경계층의 두께를 블라시우스의 해로부터 구하여라.

02

20℃ 표준상태의 정지 공기 중에 길이 $1.5\ \mathrm{m}$의 평판이 $2.6\ \mathrm{m/s}$ 속도로서 움직이고 있다. 평판 선단부터 $500\ \mathrm{mm}$ 떨어진 곳의 경계층 두께 δ, 배제두께 δ^*, 운동량두께 θ를 블라시우스의 엄밀해로 구하여라.

03

평판 주위로 공기가 $5\ \mathrm{m/s}$의 균일속도로 흐르고 있을 때, 평판 선단부터 $40\ \mathrm{cm}$ 떨어진 위치에서 경계층의 배제두께 δ^*를 블라시우스의 근사해와 엄밀해로 구하여 비교하라.

04

폭 b, 길이 $L = 4b$인 직사각형 평판을 유속 v_∞인 물속에 놓여있다. 이때 길이 L을 흐름과 평행하게 놓인 경우와 폭 b를 흐름과 평행하게 놓인 경우의 전단응력의 비를 구하라.

05

폭 $100\ \mathrm{mm}$, 길이 $250\ \mathrm{mm}$인 평판이 풍속 $15\ \mathrm{m/s}$의 평행류 중에 놓여있을 때 평판에 작용하는 전단응력은 얼마인가? 또 동일한 평판을 물속에 놓고 흐름이 역학적으로 상사가 되도록 물을 흘릴 때, 이 평판에 작용하는 전단응력은 얼마인가?

06

경계층에서의 속도분포가 $v = v_\infty \sin(cy)$와 같이 표시될 때 평판 상의 2차원 유동에서 층류경계층의 발달과 평판 상에 작용하는 전단응력을 나타내는 식을 유도하라.

07

속도가 $7.8\ \mathrm{m/s}$인 물속에 매끈한 평판이 유동방향으로 평행하게 놓여있다. 평판상의 $0.3\ \mathrm{m}$의 구간에서 경계층의 두께가 $0.0152\ \mathrm{m}$에서 $0.0155\ \mathrm{m}$로 증가하였다. 만일 경계층 내부가 선형속도분포라고 가정하면 이 구간에서의 평균국소전단응력은 얼마인가?

08

20℃의 정지 물속을 폭 $0.6\ \mathrm{m}$, 길이 $1.2\ \mathrm{m}$인 평판이 $25\ \mathrm{cm/s}$의 속도로 움직이고 있다. 평판 층류경계층의 속도분포가 sine 함수으로 주어질 때 평판의 전단부터 하류방향으로 $40\ \mathrm{cm}$ 떨어진 위치에서의 경계층의 두께, 전단응력 그리고 전단력을 구하라.

09

문제 08과 동일한 조건과 물음에서 속도분포가 2차원 식 $v/v_\infty = 2\eta - \eta^2$으로 주어질 때는 어떠한가?

10

압력구배가 없는 평판 주위의 유동에서 비압축성 경계층의 속도분포가 $v/v_\infty = y/\delta$와 같이 주어질 때 경계층의 배제두께 δ^*, 운동량두께 θ, 국소마찰계수 C_f를 구하라.

CHAPTER 09

점성유체의 외부유동 / 연습문제

11

마찰계수 C_f는 표면전단응력 τ_w과 동압$\rho v_\infty^2/2$ 사이의 비로 $\tau_w = C_f(\rho v_\infty^2/2)$과 같이 정의한다. 비압축성 유동에서 압력구배가 없을 때 다음 식이 되는 것을 증명하라.

$$\frac{C_f}{2} = \frac{d\theta}{dx}$$

여기서 θ는 경계층의 운동량두께이다.

12

20℃의 물이 $4\ \mathrm{m/s}$의 속도로 흐르고 있다. 이 흐름에 폭 $1.4\ \mathrm{m}$, 길이 $1.4\ \mathrm{m}$인 매끈한 평판을 흐름에 평행하게 놓았다면 평판 전체에 대한 표면항력계수, 전표면 마찰항력을 계산하라.

13

15℃, $101.3\ \mathrm{kN/m^2(abs)}$의 공기가 $8\ \mathrm{m/s}$의 속도로 불고 있다. 이곳에 폭 $0.6\ \mathrm{m}$, 길이 $2.4\ \mathrm{m}$의 매끈한 평판을 놓았을 때, 평판 후단에서의 경계층이 층류 혹은 난류일 때 이 평판의 양면에 작용하는 전항력을 계산하라.

14

$40\ \mathrm{m} \times 10\ \mathrm{m}$의 밑면을 가진 평저선(float bottomed barge)이 정지한 15℃ 물속에서 $16\ \mathrm{km/h}$의 속도로 예인되고 있다. 이 평저선의 밑면에 작용하는 마찰항력은 얼마인가? 또 임계 Reynolds수를 5×10^5이라 할 때 배의 선단부터 층류경계층의 길이, 두께 그리고 후미에서 층류경계층의 두께를 구하라.

15

길이 $140\ \mathrm{m}$인 유선형 기차가 $200\ \mathrm{km/h}$의 속력으로 달리고 있다. 기차의 측면과 상하면의 폭이 각각 $9\ \mathrm{m}$인 매끈한 평면으로 취급하여 기차가 표준대기상태의 공기 속을 주행할 때 기차 표면에 작용하는 전항력을 구하라. 또 층류경계층의 길이와 기차의 하류단 및 후단에서의 경계층의 두께를 구하라.

16

물속에서 $30\ \mathrm{km/h}$의 속도로 항해하는 잠수함에 작용하는 마찰항력을 추정하라. 잠수함의 길이는 $60\ \mathrm{m}$, 물과 접촉하는 표면적은 $1620\ \mathrm{m^2}$이다. 물의 밀도는 $1030\ \mathrm{kg/m^3}$, 동점성계수는 $1.0 \times 10^{-6}\ \mathrm{m^2/s}$이라 가정하라.

17

속도가 $v_\infty = 6.2\ \mathrm{m/s}$인 유동장에 평판을 흐름과 평행하게 놓았을 때 평판 하류단에서 의 경계층의 속도분포가 $v/v_\infty = (y/\delta)^{1/8}$이고 경계층의 두께는 $\delta = 30\ \mathrm{cm}$이었다. 이 평판의 한쪽 면에 작용하는 단위폭당 항력을 구하여라. 단 유체의 밀도는 $1030\ \mathrm{kg/m^3}$이다.

18

길이 $3\ \mathrm{m}$의 매끈한 평판이 동점성계수 $8.65 \times 10^{-7}\ \mathrm{m^2/s}$, 비중 0.8인 유체 속을 직선운동을 한다. $\mathbf{Re} = 5.3 \times 10^5$에서 판 표면에 작용하는 전단응력이 $323\ \mathrm{N/m^2}$이었다. 평판의 한쪽 면에 작용하는 단위 길이당 전항력을 추정하여라.

19

풍동의 상류측에 가로, 세로가 모두 $20\,\mathrm{mm}$, 길이 $28\,\mathrm{mm}$인 정류격자를 설치하였다. 풍동 내 평균 풍속이 $16\,\mathrm{m/s}$일 때, 정류격자 전후의 압력차 Δp를 구하여라. 단 금속판은 충분히 얇고 격자의 전 길이에 걸쳐 층류경계층이 형성된다. 공기의 동점성계수는 $1.5\times10^{-5}\,\mathrm{m^2/s}$, 밀도는 $1.2\,\mathrm{kg/m^3}$으로 한다.

20

기온 20℃, 풍속 $6\,\mathrm{m/s}$, 표준상태의 공기 중에 평판이 놓여있다. 지금 평판 선단에서 유동방향으로 $150\,\mathrm{mm}$ 떨어진 점에서 속도 v가 주류의 속도 v_∞의 1/2일 때, 이 점에서의 속도 v와 속도구배 $\partial v/\partial y$를 구하여라. 공기의 동점성계수는 $1.5\times10^{-5}\,\mathrm{m^2/s}$로 한다.

21

문제 9.20에서 평판이 한 변의 길이가 $600\,\mathrm{mm}$인 정사각형인 경우, 그 평판에 걸리는 마찰항력을 구하라. 공기의 점성계수는 $1.8\times10^{-5}\,\mathrm{N/m\cdot s}$으로 한다.

[운동량 적분방정식]

22

20℃ 정지 물속을 길이가 $1.5\,\mathrm{m}$인 평판이 $1.2\,\mathrm{m/s}$의 속도로서 움직이고 있다. 전단부터 $1\,\mathrm{m}$ 떨어진 위치에서의 배제두께와 운동량두께를 칼만-폴하우젠의 근사해로서 구하고, 블라시우스의 엄밀해와 비교하라.

23

한 변의 길이가 $1\,\mathrm{m}$인 정사각형 평판이 풍속 $2\,\mathrm{m/s}$의 평행 공기류 중에 놓여있다. 경계층 내 속도분포가 $v/v_\infty = 3\eta/2 - \eta^3/2$일 때 평판에 작용하는 전단응력을 구하라.

24

폭 $1.2\,\mathrm{m}$, 길이 $0.6\,\mathrm{m}$인 평판이 온도 20℃, 유속 $0.8\,\mathrm{m/s}$의 정상류 물속에 평행하게 놓여있다. 평판 위의 속도분포가 각각 다음 식으로 주어질 때 경계층 두께와 평판에 작용하는 전단응력을 구하라.

(a) $\dfrac{v}{v_\infty} = \dfrac{y}{\delta}\left(2 - \dfrac{y}{\delta}\right)$

(b) $\dfrac{v}{v_\infty} = \dfrac{3}{2}\left(\dfrac{y}{\delta}\right) - \dfrac{1}{2}\left(\dfrac{y}{\delta}\right)^3$

(c) $\dfrac{v}{v_\infty} = 2\left(\dfrac{y}{\delta}\right) - 2\left(\dfrac{y}{\delta}\right)^3 + \left(\dfrac{y}{\delta}\right)^4$

25

물속의 날개 표면을 따라서 경계층의 속도분포가 측정되었다. 그 결과 어느 표면위치 에서의 압력구배는 0이었다. 또 경계층의 두께는 $\delta = A\sqrt{x/v_\infty}$에 따라 증가하고, 운동량 두께는 $\theta = B\delta$이었다. 이것에 의해 벽에 작용하는 전단응력을 구하라. 단 A, B는 일정한 상수이다.

26

운동량방정식을 사용하여 평판에 연한 흐름의 속도분포가 $v/v_\infty = y/\delta$인 형으로 주어질 때, 경계층 두께 δ와 단위 폭당 마찰항력계수 C_f를 구하라.

27
약한 곡면을 갖는 표면 위로 물이 정상상태로서 흐르고 있다. 지금 표면의 선단부터 거리가 $x = 1\ \text{m}$ 떨어진 위치에서 주류의 속도가 $v_\infty = 3 + x/3$이라고 하면 x 점에서의 압력구배는 얼마인가?

[난류경계층]

28
길이가 L인 평판 주위의 유동에서 난류경계층의 속도 분포가 $v/v_\infty = (y/\delta)^{1/9}$이고, 마찰계수가 $f = 0.185/Re^{1/5}$와 같이 주어질 때 난류경계층의 두께는 얼마인가?

29
풍속 $32\ \text{m/s}$ 중에 놓인 평판 위에 난류경계층이 시작하는 위치는 평판의 선단에서 몇 cm 떨어진 곳인가? 또 그 위치에서 경계층의 배제두께를 구하라. 공기의 동점성계수는 $1.5 \times 10^{-5}\ \text{m}^2/\text{s}$로 한다.

30
유속 $10\ \text{m/s}$인 균일한 흐름 중에 평판이 평행하게 놓여있다. 주류의 교란이 상당히 작다고 하면 천이가 시작하는 위치는 평판의 선단부터 얼마큼 떨어져 있는가? 유체가 $20\,℃$, $760\ \text{mmHg}$의 공기와 $20\,℃$, $760\ \text{mmHg}$인 물에 대하여 각각 구하라.

31
$20\,℃$, $101.3\ \text{kPa(abs)}$인 공기가 매끈한 평판 위를 $150\ \text{km/h}$의 속도로 흐르고 있다. 경계층의 두께가 $10\ \text{mm}$가 되는 점은 평판의 선단부터 얼마나 떨어진 위치인가? 단 경계층은 난류경계층이고, 속도분포는 1/7승 법칙에 따른다고 가정한다.

32
$20\,℃$, $1\ \text{atm}$의 공기가 $20\ \text{m/s}$의 속도로서 평판에 평행하게 흐를 때, 평판의 선단에서 $3\ \text{m}$ 떨어진 위치에서 경계층의 두께, 운동량두께 및 마찰항력계수를 구하라. 단 평판의 선단부터 난류가 형성되었다 하고, 경계층 내의 속도분포는 1/7승 법칙에 따른다고 한다.

33
평판이 유속 $24\ \text{m/s}$인 균일한 공기류에 놓여있다. 평판의 전연에서 $5\ \text{m}$ 떨어진 위치에서의 마찰항력계수를 구하라. 단 평판의 전연부터 난류라 하고 공기의 동점성계수는 $1.5 \times 10^{-5}\ \text{m}^2/\text{s}$로 한다.

34
균일 공기류 중에 매끄러운 평판이 흐름과 평행하게 놓여있다. 공기의 유속은 $5\ \text{m/s}$이고, 평판의 길이가 $4.5\ \text{m}$, 폭이 $2\ \text{m}$일 때, 이 평판에 작용하는 마찰항력을 구하라. 단 공기의 동점성계수는 $1.5 \times 10^{-5}\ \text{m}^2/\text{s}$로 한다.

35
길이 $3\ \text{m}$인 평판을 물속에서 평판 면과 평행하게 일정한 속도 $10\ \text{m/s}$로서 잡아당길 때 평판에 작용하는 항력 및 항력계수를 구하라. 단 평판의 후단에서 평판 상의 속도는 판면 상에서 $10\ \text{m/s}$, 평판 위 $40\ \text{mm}$의 위치에서는 $0\ \text{m/s}$이며, 그 중간은 직선적으로 변화하는 것으로 한다.

36
문제 9.35에서 평판 면상의 속도가 포물선 $v/v_\infty = [1 - (y/\delta)^2]$의 관계에 따라 변할 경우의 항력 D와 항력계수 C_D를 구하라.

37

평판의 마찰항력계수 C_f가 선단부터 모든 장소에서 $C_f = a_1 \times \mathbf{Re}_x^m$으로 표시될 경우, 평균마찰항력계수 C_F를 구하라.

38

균일류 중에 다공질로 만들어진 평판이 흐름에 평행하게 놓여있다. 이 평판의 벽면에서 일정한 속도로서 주류와 동일한 공기가 분출된다. 주류가 비압축성 정상류라 하고, 혼합거리 이론을 사용하여 경계층 내의 속도분포 표시하는 식을 유도하라.

39

평판 상에서 발생하는 난류경계층의 y방향의 속도분포가 다음 식으로 표현될 때

$$v(y) = Ay + By^2 + Cy^3 + Dy^4$$

위 식의 정수를 결정하고, 경계층의 배제두께, 운동량두께를 표시하는 식을 구하라.

40

매끄러운 평판상 난류경계층의 벽면전단응력 τ_w가 다음 식으로 표현되는 경우

$$\tau_w = 0.0225\,\rho v_\infty^{7/4}\left(\frac{\nu}{\delta}\right)^{1/4}$$

평균마찰항력계수 C_F를 국소마찰항력계수 C_f를 사용하여 표시하라. 단 경계층 내의 속도분포는 1/7승법칙에 따르고, 평판 선단부터 난류경계층이 생성한 것으로 한다.

[항력]

41

유체가 항력 $F_{D,1}$을 가지고 평판 위를 흐르고 있다. 유속이 2배가 되면 평판이 받는 항력 $F_{D,2}$는 몇 배가 되는가?

42

직경 $16\ \mathrm{cm}$인 구가 10℃의 물속에서 운동을 한다. 항력이 $5\ \mathrm{N}$이면 구의 속력은 얼마인가?

43

직경 $3\ \mathrm{m}$인 원형 평판이 $100\ \mathrm{km/h}$의 공기류 속에 수직으로 놓여있다. 이 원형 판을 고정시키는데 필요한 힘은 얼마인가? 공기의 밀도는 $1.2\ \mathrm{kg/m^3}$, 항력계수는 1.1이다.

44

25℃, $101.3\ \mathrm{kPa}$ 하의 풍동실험에서 풍속이 $90\ \mathrm{km/h}$일 때 자동차에 작용하는 수평방향의 힘이 $280\ \mathrm{N}$으로 측정되었다. 자동차의 높이와 폭은 각각 $1.3\ \mathrm{m}$와 $1.6\ \mathrm{m}$일 때 자동차의 항력계수 C_D를 구하라. 단 공기의 기체상수는 $0.287\ \mathrm{kJ/kg \cdot K}$이다.

45

정지한 공기 속에서 자전거로 $26\ \mathrm{km/h}$의 속도로 달릴 때 사람과 자건거가 받는 항력과 페달을 밟는데 소요되는 동력을 구하라. 단 사람과 자전거의 정면도면적은 $0.32\ \mathrm{m^2}$, 항력계수는 0.8이다.

46

그림과 같이 공기 바람이 정사각형 단면의 봉 주위를 흐르고 있다. 압력계수의 값들은 그림과 같다. 바람은 어느 쪽에서 불어오는가?

(a) 남서쪽,(b) 남동쪽,(c) 북서쪽,(d) 북동쪽

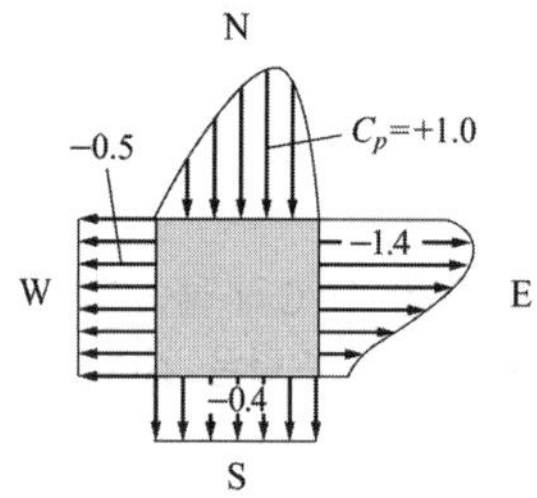

[그림 P9.46]

47

그림은 정삼각형 단면을 갖는 봉에서 가상적인 압력분포를 나타낸 것이다. 흐름은 왼쪽에서 오른쪽으로 향한다. 즉, 압력계수 C_p는 선단에서 최대값 1.0을 가지며 뒤로 갈수록 선형적으로 그 값이 줄어든다. 후면에서의 압력계수는 -0.5로 일정하다. 표면 마찰항력을 무시하고 이 봉에 대한 항력계수 C_D를 구하라.

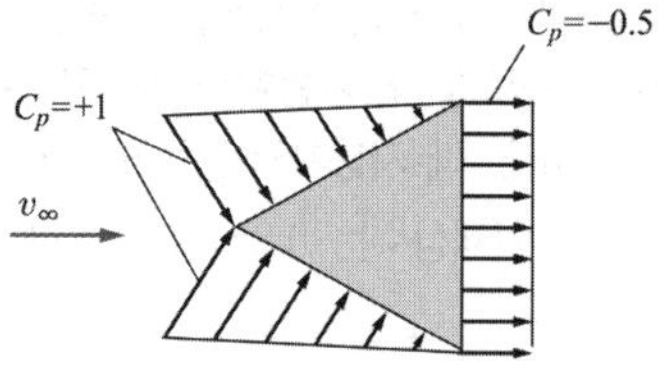

[그림 P9.47]

48

정삼각형 단면을 가진 봉에서의 압력분포가 그림과 같다. 흐름의 방향은 왼쪽에서 오른쪽이다. 이 봉의 항력계수 C_D는 얼마인가?

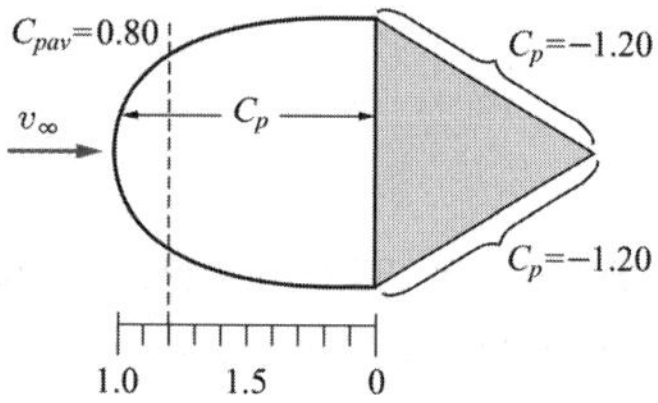

[그림 P9.48]

49

큰 정사각형 평판($2\ \mathrm{m} \times 2\ \mathrm{m}$)이 10℃의 물속에서 평판에 수직인 방향과 모서리 방향으로 $1\ \mathrm{m/s}$의 속도로 끌었을 때의 항력비를 계산하라.

50

직경 $50\ \mathrm{cm}$인 원반이 10℃의 물속에 잠긴 상태에서 $4\ \mathrm{m/s}$로 달리는 보트 뒤에 끌려갈 때의 항력은 얼마인가? 원반의 방향은 최대 항력을 받는 경우로 가정하라.

51

현대식 증기발전소에서 순환하는 물을 냉각하기 위해 사용되는 냉각탑은 높이가 $105\ \mathrm{m}$, 평균직경이 $75\ \mathrm{m}$이다. 20℃에서의 풍속이 $80\ \mathrm{m/s}$일 때 항력을 구하라.

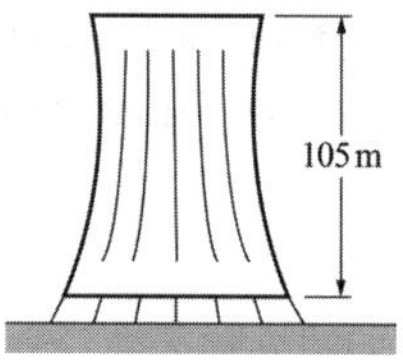

[그림 P9.51]

52

그림과 같이 질량 2.6 g, 직경 38 mm인 탁구공이 공기 분류에 의해 떠 있다. 이때 공기의 온도와 압력은 각각 20℃, 680 mmHg이다. 공기분류의 최소속도는 얼마인가?

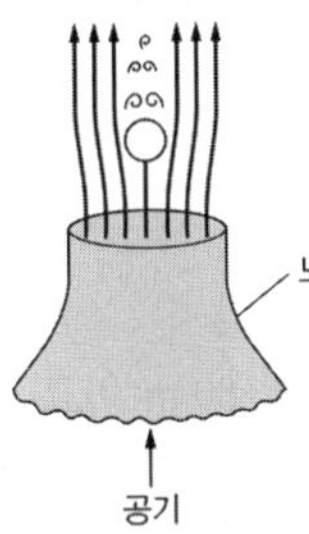

[그림 P9.52]

53

헬륨이 들어있는 구형기구가 10℃, 101.3 kPa(abs)의 공기 중을 떠오른다. 기구와 헬륨의 무게는 150 kgf이다. 항력계수가 $C_D = 0.23$일 때 기구의 상승속력이 3 m/s가 되려면 기구의 직경은 얼마로 해야 되는가? 또 만일 기구를 16 km/h의 수평기류 속에서 잡아맨다면 밧줄의 경사각도는 얼마이겠는가?

54

50 kN의 불도저를 20℃, 100 kPa(abs)의 대기 중으로 10 m/s의 종말속도로 떨어지게끔 직경 30 m의 낙하산을 불도저에 매달았다. 낙하산의 항력계수를 $C_D = 1.2$라 할 때 몇 개의 낙하산이 필요한가? 단 불도저에 작용하는 항력은 무시한다.

55

중량 150 kgf의 물체가 원판에 붙어 있다. 이 물체가 20℃, 100 kPa(abs)의 대기에서 20 m/s의 속도로 지상에 떨어지려면 원판의 지름은 얼마이어야 하는가? 단 원판은 수평상태를 유지하면서 떨어진다 가정하고 원판의 무게는 무시한다.

56

Stokes법칙이 Reynolds수가 0.5보다 작을 때 성립한다면 이 법칙에 부합되어 강하하는 빗방울의 최대 크기는 얼마인가?

57

비압축성 뉴턴유체의 느린 균일한 흐름 중에 놓인 구의 압력저항 D_p와 마찰항력 D_τ을 구하고, $D_p/D_\tau = 1/2$임을 증명하라.

58

정지 점성유체 속에 구가 느린 속도 v로서 움직일 때, 저항력이 $F_D = 6\pi\mu a v$인 것을 이용하여 항력계수를 구하여라.

59

직경 2 cm인 구가 1.5 cm/s의 속도로 오일 내에서 올라가고 있다. 오일의 밀도가 900 kg/m^{3}이고 동역학적 점성계수가 0.096 N·s/m^{2}일 때 구의 단위 중량은 얼마인가?

CHAPTER 09

점성유체의 외부유동 / 연습문제

60

구(반경 a, 밀도 ρ_s)가 정지 점성유체(점성계수 μ, 밀도 ρ) 속을 정지상태에서 낙하할 때, 낙하거리 z, 낙하속도 $v = dz/dt$ 및 종속도 v_t를 구하라. 단 구가 받는 저항은 스톡스법칙에 따른다고 한다.

61

균일한 유동장(속도 v)에 놓인 장경비 $L/D = 5$인 원기둥의 저항계수 C_D는 Reynolds수 $\mathbf{Re} = \rho v D/\mu$가 4×10^3~2×10^5의 범위에서 0.75의 일정한 값을 갖는다. 이 결과를 사용하여 원기둥의 직경 D가 $5\ \mathrm{cm}$일 때 다음 물음에 답하라.

(a) $v_a = 30\mathrm{m/s}$인 공기(밀도 $\rho_a = 1.2\mathrm{kg/m^3}$, 동점성계수 $\nu_a = 1.512\times10^{-5}\ \mathrm{m^2/s}$)의 흐름에서 단위 길이당 원기둥의 저항력 $F_D(\mathrm{N/m})$를 구하라.

(b) 원기둥 주위 흐름의 상사성이 유지되는 상태에서 유체가 물($\rho_w = 1000\ \mathrm{kg/m^3}$, $\nu_w = 1.004\times10^{-6}\ m^2/s$)인 때의 속도 v_w를 구하여라.

(c) 위의 결과를 이용하여 유체가 공기와 물인 경우 단위 길이당의 원기둥의 저항비 $F_{D,a}/F_{D,w}$를 구하라.

62

비중 4.0, 직경 $40\ \mathrm{mm}$인 금속 구를 비중 0.8, 점성계수가 $1\ \mathrm{Poise}$인 액체속으로 떨어질 때 종말속도는 얼마인가? 또 비중이 7.0인 동일한 크기의 구가 같은 액체 속으로 떨어질 때의 종말속도는 얼마인가?

[양력]

63

날개의 평면도 면적이 $80\ \mathrm{m^2}$, 총 중량이 $40{,}000\ \mathrm{kgf}$인 비행기가 $8000\ \mathrm{m}$ 상공(공기밀도 $0.527\ \mathrm{kg/m^3}$)에서 $900\ \mathrm{km/h}$의 속도로 비행하고 있다. 비행기의 양력계수 v를 구하여라.

64

날개의 평면도 면적이 $60\ \mathrm{m^2}$이고 총 중량이 $20{,}000\ \mathrm{kg}$, 최대 양력계수 4.15인 비행기가 있다. 지상에서 비행기가 이륙하기 위한 최소속도 $v_{\min}$를 구하여라. 공기의 밀도는 $1.2\ \mathrm{kg/m^3}$이다.

65

공기 밀도가 $0.444\ \mathrm{kg/m^3}$인 상공에서 총 중량 $700\ \mathrm{kN}$, 날개 평면도 면적 $60\ \mathrm{m^2}$의 비행기가 일정한 속도로 날고 있다. 비행기의 양력계수와 항력계수가 각각 0.202과 0.015일 때 비행기의 순항속도와 순항속도를 유지하기 위해 요구되는 동력을 구하라.

66

직경 $10\ \mathrm{cm}$인 구가 $50\ \mathrm{rad/s}$로 회전하면서 $1\ \mathrm{m/s}$의 속도로 흐르는 물($\rho = 1000\ \mathrm{kg/m^3}$)속에 놓여있다. 구의 양력을 구하라.

67

야구공이 그림과 같이 왼쪽에서 오른쪽으로 던져져서 수직축을 중심으로 회전하고 있다. 이때 공은 어느 방향으로 움직일 것인가?

(a) 북쪽, (b) 남쪽, (c) 북쪽과 남쪽 이외의 방향

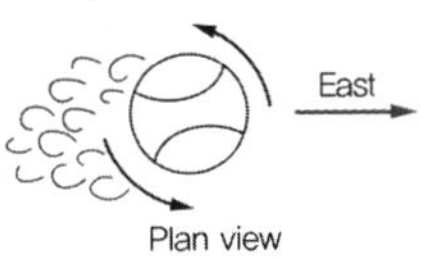

[그림 P9.67]

68

직경 $75\ \mathrm{mm}$, 중량 $60\ \mathrm{g}$의 공을 $3000\ \mathrm{rpm}$의 후방회전을 걸어 $120\ \mathrm{km/h}$의 속도로 타격하였다. 중력과 공의 회전에 의해 발생하는 양력을 고려하여 타격 후 공은 어느 방향으로 움직이겠는가? 단 공기의 밀도는 $1.2\ \mathrm{kg/m^3}$, 공의 양력계수는 0.1이다.

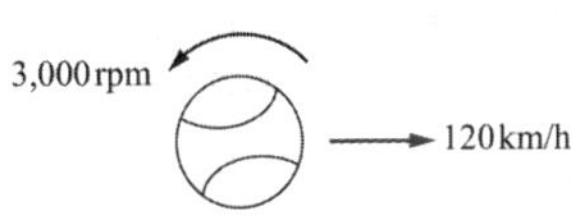

[그림 P6.68]

69

비행기가 $8800\ \mathrm{N}$의 양력을 받도록 설계되어야 한다. 비행기의 속도는 $60\ \mathrm{m/s}$이고, 날개 각은 3°이다. 현의 길이가 $1.2\ \mathrm{m}$일 때 요구되는 날개의 길이는 얼마인가 공기의 밀도는 $1.2\ \mathrm{kg/m^3}$로 가정하라.

70

날개 A와 날개 B는 B가 A보다 2배 길다는 것 외에는 서로 같다. 즉, 단면적이 동일하다. 풍속과 영각이 동일하게 주어질 때, 날개 B의 총 양력에 관한 다음의 기술 중 맞는 것은?

(a) 날개 A의 양력과 같다.
(b) 날개 A의 양력보다 작다.
(c) 날개 A의 양력의 2배이다.
(d) 날개 A의 양력의 2배 이상이다.

71

비행기가 수평비행에서 속도를 증가시키면 유도항력의 값은 어떻게 되는가?

(a) 증가한다. (b) 감소한다. (c) 변화가 없다.

72

비행기 날개의 총항력계수는 $C = C_D + C_L^2/\pi\lambda$로 주어진다. 여기서 C_D는 형상 항력계수, C_L은 양력계수, λ는 날개의 종횡비이다. 동력은 $\dot{W} = F_D v = 1/2\, C_D \rho v^3 A_L$ 주어진다. 수평비행에서 양력은 중량과 같으므로 $W/A_L = 1/2\, \rho C_L v^2$이다. 여기서 W/A_L를 날개 부하(wing loading)라 한다. 동력이 최소가 되는 속도 v에 대한 공식을 $v_{\mathrm{min}power} = f(\rho, \lambda, W/A_L, C_D)$의 함수형태로 표현하라. 그리고 $\rho = 1\ \mathrm{kg/m^3}$, $\lambda = 10$, $W/A_L = 600\ \mathrm{N/m^2}$, $C_D = 0.02$일 때의 v를 구하라.

73

어떤 비행기의 날개부하가 $2000\ \mathrm{N/m^2}$이고, 비행중 양력계수는 0.3이다. 날개의 면적이 $10\ \mathrm{m^2}$일 때 항력을 구하라.

74

어떤 초경량 비행기 날개의 종횡비는 5이고 날개의 평면도 면적은 $18\ \mathrm{m}^2$이다. 비행사의 중량을 포함하여 비행기의 무게는 $1800\ \mathrm{N}$이다. 비행기가 $15\ \mathrm{m/s}$의 속도로 밀도 $1.03\ \mathrm{kg/m^3}$인 공기 중을 날고 있을 때 날개의 영각과 항력은 얼마인가?

[자동차의 항력과 양력]

75

자동차가 $60\ \mathrm{km/h}$의 일정한 속도로서 공기 속에서 달리고 있다. 자동차의 항력계수가 0.4, 정면도 면적 $2.2\ \mathrm{m}^2$일 때 자동차가 받는 주행저항을 구하여라. 공기의 밀도는 $1.2\ \mathrm{kg/m^3}$이다.

76

자동차의 주행저항은 전 연료소비의 30%에 해당된다면 항력계수가 0.4에서 0.3으로 감소로 인한 연료소비의 감소율은 몇 %인가?

77

자동차 상부에 스키캐리어를 그림과 같은 크기로 설치하여 $80\ \mathrm{km/h}$의 속도로 달렸을 때 스키캐리어 없이 달리는 경우에 비하여 추가적으로 필요한 동력을 구하라.

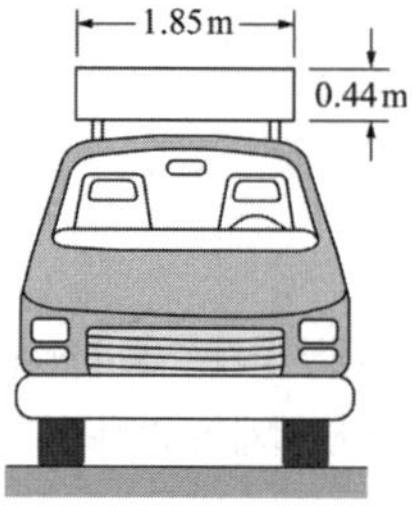

[그림 P9.77]

78

자동차의 주행저항은 구름저항(회전저항)과 공기저항으로 이루어진다. 자동차의 무게는 $1000\ \mathrm{kgf}$이고, 정면도 면적은 $3.4\ \mathrm{m}^2$이다. 항력계수는 0.4이고 마찰계수는 0.02이다. 자동차가 $80\ \mathrm{km/h}$의 속도로 주행할 때의 구름저항과 공기저항를 구하라.

79

$1000\ \mathrm{kgf}$의 자동차가 $3°$ (5.2%) 경사의 언덕을 $60\ \mathrm{km/h}$의 속도로 오르고 있다. 구름 저항계수(마찰계수)는 0.02, 항력계수는 0.4, 정면도 면적은 $4\ \mathrm{m}^2$이다. 이때 자동차의 동력(kW)을 구하라. 공기의 밀도는 $1.2\ \mathrm{kg/m^3}$이다.

80

스포츠카의 항력계수는 덮개가 덮었을 경우에는 0.3, 열렸을 경우에는 0.42이다. 자동차의 주행저항은 구름저항과 공기저항으로 이루어진다. 스포츠카의 중량이 $800\ \mathrm{kgf}$, 정면도 면적이 $3\ \mathrm{m}^2$, 구름마찰계수는 0.03이다. 바퀴에 전달될 수 있는 최대 동력이 $80\ \mathrm{kW}$ 이라면 덮개가 닫혔을 경우와 열렸을 경우의 자동차의 최대 속도를 구하라. 공기의 온도는 20℃라고 가정하라.

CHAPTER 10

압축성 · 비점성 유체의 유동

CHAPTER 10 압축성 · 비점성 유체의 유동

지금까지 설명한 점성유체 및 비점성유체의 유동은 유체의 밀도가 변화가 없는, 즉 비압축성 유체의 유동에 대한 설명이었다. 이 장에서는 유동 중에 밀도가 변하는 압축성 · 비점성 유체의 유동에 대하여 설명한다. 대부분의 액체(물)는 압력(또는 속도)이 크게 변화하더라도 밀도의 변화가 매우 작아 비압축성 유체라고 고려할 수 있지만, 기체(공기)는 압력(또는 속도)의 작은 변화에도 심각한 밀도의 변화를 가져올 수 있으므로 압축성 유체이다. 더욱이 대부분의 기체는 점성계수가 액체에 비하여 훨씬 낮다. 따라서 기체는 일반적으로 압축성 · 비점성 유체이지만, 지금까지는 기체도 액체와 더불어 비압축성 · 비점성유체로 설명하였다. 기체의 유동을 압축성으로 해석해야 하는지 혹은 비압축성으로 해석해야 하는지의 판단의 기준은 Mach수이다. 일반적으로 기체는 속도가 Mach수 0.3 이하이면 비압축성 유체의 유동으로 해석할 수 있지만, Mach수가 0.3 이상이면, 즉 속도가 음속보다 0.3배 이상이면 밀도의 변화를 고려한 압축성 유동으로 해석해야 한다.

10.1 압축성 · 비점성 유체의 성질

압축성 · 비점성 유체의 유동, 즉 Mach수가 0.3 이상의 고속의 비점성 기체의 유동에서는 유체역학적 조건 이외에 열역학적 조건을 고려해야 한다. 왜냐하면 기체는 속도에 따라 압력(또는 밀도)의 변화가 커서 이들 사이를 나타내는 열역학적 관계식의 이해가 필요하기 때문이다. 압력과 밀도 사이에는 이상기체 상태방정식으로, 속도에너지와 압력에너지 사이의 관계는 에너지방정식으로 알 수 있다.

10.1.1 상태방정식

(1) 이상기체 상태방정식

기체의 상태를 나타내는 상태량으로서는 압력 p, 절대온도 T, 밀도 ρ, 단위 질량당 내부에너지 u, 엔탈피 h 그리고 엔트로피 s 등 많이 있다. 그러나 기체의 상태를 알기 위하여 이 모든 상태량을 전부 알 필요가 없다. 단순 압축성 물질(simple compressible system)의 상태량은 서로 관련이 있어 2개의 독립적인 강도성 상태량(강성적 성질)만을 알면 나머지를 모두 알 수 있다. 이것을 상태의 원리(state principle)라 한다. 상태방정식은 상태량 사이의 관계식으로서 상태의 원리에 의해 다음과 같이 표현할 수 있다.

$$p = f(\rho, T),\ h = f(p, T)$$

이상기체 상태방정식은 보일의 법칙과 샤를의 법칙을 조합한 방정식으로 다음과 같다.

$$p = \rho RT \tag{10.1}$$

여기서 p는 절대압력, T는 절대온도, R은 기체상수[179]로서 기체의 종류에 따라 다르다. 이 식은 이상기체의 압력이 밀도와 온도의 2개의 독립된 함수로 표시되어 상태의 원리를 따르고 있다. 압축성유체의 유동에 대한 해석에서 주의할 점은 이상기체 상태방정식이 사용되므로 압력과 온도는 절대압력과 절대온도가 사용됨에 주의하기 바란다.[180]

(2) 기체의 에너지

상태량으로서 에너지를 나타내는 것으로는 엔탈피와 내부에너지가 있다. 엔탈피와 내부에너지[181]는 각각 기체가 보유하고 있는 동적에너지와 정적에너지를 의미한다. 엔탈피는 내부에너지와 유동에너지의 합으로 정의한다.

① 내부에너지

기체의 비내부에너지는 열적인 에너지로서 u[kJ/kg]로 표기한다. 기체의 정적비열 c_v는 내부에너지 u와 다음 관계식으로 표현된다.

$$c_v = \left(\frac{\partial u}{\partial T}\right)_v = \frac{du}{dT} \tag{10.2}$$

그러므로 내부에너지 변화는 정적비열을 상수로 고려하면[182] 다음 식으로 나타낼 수 있다.

$$u_2 - u_1 = c_v(T_2 - T_1) \tag{10.3}$$

---

179) 기체상수 R의 단위는 $[\mathrm{J/kg\cdot K}]$이고, 일반기체상수는 $\overline{R}$로 표시되고 $\overline{R} = 8.314\,\mathrm{kJ/kmol\cdot K}$이다.

180) 유체동역학에서 압력은 주로 계기압력이 사용된다.

181) 물체가 단위질량당 보유하는 에너지는 강도성 상태량으로서 비엔탈피(specific enthalpy), 비내부에너지(specific internal energy)라 칭하지만, 일반적으로 '비'자를 생략하여 총량적 상태량인 엔탈피, 내부에너지라고 표현하기도 한다. 따라서 내부에너지, 엔탈피라고 하면 총량적 상태량인지 혹은 강도성 상태량을 의미하는지 구분할 필요가 있다.

182) 이상기체든 실제 기체든 비열은 온도에 따라 다른 값을 갖지만, 계산의 편리성을 위하여 비열이 온도에 관계 없이 일정하다고 가정하여 설명하기도 한다.

② **엔탈피**

기체의 엔탈피 h[kJ/kg]는 내부에너지와 유동에너지의 합으로 정의된다. 유동에너지는 유체가 밀도 ρ를 일정하게 유지한 채 압력 p인 주위를 흐르기 위한 에너지로서 p/ρ로 정의된다. 따라서 기체의 엔탈피는 $h \equiv u + p/\rho$이다.

이상기체의 내부에너지 u는 온도만의 함수[183]이고 유동에너지 p/ρ도 이상기체 상태식 (10.1)에 의해 온도만의 함수이므로 이상기체의 엔탈피 역시 온도만의 함수이다. 그러므로 이상기체의 정압비열 c_p은 엔탈피와 다음 관계식으로 나타낼 수 있다.

$$c_p = \left(\frac{\partial h}{\partial T}\right)_p = \frac{dh}{dT} \tag{10.4}$$

따라서 이상기체의 엔탈피 변화는 정압비열을 상수로 고려하면 다음 식으로 표현된다.

$$h_2 - h_1 = c_p(T_2 - T_1) \tag{10.5}$$

③ **비열**

엔탈피에 대한 정의 식 $h \equiv u + p/\rho = u + RT$의 양변을 미분하고 식 (10.2)와 (10.4)를 고려하면 다음 관계식을 얻는다. 즉

$$\frac{dh}{dT} = \frac{du}{dT} + R$$

혹은

$$c_p - c_v = R \tag{10.6}$$

위 식의 양변을 c_v로 나누고 비열비 $k(= c_p/c_v)$를 고려하면 정압비열과 정적비열은 다음 식으로 표현된다.

$$c_p = \frac{Rk}{k-1} \tag{10.7}$$

$$c_v = \frac{R}{k-1} \tag{10.8}$$

지금까지 기술한 식 (10.2)~(10.8)은 이상기체의 비열 및 비열비가 온도에 관계없이 일정하다고 가정한 것이다. 그러므로 비열 및 비열비가 일정하다고 가정하면 위 식들에 의해서 정적비열과 정압비열을 쉽게 구할 수 있다. 또 일정 비열을 가정하였을 때 1원자분자 기체의 비열비는 1.667, 공기를 비롯한 2원자분자기체는 1.4, 3원자분자 기체의 비열비는 1.33으로 분자량이 높을수록 비열비 k가 작아진다.

---

183) 이상기체를 정의하는 데는 다음 2가지가 있다. 첫째 이상기체 상태방정식 $p = \rho RT$을 만족하고, 둘째 내부에너지는 온도만의 함수 $u = f(T)$란 것이다. 그러나 실제 기체의 내부에너지는 상태의 원리에 의해 2개의 독립상태량, 대표적으로 온도와 압력의 함수, 즉 $u = f(p, T)$이다.

표 10.1 각종 기체에 대한 온도에 따른 비열비 k

온도 K	공기	CO_2	CO	H_2	N_2	O_2	H_2O
50	1.40	1.40	1.40	1.66	1.40	1.40	1.33
100	1.40	1.40	1.40	1.58	1.40	1.40	1.33
200	1.40	1.35	1.40	1.44	1.40	1.40	1.33
300	1.40	1.29	1.40	1.40	1.40	1.40	1.33
500	1.39	1.23	1.39	1.40	1.39	1.36	1.31
700	1.36	1.20	1.36	1.39	1.37	1.34	1.28
1000	1.34	1.18	1.33	1.38	1.34	1.31	1.25
1500	1.31	1.17	1.31	1.35	1.31	1.29	1.22
2000	1.30	1.16	1.30	1.33	1.30	1.28	1.19
2500	1.29	1.16	1.29	1.30	1.29	1.27	1.18
3000	1.28	1.15	1.29	1.29	1.29	1.26	1.18

(2) 비열비

비열비(또는 비열)는 이상기체든 실제 기체든 모두 온도에 따라 다른 값을 갖는다. 이것은 기체 분자의 운동이 온도가 높으면 병진운동뿐 아니라 회전운동과 진동운동이 나타나기 때문이다.[184] 특히 고온에서는 열해리가 일어나서 평균분자량이 작게 변하여 비열이 온도에 따라 다른 값을 갖는다.

비열비가 온도의 함수임을 탄화수소계 연료(C_mH_n)와 산소(O_2)와의 반응으로 살펴보자. 이것들이 이론 혼합비로 연소하면 반응생성물은 이상적으로 이산화탄소(CO_2)와 수증기(H_2O)가 생성되고, 화염온도는 약 3300K가 된다. 그런데 온도가 낮으면 해리가 일어날 확률은 낮지만, 1500K 이상의 고온에서는 해리가 활발히 일어나게 된다. 따라서 고온의 연소가스에는 CO_2와 H_2O의 반 이상이 해리되어 H_2, O_2, CO, OH, O 및 H가 존재하여 평균분자량이 작게 되어 온도가 높을수록 비열비가 작게 된다. [표 10.1]에 각종 가스에 대한 온도에 따른 비열비 k의 변화를 나타냈다.

10.1.2 등엔트로피 유동

압축성 유체의 유동은 일반적으로 등엔트로피 유동, 즉 에너지 손실이 없는 이상적인 유동으로 설명한다. 기체가 고속으로 흐르면 수축 또는 팽창을 하여 밀도가 변하게 되는데, 이때 기체의 상태량인 엔트로피 s가 변화하지 않으면 등엔트로피 유동을 하였다고 한다. 그러나 실제의 유동은 열전달과 벽면과의 마찰이 존재하여 손실을 가져와 비등엔트로피 유동을 한다. 등엔트로피 유동은 열전달과 마찰손실이 없는, 즉 가역단열과정으로 유동이 일어났음을 의미한다.

184) 기체 분자는 온도에 관계없이 항상 x, y, z축 방향으로 불규칙적으로 자유롭게 병진운동을 하는데, 2원자분자들은 원자 2개가 결합하여 아령과 같은 형상을 하고 있어 온도가 높게 되면 중심축 주위를 회전하여 회전운동에너지도 갖게 된다. 온도가 더욱 높게 되면 두 원자가 스프링과 같이 상호 진동하여 진동에너지도 갖게 된다. 따라서 2원자 이상의 분자들은 온도가 높을수록 이들 운동에너지가 나타나 비열이 높게 된다.

엔트로피 변화는 열역학 제1법칙과 제2법칙의 합성식[185]인 Tds방정식으로부터 평가할 수 있다.

$$Tds = du + pd\left(\frac{1}{\rho}\right) \tag{10.9}$$

$$Tds = dh - \frac{dp}{\rho} \tag{10.10}$$

위 식은 차례대로 제1 Tds방정식, 제2 Tds방정식이라고 한다. 위 식의 du, dh에 내부에너지 및 엔탈피에 대한 변화 식 $du = c_v dT$, $dh = c_p dT$와 밀도 ρ에 이상기체 상태방정식 $\rho = p/(RT)$를 대입하고 비열 c_v, c_p가 일정하다고 가정하여 적분하면 다음 식을 얻을 수 있다.

$$s_2 - s_1 = c_v \ln\frac{T_2}{T_1} + R\ln\frac{\rho_1}{\rho_2} = c_p \ln\frac{T_2}{T_1} - R\ln\frac{p_2}{p_1} \tag{10.11}$$

이 식은 이상기체의 엔트로피 변화를 나타낸 식이다.

등엔트로피 유동은 $ds = 0$이므로 식 (10.11)에 비열에 대한 관계식 (10.6)~(10.8)을 고려하면 다음과 같은 관계식이 성립한다.

$$\frac{p_2}{p_1} = \left(\frac{T_2}{T_1}\right)^{k/(k-1)} = \left(\frac{\rho_2}{\rho_1}\right)^k \tag{10.12}$$

이 식은 이상기체의 등엔트로피 유동에 대한 압력, 온도, 밀도 사이의 관계를 나타낸 유용한 식이다. 따라서 이상기체의 등엔트로피 유동에서 압력과 밀도 사이에는 다음 식이 성립한다.

$$\frac{p}{\rho^k} = \text{일정} \tag{10.13}$$

10.1.3 정체상태량

고속의 비점성 기체의 유동에 대한 관계식은 엔탈피와 운동에너지가 자주 나타난다. 이에 따라 이 두 에너지의 합을 총 엔탈피라 정의하여 사용한다. 총 엔탈피는 유체가 등엔트로피 과정으로 속도가 0인 정체상태의 엔탈피, 즉 정체엔탈피와 같다. 고속의 기체의 유동에서는 총 엔탈피보다는 정체엔탈피가 사용된다.

185) 열역학 제1법칙은 에너지보존법칙으로 $\delta q = du + pd(1/\rho)$이고, 열역학 제2법칙은 엔트로피에 관한 법칙, 즉 $ds = (\delta q/T)_s$이므로 두 식에 의해 $Tds = du + pd(1/\rho)$가 유도된다. 여기서 하첨자 s는 등엔트로피 과정을 의미한다.

(1) 정체상태량

노즐 내의 기체의 유동을 고려하자. 노즐 내 유선을 따라 두 점 사이를 흐르는 기체의 에너지는 일정하여 에너지방정식이 성립한다. 정상상태 균일유동에 대한 에너지방정식은 3장 식 (3.100)에 의해 다음과 같다.

$$\dot{Q} - \dot{W}_s = \dot{m}_2\left(h + \frac{v^2}{2} + gz\right) - \dot{m}_1\left(h + \frac{v^2}{2} + gz\right)$$

노즐 내 기체의 유동은 축일이 없고($\dot{W}_s = 0$) 단열흐름이라 가정하고($\dot{Q} = 0$) 위치에너지의 변화를 무시할 수 있으며($z_1 = z_2$), 정상류이면 연속성의 원리에 의해 질량유량도 일정하여($\dot{m}_1 = \dot{m}_2$) 위 식은 다음과 같이 된다.

$$h_1 + \frac{v_1^2}{2} = h_2 + \frac{v_2^2}{2} \tag{10.14}$$

이 식은 노즐 내 등엔트로피 유동(열전달과 마찰손실이 없는 유동)에 대한 에너지방정식으로서 유선 상에 있는 임의의 두 점 ①과 ②에서의 기체의 엔탈피와 운동에너지의 합이 같아 일정함을 나타내고 있다. 압축성 유동, 즉 고속의 기체의 유동에서는 위 식과 같이 엔탈피와 운동에너지 합이 자주 나타나므로 이 둘의 합을 새로운 상태량, 즉 총 엔탈피(total enthalpy) h_0로 정의하여 사용한다.

$$h + \frac{v^2}{2} = \text{상수} \equiv h_0 \tag{10.15}$$

이 식의 일정한 '상수' 값 h_0를 총 엔탈피라 하고, 이에 대해 h를 정(정적) 엔탈피라 한다.

[그림 10-1]과 같이 위치 ①에서의 속도 v_1인 고속의 기체가 등엔트로피 유동으로 속도 v_2가 0이 되는 정체점 ②를 고려하자. 이와 같은 유동에서 두 점 사이에 에너지방정식 (10.14)를 적용하면 다음과 같이 된다.

$$h_1 + \frac{v_1^2}{2} = h_2 + 0 \rightarrow h_{0,1} = h_{0,2} \rightarrow h_2 = h_{0,2} \tag{10.16}$$

이 식은 기체가 등엔트로피 유동으로 정지할 때, ②점에서의 기체의 엔탈피 h_2는 정체엔탈피 $h_{0,2}$와 같음을 의미한다. 즉 정체엔탈피란 고속의 기체가 등엔트로피 과정으로 속도가 0이 될 때의 엔탈피이고 이 값은 총 엔탈피 h_0와 같음을 의미한다. 결국 식 (10.14)~(10.16)은 고속의 유동에서 기체의 총 엔탈피는 일정하여 속도의 감소($v_1 > v_2$)는 그에 상응하는 정 엔탈피의 증가($h_1 < h_2$)를 가져온다.

비점성 기체가 등엔트로피 유동으로 정지하여 속도가 0이 되면 기체의 운동에너지는 엔탈피로 변환되어 기체의 온도와 압력을 증가시킨다. 이때 속도가 0인 곳을 정체점(stagnation point), 정체된 기체의 상태량을 정체상태량이라 하며, 여기에는 정체온도 T_0, 정체압력 p_0, 정체밀도 ρ_0 등이 있으며 하첨자 0을 부가하여 나타낸다. 정체상태량에 대하여 기존의 온도 T, 압력 p, 밀도 ρ 등은 정적(정)상태량이라고 한다.

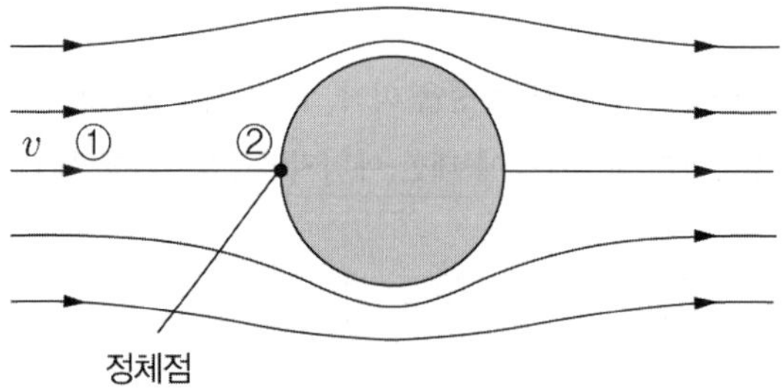

그림 10-1 정체과정

(2) 정체상태량과 정적상태량 사이의 관계

정체된 기체도 이상기체이므로 정체상태량 사이에도 이상기체 상태방정식이 성립한다. 비열이 일정한 이상기체의 엔탈피 h는 식 (10.4)에 의해 c_pT로 대치할 수 있다. 그러므로 정체엔탈피 h_0도 c_pT_0로 표시하면 식 (10.15)는 다음과 같이 나타낼 수 있다.

$$c_pT_0 = c_pT + \frac{v^2}{2} \rightarrow \underbrace{T_0}_{\text{정체온도}} = \underbrace{T}_{\text{정적온도}} + \underbrace{\frac{v^2}{2c_p}}_{\text{동적온도}} \tag{10.17a}$$

또는

$$\frac{T_0}{T} = 1 + \frac{v^2}{2c_pT} \tag{10.17b}$$

여기서 $v^2/2c_p$는 속도가 v인 이상기체가 등엔트로피 유동으로 정지할 때의 온도상승을 의미하여 동적온도라 한다. 식 (10.17)은 정적(정)온도 T와 정체온도 T_0 사이의 관계를 나타낸 식으로서 정체온도는 정적온도에 이상기체가 등엔트로피 유동으로 정지할 때의 온도상승 값, 즉 동적온도와의 합임을 알 수 있다. 동적온도는 저속유동에서는 크지 않지만, 고속유동에서는 상당히 크다. 예를 들어, 음속 340m/s로 흐르는 공기의 동적온도는 비열이 일정하다고 고려하면 (340m/s)²/(2×1,005 J/kg·K)=57.5K(57.5℃)가 되어 상당히 높은 것을 알 수 있다. 따라서 실제 23℃(300K)인 공기가 340m/s의 속도로 흐를 때 공기의 온도를 열전대로 측정하면 정체온도 357.5K(80.5℃)로 계측되어 실제 값보다도 상당히 높게 측정된다. 따라서 고속유동 중인 공기의 온도를 열전대로 측정할 때에는 측정된 정체온도에서 동적온도 상승분만큼 빼 주어야 한다. 즉 공기의 정적온도는 80.5℃-57.5℃=23℃가 된다.

정체상태량 사이의 관계를 살펴보자. 정체압력 p_0와 정압(정적압력) p 사이에는 등엔트로피 식 (10.12)에 의해 다음 관계가 성립한다.

$$\frac{p_0}{p} = \left(\frac{T_0}{T}\right)^{\kappa/(\kappa-1)} \tag{10.18}$$

마찬가지 정체밀도 ρ_0와 정적밀도 ρ 사이에도 식 (10.12)에 의해 다음 관계가 있다.

$$\frac{\rho_o}{\rho} = \left(\frac{T_0}{T}\right)^{1/(\kappa-1)} \tag{10.19}$$

식 (10.17)~(10.19)는 비점성 기체의 정체상태량과 정적상태량 사이의 관계를 나타낸 식이다. 이 식들은 모두 정체온도와 정적온도와의 비, 즉 T_0/T의 함수로 되어 있음을 알 수 있다.

예제1

로켓이 Mach수 $10(3.4\ \mathrm{km/s})$으로 낙하할 때 로켓 표면에서의 온도는 얼마인가? 주위 온도는 무시하라.

로켓이 낙하할 때 표면 온도는 정적온도(주위 온도)가 동적온도에 비해 매우 낮아 동적온도로만 주어진다고 고려하자. 공기의 비열이 $1.005\ \mathrm{J/kg\cdot K}$라 하면 동적온도는 다음과 같다.

$$T = \frac{v^2}{2c_p} = \frac{(3400\ \mathrm{m/s})^2}{2\times 1.005\ \mathrm{J/(kg\cdot K)}} = 5751\ \mathrm{K}(5478℃)$$

10.2 음속과 Mach수

기체의 압축성 유동의 판단 기준은 Mach수이다. Mach수는 음속을 기준으로 한다. 액체의 유동 속도는 액체 속에서 압력교란이 전파되는 속도, 즉 액체의 음속보다 훨씬 작다. 그러나 기체의 유동 속도는 기체의 음속과 견줄만하고 그 이상이 되기도 한다. 따라서 음속은 압축성 유동에서 중요한 인자이다.

10.2.1 음속

음속(sonic velocity)은 압력파가 매질을 통해 이동하는 속도이다. 물체에 진동이 일어나면 그것에 접한 공기는 미약하지만 압축과 팽창을 일으켜 연속적인 미소 압력파를 발생시킨다. 이 파의 진동수가 어떤 범위에 있으면 우리의 귀에 소리로서 감지된다. 이 압력파의 전파속도, 즉 음속에 대한 식은 압력파를 둘러싼 검사체적을 고려하여 질량보존과 운동방정식 또는 질량보존과 에너지방정식을 적용하여 유도할 수 있다. 여기에서는 질량보존과 운동방정식을 적용하여 유도한다.

[그림 10-2]와 같이 유체가 채워진 덕트를 고려하자. 피스톤을 일정한 속도 dv로 움직여 속도 c인 음파를 발생시켰다고 하자. 분석을 단순화하기 위해 파면 주위를 둘러싼 검사체적을 고려하자. 이 검사체적은 파의 선단과 같이 이동한다. 파는 압력 p, 밀도 ρ인 정지된 기체를 통해 진행함에 따라 미소한 변화 dp, $d\rho$ 및 속도 dv를 발생시킨다. 따라서 음파가 통과한 후의 기체의 상태는 속도 dv, 압력 $p+dp$, 밀도 $\rho+d\rho$로 변한다. 그림(b)와 같이 파면에 고정시킨 좌표계를 고려하면 파면을 중심으로 우측의 기체는 속도 c로

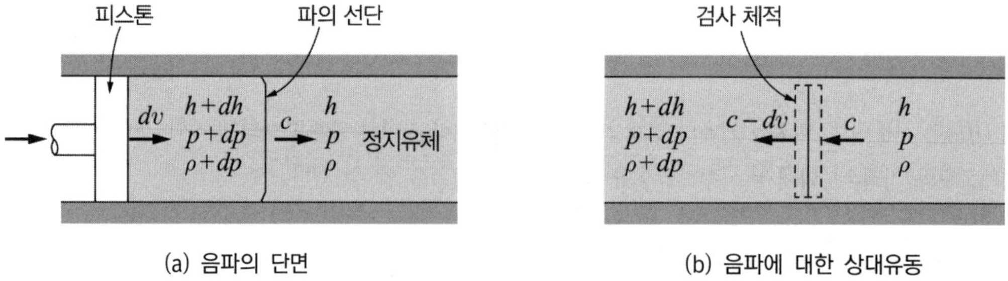

그림 10-2 음파의 전파

다가오고, 좌측의 기체는 $c-dv$ 속도로 멀어지는 것으로 관찰될 것이다. 여기에 질량보존 및 운동량방정식을 적용해 보자.

먼저 정상류의 검사체적에 대한 질량보존은 $\dot{m}_{in}=\dot{m}_{out}$이므로 다음과 같다.

$$\rho cA=(\rho+d\rho)(c-dv)A$$

여기에서 A는 검사체적의 단면적이다. 교란에 의한 변화는 아주 작으므로 우변의 미소 교란의 곱($d\rho dv$)을 무시하면 위 식은 다음과 같이 쓸 수 있다.

$$c\,d\rho-\rho\,dv=0 \tag{10.20}$$

다음, 정상류에 대한 운동량방정식은 $\sum F=\dot{m}_0v_0-\dot{m}_iv_i$이므로 이를 압력파가 포함된 검사체적에 적용하면 다음과 같다.

$$(p+dp)A-pA=(-c)(-\rho cA)+(-c+dv)\rho cA$$

여기서 오른쪽을 양의 방향으로 정의하였다. 위의 운동량방정식은 결국 다음과 같이 된다.

$$dp=\rho c\,dv$$

위 식의 dv에 식 (10.20)을 대입하면 다음 식을 얻는다.

$$c^2=\frac{dp}{d\rho} \tag{10.21}$$

이 식이 음파의 전파속도를 나타낸 식으로서 음파의 속도 c가 파를 가로질러 발생하는 밀도 및 압력의 변화를 보여주고 있다. 이상적인 경우, 즉 유동이 비압축성이라면 $d\rho\approx0$이므로 음파의 속도는 무한히 커짐을 알 수 있다.

음파는 압력파의 특별한 형태이다. 음파는 정의상 압력과 밀도의 미소변화만을 발생시키므로 가역과정으로 간주할 수 있다. 또한 열전달도 무시할 수 있을 정도로 작기 때문에 단열과정으로 가정할 수 있다. 가역단열과정은 등엔트로피 과정(하첨자 s 표기)이다. 따라서 음파에 관한 식 (10.21)은 다음과 같이 쓸 수 있다.

$$c^2 = \left(\frac{\partial p}{\partial \rho}\right)_s \tag{10.22}$$

이 식은 음속에 관한 식으로서 어떤 물질에서도 유효하다. 그러나 등엔트로피 과정에서의 물질에 대한 압력과 밀도 사이의 관계를 알기는 쉽지 않다.

이상기체의 음속을 구하여 보자. 이상기체의 등엔트로피 유동에 대한 압력과 밀도 사이의 관계는 식 (10.13)을 미분하면 다음 식을 얻는다.

$$\left(\frac{\partial p}{\partial \rho}\right)_s = \frac{kp}{\rho} \tag{10.23}$$

이 식과 이상기체상태식 $p/\rho = RT$을 식 (10.22)에 고려하면 음속은 다음과 같이 주어진다.

$$c = \sqrt{\frac{kp}{\rho}} = \sqrt{kRT} \tag{10.24}$$

그러므로 이상기체의 음속은 절대온도의 제곱근에 비례함을 알 수 있다.

공기 중을 전파하는 음속은 공기의 비열비가 $k = 1.4$, 공기의 기체상수가 $R = 287\ \mathrm{J/(kg \cdot K)}$이므로 다음과 같이 나타낼 수 있다.

$$c = \sqrt{kRT} = 20.05\sqrt{T} \tag{10.25}$$

이 식은 음속이 온도의 제곱근에 비례하고 온도에 따라 다름을 나타내고 있다.

예제2

액체수소와 액체산소를 사용하는 로켓이 있다. 이 로켓의 연소가스는 온도가 $3000\ \mathrm{K}$이고 수증기만이라고 가정하자. 이 연소가스가 로켓 노즐을 통과할 때 노즐 내의 음속은 얼마인가? 또한 $300\ \mathrm{K}$ 수증기의 음속과 비교하라.

수증기 $3000\ \mathrm{K}$에서 비열비는 [표 10.1]에 의해서 $k = 1.8$, 수증기의 기체상수가 $461.5\ \mathrm{J/(kg \cdot K)}$이므로 음속은 식 (10.24)에 의해 다음과 같다.

$c = \sqrt{1.18 \times 461.5\,\mathrm{J/kgK} \times 3000\,\mathrm{K}} = 1278\,\mathrm{m/s}$

수증기 $300\ K$에서의 음속은 수증기의 비열비가 $k = 1.33$이므로 다음과 같다.

$c = \sqrt{1.33 \times 461.5\,\mathrm{J/kgK} \times 300\,\mathrm{K}} = 429\,\mathrm{m/s}$

따라서 음속은 온도에 따라 큰 차이가 있으며 온도가 높을수록 큼을 알 수 있다.

예제3

물속에서의 음파의 속도(음속)를 구하라. 단 물의 체적탄성계수는 $2.2\times10^9\ N/m^2$이다.

물의 밀도가 $\rho=1000\ kg/m^3$이므로 물속에서의 음속은 식 (10.22)와 체적탄성계수 정의는 1장 식 (1.28)에 의해서 다음과 같다.

$$c=\sqrt{\frac{dp}{d\rho}}=\sqrt{\frac{\epsilon_v}{\rho}}=\sqrt{\frac{2.2\times10^9\ N/m^2}{1000\ kg/m^3}}=1483\ m/s$$

10.2.2 Mach수

Mach수와 Mach수에 따른 날개 주위의 흐름에 대하여 검토하자.

(1) Mach수

압축성 유동을 판단하는 기준은 Mach수 **M**이다. $\mathbf{M}<1$이면 물체의 속도 v가 음속 c보다 작은 경우로서 아음속 흐름(subsonic flow)이라 하고, $\mathbf{M}>1$이면 물체의 속도가 음속보다 빠른 경우로서 초음속 흐름(supersonic flow)이라고 한다.

[그림 10-3](a)와 같이 속도 v로 날아가는 비행기의 날개를 고려하자. 날개의 움직임에 따라 유발된 압력 교란(음파)은 날개보다 앞서 음속 c인 파로서 전파된다. 이러한 압력 교란은 공기의 점성에 의해 소진될 때까지 상당한 거리를 진행할 것이며 전방의 공기 입자들에게는 날개가 다가오고 있음을 미리 알려주게 된다. 만일 날개에 의해서 형성된 압력 교란이 Δt시간에 완전히 소진된다면 날개의 전방 $\Delta t(c-v)$의 거리에 있는 공기 입자들은 날개의 영향을 받을 것이다.

비행기의 속도가 증가하면 음파의 상대속도, 즉 $c-v$가 감소하므로 날개의 영향을 받을 전방의 공기는 공기의 입자의 수는 물론 날개를 맞이할 준비시간이 줄어든다. 더욱이 비행기의 속도가 음속 또는 그 이상으로 증가하면 전방의 공기 입자는 비행기가 다가오고 있다는 사실을 전혀 감지할 수 없을 뿐 아니라 맞이할 준비시간도 없게 된다. 그래서 공기는 그림(b)와 같이 날개의 전방에 음파 대신 충격파를 일으키게 된다.

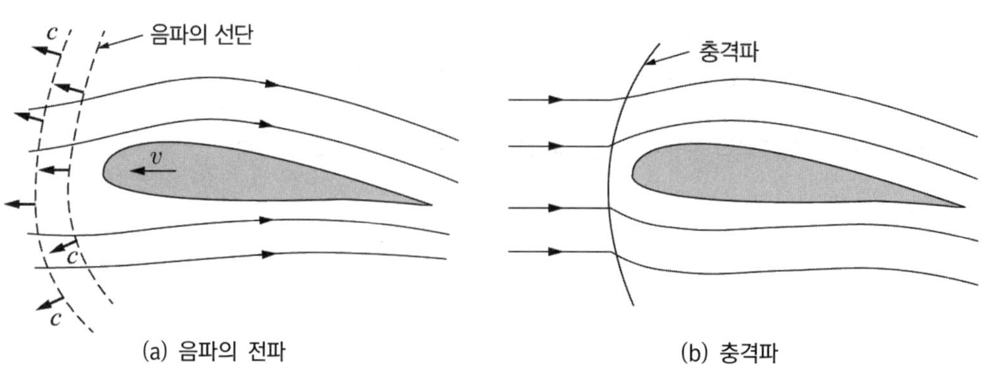

그림 10-3 익형에 주위에 생성된 음파와 충격파

날개 전방의 유체는 충격파를 지나면서 감속되어 음속보다 작게 되어 날개 주위로 나누어져서 흐르게 된다.

압축성 유동에서 소리 전파의 특성에 도플러 효과(Doppler effect)가 있다. 도플러 효과란 파원에서 나온 진동수가 실제 진동수와 다르게 관측되는 현상인데, 가까워지면 파원의 진동수보다 높게 관찰되고 반대로 멀어지면 낮은 진동수가 관찰되는 현상이다. 정지 공기 중에 관측자 A와 움직이는 비행기(또는 음속원, source sound) $B(t=0)$를 고려하자.

[그림 10-4](a)는 비행기가 음속의 약 반 정도의 속도로서 비행하는 경우$(v<c)$이고, 그림(b)는 음속보다 빠른 경우$(v>c)$를 나타냈다. 먼저 그림(a)의 비행기가 아음속으로 비행하는 경우를 고려하여 보자. 0의 위치에 있던 비행기가 1, 2, 3초 후에 1, 2, 3의 위치에 왔다고 하면 비행기에 의해서 0, 1, 2초에 발생된 압력파는 3초 후에는 반경이 $c\times 3$, $c\times 2$, c인 원(3차원이면 구면)으로 퍼져 나간다. 그림(b)는 비행기가 초음속으로 비행하는 경우로서, 1, 2, 3초 후에 1, 2, 3의 위치로 진행하였다고 하면, 비행기에 의해서 0, 1, 2초에 발생된 압력파는 3초 후에는 그림의 파선으로 표시한 직선(3차원 흐름에서는 원추면)을 형성하며 진행한다.

비행기의 속도가 음속보다 느리면 음파들은 그림(a)처럼 서로 교차하지 않은 편심된 원들의 집단을 형성한다. 관측자 A는 음원이 다가오기 때문에 비행기에 의해서 발생된 방사주파수보다 높은 주파수가 관찰하게 된다. 따라서 관측자 A가 실제로 감지하는 주파수 f는 다음과 같다.

$$f=f_0\left(\frac{c}{c-v}\right)=f_0\left(\frac{1}{1-v/c}\right)$$

여기서 f_0는 비행기 B($t=0$의 위치)에 의해서 발생된 실제 주파수이다. 이와 같은 주파수의 변화를 도플러 효과라 한다.

한편 비행기의 속도가 음속보다 빠르면 비행기에 의해서 발생된 압력파는 전방에 영향을 주지 못하게 된다. 즉, 압력파는 원추형상이 되고 압력파의 영향은 교란 영역 내에서만 이루어진다. 따라서 A에 위치한 관측자는 비행기가 지나간 다음에 그 소음을 듣고 비행기를 감지하게 된다. 그림으로부터 원추 반각 α는 다음과 같이 주어짐을 알 수 있다.

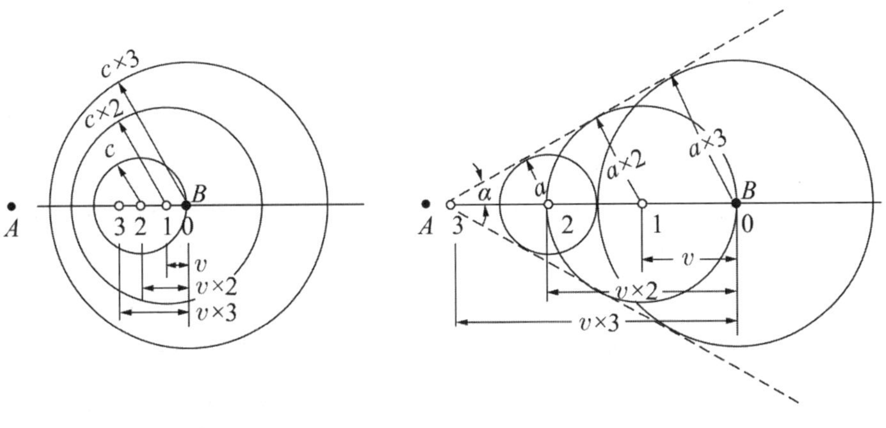

(a) 아음속류$(v<c)$ (b) 초음속류$(v>c)$

그림 10-4 움직이는 음원에 의한 음파의 전파

$$\sin\alpha = \frac{c}{v}$$

여기서 α는 Mach각이라고 한다. 또 직선상의 파선을 Mach파(Mach wave)라고 한다. Mach각 α는 비행기 속도가 빠를수록 작게 된다.

도플러효과는 위 두 식에 나타난 v/c, 즉 음파의 전파속도와 압축 효과를 연관시켜 주는 주요 매개변수가 v/c인 것을 알 수 있다. 이 매개변수는 오스트리아 물리학자 Ernst Mach가 최초로 제안하여 그의 이름을 따라 Mach수라고 한다. 마하수 **M**은 기체의 속도 v와 기체의 음속 c와의 비로 정의된다.

$$\mathbf{M} = \frac{v}{c} \tag{10.26a}$$

또는

$$\mathbf{M} = \frac{v}{\sqrt{kRT}} \tag{10.26b}$$

음속이 온도의 함수이므로 Mach수도 온도의 함수이다. 그러므로 일정한 속도로 날아가는 비행기라도 Mach수는 비행고도에 따라 다르게 된다.

압축성 기체의 유동은 다음과 같이 마하수에 따라 구분하여 해석한다.

$\mathbf{M} < 0.3$	: 비압축성 유동
$0.3 < \mathbf{M} < 1.0$	: 아음속 유동이지만 압축성 유동으로 취급한다.
$\mathbf{M} \approx 1$	: 천이음속 유동으로 충격파가 발생한다.
$1.0 < \mathbf{M} < 5.0$	: 초음속유동으로서 충격파가 존재한다.
$\mathbf{M} > 5.0$	: 극초음속유동으로서 충격파와 유동변화가 강하게 나타난다.

압축성 기체라도 일반적으로 Mach수가 0.3보다 작으면 비압축성으로 고려하여 해석한다. 그러나 아음속유동이라 할지라도 Mach수가 0.3 이상이면 밀도의 변화를 고려한 압축성 유동으로 해석해야 한다.[186)]

(2) 날개 주위의 흐름

Mach수에 따른 날개 주위의 흐름을 [그림 10-5]에 나타내었다. 그림(a)는 아음속인 경우로서 Mach파가 나타나지 않는다. 그러나 그림(b)와 같이 초음속으로 비행하는 날개는 선단과 후미에 경사충격파(실선)가 발생되고, 그 연장선상에 Mach파(파선)가 나타난다. 충격파의 형상은 물체의 형상에 따라 다르다. 그림(c)는 음속 부근인 천이음속인 때를 나타냈는데, 날개의 상류(전방)는 아음속이지만 날개 표면의 도중에서 초음속이 나타나고, 그 때문에 날개 후방에서 경사충격파와 Mach파가 발생된 것을 보여준다. Mach파, 즉 Mach각 α를 측정할 수 있다면 식 (10.25)에 의해 간단히 유속 v를 계산할 수 있다.

---

186) 15℃ 공기 중의 음속은 식 (10.25)에 의해 340m/s이다. 15℃의 공기가 음속의 0.3배, 즉 100m/s 이상의 속도로 흐르면 압축성 유동으로 해석해야 한다. 이 정도의 속도는 자연현상에서는 나타나지 않지만 인위적으로는 쉽게 나타난다.

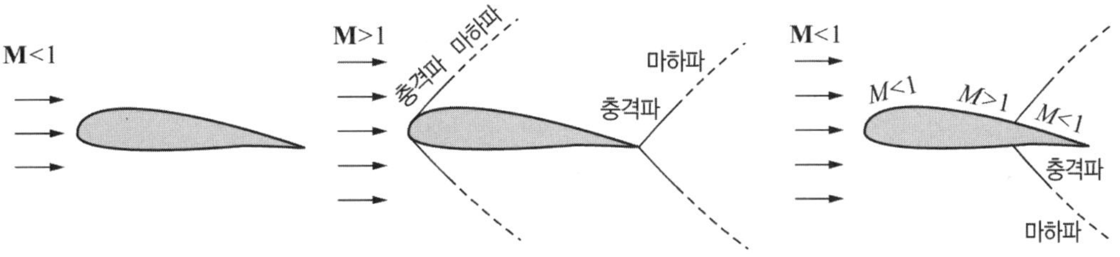

그림 10-5 날개 주위의 흐름

예제4

음속이 341 m/s인 공기 중을 초음속으로 비행하는 비행기의 Mach각이 40°이라면 비행기의 속도는 얼마인가?

초음속 흐름에 대한 원추 반각 α는 정의식에 의해 속도는 다음과 같다.

$$\sin\alpha = \frac{c}{v}$$

$$v = \frac{c}{\sin\alpha} = \frac{341\ \text{m/s}}{\sin 40^\circ} = 530\ \text{m/s}$$

10.3 이상기체의 등엔트로피 유동

압축성 · 비점성 기체의 유동은 노즐, 디퓨저, 터빈 등과 같은 열역학적 기기에서 나타난다. 이들 기기의 유동 통로는 짧고 마찰손실이 작다. 또 속도 및 상태량이 주로 흐름의 방향으로만 변하기 때문에 이상기체의 정상 1차원 등엔트로피 유동으로 근사시켜 해석한다.

10.3.1 온도, 압력, Mach수 관계식

고속의 기체의 유동에서는 온도, 압력 등의 상태량의 변화를 편리하게 Mach수 또는 임계상태량과의 관계로 표현하여 사용한다. Mach수 관계식은 식 (10.17)~(10.19)가 모두 정체온도와 정적온도와의 비, 즉 온도비 (T_0/T)의 함수로 주어져서 이 온도비를 Mach수로 무차원화하여 얻을 수 있다.

(1) 온도

노즐 내 기체의 상태는 속도가 0인 정체상태에서 출발하여 가역단열적으로 속도 v, 온도 T, 압력 p로 변화하였다고 하자. 이때 정체온도와 정적온도와의 비는 식 (10.17b)에 의해 다음과 같다.

$$\frac{T_0}{T} = 1 + \frac{v^2}{2c_pT}$$

위 식의 온도비는 정압비열에 $c_p = kR/(k-1)$, 음속 $c^2 = kRT$, Mach수 $\mathbf{M} = v/c$를 고려하면 다음과 같이 Mach수 관계식으로 얻어진다.

$$\frac{T_0}{T} = 1 + \frac{(k-1)v^2}{2kRT} = 1+\frac{k-1}{2}\mathbf{M}^2 \tag{10.27}$$

노즐 내 등엔트로피 유동에서 유선에 따라 정체엔탈피는 식 (10.14)에 의해 모두 같으므로 정체온도도 모두 같다. 따라서 정체온도는 Mach수 관계식에 의해 정적온도 T_1, T_2와 다음과 같은 관계가 있다.

$$T_0 = T_1\left(1+\frac{k-1}{2}\mathbf{M}_1^2\right) = T_2\left(1+\frac{k-1}{2}\mathbf{M}_2^2\right) \tag{10.28}$$

(2) 압력

노즐 내 등엔트로피 유동에서 유선상의 두 점 사이의 압력과 온도의 관계는 식 (10.12)로 주어졌다. 즉,

$$\frac{p_1}{p_2} = \left(\frac{T_1}{T_2}\right)^{k/(k-1)}$$

위 식의 온도비 T_1/T_2에 식 (10.28)을 대입하면 다음과 같은 압력비에 대한 Mach수 관계식이 얻어진다.

$$\frac{p_1}{p_2} = \left\{\frac{1+[(k-1)/2]M_2^2}{1+[(k-1)/2]M_1^2}\right\}^{k/(k-1)} \tag{10.29}$$

이 식들의 압력과 온도는 식 (10.12)을 유도하는데 이상기체 상태방정식이 사용되었으므로 항상 절대압력, 절대온도를 사용해야 한다.

다음은 정체압력과 정압(정적압력)과의 비에 대한 Mach수 관계식을 구하여 보자. 정체압력과 정압과의 비는 정체온도와 정적온도와의 비로 식 (10.18)로 주어졌고, 여기에 식 (10.27)을 참고하면 다음과 같다.

$$\frac{p_0}{p} = \left(1+\frac{k-1}{2}M^2\right)^{k/(k-1)} \tag{10.30}$$

정체압력은 정체온도와는 달리 단열흐름이라도 유선에 따라 일정하지 않을 수 있다.[187] 예를 들면, 충격파를 지나는 흐름은 단열적이지만 마찰손실이 존재하여 정체압력은 같지 않다. 비가역 단열흐름에서 유선에 따른 정체압력의 변화는 식 (10.29)와 (10.30)에 의해 다음 식으로 주어진다.

$$\frac{p_{0,1}}{p_{0,2}} = \frac{p_1}{p_2}\left\{\frac{1+[(k-1)/2]\mathbf{M}_1^2}{1+[(k-1)/2]\mathbf{M}_2^2}\right\}^{k/(k-1)} = \frac{p_1}{p_2}\left(\frac{T_2}{T_1}\right)^{k/(k-1)} \tag{10.31}$$

그러나 흐름이 가역 단열적이라면, 즉 등엔트로피 유동이라면 정체압력도 유선에 따라 일정하다.

(3) 밀도

압축성 유동에서 정체밀도와 정적밀도 사이의 관계는 정체온도비의 함수로서 식 (10.19)로 주어졌고, 정체온도와 정적온도와의 비는 식 (10.27)을 고려하면 다음과 같다.

$$\frac{\rho_0}{\rho} = \left(1+\frac{k-1}{2}\mathbf{M}^2\right)^{1/(k-1)} \tag{10.32}$$

여기서 ρ는 노즐 내 임의의 위치에서의 정적밀도이다.

노즐 내 유동이 등엔트로피 흐름이라면 Mach수 관계식 (10.27), (10.30), (10.32)에 의해 노즐 내 임의의 위치에서의 Mach수에 따른 정적상태량(또는 정체상태량 비)을 알 수 있다.[188] 이것을 [그림 10-6]에 나타내었다.

(4) 동압

동압(동적압력, kinetic pressure) $p_d = \rho v^2/2$은 무차원 압력계수 C_p와 더불어 공기역학적 힘들을 계산하는데 자주 사용된다.[189] 동압도 Mach수 관계식으로 나타낼 수 있는데, 동압은 Mach수에 따라 다른 값을 갖는다. 먼저 동압을 이상기체 상태방정식 $\rho = p/RT$을 이용하여 Mach수 관계식으로 나타내 보자.

$$p_d = \frac{\rho v^2}{2} = \frac{p v^2}{2RT}$$

위 식은 Mach수 관계식 $\mathbf{M} = v/\sqrt{kRT}$을 사용하면 다음 식으로 표현된다.

---

187) 단열흐름에는 가역 단열흐름과 비가역 단열흐름이 있다. 비가역 단열흐름은 주위와 단열이 되었지만, 내부에 마찰이 존재하는 흐름이다. 즉, 가역 단열흐름은 열전달과 마찰손실이 없는 흐름이다.

188) Mach수 관계식을 이용하면 노즐 입구(대기 또는 연소실)의 정체상태량은 알고, 노즐내 임의의 위치에서의 M의 값에 대응하는 온도, 압력, 밀도를 구할 수 있다. 예를 들면, M의 위치에서 온도는 식 (10.27)에 의해 다음과 같다. $T = T_0\left(1+\frac{k-1}{2}\mathbf{M}^2\right)^{-1}$

189) 동압력 $p_d = \rho v^2/2$은 단위 체적당의 운동에너지를 의미하고 압력계수, 캐비테이션계수, 마찰계수 등을 정의하는데 사용된다.

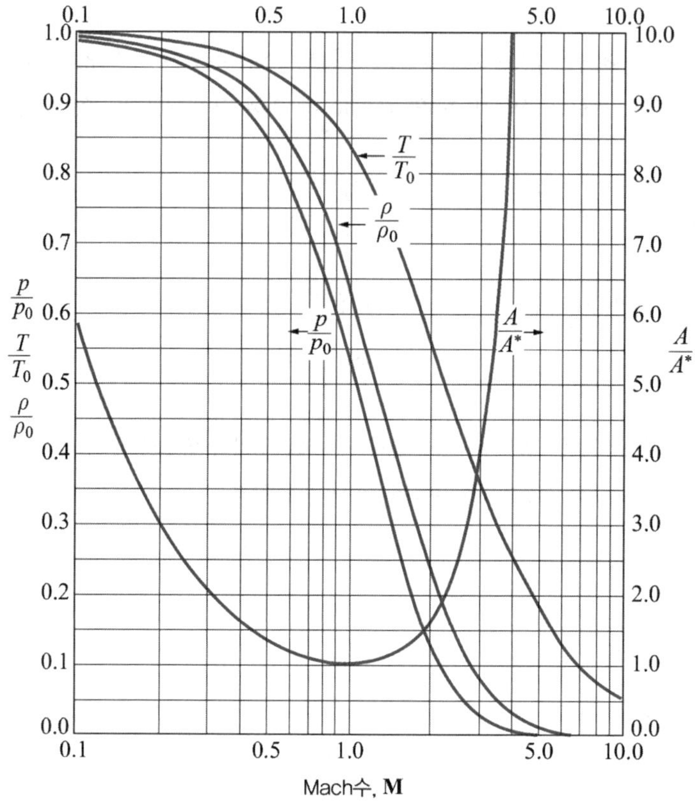

그림 10-6 Mach수에 따른 상태량 비

$$p_d = \frac{k}{2} p\mathbf{M}^2 \tag{10.33}$$

여기에서 정압 p는 절대압력이다.

다음은 피토관을 사용하여 속도(또는 Mach수)를 측정할 때 어떤 문제점이 발생되는지를 검토하여 보자. 피토관은 정체압력과 정압 또는 그 차이를 측정하여 속도를 평가하는 기구이다. 고속의 공기 흐름에서 피토관으로 정체압력이 200 kPa, 정압이 110 kPa로 측정되었다고 하자. Bernoulli 방정식에 의해 Mach수를 평가하면 동압은 전압과 정압과의 차이와 같으므로 다음과 같다.

$$\frac{1}{2}\rho v^2 = p_0 - p \quad \text{혹은} \quad \frac{k}{2} p\mathbf{M}^2 = p_0 - p$$

위 식을 Mach수로 정리하면 다음과 같다.

$$\mathbf{M} = \left[\frac{2}{k}\left(\frac{p_0}{p} - 1\right)\right]^{1/2} \tag{10.34}$$

이 식에 측정값을 대입하면 다음과 같다.

$$\mathbf{M}=\sqrt{\frac{2}{1.4}\left(\frac{200}{110}-1\right)}=1.08$$

그러나 실제 압축성 흐름에서 Mach수는 정체압력 p_0와 정압 p 사이의 Mach수 관계식 (10.30)으로 구해야 한다. 이 식을 Mach수에 대하여 풀면 다음과 같다.

$$\mathbf{M}=\left\{\frac{2}{k-1}\left[\left(\frac{p_0}{p}\right)^{(k-1)/k}-1\right]\right\}^{1/2} \tag{10.35}$$

이 식에 측정값들을 대입하면 다음과 같다.

$$\mathbf{M}=\left\{\frac{2}{1.4-1}\left[\left(\frac{200}{110}\right)^{0.4/1.4}-1\right]\right\}^{1/2}=0.96$$

따라서 실제 흐름은 Mach수가 0.96인 아음속 흐름인데 Bernoulli 방정식으로 계산하면 Mach수가 1.08인 초음속류로 판별하게 된다. 이것은 Bernoulli 방정식이 압축성 흐름에 대해서는 성립하지 않기 때문이다.[190] 공기의 속도가 매우 작아지면, 즉 $p_0/p \to 1$ 이면 식 (10.35)는 Bernoulli 방정식에서 유도한 식 (10.34)와 같게 된다. 따라서 Bernoulli 방정식은 Mach수가 매우 작을 때에만, 즉 $\mathbf{M} \ll 1$인 경우에 유효하다.

(5) 압력계수

무차원 압력계수 C_p도 Mach수에 따라 어떻게 변하는지 살펴보자. 무차원 압력계수는 5장 식 (5.33)에 의해 다음과 같이 주어진다.

$$C_p=\frac{p_0-p}{\rho v^2/2}$$

위 식은 동압에 관한 마하수 관계식 (10.33)과 정체압력비 식 (10.30)을 사용하면 Mach수와 비열비의 함수로서 다음과 같이 나타낼 수 있다.

$$C_p=\frac{2}{k\mathbf{M}^2}\left[\left(1+\frac{k-1}{2}\mathbf{M}^2\right)^{k/(k-1)}-1\right] \tag{10.36}$$

이 식은 Mach수에 따른 압력계수 C_p의 변화를 나타낸 식으로서 [그림 10-7]에 나타냈다. Mach수가 0이면 압력계수는 1이고, 이는 비압축성 기체 흐름의 경우에 해당한다. Mach수가 약 0.3에 이르면 압력계수는 1과 차이를 나타내기 시작한다. 따라서 흐름이 Mach수가 0.3 이상이면 압축성에 의한 효과가 나타난다는 것을 추론할 수 있다.

---

190) Bernoulli 방정식은 비점성 비압축성 유체에 대한 식이므로 압축성 유체의 유동에는 적용할 수 없다.

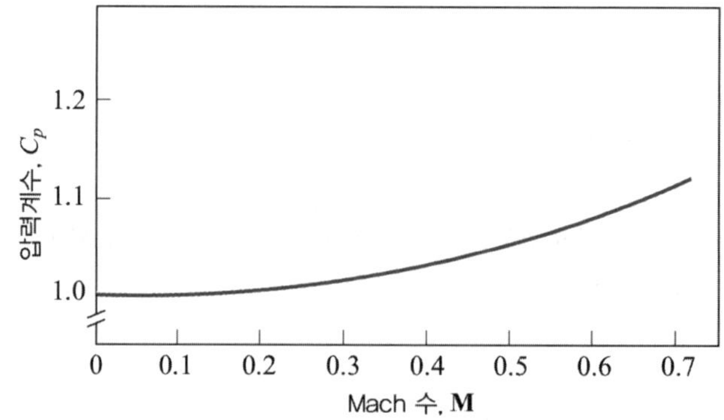

그림 10-7 Mach수에 따른 압력계수의 변화

(6) 임계비 관계식

Mach수 관계식은 Mach수가 0인($\mathbf{M}=0$) 정체상태량을 기준으로 정적상태량과의 비를 나타낸 식이다. 임계비 관계식은 Mach수가 1인($\mathbf{M}=1$) 임계상태량을 기준으로 정체상태량과의 비를 나타낸 관계식이다. 이들 관계식은 아음속, 초음속의 모든 속도범위에서 유효하다.

축소노즐 혹은 축소-확대노즐의 질식유동(choke flow)[191]에서는 노즐 목(노즐 통로에서 단면적이 가장 작은 곳)에서 Mach수가 1이 된다. $\mathbf{M}=1$인 노즐 목에서의 기체의 성질은 임계상태량(critical property)이라 하며 상첨자 *를 첨부하여 표기한다. 따라서 임계비 관계식은 노즐 목에서의 임계상태량과 정체상태량과의 비를 의미한다. 임계상태량은 $\mathbf{M}=1$에서의 값이므로 임계비관계식은 이 조건을 식 (10.27), (10.30), (10.32)에 대입하여 구할 수 있고 다음과 같다.

$$\frac{T^*}{T_0}=\frac{2}{k+1} \tag{10.37}$$

$$\frac{p^*}{p_0}=\left(\frac{2}{k+1}\right)^{k/(k-1)} \tag{10.38}$$

$$\frac{\rho^*}{\rho_0}=\left(\frac{2}{k+1}\right)^{1/(k-1)} \tag{10.39}$$

여러 가지 비열비 k에 대한 임계비는 [표 10.2]에 나타내었다.

표 10.2 등엔트로피 유동에서 여러 가지 비열비 κ에 대한 임계비

	과열수증기 $\kappa=1.3$	연소생성물 $\kappa=1.33$	공기 $\kappa=1.4$	단원자 기체 $\kappa=1.667$
T^*/T_0	0.8696	0.8584	0.8333	0.7499
p^*/p_0	0.5457	0.5404	0.5283	0.4871
ρ^*/ρ_0	0.6276	0.6295	0.6340	0.6495

191) 질식유동은 최대 질량유량(임계 질량유량)으로 통과할 때의 유동을 의미한다.

예제5

그림과 같이 유속 0, 압력 70 kPa(abs), 온도 10℃인 상태 ⓪의 공기가 축소-확대 노즐 내를 흐른다. 이때 노즐 목부 ①과 확대부 ②에서의 공기의 Mach수 $\mathbf{M}$이 각각 1 및 2가 되기 위한 목부 및 확대부에서의 온도, 압력, 밀도, 음속, 유속은 각각 얼마가 되어야 하는가? 단 공기는 비점성 기체이고 $k=1.4$로 한다.

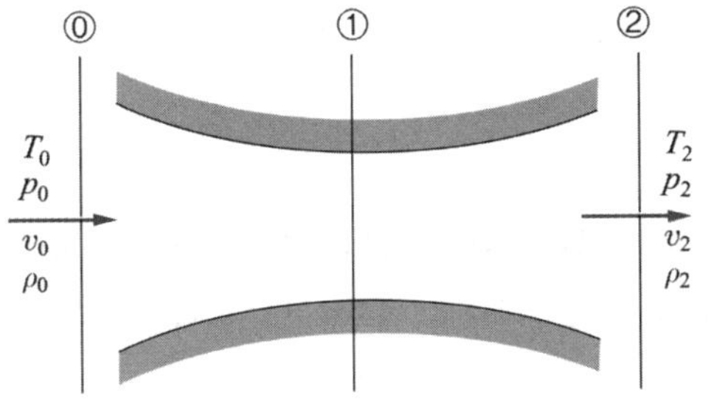

[그림 예제10.5]

정체온도, 정체밀도, 정체상태에서의 음속은 각각 다음과 같다.

$$T_0 = 10℃ + 273 = 283\,\text{K}$$

$$\rho_0 = \frac{p_0}{RT} = \frac{70\times 10^3\,\text{N/m}^2}{287\,\text{J/kg}\cdot\text{K}\times 283\,\text{K}} = 0.862\,\text{kg/m}^3$$

$$c_0 = \sqrt{kRT} = \sqrt{1.4\times 287\,\text{J/kg}\cdot\text{K}\times 283\,\text{K}} = 337.2\,\text{m/s}$$

노즐 목부($\mathbf{M}=1$, 상첨자 * 부기)에서의 온도, 압력, 밀도는 Mach수 관계식 (10.27), (10.30), (10.32)에 의해, 또 음속과 속도는 식 (10.24)에 의해 다음과 같다.

$$T^* = T_0\Big/\left(1+\frac{k-1}{2}\mathbf{M}^2\right) = 283\,\text{K}\Big/\left(1+\frac{1.4-1}{2}1\right) = 236\,\text{K}$$

$$p^* = p_0\Big/\left(1+\frac{k-1}{2}\mathbf{M}^2\right)^{k/(k-1)} = 70\,\text{kPa}\Big/\left(1+\frac{1.4-1}{2}1\right)^{1.4/0.4} = 37\,\text{kPa}$$

$$\rho^* = \rho_0\Big/\left(1+\frac{k-1}{2}\mathbf{M}^2\right)^{1/(k-1)} = 0.862\,\text{kg/m}^3\Big/\left(1+\frac{1.4-1}{2}1\right)^{1/0.4} = 0.546\,\text{kg/m}^3$$

$$c^* = c_0\frac{\sqrt{kRT^*}}{\sqrt{kRT_0}} = 337.2\,\text{m/s}\times\sqrt{\frac{236\,\text{K}}{283\,\text{K}}} = 307.9\,\text{m/s}$$

$$v^* = \mathbf{M}c^* = 1\times 307.9\,\text{m/s} = 307.9\,\text{m/s}$$

확대부($\mathbf{M}=2$)에서의 값은 다음과 같다.

$$T_2 = T_0\Big/\left(1+\frac{k-1}{2}\mathbf{M}^2\right) = 283\,\text{K}\Big/\left(1+\frac{1.4-1}{2}2^2\right) = 157\,\text{K}$$

$$p_2 = p_0\Big/\left(1+\frac{k-1}{2}\mathbf{M}^2\right)^{k/(k-1)} = 70\,\text{kPa}\Big/\left(1+\frac{1.4-1}{2}2^2\right)^{1.4/0.4} = 8.95\,\text{kPa}$$

$$\rho_2 = \rho_0\Big/\left(1+\frac{k-1}{2}\mathbf{M}^2\right)^{1/(k-1)} = 0.862\,\text{kg/m}^3\Big/\left(1+\frac{1.4-1}{2}2^2\right)^{1/0.4} = 0.198\,\text{kg/m}^3$$

$$c_2 = c_0\frac{\sqrt{kRT_2}}{\sqrt{kRT_0}} = 337.2\,\text{m/s}\times\sqrt{\frac{157\,\text{K}}{283\,\text{K}}} = 251.2\,\text{m/s}$$

$$v_2 = \mathbf{M}c_2 = 2\times 251.2\,\text{m/s} = 502.4\,\text{m/s}$$

10.3.2 유동 면적에 따른 속도 및 상태량 변화

유체유동에서 면적이 좁아지면 속도가 증가하고 면적이 커지면 속도가 감소할 것으로 생각하지만, 이것은 Mach수가 1보다 작은 아음속(subsonic) 유동에서만 성립한다. Mach수가 1보다 큰 초음속(supersonic) 유동에서는 이와 반대의 현상이 나타난다. 즉 노즐 내 유동에서는 아음속과 초음속유동에 따라서 면적, 속도, 압력과의 관계가 완전히 서로 다른 것을 보여주게 된다.

(1) 속도

[그림 10-8]과 같이 면적이 일정하지 않은 축소-확대노즐에서 1차원 정상상태 등엔트로피 유동을 고려하자. 정상상태이면 질량유량 $\dot{m}$[kg/s]이 일정하므로 연속방정식은 다음과 같다.

$$\dot{m} = \rho A v = \text{일정}$$

이 식을 미분하고 양변을 질량유량 $\rho A v$로 나누면 다음 식을 얻는다.

$$\frac{d\rho}{\rho} + \frac{dA}{A} + \frac{dv}{v} = 0 \tag{10.40}$$

다음, 노즐 내 등엔트로피 유동에서 정상상태 에너지방정식은 식 (10.14)와 같고, 이 식을 미분형태로 나타내면 다음과 같다.

$$dh + v\,dv = 0$$

제2 $T\,ds$방정식 $Tds = dh - dp/\rho$은 등엔트로피 유동을 고려하면 $ds = 0$이므로 다음과 같다.

$$dh = \frac{1}{\rho}dp$$

위 두 식에서 dh를 소거하면 다음 관계식을 얻는다.

$$\frac{dp}{\rho} + v\,dv = 0 \tag{10.41}$$

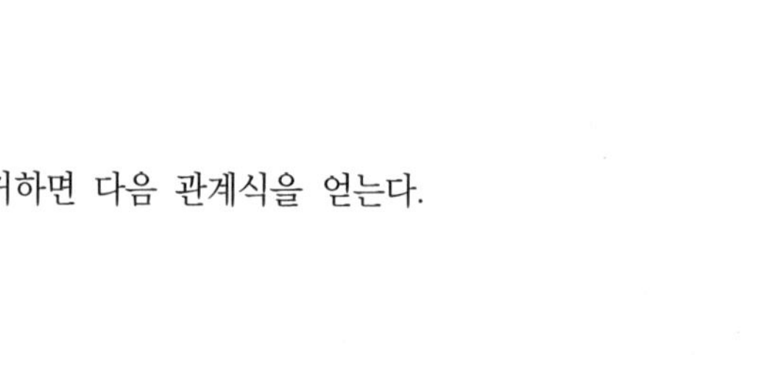

그림 10-8 노즐 내 유동

식 (10.40)과 (10.41)을 결합하면 다음 식이 된다.

$$\frac{dA}{A} = \frac{dp}{\rho}\left(\frac{1}{v^2} - \frac{d\rho}{dp}\right) \tag{10.42}$$

음속에 대한 식 (10.22)를 $(\partial\rho/\partial p) = 1/c^2$로 정리하여 위 식에 대입하면 다음 식을 얻는다.

$$\frac{dA}{A} = \frac{dp}{\rho v^2}(1 - M^2) \tag{10.43}$$

또한 식 (10.41)의 $\rho v = -dp/dv$를 식 (10.43)에 대입하면 또 다른 다음 식을 얻는다.

$$\frac{dv}{v} = \frac{dA}{A}\frac{1}{(M^2 - 1)} \tag{10.44}$$

식 (10.43)과 (10.44)는 노즐 내 등엔트로피 유동에서 면적의 변화에 따른 압력과 속도의 변화를 설명하는 중요한 식이다. 특히 이 식들에는 $(1-\mathbf{M}^2)$항이 존재하여 아음속과 초음속 유동에 따라서 면적, 속도, 압력과의 관계가 완전히 서로 다른 것을 보여준다. 따라서 이들 식에 의해서 압력을 떨어뜨려 속도를 높이는 노즐(nozzle)과 속도를 떨어뜨려 압력을 높이는 디퓨저(diffuser)의 형상이 결정된다.

① 아음속유동

노즐은 유체의 압력을 감소$(dp < 0)$시켜 속도를 증가$(dv > 0)$시키는 기구이다. 먼저 아음속유동($\mathbf{M} < 1$)에서 노즐의 형상, 즉 면적이 어떻게 변화하는지를 살펴보자. 노즐은 속도변화 dv가 항상 양(+)이므로 식 (10.44)의 좌변은 양이 된다. 그런데 아음속 $\mathbf{M} < 1$이면 우변의 괄호 항 $(\mathbf{M}^2 - 1)$이 음(-)이 되어 우변도 양이 되려면 $dA < 0$이 되어야 한다. 즉 $A_2 < A_1$가 된다. 이것은 아음속용 노즐의 형상은 유동방향으로 면적이 감소하는 축소노즐이 되어야 함을 의미한다. 이 관계를 식 (10.43)에 대입하여 압력의 변화를 살펴보자. 식 (10.43)의 좌변은 단면적의 변화 dA가 음이므로 우변도 음이어야 한다. 이 때문에 아음속 $\mathbf{M} < 1$이면 우변의 괄호 항 $(1-\mathbf{M}^2)$이 양이 되므로 노즐을 통한 압력변화 dp는 음, 즉 $dp < 0$이 됨을 알 수 있다. 이것은 압력을 감소시켜 속도를 증가시키는 노즐의 역할에 타당함을 보이고 있다.

② 초음속유동

초음속유동을 가져오는 노즐의 형상을 고찰해 보자. 노즐은 속도를 증가시키는 기구이므로 식 (10.44)의 좌변의 값은 역시 양이다. 그런데 흐름이 $\mathbf{M} > 1$인 초음속유동이라면 식(10.44) 우변의 괄호 항 $(\mathbf{M}^2 - 1)$이 양(+)이므로 면적변화 역시 $dA > 0$이 되어야 한다. 즉 $A_2 > A_1$이 된다. 이것은 초음속 흐름에서 속도를 더욱 증가시키기 위한 노즐의 형상은 면적이 유동방향으로 증가하는 확대노즐이어야 함을 의미한다. 이 관계를 식 (10.43)에 대입하여 압력의 변화를 살펴보면 좌변 단면적의 변화 dA가 양이므로, 우변의 괄호 항 $(1-\mathbf{M}^2)$이 음(-)이 되므로 압력변화 dp도 역시 음, 즉 $dp < 0$이 되어야 노즐의 역할을 하는 것을 알 수 있다. 이것은 초음속류에서 속도를 더욱 증가시키려면 면적이 유동방향으로 증가하는 확대노즐형상이

어야 함을 의미한다. 따라서 유체를 아음속에서 초음속으로 가속시키기 위해서는 축소-확대 노즐이 사용됨을 의미한다.

초음속노즐(축소-확대노즐)에서 마하수 $\mathbf{M}=1$은 식 (10.43)과 (10.44)에서 알 수 있는 바와 같이 $dA=0$, 즉 단면적의 변화가 없는 곳에서 발생하고, 이곳을 노즐 목(throat)이라고 한다.

(2) 상태량의 변화

노즐 내 등엔트로피 유동에서 아음속유동과 초음속유동에 따라 온도와 압력, 밀도가 어떻게 변화하는가를 살펴보자. 이것은 Mach수 관계식으로 알 수 있다.

온도비에 대한 Mach수 관계식 (10.27)의 대수를 취하면 다음과 같다.

$$\log\left(\frac{T}{T_0}\right) = -\log\left(1+\frac{k-1}{2}M^2\right)$$

이 식을 미분하면 비점성 기체의 등엔트로피 유동은 $T_0 = const.$이므로 다음과 같다.

$$\frac{dT}{T} = \frac{-(k-1)\mathbf{M}^2}{1+\dfrac{k-1}{2}\mathbf{M}^2}\frac{d\mathbf{M}}{\mathbf{M}} \tag{10.45}$$

위 식에서 우변의 $d\mathbf{M}/\mathbf{M}$의 계수는 $k>0$, $\mathbf{M}>0$이므로 음수(-)가 되어 온도 T의 증감은 Mach수 $\mathbf{M}$의 증감과 반대가 된다.

다음, 압력비에 대한 Mach수 관계식 (10.30)에 대수를 취하고 미분하면 다음 식이 된다.

$$\frac{dp}{p} = \frac{-k\mathbf{M}^2}{1+\dfrac{k-1}{2}\mathbf{M}^2}\frac{d\mathbf{M}}{\mathbf{M}} \tag{10.46}$$

이 경우도 식 (10.45)와 마찬가지로 $d\mathbf{M}/\mathbf{M}$의 계수는 음수(-)가 되어 압력 p의 증감은 Mach수 $\mathbf{M}$의 증감과 반대가 된다.

밀도비에 대한 Mach수 관계식 (10.32)의 대수를 취하고 미분하면 다음 식이 된다.

$$\frac{d\rho}{\rho} = \frac{-\mathbf{M}^2}{1+\dfrac{k-1}{2}\mathbf{M}^2}\frac{d\mathbf{M}}{\mathbf{M}} \tag{10.47}$$

이전과 마찬가지로 밀도 ρ의 증감은 Mach수 $\mathbf{M}$의 증감과 반대가 된다.

다음은 Mach수 식 (10.26b)의 양변을 대수를 취하고 미분하면 다음 식이 된다.

$$\frac{d\mathbf{M}}{\mathbf{M}} = \frac{dv}{v} - \frac{1}{2}\frac{dT}{T} \tag{10.48}$$

위 식에 식 (10.45)를 고려하면 다음 식을 얻는다.

$$\frac{dv}{v} = \frac{1}{1+\frac{k-1}{2}M^2}\frac{d\mathbf{M}}{\mathbf{M}} \tag{10.49}$$

위 식 우변의 $d\mathbf{M}/\mathbf{M}$의 계수는 양수(+)가 되어 유속 v의 증감은 Mach수 $\mathbf{M}$의 증감과 일치한다.

유속 v에 대한 Mach수 관계식 (10.44)에 식 (10.49)를 고려하면 다음 식을 얻는다.

$$\frac{dA}{A} = \frac{-(1-\mathbf{M}^2)}{1+\frac{k-1}{2}\mathbf{M}^2}\frac{d\mathbf{M}}{\mathbf{M}} \tag{10.50}$$

위 식 우변에는 $(1-\mathbf{M}^2)$항이 존재하여 아음속유동과 초음속유동에 따라서 면적의 증감이 서로 다른 것을 보여주게 된다. 즉 흐름이 $\mathbf{M} < 1$인 아음속유동이면 우변의 $d\mathbf{M}/\mathbf{M}$의 계수는 음수(-)가 되어 면적 A의 증감은 Mach수 $\mathbf{M}$의 증감과 반대가 되지만, $\mathbf{M} > 1$인 초음속 유동이면 $d\mathbf{M}/\mathbf{M}$의 계수는 양수(+)가 되어 면적 A의 증감은 Mach수 $\mathbf{M}$의 증감과 일치한다. 이것은 전술한 식 (10.44)의 결과와 일치한다.

이상기체의 등엔트로피 유동은 식 (10.45)~(10.50)에 의해서 다음의 것들을 알 수 있다.

① 단면적이 일정한 관이면 식 (10.50)에 의해 Mach수(또는 속도)도 일정하게 유지된다. Mach수가 일정하므로 유속, 온도, 압력, 밀도도 일정하게 유지된다. 즉, $dA=0$이면 $d\mathbf{M}=0$, $dT=0$, $dp=0$, $d\rho=0$이 성립한다.

② 단면적이 변화하는 관을 통과하는 경우에는 단면적과 Mach수와의 관계는 아음속이냐 혹은 초음속이냐에 따라 다르지만 식 (10.50)에 의해 얻을 수 있다. 그 외 온도, 압력, 밀도 및 속도와 Mach수와의 관계는 식 (10.45), (10.46), (10.47), (10.49)에 의해 얻을 수 있다. 결국 아음속유동($\mathbf{M} < 1$)에서는 [그림 10-9](a)과 같이 되고, 초음속유동 ($\mathbf{M} < 1$)에서는 [그림 10-9](b)와 같이 된다.

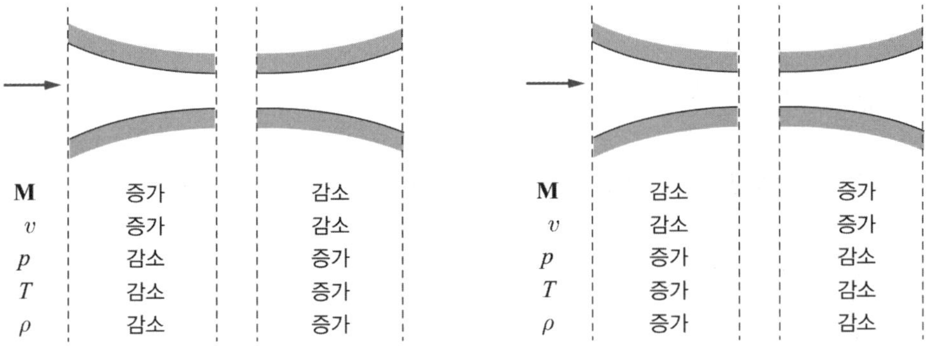

(a) 아음속유동($\mathbf{M} < 1$) (b) 초음속유동($\mathbf{M} > 1$)

그림 10-9 아음속유동과 초음속유동

10.3.3 노즐 내 등엔트로피 유동

노즐 내 등엔트로피 유동에서 임의의 위치에서의 온도, 압력, 밀도 등의 상태량은 Mach수 관계식 (10.27), (10.30), (10.32)에 의해 알 수 있다. 여기서는 축소노즐과 축소-확대노즐로 나누어 검토하여 보자.

(1) 축소노즐

축소노즐(convergent nozzle)에서는 배압(back pressure, 배후 압력, 노즐 출구 주위 대기의 압력) p_b이 아무리 낮아도, 노즐 출구에서의 압력이 임계압력까지만 저하되어 음속까지 발생시킬 수 있고 초음속류는 발생시킬 수 없다. 따라서 축소 노즐 출구(하첨자 e표기)에서의 속도는 아음속 또는 최대 음속($v_e \leq c$)이 나타난다.

① 출구속도

축소노즐을 통한 아음속유동을 [그림 10-10](a)에 나타냈다. 노즐 입구는 정체 상태의 대기, 용기 또는 연소실과 연결되어 있어 기체의 압력과 밀도를 각각 p_0, ρ_0이라 하고, 노즐 내 임의의 위치에서의 압력, 밀도, 속도는 p, ρ, v라고 하자. 노즐 내 유동을 1차원 정상상태 등엔트로피 유동이라 고려하면 이상기체의 운동방정식은 3장 식 (3.85)에 의해 다음과 같다.

$$v\frac{dv}{dx} = -\frac{1}{\rho}\frac{dp}{dx} \rightarrow \frac{dp}{\rho} + d\left(\frac{v^2}{2}\right) = 0 \tag{10.51}$$

또 이상기체의 등엔트로피 유동에서 압력과 밀도의 관계는 식 (10.13)에 의해 다음과 같다.

$$\frac{p}{\rho^k} = \frac{p_0}{\rho_0^k} = \text{일정} \tag{10.52}$$

식 (10.52)의 ρ를 식 (10.51)에 대입하면 다음 식이 된다.

$$\frac{p_0^{1/\kappa}}{\rho_0}\frac{dp}{(p)^{1/k}} + d\left(\frac{v^2}{2}\right) = 0 \tag{10.53}$$

위 식을 적분하고 적분상수는 $v=0$인 때 $p=p_0$를 고려하면 다음 식을 얻는다.

$$\frac{\kappa}{\kappa-1}\frac{p_0^{1/\kappa}}{\rho_0}p^{(\kappa-1)/\kappa} + \frac{1}{2}v^2 = \frac{\kappa}{\kappa-1}\frac{p_0}{\rho_0}$$

이것을 노즐 내 유속 v에 대하여 정리하면 다음과 같다.

$$v = \sqrt{\frac{2\kappa}{\kappa-1}\frac{p_0}{\rho_0}\left\{1-\left(\frac{p}{p_0}\right)^{(\kappa-1)/\kappa}\right\}} \tag{10.54}$$

이 식이 압력 p에 따른 노즐 내(또는 출구) 속도를 나타내는 식이다. 노즐 내 속도는 위 식에 의해 압력이 낮으면 낮을수록 큰 값을 갖는다. 그러나 축소노즐에서는 배압 p_b가 아무리 낮더라도 출구압력 $p(p_e)$가 임계압력 p^*까지 저하하여 이때의 속도 $v_e(=c)$는 음속이 되며 다음과 같다.

$$v_e = \sqrt{\frac{2\kappa}{\kappa-1}\frac{p_0}{\rho_0}\left\{1-\left(\frac{p^*}{p_0}\right)^{(\kappa-1)/\kappa}\right\}} \tag{10.55}$$

축소노즐이 질식유동이면 출구 속도가 음속이 되므로 위 식 (10.55)보다 음속에 대한 식 (10.24)와 (10.37)에 의해 직접 구할 수도 있다. 즉,

$$v_e = \sqrt{kRT^*} = \sqrt{\frac{2k}{k+1}RT_0} \tag{10.56}$$

② 압력분포

축소노즐 내 압력분포는 Mach수 관계식 (10.30)에 의해서 구할 수 있다. [그림 10-10](b)는 축소노즐에서 배압을 떨어뜨려 가면서($A \rightarrow E$) 축소노즐 내 압력분포를 나타냈다.

노즐내 압력분포 혹은 질량유량의 계산은 먼저 노즐 출구속도가 음속인지 아음속인지를 결정해야 한다. 출구속도는 배압비 p_b/p_0가 임계압력비 p^*/p_0보다 크면 아음속이, 작으면 음속이 된다. 임계압력비는 식 (10.38)에 의해 다음과 같다.

$$\frac{p^*}{p_0} = \left(\frac{2}{k+1}\right)^{k/(k-1)}$$

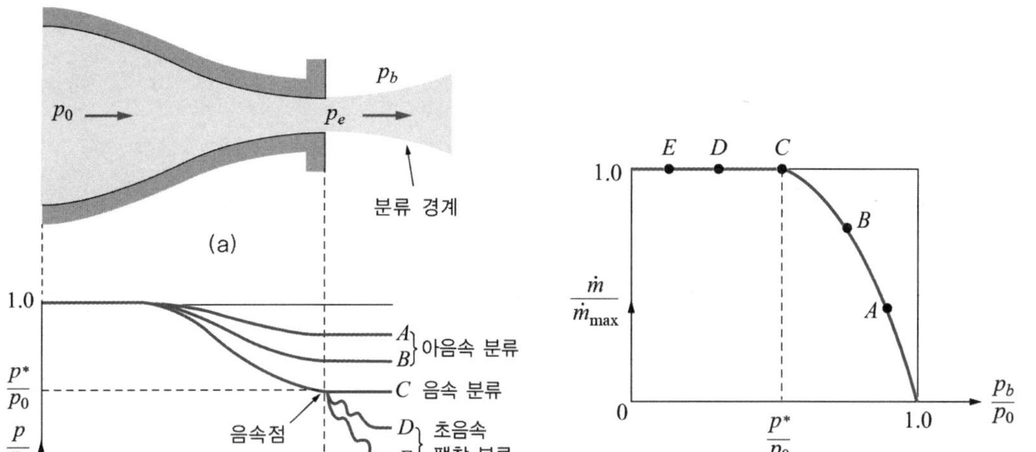

그림 10-10 축소노즐 내 유동

공기에 대한 임계압력비 p^*/p_0는 비열비 k가 1.4이므로 0.528이다. 이것은 축소노즐에서 음속을 얻기 위해서는 임계압력(축소노즐에서는 출구압력임, $p^*=p_e$)이 적어도 정체압력의 0.528배 이하가 되어야 함을 의미한다.

축소노즐 내 압력분포는 다음과 같고 [그림 10-10](b)에 나타내었다.

ⓐ $p_b/p_0 > p^*/p_0$: 배압이 임계압력보다 높으면 노즐 내는 물론 출구에서의 속도가 전부 아음속이 되고 출구에서의 기체압력은 배압에 맞도록 스스로 조절된다. 즉, $p_e = p_b$가 된다. 이것은 [그림 10-10](b)의 A, B에 해당한다.

ⓑ $p_b = p^*$: 배압이 노즐의 임계압력과 같으면 출구속도는 음속이 되고 출구에서의 압력은 배압과 일치한다. 즉 $p_e = p_b$가 된다. 이때 노즐 내 유동은 모든 곳에서 아음속이 된다. 이것은 그림(b)의 C에 해당한다.

ⓒ $p_b/p_0 < p^*/p_0$: 배압이 임계압력보다 낮으면 노즐 출구에서의 압력은 임계압력까지 저하하여 출구속도는 음속이 되고, 노즐 내 압력분포는 그림(b)의 D, E와 같이 된다. 그런데 노즐 출구압력 $p_e(=p^*)$이 배압 p_b보다 크므로 압력의 평형은 일련의 팽창파들에 의하여 이루어져 p^*에서 p_b로 감소된다.

③ 질량유량

축소노즐을 통과하는 질량유량을 계산하기 위해서는 흐름이 음속인지 혹은 아음속으로 유출되는지를 결정해야 한다. 축소노즐은 배압 p_b이 아무리 낮더라도 출구압력이 임계압력 p^*까지 저하하므로 기체의 질량유량도 더 이상 증가하지 않는다. 따라서 축소노즐은 배압이 임계압력보다 낮으면 최대질량이 통과한다. 최대 질량유량으로 통과할 때 노즐 내 유동은 질식(초크, choke)되었다고 한다.

축소노즐을 통과하는 질량유량은 다음과 같고 [그림 10-10](c)에 나타냈다.

ⓐ $p_b < p^*$: 배압이 임계압력보다 낮으면 최대질량유량이 통과하며 출구속도는 음속이 된다. 질량유량은 노즐을 따라 모든 단면에서 질량보존(ρAv = 일정)이 성립하므로 Mach수가 1인 음속인 조건에서 구한다.

$$\rho Av = \rho^* A^* v^*$$

따라서 최대질량유량은 다음과 같다.

$$\dot{m}_{\max} = \rho^* A^* v^* = \rho_0\left(\frac{2}{k+1}\right)^{1/(k-1)} A^*\left(\frac{2k}{k+1}RT_0\right)^{1/2} \tag{10.57}$$

$$= \rho_0 A^* \sqrt{kRT_0}\left(\frac{2}{k+1}\right)^{(k+1)/2(k-1)}$$

여기서 A^*는 Mach수 1인 임계상태에서의 값이므로 축소노즐에서는 음속이 나타나는 출구에서의 면적이다. 일반적으로 노즐을 통과하는 최대질량유량이나 음속 등은 Mach수 1에서의 값으로 얻는다. 그림(c)의 C, D, E가 이 조건에 해당한다.

ⓑ $p_b > p^*$: 배압이 임계압력보다 높으면 출구속도는 아음속이 되고, 이때의 질량유량은 다음 식으로 구할 수 있다.

$$\dot{m} = \rho_e A_e v_e = \rho_e A_e \mathbf{M}_e c_e \tag{10.58}$$

여기서 하첨자 e는 출구상태를 의미한다. 위 식의 출구에서의 밀도 ρ_e, Mach수 $\mathbf{M}_e$, 음속 c_e는 다음과 같이 구한다.

노즐출구에서의 기체 밀도 ρ_e는 이상기체 상태방정식을 사용하여 출구 온도 T_e와 배압($p_e = p_b$)으로 다음 식으로 구할 수 있다.

$$\rho_e = \frac{p_b}{RT_e}$$

출구에서의 온도 T_e와 Mach수 $\mathbf{M}_e$는 Mach수 관계식 (10.27)과 (10.30)에 의해서, 또 음속 c_e는 식 (10.24)에 의해 다음과 같다.

$$T_e = \frac{T_0}{\{1+[(k-1)/2]\mathbf{M}_e^2\}}$$

$$\mathbf{M}_e = \sqrt{\frac{2}{\kappa-1}\left[\left(\frac{p_0}{p_e}\right)^{(k-1)/k} - 1\right]}$$

$$c_e = \sqrt{kRT_e}$$

그림(c)의 A,B의 질량유량은 $p_b > p^*$인 조건에 해당하여 식 (10.58)로 평가된다.

예제6

탱크 내에 온도 80℃, 압력 160 kPa인 공기가 들어있다. 이 탱크에서 직경 3 cm인 노즐을 통하여 압력이 100 kPa인 주위 대기 중으로 분출된다. 이때 노즐을 통과하는 공기의 질량유량을 계산하라.

먼저 압력비를 구하여 노즐 출구에서의 유속이 음속인지 아음속인지를 판단한다. 주어진 조건은 다음과 같다.

$T_0 = 80℃ + 273 = 353\,\mathrm{K}$, $p_0 = 160\,\mathrm{kPa(abs)}$,

$D_e = 0.03\,\mathrm{m}$, $p_b = 100\,\mathrm{kPa(abs)}$

압력비 $p_b/p_0 = 100/160 = 0.625$는 공기에 대한 임계압력비 0.528보다 크므로 노즐 출구 속도는 아음속이다. 따라서 노즐 출구에서 정적온도와 마하수는 Mach수 관계식 (10.27)과 (10.30)에 의해서 음속과 밀도는 정의식과 이상기체 상태방정식에 의해서 구할 수 있고 다음과 같다.

$$T_e = \frac{333\,\mathrm{K}}{\{1+[(1.4-1)/2]\times 0.85^2\}} = 308\,\mathrm{K}$$

$$\mathbf{M}_e = \sqrt{\frac{2}{1.4-1}\left[\left(\frac{160}{100}\right)^{(1.4-1)/1.4} - 1\right]} = 0.85$$

CHAPTER 10 압축성·비점성 유체의 유동

$$c_e = \sqrt{kRT_e} = [(1.14)(287\,\mathrm{J/kgK})(309\,\mathrm{K})]^{1/2} = 352\,\mathrm{m/s}$$

$$\rho_e = \frac{p_b}{RT_e} = \frac{100\times 10^3\,\mathrm{N/m^2}}{(287\,\mathrm{J/kgK})(309\mathrm{K})} = 1.13\,\mathrm{kg/m^3}$$

그러므로 질량유량은 식 (10.58)에 의해 다음과 같다.

$$\dot{m} = (1.13\,\mathrm{kg/m^3})(3.14\times 0.03^2\,\mathrm{m^2}/4)(0.85)(352\,\mathrm{m/s}) = 0.239\,\mathrm{kg/s}$$

만약 압력비 p_b/p_0가 임계압력비 0.528보다 작은 경우에는, 즉 노즐이 질식된 경우에는 최대 질량유량이 되며 식 (10.57)로 평가해야 한다.

(2) 축소-확대노즐

초음속류는 축소노즐에 확대부를 첨가한 축소-확대노즐에서 얻을 수 있다. 이것은 배압이 노즐의 임계압력보다 낮더라도 노즐 출구압력이 배압까지 저하되어 초음속을 얻을 수 있기 때문이다. 즉 축소부(축소관)에서는 임계압력 p^*까지 저하하여 음속에 도달하고, 확대부(확대관)에서는 임계압력부터 배압 p_b까지 계속 저하하여 초음속을 얻게 된다. 축소-확대노즐은 이를 발명한 스웨덴의 de Laval(1845~1913)의 이름을 따서 라발노즐이라고도 한다.

① 면적비

축소-확대노즐에서의 비점성 기체의 유동 해석은 확대부를 대상으로 한다. 그러므로 축소-확대노즐은 임계단면적 A^*에 대한 확대부의 국소 단면적 A와의 비인 면적비가 중요한 특성이 된다.[192)]

축소-확대노즐에서 질식유동, 즉 최대질량유량이 흘러 초음속을 얻는다고 고려하자. 노즐을 따라 모든 단면에서 질량보존(ρAv = 일정)이 성립하므로 다음 식이 성립한다.

$$\frac{A}{A^*} = \left(\frac{\rho^*}{\rho}\right)\left(\frac{v^*}{v}\right) \tag{10.59}$$

임의의 단면에서 유속은 국소음속과 Mach수와의 곱, 즉 $v = c\mathbf{M}$이고 음속은 $c = \sqrt{kRT}$이므로 위 식은 다음과 같이 표현할 수 있다.

$$\frac{A}{A^*} = \frac{1}{\mathbf{M}}\left(\frac{\rho^*}{\rho_0}\right)\left(\frac{\rho_0}{\rho}\right)\sqrt{\frac{kRT^*}{kRT}} \tag{10.60}$$

여기에서 노즐 목에서의 Mach수는 정의에 의하여 $\mathbf{M}^* = 1$을 고려하였다. 위 식 (10.60)의 밀도 및 온도에 대한 임계비는 임계비 관계식 (10.37), (10.39) 및 온도비 식 (10.27)을 고려하면 면적비는 다음 식으로 표현된다.

192) 임계단면적 A^*는 Mach수 1인 곳에서의 면적이다. 임계상태는 배압이 노즐의 임계압력보다 낮을 때, 즉 최대질량유량이 흐를 때 축소노즐에서는 노즐 출구에서, 축소-확대노즐에서는 노즐 목에서 나타난다.

$$\frac{A}{A^*} = \frac{1}{M}\left\{\frac{1+[(k-1)/2]\mathbf{M}^2}{(k+1)/2}\right\}^{(k+1)/2(k-1)} \tag{10.61}$$

확대부의 면적비 A/A^*는 비열비 k와 Mach수 **M**이 주어지면 위 식에 의해 간단히 계산할 수 있다. 면적비는 수축-확대노즐 내 이상기체의 등엔트로피 유동을 설계하는데 유용하게 사용되는데, 실제로는 면적비가 주어지고 Mach수를 구하게 된다. 그러나 식 (10.61)은 면적비로 마하수를 구하기는 어렵다. 이 때문에 주어진 면적비에 대하여 마하수를 쉽게 구할 수 있도록 그림이나 표가 개발되었다. 면적비는 [그림 10-6]에 Mach수에 따른 상태량비와 함께 나타냈다.

② 압력분포 및 유동상태

축소-확대노즐에서도 압력분포 및 질량유량의 계산은 먼저 노즐 출구속도가 음속인지 아음속인지를 결정해야 한다. 이것은 축소-확대노즐에서도 배압비 p_b/p_0가 임계압력비 p^*/p_0보다 크면 아음속이, 작으면 초음속이 얻어지기 때문이다. 기체가 공기이면 음속 이상의 초음속을 얻기 위해서는 식 (10.38)에 의해 노즐 목부의 임계압력 p^*이 적어도 정체압력 p_0의 0.528배 이하가 되어야 함을 의미한다. 또 축소-확대노즐은 노즐 출구 압력 p_e이 배압 p_b과 다르면 팽창파, 경사충격파, 수직충격파가 발생되는 특징이 있다.

[그림 10-11]은 배압을 떨어뜨려 가면서($A \to I$) 축소-확대 노즐내 압력분포를 나타냈다. 압력은 노즐의 출구 면적비에 상응하는 출구압력에 도달할 때까지 계속 감소한다.

축소-확대노즐 내 압력분포는 다음과 같다.

ⓐ $p_b > p_C > p^*$: 배압이 노즐 목에서 음속을 가져올 만한 압력보다 높으면 노즐 전체에 걸쳐 아음속이 나타난다. 즉, $M < 1$에서의 유동이므로 축소부에서는 압력의 감소가 속도의 증가로, 확대부에서는 속도의 감소가 압력의 증가로 나타난다. 노즐 출구압력은 배압과 같게($p_e = p_b$) 조절된다. 이 조건은 그림(b)의 A, B에 해당한다.

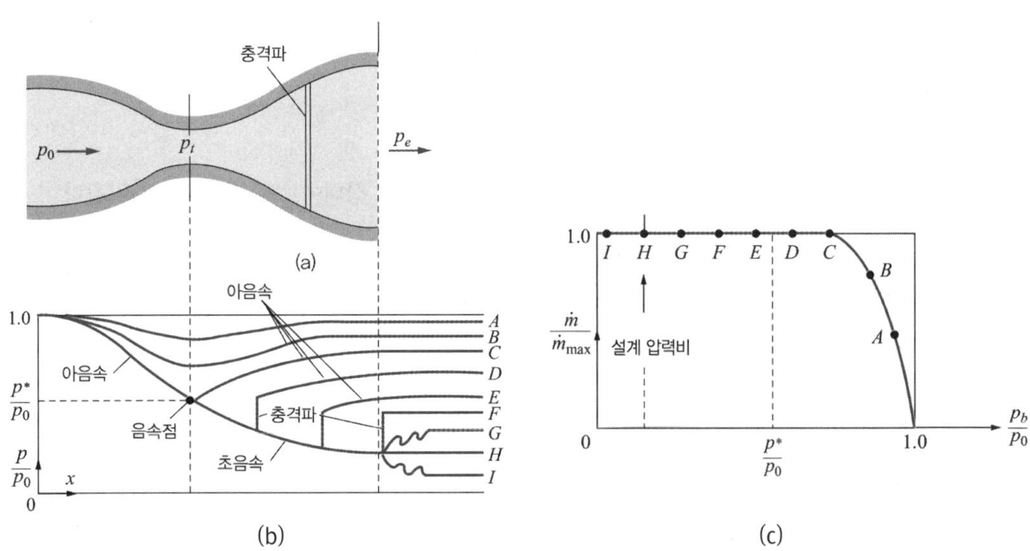

그림 10-11 수축-확대노즐 내 유동

ⓑ $p_b = p_C > p^*$: 배압이 노즐 목에서 음속을 일으킬 만한 압력 p_C이면 노즐 목에서는 임계압력까지 저하하여 음속에 도달한다. 그러나 확대부에서는 여전히 디퓨저의 역할을 하여 속도의 저하가 압력의 상승을 가져온다. 출구압력은 배압과 같게($p_e = p_C$) 조절된다. 그림(b)의 C에 해당한다.

ⓒ $p_e = p_b < p^*$: 배압이 임계압력보다 낮으면 초음속을 얻을 수 있다. 이때 다음 2가지, 즉 노즐 출구압력과 배압과 일치하는 경우와 일치하지 않은 경우를 고려할 수 있다. 이상적인 경우는 노즐의 출구 초음속 $\mathbf{M}_e$과 임계면적비 A_e/A^*가 정확하게 대응하도록 설계되어 출구압력과 배압이 일치한 경우이다. 즉, $p_e = p_b$는 가장 이상적인 조건으로서 노즐의 설계 압력비(design pressure ratio)라 한다. 이상적인 수축-확대노즐은 그림(b)의 H로 나타낸 바와 같이 노즐 전체에 걸쳐 이상적으로 팽창되어 압력의 감소가 속도의 증가로 나타난다.

ⓓ $p_b < p_e < p^*$: 노즐 출구압력과 배압이 일치하지 않은 경우에도 2가지, 즉 출구압력이 배압보다 높은 경우와 작은 경우를 고려할 수 있다. 먼저 출구 압력 p_e이 배압 p_b보다 높으면 축소노즐에서 설명한 바와 같이 노즐 출구에서 팽창파(expansionwave)를 발생하여 기체의 압력이 배압($p_e \rightarrow p_b$)까지 저하된다. 이것은 노즐 확대부의 길이가 짧게 설계되어 기체가 배압까지 충분히 팽창하지 못한 경우이므로 기체를 더 팽창시킬 있다는 의미에서 과소팽창 노즐(under-expanded nozzle)이라 한다. 이것은 그림(b)에 I로 표기한 상태이다.

ⓔ $p_e < p_b < p^*$: 출구압력이 배압보다 작으면 충격파가 발생한다. 출구압력이 배압보다 약간만 크면 경사충격파(oblique shock wave)를 발생하여 출구압력이 배압과 거의 같아진다. 이것은 그림(b)에 G로 표기한 상태이다. 그러나 배압과 출구압력의 차이가 경사충격파에 의하여 조절될 수 없을 만큼 커지면 그림(b)의 D, E, F와 같이 노즐 내에서 압력이 급상승하는 수직 충격파(normal shock wave)가 발생한다. 흐름은 충격파를 지나면서 속도가 갑자기 아음속으로 떨어지고 확대부에서 계속 감속되어 결국 출구압력이 배압과 같게 된다. 배압이 더욱 증가하게 되면 충격파는 초음속류 영역이 없어질 때까지 목쪽 $F \rightarrow E \rightarrow D$로 이동하게 된다. 노즐 출구 면적비에 상응하는 출구압력이 배압보다 작은 노즐을 과대팽창 노즐(overexpanded nozzle)이라 한다.

③ 질량유량

축소-확대노즐을 통과할 수 있는 최대 질량유량은 노즐이 질식된 상태이므로 식 (10.57)과 같다.

$$\dot{m}_{\max} = \rho_0 A^* \sqrt{kRT_0}\left(\frac{2}{k+1}\right)^{(k+1)/2(k-1)}$$

노즐 입구의 정체상태량은 주위 대기나 연소실의 상태를 의미하므로 일반적으로 기지의 값이다. 정체밀도는 이상기체의 상태방정식을 사용하여 $\rho_0 = p_0/RT_0$이므로 위 식은 다음 식으로 쓸 수 있다.

$$\dot{m}_{\max} = \frac{p_0 A^*}{\sqrt{RT_0}} k^{1/2}\left(\frac{2}{k+1}\right)^{(k+1)/2(k-1)} \tag{10.62}$$

여기서 A^*는 Mach수 1이 나타나는 노즐 목에서의 면적이다. 식 (10.57)과 (10.62)가 노즐을 통과하는 최대질량유량(임계질량유량, critical mass flow rate)을 나타낸 식이다.

축소-확대노즐은 배압 p_b가 노즐의 임계압력 p^*보다 낮지 않으면 초음속을 얻을 수 없고, 노즐을 통과하는 유량도 최대질량유량이 아니며 그때 통과하는 질량유량은 식 (10.58)로 주어진다. 그림(b)의 압력분포에 대응한 질량유량은 그림(c)에 나타냈다.

④ 상태량 분포

축소-확대노즐 내 상태량 분포를 살펴보자. 축소관에서는 아음속 흐름이므로 단면적의 감소가 속도의 증가를 가져오므로 Mach수도 증가하여 노즐 목에서 Mach수 1이 된다. 계속해서 확대관의 초음속 흐름에서는 단면적의 증가가 속도의 증가를 가져오므로 노즐 출구에서 Mach수도 1보다 크게 증가한다. 축소-확대노즐 내 그 외 온도, 압력 등의 상태량은 Mach수 관계식 (10.27), (10.30)에 의해서 얻을 수 있다. 이것을 [그림 10-12]에 나타냈고, [예제 10.4]로 설명하였다.

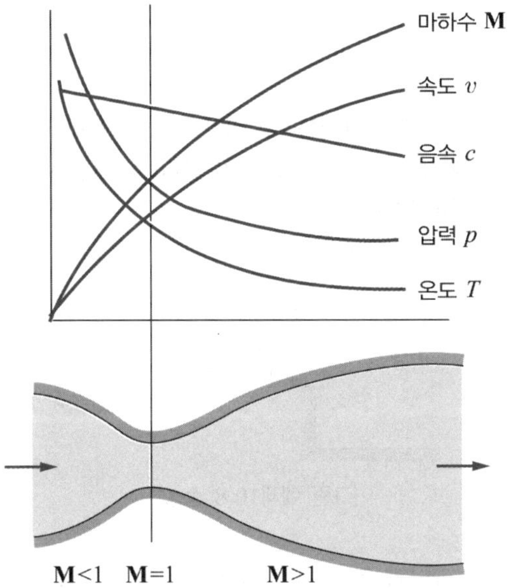

그림 10-12 수축-확대노즐 내 상태량 분포

예제7

확대부의 면적비(A/A^*)가 4인 노즐에 공기가 흐르고 있다. 노즐 입구에서의 정체압력이 1.3 MPa, 배압이 100 kPa이라면 이 노즐은 이상적으로 설계되었는가?

면적비 4에 대한 Mach수는 부록 표 B.1의 초음속류에 대한 두 면적비 값으로부터 보간한다.

$\mathbf{M}=2.90 \rightarrow p/p_0 = 0.0317,\ A/A^*=3.850$

$\mathbf{M}=3.0 \rightarrow p/p_0 = 0.0272,\ A/A^*=4.235$

따라서 A/A^*에 대한 M의 값은 2.94이다. 이에 상응하는 압력비는 다음과 같다.

$$\frac{p}{p_0} = 0.0298$$

따라서 노즐 출구의 압력은 다음과 같다.

$$p = 0.0298 p_0 = 0.0298 \times 1300\ kPa = 38.74\ kPa$$

이 노즐은 출구압력이 배압보다 낮으므로 과대팽창노즐이다.

예제8

[그림 예제10.8]과 같은 초음속 풍동을 제작하려고 한다. 15 cm × 15 cm의 정사각형의 시험 단면을 갖는 초음속 풍동을 공기를 사용하여 Mach수 3으로 가동하고자 한다. 시험구간에서의 온도 및 압력은 각각 −20 ℃, 50 kPa이다. 질량유량을 계산하라.

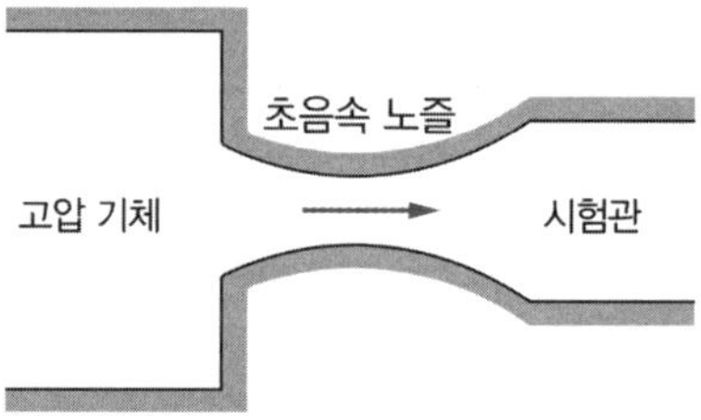

[그림 예제10.8 풍동]

초음속 풍동은 초음속 항공기를 개발하는데 필수적인 장치로서 [그림 예제10.8]과 같이 고압의 가스 발생원, 초음속류를 발생시키는 라발노즐(축소-확대노즐) 및 시험 구간으로 구성된다. 공기에 대한 값 $k=1.4$와 $\mathbf{M}=3$을 식 (10.61)에 대입하면 확대부의 면적비는 다음과 같다.

$$\frac{A}{A^*} = \frac{1}{3}\left\{\frac{1+(0.2)3^2}{1.2}\right\}^3 = 4.23$$

따라서 풍동의 확대부의 면적비는 4.23이므로 목 부의 면적은 다음과 같다.

$$A^* = \frac{225}{4.23} = 53.2\ \text{cm}^2 = 0.00532\ \text{m}^2$$

정체압력은 Mach수 관계식 (10.30)으로부터 다음과 같다.

$$p_0 = p\left(1+\frac{k-1}{2}\mathbf{M}^2\right)^{k/(k-1)} = 50\ \text{kPa} \times (36.7) = 1836\ \text{kPa} = 1.836\ \text{MPa}$$

정체온도는 Mach수 관계식 (10.27)에 의해 다음과 같다.

$$T_0 = T\left(1+\frac{k-1}{2}\mathbf{M}^2\right) = 253(2.8) = 708\text{K}$$

그러므로 질량유량은 식 (10.62)에 의해 다음과 같다.

$$\dot{m} = \frac{1.836 \times 10^6\ \mathrm{N/m^2} \times (0.00532\ \mathrm{m^2})}{[(287\ \mathrm{J/kgK})(708\ \mathrm{K})]^{1/2}} 1.4^{0.5}\left(\frac{2}{2.4}\right)^3 = 14.8\ \mathrm{kg/s}$$

공기의 질량유량이 초당 14.8 kg이라면 상당히 큰 펌프가 필요하다. 이 정도 용량의 펌프는 6000 kW 이상의 동력이 요구되어 실험비용이 상당히 많이 소요될 것이다.

10.4 이상기체의 비등엔트로피 유동

실제 관 또는 노즐 내 비점성 기체의 흐름은 밀도와 압력이 온도에 따라 변하기 때문에 해석이 어렵다. 더욱이 벽 마찰과 열전달이 존재하여 관로에 따라 Mach수 분포에 별도로 영향을 미쳐 이것들을 단순히 손실수두에 결합시킬 수 없어 문제를 복잡하게 만든다. 이 절에서는 이상기체의 비등엔트로피 유동으로서 수직 충격파와 단면적이 일정한 마찰이 있는 단열유동(Fanno 유동)과 단면적이 일정한 마찰이 없고 열전달을 수반한 유동(Rayleigh 유동)에 대해 검토한다.

10.4.1 수직 충격파

초음속노즐이나 단면적이 일정한 덕트 내를 흐르는 초음속유동에서는 수직 충격파(normal shock wave)가 나타날 수 있다. 초음속류가 흐름에 직각 방향의 수직 충격파를 통과하면 감속되어 아음속류가 되면서 온도, 압력, 밀도는 물론 엔트로피가 증가하게 된다. 이에 따라 수직 충격파를 통한 흐름은 비등엔트로피 유동이다.

(1) 수직 충격파 통과에 따른 상태량의 변화

수직 충격파에 대한 해석은 [그림 10-13]과 같이 수직 충격파 주위를 무한히 얇은 검사체적으로 고려하고, 여기에 정상류에 대한 연속방정식, 운동량방정식 및 에너지방정식을 적용한다.

먼저 정상류이므로 질량보존에 의해서 검사체적으로 들어가고 나가는 질량은 같다.

$$\rho_1 v_1 A_1 = \rho_2 v_2 A_2 \tag{10.63}$$

여기서 얇은 두께의 검사체적을 고려하므로 $A_1 = A_2 = A$이다.

다음은 검사체적에 대한 정상류 운동량방정식 $\sum F = \dot{m}_o v_o - \dot{m}_i v_i$을 고려하자. 정상류이므로 검사표면에 작용하는 순수 압력에 의한 힘은 검사체적으로부터 유출하는 순수 운동량의 변화량과 같으므로 다음과 같다.

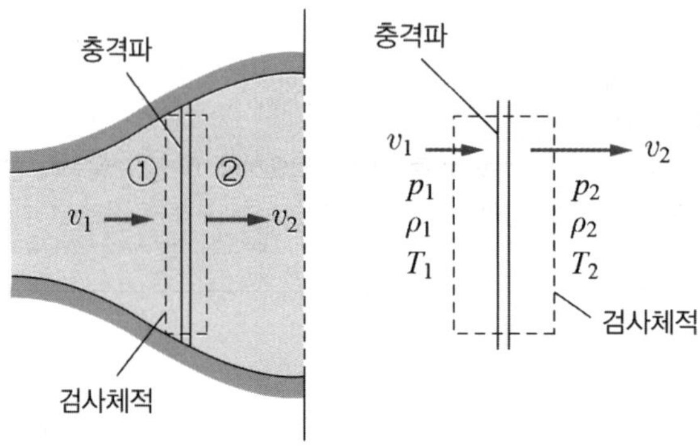

그림 10-13 수직 충격파 주위의 검사체적

$$\rho_1 v_1 A(-v_1 + v_2) = (p_1 - p_2)A \tag{10.64}$$

여기서 검사면에 작용하는 마찰력은 이상기체 유동이므로 존재하지 않아 무시하였고, 또한 무한히 얇은 두께의 검사체적에 작용하는 중력도 무시하였다.

충격파를 통한 유동은 단열흐름이므로 에너지보존은 식 (10.14)에 의해 다음과 같다.

$$h_1 + \frac{v_1^2}{2} = h_2 + \frac{v_2^2}{2} \quad \text{또는} \quad h_{0,1} = h_{0,2} \tag{10.65}$$

충격파를 가로지른 유동은 매우 강한 비가역과정이므로 다음과 같다.

$$s_2 - s_1 \geq 0 \tag{10.66}$$

위 식 중 질량과 에너지 보존식 또는 질량과 운동량방정식을 서로 연결하면 하나의 식으로 만들고 Tds 방정식 및 이상기체 상태방정식 등을 이용하면 $h-s$ 선도에 그릴 수 있다.[193)]

수직 충격파 전후의 두 점 ①, ②를 고려하면 정체엔탈피는 식 (10.65)에 의해 일정하게 유지되어야 하므로 이상기체에 대하여 다음 식이 성립한다.

$$T_{0,1} = T_{0,2} \tag{10.67}$$

연속방정식 (10.63)은 음속에 관한 식 $c = \sqrt{kRT}$, 이상기체 상태방정식 $\rho = p/RT$ 및 Mach수 $\mathbf{M} = v/c$를 고려하여 정리하면 다음과 같이 쓸 수 있다.

$$\frac{p_1}{RT_1}\mathbf{M}_1\sqrt{kRT_1} = \frac{p_2}{RT_2}\mathbf{M}_2\sqrt{kRT_2} \tag{10.68}$$

---

193) 그 결과 나타나는 선을 Fenno선, Rayleigh선이라 하는데, 이들의 $h-s$ 선도에 대해서는 "10.4.2 마찰이 있는 단열유동(Fenno 유동)"과 "10.4.3 마찰이 없는 열전달이 수반된 유동(Rayleigh 유동)"에서 자세히 기술한다.

운동량방정식 (10.64)는 다음과 같이 Mach수로 표시할 수 있다.

$$\rho_2 v_2^2 - \rho_1 v_1^2 = p_1 - p_2$$

$$p_1 + \frac{p_1}{RT_1} v_1^2 = p_2 + \frac{p_2}{RT_2} v_2^2$$

$$p_1(1 + k\mathbf{M}_1^2) = p_2(1 + k\mathbf{M}_2^2) \tag{10.69}$$

위 식 (10.69)에 의해 수직 충격파 양측에서의 정적압력비는 다음과 같다.

$$\frac{p_2}{p_1} = \frac{(1 + k\mathbf{M}_1^2)}{(1 + k\mathbf{M}_2^2)} \tag{10.70}$$

수직 충격파에 대한 Mach수는 상류측은 초음속이므로 항상 1보다 크고($\mathbf{M}_1 > 1$) 하류측에서는 아음속이 되므로 1보다 작다($\mathbf{M}_2 < 1$). 따라서 정적압력비는 식 (10.70)에 의해 1보다 커서 정적압력(정압)은 충격파를 통과함에 따라 항상 증가함을 알 수 있다. 즉, $p_2 > p_1$이다.

충격파를 가로지른 정적온도비는 정체온도비가 $T_{0,2}/T_{0,1} = 1$이라는 사실과 Mach수 관계식 (10.27)을 이용하면 다음과 같이 Mach수의 함수로 쓸 수 있다.

$$\frac{T_2}{T_1} = \frac{\{1 + [(k-1)/2]\mathbf{M}_1^2\}}{\{1 + [(k-1)/2]\mathbf{M}_2^2\}} \tag{10.71}$$

식 (10.70)과 (10.71)을 식 (10.68)에 대입하면 수직 충격파의 상류 및 하류 사이에 다음과 같은 식을 얻을 수 있다.

$$\frac{\mathbf{M}_1}{1 + k\mathbf{M}_1^2}\left(1 + \frac{k-1}{2}M_1^2\right)^{1/2} = \frac{\mathbf{M}_2}{1 + k\mathbf{M}_2^2}\left(1 + \frac{k-1}{2}M_2^2\right)^{1/2} \tag{10.72}$$

이 방정식을 $\mathbf{M}_1$의 함수로서 $\mathbf{M}_2$에 관하여 풀면 두 개의 해가 얻어진다.[194] 그중 하나는 $\mathbf{M}_1 = \mathbf{M}_2$인데 이는 검사체적 내에 충격파가 없는 경우에 해당하므로 당연히 예상되는 해이다. 또 다른 해는 충격파 하류측 Mach수를 나타내고 다음과 같다.

$$\mathbf{M}_2^2 = \frac{(k-1)\mathbf{M}_1^2 + 2}{2k\mathbf{M}_1^2 - (k-1)} \tag{10.73}$$

위 식은 Fenno선과 Rayleigh선의 교차점을 나타내며, 충격파 전후방에서 나타나는 두 Mach수 사이의 관계식이다. 즉, 이 식에서 $\mathbf{M}_1 = 1$로 놓으면 $\mathbf{M}_2$ 역시 1이 된다. 이 경우에는 흐름이 충격파를 통과하여도 압력과 온도가 변화가 없는 것을 식 (10.70)과 (10.71)로부터 알 수 있다. 사실 $\mathbf{M}_1 = 1$에 해당하는 파는

194) 식 (10.63)은 M_1과 M_2에 대한 대칭식이므로 M_2가 주어지고 M_1을 구하려는 경우에는 식 (10.63)에서 Mach수의 첨자 1과 2만 서로 교환하면 M_1에 대한 해가 된다.

음파로서, 그 정의상 이를 통과함에 따른 압력과 온도의 변화는 매우 작다. 따라서 음파는 일종의 직각 방향 충격파를 나타낸다. 여기서 주의할 점은 압력과 온도는 절대압력와 절대온도를 사용한다는 점이다. 충격파를 통과함에 따른 흐름 성질의 변화는 부록 표 B.2에 나타냈다.

예제9

Mach수 1.4로 흐르는 공기 중에 수직 충격파가 발생했다. 충격파 상류측의 공기의 압력과 온도는 각각 100 kPa, 20 ℃ 이다. 충격파 하류측의 Mach수, 압력 및 온도를 구하여라. 또한 충격파 전후의 정체온도와 정체압력도 구하여라.

공기의 비열비가 $k = 1.4$ 이므로 충격파 하류측의 Mach수는 식 (10.73)으로부터 구한다.

$$\mathbf{M}_2 = \left[\frac{(0.4)(1.4)^2 + 2}{(2)(1.4)(1.4)^2 - 0.4}\right]^{1/2} = 0.74$$

하류측 절대압력과 절대온도는 각각 식 (10.70)과 (10.71)에 의해 다음과 같다.

$$p_2 = p_1\left(\frac{1+kM_1^2}{1+kM_2^2}\right) = (100\,\text{kPa})\left[\frac{1+(1.4)(1.4)^2}{1+(1.4)(0.74)^2}\right] = 212\,\text{kPa}$$

$$T_2 = T_1\left[\frac{1+[(k-1)/2]M_1^2}{1+[(k-1)/2]M_2^2}\right] = (293\,\text{K})\left[\frac{1+(0.2)(1.4)^2}{1+(0.2)(0.74)^2}\right] = 367.6\,\text{K}\ (94.6℃)$$

이상기체의 경우 수직 충격파를 가로질러 정체온도 및 정체 엔탈피는 변하지 않는다. 그러나 정체압력은 변한다. 상류측의 정체압력은 Mach수 관계식 (10.30)에 의해 다음과 같다.

$$p_{0,1} = p_1\left(1+\frac{k-1}{2}M_1^2\right)^{k/(k-1)} = 100\,\text{kPa}\,[1+(0.2)(1.4)^2]^{3.5} = 318\,\text{kPa}$$

하류측의 정체압력은 다음과 같다.

$$p_{0,2} = p_2\left(1+\frac{k-1}{2}M_2^2\right)^{k/(k-1)} = 212\,\text{kPa}\,[1+(0.2)(0.74)^2]^{3.5} = 305\,\text{kPa}$$

따라서 정체압력은 감소하는데, 이것은 충격파를 통과하는 흐름이 비등엔트로피 과정이기 때문이다. 정체압력은 등엔트로피 흐름에서만 유선을 따라 일정하게 유지된다. 수직 충격파 상・하류의 정체압력비 역시 부록 표7에 나타내었다.

(2) 충격파의 존재성

충격파는 초음속류에서만 존재하는데 이것을 증명해 보자. 수직 충격파 하류에서의 Mach수에 관한 식 (10.73)을 고찰하자. 상류측의 Mach수 $\mathbf{M}_1$에 1보다 작은 수를 대입하면, $\mathbf{M}_2$는 1보다 커짐을 알 수 있다. 예를 들어, 공기 중에서 $\mathbf{M}_1 = 0.5$이면 $\mathbf{M}_2$는 다음과 같다.

$$\mathbf{M}_2 = \left[\frac{(0.4)(0.5)^2 + 2}{(2.8)(0.5)^2 - 0.4}\right]^{1/2} = 2.65$$

이것은 아음속류가 충격파를 통과하여 초음속류가 되는 것을 의미한다. 아음속류에는 충격파가 존재하지 않지만 존재한다고 가정하여 검토하여 보자. 이 값을 정체압력에 관한 Mach수 관계식 (10.30)에 대입하면 정체압력도 증가하게 된다. 즉

$$\frac{p_{0,2}}{p_{0,1}} > 1$$

이것이 참인지 거짓인지는 우주(고립계)의 엔트로피는 불변이거나 증가해야 한다는 열역학 제2법칙을 적용하여 검증할 수 있다.

$$\Delta s_{univ} \geq 0 \tag{10.74}$$

충격파는 단열과정이기 때문에 주위의 엔트로피 변화는 없다. 따라서 시스템의 엔트로피가 불변이거나 증가해야 한다.

$$\Delta s_{sys} \geq 0 \tag{10.75}$$

여기서 충격파 전후의 두 점 사이의 엔트로피의 변화를 평가해보자. 압력 p_1과 p_2 및 온도 T_1과 T_2 간의 이상기체 엔트로피 변화는 엔트로피 변화에 관한 식 (10.11)에 의해 다음과 같다.

$$\Delta s = c_p \ln \frac{T_2}{T_1} - R \ln \frac{p_2}{p_1}$$

정압비열 $c_p = kR/(k-1)$을 이용하여 위 식을 정리하면 엔트로피 변화는 다음과 같이 나타낼 수 있다.

$$\Delta s = R \ln \left[\frac{p_1}{p_2} \left(\frac{T_2}{T_1} \right)^{k/(k-1)} \right] \tag{10.76}$$

위 식에서 각괄호 [ ] 내의 항은 식 (10.31)에 주어졌듯이 두 점 사이의 정체압력의 비이다. 그러므로 충격파를 통과함에 따른 엔트로피 변화는 다음과 같이 쓸 수 있다.

$$\Delta s = R \ln \frac{p_{0,1}}{p_{0,2}} \tag{10.77}$$

따라서 충격파를 가로질러 아음속류가 초음속류로 변하는 충격파가 있다면 위에서 기술한 $p_{0,2}/p_{0,1} > 1$인 조건에 의해 정체압력비가 1보다 작게 될 것이고, 그에 따라 엔트로피 감소를 가져올 것이다.

$$\Delta s_{sys} < 0$$

이것은 결국 우주의 엔트로피의 감소를 의미하므로 열역학 제2법칙에 위반된다. 그러므로 아음속류에 충격파가 존재한다는 가정은 거짓으로 판명된다. 따라서 충격파는 초음속류에만 존재한다.

음파의 경우에는 정체압력비가 1에 접근하여 엔트로피 변화가 0임을 의미하는데, 이것은 음파가 등엔트로피과정으로 전파한다는 정의에 합치된다. 즉,

$$\Delta s_{\text{음파}} = R \ln \frac{p_{0,1}}{p_{0,2}} = R \ln 1 = 0$$

예제10

[예제10.9]의 수직충격파를 통과함에 따른 엔트로피 증가량을 구하라.

엔트로피 증가량은 식 (10.77)에 정체압력 $p_{0,1} = 318\,\mathrm{kPa}$ 과 $p_{0,2} = 305\,\mathrm{kPa}$를 대입하면 다음과 같다.

$$\Delta s = R\ln\frac{p_{0,1}}{p_{0,2}} = (287\,\mathrm{J/kgK})\left(\ln\frac{318}{305}\right) = 11.98\,\mathrm{J/kgK}$$

즉 $\Delta s > 0$이므로 열역학 제2법칙에 합당하여 충격파의 존재도 증명된다.

(3) 경사충격파

모든 충격파가 유동방향에 수직인 수직충격파는 아니다. 우주왕복선이 대기 중에서 초음속으로 비행할 때 경사충격파(oblique shock wave)라 불리는 기울어진 경사충격파가 나타난다. [그림 10-14]에 나타낸 바와 같이 우주왕복선 전방의 충격파를 살펴보자. 우주왕복선 바로 앞부분의 충격파는 수직충격파와 같이 거동한다. 충격파가 자유흐름 방향으로 휘어지면 경사충격파가 발생한다. 경사충격파의 직각인 속도 성분에 대해서는 수직충격파에 대하여 유도한 것과 같은 관계식이 유효하다. 경사충격파는 파에 직각 방향 속도 성분의 Mach수가 1이 될 때까지 하류 방향으로 계속 휘어진다. 그리고 난 후 경사충격파는 소위 Mach파로 변질된다. 흐름이 Mach파를 통과할 때는 성질의 변화가 미소하다.

우리에게 익숙한 충격파 폭음(sonic boom)은 지상에 도달하는 약한 경사충격파에 의한 것이다. 그러나 만일 항공기가 지상에 가까운 고도에서 초음속으로 비행할 경우에는 더욱 강한 경사충격파가 발생하여 생활에 큰 불편을 초래할 것이다.

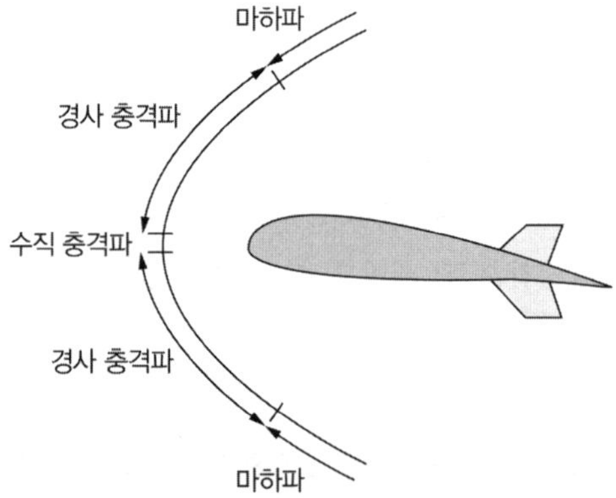

그림 10-14 우주왕복선 전방에서의 충격파의 구조

10.4.2 마찰이 있는 단열유동

단면적이 크고 길이가 짧은 노즐 내 고속의 기체 유동은 마찰을 무시할 수 있다. 그러나 단면적이 작고 길이가 긴 덕트 내 유동은 마찰을 무시할 수 없어 반드시 고려해야 한다. 이 절에서는 벽 마찰이 크나 열전달을 무시할 수 있는 단면적이 일정한 덕트 내 비점성 압축성 기체의 유동을 고려한다. 이것을 Fanno 유동이라 한다.

(1) Fanno 유동의 $T-s$선도

Fanno 유동의 $T-s$선도(또는 $h-s$선도[195])를 고찰하면 Fanno 유동을 이해하는데 많은 도움이 된다. [그림 10-15]에 단면적이 일정한 정상 1차원 단열유동을 나타냈다. 검사체적에 질량과 에너지 평형을 고려하면 Fanno 유동의 $T-s$선도를 얻을 수 있다.

먼저 검사체적의 단면적 A가 일정하므로 질량보존 식 '$\rho v=$상수'의 미분을 취하면 다음 식으로 주어진다.

$$\rho dv + v d\rho = 0 \rightarrow \frac{dv}{v} + \frac{d\rho}{\rho} = 0 \tag{10.78}$$

다음은 에너지 평형을 고려하자. 그림에 표시한 검사체적은 축일이 없고 단열유동이며 위치에너지 변화는 무시될 수 있으므로 이것을 에너지방정식 식 (10.14)에 적용하면 다음과 같다.

$$h_1 + \frac{v_1^2}{2} = h_2 + \frac{v_2^2}{2} \rightarrow h_{01} = h_{02} \rightarrow h_0 = h + \frac{v^2}{2} = \text{상수} \tag{10.79}$$

비열이 일정한 이상기체의 경우 $dh = c_p dT$이므로 위 식은 다음과 같이 나타낼 수 있다.

$$T_1 + \frac{v_1^2}{2c_p} = T_2 + \frac{v_2^2}{2c_p} \rightarrow T_{01} = T_{02} \rightarrow T_0 = T + \frac{v^2}{2c_p} = \text{상수} \tag{10.80}$$

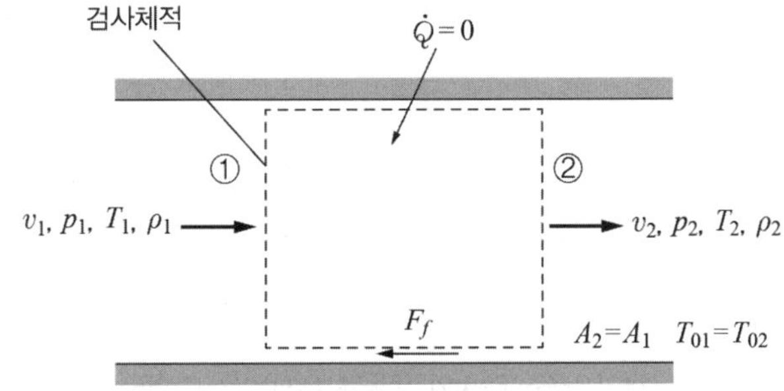

그림 10-15 Fanno 유동 내 검사체적

195) $T-s$선도와 $h-s$선도는 같다. 이것은 $dh = c_p dT$이므로 비열이 일정하다 고려하면 $dh \sim dT$이기 때문이다. 그러나 실제는 비열이 온도의 함수이므로 두 선도는 조금 다르게 나타난다.

따라서 Fanno 유동에서 정체엔탈피 h_0와 정체온도 T_0는 일정하다. 정체온도는 식 (10.80)에 의해 다음과 같이 쓸 수 있다.

$$T_0 = T + \frac{(\rho v)^2}{2c_p \rho^2} = \text{상수} \tag{10.81}$$

위 식의 밀도 ρ에 이상기체의 상태방정식 $\rho = p/(RT)$을 대입하면 다음 식을 얻는다.

$$T_0 = T + \frac{(\rho v)^2 T^2}{2c_p (p^2/R^2)} = \text{상수} \tag{10.82}$$

Fanno 유동은 에너지보존에 의해 정체온도 T_0가 일정하고 질량보존에 의해 ρv도 일정하다. 그러므로 식 (10.82)에 의해 압력 p에 대응하는 온도 T를 구할 수 있다.

덕트 내 Fanno유동에 따른 엔트로피 변화는 덕트 입구와 출구(또는 상류와 하류)의 상태를 하첨자 1과 2로 표기하면 식 (10.11)로부터 다음과 같이 표현할 수 있다. 즉,

$$s_2 - s_1 = c_p \ln\frac{T_2}{T_1} - R\ln\frac{p_2}{p_1} > 0 \tag{10.83}$$

Fanno 유동은 마찰이 존재하여 비등엔트로피 유동이므로 엔트로피가 증가한다.

식 (10.82)와 (10.83)을 $T-s$선도에 나타내면 [그림 10-16]과 같이 하나의 곡선으로 나타난다. 이 곡선은 턱트 입구의 상태는 모두 일정한 값으로 평가한 것이다. 즉, 기체의 정체온도, 밀도-속도의 곱, 입구속도, 압력 및 엔트로피의 값들이 모두 일정한 경우로서 이 곡선을 Fanno선이라고 한다.

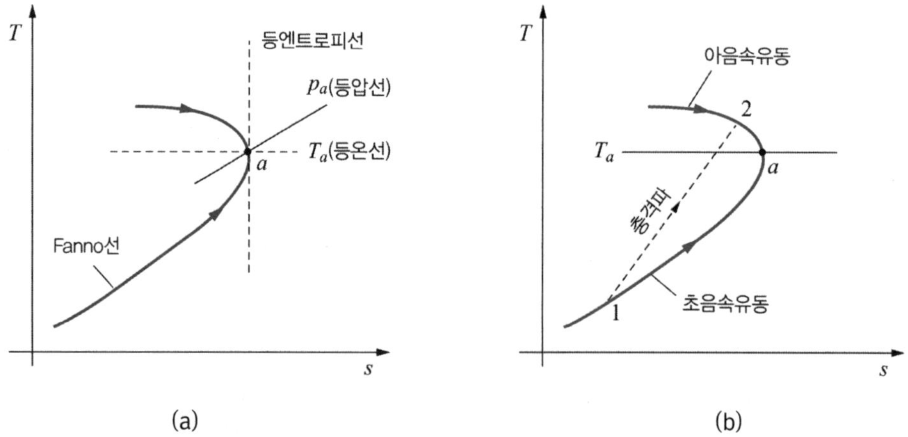

그림 10-16 Fanno 유동에 대한 $T-s$선도

Fanno유동은 Fanno 곡선에 따라 이동하여 반드시 점 a, 즉 $ds/dT=0$인 상태점을 통과한다. 이곳의 특징을 살펴보자. 두 번째 Tds 방정식 (10.10)에 이상기체 상태식 $\rho = p/RT$, 엔탈피 변화 $dh = c_p dT$ 및 이상기체 상태방정식의 미분식 $dp/p = d\rho/\rho + dT/T$를 고려하면 다음 식을 얻는다.

$$Tds = dh - \frac{dp}{\rho} = c_p dT - RT\frac{dp}{p} = c_p dT - RT\left(\frac{d\rho}{\rho} + \frac{dT}{T}\right) \tag{10.84}$$

위 식의 $d\rho/\rho$에 연속방정식의 미분식 (10.78)을 고려하면 다음 식이 된다.

$$Tds = c_p dT - RT\left(-\frac{dv}{v} + \frac{dT}{T}\right) \rightarrow$$

$$\frac{ds}{dT} = \frac{c_p}{T} - R\left(-\frac{1}{v}\frac{dv}{dT} + \frac{1}{T}\right) \tag{10.85}$$

그리고 Fanno 유동의 에너지방정식 (10.80)을 미분하면 다음 식이 된다.

$$\frac{dv}{dT} = -\frac{c_p}{v}$$

이 식을 식 (10.85)에 대입하면 다음과 같이 된다.

$$\frac{ds}{dT} = \frac{c_p}{T} - R\left(\frac{c_p}{v^2} + \frac{1}{T}\right) \tag{10.86}$$

Fanno선의 상태점 a에서의 $ds/dT=0$인 조건과 정압비열 $c_p = kR/(k-1)$을 식 (10.86)에 대입하면 점 a에서의 속도는 다음 식으로 주어진다.

$$v_a = \sqrt{kRT_a} \tag{10.87}$$

이 식은 음속을 나타내어 점 a에서의 속도는 Mach수가 1임을 알 수 있다. Fanno 유동은 정체온도가 일정하므로 점 a에서의 온도는 Fanno선에 대한 임계온도 T^*가 된다.

Fanno 유동은 비등엔트로피 유동이므로 열역학 제2법칙을 만족하기 위해서는 아음속유동이든 초음속유동이든 간에 엔트로피가 증가하는 방향, 즉 Fanno선을 따라 엔트로피가 가장 높은 임계점 a를 향해 나아가야 한다.[196] 그러므로 [그림 10-16]의 Fanno선에서 임계온도보다 윗부분에 해당하는 Fanno 유동은 아음속이 되어야 하고, 임계온도 아랫부분에서의 유동은 초음속이 되어야 한다. Fanno 덕트에서 수직 충격파를 통과한 흐름은 [그림 10- 16](b)에 나타낸 바와 같이 점 1(초음속)에서 점 2(아음속)로 갑작스러운 변화로 나타난다.

196) Fanno유동은 마찰이 존재하여 항상 Mach수가 1에 접근하도록 만들고, 아음속에서 초음속으로 변하는 것은 불가능하다.

(2) 관로에 따른 Mach수 분포

Fanno 유동에서 마찰력은 마찰계수가 일정하더라도 속도의 제곱에 비례한다.[197] 더욱이 압축성 유동에서는 단면적이 일정하더라도 속도가 유동에 따라 크게 변화한다. 따라서 Fanno 유동에서 관로에 따른 Mach수 분포는 마찰력(또는 마찰계수)의 영향(변화)을 정확히 알아야 한다. 이를 구하여 보자.

먼저 질량보존의 미분형식은 식 (10.78)로 주어졌고 다음과 같다.

$$\frac{dv}{v}+\frac{d\rho}{\rho}=0$$

에너지 보존방정식은 식 (10.80)에 $c_p = kR/(k-1)$과 $v^2 = M^2kRT$을 대입하면 다음과 같이 쓸 수 있다.

$$T_0 = T\left(1+\frac{k-1}{2}M^2\right) = \text{상수}$$

위 식을 미분하여 정리하면 에너지보존에 대한 미분형태의 식이 얻어진다.

$$\frac{dT}{T} = \frac{2(1-k)M^2}{2+(k-1)M^2}\frac{dM}{M} \qquad (10.88)$$

이 식은 미소변화에 대한 온도와 Mach수와의 관계를 나타낸 식이다.

다음은 [그림 10-17]과 같이 Fanno 유동 내 미소 검사체적에 정상류 운동량방정식 $\sum F = \dot{m}_o v_o - \dot{m}_i v_i$을 적용해 보자. 미소 검사체적에 작용하는 힘은 중력, 마찰력 F_f, 압력력이 있지만, 중력은 작아 무시한다. 따라서 검사체적에 정상상태 1차원을 고려하면 정상류 운동량방정식은 다음과 같다.

$$pA-(p+dp)A-F_f = \dot{m}(v+dv)-\dot{m}v$$

위 식을 미분형태로 표기하면 다음과 같다.

$$dp+\frac{F_f}{A}+\rho v dv = 0 \qquad (10.89)$$

여기서 마찰력 F_f는 벽면전단응력 τ_w와 국소마찰계수 f에 관한 8장 식 (8.22)를 도입하면 다음과 같다.

$$F_f = \tau_w dA_s = \tau_w P dx = \left(\frac{f\rho v^2}{8}\right)\frac{4A}{D}dx = \frac{f\rho v^2}{2}\frac{Adx}{D}$$

여기서 P는 접수길이, D는 수력직경이다. 이 식을 식 (10.89)에 대입하여 정리하면 다음과 같은 식을 얻게 된다.

---

197) 마찰항력은 $F_D = C_D\rho v^2A/2$로 주어지므로 마찰항력계수 C_D가 일정하더라도 속도의 제곱 v^2에 비례한다.

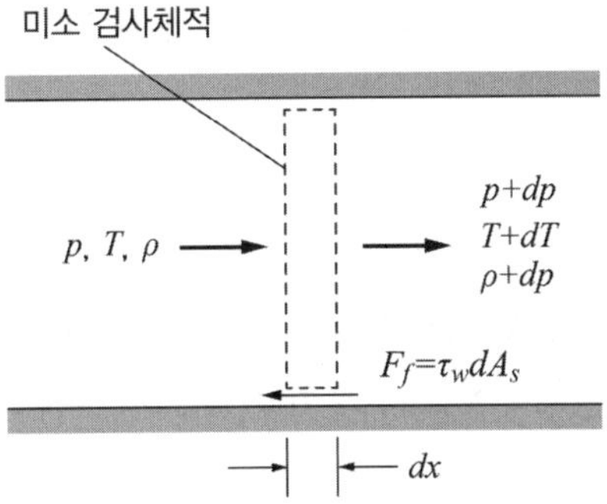

그림 10-17 Fanno 유동 내 미소 검사체적

$$\rho v dv + dp + \frac{\rho v^2 f\,dx}{2D} = 0$$

위 식에 $v = \mathbf{M}\sqrt{kRT}$, $p = \rho RT$을 고려하고 $\rho v^2 = \rho kRT\mathbf{M}^2 = kp\mathbf{M}^2$ 및 $\rho v = kp\mathbf{M}^2/v$를 대입하여 정리하면 다음 식을 얻는다.

$$k\mathbf{M}^2\frac{dv}{v} + \frac{dp}{p} + \frac{k\mathbf{M}^2 f}{2D}dx = 0 \tag{10.90}$$

이 식이 Fanno 유동에 대한 운동량 보존의 미분형태의 식이다.

이상기체 상태방정식 $p = \rho RT$를 미분형태로 다시 쓰면 다음과 같다.

$$\frac{dp}{p} = \frac{d\rho}{\rho} + \frac{dT}{T} \tag{10.91}$$

위 식의 우변 첫 번째 항 $d\rho/\rho$는 미분형태의 연속방정식 (10.78)에 의해 $-dv/v$로 대치하고, 두 번째 항은 에너지방정식 (10.80)을 온도 T에 대해 미분하여 대입하면 다음과 같이 쓸 수 있다.

$$\frac{dp}{p} = -\frac{dv}{v}[1 + (k-1)\mathbf{M}^2] \tag{10.92}$$

이 식을 운동량방정식 (10.90)에 대입하여 정리하면 다음 식을 얻는다.

$$(M^2 - 1)\frac{dv}{v} + \frac{kf\mathbf{M}^2}{2}\frac{dx}{D} = 0 \tag{10.93}$$

다음은 Mach수를 $\mathbf{M} = v/c = v/(kRT)^{1/2}$과 같이 정의하여 미분형태로 쓰면 다음과 같다.

$$\frac{d\mathbf{M}}{\mathbf{M}} = \frac{dv}{v} - \frac{1}{2}\frac{dT}{T} \tag{10.94}$$

위 식은 식 (10.88)을 이용하여 온도 T를 제거하면 다음 식이 된다.

$$\frac{d\mathbf{M}}{\mathbf{M}} = \frac{dv}{v}\left[1+\frac{(k-1)M^2}{2}\right] \tag{10.95}$$

Fanno 유동의 미분형태의 운동량방정식 (10.90)은 위 식 (10.95)에 의해서 속도 dv/v를 소거하고 dp/p는 식 (10.46)을 고려하여 정리하면 결국 Mach수와 거리 x에 대한 다음과 같은 미분방정식으로 표현된다.

$$\frac{kf}{2D}dx = \frac{(1-\mathbf{M}^2)}{\mathbf{M}^3\{1+[(k-1)/2]\mathbf{M}^2\}}d\mathbf{M} \tag{10.96}$$

이 식이 Fenno 유동에서 관로에 따른 Mach수의 분포를 나타낸 미분형태의 식이다. 이 식으로부터 흐름이 아음속이면 $dM/dx>0$이므로 Mach수는 거리에 따라 증가함을 알 수 있다. 반대로 흐름이 초음속이면 $dM/dx<0$이므로 Mach수는 관로에 따라 감소한다. 그러므로 관 마찰의 효과는 항상 Mach수를 1에 접근하도록 만든다. 즉, 마찰은 아음속이면 Mach수를 증가시키고, 초음속이면 반대로 감소시킨다. 이것은 관로 내 압축성 기체의 흐름에서 Mach수가 아음속에서 초음속으로 변환하는 것은 불가능함을 의미한다. 따라서 초기에 아음속인 흐름이 취할 수 있는 Mach수의 최대값은 1이며, 관로 끝에서만 이 값에 도달할 수 있다. 초기에 초음속이던 흐름에서 충격파가 발생하면 흐름은 아음속류로 변환된다.

관로에 따른 Mach수의 변화를 구해보자. 이것은 식 (10.96)을 적분으로 구할 수 있다. 관내 유동에서 국소마찰계수 f는 Reynolds수와 상대조도의 함수이다. 이때 Reynolds수는 관로의 길이에 관계없이 일정하다. 관로 흐름에서 질량유량도 일정하므로 관로에 따라 ρv가 일정하다. 그러나 관내 유체의 온도는 아음속 공기 흐름에 대하여 20%까지 변할 수 있으며, 이에 상응하는 점도의 변화는 약 10%이다. 8장 [그림 8-7] Moody 선도를 살펴보면 난류인 경우 Reynolds수가 10% 변화하는 데 따른 마찰계수 f의 변동은 훨씬 작다. 따라서 식 (10.96)을 적분할 때 관 마찰계수 f는 상수로 고려하고 관로에서의 평균값 $\bar{f}$와 같다고 가정할 수 있다.

관로에 따른 Mach수의 변화를 구하기 위해 식 (10.96)의 적분은 적분을 손쉽게 하기 위해 식의 우변을 부분 분수의 합으로 고쳐 쓰면 다음과 같다.

$$\left(\frac{1}{\mathbf{M}^3}-\frac{k+1}{2\mathbf{M}}+\frac{(k+1)(k-1)\mathbf{M}}{4\{1+[(k-1)/2]\mathbf{M}^2\}}\right)d\,\mathbf{M} = \frac{kf}{2D}dx \tag{10.97}$$

양변을 적분하면 다음 식이 된다.

$$-\frac{1}{2\mathbf{M}^2}-\frac{k+1}{2}\ln\mathbf{M}+\frac{k+1}{4}\ln\left(1+\frac{k-1}{2}M^2\right) = \frac{kfdx}{2D}+C \tag{10.98}$$

여기서 C는 적분상수이다. Mach수가 1이 되는 지점을 x^*로 정의하여 C의 값을 구한다.

$$C = -\frac{kfx^*}{2D}-\frac{1}{2}+\frac{k+1}{4}\ln\left(\frac{k+1}{2}\right) \tag{10.99}$$

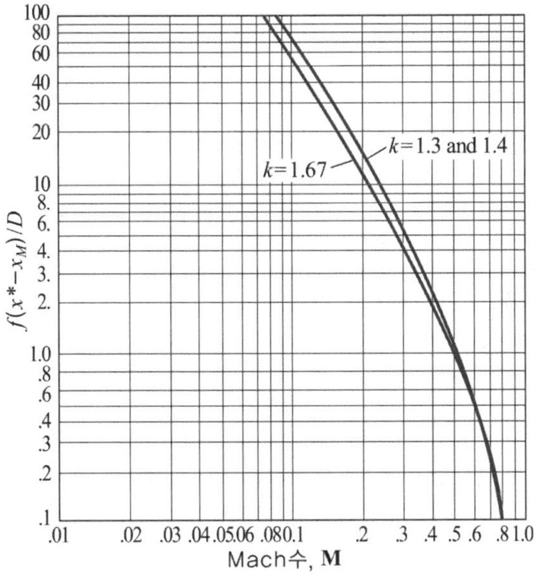

그림 10-18 관내 Fanno 유동에서 Mach수에 따른 $f(x^*-x_M)/D$의 변화

이를 식 (10.97)에 대입하면 다음 식이 된다.

$$\frac{1}{k}\frac{(1-\mathbf{M}^2)}{\mathbf{M}^2}+\frac{k+1}{2k}\ln\left[\frac{(k+1)\mathbf{M}^2}{2+(k-1)\mathbf{M}^2}\right]=\frac{f(x^*-x_M)}{D} \tag{10.100}$$

여기서 x_M는 Mach수가 **M**인 지점까지의 거리이다. 이 식이 관로에 따른 Mach수 변화를 나타낸 식이다. 따라서 Mach수를 알면 비교적 쉽게 거리를 알 수 있지만, 반면에 거리가 주어지고 Mach수를 구하는 것은 어렵다. 이러한 유형의 문제를 푸는 데 사용하도록 Mach수와 $f(x^*-x_M)/D$에 대한 관계를 그림으로 제시되었고, 이것을 [그림 10-18]에 나타냈다.

예제11

공기가 유속 $60\ \mathrm{m/s}$로 직경 $5\ \mathrm{cm}$인 강관(상대조도 0.001)으로 유입된다. 공기의 압력과 온도는 $1\ \mathrm{MPa}$, $100\ ℃$ 이다. 관로를 따라 $50\ \mathrm{m}$ 하류지점에서의 Mach수를 구하여라.

관로에 따른 Mach수의 평가, 즉 식 (10.100)을 이용하기 위해서는 강관의 마찰계수 $f(\mathbf{Re}, e/D)$를 알아야 한다. 100℃ 공기의 점성계수는 부록 표 2에 의해 $2.17\times10^{-5}\ N.s/m^2$이다. 공기의 밀도는 이상기체의 상태방정식에 의해 다음과 같다.

$$\rho=\frac{p}{RT}=\frac{10^6\ \mathrm{N/m^2}}{(287\ \mathrm{J/kgK})(373\ \mathrm{K})}=9.34\ \mathrm{kg/m^3}$$

따라서 Reynolds수는 다음과 같다.

$$\mathbf{Re}=\frac{\rho vD}{\mu}=\frac{(9.34\ \mathrm{kg/m^3})(60\ \mathrm{m/s})(0.05\mathrm{m})}{2.17\times10^{-5}\ \mathrm{N\,s/m^2}}=1.29\times10^6$$

$\mathbf{Re} = 1.29 \times 10^6$, $e/D = 0.001$에서의 마찰계수 f는 [그림 8-7] Moody선도에 의해서 0.0195을 얻는다.
관로 입구에서 음속을 계산하면

$c = \sqrt{kRT} = [1.4 \times 287\,\text{J/kgK} \times 373\,\text{K}]^{1/2} = 387\,\text{m/s}$

따라서 초기 Mach수는 $\mathbf{M} = 60/387 = 0.16$이고, [그림 10-18]에서 다음 값을 얻는다.

$$\frac{f(x^* - x_{0.16})}{D} = 24$$

이 식의 좌변은 다음과 같이 쓸 수 있다.

$$\frac{f(x_M - x_{0.16})}{D} = \frac{f(x^* - x_{0.16})}{D} - \frac{f(x^* - x_M)}{D}$$

여기서 $x_M - x_{0.16}$은 관로에 따른 거리이다. 앞에서 구한 거리, 직경 및 마찰계수의 값을 이 식에 대입하면 다음과 같이 된다.

$$\frac{f(x^* - x_M)}{D} = 24 - \frac{(50)(0.0195)\text{m}}{0.05\,\text{m}} = 4.5$$

따라서 50 m 하류지점에서의 Mach수는 위 값에 상응하는 값을 [그림 10-18]로부터 구하면 다음과 같다.

$M = 0.32$

이상은 관 마찰계수 f의 초기값을 평균값으로 고려하여 계산된 것이다. 이 가정이 타당한지 검토해 보자.
관로 입구에서의 정체온도는 Mach수 관계식 (10.27)에 의해 다음과 같다.

$$T_0 = (373\,K)\left[1 + \frac{0.4}{2}(0.16^2)\right] = 375\,K$$

단열흐름을 가정하였으므로 정체온도는 관로를 따라 변하지 않는다. 그러므로 관로를 따라 $50\,m$ 거리에서 정적온도는 식 (10.27)에 의해 다음과 같다.

$$T = \frac{375\,\text{K}}{1 + (0.4/2)(0.32^2)} = 367\,\text{K}$$

따라서 온도변화는 약 8 K이고, 8 K의 온도변화에 따른 점성계수의 변화는 약 1 % 정도이다. 그러므로 Reynolds수의 변화는 무시할 수 있을 만큼 작고 초기 마찰계수는 평균값으로 사용될 수 있다.

(3) 관로에 따른 압력의 변화

압력을 유속과 Mach수의 함수로 나타낸 미분방정식 (10.92)는 다음과 같다.

$$\frac{dp}{p} = -\frac{dv}{v}[1 + (k-1)\mathbf{M}^2]$$

위 식의 dv/v에 식 (10.95)를 고려하면 다음과 같이 압력을 Mach수만의 함수로 나타내는 미분식을 얻을 수 있다.

$$\frac{dp}{p} = \frac{-d\mathbf{M}}{\mathbf{M}}\left\{\frac{1 + (k-1)M^2}{1 + [(k-1)/2]M^2}\right\} \tag{10.101}$$

이 식으로부터 $dp/d\mathbf{M} < 0$이라는 결론을 내릴 수 있다. 이는 Mach수가 증가함에 따라 압력이 감소하고, Mach수가 감소함에 따라 압력이 증가함을 뜻한다. 따라서 관로에서의 아음속의 경우 거리에 따라 압력이 감소하며, 이러한 음의 압력구배는 벽에서 전단력을 극복하고 유체를 가속시키는 힘을 제공한다.

식 (10.101)의 우변 괄호 항을 부분분수로 분해하고 **M**으로 나누면 다음 식을 얻는다.

$$\frac{dp}{p}=\left\{-\frac{1}{M}-\frac{[(k-1)/2]M}{1+[(k-1)/2]M^2}\right\}d\mathbf{M} \tag{10.102}$$

양변을 적분하면

$$\ln p=-\ln \mathbf{M}-\frac{1}{2}\ln\left(1+\frac{k-1}{2}M^2\right)+C \tag{10.103}$$

여기서 적분상수 C는 $\mathbf{M}=1$에서 $p=p^*$로 놓고 구할 수 있고 다음과 같다.

$$\ln p^* = -\frac{1}{2}\ln\left(\frac{k-1}{2}\right)+C$$

이것을 식 (10.103)에 다시 대입하면 관로에 따른 압력의 변화를 얻을 수 있다.

$$\frac{p_M}{p^*}=\frac{1}{\mathbf{M}}\left[\frac{k+1}{2+(k-1)M^2}\right]^{1/2} \tag{10.104}$$

여기서 p_M은 Mach수 **M**일 때의 압력이다. [그림 10-19]에 p_M/p^*에 따른 **M**의 변화를 나타냈다.

지금까지 설명한 Fanno 유동의 요약을 [표 10.3]에 나타냈다.

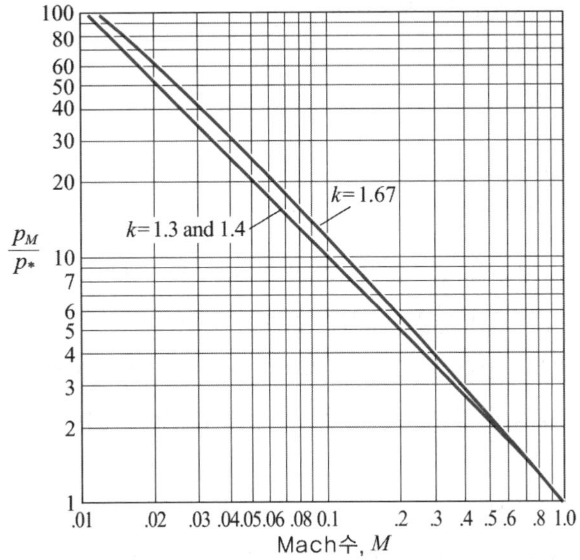

그림 10-19 Fanno 유동에서 Mach수에 따른 p/p^*의 변화

표 10.3 Fanno 유동 요약

변수	유동	
	아음속유동($M<1$)	초음속유동($M>1$)
정체온도 T_0	일정	일정
Mach수 M	증가(1이 최대값)	감소(1이 최소값)
속도 v	증가	감소
마찰	가속된 유동	감속된 유동
온도 T	감소	증가
압력 p	감소	증가
밀도 ρ(또는 비중량 γ)	감소	증가

예제12

[예제10.11]의 관로에서 50 m 하류 지점에서의 압력을 구하여라.

초기 및 최종 Mach수에 해당하는 압력비는 다음과 같이 쓸 수 있다.

$$\frac{p_{0.32}}{p_{0.16}}=\frac{p_{0.32}}{p^*}\frac{p^*}{p_{0.16}}$$

[그림 10-19]로부터 해당 Mach수에서 압력비를 구하면

$$\frac{p_{0.32}}{p_{0.16}}=\frac{3.4}{6.8}=0.50$$

따라서 50 m 하류 지점에서의 압력은 다음과 같다.

$$p=0.50(10^6)\,\mathrm{Pa}=500\,\mathrm{kPa}$$

10.4.3 마찰이 없는 전열유동

실제 압축성 유체유동은 관 벽을 통해 열이 전달될 뿐 아니라 연소, 핵반응, 증발, 응축과 같은 화학반응이 포함되어 복잡하다. 그러나 이러한 복잡한 유동은 화학적 조성의 변화는 무시하고 열에너지의 발생이나 흡수를 관 벽을 통한 열전달로 모델링한 간단한 모델, 즉 Rayleigh 유동 등으로 해석한다. Rayleigh 유동이란 단면적이 일정한 덕트를 통한 정상, 1차원, 마찰이 없고 열전달이 있는 이상유체의 유동을 의미한다.

(1) Rayleigh 유동의 $T-s$선도

[그림 10-20]과 같이 Rayleigh 유동 내의 검사체적을 고려하여 질량, 에너지, 운동량 보존방정식을 고려한다.

먼저 질량보존방정식은 단면적이 일정하기 때문에 '$\rho v=$ 상수'이므로 다음과 같이 간단하게 나타낼 수 있다.

$$\rho_1 v_1=\rho_2 v_2=\text{상수}$$

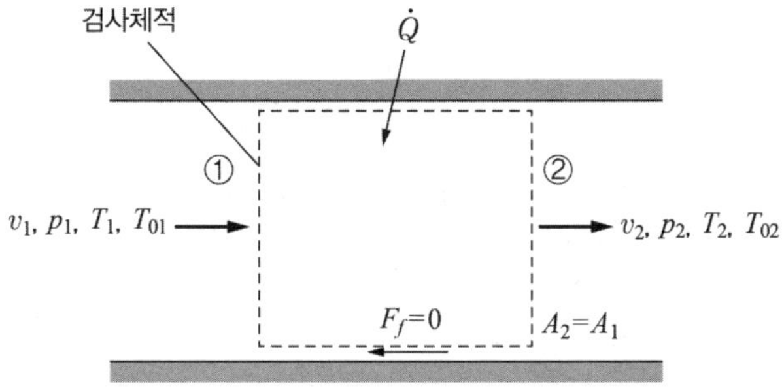

그림 10-20 Rayleigh 유동에 대한 검사체적

다음, 운동량방정식은 정상 1차원을 고려하고 마찰이 없으므로 전단력이 존재하지 않고 중력을 무시하면 단지 압력에 의한 순수 힘과 운동량 변화가 평형을 이루므로 다음과 같다.

$$p_1A_1 - p_2A_2 = \dot{m}(v_2 - v_1)$$

또는

$$p + \frac{(\rho v)^2}{\rho} = \text{상수} \tag{10.105}$$

위 식의 분모 ρ에 이상기체 상태방정식 $\rho = p/RT$를 대입하면 다음 식을 얻는다.

$$p + \frac{(\rho v)^2 RT}{p} = \text{상수} \tag{10.106}$$

이 식은 ρv 및 R이 일정하므로 Rayleigh 유동에서 국소 압력 p에 대응하는 온도 T를 구하는데 사용할 수 있다.

Rayleigh 유동에서도 $T-s$선도는 매우 유용하게 사용된다. 엔트로피 변화에 대한 식 (10.11)과 식 (10.106)을 동시에 풀면 [그림 10-21]과 같은 곡선이 그려지고, 이와 같은 곡선을 Rayleigh 선이라고 한다.

Rayleigh 선상에서는 [그림 10-21]에 표시한 바와 같이 특성 점 a와 b가 존재한다. 먼저 점 a에서의 특성을 살펴보자. a점에서는 $ds/dT = 0$이다. Rayleigh 유동에 대한 운동량방정식 (10.105)를 미분하면 다음 식을 얻는다.

$$\frac{dp}{\rho} = -v dv \tag{10.107}$$

이 식을 Tds방정식 (10.10)에 대입하고 $dh = c_p dT$를 고려하여 양변을 dT로 나누면 다음 식으로 쓸 수 있다.

$$\frac{ds}{dT} = \frac{c_p}{T} + \frac{v}{T}\frac{dv}{dT} \tag{10.108}$$

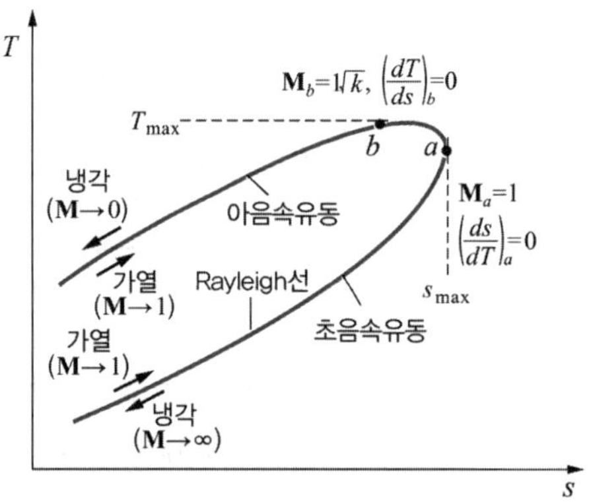

그림 10-21 Rayleigh 선

이 식의 우변 두 번째 항 dv/dT에 운동량방정식 (10.107), 연속방정식 (10.78) 및 미분형태의 이상기체 상태방정식 (10.91)을 고려하면 다음 식이 된다.

$$\frac{ds}{dT} = \frac{c_p}{T} + \frac{v}{T}\frac{1}{[(T/v)-(v/R)]} \tag{10.109}$$

그러므로 $ds/dT=0$인 상태 a에서의 속도는 위 식에 의해 다음과 같다.

$$v_a = \sqrt{kRT_a} \tag{10.110}$$

이것은 Rayleigh 선상의 상태 a에서도 속도가 음속, 즉 Mach수가 1임을 알 수 있다.

다음은 Rayleigh 선상의 점 b를 살펴보자. 이곳은 $dT/ds=0$이므로 식 (10.109)의 역수를 고려하면 다음 식이 된다.

$$\frac{dT}{ds} = \frac{1}{ds/dT} = \frac{1}{(c_p/T)+(v/T)[(T/v)-(v/R)]^{-1}}$$

위 식에 의해서 b점에 대해서는 다음 식이 얻어진다.

$$\mathbf{M}_b = \frac{1}{\sqrt{k}} \tag{10.111}$$

이 식은 모든 기체의 비열비 k가 $k>1$이므로 $\mathbf{M}_b<1.0$임을 의미한다. 그러므로 Rayleigh 선상의 점 b에서의 유동은 아음속임을 의미한다. 이것은 점 a에서의 음속과 비교된다.

Rayleigh 유동에서 열전달이 속도에 미치는 영향을 살펴보자. Rayleigh 유동에서 검사체적은 일은 없고 위치에너지 변화를 무시할 수 있으므로 에너지방정식은 다음과 같이 쓸 수 있다.

$$\dot{Q} + \dot{m}\left(h_1 + \frac{v_1^2}{2}\right) = \dot{m}\left(h_2 + \frac{v_2^2}{2}\right) \rightarrow q + h_1 + \frac{v_1^2}{2} = h_2 + \frac{v_2^2}{2}$$

이 식의 미분, 즉 Rayleigh 유동의 에너지방정식에 대한 미분형태는 다음과 같다.

$$dh + vdv = \delta q \tag{10.112}$$

여기서 δq는 미소 검사체적에 대한 단위질량당 열전달량이다.

위 식 (10.112)에 $dh = c_p dT = kRdT/(k-1)$를 고려하면 다음 식을 얻는다.

$$\frac{dv}{v} = \frac{\delta q}{c_p T}\left[\frac{v}{T}\frac{dT}{dv} + \frac{v^2(k-1)}{kRT}\right]^{-1} \tag{10.113}$$

위 식에 이상기체의 음속, Mach수 및 이상기체 상태방정식, 연속방정식, 선형운동방정식을 결합하면 다음 식을 얻는다.

$$\frac{dv}{v} = \frac{\delta q}{c_p T}\frac{1}{(1-\mathbf{M}^2)} \tag{10.114}$$

[그림 10-21]은 이 식 (10.114)를 근거로 나타낸 것이다. 점 a를 기준으로 선의 윗부분은 아음속유동이고 선의 아랫부분은 초음속유동이다. 이 식도 $(1-\mathbf{M}^2)$항의 존재에 의하여 열전달이 아음속과 초음속유동에서 서로 상반되는 작용을 한다. 즉 다음과 같은 내용을 알 수 있다.

① 아음속($\mathbf{M} < 1$)이면 식 (10.114)에 의해서 가열($\delta q > 0$)은 유체속도(또는 마하수)를 증가시키고, 냉각($\delta q < 0$)은 감속시킨다. 반면에 초음속($\mathbf{M} > 1$)이면 가열은 유체속도를 감속시키고 냉각은 증가시킨다.

② 아음속이든 초음속이든 가열은 엔트로피가 증가하여 점 a에 접근하고, 냉각은 엔트로피를 감소시킨다.

③ 점 a와 b 사이의 아음속영역에서의 가열은 유체의 온도가 감소되고 냉각은 온도가 증가됨에 유의하라. 이것은 아음속영역에서의 가열이 온도와 Mach수를 증가시켜 $T = T_{\max}$, $\mathbf{M} = 1/\sqrt{k}$인 b점에 도달하지만, 점 b와 a 사이, 즉 $1/\sqrt{k} < \mathbf{M} < 1$인 범위에서는 유체속도가 너무 크게 증가하기 때문에 온도가 감소로 나타난다. 이것은 관계식 $T_0 = T + v^2/2c_p$에 따라 온도가 감소하는 것이다. 이러한 현상은 이 영역에서 냉각이 반대로 온도의 증가로 나타난다.

④ Rayleigh 유동에서도 Fanno 유동과 마찬가지로 수직충격파를 통하면 초음속에서 아음속으로 갑작스런 감속이 나타난다. 수직 충격파를 통한 $h-s$선도를 [그림 10-22]에 Fenno선과 Rayleigh선을 함께 나타내었다. 이들 선에서 최대 엔트로피를 갖는 점 a와 b는 각 선에서 $\mathbf{M} = 1$인 점이다. 각 점을 기준으로 선의 윗부분은 아음속이고, 아랫부분은 초음속이다.

⑤ 수직 충격파를 통한 Fenno선과 Rayleigh선은 두 점 ①과 ②에서 서로 만나는데 이 점에서는 질량, 에너지, 운동량 보존식이 모두 만족한다. 이중 점 ①은 초음속, 즉 충격파 상류에 해당하며, 점 ②는 아음속, 즉 충격파 하류에 해당한다. 그러므로 충격파가 나타날 때 유동은 초음속에서 아음속으로 변한다. 충격파는 충격파 전방의 Mach수가 클수록 강해지며, $\mathbf{M} = 1$인 한계조건에서의 충격파는 단순히 음파가 된다. 또 충격파 전후의 엔트로피는 $s_1 < s_2$로 증가하고 있다. 이것은 충격파를 통과하는 흐름이 단열이지만 비가역이기 때문이다.

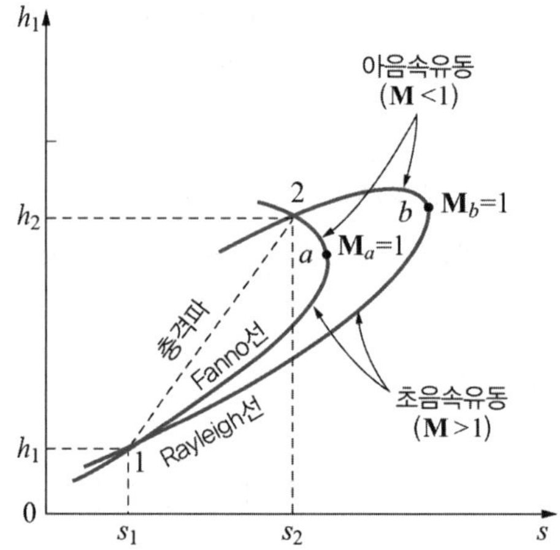

그림 10-22 수직 충격파를 통한 유동의 $h-s$선도

(2) Rayleigh 유동에서 상태량 사이의 관계

Rayleigh 유동에서 상태량 사이의 관계는 특성 점 a를 근거로 Mach수로 나타낼 수 있고 또는 점 a의 정체상태량을 기준으로 나타낼 수 있다. 먼저 상태량 사이의 관계를 Mach수로 나타내보자.

Rayleigh 유동에서 [그림 10-21]의 특성 점 a를 나타내는 단면과 상류의 임의의 단면 사이의 선형 운동방정식을 적용하면 다음과 같다.

$$p+\rho v^2 = p_a+\rho_a v_a^2$$

또는

$$\frac{p}{p_a}+\frac{\rho v^2}{p_a} = 1+\frac{\rho_a}{p_a}v_a^2 \tag{10.115}$$

위 식에 이상기체 상태식, 음속방정식, Mach수의 정의 식을 고려하면 다음 식이 얻어진다.

$$\frac{p}{p_a} = \frac{1+k}{1+k\mathbf{M}^2} \tag{10.116}$$

이 식은 압력비를 마하수 관계로 나타낸 식이다.

온도비는 이상기체 상태식 $p=\rho RT$에 의해서 다음과 같다.

$$\frac{T}{T_a} = \frac{p}{p_a}\frac{\rho_a}{\rho}$$

밀도비는 질량보존식 '$\rho v=$ 일정'에 의해서 다음과 같다.

$$\frac{\rho_a}{\rho} = \frac{v}{v_a}$$

위 식의 밀도비는 이상기체 음속과 Mach수 정의를 고려하면 다음 식이 된다.

$$\frac{\rho_a}{\rho} = \mathbf{M}\sqrt{\frac{T}{T_a}}$$

이 식을 위의 온도비 식에 대입하여 정리하면 다음 식이 얻어진다.

$$\frac{T}{T_a} = \left(\frac{p}{p_a}\mathbf{M}\right)^2$$

이 식의 p/p_a에 식 (10.116)을 대입하면 온도비에 대한 다음 식이 얻어진다.

$$\frac{T}{T_a} = \left[\frac{(1+k)\mathbf{M}}{1+k\mathbf{M}^2}\right]^2 \tag{10.117}$$

밀도비는 위의 밀도비 식에 식 (10.117)을 고려하면 다음과 같이 표현된다.

$$\frac{\rho_a}{\rho} = \frac{v}{v_a} = \left[\frac{(1+k)\mathbf{M}^2}{1+k\mathbf{M}^2}\right] \tag{10.118}$$

다음은 점 a에서의 정체상태량을 기준으로 상태량 관계식을 유도해 보자. Rayleigh 유동에서는 열전달이 존재하므로 정체온도가 변하게 된다. 기준점 a에 대한 정체온도비는 다음과 같이 쓸 수 있다.

$$\frac{T}{T_{0,a}} = \left(\frac{T_0}{T}\right)\left(\frac{T}{T_a}\right)\left(\frac{T_a}{T_{0,a}}\right) \tag{10.119}$$

위 식 중 온도비 T_0/T 및 $T_0/T_{0,a}$는 정체상태 정의에 의해 등엔트로피 유동으로 생각할 수 있으므로 앞에서 기술한 온도비에 대한 Mach수 관계식 (10.27)를 사용할 수 있다. 또한 T/T_a는 식 (10.117)로부터 구할 수 있다. 그러므로 이들 식을 식 (10.119)에 대입하면 정체상태량을 기준으로 한 온도비는 다음과 같이 주어진다.

$$\frac{T_0}{T_{0,a}} = \frac{2(k+1)\mathbf{M}^2\left(1+\frac{k-1}{2}\mathbf{M}^2\right)}{(1+k\mathbf{M}^2)^2} \tag{10.120}$$

정체압력비는 정체온도비와 유사하게 다음과 같이 유도할 수 있다.

$$\frac{p}{p_{0,a}} = \left(\frac{p_0}{p}\right)\left(\frac{p}{p_a}\right)\left(\frac{p_a}{p_{0,a}}\right) \tag{10.121}$$

위 식 중 압력비 p_0/p 및 $p_a/p_{0,a}$는 이상기체 등엔트로피 유동에 대한 Mach수 관계식 (10.30)을, p/p_a는 식 (10.116)를 사용할 수 있다. 따라서 이들 관계식을 식 (10.121)에 대입하면 정체압력비는 다음과 같이 주어진다.

$$\frac{p}{p_{0,a}} = \frac{(1+k)}{(1+k\mathbf{M}^2)}\left[\left(\frac{2}{k+1}\right)\left(1+\frac{k-1}{2}\mathbf{M}^2\right)\right]^{k/(k-1)} \tag{10.122}$$

Fanno 유동이나 Rayleigh 유동에 대한 상태량 사이의 관계는 이 값들을 이용하기 쉽도록 계산하여 표나 그림으로 주어져 있다. 부록 표 B3 및 B4에 $k=1.4$의 기체에 대한 Fanno 유동 및 Rayleigh 유동에 대한 상태량 관계를 나타냈다.

예제13

덕트 연소실로 연료 공기 혼합기체가 $v_1 = 70\,\text{m/s}$, $p_1 = 130\,\text{kPa}$ 및 $T_1 = 300\,\text{K}$ 인 상태로 연소실로 들어온다. 연소에 의한 가열량은 $1000\,\text{kJ/kg}$ 이다. 연소실 출구에서 연소가스의 속도, 압력, 온도와 출구에서의 속도가 음속이 되도록 하려면 추가 열량은 얼마인가?

연료 공기 혼합기는 비열비 $k=1.4$인 공기라고 가정한다. 먼저 입구에서 정체온도는 다음과 같다.

$$T_{01} = T_1 + \frac{v_1^2}{2c_p} = 300\,\text{K} + \frac{(70\,\text{m/s})^2}{2\times 1{,}005\,\text{J/kg}\cdot\text{K}} = 302.4\,\text{K}$$

출구에서의 정체온도는 에너지보존식 $q = c_p(T_{02}-T_{01})$에 의해 다음과 같다.

$$T_{02} = T_{01} + \frac{q}{c_p} = 302.4\,\text{K} + \frac{1{,}000{,}000\,\text{J/kg}}{1{,}005\,\text{J/(kg}\cdot\text{K)}} = 1{,}297\,\text{K}$$

입구에서의 음속과 Mach수는 입구온도가 $T_1 = 300K$, 속도가 $v_1 = 70m/s$이므로 다음과 같다.

$$c_1 = \sqrt{kRT} = [1.4\times 287\,\text{J/(kg}\cdot\text{K)}\times 300\,\text{K}]^{1/2} = 347\,\text{m/s}$$

$$\mathbf{M}_1 = \frac{v_1}{c_1} = \frac{70\,\text{m/s}}{347\,\text{m/s}} = 0.202$$

위 Mach수에 대하여 식 (10.120)을 이용하여 음속에서의 정체온도 $T_{0,a}$를 구한다.

$$\frac{T_{01}}{T_{0,a}} = \frac{2(k+1)M^2\left(1+\dfrac{k-1}{2}M^2\right)}{(1+kM^2)^2}$$
$$= \frac{2(1.4+1)0.202^2\left(1+\dfrac{1.4-1}{2}0.202^2\right)}{(1+1.4\times 0.202^2)^2}$$
$$= 0.1767$$

$$\rightarrow\ T_{0.a} = \frac{T_{01}}{0.1767} = \frac{302.4\,\text{K}}{0.1767} = 1{,}711\,\text{K}$$

그러면 단면 2에서의 정체온도비는 $T_{02}/T_{0.a} = 1{,}297/1{,}711 = 0.758$이 된다. 이것은 부록 표.9에서 Mach수 $\mathbf{M}_2 = 0.4756$에 해당한다.

먼저 $\mathbf{M}_1$과 $\mathbf{M}_2$에서 압력비, 온도비, 속도비를 식 (10.116), (10.117), (10.118)에 의해 구한다. 결과는 다음과 같이 표로 작성한다.

영역	Mach수	p/p_a	T/T_a	v/v_a
1($\mathbf{M}_1$)	0.202	2.270	0.2103	0.0926
2($\mathbf{M}_2$)	0.4756	1.8228	0.7515	0.4123

다음, 상태 1로부터 상태 2를 구하기 위해서는 이 비의 값들을 사용하여 출구에서의 성질, 즉 압력, 온도, 속도 등을 구할 수 있고 다음과 같다.

$$p_2 = p_1 \frac{p_2/p_a}{p_1/p_a} = (130\,\text{kPa})\frac{1.8228}{2.270} = 104.4\,\text{kPa}$$

$$T_2 = T_1 \frac{T_2/T_a}{T_1/T_a} = (300\,\text{K})\frac{0.7525}{0.2103} = 1{,}703\,\text{K}$$

$$v_2 = v_1 \frac{v_2/v_a}{v_1/v_a} = (70\,\text{m/s})\frac{0.4123}{0.0926} = 312\,\text{m/s}$$

허용된 최대 열 추가량은 출구 Mach수가 1이 될 때까지이고 그때의 정체온도는 다음과 같다.

$$T_{02} = T_{0a} = 1{,}711\,\text{K}$$

따라서 추가 최대 가열량은 다음과 같다.

$$\begin{aligned} q_{\max} &= c_p(T_{0a} - T_{01}) = 1.005\,\text{kJ/(kg·K)} \times (1{,}711 - 302.4)\text{K} \\ &= 1{,}415.6\,\text{kJ/kg} \end{aligned}$$

CHAPTER 10

압축성 · 비점성 유체의 유동 / 연습문제

[이상기체]

01

이상기체와 압축성·비점성유체를 비교하여 설명하라.

02

이상기체 방정식으로 구한 표준대기의 밀도를 부록 표 A.2의 표준대기압 상태의 공기의 밀도와 비교하여라.

03

공기가 두 용기 사이를 관로를 통해 정상적으로 흐른다. 용기 ①에서의 온도와 압력이 $T_1 = 77\,℃$, $p_1 = 300\,\mathrm{kPa(abs)}$이고 용기 ②에서의 온도와 압력은 각각 $T_2 = 177\,℃$, $p_2 = 180\,\mathrm{kPa(abs)}$일 때 공기의 다음 변화를 구하라.

(a) 내부에너지, (b) 엔탈피,
(c) 밀도, (d) 엔트로피

04

다음 유체에 대하여 정압비열 c_p과 정적비열 c_v를 SI 단위로 구하여라.

(a) 헬륨, (b) 수소,
(c) 공기, (d) 이산화탄소

05

밀도 차이는 쉬리렌 광학 가시화장치로 촬영할 수 있다. 유체의 밀도 변화에 어떤 변수가 영향을 주는지, 또 쉬리렌 광학 가시화장치의 측정 원리는 무엇인지 설명하라.

06

$20\,℃$, $101\,\mathrm{kPa(abs)}$의 공기가 원심압축기에 의해 $700\,\mathrm{kPa(abs)}$까지 단열 압축된다. 공기의 온도는 몇 도가 되겠는가?

07

밀폐된 용기에 $200\,℃$, $200\,\mathrm{kPa(abs)}$ 수소가 $2\,\mathrm{kg}$ 들어있다. 이 수소가 냉각되어 압력이 $100\,\mathrm{kPa(abs)}$이 되었다면 이 과정에서 내부에너지, 엔탈피, 엔트로피 변화는 얼마인가?

08

$300\,℃$, $1000\,\mathrm{kPa(abs)}$의 공기가 터빈을 통해 단열 팽창되어 $100\,\mathrm{kPa(abs)}$이 되었다. 터빈의 등엔트로피 효율이 $85\,\%$일 때 팽창된 공기의 온도와 엔탈피, 엔트로피 변화를 구하라.

09

$T_1 = 300\,\mathrm{K}$인 이산화탄소가 있다. T_2가 (a) $305\,\mathrm{K}$, (b) $600\,\mathrm{K}$, (c) $1800\,\mathrm{K}$일 때 이산화탄소의 엔탈피 변화를 구하여라. 이산화탄소의 정압비열 $c_p[\mathrm{J/kg\cdot K}]$는 일정하지 않고 다음과 같이 온도의 함수로 주어진다.

$$c_p = 1.544 - \frac{3.44\times10^5}{T} + \frac{4.13\times10^6}{T^2}$$

10

어떤 물체가 압력(정압) $200\,\mathrm{kPa(abs)}$, 온도 $20\,℃$, 속도 $250\,\mathrm{m/s}$인 공기 흐름 속에 놓여 있다. 정체점에서의 압력과 온도는 얼마인가?

11
293 K의 공기 중을 Mach수 2로 비행하는 초음속 전투기의 선단부에서의 온도는 얼마인가?

12
비행기가 10,000 m 상공을 Mach수 1.8로 비행하고 있다. 대기 온도는 −40 ℃, 압력은 30.5 kPa(abs)이다.

(a) 비행기의 속도는 얼마인가?
(b) 비행기 선단 표면에서의 정체온도는 얼마인가?
(c) 주어진 조건하에서 정체압력은 얼마인가?
(d) Mach수가 1이 되었을 때 비행기의 속도는 얼마인가?

13
우주왕복선이 지구의 대기권으로 재진입할 때 우주왕복선의 표면온도를 추정하라. 이것을 계산하는 것이 왜 중요한지 설명하라.

[음속과 마하수]

14
음속은 온도에 따라 다르다. 다음 기체의 음속을 구하여라.

(a) 220℃ 공기 (b) 220℃ 이산화탄소
(c) 250℃ 헬륨

15
유체 내에서 음파가 전파할 때 압력과 밀도 사이의 관계는 다음 식으로 주어진다.

$$p - p_0 = \epsilon_v \ln(\rho/\rho_0)$$

여기서 p_0와 ρ_0는 각각 기준압력과 밀도이고 ϵ_v는 체적 탄성계수이다. ϵ_v와 ρ를 사용하여 음속에 관한 식을 유도하여라. 또 물($\rho = 1000\ \mathrm{kg/m^3}$, $\epsilon_v = 2.20\ \mathrm{GN/m^2}$)에서의 음속을 계산하라.

16
10 ℃의 물의 음속은 1447 m/s이다. 이 값은 체적 팽창계수 ϵ와 일치하는가?

17
승용차가 속도 60 km/h, 110 km/h로 표준공기 속을 주행할 때 승용차의 Mach수를 구하여라.

18
보잉 747 등의 대형 상업용 비행기는 고도 9000 m에서 Mach수 0.85로 순항한다고 가정하자. 이때 비행기의 속도(km/h)은 얼마인가?

19
이상기체는 유속이 Mach수가 0.3보다 작을 경우 비압축성 기체로 취급할 수 있다. 표준상태 공기의 Mach 0.3에 해당하는 속도(m/h)는 얼마인가?

압축성 · 비점성 유체의 유동 / 연습문제

20

번개를 감지한 후 4초 뒤에 천둥소리를 들었다. 10℃의 표준공기를 가정하여 천둥번개가 발생한 곳은 얼마나 떨어진 곳인가?

21

그림과 같이 정지한 유체 속에서 일정한 속도로 움직이는 음원(sound source)에서 발생하는 2개의 압력파가 음속으로 움직인다. 그림에 해당하는 음원의 Mach수를 구하고 음원의 위치를 그려보아라.

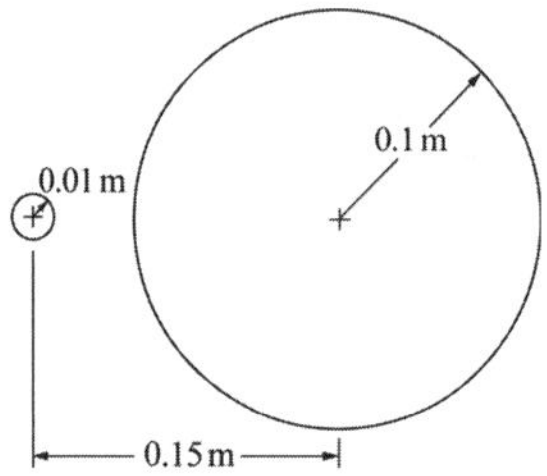

[그림 P10.21]

22

그림과 같이 음원이 정지된 유체 속에서 점 ①에서 점 ②로 움직이면서 압력파를 발생한다. 점 ①에서 음원의 Mach수가 0.8이라면 점 ②에서 발생한 음원의 압력파를 그려라.

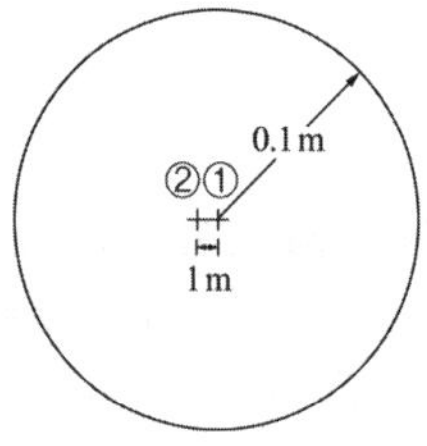

[그림 P10.22]

23

음파는 음속으로 운동하는 진폭이 아주 작은 압력의 파동이다. 폭발파는 폭발 시에 발생하는 진폭이 아주 큰 압력파이다. 폭발파는 음속보다 빠른가, 같은가 혹은 느린가? 또 그 이유도 설명하라.

[이상기체의 등엔트로피]

24

이상기체의 등엔트로피 유동은 정체온도와 정체엔탈피가 일정함을 증명하라. 또한 정체압력은 일정한가 혹은 일정하지 않는가? 그 이유를 설명하라.

25

다음 기체의 임계압력비와 온도비를 구하라.

(a) 헬륨, (b) 공기, (c) 이산화탄소

26

표준상태(20℃, 101.3 kPa)의 대기 중에서 다음과 같이 움직이는 경우 정압대 정체압력비는 얼마인가?

(a) 19 km/h로 달리는 운동선수

(b) 80 km/h의 자동차

(c) 900 km/h의 비행기

27

20℃ 공기 유동장에서 피토관으로 측정한 압력(정압) 대 정체압력비는 0.6이다. 공기의 유속과 Mach수를 구하여라. 이때 공기의 유동을 비압축성 유동이라 가정할 경우 오차는 어느 정도인가?

28

유동중인 공기의 정체압력과 정체온도가 120 kPa (*abs*), 80 ℃이었다. 공기의 압력을 80 kPa(abs)라고 할 때, 유동을 (a) 비압축성, (b) 압축성이라 가정하여 각각 공기의 속도와 Mach수를 구하라.

29

압축성유동에 대한 정체압력에 대한 식을 이용하여 압력계수에 관한 식, 즉 $C_p = (p_0 - p)/(\rho v^2/2)$을 Mach수와 비열비의 함수로서, 즉 $C_p = f(k, \mathbf{M})$의 형태로 유도하라. $k = 1.4$이고, Mach수가 0, 2 및 4인 경우에 대하여 압력계수 C_p를 계산하라. 또 비압축성 유동일 경우의 압력계수 값은 얼마이겠는가?

30

온도 20 ℃, 압력 500 kPa(abs)인 용기 내에서 직경 2 cm인 관을 통하여 수소가 250 m/s로 흘러나오고 있다. 등엔트로피 유동이라 가정하고 온도, 압력, Mach수 및 질량유량을 계산하라.

31

온도 220 ℃, 압력 300 kPa(abs)인 용기에서 공기가 유출되고 있다. 등엔트로피 유동이라 가정하고 Mach수 0.9일 때의 유속, 압력, 온도를 구하라.

32

그림과 같이 단면이 변화하는 곳에서 기체가 흐르고 있다. 지점 ③에서의 Mach수 M_3, 정압 p_3및 정체압력 p_{03}을 구하라. 수직충격파를 제외한 부분에서는 등엔트로피 유동이라 가정하라.

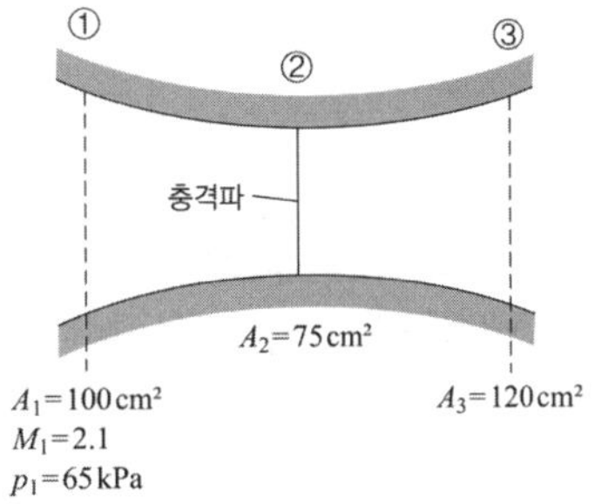

[그림 P10.32]

33

표준상태(20 ℃, 101.3 kPa)의 공기가 등엔트로피 유동으로 축소노즐을 통하여 저장용기로 흐른다. 축소노즐 목부 단면적이 4.6×10^{-3} m²이다. 저장용기의 압력이 35 kPa 및 70 kPa일 때의 노즐을 통과하는 공기의 유량을 각각 구하고, 이것을 $T-s$선도에 나타내어라.

34

공기가 초음속노즐을 등엔트로피 유동으로 흐른다. 노즐의 목 부분에서 $A_1 = 0.1\text{ m}^2$, $T_1 = 10$℃, $p_1 = 600$ kPa(abs) 및 $\mathbf{M}_1 = 0.6$이다. 노즐 확대부분의 $\mathbf{M}_2 = 3.0$인 단면에서의 A_2, T_2, p_2를 구하라.

35

Laval 노즐이 절대압력 $30\ \mathrm{kPa}$까지 이상적으로 팽창되도록 설계되었다. 노즐에서의 정체압력이 $1\ \mathrm{MPa}$일 때 필요한 노즐의 면적비를 계산하라. 질량유량이 $5\ \mathrm{kg/s}$, 정체온도가 $550\ \mathrm{K}$가 되기 위한 노즐 목부 면적을 계산하라. 기체는 질소이다.

36

이상기체가 초음속노즐을 최대질량유량으로 아음속으로 들어가서 등엔트로피 유동을 한다. 확대부의 면적은 목에서부터 축방향 거리 x에 따라 다음 식으로 변한다.

$$A = 0.1 + x^2$$

여기서 A는 $\mathbf{m}^2$, x는 $\mathbf{m}$이다. 이 유동상황을 $-0.2 < x < 0.2$의 범위에서 Mach수, 정적온도와 정체온도와의 비 T/T_0, 정압력와 정체압력의 비 p/p_0의 변화를 구하라.

37

문제 10.36에서 이상기체가 헬륨이라면 초음속노즐 입구에서 출구까지 Mach수, T/T_0, p/p_0의 변화를 구하라.

38

면적비가 4인 로켓 노즐이 총 절대압력 $1.3\ \mathrm{MPa}$인 상태에서 작동되고 있고, $30\ \mathrm{kPa}$의 절대압력으로 유체를 대기 중으로 방출한다. 이 노즐이 과대팽창 노즐인지, 과소팽창 노즐인지 또는 이상적으로 팽창된 것인지를 결정하라. k=1.4라고 가정하라.

[수직충격파]

39

공기 중의 수직충격파 전후의 정체압력비가 0.6이다. 수직충격파로 유입하는 공기류의 Mach수를 구하라.

40

수직충격파 상류의 공기의 Mach수와 정체압력이 각각 2.0, $200\ \mathrm{kPa(abs)}$이다. 수직충격파 전후의 정체압력의 손실을 구하라.

41

온도 $-50\ ℃$, 압력 $70\ \mathrm{kPa}$, 유속 $500\ \mathrm{m/s}$인 질소 흐름 속에 수직충격파가 존재한다. 충격파 하류의 Mach수, 압력, 온도 및 충격파를 통한 엔트로피 증가량를 구하라.

42

Mach수 3, 압력 $100\ \mathrm{kPa(abs)}$, 온도 $20\ ℃$인 메탄 흐름에서 충격파가 발생하였다. 충격파 하류에서의 Mach수, T, T_0, p, p_0 및 속도 v를 구하라.

43

수직충격파 하류에서 발생 가능한 Mach수의 최소값과 밀도비의 최대값이 다음과 같음을 보여라.

$$\mathbf{M}_2 = \sqrt{\frac{k-1}{2k}},\ \frac{\rho_2}{\rho_1} = \frac{k+1}{k-1}$$

또한 공기의 경우 Mach수 M_2와 ρ_2/ρ_1의 한계값은 얼마인가?

44

충격파가 그림에 표시한 지점에 위치하도록 하기 위해 필요한 대기압을 결정하라. 기체는 공기이다.

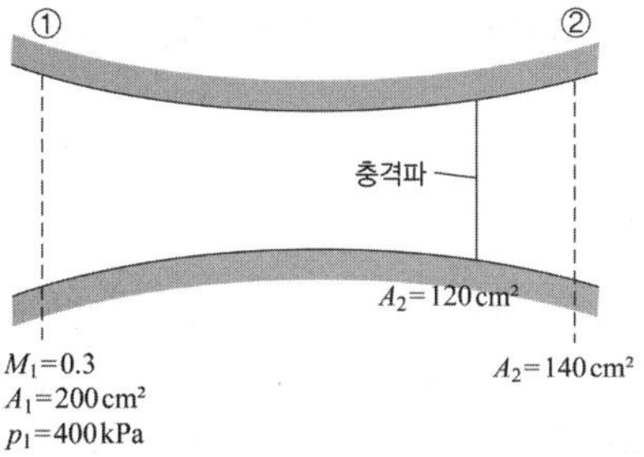

[그림 P10.44]

45

피토관은 초음속 비행기에서 Mach수를 측정하는데 사용된다. 피토관은 선단이 무디기 때문에 그림과 같이 직각방향 충격파가 발생한다. 충격파 하류의 총압력(전압)은 $150\ kPa(abs)$이다. 충격파 상류의 자유흐름의 압력은 $40\ kPa$이고 탐침(probe)의 정적압력 탭(tap)에 의해서 감지된다. 그래프를 이용하여 Mach수를 결정하라.

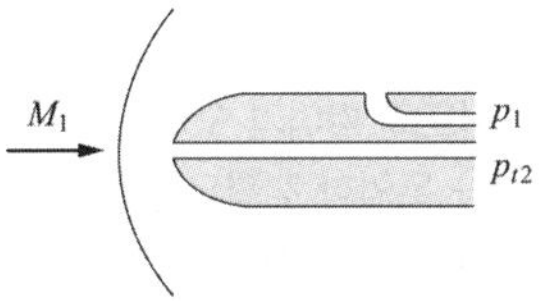

[그림 P10.45]

46

$9000\ m$ 고도에서 초음속으로 비행하는 비행기의 전방에 피토관을 설치하여 정체압력을 측정하였더니 $82\ kPa(abs)$이다. 대기를 표준상태로 고려하고 비행기의 Mach수와 속도를 구하라. 충격파는 탐침기 바로 앞에 형성된다.

47

전압 측정 탐침기를 초음속 공기유동장에 놓았더니 충돌구멍 상류에 충격파가 형성되었다. 탐침으로 측정한 전압이 $520\ kPa(abs)$, 탐침 헤드에서의 정체온도는 $500\,K$이었다. 충격파 상류의 정압은 탐침기 벽면의 압력구멍에서 $100\ kPa(abs)$로 측정되었다. 이로부터 유동의 Mach수와 유동속도를 구하라.

48

비행기가 고도 $1000\ m$에서 Mach수 2.0으로 날고 있다. 엔진압축기 입구에서 흡입공기가 Mach수 0.4로 감속되었다. 압축기 입구에 유입되기 전 Mach수가 1.2가 되는 입구 디퓨저 단면에서 수직충격파가 발생되었다. 공기는 충격파를 지날 때를 제외하고는 등엔트로피 유동을 한다. 엔진압축기로 들어가는 공기의 정체온도와 압력을 구하라.

[마찰있는 단열유동(Fanno 유동)]

49

다음과 같은 성질의 공기($k=1.4$)가 단면적이 일정한 단열된 덕트(단면 ①)로 들어간다.

$$T_0 = 288\,K,\ T_1 = 286\,K,\ p_1 = 99\,kPa$$

Fanno 유동인 경우, 후류에서의 여러 가지 압력에 대한 유체온도와 엔트로피 변화를 구하고 이에 해당하는 Fanno선을 그래프로 나타내어라.

50

다음과 같은 상태의 이상기체가 마찰이 있는 단열된 면적이 일정한 덕트(단면 ①)로 들어간다.

$T_0 = 293\,\mathrm{K}$, $p_0 = 101\,\mathrm{kPa(abs)}$,
$\mathbf{M}_1 = 0.2$

기체가 헬륨일 때 후류의 여러 가지 압력에 대하여 유체 온도와 엔트로피 변화를 구하고, Fanno선도를 그려라.

51

Fanno 유동에서 다음 식을 증명하라.

$$\frac{dv}{v} = \frac{fk(M^2/2)(dx/D)}{1-\mathbf{M}^2}$$

또 유속이 아음속일 때 마찰은 유체를 가속시키고, 초음속일 때 마찰은 유체를 감속시키는 것을 보여라.

52

표준상태($293\,\mathrm{K}$, $101\,\mathrm{kPa}$)의 공기가 그림과 같이 마찰이 없는 단열 축소노즐을 통해 단면적이 일정한 덕트 내로 정상적으로 흐른다. 관의 길이는 $2\,\mathrm{m}$, 내경 $0.1\,\mathrm{m}$, 관의 평균마찰계수는 0.02이다. 덕트를 통한 최대질량유량은 얼마인가? 또 최대 질량유량일 때 덕트의 입구(단면 ①)와 출구(단면 ②)에서의 정적온도, 정적압력, 정체온도, 정체압력 및 속도를 구하라.

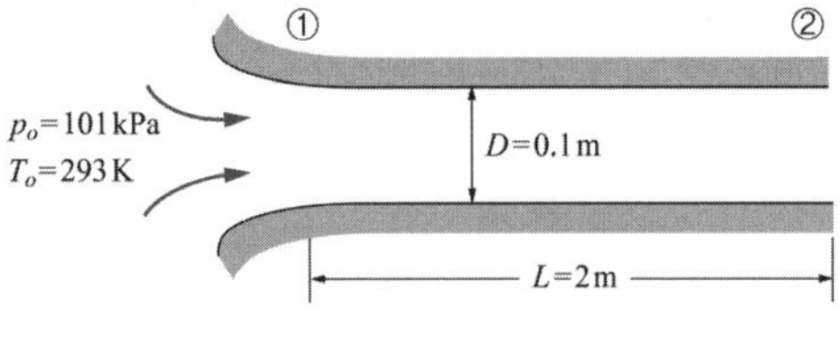

[그림 P10.51]

53

문제 10.52과 동일한 조건에서 다음을 구하라.

(a) 덕트 길이만을 $1\,\mathrm{m}$로 줄였을 때의 최대질량유량
(b) 덕트 길이만을 $3\,\mathrm{m}$로 증가시켰을 때의 최대질량유량

54

표준상태의 공기($20\,℃$, $101.3\,\mathrm{kPa}$)가 단열된 마찰이 없고 단면적이 일정한 덕트 내를 정상적으로 흐른다. 덕트의 길이가 $3\,\mathrm{m}$, 내경 $0.15\,\mathrm{m}$, 덕트의 평균마찰계수는 0.03이다. 덕트를 통한 최대질량유량은 얼마인가? 이 최대질량유량에 대해 덕트의 입구 및 출구에서의 정적온도, 정적압력, 정체온도, 정체압력 및 속도를 구하라.

55

문제 10.54와 동일한 조건, 즉 입구와 출구의 압력 등이 동일한 조건에서 덕트 길이가 50% 줄었다면 덕트를 흐르는 질량유량은 얼마인가?

56

문제 10.55의 덕트의 길이가 50% 줄었음에도 불구하고 문제 10.54와 동일한 질량유량을 가지기 위해서는 덕트의 출구압력 p_2는 얼마가 되어야 하는가?

57

단열된 길이 $9\,\mathrm{m}$, 단면적이 일정(내경 $0.3\,\mathrm{m}$)한 관내를 공기가 $\mathbf{M}_1 = 3.0$의 초음속으로 흐른다. 관 마찰계수는 0.02이다, 정지된 수직충격파가 $x = 2\,\mathrm{m}$에 위치하기 위해서는 관의 입구와 출구에서의 정체압력비는 얼마가 되어야 하는가? 여기서 x는 관 입구에서부터 유동방향의 거리이다. 또한 덕트 출구에서의 Mach수를 구하라.

[마찰없는 전열유동(Rayleigh 유동)]

58

Rayleigh 유동으로 근사할 수 있는 실용적으로 중요한 아음속유동의 예를 들어보아라.

59

Fanno 유동에서 열전달이 수반된다면 어떤 현상이 나타나겠는가? 또 이 유동은 마찰이 존재한 Rayleigh 유동과 동일한가?

60

다음과 같은 성질의 공기($k = 1.4$)가 단면적이 일정한 단열된 덕트(단면 ①)로 들어간다.

$T_0 = 288\,\mathrm{K},\ T_1 = 286\,\mathrm{K},\ p_1 = 99\,\mathrm{kPa}$

Rayleigh 유동을 가정하여 후류에서의 여러 가지 압력에 대하여 유체온도와 엔트로피 변화를 구하고 이에 대한 Rayleigh선도를 그려라.

61

다음 상태의 이상기체가 마찰이 없고 단면적이 일정한 덕트(단면 ①)로 들어간다.

$T_0 = 293\,\mathrm{K},\ p_0 = 101\,\mathrm{kPa(abs)},$

$\mathbf{M}_1 = 0.2$

Rayleigh 유동의 경우 후류의 여러 가지 압력에 대하여 유체의 온도와 엔트로피 변화를 구하고, Rayleigh 선도를 그려라.

62

표준상태의 공기가 축소노즐을 통하여 마찰이 없고 열전달($q = 500\,\mathrm{kJ/kg}$)이 있는 단면적이 일정한 덕트 내를 정상적으로 흐른다. 최대질량유량인 경우에 덕트의 입구와 출구에서의 정적온도, 정적압력, 정체온도, 정체압력 및 유동속도를 구하라.

63

$T_1 = 20℃,\ p_0 = 130\mathrm{kPa(abs)},\ v_1 = 60\mathrm{m/s}$인 이상기체가 내경 $0.15\,\mathrm{m}$인 덕트로 들어간다. 출구 기체온도가 $T_2 = 808\,℃$로 되기 위해서는 마찰 없이 가열해야 할 열량은 얼마인가? 또한 p_2, v_2, $\mathbf{M}_2$를 구하여라.

64

$T_1 = 500\,\mathrm{K},\ p_1 = 200\,\mathrm{kPa(abs)},\ v_1 = 400\,\mathrm{m/s}$인 공기가 단면적이 일정한 긴 덕트 내로 흐른다. 마찰이 없고 단면 ①과 ② 사이에 공기로부터 $500\,\mathrm{kJ/kg}$의 열량을 제거할 때 T_2, p_2 및 v_2를 구하라.

66

공기가 단면적이 일정한 덕트 내를 흐른다. 상류 단면 ①에서 $T_1 = 293\,\mathrm{K}$, $p_1 = 101.3\,\mathrm{kPa(abs)}$, $v_1 = 60\,\mathrm{m/s}$이고, 하류 단면 ②에서 $T_2 = 977\,\mathrm{K}$, $p_2 = 68\,\mathrm{kPa(abs)}$이다. 이 유동에 대한 정체온도비 $T_{0,2}/T_{0,1}$와 정체압력비 $p_{0,2}/p_{0,1}$를 구하라. 또한 단면 ①과 ② 사이에 마찰이 없는지 설명하라.

66

$\mathbf{M}_1 = 2.4$, $T_{0,1} = 20\,℃$, $p_{0,1} = 101.3\,\mathrm{kPa(abs)}$ 인 공기가 마찰이 없는 단면적이 일정한 덕트로 들어간다. 공기는 국소 Mach수가 1.3이 되는 곳에서 수직충격파가 발생할 때까지 가열에 의해 감속된다. 충격파의 하류에서는 아음속유동이 Mach수가 0.9로 출구에서 나갈 때까지 가열에 의해 가속된다. 덕트의 입구, 수직충격파 상류와 하류 그리고 덕트 출구에서의 속도를 구하라.

유/체/역/학

CHAPTER

11

개수로 유동

CHAPTER 11 개수로 유동

개수로 유동(open channel flow)은 일부가 대기에 노출된 상태, 즉 자유표면(free surface)을 갖는 유동을 의미한다. 따라서 완전히 채워지지 않은 관 내부유동이나 도랑, 개천, 강 등을 따라 흐르는 유체의 유동은 개수로 유동이다. 제8장 점성유체 내부유동(폐수로 유동)은 유동의 주된 원인이 압력 차이지만 개수로 유동은 압력이 대기압으로 일정하므로 상류와 하류의 고도차, 즉 중력에 기인한다. 이에 따라 개수로 유동의 유량은 중력과 마찰력의 동적 평형에 의해서 결정된다.

개수로 유동에 대한 해석은 하수관, 관개수로(irrigation canal) 및 하천의 제방 등을 설계할 때 필요하다. 개수로 유동은 자유표면이 수력구배선과 일치하고, 힘의 균형이 중력과 마찰력으로 제한되어 해석이 쉬워질 수 있다. 그러나 유로의 단면이 불규칙적이고 자유표면의 형상이 유동조건에 따라 변하며, 특히 자유표면의 비정상적 파동운동은 해석을 더욱 어렵게 한다. 그러나 개수로 유동도 유체의 흐름에 대한 문제이므로 이의 해석에는 유체역학의 기본 공식 및 방법들이 사용된다.

11.1 개수로 유동의 특성

11.1.1 개수로 유동의 분류

유체 동역학에서 유체유동을 정상 · 비정상유동, 균일 · 비균일유동, 층류 · 난류유동 등 여러 가지로 분류하였다. 개수로 유동은 자유표면의 존재로 인해 또 다른 분류가 가능하다.

(1) 1차원 · 정상 · 난류 · 균질유동

개수로 유동은 1차원 · 정상 · 난류 · 균질유동으로 해석한다. 개수로는 일반적으로 2개의 측벽과 1개의 바닥이 존재한다. 속도분포는 점착조건에 의해 측 벽면과 바닥면에서는 0이고, 중간면(수면의 중심위치, midplane)에서 깊이의 약 20% 이내의 어떤 지점에서 최대가 된다. 그러나 폭이 넓고 깊이가 얕은 수로에서

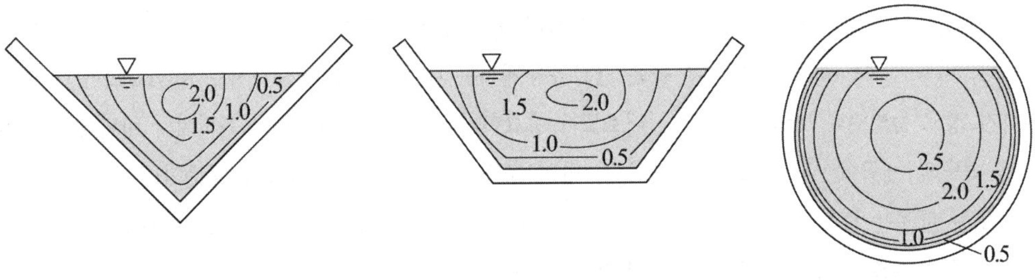

(a) 삼각형 수로 (b) 사다리꼴 수로 (c) 원형 수로

그림 11-1 개수로 유동에서 전형적인 등상대속도 곡선

는 수면 근처에서 최대속도가 나타나고, 더욱이 유동방향에 따라 유속이 변하여 직선 수로에서도 3차원 속도분포가 형성된다. [그림 11-1]에 개수로 유동에서 등상대속도 곡선을 나타냈다.

개수로 유동은 실제 3차원 속도분포를 갖지만 공학적인 해석은 1차원으로 수행한다. 그러므로 개수로 유동에서 속도라 하면 수로 단면에서의 평균유속이고, 평균유속은 유동방향의 거리 x에 따라서만 다르다고 고려한다.

개수로 유동은 정상(steady) 및 비정상(unsteady)으로 분류될 수 있다. 정상유동이란 어느 한 위치에서 속도가 시간에 따라 변하지 않는 것을 말한다. 또한 개수로 유동에서도 Reynolds수에 따라 층류와 난류로 나뉠 수 있지만, 대부분 난류이다.

개수로 유동에 적용할 수식은 제8장 점성유체 내부유동에서 개발한 수식을 그대로 적용할 수 있다. 단 특성길이 D 대신에 수력반경 R_h을 사용한다. 개수로 유동에서 Reynolds수 정의는 다음과 같다.

$$\mathbf{Re} = \frac{\rho v R_h}{\mu} = \frac{v R_h}{\nu} \tag{11.1}$$

여기에서 v는 개수로의 평균유속(균일유속), ν는 동점성계수이고, R_h는 수력반경으로서 유로단면적 A_c을 접수(wetted) 길이 P로 나눈 값으로 정의된다.

$$R_h = \frac{A_c}{P} \tag{11.2}$$

비원관내 유동에서 정의한 수력직경 D_h와 수력반경 R_h 사이의 관계는 다음과 같다.

$$D_h = \frac{4A_c}{P} = 4\,R_h \tag{11.3}$$

따라서 수력반경은 수력직경의 1/2이 아니라 1/4이다.

개수로 유동에서는 Reynolds수가 500 이하이면 층류이다. 이것은 비원관내 유동에서 **Re** 수가 2000 이하이면 층류인 것에 대응한다. 왜냐하면 개수로 유동의 수력반경은 수력직경의 1/4이기 때문이다. 개수로 유동에서 $\mathbf{Re} \geq 2500$이면 난류, $500 \leq \mathbf{Re} \leq 2500$이면 천이류이다. 여기서 개수로 유동의 Reynolds수를 평가해 보자. 개수로는 일반적으로 평균유속이 $0.5\,\mathrm{m/s}$ 이상, 수력반경이 $0.1\,\mathrm{m}$ 이상이며, 20℃ 물의 동점성계수는 $1.0 \times 10^{-6}\ m^2/s$이다. 그러므로 Reynolds수가 50,000보다 크므로 일반적인 개수로 유동은 난류이다. 더욱이 Reynolds수가 매우 높은 난류유동에서는 내부유동과 마찬가지로 Reynolds수가 그다지 중요하지 않고 측벽이나 바닥면에서의 상대조도가 중요하다. 왜냐하면 개수로의 측벽이나 바닥에서의 전단 응력이 속도의 제곱에 비례하고, 마찰계수는 벽의 조도에 의해서만 정해지기 때문이다.

개수로는 때로는 밀도가 서로 다른 2개 혹은 그 이상의 유체가 층을 이루며 흐르는 경우가 있다. 예를 들면, 물 위에 기름 층이 떠 있는 경우나 물의 온도차가 큰 경우이다. 이를 성층유동(stratified flow)이라 한다. 그러나 여기서는 균질유동(homogeneous flow)만을 다룬다. 즉, 전체적으로 균일한 성질을 가진 한 종류의 유체가 흐르는 것만을 고려한다.

(2) 깊이에 따른 유동의 분류

개수로 유동에서 가장 일반적인 분류방법은 수로 깊이에 따른 변화로 등류와 비등속류로 나뉜다.

① 등류

등류(등속류, 균일유동, UF, uniform flow)는 수로의 깊이가 거리에 따라 변하지 않고($dy/dx = 0$) 항상 일정한 곳에서의 유동이다. 즉, 등류는 일정한 경사 및 일정한 유로 단면을 가진 수로에서 얻어지므로 유속이 어느 단면에서나 일정하다. 등류에서 수로의 깊이를 수심(수직 수심, normal depth) y_n이라 하며, 개수로 유동에서는 중요한 매개변수이다.

② 비등속류

비등속류(비균일유동, nonuniform flow)는 수심이 거리에 따라 변하는($dy/dx \neq 0$) 곳에서의 유동이다. 즉 비등류는 수로 단면의 폭이 변하거나 혹은 바닥면의 기울기가 변할 때 발생하므로 유속이 위치에 따라 변한다. 비등속류는 유속이 하류방향으로 갈수록 단면의 폭과 수심이 증가하면 유동의 속도는 감소하여 감속류(retarded flow)가 되고, 하류방향으로 갈수록 단면의 폭과 수심이 감소하면 유동의 속도는 증가하여 가속류(accelerated flow)가 된다.

비등속류의 분류는 수심이 비교적 짧은 거리에서 유속이 크게 변하면($dy/dx \approx 1$) 급속 변화유동(RVF, rapidly varied flow)이라 하고, 유속이 수로의 거리에 따라 천천히 변하면($dy/dx \ll 1$) 점진 변화유동(GVF, gradually varied flow)이라 한다. 이것을 [그림 11-2]에 나타내었다.

(3) Froude수에 의한 분류

개수로 유동은 표면파를 형성할 수 있는 자유표면을 가지고 있다. 표면파는 수로의 크기(폭과 길이)와 특성(수심, 유속)에 따라 다르며 표면에 직각방향으로 움직인다. 이 때문에 개수로 유동은 표면파가 유체에 대하여 상대적으로 얼마나 빨리 움직이는가에 따라 상류(완류, 잔잔한 흐름, subcritical flow, tranquil flow), 한계유동(임계유동, critical flow), 사류(급류, 빠른 흐름, supercritical flow, rapid flow)의 3가지로 분류한다.

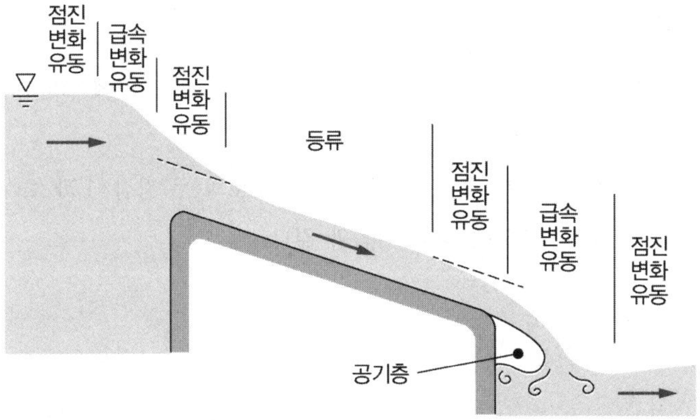

그림 11-2 개수로 유동의 분류

Froude수는 자유표면을 갖는 유동에서 중요한 무차원수로서 관성력과 중력, 즉 유속과 표면파가 전파되는 속도의 비로 정의된다.

$$\mathbf{Fr} = \frac{\text{관성력}}{\text{중력}} = \frac{\text{유속}}{\text{표면파의 전파속도}} = \frac{v}{\sqrt{gy}} \tag{11.4}$$

여기서 g는 중력가속도, v는 평균 유속, y는 수심(또는 특성 길이)이다.

개수로 유동은 Froude수에 따라 다음과 같이 분류한다.

상류(또는 완류) : $\mathbf{Fr} < 1$
한계유동(임계유동) : $\mathbf{Fr} = 1$
사류(또는 급류) : $\mathbf{Fr} > 1$

이것은 압축성 유동에서 유속이 음속에 대한 비율로서 정의되는 Mach수 $\mathbf{M}$에 따라 $\mathbf{M} < 1$이면 아음속, $\mathbf{M} = 1$이면 음속, $\mathbf{M} > 1$이면 초음속으로 분류하는 것과 비슷하다.

예제1

강폭 20 m, 수심 1 m, 유속 0.2 m/s로 흐르는 강의 Reynolds수를 구하라. 강은 직사각형이라 가정하고, 물의 동점성계수는 $1.3 \times 10^{-6}\text{ m}^2/\text{s}$이다.

수력반경은 다음과 같다.

$$R_h = \frac{A_c}{P} = \frac{20\text{m} \times 1\text{m}}{20\text{m} + 2 \times 1\text{m}} = 0.9\text{m}$$

Reynolds수는 다음과 같다.

$$Re = \frac{vR_h}{\nu} = \frac{0.2\text{ m/s} \times 0.9\text{m}}{1.3 \times 10^{-6}\text{ m}^2/\text{s}} = 1.38 \times 10^5$$

따라서 강의 흐름은 Reynolds수가 2500보다 크므로 난류이다. 또한 강폭이 넓고 수심이 얕으면 수력반경(0.9 m)은 수심(1 m)과 거의 같음을 알 수 있다.

11.1.2 등류의 특징

등류(균일유동, uniform flow)란 수로의 수심이 거리에 따라 변하지 않는 곳에서의 유동을 의미한다. 실제 개수로 유동은 등류가 자주 나타난다.

개수로 유동의 기하학적 형상을 [그림 11-3]에 나타냈다. 수로의 두 지점 ①과 ② 사이의 유동에 대한 1차원 에너지방정식은 3장 식 (3.103)에 의해 다음과 같다.

$$\frac{p_1}{\gamma}+\alpha_1\frac{v_1^2}{2g}+z_1=\frac{p_2}{\gamma}+\alpha_2\frac{v_2^2}{2g}+z_2+h_L \tag{11.5}$$

여기서 h_L은 수로 길이 L에서 발생한 손실수두(수두손실)이다. 위 식의 압력 항을 압력수두 $y(=p/\gamma)$로 표기하고 운동에너지 보정계수를 $\alpha_1=\alpha_2=1.0$이라 가정하면 위 식은 다음과 같이 쓸 수 있다.

$$y_1+\frac{v_1^2}{2g}+z_1=y_2+\frac{v_2^2}{2g}+z_2+h_L \tag{11.6}$$

이 식이 개수로 유동에 대한 에너지방정식이다.[198]

개수로 유동의 수력구배선(HGL)과 에너지선(EL)은 식 (11.6)에 의해 나타낼 수 있다. [그림 11-3]에서 알 수 있는 바와 같이 수로에 따라 수력구배선, 즉 압력수두 y와 위치수두 z와의 합은 수면(자유표면)과 일치하고, 에너지선은 수력구배선 위로 속도수두($v^2/2g$)만큼 큰 값이며, 수두손실 h_L은 수평선과 에너지선과의 차이로 나타남을 알 수 있다.

등류에서는 모든 단면에서 속도가 같으므로($v_1=v_2$) 에너지선의 기울기는 수력구배선의 기울기와 일치하고, 수심도 같으므로($y_1=y_2$) 수로 바닥의 기울기도 같게 된다. 그러므로 등류에서는 수로 바닥면의 기울기 S_0, 수력구배선(자유표면)의 기울기 S_f, 에너지선의 기울기 S가 모두 같다. 즉, $S_0=S_f=S$이다.

등류에서는 $y_1=y_2$, $v_1=v_2$이므로 수두손실 h_L은 식 (11.6)에 의해 다음과 같다.

$$h_L=z_1-z_2=\Delta z \tag{11.7}$$

이것은 등류에서의 수두손실이 상류와 하류의 높이 차이임을 의미한다.

수로(바닥)의 기울기 S_0는 수평거리에 대한 높이로 정의되므로 다음과 같이 표현된다.

$$S_0=\frac{\Delta z}{L}=\frac{h_L}{L}=\tan\theta \rightarrow h_L=\Delta z=S_0L \tag{11.8}$$

여기에서 θ는 수로 바닥과 수평 기준면(수평 기저선) 사이의 각도이고, S_0의 값은 수로 바닥면이 유동방향으로 하강할 때 양의 값으로, 상승할 때 음의 값을 취한다.

---

198) 식 (11.5), (11.6)은 수두손실(마찰손실) h_L을 고려한 에너지방정식이다. 그러나 단면적 변화에 따른 영향이 마찰손실 영향보다 훨씬 큰 경우의 유동, 예를 들면 관개나 동력을 얻을 목적으로 사용되는 짧은 도량을 통한 유동에서는 마찰손실을 무시할 수 있다. 이때에는 마찰이 없는 1차원 유동이라고 가정할 수 있으므로 Bernoulli 방정식을 적용할 수 있다.

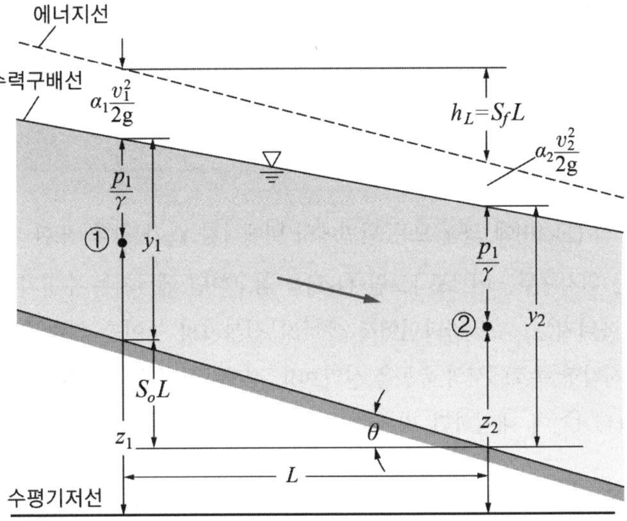

그림 11-3 개수로 유동의 수력구배선, 에너지선

개수로 등류에서의 특징은 다음과 같다.

① 수력구배선은 항상 수면(자유표면)과 일치한다.

② 에너지선은 수력구배선(수면)보다 속도수두만큼 위에 있다.

③ 수로 기울기 S_0, 길이 L에서 수두손실은 $h_L = S_0 L$인 관계로 주어진다.

④ 등류에서 수두손실 h_L은 상류와 하류의 높이 차이와 같다. 즉 $h_L = \Delta z$이다.

⑤ 등류에서는 수로 바닥면의 기울기, 수력구배선, 에너지선이 모두 평행하다. 즉 $S_0 = S_f = S$이다.

11.1.3 비에너지, 한계유동

개수로 유동에서 비에너지를 정의하여 사용하면 여러 가지 문제를 효과적으로 해석할 수 있다.

(1) 비에너지

개수로 유동에 대한 에너지방정식 (11.6)은 수로 바닥의 기울기 식 (11.8)의 $\Delta z = S_0 L$을 사용하면 다음과 같이 쓸 수 있다.

$$y_1 + \frac{v_1^2}{2g} + S_0 L = y_2 + \frac{v_2^2}{2g} + h_L \tag{11.9}$$

만약 수로 바닥면의 기울기가 수평($S_0 = 0$)이고 수두손실이 0인 특수한 경우를 고려하면 위 식은 다음과 같이 된다.

$$y_1 + \frac{v_1^2}{2g} = y_2 + \frac{v_2^2}{2g} \tag{11.10}$$

여기서 y는 수심이다. 위 식은 수평의 개수로 유동에서는 위치에 관계없이 수심과 속도수두와의 합이 같다는 것을 의미한다. 1932년 Bakhmeteff는 이것을 비에너지(specific energy) E_s로 정의하였다. 즉,

$$E_s = y + \frac{v^2}{2g} \tag{11.11}$$

수평의 개수로에서는 식 (11.10)에 의해 모든 단면에서 비에너지 E_s가 같다. 또한 개수로 유동에서 에너지와 비에너지의 차이는 위치수두 z이므로 [그림 11-3]을 참고하면 에너지는 수평기준면에서 에너지선(EL)까지의 높이이고, 비에너지는 수로 바닥면에서 에너지 선까지의 높이를 의미한다.

폭 b, 수심 y인 직사각형 수로에서의 유동을 살펴보자. 직사각형 수로의 평균유속 v는 $v = Q/A = Q/by$이므로 이 값을 식 (11.11)에 대입하면 비에너지는 다음 식으로 표현된다.

$$E_s = y + \frac{Q^2}{2gb^2y^2} \tag{11.12}$$

이 식은 비에너지 E_s의 크기가 각 단면에서 수심 y만의 함수임을 보이고 있다. 정상상태이면 유량 Q가 일정하므로 수심 y와 비에너지 E_s의 관계를 [그림 11-4]에 나타내었다. 개수로 유동에서 수심과 비에너지의 관계는 곡선으로 나타나며, 유속이 0일 때는 유량 Q도 0이므로 비에너지와 수심이 같아 비에너지선은 45°의 대각선으로 나타난다. 따라서 대각선, 즉 $E_s = y$선과 곡선 사이의 부분은 수로의 속도수두(동적수두) $v^2/2g$를 의미한다. 그림은 하나의 비에너지 E_s 값에 대하여 2개의 수심(y_1, y_2), 즉 큰 수심과 작은 수심이 존재하는 것을 보이고 있다. 작은 수심 y_2에 대해서는 그림에서 알 수 있는 바와 같이 비에너지의 대부분이 속도수두이고, 큰 수심 y_1에 대해서는 압력수두라는 것을 알 수 있다.

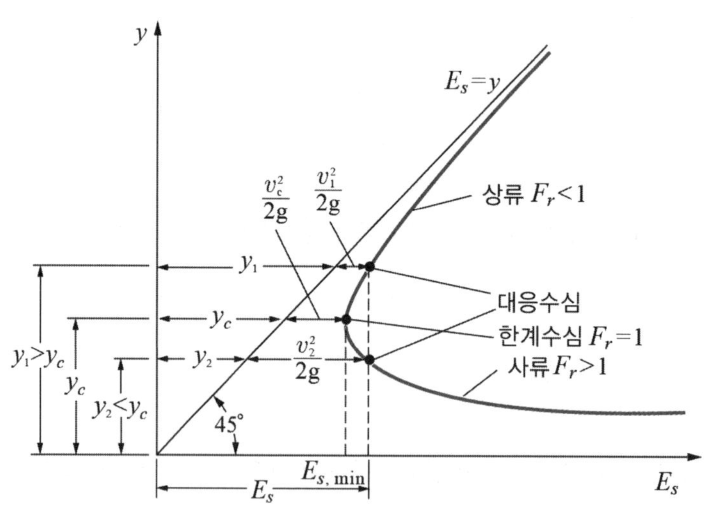

그림 11-4 비에너지선도

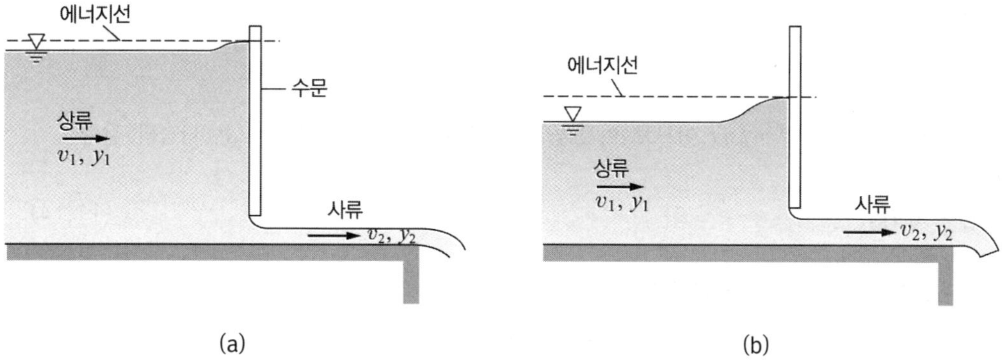

그림 11-5 수문 밑의 흐름

수평의 개수로에서 수문 밑을 통과하는 흐름은 동일한 비에너지 값에 대하여 두 개의 수심이 발생하는 좋은 예이다. 이것을 [그림 11-5](a)에 나타내었다. 수심이 크고 운동에너지가 작은 경우에는 수문의 상류에서 발생하고 수심이 작고 운동에너지가 큰 경우에는 하류에서 발생한다. 이때 이 두 개의 수심을 대응수심(alternate depth)이라 한다. 물론 반대의 경우도 성립한다. [그림 11-5](b)는 동일한 유량에 대하여 수문을 좀 더 개방하면 상류측 수심은 낮아지고 하류측 수심이 상승함을 나타낸 것이다.

(2) 한계유동

수심이 0에 접근하면, 즉 $y \to 0$이면 비에너지는 식 (11.12)에 의해 무한대, 즉 $E_s \to \infty$가 된다. 이와는 반대로 수심이 점차 커지면 비에너지는 점차 작아져 최소 비에너지 $E_{s,\min}$에 도달한다. 그 후 계속해서 수심이 커지면 비에너지가 커져 수심과 같아지게 된다. 즉, $E_s = y$가 된다. 따라서 유량이 주어지면 이를 유지하기 위한 최소 비에너지가 존재하며 이때는 한 개의 수심만이 존재한다. 이 점을 한계점(임계점, critical point)이라 하고, 이 점에서의 흐름을 한계유동(임계유동), 이때의 수심을 한계수심(임계수심, critical depth) y_c, 이때의 유속을 한계속도(임계속도, critical velocity) v_c라 한다.

수심이 한계수심보다 작은 흐름, 즉 $y < y_c$이면 유속이 한계속도보다 높아 사류(급류, supercritical flow)라 부르고, 수심이 한계수심보다 큰 흐름, 즉 $y > y_c$이면 유속이 한계속도보다 작아 상류(완류, subcritical flow)라 한다. 이러한 정의로부터 상류는 [그림 11-5]에서 수문의 상류측에서 발생하고, 사류는 수문의 하류측에서 발생한다. [그림 11-4] 비에너지선도에서는 한계수심을 기준으로 위쪽이 상류, 아래쪽이 사류이다.

한계유동의 특성을 살펴보자. 한계유동은 주어진 유량에 대하여 비에너지가 최소일 때 발행하므로 $dE_s/dy = 0$ 인 조건으로 구할 수 있다. 비에너지 식 (11.12)를 수심 y에 대하여 미분하면 다음 식이 된다.

$$\frac{dE_s}{dy} = \frac{d}{dy}\left(y + \frac{Q^2}{2gb^2y^2}\right) = 1 - \frac{Q^2}{gb^2y^3} = 0$$

위 식을 수심 y에 대하여 풀면 한계수심 y_c는 다음과 같다.

$$y_c = \left(\frac{Q^2}{gb^2}\right)^{1/3} \tag{11.13}$$

한계점에서의 유량은 $Q = by_c v_c$이므로 이것을 위 식에 대입하면 한계속도 v_c는 다음과 같다.

$$v_c = \sqrt{g y_c} \tag{11.14}$$

이 식은 표면파의 전파속도를 나타내는 식이기도 하다.

한계점에서의 Froude수는 정의 식 (11.4)에 의해 다음과 같다.

$$\mathbf{Fr} = \frac{v}{\sqrt{gy}} = \frac{v_c}{\sqrt{gy_c}} = 1 \tag{11.15}$$

이것은 한계점에서의 Froude수가 1임을 의미한다. 이것은 최소 비에너지점이 실제로 한계점이라는 것을 의미하며, 비에너지가 최소값에 도달할 때의 유동은 한계상태가 된다.

한계수심 y_c에 상당하는 최소 비에너지 $E_{s,\min}$는 식 (11.11)에 식 (11.14)를 대입하여 구할 수 있다. 즉

$$E_{s,\min} = y + \frac{v^2}{2g} = y_c + \frac{g y_c}{2g} = \frac{3}{2} y_c \tag{11.16}$$

이 식은 비에너지가 위치에너지와 운동에너지의 합으로 주어지고, 등류에서는 일정하게 유지됨을 의미한다. 수두손실은 고도강하로 보상된다. 그러나 비등속류에서는 수로의 기울기와 마찰손실에 따라 비에너지가 증가하거나 감소할 수 있다. 예를 들면 주어진 구간에서 고도강하가 수두손실보다 크면 그 차이만큼 비에너지는 증가한다. 비에너지 개념은 사류를 연구할 때 특히 유용한 도구가 된다.

(3) 사류와 상류

개수로 유동은 수심의 깊이 혹은 Froude수에 따라 분류할 수 있다고 하였다. 수심이 한계수심보다 깊은 흐름은 상류(완류), 얕은 흐름은 사류(급류)라 한다. 상류에서는 유속이 표면파의 전파속도 $\sqrt{gy}$보다 느리기 때문에 작은 표면파의 파동은 하류방향은 물론 상류방향으로 거슬러 올라가지만, 사류에서는 유속이 표면파의 전파속도보다 빨라 표면파는 하류방향으로만 전파하게 된다.

상류의 조건은 수심이 한계수심보다 크고, 유속은 한계유속보다 작으며, Froude수는 1보다 작다.

$$y > y_c,\ \ v < v_c,\ \ \mathbf{Fr} < 1$$

Froude수가 1보다 작은 이유는 식 (11.4)에 $v < v_c$ 및 $y > y_c$인 조건을 고려하여 얻어진 것이다.

$$\frac{v}{\sqrt{gy}} < \frac{v_c}{\sqrt{gy}} < \frac{v_c}{\sqrt{gy_c}} = 1 \ \rightarrow\ \mathbf{Fr} < 1$$

그러므로 상류에서 유속은 표면파의 전파속도보다 빠르다. 즉 $v > \sqrt{gy}$ 이다.

사류의 조건은 상류의 조건과 반대이고 다음과 같다.

$$y < y_c,\ v > v_c,\ \mathbf{Fr} > 1\ (\text{또는}\ v < \sqrt{gy})$$

한계유동의 조건은 다음과 같다.

$$y = y_c,\ v = v_c,\ \mathbf{Fr} = 1\ (\text{또는}\ v = \sqrt{gy})$$

따라서 개수로 유동에서 한계수심 y_c는 Froude수가 1일 때 얻어진다.

예제2

폭 10 m, 수심 1 m인 직사각형 수로에서 물이 14 m^3/s의 유량으로 흐르고 있다. 이 개수로의 유동상태를 파악하라.

한계수심 y_c는 식 (11.13)에 의해서 다음과 같다.

$$y_c = \left(\frac{Q^2}{gb^2}\right)^{1/3} = \left(\frac{(14\,\mathrm{m^3/s})^2}{9.8\,\mathrm{m/s^2} \times (10\,\mathrm{m})^2}\right)^{1/3} = 0.585\,\mathrm{m}$$

한계수심 0.585 m는 현재 수심 1 m보다 낮다. 즉 $y > y_c$이다. 따라서 이 개수로의 유동상태는 상류(완류)이다.

11.2 개수로 유동에서의 마찰

개수로 등류에서는 수로의 기울기, 단면적 및 표면조도가 변하지 않는 한 수심 y_n과 유속 v가 일정하게 유지된다. 수로의 기울기가 증가하면 유속이 증가하고 수심이 감소하여 얕은 수심의 등류가 새롭게 형성된다. 기울기가 감소하면 반대의 형상이 발생한다. 개수로 유동에서 수두손실(마찰손실)을 검토하여 보자.

11.2.1 Chezy의 공식

개수로 유동에서 마찰에 기인한 수두손실 h_L은 관 직경 D를 수력직경 D_h로 변환하여, 8장 점성유체 내부유동에서 유도한 Darcy-Weisbach 식 (8.19)를 그대로 사용할 수 있다. 즉

$$h_L \approx f\frac{L}{D_h}\frac{v^2}{2g} = f\frac{L}{R_h}\frac{v^2}{8g} \tag{11.17}$$

여기서 f는 평균마찰계수이고, $R_h(=D_h/4)$는 수력반경이다.

개수로 등류의 유속 v는 식 (11.17)에 식 (11.8)을 고려하면 다음 식이 얻어진다.

$$v = \left(\frac{8g}{f}\right)^{1/2}(R_h S_0)^{1/2} \tag{11.18}$$

여기서 S_0는 수로 바닥의 기울기이다. 그러나 등류에서는 수로 바닥의 기울기, 수력 구배선의 기울기, 에너지선의 기울기는 모두 같다.

마찰계수 f는 8장 식 (8.22)에 의해 다음과 같다.

$$f = \frac{4\tau_w}{\rho v^2/2} \tag{11.19}$$

여기서 τ_w는 수로 바닥면에서의 전단응력, $\rho v^2/2$는 동압을 의미한다.

수로의 형상과 거칠기가 주어지면 $(8g/f)^{1/2}$는 일정하여 이를 C로 나타내면, 유속 v와 유량 $Q(=vA)$ 그리고 평균 전단응력 τ_{avg}는 식 (11.18), (11.19)에 의해 각각 다음과 같이 주어진다.

$$v = C(R_h S_0)^{1/2} \tag{11.20}$$

$$Q = C(R_h S_0)^{1/2}A \tag{11.21}$$

$$\tau_{avg} = \rho g R_h S_0 \tag{11.22}$$

이것을 Chezy의 공식이라고 한다. 체지공식에 의해 개수로 유동에서 유속 v는 $\sqrt{R_h S_0}$에 비례하고, 비례계수 $C(=\sqrt{8g/f})$를 체지계수라 하며 차원은 $[\mathrm{m}^{1/2}/\mathrm{s}]$이다. 체지계수 C는 거칠고 작은 수로에서의 30 $\mathrm{m}^{1/2}/\mathrm{s}$로부터 크고 매끈한 수로의 90 $\mathrm{m}^{1/2}/\mathrm{s}$까지 변화한다.

개수로 유동에서 유속 및 유량을 파악하려면 체지계수 C 또는 마찰계수 f를 정확히 알아야 한다. 체지계수는 마찰계수로부터 평가할 수 있고, 또 마찰계수는 8장 [그림 8-7] Moody 선도로부터 직접 얻을 수 있다. 그러므로 벽면이 매끄러운 개수로 유동에서 C의 결정은 마찰계수 f를 결정하는 방법과 같다. 그러나 대부분의 개수로 유동은 관내 유동에 비하여 Reynolds수가 상당히 크고 표면이 상당히 거칠며 불규칙하다. Moody 선도를 보면 Reynolds수가 매우 높은 난류에서는 마찰계수가 Reynolds수와 관계없고 상대조도에 의해서만 결정됨을 알 수 있다. 일반적으로 개수로 유동에서는 Reynolds수가 매우 높기 때문에 마찰계수는 상대조도만의 함수이다. 이것은 Manning을 비롯한 여러 연구자에 의하여 사실로 확증되었다.

예제3

직사각형 수로의 폭이 1.5 m, 깊이가 0.5 m, 경사도가 2° 이다. 마찰계수가 0.02일 때 등류의 유량을 구하라.

수력반경은 다음과 같다.

$$R_h = \frac{1.5\,\mathrm{m} \times 0.5\,\mathrm{m}}{1.5\,\mathrm{m} + (0.5\,\mathrm{m}) \times 2} = 0.3\,\mathrm{m}$$

유량은 식 (11.21)에 의해 다음과 같다.

$$\begin{aligned} Q &= \sqrt{\frac{8g}{f}}\,A(R_h S)^{1/2} \\ &= \sqrt{\frac{8(9.8\,\mathrm{m/s^2})}{0.02}}\,(1.5\,\mathrm{m} \times 0.5\,\mathrm{m})(0.3\,\mathrm{m} \times \tan 2^\circ)^{1/2} \\ &= 4.8\,\mathrm{m^3/s} \end{aligned}$$

11.2.2 Manning의 조도관계식

Chezy의 공식을 이용하기 위해서는 체지계수 C나 마찰계수 f를 알아야 하는데 쉽지 않다. 개수로 유동에서는 Manning의 조도관계식이 많이 사용된다. 1890년 만닝(Robert Manning)은 체지계수 C가 수력반경 R_h의 1/6승에 비례하며 증가하는 것을 알아내어 다음과 같은 간단한 공식을 제안하였다.

$$C = \left(\frac{8g}{f}\right)^{1/2} \approx \frac{1}{n} R_h^{1/6} \tag{11.23}$$

여기서 n은 Manning의 조도계수(Manning roughness factor)로서 일종의 마찰계수이지만 무차원수는 아니고 $\mathrm{s/m^{1/3}}[\mathrm{TL^{-1/3}}]$인 차원을 갖는다. 조도계수는 수로 바닥의 조도, 단면의 형상 등에 따라 다르게 주어진다.

그러므로 등류에 대한 Manning의 공식은 식 (11.20), (11.21)의 C에 식 (11.23)을 대입하여 다음과 같이 주어진다.

$$v = \frac{1}{n} R_h^{2/3} S_0^{1/2} \tag{11.24}$$

$$Q = \frac{1}{n} A R_h^{2/3} S_0^{1/2} \tag{11.25}$$

다양한 수로에 대한 조도계수를 [표 11.1]에 나타내었다.

표 11.1 조도계수 $n(\mathrm{s/m^{1/3}})$

수로	측벽, 바닥의 재질 및 상태	조도계수, n
인공수로	목재 대패질 한 것	0.010~0.012
	대패질 안한 것	0.012
	금속(강철) 매끈한 것	0.010
	페인트 칠한 것	0.014
	리벳팅한 것	0.015
	콘크리트 매끈한 것(마무리 작업한 것)	0.010~0.012
	손질이 안된 것(마무리 작업 안된 것)	0.015~0.018
	콘크리트 하수관	0.013
	벽돌 몰탈(mortar) 손질한 것	0.013
	손질 안한 것	0.015
운하	땅을 파낸 수로 깨끗한 수로	0.022
	자갈로 된 수로	0.025
	거치른 바닥, 잡초 우거진 측벽	0.030~0.045
자연수로	깨끗하고 똑바른 수로	0.030
	깊은 웅덩이를 가진 느린 수로	0.040

예제4

직사각형 콘크리트 수로에서 물을 $10\ \mathrm{m^3/min}$의 비율로 보내려고 한다. 수로 길이는 $100\ \mathrm{m}$, 수로 양단의 높이 차는 $1\ \mathrm{m}$일 때 수로의 폭과 속도를 계산하여라. 단 수심은 수로 폭의 $1/2$이다.

수로 단면적 A는 수로 단면의 폭을 b라 하면 수심은 수로 폭의 1/2이므로 $b/2$, 따라서 수력반경 R_h는 다음과 같다.

$$R_h = \frac{A}{P} = \frac{b \times b/2}{b + 2 \times b/2} = \frac{b^2/2}{2b} = \frac{b}{4}$$

수로 바닥의 기울기 S_0는 높이와 길이의 비로 주어지므로 $S_0 = 1/100 = 0.01$, 유량 Q는 $10\ \mathrm{m^3/min}$이므로 평균속도 v는 다음과 같다.

$$v = \frac{Q}{A} = \frac{10/60}{b^2/2} = \frac{1}{3b^2}$$

수로의 폭 b는 Manning의 조도계수 n를 [표 11.1]에서 손질을 안한 콘크리트에 대한 값 $n = 0.015$를 고려하면 Manning 식 (11.24)에 의하여 다음 값을 얻는다.

$$\frac{1}{0.015}\left(\frac{b}{4}\right)^{2/3}(0.01)^{1/2} = \frac{1}{3b^2}$$

$$\therefore \quad b = 0.445\ (\mathrm{s/m})^{1/2}$$

따라서 유속 v는 다음과 같다.

$$v = \frac{1}{3b^2} = \frac{1}{3 \times 0.445^2\,(\mathrm{s/m})} = 1.683\ \mathrm{m/s}$$

11.3 최적 개수로 단면

개수로 설계에는 여러 가지 변수가 있지만, 그중 가장 중요한 것은 설치비용이라 할 것이다. 이것은 구조물 크기에 비례하므로 주어진 수로 길이에 대하여 최소의 둘레를 갖는 최적설계가 요구된다. 따라서 최적 개수로 단면이란 주어진 지형(지면의 기울기) 및 수로(콘크리트관 등)에서 마찰손실을 최소화하면서 최대 유량이 흐를 수 있도록 한 최적단면을 의미하여 경제적인 수로 단면을 뜻하기도 한다.

개수로의 유량을 나타낸 식 (11.25)가 주어졌기 때문에 주어진 조건에서 가장 경제적인 단면을 갖는 개수로의 설계가 가능하다. 식 (11.25)을 살펴보면 미지수는 5개, 즉 Q, n, A, R_h, S_0가 있다. 이 중 유량 Q, 수로 바닥의 기울기 S_0 및 조도계수 n의 값은 설계시 미리 주어지므로 이 값들을 일정한 상수 α $(= Qn/S_0^{1/2})$로 고려하면, 평가해야 할 나머지는 수력반경 R_h과 유로단면적 A만 남게 된다. 따라서 식 (11.25)는 다음과 같이 쓸 수 있다.

$$\alpha = AR_h^{2/3} \tag{11.26}$$

위 식에서 α는 일정하므로 유로면적 A의 최소화는 결국 수력반경 R_h의 최대화를 의미한다. 또 수력반경은 $R_h = A/P$인 관계가 있으므로 이 관계를 위 식에 대입하여 정리하면 유로 단면적 A는 접수길이 P의 함수가 된다. 즉,

$$A = \beta P^{2/5} \tag{11.27}$$

여기서 β는 주어진 조건에서 얻어지는 상수이다. 이 식으로부터 단면적 A와 접수길이 P는 비례관계가 있으므로 단면적 A의 최소화는 접수길이 P가 최소가 됨을 알 수 있다.

11.3.1 직사각형 수로

[그림 11-6](a)와 같이 개수로의 폭이 b, 수심의 깊이가 y인 직사각형 수로를 고려하자. 유로 단면적 A와 접수길이 P는 다음과 같다.

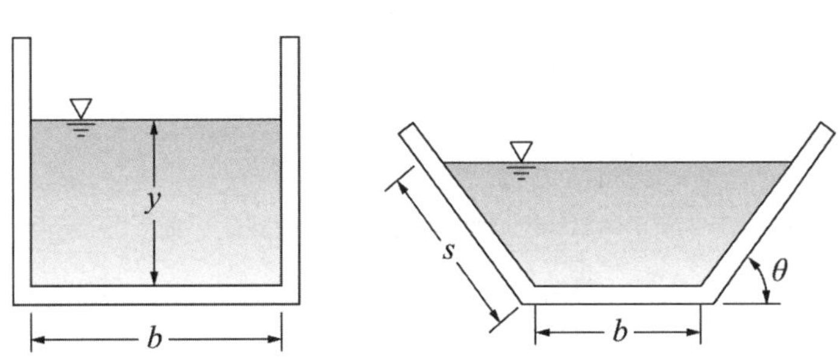

(a) 직사각형 (b) 사다리꼴

그림 11-6 최적 개수로 단면

$$A = by \tag{11.28}$$

$$P = b + 2y \tag{11.29}$$

위 식에서 $A = by = (P - 2y)y$이므로 이 관계를 식 (11.27)에 대입하면 다음 식을 얻는다.

$$A = (P - 2y)y = \beta P^{2/5}$$

접수길이 P가 최소인 수심 y는 위 식을 y에 대한 미분한 값이 0인 조건에서 얻어진다. 위 식의 P를 y에 대하여 미분하면 다음 식을 얻는다.

$$\left(\frac{dP}{dy} - 2\right)y + P - 2y = \frac{2}{5}\beta P^{-3/5}\frac{dP}{dy}$$

$dP/dy = 0$으로 놓으면 위 식에 의해서 다음 관계를 얻는다.

$$-2y + P - 2y = 0$$

$$\therefore \quad P = 4y \tag{11.30}$$

따라서 위 값을 식 (11.29)에 대입하면 $b = 2y$가 된다. 이것은 경제적인 직사각형 개수로의 단면은 폭 b가 수심 y의 2배가 될 때임을 의미한다.

예제5

직사각형 콘크리트 수로에서 물을 $10\ \text{m}^3/\text{min}$의 비율로 수송하려고 한다. 수로 바닥면의 경사도 S_0가 0.01일 때 경제적인 직사각형의 단면을 설계하여라.

경제적인 직사각형 수로의 단면의 폭과 수심은 $b = 2y$이다. 또 단면적과 접수길이는 식 (11.28)과 (11.29)로 주어졌다. 따라서 수력반경 R_h은 다음과 같다.

$$R_h = \frac{A}{P} = \frac{by}{b + 2y} = \frac{(2y)y}{2y + 2y} = \frac{y}{2}$$

또한 수심 y는 매끈한 콘크리트 수로에 대한 조도계수를 [표 11.1]에서 n=0.012를 취하고, 이 값을 Chezy-Manning 식 (11.25)에 대입하면 수심은 다음과 같다.

$$\frac{10\ \text{m}^3}{60\ \text{s}} = \frac{1}{0.012\ \text{s/m}^{1/3}}(2y^2)\left(\frac{y}{2}\right)^{2/3}(0.01)^{1/2}$$

$$y^{8/3} = 0.015874\ \text{m}^{3/8}$$

$$\therefore\ y = 0.211\ \text{m}$$

그러므로 수로의 폭은 $b = 2y = 2 \times 0.211 = 0.422\ \text{m}$가 된다.

11.3.2 사다리꼴 수로

하천이나 관개수로에 가장 많이 이용하는 개수로는 사다리꼴이다. 사다리꼴 수로의 최적단면을 구해보자. [그림 11-6](b)에 수로 바닥의 폭이 b, 수심의 깊이가 y, 빗변의 기울기의 각도를 θ라 하자. 사다리꼴 수로의 유로 단면적 A와 접수길이 P는 다음과 같다.

$$A = (b + y\cot\theta)y \tag{11.31}$$

$$P = b + \frac{2y}{\sin\theta} \tag{11.32}$$

여기서 위 두 식에서 b를 소거하고 P에 대하여 나타내면 다음 식이 얻어진다.

$$P = \frac{A}{y} - y\cot\theta + \frac{2y}{\sin\theta} \tag{11.33}$$

일정한 유로 면적 A에 대하여 접수길이 P를 최소로 하기 위해서는 P를 수심 y에 대해서 미분하고

$$\frac{dP}{dy} = -\frac{A}{y^2} - \cot\theta + \frac{2}{\sin\theta}$$

$dP/dy = 0$이라 놓고 정리하면 다음 식을 얻는다.

$$y^2 = \frac{A\sin\theta}{2 - \cos\theta} \tag{11.34}$$

최적 사다리꼴은 위 식 (11.34)에서 경사각도 θ에 대한 수심 y의 극소값, 즉 $dy/d\theta = 0$으로 구할 수 있고 다음과 같다.

$$2y\frac{dy}{d\theta} = \frac{A\cos\theta(2-\cos\theta) - A\sin\theta\sin\theta}{(2-\cos\theta)^2} = 0$$

$$2\cos\theta = 1$$

$$\therefore \quad \theta = 60^\circ$$

따라서 최대유량이 흐르는 사다리꼴 모양의 개수로 단면은 경사각도가 $\theta = 60^\circ$인 반육각형이 된다. 최적 접수길이와 유로단면적은 식 (11.33)과 (11.34)에 $\theta = 60^\circ$를 대입하면 각각 다음과 같다.

$$P = 2\sqrt{3}\,y, \quad A = \sqrt{3}\,y^2$$

최적 사다리꼴 수로의 바닥의 폭 b와 수심 깊이 y 사이는 식 (11.31)과 식 (11.34)에 $\theta = 60^\circ$를 대입하고 유로 단면적 A에 대하여 정리하여 등가로 놓으면 다음 관계가 얻어진다.

$$\left(b+y\frac{1}{\sqrt{3}}\right)y = \sqrt{3}\,y^2$$

$$\therefore \quad y = \frac{\sqrt{3}}{2}b \tag{11.35}$$

여기에서 사다리꼴 수로의 측변의 길이를 살펴보자. 측변의 길이 s는 [그림 11-6](b)에서 $s = y/\sin\theta$으로 주어지고, 이 식에 수심 $y = \sqrt{3}\,b/2$와 경사각도 $\theta = 60^\circ$를 대입하면 $s = \sqrt{3}\,b/2/\sin 60^\circ = b$가 된다. 경제적인 사다리꼴 수로의 형상은 측변의 길이 s가 수로 바닥의 폭 b와 같고 경사각도는 $\theta = 60^\circ$이므로 정육각형의 반쪽(반육각형)과 같게 된다.

예제6

자연조건을 이용하여 땅을 파서 깨끗한 밑변 $5\,\mathrm{m}$, 수심 $2\,\mathrm{m}$인 사다리꼴 수로를 건설하고자 한다. 이 운하의 경사면의 각도는 $\theta = 60^\circ$이며, 지형의 경사도가 S가 0.0001일 때 유량은 얼마인가?

사다리꼴 수로의 단면적과 접수길이는 식 (11.31), (11.32)에 의해 다음과 같다.

$$A = (5\,\mathrm{m} + 2\mathrm{m}\times\cot 60^\circ)\times 2\mathrm{m} = 366\,\mathrm{m}^2$$

$$P = b + \frac{2y}{\sin\theta} = 5\,\mathrm{m} + \frac{2\times 2\mathrm{m}}{\sin 60^\circ} = 9.62\,\mathrm{m}$$

수력반경 R_h는 다음과 같다.

$$R_h = \frac{A}{P} = \frac{366\,\mathrm{m}^2}{9.62\,\mathrm{m}} = 38.05\mathrm{m}$$

유량 Q는 조도계수를 자연조건 수로에 대한 값으로 [표 11.1]에서 $n = 0.03$을 취하면 식 (11.25)에 의하여 다음과 같다.

$$Q = \frac{1}{n}AR_h^{2/3}S_0^{1/2} = \frac{1}{0.03\,\mathrm{s/m}^{1/3}}(366\,\mathrm{m}^2)(38.05\,\mathrm{m})^{2/3}(0.0001)^{1/2}$$
$$= 1{,}380\,\mathrm{m}^3/\mathrm{s}$$

11.3.3 원형 수로

원형 개수로는 하수관과 같이 물이 관 속을 충만하지 않고 흐를 때를 말한다. 반원형은 기하학적인 관점에서 주어진 단면에서 최소의 접수길이를 갖기 때문에 그 자체로서 효율적이므로 반원관을 설치하여 액체를 공급하는 것이 가장 경제적이다. 그러나 원형 수로를 설치할 경우에는 경제성보다 원관을 통해 흐를 수 있는 최대 유량을 얻고자 하는 것이 목표이다.

(1) 경제적인 원형 개수로

[그림 11-7]에 직경 D(반경 R), 접수길이(또는 수면)의 중심각 θ인 원형 개수로를 나타내었다. 유로 단면적 A과 접수길이 P, 수력반경 R_h는 각각 다음과 같다.

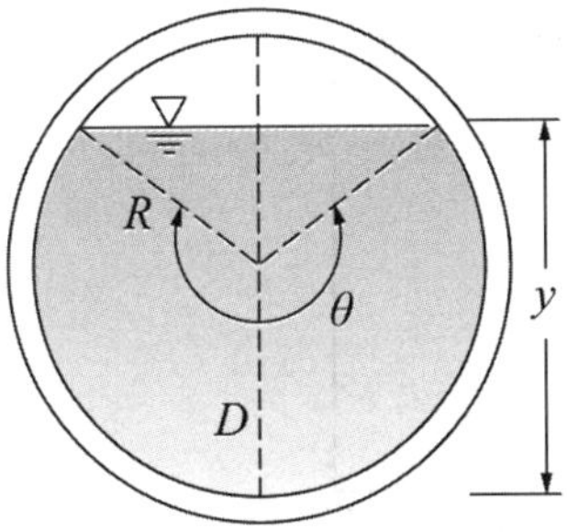

그림 11-7 원형 개수로

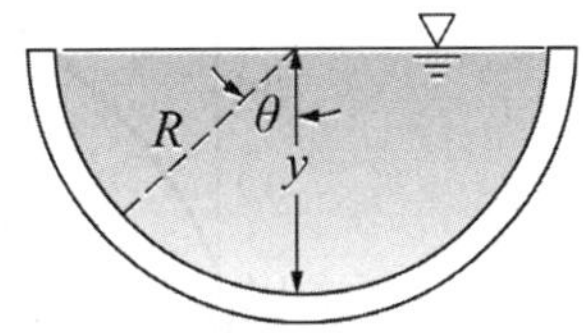

그림 11-8 경제적인 원형 개수로

$$A = \frac{D^2}{8}(\theta - \sin\theta) = \frac{R^2}{2}(\theta - \sin\theta) \tag{11.36}$$

$$P = \frac{D}{2}\theta = R\theta \tag{11.37}$$

$$R_h = \frac{A}{P} = \frac{D}{4}\left(1 - \frac{\sin\theta}{\theta}\right) = \frac{R}{2}\left(1 - \frac{\sin\theta}{\theta}\right) \tag{11.38}$$

식 (11.36)과 (11.37)에 의해서 접수길이 P를 단면적 A로 나타내면 다음과 같다.

$$P = \sqrt{2A}\sqrt{\frac{\theta^2}{\theta - \sin\theta}} \tag{11.39}$$

접수길이의 극소값을 구하기 위해 위 식의 유로면적 A를 일정한 상태에서 P를 θ에 대하여 미분하고 $dP/d\theta = 0$으로 놓으면

$$\theta - \theta\cos\theta - 2\theta + 2\sin\theta = 0$$

$$\therefore \quad \theta\cos\theta + \theta - 2\sin\theta = 0$$

위 식을 만족하는 θ는 π이다. 따라서 원형 개수로에서 가장 경제적인 유로는 직경의 1/2 높이(또는 단면)로 흐를 때, 즉 반원형 수로인 경우로서 [그림 11-8]에 나타냈다.

(2) 원형 개수로의 최대 유량

원형 개수로는 경제성이 아니라 원 관을 통해 흐를 수 있는 최대 유량이 목적이다. 최대 유량과 최대 유속은 실제로 유체가 관에 완전히 차기 전에 일어난다. 원형 개수로의 기하학적 특성은 식 (11.36) ~ (11.39)로 주어졌다.

원관 내 유속과 유량은 Manning의 식 (11.24)와 (11.25) 그리고 기하학적 특성 식 (11.36) ~ (11.39)를 참고하면 다음과 같이 예측할 수 있다.

$$v = \frac{1}{n}\left[\frac{R}{2}\left(1 - \frac{\sin\theta}{\theta}\right)\right]^{2/3} S_0^{1/2}$$

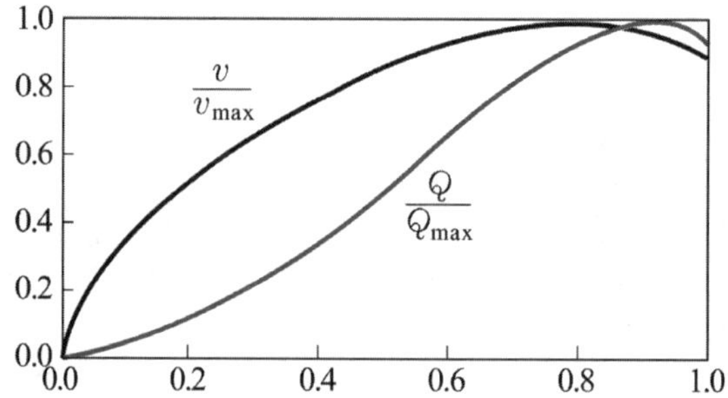

그림 11-9 관의 충만에 따른 속도비와 유량비

$$Q = \frac{1}{n} v R^2 \left(\theta - \frac{\sin\theta}{2} \right) \tag{11.40}$$

[그림 11-9]에 유속 v와 유량 Q를 y/D에 대하여 나타냈다. 여기서 조도계수 n과 수로 바닥면의 기울기 S_0는 기지의 값으로 고려했다. 그림에는 유속비와 유량비의 최대값이 다른데 이 조건의 수심 y에서 유속과 유량은 다음과 같다.

$$v = 0.718 \frac{1}{n} R^{2/3} S^{1/2} \ \text{at} \ \theta = 128.73^\circ \ \text{and} \ y = 0.813D \tag{11.41}$$

$$Q = 2.129 \frac{1}{n} R^{8/3} S^{1/2} \ \text{at} \ \theta = 151.21^\circ \ \text{and} \ y = 0.938D \tag{11.42}$$

최대 유속은 $y/D = 0.813$인 경우에, 최대 유량은 $y/D = 0.938$인 경우에 나타난다. 이것은 원관에 가득 차서 흐르는 경우, 즉 $y/D = 1$인 경우보다 유속은 14%, 유량은 8%만큼 더 크게 된다. 실제 가득 차서 흐르는 관은 다소 불안정한 유동을 갖게 되지만, 이 현상은 그다지 중요하지는 않다.

11.4 점진 변화유동

지금까지는 수심 y와 유속 v가 일정한 등류에 대하여 살펴보았다. 그러나 실제 개수로 유동은 바닥면의 기울기와 수심이 위치에 따라 변하여 수심과 유속이 일정하지 않은 비등속류이다. 비등속류에는 점진 변화유동 또는 급속 변화유동으로 나타나지만, 먼저 점진 변화유동부터 검토한다.

수로 바닥면의 기울기가 작고 수심과 단면적이 완만하게 변한다면, 즉 점진 변화 개수로 유동은 근사해석이 가능하다. 이것은 속도분포를 1차원으로 가정하고, 압력분포는 정수학적으로 고려할 수 있으므로 이론적 해석을 할 수 있다.

11.4.1 기본 미분방정식

점진 변화유동(GVF, gradually varied flow)에 대한 개략도를 [그림 11-10]에 나타냈다. 등류에서는 에너지선의 기울기 S와 수로 바닥면의 기울기 S_0가 같다. 그러나 점진 변화유동은 비등속류이므로 이들 기울기가 같지 않아 수심의 변화율을 구하여 보자.

[그림 11-10]에서 x와 $x+dx$ 사이의 에너지 평형은 다음과 같다.

$$\frac{v^2}{2g} + y + S_0 dx = S dx + \left\{ \frac{v^2}{2g} + d\left(\frac{v^2}{2g} \right) \right\} + (y + dy)$$

위 식을 정리하면 다음 식을 얻는다.

$$\frac{dy}{dx} + \frac{v}{g}\frac{dv}{dx} = S_0 - S \tag{11.43}$$

폭이 b인 직사각형 수로를 고려하여 연속방정식 '$Q = Av = ybv =$ 상수'를 미분하면 다음 식을 얻는다.

$$\frac{dQ}{dx} = bv\frac{dy}{dx} + yb\frac{dv}{dx} = 0 \rightarrow \frac{dv}{dx} = -\frac{v}{y}\frac{dy}{dx} \tag{11.44}$$

식 (11.44)를 식 (11.43)에 대입하고 $v/\sqrt{gy}$가 Froude수라는 것을 고려하면 점진 변화유동에서 구하고자 하는 방정식, 즉 수심의 변화율을 얻을 수 있다.

$$\frac{dy}{dx} = \frac{S_0 - S}{1 - \mathbf{Fr}^2} \tag{11.45}$$

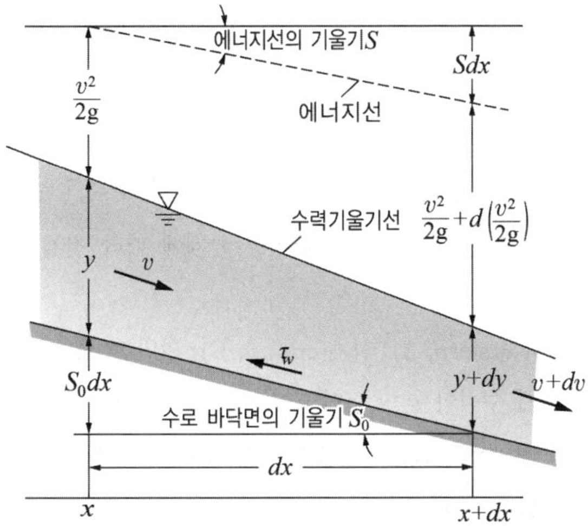

그림 11-10 점진변화유동의 개략도

이 식은 직사각형 수로에서 유도되었지만, 단면적이 일정한 다른 수로에 대해서도 역시 유효하다. 이 식의 해석해 또는 수치해는 주어진 매개변수(S_0, S, **Fr**)에 대하여 수심 y를 x의 함수로 표현하면 이때 $y(x)$는 표면윤곽(surface profile)을 나타낸다.

수로의 표면윤곽, 즉 수심의 경향(증가, 감소, 일정)은 식 (11.45)의 분모, 분자의 부호로 결정된다. 먼저 분모의 부호부터 살펴보자. 분모의 부호는 **Fr** < 1인 상류(완류)인가 혹은 **Fr** > 1인 사류(급류)인가에 따라 다르다. 상류이면 양수(+), 사류이면 음수(-)가 된다. 다음, 분자의 부호는 수로 바닥의 기울기 S_0와 에너지선의 기울기 S의 상대적 크기에 따라 달라지는데, S는 동일한 유량 Q에서의 균일유동에 해당하는 기울기로서 식 (11.8), (8.19), (11.20)에 의해서 다음과 같다.

$$S = S_{0n} = \frac{f}{D_h}\frac{v^2}{2g} = \frac{v^2}{R_h C^2} = \frac{n^2 v^2}{R_h^{4/3}} \tag{11.46}$$

여기서 S_{0n}은 조도계수가 n인 수로 바닥의 기울기, C는 체지계수이다. 따라서 식 (11.45)의 표면윤곽은 균일유동의 수직수심($y = y_n$)과 한계유동의 한계수심($y = y_c$)에 비교된 국소 바닥면의 기울기 $S_0(x)$와 임계기울기 S_c의 상대적인 크기에 의존한다.

점진변화유동에 대한 유동형상은 식 (11.45)를 수치적으로 풀어 해를 얻을 수 있다. 이때 유량이 일정하게 주어진 경우 1차 미분방정식은 다음과 같다.

$$\frac{dy}{dx} = \frac{S_0 - n^2 Q^2/(A^2 R_h^{4/3})}{1 - Q^2 b/(gA^3)} \tag{11.47}$$

초기조건은 $x = x_0$에서 $y = y_0$이다. 수로를 따라 모든 위치에서 바닥기울기 $S_0(x)$와 단면형상 변수 (b, P, A)는 알 수 있다고 가정한다. 그러면 국소 수심 $y(x)$에 대해 식 (11.47)을 풀 수 있다.

11.4.2 점진 변화유동의 분류

개수로는 수로에 따른 수심에 바탕을 두고 설계되어 건설된다. 따라서 주어진 유량 Q와 수로 형상(수로 기울기 S_0)에 대하여 수심을 예측하는 것이 중요하다. 이에 따라 수로의 표면윤곽(유동형태)은 수로의 기울기 5가지와 수직수심 y_n과 한계수심 y_c의 상대적인 관계에 따라 전체적으로 12가지로 분류할 수 있다.

수로의 기울기 5가지는 가파른(steep, S), 한계(critical, C), 완만한(mild, M), 수평(horizontal, H) 및 역기울기(adverse, A)인데, 이때 수심이 $y_n < y_c$이면 가파르고, $y_n = y_c$이면 한계, $y_n > y_c$이면 완만하고, $S_0 = 0$이면 수평, $S_0 < 0$이면 역기울기이다. 역기울기란 수로의 기울기가 오르막 언덕처럼 되어 있는 것을 의미한다. 이것을 [그림 11-11](a)에 나타냈다.

수로의 유동윤곽 표기법은 수로 기울기 5가지의 머리글자(S, C, M, H, A) 뒤에 숫자 ①, ②, ③을 붙여 표기한다. 지정된 숫자는 [그림 11-11](b)에 나타낸 것처럼 숫자 ①은 시작점의 수심이 한계수심과

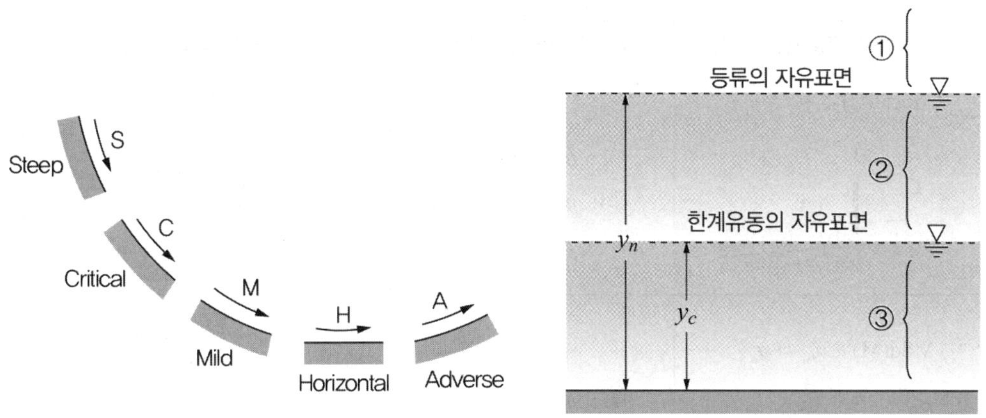

(a) 수로의 기울기 (b) 숫자 배정

그림 11-11 수로의 기울기 및 숫자 배정

수직수심보다 모두 위에 있는 경우($y > y_{n,}\ y_c$)이고, 숫자 ②는 시작점의 수심이 둘 사이에 있는 경우($y_n > y > y_c$)이며, 숫자 ③은 시작점의 수심이 수직수심과 한계수심보다 아래에 있는 경우($y < y_{n,} y_c$)를 가리킨다.

점진 변화유동의 형태는 총 12가지(S1, S2, S3, C1, C2, M1, M2, M3, H2, H3, A2, A3)로 표현할 수 있고 [표 11.2]에 나타냈다. 표에는 5가지 수로 기울기에 대한 표면윤곽의 수심 및 Fr 그리고 표면윤곽을 나타내었다. 예를 들어, $S1$의 유동형태를 살펴보면 시작점이 y_n과 y_c보다 위에 있으며 수심 $y(x)$는 더 깊어져 y_n과 y_c로부터 더 멀어진다. 즉, $S1$는 $y > y_c(Fr < 1)$과 $S_0 > S_c$인 조건을 식 (11.45)에 대입하면 $dy/dx > 0$이므로 수심이 유동방향으로 점차 증가한다. $S2$의 유동형태를 살펴보면 시작점이 y_n과 y_c의 사이에 있으며 이 조건을 식 (11.45)에 고려하면 $dy/dx < 0$이 되어 수심에 대한 수치해는 y_n 또는 y_c중 더 낮은 값에 가까워진다. $S3$의 유동형태는 시작점이 y_n과 y_c의 아래에 있는 경우로서 해의 곡선은 $dy/dx > 0$이 되어 수심이 증가하고 표면윤곽은 한계수심 y_c 또는 수직수심 y_n중 낮은 값에 가까워진다. 표면윤곽의 이러한 경향은 바닥면의 기울기 S_0 또는 표면조도가 변하지 않는 한 계속된다.

표 11.2 점진 변화유동에 대한 표면윤곽의 분류

수로 기울기	표면윤곽의 수심(Fr수)	표면윤곽과 기울기
Steep(S) : $y_n < y_c$ $S_0 > S_c$ 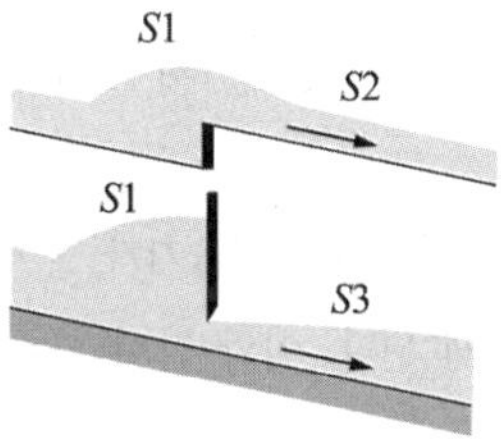 	$S1$: $y > y_c(Fr < 1)$ $S2$: $y_n < y < y_c(Fr > 1)$ $S3$: $y < y_n(Fr > 1)$	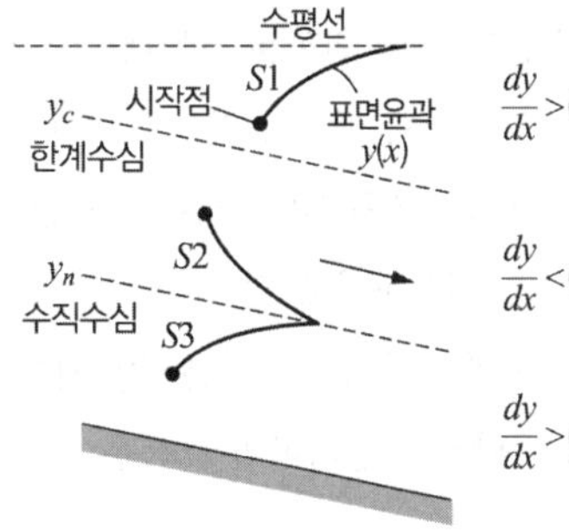

수로 기울기	표면윤곽의 수심(Fr수)	표면윤곽과 기울기
Critical(C) : $y_n = y_c$ $S_0 = S_c$ 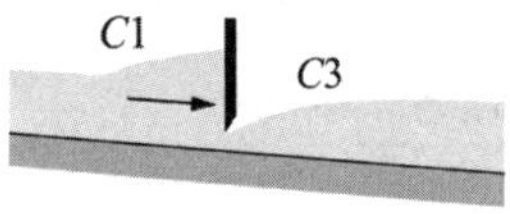 	$C1:\ y > y_c(Fr < 1)$ $C3:\ y < y_c(Fr > 1)$	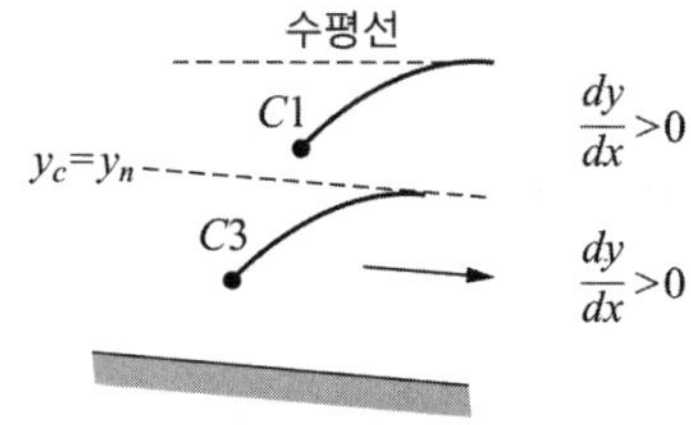
Mild(M) : $y_n > y_c$ $S_0 < S_c$ 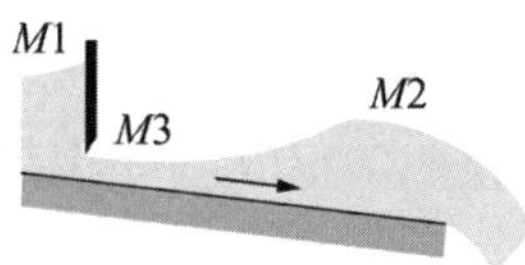 	$M1:\ y > y_n(Fr < 1)$ $M2:\ y_n > y > y_c(Fr < 1)$ $M3:\ y < y_c(Fr > 1)$	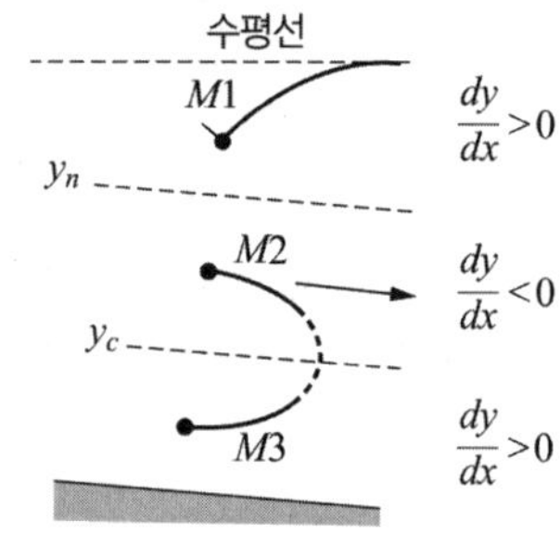
Horizontal(H): $y_n = \infty$ $S_0 = 0$ 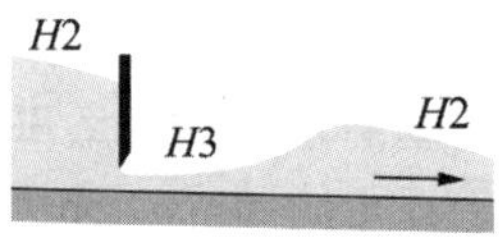 	$H2:\ y > y_c(Fr < 1)$ $H3:\ y < y_c(Fr > 1)$	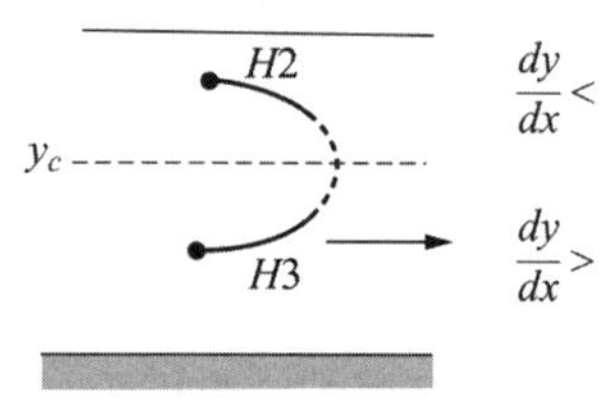
Adverse(A) : $S_0 < 0$ 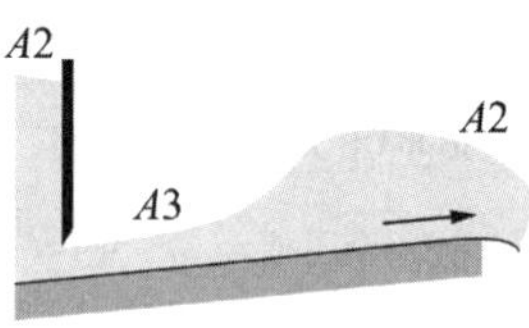 	$A2:\ y > y_c(Fr < 1)$ $A3:\ y < y_c(Fr > 1)$	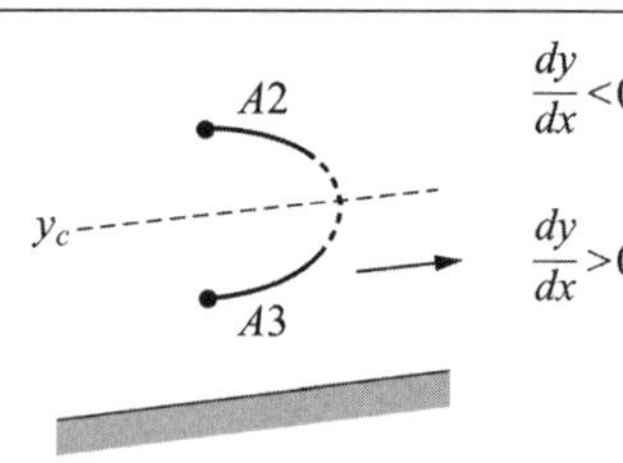

11.5 급속 변화유동

비등속류의 급속 변화유동에 대하여 검토하여 보자. 급속 변화유동(RVF, rapidly varied flow)은 수심이 비교적 짧은 구간에서 현저하게 변하는 유동으로서 수로 단면의 변화가 주요 원인이다. 이 유동은 다차원적인 과도효과, 유동박리, 역류 등이 동반하므로 상당히 복잡하지만, 점진 변화유동과 같이 1차원 유동으로 근사시켜 해석하기도 한다.

바닥면의 기울기가 가파른 수로에서의 유동은 사류(급류)가 된다. 이때 만약 바닥면의 기울기가 줄어들거나 혹은 마찰이 증가하면 흐름은 사류를 유지할 수 없어 상류(완류)로 변하게 된다. 이와 같이 사류에서 상류로의 변화는 수면이 일시적으로 갑자기 상승하는 수력도약(도수, hydraulic jump)을 통하여 일어난다. 수력도약 전후의 유동상태는 상류측 유속이 빠르고 수심이 얕은데, 하류측은 유속이 느리고 수심이 깊어진다. 이것은 수력도약에 의해 유속이 감소하고 매우 심한 난류 및 와류를 동반하게 되어 에너지의 상당부분을 손실하는데 손실에너지의 일부가 위치에너지로 변환되어 수면을 상승시키기 때문이다.

수력도약은 개울이나 개천에서 쉽게 관측되는 현상이지만, 수력도약의 원리는 공업적으로 여러 가지에 응용하고 있다. 예를 들면, 댐, 하천 제방에서 방출된 사류는 수력도약을 발생시켜 물의 속도를 효과적으로 떨어뜨려 하천 바닥의 파괴를 방지하고 있고, 또 하수처리장 등에서는 물과 화학약품들을 효과적으로 혼합시키는데 이용되고 있다.

11.5.1 수력도약 이론

수력도약은 바닥면의 기울기가 급경사에서 완만한 경사로 변할 때, 또는 사류에서 상류로 변할 때 나타난다. 이때 사류측의 수심은 한계수심보다 작고, Fr수는 1보다 커야 한다. 수력도약 전후의 수심비와 수력도약에 의한 수두손실을 평가해 보자.

(1) 수심비

수력도약 전후의 수심에 대한 관계식을 유도해 보자. [그림 11-12]와 같이 수력도약이 발생한 개수로 유동을 고려하자. 다음과 같이 가정한다.

① 수력도약의 상류측(사류)과 하류측(상류)의 유동은 모두 등류이고, 따라서 운동량플럭스의 수정계수는 1, 즉 $\alpha_1 = \alpha_2 = 1$이다.

② 액체 내부의 압력은 정수력학적으로 변하고 모든 표면은 대기압이 작용하므로 압력은 계기압력만을 고려한다.

③ 수력도약은 매우 큰 난류 및 와류에 의한 에너지 손실이 크므로 수로 바닥의 저항(바닥면 전단응력)과 이에 따른 마찰손실은 무시한다.

④ 수로는 넓고 평평하다.

⑤ 중력 이외의 다른 외력 또는 체적력은 없다.

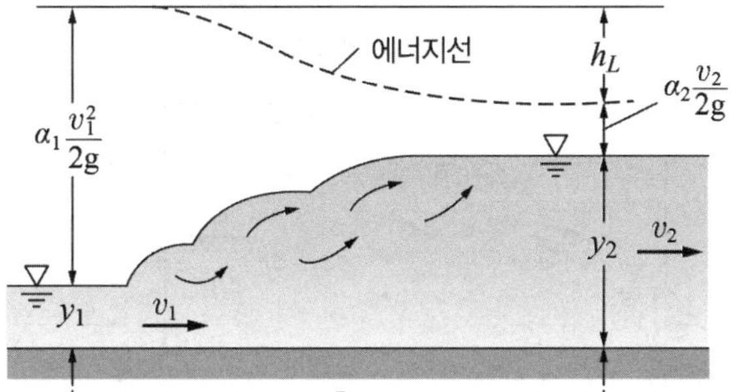

그림 11-12 수력도약의 개념도

수력도약 이론은 한계흐름(critical flow)에 연속방정식, 운동량방정식, 에너지방정식을 적용하여 구할 수 있다. [그림 11-13]에 표시한 검사체적의 단면 ①과 ②에서의 연속방정식은 다음과 같다.

$$\dot{m}_1 = \dot{m}_2 \rightarrow y_1 v_1 = y_2 v_2 \tag{11.48}$$

운동량 방정식 $\sum F_x = \dot{m}_2 v_2 - \dot{m}_1 v_1$은 다음과 같다. 먼저 검사체적 단면 ①과 ②에 작용하는 힘은 압력만이고 이것은 정수력이므로 다음과 같다.

$$\sum F_x = p_{c1} A_1 - p_{c2} A_2$$

운동량 변화율은 다음과 같다.

$$\dot{m}_2 v_2 - \dot{m}_1 v_1 = \rho Q v_2 - \rho Q v_1 = \rho v_2 A_2 v_2 - \rho v_1 A_1 v_1$$

위 두 식에 의해 운동량 방정식은 다음 식으로 주어진다.

$$p_{c1} A_1 + \rho Q v_1 = p_{c2} A_2 + \rho Q v_2 \tag{11.49}$$

여기서 p_{c1}과 p_{c2}는 각각 단면 A_1과 A_2의 도심(centroid)에 작용하는 압력이다.

수력도약 이론은 유량 Q와 상류측의 수심 y_1이 주어졌을 때 하류측의 수심 y_2을 결정하는 것이다. 그러면 식 (11.49)의 좌변의 v_1, A_1 및 p_{c1}이 모두 y_1과 Q의 함수로서 기지의 값이 되고, 우변은 y_2의 함수이므로 y_2에 대하여 풀 수 있다.

직사각형 수로에서 발생한 수력도약 후의 수심 y_2를 구하여 보자. 폭이 1인 직사각형 수로를 고려하면 $Q = q$, $A_1 = y_1$, $p_{c1} = \gamma y_1/2$, $p_{c2} = \gamma y_2/2$ 및 $A_2 = y_2$이므로 식 (11.49)는 다음과 같이 쓸 수 있다.

$$\frac{\gamma y_1^2}{2} + \rho q v_1 = \frac{\gamma y_2^2}{2} + \rho q v_2$$

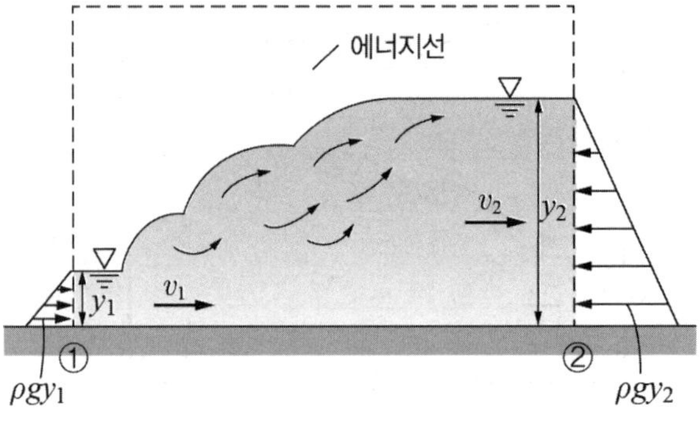

그림 11-13 수력도약에 대한 검사체적

그런데 단위 폭당 유량은 $q = yv$이므로 위 식은 다음 식으로 표기할 수 있다.

$$\frac{\gamma}{2}\left(y_1^2 - y_2^2\right) = \frac{\gamma}{g}\left(y_2 v_2^2 - y_1 v_1^2\right)$$

위 식에 연속방정식 (11.48)을 고려하여 v_2를 제거하면 다음 식이 된다.

$$y_1^2 - y_2^2 = \frac{2y_1 v_1^2}{g y_2}(y_1 - y_2)$$

양변으로부터 공통인자 $y_1 - y_2$를 없애고 다시 정리하면 다음 식을 얻는다.

$$\left(\frac{y_2}{y_1}\right)^2 + \frac{y_2}{y_1} = \frac{2v_1^2}{g y_1} \tag{11.50a}$$

위 식의 우변 항은 Froude수($Fr_1 = v_1/(gy_1)^{1/2}$)의 제곱에 2배가 되는 것을 알 수 있다. 따라서 식 (11.50a)는 다음 식으로 표기할 수 있다.

$$\left(\frac{y_2}{y_1}\right)^2 + \frac{y_2}{y_1} - 2\mathbf{Fr}_1^2 = 0 \tag{11.50b}$$

이 식은 y_2/y_1에 대한 2차 방정식이며, 근의 공식을 이용하면 각각 음수와 양수인 두 개의 근을 얻을 수 있다. y_1와 y_2는 모두 양의 값이므로 수심비 y_2/y_1는 음수가 될 수 없다는 것을 고려하면 수력도약 전후의 수심비 및 수력도약 후 수심은 다음과 같다.

$$\frac{y_2}{y_1} = \frac{1}{2}\left(\sqrt{1+8\,\mathbf{Fr}_1^2} - 1\right) \tag{11.51a}$$

및

$$y_2 = \frac{y_1}{2}\left(\sqrt{1+8\,\mathbf{Fr}_1^2} - 1\right) \tag{11.51b}$$

수력도약 후의 수심이 상류측의 Froude수로 표시되어 있다. 수력도약 전후의 수심 y_1과 y_2는 서로 공액수심(conjugate 또는 sequent depth)이라 하고, 이것은 에너지 식으로부터 얻은 대응수심(alternate depth)과 대비된다.

(2) 수두손실

수력도약에 의해 에너지 손실, 즉 수두손실은 얼마나 될까? 종종 수두손실을 결정할 필요가 있다. 수두손실은 수력도약 전후의 비에너지를 비교하면 얻을 수 있는데, 결국 두 단면에서의 비에너지의 차이가 된다.

[그림 11-13]의 수면 ①과 ② 사이의 유동에 대한 1차원 에너지방정식은 다음과 같다.

$$\frac{p_1}{\gamma}+\alpha_1\frac{v_1^2}{2g}+y_1=\frac{p_2}{\gamma}+\alpha_2\frac{v_2^2}{2g}+y_2+h_L$$

위 식은 $p_1=p_2=p_0$, $\alpha_1=\alpha_2=1$이라 고려하면 다음 식이 된다.

$$\frac{v_1^2}{2g}+y_1=\frac{v_2^2}{2g}+y_2+h_L$$

그러므로 수력도약에 의한 수두손실 h_L은 다음 식으로 주어진다.

$$h_L=\left(y_1+\frac{v_1^2}{2g}\right)-\left(y_2+\frac{v_2^2}{2g}\right)=E_{s1}-E_{s2}$$

결국 수두손실은 수력도약 전후의 비에너지 E_s의 차이임을 알 수 있다. 폭이 1인 직사각형 수로를 고려하면 속도 $v=Q/A=q/y$인 관계를 위 식에 대입하여 정리하면 다음과 같다.

$$\begin{aligned}h_L&=\left(y_1+\frac{q^2}{2gy_1^2}\right)-\left(y_2+\frac{q^2}{2gy_2^2}\right)\\&=\frac{q^2}{2g}\left(\frac{1}{y_1^2}-\frac{1}{y_2^2}\right)+(y_1+y_2)\end{aligned}$$

여기서 q는 폭이 1인(단위 폭당) 체적유량이다. 그런데 $q^2/g=y_1y_2(y_1+y_2)/2$이므로 위 식은 다음과 같이 된다.

$$h_L=\frac{(y_2-y_1)^3}{4y_1y_2} \tag{11.52}$$

따라서 수력도약에 의한 에너지 손실은 수력도약 전후의 깊이 y_1, y_2만의 함수임을 알 수 있다. 그런데 $y_2<y_1$이면 h_L이 음의 값을 가지기 때문에 이 조건은 결국 열역학 제2법칙에 위반하게 된다. 따라서 수력도약은 $y_2>y_1$인 조건으로 주어지고 그때의 수력손실은 식 (11.52)로 평가할 수 있다. [그림 11-14]에 수력도약에 대한 에너지 선을 나타내었다. 수력도약 동안의 에너지 선의 강하, 즉 ① → ②는 도약에 수반되는 수두손실 h_L을 의미한다.

에너지 소산율(에너지 소산비, energy dissipation ratio)은 수력도약 이전의 비에너지에 대한 수두손실과의 백분율로 정의된다. 즉,

$$\text{소산율}=\frac{h_L}{E_{s1}}=\frac{h_L}{y_1+v_1^2/2g}=\frac{h_L}{y_1(1+Fr_1^2/2)}\times 100\% \tag{11.53}$$

에너지 소산율의 범위는 약한 수력도약(**Fr**$_1<2$)에서는 단지 수%에 지나지 않지만, 강한 수력도약(**Fr**$_1>9$)에서는 85%나 된다.

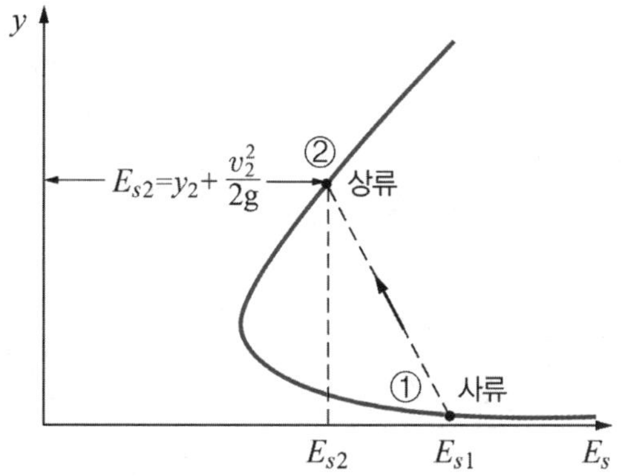

그림 11-14 수력도약에 대한 비에너지선도

11.5.2 수력도약의 분류

수력도약은 수로의 상당한 길이에 걸쳐서 발생하는데, 일반적으로 하류 수심 y_2의 4~7배 정도가 된다. 수력도약은 상류측의 Froude수가 1보다 클 때 발생하고 Froude수에 따라 5가지로 분류한다. 이것을 [그림 11-15]에 나타냈다.

① $\mathbf{Fr}_1 < 1.0$

상류측의 Froude수가 1보다 작을 경우에는 열역학 제2법칙에 위배되기 때문에 수력도약은 일어나지 않는다.

② $1.0 < \mathbf{Fr}_1 < 1.7$

이 범위에서는 수심이 약간 높아진($y_2/y_1 = 1 \sim 2$) 정재파(standing wave)와 같은 파상도약이 나타난다. $\mathbf{Fr}_1 = 1.7$ 근처에서 표면 물결파(surface rollers)가 발달한다. 에너지 소산비율은 5% 이내이다. 이것은 [그림 11-15](a)에 나타냈다.

③ $1.7 < \mathbf{Fr}_1 < 2.5$

작은 물결파와 함께 표면이 부드럽게 상승하는 롤(roll) 모양의 약한 도약이 나타난다. 수심비는 $y_2/y_1 = 2 \sim 3.1$, 에너지 소산비율은 5~15% 정도이다.

④ $2.5 < \mathbf{Fr}_1 < 4.5$

불안정하게 진동하는 수력도약이 나타난다. 바닥으로 유입하는 제트에 의해 발생하는 불규칙적인 맥동은 큰 파동을 형성하는데, 이것은 수 km 이동하며 둑을 손상시킨다. 물웅덩이 설계에서 반드시 피해야 할 조건이다. 수심비는 $y_2/y_1 = 3.1 \sim 5.9$, 에너지 소산비율은 15~45%이다.

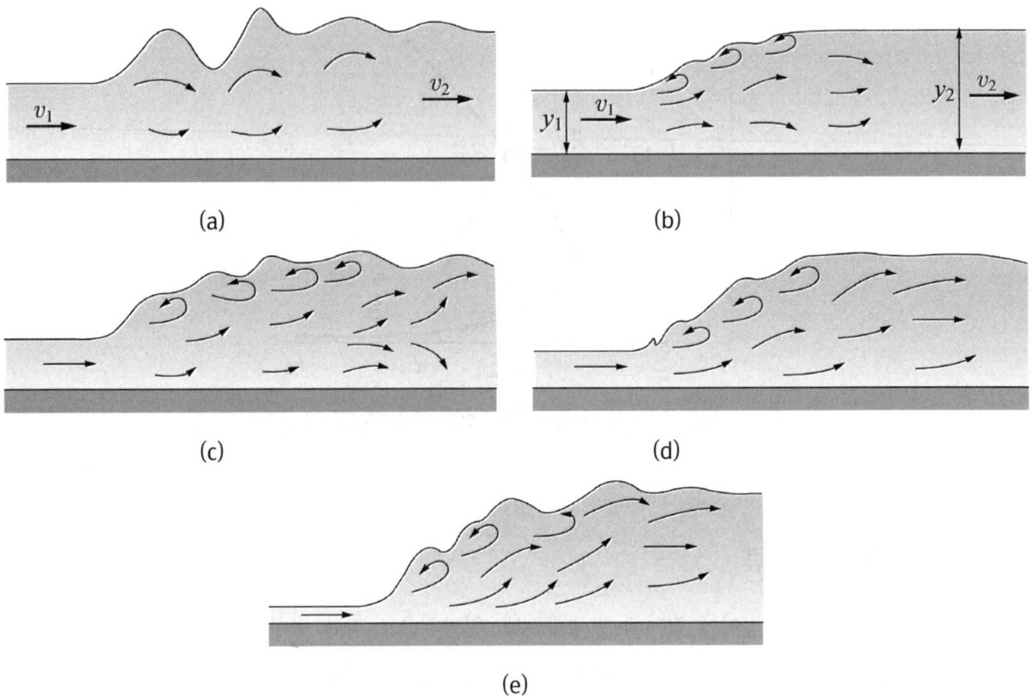

그림 11-15 수력도약의 분류

⑤ $4.5 < \mathbf{Fr}_1 < 9$

안정적이며 균형이 잘 잡힌, 하류조건에도 민감하지 않은 정상적인 수력도약이 일어난다. 도약 내에서 강한 소용돌이(eddy)와 높은 비율의 에너지 소산은 하수처리장 등에서 물과 화학약품을 효과적으로 혼합시킬 수 있어 가장 좋은 설계조건이다. 수심비는 $y_2/y_1 = 5.9 \sim 12$, 에너지 소산비율은 45~70%이다.

⑥ $\mathbf{Fr} > 9$

거칠고 약간 간헐적인 강한 도약이 나타난다. 에너지 소산비율이 높아 매우 효과적이라고 생각되지만, 다른 설계와 비교하여 비경제적일 수 있다. 수심비는 $y_2/y_1 > 12$, 에너지 소산비율은 70~85%이다. 이것은 [그림 11-15](e)에 나타냈다.

예제8

폭이 1.5 m인 댐 수문 하류에서 수력도약이 발생한다. 수력도약 전의 수심이 1.2 m, 속도가 10 m/s이었다면 수력도약 후의 수심과 에너지 손실에 의한 동력을 구하여라.

수력도약 후의 수심 y_2는 식 (11.51b)에서

$$y_2 = \frac{y_1}{2}\left(\sqrt{1+\frac{8v_1^2}{gy_1}}-1\right)$$
$$= \frac{1.2\,\mathrm{m}}{2}\left(\sqrt{1+\frac{8\times 10^2\,\mathrm{m^2/s^2}}{9.8\,\mathrm{m/s^2}\times 1.2\,\mathrm{m}}}-1\right)$$
$$= 4.38\,\mathrm{m}$$

단위 폭당 유량 q는

$$q = y_1 v_1 = 1.2\,\mathrm{m}\times 10\,\mathrm{m/s} = 12\,\mathrm{m^2/s}$$

손실수두 h_L은 식 (11.52)에 의해서

$$h_L = \frac{(y_2-y_1)^3}{4y_1y_2} = \frac{(4.38\,\mathrm{m}-1.2\,\mathrm{m})^3}{4\times 1.2\,\mathrm{m}\times 4.38\,\mathrm{m}} = 1.53\,\mathrm{m}$$

수력도약으로 인해 에너지 손실을 동력 $\dot{W}$으로 표시하면 다음과 같다.

$$\dot{W} = qb\gamma h_L = 12\,\mathrm{m^3/(s\cdot m)}\times(1.5\,\mathrm{m})\times 9800\,\mathrm{N/m^3}\times 1.53\,\mathrm{m}$$
$$= 269.9\,\mathrm{kW}$$

이 값이 수력도약으로 인해서 손실되는 동력이다. 수력도약의 발생으로 손실된 동력(또는 에너지)는 하천 바닥을 씻겨 패어지거나 혹은 두 유체를 양호하게 혼합시키는데 응용될 수 있다.

예제9

하천에서 $q = 10\,\mathrm{m^3/(s\cdot m)}$, $y_1 = 1.25\,\mathrm{m}$로 물이 흐르고 있다. 수력도약이 일어나는 경우 다음을 계산해라. (a) y_2, (b) v_2, (c) $\mathbf{Fr}_2$ (d) h_L, (e) 소산율, (f) 단위폭당 동력손실, (g) $c_p = 4200\,\mathrm{J/(kg.K)}$일 때 소산에 의한 온도상승

먼저 상류측에서의 속도 v_1와 Froude수 $\mathbf{Fr}_1$는 다음과 같다.

$$v_1 = \frac{q}{y_1} = \frac{10\,\mathrm{m^3/(s\cdot m)}}{1.25\,\mathrm{m}} = 8.0\,\mathrm{m/s}$$

$$Fr_1 = \frac{v_1}{(gy_1)^{1/2}} = \frac{8.0\,\mathrm{m/s}}{(9.8\,\mathrm{m/s^2}\times 1.25\,\mathrm{m})^{1/2}} = 2.285$$

(a) 수력도약 후 물의 깊이 y_2은 식 (11.51b)로부터 구할 수 있다.

$$y_2 = \frac{y_1}{2}\left(\sqrt{1+\frac{8v_1^2}{gy_1}}-1\right)$$
$$= \frac{1.25\,\mathrm{m}}{2}\left(\sqrt{1+\frac{8\times(8\,\mathrm{m/s})^2}{9.8\,\mathrm{m/s^2}\times 1.25\,\mathrm{m}}}-1\right)$$
$$= 4.1\,\mathrm{m}$$

(b), (c) 하류에서의 속도 v_2와 Froude수 $\mathbf{Fr}_2$는 다음과 같다.

$$v_2 = \frac{q}{y_2} = \frac{10\,\mathrm{m^3/(s\cdot m)}}{4.1\,\mathrm{m}} = 2.44\,\mathrm{m/s}$$

$$Fr_2 = \frac{v_2}{(gy_2)^{1/2}} = \frac{2.44\,\mathrm{m/s}}{(9.8\,\mathrm{m/s^2} \times 4.1\,\mathrm{m})^{1/2}} = 0.38$$

예상한대로 수력도약 후 하류의 흐름은 상류(완류)이다.

(d) 에너지 수두손실은 식 (11.52)에 의해 다음과 같다.

$$h_L = \frac{(y_2 - y_1)^3}{4y_1y_2} = \frac{(4.1\,\mathrm{m} - 1.25\,\mathrm{m})^3}{4 \times 1.25\,\mathrm{m} \times 4.1\,\mathrm{m}} = 1.23\,\mathrm{m}$$

(e) 수력도약 이전의 비에너지는 다음과 같다.

$$E_{s1} = \frac{v_1^2}{2g} + y_1 = \frac{(8.0\,\mathrm{m/s})^2}{2 \times 9.8\,\mathrm{m/s^2}} + 1.25\,\mathrm{m} = 4.51\,\mathrm{m}$$

따라서 소산율은 식 (11.53)에 의해 다음과 같다.

$$\text{소산율} = \frac{h_L}{E_{s1}}(100\%) = \frac{1.23\,\mathrm{m}}{4.51\,\mathrm{m}} \times 100\% = 27.3\%$$

(f) 단위 폭당 소산된 동력은

$$\dot{W} = q\gamma h_L = 10\,\mathrm{m^3/(s\cdot m)} \times 9800\,\mathrm{N/m^3} \times 1.23\,\mathrm{m} = 120.54\,\mathrm{kW/m}$$

(g) 질량유량은 $\dot{m} = \rho q = (1000\,\mathrm{kg/m^3})[10\,\mathrm{m^3/(s\cdot m)}] = 10{,}000\,\mathrm{kg/(s\cdot m)}$이고 소산된 동력은 온도상승에 사용하므로, 즉 $\dot{W} = \dot{m}c_p\Delta T$에 의해 온도상승은 다음과 같다.

$$\Delta T = \frac{\dot{W}}{\dot{m}c_p} = \frac{120.54 \times 10^3\,\mathrm{W/m}}{10{,}000\,\mathrm{kg/(s\cdot m)} \times 4200\,\mathrm{J/(kg\cdot K)}} = 0.00287\,\mathrm{K}$$

에너지 손실은 많지만 물의 온도상승은 매우 작은 것을 알 수 있다.

CHAPTER 11

개수로 유동 / 연습문제

[개수로 유동]

01

개수로유동을 분류하여 보아라.

02

개수로유동과 내부유등을 비교 설명하여라.

03

등류의 특징을 기술하여라.

04

얕은 물에서의 파의 전파속도는 액체의 물리적 성질인 밀도, 점성계수, 표면장력 등에 무관하다. 이것은 액체에 상관없이, 즉 물, 수은, 휘발유 등에서의 파의 전파속도가 같다는 것을 의미하는가? 설명하라.

05

다음의 수로 단면에 대한 수력반경을 구하라.

(a) 최적 사각단면
(b) 폭이 매우 넓은 사각단면
(c) 폭이 매우 좁은 사각단면
(d) 최적 사다리꼴 단면
(e) 경사각이 $\pi/2$인 삼각단면

[직사각형 개수로]

06

폭 1.5m, 구배 0.0013의 사각수로에서 물이 수심 y= 0.65m로 흐를 때 유량을 계산하여라.

07

폭 3m, 깊이 2m, 바닥의 경사도 0.05, 조도계수 n= 0.010인 콘크리트로 만든 개수로에서 물이 등류로 흐른다. 수로를 통과하는 체적유량을 구하여라.

08

폭 2m, 깊이 0.5m인 직사각형 수로에 20℃ 물이 흐르고 있다. 유량이 Q= 2.5m³/s이라 할 때 다음을 구하라.

(a) Froude수
(b) Reynolds수

09

사각 벤투리 플럼(flume, 유로의 폭이 변하는 곳)이 폭 1m의 수로에 끼워져 있다. 유동은 수평이며 마찰은 없는 것으로 가정한다. 목부분의 폭이 0.5m, 깊이가 0.5m일 때 상류의 깊이 0.7m이다. 수로를 통과하는 체적유량을 구하라.

10

폭 3m, 체적유량 50m³/s를 수송하는 콘크리트 사각수로가 있다. 다음을 구하라.

(a) 깊이를 1m로 유지하기 위한 수로의 경사도는?
(b) 깊이를 2m로 유지하기 위한 수로의 경사도는?
(c) 임계깊이와 속도를 구하라.

CHAPTER 11

개수로 유동 / 연습문제

11

폭이 50cm인 사각단면의 개수로가 수심 20cm, 유량 150×10^{-3} m³/s의 유량으로 물이 흐르고 있다. Chezy 계수 C를 구하여라. 단 수로의 구배는 S= 0.01이다.

12

유량 6m³/s을 수송하는 폭 3m의 사각수로가 있다. 이러한 개수로 유동에서 깊이 y와 비에너지 E 사이의 관계를 그려라. 또한 임계깊이 y_c를 유량 5m³/s, 7m³/s에 대해 각각 구하라.

13

문제 11.12에서 접근 깊이가 0.95m, 0.53m인 두 경우에 대해 임계유량이 6m³/s로 주어진다면 수로 바닥의 상승을 계산하라. 이 경우 접근유동이 아임계유동인지 혹은 초임계유동인지를 구하여라.

14

사각단면의 수로에서 평균 유속 v= 2.2m/s, 유량 Q= 14.2m³/s의 물을 수송할 때, 흐름의 단면형(가로세로의 관계)과 구배를 어떻게 하는 것이 가장 이익인가? 단 Chezy 계수 C는 74로 하여라.

[사다리꼴 개수로]

15

사다리꼴 수로의 폭이 3m, 경사도는 0.05이다. 유량이 100m³/s일 때, 깊이 y를 구하여라. 유동은 등류라 가정한다.

16

그림과 같은 사다리꼴 운하에서 수심 y= 1.2m, 두 측벽의 경사 $\cot\alpha$=2, 운하 밑바닥의 폭 3m, 구배 0.0002일 때, 유량을 구하여라. 단 n은 0.025로 한다.

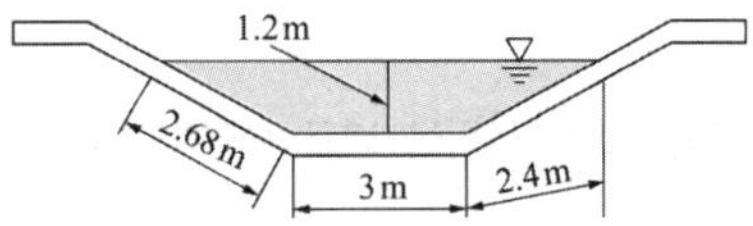

[그림 P11.16]

17

사다리꼴 단면의 수로에서 유량 Q= 20m³/s, 양쪽 벽면의 경사 α= 45°, 평균 수심 1m, 수심 1.4m로 할 때 하저 바닥의 구배는 얼마면 되겠는가? 단 Chezy-Manning의 식으로 계산하되 n= 0.01로 하여라.

18

밑바닥의 폭이 2.6m, 측면의 경사가 $\tan\theta$=1/2인 사다리꼴 운하가 있다. 유량 85,000cm³/s, 유속 85m/s가 되도록 하려면 운하의 구배는 얼마로 하면 좋은가? 단 n은 0.015라 가정한다.

19

300m³/s의 유량을 수송하는 최적의 사다리꼴 단면의 개수로를 고안하라. 수로는 블록으로 만들고 경사도는 0.0008이라 가정한다.

[원형도관]

20
직경 1.5m인 원형 단면의 하수관이 그림과 같이 물이 1/2 단면으로 흐를 때 유량을 구하여라.

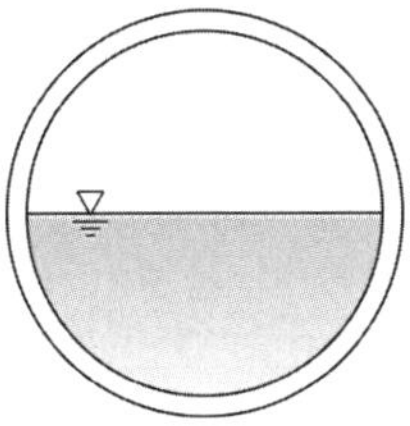

[그림 P11.20]

21
그림과 같은 원형도관은 기울기가 0.0001이고 물이 1m 깊이로 균일유동을 한다. 접수벽에 작용하는 전단응력이 $\tau_w = \gamma R_h S$로 표시된다면 τ_w는 얼마인가? 여기서 R_h은 수력반경, S는 구배이다.

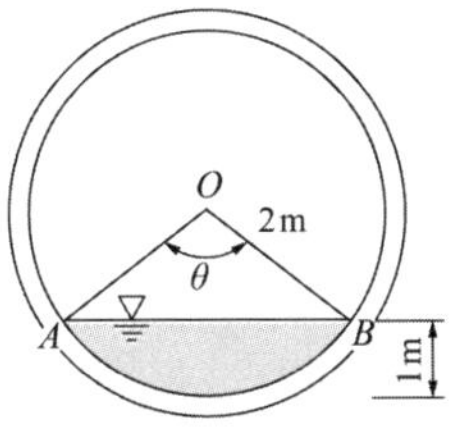

[그림 P11.21]

[삼각수로]

22
그림과 같이 직각 삼각형의 수로에서 구배가 0.002, 수심이 0.9m일 때의 유량을 계산하여라. 또 수심이 1.2m일 때는 유량이 얼마인가? 단 수로면은 거친 나무판이다.

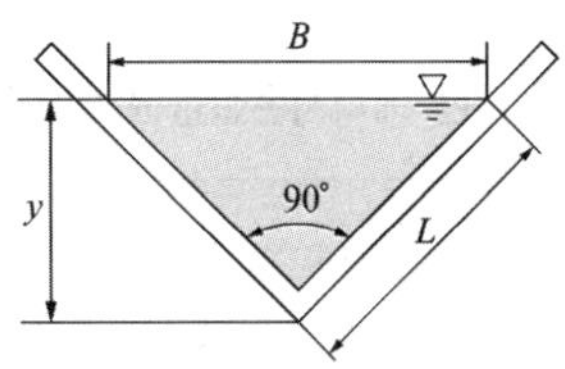

[그림 P11.22]

23
그림과 같은 삼각단면의 개수로가 수평으로 놓여있다면 수심 y와 유량 Q 사이의 관계식을 유도하여라.

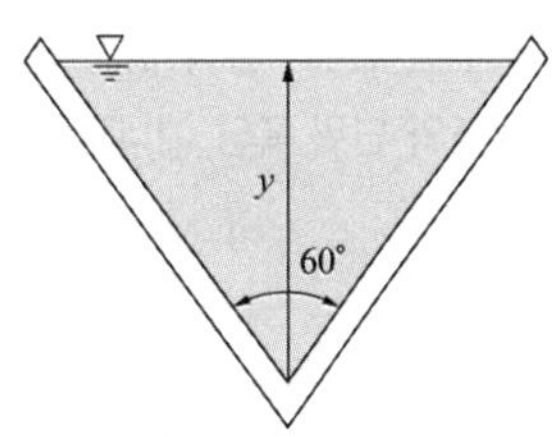

[그림 P11.23]

[도수현상]

24
도약 전의 상류 깊이가 1m이고 도약 후의 깊이가 2m이었다면 도약전후의 단위 폭당 에너지 손실을 구하여라.

CHAPTER 11

개수로 유동 / 연습문제

25

그림과 같이 깊이 50cm, 경사도 0.10인 삼각수로를 통해 물이 흐르고 있다.

(a) 체적유량은 얼마인가?

(b) 유량이 0.3m³/s일 때 수력도약이 발생했다. 도약 전의 깊이가 0.25m이었다면 도약후의 깊이는 얼마인가?

(c) 도약으로 인한 에너지손실률은 얼마인가?

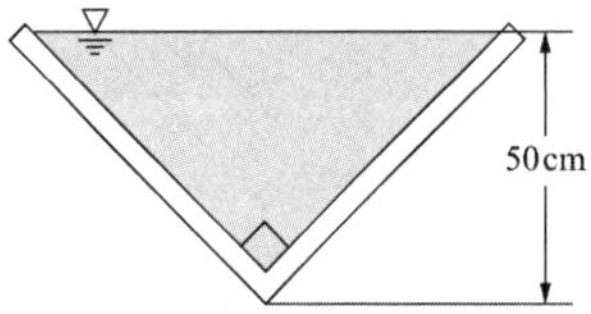

[그림 P11.25]

26

유량이 3m³/s인 사각단면의 개수로에서 수력도약이 일어나고 있다. 접근유동의 깊이 y_1이 0.75m이라면 도약 후의 깊이 S와 단위 폭당 에너지손실을 구하라.

27

물이 수평으로 놓이 개수로에서 0.6m 깊이로 흐르고 있다. 조수현상이 3.7m³/s.m의 폭당 유량으로 일어난다면 조수 바로 직후에서 후류의 깊이와 거기에서 소산되는 에너지를 동력으로 구하여라.

유/체/역/학

CHAPTER 12

부록

CHAPTER 12

부록

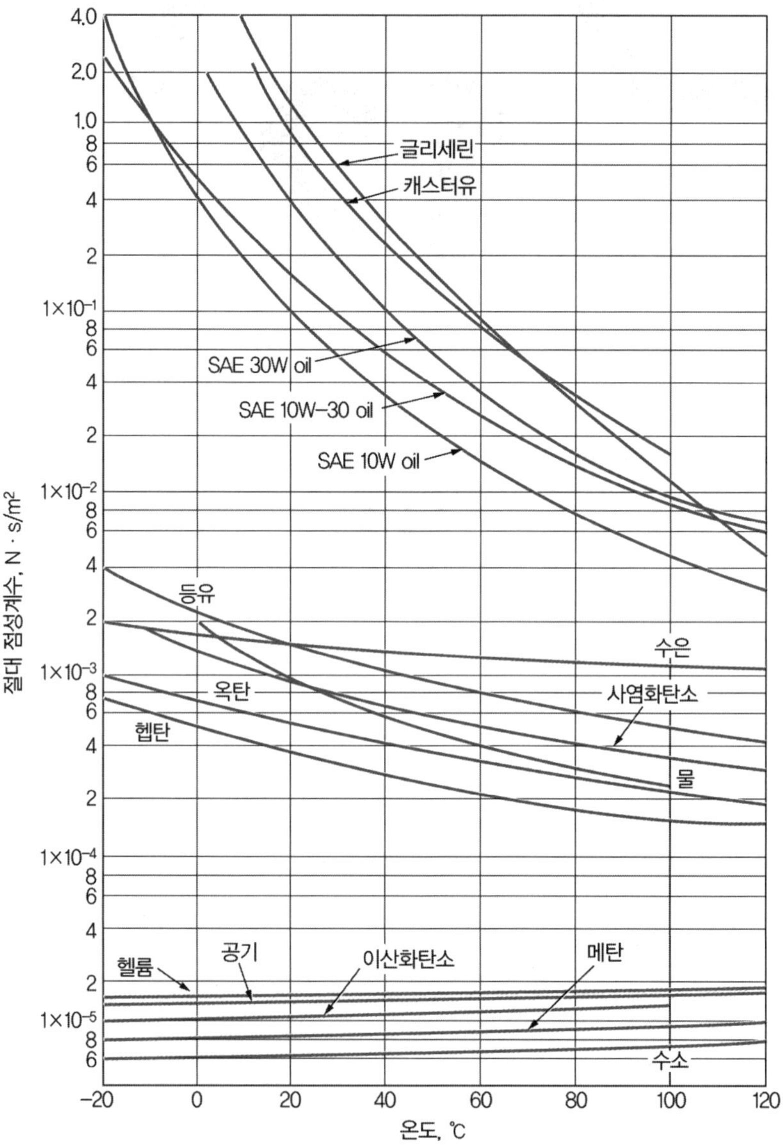

부록 그림 1. 온도에 따른 유체의 역학적(절대)점성계수

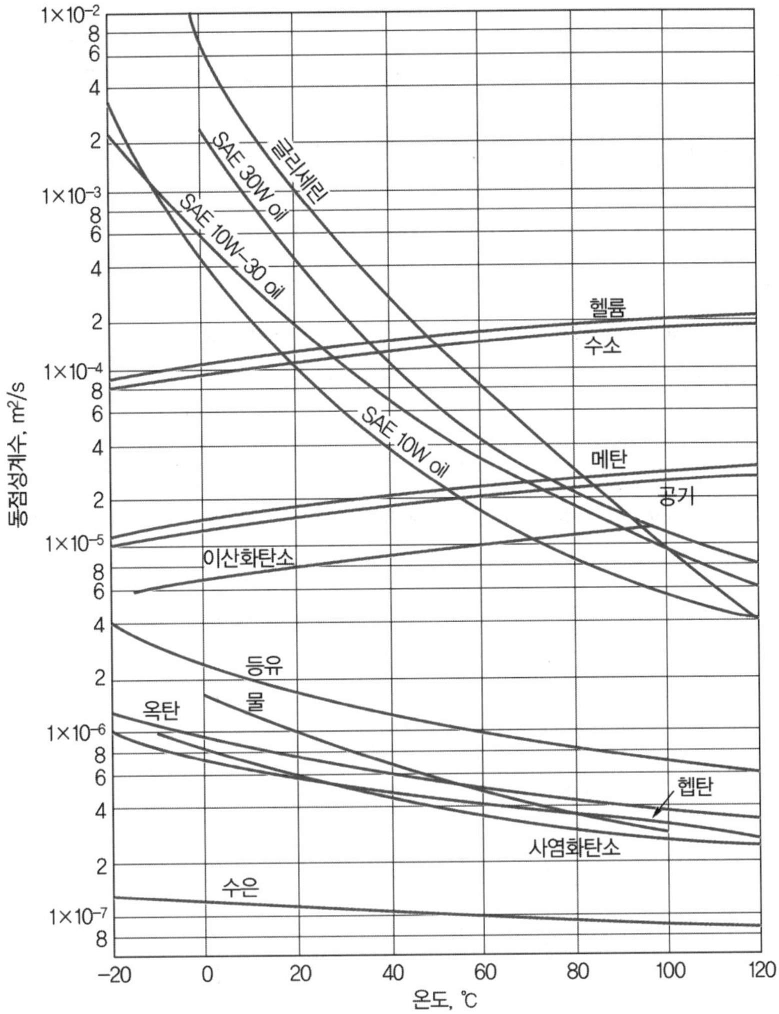

부록 그림 2. 온도에 따른 유체의 동점성계수

부록 표 1. 1atm에서 물의 성질

온도 (℃)	밀도 ρ (kg/m³)	비중량 γ (kN/m³)	역학적 점성계수 μ (N·s/m²)	동점성 계수 ν (m²/s)	표면장력 σ (N/m)	증기압 p_v [N/m²(abs)]	음속 c (m/s)
0	999.9	9.806	1.787×10^{-3}	1.787×10^{-6}	7.56×10^{-2}	6.105×10^{2}	1403
5	1000.0	9.807	1.519×10^{-3}	1.519×10^{-6}	7.49×10^{-2}	8.722×10^{2}	1427
10	999.7	9.804	1.307×10^{-3}	1.307×10^{-6}	7.42×10^{-2}	1.228×10^{3}	1447
20	998.2	9.789	1.002×10^{-3}	1.004×10^{-6}	7.28×10^{-2}	2.338×10^{3}	1481
30	995.7	9.765	7.975×10^{-4}	8.009×10^{-7}	7.12×10^{-2}	4.243×10^{3}	1507
40	992.2	9.731	6.529×10^{-4}	6.580×10^{-7}	6.96×10^{-2}	7.376×10^{3}	1526
50	988.1	9.690	5.468×10^{-4}	5.534×10^{-7}	6.79×10^{-2}	1.233×10^{4}	1541
60	983.1	9.642	4.665×10^{-4}	4.745×10^{-7}	6.62×10^{-2}	1.992×10^{4}	1552
70	977.8	9.589	4.042×10^{-4}	4.134×10^{-7}	6.44×10^{-2}	3.116×10^{4}	1555
80	971.8	9.530	3.547×10^{-4}	3.650×10^{-7}	6.26×10^{-2}	4.734×10^{4}	1555
90	965.3	9.467	3.147×10^{-4}	3.260×10^{-7}	6.08×10^{-2}	7.010×10^{4}	1550
100	958.4	9.399	2.818×10^{-4}	2.940×10^{-7}	5.89×10^{-2}	1.013×10^{5}	1543

부폭 표 2. 표준대기압 공기의 성질

온도 (℃)	밀도 ρ (kg/m^3)	비중량 γ (kN/m^3)	역학적 점성계수 μ (N·s/m^2)	동점성 계수 ν (m^2/s)	표면장력 k (-)	음속 c (m/s)
-40	1.514	14.85	1.57×10^{-5}	1.04×10^{-5}	1.401	306.2
-20	1.395	13.68	1.63×10^{-5}	1.17×10^{-5}	1.401	319.1
0	1.292	12.67	1.71×10^{-5}	1.32×10^{-5}	1.401	331.4
5	1.269	12.45	1.73×10^{-5}	1.36×10^{-5}	1.401	334.4
10	1.247	12.23	1.76×10^{-5}	1.41×10^{-5}	1.401	337.4
15	1.225	12.01	1.80×10^{-5}	1.47×10^{-5}	1.401	340.4
20	1.204	11.81	1.82×10^{-5}	1.51×10^{-5}	1.401	343.6
25	1.184	11.61	1.85×10^{-5}	1.56×10^{-5}	1.401	346.3
30	1.165	11.43	1.86×10^{-5}	1.60×10^{-5}	1.400	349.1
40	1.127	11.05	1.87×10^{-5}	1.66×10^{-5}	1.400	354.7
50	1.109	10.88	1.95×10^{-5}	1.76×10^{-5}	1.400	360.3
60	1.060	10.40	1.97×10^{-5}	1.86×10^{-5}	1.399	365.7
701	1.029	10.09	2.03×10^{-5}	1.97×10^{-5}	1.399	371.2
80	0.9996	9.803	2.07×10^{-5}	2.07×10^{-5}	1.399	376.6
90	0.9721	9.533	2.14×10^{-5}	2.20×10^{-5}	1.398	381.7
100	0.9461	9.278	2.17×10^{-5}	2.29×10^{-5}	1.397	386.9
200	0.7461	7.317	2.53×10^{-5}	3.39×10^{-5}	1.390	434.5
300	0.6159	6.040	2.98×10^{-5}	4.84×10^{-5}	1.379	476.3
400	0.5243	5.142	3.32×10^{-5}	6.34×10^{-5}	1.368	514.1
500	0.4565	4.477	3.64×10^{-5}	7.97×10^{-5}	1.357	548.8
1000	0.2772	2.719	5.04×10^{-5}	1.82×10^{-4}	1.321	694.8

부록 표 3. 표준대기의 성질

높이 (m)	온도 (℃)	중력가속도 $g(m/s^2)$	압력 p $[N/m^2(abs)]$	밀도 ρ (kg/m^3)	역학적 점성계수 μ $(N \cdot s/m^2)$
-1,000	21.50	9.810	1.139×10^5	1.347	1.821×10^{-5}
0	15.00	9.807	1.013×10^5	1.225	1.789×10^{-5}
1,000	8.50	9.804	8.988×10^4	1.112	1.758×10^{-5}
2,000	2.00	9.801	7.950×10^4	1.007	1.726×10^{-5}
3,000	-4.49	9.797	7.012×10^4	9.093×10^{-1}	1.694×10^{-5}
4,000	-10.98	9.794	6.166×10^4	8.194×10^{-1}	1.661×10^{-5}
5,000	-17.47	9.791	5.405×10^4	7.364×10^{-1}	1.628×10^{-5}
6,000	-23.96	9.788	4.722×10^4	6.601×10^{-1}	1.595×10^{-5}
7,000	-30.45	9.785	4.111×10^4	5.900×10^{-1}	1.561×10^{-5}
8,000	-36.94	9.782	3.565×10^4	5.258×10^{-1}	1.527×10^{-5}
9,000	-43.42	9.779	3.080×10^4	4.671×10^{-1}	1.493×10^{-5}
10,000	-49.90	9.776	2.650×10^4	4.135×10^{-1}	1.458×10^{-5}
15,000	-56.50	9.761	1.211×10^4	1.948×10^{-1}	1.422×10^{-5}
20,000	-56.50	9.745	5.529×10^3	8.891×10^{-2}	1.422×10^{-5}
25,000	-51.60	9.730	2.549×10^3	4.008×10^{-2}	1.448×10^{-5}
30,000	-46.64	9.715	1.197×10^3	1.841×10^{-2}	1.475×10^{-5}
40,000	-22.80	9.684	2.871×10^2	3.996×10^{-3}	1.601×10^{-5}
50,000	-2.50	9.654	7.978×10	1.027×10^{-3}	1.704×10^{-5}
60,000	-26.13	9.624	2.196×10	3.097×10^{-4}	1.584×10^{-5}
70,000	-53.57	9.594	5.221	8.283×10^{-5}	1.438×10^{-5}
80,000	-74.51	9.564	1.052	1.846×10^{-5}	1.321×10^{-5}

부록 표 4. 1atm과 20℃에서 일반액체의 성질

액체	밀도 ρ kg/m³	점성계수 μ kg/(m·s)	비중량 γ N/m	증기압 p_v N/m²	체적탄성계수 N/m²	점성계수 파라미터* C
Ammonia	608	2.20×10^{-4}	2.13×10^{-2}	9.10×10^{5}	1.82×10^{9}	1.05
Benzene	881	6.51×10^{-4}	2.88×10^{-2}	1.01×10^{4}	1.47×10^{9}	4.34
Carbon tetrachloride	1590	9.67×10^{-4}	2.70×10^{-2}	1.20×10^{4}	1.32×10^{9}	4.45
Ethanol	789	1.20×10^{-3}	2.28×10^{-2}	5.7×10^{3}	1.09 E+9	5.72
Ethylene glycol	1117	2.14×10^{-2}	4.84×10^{-2}	1.2×10	3.05 E+9	11.7
Freon 12	1327	2.62×10^{-4}	-	-	7.95×10^{8}	1.76
Gasline	680	2.92×10^{-4}	2.16×10^{-2}	5.51×10^{4}	1.3×10^{9}	3.68
Glycerin	1260	1.49	6.33×10^{-2}	1.4×10^{-2}	4.35×10^{9}	28.0
Kerosene	804	1.92×10^{-3}	2.8×10^{-2}	3.11×10^{3}	1.41×10^{9}	5.56
Mecury	13,550	1.56×10^{-3}	4.84×10^{-1}	1.1×10^{-3}	2.85×10^{10}	1.07
Methanol	791	5.98×10^{-4}	2.25×10^{-2}	1.34×10^{4}	1.03×10^{9}	4.63
SAE 10W oil	870	1.04×10^{-1}	3.6×10^{-2}	-	1.31×10^{9}	15.7
SAE 10W30 oil	876	1.7×10^{-1}	-	-	-	14.0
SAE 30W oil	891	2.9×10^{-1}	3.5×10^{-2}	-	1.38×10^{9}	18.3
SAE 50W oil	902	8.6×10^{-1}	-	-	-	20.2
Water	998	1.00×10^{-3}	7.28×10^{-2}	2.34×10^{3}	2.19×10^{9}	부록 표 1
Seawater(30‰)	1025	1.07×10^{-3}	7.28×10^{-2}	2.34×10^{3}	2.53×10^{9}	7.28

* 액체의 점성계수-온도관계는 식 (1.21) 이외에 $0\le T\le 100$℃ 범위에서 다음의 경험식으로도 표현될 수 있다.

$$\frac{\mu}{\mu_{20℃}} \approx \exp\left[C\left(\frac{293\mathrm{K}}{T\mathrm{K}}-1\right)\right]$$

여기서 C는 점성계수 파라미터이다.

부록 표 5. 1atm과 20℃에서 일반기체의 성질

기체	분자량	기체상수 R, $m^2/(s^2 \cdot K)$	비중량 ρg, N/m^3	점성계수 μ, $N \cdot s/m^2$	동점성계수 ν, m^2/s	비열비	멱법칙지수*
H_2	2.016	4124	0.822	9.05×10^{-6}	1.08×10^{-4}	1.41	0.68
He	4.003	2077	1.63	1.97×10^{-5}	1.18×10^{-4}	1.66	0.67
H_2O	18.02	461	7.35	1.02×10^{-5}	1.36×10^{-5}	1.33	1.15
Ar	39.944	208	16.3	2.24×10^{-5}	1.35×10^{-5}	1.67	0.72
Dry air	28.96	287	11.8	1.80×10^{-5}	1.49×10^{-5}	1.40	0.67
CO_2	44.01	189	17.9	1.48×10^{-5}	8.09×10^{-6}	1.30	0.79
CO	28.01	297	11.4	1.82×10^{-5}	1.56×10^{-5}	1.40	0.71
N_2	28.02	297	11.4	1.76×10^{-5}	1.51×10^{-5}	1.40	0.67
O_2	32.00	260	13.1	2.00×10^{-5}	1.50×10^{-5}	1.40	0.69
NO	30.01	277	12.1	1.90×10^{-5}	1.52×10^{-5}	1.40	0.78
N_2O	44.02	189	17.9	1.45×10^{-5}	7.93×10^{-6}	1.31	0.89
Cl_2	70.91	117	28.9	1.03×10^{-5}	3.49×10^{-6}	1.34	1.00
CH_4	16.04	518	6.54	1.34×10^{-5}	2.01×10^{-5}	1.32	0.87

* 기체의 점성계수-온도 관계는 식 (1.22) 이외에 $250 \le T \le 1{,}000$K 범위에서 다음과 같은 멱법칙으로도 구할 수 있다.

$$\frac{\mu}{\mu_{293K}} \approx \left(\frac{T}{293}\right)^n$$

여기에서 T는 절대온도이다.

부록 표 6. 완전기체의 등엔트로피 유동, $k = 1.4$

M	p/p_0	ρ/ρ_0	T/T_0	$A/A^{\star}$
0.00	1.0000	1.0000	1.0000	∞
0.10	0.9930	0.9950	0.9980	5.8218
0.20	0.9725	0.9803	0.9921	2.9635
0.30	0.9395	0.9564	0.9823	2.0351
0.40	0.8956	0.9243	0.9690	1.5901
0.50	0.8430	0.8852	0.9524	1.3398
0.60	0.7840	0.8405	0.9328	1.1882
0.70	0.7209	0.7916	0.9107	1.0944
0.80	0.6560	0.7400	0.8865	1.0382
0.90	0.5913	0.68710	0.8606	1.0089
1.00	0.5283	0.6339	0.8333	1.0000
1.10	0.4684	0.5817	0.8052	1.0079
1.20	0.4124	0.5311	0.7764	1.0304
1.30	0.3609	0.4829	0.7474	1.0663
1.40	0.3142	0.4374	0.7184	1.1149
1.50	0.2724	0.3950	0.6897	1.1762
1.60	0.2353	0.3557	0.6614	1.2502
1.70	0.2026	0.3197	0.6337	1.3376
1.80	0.1740	0.2868	0.6068	1.4390
1.90	0.1492	0.2570	0.5807	1.5553
2.00	0.1278	0.2300	0.5556	1.6875
2.10	0.1094	0.2058	0.5313	1.8369
2.20	0.0935	0.1841	0.5081	2.0050
2.30	0.0800	0.1646	0.4859	2.1931
2.40	0.0684	0.1472	0.4647	2.4031
2.50	0.0585	0.1317	0.4444	2.6367
2.60	0.0501	0.1179	0.4252	2.8960
2.70	0.0430	0.1056	0.4068	3.1830
2.80	0.0368	0.0946	0.3894	3.5001
2.90	0.0317	0.0849	0.3729	3.8498
3.00	0.0272	0.0762	0.3571	4.2346
3.10	0.0234	0.0685	0.3422	4.6573
3.20	0.0202	0.0617	0.3281	5.1210
3.30	0.0175	0.0555	0.3147	5.6286
3.40	0.0151	0.0501	0.3019	6.1837
3.50	0.0131	0.0452	0.2899	6.7896
3.60	0.0114	0.0409	0.2784	7.4501
3.70	0.0099	0.0370	0.3675	8.1691
3.80	0.0086	0.0335	0.2572	8.9506
3.90	0.0075	0.0304	0.2474	9.7990
4.00	0.0066	0.0277	0.2381	10.7188

부록 표 7. 완전기체의 수직충격파 관계 $k = 1.4$

M_1	M_2	p_2/p_1	$v_1/v_2 = \rho_2/\rho_1$	T_2/T_1	p_{02}/p_{01}	$A_2^\star/A_1^\star$
1.00	1.0000	1.0000	1.0000	1.0000	1.0000	1.0000
1.10	0.9118	1.2450	1.1691	1.0649	0.9989	1.0011
1.20	0.8422	1.5133	1.3416	1.1280	0.9928	1.0073
1.30	0.7860	1.8050	1.5157	1.1909	0.9794	1.0211
1.40	0.7397	2.1200	1.6897	1.2547	0.9582	1.0436
1.50	0.7011	2.4583	1.8621	1.3202	0.9298	1.0755
1.60	0.6684	2.8200	2.0317	1.3880	0.8952	1.1171
1.70	0.6405	3.2050	2.1977	1.4583	0.8557	1.1686
1.80	0.6165	3.6133	2.3592	1.5316	0.8127	1.2305
1.90	0.5956	4.0450	2.5157	1.6079	0.7674	1.3032
2.00	0.5774	4.5000	2.6667	1.6875	0.7209	1.3872
2.10	0.5613	4.9783	2.8119	1.7705	0.6742	1.4832
2.20	0.5471	5.4800	2.9512	1.8569	0.6281	1.5920
2.30	0.5344	6.0050	3.0845	1.9468	0.5833	1.7144
2.40	0.5231	6.5533	3.2119	2.0403	0.5401	1.8514
2.50	0.5130	7.1250	3.3333	2.1375	0.4990	2.0039
2.60	0.5039	7.7200	3.4490	2.2383	0.4601	2.1733
2.70	0.4956	8.3383	3.5590	2.3429	0.4236	2.3608
2.80	0.4882	8.9800	3.6636	2.4512	0.3895	2.5676
2.90	0.4814	9.6450	3.7629	2.5632	0.3577	2.7954
3.00	0.4752	10.3333	3.8571	2.6790	0.3283	3.0456
3.10	0.4695	11.0450	3.9466	2.7986	0.3012	3.3199
3.20	0.4643	11.7800	4.0315	2.9220	0.2762	3.6202
3.30	0.4596	12.5383	4.1120	3.0492	0.2533	3.9483
3.40	0.4552	13.3200	4.1884	3.1802	0.2322	4.3062
3.50	0.4512	14.1250	4.2609	3.3151	0.2129	6.6960
3.60	0.4474	14.9533	4.3296	3.4537	0.1953	5.1200
3.70	0.4439	15.8050	4.3949	3.5962	0.1792	5.5806
3.80	0.4407	16.6800	4.4568	3.7426	0.1645	6.0801
3.90	0.4377	17.5783	4.5156	3.8928	0.1510	6.6213
4.00	0.4350	18.5000	4.5714	4.0469	0.1388	7.2069
4.10	0.4324	19.4450	4.6245	4.2048	0.1276	7.8397
4.20	0.4299	20.4133	4.6749	4.3666	0.1173	8.5227
4.30	0.4277	21.4050	4.7229	4.5322	0.1080	9.2591
4.40	0.4255	22.4200	4.7685	4.7017	0.0995	10.0522
4.50	0.4236	23.4583	4.8119	4.8751	0.0917	10.9054
4.60	0.4217	24.5200	4.8532	5.0523	0.0846	11.8222
4.70	0.4199	25.6050	4.8926	5.2334	0.0781	12.8065
4.80	0.4183	26.7133	4.9301	5.4184	0.0721	13.8620
4.90	0.4167	27.8450	4.9659	5.6073	0.0667	14.9928
5.00	0.4152	29.0000	5.0000	5.8000	0.0617	16.2032

부록 표 8. 이상기체의 Fanno 유동 $k = 1.4$

M	$\bar{f}L/D$	$p/p^\star$	$T/T^\star$	$\rho^\star/\rho = v/v^\star$	$p_0/p_0^\star$
0.00	∞	∞	1.2000	0.0000	∞
0.10	66.9216	10.9435	1.1976	0.1094	5.8218
0.20	14.5333	5.4554	1.1905	0.2182	2.9635
0.30	5.2993	3.6191	1.1788	0.3257	2.0351
0.40	2.3085	2.6958	1.1628	0.4313	1.5901
0.50	1.0691	2.1381	1.1429	0.5345	1.3398
0.60	0.4908	1.7634	1.1194	0.6348	1.1183
0.70	0.2081	1.4935	1.0929	0.7318	1.0944
0.80	0.0723	1.2893	1.0638	0.8251	1.0382
0.90	0.0145	1.1291	1.0327	0.9146	1.0089
1.00	0.0000	1.0000	1.0000	1.0000	1.0000
1.10	0.0099	0.8936	0.9662	1.0812	1.0079
1.20	0.0336	0.8044	0.9317	1.1583	1.0304
1.30	0.0648	0.7285	0.8969	1.2311	1.0663
1.40	0.0997	0.6632	0.8621	1.2999	1.1149
1.50	0.1361	0.6065	0.8276	1.3646	1.1762
1.60	0.1724	0.5568	0.7937	1.4254	1.2502
1.70	0.2078	0.5130	0.7605	1.4825	1.3376
1.80	0.2419	0.4741	0.7282	1.5360	1.5553
1.90	0.2743	0.4394	0.6969	1.5861	1.6875
2.00	0.3050	0.4082	0.6667	1.6330	1.8369
2.10	0.3339	0.3802	0.6376	1.6769	2.0050
2.20	0.3609	0.3549	0.6098	1.7179	2.1931
2.30	0.3862	0.3320	0.5831	1.7563	2.4031
2.40	0.4099	0.3111	0.5576	1.7179	2.6367
2.50	0.4320	0.2921	0.5333	1.8257	2.8960
2.60	0.4526	0.2747	0.5102	1.8751	3.1830
2.70	0.4718	0.2588	0.4882	1.8865	3.5001
2.80	0.4898	0.2441	0.4673	1.9140	3.8498
2.90	0.5065	0.2307	0.4474	1.9398	4.2346
3.00	0.5222	0.2182	0.4286	1.9640	4.6573
3.10	0.5368	0.2067	0.4107	1.9866	5.1210
3.20	0.5504	0.1961	0.3937	2.0079	5.6286
3.30	0.5632	0.1862	0.3776	2.0278	6.1837
3.40	0.5752	0.1770	0.3623	2.0466	6.7896
3.50	0.5864	0.1685	0.3478	2.0642	7.4501
3.60	0.5970	0.1606	0.3341	2.0808	7.4501
3.70	0.6068	0.1531	0.3210	2.0964	8.1691
3.80	0.6161	0.1462	0.3086	2.1111	8.9506
3.90	0.6248	0.1397	0.2969	2.1250	9.7990
4.00	0.6331	0.1336	0.2857	2.1381	10.7187

부록 표 9. 이상기체의 Rayleigh 유동 $k=1.4$

M	$T_0/T_0^\star$	$p/p^\star$	$T/T^\star$	$\rho^\star/\rho=v/v^\star$	$p_0/p_0^\star$
0.00	0.0000	2.4000	0.0000	0.0000	1.2679
0.10	0.0468	2.3669	0.0560	0.0237	1.2591
0.20	0.1736	2.2727	0.2066	0.0909	1.2346
0.30	0.3469	2.1314	0.4089	0.1918	1.1985
0.40	0.5290	1.9608	0.6151	0.3137	1.1566
0.50	0.6914	1.7778	0.7901	0.4444	1.1141
0.60	0.8189	1.5957	0.9167	0.5745	1.0753
0.70	0.9085	1.4235	0.9929	0.6975	1.0431
0.80	0.9639	1.2658	1.0255	0.8101	1.0193
0.90	0.9921	1.1246	1.0245	0.9110	1.0049
1.00	1.0000	1.0000	1.0000	1.0000	1.0000
1.10	0.9939	0.8909	0.9603	1.0780	1.0049
1.20	0.9787	0.7958	0.9118	1.1459	1.0194
1.30	0.9580	0.7130	0.8592	1.2050	1.0437
1.40	0.9343	0.6410	0.8054	1.2564	1.0777
1.50	0.9093	0.5783	0.7525	1.3012	1.1215
1.60	0.8842	0.5236	0.7017	1.3403	1.1756
1.70	0.8597	0.4756	0.6538	1.3746	1.2402
1.80	0.8363	0.4335	0.6089	1.4046	1.3159
1.90	0.8141	0.3964	0.5673	1.4311	1.4033
2.00	0.7934	0.3636	0.5289	1.4545	1.5031
2.10	0.7741	0.3345	0.4936	1.4753	1.6162
2.20	0.7561	0.3086	0.4611	1.4938	1.7434
2.30	0.7395	0.2855	0.4312	1.5103	1.8860
2.40	0.7242	0.2648	0.4038	1.5252	2.0451
2.50	0.7101	0.2462	0.3787	1.5385	2.2218
2.60	0.6970	0.2294	0.3556	1.5505	2.4177
2.70	0.6849	0.2142	0.3344	1.5613	2.6343
2.80	0.6738	0.2004	0.3149	1.5711	2.8731
2.90	0.6635	0.1879	0.2969	1.5801	3.1359
3.00	0.6540	0.1765	0.2803	1.5882	3.4245
3.10	0.6452	0.1660	0.2650	1.5957	3.7408
3.20	0.6370	0.1565	0.2508	1.6025	4.0871
3.30	0.6294	0.1477	0.2377	1.6088	4.4655
3.40	0.6224	0.1397	0.2255	1.6145	4.8783
3.50	0.6158	0.1322	0.2142	1.6198	5.3280
3.60	0.6097	0.1254	0.2037	1.6247	5.8173
3.70	0.6040	0.1190	0.1939	1.6293	6.3488
3.80	0.5987	0.1131	0.1848	1.6335	6.9256
3.90	0.5937	0.1077	0.1763	1.6374	7.5505
4.00	0.5891	0.1026	0.1683	1.6410	8.2268

ㄹ

ㅁ

ㅂ

ㅅ

ㅇ

부록

ㅈ

ㅊ

ㅋ

ㅌ

ㅍ

ㅎ

부록 참고문헌

1. 김찬중, 유체역학입문, 문운당, 2004
2. 신정철, 기초 유체역학, 구민사, 2020
3. Munson, Young, Okiishi, Huebsch(윤순현 외 공역), Fundamentals of Fluid Mechanics, 교보문고, 2010
4. Yunus A. Cengel, John M. Cimbala(김내현 외 공역), Fluid Mechanics, McGraw-Hill Korea, 2005
5. 佐々木達治郎, 完全流体の力學, 現代工業社, 1976
6. 原田幸夫, 流体の力學, 禎書店, 1985
7. 岩浪繁藏, 平山直道, 基礎力學演習 流體力學, 実教出版株式會社, 1985
8. 生井武文, 井上雅弘, 粘性流体の力學, 理工學社, 1985
9. 生井武文, 松尾一泰, 壓縮性流体の力學, 理工學社, 1985
10. V.L. Streeter and E.B. Wylie, Fluid Mechanics 7th Ed., The Macmillan Publishing Company, 1967
11. J.A. Roberson, C.T. Crowe, Engineering Fluid Mechanics, 5th Ed., Houghton Mifflin Company, 1993
12. D.F. Young, B.R. Munson, T.H. Okiishi, A Brief Introduction to Fluid Mechanics, John Wiley & Sons Inc., 1997
13. G.K. Batchelor, An Introduction to Fluid Dynamics, Cambridge Mathematical Library, 2000
14. Frank M. White, Fluid Mechanics, McGraw-Hill Education 8 edition, 2015